Speth
Waltermann
Hug
Lennartz
Härter
Hartmann

Betriebswirtschaftslehre mit Rechnungswesen für Fachoberschulen

Merkur
Verlag Rinteln

Wirtschaftswissenschaftliche Bücherei für Schule und Praxis

Begründet von Handelsschul-Direktor Dipl.-Hdl. Friedrich Hutkap †

Verfasser:

Dr. Hermann Speth, Dipl.-Hdl., Wangen im Allgäu

Aloys Waltermann, Dipl.-Kfm. Dipl.-Hdl., Fröndenberg

Hartmut Hug, Dipl.-Hdl., Argenbühl

Martina Lennartz, Dipl.-Math. oec, Argenbühl

Friedrich Härter, Dipl.-Volkswirt, Sexau

Gernot B. Hartmann, Dipl.-Hdl., Emmendingen

* * * * *

7. Auflage 2010

© 2000 by MERKUR VERLAG RINTELN

Gesamtherstellung:
MERKUR VERLAG RINTELN Hutkap GmbH & Co. KG, 31735 Rinteln

E-Mail: info@merkur-verlag.de
               lehrer-service@merkur-verlag.de
Internet: www.merkur-verlag.de

ISBN 978-3-8120-**0491-6**

Vorwort zur 7. Auflage

In diesem Lehrbuch werden alle **grundlegenden** Stoffinhalte dargestellt, die im Bereich Betriebswirtschaftslehre mit Rechnungswesen in einer Fachoberschule zu behandeln sind. Der Konzeption des Buches liegen die Lehrpläne mehrerer Bundesländer zugrunde (insbesondere die Anforderungen von Hessen, Nordrhein-Westfalen und Bremen). Die Lerninhalte der einzelnen Lernbereiche sind jeweils detailliert ausgearbeitet, um den Lehrenden die Möglichkeit zu geben, stoffliche Schwerpunkte zu setzen.

Für Ihre Arbeit mit dem vorliegenden Lehrbuch möchten wir auf Folgendes hinweisen:

- Alle Texte wurden durchgesehen, überarbeitet und aktualisiert. Das Bilanzrechtsmodernisierungsgesetz [BilMoG] von 2009 ist eingearbeitet.

- Das Buch hat mehrere Zielsetzungen. Es soll den Lernenden
  - alle Informationen liefern, die zur Erarbeitung des Lernstoffs notwendig sind;
  - dabei helfen, die in den Lehrplänen vorgesehenen Lerninhalte in Allein-, Partner- oder Teamarbeit zu erarbeiten, Entscheidungen zu treffen, diese zu begründen und über die Ergebnisse verbal oder schriftlich zu berichten;
  - fächerübergreifende Zusammenhänge näherbringen.

- Die Lerninhalte werden zu klar abgegrenzten Einheiten zusammengefasst, die sich in die Bereiche Stoffinformation, Zusammenfassungen und Übungsaufgaben aufgliedern. Viele farblich hervorgehobene Merksätze, Beispiele und Schaubilder veranschaulichen die praxisbezogenen Lerninhalte.

- Fachwörter, Fachbegriffe und Fremdwörter werden grundsätzlich im Text oder in Fußnoten erklärt.

- Ein ausführliches Stichwortverzeichnis hilft Ihnen dabei, Begriffe und Erläuterungen schnell aufzufinden.

Wir wünschen Ihnen einen guten Lehr- und Lernerfolg!

Die Verfasser

Inhaltsverzeichnis

13

1 Unternehmen, seine Leistungen und seine Ziele

1.1 Industrieunternehmen im gesamtwirtschaftlichen Gefüge

1.1.1 Begriff und Leistung des Unternehmens

In der Regel bezieht ein Unternehmen von vorgelagerten Unternehmen eine Reihe von Vorleistungen (Werkstoffe verschiedener Art, Maschinen, Werkzeuge, Strom, Wasser, Erfindungen, Entwürfe, Dienstleistungen usw.). Wir nennen diese Vorleistungen betriebliche Mittel.

Durch den **Einsatz der eigenen Leistung** versucht das Unternehmen die übernommenen Mittel so zu verändern, dass sie für eine weitere Verwendung geeignet sind. Das Ergebnis der eigenen Leistung sind Sachgüter (z. B. Lebensmittel, Kleidung, Fahrzeug) oder Dienstleistungen (z. B. Transporte, Beratung durch einen Rechtsanwalt), die anderen Unternehmen wiederum als „betriebliche Mittel" dienen oder aber unverändert dem menschlichen Bedarf (Konsum) zugeführt werden können. Die wirtschaftliche Leistung des Unternehmens – und damit auch seine Berechtigung – ergibt sich immer daraus, dass es übernommene betriebliche Mittel einem **neuen Zweck** zuführt.

> **Merke:**
>
> - Unter einem **Unternehmen**[1] verstehen wir eine planvoll organisierte Wirtschaftseinheit, in der Sachgüter und Dienstleistungen beschafft, erstellt und abgesetzt werden.
>
> - Die **Leistung eines Unternehmens** besteht darin, durch **eigene Anstrengungen** die **übernommenen betrieblichen Mittel** (Vorleistungen) für **weitere Zwecke** geeignet zu machen.

1.1.2 Betrieblicher Leistungsprozess am Beispiel des Industriebetriebs

(1) Begriff Industriebetrieb

Im **Industriebetrieb** verbinden sich soziale Elemente (Menschen) mit technischen Elementen (Anlagen), um auf ingenieurwissenschaftlicher Grundlage Sachgüter mit dazugehörigen Dienstleistungen zu schaffen. Durch den Verkauf der Sachgüter soll ein Erfolg erzielt werden.

(2) Hauptaufgaben eines Industriebetriebs

Die Hauptaufgabe des Industriebetriebs ist, Erzeugnisse zu fertigen **(Fertigungsfunktion)**. Um fertigen (produzieren) zu können, braucht der Industriebetrieb vor allem Roh-, Hilfs-, Betriebsstoffe, Energie sowie fremdbezogene Fertigteile (Vorprodukte) und Maschinen. Dies ist seine Beschaffungsaufgabe **(Beschaffungsfunktion)**. Beschaffung und Fertigung sind nicht Selbstzweck. Industrielle Erzeugnisse müssen abgesetzt, d.h. verkauft werden.

---

1 Die Begriffe Unternehmen und Betrieb werden hier aus Vereinfachungsgründen gleichbedeutend (synonym) verwendet.

Die dritte Grundfunktion des Industriebetriebs ist somit die **Absatzfunktion**. Zur Durchführung der erforderlichen Zahlungen müssen finanzielle Mittel in Form von Eigen- und Fremdkapital beschafft werden **(Finanzierungsfunktion)**.

(3) Modell eines industriellen Sachleistungsprozesses

Beispiel:

Angenommen, eine Möbelfabrik stellt lediglich Labormöbel her.

Zu beschaffen sind (neben den bereits vorhandenen bebauten und unbebauten Grundstücken, Maschinen, Fördereinrichtungen und der Betriebs- und Geschäftsausstattung):

1. **Rohstoffe:**[1] Holz, Spanplatten, Kunststofffurniere;

2. **Hilfsstoffe:**[1] Lacke, Farben, Schrauben, Muttern, Nägel;

3. **Betriebsstoffe:**[1] Schmiermittel, Reinigungsmittel;

4. **Vorprodukte**[1] (Fertigteile, Fremdbauteile): Scharniere, Schlösser.

Bereitzustellen sind außerdem die erforderlichen Arbeitskräfte sowie die erforderlichen Geldmittel, die zum Teil aus Erlösen (dem Umsatz), zum Teil aus Krediten und Beteiligungen bestehen.

Gefertigt wird in folgender Reihenfolge: Sockel, Ober-, Unter- und Seitenteile, Rückwände, Böden, Türen. Nach einer Zwischenlagerung der Teile erfolgt der Zusammenbau der Teile in der Endmontage.

Die Fertigerzeugnisse werden anschließend geprüft und bis zur Auslieferung in das Fertigerzeugnislager genommen.

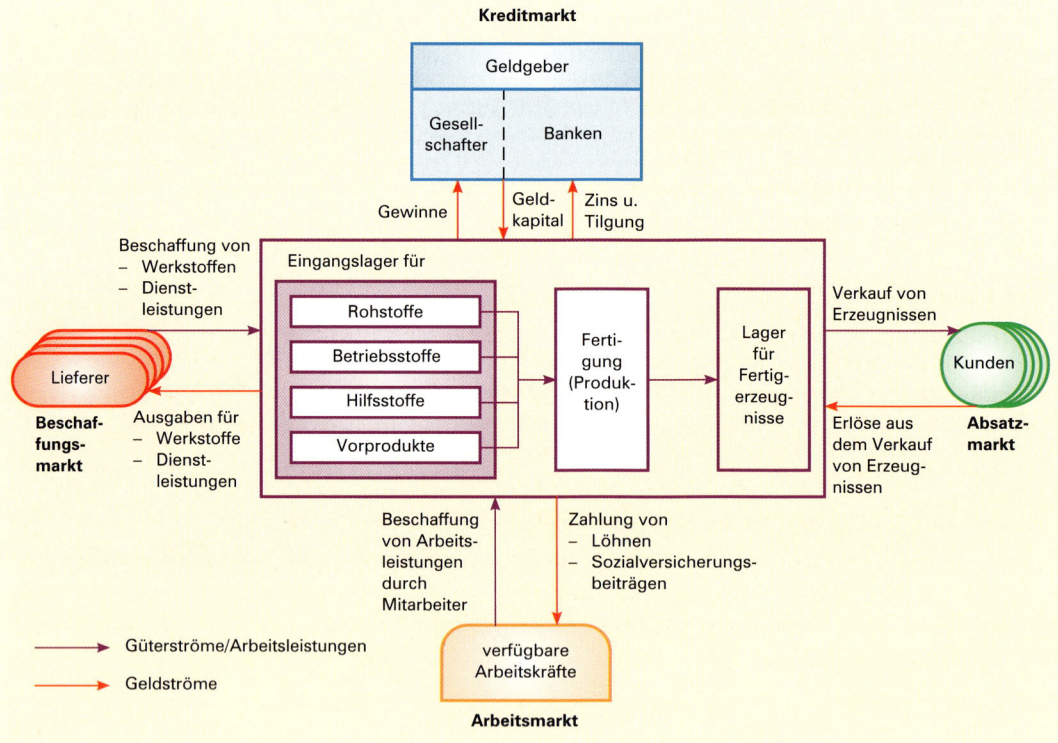

---

1 Auf diese Begriffe wird im Einzelnen auf S. 95 eingegangen.

16

1.2 Unternehmensphilosophie, Unternehmensleitbild, Corporate Identity

(1) Unternehmensphilosophie (Unternehmenskultur)

Alle am Unternehmen direkt oder indirekt beteiligten Menschen bringen Wertvorstellungen, Verhaltensregeln, Kommunikationsformen und Erkennungszeichen ein. Hieraus hat die Unternehmensführung eine für das Unternehmen typische Unternehmensphilosophie (Unternehmenskultur) zu entwickeln. Grundelemente einer Unternehmensphilosophie sind die Grundwerte und Überzeugungen, die Normen und Standards sowie die Artefakte[1] und Symbole.

■ Grundwerte und Überzeugungen

Grundwerte und Überzeugungen fragen nach dem **„Warum"** des unternehmerischen Engagements und geben dem Unternehmen Orientierung. Sie sind dessen Richtschnur und leiten es in seinem Handeln, sie bilden quasi dessen „Weltanschauung".

> **Beispiel Sony:**
>
> „Mit unseren Produkten sollten wir stets Pioniere sein – dem Markt weit voraus. Wir glauben, dass es besser ist, der Öffentlichkeit neue Produkte vorzuführen, als sie zu fragen, was für Produkte sie gerne hätte."

■ Normen und Standards

Normen (Verhaltungsregeln) und Standards sollen dafür sorgen, dass alle Beteiligten des Unternehmens sich entsprechend den Grundwerten und Überzeugungen verhalten. Normen und Standards haben den Charakter von Leitsätzen, Richtlinien, Regeln, Geboten, Verboten.

> **Beispiel:**
>
> „Wir liefern nur Erzeugnisse mit maximaler Qualität aus und gehen hierfür keine Kompromisse ein".

■ Artefakte und Symbole

Artefakte und Symbole sind sichtbarer Ausdruck der Wertvorstellungen und halten diese über die Zeit hinweg lebendig. Es handelt sich um unternehmenstypische Erkennungszeichen bezüglich Verhalten (behaviour), Kommunikation (communication) und Erscheinungsbild (design).

> **Beispiel:**
>
> Verhalten: Es wird eine kundenorientierte Produktberatung durchgeführt.
>
> Kommunikation: Die Produkte werden ausschließlich über das eigene Filialnetz verkauft und ausgeliefert.
>
> Design: Es wird ein einheitliches Firmenlogo verwendet.

---

[1] Artefakte: Das durch menschliches Können Geschaffene, Kunsterzeugnis.

2 Speth – ISBN 978-3-8120-0491-6

Mit der Unternehmensphilosophie umschreibt man somit die „Persönlichkeit" eines Unternehmens hinsichtlich der spezifischen, historisch gewachsenen Denkweisen und Problemlösungswege. Sie umfasst so unterschiedliche Bereiche wie Tradition im Führungsverhalten, überlieferte Geschäftspraktiken oder die Organisationsstruktur.

(2) Unternehmensleitbild

In aller Regel formuliert die Unternehmensleitung die im Unternehmen bestehende Unternehmensphilosophie und hält sie unter Berücksichtigung der Unternehmensumwelt (politische, wirtschaftliche und soziale Rahmenbedingungen) in einem **Unternehmensleitbild**[1] fest.

Beispiel:

- **Wir machen unsere KUNDEN stark – und verschaffen ihnen Vorteile im Wettbewerb**

  Der Erfolg unserer Kunden ist auch unser Erfolg. Wir stellen unseren Kunden unsere ganze Kompetenz und unsere besten Lösungen zur Verfügung. So tragen wir dazu bei, dass sie ihre Ziele schnell und umfassend erreichen.

- **Wir treiben INNOVATIONEN voran – und gestalten die Zukunft**

  Innovationen sind unser Lebenselexier, rund um den Erdball und rund um die Uhr. Aus Ideen und Erfindungen entwickeln wir erfolgreiche Technologien und Produkte. Kreativität und Erfahrung sichern uns eine Spitzenstellung.

- **Wir steigern den Unternehmens-WERT – und sichern uns Handlungsfreiheit**

  Wir setzen auf profitables Wachstum und auf nachhaltige Wertsteigerung. Ein ausgewogenes Geschäftsportfolio, effektive Managementsysteme und die konsequente Realisierung von Synergien über alle Geschäftssegmente und Regionen hinweg

  sind die Basis unseres Erfolgs. Damit bieten wir unseren Aktionären eine attraktive Anlage.

- **Wir fördern unsere MITARBEITER – und motivieren zu Spitzenleistungen**

  Die Mitarbeiterinnen und Mitarbeiter sind die Quelle unseres Erfolgs. Wir arbeiten in einem weltweiten Netzwerk des Wissens und des Lernens zusammen. Unsere Unternehmenskultur ist geprägt von der Vielfalt der Menschen und Kulturen, von offenem Dialog, gegenseitigem Respekt, klaren Zielen und entschlossener Führung.

- **Wir tragen gesellschaftliche VERANTWORTUNG – und engagieren uns für eine bessere Welt**

  Unsere Ideen, Technologien und unser Handeln dienen den Menschen, der Gesellschaft und der Umwelt. Integrität bestimmt den Umgang mit unseren Mitarbeitern, Geschäftspartnern und Aktionären.

Merke:

- Unter der **Unternehmensphilosophie (Unternehmenskultur)** versteht man ein System gemeinsamer Grundwerte und Überzeugungen mit entsprechenden Verhaltensregeln und Standards sowie Erkennungszeichen.

- Das **Unternehmensleitbild** leitet sich aus der Unternehmensphilosophie ab. Es formuliert die grundlegenden Zwecke, Zielrichtungen, Gestaltungsprinzipien und Verhaltensnormen der Unternehmung.

---

1 In der betriebswirtschaftlichen Literatur wird teilweise noch der Begriff **Unternehmensvision** verwendet, und zwar je nach Autor synonym mit dem Begriff Unternehmenskultur oder mit dem Begriff Unternehmensleitbild.

(3) Corporate Identity

Aus dem Unternehmensleitbild leitet sich die Corporate Identity ab.

> **Merke:**
>
> **Corporate Identity** ist das Erscheinungsbild eines Unternehmens in der Öffentlichkeit und bei seinem Personal. Je höher der Grad der Corporate Identity ist, desto mehr können sich die Belegschaftsmitglieder mit dem Unternehmen identifizieren.[1]

Folgende Instrumente dienen der Verstärkung der Corporate Identity eines Unternehmens (Corporate-Identity-Policy):

- **Corporate Design.** Hierunter versteht man die unverwechselbare Gestaltung der Elemente, die zum Erscheinungsbild des Unternehmens gehören, z.B. die Firma, das Firmenzeichen, die Firmenfarben und das Unternehmens- und Produkt-Design.

- **Corporate Communications.** Hierzu gehören die Werbung und die Public Relations.

- **Corporate Behaviour.**[2] Darunter versteht man die Erziehung der Mitarbeiter zu einem bestimmten Verhalten untereinander und gegenüber der Umwelt des Unternehmens entsprechend der verfolgten Corporate Identity.

1.3 Unternehmensziele

1.3.1 Begriff Unternehmensziele

Die Unternehmensziele leiten sich aus dem Unternehmensleitbild ab. Sie geben der Unternehmensleitung, den Bereichs- und Gruppenleitern bzw. den Mitarbeitern eine Orientierung für die Steuerung und Kontrolle der betrieblichen Prozesse. Damit diese Orientierung zweifelsfrei möglich ist, sind die Unternehmensziele eindeutig zu formulieren und verbindlich festzulegen. Es sollten also Zielinhalt und Zielausmaß festgehalten werden. Ohne eine eindeutige Zielformulierung sind weder eine sinnvolle Planung noch eine Steuerung oder zweckentsprechende Kontrolle möglich.

> **Merke:**
>
> **Unternehmensziele** beschreiben einen zukünftigen Zustand des Unternehmens, den der zuständige Entscheidungsträger anzustreben hat.

Unternehmensziele können nach einer Vielzahl von Kriterien gegliedert werden. Wir beschränken uns im Folgenden auf die Darstellung von zwei Gliederungskriterien.

---

1 Sich identifizieren: sich mit einer anderen Person oder Gruppe gefühlsmäßig (emotional) gleichsetzen und ihre Ziele übernehmen.

2 Behaviour (engl.): Verhalten, Benehmen, Auftreten.

1.3.2 Gliederung der Unternehmensziele nach dem Inhalt der Zielsetzung

Das Kriterium Inhalt der Zielsetzung führt zur Unterscheidung in Formalziele und Sachziele.

(1) Formalziele

Formalziele beschreiben **allgemeine Zielsetzungen**, nach denen sich das unternehmerische Handeln auszurichten hat. Sie beziehen sich nicht auf die konkrete Leistungserstellung des Unternehmens. Im Folgenden werden beispielhaft einige wichtige Formalziele von Unternehmen angeführt.

Gewinnerzielung	Wenn die Produktion von Gütern in einer marktwirtschaftlichen Wettbewerbsordnung von privaten Unternehmen durchgeführt wird, ist das Gewinnziel in den meisten Fällen das wichtigste Unternehmensziel. Dieses Ziel kann durch eine Kostenminimierung oder über eine Erfolgsmaximierung erreicht werden.
Andere Formalziele	Weitere wichtige Formalziele einer Unternehmung können sein: Erhöhung des Marktanteils der Produkte, Erhaltung der Umwelt durch die Produktion umweltfreundlicher Produkte, Schaffung sicherer Arbeitsplätze, ständige Steigerung der Zahlungsbereitschaft (Liquidität).

(2) Sachziele

Sachziele betreffen die **Leistung** des Betriebs. Die Leistung kann darin bestehen, Sachgüter (materielle Güter) oder Dienstleistungen (immaterielle Güter) zu erstellen.

Sachgüter	Sachgüter können die verschiedenartigsten Verbrauchs- und Gebrauchsgüter sein. Zu den **Gebrauchsgütern** gehören z.B. Apparate, Fahrzeuge, Maschinen, Werkzeuge, Gebäude. **Verbrauchsgüter** sind Güter, die in andere Güter eingehen oder zum Produktionsprozess beitragen. Zu den Verbrauchsgütern zählen z.B. Rohstoffe, Bauteile, Energie.
Dienstleistungen	Dienstleistungen sind Handlungen, durch die ein immaterieller Nutzen entsteht. Hierzu gehören z.B. Montagearbeiten, Instandhaltungen, Beratungen, Qualitätsprüfungen, Versicherungsleistungen, Übernahme von Vertriebs- oder Transportleistungen.

1.3.3 Gliederung der Unternehmensziele nach dem angestrebten Erfolg des Unternehmens

Die Ziele der Unternehmen nach dem angestrebten Erfolg sind dreifacher Art: Zum einen möchten die Unternehmen einen Erfolg erzielen **(ökonomische Ziele)**, zum anderen tragen die Unternehmen Verantwortung gegenüber ihren Mitarbeitern **(soziale Ziele)** und gegenüber der Umwelt **(ökologische Ziele)**.

Betrachtet man das Unternehmen unter dem Gesichtspunkt der anzustrebenden Unternehmensziele, so ist festzuhalten:

Merke:

Das **Unternehmen** ist ein wirtschaftliches (erfolgsorientiertes), soziales (viele Interessengruppen befriedigendes) und ökologisch verantwortlich handelndes System.

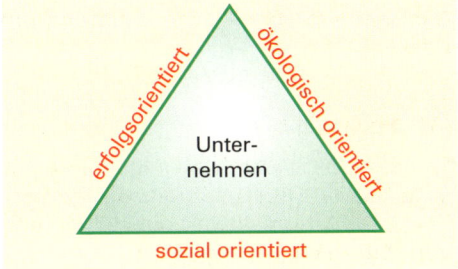

(1) Ökonomische (wirtschaftliche) Ziele

Als Wesensmerkmal unternehmerischer Tätigkeit in der Marktwirtschaft gilt in der Theorie in aller Regel das **Gewinnstreben** als Ausdruck der wirtschaftlichen Zielsetzung. In Wirklichkeit sind die wirtschaftlichen Ziele aber komplexer. In einer empirischen[1] Untersuchung von Unternehmenszielen in der Industrie werden die wirtschaftlichen Zielsetzungen in drei Kern-(Basis-)Ziele unterteilt:[2]

Marktziele	Sie definieren die Stellung, die das Unternehmen im Markt einzunehmen anstrebt. Hierzu zählen z. B. das Streben nach Marktanteilsvergrößerung, das Erreichen bestimmter Wachstumsziele, das Streben nach Prestige und Macht oder das Streben nach Unabhängigkeit.
Ertragsziele	Es handelt sich hier um Ziele, die sich in Ziffern ausdrücken lassen, wie z. B. die Höhe des angestrebten Gewinns, die Rentabilität des eingesetzten Kapitals oder die geplante Umsatzentwicklung.
Leistungsziele	Diese Zielvorgaben charakterisieren die angestrebten Leistungsschwerpunkte des Unternehmens. Hierzu können z. B. gerechnet werden: das Streben nach einem hohen Qualitätsstandard durch ein Qualitätsmanagement, die Verpflichtung gegenüber einer Familientradition oder die Sicherung von Arbeitsplätzen aus sozialer Verantwortung gegenüber der Gesellschaft.

Den wirtschaftlichen Zielsetzungen liegt das **ökonomische Prinzip** (wirtschaftliche Prinzip) zugrunde. Es besagt:

Merke:

■ Mit **gegebenen Mitteln** ist der **größtmögliche Erfolg** zu erzielen (**Maximalprinzip**).[3]

■ Ein **geplanter Erfolg** ist mit dem **geringsten Einsatz an Mitteln** anzustreben (**Minimalprinzip, Sparprinzip**).[4]

---

1 Empirik: Lehre, die allein die Erfahrung als Erkenntnisquelle gelten lässt.
2 Vgl. Nieschlag, Dichtl, Hörschgen: Marketing, 17. Aufl., Berlin 1994, S. 882.
3 Maximal: größtmöglich.
4 Minimal: kleinstmöglich.

Hieraus lässt sich folgende **allgemeine Formulierung des ökonomischen Prinzips**[1] ableiten:

> **Merke:**
>
> Es gilt, einen möglichst großen Überschuss an Erfolg über den Mitteleinsatz zu erlangen.

Bezogen auf den privatwirtschaftlich organisierten Betrieb besagt dies:

Ein **Unternehmen** richtet sich dann nach dem ökonomischen Prinzip, wenn es mit den geplanten Kosten je Zeitabschnitt einen größtmöglichen Gewinn zu erzielen trachtet **(Gewinnmaximierung)**. Das Unternehmen handelt auch dann nach dem ökonomischen Prinzip, wenn es einen geplanten Gewinn mit dem geringstmöglichen Mitteleinsatz erreichen möchte **(Kostenminimierung)**.

> **Beispiel:**
>
> Ein Handwerksmeister, der nicht darauf achtet, dass sparsam mit Material und sorgfältig mit Maschinen und Werkzeug umgegangen wird, verstößt gegen das ökonomische Prinzip, in diesem Fall gegen das Sparprinzip (Minimalprinzip).

(2) Ökologische[2] Ziele

Die zunehmenden nicht mehr hinnehmbaren Belastungen der natürlichen Umwelt (des **Ökosystems**) als Aufnahmemedium[3] für Emissionen und die notwendige Schonung der nicht regenerierbaren knappen Ressourcen (Roh- und Energiestoffe) erfordern eine konsequente umweltbezogene Abfallvermeidung, Abfallminderung und einen Wiedereinsatz aller recyclingfähigen[4] Abfälle.[5] Dies gilt nicht nur für die bei der Produktion angefallenen Rückstände der eingesetzten Produktionsfaktoren und Produktionsausschussmengen, sondern gleichermaßen für die Konsumgüter (z.B. Möbel, Elektrogeräte, Autos). Wenn diese Konsumgüter z.B. durch ihren Verschleiß und/oder wegen ihrer technischen Überholung nicht mehr für die ursprünglichen Verwendungszwecke genutzt werden können, müssen diese bzw. deren Bestandteile (Substanzen) ebenfalls wieder als Produktionsfaktoren in den Leistungsprozess zurückgeführt werden.

(3) Soziale Ziele

Neben wirtschaftlichen und ökologischen Zielen verfolgen die Unternehmen auch soziale Ziele. Von sozialen Zielen wird dann gesprochen, wenn ein Unternehmen zum einen die Arbeitsplatzerhaltung in den Mittelpunkt seiner Unternehmenspolitik stellt und zum anderen seinen Mitarbeitern freiwillige Sozialleistungen gewährt. Durch die Zahlung von freiwilligen Sozialleistungen möchte das Unternehmen insbesondere das Folgende erreichen:

- **Wirtschaftliche Besserstellung der Arbeitnehmer** (z.B. Urlaubsgeld, Wohnungshilfe, Zuschüsse zur Werkskantine, Jubiläumsgeschenke).

---

1 Ökonomisch: wirtschaftlich; Prinzip: Grundsatz.

2 Die **Ökologie** ist die Wissenschaft von den Wechselwirkungen zwischen den Lebewesen untereinander und ihren Beziehungen zur übrigen Umwelt.

3 Medium (lat.): Mittel, Transportmittel, Vermittler.

4 To recycle (engl.): wieder in den Kreislauf (Produktionskreislauf, Stoffkreislauf) zurückführen.

5 Unter ökologischen Gesichtspunkten sind **Abfälle** im engeren Sinne ausschließlich die nicht mehr verwendbaren und nicht mehr verwertbaren (recyclingunfähigen) festen bzw. verfestigten Reststoffe, die deshalb umweltverträglich zu entsorgen sind. Im weiteren Sinne gehören jedoch auch die unvermeidbaren absatzfähigen Nebenprodukte der Produktion sowie die recyclingfähigen Wiedereinsatzstoffe der Produktion und die materiellen Konsumgüter **(Wertstoffe)** zu den Abfällen.

- **Ausgleich familiärer Belastungsunterschiede** (z. B. Familienzulage, Geburts- und Heiratsbeihilfen).
- **Altersabsicherung und Absicherung gegen Risiken des Lebens** (z. B. Pensionszahlungen, Krankheitsbeihilfen, Beihilfe zur Rehabilitation).
- **Förderung geistiger und sportlicher Interessen** (z. B. Werksbücherei, Kurse zur Weiterbildung, Sportanlagen).

Die Verfolgung sozialer Ziele wird den Arbeitgebern aber auch gesetzlich vorgeschrieben, insbesondere durch das Arbeitsschutzrecht.[1] Ziel des Arbeitsschutzrechts ist, die Gesundheit der Mitarbeiter bei ihrer Arbeit zu schützen, die betriebliche Unfallgefahr möglichst zu vermeiden und die Arbeitgeber zu einer menschengerechten Gestaltung der Arbeitsplätze und Arbeitsabläufe zu veranlassen. Als Beispiel für Vorschriften des Arbeitsschutzrechts soll der wesentliche Inhalt des **Arbeitsschutzgesetzes** dargestellt werden.

Wirkungskreis	Wesentlicher Inhalt
Alle Arbeitgeber, alle Beschäftigten, z. B. Arbeitnehmer und alle Auszubildenden [§ 2 II, III ArbSchG], soweit diese nicht nach § 1 ArbSchG ausgeschlossen sind.	■ Arbeitgeber sind verpflichtet, die zur Sicherheit und Gesundheit der Beschäftigten bei der Arbeit erforderlichen Maßnahmen des Arbeitsschutzes zu treffen und hierzu z. B. für eine geeignete Organisation zur sorgen und die erforderlichen Mittel bereitzustellen [§ 3 ArbSchG]. Arbeitgeber müssen z. B. die Arbeit so gestalten, dass die Gefährdung für Leben und Gesundheit möglichst vermieden und die verbleibende Gefährdung möglichst gering gehalten wird. ■ Gefahren sind an ihren Quellen zu bekämpfen. Arbeitsschutzmaßnahmen müssen den Stand der Technik, Arbeitsmedizin und Hygiene und spezielle Gefahren besonders schutzbedürftiger Beschäftigungsgruppen berücksichtigen. Hierzu sind den Beschäftigten geeignete Anweisungen zu erteilen (Näheres siehe §§ 3 ff. ArbSchG).

Mit den sozialen Zielen verfolgen die Betriebe in aller Regel auch wirtschaftliche Ziele. Die am häufigsten anzutreffenden **wirtschaftlichen Motive,** die ein Unternehmen mit der Gewährung freiwilliger betrieblicher Sozialleistungen verfolgt, sind Steigerung der Leistung der Arbeit, Bindung der Arbeitnehmer an das Unternehmen, Sicherung von Einflussmöglichkeiten auf die Arbeitnehmer, Steuerersparnisse bzw. Steuerverschiebungen.

1.3.4 Zielharmonie und Zielkonflikt

Die Ansichten darüber, ob zwischen den ökonomischen, ökologischen und sozialen Zielen grundsätzlich eine **Konkurrenzbeziehung** (ein **Zielkonflikt**) oder eine **komplementäre Zielbeziehung (Zielharmonie)** besteht, sind in der Wissenschaft und Wirtschaftspraxis unterschiedlich.

Merke:

- **Zielkonflikt:** Die Verfolgung eines wirtschaftlichen und/oder ökologischen Ziels beeinträchtigt oder verhindert die Erreichung eines anderen wirtschaftlichen und/oder ökologischen Ziels.

---

1 Zum **Arbeitsschutzrecht** zählen insbesondere das Arbeitszeitgesetz [ArbZG], Mutterschutzgesetz [MuSchG], Jugendarbeitsschutzgesetz [JArbSchG], Arbeitsschutzgesetz [ArbSchG], Arbeitssicherheitsgesetz [ArbSichG], Geräte- und Produktsicherheitsgesetz [GPSG] und die Sozialgesetzbücher [SGB I bis XI].

Bisherige Untersuchungen zeigen weitgehend übereinstimmend, dass zumindest in den größeren von Umweltproblemen besonders betroffenen Unternehmen (Branchen) zwischen den **ökologischen und ökonomischen Unternehmenszielen** grundsätzlich eine komplementäre (sich gegenseitig ergänzende, fördernde) Zielbeziehung und **keine Zielkonkurrenz** besteht.

Dies ist deshalb der Fall, weil gerade der Umweltschutz vielfältige Innovationsmöglichkeiten (z. B. Entwicklung und Anwendung umweltschonender, Rohstoffe sparender Technologien; Chancen von Innovationsgewinnen) bietet.

In dem Ausmaß, in dem es den Unternehmen gelingt, ihre Umweltschutzziele zu verwirklichen, erhöht sich z. B. auch deren Umsatz, ihr Umsatzanteil am gesamten Markt, ihre Marktmacht, ihr langfristiger Gewinn, die Gesamtkapitalrentabilität und das Produkt- und Firmenimage in der Öffentlichkeit. Dadurch werden die Unternehmensexistenz und die Arbeitsplätze gesichert, neue Arbeitsplätze geschaffen sowie die Wettbewerbsfähigkeit verbessert.

Häufig bestehen dagegen **Zielkonflikte** zwischen den **ökonomischen** und den **sozialen Zielen**. Strebt ein Unternehmen z. B. zugleich Arbeitsplatzsicherung und Kostensenkung an, kann ein Zielkonflikt vorliegen, weil durch den Einsatz von Kosten sparenden Maschinen Arbeitskräfte „freigesetzt", d. h. entlassen werden müssen.

Auch zwischen den einzelwirtschaftlichen Zielen der Unternehmen und den wirtschafts- und gesellschaftspolitischen Zielen der Gesellschaft (des Staates) herrscht keineswegs immer Zielharmonie. Steigen aufgrund hoher Preise die Gewinne schneller als die Arbeitnehmereinkommen, nimmt der prozentuale Anteil der Arbeitnehmereinkommen am Gesamteinkommen (Volkseinkommen) – die sog. Lohnquote – ab. Dies widerspricht dem wirtschafts- und sozialpolitischen Ziel einer „sozialverträglichen Einkommensverteilung".

1.4 Planung

Wenn die Ziele festgelegt sind, wird von der Unternehmensleitung geprüft, auf welchen Wegen diese Ziele zu erreichen sind. Dabei ist zwischen der strategischen und der operativen Planung zu unterscheiden.

■ Der Kern der **strategischen**[1] **Planung** bildet die langfristige Produktprogramm- und Mengenplanung. Sie wird auch als **Geschäftsstrategie** bzw. **Geschäftsfeldplanung** bezeichnet. Im Einzelnen umfasst die strategische Planung z. B. Produktart und Produktmenge, die Material- und Investitionsplanung, die grundlegende Personalplanung, das einzusetzende Informationssystem sowie die Planung der Führungskräfte.

■ Aufgabe der **operativen Planung** sind die mittel- und kurzfristige konkrete Produktprogramm- und Produktionsplanung, die hierfür notwendige Absatz- und Beschaffungsplanung sowie die Vorgabe konkreter Ziele und Maßnahmen für die einzelnen Aufgabenbereiche des Unternehmens.

---

1 **Strategie** (gr.-lat.): genauer Plan des eigenen Vorgehens, um ein militärisches, politisches, wirtschaftliches oder ein anderes Ziel zu erreichen, indem man diejenigen Faktoren, die in die eigene Aktion hineinspielen könnten, von vornherein einzuplanen versucht. Strategische Ziele sind **langfristig** zu erreichende Ziele. Dementsprechend versteht man unter strategischer Planung eine langfristige Planung, die durch eine **taktische Planung** (mittelfristige Planung) und eine **operative Planung** (kurzfristige Planung) ergänzt werden muss. Taktik wurde früher vor allem im militärischen Bereich im Sinne von „geschickter Kampf- und Truppenführung" verwendet. Unter Operation (gr.-lat.) versteht man eine Handlung, ein Verfahren oder einen Denkvorgang (operativ: als konkrete Maßnahme unmittelbar wirkend).

1.5 Steuerung und Kontrolle

Die **Steuerung** dient der Umsetzung der Planung in die Realisation. Hierzu werden von der Unternehmensleitung detaillierte Festlegungen getroffen sowie deren Durchführung veranlasst.

Die **Kontrolle** stellt die Istzahlen (tatsächliches Ergebnis) den Sollzahlen (Planzahlen) gegenüber, ermittelt die Soll-/Ist-Abweichungen und analysiert deren Ursache. Sie ist eine notwendige Ergänzung zur Planung und zur Steuerung.

Zusammenfassung

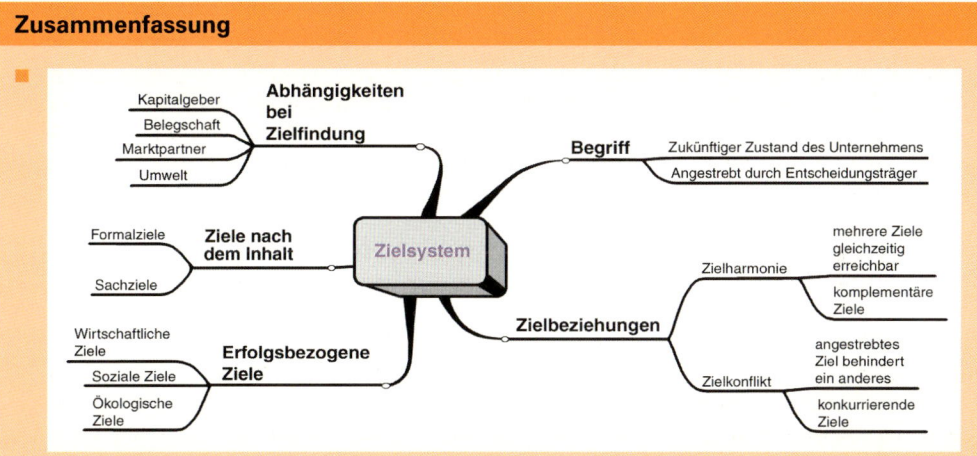

- **Formalziele** beschreiben allgemeine Zielsetzungen (Gewinnstreben, Gewinn von Marktanteilen, Sicherung der Arbeitsplätze). **Sachziele** sind Leistungsziele. Die Leistung kann darin bestehen, Sachgüter und Dienstleistungen zu erstellen.

- Die **ökonomischen Ziele** lassen sich in drei Basisziele untergliedern, und zwar in **Marktziele** (Macht, Einfluss, Umsatz, Marktanteil), **Ertragsziele** (Gewinn, Rentabilität) und in produkt- und gesellschaftsbezogene **Leistungsziele** (Angebotsqualität, soziale Verantwortung, Sicherung des Unternehmensbestands).

- Um die immer knapper werdenden nicht regenerierbaren/natürlichen Ressourcen (z.B. primäre Roh- und Energiestoffe) und die Mülldeponien zu schonen, muss die Unternehmenspolitik **ökologische Ziele** formulieren, die auf einen möglichst **sparsamen Einsatz von Stoffen** und den **Einsatz von abfallarmen Stoffen** zur Vermeidung und Minderung von zu entsorgenden Reststoffen ausgerichtet sind.

- **Soziale Unternehmensziele** verfolgen den Zweck, den Arbeitnehmern eine umfassende Besserstellung zukommen zu lassen. Sie können vom Arbeitgeber freiwillig erbracht oder gesetzlich vorgeschrieben sein.

- Unter mehreren als wünschenswert erkannten Zielen kann ein **Zielkonflikt** (Konkurrenzbeziehung) oder eine **Zielharmonie** bestehen.

- Die wichtigsten (rationalen) Management- bzw. Führungsfähigkeiten: **Planen, Steuern** und **Überwachen (Kontrolle)** lassen sich aus dem Willensbildungs- und Willensdurchführungsprozess ableiten.

1 Die Haushaltsgerätefabrik Töpfer GmbH hat folgendes Unternehmensleitbild formuliert (Auszüge):

1. Was wir sind

Wir sind ein mittelständisches Traditionsunternehmen, das seit 1860 besteht. In der Produktion von Rührgeräten, Mixgeräten und Schneidemaschinen besitzen wir Weltruf. Es ist unsere Absicht, diesen Ruf im Interesse unserer Kunden und Mitarbeiter weiter auszubauen.

Für die Herstellung unserer Geräte haben wir hohes handwerkliches Know-how. Dieses handwerkliche Können werden wir auch in Zukunft durch weitere industrielle Fertigungsprozesse ergänzen, um den Ausbau unserer Marktstellung zu festigen.

2. Was wir wollen

In der Zukunft können wir nur erfolgreich sein, wenn wir unser Wissen und unsere Erfahrungen ständig verbessern.

Wir wollen mit unseren Produkten (unseren Erzeugnissen und Dienstleistungen) Marktführer sein.

Unser Angebot muss formschön, praktisch, sicher und fehlerfrei sein.

Wir bauen unsere Marktstellung auf traditionellen Märkten aus. Auf neue Märkte gehen wir nur, wenn dies mit unserer Unternehmensphilosophie übereinstimmt.

3. Unsere Kundenphilosophie

Unser Unternehmen lebt von den Aufträgen unserer Kunden. Wir sind uns bewusst, dass unsere Angebote erst dann zu lohnenden Aufträgen werden, wenn wir die Bedürfnisse der Kunden besser befriedigen als unsere Mitbewerber.

Die Bedürfnisse unserer Zielgruppen zu ergründen und Maßnahmen zu ihrer Befriedigung zu ergreifen ist deshalb eine unserer Hauptaufgaben.

Unser Streben nach absolut fehlerfreier Qualität soll Kundenreklamationen überflüssig machen. Mögliche Mängelrügen unserer Kunden wollen wir großzügig und kulant behandeln.

4. Unternehmenswachstum

Wir wollen schneller wachsen als die Mitbewerber. Eine Ausweitung der Produktpalette soll nur erfolgen, wenn Exklusivität und höchste Qualität gegeben sind.

Kooperationen[1] gehen wir ein, wenn nachstehende Faktoren zutreffen:

- *Es können Lösungen angeboten werden, mit denen die Bedürfnisse der Kunden noch besser befriedigt werden können.*
- *Es eröffnen sich neue Wachstumsmöglichkeiten.*
- *Es ergeben sich kostengünstigere Produktions- und Vertriebsstrukturen.*
- *Es bietet sich der Zugang zu neuem Know-how.*
- *Die finanzielle Basis unseres Unternehmens kann verbreitert werden.*

5. Personalpolitik

Unsere Personalpolitik beruht auf der Überzeugung, dass ein Unternehmen nur so gut wie seine Mitarbeiter ist. Sind diese engagiert, flexibel, sachkundig und erfolgreich, dann ist auch das ganze Unternehmen leistungsfähig und erfolgreich.

Unsere Mitarbeiter haben am Erfolg des Unternehmens teil. Ihr Arbeitsplatz soll aufgrund ihrer Leistungen sicher sein. Der Arbeitsplatz ist ansprechend zu gestalten und er darf keine Gefährdung für die Arbeitskraft darstellen. Die individuellen Leistungen sind anzuerkennen.

---

1 **Kooperation** ist *jede* Zusammenarbeit zwischen Unternehmen. Diese kann auf der einen Seite in sehr lockerer Form geschehen, auf der anderen Seite bis hin zum Aufkauf eines Unternehmens durch ein anderes führen.

Für uns gelten folgende Führungsgrundsätze:

- *Alle Mitarbeiter haben die gleichen Entwicklungs- und Beförderungschancen.*
- *Durch Aus- und Weiterbildung wollen wir die Qualifikation unserer Mitarbeiter erhöhen.*
- *Wir stellen laufend Überlegungen an, wie die Arbeitsbedingungen einschließlich des Betriebsklimas verbessert werden können.*
- *In unserem Unternehmen praktizieren wir einen kooperativen Führungsstil.[1]*
- *Die Besetzung neuer Stellen wollen wir vorzugsweise aus den eigenen Reihen, d.h. betriebsintern vornehmen.*

6. Gesellschaftliche Verantwortung

Der Nutzen unseres Angebots besteht darin, dass wir unseren Kunden das tägliche Leben erleichtern und sicherer machen.

Wir betrachten uns als Teil der Gemeinde, in der wir produzieren und mit der wir uns eng verbunden fühlen.

Als Bürger ihrer Gemeinde können und sollen unsere Mitarbeiter z.B. in Vereinen, Kirchen, Parteien, Schulen, städtischen und karitativen Einrichtungen mitwirken.

Gegenüber unseren Kunden, Lieferern, Kreditgebern und Mitbewerbern verhalten wir uns fair. Unsere Zulieferer müssen eine Chance haben, ihrerseits Gewinne zu erzielen.

7. Verantwortung gegenüber der natürlichen Umwelt

Produktionsbedingte Belastungen der Umwelt mit Lärm, Abgasen und Abwasser müssen durch entsprechende Maßnahmen auf dem niedrigstmöglichen Niveau gehalten werden.

Wir streben einen integrierten[2] Umweltschutz an, d.h., der Umweltschutz umfasst alle Vor- und Folgestufen des gesamten Produktionsprozesses - von der Beschaffung, der Lagerung, der Herstellung, dem Verkauf, der Distribution[3] bis zur Entsorgung der Abfälle.

Alle wiederverwertbaren Abfälle vom Papier in den Büros bis hin zum Schrott in den Werkstätten werden gesondert gesammelt und in eigene oder fremde Produktionsprozesse zurückgeführt (Recycling).

Jedes Belegschaftsmitglied ist sich bewusst, dass der Umweltschutz bereits vor dem Beginn des Produktionsprozesses beginnt und während des gesamten Produktionsprozesses zu beachten ist.

Wir wollen durch Vermeidungsstrategien mögliche Nachsorgestrategien überflüssig machen.

8. Verpflichtung gegenüber unseren Gesellschaftern

Unser oberstes Ziel ist die Erhaltung und Weiterentwicklung unseres Unternehmens, um die Arbeitsplätze zu sichern und das eingesetzte Kapital zu erhalten und zu mehren. Dieses Ziel kann nur erreicht werden, wenn das Unternehmen einen ausreichenden Gewinn erwirtschaftet.

Der Gewinn muss so groß sein, dass die zur Erreichung der Unternehmensziele erforderlichen Ersatz- und Erneuerungsinvestitionen durchgeführt werden können und das Eigenkapital eine angemessene Verzinsung erhält.

Wir streben eine Vermehrung des Eigenkapitals an, um den Kreditbedarf und damit die Zins- und Tilgungsleistungen zu senken.

Als mittelständisches Unternehmen wollen wir keine Risiken eingehen, die die Existenz des Unternehmens gefährden können.

---

1 Ein **kooperativer Führungsstil** liegt vor, wenn ein steter Informationsaustausch (Kommunikationsprozess) zwischen den vorgesetzten Personen und ihren Mitarbeiterinnen und Mitarbeitern stattfindet.

2 Integrieren (lat.): einbeziehen, einbauen, in ein übergeordnetes Ganzes aufnehmen.

3 Distribution (lat.): Verteilung. In der Betriebswirtschaftslehre ist unter Distribution die Verteilung der Güter, d.h. die Art und Weise zu verstehen, wie die Verteilung der Güter nach ihrer Fertig- oder Bereitstellung zum Abnehmer vorgenommen wird.

Aufgaben:

Welche Unternehmensziele (z. B. ökonomische, ökologische, soziale Ziele) lassen sich aus den zitierten Unternehmensleitsätzen ableiten? Nennen Sie in Ihrer Antwort die Punkte, auf die sie sich beziehen!

2 In der betriebswirtschaftlichen Literatur wird zwischen monetären[1] und nichtmonetären Zielvorstellungen unterschieden. Monetäre Ziele sind solche, deren Erreichung bzw. Nichterreichung in Geldeinheiten gemessen werden kann.

Aufgaben:

1. Welche der nachgenannten Ziele gehören zu den monetären Zielvorstellungen? (Eine Zuordnung ist nicht in jedem Fall eindeutig. Ob Ihre Antwort zutreffend oder nicht zutreffend ist, hängt daher von Ihrer Begründung ab!)

   1.1 Gewinnziel,
   1.2 Streben nach Macht und/oder Prestige,
   1.3 Gewinnung politischen Einflusses,
   1.4 Umsatzsteigerung,
   1.5 Erhöhung des Marktanteils,
   1.6 Unternehmenswachstum,
   1.7 Verminderung der Umweltbelastungen,
   1.8 Arbeitsplatzsicherung,

   1.9 Streben nach Unabhängigkeit,
   1.10 Versorgung der Bevölkerung mit lebensnotwendigen Erzeugnissen oder Dienstleistungen,
   1.11 Verpflichtung gegenüber Familientradition,
   1.12 Kostendeckung,
   1.13 Kostensenkung.

2. Welche(s) der vorstehend genannten Ziele gehören (gehört) zu den

   2.1 ökonomischen Zielen,

   2.2 ökologischen Zielen,

   2.3 sozialen Zielen?

3. Nennen Sie ein Beispiel für eine Zielkombination, bei der ein Zielkonflikt besteht!

4. Nennen Sie ein Beispiel für eine Zielkombination, bei der Zielharmonie besteht!

3 **Arbeitsauftrag:** Erklären Sie an einem selbst gewählten Beispiel, wie durch die Verfolgung des „wirtschaftlichen Prinzips" die Umwelt entlastet bzw. geschont werden kann!

---

1 Monetär: geldlich. Das Wort geht auf moneta (lat.): Münze zurück.

2 Rechtliche Rahmenbedingungen und Rechtsformen des Unternehmens

2.1 Rechtliche Grundlagen der Unternehmen

2.1.1 Kaufleute

(1) Geltungsbereich des Handelsrechts

Für die wirtschaftliche Tätigkeit der Kaufleute im rechtlichen Sinne gilt das Handelsrecht. Zum Handelsrecht gehören neben dem HGB und seinen Nebengesetzen (z.B. Scheck- und Wechselgesetz) u.a. das in verschiedenen Gesetzen geregelte Gesellschaftsrecht, das Rechte des gewerblichen Rechtsschutzes, sowie das Wertpapierrecht und das Bank- und Börsenrecht. Für Kaufleute gilt das BGB nur subsidiär,[1] das bedeutet, dass das BGB nur insoweit Anwendung findet, als es für den Sachverhalt im Handelsrecht keine Sondervorschriften gibt.

Merke:

Das **Handelsrecht** ist das Sonderprivatrecht der Kaufleute.

(2) Begriff Kaufmann

Merke:

Kaufmann im Sinne des HGB ist, wer ein Handelsgewerbe betreibt [§ 1 I HGB].

Was ein Handelsgewerbe ist, sagt § 1 II HGB. Danach ist jeder Gewerbebetrieb[2] ein Handelsgewerbe, der einen nach Art oder Umfang in kaufmännischer Weise eingerichteten Geschäftsbetrieb erfordert. Merkmale eines kaufmännisch eingerichteten Geschäftsbetriebs sind z.B. doppelte Buchführung, Erreichen eines bestimmten Umsatzes, mehrere Beschäftigte, Produktvielfalt (Sach- und/oder Dienstleistungen), Gewinnziel und Zahl der Betriebsstätten.

(3) Abgrenzung des Begriffs Kaufmann vom Nichtkaufmann

Merke:

Gewerbetreibende, deren Unternehmen **keinen** nach Art oder Umfang eines in kaufmännischer Weise eingerichteten Geschäftsbetrieb erforderlich macht, sind keine Kaufleute.

Hierzu gehören vor allem alle **Kleinbetriebe** sowie die **freien Berufe** (z.B. Rechtsanwälte, Architekten, Ärzte mit einer eigenen Praxis).

---

1 Subsidiär: zur Aushilfe dienend.
2 Ein **Gewerbebetrieb** liegt vor, wenn die Tätigkeit selbstständig und auf Dauer angelegt ist, planmäßig betrieben wird, auf dem Markt nach außen in Erscheinung tritt, nicht gesetzes- oder sittenwidrig ist und in der Regel eine Gewinnerzielungsabsicht beinhaltet.

(4) Arten der Kaufleute

■ **Istkaufleute**

> **Merke:**
>
> Gewerbetreibende, deren Unternehmen eine kaufmännische Einrichtung erforderlich macht, sind *in jedem Fall* Kaufleute, gleichgültig, ob sie bereits im Handelsregister eingetragen sind oder nicht. Man spricht deswegen auch von **Istkaufleuten** [§ 1 HGB].

Die Istkaufleute sind verpflichtet, sich mit ihrer Firma und mit sonstigen wichtigen Merkmalen ihres Handelsgewerbes (z. B. Niederlassungsort, Zweck des Unternehmens, Gesellschafter) in das Handelsregister eintragen zu lassen. Die Eintragung erklärt nach außen, dass es sich um ein kaufmännisches Unternehmen handelt. Die Eintragung wirkt nur noch **deklaratorisch**,[1] was besagt, dass die Rechtswirkung schon vor der Eintragung in das Handelsregister eingetreten ist.

■ **Kannkaufleute**

> **Merke:**
>
> Kleinbetriebe sind keine Kaufleute im Sinne des § 1 HGB und unterliegen daher nicht den **Vorschriften des HGB**. Kleingewerbetreibende können sich aber in das Handelsregister eintragen lassen. Mit der Eintragung erlangen sie die Kaufmannseigenschaft. Die Kleingewerbetreibenden zählen deshalb zu den **Kannkaufleuten**.

Auch die Inhaber land- und forstwirtschaftlicher Betriebe und/oder ihrer Nebenbetriebe haben die Möglichkeit, sich ins Handelsregister eintragen zu lassen. Voraussetzung ist, dass diese Betriebe einen nach Art und Umfang in kaufmännischer Weise eingerichteten Geschäftsbetrieb erfordern [§§ 2, 3 II HGB].

Bei den Kannkaufleuten wirkt die Handelsregistereintragung **konstitutiv**.[2] Dies bedeutet, dass die Kaufmannseigenschaft erst mit der Handelsregistereintragung erworben wird. Folglich gelten gewerbliche Unternehmen, die nicht bereits nach § 1 II HGB ein Handelsgewerbe sind, als Handelsgewerbe, wenn die Firma des Unternehmens in das Handelsregister eingetragen ist [§ 2, S. 1 HGB].

■ **Kaufleute kraft Rechtsform**

> **Merke:**
>
> Kaufleute kraft Rechtsform **(Formkaufleute)** sind die juristischen Personen des Handelsrechts ohne Rücksicht auf die Art der betriebenen Geschäfte und der Betriebsgröße.

Ein wichtiges Beispiel für einen Kaufmann kraft Rechtsform ist die Gesellschaft mit beschränkter Haftung (GmbH) (Kapitel 2.2.4.1, S. 54ff.), sowie die Aktiengesellschaft (AG) (Kapitel 2.2.4.2, S. 61ff.), die mit der Eintragung in das Handelsregister Kaufmann werden. Bei den Formkaufleuten wirkt die Handelsregistereintragung **konstitutiv,** d. h., die Rechtswirkung tritt erst mit der Eintragung in das Handelsregister ein.

---

1 Deklaratorisch (lat.): erklärend, rechtserklärend. Deklaration (lat.): Erklärung, die etwas Grundlegendes enthält.

2 Konstitutiv (lat.): rechtsbegründend, rechtschaffend. Konstitution (lat.): Verfassung, Rechtsbestimmung.

2.1.2 Handelsregister

(1) Begriff Handelsregister

> **Merke:**
>
> ■ Das **Handelsregister** ist ein amtliches, öffentliches Verzeichnis aller Kaufleute eines Amtsgerichtsbezirks. Für die Führung des Handelsregisters sind die Amtsgerichte zuständig [§ 8 HGB; § 125 FGG].
>
>   ■ Für die **Anmeldungen zur Eintragung** ist eine **öffentliche Beglaubigung** (z. B. durch einen Notar) erforderlich.
>
>   ■ Die für die Anmeldung erforderlichen **Unterlagen** sind **elektronisch einzureichen.**

Die Landesregierungen sind ermächtigt, durch Rechtsverordnungen die Führung des Handelsregisters für mehrere Amtsgerichtsbezirke einem Amtsgericht zu übertragen, wenn dies einer schnelleren und rationelleren Führung des Handelsregisters dient [§ 125 II FGG].

(2) Aufgabe und Bedeutung des Handelsregisters

Die Aufgabe des Handelsregisters besteht darin, der **Öffentlichkeit** die Rechtsverhältnisse der eingetragenen kaufmännischen Gewerbebetriebe offenzulegen. Das Handelsregister ist frei zugänglich, d. h., jeder Interessierte kann ohne Angabe von Gründen in das Register Einsicht nehmen.

Das Handelsregister gibt z. B. Auskunft über die Firma, die Rechtsform, den Gegenstand des Unternehmens, den (oder die) Geschäftsinhaber, die Haftungsverhältnisse, den Ort der Handelsniederlassung, den Gegenstand des Unternehmens, die Vertretungsbefugnisse der Vertretungsorgane des Unternehmens und den Tag der Handelsregistereintragung.

Die Handelsregistereintragungen werden **elektronisch bekannt gemacht**. Auskünfte über die Eintragungen (z. B. Registerblätter, Gesellschafterlisten und Satzungen) können über das gemeinsame Justizportal aller Bundesländer (www.justiz.de) online eingesehen werden.[1] Zudem kann jeder auf elektronischem Wege (kostenpflichtig) Abschriften und Registerausdrucke erhalten.[2]

Das Handelsregister genießt **öffentlichen Glauben**. Zum Schutz des Vertrauens Dritter auf die bekannt gemachten Handelsregistereintragungen gilt die **Vermutung der Richtigkeit** der Handelsregistereintragungen (Vertrauensschutz).

(3) Abteilungen des Handelsregisters

Das Handelsregister besteht aus **zwei Abteilungen:**

■ In die **Abteilung A** werden u. a. eingetragen: die Einzelkaufleute, die OHG und die KG.

■ In die **Abteilung B** werden u. a. eingetragen: die AG und die GmbH.

---

1 Die Einsichtnahme „vor Ort" ist grundsätzlich bei jedem Amtsgericht über ein Terminal möglich.

2 Außerdem besteht seit 2007 ein **Unternehmensregister,** das als bündelndes Portal über die Informationen des Handelsregisters hinaus, alle wirtschaftlich relevanten Daten über Unternehmen zugänglich macht (www.unternehmens-register.de).

(4) Löschung

Die Löschung der Eintragung erfolgt dadurch, dass die Eintragung rot unterstrichen wird. Auf diese Weise können alle früheren Eintragungen zurückverfolgt werden.

2.1.3 Firma

(1) Begriff Firma

> **Merke:**
>
> Die **Firma** ist der im Handelsregister eingetragene Name, unter dem ein Kaufmann sein Handelsgewerbe betreibt und seine Unterschrift abgibt [§ 17 I HGB]. Der Kaufmann kann unter seiner Firma klagen und verklagt werden [§ 17 II HGB].

Das Recht an einer bestimmten Firma ist gesetzlich geschützt. Das Gesetz schützt den Inhaber einer Firma beispielsweise davor, dass ein anderer Kaufmann am selben Ort eine nicht deutlich abweichende Firma annimmt [§ 30 HGB]. Bei unrechtmäßiger Firmenführung durch ein anderes Unternehmen kann der Geschädigte die Unterlassung des Gebrauchs der Firma und unter bestimmten Voraussetzungen auch Schadensersatz verlangen [§ 37 II HGB].

Eintragungsfähig ist – unabhängig von der Rechtsform des Unternehmens – jede Firma, die folgende Bedingungen erfüllt:

- Sie muss sich deutlich von anderen Firmen unterscheiden [§ 18 I HGB].
- Die Geschäftsverhältnisse müssen ersichtlich sein [§ 19 I HGB].
- Die Haftungsverhältnisse müssen offengelegt werden [§ 19 II HGB].
- Die Firma darf nicht irreführend sein (Irreführungsverbot nach § 18 II HGB). Eine Firma ist von der Eintragung ins Handelsregister ausgeschlossen, wenn sie Angaben enthält, die *ersichtlich* geeignet sind, über geschäftliche Verhältnisse, die für die angesprochenen Verkehrskreise wesentlich sind, irrezuführen.

(2) Firmenarten

Wenn die oben genannten vier Voraussetzungen erfüllt sind, können die einzutragenden Unternehmen zwischen folgenden Firmenarten wählen:

Personenfirmen	Sie enthalten einen oder mehrere Personennamen (z.B. Carola Müller OHG, Schneider & Bauer KG).
Sachfirmen	Sie sind dem Zweck (dem Gegenstand) des Unternehmens entnommen (z.B. Vereinigte Göttinger Lebensmittelfabriken GmbH, Bielefelder Metallwarenfabrik AG).
Fantasiefirmen	Sie sind erdachte Namen (z.B. Fantasia Verlagsgesellschaft mbH, Impex OHG).
Gemischte Firmen	Sie enthalten sowohl einen oder mehrere Personennamen, einen dem Gegenstand (Zweck) des Unternehmens entnommenen Begriff und/oder einen Fantasienamen (z.B. Dyckerhoff Zementwerke Aktiengesellschaft; Arzneimittelgroßhandlung Peter & Schmid OHG; Fantasia Ferienpark GmbH). Gemischte Firmen kommen sowohl bei Einzelunternehmen, Personengesellschaften und Kapitalgesellschaften vor.

Eine Firma besteht entweder nur aus einem **Firmenkern** oder aus einem Firmenkern und einem **Firmenzusatz** oder mehreren Firmenzusätzen.

(3) Rechtsformzusätze

Den einzelnen Rechtsformen der Unternehmen sind **verbindliche Firmenzusätze (Rechtsformzusätze)** zugeordnet. Im Folgenden werden beispielhaft die Rechtsformzusätze der Einzelkaufleute, der Offenen Handelsgesellschaft (OHG), der AG und der Gesellschaft mit beschränkter Haftung (GmbH) dargestellt.

- Die Firma der **Einzelkaufleute** muss die Bezeichnung „eingetragener Kaufmann" bzw. „eingetragene Kauffrau" enthalten. Allgemein verständliche Abkürzungen dieser Bezeichnungen sind zulässig (z. B. e. K., e. Kfm., e. Kfr.) [§ 19 I, Nr. 1 HGB].

- **Offene Handelsgesellschaften** müssen die Bezeichnung „Offene Handelsgesellschaft" aufweisen. Eine allgemein verständliche Abkürzung dieser Bezeichnung wie z. B. OHG ist zulässig [§ 19 I, Nr. 3 HGB].

- Die Firma der **Aktiengesellschaften** muss die Bezeichnung „Aktiengesellschaft" [§ 4 AktG], die Firma der **Gesellschaften mit beschränkter Haftung** müssen die Bezeichnung „Gesellschaft mit beschränkter Haftung" enthalten [§ 4 GmbHG]. Eine allgemein verständliche Abkürzung dieser Bezeichnung ist zulässig (z. B. AG bzw. GmbH).

Freiwillige Firmenzusätze haben die Aufgabe, den Informationsgehalt einer Firma zu verstärken.

> **Beispiel:**
>
> Die Inhaberin eines Schuhgeschäfts firmiert wie folgt: „Inge Kern e. K. – Schuhfachgeschäft".

(4) Pflichtangaben auf Geschäftsbriefen

Für sämtliche kaufmännischen Unternehmen[1] sind auf allen **Geschäftsbriefen, die an einen bestimmten Empfänger gerichtet sind,** folgende Angaben **verpflichtend** vorgeschrieben [§ 37 a HGB]: die Firma (d. h. die Angabe der Rechtsform, z. B. „eingetragener Kaufmann"), der Ort der Handelsniederlassung, das Registergericht, die Nummer, unter der die Firma in das Handelsregister eingetragen ist und die Steuernummer [§ 14 I a UStG].

(5) Firmengrundsätze

- **Firmenwahrheit und -klarheit**

Die Firma darf nicht über Art und/oder Umfang des Geschäfts täuschen.

- **Firmenöffentlichkeit**

Jeder Kaufmann ist verpflichtet seine Firma und den Ort seiner Handelsniederlassung und deren spätere Änderungen zur Eintragung in das zuständige Handelsregister anzumelden. Damit wird erreicht, dass die Öffentlichkeit (also Kunden, Lieferanten, Banken, Behörden usw.) erfährt, unter welcher Firma Geschäftsvorgänge abgewickelt werden.

- **Firmenausschließlichkeit**

Jede neue Firma muss sich von anderen an demselben Ort oder in derselben Gemeinde bereits bestehenden und in das Handelsregister eingetragenen Firmen deutlich unterscheiden. Bei gleichen Familiennamen der Inhaber muss ein Firmenzusatz eine eindeutige Unterscheidung ermöglichen.

---

1 Pflichtangaben auf Geschäftsbriefen bestehen somit für die eingetragenen Einzelunternehmen, die offene Handelsgesellschaft [§ 125 a HGB], die Kommanditgesellschaft [§ 177 a HGB], die Aktiengesellschaft [§ 80 AktG], die Gesellschaft mit beschränkter Haftung [§ 35 a GmbHG] und die eingetragene Genossenschaft [§ 25 a GenG].

3 Speth – ISBN 978-3-8120-0491-6

■ **Firmenbeständigkeit**[1]

Die bisherige Firma kann beibehalten werden, wenn sich der Name des Inhabers ändert (z. B. bei Heirat), das Unternehmen durch einen neuen Inhaber fortgeführt wird (z. B. bei Verkauf oder Erbschaft) oder bei Eintritt eines zusätzlichen Mitinhabers (Gesellschafters). Voraussetzung für die Weiterführung der Firma ist die ausdrückliche Einwilligung des bisherigen Inhabers oder dessen Erben. Ein Zusatz, der auf das Nachfolgeverhältnis hinweist, ist möglich.

Auch wenn die Firma fortgeführt wird, muss sie die zwingend vorgeschriebenen Rechtsformzusätze wie „eingetragener Kaufmann", „eingetragene Kauffrau", „offene Handelsgesellschaft" oder „Kommanditgesellschaft" bzw. die allgemein verständlichen Abkürzungen dieser Bezeichnungen enthalten [§ 19 I HGB].

(6) Haftung bei Übernahme

Wer ein Handelsgeschäft erwirbt und dieses unter Beibehaltung der bisherigen Firma mit oder ohne Beifügung eines das Nachfolgeverhältnis andeutenden Zusatzes fortführt, *haftet für alle* im Betrieb des Geschäfts begründeten Verbindlichkeiten des früheren Inhabers [§ 25 I HGB]. Eine abweichende Vereinbarung ist Dritten gegenüber nur wirksam, wenn sie in das Handelsregister eingetragen und bekannt gemacht oder von dem Erwerber bzw. dem Veräußerer dem Dritten mitgeteilt wurde [§ 25 II HGB].

Wird die Firma nicht fortgeführt, haftet der Erwerber für die früheren Geschäftsverbindlichkeiten grundsätzlich nur dann, wenn ein besonderer Verpflichtungsgrund vorliegt, insbesondere wenn die Übernahme der Verbindlichkeiten vom Erwerber in handelsüblicher Weise (z. B. durch Rundschreiben) bekannt gemacht worden ist [§ 25 III HGB].

Zusammenfassung		
Arten der Kaufleute		
Istkaufleute	Kannkaufleute	Kaufleute kraft Rechtsform (Formkaufleute)
Alle Gewerbebetriebe, die einen in kaufmännischer Weise eingerichteten Geschäftsbetrieb benötigen	1. Kleinbetriebe 2. Land- und forstwirtschaftliche Betriebe, die nach Art und Umfang eine kaufmännische Einrichtung benötigen	Juristische Personen des Handelsrechts
Die Eintragung ins Handelsregister ist Pflicht	Die Eintragung ins Handelsregister ist freiwillig	Die Eintragung ins Handelsregister ist Pflicht
Eintragung wirkt deklaratorisch	Eintragung wirkt konstitutiv	

■ Die **Firma** eines Kaufmanns ist sein im Handelsregister eingetragener Name, unter dem er seine Geschäfte betreibt und seine Unterschrift abgibt.

■ Man unterscheidet **Personen-, Sach-, Fantasie-** und **gemischte Firmen.**

---

1 Der Grundsatz der Firmenbeständigkeit kann dem Grundsatz der Firmenwahrheit widersprechen, ist aber aus wirtschaftlichen Gründen gerechtfertigt. Denn viele alteingesessene Unternehmen haben sich im Laufe der Zeit einen guten Ruf erworben, sind also bei ihren Kunden bekannt. Um diesen Geschäftswert **(Goodwill)** nicht aufs Spiel zu setzen, muss es den Unternehmen erlaubt sein, auch bei Änderungen der Rechtsverhältnisse den bisherigen Namen beizubehalten.

4 1. Frau Erna Stehlin übernimmt für verschiedene Verlage Setzarbeiten. Sie hat zwei Teilzeitangestellte beschäftigt. Ihr Gewerbebetrieb erfordert keinen nach Art oder Umfang in kaufmännischer Weise eingerichteten Geschäftsbetrieb. Dennoch möchte sich Frau Stehlin ins Handelsregister eintragen lassen.

Aufgaben:

1.1 Wie kann die Firma lauten? Machen Sie drei Vorschläge!

1.2 Erläutern Sie, was unter dem Begriff Firma zu verstehen ist!

1.3 Frau Stehlin möchte wie folgt firmieren:

> Die Texterfassung e. K.

Beschreiben Sie, welche Konsequenz (Folge) die Handelsregistereintragung für Frau Stehlin hat!

1.4 Auf den Rat eines Bekannten hin meldet Frau Stehlin beim Amtsgericht folgende Firma an:

> Die Texterfassung
> Inh. Erna Stehlin e. K.

Die Eintragung erfolgt am 24. Mai 20...

Welche Konsequenz (Folge) hat die Handelsregistereintragung für Frau Stehlin?

2. Der Installateurmeister Ernst Kopf hat vor Jahren einen kleinen Reparaturbetrieb gegründet, der sich gut entwickelte. Heute beschäftigt er fünf Gesellen und zwei Angestellte. Sein Betrieb ist kaufmännisch voll durchorganisiert. Im Handelsregister ist Ernst Kopf nicht eingetragen.

Aufgaben:

2.1 Beurteilen Sie, ob Herr Kopf Kaufmann ist!

2.2 Der Steuerberater Klug macht Herrn Kopf darauf aufmerksam, dass er seinen Gewerbebetrieb ins Handelsregister eintragen lassen muss.
Machen Sie einen Vorschlag, wie die Firma lauten könnte!

2.3 Herr Kopf lässt sich am 15. Februar 20.. unter der Firma „Ernst Kopf e. K. – Installateurfachbetrieb" ins Handelsregister eintragen.

Welche Wirkung hat die Handelsregistereintragung?

3. Entscheiden Sie folgenden Rechtsfall:

Der Angestellte Fritz Kugel erwirbt die Lebensmittelfabrik Karl Klein e. K. Die neue Firma lautet „Fritz Kugel e. Kfm., Lebensmittelfabrik". Mit dem ehemaligen Inhaber Klein vereinbart Fritz Kugel, dass dieser die restlichen Verbindlichkeiten an die Lieferer persönlich zu begleichen habe. Karl Klein zahlt nicht. Bei Fälligkeit der Verbindlichkeiten verlangen die Gläubiger die Begleichung der Verbindlichkeiten von Fritz Kugel.

Muss Kugel zahlen?

4. Die Wirkung von Handelsregistereintragungen kann deklaratorisch oder konstitutiv sein.

Aufgaben:

4.1 Erklären Sie, was jeweils hierunter zu verstehen ist!

4.2 Bei welchen Kaufleuten wirkt die Handelsregistereintragung deklaratorisch, bei welchen konstitutiv?

2.2 Rechtsformen der Unternehmen

2.2.1 Rechtsformen im Überblick

(1) Begriff Rechtsformen

Merke:

Die **Rechtsform** stellt die Rechtsverfassung eines Unternehmens dar. Sie regelt die Rechtsbeziehungen innerhalb des Unternehmens und zwischen den Unternehmen und Dritten.

(2) Einzelunternehmung

Der Begriff Unternehmer kommt von „etwas unternehmen". Unternehmer ist also, wer es selbst „unternimmt", Geschäfte in eigenem Namen und auf eigene Rechnung mit vollem Risiko zu tätigen. Der Unternehmer in diesem Sinne setzt also sein *eigenes* Geld- und Sachkapital ein, entscheidet selbstständig (autonom) in allen geschäftlichen Angelegenheiten, bestimmt selbst seine Arbeitszeit und trägt das Risiko des möglichen Verlusts, falls seine Entscheidungen sich als falsch herausstellen sollten. Unternehmer dieser (ursprünglichen) Art bezeichnet man daher als **Einzelunternehmer,** weil sie als Einzelperson alle genannten Unternehmerfunktionen (Unternehmensaufgaben) wahrnehmen. Einzelunternehmer sind zugleich **Eigentümerunternehmer,** wenn sie Eigentümer ihres Unternehmens sind. Meistens sind Einzelunternehmer lediglich „Inhaber" (alleiniger Gesellschafter) eines Unternehmens.

(3) Gesellschaftsunternehmen

Mit der Entstehung der Großbetriebe, vor allem in der Industrie, im Banken- und Versicherungswesen waren (und sind) *Einzelunternehmer* oftmals nicht mehr in der Lage, das erforderliche Geld- und/oder Sachkapital alleine aufzubringen. Es entstanden (bzw. entstehen) die **Gesellschaftsunternehmen.**

■ Bei den **Personengesellschaften** schließen sich mindestens zwei Unternehmer zusammen, die alle (bei der offenen Handelsgesellschaft) oder wenigstens teilweise (bei der Kommanditgesellschaft) die oben genannten Unternehmerfunktionen wahrnehmen, d.h., sie bringen i.d.R. das erforderliche Eigenkapital auf, leiten im gegenseitigen Einvernehmen das Unternehmen und tragen gemeinsam das Risiko. Als Beispiel für eine Personengesellschaft wird im Folgenden die Offene Handelsgesellschaft (OHG) behandelt.

■ Die Möglichkeiten der Personengesellschaften, d.h. der Unternehmensformen, bei denen die *Person* als Gesellschafter im Vordergrund steht, reichen in vielen kapitalintensiven[1] Wirtschaftszweigen nicht aus, um den riesigen Kapitalbedarf zu decken. Es werden **Kapitalgesellschaften** wie z.B. die Aktiengesellschaften oder die Gesellschaften mit beschränkter Haftung gegründet. Die Kapitalgesellschaften sind unter anderem dadurch gekennzeichnet, dass die Unternehmerfunktionen „geteilt", d.h. von unterschiedlichen Personengruppen wahrgenommen werden. Die Eigenkapitalaufbringung erfolgt durch viele „kleine" oder auch „große" Kapitalanleger (z.B. durch die GmbH-Gesellschafter bzw. Aktionäre), wobei das *Risiko* auf den Wert der Kapitaleinlage beschränkt wird. Die *Leitung* der Kapitalgesellschaften obliegt hingegen angestellten Geschäftsführern (z.B. bei der GmbH) oder Direktoren (z.B. Vorstandsmitgliedern der AG), die selbst nicht am Unternehmen beteiligt sein müssen. Die Leiter (Geschäftsführer, Vorstandsmitglieder) der Kapitalgesellschaften werden deshalb als **Auftragsunternehmer** oder als **Managerunter-**

---

1 Kapitalintensive Betriebe sind solche mit hohem Kapitalbedarf (z.B. Hochöfen, Stahlwerke, Werften, Eisenbahnen, Raffinerien).

nehmer bezeichnet. Als Beispiele für Kapitalgesellschaften werden im Folgenden die Aktiengesellschaft (AG) und die Gesellschaft mit beschränkter Haftung (GmbH) behandelt.

Als „besondere" Rechtsformen der Unternehmen entstanden im vorigen Jahrhundert die **Genossenschaften** und die **Versicherungsvereine auf Gegenseitigkeit,** bei denen die Mitglieder zugleich Eigenkapitalgeber sind. Die Leitung obliegt – wie bei den Kapitalgesellschaften auch – angestellten Vorständen.

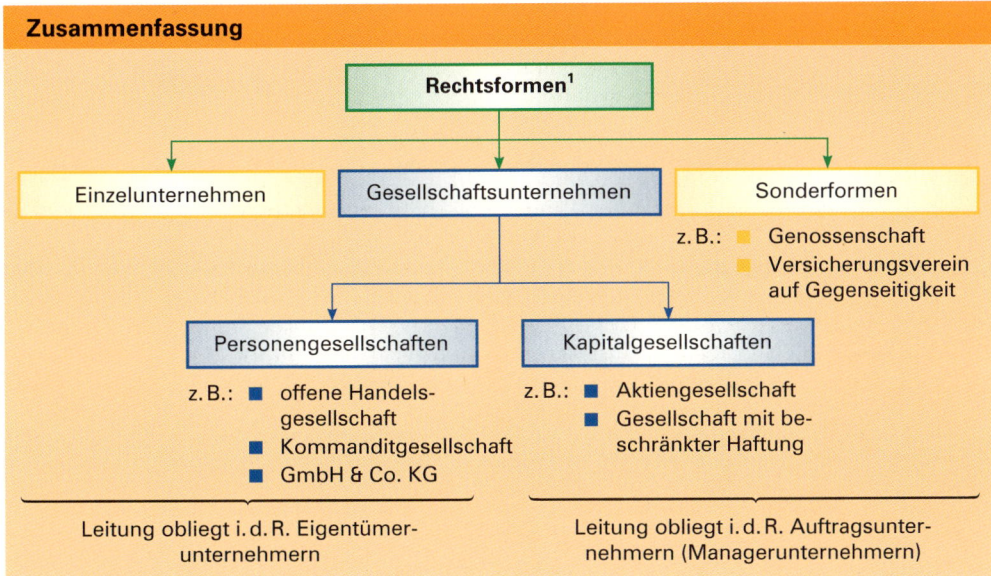

Zusammenfassung

Rechtsformen[1]

Einzelunternehmen — Gesellschaftsunternehmen — Sonderformen

z.B.: ■ Genossenschaft
■ Versicherungsverein auf Gegenseitigkeit

Personengesellschaften — Kapitalgesellschaften

z.B.: ■ offene Handelsgesellschaft
■ Kommanditgesellschaft
■ GmbH & Co. KG

z.B.: ■ Aktiengesellschaft
■ Gesellschaft mit beschränkter Haftung

Leitung obliegt i.d.R. Eigentümerunternehmern

Leitung obliegt i.d.R. Auftragsunternehmern (Managerunternehmern)

2.2.2 Einzelunternehmung

(1) Begriff Einzelunternehmer

Merke:

Einzelunternehmer ist, wer es selbst „unternimmt", Geschäfte in **eigenem Namen** und auf **eigene Rechnung** mit **vollem Risiko** zu tätigen und hierzu sein **eigenes Geld- und Sachkapital** einsetzt. Der Einzelunternehmer ist alleiniger Gesellschafter bzw. Inhaber des Unternehmens.

(2) Firma

Die Firma des Einzelunternehmers richtet sich i.d.R. nach dem Vor- und Zunamen des Einzelunternehmers. Sie muss die Bezeichnung „eingetragener Kaufmann" bzw. „eingetragene Kauffrau" oder eine allgemein verständliche Abkürzung dieser Bezeichnung enthalten [§ 19 I, Nr. 1 HGB].

Beispiele:

Beauty-Farm Erna Starnecker, eingetragene Kauffrau; Textilwerke Hans Schmidt e.Kfm.

---

1 Im Folgenden beschränken wir uns auf die Darstellung der Rechtsformen Einzelunternehmung und offene Handelsgesellschaft (OHG) als Beispiele für eine Personengesellschaft und Gesellschaft mit beschränkter Haftung (GmbH) und Aktiengesellschaft (AG) als Beispiel für eine Kapitalgesellschaft.

(3) Weitere Voraussetzungen für die Unternehmensgründung und -führung

Wer erfolgreich ein Einzelunternehmen gründen und führen will, der muss nicht nur die persönlichen und wirtschaftlichen Voraussetzungen beachten, sondern weitere typische[1] Merkmale des Einzelunternehmens berücksichtigen.

Nur wer z. B. das Geschäftsführungs- und Vertretungsrecht der Gesellschafter, die Gesellschafterrisiken (Haftungsverhältnisse) und die Gewinn- und Verlustverteilung bei einem Einzelunternehmen kennt, kann die Vor- und Nachteile des Einzelunternehmens erkennen und beurteilen sowie den persönlichen Zielsetzungen[2] entsprechend entscheiden, ob ein Einzelunternehmen oder eine Gesellschaftsform (ein Gesellschaftsunternehmen) die günstigste Rechtsform für das zu gründende und zu führende Unternehmen ist.

Die folgende Tabelle informiert Sie deshalb über weitere, bei der Unternehmensgründung und -führung zu beachtende Unternehmensmerkmale.

Personenzahl	Der Einzelunternehmer ist **alleiniger Inhaber** (Gesellschafter) des Unternehmens.
Geschäftsführung	Die **Geschäftsführung,** d. h., die Leitung des Unternehmens obliegt dem Einzelunternehmer allein. Er trifft alle Anordnungen in seinem Betrieb (also im *Innenverhältnis*) allein, ohne andere anhören zu müssen; es sei denn, die Mitbestimmungsrechte nach dem Betriebsverfassungsgesetz (BetrVG) stehen dem entgegen.
Vertretung[3]	Das Recht auf **Vertretung** des Unternehmens gegenüber Dritten (nach „außen") hat der Einzelunternehmer. Er schließt für das Unternehmen alle erforderlichen Rechtsgeschäfte mit Dritten ab (z. B. Kaufverträge, Mietverträge, Kreditverträge).
Haftungs-verhältnisse[3]	Der Einzelunternehmer haftet für alle Verbindlichkeiten des Unternehmens mit seinem Geschäfts- und sonstigen Privatvermögen **unbeschränkt** und **unmittelbar** (hohes Gesellschafterrisiko).
Organe	Das Einzelunternehmen hat **keine eigenen Organe.**
Eigenkapital-aufbringung	Das **Eigenkapital** stellt der Einzelunternehmer zur Verfügung. Über die Höhe des aufzubringenden Eigenkapitals gibt es keine gesetzliche Vorschrift.
Gewinn- und Verlustverteilung	Der Einzelunternehmer hat (soweit keine Gewinnbeteiligung der Arbeitnehmer vereinbart ist) das Recht auf den gesamten **Gewinn.** Andererseits hat er den **Verlust** ebenfalls allein zu tragen. Über die Gewinn- und Verlustverteilung gibt es keine gesetzliche Vorschrift.
Kreditwürdigkeit	Die **Kreditwürdigkeit** hängt vor allem von der **persönlichen Zuverlässigkeit,** Ehrlichkeit sowie den menschlichen und beruflichen **Erfahrungen, Kenntnissen, Fähigkeiten** sowie von der **Leistungsfähigkeit** und **-willigkeit** des Einzelunternehmers ab. Aufgrund der meistens beschränkten Selbstfinanzierung durch erzielte Gewinne und des relativ niedrigen, den Gläubigern haftenden Vermögens, ist die materielle (wirtschaftliche) Kreditwürdigkeit nicht sehr hoch.

1 Typisch: Kennzeichnend z. B. für eine bestimmte Rechtsform eines Unternehmens charakteristisch.

2 Die Gesellschafter können mit der Unternehmensgründung sehr unterschiedliche persönliche Zielsetzungen verfolgen. Gesellschafter möchten z. B. das zu gründende Unternehmen allein oder zusammen mit weiteren Gesellschaftern leiten. Die Gesellschafter sind bereit, mit ihrem gesamten Privatvermögen oder nur mit ihrem Gesellschaftsvermögen beschränkt für die Unternehmensverbindlichkeiten zu haften.

3 Haftung und Vertretung regeln die Rechtsbeziehung des Unternehmens mit außenstehenden Dritten. Sie betreffen daher das *Außenverhältnis.*

Form der Gründung	Für die **Gründung** des Einzelunternehmens bestehen keine gesetzlichen Formvorschriften. Erfordert ein Unternehmen eine kaufmännische Einrichtung, ist eine Eintragung ins Handelsregister erforderlich. Werden in das Einzelunternehmen **Grundstücke** eingebracht, ist die **Schriftform** mit **notarieller Beurkundung**[1] erforderlich [§ 311 b I, S. 1 BGB].

(4) Anmeldung des Unternehmens

Der Gründer **muss** sein neu zu gründendes Unternehmen vor allem bei folgenden öffentlichen Stellen anmelden:

■ Amtsgericht

Eine Anmeldung beim zuständigen **Amtsgericht** zur **Eintragung** in das **Handelsregister** ist erforderlich, sofern ein **Handelsgewerbe** vorliegt.

■ Gemeindebehörde

Der Gründer des Unternehmens muss sein zu gründendes Unternehmen bei der für den betreffenden Ort zuständigen Behörde, z.B. beim **Gewerbeamt** der Gemeinde [§ 14 GewO] anmelden.

Die Gewerbeanmeldung (Fachausdruck: Gewerbeanzeige) verfolgt den Zweck, dem Gewerbeamt jederzeit über Zahl und Art der ansässigen Gewerbebetriebe Kenntnis zu geben. Dadurch soll eine wirksame Überwachung der Gewerbebetriebe gewährleistet werden.

Mit der Gewerbeanzeige werden auch die sonstigen Meldeverpflichtungen erfüllt. Die nachfolgend genannten Stellen erhalten je eine Ausfertigung von der Gewerbeanzeige:

- das **Finanzamt,** um die Abführung der Steuern zu gewährleisten;
- die **Berufsgenossenschaft** als Träger der gesetzlich vorgeschriebenen Unfallversicherung;
- die **Industrie- und Handelskammer** bzw. die **Handwerkskammer** als berufsständische Vertretung;
- das **Gewerbeaufsichtsamt** als Aufsichtsbehörde für Anlagen, die einer besonderen Überwachung bedürfen (z.B. Dampfkesselanlagen, Aufzugsanlagen, Getränkeschankanlagen).

Die Gewerbeanzeige ist nicht immer ausreichend. Für bestimmte Gewerbezweige ist eine behördliche Genehmigung erforderlich (z.B. für Spielhallen, Makler, Bauträger, Gaststätten, Reisegewerbe).

■ Sozialversicherungsträger

Werden Arbeitnehmer beschäftigt, so ist eine Anmeldung bei den Sozialversicherungsträgern (gesetzliche Krankenkassen, gesetzliche Pflegekassen, Deutsche Rentenversicherung [gesetzliche Rentenversicherung], Bundesagentur für Arbeit [gesetzliche Arbeitsförderung] und z.B. Berufsgenossenschaften [gesetzliche Unfallversicherung]) erforderlich, um Versicherungsschutz zu erhalten.

---

1 Bei der Beurkundung werden die Willenserklärungen der Beteiligten von einem Notar in eine Urkunde aufgenommen. Der Notar beurkundet dabei die Unterschrift bzw. die Unterschriften und den Inhalt der Erklärungen. Siehe auch S. 246.

(5) Auflösung des Unternehmens

Die **Auflösung** des Einzelunternehmens liegt allein im Entscheidungsbereich des Einzelunternehmens, es sei denn, das Unternehmen wird wegen Zahlungsunfähigkeit im Rahmen eines Insolvenzverfahrens[1] aufgelöst. Auch die Umwandlung in eine andere Rechtsform (z. B. in eine OHG) führt zur Beendigung (Auflösung) des Einzelunternehmens.

(6) Bedeutung, Vor- und Nachteile des Einzelunternehmens

Für einen **Unternehmer** hat diese Unternehmensform Vor- und Nachteile:

Vorteile (Gründungsmotive)	Nachteile
■ Keine Abstimmung der Entscheidungen mit anderen (Ausnahme: Mitbestimmung der Arbeitnehmer).	■ Alleiniges Entscheidungsrecht liegt beim Einzelunternehmer (nachteilig bei unzureichender Qualifikation des Unternehmers).
■ Schnelle Entscheidungsmöglichkeiten.	■ Unter Umständen nachteilige Beeinflussung der betrieblichen Arbeit (des „Betriebsklimas") durch persönliche Charaktereigenschaften.
■ Daher schnelle Anpassung an veränderte wirtschaftliche Verhältnisse (z. B. Aufnahme neuer Produkte).	
■ Klarheit und Eindeutigkeit der Unternehmensführung.	■ Gefahr, dass durch aufwendige Lebenshaltung des Inhabers die Existenz des Unternehmens aufs Spiel gesetzt wird.
■ Großes Eigeninteresse des Inhabers an der Arbeit, da ihm der Gewinn allein zusteht (Gewinn als Leistungsanreiz).	■ In der Regel geringe Eigenkapitalkraft und beschränkte Kreditbeschaffungsmöglichkeiten.
■ Bei kleinen und mittelgroßen Unternehmen keine Publizitätspflicht (Pflicht zur Veröffentlichung des Jahresabschlusses).	■ Großes Gesellschafterrisiko (Haftungsrisiko).

Gesamtwirtschaftlich gesehen nimmt das Einzelunternehmen eine wichtige Stellung ein. Wir finden es in allen Wirtschaftsbereichen. In der Landwirtschaft, im Einzelhandel und im Handwerk stellen Einzelunternehmen die vorherrschende Unternehmensform dar. In der Industrie sind dagegen die Gesellschaftsunternehmen die wichtigsten Unternehmensformen.

Zusammenfassung

■ Bei den Einzelunternehmen werden alle wichtigen Unternehmerfunktionen und Risiken vom Einzelunternehmer (von einem Gesellschafter) wahrgenommen, dem auch der Gewinn allein zusteht und der auch entstehende Verluste allein zu tragen hat.

■ Wichtige wirtschaftliche Voraussetzungen sind, dass bei der Gründung und für die laufende Geschäftstätigkeit des Unternehmens (z. B. für den Einkauf, die Lagerhaltung, die Leistungserstellung und den Verkauf) ausreichend Finanzmittel vorhanden sind und das Unternehmen seine Leistungen auch langfristig mit Gewinn verkaufen kann.

■ Das Haftungsrisiko ist aufgrund der unbeschränkten und unmittelbaren alleinigen Haftung des Einzelunternehmers für die Geschäftsverbindlichkeiten verhältnismäßig hoch.

---

1 Insolvenz: Zahlungsunfähigkeit.

- Die Kreditwürdigkeit der Einzelunternehmen hängt vor allem von der persönlichen Zuverlässigkeit sowie von den beruflichen Fähigkeiten und Kenntnissen der Einzelunternehmer ab.

- Einzelunternehmen verfügen grundsätzlich nur über ein relativ niedriges Eigenkapital. Aufgrund des niedrigen, den Gläubigern haftenden Eigenkapitals besteht für die Einzelunternehmen eine beschränkte Kreditbeschaffungsmöglichkeit.

- Einzelunternehmen müssen vom Gründer z.B. beim Amtsgericht zur Handelsregistereintragung, beim Gewerbeamt und (wenn Arbeitnehmer beschäftigt werden) bei den verschiedenen Sozialversicherungsträgern (z.B. bei der Krankenkasse, Bundesagentur für Arbeit und Berufsgenossenschaft) angemeldet werden.

Übungsaufgabe

5 1. Heinz Augustin, Angestellter in einem Lebensmittelgeschäft, möchte sich selbstständig machen und als Einzelunternehmer ein Feinkostgeschäft eröffnen.

Aufgaben:

1.1 Nennen Sie drei persönliche Voraussetzungen, die Herr Augustin mitbringen sollte, um das Feinkostgeschäft erfolgreich führen zu können!

1.2 Bei welchen Stellen muss Herr Augustin sein neu gegründetes Unternehmen anmelden?
Führen Sie zwei Stellen an und geben Sie jeweils den Grund für die Anmeldepflicht an!

1.3 Nennen Sie drei Gründe, die Herrn Augustin zur Wahl dieser Rechtsform veranlasst haben könnten!

2. Nennen und beurteilen Sie je drei Vor- und Nachteile des Einzelunternehmens

2.1 aus der Sicht der Arbeitnehmer,

2.2 aus der Sicht des Einzelunternehmers!

2.2.3 Offene Handelsgesellschaft (OHG) als Beispiel für eine Personengesellschaft

2.2.3.1 Begriff, Firma und Gründung der OHG

(1) Begriff

Merke:

Die **offene Handelsgesellschaft** (OHG) ist eine **Gesellschaft** (Zusammenschluss von mindestens zwei Personen), deren Zweck auf den Betrieb eines **Handelsgewerbes** (z.B. eines Produktions- oder Handelsbetriebs) unter **gemeinschaftlicher Firma** gerichtet ist und bei der die **Haftung keines Gesellschafters gegenüber den Gesellschaftsgläubigern** (z.B. Lieferern) **beschränkt ist** [§ 105 I HGB].

(2) Firma

Die Firma, unter der die OHG ihre Rechtsgeschäfte abschließt (z. B. Kauf-, Miet-, Arbeitsverträge), muss die Bezeichnung „offene Handelsgesellschaft" oder eine allgemein verständliche Abkürzung dieser Bezeichnung enthalten [§ 19 I, Nr. 2 HGB].

Beispiele:
Karl Wagner OHG; Wagner & Wunsch – offene Handelsgesellschaft; Wunsch OHG, Kraftfahrzeughandel und -reparaturen; Kölner Kraftfahrzeughandel und -reparaturen OHG.

Haftet in einer offenen Handelsgesellschaft keine natürliche Person, muss die Firma eine Bezeichnung enthalten, welche die Haftungsbeschränkung anzeigt.

Beispiele:
Fritz Kleiner GmbH & Co. OHG, Hans Schmied AG & Co. OHG.

(3) Gründung

Zur Gründung der OHG sind zwei Voraussetzungen erforderlich:

■ Abschluss eines Gesellschaftsvertrags

Der Gesellschaftsvertrag regelt das Rechtsverhältnis der Gesellschafter untereinander [§ 109 HGB]. Er kann mündlich abgeschlossen werden. In der Praxis wird er aber aus Gründen der Rechtssicherheit (Beweissicherheit) regelmäßig **schriftlich** abgeschlossen.[1] Im Gesellschaftsvertrag werden alle wesentlichen Rechte und Pflichten, die die Gesellschafter geregelt sehen wollen, festgehalten, z. B. die Art und Höhe der Kapitaleinlage[2], die Gewinn- und Verlustverteilung, die Höhe der Privatentnahmen usw.

■ Eintragung ins Handelsregister

Die OHG ist beim zuständigen Gericht zur Eintragung in das Handelsregister anzumelden [§ 106 I HGB]. Die Anmeldung beim Handelsregister muss von sämtlichen Gesellschaftern der OHG vorgenommen werden [§ 108 HGB]. Die Anmeldung hat zu enthalten:

- Namen, Vornamen, Geburtsdatum und Wohnort jedes Gesellschafters,
- Firma der Gesellschaft und den Ort, wo sie ihren Sitz hat,
- Zeitpunkt des Geschäftsbeginns,
- Vertretungsmacht des Gesellschafters [§ 106 II HGB].

■ Beginn der Gesellschaft

Im **Innenverhältnis** beginnt das Unternehmen mit Abschluss des Gesellschaftsvertrags bzw. zu dem im Gesellschaftsvertrag festgelegten Termin.

Betreibt die OHG ein Handelsgewerbe, so ist sie nach § 1 I HGB auch ohne Eintragung Kaufmann. In diesem Fall ist die OHG im **Außenverhältnis** entstanden, sobald ein Gesellschafter im Namen der OHG Geschäfte tätigt, z. B. einen Kaufvertrag abschließt (deklaratorische Wirkung der Handelsregistereintragung).

Wird kein Handelsgewerbe im Sinne des § 1 II HGB betrieben, beginnt die OHG im **Außenverhältnis** mit ihrer Eintragung (konstitutive Wirkung der Handelsregistereintragung; siehe auch § 2 HGB).

---

1 Werden in die OHG Grundstücke eingebracht, ist Schriftform mit **notarieller Beurkundung** erforderlich (siehe §§ 311 b I, S. 1; 128 BGB).

2 Ebenso wie beim Einzelunternehmen gibt es bei der OHG keine gesetzliche Vorschrift über die Höhe des Eigenkapitals.

Beispiel für einen Gesellschaftsvertrag

Verhandelt in Aachen, den 10. Mai 20..
Vor dem unterzeichnenden Notar Dr. jur. Wilhelm Ambach in Aachen
erschienen heute:
Friedrich Stolz, Aachen, und Frank Krug, Aachen

Genannte Personen gaben nachstehende Erklärung zur notarischen Niederschrift. Sie schließen nachstehenden

Gesellschaftsvertrag

§ 1 Gründer

Herr Stolz betreibt in Aachen unter der Firma Friedrich Stolz e.Kfm. eine Kfz-Reparaturwerkstatt. Er nimmt Herrn Krug als Gesellschafter einer zu gründenden offenen Handelsgesellschaft auf.

§ 2 Firma

Die offene Handelsgesellschaft erhält die Firma Stolz & Krug OHG.

§ 3 Sitz der Gesellschaft

Der Niederlassungsort der Gesellschaft ist Aachen.

§ 4 Gegenstand und Dauer des Unternehmens

Die Gesellschaft betreibt auf unbestimmte Zeit die Reparatur und den An- und Verkauf von Kraftfahrzeugen samt Zubehör.

§ 5 Einlagen

Herr Stolz bringt seinen Gewerbebetrieb ein. Der Wert der Einlage wird entsprechend der letzten Bilanz vom 31. Dezember 20.. und mit Zustimmung von Herrn Krug mit 800000,00 EUR angesetzt. Herr Krug beteiligt sich mit seinem Grundstück im Wert von 380000,00 EUR.

§ 6 Mitarbeit (Geschäftsführung, Vertretung)

(1) Jeder Gesellschafter hat der Gesellschaft Stolz & Krug OHG seine volle Arbeitskraft zu widmen.

(2) Zur Geschäftsführung und Vertretung der Gesellschaft ist jeder Gesellschafter für sich allein berechtigt und verpflichtet.

(3) Geschäfte, deren Gegenstand den Wert von 50000,00 EUR übersteigen, dürfen von beiden Gesellschaftern nur gemeinsam vorgenommen werden. Das Gleiche gilt uneingeschränkt für die Aufnahme von Krediten und das Eingehen von Wechselverbindlichkeiten.

§ 7 Privatentnahmen

Jeder Gesellschafter kann für seine Arbeitsleistung monatlich 5000,00 EUR Privatentnahmen tätigen.

§ 8 Gewinn- und Verlustverteilung

Am Gewinn und Verlust sind Herr Stolz mit 60 %, Herr Krug mit 40 % beteiligt.

§ 9 Kündigung

Die Frist zur Kündigung des Gesellschaftsvertrages beträgt 10 Monate zum Schluss des Kalenderjahres.

§ 10 Tod eines Gesellschafters

Stirbt ein Gesellschafter, so wird die Gesellschaft mit dessen Erben fortgesetzt. Diese sind von Geschäftsführung und Vertretung ausgeschlossen.

gez. Stolz   gez. Krug   gez. Ambach, Notar

2.2.3.2 Pflichten und Rechte der Gesellschafter im Innenverhältnis

(1) Begriff Innenverhältnis

> **Merke:**
>
> - Unter Innenverhältnis verstehen wir die Rechtsbeziehungen der Gesellschafter untereinander.
>
> - Innerhalb der Gesellschaft gelten zunächst die Vereinbarungen des Gesellschaftsvertrags sowie die zwingenden Vorschriften des HGB. Ist ein Sachverhalt im Gesellschaftsvertrag nicht geregelt, gelten die Bestimmungen des HGB.

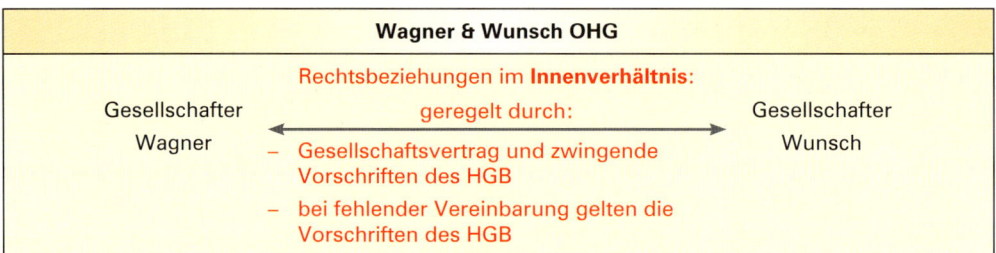

(2) Pflichten der Gesellschafter im Innenverhältnis

■ **Fristgemäße Leistung der festgesetzten Kapitaleinlage**

Die Kapitaleinlagen können in Geld, in Sachwerten und/oder in Rechtswerten geleistet werden (z.B. Buchgeld, Gebäude, Grundstücke, Maschinen, Patente). Die Summe der geleisteten Kapitaleinlagen bildet als gemeinschaftliches Vermögen der Gesellschaft ein Sondervermögen [§ 718 I BGB] und steht den Gesellschaftern zur **gesamten Hand** zu [§ 719 BGB]. Das persönliche Eigentum der Gesellschafter an ihren Einlagen erlischt. Die Einlagen der Gesellschafter werden (trotz getrennter Buchung ihrer einzelnen Kapitalanteile) **gemeinschaftliches Vermögen (Gesamthandsvermögen)** aller Gesellschafter (siehe §§ 718 ff. BGB, § 105 III HGB). Ein einzelner Gesellschafter kann damit nicht mehr über seinen Kapitalanteil verfügen. Grundstücke werden im Grundbuch auf die OHG eingetragen. Alle Gesellschafter können nur noch gemeinsam über den einzelnen Gegenstand verfügen.

■ **Persönliche Arbeitsleistung, Geschäftsführung**

Die OHG wird allein schon deshalb zu den Personengesellschaften gerechnet, weil die Gesellschafter zur persönlichen Arbeitsleistung verpflichtet sind [§ 114 I HGB].

■ **Treuepflicht und Wettbewerbsenthaltung**

Die enge persönliche Bindung an die OHG verlangt weiterhin von den Gesellschaftern, dass sie keine Geschäfte im Wirtschaftszweig der OHG auf eigene Rechnung machen oder als persönlich haftende Gesellschafter an einer anderen gleichartigen Handelsgesellschaft teilnehmen (z.B. als Gesellschafter in einer anderen OHG). Bei einer Verletzung des Wettbewerbsverbots kann die Gesellschaft Schadensersatz fordern oder in das betreffende Geschäft (z.B. Vertrag) eintreten und die Herausgabe der bezogenen Vergütung bzw. die Abtretung des Anspruchs auf die Vergütung verlangen [§ 113 I HGB]. Ferner können die übrigen Gesellschafter die Auflösung der OHG verlangen [§ 113 IV HGB].

Ein Gesellschafter kann jedoch mit Einwilligung der übrigen Gesellschafter von diesem so genannten *Wettbewerbsverbot* entbunden werden.

■ **Verlustbeteiligung**

Nach der gesetzlichen Regelung wird der Verlust zu gleichen Teilen (nach „Köpfen") verteilt [§ 121 III HGB]. Abweichende vertragliche Regelungen sind möglich.

(3) Rechte der Gesellschafter im Innenverhältnis

■ **Geschäftsführung**

Die Geschäftsführungsbefugnisse der Gesellschafter richten sich nach dem Gesellschaftsvertrag, bei fehlender Vereinbarung nach dem HGB [§§ 114 – 116 HGB].

■ Bei **gewöhnlichen Geschäften** ist vom HGB das **Einzelgeschäftsführungsrecht** vorgesehen, d. h., jeder einzelne Gesellschafter ist zur Vornahme aller Handlungen berechtigt, die der gewöhnliche Betrieb des Handelsgewerbes dieser Unternehmung mit sich bringt [§ 116 I HGB] (z. B. Arbeitsaufträge an Belegschaftsmitglieder erteilen, Rechnungen bezahlen, Bestellungen unterschreiben, Arbeitnehmer einstellen oder entlassen) [§ 116 I HGB]. Widerspricht ein geschäftsführender Gesellschafter einer Geschäftsführungsmaßnahme eines Mitgesellschafters, so muss diese unterbleiben.

> **Beispiel:**
>
> Der geschäftsführende Gesellschafter Albrecht befürwortet einen riskanten Aktienkauf zur Geldanlage. Dem Mitgesellschafter Berthold ist das Risiko zu hoch. Das Geschäft muss unterbleiben.

■ Bei **außergewöhnlichen Geschäften** besteht nach HGB **Gesamtgeschäftsführungsrecht**, d. h., es bedarf eines Gesamtbeschlusses aller Gesellschafter (Beispiele für außergewöhnliche Geschäfte: Grundstückskäufe bzw. -verkäufe, Aufnahme neuer Gesellschafter, Änderung des Unternehmenszwecks, Aufnahme von Großkrediten, Kauf von Spezialmaschinen) [§ 116 II HGB].

Eine Sonderregelung besteht bei der Ernennung eines Prokuristen. Als ein außergewöhnliches Geschäft bedarf die Ernennung eines Prokuristen der Zustimmung aller geschäftsführenden Gesellschafter. Der Widerruf der Prokura kann dagegen durch jeden geschäftsführenden Gesellschafter in alleiniger Verantwortung erfolgen.

Der **Gesellschaftsvertrag** kann vorsehen, dass bei **allen Geschäften** die Zustimmung aller Gesellschafter, der Mehrheit der Gesellschafter oder die von mindestens zwei Gesellschaftern vorliegen muss **(Gesamtgeschäftsführungsbefugnis)**.

Auf Antrag der übrigen Gesellschafter kann einem Gesellschafter die Befugnis zur Geschäftsführung durch gerichtliche Entscheidung entzogen werden, wenn ein wichtiger Grund vorliegt (z. B. grobe Pflichtverletzung, Unfähigkeit zur ordnungsmäßigen Geschäftsführung [§ 117 HGB]).

■ **Kontrollrecht**

Im Rahmen des Geschäftsführungsrechts erwähnt das Gesetz [§ 118 HGB] ausdrücklich, dass die Gesellschafter (auch wenn sie von der Geschäftsführung ausgeschlossen sind) die Befugnis haben, sich über die Angelegenheiten der Gesellschaft persönlich zu unterrichten, in die Handelsbücher und Papiere der Gesellschaft einzusehen und sich hieraus einen Jahresabschluss (Bilanz und Gewinn- und Verlustrechnung) anzufertigen. Das Kontrollrecht ist zwingendes Recht, kann also nicht durch Gesellschaftsvertrag aufgehoben werden.

■ Gewinnberechtigung

Jeder Gesellschafter hat Anspruch auf einen Anteil am Jahresgewinn. Ist im Gesellschaftsvertrag nichts anderes vereinbart, gilt das HGB [§ 121 HGB]. Danach erhalten die Gesellschafter zunächst eine 4 %ige Verzinsung der (jahresdurchschnittlichen) Kapitalanteile. (Falls der Gewinn nicht ausreicht, erfolgt eine entsprechend niedrigere Verzinsung.) Ein über die 4 % hinausgehender Rest wird unter die Gesellschafter „nach Köpfen", d.h. zu gleichen Teilen verteilt.

Mit dieser Regelung will das Gesetz zwei Gesichtspunkten gerecht werden. Mit der Verzinsung soll der möglicherweise unterschiedlichen Kapitalbeteiligung der Gesellschafter Rechnung getragen werden: Wer mehr Kapital einbringt, soll auch einen höheren Gewinnanteil haben. Mit der Verteilung des „Rests" nach Köpfen soll die Tatsache berücksichtigt werden, dass die Mitarbeit der Gesellschafter entlohnt wird. Bei gleichmäßiger Verteilung des Rests wird allerdings unterstellt, dass die persönliche Mitarbeit der Gesellschafter gleichwertig (nicht gleichartig) ist.

■ Recht auf Privatentnahme

Da die Gesellschafter im Normalfall ihren Lebensunterhalt aus der Entlohnung ihrer unternehmerischen Tätigkeit bestreiten müssen, sieht das Gesetz vor, dass (bei fehlender sonstiger Vereinbarung) jeder Gesellschafter berechtigt ist, *während* des Geschäftsjahrs bis zu 4 % seines zu Anfang des Geschäftsjahrs vorhandenen Kapitalanteils zu entnehmen [§ 122 I HGB]. Dieses Recht zur Privatentnahme besteht auch dann, wenn die Gesellschaft derzeit Verluste erzielt. Will ein Gesellschafter mehr als 4 % bzw. mehr als den im Gesellschaftsvertrag vereinbarten Prozentsatz entnehmen, müssen die übrigen Gesellschafter zustimmen [§ 122 II HGB].

■ Anspruch auf Aufwandsersatz

Dieser Anspruch entsteht dann, wenn ein Gesellschafter im Rahmen seiner Geschäftsführung betriebliche Auslagen zunächst mit Privatmitteln begleicht [§ 110 HGB]. Ein Entgelt für ihre Tätigkeit als solche steht den Gesellschaftern nicht zu. Die Geschäftsführung ist durch die Gewinnbeteiligung abgegolten.

■ Kündigungsrecht der Gesellschafter (Austritt aus der OHG)

Wenn keine Vereinbarung zwischen den Gesellschaftern getroffen wurde, gilt die gesetzliche Regelung: Kündigungsmöglichkeit unter Einhaltung der Kündigungsfrist von mindestens 6 Monaten zum Schluss des Geschäftsjahrs [§ 132 HGB].

Auf Antrag eines Gesellschafters kann die Auflösung der Gesellschaft ohne Kündigung durch gerichtliche Entscheidung ausgesprochen werden, wenn ein wichtiger Grund vorliegt. Das Gericht kann auch den Ausschluss eines Gesellschafters verfügen, wenn die übrigen Gesellschafter dies begründet verlangen [§§ 133, 140 HGB].

■ Recht auf Liquidationserlös bei Auflösung der OHG [§ 155 HGB]

Wird die OHG aufgelöst, so ist das nach Abzug der Schulden verbleibende Vermögen im Verhältnis der Kapitalanteile unter die Gesellschafter aufzuteilen. Verbleibt nach der Liquidation der OHG ein negativer Kapitalanteil, so haben die Gesellschafter eine entsprechende Ausgleichszahlung zu erbringen.

2.2.3.3 Pflichten und Rechte der Gesellschafter im Außenverhältnis

(1) Begriff Außenverhältnis

> **Merke:**
>
> Unter Außenverhältnis verstehen wir die Rechtsbeziehungen der Gesellschafter gegenüber außenstehenden Dritten. Im Außenverhältnis **gelten grundsätzlich die Bestimmungen des HGB**. Abweichende Vereinbarungen müssen, soweit sie gesetzlich zulässig sind, im Handelsregister eingetragen werden.

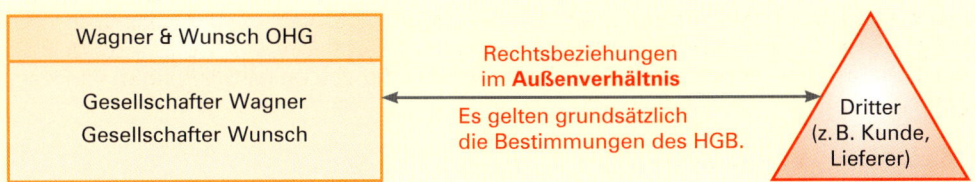

(2) Pflichten der Gesellschafter im Außenverhältnis

- **Begriff und Umfang der Haftung** [§§ 128 – 130 HGB][1]

Da die OHG gewissermaßen aus der Kooperation (Zusammenarbeit) mehrerer Einzelunternehmer entsteht, entspricht die Haftung der OHG-Gesellschafter der eines Einzelunternehmers. Die OHG-Gesellschafter haften

- **unbeschränkt,** d.h. mit ihrem Geschäftsvermögen *und* mit ihrem sonstigen Privatvermögen.

- **unmittelbar,** d.h., die Gläubiger (z.B. die Verkäufer) können die Forderungen nicht nur der OHG gegenüber, sondern zugleich unmittelbar (direkt) gegenüber *jedem* OHG-Gesellschafter geltend machen. Dies bedeutet, dass jeder einzelne Gesellschafter durch die Gesellschaftsgläubiger verklagt werden kann. Der Gesellschafter kann nicht verlangen, dass der Gläubiger zuerst gegen die OHG klagt. Eine „Einrede der Vorausklage" steht dem Gesellschafter nicht zu.

- **gesamtschuldnerisch („solidarisch"),** d.h., jeder Gesellschafter haftet persönlich (allein) für die gesamten Schulden der Gesellschaft [§ 128 I HGB], nicht jedoch für die privaten Schulden der übrigen Gesellschafter.

  Eine vertragliche Vereinbarung zwischen den Gesellschaftern, durch die die Haftung beschränkt wird (z.B. auf den übernommenen Kapitalanteil), ist nur im **Innenverhältnis** gültig [§ 128, S. 2 HGB].

> **Beispiel:**
>
> Der Gesellschafter Haufe der Kleiner & Haufe OHG hat mit Kleiner im Gesellschaftsvertrag vereinbart, dass er für Verbindlichkeiten nur in Höhe von 25 000,00 EUR haftet. Wird Herr Haufe von einem Gläubiger der OHG mit 30 000,00 EUR in Haft genommen, so kann er von Herrn Kleiner den Mehrbetrag von 5 000,00 EUR fordern.

---

1 Da die OHG unter einer Firma betrieben wird, kann ein Gläubiger auch die OHG als Ganzes verklagen. Das von den einzelnen Gesellschaftern eingebrachte Eigenkapital sowie der durch Gewinne erzielte Reinvermögenszuwachs „gehört" den einzelnen Gesellschaftern nicht etwa zu Bruchteilen, sondern stellt vielmehr *gemeinschaftliches* Vermögen *aller* Gesellschafter dar („Gesamthandsvermögen", „Vermögen zur gesamten Hand"). Daraus folgt, dass die OHG selbst auch Ansprüche haben kann, die sie notfalls einklagen kann. Vertreten wird die OHG durch die Gesellschafter. Weil z.B. die Möglichkeit besteht, die OHG als Ganzes zu verklagen, ist sie eine quasi-juristische Person. „Quasi" heißt soviel wie „als ob". Die OHG wird in diesem Fall also so behandelt, als ob sie eine juristische Person sei.

Der Gläubiger kann seine Forderung somit nach Belieben von jedem Gesellschafter ganz oder teilweise verlangen. Der Gesellschafter hat nicht das Recht vom Gläubiger zu verlangen, auch die anderen Gesellschafter in Anspruch zu nehmen bzw. zu verklagen. Hat ein Gesellschafter an einen Gläubiger eine Zahlung vorgenommen, so hat er gegenüber seinen Mitgesellschaftern einen Ausgleichsanspruch.

■ Haftung bei Eintritt [§ 130 I HGB]

Tritt ein Gesellschafter in eine bereits bestehende OHG ein, haftet er auch für die vor seinem Eintritt bestehenden Verbindlichkeiten der OHG. Schließen die Gesellschafter die Haftung aus oder wird die Haftung vertraglich eingeschränkt, so ist dies nur im Innenverhältnis gültig [§ 130 II HGB]. Ein Haftungsausschluss gegenüber Dritten ist nicht möglich.

Wird ein Einzelunternehmen in eine Gesellschaft umgewandelt (z.B. in eine OHG), so haftet die entstandene Gesellschaft, und damit auch der eintretende Gesellschafter, für alle Verbindlichkeiten des bisherigen Unternehmens, und zwar auch dann, wenn die bisherige Firma nicht fortgeführt wird. Ein Haftungsausschluss ist in diesem Fall jedoch möglich. Allerdings ist er gegenüber einem Dritten nur wirksam, wenn er in das Handelsregister eingetragen und bekannt gemacht oder von den Gesellschaftern den einzelnen Gläubigern mitgeteilt worden ist [§ 28 I, II HGB].

■ Haftung bei Austritt [§ 160 I HGB]

Tritt ein Gesellschafter aus, haftet er noch fünf Jahre für die Verbindlichkeiten der OHG, die zum Zeitpunkt seines Ausscheidens bestanden [§ 160 I, S. 1 HGB]. Die Fünfjahresfrist beginnt erst am Ende des Tages, an dem das Ausscheiden des Gesellschafters in das Handelsregister eingetragen worden ist [§ 160 I, S. 2 HGB].

■ Haftung bei Auflösung der Gesellschaft [§ 159 I HGB]

Sofern die Ansprüche gegen die OHG keiner kürzeren Verjährung unterliegen, haften die Gesellschafter für Verbindlichkeiten der Gesellschaft bis zu fünf Jahren nach Auflösung der OHG.

■ Rechnungslegung, Prüfungs- und Offenlegungspflicht der OHG

Die Pflichten zur Aufstellung, Prüfung und Offenlegung von Jahresabschlüssen (Bilanz, Gewinn- und Verlustrechnung, Lagebericht) nach den für die Kapitalgesellschaften (AG, GmbH, KGaA) geltenden Vorschriften (siehe §§ 264 – 330 HGB) gelten unter bestimmten Bedingungen auch für die „Offenen Handelsgesellschaften (OHG)". Das ist nach § 264 a HGB dann der Fall, wenn bei einer OHG die persönlich haftenden Gesellschafter ausschließlich Kapitalgesellschaften sind. Oder anders ausgedrückt: Wenn es bei diesen Personengesellschaften keinen persönlich haftenden Gesellschafter gibt, der eine natürliche Person ist.

Unter bestimmten Voraussetzungen sind diese Personengesellschaften von der Aufstellungs-, Prüfungs- und Offenlegungspflicht der §§ 264 ff. HGB befreit (Näheres siehe § 264 b HGB). Außerdem sind die besonderen Bestimmungen für die OHG zu beachten (siehe § 264 c HGB).

(3) Rechte der Gesellschafter im Außenverhältnis

■ Einzelvertretungsrecht [§§ 125, 126 HGB]

Ist im Gesellschaftsvertrag nichts anderes bestimmt und im Handelsregister eingetragen, besteht Einzelvertretungsrecht, d.h., jeder einzelne Gesellschafter hat das Recht, die OHG (und damit die übrigen Gesellschafter) gegenüber Dritten zu vertreten und zu verpflichten (z. B. durch Kaufverträge, Darlehensverträge, Mietverträge, Arbeitsverträge). Dieses Einzelvertretungsrecht gilt somit für gewöhnliche und außergewöhnliche Rechtsgeschäfte. Zum Schutz der Dritten (z. B. Lieferer und Kunden) kann das Einzelvertretungsrecht nicht durch den Gesellschaftsvertrag beschränkt werden.

Beispiel:

Angenommen, die Arndt OHG hat drei Gesellschafter: Arndt, Brecht und Czerny. Im Gesellschaftsvertrag wurde Gesamtgeschäftsführung vereinbart, d. h., alle Geschäfte bedürfen eines Gesamtbeschlusses der Gesellschafter. Brecht kauft, ohne die übrigen Gesellschafter zu fragen und zu informieren, eine neue Maschine. Der Kaufvertrag ist rechtswirksam, weil Brecht das Einzelvertretungsrecht besitzt. Die übrigen Gesellschafter müssen den Vertrag gegen sich gelten lassen: Die OHG muss die Maschine abnehmen und bezahlen. Brecht hat jedoch gegen die Vereinbarungen über die Geschäftsführung verstoßen. Sollte durch seinen Vertragsabschluss der Gesellschaft ein Schaden entstehen, ist er gegenüber den übrigen Gesellschaftern schadensersatzpflichtig.

■ **Gesamtvertretungsrecht** [§ 125 II HGB]

Im Gesellschaftsvertrag kann *Gesamtvertretung* vereinbart werden. Dies bedeutet, dass ein Gesellschafter nur zusammen mit mindestens einem weiteren Gesellschafter Rechtsgeschäfte mit Dritten rechtswirksam für die OHG abschließen kann.

Die Gesamtvertretung ist Dritten gegenüber nur rechtswirksam, wenn sie im Handelsregister eingetragen oder dem Dritten z. B. durch Rundschreiben bekannt ist.

Der **Entzug der Vertretungsmacht** ist bei wichtigem Grund (z. B. Ernennung eines Prokuristen ohne Beschluss aller Gesellschafter) auf Antrag der übrigen Gesellschafter durch eine Gerichtsentscheidung möglich [§ 127 HGB]. Der Ausschluss eines Gesellschafters von der Vertretung ist von sämtlichen Gesellschaftern zur Eintragung in das Handelsregister anzumelden [§§ 107, 108 I HGB].

2.2.3.4 Auflösung der OHG

Auflösungsgründe können z. B. sein [§ 131 I HGB]:

■ Ablauf der Zeit, für welche die OHG eingegangen ist,

■ Beschluss der Gesellschafter,

■ Eröffnung des Insolvenzverfahrens über das Vermögen der OHG,

■ eine gerichtliche Entscheidung.

Ist im Gesellschaftsvertrag nichts anderes vereinbart, führt das Ausscheiden eines Gesellschafters nicht zur Auflösung der OHG. Besteht eine OHG aus nur zwei Gesellschaftern und will einer von ihnen ausscheiden, so kann die OHG nicht fortbestehen, da eine Personengesellschaft mindestens zwei Gesellschafter voraussetzt.

4 Speth – ISBN 978-3-8120-0491-6

2.2.3.5 Vor- und Nachteile der OHG

Vorteile (Gründungsmotive)	Nachteile
■ Ausnutzung unterschiedlicher Kenntnisse und Fähigkeiten der Gesellschafter verbessert die Geschäftsführung. ■ Die Umwandlung eines Einzelunternehmens in eine OHG vergrößert die Eigenkapitalbasis des Unternehmens. ■ Bei guten privaten Vermögensverhältnissen ist die Kreditwürdigkeit der OHG größer als die des Einzelunternehmens. ■ Da das Eigenkapital und die Unternehmensführung in einer Hand sind, ist das Interesse der Gesellschafter an der Geschäftsführung groß. ■ Verteilung des Unternehmerrisikos. ■ Bei kleinen und mittelgroßen Personengesellschaften keine Prüfungs- und Offenlegungspflicht.	■ Persönliche Meinungsverschiedenheiten zwischen den Gesellschaftern können den Bestand des Unternehmens gefährden (siehe Kündigungsrecht!). ■ Dem Wachstum des Unternehmens sind häufig finanzielle Grenzen gesetzt, weil das Eigenkapital der Gesellschafter zur Finanzierung großer Investitionen nicht ausreicht. ■ Fremdkapital kann nur in begrenztem Maße aufgenommen werden. ■ Durch aufwendige Lebenshaltung der Gesellschafter kann die Existenz des Unternehmens aufs Spiel gesetzt werden, da Kontrollorgane fehlen. ■ Unbeschränkte, direkte, gesamtschuldnerische Haftung der Gesellschafter.

2.2.3.6 Bedeutung der OHG

Die OHG ist der Modellfall (Prototyp) einer *Personengesellschaft.* Innerhalb der OHG kooperieren zwei oder mehrere Gesellschafter, die *persönlich* und *unbeschränkt* haften. Die OHG-Gesellschafter sind daher *Unternehmer* im ursprünglichen Sinne, d.h. Leute, die das Eigenkapital selbst aufbringen, die Geschäfte persönlich führen, das Unternehmen vertreten und das Risiko auf sich nehmen **(Eigentümerunternehmer)**. Deshalb ist das Interesse der Gesellschafter am Wohlergehen des Unternehmens und an der Unternehmensführung normalerweise sehr groß (Leistungsanreiz durch die Chance, Gewinn zu erzielen). Somit ist die OHG die geeignete Unternehmensform für mittelgroße Unternehmen, die keinen allzu großen Bedarf an finanziellen Mitteln haben.

Zusammenfassung

■ Die **OHG** ist u.a. durch folgende **Merkmale** charakterisiert: (1) Zusammenschluss von mindestens zwei Personen; (2) Handelsgewerbe; (3) gemeinschaftliche Firma; (4) unbeschränkte, unmittelbare und gesamtschuldnerische Haftung aller Gesellschafter.

■ Die **Firma** muss die Bezeichnung „offene Handelsgesellschaft" oder eine allgemein verständliche Abkürzung dieser Bezeichnung enthalten [§ 19 I, Nr. 2 HGB].

■ Zur **Gründung** ist erforderlich: (1) Gesellschaftsvertrag; (2) Eintragung ins Handelsregister.

■ **Beginn der OHG:**

■ im **Innenverhältnis** beginnt das Unternehmen mit Abschluss des Gesellschaftsvertrags bzw. zum vereinbarten Termin.

■ im **Außenverhältnis** beginnt die OHG – sofern ein Handelsgewerbe im Sinne des § 1 II HGB betrieben wird – sobald ein Gesellschafter im Namen der OHG tätig wird. Wird kein Handelsgewerbe im Sinne des § 1 II HGB betrieben, beginnt die OHG mit der Eintragung ins Handelsregister.

- **Rechtsverhältnisse im Innenverhältnis:**

  - Die **Pflichten der Gesellschafter** sind: (1) Leistung der im Gesellschaftsvertrag vereinbarten *Kapitaleinlage; (2)* Pflicht zur *persönlichen Mitarbeit; (3) Verlusttragung* nach HGB oder nach Vertrag; (4) Einhaltung des *Wettbewerbsverbots.*

  - Die **Rechte der Gesellschafter** sind: (1) Recht auf *Geschäftsführung* (gesetzlich: Einzelgeschäftsführungsbefugnis bei gewöhnlichen Geschäften, Gesamtgeschäftsführungsbefugnis bei außergewöhnlichen Geschäften). Gesamtgeschäftsführungsbefugnis für gewöhnliche Geschäfte muss im Gesellschaftsvertrag vereinbart sein; *(2) Kontrollrecht* über Geschäftslage und -entwicklung; *(3) Recht auf Gewinnanteil* (gesetzlich: 4% des jahresdurchschnittlichen Kapitalanteils, Rest Pro-Kopf-Anteil); (4) Recht auf *Privatentnahme* (gesetzlich höchstens jährlich bis zu 4% des Eigenkapitalanteils zu Beginn des Geschäftsjahrs); (5) Anspruch auf *Aufwandsersatz; (6) Kündigungsrecht; (7)* Recht auf *Liquidationserlös* bei Auflösung der OHG.

- **Rechtsverhältnisse im Außenverhältnis:**

  - **Pflicht zur Haftung.** Die OHG-Gesellschafter haften unbeschränkt, unmittelbar und gesamtschuldnerisch (solidarisch).

  - **Recht auf Vertretung.** Gesetzlich: Einzelvertretungsmacht; Gesamtvertretung muss im Handelsregister eingetragen sein.

Übungsaufgaben

6 Frank Strobel, 40 Jahre alt, ist seit 15 Jahren im Verkauf des Autohauses Hans Stolz tätig, davon 10 Jahre als Verkaufsleiter. Strobel ist bereit, sich mit einem Grundstück im Wert von 380 000,00 EUR am Unternehmen zu beteiligen. Er möchte als gleichberechtigter Partner mitarbeiten und volle Verantwortung mitübernehmen. Stolz und Strobel entschließen sich zur Gründung einer OHG.

Aufgaben:

1. Begründen Sie, ob der Gesellschaftsvertrag einer Formvorschrift unterliegt!

2. Welche gesetzlichen Voraussetzungen müssen bei der Gründung einer OHG bezüglich der Form des Gesellschaftsvertrags und hinsichtlich der Firmierung beachtet werden?

3. Untersuchen Sie, ob die bisherige Firma „Kfz-Reparaturwerkstatt Friedrich Stolz e.Kfm." fortgeführt werden kann!

4. Stolz und Strobel schließen am 1. September 07 einen Gesellschaftsvertrag ab. Die Handelsregistereintragung erfolgt am 14. November 07 Wann ist die OHG entstanden?

5. Die Handelsgeschäfte werden am 15. September 07 aufgenommen. Am 20. September kauft Frank Strobel eine Hebebühne im Wert von 140 000,00 EUR. Der Lieferer verlangt von Friedrich Stolz die Bezahlung der Rechnung. Beurteilen Sie die Rechtslage!

6. Stolz möchte im Januar 08 zwei Kfz-Mechaniker einstellen. Darf Stolz die Mechaniker einstellen? Begründen Sie Ihre Entscheidung!

7. Wodurch unterscheidet sich die Vertretungsbefugnis von der Geschäftsführungsbefugnis?

8. Im Februar 08 nehmen Stolz und Strobel Franz Stang als neuen Gesellschafter in die OHG auf. Einige Wochen später wendet sich die Langinger KG, Lieferer für Autozubehör, mit ihrer Forderung über 9 700,00 EUR direkt an den neuen Gesellschafter. Dieser lehnt die Zahlung ab.

   Beurteilen Sie die folgenden Argumente und begründen Sie Ihre Antwort:

   8.1 Die Langinger KG soll sich direkt an die OHG wenden.

   8.2 Die Verbindlichkeit sei von Stolz eingegangen worden, also müsse im Zweifel dieser zahlen.

8.3 Die Verbindlichkeit stamme aus dem Jahr 07, also aus der Zeit vor seinem Eintritt in die Gesellschaft.

8.4 Die Haftung austretender OHG-Gesellschafter ist gesetzlich nicht geregelt.

9. Laut Gesellschaftsvertrag darf Stang nur Geschäfte bis zu einer Höhe von 20 000,00 EUR ohne Einwilligung der anderen Gesellschafter vornehmen. Stang bestellt Ersatzteile im Wert von 25 000,00 EUR. Ist die Gesellschaft an die Willenserklärung gebunden? Begründen Sie Ihre Lösung!

10. Frank Strobel ist über den Vorfall so verärgert, dass er aus der OHG ausscheiden möchte. Welche Regelung sieht das HGB für das Ausscheiden eines OHG-Gesellschafters vor?

11. Wie ist die Gewinnverteilung der OHG gesetzlich geregelt?

12. Für den Bau eines Einfamilienhauses will Frank Strobel sein von ihm eingebrachtes unbebautes Grundstück zum Verkehrswert aus dem Vermögen der OHG entnehmen. Prüfen Sie, ob er gegen den Willen seiner Mitgesellschafter das Grundstück zurückerhalten kann!

7 Die Herren Meier, Schmidt und Kunz betreiben gemeinsam eine Möbelfabrik als OHG.

Aufgaben:

1. Nennen Sie zwei Gründe, die die Gesellschafter veranlasst haben könnten, die Gesellschaftsform der OHG zu wählen!

2. Wie könnte die Firma lauten? (4 Beispiele!)

3. Herr Meier und Herr Schmidt kaufen am 24. November 07 gegen den Willen von Herrn Kunz ein zusätzliches Lagergebäude.

3.1 Ist die OHG an diesen Vertrag gebunden? (Begründung!)

3.2 Der Verkäufer des Lagergebäudes verlangt am 25. November 07 von Herrn Kunz die Bezahlung der gesamten Kaufsumme. Dieser lehnt entschieden ab. Er glaubt, ausreichende Gründe zu haben. Erstens war er gegen diesen Kauf. Zweitens müsse sich der Gläubiger doch erst einmal an die OHG wenden und, wenn diese nicht zahle, an die Gesellschafter, die den Kaufvertrag unterzeichnet haben. Drittens sehe er gar nicht ein, dass er alles zahlen solle. Wenn überhaupt, so zahle er höchstens den ihn betreffenden Anteil an der Kaufsumme, nämlich ein Drittel. Nehmen Sie zu diesen Aussagen Stellung!

3.3 Am 30. Juni 08 scheidet Herr Kunz wegen bestehender Differenzen aus der Gesellschaft aus. Am 30. September 08 wendet sich der Verkäufer des Lagergebäudes erneut an ihn und fordert ihn auf, den noch offenen Restbetrag von 12 000,00 EUR zu bezahlen. Wie ist die Rechtslage?

4. Als Schmidt im Urlaub ist, kauft Meier ein Grundstück, das für die Erweiterung der Großhandlung notwendig ist. Schmidt, der von dem Grundstückskauf erst nachträglich Kenntnis erhält, ist gegen den Kauf.

4.1 War Meier berechtigt, das Grundstück zu kaufen? (Begründung!)

4.2 Ist der Kaufvertrag für die OHG bindend? (Begründung!)

4.3 Kann Schmidt die Zahlung des Kaufpreises verweigern, wenn der Verkäufer des Grundstücks von ihm den gesamten Kaufpreis fordert? (Begründung!)

8 Axel Sterk betreibt als Einzelunternehmer die industrielle Herstellung und den Vertrieb von Gartenzwergen. Das Unternehmen firmiert unter „Gartenzwergfabrik Axel Sterk e.K." und ist in das Handelsregister eingetragen. Der Umsatz des Einzelunternehmens hat sich so vergrößert, dass es der Inhaber für zweckmäßig hält, den Betrieb zu erweitern. Sterk bietet Igor Wetzel an, ihn als Gesellschafter aufzunehmen. Wetzel ist hierzu bereit und bringt 140000,00 EUR Barvermögen und ein unbebautes Grundstück in die zu gründende OHG ein.

Am 15. August 20.. wird der Gesellschaftsvertrag abgeschlossen (siehe nachfolgenden Auszug). Die Eintragung in das Handelsregister erfolgt am 10. September 20..

Auszug aus dem Gesellschaftsvertrag

§ 1 Gegenstand des Unternehmens ist die Herstellung und der Vertrieb von Gartenzwergen.

§ 2 Axel Sterk nimmt Igor Wetzel als Gesellschafter in sein Unternehmen auf. Die dadurch entstehende OHG wird unter der bisherigen Firmenbezeichnung „Gartenzwergfabrik Axel Sterk OHG" geführt.

§ 3 Axel Sterk bringt in die OHG sein Einzelunternehmen ein, und zwar so, wie es bis zum 15. August 20.. geführt wurde. Der Einbringung wird die berichtigte Bilanz zum 15. August 20.. zugrunde gelegt. In ihr ist ein Eigenkapital von 500 000,00 EUR ausgewiesen.

Igor Wetzel bringt sein Grundstück an der Simoniussteige ein. Der Wert wird mit 200 000,00 EUR festgelegt. Außerdem leistet er eine Bareinlage von 140 000,00 EUR.

§ 4 Igor Wetzel haftet nicht für die bisherigen Verbindlichkeiten der Firma „Gartenzwergfabrik Axel Sterk e.K.".

§ 5 Die Gesellschaft beginnt am 1. September.

§ 6 Kündigt ein Gesellschafter, ist der andere Gesellschafter berechtigt, das Unternehmen ohne Liquidation zu übernehmen und unter der bisherigen Firma weiterzuführen.

§ 7 Die Aufnahme von Darlehen sowie Anschaffungen, deren Wert im Einzelfall 60 000,00 EUR überschreitet, erfordern einen gemeinsamen Beschluss aller Gesellschafter.

§ 8 Für die Gewinn- und Verlustverteilung gelten die gesetzlichen Bestimmungen.

Aufgaben:

1. Begründen Sie, ob der Gesellschaftsvertrag einer gesetzlichen Formvorschrift unterliegt!

2. Ist die in § 2 des Gesellschaftsvertrags vorgesehene Firmierung zulässig? Begründen Sie kurz Ihre Ansicht!

3. Welche rechtliche Wirkung hat die Handelsregistereintragung im vorgegebenen Fall? Begründen Sie Ihre Meinung!

4. Igor Wetzel schließt am 15. November 20.. mit der Seppl AG einen langfristigen Vertrag über die Lieferung von Ton im Wert von 62 000,00 EUR. Als Sterk von der Lieferung erfährt, verweigert er die Bezahlung der Rechnung, da er den Preis für überhöht hält. Außerdem sei Wetzel nicht zum Abschluss des Kaufvertrags befugt gewesen. Die Seppl AG solle daher den Kaufpreis direkt von Wetzel einfordern.

   Erläutern Sie die Rechtslage!

5. Wetzel ist kaufmännisch nicht vorgebildet.

   5.1 Machen Sie ihm den Unterschied zwischen der unbeschränkten, persönlichen Haftung und der Verlustbeteiligung deutlich!

   5.2 Erläutern Sie ihm den Unterschied zwischen Geschäftsführung und Vertretung!

6. Sterk möchte im November 20.. für seine Sammlung eine Skulptur für 40 000,00 EUR erwerben. Er beabsichtigt, den Betrag dem Gesellschaftsvermögen zu entnehmen. Beurteilen Sie die Rechtslage!

7. Das eingebrachte Grundstück von Igor Wetzel geht in das Gesellschaftsvermögen ein. Welche rechtlichen Konsequenzen ergeben sich daraus für Wetzel?

8. Wetzel möchte trotz zu erwartender Verluste 20.. monatlich 1 200,00 EUR entnehmen. Sterk ist gegen die Entnahme.

   Beurteilen Sie die Lage unter rechtlichem und betriebswirtschaftlichem Aspekt!

2.2.4 Gesellschaft mit beschränkter Haftung (GmbH) und Aktiengesellschaft (AG) als Beispiele für Kapitalgesellschaften

2.2.4.1 Gesellschaft mit beschränkter Haftung (GmbH)

2.2.4.1.1 Begriff GmbH, Kapital der GmbH und Firma der GmbH

(1) Begriff GmbH

Merke:

Die **Gesellschaft mit beschränkter Haftung** (GmbH) ist eine **Handelsgesellschaft** mit **eigener Rechtspersönlichkeit (juristische Person**[1]**),** deren Gesellschafter mit **Stammeinlagen am Stammkapital** der Gesellschaft beteiligt sind, **ohne persönlich** für die Verbindlichkeiten der Gesellschaft **zu haften** [§ 13 I, II GmbHG].

Die **GmbH** hat **selbstständige Rechte und Pflichten.** Mithilfe ihrer Organe ist es möglich, Rechtsgeschäfte abzuschließen. Sie kann z.B. Eigentum an Grundstücken erwerben und vor Gericht klagen und verklagt werden. Die GmbH ist Gläubiger und Schuldner, nicht etwa die GmbH-Gesellschafter. Die **GmbH-Gesellschafter** statten die GmbH lediglich mit **Eigenkapital** aus, indem sie sich mit Geschäftsanteilen am Stammkapital der GmbH beteiligen.

Die GmbH ist eine rechtliche Konstruktion, durch die unternehmerisches Kapital in einer juristischen Person verselbstständigt und die Haftung auf das Gesellschaftsvermögen begrenzt wird. Dies eröffnet Eigenkapitalgebern (Gesellschaftern) die Möglichkeit, ihr Risiko auf das eingesetzte Kapital zu begrenzen sowie ihre persönliche Haftung zu vermeiden. Es kommt zu einer rechtlichen **Trennung von Unternehmens- und Privatvermögen.**

Gesellschaften mit beschränkter Haftung können zu jedem gesetzlich zulässigen Zweck errichtet werden. Das Betreiben eines Handelsgewerbes ist nicht erforderlich. Die GmbH kann von **einem Gesellschafter** (Einpersonen-GmbH) oder **mehreren Gesellschaftern** errichtet werden.

(2) Kapital der GmbH

■ **Stammeinlagen**

Der Betrag, der auf einen Geschäftsanteil zu leisten ist, wird als Stammeinlage bezeichnet. Die Höhe der zu leistenden Einlage richtet sich nach dem bei der Gründung der Gesellschaft im Gesellschaftsvertrag festgesetzten Nennbetrag des Geschäftsanteils [§ 14 GmbHG].

■ **Geschäftsanteil**

Ein Geschäftsanteil ist der nominelle Anteil am Stammkapital der GmbH. Er ist mit einem Nennbetrag versehen. Die **Nennbeträge** der einzelnen Geschäftsanteile können unterschiedlich hoch sein, müssen jedoch auf **volle Euro** lauten. Jeder Gesellschafter betei-

---

1 **Juristische (rechtliche) Personen** sind „künstliche" Personen, denen der Staat die Eigenschaft von Personen kraft Gesetzes verliehen hat. Sie sind damit rechtsfähig, d.h. Träger von Rechten und Pflichten.

ligt sich im Rahmen der Errichtung (Gründung) der GmbH mit einem oder mehreren Geschäftsanteilen [§ 5 II GmbHG]. Die Summe der Nennbeträge aller Geschäftsanteile muss mit der Höhe des Stammkapitals übereinstimmen [§ 5 III GmbHG].

Geschäftsanteile können jederzeit – ohne dass eine Genehmigung der übrigen Gesellschafter eingeholt werden muss – veräußert werden.

Der Wert der Geschäftsanteile kann steigen oder fallen, je nachdem wie erfolgreich die Geschäftstätigkeit der GmbH verläuft.

■ **Stammkapital**

Dies ist der in der Satzung festgelegte Gesamtbetrag aller Geschäftsanteile. Das Stammkapital muss mindestens 25 000,00 EUR betragen [§ 5 I GmbHG]. Das Stammkapital wird in der offenzulegenden Bilanz als „gezeichnetes Kapital" ausgewiesen [§§ 266 III, 272 I HGB].

Die **haftungsbeschränkte Unternehmergesellschaft** („Mini-GmbH") – eine Unterform der GmbH – kann **mit einem geringeren Stammkapital** als dem Mindeststammkapital von 25 000,00 EUR gegründet werden [§ 5 a I GmbHG]. Das Stammkapital kann somit zwischen 1 EUR und 24 999,00 EUR liegen. Die Anmeldung einer solchen Gesellschaft zur Handelsregistereintragung kann erst erfolgen, wenn das Stammkapital in voller Höhe eingezahlt ist. Sacheinlagen sind ausgeschlossen [§ 5 a II GmbHG]. Die haftungsbeschränkte Unternehmergesellschaft darf ihre **Gewinne** – sofern sie welche erzielt – **zu höchstens** $^3/_4$ an die Gesellschafter **ausschütten**. Sie muss **ein Viertel** des um einen Verlustvortrag aus dem Vorjahr geminderten Jahresüberschusses **ansparen, bis sie das Mindestkapital** von 25 000,00 EUR erreicht hat. Der angesparte Betrag ist in eine gesetzliche Rücklage einzustellen.[1] Dann kann sie sich – muss es aber nicht – in eine „gewöhnliche" GmbH „umwandeln".

(3) Firma

Die **Firma** der GmbH muss die Bezeichnung „**Gesellschaft mit beschränkter Haftung**" oder eine allgemein verständliche Abkürzung dieser Bezeichnung (z. B. GmbH) enthalten [§ 4 GmbHG].

Die **haftungsbeschränkte Unternehmergesellschaft** muss in der Firma den Rechtsformzusatz „**Unternehmergesellschaft (haftungsbeschränkt)**" oder „**UG (haftungsbeschränkt)**" führen.

---

1 Die Rücklage darf nur verwandt werden zur Erhöhung des Stammkapitals, zum Ausgleich eines Jahresfehlbetrags, soweit er nicht durch einen Gewinnvortrag aus dem Vorjahr gedeckt ist, oder zum Ausgleich eines Verlustvortrags aus dem Vorjahr, soweit er nicht durch einem Jahresüberschuss gedeckt ist [§ 5 a, III GmbHG].

2.2.4.1.2 Gründung der GmbH

Die GmbH kann durch **eine Person**[1] oder **mehrere Personen** errichtet werden [§ 1 GmbHG].

Zur **Errichtung der GmbH** ist ein **notariell beurkundeter Gesellschaftsvertrag (Satzung)** erforderlich, der von sämtlichen Gesellschaftern unterzeichnet werden muss [§ 2 I GmbHG]. Der Gesellschaftsvertrag muss enthalten: (1) die Firma und den Sitz der Gesellschaft, (2) den Gegenstand des Unternehmens, (3) den Betrag des Stammkapitals und (4) die Zahl und die Nennbeträge der Geschäftsanteile, die jeder Gesellschafter gegen Einlage auf das Stammkapital (Stammeinlage) übernimmt [§ 3 GmbHG]. GmbH-Gesellschafter ist nur der, der in die **Gesellschafterliste** eingetragen ist [§ 16 I GmbHG]. Jeder Gesellschafter hat Anspruch darauf, in die Liste eingetragen zu werden.

Für **unkomplizierte Standardgründungen** steht den Gründern der GmbH ein **notariell zu beurkundendes Musterprotokoll** als Anlage zum GmbHG zur Verfügung. Als „einfache Standardgründung" gilt z. B. eine Gründung mit höchstens **drei Gesellschaftern** und **einem Geschäftsführer** [§ 2 Ia GmbHG]. Am Musterprotokoll dürfen keine Veränderungen oder Ergänzungen vorgenommen werden.

Die **Anmeldung zur Eintragung in das Handelsregister** darf erst erfolgen, wenn auf **jeden Geschäftsanteil** – soweit nicht Sacheinlagen vereinbart sind – **ein Viertel des Nennbetrags** eingezahlt sind [§ 7 II, S. 1 GmbHG]. Insgesamt muss auf das Stammkapital mindestens soviel eingezahlt werden, dass der Gesamtbetrag der eingezahlten Geldeinlagen zuzüglich des Gesamtnennbetrags der Geschäftsanteile, für die Sacheinlagen zu leisten sind, die Hälfte des Mindeststammkapitals, d. h. 12 500,00 EUR, erreicht [§ 7 II, S. 2 GmbHG]. Außerdem müssen die Nennbeträge und die laufenden Nummern der von jedem Gesellschafter übernommenen Geschäftsanteile ersichtlich sein [§ 8 I, Nr. 3 GmbHG].

Bei der Eintragung in das Handelsregister ist neben anderen Angaben (z. B. Firma, Gegenstand, Liste der Gesellschafter, Höhe des Stammkapitals, Tag des Gesellschaftsvertragsabschlusses, Vertretungsbefugnis der Geschäftsführer, Regelung zur Tragung der Gründungskosten) auch der Sitz der Gesellschaft anzugeben. Der Sitz der Gesellschaft ist der Ort im Inland, den der Gesellschaftsvertrag bestimmt [§ 49 GmbHG]. Wählt eine deutsche GmbH einen Verwaltungssitz im Ausland, so ist zusätzlich auch eine **inländische Geschäftsanschrift** zu benennen. Zudem kann eine weitere Person als empfangsberechtigte Person für Willenserklärungen und Zustellungen angegeben und eingetragen werden [§§ 8 IV, 10 I, S. 1 GmbHG]. Der Sitz der Gesellschaft kann im In- oder Ausland liegen.

Erst durch die Eintragung entsteht die GmbH als juristische Person mit Kaufmannseigenschaft (**konstitutive Wirkung der Eintragung**) [§§ 11 I, 13 GmbHG]. Schließen die Gesellschafter **vor der Handelsregistereintragung** im Namen der Gesellschaft Rechtsgeschäfte ab, so haften die Handelnden persönlich und solidarisch [§ 11 II GmbHG].

2.2.4.1.3 Pflichten und Rechte der GmbH-Gesellschafter

(1) Pflichten der GmbH-Gesellschafter

■ **Leistung des Geschäftsanteils**

Bei nicht rechtzeitiger Einzahlung sind Verzugszinsen zu entrichten [§ 20 GmbHG].

---

1 Bei einer Einpersonen-GmbH erfolgt die Gründung in einem vereinfachten Verfahren unter Zuhilfenahme eines Musterprotokolls, das dem Vertrag gleichsteht und vom Gesetz ebenfalls als „Gesellschaftsvertrag" bezeichnet wird [§ 2 Ia GmbHG].

■ **Nachschusspflicht**

Die Satzung kann eine **beschränkte** oder **unbeschränkte Nachschusspflicht** vorsehen (Näheres siehe §§ 26 ff. GmbHG). Nachschüsse werden in der Regel dann verlangt, wenn die GmbH einen Eigenkapitalbedarf (z. B. für Investitionen) hat. Sie dienen nur mittelbar zur Sicherung der Gläubiger.

■ **Risikohaftung**

Die Gesellschafter der GmbH haften nicht für die Verbindlichkeiten der Gesellschaft. Als juristische Person des Handelsrechts (Kapitalgesellschaft) haftet lediglich die GmbH selbst [§ 13 I, II GmbHG]. Das einzige Risiko, das der GmbH-Gesellschafter eingeht, ist, dass er den Wert seines Geschäftsanteils teilweise oder ganz verliert. Das Letztere ist der Fall, wenn die GmbH wegen Überschuldung oder Zahlungsunfähigkeit aufgelöst wird, also kein Eigenkapital mehr übrig bleibt. Die GmbH-Gesellschafter übernehmen daher nur eine „Risikohaftung", die mit der beschränkten und mittelbaren Haftung eines Aktionärs (siehe S. 69) vergleichbar ist.

(2) Rechte der GmbH-Gesellschafter

■ **Gewinnanteil**

Jeder Gesellschafter hat einen Anspruch auf den sich nach der jährlichen Bilanz ergebenden Reingewinn. Die Verteilung des Gewinns erfolgt nach dem Verhältnis der Geschäftsanteile. Im Gesellschaftsvertrag kann eine andere Gewinnverteilung vereinbart sein [§ 29 GmbHG].

■ **Auskunfts- und Einsichtsrecht**

Der Geschäftsführer hat einem Gesellschafter auf dessen Wunsch unverzüglich Auskunft über die Angelegenheit der Gesellschaft zu geben. Die Einsicht in die Bücher und Schriften ist dem Gesellschafter gestattet [§ 51 a GmbHG].

■ **Geschäftsführungs- und Vertretungsrecht sowie weitgehende Mitverwaltungsrechte**

Aus der engen persönlichen Bindung der Gesellschafter an die GmbH ergibt sich für sie ein weitgehendes Mitverwaltungsrecht.

2.2.4.1.4 Organe der GmbH

Die Organe der GmbH sind der **Geschäftsführer,** die **Gesellschafterversammlung** und unter bestimmten Bedingungen der **Aufsichtsrat.**

(1) Geschäftsführer

Die Geschäftsführer leiten die GmbH. Sie werden von der Gesellschafterversammlung gewählt oder durch den Gesellschaftsvertrag (Satzung) bestimmt. Die Zeitdauer der Bestellung ist nicht bestimmt. Die Geschäftsführer sind die gesetzlichen Vertreter der GmbH. Sind mehrere Geschäftsführer bestellt, besteht **Gesamtvertretungsbefugnis,** sofern der Gesellschaftsvertrag nichts anderes vorsieht [§ 35 II GmbHG].[1] Eine Beschränkung der

---

1 Während bei den **Kapitalgesellschaften** eine **Gesamtgeschäftsführung** und **Gesamtvertretung** grundlegend ist, besteht bei **Personengesellschaften** der Grundsatz der **Einzelgeschäftsführung** und **Einzelvertretung**.

Vertretungsmacht ist Dritten gegenüber unwirksam [§ 37 GmbHG]. Bei einer Gesellschaft ohne Geschäftsführer **(Führungslosigkeit)** wird diese Gesellschaft durch die Mitglieder des Aufsichtsrats (siehe § 52 GmbHG) oder, wenn kein Aufsichtsrat bestellt ist, durch die Gesellschafter vertreten [§ 35 I, S. 2 GmbHG].

(2) Gesellschafterversammlung

Die Geschäftsführer haben die Gesellschaft nicht in eigener Verantwortung zu leiten; sie müssen vielmehr im Rahmen der Satzung und des GmbHG die **Weisungen der Gesellschafter** unmittelbar befolgen. Aus diesem Grund ist die Gesamtheit (Versammlung) der Gesellschafter das **oberste Organ der GmbH.** In ihm nehmen die Gesellschafter ihre Rechte wahr [§§ 45, 46 GmbHG].

Sind im Gesellschaftsvertrag keine besonderen Regelungen getroffen, so können die Gesellschafter u. a. über folgende Punkte beschließen [§ 46 GmbHG]:

- Feststellung des Jahresabschlusses und die Verwendung des Ergebnisses;
- Einforderung der Einlagen;
- Rückzahlung von Nachschüssen;
- Teilung, Zusammenlegung sowie Einziehung von Geschäftsanteilen;
- Bestellung, Entlastung und Abberufung von Geschäftsführern;
- Regeln zur Prüfung und Überwachung der Geschäftsführung;
- Bestellung von Prokuristen und von Handlungsbevollmächtigten zum gesamten Geschäftsbetrieb.

Beschlussfassungen erfolgen grundsätzlich mit der Mehrheit der abgegebenen Stimmen (jeder Euro eines Geschäftsanteils gewährt eine Stimme). Änderungen des Gesellschaftsvertrags können nur durch die Gesellschafter und mit einer Mehrheit von drei Vierteln der abgegebenen Stimmen beschlossen werden. Änderungsbeschlüsse müssen grundsätzlich notariell beurkundet werden.

(3) Aufsichtsrat

Grundsätzlich benötigen Gesellschaften mit einschließlich 500 Arbeitnehmern keinen Aufsichtsrat, es sei denn, die **Satzung** schreibt die Bestellung eines Aufsichtsrats vor [§ 52 I GmbHG]. Beschäftigt die GmbH i. d. R. mehr als 500 Arbeitnehmer, so muss nach § 1, Nr. 2 DrittelbG ein Aufsichtsrat gewählt werden **(„Drittel-Parität")**. Für Gesellschaften mit i. d. R. mehr als 2000 Arbeitnehmern gilt das Mitbestimmungsgesetz von 1976 **(gleichgewichtige Mitbestimmung)** [§ 1 MitbestG 1976].[1]

Die **Aufgaben** des **Aufsichtsrats** sind vor allem:

- **Überwachung der Geschäftsführung,** Einsicht und Prüfung der Geschäftsbücher und Schriften sowie der Vermögensgegenstände [§ 52 I GmbHG; § 111 I, II AktG].
- **Einberufung einer außerordentlichen Gesellschafterversammlung,** wenn es das Wohl der Gesellschaft erfordert (z. B. bei Eintritt hoher Verluste, § 52 I GmbHG; § 111 III AktG).
- **Prüfung des Jahresabschlusses,** des Lageberichts und des Vorschlags für die Verwendung des Bilanzgewinns. Der Aufsichtsrat hat die Gesellschafterversammlung über das Ergebnis der Prüfung schriftlich zu unterrichten [§ 52 I GmbHG; § 171 I, II AktG].

---

1 Zu Einzelheiten siehe S. 66f.

2.2.4.1.5 Auflösung und Bedeutung der GmbH

(1) Auflösung der GmbH

Die Auflösung der GmbH ist in den §§ 60ff. GmbHG geregelt. Neben der zwangsweisen Auflösung durch das Gericht (im Rahmen eines Insolvenzverfahrens) wegen **Zahlungsunfähigkeit** oder **Überschuldung** kann die GmbH nach **Ablauf der im Gesellschaftsvertrag bestimmten Zeit,** durch **Beschluss der Gesellschafter** (grundsätzlich mit einer Mehrheit von drei Viertel der abgegebenen Stimmen) oder auch durch **gerichtliches Urteil** aufgelöst werden.

(2) Bedeutung der GmbH

Die Gesellschaft mit beschränkter Haftung ist vor allem bei Familienunternehmen und bei Unternehmen mittlerer Größe anzutreffen, weil für die Gründung ein sehr niedriges Anfangskapital (Eigenkapital) vorgeschrieben ist, die Haftung der Gesellschafter begrenzt ist, ein enges Verhältnis zwischen Gesellschaftern und Geschäftsführern besteht (die Gesellschafter häufig selbst Geschäftsführer sind) und die Gründung verhältnismäßig unkompliziert und kostengünstig ist. Hinzu kommt, dass bei kleineren Gesellschaften die Prüfungs- und Offenlegungspflicht entfällt.

Häufig gründen auch Großunternehmen Gesellschaften mit beschränkter Haftung, die Teilfunktionen übernehmen (z.B. Forschung und Entwicklung, Erschließung neuer Rohstoffquellen, Wahrnehmung des Vertriebs). Daneben eignet sich die Rechtsform der GmbH auch zur Ausgliederung bestimmter kommunaler Aufgaben (z.B. können kommunale Wasserwerke, Versorgungsunternehmen, Krankenhäuser, Müllverbrennungsanlagen in Rechtsform der GmbH betrieben werden).

Zusammenfassung

- Die **GmbH** ist durch folgende **Merkmale** charakterisiert: (1) juristische Person; (2) Handelsgesellschaft; (3) Gesellschafter sind mit Geschäftsanteilen am Stammkapital beteiligt; (4) keine persönliche Haftung der Gesellschafter.

- Das **Stammkapital** beträgt mindestens 25 000,00 EUR. Es ergibt sich aus der **Summe aller Geschäftsanteile.**

- Die **haftungsbeschränkte Unternehmergesellschaft** – ein Unterform der GmbH – kann auch mit einem geringeren Stammkapital als das Mindeststammkapital von 25 000,00 EUR gegründet werden.

- Jeder Gesellschafter übernimmt eine bestimmte Zahl an **Geschäftsanteilen.** Jeder Geschäftsanteil ist wiederum mit einem **Nennbetrag** versehen. Der Nennbetrag jedes Geschäftsanteils muss auf volle EUR lauten. Die Summe der Nennbeträge aller Geschäftsanteile muss mit dem Stammkapital übereinstimmen.

- Die **Firma der GmbH** muss die Bezeichnung „Gesellschaft mit beschränkter Haftung" oder eine allgemein verständliche Abkürzung dieser Bezeichnung enthalten.
  Die **haftungsbeschränkte Unternehmergesellschaft** muss in der Firma den Rechtsformzusatz „Unternehmergesellschaft (haftungsbeschränkt)" oder „UG (haftungsbeschränkt)" führen.

- Zur **Gründung der GmbH** sind erforderlich: (1) eine Person oder mehrere Personen; (2) notariell beurkundete Satzung; (3) Mindesteinzahlung 12500,00 EUR bzw. $\frac{1}{4}$ aller Geschäftsanteile ; (4) Eintragung ins Handelsregister.

- Erst durch die Eintragung entsteht die GmbH als juristische Person mit Kaufmannseigenschaft **(konstitutive Wirkung der Eintragung).**

- Bestellung, Rechtsstellung und Aufgabe der Organe der GmbH

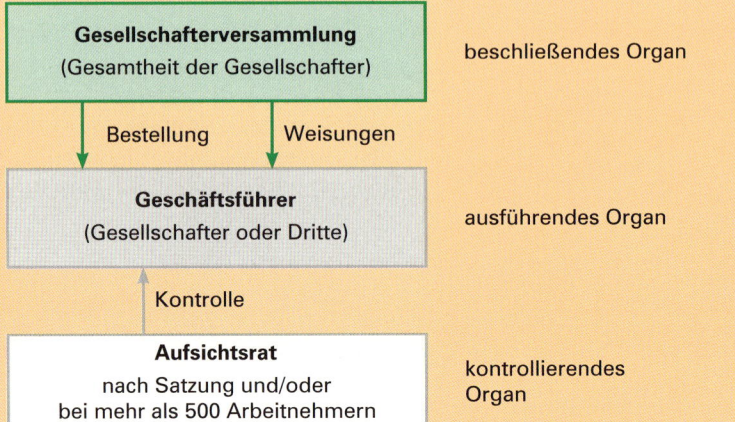

- Als juristische Person des Handelsrechts **haftet die GmbH** in Höhe des Stammkapitals selbst. Die Gesellschafter der GmbH haften nur indirekt, d.h., sie riskieren den Wert ihres Geschäftsanteils teilweise oder ganz zu verlieren **(Risikohaftung)**.

- Die **Vertretung** der GmbH nach außen erfolgt durch den (die) Geschäftsführer. Soweit die Satzung nichts anderes bestimmt, besteht für eine aus mehreren Personen bestehende Geschäftsführung **Gesamtvertretungsmacht**. **Einzelvertretungsmacht** muss, um rechtswirksam zu sein, im **Handelsregister** eingetragen werden.

- Die **Geschäftsführung** erfolgt durch die Geschäftsführer, die Gesellschafter der GmbH und/ oder auch andere unbeschränkt geschäftsfähige natürliche Personen.

  Wenn die Geschäftsführung mehrere Personen umfasst, besteht grundsätzlich **Gesamtgeschäftsführungsbefugnis**. Die Satzung kann Abweichendes bestimmen.

- In Gesellschaften mit mehr als 500 Arbeitnehmern ist ein **Aufsichtsrat** (AR) zwingend vorgeschrieben.

- Die **Zusammensetzung des AR** richtet sich nach der **Anzahl der beschäftigten Arbeitnehmer**.

- **Aufgaben des AR**: Überwachung der Geschäftsführung; Einsicht und Prüfung der Geschäftsbücher und Schriften sowie der Vermögensgegenstände; Einberufung einer außerordentlichen Gesellschafterversammlung; Prüfung des Jahresabschlusses, des Lageberichts und des Vorschlags für die Verwendung des Bilanzgewinns.

- Die **Auflösung der GmbH** erfolgt im Rahmen eines Insolvenzverfahrens, durch Beschluss der Gesellschafterversammlung oder aufgrund einer Satzungsbestimmung.

Übungsaufgaben

9   1.   Die Heinz Kern OHG betreibt eine Großhandlung für Medizintechnik. Sie soll in eine GmbH umgewandelt werden. Gleichzeitig soll der bisherige Verkaufsleiter Fritz Dick als Gesellschafter in die neue GmbH aufgenommen werden.

Aufgaben:

1.1   Wodurch unterscheidet sich die Personengesellschaft von der Kapitalgesellschaft?

1.2   Nennen Sie zwei Gründe, die für die Wahl der Gesellschaftsform GmbH sprechen!

1.3 Welche finanziellen Voraussetzungen müssen für die Anmeldung zur Eintragung der GmbH in das Handelsregister gegeben sein?

1.4 Wie könnte die Firma der neuen GmbH lauten? (Zwei Vorschläge!)

1.5 Wie sind die Haftungsverhältnisse bei der GmbH und der OHG geregelt?

1.6 Wie unterscheidet sich die Vertretung der GmbH von der der OHG?

1.7 Nennen Sie drei Gründe, die zur Auflösung der GmbH führen können!

2. Unterscheiden Sie zwischen Stammkapital, Stammeinlage und Geschäftsanteil!

3. Wie ist die Mindesteinzahlung der Gesellschafter im GmbHG geregelt? (Nehmen Sie Ihren Gesetzestext zu Hilfe!)

4. An den Heidelberger Impfstoffwerken GmbH sind beteiligt:
   – Adam mit einem Geschäftsanteil von 25 000,00 EUR,
   – Brecht mit einem Geschäftsanteil von 30 000,00 EUR und
   – Czerny mit einem Geschäftsanteil von 45 000,00 EUR.

Aufgaben:

4.1 Wie viel Euro beträgt das Stammkapital?

4.2 Wie ist der Reingewinn (nach bereits erfolgtem Abzug der lt. Satzung zu bildenden Rücklagen) in Höhe von 90 000,00 EUR zu verteilen, wenn die Gewinnverteilung nach dem GmbHG erfolgt? Wie viel Euro erhält jeder Gesellschafter?

4.3 Czerny möchte seinen Geschäftsanteil verkaufen. Kann er das? Gegebenenfalls wie?

10 Die Albrecht Bühner KG stellt Nahrungsergänzungsmittel her. An der KG sind beteiligt Albrecht Bühner als Komplementär und Sigrid Bühner als Kommanditistin. Da auf dem Markt ein starker Wettbewerb herrscht, müssen erhebliche Investitionen vorgenommen werden. Albrecht Bühner entschließt sich daher, die KG in eine GmbH umzuwandeln und zwei neue Gesellschafter aufzunehmen. Es sind dies Ingo Bach und Franz Werder.

Albrecht Bühner legt folgenden Vorschlag für einen Gesellschaftsvertrag vor (Auszug):

Auszug aus dem Gesellschaftsvertrag

§ 1 Firma: Albrecht Bühner GmbH

§ 2 Sitz der Gesellschaft: Nürtingen

§ 3 Geschäftsbeginn: 10. August 09

§ 4 Die Geschäftsanteile betragen:

– Geschäftsanteil Nr. 1, Albrecht Bühner	Nennwert:	30 000,00 EUR
– Geschäftsanteil Nr. 2, Sigrid Bühner	Nennwert:	20 000,00 EUR
– Geschäftsanteil Nr. 3, Ingo Bach	Nennwert:	15 000,00 EUR
Einzahlung:	50 % bis zum 30. September 09	
	50 % bis zum 31. Dezember 09	
– Geschäftsanteil Nr. 4, Franz Werder	Nennwert:	40 000,00 EUR

Das Stammkapital der Gesellschaft beträgt 105 000,00 EUR.

§ 5 Gegenstand des Unternehmens ist die Produktion und der Vertrieb von Nahrungsergänzungsmitteln.

§ 6 Zu Geschäftsführern der GmbH werden bestellt:
   – Albrecht Bühner, zuständig für Beschaffung und Produktion
   – Sigrid Bühner, zuständig für Marketing und Vertrieb
   Die Geschäftsführer besitzen Einzelvertretungsmacht.
   Ingo Bach und Franz Werder sind von der Geschäftsführung ausgeschlossen.

Die notarielle Beurkundung des Gesellschaftsvertrags erfolgt am 30. Juli 09, die Handelsregistereintragung am 30. August 09.

Aufgaben:

1. Welche gesetzlichen Gesellschaftsrechte hat Albrecht Bühner und welche hat Sigrid Bühner, solange das Unternehmen als Kommanditgesellschaft betrieben wird?
2. Welche Vorteile ergeben sich für die Gesellschafter insgesamt aus der Umwandlung in eine GmbH?
3. Was kann die GmbH unternehmen, wenn Ingo Bach den noch zu leistenden Restbetrag auf seinen Geschäftsanteil nicht vertragsgemäß zahlt?
4. Sigrid Bühner, zuständig für Marketing und Vertrieb, kauft ohne Wissen von Albrecht Bühner Rohstoffe im Wert von 56 000,00 EUR ein. Albrecht Bühner verweigert die Zahlung mit der Begründung, der Kaufvertrag sei ohne sein Wissen abgeschlossen worden.

   Beurteilen Sie die Rechtslage!
5. Geben Sie in Stichworten an, welcher Punkt im Gesellschaftsvertrag der GmbH außer den in den §§ 1 – 6 genannten vertraglich noch geregelt werden sollten!
6. Ingo Bach und Franz Werder sind mit der Geschäftsführung von Sigrid Bühner nicht zufrieden und verlangen ihre Ablösung als Geschäftsführerin.

   Außerdem sind Bach und Werder der Meinung, die Kleber GmbH, ein starkes Konkurrenzunternehmen auf dem Nahrungsergänzungsmittelmarkt, zu übernehmen. Hierzu verlangen Sie eine Erhöhung des Stammkapitals um 200 000,00 EUR.

   Welche Erfolgsaussichten haben Bach und Werder bezüglich der beiden Vorhaben bei den gegebenen Beteiligungsverhältnissen?
7. Die Albrecht Bühner GmbH beschäftigt Ende 09 480 Mitarbeiter. Im Jahr 10 soll die Belegschaft um 180 Mitarbeiter aufgestockt werden.

   7.1 Erläutern Sie, ob für diesen Fall ein Aufsichtsrat zwingend zu bilden ist und wie er sich gegebenenfalls zusammensetzt!

   7.2 Sigrid Bühner schlägt die Umwandlung der GmbH in eine GmbH & Co. KG, unter Beibehaltung der bisherigen Gesellschafter, vor.

   Erläutern Sie die Rechtsform dieser GmbH & Co. KG!

   7.3 Die Gesellschafter möchten die Einrichtung eines Aufsichtsrats vermeiden. Wie ist das Problem durch die Umwandlung der GmbH in eine GmbH & Co. KG zu lösen?

2.2.4.2 Aktiengesellschaft (AG)

2.2.4.2.1 Begriff, Firma und Gründung der Aktiengesellschaft

(1) Begriff

Die Aktiengesellschaft ist eine **juristische Person,** d. h. eine Personenvereinigung, der das Aktiengesetz die Eigenschaft einer Person verleiht. Dies bedeutet, dass die Aktiengesellschaft ab ihrer Eintragung in das Handelsregister **rechtsfähig** ist [§ 6 HGB; § 41 I AktG]. Sie selbst ist es, die Rechtsgeschäfte abschließt, klagen oder verklagt werden kann. Die Aktiengesellschaft ist Gläubiger oder Schuldner, nicht etwa ihre Geldgeber, die Aktionäre. Die Aktionäre statten die AG lediglich mit Eigenkapital aus, indem sie sich mit Einlagen (Aktien) am Grundkapital der AG beteiligen.[1] Wir halten fest: Die Aktiengesellschaft allein haftet für die Verbindlichkeiten der Gesellschaft [§ 1 AktG].

---

1 Bei den **Nennbetragsaktien** bestimmt sich der Anteil der Aktien am Grundkapital nach dem Verhältnis ihres Nennbetrags zum Grundkapital, bei Stückaktien nach der Zahl der Aktien [§ 8 I, IV AktG].

Die Funktion der Aktiengesellschaft besteht vom Grundsatz her darin, eine Vielzahl von Kapitaleinsätzen zu organisieren. Der Prototyp dieser Gesellschaftsform stellt sich als eine Verknüpfung einer großen Anzahl eher passiver Aktionäre dar, die beruflich anderweitig gebunden sind und die ihre Beteiligung am Grundkapital einer Aktiengesellschaft in Form von Aktien als (zeitweilige) Kapitalanlage betrachten.

Die **juristischen Folgerungen** aus dieser Ausgangssituation sind: die Verselbstständigung des angesammelten Eigenkapitals in einer **juristischen Person mit Ausschluss der persönlichen Haftung der Gesellschafter,** die Zerlegung des Eigenkapitals in **standardisierte Anteile (Aktien)** und deren rechtlich erleichterte Übertragbarkeit, die **Verwaltung der Aktiengesellschaft durch Organe** und eine daran anknüpfende **komplizierte Unternehmensverfassung,** mannigfaltige **Schutzvorschriften für Aktionäre und Gläubiger.**

Die genannten Wesensmerkmale machen die Aktiengesellschaft zur geeigneten Unternehmungsform zur Sammlung und zum risikoabhängigen wirtschaftlichen Einsatz einer Vielzahl kleinerer Kapitalien. Gleichzeitig erlaubt die Börse eine kurzfristige Liquidation des individuellen Kapitaleinsatzes trotz langfristiger Bindung des investierten Kapitals.

(2) Firma

Die Firma der AG muss die Bezeichnung Aktiengesellschaft oder eine allgemein verständliche Abkürzung dieser Bezeichnung (z. B. AG) enthalten [§ 4 AktG].

Beispiele:

Duisburger Motorenwerke Aktiengesellschaft; Münsterländer Spiegelglas Aktiengesellschaft; Volkswagenwerk Aktiengesellschaft; Mitter & Töchter AG; Spielwarenfabrik Spiwa AG.

(3) Gründung

■ Feststellung der Satzung

Die Gründung der AG beginnt mit der Feststellung der Satzung. Sie ist das Grundgesetz der zu gründenden AG.

- Die Satzung kann von einer Person oder von mehreren **natürlichen** oder **juristischen Personen,** die Aktien übernehmen, festgestellt werden. Sie heißen Gründer.

- Vom Gründer bzw. von den Gründern muss ein **Gesellschaftsvertrag** (der bei der AG als **Satzung** bezeichnet wird) abgeschlossen werden, der von einem **Notar zu beurkunden ist** [§ 23 I AktG]. Wesentliche Inhalte der Satzung sind z. B.:

  1. Firma, Sitz und Gegenstand des Unternehmens,
  2. Höhe des Grundkapitals und Art der Aktien (Inhaber- oder Namensaktien, Nennbetrags- oder Stückaktien),

3. Zusammensetzung des Vorstandes,
4. Form der Bekanntmachung (Bezeichnung der Gesellschaftsblätter). Näheres siehe § 23 II bis V AktG.

■ Art der Aufbringung des Grundkapitals

Das Grundkapital kann in Form von Bargeld oder Buchgeld (Bargründung) oder in Form von Sachen oder Rechten (Sachgründung) eingezahlt werden.

- ■ Bei der **Bargründung** erfolgt die Übernahme der Aktien gegen Geldeinzahlungen. Gesetzlich ist ein Mindestnennbetrag des Grundkapitals (Summe der auf den **Nennbetragsaktien** aufgedruckten Nennwerte) von 50 000,00 EUR vorgeschrieben [§ 7 AktG]. Der **Mindestnennwert** einer Nennbetragsaktie beträgt 1,00 EUR. Höhere Nennbeträge müssen auf volle Euro lauten [§ 8 II AktG]. Der auf eine **Stückaktie** (Aktie ohne Nennbetrag; nennwertlose Aktie) entfallende anteilige Betrag des Grundkapitals darf 1,00 EUR nicht unterschreiten (Näheres siehe §§ 8 III, 9 AktG).

- ■ Bei der **Sachgründung** bringen die Aktionäre statt der Geldeinlagen *Sacheinlagen* (z. B. Einbringung von Patenten und/oder Grundstücken) ein oder die AG tätigt *Sachübernahmen* (z. B. Übernahme von Gebäuden oder Maschinen). Sacheinlagen bzw. Sachübernahmen müssen in der Satzung festgehalten werden [§ 27 AktG].

Mit der Übernahme aller Aktien durch die Gründer ist die **Aktiengesellschaft errichtet.**

■ Weitere Verfahren bis zur Eintragung

- ■ Die Gründer bestellen den ersten **Aufsichtsrat** sowie den Abschlussprüfer für das erste Geschäftsjahr.

- ■ Der Aufsichtsrat bestellt den ersten **Vorstand.**

- ■ Die Gründer erstellen einen Bericht über den Hergang der Gründung **(Gründungsbericht).** Der Gründungsbericht ist durch den Vorstand und den Aufsichtsrat sowie durch einen außenstehenden Gründungsprüfer zu prüfen **(Gründungsprüfung).**

■ Eintragung in das Handelsregister

Nachdem die Gründer den Vorstand, den Aufsichtsrat sowie den Abschlussprüfer gewählt und einen Gründungsbericht (mit Prüfungsvermerk) erstellt haben, wird die Gesellschaft ins **Handelsregister eingetragen.** Mit der Eintragung ist die Aktiengesellschaft (juristische Person, Kaufmann) entstanden (konstitutive Wirkung der Eintragung) [§ 41 I AktG].

Die Anmeldung zum Handelsregister muss durch alle Gründer sowie Vorstands- und Aufsichtsratsmitglieder erfolgen und den Nachweis enthalten, dass die notwendigen Einzahlungen und Sacheinlagen auf das Grundkapital erfolgt sind. Der Anmeldung sind alle urkundlichen Unterlagen der Gründung beizufügen. Nach Prüfung der Anmeldung durch das Gericht erfolgt dann die Eintragung und Bekanntmachung (Näheres siehe §§ 36 ff. AktG).

2.2.4.2.2 Organe der Aktiengesellschaft

(1) Überblick

Da die Aktiengesellschaft als juristische Person nicht wie ein Mensch handeln kann, braucht sie, um handlungsfähig zu sein, Organe. Diese Organe sind: der **Vorstand,** der **Aufsichtsrat** und die **Hauptversammlung.**

Organe der AG		
Vorstand (leitendes Organ)	**Aufsichtsrat** (überwachendes Organ)	**Hauptversammlung** (beschließendes Organ)

(2) Vorstand

Der Vorstand als leitendes Organ wird vom **Aufsichtsrat** auf höchstens 5 Jahre **bestellt** [§ 84 I AktG]. Er kann aus einer Person oder aus mehreren Personen (den Vorstandsmitgliedern, Direktoren) bestehen, die natürliche und unbeschränkt geschäftsfähige Personen sein müssen [§ 76 III AktG]. Bei Gesellschaften mit einem Grundkapital von mehr als drei Millionen EUR muss er, soweit die Satzung nicht ausdrücklich anderes bestimmt, aus mindestens zwei Personen bestehen [§ 76 II AktG].

Die **Aufgaben des Vorstands** sind vor allem:

- **Geschäftsführung** nach innen und **Vertretung** der AG nach außen, z. B. Abschluss von Verträgen, Ernennung von Bevollmächtigten, Verkehr mit Behörden. Der Vorstand hat die AG in eigener Verantwortung zu leiten [§ 76 II AktG].

  Nach dem Gesetz besteht, sofern der Vorstand mehrere Mitglieder hat, **Gesamtgeschäftsführungsbefugnis** und **Gesamtvertretungsmacht** [§§ 77, 78 AktG]. Abweichende Bestimmungen müssen in der Satzung niedergelegt sein. Einzelvertretungsmacht muss aber, um wirksam zu sein, im Handelsregister eingetragen werden [§ 81 AktG].

- **Regelmäßige Unterrichtung des Aufsichtsrats** über die Geschäftslage der AG [§ 90 AktG].

- **Erstellung des Jahresabschlusses.** Er besteht aus der **Bilanz** mit der **Gewinn- und Verlustrechnung** [§ 242 HGB] und dem **Anhang.** Daneben hat der Vorstand mittlerer und großer Aktiengesellschaften einen **Lagebericht** aufzustellen [§ 264 HGB]. In diesem Lagebericht, der nicht Teil des Jahresabschlusses ist, ist zumindest der Geschäftsverlauf und die Lage der Kapitalgesellschaft darzustellen (Näheres siehe § 289 HGB). Der Vorstand hat den Jahresabschluss und den Lagebericht unverzüglich nach der Aufstellung dem Aufsichtsrat vorzulegen [§ 170 I AktG], und zwar zusammen mit einem Vorschlag über die Verwendung des Bilanzgewinns [§ 170 II AktG].

- **Einberufung der ordentlichen Hauptversammlung**[1] mindestens einmal jährlich [§ 121 AktG] sowie einer außerordentlichen Hauptversammlung bei hohen Verlusten, Überschuldung oder Zahlungsunfähigkeit [§ 92 AktG].

---

1 Die Hauptversammlung kann unter bestimmten Bedingungen auch auf Verlangen der Aktionäre einberufen werden (siehe § 122 AktG).

5 Speth – ISBN 978-3-8120-0491-6

Die ordentliche Hauptversammlung hat in den ersten acht Monaten des Geschäftsjahres zur Entgegennahme des Jahresabschlusses und des Lageberichts sowie zur Beschlussfassung über die Verwendung des Bilanzgewinns stattzufinden [§ 175 I AktG].

Bei Publikumsgesellschaften erfolgt die Einberufung der Hauptversammlung durch eine Veröffentlichung der Tagesordnung in den Gesellschaftsblättern. Außerdem werden die Daten an die Banken weitergeleitet, die diese dann an die betroffenen Depotkunden weitergeben.

- ■ **Einhaltung des Wettbewerbsverbots** [§ 88 AktG].

- ■ **Vergütung**

Die Bezüge der Vorstandsmitglieder können sich zusammensetzen aus einem Gehalt, Gewinnbeteiligungen, Aufwandsentschädigungen, Versicherungsentgelte, Provisionen und Nebenleistungen jeder Art. Der Aufsichtsrat hat jedoch dafür zu sorgen, dass die Gesamtbezüge in einem angemessenen Verhältnis zu den Aufgaben des Vorstandsmitglieds und zur Lage der Gesellschafter stehen (Näheres siehe § 87 AktG).

(3) Aufsichtsrat

- ■ **Wahl, Zusammensetzung, Anzahl der Aufsichtsratsmitglieder**

Der Aufsichtsrat besteht – sofern dem nicht andere Gesetze entgegenstehen – aus **mindestens drei Mitgliedern.** Die Satzung kann bestimmte höhere Mitgliederzahlen festsetzen, die jedoch stets durch drei teilbar sein müssen. Die Höchstzahl der Aufsichtsratsmitglieder beträgt bei Gesellschaften mit einem Grundkapital von mehr als 10 Mio. Euro einundzwanzig [§ 95 AktG].

Durch die verschiedenen Gesetze zur Stärkung der **Mitbestimmungsrechte** der Arbeitnehmer und Gewerkschaften gelten bezüglich der **Wahl, Zusammensetzung** und **Zahl der Aufsichtsräte** unterschiedliche Vorschriften, wie die folgende Übersicht zeigt.

Art der AG	Geltendes Gesetz	Vorschriften über den AR
Kleine Aktiengesellschaften (500 bis 2 000 Arbeitnehmer) [§ 1 DrittelbG]	**DrittelbG 2004** (gilt für kleine Aktiengesellschaften und Montangesellschaften mit i.d.R. nicht mehr als 1 000 Arbeitnehmern)	Der AR besteht aus mindestens 3 Personen oder aus einer höheren durch drei teilbaren Mitgliederzahl. Die HV wählt 2/3, die Arbeitnehmer oder deren Delegierte wählen $1/_3$ der AR-Mitglieder (**„Drittel-Parität"**). Höchstzahl 21 Mitglieder.
Große Aktiengesellschaften (i.d.R. mehr als 2 000 Arbeitnehmer) [§ 1 MitbestG]	**MitbestG 1976** (gilt für große Aktiengesellschaften, die nicht Montangesellschaften sind)	Der AR hat 12 bis 20 Mitglieder. Die Hälfte wird grundsätzlich von der HV gewählt (Vertreter der Aktionäre). Die übrigen AR-Mitglieder der Arbeitnehmer (von denen ein Mitglied Vertreter der leitenden Angestellten sein muss) werden von den Delegierten der Arbeitnehmer oder direkt von den wahlberechtigten Arbeitnehmern gewählt (**„gleichgewichtige Mitbestimmung"**).

Art der AG	Geltendes Gesetz	Vorschriften über den AR
Montanindustrie (i. d. R. mehr als 1 000 Arbeitnehmer) [§ 7 Montan-MitbestG]	**Montan-MitbestG 1951** (gilt u. a. für Kapital- gesellschaften der Montanindustrie)	Der AR besteht aus 11 Mitgliedern: 5 Vertreter der Arbeitnehmer und 5 Vertreter der Anteilseigner. Das 11. „neutrale" Mitglied wird dem Wahlorgan von den übrigen AR-Mit- gliedern vorgeschlagen. Der gesamte AR wird von einem nach Gesetz oder Satzung berufenen Wahlorgan (z. B. HV) gewählt (**„paritätische Mitbestim- mung"**).

Die Aufsichtsratmitglieder werden von der **Hauptversammlung** sowie von der Beleg-schaft (den Arbeitnehmern) **für 4 Jahre gewählt**. Nur natürliche und unbeschränkt ge-schäftsfähige Personen können Aufsichtsratsmitglieder werden [§ 100 I AktG].

■ Persönliche Voraussetzungen für Aufsichtsratsmitglieder

Im eigenen Unternehmen kann ein Aufsichtsratsmitglied nicht zugleich Vorstandsmitglied, dauernder Stellvertreter von Vorstandsmitgliedern, Prokurist oder zum gesamten Geschäfts-betrieb ermächtigter Handlungsbevollmächtigter der Gesellschaft sein [§ 105 I AktG].

Grundsätzlich kann jedoch ein Vorstandsmitglied einer AG bei einer anderen Kapitalge-sellschaft Aufsichtsratsmitglied sein. Allerdings ist eine Höchstzahl zu beachten.[1] Mitglied eines Aufsichtsrats kann nicht sein, wer bereits in zehn Handelsgesellschaften, die gesetz-lich einen Aufsichtsrat zu bilden haben, Aufsichtsratsmitglied ist [§ 100 II, S. 1, Nr. 1 AktG]. Auf die Höchstzahl werden aber bis zu fünf Aufsichtsratssitze bei Konzerntochtergesell-schaften nicht angerechnet [§ 100 II, S. 2 AktG].

Um die Überwachungsfunktion des Vorstands durch den Aufsichtsrat zu sichern, sind fol-gende zwei Fälle verboten:

■ Der Vorstand eines abhängigen Unternehmens (Tochterunternehmen) kann nicht Auf-sichtsratmitglied bei herrschenden Unternehmen (Muttergesellschaft) sein [§ 100 II, S. 1, Nr. 2 AktG].

■ Die Entsendung von gesetzlichen Vertretern (Vorstandsmitgliedern, Geschäftsführern) anderer Kapitalgesellschaften in den Aufsichtsrat einer AG ist nicht möglich, wenn ein Vorstandsmitglied dieser AG bereits dem Aufsichtsrat der anderen Kapitalgesellschaft angehört (Überkreuzverflechtung) [§ 100 II, S. 1, Nr. 3 AktG].

---

1 Die Höchstzahl der Aufsichtsratsmitglieder beträgt bei Gesellschaften mit einem Grundkapital von mehr als 10 Mio. Euro ein-undzwanzig [§ 95 AktG].

■ **Aufgaben des Aufsichtsrats**

Die Aufgaben des Aufsichtsrats sind vor allem:

■ **Bestellung des Vorstands,** Abberufung des Vorstands, wenn wichtige Gründe (z.B. Pflichtverletzungen) vorliegen, Überwachung des Vorstands, Einsicht und Prüfung der Geschäftsbücher [§§ 84, 111 AktG].

■ **Prüfung des Jahresabschlusses,** des Lageberichts und des Vorschlags für die Verwendung des Bilanzgewinns [§ 171 I AktG].

■ **Einberufung einer außerordentlichen Hauptversammlung,** wenn es das Wohl der Gesellschaft erfordert (z.B. bei Eintritt hoher Verluste, § 111 III AktG].

■ **Vergütung**

Für seine Tätigkeit erhält der Aufsichtsrat in der Regel eine **Vergütung (Tantieme),** deren Höhe entweder in der Satzung festgelegt ist oder durch die Hauptversammlung beschlossen wird [§ 113 AktG]. Da die Aufsichtsratsmitglieder keine Angestellten der AG sind, erhalten sie **kein Gehalt.**

(4) Hauptversammlung

Die Hauptversammlung als **beschließendes Organ** der Aktiengesellschaft ist die **Versammlung der Gesellschafter (Aktionäre).** In der Hauptversammlung nehmen die Aktionäre ihre Rechte durch **Ausübung des Stimmrechts** wahr [§ 118 I AktG].

Jedem Aktionär ist auf Verlangen in der Hauptversammlung vom Vorstand Auskunft über Angelegenheiten der Gesellschaft zu geben, soweit sie zur sachgemäßen Beurteilung des Gegenstands der Tagesordnung erforderlich ist [§ 131 I, S. 1 AktG]. Allerdings darf die Auskunft verweigert werden, wenn dadurch der Gesellschaft oder einem verbundenen Unternehmen ein nicht unerheblicher Nachteil zugefügt würde (zu Einzelheiten vgl. § 131 III AktG). Im Zweifelsfall entscheidet das Gericht über die Berechtigung einer Auskunftsverweigerung.

Wichtige **Aufgaben der Hauptversammlung** sind z.B.:

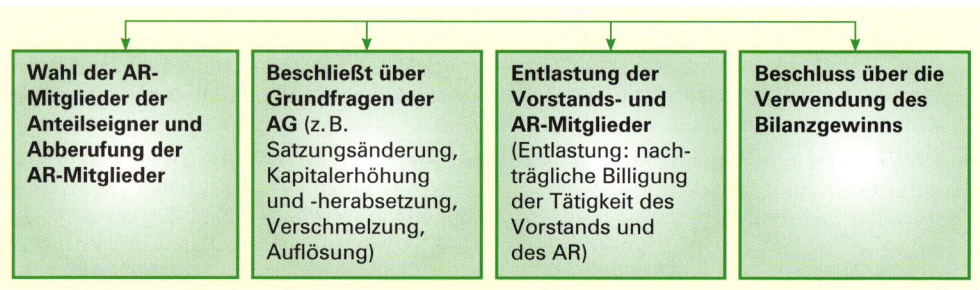

| **Wahl der AR-Mitglieder der Anteilseigner und Abberufung der AR-Mitglieder** | **Beschließt über Grundfragen der AG** (z.B. Satzungsänderung, Kapitalerhöhung und -herabsetzung, Verschmelzung, Auflösung) | **Entlastung der Vorstands- und AR-Mitglieder** (Entlastung: nachträgliche Billigung der Tätigkeit des Vorstands und des AR) | **Beschluss über die Verwendung des Bilanzgewinns** |

2.2.4.2.3 Rechte und Pflichten eines Aktionärs

(1) Rechte des Aktionärs

Durch den Erwerb der Aktien stehen dem Aktionär vor allem folgende **Rechte** zu:

■ **Anrecht auf Gewinnbeteiligung (Dividende)** [§ 60 I AktG], die in der Regel in einem Eurobetrag je Aktie ausgedrückt wird. Beträgt z.B. die Dividende 0,20 EUR je 1-Euro-Aktie, so schüttet die AG bei einem Grundkapital von 30 Mio. EUR 6 Mio. EUR Gewinn aus.

- **Stimmrecht in der Hauptversammlung** entsprechend der Aktiennennbeträge oder der Anzahl der Stückaktien, die sich im Eigentum eines Aktionärs befinden [§ 134 I AktG]. Zur Ausübung des Stimmrechts muss der Aktionär grundsätzlich persönlich an der Hauptversammlung teilnehmen. Das Stimmrecht kann auch durch eine schriftlich beauftragte Person oder Institution (z. B. eine Bank) ausgeübt werden.[1]

- **Wahl des Aufsichtsrats** und dessen Abberufung.

- **Bezugsrecht für neue Aktien** bei einer **Grundkapitalerhöhung** [§ 186 AktG].

Beispiel:	
Eine Aktiengesellschaft erhöht ihr Grundkapital von 20 Mio. Euro auf 30 Mio. Euro. Jeder Aktionär kann neue („junge") Aktien im Verhältnis 2 : 1 beziehen. Einem Aktionär, der z. B. 5 alte Aktien besitzt, stehen 2 junge	Aktien zu. Will er z. B. 3 junge Aktien kaufen, muss er ein Bezugsrecht hinzukaufen. Die Bezugsrechte werden an den Wertpapierbörsen gehandelt.

- **Entgegennahme des Jahresabschlusses, des Lageberichts und des Berichts des Aufsichtsrats** [§ 120 III AktG] **und Beschluss über die Verwendung des Bilanzgewinns** [§ 174 AktG].

- **Entlastung des Vorstands und des Aufsichtsrats** [§ 120 AktG].

- **Auskunftsrecht über Angelegenheiten der Gesellschaft** [§ 131 AktG].

- **Anfechtung eines Beschlusses der Hauptversammlung wegen Verletzung eines Gesetzes oder der Satzung** [§§ 243 ff. AktG].

- **Recht auf Anteil am Liquidationserlös** [§ 271 AktG], falls die Aktiengesellschaft aufgelöst (liquidiert) wird. (Liquidation: Auflösung eines Unternehmens.)

  Aktien, die vorstehende Rechte verbriefen, nennen wir auch **Stammaktien**.

(2) Pflichten des Aktionärs

- **Leistung der übernommenen Kapitaleinlage** [§ 54 AktG]. Bei *Geldeinlagen* muss der eingeforderte Betrag [§ 36 II AktG] mindestens ein Viertel des geringsten Ausgabebetrags und bei Ausgabe der Aktien für einen höheren als diesen auch den Mehrbetrag (das Agio) umfassen. *Sacheinlagen* sind (vor allem zum Gläubigerschutz) vollständig zu leisten.

- **Übernahme der Risikohaftung in Höhe des Aktienwerts** [§ 1 I AktG]. Wer Aktien bei einer Gründung übernimmt oder über die Wertpapierbörse kauft, haftet nicht für die Verbindlichkeiten der Gesellschaft. Als juristische Person haftet lediglich die Aktiengesellschaft selbst. Das einzige Risiko, das der Aktionär eingeht, ist, dass er einen Kursverlust erleidet oder dass er im Extremfall den Wert der gesamten Aktien verliert. Das Letztere ist der Fall, wenn die Aktiengesellschaft z. B. wegen Überschuldung aufgelöst wird, also kein Eigenkapital mehr übrig bleibt. Man sagt daher, dass die Aktionäre lediglich eine „Risikohaftung" übernehmen.

---

1 Ein Aktionär mit einem „Aktienpaket" zum Nennwert von 10000,00 EUR hat also das fünffache Gewicht gegenüber einem Aktionär, dem nur Aktien im Nennwert von 2000,00 EUR gehören. Da für die Beschlüsse der Hauptversammlung grundsätzlich die einfache Mehrheit der abgegebenen Stimmen genügt [§ 133 AktG], kann ein Großaktionär mit theoretisch 50 %igem Aktienbesitz über den von ihm mitbestimmten Aufsichtsrat erheblichen Einfluss auf die Aktiengesellschaft gewinnen. Lediglich bei Satzungsänderungen ist eine Mehrheit von mindestens 75 % des bei der Beschlussfassung vertretenen Grundkapitals erforderlich (qualifizierte Mehrheit) [§§ 179, 182 ff. AktG].
Praktisch genügt eine geringere Mehrheit, weil bei der Hauptversammlung in aller Regel nicht alle Aktionäre erscheinen oder ihr Stimmrecht an andere (z. B. an ihre Bank) abtreten.

2.2.4.2.4 Auflösung der Aktiengesellschaft

Die Auflösung der Aktiengesellschaft ist in den §§ 262 ff. AktG geregelt. Neben der zwangsweisen Auflösung im Rahmen eines **Insolvenzverfahrens** wegen **Zahlungsunfähigkeit** und/oder **Überschuldung** kann die AG auch durch **Beschluss der Hauptversammlung** mit einer Mehrheit von mindestens drei Viertel des bei der Beschlussfassung vertretenen Grundkapitals aufgelöst (beendet, liquidiert) werden. Die Satzung kann weitere Auflösungsgründe bestimmen.

Zusammenfassung

- Die **AG** ist vor allem durch folgende **Merkmale** charakterisiert: (1) juristische Person; (2) Handelsgesellschaft; (3) Aktionäre sind mit Einlagen am Grundkapital beteiligt; (4) keine persönliche Haftung der Aktionäre.

- Die **Firma** der AG muss die Bezeichnung „Aktiengesellschaft" oder eine allgemein verständliche Abkürzung dieser Bezeichnung enthalten.

- Das **gezeichnete Kapital (Grundkapital)** ist in **Nennbetragsaktien** oder **Stückaktien** (nennwertlose Aktien) zerlegt. Diese Aktien verbriefen z. B. ein **Anteilsrecht am Eigenkapital der AG** und **Mitgliedschaftsrechte** (z. B. Stimmrecht in der Hauptversammlung).

- Die **Bestellung, Rechtsstellung und Aufgaben der Organe der Aktiengesellschaft** lassen sich aus nachstehender Abbildung entnehmen:

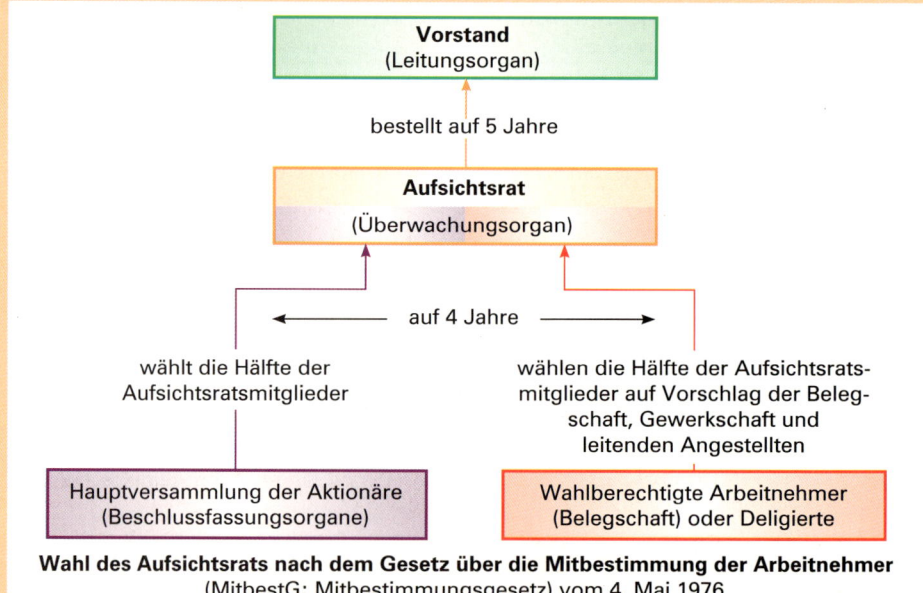

Wahl des Aufsichtsrats nach dem Gesetz über die Mitbestimmung der Arbeitnehmer
(MitbestG: Mitbestimmungsgesetz) vom 4. Mai 1976

- Zur **Gründung** der AG sind erforderlich: (1) ein oder mehrere Gründer; (2) Satzung; (3) Mindestnennbetrag des Grundkapitals 50 000,00 EUR; (4) Übernahme der Aktien durch die Gründer; (5) Eintragung ins Handelsregister.

- Die **Rechte des Aktionärs** umfassen: (1) Teilnahme an der HV; (2) Auskunftsrecht; (3) Recht auf Anfechtung eines HV-Beschlusses; (4) Gewinnbeteiligung; (5) Bezugsrecht auf junge Aktien; (6) Anspruch auf Liquidationserlös; (7) Entgegennahme des Jahresabschlusses, Lageberichts, Berichts des Aufsichtsrats und Beschluss über die Verwendung des Bilanzgewinns; (8) Entlastung des Vorstands und des Aufsichtsrats.

- Die **Pflichten des Aktionärs** sind: (1) Leistung der übernommenen Kapitaleinlage; (2) Übernahme der Risikohaftung.

Übungsaufgaben

11 In der Hauptversammlung der Steinbach AG ist die Mehrheit der Anwesenden der Meinung, dass der Vorstand den Umsatzrückgang des vergangenen Jahres durch leichtsinnige Geschäftsführung verschuldet habe. Man verlangt die Absetzung des Vorstands.

Aufgaben:

1. Welcher Personenkreis ist in der Hauptversammlung vertreten?

2. Kann die Hauptversammlung den Vorstand absetzen? Wenn nein, wer könnte dies tun?

3. Hat die Hauptversammlung überhaupt einen Einfluss darauf, wer Vorstand einer AG wird?

12 Peter Kaiser, alleiniger Inhaber (Gesellschafter) einer Maschinenfabrik, hat ein neues patentiertes Verfahren zur Wiederaufbereitung (Recycling) von Kunststoffen entwickelt und möchte zur Auswertung seiner Erfindung eine Aktiengesellschaft gründen.

Aufgaben:

1. Nennen Sie zwei wichtige wirtschaftliche Entscheidungen, die bei der Gründung dieser AG außer der Wahl der Rechtsform getroffen werden müssen!

2. Wie viel Personen sind zur Gründung einer Aktiengesellschaft erforderlich und wie viel Euro muss das Grundkapital mindestens betragen, das die Gesellschafter aufbringen müssen?

3. Bei der Gründerversammlung wird auch über eine Bargründung und/oder Sachgründung sowie über die Firma der zu gründenden AG gesprochen.

   3.1 Erklären Sie kurz die beiden Gründungsarten!

   3.2 Machen Sie einen Firmenvorschlag und erklären Sie kurz drei Grundsätze, die bei der Wahl der Firma berücksichtigt werden müssen!

4. Nachdem die Gründervoraussetzungen erfüllt sind, wird die Satzung am 28. Juli 20.. unterschrieben und die Aktiengesellschaft am 14. August 20.. beim Handelsregister angemeldet. Am 8. Oktober 20.. erfolgt die Handelsregistereintragung.

   4.1 In welcher Form muss der Gesellschaftsvertrag abgeschlossen werden und warum?

   4.2 Nennen Sie zwei Stellen, bei denen die neu gegründete AG angemeldet werden muss und begründen Sie kurz diese Anmeldepflicht!

   4.3 Welche Aufgaben hat das Handelsregister und wo wird es geführt? Welche Rechtswirkung hat die erfolgte Handelsregistereintragung für die AG?

   4.4 Nennen Sie zwei eintragungspflichtige Tatsachen der AG!

   4.5 An welchem Tag ist die AG als juristische Person entstanden?

   4.6 Warum muss eine AG so genannte Organe haben? Nennen Sie die Organe und jeweils zwei ihrer Aufgaben!

   4.7 Nennen Sie zwei Gründe, die zur Auflösung der AG führen können!

5. Nennen und beurteilen Sie einige Vor- und Nachteile großer Aktiengesellschaften

   5.1 aus der Sicht der Kapitalgeber,

   5.2 aus der Sicht der in diesen Unternehmen Beschäftigten und

   5.3 aus der Sicht der Verbraucher!

6. Vergleichen Sie in gegenüberstellender Weise die OHG und die AG hinsichtlich folgender Probleme:

   6.1 Vorschriften zur Aufstellung des Gesellschaftsvertrags im Hinblick auf Inhalt und Form,

   6.2 Entstehung der beiden Gesellschaften,

   6.3 Eigentum am Vermögen nach Entstehen der Gesellschaften,

   6.4 Gründung einer Aktiengesellschaft und einer offenen Handelsgesellschaft,

   6.5 Haftung der Gründer vor dem Entstehen einer AG und einer OHG,

   6.6 unter welchen Voraussetzungen nach den gesetzlichen Bestimmungen bei der OHG und der AG nachträglich Gesellschaftsvertrags- bzw. Satzungsänderungen durchgeführt werden können,

   6.7 Geschäftsführungs- und Vertretungsrecht.

7. Arbeiten Sie mit Hilfe Ihrer Gesetzessammlung fünf wesentliche Unterschiede zwischen der AG und der GmbH heraus!

13 Die Baumwollfärberei Max Maier e. Kfm., ein Unternehmen mittlerer Größe, benötigt für die aus Konkurrenzgründen erforderlich gewordene Erweiterung und Rationalisierung ihres Betriebs zusätzliche Finanzierungsmittel. Die Beleihungsgrenzen der Hausbank würden eine etwa 40 %ige Finanzierung der Neuinvestitionen mit Fremdkapital gestatten. Da Maier aber das für die Restfinanzierung notwendige Eigenkapital nicht besitzt, sieht er sich gezwungen, in Zukunft mit Gesellschaftern zusammenzuarbeiten. Er gründet mit den Herren Merger und Baum die Heidelberger Textilveredelungs-GmbH, in die er selbst seinen bisherigen Betrieb einbringt, während sich Merger und Baum mit Bareinlagen beteiligen.

Aufgaben:

1. Welche Vorteile besitzt die GmbH gegenüber dem Einzelunternehmen und den Personengesellschaften?

2. Die Rechtsform der GmbH erschien den drei Gesellschaftern günstiger als die der Aktiengesellschaft. Welche Gründe können sie zu ihrer Wahl veranlasst haben?

   Vergleichen Sie hierbei auch die Gründungsvoraussetzungen bei der GmbH und AG!

3. Welche Regelung des Geschäftsführungsrechts und der Vertretungsmacht schlagen Sie Herrn Maier vor?

4. § 14 GmbHG lautet: „Der Geschäftsanteil jedes Gesellschafters bestimmt sich nach dem Betrag der von ihm übernommenen Stammeinlage." Erläutern Sie die Bedeutung dieser Bestimmung!

5. Wodurch unterscheiden sich die Rechte der Gesellschafterversammlung einer GmbH von den Rechten der Hauptversammlung einer Aktiengesellschaft?

6. Wie haften die Einzelunternehmer sowie die Gesellschafter einer OHG und GmbH?

7. Wodurch unterscheidet sich die Gewinnverteilung der OHG von der der GmbH? Nennen Sie zwei weitere Merkmale, durch die sich eine Personengesellschaft von einer Kapitalgesellschaft unterscheidet!

8. Warum haben viele „mittelgroße" Industrieunternehmen die Rechtsform der GmbH? Nennen Sie drei Gründe!

3 Geschäftsbuchführung

3.1 Teilbereiche des betrieblichen Rechnungswesens

Ab einer bestimmten Größenordnung eines Unternehmens wird ein modernes Rechnungswesen in die folgenden vier Teilbereiche aufgegliedert:

(1) Finanzbuchführung (Geschäftsbuchführung)[1]

In der Buchführung werden zu Beginn der Geschäftsperiode die Werte der einzelnen Vermögens- und Schuldposten erfasst. Außerdem werden alle Wertveränderungen innerhalb der laufenden Geschäftsperiode festgehalten. Die Vorgänge, durch die solche Wertveränderungen ausgelöst werden, bezeichnet man als **Geschäftsvorfälle.** Da alle Wertveränderungen erfasst werden, kann zu jeder Zeit und vor allem auch am Ende der Geschäftsperiode der Wert der Vermögens- und Schuldposten ermittelt werden. Durch Vergleiche der Schlussbestände mit den Anfangsbeständen können die Veränderungen der einzelnen Werte und damit auch der Erfolg der Geschäftsperiode ermittelt werden. Obschon wir später darauf näher eingehen werden, können wir bereits jetzt schon sagen: Ist der Wert des Reinvermögens (Vermögen – Schulden) am Ende der Geschäftsperiode höher als am Anfang, war das Ergebnis positiv. Es wurde ein Gewinn erzielt. Ist das Reinvermögen am Ende der Geschäftsperiode niedriger als am Anfang, war das Ergebnis negativ, das heißt, das Unternehmen hat einen Verlust erlitten.

(2) Kosten- und Leistungsrechnung (Betriebsbuchführung)[2]

Die Kosten- und Leistungsrechnung bildet bei größeren Unternehmen häufig einen selbstständigen Teilbereich des Rechnungswesens. Hier geht es vor allem darum, den einzelnen Leistungsträgern (z. B. Fertigerzeugnisse, Handelswaren, Dienstleistungen) die für sie entstandenen Kosten verursachungsgerecht zuzurechnen. Dadurch wird der Unternehmer in die Lage versetzt, zu erkennen, mit welchem Anteil die einzelnen Leistungsträger am Gesamtgewinn beteiligt sind. Auf der Grundlage dieser Erkenntnis kann entschieden werden, bei welchem Leistungsträger sich weitere Verkaufsanstrengungen lohnen (Werbung) bzw. welcher Leistungsträger aus dem Produktprogramm ausscheiden muss.

(3) Statistik[3]

Hier werden Zahlenwerte der Geschäftsbuchführung (Finanzbuchführung) und der Betriebsbuchführung (Kosten- und Leistungsrechnung) vergleichend dargestellt. Dabei können die Zahlenwerte des eigenen Betriebs im Zeitablauf verglichen werden **(innerbetrieblicher Vergleich)** oder die Zahlenwerte des eigenen Betriebs werden mit den entsprechenden Werten anderer Betriebe der gleichen Branche bzw. mit deren Durchschnittswerten verglichen **(zwischenbetrieblicher Vergleich).** So werden z. B. Lagerbewegungen, Umsatzzahlen, verschiedene Kosten, Gewinne usw. in tabellarischer oder auch grafischer Form zusammengestellt und evtl. zueinander in Beziehung gesetzt, um positive oder negative Entwicklungen deutlich zu machen.

---

1 Im Folgenden werden die Begriffe Finanzbuchführung und Geschäftsbuchführung (kurz Buchführung) als gleichwertig benutzt. Das Gleiche gilt für die Begriffe Kosten- und Leistungsrechnung und Betriebsbuchführung.

2 Diese Thematik wird im Kapitel 7, „Vollkostenrechnung" behandelt.

3 Die Teilbereiche Statistik und Planung und Controlling werden nicht in einem besonderen Kapitel dargestellt. Diese Teilbereiche werden vielmehr immer dann behandelt, wenn dies die Thematik erforderlich macht.

(4) Planung und Controlling

Die Marktstellung eines Unternehmens hängt nicht nur von Vergangenheits- und Gegenwartsentscheidungen ab, sondern auch in entscheidender Weise von der richtigen Einschätzung zukünftiger Entwicklungen. Hierfür liefert der Teilbereich **Planung und Controlling** die entsprechenden Unterlagen. In ihm werden die durch die drei vorher genannten Teilbereiche des Rechnungswesens erfassten Zahlenwerte unter Berücksichtigung der zukünftigen Erwartungen fortgeschrieben. Es ist klar, dass dieser Teil des Rechnungswesens aufgrund der nicht exakt vorausberechenbaren Daten der Zukunft einen erheblichen Unsicherheitsfaktor in sich birgt. Dennoch kann ein moderner Betrieb heute nicht mehr auf eine in die Zukunft weisende Planungsrechnung verzichten. Die bewertende Analyse von Alternativen im Rahmen der **Entscheidungsvorbereitung** liefert die Grundlagen für eine angezeigte betriebliche Veränderung. Je abgesicherter dieser Teil des Rechnungswesens sein Zahlenwerk erstellt hat, desto risikoloser können die darauf basierenden Entscheidungen gefällt werden. Begleitende **Controllingrechnungen** überwachen die Umsetzung der Pläne und liefern Hinweise für erforderliche Korrekturen.

In vielen Betrieben arbeiten die einzelnen Zweige des Rechnungswesens noch ziemlich isoliert nebeneinander. Durch den verstärkten Einsatz der elektronischen Datenverarbeitung kommt es aber derzeit zu einem organisatorischen Zusammenrücken der einzelnen Zweige des betrieblichen Rechnungswesens. Über die elektronische Datenverarbeitung werden alle Daten der vier Teilbereiche des Rechnungswesens zusammengefasst und gebündelt, sodass z. B. der Wertefluss vom Eingang bis zum Ausgang erfasst, verarbeitet, analysiert, kontrolliert und für neue Entscheidungen aufbereitet werden kann.

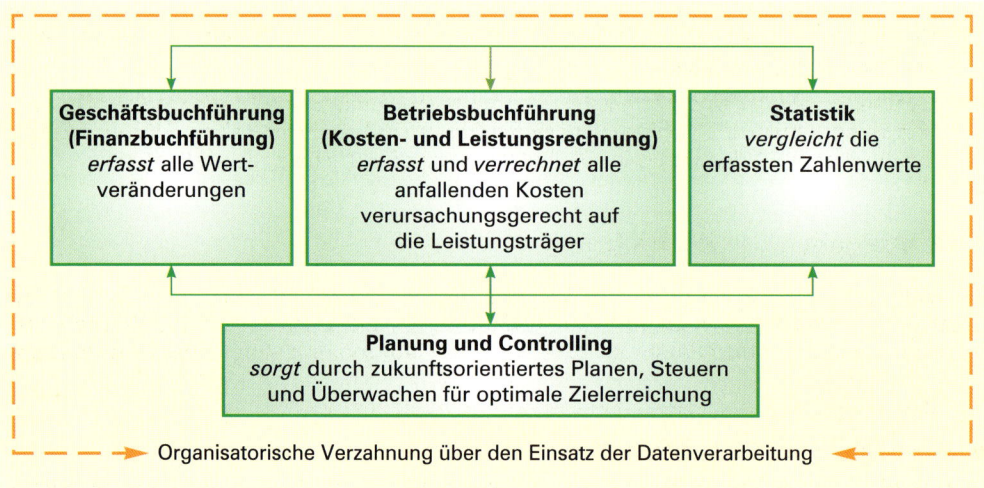

3.2 Finanzbuchführung (Buchführung) als grundlegender Teil des gesamten Rechnungswesens

3.2.1 Wesen der Buchführung

Wer eine Übersicht über die Verwendung seines verfügbaren Geldes behalten möchte, greift zu Papier und Schreibstift, um sich alles aufzuschreiben. Das gilt für den Auszubildenden ebenso wie für die Hausfrau. Beide betreiben also Buchführung in einfachster Form.

Die Notwendigkeit des Festhaltens solcher Vorgänge wird umso wichtiger, je höher und zahlreicher solche Geldbewegungen sind. Daher sind die staatlichen „Haushaltungen" (Bund, Länder und Gemeinden) verpflichtet, alle Ausgaben und Einnahmen in ihren so genannten **Haushaltsplänen** zu erfassen.

In den **privaten Unternehmen** fällt täglich ebenfalls eine Vielzahl solcher barer, aber auch unbarer Vorgänge an, die Wertveränderungen des Vermögens und/oder der Schulden hervorrufen. Wir nennen sie **Geschäftsvorfälle**. Um die Übersicht über diese Wertveränderungen zu behalten, muss der Kaufmann sie im eigenen Interesse in seiner **Buchführung** erfassen. Darüber hinaus ist er auch im öffentlichen Interesse zur Buchführung verpflichtet. Diese kaufmännische Buchführung ist der Gegenstand unserer weiteren Betrachtung.

> **Merke:**
>
> - Unter **kaufmännischer Buchführung** versteht man das Festhalten der Anfangsbestände an Vermögen und Schulden sowie deren Veränderungen.
>
> - Die Vorgänge, durch die solche Veränderungen ausgelöst werden, nennen wir **Geschäftsvorfälle**. Sie werden in der Buchführung erfasst.
>
> - **Geschäftsvorfälle** sind Tätigkeiten, die **Vermögenswerte** und **Schulden** der Unternehmung verändern, die zu **Geldeinnahmen** und **Geldausgaben** führen, einen Werteverzehr **(Aufwand)** oder einen Wertezuwachs **(Ertrag)** darstellen.

3.2.2 Aufgaben der Buchführung

Die kaufmännische Buchführung erfüllt eine Vielzahl von Aufgaben, die einerseits der Unternehmensleitung dienen **(interne Aufgaben)** und andererseits für außerhalb des Unternehmens stehende Personen bzw. Institutionen gedacht sind **(externe Aufgaben)**.

(1) Aufgaben aus der Sicht der Unternehmensleitung

■ **Buchführung als Gedächtnisstütze**

Ursprünglich diente die Buchführung als Gedächtnisstütze. Sobald das Geschäftsvolumen einen bestimmten Umfang überschreitet, ist es dem Kaufmann nicht mehr möglich, alles im Kopf zu behalten. Das gilt besonders für die noch nicht vollständig abgewickelten Geschäfte (Zielgeschäfte, Ratengeschäfte). Diese Aufgabe der Gedächtnisstütze übernimmt die Buchführung auch heute noch.

■ **Buchführung als Instrument der Erfolgsermittlung (Ergebnisermittlung)**

Jeder Kaufmann möchte sich nach einer gewissen Zeit (Monat, Vierteljahr, Halbjahr), spätestens nach einem Jahr, Rechenschaft über seine Geschäftstätigkeit ablegen. Er möchte wissen, wie erfolgreich er innerhalb der Geschäftsperiode gewesen ist. Der **Erfolg** der Geschäftstätigkeit kann ein **Gewinn,** im ungünstigen Fall aber auch ein **Verlust** sein. Der Begriff Erfolg ist also als eine **neutrale Größe** anzusehen. Er darf nicht mit dem Gewinn gleichgesetzt werden.

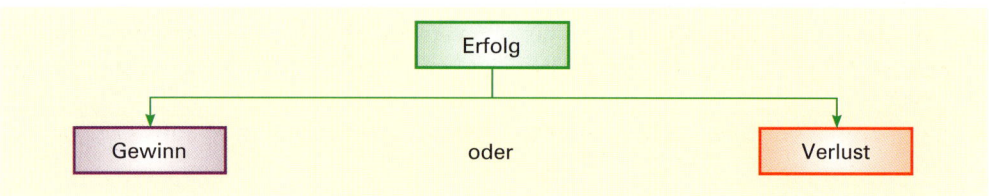

Buchführung als Instrument der Vermögens- und Schuldenermittlung

Ein Kaufmann will nicht nur wissen, welchen Erfolg er innerhalb eines bestimmten Zeitraumes erzielt hat, sondern er will sich auch zu jeder Zeit über den Stand seines Vermögens und der Schulden informieren können. Das kann er mit Hilfe der Buchführung, da sie alle Wertveränderungen erfasst.

Obwohl enge Beziehungen zwischen der Erfolgsermittlung und der Vermögens- und Schuldenermittlung bestehen, sehen wir, dass die Blickrichtung hier eine andere ist als zuvor. Eine **Vermögens- und Schuldenrechnung** bezieht sich auf einen bestimmten **Zeitpunkt,** während bei der **Ergebnisermittlung** der ganze **Zeitraum** ins Auge gefasst werden muss. Sofern es sich um Kleinbetriebe handelt, werden auch die folgenden Aufgaben von der Buchführung mit übernommen.

Buchführung als Grundlage der Kosten- und Leistungsrechnung (Kalkulation)

Die Kalkulation ermittelt die Selbstkosten und die Verkaufspreise für die Produkte. Voraussetzung hierfür ist, dass alle Kosten des Unternehmens vorliegen. Da die Buchführung alle Werteveränderungen des Betriebs einschließlich der Kosten erfasst, kann die Kostenrechnung hierauf zurückgreifen. Die Buchführung bildet somit auch die Grundlage für die Kosten- und Leistungsrechnung.

Buchführung als Instrument der Betriebskontrolle

Sobald ein Unternehmen eine bestimmte Größe übersteigt, ist es der Geschäftsleitung nicht mehr möglich, alle Auswirkungen der Geschäftsvorfälle am Ort des Geschehens zu kontrollieren. Mit Hilfe der Buchführung können die erforderlichen Kontrollen jedoch vom Schreibtisch aus erfolgen. Die Geschäftsleitung braucht sich nur die gewünschten Zahlen aus der Buchführung vorlegen zu lassen. Dabei kann sie erkennen, ob z.B. irgendwelche Aufwendungen gestiegen sind oder die Umsätze in einer Abteilung oder bei einem bestimmten Artikel nicht den Erwartungen entsprechen. Dann kann sie den Ursachen auf den Grund gehen und gegebenenfalls die erforderlichen Maßnahmen ergreifen. Insoweit ist die Buchführung auch ein Instrument der Betriebskontrolle. Mit Recht bezeichnet man die **Buchführung** als das **Spiegelbild der Geschäftstätigkeit**.

Die Buchführung bildet die Grundlage des gesamten Rechnungswesens. Bevor weitere Teilbereiche des Rechnungswesens wie die Kostenrechnung, die Planungsrechnung oder die Statistik tätig werden können, müssen die Ausgangsdaten sowie die durch die Geschäftstätigkeiten hervorgerufenen Wertveränderungen durch die Buchführung festgehalten werden.

Neben den genannten Aufgaben hat die Buchführung im Zusammenwirken mit den übrigen Teilbereichen des Rechnungswesens noch folgende Aufgaben (Funktionen) zu erfüllen:

- alle wertverändernden Prozesse zu erfassen und darüber zu informieren (**Dokumentationsfunktion, Informationsfunktion**),

- diese für die anstehenden Entscheidungen aufzubereiten (**Dispositionsfunktion**),

- das benötigte Material für eine Entscheidungsfindung bereitzustellen (**Steuerungsfunktion**),

- die getroffenen Entscheidungen sowie alle sich abzeichnenden Entwicklungen zu überwachen (**Kontrollfunktion**).

(2) Aufgaben aus der Sicht von außenstehenden Personen bzw. Institutionen

Wir haben gesehen, dass die Buchführung eine unentbehrliche Informationsquelle für die Geschäftsleitung ist. Neben diesem hohen Eigeninteresse der Geschäftsleitung an der Buchführung gibt es Kreise, die außerhalb des Unternehmens stehen und dennoch ein berechtigtes Interesse an der Buchführung eines Unternehmens, insbesondere an deren Ergebnissen in Form der Bilanz und der Gewinn- und Verlustrechnung, nachweisen können. Wir wollen nur die Wichtigsten nennen:

- Die **Steuerbehörde,** weil für die Berechnung bestimmter Steuern (z. B. Einkommensteuer, Umsatzsteuer, Gewerbesteuer) das Zahlenmaterial der Buchführung zugrunde gelegt wird. Die Buchführung liefert die Unterlagen zur Steuerveranlagung.

- Die **Banken,** da sie bei Kreditgewährungen durch die Vorlage bestimmter Zahlen der Buchführung ihr Risiko besser abschätzen können.

- Die **Kapitalgeber** (z. B. Mitinhaber, Gläubiger), die ihr Geld eingebracht haben, besitzen ein Recht auf Information. Dieses Recht kann mit Hilfe der Buchführungsergebnisse befriedigt werden.

- Die **Mitarbeiter** haben ein Recht auf Unterrichtung über die wirtschaftliche und soziale Lage ihres Unternehmens [§ 43 I, II BetrVG].

- Die **Gerichte** gehen bei Vermögensstreitigkeiten im Zweifel von der Richtigkeit der Zahlen der Buchführung aus.

In zusammenfassender Betrachtung hat die Buchführung unter dem Gesichtspunkt der externen Sichtweise u. a. die Aufgabe, eine breite Öffentlichkeit über die Vermögens- und Ertragslage eines Unternehmens zu informieren (**Informationsfunktion**). Daher sind auch alle Kapitalgesellschaften – und beim Überschreiten einer bestimmten Größenordnung auch alle anderen Unternehmen – zur Veröffentlichung ihrer Buchführungsergebnisse in Form der Bilanz und der GuV-Rechnung von Gesetzes wegen verpflichtet. Darüber hinaus dient die Buchführung bei Vermögensstreitigkeiten vor Gericht als Beweismittel (**Legitimationsfunktion**).

- Ab einer bestimmten Größenordnung eines Unternehmens wird das Rechnungswesen in die folgenden Teilbereiche gegliedert:
  - Finanzbuchführung (Geschäftsbuchführung)
  - Kosten- und Leistungsrechnung
  - Statistik
  - Planung und Controlling

Aufgaben der Buchführung	
Für die Unternehmensleitung hat die Buchführung eine:	**Für Außenstehende** hat die Buchführung eine:
▪ Dokumentationsfunktion ▪ Informationsfunktion ▪ Dispositionsfunktion ▪ Steuerungsfunktion ▪ Kontrollfunktion	▪ Informationsfunktion ▪ Legitimationsfunktion
Im Einzelnen dient sie als: ▪ Gedächtnisstütze ▪ Mittel zur Feststellung des Erfolges ▪ Mittel zur Feststellung der Vermögens- verhältnisse ▪ Grundlage für die Kalkulation ▪ Kontrollmittel	Im Einzelnen informiert sie: ▪ Banken ▪ Steuerbehörden ▪ Kapitalgeber ▪ Mitarbeiter Vor Gericht dient sie als: ▪ Beweismittel

14

1. Nennen Sie die verschiedenen Teilbereiche eines modernen Rechnungswesens!

2. Welche Tatbestände werden in der Geschäftsbuchführung erfasst?

3. Wie nennt man die Vorgänge in der Buchführung, durch die die Wertveränderungen ausgelöst werden?

4. Worin besteht die wesentliche Aufgabe der Kosten- und Leistungsrechnung?

5. Was versteht man
   5.1 unter einem innerbetrieblichen Vergleich?
   5.2 unter einem zwischenbetrieblichen Vergleich?

6. Nennen Sie Argumente, durch die eine Planungsrechnung gerechtfertigt erscheint!

3.3 Inventur, Inventar

3.3.1 Gesetzliche Grundlagen und begriffliche Klarstellungen

Nach § 240 HGB ist jeder Kaufmann verpflichtet, „zu Beginn seines Handelsgewerbes" (d.h. bei der Gründung) und danach für den Schluss eines jeden Geschäftsjahres seine Vermögens- und Schuldposten mit ihren Werten anzugeben. Diese Aufstellung nennt der Gesetzgeber **Inventar**. Formelle Vorschriften zur Aufstellung des Inventars gibt der Gesetzgeber nicht.

Die Vermögens- und Schuldposten sind aufgrund einer **körperlichen Bestandsaufnahme** zu ermitteln und nach ihrer Art, mit ihrer Menge und mit ihrem Wert anzugeben. Die körperliche Bestandsaufnahme bedeutet, dass man in den Betrieb gehen und vor Ort feststellen muss, welche Vermögensgegenstände in welcher Menge tatsächlich vorhanden sind. In einem zweiten Vorgang erfolgt die Feststellung der Werte. Entsprechendes gilt für die Ermittlung der Schulden. Diese Ermittlungsvorgänge (diese Ermittlungstätigkeit) nennt man **Inventur**. Die ermittelten Ergebnisse werden in **Inventurlisten** erfasst.

Typische Tätigkeiten im Rahmen der Mengenermittlung sind: zählen, messen, wiegen, notfalls auch schätzen. Anschließend erfolgt die Ermittlung des Wertes für jeden einzelnen Erfassungsgegenstand. Durch die Multiplikation von Menge und Wert je Einheit erhält man den Gesamtwert eines Vermögenspostens. Auf die besondere Problematik der Ermittlung der Einzelwerte soll hier nicht näher eingegangen werden.

3.3.2 Bedeutung und Zielsetzung der Inventur

Die vom Gesetzgeber geforderte Inventur ist wesentlicher Bestandteil einer ordnungsmäßigen Buchführung. Die Inventur dient in erster Linie dem Schutz der Gläubiger. Durch eine körperliche Bestandsaufnahme soll überprüft werden, ob die in der Buchführung ausgewiesenen Bestände (Sollbestände) mit den tatsächlichen Beständen übereinstimmen, die durch die Inventur ermittelt werden (Istbestände). Treten Differenzen zwischen Soll- und Istbeständen auf, muss man die Ursachen aufdecken und entsprechende Korrekturen in der Buchführung vornehmen, damit solche Differenzen nicht noch „weitergeschleppt" werden. Insofern übt die **Inventur** gegenüber der Buchführung eine **Kontrollfunktion** aus.

3.3.3 Arten (Verfahren) der Inventur

(1) Stichtagsinventur (Normalverfahren)

Die zeitraubenden Inventurarbeiten sind in der Praxis häufig an einem Tag nicht zu bewältigen. Daher gestattet das Einkommensteuerrecht, dass die Inventurarbeiten für den Jahresabschluss nicht am **Abschlussstichtag (Bilanzstichtag),** sondern lediglich zeitnah um **den Stichtag herum** durchgeführt werden können. Als zulässige Zeitspanne um den Bilanzstichtag gelten 10 Tage vor bzw. 10 Tage nach dem Bilanzstichtag.

Allerdings muss sichergestellt sein, dass die Bestandsveränderungen zwischen dem Tag der Bestandsaufnahme und dem Bilanzstichtag anhand von Belegen oder Aufzeichnungen ordnungsmäßig berücksichtigt werden können.

(2) Vereinfachungsverfahren bei der Inventur

Wegen der Belastungen, die eine körperliche Stichtagsinventur für die Unternehmen mit sich bringt, sieht der Gesetzgeber unter bestimmten Voraussetzungen von einer körperlichen Stichtagsinventur ab und lässt folgende Vereinfachungen zu:

■ **Stichprobeninventur** [§ 241 I HGB]

Erfahrungsgemäß kann man davon ausgehen, dass in einem Warenlager eine relativ geringe Anzahl der Inventurobjekte (z. B. 20 %) den relativ höchsten Wert (z. B. 80 %) ausmachen. In diesem Fall wird für die relativ geringe Menge der Objekte, die aber 80 % des gesamten Wertes darstellen, eine genaue Einzelerfassung vorgenommen. Nur für die große Menge, die einen verhältnismäßig geringen Wert darstellt, wird das Stichprobenverfahren angewandt.

Bei den Stichprobenverfahren wird aus wenigen Einzelobjekten (den Stichproben) ein Durchschnittswert ermittelt. Durch Multiplikation der Gesamtmenge mit dem ermittelten Stichprobendurchschnittswert ergibt sich der Gesamtwert dieser Lagervorräte. Dabei müssen die Stichproben nach mathematisch-statistischen Methoden ausgewählt werden. Die Auswahl jedes 10. Inventurobjektes würde diesem Anspruch nicht genügen. Es muss sich dabei um eine möglichst breite Streuung handeln. Weitere Voraussetzungen für die Anwendung des Stichprobenverfahrens bestehen darin, dass die Werte der Einzelobjekte dicht beieinanderliegen müssen und dass das Verfahren dem Aussagewert eines durch eine vollständige körperliche Inventur ermittelten Wertes entsprechen muss.

■ **Permanente Inventur** [§ 241 II HGB]

Werden die Vermögensgegenstände nach Art, Menge und Wert fortlaufend nach den Grundsätzen ordnungsmäßiger Buchführung erfasst, kann auf eine körperliche Bestandsaufnahme zum Bilanzstichtag gänzlich verzichtet werden.

Die körperliche Bestandsaufnahme muss dann allerdings zu einem beliebigen anderen Zeitpunkt innerhalb des Jahres vorgenommen werden.

■ **Verlegte Inventur** [§ 241 III HGB]

Sind für einen bestimmten Tag innerhalb von 3 Monaten vor dem Bilanzstichtag oder innerhalb von zwei Monaten nach dem Bilanzstichtag die Werte von Vermögensgegenständen durch eine körperliche Bestandsaufnahme oder auch durch eine permanente Inventur ermittelt und in einem gesonderten Verzeichnis festgehalten worden, dann braucht für diese Vermögensgegenstände eine körperliche Inventur zum Bilanzstichtag nicht mehr vorgenommen zu werden, wenn sichergestellt ist, dass durch eine ordnungsmäßige Fortschreibung bzw. Rückrechnung der Wert am Bilanzstichtag zuverlässig ermittelt werden kann.

3.3.4 Form, Inhalt und Aufbau des Inventars

(1) Form des Inventars

Die im Inventar zusammengestellten Ergebnisse der Inventur bedürfen einer möglichst übersichtlichen und schnell lesbaren Form. Die in den Inventurlisten enthaltene Vielzahl von Einzelergebnissen genügt diesem Anspruch nicht.

Obschon es **keine gesetzlichen Vorschriften** für die **formale Darstellung eines Inventars** gibt, hat es sich in der Praxis allgemein durchgesetzt, dass die Ergebnisse der Inventur nochmals in einer verdichteten und überschaubaren Form zusammengefasst werden, wobei für ein tieferes Eindringen in einzelne Posten auf die Einzelverzeichnisse verwiesen wird.

Wegen des engen Zusammenhanges zur Bilanz, worauf wir später zurückkommen, wird in der Praxis bei der Aufstellung des verdichteten Inventars im Wesentlichen das für die Bilanz gesetzlich vorgegebene Begriffssystem übernommen.

Da wir in der Schule immer nur beispielhaft arbeiten können, wollen wir hier ein Inventar aufstellen, in dem einerseits die erforderlichen Einzelangaben enthalten sind und andererseits bei Vorliegen eines weiteren Informationsbedürfnisses auf die entsprechenden Einzelverzeichnisse verwiesen wird.

Das Beispiel auf Seite 82 soll Ihnen als Muster für den Inhalt und den Aufbau eines Inventarverzeichnisses und für die darin verwendeten Begriffe dienen.

Zusammenfassung

■ Unter **Inventur** versteht man die mengen- und wertmäßige Erfassung aller Vermögens- und Schuldenwerte eines Kaufmanns zu einem bestimmten Zeitpunkt. Die Inventur ist also eine Tätigkeit. Sie ist regelmäßig zum Bilanzstichtag, bei Gründung, Übernahme oder Auflösung des Unternehmens durchzuführen. Die Inventur schafft **gesicherte Ausgangsdaten** für den Jahresabschluss.

■ Das **Inventar** ist das übersichtlich zusammengestellte wertmäßige Ergebnis der Inventur. Das Inventar ist also ein Verzeichnis über die tatsächlich vorhandenen Vermögens- und Schuldenwerte (Istwerte) an einem bestimmten Tag (Stichtag).

■ Die **Inventur** übt gegenüber der Buchführung eine **Kontrollfunktion** aus.

■ Bei auftretenden Differenzen zwischen den Werten der Buchführung (Buchbeständen) und den durch die Inventur ermittelten Istbeständen müssen die **Werte der Buchführung** an die **Werte der Inventur angepasst werden**.

Übungsaufgabe

15 1. Welche Gesetzesvorschrift verpflichtet den Kaufmann zur Aufstellung eines Inventars?

2. Zu welchen Zeitpunkten muss jeweils ein Inventar aufgestellt werden?

3. Erläutern Sie die Begriffe Inventar und Inventur!

4. Welche praktische Bedeutung hat die Inventur im Zusammenhang mit der Buchführung?

5. Welche Werte müssen beim Auftreten von Differenzen zwischen Soll- und Istwerten berichtigt werden? Begründen Sie Ihre Entscheidung!

6 Speth – ISBN 978-3-8120-0491-6

(2) Beispiel für den Inhalt und den Aufbau eines Inventars

Inventar zum 31. Dezember 20..
der Möbelfabrik Franz Merkurius e.Kfm., Dürener Str. 101, 40223 Düsseldorf

A. Vermögen

I. Anlagevermögen:

1. Bebaute Grundstücke
   - Dürener Str. 101 — 175 000,00 EUR
   - Gerberstraße 21 — 125 000,00 EUR — 300 000,00 EUR
2. Bauten auf eigenen Grundstücken
   - Fabrikgebäude Dürener Str. 101 — 429 450,00 EUR
   - Verwaltungsgebäude Gerberstraße 21 — 675 000,00 EUR — 1 104 450,00 EUR
3. Maschinen lt. Inventurliste — 749 800,00 EUR
4. Fuhrpark
   - Pkw: D - BE 44 — 45 800,00 EUR
   - Lkw: D - LU 855 — 98 750,00 EUR — 144 550,00 EUR
5. Betriebs- und Geschäftsausstattung
   - Lagereinrichtung lt. Inventurliste 2 — 45 600,00 EUR
   - Verwaltungseinrichtung lt. Inventurliste 3 — 29 275,00 EUR
   - EDV-Anlagen lt. Inventurliste 4 — 20 725,00 EUR — 95 600,00 EUR

II. Umlaufvermögen:

1. Rohstoffe[1] lt. Inventurliste 5 — 350 750,00 EUR
2. Hilfsstoffe[2] lt. Inventurliste 6 — 118 450,00 EUR
3. Betriebsstoffe[3] lt. Inventurliste 7 — 147 620,00 EUR
4. Fertigerzeugnisse
   - 360 Schränke V 17/2 — 203 400,00 EUR
   - 210 Schreibtische S 22/4 — 193 200,00 EUR
   - Diverse Kleinmöbel lt. Inventurliste 8 — 310 400,00 EUR — 707 000,00 EUR
5. Unfertige Erzeugnisse lt. Inventurliste 9 — 70 200,00 EUR
6. Forderungen aus Lieferungen und Leistungen
   - Möbelhaus Schmid e.Kfm., Emden — 12 125,00 EUR
   - Möbel Meierhofer KG, Salzgitter — 11 900,00 EUR
   - Möbel Discount Dresden GmbH — 9 550,00 EUR — 33 575,00 EUR
7. Kasse lt. Inventurliste 10 — 1 250,00 EUR
8. Guthaben bei Banken
   - Guthaben Volksbank Düsseldorf Neuss — 28 780,00 EUR
   - Guthaben Stadtsparkasse Düsseldorf — 5 900,00 EUR — 34 680,00 EUR

Summe des Vermögens (Rohvermögens) — 3 857 925,00 EUR

B. Schulden

1. Verbindlichkeiten gegenüber Kreditinstituten
   - Darlehen bei der Volksbank Düsseldorf Neuss — 890 600,00 EUR
   - Kontokorrentkredit bei der Stadtsparkasse Düsseldorf — 50 145,00 EUR
2. Verbindlichkeiten aus Lieferungen und Leistungen
   - Metall- u. Kunststoffwerke Leipzig AG — 55 150,00 EUR
   - Großhandelshaus Stark GmbH Goslar — 47 350,00 EUR — 102 500,00 EUR
3. Liefererdarlehen bei der Rado GmbH — 73 000,00 EUR

Summe der Schulden — 1 116 245,00 EUR

C. Ermittlung des Reinvermögens (Eigenkapitals)

Summe des Vermögens — 3 857 925,00 EUR
- Summe der Schulden — 1 116 245,00 EUR

= Reinvermögen (Eigenkapital) — 2 741 680,00 EUR

---

1 **Rohstoffe** werden nach der Bearbeitung oder Verarbeitung wesentliche Bestandteile der Fertigerzeugnisse, z.B. Eisen und Stahl im Maschinenbau; Wolle und Baumwolle in der Textilindustrie.

2 **Hilfsstoffe** sind Stoffe, die bei der Bearbeitung verbraucht werden, um das Erzeugnis herzustellen, die aber nicht als wesentliche Bestandteile der Fertigerzeugnisse zu betrachten sind, z.B. Farben in der Tapetenherstellung oder Lacke, Schrauben, Muttern, Nieten in der Automobilindustrie.

3 **Betriebsstoffe** dienen dazu, die Maschinen zu „betreiben", z.B. Schmierstoffe, Kühlmittel, Reinigungsmittel. Sie gehen nicht in das fertige Produkt ein.

Erläuterungen zum Inhalt und Aufbau des Inventars von Seite 82

Wie wir sehen, besteht das Inventar aus drei Teilen: dem **Vermögen**, den **Schulden** und dem **Reinvermögen**.

- Das **Vermögen** gibt Aufschluss darüber, welche Gegenstände in einem Unternehmen vorhanden sind. Man unterscheidet zwischen Anlagevermögen und Umlaufvermögen.

  - Zum **Anlagevermögen** gehören alle Vermögensposten, die dazu bestimmt sind, dem Unternehmen langfristig zu dienen. Sie bilden die Grundlage für die Betriebsbereitschaft.

    Beispiele:

    Lizenzen, geschützte Marken, Gebäude, Grundstücke, Maschinen, Betriebs- und Geschäftsausstattung, Beteiligungen an anderen Unternehmen, Darlehensforderungen gegenüber anderen Unternehmen.

  - Zum **Umlaufvermögen** zählen alle Vermögensposten, die dadurch charakterisiert sind, dass sie sich durch die Geschäftstätigkeit laufend verändern.

    Beispiele:

    Kassenbestand, Bankguthaben, Werkstoffe, Fertigerzeugnisse, Handelswaren, Forderungen aus Lieferungen und Leistungen.

- Die **Schulden** (Verbindlichkeiten) gliedert man nach der Art der Schuld.

  Beispiele:

  - Verbindlichkeiten gegenüber Kreditinstituten
  - Verbindlichkeiten aus Lieferungen und Leistungen

- Ziehen wir vom Gesamtwert des Vermögens (Rohvermögens) den Gesamtwert der Schulden ab, erhalten wir das **Reinvermögen,** das auch als Eigenkapital bezeichnet wird.

  (Roh-)Vermögen – Schulden = Reinvermögen (Eigenkapital)

Übungsaufgabe

16 Stellen Sie aufgrund der angegebenen Inventurergebnisse ein Inventar auf!

Bebaute Grundstücke		478 790,00 EUR
Fabrikgebäude		2 121 180,00 EUR
Verwaltungsgebäude		535 925,00 EUR
Büroeinrichtung lt. Inventurliste 1		148 500,00 EUR
Maschinen lt. Inventurliste 2		2 470 100,00 EUR
Werkzeuge lt. Inventurliste 3		272 800,00 EUR
Fuhrpark: 2 Lkw	205 000,00 EUR	
3 Pkw	64 300,00 EUR	269 300,00 EUR
Betriebs- und Geschäftsausstattung lt. Inventurliste 4		330 000,00 EUR
Rohstoffe lt. Inventurliste 5		1 420 000,00 EUR

Betriebsstoffe lt. Inventurliste 6		87 200,00 EUR
Hilfsstoffe lt. Inventurliste 7		54 750,00 EUR
Unfertige Erzeugnisse lt. Inventurliste 8		321 800,00 EUR
Fertige Erzeugnisse lt. Inventurliste 9		1 790 000,00 EUR
Kundenforderungen lt. bestätigter Saldenliste		222 400,00 EUR
Kassenbestand lt. Inventurliste 10		15 100,00 EUR
Guthaben bei Kreditinstituten		
– Guthaben auf dem Kontokorrentkonto bei der A-Bank		29 900,00 EUR
Verbindlichkeiten gegenüber Kreditinstituten		
– Darlehen bei der B-Bank		3 755 500,00 EUR
Verbindlichkeiten aus Lieferungen und Leistungen:		
– Maschinen-Technik Lenz AG	820 000,00 EUR	
– Technik & Service Ludwig GmbH	152 600,00 EUR	972 600,00 EUR

3.4 Bilanz

3.4.1 Gesetzliche Grundlagen zur Aufstellung der Bilanz

(1) Aufstellungspflicht

Nach § 242 HGB hat der Kaufmann zu Beginn seines Handelsgewerbes und danach für den Schluss eines jeden Geschäftsjahres eine Bilanz aufzustellen, aus der das Verhältnis zwischen seinem Vermögen und seinen Schulden erkennbar ist.

Obschon es bei der Bilanz – wie beim Inventar – auch um eine Aufstellung des Vermögens und der Schulden geht, dient die Bilanz, wie wir später noch sehen werden, völlig anderen Zwecken. Das hat den Gesetzgeber auch veranlasst, unterschiedliche Begriffe einzuführen, obwohl die Endergebnisse in beiden Abschlussformen gleich sind.

(2) Form und Gliederung der Bilanz nach § 266 HGB

Nach § 266 I, S. 1 HGB ist die Bilanz in **Kontoform**[1] aufzustellen. Das heißt allerdings nicht, dass die Bilanz ein Konto ist. Die Bilanz ist lediglich in der Form eines Kontos aufzustellen. Sie hat also – wie ein Konto – zwei Seiten. Die **linke Seite der Bilanz** ist die Aktivseite. Auf ihr stehen die **Aktiva (Vermögensposten)**. Die **rechte Seite der Bilanz** ist die Passivseite. Auf ihr stehen die **Passiva (Schulden und das Eigenkapital)**. Auch wenn uns das sprachlich zunächst noch ungewohnt erscheint, können wir sagen: Auf der Passivseite der Bilanz steht das Kapital, getrennt nach Kapitalgebern (Eigenkapital und Verbindlichkeiten [Fremdkapital]).

Da wir uns in der Schule, namentlich im Anfangsunterricht, nur mit einfachen Bilanzen beschäftigen können, schlagen wir für unsere vorläufige Arbeit mit Bilanzen folgendes, an der Praxis orientiertes, vereinfachtes Bilanzschema vor, wobei wir uns bezüglich der Begriffsbildung weitgehend nach den Vorgaben des § 266 HGB richten. Weil die Untergliederung in Hauptgruppen entfällt, beginnen wir die Gliederung mit den römischen Ziffern I., II., III.

---

1 Zur Kontoform vgl. die Ausführungen auf S. 96f.

Aktiva	Bilanz zum 31. Dezember 20..	Passiva

I. Anlagevermögen
  1. Grundstücke und Bauten
  2. technische Anlagen und Maschinen
  3. And. Anl., Betr.- u. G.-Ausstattung[1]

II. Umlaufvermögen
  1. Roh-, Hilfs- und Betriebsstoffe
  2. unfertige Erzeugnisse
  3. fertige Erzeugnisse und Waren[2]
  4. Ford. aus Lieferungen u. Leistungen
  5. Kassenbestand
  6. Guthaben bei Kreditinstituten

I. Eigenkapital

II. Verbindlichkeiten
  1. Verbindlichkeiten gegenüber Kreditinstituten
  2. Verbindlichkeiten aus Lieferungen und Leistungen
  3. Sonstige Verbindlichkeiten[3]

Aufgabe:

Stellen Sie zu dem Inventar auf Seite 82 die entsprechende Bilanz auf!

Lösung:

Aktiva	Bilanz der Möbelfabrik Franz Merkurius e. Kfm. zum 31. Dez. 20..	Passiva

I. Anlagevermögen
  1. Grundstücke u. Bauten — 1 404 450,00
  2. techn. Anl. u. Maschinen — 749 800,00
  3. andere Anlagen, Betriebs- u. Geschäftsausstattung — 240 150,00

II. Umlaufvermögen
  1. Roh-, Hilfs- u. Betr.-Stoffe — 616 820,00
  2. unfertiger Erzeugnisse — 70 200,00
  3. fert. Erzeugn. u. Waren — 707 000,00
  4. Ford. a. Lief. u. Leist. — 33 575,00
  5. Kassenbestand — 1 250,00
  6. Guthaben bei Kreditinstituten — 34 680,00

3 857 925,00

I. Eigenkapital — 2 741 680,00

II. Verbindlichkeiten
  1. Verbindlichkeiten gegenüber Kreditinstituten — 940 745,00
  2. Verbindlichkeiten aus Lieferungen und Leistungen — 102 500,00
  3. Sonstige Verbindlichkeiten — 73 000,00

3 857 925,00

Düsseldorf, den 31. Dez. 20..

Franz Merkurius

---

1 Zu diesem Bilanzposten zählt auch der Fuhrpark.

2 Es handelt sich um fertige Waren (so genannte Handelswaren), die der Industriebetrieb einkauft und unverändert weiterverkauft, z.B. eine Möbelfabrik kauft Bilder, Wäsche und Teppiche ein, die sie an interessierte Kunden weiterverkauft.

3 Zu diesem Bilanzposten zählen z.B. ein Liefererdarlehen, Sonstige Verbindlichkeiten gegenüber dem Finanzamt und Verbindlichkeiten gegenüber Sozialversicherungsträgern.

3.4.2 Deutungsmöglichkeiten der Bilanz

Das Wort **Bilanz** stammt aus dem Italienischen. Dort heißt es so viel wie Gleichgewicht bzw. Waage. Das bedeutet, dass beide Seiten der Bilanz wertmäßig stets gleich sein müssen. Formal ergibt sich diese Wertgleichheit schon aus der Kontoform der Bilanz. Das Eigenkapital bildet den Ausgleichsposten (Saldo) in der Bilanz. Für jede Bilanz gilt daher die Grundgleichung:

$$\text{Aktiva} \;\triangleq\; \text{Passiva}$$

Dabei gilt:

$$\text{Aktiva} \;\triangleq\; \text{Vermögen}$$
$$\text{Passiva} \;\triangleq\; \text{Eigenkapital} + \text{Fremdkapital}^{1}$$

Hieraus lassen sich folgende weitere **Bilanzgleichungen** ableiten:

(1) **Für die Berechnung des Vermögens**

$$\text{Vermögen} \;\triangleq\; \text{Eigenkapital} + \text{Fremdkapital}^{1}$$

(2) **Für die Berechnung des Kapitals**

$$\text{Eigenkapital} \;\triangleq\; \text{Vermögen} - \text{Fremdkapital}^{1}$$
$$\text{Fremdkapital}^{1} \;\triangleq\; \text{Vermögen} - \text{Eigenkapital}$$

Für unsere weitere Deutung der Bilanz fassen wir die Bilanz von Seite 85 so zusammen, dass nur noch die beiden Hauptgruppen auf beiden Seiten übrig bleiben:

Die Bilanz lässt dann auf einen Blick erkennen, wer das Kapital aufgebracht hat (Passivseite) und wie es verwendet wurde (Aktivseite). Die Passivseite wird daher auch als Kapitalseite bezeichnet.

Aktiva	Bilanz		Passiva

Wie wurde das Kapital verwendet?		**Wer** hat das Kapital aufgebracht?	
I. Anlagevermögen	2 394 400,00	I. Eigenkapital	2 741 680,00
II. Umlaufvermögen	1 463 525,00	II. Verbindlichkeiten	1 116 245,00
Vermögen	**3 857 925,00**	**Kapital**	**3 857 925,00**
Verwendung finanzieller Mittel (Investierung)		**Beschaffung** finanzieller Mittel (Finanzierung)	

Wie im obigen Bilanzschema angedeutet, gibt die **Aktivseite** an, wohin das Kapital floss bzw. wie das verfügbare Kapital verwendet wurde. Sie kann also als **Mittelverwendungsseite** bezeichnet werden.

Dagegen gibt die **Passivseite** an, woher das Kapital kam bzw. wer das Kapital aufgebracht hat. Sie kann daher als **Mittelbeschaffungsseite** bezeichnet werden.

Unter Verwendung anderer Begriffe kann man auch sagen: Die **Passivseite** gibt die **Finanzierung** des Unternehmens wieder, die **Aktivseite** die **Investierung**.

---

1 Unter dieser mehr betriebswirtschaftlichen Betrachtungsweise benutzen wir den Begriff Fremdkapital (statt Verbindlichkeiten).

3.4.3 Vertiefende Darstellung des Zusammenhangs zwischen Inventur, Inventar, Buchführung und Bilanz

Um den Zusammenhang aufzudecken, der zwischen Inventar, Bilanz und der Buchführung besteht, ist zunächst festzuhalten, dass beide Verzeichnisse **außerhalb** der Buchführung stehen.

Zwischen der Buchführung und der Bilanz besteht ein enger Zusammenhang, denn jede Bilanz – mit Ausnahme der Eröffnungsbilanz – baut auf den Zahlengrundlagen der Buchführung auf. Bevor jedoch diese Ergebnisse der Buchführung über die Bilanz der Öffentlichkeit präsentiert werden, soll sichergestellt sein, dass diese Werte auch tatsächlich vorhanden sind. Es könnten ja Unregelmäßigkeiten (z.B. Rechenfehler, Buchungsfehler, Diebstahl usw.) aufgetreten sein. Diese Sicherstellung erfolgt über die Inventur, bei der – völlig unabhängig von der Buchführung – vor Ort festgestellt wird, was vorhanden ist. Ohne die Inventur ist ein ordnungsmäßiger Jahresabschluss nicht möglich. Man unterscheidet daher **Inventurbestand (Istbestand)** und **Buchbestand (Sollbestand)**.

Liegen Abweichungen zwischen Soll- und Istbeständen vor, müssen die Gründe dafür aufgedeckt und entsprechende Korrekturen in der Buchführung vorgenommen werden, damit die Werte der Buchführung auch mit den tatsächlich vorhandenen übereinstimmen. Die Inventur – mit dem Inventar als Ergebnis – hat also gegenüber der Buchführung eine **Kontrollfunktion**.

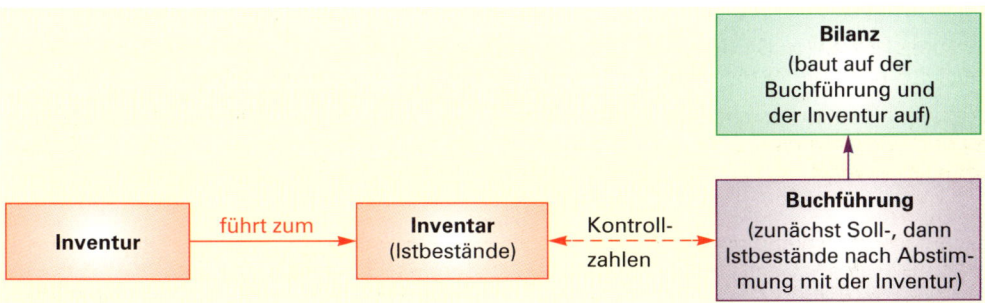

Zusammenfassung

■ Der Kaufmann hat zu **Beginn seines Handelsgewerbes** und danach am **Schluss eines jeden Geschäftsjahres** eine **Bilanz aufzustellen,** in der das Verhältnis von Vermögen und Schulden dargestellt wird.

■ In der **Bilanz** erscheinen **nur Werte,** keine Mengen.

■ In der Bilanz werden verschiedene Arten von Wirtschaftsgütern zu einem **Bilanzposten** zusammengefasst.

■ Auf der **Aktivseite** der Bilanz stehen die **Vermögensposten,** auf der **Passivseite** die **Kapitalposten (Eigenkapital und Verbindlichkeiten)**.

- Die Bilanz ist in Kontoform aufzustellen.

- Gegenüberstellung von Inventar und Bilanz:

Inventar	Bilanz
- Das Inventar ist eine **ausführliche wert- und mengenmäßige** Gegenüberstellung der Vermögens- und Schuldposten.	- Die Bilanz ist eine **gedrängte wertmäßige** Gegenüberstellung aller Vermögens- und Schuldposten.
- Im Inventar werden alle selbstständig bewertbaren Gegenstände eines Postens erfasst. Es ist **sehr ausführlich** und dadurch **unübersichtlich**.	- Die Bilanz weist jeden Posten nur mit einer Summe aus. Sie ist **weniger ausführlich,** dadurch aber **übersichtlich**.
- Im Inventar stehen Vermögen und Schulden **untereinander**.	- In der Bilanz stehen Vermögen und Schulden **nebeneinander**.
- Die Differenz zwischen Vermögen und Schulden heißt **Reinvermögen**.	- Die Differenz zwischen Vermögen und Schulden heißt **Eigenkapital**.
- Das Inventar bzw. die Inventur übt gegenüber den Ergebnissen der Buchführung eine **Kontrollfunktion** aus.	- Die Bilanz **baut auf den Zahlenunterlagen der Buchführung und denen der Inventur auf**.
- Das Inventar (die Inventur) dient **innerbetrieblichen Zwecken** (Soll-Istvergleich).	- Die Bilanz informiert die **Außenwelt**.
- Gesetzliche **Gliederungsvorschriften** für das Inventar **bestehen nicht**.	- **Es bestehen gesetzliche Gliederungsvorschriften.** Nach dem Handelsgesetzbuch ist eine Bilanz nach bestimmten Vorschriften zu gliedern, die Einzelkaufleuten und Personengesellschaften einen relativ großen Freiheitsspielraum einräumen, die dagegen bei Kapitalgesellschaften sehr genau festgelegt sind.

Übungsaufgaben

17 Erstellen Sie unter Beachtung der handelsrechtlichen Gliederungsvorschriften aufgrund folgender Angaben eine Bilanz:

Fertige Erzeugnisse	620 400,00 EUR	Kassenbestand	17 000,00 EUR
Handelswaren	68 200,00 EUR	Verbindlichkeiten gegenüber Kreditinstituten	810 000,00 EUR
Grundstücke u. Bauten	1 070 800,00 EUR		
Ford. a. Lief. u. Leist.	115 000,00 EUR	Roh-, Hilfs- und Betriebsstoffe	490 500,00 EUR
Verbindl. a. Lief. u. Leist.	975 000,00 EUR		
Techn. Anl. u. Maschinen	1 200 400,00 EUR	Guthaben bei Kreditinstituten	48 400,00 EUR
Büroausstattung	75 150,00 EUR		
Fuhrpark	82 200,00 EUR	Liefererdarlehen	97 700,00 EUR

18

Bebaute Grundstücke	500 000,00 EUR
Fabrikgebäude	1 220 000,00 EUR
Verwaltungsgebäude	840 000,00 EUR
Rohstoffe lt. Inventurliste 1	972 700,00 EUR
Hilfs- und Betriebsstoffe lt. Inventurliste 2	140 500,00 EUR
Unfertige Erzeugnisse lt. Inventurliste 3	78 700,00 EUR
Fertige Erzeugnisse lt. Inventurliste 4	354 800,00 EUR
Maschinen lt. Inventurliste 5	2 120 000,00 EUR
Werkzeuge lt. Inventurliste 6	477 000,00 EUR

Forderungen aus Lieferungen und Leistungen:

– Fritz Krause OHG	98 800,00 EUR	
– Otto Selmig KG	105 500,00 EUR	204 300,00 EUR
Fuhrpark lt. Inventurliste 7		191 400,00 EUR
Betriebs- und Geschäftsausstattung lt. Inventurliste 8		69 700,00 EUR

Verbindlichkeiten aus Lieferungen und Leistungen:

– Otto Süß GmbH	1 189 300,00 EUR	
– Friedrich Sauer AG	1 201 600,00 EUR	2 390 900,00 EUR
Kassenbestand lt. Inventurliste 9		13 150,00 EUR
Guthaben bei Kreditinstituten		
– Guthaben auf dem Kontokorrentkonto bei der C-Bank		132 100,00 EUR
Verbindlichkeiten gegenüber Kreditinstituten		1 460 500,00 EUR

Aufgaben:

1. Stellen Sie aufgrund der angegebenen Inventurergebnisse ein Inventar auf!

2. Stellen Sie unter Beachtung des einfachen Bilanzgliederungsschemas auf Seite 85 aus dem Inventar die entsprechende Bilanz auf!

19
1. Geben Sie einige wichtige Unterscheidungsmerkmale zwischen Inventar und Bilanz an!

2. Nennen Sie die beiden Hauptgruppen auf der Aktivseite der Bilanz!

3.   3.1 Erläutern Sie den Begriff Anlagevermögen!

     3.2 Nennen Sie drei Posten, die zum Anlagevermögen gehören!

4.   4.1 Erläutern Sie den Begriff Umlaufvermögen!

     4.2 Nennen Sie vier Posten, die zum Umlaufvermögen zählen!

5. Wie ist das Eigenkapital rechnerisch zu ermitteln?

6. Deuten Sie die beiden Bilanzseiten unter verschiedenen Gesichtspunkten!

7. Erläutern Sie den Zusammenhang zwischen Buchführung, Inventar (Inventur) und Bilanz!

3.5 Bestandskonten

3.5.1 Wertveränderungen der Bilanzposten durch Geschäftsvorfälle (vier Grundfälle)

Die Bilanz stellt die Werte des Vermögens und der Schulden für einen ganz bestimmten Zeitpunkt dar, und zwar im Allgemeinen für den Schluss eines jeden Geschäftsjahres. Durch Gegenüberstellung der Werte am Schluss des laufenden Geschäftsjahres mit den

Werten am Schluss des vorangegangenen Geschäftsjahres können dann die Wertveränderungen im Einzelnen sowie in ihrem Endergebnis in Form der Veränderung des Eigenkapitals festgestellt werden. Ursache für diese Wertveränderungen sind die Geschäftsvorfälle. Will man diese Wertveränderungen in der übersichtlichen Form einer Bilanz verfolgen, müssten Bilanzen in kürzeren Zeitabständen aufgestellt werden, aus theoretischer Sicht nach jedem Geschäftsvorfall. Da das zu umständlich ist, können wir jetzt schon festhalten, dass die durch die Geschäftsvorfälle hervorgerufenen Veränderungen der für einen bestimmten Zeitpunkt festgestellten Bilanzwerte außerhalb der Bilanz, nämlich in der Buchführung, festgehalten werden.

Bevor wir auf die Erfassung der Geschäftsvorfälle außerhalb der Bilanz, nämlich in der Buchführung, eingehen, wollen wir im Folgenden darstellen, welche Auswirkungen Geschäftsvorfälle **grundsätzlich** auf die Bilanz haben können.

Beispiel:

Aktiva	**Ausgangsbilanz**		Passiva
And. Anl., Betr.- u. Geschäftsausst.	40 000,00	Eigenkapital	42 000,00
Fertige Erzeugnisse u. Waren	2 000,00	Verb. a. Lief. und Leistungen	16 000,00
Kassenbestand	4 000,00		
Guthaben bei Kreditinstituten	12 000,00		
	58 000,00		58 000,00

Anmerkung: Wegen der geringen Anzahl von Posten wird auf die Gliederung in Anlagevermögen und Umlaufvermögen bzw. Eigenkapital und Verbindlichkeiten verzichtet.

Aufgaben:

Stellen Sie nach jedem Geschäftsvorfall die Bilanz neu auf, geben Sie an, in welche Richtung (+ oder –) sich die einzelnen Bilanzposten geändert haben und charakterisieren Sie jeweils die Bilanzveränderungen. Machen Sie außerdem eine Aussage über die Bilanzsumme.

Lösungen:

1. Geschäftsvorfall: Wir kaufen Handelswaren gegen Barzahlung für 1 800,00 EUR.

Auswirkungen auf die Bilanz

Aktiva	**1. veränderte Bilanz**		Passiva
And. Anl., Betr.- u. Geschäftsausst.	40 000,00	Eigenkapital	42 000,00
Fertige Erzeugnisse u. Waren	3 800,00	Verb. a. Lief. und Leistungen	16 000,00
Kassenbestand	2 200,00		
Guthaben bei Kreditinstituten	12 000,00		
	58 000,00		58 000,00

Fert. Erz. u. Waren	(Aktivposten)	+
Kassenbestand	(Aktivposten)	–

Charakterisierung: A K T I V T A U S C H
Die Bilanzsumme bleibt unverändert

Erläuterungen:

Es werden zwei Aktivposten verändert. Der Aktivposten Fertige Erzeugnisse und Waren nimmt um 1 800,00 EUR zu, der Aktivposten Kassenbestand nimmt um den gleichen Betrag ab.

2. Geschäftsvorfall: Eine Verbindlichkeit aus Lieferungen und Leistungen von 5 000,00 EUR wird in ein Liefererdarlehen (Bilanzposten „Sonstige Verbindlichkeiten") umgewandelt.

Auswirkungen auf die Bilanz

Aktiva	2. veränderte Bilanz		Passiva
And. Anl., Betr.- u. Geschäftsausst.	40 000,00	Eigenkapital	42 000,00
Fertige Erzeugnisse u. Waren	3 800,00	Verb. a. Lief. und Leistungen	11 000,00
Kassenbestand	2 200,00	Sonstige Verbindlichkeiten	5 000,00
Guthaben bei Kreditinstituten	12 000,00		
	58 000,00		58 000,00

Sonstige Verbindlichkeiten (Passivposten) +
Verb. a. Lief. und Leistungen (Passivposten) –

Charakterisierung: P A S S I V T A U S C H
Die Bilanzsumme bleibt unverändert.

Erläuterungen:

Die Veränderungen erfolgen auf der Passivseite. Der Passivposten Verbindlichkeiten aus Lieferungen und Leistungen nimmt um 5 000,00 EUR ab. In Höhe des gleichen Betrages nimmt der Passivposten Sonstige Verbindlichkeiten zu.

3. Geschäftsvorfall: Eine Verbindlichkeit aus Lieferungen und Leistungen in Höhe von 3 000,00 EUR wird durch eine Banküberweisung getilgt.

Auswirkungen auf die Bilanz

Aktiva	3. veränderte Bilanz		Passiva
And. Anl., Betr.- u. Geschäftsausst.	40 000,00	Eigenkapital	42 000,00
Fertige Erzeugnisse u. Waren	3 800,00	Verb. a. Lief. und Leistungen	8 000,00
Kassenbestand	2 200,00	Sonstige Verbindlichkeiten	5 000,00
Guthaben bei Kreditinstituten	9 000,00		
	55 000,00		55 000,00

Verb. a. Lief. u. Leist. (Passivposten) –
Guth. bei Kreditinstituten (Aktivposten) –

Charakterisierung: AKTIV-PASSIVMINDERUNG
Die Bilanzsumme vermindert sich.

Erläuterungen:

Es werden ein Aktivposten und ein Passivposten berührt. Der Passivposten Verbindlichkeiten aus Lieferungen und Leistungen nimmt um 3 000,00 EUR ab, der Aktivposten Guthaben bei Kreditinstituten nimmt ebenfalls um den gleichen Betrag ab.

4. Geschäftsvorfall: Wir kaufen Handelswaren auf Ziel für 6 000,00 EUR.

Auswirkungen auf die Bilanz

Aktiva	4. veränderte Bilanz		Passiva
And. Anl., Betr.- u. Geschäftsausst.	40 000,00	Eigenkapital	42 000,00
Fertige Erzeugnisse u. Waren	9 800,00	Verb. a. Lief. und Leistungen	14 000,00
Kassenbestand	2 200,00	Sonstige Verbindlichkeiten	5 000,00
Guthaben bei Kreditinstituten	9 000,00		
	61 000,00		61 000,00

Fert. Erz. u. Waren (Aktivposten) +
Verb. a. Lief. u. Leist. (Passivposten) +

Charakterisierung: AKTIV-PASSIVMEHRUNG
Die Bilanzsumme erhöht sich.

Erläuterungen:

Es werden ein Aktivposten und ein Passivposten berührt. Der Aktivposten Fertige Erzeugnisse und Waren nimmt um 6 000,00 EUR zu, der Passivposten Verbindlichkeiten aus Lieferungen und Leistungen nimmt ebenfalls um diesen Betrag zu.

Ein Blick auf das Eigenkapital zeigt, dass bei allen vier Geschäftsvorfällen das Eigenkapital unverändert blieb. Es handelte sich also um **erfolgsunwirksame (erfolgsneutrale) Geschäftsvorfälle.**

Merke:

- **Bilanzen** gelten immer nur für einen ganz **bestimmten Zeitpunkt.**

- Die in der **Bilanz dargestellten Werte** werden durch jeden danach erfolgten **Geschäftsvorfall verändert.**

- Bezüglich der **Auswirkungen von Geschäftsvorfällen** auf die Bilanz sind nur **vier Grundfälle** denkbar:

  - **Aktivtausch:** Ein Aktivposten nimmt im gleichen Maße ab, wie ein anderer Aktivposten zunimmt. Die Bilanzsumme verändert sich nicht.

    Beispiel: Wir zahlen auf das Bankkonto bar ein.

  - **Passivtausch:** Ein Passivposten nimmt im gleichen Maße ab, wie ein anderer Passivposten zunimmt. Die Bilanzsumme verändert sich nicht.

    Beispiel: Eine Verbindlichkeit aus Lieferungen und Leistungen wird in ein Liefererdarlehen umgewandelt.

  - **Aktiv-Passivminderung:** Auf der Aktiv- und der Passivseite nimmt jeweils ein Posten um den gleichen Wert ab. Die Bilanzsumme wird verringert.

    Beispiel: Wir zahlen eine Liefererrechnung durch Banküberweisung.

  - **Aktiv-Passivmehrung:** Auf der Aktiv- und der Passivseite nimmt jeweils ein Posten um den gleichen Wert zu. Die Bilanzsumme wird dadurch erhöht.

    Beispiel: Wir kaufen Handelswaren auf Ziel.

Übungsaufgabe

20 I. Geschäftsvorfälle:

1.	Wir zahlen eine Lieferantenrechnung durch Banküberweisung	4 500,00 EUR
2.	Wir kaufen einen Schreibtisch bar	1 020,00 EUR
3.	Wir kaufen Rohstoffe bar	821,00 EUR
4.	Wir zahlen ein Liefererdarlehen durch Banküberweisung zurück	9 500,00 EUR
5.	Ein Kunde zahlt einen Rechnungsbetrag durch Banküberweisung	1 100,00 EUR
6.	Wir kaufen einen PC bar	845,00 EUR
7.	Wir heben Bargeld von unserem Bankkonto ab und legen das Geld in die Geschäftskasse	3 000,00 EUR

8.	Eine Verbindlichkeit aus Lieferungen und Leistungen wird in ein Liefererdarlehen umgewandelt	12 000,00 EUR
9.	Wir zahlen auf unser Bankkonto bar ein	3 400,00 EUR
10.	Eine Liefererverbindlichkeit wird in ein Liefererdarlehen umgewandelt	15 000,00 EUR
11.	Verkauf eines nicht mehr benötigten Büroschrankes zum Buchwert gegen Bankscheck	250,00 EUR
12.	Wir begleichen eine Lieferantenrechnung durch Banküberweisung	980,00 EUR
13.	Kauf von Handelswaren auf Ziel	2 200,00 EUR
14.	Aufnahme eines Bankdarlehens. Die Gutschrift erfolgt auf dem Bankkonto	65 000,00 EUR
15.	Kauf eines Lkws gegen Rechnung	34 500,00 EUR
16.	Teilrückzahlung des Bankdarlehens bar	3 400,00 EUR

II. Aufgaben:

1. Geben Sie bei den angegebenen Geschäftsvorfällen jeweils die Änderungen der Bilanzposten an!

2. Zeigen Sie auf, um welchen der vier Grundfälle es sich jeweils handelt!

Bearbeitungshinweis:

Zur Lösung der Aufgabe verwenden Sie bitte das folgende Schema:

Nr.	Bilanzposten		Art des Grundfalles
1.	Verb. aus Lief. u. Leistungen	− 4 500,00	Aktiv-Passivminderung
	Guthaben bei Kreditinstituten	− 4 500,00	

3.5.2 Von der Bilanz zu den Konten

In der Praxis ist es nicht sinnvoll, nach jedem Geschäftsvorfall eine Bilanz neu zu erstellen. Das ist auch gar nicht notwendig, da wir die Wertveränderungen, die durch Geschäftsvorfälle hervorgerufen werden, auch **außerhalb der Bilanz** auf besonderen **Konten in der Buchführung** erfassen können. Wir müssen also nur für jeden Vermögens- und Schuldposten – einschließlich für den Posten Eigenkapital – entsprechende Konten einrichten und den vorhandenen Anfangsbestand darauf vortragen. Die **Summe dieser benötigten Konten** bezeichnen wir als unsere **Buchführung**.

Da auf diesen Konten Bestände und deren Veränderungen erfasst werden, nennt man diese Konten **Bestandskonten** (bzw. **Bilanzkonten**).

Merke:

- In der **Buchführung** werden alle **Veränderungen der Bestände** auf Konten erfasst. Ursache für diese Veränderungen sind die **Geschäftsvorfälle**.

- In unserer Buchführung führen wir **Vermögenskonten (Aktivkonten)** und **Schuldkonten (Passivkonten)**. Zu den Schuldkonten gehört auch das **Eigenkapitalkonto**.

- Die **Vermögens- und Schuldkonten** bilden die Gruppe der **Bestandskonten (Bilanzkonten)**.

Die Anfangsbestände zu Beginn der Geschäftsperiode sind in folgender Bilanz zusammengefasst:

Aufgabe:

Richten Sie für die einzelnen Bilanzposten Konten ein und tragen Sie die Bilanzwerte als Anfangsbestände darauf vor!

Dabei vereinbaren wir, dass wir die **Anfangsbestände** bei den **Aktivkonten auf der Sollseite** und die **Anfangsbestände** bei den **Passivkonten auf der Habenseite** eintragen. Zu beachten ist, dass die Bezeichnung der Bilanzposten nicht mit der Bezeichnung der Konten übereinstimmen muss und dass für bestimmte Bilanzposten eventuell auch mehrere Konten einzurichten sind.

Lösung:

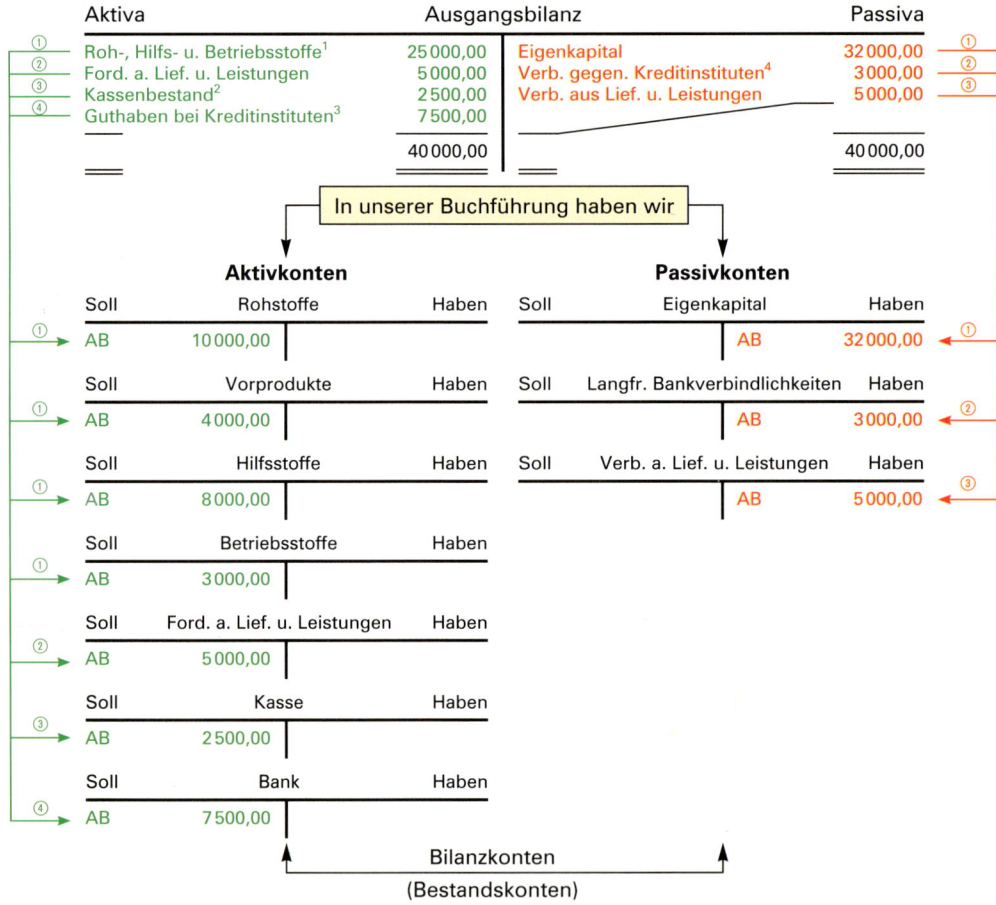

Aktiva	Ausgangsbilanz		Passiva
① Roh-, Hilfs- u. Betriebsstoffe[1]	25 000,00	Eigenkapital	32 000,00 ①
② Ford. a. Lief. u. Leistungen	5 000,00	Verb. gegen. Kreditinstituten[4]	3 000,00 ②
③ Kassenbestand[2]	2 500,00	Verb. aus Lief. u. Leistungen	5 000,00 ③
④ Guthaben bei Kreditinstituten[3]	7 500,00		
	40 000,00		40 000,00

In unserer Buchführung haben wir

Aktivkonten

Soll	Rohstoffe	Haben
① AB	10 000,00	

Soll	Vorprodukte	Haben
① AB	4 000,00	

Soll	Hilfsstoffe	Haben
① AB	8 000,00	

Soll	Betriebsstoffe	Haben
① AB	3 000,00	

Soll	Ford. a. Lief. u. Leistungen	Haben
② AB	5 000,00	

Soll	Kasse	Haben
③ AB	2 500,00	

Soll	Bank	Haben
④ AB	7 500,00	

Passivkonten

Soll	Eigenkapital	Haben
		AB 32 000,00 ①

Soll	Langfr. Bankverbindlichkeiten	Haben
		AB 3 000,00 ②

Soll	Verb. a. Lief. u. Leistungen	Haben
		AB 5 000,00 ③

Bilanzkonten
(Bestandskonten)

---

1 Der Bilanzposten „Roh-, Hilfs- und Betriebsstoffe" wird in die vier Konten „Rohstoffe", „Vorprodukte", „Hilfsstoffe" und „Betriebsstoffe" aufgegliedert.

2 Für den Bilanzposten „Kassenbestand" bezeichnen wir das einzurichtende Konto mit **Kasse**.

3 Für den Bilanzposten „Guthaben bei Kreditinstituten" bezeichnen wir das einzurichtende Konto kurz mit **Bank**.

4 Für den Bilanzposten „Verbindlichkeiten gegenüber Kreditinstituten" ist je nach Art der Verbindlichkeiten das Konto „**Langfristige Bankverbindlichkeiten**" oder „**Kurzfristige Bankverbindlichkeiten**" einzurichten.

3.5.2.1 Buchungen auf Vermögenskonten (Aktivkonten)

(1) Begriffsklärungen

Die Hauptaufgabe der Industriebetriebe besteht darin, die zu verkaufenden Produkte selbst herzustellen. Sie kaufen hierfür **Werkstoffe** (Roh-, Hilfs- und Betriebsstoffe sowie Vorprodukte [Fremdbauteile]) ein und verarbeiten diese im Produktionsprozess zu neuen Produkten (Erzeugnissen), die sie am Markt absetzen.

Zu den **Werkstoffen** zählen:

Arten von Werkstoffen	Beispiele:
■ **Rohstoffe (Fertigungsmaterial)** Unter **Rohstoffen** versteht man die Stoffe, die Hauptbestandteile des Fertigprodukts darstellen.	Holz in einer Möbelfabrik, Bleche in der Autoindustrie, Leder in einer Schuhfabrik.
■ **Vorprodukte (Fremdbauteile)** Es handelt sich um Teile oder Baugruppen (zusammengesetzte Teile) von Vorlieferern, die zur Erstellung eigener Produkte benötigt werden.	Schlösser in einer Möbelfabrik, Autositze für die Automobilindustrie, Elektromotoren in der Maschinenindustrie.
■ **Hilfsstoffe** Hilfsstoffe gehen zwar auch in das Fertigprodukt ein, sie bilden aber nur Nebenbestandteile der Erzeugnisse.	Nägel, Schrauben, Leim in einer Möbelfabrik oder Lacke, Dichtungsringe, Schrauben in der Autoindustrie.
■ **Betriebsstoffe** Sie gehen nicht in das fertige Produkt ein, werden aber im Fertigungsprozess verbraucht.	Eine Möbelfabrik kauft Öl, Brennstoffe, Strom, um die Maschinen zu betreiben.

Zur Ergänzung der Produktpalette kaufen Industriebetriebe häufig noch fertige Waren (so genannte **Handelswaren**) hinzu, die sie dann unverändert weiterverkaufen. Für Handelswaren sowie für jede Art von Werkstoffen ist ein besonderes Konto einzurichten. Da wir auf diesen Konten die Bestände ausweisen, gehören sie zu den **Bestandskonten (Bilanzkonten)**. Es handelt sich um **Aktivkonten**.

Beispiel:
Eine Möbelfabrik kauft Bilder, Wäsche und Teppiche ein, die sie an interessierte Kunden weiterverkauft.

(2) Buchungsregeln für die Buchungen auf den Vermögenskonten (Aktivkonten)

Bei den **Aktivkonten (Vermögenskonten)** gehören

- ■ der **Anfangsbestand** und die **Zugänge** auf die **Sollseite**,[1]

- ■ die **Abgänge** und der **Schlussbestand** (Saldo) auf die **Habenseite**.[1]

Soll	Aktivkonten	Haben
Anfangsbestand (AB)		Abgänge
Zugänge		Schlussbestand (SB)

---

1 Die Seitenbezeichnungen „Soll" und „Haben" hängen mit der Einwicklungsgeschichte der Buchführung zusammen. Es sind Restbestände aus der Führung der ersten Konten, bei denen es sich um Personenkonten handelte (Kunden **„sollen"** zahlen [Warenlieferungen] und sie **„haben"** gezahlt [Zahlungen]). Diese für **alle** Konten geltenden Seitenbezeichnungen können bei anderen Konten nicht mehr zum Konteninhalt in Beziehung gebracht werden.

(3) Einseitige Buchungen auf den Aktivkonten

■ Vorbemerkungen

Bei einem Geschäftsvorfall gibt es immer zwei Seiten der Betrachtung.

Auf der einen Seite haben wir den Käufer, auf der anderen Seite den Verkäufer. Es taucht daher die Frage auf, ob der Geschäftsvorfall aus der Sicht des Käufers oder aus der Sicht des Verkäufers erfasst werden soll.

Beispiel:
Einkauf einer Maschine bar

Um keine Missverständnisse aufkommen zu lassen und um nicht ständig umdenken zu müssen, werden **alle Geschäftsvorfälle** nur von **einem Standpunkt** aus betrachtet und erfasst. Dabei versetzen wir uns in die Rolle eines Kaufmanns, der seine Bücher führt. Alle Geschäftsvorfälle sind als Ereignisse **unseres Betriebs** anzusehen. Wie der Geschäftsvorfall bei unserem Geschäftspartner zu buchen ist, interessiert uns daher aufgrund dieser Vereinbarung im Allgemeinen nicht.

Da wir als Betrieb jede Rolle einnehmen können, ist es nur eine Frage der Formulierung, welcher Geschäftsvorfall gebucht werden soll. Um diesen Standpunkt der Betrachtung ausdrücklich hervorzuheben, heißt es demnächst bei der Formulierung von Geschäftsvorfällen häufig **„wir"** bzw. **„uns"**.

Beispiele:
„Wir" beliefern einen Kunden mit Erzeugnissen gegen Rechnungsstellung.
„Wir" erhalten von einem Kunden eine Banküberweisung.
„Wir" kaufen bei einem Lieferanten eine Spezialmaschine gegen Banküberweisung.
Ein Kunde zahlt an **„uns"** durch Bankscheck.

Aber auch die Fälle, bei denen der „Wir-Standpunkt" nicht ausdrücklich in die Formulierung aufgenommen ist, sind so zu verstehen.

Beispiele:
Kauf einer Maschine bar
Banküberweisung eines Kunden
Kauf eines Bürotisches gegen Barscheck
Zahlung einer Liefererrechnung durch Banküberweisung

■ Einseitige Buchungen

Bei den folgenden Aufgaben sollen die Auswirkungen von Geschäftsvorfällen zunächst nur im Hinblick auf **ein Konto** betrachtet werden. Dieses Konto soll jeweils ein Vermögenskonto sein. Auf diese Weise werden die Auswirkungen eines Geschäftsvorfalles zunächst nur einseitig beurteilt, nämlich im Hinblick auf das vorgegebene Vermögenskonto.

Beispiel:

I. Sachverhalt:

Wir betreiben eine kleine Lampenfabrik mit einem Werksverkauf. Es sollen die Einnahmen und Ausgaben der Geschäftskasse in unserem Unternehmen auf einem Kassenkonto festgehalten werden. Vorgänge, die Einnahmen oder Ausgaben der Kasse hervorrufen, bezeichnet man als Bargeschäfte.

Es ereignen sich folgende Bargeschäfte:

1. Karl Kunde kauft 5 Bürolampen zum Gesamtpreis von 1 750,00 EUR.
2. Fritz Müller kauft bei uns 50 Strahler für 6 500,00 EUR.

3. Wir zahlen für einen Auszubildenden die Ausbildungsvergütung in Höhe von 620,00 EUR.
4. Wir erhalten eine Lieferung Ersatzteile per Nachnahme. Wir lösen die Nachnahme über 1 480,00 EUR ein.
5. Klaus Abel zahlt für die erhaltene Werksbeleuchtung 1 980,00 EUR.
6. Anton Beyer kauft diverse Lampen für insgesamt 1 460,00 EUR.

II. Aufgabe:

Führen Sie das Kassenkonto!

Lösung:

Aus den Buchungsregeln für die Vermögenskonten ist abzuleiten, dass alle Einnahmen aus Barge-
schäften auf der Sollseite des Kassenkontos und demnach alle Barausgaben auf der Habenseite zu buchen sind.

Soll		Kasse	Haben
Karl Kunde	1750,00	Ausbildungsvergütung	620,00
Fritz Müller	6500,00	Nachnahme	1480,00
Klaus Abel	1980,00		
Anton Beyer	1460,00		

■ Kontoabschluss und Saldovortrag

Wollen wir den Schlussbestand ermitteln, muss das Konto zu diesem Zweck **abgeschlossen** werden. Den ermittelten Schlussbestand nennt man in der Sprache des Buchhalters
Saldo, den Vorgang des Kontoabschlusses bezeichnet man als Saldieren. Eine frei blei-
bende Textstelle ist durch einen Querstrich (Buchhalternase) innerhalb der Textspalte zu
entwerten.

Um **nach dem Abschluss** weitere Eintragungen vornehmen zu können, muss ein bereits
abgeschlossenes Konto wieder **neu eröffnet** werden. Dabei wird der Wert des Schlussbe-
stands (Saldos) beim Abschluss auf dem neu zu eröffnenden Konto als Anfangsbestand
(Saldovortrag) übernommen.

Dies ergibt folgende Darstellung:

Schematische Darstellung:

Abschluss des Kontos:

Soll		Kasse	Haben
Karl Kunde	1750,00	Ausbildungsvergütung	620,00
Fritz Müller	6500,00	Nachnahme	1480,00
Klaus Abel	1980,00	Schlussbestand (Saldo)	9590,00
Anton Beyer	1460,00		
—			
	11690,00		11690,00
=		=	

Neueröffnung des Kontos:

Soll		Kasse	Haben
Anfangsbestand (Saldovortrag)	9590,00		

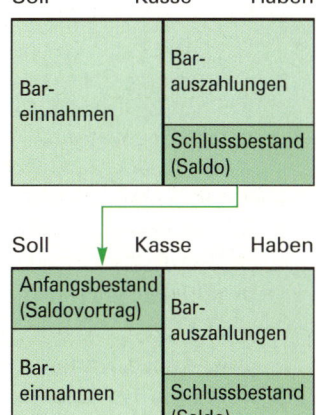

Erläuterungen:

Der ermittelte **Restbetrag (Saldo)** auf einem Konto heißt **Schlussbestand.** Dieser steht immer auf der
wertmäßig kleineren Seite. Das ist bei einem Kassenkonto die Habenseite (niemand kann mehr Geld
aus der Kasse entnehmen als vorher hineingelegt wurde).

7 Speth – ISBN 978-3-8120-0491-6

Der **Anfangsbestand (Saldovortrag)** auf dem neu eröffneten Konto steht immer auf der entgegengesetzten Seite wie der Schlussbestand (Saldo). Da auf dem Kassenkonto der Schlussbestand auf der Habenseite steht, muss der Anfangsbestand auf der Sollseite erscheinen.

Merke:
Der Abschluss eines Kontos vollzieht sich in fünf Schritten:
1. Schritt: Das Wort Schlussbestand (Saldo) wird auf der wertmäßig kleineren Seite eingetragen.
2. Schritt: Die wertmäßig größere Seite wird addiert.
3. Schritt: Die errechnete Summe wird auf die wertmäßig kleinere Seite übertragen.
4. Schritt: Der Schlussbestand (Saldo) wird ermittelt und zum Ausgleich der Seiten auf der wertmäßig kleineren Seite eingetragen.
5. Schritt: Die Abschlussstriche sind zu ziehen und der freie Raum ist zu entwerten.

Übungsaufgaben

21 Führen Sie das **Kassenkonto** und schließen Sie es nach Buchung der Geschäftsvorfälle ab!

Bearbeitungshinweis: Denken Sie daran, dass alle Geschäftsvorfälle jeweils nur nach ihrer Auswirkung auf den Kassenbestand befragt werden müssen. Für die Beantwortung gibt es nur zwei Möglichkeiten: Entweder der Kassenbestand nimmt durch den Geschäftsvorfall zu oder er nimmt ab. Zugänge gehören bei der Kasse auf die Sollseite, Abgänge auf die Habenseite.

I. Anfangsbestand:

Bei Geschäftseröffnung weist die Kasse einen Anfangsbestand (Saldovortrag) von 2 160,00 EUR aus.

II. Geschäftsvorfälle:

Es ereignen sich folgende Geschäftsvorfälle, die den Kassenbestand verändern:

1.	Barverkauf von Erzeugnissen	3 070,00 EUR
2.	Zeitungsinserat bar bezahlt	190,00 EUR
3.	Kauf von Briefmarken	45,00 EUR
4.	Barzahlung eines Kunden	910,00 EUR
5.	Mietzahlung unseres Mieters bar	300,00 EUR
6.	Barzahlung einer Lieferantenrechnung	1 940,00 EUR
7.	Barverkauf von Handelswaren	180,00 EUR
8.	Provisionszahlung bar	2 700,00 EUR

22 Führen Sie das **Bankkonto** und schließen Sie es nach Buchung der Geschäftsvorfälle ab!

Anfangsbestand[1]	2 500,00 EUR
Wir überweisen an einen Hilfsstofflieferanten	280,00 EUR
Wir heben Bargeld vom Bankkonto ab und legen das Geld in die Geschäftskasse	350,00 EUR
Ein Kunde überweist einen Rechnungsbetrag auf unser Bankkonto	420,00 EUR
Wir begleichen betriebliche Steuern durch Banküberweisung	750,00 EUR
Ein Kunde zahlt einen Rechnungsbetrag durch Banküberweisung	365,00 EUR

---

1 In diesem Lehrbuch gehen wir davon aus, dass das Bankkonto immer ein Guthaben aufweist.

23 Führen Sie das Konto **Betriebs- und Geschäftsausstattung**[1] und schließen Sie es nach Buchung der Geschäftsvorfälle ab!

Anfangsbestand	25 350,00 EUR
Einkauf körpergerechter Bürosessel gegen Banküberweisung	10 320,00 EUR
Barverkauf nicht mehr benötigter Wandregale zum Buchwert in Höhe von	475,00 EUR
Einkauf neuer Wandschränke gegen Banküberweisung	5 765,00 EUR
Einkauf eines Teppichs für das Chefbüro gegen Barzahlung	3 120,00 EUR

24 Führen Sie die folgenden Vermögenskonten und stellen Sie jeweils durch Abschluss der Konten den Schlussbestand fest!

Forderungen aus Lieferungen und Leistungen

Anfangsbestand	4 150,00 EUR
1. Ein Kunde zahlt einen Rechnungsbetrag bar	2 000,00 EUR
2. Ein Kunde überweist einen Rechnungsbetrag auf unser Bankkonto	1 500,00 EUR

Betriebs- und Geschäftsausstattung

Anfangsbestand	3 750,00 EUR
3. Wir kaufen einen PC bar	1 350,00 EUR
4. Wir verkaufen ein ausgedientes Faxgerät bar zum Buchwert	50,00 EUR

Bank

Anfangsbestand	5 150,00 EUR
5. Wir heben Bargeld vom Bankkonto ab und legen das Geld in die Geschäftskasse	1 200,00 EUR
6. Ein Kunde überweist einen Rechnungsbetrag auf unser Bankkonto	1 500,00 EUR

Kasse

Anfangsbestand	560,00 EUR
7. Ein Kunde zahlt einen Rechnungsbetrag bar	2 000,00 EUR
8. Wir heben Bargeld vom Bankkonto ab und legen das Geld in die Geschäftskasse	1 200,00 EUR
9. Wir kaufen einen PC bar	1 350,00 EUR
10. Wir verkaufen ein ausgedientes Faxgerät bar zum Buchwert	50,00 EUR

(4) Überleitung zum System der doppelten Buchführung

■ Erfassung der doppelseitigen Auswirkungen von Geschäftsvorfällen mit Hilfe eines Überlegungsschemas

Anstatt die Auswirkungen eines Geschäftsvorfalles nur einseitig von einem bestimmten Konto ausgehend zu betrachten, wählen wir jetzt nicht mehr ein bestimmtes Konto zum Ausgangspunkt unserer Betrachtung, sondern den Geschäftsvorfall selbst. Wir fragen daher nicht mehr: Wie wird dieses Konto durch einen bestimmten Geschäftsvorfall verändert, sondern wir fragen jetzt: Welche Konten werden durch diesen Geschäftsvorfall verändert und erst danach: Wie verändert sich jeweils der Bestand auf den einzelnen Konten?

---

1 Bis zur Einführung des Industriekontenrahmens kann aus Vereinfachungsgründen für Vermögensgüter, die das Büro bzw. den Betrieb betreffen, dieses Sammelkonto verwendet werden. Es ist jedoch auch möglich, die Vermögensgüter schon jetzt auf die später einzuführenden Vermögenskonten des Kontenrahmens zu buchen (z.B. Büromaschinen, Büromöbel, Lager- und Transporteinrichtungen). Die Entscheidung über die Vorgehensweise trifft die Lehrerin bzw. der Lehrer.

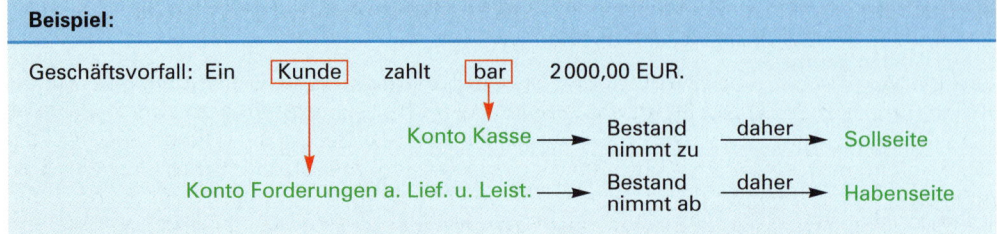

Beispiel:

Geschäftsvorfall: Ein [Kunde] zahlt [bar] 2 000,00 EUR.

Konto Kasse → Bestand nimmt zu — daher → Sollseite

Konto Forderungen a. Lief. u. Leist. → Bestand nimmt ab — daher → Habenseite

Um die Auswirkungen von mehreren Geschäftsvorfällen übersichtlich darstellen zu können, schlagen wir das folgende **Überlegungsschema** vor:

Geschäftsvorfälle	I. Welche Konten werden berührt?	II. Wie verändert sich jeweils der Bestand auf den Konten?	III. Auf welcher Kontoseite ist zu buchen?	
			Soll	Haben
1. Ein Kunde zahlt einen Rechnungsbetrag bar 2 000,00 EUR usw.	Kasse → Ford. a. Lief. u. Leist. →	Zugang → Abgang →	2 000,00	2 000,00

Übungsaufgabe[1]

25 Stellen Sie anhand des obigen Überlegungsschemas fest, welche Konten durch die folgenden Geschäftsvorfälle berührt werden, welche Veränderung sich auf dem jeweiligen Konto ergibt und auf welcher Seite jeweils zu buchen ist!

1.	Ein Kunde zahlt einen Rechnungsbetrag bar	350,00 EUR
2.	Wir kaufen Büroschränke gegen Banküberweisung	1 250,00 EUR
3.	Wir verkaufen einen nicht mehr benötigten Schreibtisch bar zum Buchwert	150,00 EUR
4.	Ein Kunde bezahlt einen Rechnungsbetrag mit Bankscheck	720,00 EUR
5.	Wir heben Bargeld vom Bankkonto ab und legen das Geld in die Geschäftskasse	900,00 EUR
6.	Wir kaufen einen PC gegen Bankscheck	1 310,00 EUR
7.	Ein Kunde überweist einen Rechnungsbetrag auf unser Bankkonto	165,00 EUR
8.	Wir zahlen auf unser Bankkonto bar ein	2 200,00 EUR
9.	Wir verkaufen einen nicht mehr benötigten Büroschrank gegen Bankscheck zum Buchwert	680,00 EUR
10.	Kundenüberweisung lt. Bankauszug	910,00 EUR

---

1 Da in diesem Buch nach dem aufwandsrechnerischen Verfahren gebucht werden soll, werden vor Einführung der Erfolgskonten keine Einkäufe von Werkstoffen, Waren oder Vorprodukten vorgenommen, weil sonst die Lernenden bei der Einführung der Erfolgskonten vom bestandsrechnerischen Verfahren zu dem aufwandsrechnerischen Verfahren umlernen müssten.

■ Buchung von Geschäftsvorfällen im System der doppelten Buchführung (im Überlegungsschema und auf Konten)

Um die Vorteile der neuen Sichtweise, bei der als Ausgangspunkt nicht ein bestimmtes Konto, sondern der Geschäftsvorfall gewählt wird, besser verstehen zu können, greifen wir auf die Übungsaufgabe Nr. 24 auf der Seite 99 zurück. Bei der alten Sichtweise, bei der wir von einem bestimmten Konto ausgingen, musste jeder Geschäftsvorfall zweimal erscheinen, da jeder Geschäftsvorfall zwei Konten berührt (vgl. in Aufgabe 24 z.B. Nr. 1 und Nr. 7, Nr. 2 und Nr. 6 usw.). Bei der neuen Vorgehensweise, bei der wir den Geschäftsvorfall als Ausgangspunkt unserer Bearbeitung wählen, kommen wir bei der gleichen Aufgabe mit der Hälfte der Geschäftsvorfälle aus. Wir wählen dabei nur eine andere Form der Aufgabenstellung und kommen zu den gleichen Ergebnissen auf den Konten.

Beispiel mit Lösung (Rückgriff auf Aufgabe 24):

I. Anfangsbestände:

Forderungen aus Lieferungen und Leistungen 4 150,00 EUR; Betriebs- und Geschäftsausstattung 3 750,00 EUR; Bank 5 150,00 EUR; Kasse 560,00 EUR.

II. Aufgaben:

1. Stellen Sie mit Hilfe der drei Fragen unseres eingeführten Überlegungsschemas jeweils fest, wie sich die folgenden Geschäftsvorfälle auf die Kontenbestände auswirken!
2. Übertragen Sie die Ergebnisse Ihrer Überlegungen auf die Konten und ermitteln Sie den Schlussbestand!

Lösungen:

Zu 1.: Feststellung der Auswirkung der Geschäftsvorfälle mit Hilfe des eingeführten Überlegungsschemas

III. Geschäftsvorfälle	I. Welche Konten werden berührt?	II. Wie verändert sich jeweils der Bestand auf den Konten?	III. Auf welcher Kontoseite ist zu buchen?	
			Soll	Haben
1. Ein Kunde zahlt einen Rechnungsbetrag bar 2 000,00 EUR	Kasse Ford. a. Lief. u. Leist.	Zugang[1] Abgang[1]	2 000,00	2 000,00
2. Ein Kunde überweist einen Rechnungsbetrag auf unser Bankkonto 1 500,00 EUR	Bank Ford. a. Lief. u. Leist.	Zugang Abgang	1 500,00	1 500,00
3. Wir kaufen einen PC bar 1 350,00 EUR	Betr.- u. G.-Ausst. Kasse	Zugang Abgang	1 350,00	1 350,00
4. Wir verkaufen ein ausgedientes Faxgerät bar zum Buchwert 50,00 EUR	Kasse Betr.- u. G.-Ausst.	Zugang Abgang	50,00	50,00
5. Wir heben Bargeld vom Bankkonto ab und legen das Geld in die Geschäftskasse 1 200,00 EUR	Kasse Bank	Zugang Abgang	1 200,00 6 100,00	1 200,00 6 100,00

1 **Hinweis:** Die scheinbare Gesetzmäßigkeit in Spalte II (Zugang einerseits, Abgang andererseits) haben wir bewusst nicht angesprochen. Dieses Wechselspiel gilt nur im Bereich der Aktivkonten. Nach Einbeziehung der Schuldkonten (Passivkonten) werden wir sehen, dass durchaus auf beiden Konten ein Zugang bzw. Abgang möglich ist, ohne dass dabei das aus Spalte III ableitbare Grundprinzip des Systems der doppelten Buchführung (Sollbuchung entspricht der Habenbuchung), auf das wir noch zurückkommen, durchbrochen wird.

Außerdem haben wir die Reihenfolge der Konten so gewählt, dass das Konto, auf dem auf der Sollseite zu buchen ist, immer an erster Stelle steht. An diese Ordnung sind Sie vorläufig nicht gebunden.

Zu 2.: Übertragung der festgestellten Auswirkungen auf die Konten

Soll	Forderungen a. Lief. u. Leist.		Haben
AB	4 150,00	Kasse	2 000,00
		Bank	1 500,00
		SB	650,00
	4 150,00		4 150,00

Soll	Betriebs- u. Geschäftsausst.		Haben
AB	3 750,00	Kasse	50,00
Kasse	1 350,00	SB	5 050,00
	5 100,00		5 100,00

Soll	Kasse		Haben
AB	560,00	BGA	1 350,00
Ford.a.L.u.L.	2 000,00	SB	2 460,00
BGA	50,00		
Bank	1 200,00		
	3 810,00		3 810,00

Soll	Bank		Haben
AB	5 150,00	Ka	1 200,00
Ford.a.L.u.L.	1 500,00	SB	5 450,00
	6 650,00		6 650,00

Erläuterungen zu den Buchungen auf den Konten:

■ Die erforderlichen Buchungen auf den Konten sind jeweils aus dem Überlegungsschema abzulesen. Bei dem Geschäftsvorfall Nr. 1 ist z. B. ablesbar, dass auf dem Kassenkonto auf der Sollseite 2 000,00 EUR einzutragen sind und auf dem Konto Forderungen aus Lieferungen und Leistungen ebenfalls 2 000,00 EUR, allerdings auf der Habenseite.

■ Um feststellen zu können, wie es zu diesem Betrag auf dem betreffenden Konto gekommen ist, trägt man in Höhe des gebuchten Betrages jeweils das andere Konto (das so genannte Gegenkonto) ein. Aus praktischen Gründen (Platzmangel, Zeit) kann der Kontoname abgekürzt werden.

Merke:

■ Jeder Geschäftsvorfall wird doppelt gebucht und berührt (mindestens) zwei Konten.

■ Bei jedem Geschäftsvorfall wird der Betrag auf einem Konto auf der Sollseite und auf einem anderen Konto auf der Habenseite gebucht.

■ Für jeden Geschäftsvorfall gilt:

gebuchter Sollbetrag ≙ gebuchter Habenbetrag

Das ist das **Grundprinzip** des Systems der doppelten Buchführung.[1]

Übungsaufgaben

26 I. Anfangsbestände:

Bebaute Grundstücke 120 000,00 EUR; Betriebsgebäude 300 000,00 EUR; Betriebs- und Geschäftsausstattung 20 000,00 EUR; Forderungen aus Lieferungen und Leistungen 16 450,00 EUR; Kasse 3 500,00 EUR; Bank 9 100,00 EUR.

---

[1] Das System der doppelten Buchführung war bereits im Mittelalter bekannt. Es ist von dem Grundgedanken her so genial, dass es sich bis in unsere heutigen Tage bewährt hat.

II. Geschäftsvorfälle:

1. Wir kaufen ein Kopiergerät bar   3 000,00 EUR
2. Wir heben vom Bankkonto bar ab und legen das Geld
   in die Geschäftskasse   2 500,00 EUR
3. Wir kaufen einen Aktenschrank und zahlen mit Bankscheck   1 750,00 EUR
4. Ein Kunde überweist einen Rechnungsbetrag auf unser Bankkonto   2 000,00 EUR
5. Wir kaufen Schreibtische gegen Banküberweisung   3 000,00 EUR
6. Ein nicht mehr benötigter Schreibtisch wird zum Buchwert bar verkauft   250,00 EUR

III. Aufgaben:

1. Richten Sie für die angegebenen Anfangsbestände die Konten ein und tragen Sie die Anfangsbestände vor!
2. Erfassen Sie die Veränderungen durch die Geschäftsvorfälle zunächst in dem eingeführten Überlegungsschema und übertragen Sie diese anschließend auf die Konten!
3. Schließen Sie die Konten ordnungsmäßig ab!

27 I. Anfangsbestände:

Betriebs- und Geschäftsausstattung 12 400,00 EUR; Forderungen aus Lieferungen und Leistungen 10 400,00 EUR; Kasse 1 700,00 EUR; Bank 4 200,00 EUR.

II. Geschäftsvorfälle:

1. Wir kaufen eine Werkbank gegen Banküberweisung   1 400,00 EUR
2. Ein Kunde zahlt den Rechnungsbetrag bar   2 200,00 EUR
3. Wir kaufen einen Aktenvernichter gegen Bankscheck   460,00 EUR
4. Wir heben vom Bankkonto bar ab und legen das Geld
   in die Geschäftskasse   900,00 EUR
5. Ein Kunde zahlt einen Rechnungsbetrag durch Überweisung
   auf das Bankkonto   1 050,00 EUR
6. Wir verkaufen ein gebrauchtes Lagerregal zum Buchwert bar   400,00 EUR

III. Aufgaben:

1. Richten Sie für die angegebenen Anfangsbestände die Konten ein und tragen Sie die Anfangsbestände vor!
2. Erfassen Sie die Veränderungen durch die Geschäftsvorfälle zunächst in dem eingeführten Überlegungsschema und übertragen Sie diese anschließend auf die Konten!
3. Schließen Sie die Konten ordnungsmäßig ab!

3.5.2.2 Buchungen auf Schuldkonten (Passivkonten)

(1) Buchungsregeln für die Buchungen auf den Schuldkonten (Passivkonten)

Der gegensätzliche Charakter von Vermögen und Schulden führt zwangsläufig dazu, dass auf den Schuldkonten anders zu buchen ist als auf den Vermögenskonten. Auf einem Konto, das durch die zweiseitige Verrechnungsmöglichkeit charakterisiert ist (Soll- oder Habenseite), kann das Wort „anders" nur bedeuten: „auf der anderen Kontoseite". Das führt zu der Konsequenz, dass auf den Schuldkonten der Anfangsbestand und die Zugänge auf der Habenseite, die Abgänge und der Schlussbestand auf der Sollseite zu buchen sind. In der Gegenüberstellung zu den Aktivkonten ergeben sich daher für die Passivkonten folgende Buchungsregeln:

Buchungsregeln:	
Bei den **Aktivkonten (Vermögenskonten)** erscheinen	Bei den **Passivkonten (Schuldkonten und Eigenkapitalkonto)** erscheinen
der **Anfangsbestand** und die **Zugänge** auf der **Sollseite**,	der **Anfangsbestand** und die **Zugänge** auf der **Habenseite**,
die **Abgänge** und der **Schlussbestand** auf der **Habenseite**.	die **Abgänge** und der **Schlussbestand** auf der **Sollseite**.

Beispiel:

Wir kaufen bei der Karl Sende OHG einen PC auf Ziel (Zahlung später) für 2500,00 EUR.

Aufgabe:

Buchen Sie den Geschäftsvorfall auf den entsprechenden Konten!

Lösung:

Der Geschäftsvorfall besagt, dass wir bei der Karl Sende OHG zunächst Schulden machen, weil wir nicht unverzüglich zahlen. Die Karl Sende OHG ist unser Lieferant. Schulden bei Lieferanten buchen wir auf dem Schuldkonto „Verbindlichkeiten aus Lieferungen und Leistungen".

Der Geschäftsvorfall berührt also die beiden Konten **Betriebs- und Geschäftsausstattung** und **Verbindlichkeiten aus Lieferungen und Leistungen**.

Betrachtungspunkt: Konto Betriebs- u. Geschäftsausstattung	Betrachtungspunkt: Konto Verbindlichkeiten aus Lieferungen und Leistungen
Durch den Kauf des PCs nimmt der Bestand auf dem Konto Betriebs- und Geschäftsausstattung **zu**. Das Konto Betriebs- und Geschäftsausstattung ist ein Aktivkonto. Der **Zugang** auf einem **Aktivkonto** wird nach den festgelegten Buchungsregeln auf der **Sollseite** erfasst.	Durch den Einkauf des PCs auf Ziel nehmen die Verbindlichkeiten **zu**. Das Konto Verbindlichkeiten aus Lieferungen und Leistungen ist ein Passivkonto. Der **Zugang** bei **Passivkonten** wird nach den geltenden Buchungsregeln auf der **Habenseite** erfasst.

Soll	Betr-. u. Geschäftsausstattung	Haben	Soll	Verbindlichkeiten a. Lief. u. Leist.	Haben
Verb. a. L. u. L. 2 500,00				BGA	2 500,00

Erläuterungen:

Wir stellen fest, dass auf beiden Konten ein Zugang zu verzeichnen ist. Damit wird klargestellt, dass das Prinzip der doppelten Buchführung nicht in einem Wechsel von Zugang und Abgang besteht. Das ist, wie dieser Fall zeigt, eben nicht so. Dagegen bleibt das Grundprinzip der doppelten Buchführung (Sollbuchung auf dem einen Konto, Habenbuchung auf dem anderen Konto) selbstverständlich erhalten. Um nachvollziehen zu können, wie es jeweils zu dem Betrag auf dem Konto gekommen ist, tragen wir vor dem Betrag jeweils das andere Konto (Gegenkonto) ein.

(2) Einordnung des Eigenkapitalkontos in die Gruppe der Passivkonten (Schuldkonten)

Wir haben gelernt, dass die **Schuldkonten** und das **Eigenkapitalkonto** zu derselben Kontogruppe gehören, nämlich zu den **Passivkonten**. Für das Eigenkapitalkonto gelten also dieselben Buchungsregeln wie für die Schuldkonten. Hier treten oft Verständnisschwierigkeiten auf.

Aus rein formaler Sicht gehört das Eigenkapitalkonto schon deshalb zu den Passivkonten, weil das Eigenkapital auf der Passivseite der Bilanz steht. Eine tiefergehende, sachliche Begründung erhalten wir dann, wenn wir uns zwischen dem Unternehmen und den Kapitalgebern eine Trennungslinie denken. Stellen wir uns das Unternehmen als eine Person vor, eine Vorstellung, die bei Kapitalgesellschaften unter dem Begriff der juristischen Person durchaus üblich ist, dann sind die Kapitalgeber die Gläubiger des Unternehmens und das Unternehmen ist der Schuldner gegenüber den Kapitalgebern.

Aus dieser Sicht ist es gleichgültig, wer dem Unternehmen das Kapital zur Verfügung stellt. Das kann der **Unternehmer selbst sein (Eigenkapital)** oder es können auch **fremde Personen** bzw. **Institutionen wie Lieferanten oder Banken** sein (**Fremdkapital** bzw. **Verbindlichkeiten**). Das als selbstständige Einheit gedachte Unternehmen wird in jedem Fall Schuldner gegenüber den Kapitalgebern. Jeder Kapitalgeber erwartet von dem Unternehmen eine Vergütung für das zur Verfügung gestellte Kapital, die für den Eigenkapitalgeber in Form eines erwarteten Gewinnes und für die Fremdkapitalgeber im Allgemeinen in Form von Zinszahlungen besteht.

Zusammenfassung

- Um die durch die Geschäftsvorfälle hervorgerufenen Wertveränderungen an den Vermögens- und Schuldbeständen auf praktische Weise buchen zu können, sind entsprechende Konten einzurichten. Diese Konten nennen wir **Bestandskonten.**

- Da die Vermögens- und Kapitalbestände dieser Konten als Anfangsbestände aus der letzten Bilanz übernommen werden und die Schlussbestände wieder in die nächste Bilanz einmünden, spricht man auch von **Bilanzkonten,** die entsprechend der beiden Bilanzseiten in Aktivkonten und Passivkonten unterteilt werden.

- Da in den **Bilanzposten** gelegentlich verschiedene Wirtschaftsgüter zusammengefasst sind, werden innerhalb der kontenmäßigen Buchführung diese Posten der Übersicht wegen aufgefächert und auf verschiedene Konten verteilt. Insofern decken sich die Anzahl und die Bezeichnung der einzelnen Konten nicht mit der Anzahl und der Bezeichnung der einzelnen Bilanzposten.

- Um auf den Bilanzkonten (Aktiv- und Passivkonten) systemgerecht buchen zu können, muss man die **Buchungsregeln** kennen, die schematisch dargestellt wie folgt lauten:

Soll	**Aktivkonto**	Haben
Anfangsbestand		Abgänge
Zugänge		Schlussbestand

Soll	**Passivkonto**	Haben
Abgänge		Anfangsbestand
Schlussbestand		Zugänge

Bei den **Aktivkonten (Vermögenskonten)** erscheinen

der **Anfangsbestand** und die **Zugänge** auf der **Sollseite,**

die **Abgänge** und der **Schlussbestand** auf der **Habenseite.**

Bei den **Passivkonten (Schuldkonten und Eigenkapitalkonto)** erscheinen

der **Anfangsbestand** und die **Zugänge** auf der **Habenseite,**

die **Abgänge** und der **Schlussbestand** auf der **Sollseite.**

28 Stellen Sie mit Hilfe des unten vorgegebenen Überlegungsschemas dar, wie die nachfolgenden Geschäftsvorfälle zu buchen sind!

1.	Wir kaufen ein Notebook auf Ziel	2 400,00 EUR
2.	Wir bezahlen eine Liefererrechnung mit Bankscheck[1]	1 210,00 EUR
3.	Wir kaufen ein Lagerregal auf Ziel	980,00 EUR
4.	Wir tilgen einen Teil des Bankdarlehens durch Banküberweisung	600,00 EUR
5.	Ein Kunde zahlt einen Rechnungsbetrag bar[1]	55,00 EUR
6.	Kauf eines PCs auf Ziel	1 980,00 EUR
7.	Barabhebung vom Bankkonto	500,00 EUR
8.	Zielkauf eines Bürosessels für das Chefbüro	720,00 EUR
9.	Kauf eines Kopiergerätes auf Ziel	598,00 EUR

Bearbeitungshinweise:

Um Fehler soweit wie möglich zu vermeiden, verwenden Sie bitte das nachfolgende **Überlegungsschema**. Da wir es jetzt mit zwei unterschiedlichen Kontoarten zu tun haben, müssen wir das bereits auf Seite 100 eingeführte Überlegungsschema um eine weitere Spalte erweitern.

Geschäftsvorfälle	I. Welche Konten werden berührt?	II. Um welche Kontoart handelt es sich?	III. Wie verändert sich jeweils der Bestand auf den Konten?	IV. Auf welcher Kontoseite wird gebucht?	
				Soll	Haben
1. Wir kaufen ein Notebook auf Ziel für 2 400,00 EUR	Betr.- u. G.-Ausst. Verb. a. Lief. u. Leist.	Aktivkonto Passivkonto	Zugang Zugang	2 400,00	2 400,00

29 **I. Anfangsbestände:**

Maschinen 125 420,00 EUR; Betriebs- u. Geschäftsausstattung 45 700,00 EUR; Fuhrpark 95 810,00 EUR; Kasse 1 950,00 EUR; Bank 35 610,00 EUR; Forderungen aus Lieferungen und Leistungen 12 160,00 EUR; Rohstoffe 150 600,00 EUR; Verbindlichkeiten aus Lieferungen und Leistungen 20 625,00 EUR. Das Eigenkapital muss noch ermittelt werden.

II. Geschäftsvorfälle:

1.	Barverkauf einer nicht mehr benötigten Maschine zum Buchwert von	450,00 EUR
2.	Ein Kunde überweist einen Rechnungsbetrag auf unser Bankkonto	3 470,00 EUR
3.	Zahlung einer Liefererrechnung durch Banküberweisung	2 543,00 EUR
4.	Barabhebung vom Bankkonto zur Auffüllung der Geschäftskasse	2 000,00 EUR
5.	Barkauf eines Schreibtisches für das Chefbüro	1 780,00 EUR
6.	Ein Geschäftsfahrzeug wird zum Buchwert gegen Barzahlung verkauft	8 000,00 EUR

---

1 Bei Zahlungen an Lieferanten bzw. Zahlungseingängen von Kunden ist stets davon auszugehen, dass die entsprechenden Eingangs- bzw. Ausgangsrechnungen bereits gebucht wurden, auch wenn nicht ausdrücklich darauf hingewiesen wird.

III. Aufgaben:

1. Nach Festlegung der erforderlichen Buchungen der Geschäftsvorfälle mit Hilfe des Überlegungsschemas und den entsprechenden Buchungen auf den Konten sind die Konten ordnungsmäßig abzuschließen!

2. Stellen Sie anschließend unter Verwendung des vereinbarten Gliederungsschemas eine Schlussbilanz auf! Wir gehen davon aus, dass die Inventur keine anderen Werte erbracht hat.

30 Buchen Sie mit Hilfe des Überlegungsschemas von Seite 106 die nachfolgenden Geschäftsvorfälle für die Dürener Metallwerke AG!

1.	Ein Kunde begleicht eine Rechnung bar	14 950,00 EUR
2.	Einkauf einer Maschine gegen Bankscheck	21 748,00 EUR
3.	Zahlung der Liefererrechnung durch Banküberweisung (Fall 1)	14 950,00 EUR
4.	Banküberweisung zur Tilgung eines Bankdarlehens	7 000,00 EUR
5.	Barverkauf einer nicht mehr benötigten Maschine zum Buchwert von	1 745,00 EUR
6.	Bareinzahlung auf unser Bankkonto	10 800,00 EUR
7.	Ein Kunde begleicht eine Rechnung durch Banküberweisung	14 500,00 EUR
8.	Barkauf eines PCs	920,00 EUR
9.	Aufnahme eines Darlehens bei der Bank in Höhe von Der Betrag wird uns von der Bank auf dem Kontokorrentkonto zur Verfügung gestellt.	50 000,00 EUR
10.	Wir kaufen ein Kopiergerät auf Ziel	3 100,00 EUR
11.	Ein Kunde zahlt einen Rechnungsbetrag bar	1 500,00 EUR
12.	Wir kaufen einen Aktenschrank bar	2 150,00 EUR
13.	Wir zahlen eine Lieferantenrechnung durch Banküberweisung	1 700,00 EUR
14.	Wir vereinbaren mit einem Lieferer, dass die (kurzfristige) Verbindlichkeiten aus Lieferungen und Leistungen in Höhe von 19 450,00 EUR in ein langfristiges Darlehen (Konto: Sonstige Verbindlichkeiten) umgewandelt wird.	
15.	Wir zahlen die erste Tilgungsrate für das Liefererdarlehen durch Banküberweisung	500,00 EUR

31 I. Eröffnungsbilanz:

In dem Industrieunternehmen Max Düllberg e. Kfm. ergibt der Jahresabschluss folgende Bilanz:

Max Düllberg e. Kfm.

Aktiva	Bilanz zum 31. Dezember 20..		Passiva
I. Anlagevermögen		**I. Eigenkapital**	391 255,00
1. Grundstücke u. Bauten	250 000,00		
2. and. Anl., B.- u. G.-Ausst.	154 850,00	**II. Verbindlichkeiten**	
		1. Verbindlichkeiten gegen-	
II. Umlaufvermögen		über Kreditinstituten	100 000,00
1. Roh-, Hilfs- u. Betr.-Stoffe	75 920,00	2. Verb. a. Lief. u. Leist.	48 700,00
2. Ford. a. Lief. u. Leist.	26 310,00		
3. Kassenbestand	4 250,00		
4. Guth. b. Kreditinstituten	28 625,00		
	539 955,00		539 955,00

Für die erforderliche Konteneinrichtung werden die einzelnen Bilanzposten – soweit erforderlich – wie folgt erläutert:

Zu den Aktiva

Zu I. 1.: Es handelt sich um ein bebautes Grundstück auf eigenem Grund und Boden. Der reine Grundstückswert beträgt 90 000,00 EUR, der Rest betrifft den Gebäudewert (Konten: Bebaute Grundstücke und Betriebsgebäude).

Zu I. 2.: In diesem Posten ist ein betriebliches Fahrzeug im Werte von 80 000,00 EUR enthalten. Der Restwert betrifft Gegenstände der Betriebs- und Geschäftsausstattung (Konten: Betriebs- und Geschäftsausstattung und Fuhrpark).

Zu II. 1.: Es handelt sich um Rohstoffe im Werte von 54 190,00 EUR (Konto: Rohstoffe) und um Betriebsstoffe im Werte von 21 730,00 EUR (Konto: Betriebsstoffe).

Zu II. 4.: Das Guthaben betrifft das Kontokorrentkonto bei unserer Geschäftsbank (Konto: Bank).

Zu den Passiva

Zu II. 1.: Es handelt sich um ein durch Grundbucheintragung gesichertes Darlehen bei einer Bank (Konto: Langfristige Bankverbindlichkeiten).

II. Geschäftsvorfälle:

1. Wir kaufen ein Kopiergerät auf Ziel	3 100,00 EUR
2. Ein Kunde zahlt einen Rechnungsbetrag bar	1 500,00 EUR
3. Wir kaufen einen Aktenschrank bar	2 150,00 EUR
4. Wir zahlen eine Lieferantenrechnung durch Banküberweisung	1 700,00 EUR
5. Wir vereinbaren mit einem Lieferer, dass die (kurzfristige) Verbindlichkeiten aus Lieferungen und Leistungen in Höhe von 19 450,00 EUR in ein langfristiges Darlehen (Konto: Sonstige Verbindlichkeiten) umgewandelt wird.	
6. Wir zahlen die erste Tilgungsrate für das Liefererdarlehen durch Banküberweisung	500,00 EUR

III. Aufgaben:

1. Richten Sie die erforderlichen Konten ein und übernehmen Sie die Bilanzwerte als Anfangsbestände für das neue Geschäftsjahr!

2. Legen Sie für die Geschäftsvorfälle zunächst die erforderlichen Buchungen mit Hilfe des erweiterten Überlegungsschemas (siehe Seite 106) fest und buchen Sie anschließend entsprechend auf den eröffneten Konten!

3. Schließen Sie die Konten ordnungsmäßig ab!

4. Erstellen Sie anschließend eine Schlussbilanz unter Einhaltung des vereinbarten Gliederungsschemas!

5. Vergleichen Sie das Eigenkapital am Schluss der Geschäftsperiode mit dem am Anfang der Geschäftsperiode und ziehen Sie daraus die Schlussfolgerungen über die Art der angefallenen Geschäftsvorfälle!

3.5.3 Buchungssatz

3.5.3.1 Einfacher Buchungssatz

(1) Theoretische Grundlagen

Das bisher benutzte „Überlegungsschema" (vgl. Seite 106) zur Festlegung der erforderlichen Buchungen auf den Konten ist recht aufwendig. Es genügt, wenn wir uns in Zukunft auf zwei Angaben beschränken:

- die Konten, auf denen zu buchen ist,

- die Angabe der Kontoseite, auf der jeweils auf dem Konto zu buchen ist.

Diese beiden Angaben sind in den Spalten I und IV unseres Überlegungsschemas enthalten. Die übrigen Spalten (II und III) sind daher entbehrlich. Eine solche auf das Mindestmaß beschränkte Buchungsanweisung nennen wir Buchungssatz.

Beispiel:

Geschäftsvorfälle	Konten	Soll	Haben
Wir kaufen ein Kopiergerät auf Ziel für 1 500,00 EUR	Betr.- u. Geschäftsausstattung an Verbindlichkeiten a. L. u. L.	1 500,00	1 500,00

Buchungssatz

Erläuterungen:

- Da bezüglich der Kontoseite immer nur zwei Möglichkeiten infrage kommen können (Soll- oder Habenseite), hat man die Vereinbarung getroffen, dass das Konto, auf dem auf der **Sollseite** zu buchen ist, immer **zuerst** genannt wird. Des Weiteren hat man vereinbart, **vor** das Konto, auf dem auf der Habenseite zu buchen ist, das Wörtchen „an" zu setzen. Unter Beachtung dieser Vereinbarung kann ein Buchungssatz daher immer nur lauten:

Konto mit der **Sollbuchung**
an Konto mit der **Habenbuchung.**

- Zur Vereinheitlichung der Schreibweise legen wir fest, dass beim Bilden von Buchungssätzen für jedes Konto eine Zeile benutzt wird. Es sollen auch immer die drei Spalten des oben dargestellten Schemas eingerichtet werden. Nur so ist eine eindeutige Zuordnung von Konto und Betrag möglich.

Zur Bildung des richtigen Buchungssatzes müssen selbstverständlich auch weiterhin die Denkschritte 1. bis 5. vollzogen werden.

Beispiel:

Geschäftsvorfall: Wir kaufen ein Kopiergerät auf Ziel für 1 500,00 EUR.

Aufgabe:

Führen Sie für den im Beispiel genannten Geschäftsvorfall die erforderlichen Denkschritte bis zur Bildung des Buchungssatzes durch!

Lösung:

Wir fragen:	Wir antworten:		
1. Welche Konten werden berührt?	Das Konto Betriebs- und Geschäftsausstattung und das Konto Verbindlichkeiten aus Lieferungen und Leistungen.		
2. Um welche Kontoart handelt es sich jeweils?	Das Konto Betr.- u. G.-Ausstattung ist ein Vermögenskonto. Das Konto Verb. a. Lief. u. Leist. ist ein Schuldkonto.		
3. Welche Veränderungen ergeben sich jeweils auf den Konten?	Der Bestand auf dem Konto Betriebs- und Geschäftsausstattung nimmt zu, die Verbindlichkeiten aus Lieferungen und Leistungen nehmen ebenfalls zu.		
4. Welche Buchungsregeln sind jeweils anzuwenden?	Zugänge auf dem Konto Betriebs- und Geschäftsausstattung (Aktivkonto) erscheinen auf der Sollseite.		
	Zugänge auf dem Konto Verb. a. Lief. u. Leist. (Passivkonto) gehören auf die Habenseite.		
5. Wie lautet der Buchungssatz? (zuerst das Konto mit der Sollbuchung angeben!)	Konten	Soll	Haben
	Betr.- u. Geschäftsausstatt.	1 500,00	
	an Verbindl. a. L. u. L.		1 500,00

Zusammenfassung

- Der **Buchungssatz (Buchungsanweisung, Kontierung)** ist das Verständigungsmittel unter Fachleuten. Er gibt mit kurzen und eindeutigen Hinweisen an, wie ein Geschäftsvorfall (ein Beleg) auf den Konten zu buchen ist.

- Dabei wird das Konto, auf dem auf der **Sollseite** zu buchen ist, **zuerst genannt**. Danach folgt das Konto, auf dem auf der **Habenseite** zu buchen ist.

- Vor dem Konto mit der Habenbuchung sollte das Verbindungswort **„an"** stehen. Zur Vermeidung von Missverständnissen sollte der Übersicht halber für die Eintragung der erforderlichen Daten beim Buchungssatz das folgende Drei-Spalten-Schema benutzt werden:

Konten	Soll	Haben
Konto x an Konto y	…	…

- Ein solches Schema, das auf die Belege gestempelt wird, dient auch zur Vermeidung von Buchungsfehlern.

Übungsaufgaben

32 Bilden Sie zu folgenden Geschäftsvorfällen die Buchungssätze bzw. ermitteln Sie die Geschäftsvorfälle:

1. Wir zahlen auf unser Bankkonto bar ein — 1 400,00 EUR
2. Wir zahlen eine Lieferantenrechnung durch Banküberweisung — 375,00 EUR
3. Ein Kunde zahlt einen Rechnungsbetrag bar — 570,00 EUR
4. Wir nehmen bei unserer Bank ein Darlehen auf. Der Darlehensbetrag wird auf unserem Kontokorrentkonto gutgeschrieben — 25 000,00 EUR
5. Wir kaufen ein Kopiergerät bar — 1 320,00 EUR

6.	Wir zahlen die Tilgungsrate für ein Bankdarlehen bar		2 000,00 EUR
7.	Ein Kunde zahlt einen Rechnungsbetrag durch Banküberweisung		650,00 EUR
8.	Wir heben vom Bankkonto bar ab und legen das Geld in die Kasse		750,00 EUR
9.	Welche Geschäftsvorfälle lagen folgenden Buchungssätzen zugrunde?		

Nr.	Konten	Soll	Haben
9.1	Verbindlichkeiten a. Lief. u. Leist.	900,00	
	an Bank		900,00
9.2	Kasse	500,00	
	an Bank		500,00
9.3	Fuhrpark	35 000,00	
	an Kasse		35 000,00

10.	Barverkauf eines nicht mehr benötigten Computers zum Buchwert		1 050,00 EUR
11.	Kauf einer Stanzmaschine auf Ziel		22 400,00 EUR
12.	Kauf eines Baugrundstücks gegen Bankscheck		105 900,00 EUR
13.	Wir kaufen Lagerregale auf Ziel		1 500,00 EUR
14.	Wegen eines Materialfehlers werden Lagerregale im Wert von 300,00 EUR an den Lieferer zurückgeschickt.		
15.	Ein Kunde zahlt eine Rechnung durch Banküberweisung		775,00 EUR
16.	Ein Kunde zahlt einen Rechnungsbetrag durch Bankzahlschein		700,00 EUR
17.	Eine Liefererrechnung wird durch Bankscheck beglichen		450,00 EUR

33 Bilden Sie zu folgenden Geschäftsvorfällen die Buchungssätze bzw. formulieren Sie zu den angegebenen Buchungssätzen die Geschäftsvorfälle!

1.	Kauf eines Aktenschrankes auf Ziel	890,00 EUR
2.	Zum Ausgleich eines Rechnungsbetrages sendet uns ein Kunde einen Verrechnungsscheck	4 120,00 EUR
3.	Kauf eines Lkws gegen Bankscheck	65 800,00 EUR
4.	Bareinzahlung auf das Bankkonto	5 500,00 EUR
5.	Wir verkaufen einen nicht mehr benötigten PC bar	1 500,00 EUR
6.	Barkauf einer Registrierkasse	3 120,00 EUR
7.	Kauf eines Baugrundstücks gegen Bankscheck	95 000,00 EUR
8.	Rücksendung des gekauften Aktenschrankes wegen eines Mangels (Fall 1)	890,00 EUR
9.	Eingangsrechnung ER 541 für den Kauf eines gebrauchten Kombiwagens	7 170,00 EUR
10.	Banküberweisung der Eingangsrechnung ER 541 (Fall 9)	7 170,00 EUR
11.	Aufnahme eines Darlehens bei der Bank. Die Bank stellt uns den Darlehensbetrag auf dem Girokonto zur Verfügung	50 000,00 EUR
12.	Zieleinkauf einer Verpackungsmaschine für das Lager	48 800,00 EUR
13.	Teilweise Tilgung der Darlehensschuld durch Bankabbuchung	3 800,00 EUR
14.	Wir verkaufen nicht mehr benötigte Lagerregale gegen Barzahlung	970,00 EUR
15.	Kauf einer DV-Anlage auf Ziel	17 430,00 EUR
16.	Kauf einer Fertiggarage gegen Bankscheck	15 400,00 EUR

17.	Begleichung der Eingangsrechnung mit Banküberweisung	9 190,00 EUR

17. Begleichung der Eingangsrechnung mit Banküberweisung   9 190,00 EUR

18. Zur Erhöhung unseres Bankguthabens tätigen wir
    eine Bareinzahlung   6 000,00 EUR

19. Kauf von Büromöbeln auf Ziel   12 600,00 EUR

20. Wir kaufen einen Pkw für unseren Vertreter. Wir zahlen
    mit Bankscheck.   40 300,00 EUR

21. Wir zahlen eine Eingangsrechnung durch Banküberweisung   4 312,00 EUR

22. Welche Geschäftsvorfälle liegen folgenden Buchungssätzen zugrunde?

Nr.	Konten	Soll	Haben
22.1	Fuhrpark	44 800,00	
	an Bank		44 800,00
22.2	Langfristige Bankverbindlichkeiten	8 000,00	
	an Bank		8 000,00

(2) Praktische Anwendung (Buchung nach Belegen)

■ Grundsätzliches

In der Praxis existiert über jeden Geschäftsvorfall ein Beleg. Die Buchungssätze werden somit dort immer nur aufgrund von Belegen (Überweisungen, Rechnungen, Quittungen, Lohnlisten usw.) gebildet.

Merke:

In der Praxis gilt daher der Grundsatz: **Keine Buchung ohne Beleg!**

Nur durch den Beleg kann die Richtigkeit bzw. Vollständigkeit der Buchführung nachgewiesen werden. Belege sind daher die Grundvoraussetzung für eine ordnungsmäßige Buchführung. Nach der Rechtsprechung ist eine Buchführung aus steuerlicher Sicht nur in Verbindung mit den Belegen beweiskräftig und ordnungsmäßig.

Bei Prüfungen der Buchführung durch die steuerliche Betriebsprüfung oder bei betriebsinterner Revision gibt oft erst der Rückgriff auf den Buchungsbeleg Aufschluss über den zugrunde liegenden Geschäftsvorfall.

■ Belegarten

Nach dem **Inhalt der Belege** unterscheidet man:

■ **Fremdbelege.** Darunter versteht man Belege, die von **fremden Unternehmen** erstellt werden. Dazu gehören z. B. Liefererrechnungen (Eingangsrechnungen), Bankbelege, Quittungen, Frachtbriefe.

■ **Eigenbelege.** Darunter versteht man Belege, die das **Unternehmen selbst** erstellt hat. Dazu zählen z. B. Kopien der Ausgangsrechnungen; Entnahmescheine, Lohnlisten, Buchungsanweisungen für Abschlussarbeiten usw.

Beispiel:

WILHELM KRALLE OHG

Bürogroßhandlung
Fürth

Inh. Heinz Kralle

Wilhelm Kralle OHG, Biberstr. 10, 90766 Fürth

Fürth, Telefon 0911 2371

Bankkonten:
Deutsche Bank Fürth 3 101 011   BLZ 762 700 12
Dresdner Bank Fürth 117 460   BLZ 760 800 40

Möbelfabrik
Franz Bühner e. Kfm.[1]
Hölderlinstr. 101
47226 Duisburg

Rechnung NR. 679

Rechnungsdatum 20. Juli 20..

Bei Bezahlung bitte Rechnungs-Nr. angeben!

Lieferdatum	Lieferschein Nr.	Menge Stück	Artikel	Einzelpreis	EUR
17. Juli	117/07	5	A & B PC 145/22	2 459,71	12 298,55*

Bei Barzahlung innerhalb 8 Tagen 2 % Skonto. Die Ware bleibt bis zur völligen Bezahlung unser Eigentum.

Sitz der Gesellschaft: Fürth; Registergericht: Amtsgericht Fürth, HRA 2785[1]

Steuer-Nr.: 91479/17040[1]

* Da die Umsatzsteuer noch nicht behandelt wurde, bleibt sie hier unberücksichtigt.

---

1 Bei allen Kaufleuten ist auf den Geschäftsbriefen die Firma, die Bezeichnung als Kaufmann (z.B. e. Kfm., GmbH, GmbH & Co. KG), der Ort der Handelsniederlassung, das Registergericht (HRA → für Einzelunternehmen und Personengesellschaften, HRB → für Kapitalgesellschaften) und die Nummer, unter der die Firma in das Handelsregister eingetragen ist, anzugeben. Zudem muss die Steuernummer oder die Umsatzsteuer-Identifikationsnummer des Bundesamtes für Finanzen ausgewiesen werden [§ 14 IV, S. 1, Nr. 2 UStG].

113

8 Speth – ISBN 978-3-8120-0491-6

34 1. Formulieren Sie aufgrund der Belege den jeweils zugrunde liegenden Geschäftsvorfall!

2. Bilden Sie die Buchungssätze für die Druckerei Schön & Dörfer OHG, Mozartstr. 15, 45128 Essen!

Beleg 1[1]

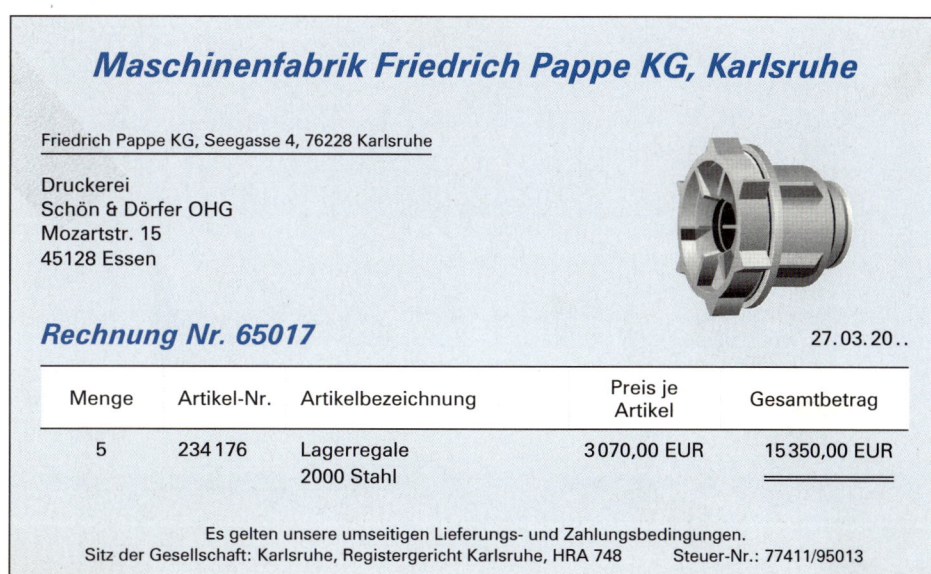

Maschinenfabrik Friedrich Pappe KG, Karlsruhe

Friedrich Pappe KG, Seegasse 4, 76228 Karlsruhe

Druckerei
Schön & Dörfer OHG
Mozartstr. 15
45128 Essen

Rechnung Nr. 65017

27.03.20..

Menge	Artikel-Nr.	Artikelbezeichnung	Preis je Artikel	Gesamtbetrag
5	234 176	Lagerregale 2000 Stahl	3 070,00 EUR	15 350,00 EUR

Es gelten unsere umseitigen Lieferungs- und Zahlungsbedingungen.
Sitz der Gesellschaft: Karlsruhe, Registergericht Karlsruhe, HRA 748   Steuer-Nr.: 77411/95013

Beleg 2

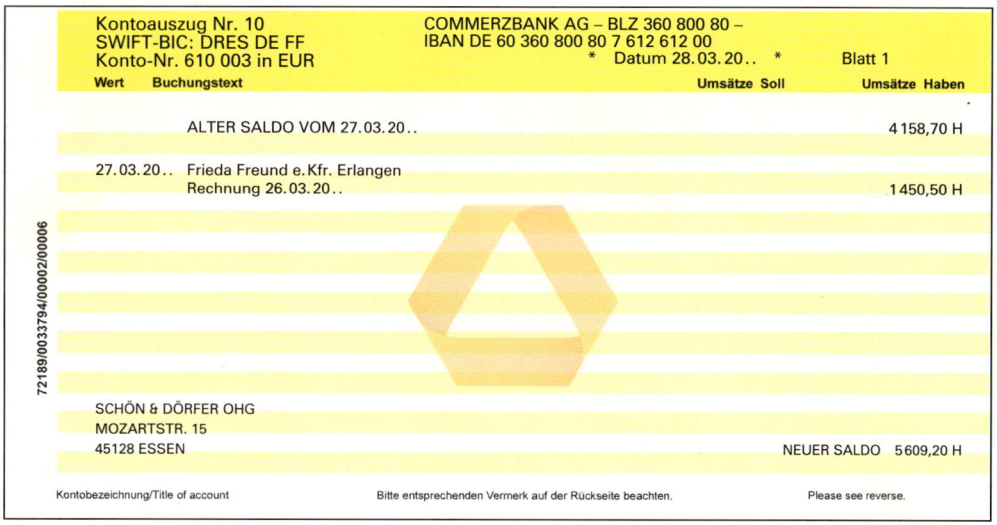

Kontoauszug Nr. 10 SWIFT-BIC: DRES DE FF Konto-Nr. 610 003 in EUR	COMMERZBANK AG – BLZ 360 800 80 – IBAN DE 60 360 800 80 7 612 612 00 * Datum 28.03.20.. *		Blatt 1
Wert Buchungstext		**Umsätze Soll**	**Umsätze Haben**
ALTER SALDO VOM 27.03.20..			4 158,70 H
27.03.20.. Frieda Freund e. Kfr. Erlangen Rechnung 26.03.20..			1 450,50 H
SCHÖN & DÖRFER OHG MOZARTSTR. 15 45128 ESSEN		NEUER SALDO	5 609,20 H

72189/0033794/00002/00006

Kontobezeichnung/Title of account	Bitte entsprechenden Vermerk auf der Rückseite beachten.	Please see reverse.

---

1 Bei den Belegen in dieser Aufgabe wird auf den Ausweis der Umsatzsteuer verzichtet, weil diese noch nicht behandelt wurde.

Beleg 3

F & P Computertechnik · Reinoldistr. 17-19 · 44135 Dortmund

Druckerei
Schön & Dörfer OHG
Mozartstr. 15
45128 Essen

Ihre Zeichen/Ihre Nachricht vom   Unsere Zeichen/Unsere Nachricht vom   ☎ 02 31 / 52 35 35   44135 Dortmund
27. März 20..

RECHNUNG Nr. 65090

Menge	Bezeichnung	Einzelpreis in EUR	Gesamtpreis in EUR
2	F & P PC	1 300,00	2 600,00
2	Monitor	654,50	1 309,00
			3 909,00

Der Rechnungsbetrag ist sofort ohne Abzug zahlbar.
Die Ware bleibt bis zur vollständigen Bezahlung unser Eigentum.

Registergericht Dortmund, HRB 8382   Steuer-Nr.: 41712/54819   Bankverbindung:
Geschäftsführer: Gerhard Fraßa   Stadtsparkasse Dortmund 001 071 750 (BLZ 440 501 99)

Beleg 4

Empfangsbescheinigung
über Bareinzahlung
auf eigenes Girokonto

Kontonummer	Name des Kontoinhabers
610 003	Schön & Dörfer O.H.G. Essen

Name des Einzahlers, falls erforderlich

EUR

4 100,00

27.03.20..

Datum   Unterschrift

Kassierer

185 015

Beleg 5

Beleg für Kontoinhaber/Einzahler-Quittung

Commerzbank Essen	36 08 00 80
Name und Sitz des Kreditinstituts des Überweisenden	Bankleitzahl

Begünstigter: Name, Vorname/Firma (max. 27 Stellen)

Maschinenfabrik Pappe KG, Karlsruhe

Konto-Nr. des Begünstigten		Bankleitzahl
481 931 700		666 200 20

Kreditinstitut des Begünstigten

Baden-Württemberg Bank Pforzheim

EUR	Betrag: Euro, Cent
	15 350,00

Kunden-Referenznummer - Verwendungszweck, ggf. Name und Anschrift des Überweisenden - (nur für Begünstigten)

Rechnung vom 23.03.20..

noch Verwendungszweck (insgesamt max. 2 Zeilen à 27 Stellen)

Kontoinhaber/Einzahler: Name, Vorname/Firma, Ort (max. 27 Stellen, keine Straßen- oder Postfachangaben)

Schön & Dörfer OHG, Essen

Konto-Nr. des Kontoinhabers

610003

II

3.5.3.2 Zusammengesetzter Buchungssatz

Sind für einen Buchungssatz mehr als zwei Konten erforderlich, spricht man von einem zusammengesetzten Buchungssatz. Auch für den zusammengesetzten Buchungssatz gilt, dass bei jedem Buchungssatz die Summe der gebuchten Sollbeträge mit der Summe der gebuchten Habenbeträge übereinstimmen muss.

Beispiel:

I. Anfangsbestände:
Verbindlichkeiten aus Lieferungen und Leistungen 10 000,00 EUR; Bank 7 000,00 EUR; Kasse 5 000,00 EUR.

II. Geschäftsvorfall:
Wir zahlen eine bereits gebuchte Eingangsrechnung über 3 700,00 EUR, und zwar durch Banküberweisung 3 000,00 EUR, bar 700,00 EUR.

III. Aufgaben:
1. Buchen Sie den Geschäftsvorfall auf den Konten!
2. Bilden Sie den Buchungssatz!

Lösung:

Zu 1.: Buchung auf den Konten

Soll	Bank		Haben
AB	7 000,00	Vb. a. L. u. L.	3 000,00

Soll	Kasse		Haben
AB	5 000,00	Vb. a. L. u. L.	700,00

Soll	Verb. a. Lief. u. Leist.		Haben
Ba/Ka	3 700,00	AB	10 000,00

Zu 2.: Buchungssatz

Konten	Soll	Haben
Verbindlichkeiten a. Lief. u. Leist.	3 700,00	
an Bank		3 000,00
an Kasse		700,00

Merke:

Für den **einfachen Buchungssatz** wie für den **zusammengesetzten Buchungssatz** gilt:

Summe der gebuchten Sollbeträge ≙ Summe der gebuchten Habenbeträge

Übungsaufgaben

35 Bilden Sie zu den folgenden Geschäftsvorfällen die Buchungssätze bzw. ermitteln Sie die Geschäftsvorfälle!

1. Ein Kunde zahlt einen Rechnungsbetrag über 725,00 EUR
   in bar   225,00 EUR
   durch Banküberweisung   500,00 EUR

2. Wir kaufen Lagerregale für insgesamt 3 500,00 EUR
   gegen Barzahlung   1 500,00 EUR
   auf Ziel   2 000,00 EUR

3. Wir verkaufen einen nicht mehr benötigten Lieferwagen in Höhe
   des Buchwertes von 3800,00 EUR gegen Barzahlung   800,00 EUR
   Restforderung   3 000,00 EUR

4. Ein Kunde zahlt einen Rechnungsbetrag über 1750,00 EUR
   durch Banküberweisung   1 000,00 EUR
   bar   750,00 EUR

5. Wir bezahlen eine Liefererrechnung über 2550,00 EUR
   bar   550,00 EUR
   durch Banküberweisung   2 000,00 EUR

6. Wir kaufen einen Kombiwagen zum Preise von 25000,00 EUR
   gegen Barzahlung   5 500,00 EUR
   durch Banküberweisung   10 000,00 EUR
   Restverbindlichkeit   9 500,00 EUR

7. Wir tilgen eine Darlehensschuld bei der Bank über 5000,00 EUR
   bar   1 500,00 EUR
   durch Banküberweisung   3 500,00 EUR

8. Wir kaufen neue Lagerregale für 20000,00 EUR
   Finanzierung: Barzahlung   5 000,00 EUR
                  Banküberweisung   10 000,00 EUR
                  Restverbindlichkeit   5 000,00 EUR

9. Gutschriftanzeigen der Bank:
   für Bareinzahlung   1 500,00 EUR
   für Überweisung eines Kunden   750,00 EUR

10. Welche Geschäftsvorfälle liegen folgenden Buchungssätzen zugrunde?

Nr.	Konten	Soll	Haben
10.1	Betriebs- und Geschäftsausstattung	3 750,00	
	an Bank		3 000,00
	an Kasse		750,00
10.2	Verbindlichkeiten a. Lief. u. Leist.	2 350,00	
	an Bank		2 000,00
	an Kasse		350,00
10.3	Bank	750,00	
	Kasse	250,00	
	an Forderungen a. Lief. u. Leist.		1 000,00
10.4	Unbebaute Grundstücke	400 000,00	
	an Bank		370 000,00
	an Kasse		30 000,00

36 I. Anfangsbestände:

Betriebs- u. Geschäftsausstattung 41355,00 EUR; Kasse 1670,00 EUR; Bank 33975,00 EUR; Forderungen aus Lieferungen und Leistungen 12150,00 EUR; Rohstoffe 24570,00 EUR; Verbindlichkeiten aus Lieferungen und Leistungen 13220,00 EUR; Langfristige Bankverbindlichkeiten 5000,00 EUR; Eigenkapital 95500,00 EUR.

II. Geschäftsvorfälle:

1. Wir verkaufen nicht mehr benötigte Lagerschränke bar zum Buchwert   2 500,00 EUR

2. Neuanschaffung einer Büroeinrichtung gegen Banküberweisung   30 000,00 EUR

3. Ein Kunde überweist einen Rechnungsbetrag auf das Bankkonto   2 120,00 EUR

4. Zur Auffüllung des Kassenbestandes heben wir vom Bankkonto bar ab	500,00 EUR
5. Wir zahlen eine Lieferantenrechnung bar	1 200,00 EUR
6. Teilweise Tilgung des Bankdarlehens bar	1 000,00 EUR

III. Aufgaben:

1. Richten Sie für die angegebenen Anfangsbestände die Bilanzkonten ein und tragen Sie die Anfangsbestände vor!

2. Bilden Sie die Buchungssätze!

3. Buchen Sie die Geschäftsvorfälle auf den Konten und schließen Sie die Konten ordnungsmäßig ab!

3.5.4 Eröffnung und Abschluss der Bestandskonten (Bilanzkonten) im System der doppelten Buchführung (Eröffnungsbilanzkonto und Schlussbilanzkonto)

3.5.4.1 Problemdarstellung mit Beispiel und Lösung

Das Prinzip der doppelten Buchführung wurde bisher nur bei den Buchungen der Geschäftsvorfälle angewandt. Die Anfangs- und Schlussbestände auf den Konten wurden dagegen nicht doppelt gebucht, sondern nur eingetragen. Das **Prinzip der doppelten Buchführung** ist jedoch ein **generelles Prinzip** und gilt folglich auch für die Anfangs- und Schlussbestände auf den Konten.

Wenn bei der Eröffnung der Konten mit den Anfangsbeständen und beim Abschluss der Konten mit den Schlussbeständen jeweils eine Gegenbuchung erfolgen soll, benötigen wir dafür entsprechende Gegenkonten. Die systemgerechte Buchung der Anfangsbestände erfolgt mit Hilfe des Eröffnungsbilanzkontos (EBK) und die systemgerechte Buchung der Schlussbestände erfolgt über das Schlussbilanzkonto (SBK).

Merke:

■ Das Eröffnungsbilanzkonto und das Schlussbilanzkonto bringen die Geschlossenheit des Systems der doppelten Buchführung zum Ausdruck.

■ Die beiden Konten bieten die Gewähr, dass sowohl bei der Erfassung der Anfangsbestände als auch bei der Erfassung der Schlussbestände jeder Betrag systemgerecht **doppelt** gebucht wird.

Beispiel:

Als Demonstrationsbeispiel für die systemgerechte doppelte Buchung der Anfangs- und Schlussbestände greifen wir auf die Aufgabe 36 zurück.

Aufgaben:

1. Eröffnen Sie die Konten mit den angegebenen Anfangsbeständen systemgerecht mit Hilfe des Eröffnungsbilanzkontos!

2. Buchen Sie die Geschäftsvorfälle auf den entsprechenden Konten!

3. Schließen Sie die Konten über das Schlussbilanzkonto ab!

Lösung:

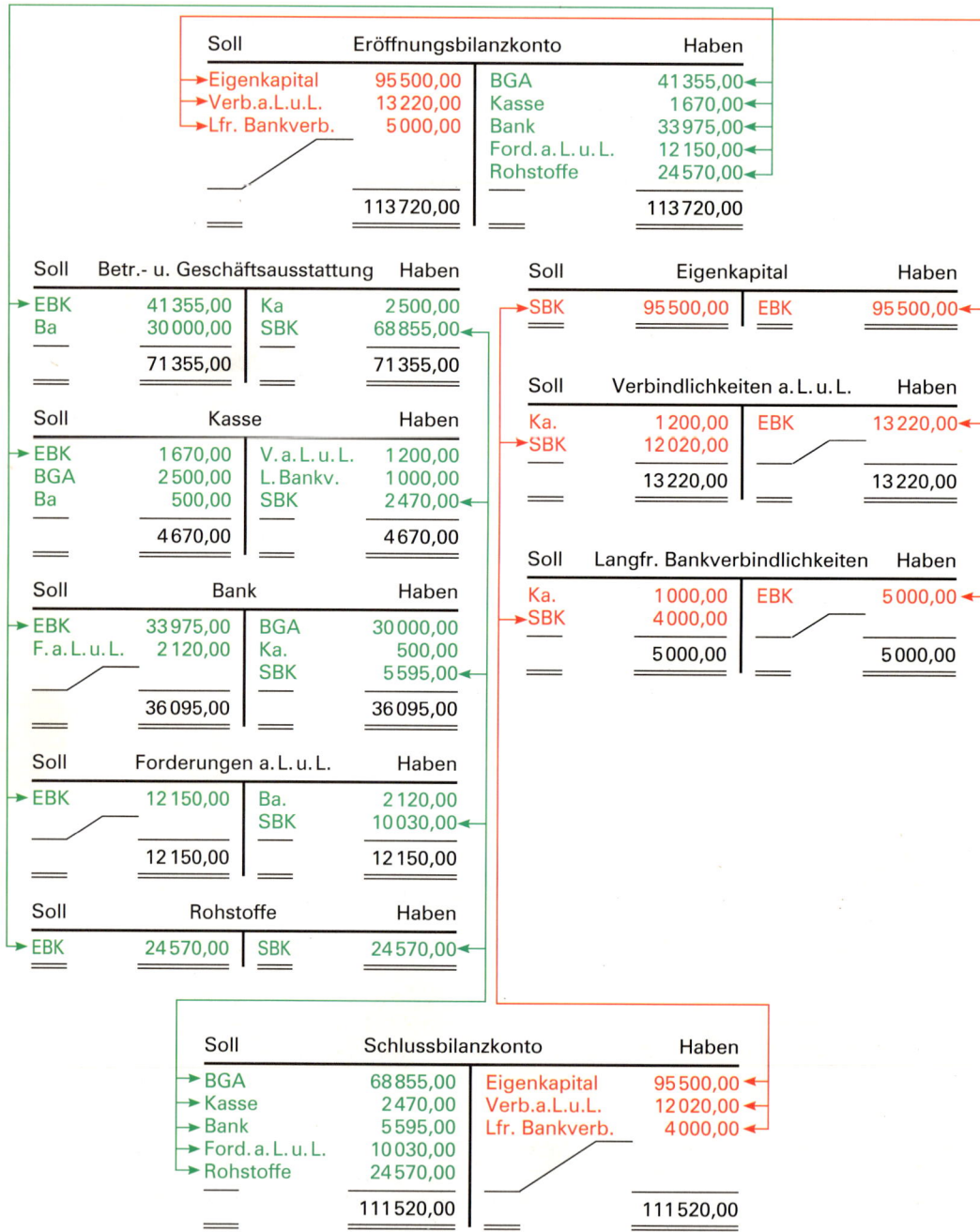

Soll	Eröffnungsbilanzkonto		Haben
Eigenkapital	95 500,00	BGA	41 355,00
Verb.a.L.u.L.	13 220,00	Kasse	1 670,00
Lfr. Bankverb.	5 000,00	Bank	33 975,00
		Ford. a. L. u. L.	12 150,00
		Rohstoffe	24 570,00
	113 720,00		113 720,00

Soll	Betr.- u. Geschäftsausstattung		Haben
EBK	41 355,00	Ka	2 500,00
Ba	30 000,00	SBK	68 855,00
	71 355,00		71 355,00

Soll	Eigenkapital		Haben
SBK	95 500,00	EBK	95 500,00

Soll	Kasse		Haben
EBK	1 670,00	V. a. L. u. L.	1 200,00
BGA	2 500,00	L. Bankv.	1 000,00
Ba	500,00	SBK	2 470,00
	4 670,00		4 670,00

Soll	Verbindlichkeiten a. L. u. L.		Haben
Ka.	1 200,00	EBK	13 220,00
SBK	12 020,00		
	13 220,00		13 220,00

Soll	Bank		Haben
EBK	33 975,00	BGA	30 000,00
F. a. L. u. L.	2 120,00	Ka.	500,00
		SBK	5 595,00
	36 095,00		36 095,00

Soll	Langfr. Bankverbindlichkeiten		Haben
Ka.	1 000,00	EBK	5 000,00
SBK	4 000,00		
	5 000,00		5 000,00

Soll	Forderungen a. L. u. L.		Haben
EBK	12 150,00	Ba.	2 120,00
		SBK	10 030,00
	12 150,00		12 150,00

Soll	Rohstoffe		Haben
EBK	24 570,00	SBK	24 570,00

Soll	Schlussbilanzkonto		Haben
BGA	68 855,00	Eigenkapital	95 500,00
Kasse	2 470,00	Verb.a.L.u.L.	12 020,00
Bank	5 595,00	Lfr. Bankverb.	4 000,00
Ford. a. L. u. L.	10 030,00		
Rohstoffe	24 570,00		
	111 520,00		111 520,00

Erläuterungen:

Die konsequente, systemgerechte Buchung der Anfangsbestände führt dazu, dass die Anfangsbestände der Aktivkonten auf der Habenseite des Eröffnungsbilanzkontos und die Anfangsbestände der Passivkonten auf der Sollseite des Eröffnungsbilanzkontos erscheinen. Im Vergleich zum Schlussbilanzkonto sind die Seiten vertauscht. Das zeigt, dass das Eröffnungsbilanzkonto lediglich ein Hilfskonto ist, um das System der doppelten Buchung nicht zu durchbrechen. Gleichzeitig aber wird damit auch die Gleichheit der Soll- und Habenbeträge zu Beginn der Geschäftsperiode dokumentiert. Das ist ein Grundprinzip des Systems der doppelten Buchführung, das zu jeder Zeit als Kontrollmechanismus in diesem System eingebaut ist, denn auch bei der Eröffnung der Konten muss sichergestellt sein, dass die Summe der gebuchten Sollbeträge mit der Summe der gebuchten Habenbeträge übereinstimmt, wie das durch die Seitengleichheit im Eröffnungsbilanzkonto bewiesen wird.

Zusammenfassung

- Sollen die Anfangsbestände und die Schlussbestände auf den Bilanzkonten im System der doppelten Buchführung gebucht werden, benötigt man für die Gegenbuchungen ein entsprechendes Gegenkonto. Für die Gegenbuchungen der Anfangsbestände ist das **Eröffnungsbilanzkonto** zuständig, für die Gegenbuchungen der Schlussbestände benötigen wir das **Schlussbilanzkonto**.

- Da nach den unumstößlichen Buchungsregeln die **Anfangsbestände** bei den **Vermögenskonten** auf der **Sollseite** erscheinen müssen, erfolgen die **Gegenbuchungen** auf dem EBK jeweils auf der **Habenseite**.

Buchungssätze:	jeweiliges Aktivkonto an EBK

- Weil die **Anfangsbestände** bei den **Kapitalkonten** (Schuldkonten und Eigenkapitalkonto) auf der **Habenseite** stehen müssen, kann auf dem EBK die **Gegenbuchung** nur auf der **Sollseite** erscheinen.

Buchungssätze:	EBK an jeweiliges Passivkonto

- Eine entsprechende Logik ergibt sich für die Buchung der **Schlussbestände**.

  - Buchungssätze für die **Schlussbestände auf den Vermögenskonten**:

Buchungssätze:	SBK an jeweiliges Aktivkonto

  - Buchungssätze für die **Schlussbestände auf den Kapitalkonten**:

Buchungssätze:	jeweiliges Passivkonto an SBK

- Das Eröffnungsbilanzkonto und das Schlussbilanzkonto gehören zum Kontensystem der doppelten Buchführung.

- Eröffnungsbilanz und Schlussbilanz stehen außerhalb der Buchführung.

Anmerkung:

Das Eröffnungsbilanzkonto und das Schlussbilanzkonto wurden hier aus methodischen und systematischen Überlegungen dargestellt. Ob in den nachfolgenden Übungsaufgaben das Eröffnungsbilanzkonto geführt werden soll, bleibt der individuellen Entscheidung der Lehrenden vorbehalten. In elektronischen Finanzbuchhaltungssystemen ist es allerdings aus abstimmungstechnischen Gesichtspunkten unverzichtbar. Demgegenüber wird ein Schlussbilanzkonto in der elektronischen Finanzbuchhaltung nicht geführt. Hier geht man beim Abschluss von den Konten der Buchführung direkt auf die Schlussbilanz über, was in der schulischen Buchführung jedoch nicht sinnvoll ist.

37 **I. Anfangsbestände:**

Unbebaute Grundstücke 965 000,00 EUR; Maschinen 470 500,00 EUR; Betriebs- und Geschäftsausstattung 84 900,00 EUR; Rohstoffe 54 800,00 EUR; Ford. a. Lief. u. Leist. 105 450,00 EUR; Bank 17 770,00 EUR; Kasse 25 100,00 EUR; Eigenkapital 892 320,00 EUR; Langfristige Bankverbindlichkeiten 450 000,00 EUR; Verb. a. Lief. u. Leist. 381 200,00 EUR.

II. Geschäftsvorfälle:

1.	Eingangsrechnung für Büromöbel	27 500,00 EUR
2.	Von der bereits gebuchten Büromöbellieferung schicken wir einen nicht bestellten Posten zurück	4 000,00 EUR
3.	Ein Kunde zahlt einen Rechnungsbetrag durch Banküberweisung	32 000,00 EUR
4.	Wir tilgen teilweise die Darlehensschuld bei der Bank durch Bankzahlschein[1]	7 200,00 EUR
5.	Wir kaufen eine Abfüllmaschine auf Ziel	87 700,00 EUR
6.	Wir zahlen eine Lieferantenrechnung über 28 570,00 EUR bar durch Bankscheck	6 570,00 EUR 22 000,00 EUR
7.	Barkauf eines Schreibtisches für das Büro	2 600,00 EUR
8.	Kauf eines Grundstücks für einen Parkplatz auf Ziel	67 000,00 EUR

III. Aufgaben:

1. Eröffnen Sie die Konten mit Hilfe des Eröffnungsbilanzkontos!
2. Bilden Sie die Buchungssätze und buchen Sie auf den Konten!
3. Schließen Sie die Konten über das Schlussbilanzkonto ab!

38 **I. Anfangsbestände:**

Bebaute Grundstücke 200 000,00 EUR; Betriebsgebäude 335 850,00 EUR; Betriebs- und Geschäftsausstattung 228 710,00 EUR; Kasse 7 350,00 EUR; Bank 62 550,00 EUR; Ford. a. Lief. u. Leist. 98 720,00 EUR; Rohstoffe 165 750,00 EUR; Verb. a. Lief. u. Leist. 154 820,00 EUR; Langfristige Bankverbindlichkeiten 200 000,00 EUR; Eigenkapital 744 110,00 EUR.

II. Geschäftsvorfälle:

1.	Einkauf einer Maschine 23 500,00 EUR:	
	gegen Banküberweisung	12 000,00 EUR
	auf Ziel	11 500,00 EUR
2.	Ein Kunde bezahlt einen Rechnungsbetrag über 1 250,00 EUR, bar	750,00 EUR
	durch Banküberweisung	500,00 EUR
3.	Barkauf eines gebrauchten PCs	950,00 EUR
4.	Teilrückzahlung eines Bankdarlehens durch Banküberweisung	4 500,00 EUR
5.	Barverkauf eines nicht mehr benötigten Büroschrankes zum Buchwert	650,00 EUR
6.	Begleichung einer Eingangsrechnung in Höhe von 7 820,00 EUR, bar	2 350,00 EUR
	durch Banküberweisung	5 470,00 EUR

III. Aufgaben:

1. Eröffnen Sie die Konten mit Hilfe des Eröffnungsbilanzkontos!
2. Bilden Sie die Buchungssätze und buchen Sie auf den Konten!
3. Schließen Sie die Konten über das Schlussbilanzkonto ab!

---

1 Absender zahlt bar, Empfänger hat ein Konto.

I. Anfangsbestände:

Unbebaute Grundstücke 950 000,00 EUR; Maschinen 255 800,00 EUR; Betriebs- und Geschäfts-ausstattung 72 800,00 EUR; Rohstoffe 470 700,00 EUR; Ford. a. Lief. u. Leist. 55 100,00 EUR; Bank 125 800,00 EUR; Kasse 52 000,00 EUR; Eigenkapital 1 241 300,00 EUR; Verb. a. Lief. u. Leist. 740 900,00 EUR.

II. Geschäftsvorfälle:

1.	Bareinzahlung auf das Bankkonto	15 000,00 EUR
2.	Ein Kunde zahlt einen Rechnungsbetrag über 25 000,00 EUR, bar	5 000,00 EUR
	durch Banküberweisung	20 000,00 EUR
3.	Barkauf einer Stanzmaschine	12 750,00 EUR
4.	Barabhebung vom Bankkonto zur Auffüllung der Geschäftskasse	5 000,00 EUR
5.	Kauf einer Maschine in Höhe von 22 500,00 EUR	
	gegen Banküberweisung	5 000,00 EUR
	auf Ziel	17 500,00 EUR
6.	Aufnahme eines Bankdarlehens. Der Betrag wird	
	auf dem Geschäftskonto gutgeschrieben	50 000,00 EUR
7.	Kauf eines Baugrundstücks für 100 000,00 EUR	
	Finanzierung: Bankscheck	30 000,00 EUR
	Barzahlung	20 000,00 EUR
	Restverbindlichkeit	50 000,00 EUR

III. Aufgaben:

1. Eröffnen Sie die Konten mit Hilfe des Eröffnungsbilanzkontos!
2. Bilden Sie die Buchungssätze und buchen Sie auf den Konten!
3. Schließen Sie die Konten über das Schlussbilanzkonto ab!

3.5.4.2 Zusammenhang zwischen Bilanzkonten, Inventur, Inventar und Bilanz

Die Konten der Buchführung (Bilanzkonten) – unter Einbeziehung des Schlussbilanzkon-tos und des Eröffnungsbilanzkontos – bilden jetzt eine in sich geschlossene Einheit: **Das Kontensystem der doppelten Buchführung.** Die Zahlen auf diesen Konten stellen für die Geschäftsleitung eine unentbehrliche Informationsquelle dar.

Neben der Geschäftsleitung sind auch außerhalb des Industrieunternehmens stehende Kreise (Steuerbehörden, Banken, Gesellschafter, Mitarbeiter) an den Ergebnissen der Buchführung interessiert. Die berechtigten Informationsansprüche dieser Gruppen wer-den unter anderem durch die **Bilanz** erfüllt.

Die Bilanz baut auf den Zahlen der Buchführung auf, wobei diese Zahlen jedoch vor ihrer Übernahme in die Bilanz durch die Inventur auf ihre Richtigkeit hin überprüft werden. Vom buchtechnischen Standpunkt aus und auch von der Tatsache ausgehend, dass die Bilanz für die Öffentlichkeit entsprechend aufbereitet werden muss [§§ 247, 266 HGB], stehen **Inventur** (bzw **Inventar**) und **Bilanz außerhalb der Buchführung.**

Die grafische Darstellung auf der folgenden Seite soll den Zusammenhang zwischen dem Kontensystem der Buchführung und der Bilanz sowie der Inventur (bzw. dem Inventar) veranschaulichen.

Außerhalb der Buchführung haben wir Bilanzen:

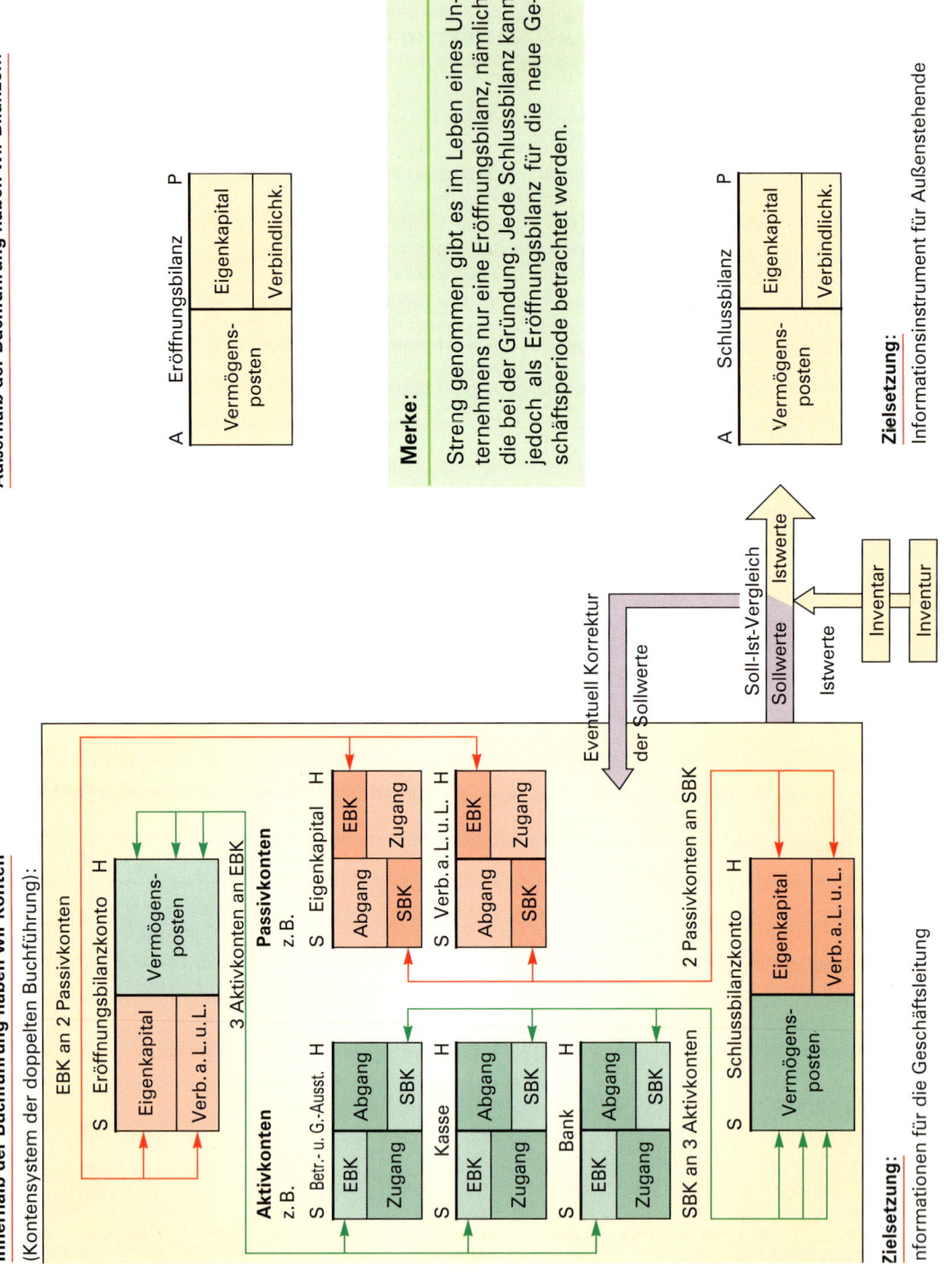

A Eröffnungsbilanz **P**

| Vermögens-posten | Eigenkapital |
| | Verbindlichk. |

Merke:

Streng genommen gibt es im Leben eines Unternehmens nur eine Eröffnungsbilanz, nämlich die bei der Gründung. Jede Schlussbilanz kann jedoch als Eröffnungsbilanz für die neue Geschäftsperiode betrachtet werden.

A Schlussbilanz **P**

| Vermögens-posten | Eigenkapital |
| | Verbindlichk. |

Zielsetzung:
Informationsinstrument für Außenstehende

Innerhalb der Buchführung haben wir Konten

(Kontensystem der doppelten Buchführung):

EBK an 2 Passivkonten

S Eröffnungsbilanzkonto H

| Eigenkapital | Vermögens-posten |
| Verb. a. L. u. L. | |

3 Aktivkonten an EBK

Aktivkonten z. B.

S Betr.- u. G.-Ausst. H
| EBK | Abgang |
| Zugang | SBK |

S Kasse H
| EBK | Abgang |
| Zugang | SBK |

S Bank H
| EBK | Abgang |
| Zugang | SBK |

SBK an 3 Aktivkonten

Passivkonten z. B.

S Eigenkapital H
| Abgang | EBK |
| SBK | Zugang |

S Verb. a. L. u. L. H
| Abgang | EBK |
| SBK | Zugang |

2 Passivkonten an SBK

S Schlussbilanzkonto H

| Vermögens-posten | Eigenkapital |
| | Verb. a. L. u. L. |

Eventuell Korrektur der Sollwerte

Soll-Ist-Vergleich
Sollwerte
Istwerte

Inventar
Inventur

Zielsetzung:
nformationen für die Geschäftsleitung

3.6 Erfolgskonten (Ergebniskonten)[1]

3.6.1 Begriffe Aufwendungen und Erträge

3.6.1.1 Vorbemerkungen

Bisher haben sich in unserer Buchführung noch keine Erfolge (weder Gewinne noch Verluste) ergeben. Wir konnten das daran erkennen, dass sich das Eigenkapital innerhalb der Geschäftsperiode nicht verändert hat. Ursache für diese Erfolgsneutralität war die Art der Geschäftsvorfälle. Wir haben bisher nur mit Geschäftsvorfällen gearbeitet, durch die das Eigenkapital **nicht** verändert wurde. Solche Geschäftsvorfälle nennt man **erfolgsunwirksame (erfolgsneutrale) Geschäftsvorfälle.** Sie zeichnen sich dadurch aus, dass bei ihrer Buchung das Eigenkapital ausgeschlossen ist und nur die übrigen Bilanzkonten infrage kommen können. Soll sich das Eigenkapital verändern, müssen wir eine andere Art von Geschäftsvorfällen wählen, nämlich **erfolgswirksame Geschäftsvorfälle.** Sie zeichnen sich dadurch aus, dass sich neben einem anderen Bilanzkonto auch das Eigenkapitalkonto verändert.

Merke:

- **Erfolgsunwirksame Geschäftsvorfälle** verändern das Eigenkapital nicht. Es werden daher immer nur die übrigen Bilanzkonten angesprochen.

- **Erfolgswirksame Geschäftsvorfälle** verändern das Eigenkapital. Neben dem Bestand auf einem anderen Bilanzkonto verändert sich auch immer der Bestand auf dem Eigenkapitalkonto.

3.6.1.2 Einführung der Begriffe Aufwendungen und Erträge

Wir haben bereits festgestellt, dass sich durch erfolgswirksame Geschäftsvorfälle das Eigenkapital verändern muss. Nun kann sich das Eigenkapital nach zwei Richtungen hin verändern, es kann zunehmen oder abnehmen. Dementsprechend sind auch zwei Arten von erfolgswirksamen Geschäftsvorfällen zu unterscheiden. Nimmt durch einen erfolgswirksamen Geschäftsvorfall das Eigenkapital **zu,** sprechen wir von **Erträgen,** nimmt durch einen erfolgswirksamen Geschäftsvorfall das Eigenkapital **ab,** sprechen wir von **Aufwendungen.**

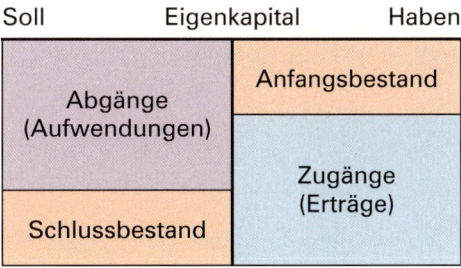

Merke:

- **Zugänge beim Eigenkapital** nennen wir **Erträge.**
- **Abgänge beim Eigenkapital** nennen wir **Aufwendungen.**

---

1 Die Begriffe Erfolgskonten und Ergebniskonten sind identisch (gleichwertig). Sie werden daher in den folgenden Texten entsprechend verwandt.

3.6.1.3 Erträge und Aufwendungen im Einzelnen

(1) Erträge

Erträge sind alle in Geld bewerteten Wertzugänge beim Eigenkapital innerhalb einer Abrechnungsperiode.

Die wichtigsten Erträge in einem Industriebetrieb sind:

- Erlöse aus dem Verkauf der selbst hergestellten Erzeugnisse;
- Erlöse aus dem Verkauf von Handelswaren, die meist als Zusatzprodukte zu den selbst hergestellten Erzeugnissen geführt werden;
- daneben können Erträge aus Wertpapieren, aus Vermietungen und Verpachtungen, aus Kursgewinnen, Provisionserträge, Zinserträge anfallen.

(2) Aufwendungen

Aufwendungen sind alle in Geld gemessenen Wertminderungen des Eigenkapitals (Gesamtverbrauch von Gütern und Dienstleistungen) innerhalb einer Abrechnungsperiode.

Die wichtigsten Aufwendungen in einem Industriebetrieb sind:

- Aufwendungen für Werkstoffe (Verbrauch an Roh-, Hilfs- und Betriebsstoffen sowie an Vorprodukten),
- Aufwendungen für Handelswaren,
- Aufwendungen für den Einsatz von Arbeitskräften einschließlich der gesetzlichen und freiwilligen Sozialleistungen,
- Aufwendungen, die durch Wertminderungen des abnutzbaren Anlagevermögens entstehen (Abschreibungen),
- sonstige Aufwendungen wie z. B. für Mieten, Steuern, Versicherungen, Büromaterial.

3.6.1.4 Darstellung der Auswirkungen von Aufwendungen und Erträgen auf das Eigenkapital (Buchungen auf dem Eigenkapitalkonto)

Beispiel:

I. Anfangsbestand:
Eigenkapital 175000,00 EUR.

II. Geschäftsvorfälle:

1. Verbrauch von Rohstoffen	10800,00 EUR
2. Verbrauch von Hilfsstoffen	3500,00 EUR
3. Banküberweisung für Löhne	12400,00 EUR
4. Banküberweisung für Miete	5800,00 EUR
5. Verkauf von Erzeugnissen auf Ziel	25800,00 EUR
6. Bankgutschrift für Zinsen	850,00 EUR
7. Verbrauch von Betriebsstoffen	2800,00 EUR

III. Aufgabe:
Erfassen Sie die Auswirkungen der Geschäftsvorfälle auf dem Eigenkapitalkonto!

Lösung:

Werden nun alle Aufwendungen (Eigenkapitalminderungen) und alle Erträge (Eigenkapitalmehrungen) direkt auf dem Eigenkapitalkonto erfasst, stellt sich das auf dem Eigenkapitalkonto in folgender Weise dar:

Soll		Eigenkapital	Haben	
Aufw. f. Rohstoffe	10 800,00	Anfangsbestand		175 000,00
Aufw. f. Hilfsstoffe	3 500,00	Umsatzerlöse f. eig. Erz.		25 800,00
Löhne	12 400,00	Zinserträge		850,00
Miete, Pachten	5 800,00			
Aufw. f. Betriebsstoffe	2 800,00			

Kritische Anmerkungen zur obigen Darstellung:

Diese zwar sachlich richtige Darstellung kann aus folgenden Gründen für die Buchführungspraxis nicht zufrieden stellen:

■ wenn die unterschiedlichen Aufwendungen und Erträge, die zu unterschiedlichen Zeitpunkten wiederholt auftreten, jeweils auf dem Eigenkapitalkonto erfasst werden, würde dieses Konto unverhältnismäßig umfangreich und unübersichtlich.

■ Die einzelnen Aufwands- und Ertragsarten sowie deren Summen, für die sich der Kaufmann von Zeit zu Zeit aus Kontrollgründen interessiert, würden nicht bzw. nur mit erheblichem Suchaufwand festgestellt werden können.

Es liegt daher nahe, die verschiedenen Aufwands- und Ertragsarten zunächst auf entsprechenden Unterkonten zum Eigenkapitalkonto zu erfassen.

3.6.2 Buchungen auf den Erfolgskonten

3.6.2.1 Einführung der Erfolgskonten

Um die einzelnen Aufwands- und Ertragsarten übersichtlich und jederzeit verfügbar zu haben, werden sie getrennt auf entsprechenden Konten erfasst. Da auf diesen Konten die Quellen des Erfolges erfasst werden, nennt man sie **Erfolgskonten**. Entsprechend den beiden unterschiedlichen Auswirkungen auf das Eigenkapital (**Aufwendungen** stellen Abgänge und **Erträge** stellen Zugänge dar) sind auch zwei unterschiedliche Arten von Erfolgskonten zu unterscheiden.

> **Merke:**
>
> ■ **Aufwandskonten** erfassen die **Minderungen (Abgänge) beim Eigenkapital.**
>
> ■ **Ertragskonten** erfassen die **Mehrungen (Zugänge) beim Eigenkapital.**

Für jede Art von Aufwand und Ertrag wird ein eigenes Konto geführt. Lediglich für sehr geringe Aufwendungen, wie z. B. für den üblichen Bürobedarf (Schreibpapier, Schreibstifte, Radiergummi, Toner usw.), wird ein Sammelkonto mit der entsprechenden Bezeichnung **„Büromaterial"** geführt. Die Bezeichnungen der einzelnen Erfolgskonten ergeben sich im Allgemeinen aus der Formulierung des Geschäftsvorfalles. So wird z. B. der Verbrauch an Rohstoffen auf dem Aufwandskonto **„Aufwendungen für Rohstoffe"** gebucht und die Erlöse aus dem Verkauf von Erzeugnissen erfassen wir auf dem Ertragskonto **„Umsatzerlöse für eigene Erzeugnisse"**. Im Zweifel ist die genaue Bezeichnung dem später einzuführenden Kontenrahmen zu entnehmen.

Die Beziehung der Aufwendungen und Erträge zum Eigenkapitalkonto ergibt sich aus der folgenden schematischen Abbildung.

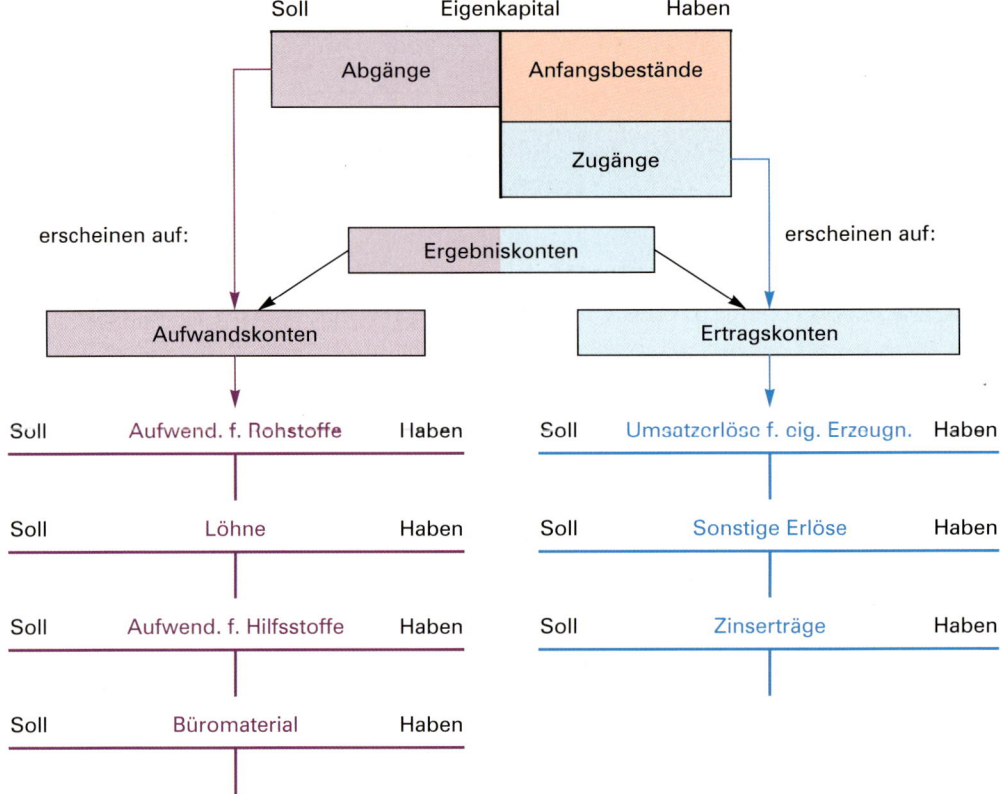

- **Erträge** sind die in Geld ausgedrückten Wertzugänge beim Eigenkapital innerhalb einer Rechnungsperiode. Dazu zählen:

  Verkaufserlöse, Provisionserträge, Erträge aus Vermietungen und Verpachtungen, Erträge aus Wertpapieren, Erträge aus Kursgewinnen, Zins- und Diskonterträge usw.

- Um das Eigenkapitalkonto nicht über Gebühr zu belasten und um die einzelnen Aufwands- und Ertragsarten jeweils in einer Summe verfügbar zu haben, werden in der Praxis diese Kapitalveränderungen zunächst außerhalb des Eigenkapitalkontos auf besonderen **Aufwands-** und **Ertragskonten** erfasst. Selbstverständlich müssen diese ausgelagerten Eigenkapitalveränderungen im Rahmen des Abschlusses wieder auf das Eigenkapital zurückgeführt werden, um die gesamten Eigenkapitalveränderungen innerhalb der Geschäftsperiode sowie das neue Eigenkapital am Ende der Geschäftsperiode feststellen zu können.

Übungsaufgabe

40 1. 1.1 Erläutern Sie den Zusammenhang zwischen den Erfolgskonten und dem Eigenkapitalkonto!

1.2 Würde das System der doppelten Buchführung auch ohne die Einrichtung von Erfolgskonten funktionieren? Begründen Sie Ihre Entscheidung!

1.3 Aus welchen Gründen werden Erfolgskonten eingerichtet?

1.4 Warum kann es auf den Erfolgskonten keine Anfangsbestände geben?

1.5 Wie können Aufwendungen in Bezug auf das Eigenkapital bezeichnet werden?

1.6 Wie können Erträge in Bezug auf das Eigenkapital bezeichnet werden?

2. Beurteilen Sie folgende Geschäftsvorfälle hinsichtlich ihrer Erfolgswirksamkeit. Sofern Sie nicht Eigentümer des Buches sind, übertragen Sie die Tabelle in Ihr Hausheft und kreuzen Sie die entsprechende Spalte in dem vorgesehenen Schema an!

Geschäftsvorfälle	a erfolgs-unwirksam	b erfolgs-wirksam	c Aufwand	d Ertrag
1. Wir zahlen eine Lieferrechnung durch Banküberweisung	X			
2. Wir verkaufen Handelswaren auf Ziel		X		X
3. Wir kaufen Büromaterial bar		X	X	
4. Verbrauch von Rohstoffen		X	X	
5. Ein Kunde zahlt durch Banküberweisung	X			
6. Wir verkaufen Fertigerzeugnisse bar		X		X
7. Die Bank belastet uns mit Zinsen		X	X	
8. Barzahlung für ein Werbeinserat		X	X	
9. Banküberweisung für Gewerbesteuer		X	X	
10. Barkauf eines Büroschrankes	X			
11. Barkauf von Hilfsstoffen zum sofortigen Verbrauch	X		X	

3.6.2.2 Buchungsregeln und Beispiele für die Buchungen auf den Erfolgskonten

(1) Buchungsregeln für die Buchungen auf den Erfolgskonten

Obschon uns das Buchen auf Erfolgskonten keine Schwierigkeiten bereiten dürfte, möchten wir – vor allem auch, um einem begrifflichen Missbrauch zu begegnen – kurz auf die Buchungsregeln und die begriffliche Deutung des Inhaltes auf den Erfolgskonten eingehen.

129

9 Speth – ISBN 978-3-8120-0491-6

Auch wenn es richtig bleibt, dass die Erfolgskonten nichts anderes aufnehmen als Zu- und Abgänge des Eigenkapitals, so dürfen wir diese Begriffe als Inhaltsangabe bei den Erfolgskonten nicht mehr verwenden. Die Begriffe Zu- und Abgänge setzen logischerweise einen Anfangsbestand voraus und können daher nur in Bezug zum Eigenkapitalkonto oder einem anderen Bilanzkonto, nicht dagegen in Verbindung mit einem Erfolgskonto, verwendet werden. Auf den Erfolgskonten gibt es nur Aufwendungen bzw. Erträge, wobei die Aufwendungen bei dem entsprechenden Aufwandskonto auf der gleichen Seite zu erfassen sind, auf die der Abgang auf dem Eigenkapitalkonto gehören würde, nämlich auf der Sollseite. Entsprechendes gilt für die Erträge. Daher kommen wir zu folgenden Buchungsregeln und Begriffsfestlegungen:

Soll	Aufwandskonto	Haben		Soll	Ertragskonto	Haben
Aufwendungen						Erträge

Bei den Aufwandskonten erscheinen die **Aufwendungen** immer auf der Sollseite.

Bei den Ertragskonten erscheinen die **Erträge** immer auf der **Habenseite**.

Merke:

- Auf den Erfolgskonten gibt es keinen Anfangsbestand, keine Zugänge, keine Abgänge und keinen Schlussbestand. Diese Begriffe bleiben den Bilanzkonten (Bestandskonten) vorbehalten.
- Bei den Erfolgskonten gibt es nur Aufwendungen und Erträge.

(2) Beispiele für Buchungen von Aufwendungen und Erträgen auf den Erfolgskonten

1. Geschäftsvorfall: Einkauf von Rohstoffen auf Ziel zum sofortigen Verbrauch 65 000,00 EUR.[1]

Soll	Aufwend. f. Rohstoffe	Haben		Soll	Verb. a. Lief. u. Leist	Haben
Verb.a.L.u.L. 65 000,00						Aufw.f.Rohst. 65 000,00

Buchungssatz:

Konten	Soll	Haben
Aufwendungen für Rohstoffe	65 000,00	
an Verbindl. a. Lief. u. Leist.		65 000,00

2. Geschäftsvorfall: Einkauf von Hilfsstoffen auf Ziel zum sofortigen Verbrauch 8 000,00 EUR.

Soll	Aufwend. f. Hilfsstoffe	Haben		Soll	Verb. a. Lief. u. Leist	Haben
Verb.a.L.u.L. 8 000,00						Aufw.f.Hilfsst. 8 000,00

Buchungssatz:

Konten	Soll	Haben
Aufwendungen für Hilfsstoffe	8 000,00	
an Verbindl. a. Lief. u. Leist.		8 000,00

---

1 Im Folgenden gehen wir davon aus, dass die Werkstoffe fertigungssynchron angeliefert werden, d.h., die eingekauften Werkstoffe werden sofort als Aufwand gebucht (Buchung nach dem Just-in-time-Verfahren).

3. Geschäftsvorfall: Für eine Werbeanzeige in der Fachzeitschrift zahlen wir die Rechnung über 1 250,00 EUR durch Banküberweisung.

Soll	Bank	Haben		Soll	Werbung 6870	Haben
AB	3 000,00	Werbung 1 250,00		Bank 1 250,00		

Buchungssatz:

Konten	Soll	Haben
Werbung	1 250,00	
an Bank		1 250,00

4. Geschäftsvorfall: Wir zahlen die Reparaturrechnung für unsere PC-Anlage in Höhe von 1 750,00 EUR durch Banküberweisung.

Soll	Bank	Haben		Soll	Fremdinstandhaltung	Haben
AB	3 000,00	Fr.-Inst. 1 750,00		Bank 1 750,00		

Buchungssatz:

Konten	Soll	Haben
Fremdinstandhaltung 6 N60	1 750,00	
an Bank		1 750,00

5. Geschäftsvorfall: Die Bank schreibt uns Zinsen in Höhe von 950,00 EUR gut.

Soll	Bank	Haben		Soll 5710	Zinserträge	Haben
Zinsertr.	950,00				Bank	950,00

Buchungssatz:

Konten	Soll	Haben
Bank	950,00	
an Zinserträge		950,00

6. Geschäftsvorfall: Wir verkaufen eigene Erzeugnisse im Wert von 8 500,00 EUR gegen Bankscheck.

Soll	Bank	Haben		Soll	Umsatzerl. f. eig. Erzeugn. 5000	Haben
UE. f. eig. E.	8 500,00				Bank	8 500,00

Buchungssatz:

Konten	Soll	Haben
Bank	8 500,00	
an Umsatzerl. f. eig. Erzeugnisse		8 500,00

41 Bilden Sie zu den folgenden erfolgswirksamen Geschäftsvorfällen die Buchungssätze!

1.	Wir zahlen Miete für die Lagerräume durch Banküberweisung	4 000,00 EUR
2.	Die Bank schreibt uns Zinsen gut	210,00 EUR
3.	Wir zahlen die Ausbildungsvergütung für einen kaufmännischen Auszubildenden bar	580,00 EUR
4.	Einkauf von Rohstoffen auf Ziel zum sofortigen Verbrauch	25 000,00 EUR
5.	Zinslastschrift der Bank	651,00 EUR
6.	Verkauf von Erzeugnissen auf Ziel	56 000,00 EUR
7.	Zahlung der Gewerbesteuer durch Banküberweisung	2 380,00 EUR
8.	Für Büromaterialien wurden bar bezahlt	123,00 EUR
9.	Banküberweisung der Kfz-Steuer für die Betriebsfahrzeuge	630,00 EUR
10.	Einkauf von Hilfsstoffen bar zum sofortigen Verbrauch	2 200,00 EUR

42 Bilden Sie für die folgenden erfolgsneutralen (erfolgsunwirksamen) und erfolgswirksamen Geschäftsvorfälle die Buchungssätze! Geben Sie in einer besonderen Spalte an, ob der Geschäftsvorfall erfolgswirksam oder erfolgsneutral ist!

1.	Verkauf von Erzeugnissen auf Ziel	75 800,00 EUR
2.	Wir zahlen die Ausbildungsvergütung für einen gewerblichen Auszubildenden durch Banküberweisung	650,00 EUR
3.	Wir kaufen Hilfsstoffe bar zum sofortigen Verbrauch	500,00 EUR
4.	Wir zahlen Gewerbesteuer durch Banküberweisung	8 750,00 EUR
5.	Wir kaufen einen Büroschrank bar	850,00 EUR
6.	Wir zahlen Heizöl für eine Lagerhalle durch Banküberweisung	5 300,00 EUR
7.	Einkauf von Betriebsstoffen auf Ziel zum sofortigen Verbrauch	1 350,00 EUR
8.	Wir kaufen Büromöbel bar	1 500,00 EUR
9.	Bareinkauf von Betriebsstoffen zum sofortigen Verbrauch	500,00 EUR
10.	Wir zahlen Reparaturkosten für eine Produktionsmaschine durch Banküberweisung	4 000,00 EUR
11.	Ein Kunde überweist einen Rechnungsbetrag auf unser Bankkonto	250,00 EUR
12.	Bankgutschrift für erhaltene Provisionen	200,00 EUR
13.	Wir zahlen Reisekosten an unseren Vertreter durch Banküberweisung	6 000,00 EUR
14.	Wir bezahlen die Leasingrate für den Geschäfts-Pkw bar	410,00 EUR
15.	Wir überweisen für eine Lieferrerrechnung durch die Bank	2 720,00 EUR
16.	Zahlung der Garagenmiete für das Auslieferungsfahrzeug durch Bankdauerauftrag	140,00 EUR
17.	Wir kaufen einen Gabelstapler auf Ziel	7 980,00 EUR
18.	Die Bank überweist Zinsen für das Termingeld	820,50 EUR
19.	Banküberweisung der Kfz-Steuer für das Auslieferungsfahrzeug	961,70 EUR

---

1 Sofern es sich um Zahlungen handelt, die als Aufwand zu erfassen sind, ist davon auszugehen, dass die zugrunde liegende Rechnung noch nicht gebucht wurde.

20. Wir zahlen Vertriebsprovisionen durch Bankscheck
    an einen Vertreter   2 040,00 EUR

21. Lastschrift der Bank zum Ausgleich der Telefonrechnung
    für das Geschäft   1 795,80 EUR

22. Einkauf von Hilfsstoffen zum sofortigen Verbrauch gegen Rechnung   8 730,20 EUR

23.

				Kontonummer	erstellt am	Auszug	Blatt
Dortmunder Volksbank e.G. BLZ: 441 600 14				100108800	31.03.20..	17	1
Alter Kontostand						26 271,59 +	
30.03.	300104	30.03.	Provisionen		Gutschrift	7 140,00 +	
30.03.	300105	31.03.	Zinsen für Termingeld		Gutschrift	1 000,00 +	
31.03.	300108	31.03.	Gewerbesteuer		Lastschrift	4 651,71 –	
31.03.	300109	31.03.	Zinsen für Bankdarlehen		Lastschrift	5 000,00 –	
31.03.	300110	31.03.	Gehälter		Lastschrift	5 175,00 –	
31.03.	300112	31.03.	Leasing für Geschäftswagen		Lastschrift	1 230,00 –	
Neuer Kontostand						18 354,88 +	

Papierfabrik
Rudolf Walterbeck e. Kfm.
Brügmannstr. 101
44135 Dortmund   **Kontoauszug**
Bitte Rückseite beachten.

3.6.3 Abschluss der Aufwands- und Ertragskonten und die doppelte Erfolgsermittlung

3.6.3.1 Abschluss der Aufwands- und der Ertragskonten über das Gewinn- und Verlustkonto

Als Unterkonten des Eigenkapitals müssten die Erfolgskonten direkt über das Eigenkapitalkonto abgeschlossen werden. Aus Gründen der Übersichtlichkeit wird auf dem Konto Eigenkapital jedoch nur das Gesamtergebnis, d.h. die Differenz zwischen der Summe der Erträge und der Summe der Aufwendungen (Reingewinn bzw. Reinverlust) in einer Summe ausgewiesen. Das bedeutet, dass die einzelnen Aufwendungen und Erträge auf einem Zwischenkonto einander gegenübergestellt werden müssen.

Da aus der Gegenüberstellung aller Erträge mit allen Aufwendungen der Reingewinn oder Reinverlust des Unternehmens errechnet wird, heißt dieses Zwischenkonto **Gewinn- und Verlustkonto (GuV-Konto)**. Der auf dem GuV-Konto ermittelte Reingewinn oder Reinverlust wird anschließend auf das Konto Eigenkapital umgebucht. Das GuV-Konto ist daher ein Unterkonto des Eigenkapitalkontos. Dabei erhöht ein Reingewinn das Eigenkapital, ein Verlust vermindert das Eigenkapital.

Erträge > Aufwendungen = Gewinn

Erträge < Aufwendungen = Verlust

Das folgende Beispiel beschränkt die kontenmäßige Darstellung auf die Erfolgskonten. Die Bilanzkonten werden bewusst ausgeklammert, um den Abschluss der Erfolgskonten deutlich herausstellen zu können.

I. Anfangsbestand auf dem Eigenkapitalkonto: 30 000,00 EUR

II. Erfolgswirksame Geschäftsvorfälle: **Buchungssätze:**

Konten	Soll	Haben
1. Aufw. f. Rohstoffe	20 000,00	
an Verb. a. L. u. L.		20 000,00
2. Büromaterial	80,00	
an Kasse		80,00
3. Aufw. f. Energie	150,00	
an Bank		150,00
4. Ford. a. L. u. L.	45 000,00	
an UE f. eig. Erzeugn.		45 000,00
5. Bank	140,00	
an Zinserträge		140,00
	65 370,00	65 370,00

1. Einkauf von Rohstoffen zum sofortigen Verbrauch auf Ziel — 20 000,00 EUR
2. Kauf von Büromaterial bar — 80,00 EUR
3. Abbuchung der Stromkosten vom Bankkonto — 150,00 EUR
4. Verkauf von Erzeugnissen auf Ziel — 45 000,00 EUR
5. Gutschrift der Bank für Zinsen — 140,00 EUR

III. Aufgabe:

Führen Sie den Abschluss der Erfolgskonten und des GuV-Kontos durch!

Lösung:

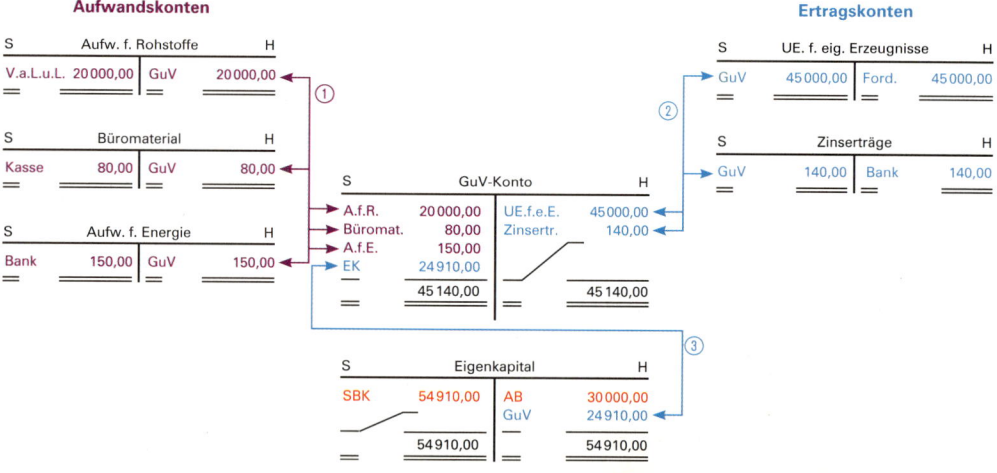

Der Abschluss der Erfolgskonten vollzieht sich in drei Schritten:

1. Schritt: Abschluss der Aufwandskonten über das GuV-Konto.

2. Schritt: Abschluss der Ertragskonten über das GuV-Konto.

3. Schritt: Abschluss des GuV-Kontos über das Eigenkapitalkonto.

43 I. Anfangsbestände:

Bank 150 000,00 EUR; Eigenkapital 150 000,00 EUR

II. Geschäftsvorfälle:

1.	Banküberweisung für den Beitrag zur Industrie- u. Handelskammer	2 800,00 EUR
2.	Zinsgutschrift der Bank	490,00 EUR
3.	Reparaturkosten für ein Kopiergerät werden mit Bankscheck bezahlt	512,00 EUR
4.	Lohnzahlung durch Banküberweisung	1 290,00 EUR
5.	Banküberweisung für betriebliche Steuern	950,00 EUR
6.	Mieteinnahmen per Bankscheck	4 650,00 EUR
7.	Banküberweisung für die Feuerversicherung des Lagers	460,00 EUR
8.	Büromaterial wird mit Bankscheck gekauft	370,00 EUR
9.	Verkauf von Erzeugnissen gegen Banküberweisung	9 980,00 EUR
10.	Ein Zeitungsinserat wird mit Banküberweisung beglichen	290,00 EUR

III. Aufgaben:

1. Eröffnen Sie die Konten Bank und Eigenkapital!
2. Bilden Sie die Buchungssätze und buchen Sie auf den Konten!
3. Führen Sie den Abschluss durch!

3.6.3.2 Geschäftsgang mit Bestands- und Erfolgskonten

Beispiel:

I. Anfangsbestände:

Betriebs- und Geschäftsausstattung 120 000,00 EUR; Kasse 3 150,00 EUR; Bank 4 800,00 EUR; Verbindlichkeiten aus Lieferungen und Leistungen 26 000,00 EUR; Langfristige Bankverbindlichkeiten 20 000,00 EUR; Eigenkapital 81 950,00 EUR.

II. Geschäftsvorfälle:

1. Kauf von Rohstoffen gegen Banküberweisung	2 100,00 EUR
2. Verkauf von Erzeugnissen gegen Banküberweisung	15 400,00 EUR
3. Barzahlung eines Zeitungsinserates	160,00 EUR
4. Die Bank schreibt uns Zinsen gut	580,00 EUR
5. Barzahlung der Miete für das Geschäft	1 800,00 EUR
6. Wir begleichen eine Lieferantenrechnung durch Bankscheck	750,00 EUR

III. Aufgaben:

1. Stellen Sie unter Angabe der Buchungssätze den Ablauf der buchungstechnischen Schritte dar!
2. Buchen Sie auf den Konten!
3. Schließen Sie die Konten über das Schlussbilanzkonto ab!

Lösungen:

Zu 1.: Ablauf der buchungstechnischen Schritte

Eröffnungsbuchungen

Buchung der Anfangsbestände

– Aktivkonten an Eröffnungsbilanzkonto

– Eröffnungsbilanzkonto an Passivkonten

Bildung der Buchungssätze für die Geschäftsvorfälle

Nr.	Konten	Soll	Haben
1.	Aufwend. f. Rohstoffe	2 100,00	
	an Bank		2 100,00
2.	Bank	15 400,00	
	an Umsatzerlöse für eigene Erzeugnisse		15 400,00
3.	Werbung	160,00	
	an Kasse		160,00
4.	Bank	580,00	
	an Zinserträge		580,00
5.	Mieten, Pachten	1 800,00	
	an Kasse		1 800,00
6.	Verbindlichkeiten a. L. u. L.	750,00	
	an Bank		750,00
		20 790,00	20 790,00

Abschlussbuchungen

1. Abschluss der Erfolgskonten über das GuV-Konto

– GuV-Konto an Aufwandskonten

– Ertragskonten an GuV-Konto

2. Abschluss des GuV-Kontos über das Eigenkapitalkonto

Da Gewinnsituation: GuV-Konto an Eigenkapitalkonto

3. Abschluss der Bestandskonten über das Schlussbilanzkonto (SBK)

– SBK an Aktivkonten

– Passivkonten an SBK

Zu 2. und 3.:: Buchungen auf den Konten und Abschluss der Konten

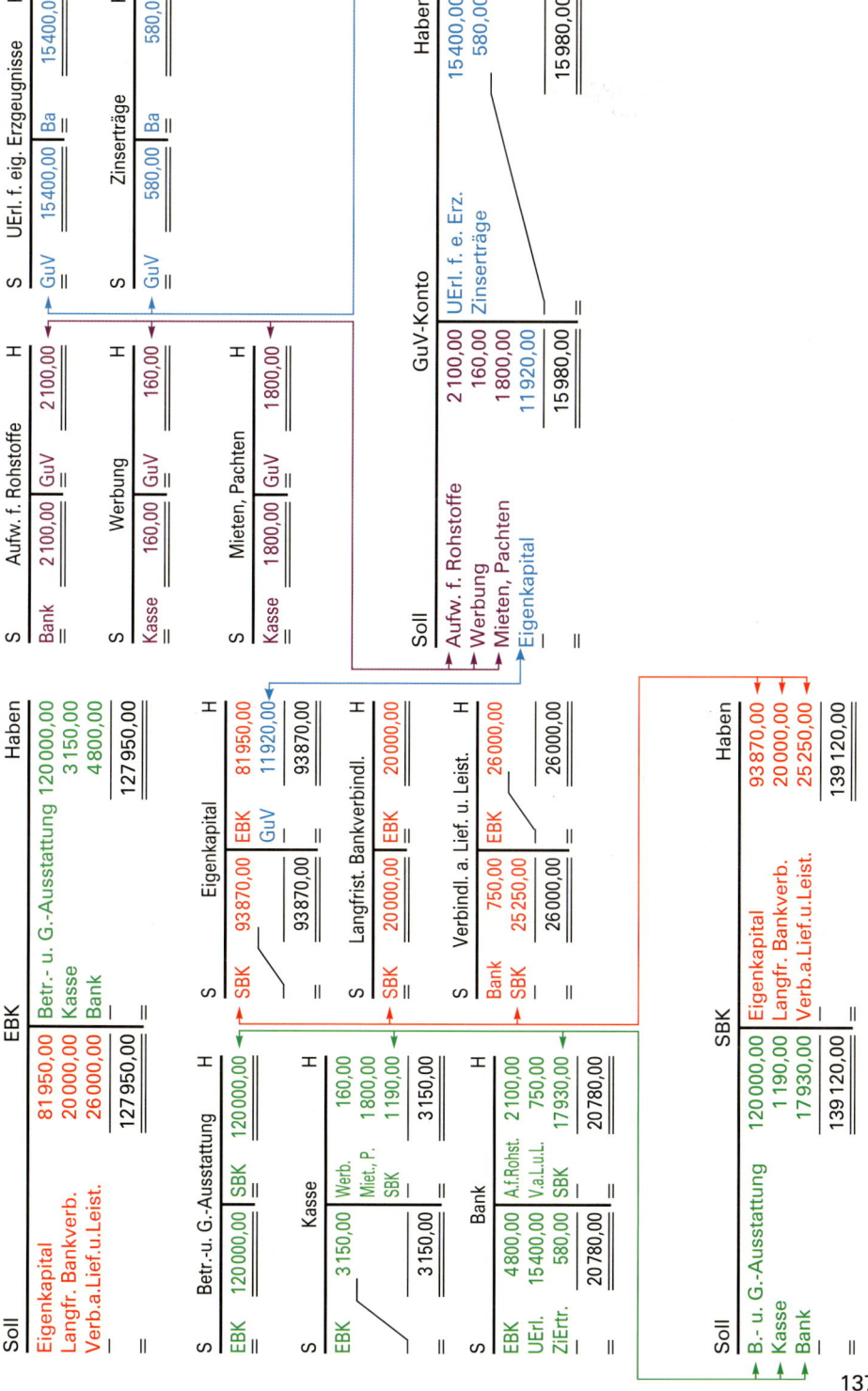

137

3.6.3.3 Doppelte Erfolgsermittlung (Ergebnisermittlung)

Aus dem vorhergehenden Geschäftsgang ersehen wir, dass in der doppelten Buchführung auch eine **doppelte Möglichkeit der Ergebnisermittlung** besteht:

1. Im Erfolgskontenbereich:

Hier wird das Ergebnis (Gewinn oder Verlust) durch die Gegenüberstellung der Aufwendungen mit den Erträgen auf dem GuV-Konto ermittelt. Aus dem GuV-Konto sind auch die einzelnen Ertrags- und Aufwandsarten ersichtlich.

		Soll	GuV		Haben
Summe der Erträge	15 980,00 EUR	A. f. Rohst.	2 100,00	So. Erlöse	15 400,00
– Summe der Aufwendungen	4 060,00 EUR	Werbung	160,00	Zinserträge	580,00
		Miet.,Pacht.	1 800,00		
= Erfolg (Gewinn)	11 920,00 EUR	Reingewinn	11 920,00		
			15 980,00		15 980,00

2. Im Bilanzkontenbereich:

Hier wird das Ergebnis (Gewinn oder Verlust) durch den Vergleich des Eigenkapitals am Ende des Geschäftsjahres mit dem Eigenkapital am Anfang des Geschäftsjahres ermittelt.

Eigenkapital am Ende des Geschäftsjahres	–	Eigenkapital am Anfang des Geschäftsjahres	=	Reingewinn bzw. Reinverlust
93 870,00 EUR		81 950,00 EUR		11 920,00 EUR

Soll	Eigenkapital		Haben
SBK	93 870,00	EBK	81 950,00
		Reingewinn	11 920,00
	93 870,00		93 870,00

Zusammenfassung

- Bezüglich der Geschäftsvorfälle sind zwei Gruppen zu unterscheiden:

  (1) **erfolgsunwirksame** Geschäftsvorfälle, bei denen **nur Bilanzkonten** angesprochen werden, wobei das Eigenkapitalkonto ausgeschlossen bleibt;

  (2) **erfolgswirksame** Geschäftsvorfälle, bei denen statt des Eigenkapitals immer **ein Erfolgskonto** angesprochen wird. Das Gegenkonto dazu ist immer **ein Bilanzkonto**.

- Um das Ergebnis der Erfolgsvorgänge (Gewinn oder Verlust) in einer Zahl darstellen zu können, werden die Salden der Erfolgskonten nicht direkt über das Eigenkapitalkonto, sondern über ein besonderes Abschlusskonto abgeschlossen. Da sich auf diesem Konto als Saldo der Gewinn oder der Verlust der Geschäftsperiode ergibt, nennt man dieses Konto **Gewinn- und Verlustkonto.**

- Die **Gegenbuchung zu dem Saldo auf dem Gewinn- und Verlustkonto** erscheint **auf dem Eigenkapitalkonto**. Auf diese Weise werden die Auswirkungen einer Vielzahl von Eigenkapitalveränderungen aufgrund der erfolgswirksamen Geschäftsvorfälle in einer Summe auf dem Eigenkapitalkonto erfasst.

- Nach Einführung der Erfolgskonten können wir jetzt auch unser Kontensystem der doppelten Buchführung vervollständigen. Wir haben einerseits die **Bilanzkonten** und andererseits die **Erfolgskonten**. Jede Kontengruppe hat ihr eigenes Abschlusskonto. Die Gegenbuchungen zu

den **Salden** auf den **Bilanzkonten** erscheinen auf dem **Schlussbilanzkonto**, und die Gegenbuchungen zu den **Salden** auf den **Erfolgskonten** erscheinen auf dem **Gewinn- und Verlust-konto**.

```
                    ┌──────────────────────────────┐
                    │  Die Konten im System der    │
                    │   doppelten Buchführung      │
                    └──────────────────────────────┘
              ┌──────────────┴──────────────────────────┐
    ┌───────────────────────┐              ┌───────────────────────┐
    │  Bilanzkontenbereich  │              │  Erfolgskontenbereich │
    └───────────────────────┘              └───────────────────────┘
        ┌────────┴────────┐                    ┌────────┴─────────┐
  ┌────────────┐   ┌────────────┐       ┌────────────────┐ ┌───────────────┐
  │ Aktivkonten│   │Passivkonten│       │ Aufwandskonten │ │ Ertragskonten │
  └────────────┘   └────────────┘       └────────────────┘ └───────────────┘
       ┌──────────────────────┐            ┌───────────────────────────┐
       │         SBK          │            │        GuV-Konto          │
       └──────────────────────┘            └───────────────────────────┘
```

44 Bilden Sie die Buchungssätze zu folgenden Geschäftsvorfällen!

1.	Wir bezahlen eine Liefererrechnung durch Banküberweisung	1 825,30 EUR
2.	Ein Kunde begleicht eine Rechnung mit Bankscheck	841,70 EUR
3.	Die Bank belastet uns mit der Darlehensrate 2 500,00 EUR	
	den Zinsen 970,20 EUR	3 470,20 EUR
4.	Kauf von Computerpapier gegen Bankscheck	721,70 EUR
5.	Bankabbuchung der Monatspauschale der Stadtwerke für Strom und Gas	1 140,00 EUR
6.	Ein Handelsvertreter erhält einen Bankscheck für vermittelte Verkaufsgeschäfte (Konto: Vertriebsprovisionen)	1 460,00 EUR
7.	Banküberweisung für Renovierung der Büroräume	3 910,00 EUR
8.	Barkauf von neuen Büromöbeln	8 825,80 EUR
9.	Barzahlung einer Rechnung für eine Computerreparatur	571,80 EUR
10.	Banküberweisung der Miete für die Geschäftsräume	3 500,00 EUR
11.	Bareinzahlung auf das Bankkonto	4 100,00 EUR
12.	Die Steuerberatungskosten werden bar bezahlt (Konto: Rechts- und Beratungskosten)	1 154,00 EUR

45 **I. Anfangsbestände:**

Bebaute Grundstücke 120 000,00 EUR; Verwaltungsgebäude 85 000,00 EUR; Betriebs- und Geschäftsausstattung 15 000,00 EUR; Bank 16 200,00 EUR; Kasse 5 400,00 EUR; Verbindlichkeiten
aus Lieferungen und Leistungen 25 000,00 EUR; Eigenkapital 216 600,00 EUR.

II. Geschäftsvorfälle:

1.	Einkauf von Rohstoffen zum sofortigen Verbrauch durch Banküberweisung	5 300,00 EUR
2.	Kauf von Schreibwaren für das Büro bar	120,00 EUR

3.	Zinsgutschrift der Bank	350,00 EUR
4.	Verkauf von fertigen Erzeugnissen gegen Banküberweisung	11 350,00 EUR
5.	Zahlung der Geschäftsmiete durch Banküberweisung	1 100,00 EUR
6.	Die Telefongebühren werden vom Bankkonto abgebucht	215,00 EUR

III. Aufgaben:

1. Erstellen Sie die Eröffnungsbilanz!
2. Bilden Sie die Buchungssätze und buchen Sie auf den Konten!
3. Schließen Sie die Konten ab und geben Sie das neue Eigenkapital an!

46 Entscheiden Sie außerhalb des Buches, welche der folgenden Aussagen richtig sind:

1. Der Begriff Erfolg beinhaltet immer einen Gewinn.
2. Ist das Reinvermögen am Ende der Geschäftsperiode höher als am Anfang, wurde in der Geschäftsperiode ein Gewinn erzielt.
3. Vermögen – Schulden = Erfolg.
4. Ein Verlust liegt vor, wenn das Eigenkapital am Anfang der Geschäftsperiode größer ist als am Ende.
5. Die Formel für die Erfolgsermittlung lautet:

> Eigenkapital am Anfang der Geschäftsperiode
> – Eigenkapital am Ende der Geschäftsperiode
> = Erfolg

47 **I. Anfangsbestände:**

Betriebs- und Geschäftsausstattung 234 200,00 EUR; Forderungen aus Lieferungen und Leistungen 313 800,00 EUR; Kasse 22 200,00 EUR; Bank 66 500,00 EUR; Langfristige Bankverbindlichkeiten 180 000,00 EUR; Verbindlichkeiten aus Lieferungen und Leistungen 136 700,00 EUR; Eigenkapital?

II. Geschäftsvorfälle:

1.	Wir begleichen eine Lieferantenrechnung durch Banküberweisung	11 100,00 EUR
2.	Barkauf von Büromöbeln für das Chefzimmer	10 460,00 EUR
3.	Wir zahlen Darlehenszinsen durch Banküberweisung	8 380,00 EUR
4.	Barkauf von Briefmarken	55,00 EUR
5.	Die Telefongebühren werden von der Bank abgebucht	1 190,00 EUR
6.	Teilweise Tilgung eines Bankdarlehens durch Banküberweisung	22 000,00 EUR
7.	Verkauf von fertigen Erzeugnissen gegen Banküberweisung	29 100,00 EUR
8.	Wir zahlen Geschäftsmiete per Bankscheck	9 900,00 EUR
9.	Zahlung einer Kfz-Reparaturrechnung bar	3 120,00 EUR
10.	Die Bank schreibt uns Zinsen gut	1 220,00 EUR

III. Aufgaben:

1. Erstellen Sie die Eröffnungsbilanz!
2. Eröffnen Sie die Konten und buchen Sie die Anfangsbestände!
3. Bilden Sie die Buchungssätze und buchen Sie auf den Konten!
4. Schließen Sie die Konten über das Schlussbilanzkonto ab!

3.6.4 Wertminderungen des Anlagevermögens

3.6.4.1 Ursachen der Abschreibung

Anlagegüter wie z. B. ein Gebäude, einen Aktenschrank, eine Maschine, einen Gabelstapler oder einen Lkw nutzt das Unternehmen langfristig. Durch den täglichen Gebrauch verlieren diese Güter an Wert (abnutzbare Güter[1]). Um ihren Wert auf dem Schlussbilanzkonto richtig darstellen zu können, ist ein bestimmter Betrag als **Wertminderung von den Anschaffungskosten** abzuschreiben (Abgang auf der Habenseite des betreffenden Anlagegutes). Die Gegenbuchung zu dieser Wertminderung erfolgt auf dem Aufwandskonto **Abschreibungen auf Sachanlagen.** Da die Wertminderung immer nur geschätzt werden kann (lediglich beim Verkauf des Anlagegutes könnte der Wertverlust genau festgestellt werden), ist der auf dem Schlussbilanzkonto ausgewiesene Rest-Vermögenswert ebenfalls nur ein Schätzwert.

> **Merke:**
>
> Durch die **Abschreibung** werden die Anschaffungskosten (aufgrund der geschätzten jährlichen Wertminderung) auf die Jahre der Nutzung als Aufwand verteilt.[2]

Für die Bemessung der Höhe der Abschreibung können folgende Gründe eine Rolle spielen:

■ Der Gebrauch

Jeder Gebrauchsgegenstand hat eine begrenzte Lebensdauer, die u. a. von der Häufigkeit der Nutzung abhängt. Je häufiger ein Gegenstand genutzt wird, desto schneller verschleißt er und desto mehr verliert er an Wert. Ein Auto, das 100 000 km gefahren wurde, ist weniger wert als das sonst gleiche Auto, das nur 50 000 km gefahren wurde.

■ Der technische Fortschritt

In unserer durch hohe Technisierung und starken Konkurrenzdruck gekennzeichneten Wirtschaft werden die Produkte immer weiter verbessert. Sobald ein verbessertes Produkt auf den Markt kommt, verliert das alte Produkt schlagartig an Wert.

■ Die wirtschaftliche Überholung

Geht die Nachfrage nach einem Gut aufgrund neuer Erfindungen oder aufgrund des Modewechsels zurück, so hat das wertmindernde Rückwirkungen sowohl auf die Güter selbst als auch auf die zu ihrer Herstellung benötigten Maschinen.

■ Der natürliche Verschleiß

Selbst wenn ein Gegenstand überhaupt nicht genutzt würde und auch die übrigen Ursachen der Abschreibung nicht in Frage kämen, würde z.B. durch Witterungseinflüsse

---

1 Nicht abnutzbare Gegenstände des Anlagevermögens sind zum Beispiel Beteiligungen, unbebaute Grundstücke und der Wert des Grund und Bodens bebauter Grundstücke. Da unbebaute Grundstücke im Allgemeinen im Wert nicht sinken, ist eine planmäßige Abschreibung darauf nicht erlaubt. Bei bebauten Grundstücken ist daher immer nur vom Gebäudewert abzuschreiben.

2 Die Abschreibungen werden bei der Kalkulation der Erzeugnisse als Kosten in den Verkaufspreis eingerechnet. Beim Verkauf der Erzeugnisse kommt damit die Abschreibung wieder in Form von Geldmitteln zurück. Sofern die Geldmittel nicht anders verwendet werden, stehen sie dem Unternehmen wieder für den Kauf von Anlagegütern zur Verfügung. Anlagegüter können unter dieser Bedingung teilweise über Abschreibungsrückflüsse finanziert werden.

(Wechsel von Wärme und Kälte, Nässe und Trockenheit) eine wertmindernde Veränderung des Gegenstandes eintreten.

Infolge der Abschreibung vermindern sich die Anschaffungskosten jährlich um die mit der Abschreibung erfassten Wertminderung, sodass sich der Buchwert von Jahr zu Jahr verringert.

Anschaffungskosten − Abschreibung = Buchwert

3.6.4.2 Berechnung der Abschreibung

Eine genaue Berechnung der Höhe der Abschreibung ist angesichts der verschiedenen Ursachen der Wertminderung kaum möglich. Man ist dabei immer auf Schätzungen angewiesen. Da aber die Berechnung der Höhe der Abschreibung Auswirkungen auf die Vermögens- und Ertragslage eines Unternehmens hat, machen Handels- und Steuerrecht aufgrund ihrer verschiedenen Interessenlage unterschiedliche Vorgaben.

3.6.4.2.1 Abschreibung nach Handelsrecht

Nach § 253 Abs. 2 HGB sind die Anschaffungs- oder Herstellungskosten um planmäßige Abschreibungen zu vermindern. Der Plan muss die Anschaffungs- oder Herstellungskosten auf die Geschäftsjahre verteilen, in denen der Vermögensgegenstand voraussichtlich genutzt werden kann. Eine besondere Berechnungsmethode schreibt das Handelsrecht nicht vor. Unter Beachtung der Grundsätze ordnungsmäßiger Buchführung (GoB) muss die gewählte Berechnungsmethode aber zu einer sinnvollen, nicht willkürlichen Verteilung der Anschaffungs- bzw. Herstellungskosten auf die Nutzungsdauer führen.

Aufgrund dieser relativ offen gehaltenen Berechnungsvorgaben sind handelsrechtlich folgende Berechnungsmethoden denkbar:

(1) Berechnung der Abschreibung nach der linearen Methode

Bei der linearen Abschreibung wird ein jährlich gleichbleibender Betrag von den **Anschaffungs- oder Herstellungskosten** des Anlagegutes abgeschrieben. Auf diese Weise werden die gesamten Anschaffungskosten gleichmäßig auf die Nutzungsdauer verteilt. Nach Ablauf der Nutzungsdauer ist der Buchwert gleich null.

Beispiel:

Die Anschaffungskosten eines Kombiwagens zu Beginn der Geschäftsperiode betragen 30 000,00 EUR. Es wird eine Nutzungsdauer von sechs Jahren angenommen. In diesem Fall beträgt der jährliche Abschreibungsbetrag 5 000,00 EUR und der Abschreibungssatz $16\frac{2}{3}\%$.	**Aufgabe:** Führen Sie rechnerisch die Abschreibung über die gesamte Laufzeit durch!

Lösung:

	Anschaffungskosten		30 000,00 EUR
–	Abschreibung 1. Jahr	$16^2/_3$ %	5 000,00 EUR
	Buchwert Ende 1. Jahr		25 000,00 EUR
–	Abschreibung 2. Jahr	$16^2/_3$ %	5 000,00 EUR
	Buchwert Ende 2. Jahr		20 000,00 EUR
–	Abschreibung 3. Jahr	$16^2/_3$ %	5 000,00 EUR
	Buchwert Ende 3. Jahr		15 000,00 EUR
–	Abschreibung 4. Jahr	$16^2/_3$ %	5 000,00 EUR
	Buchwert Ende 4. Jahr		10 000,00 EUR
–	Abschreibung 5. Jahr	$16^2/_3$ %	5 000,00 EUR
	Buchwert Ende 5. Jahr		5 000,00 EUR
–	Abschreibung 6. Jahr	$16^2/_3$ %	5 000,00 EUR
	Buchwert Ende 6. Jahr		0,00 EUR

$$\text{Jährlicher Abschreibungsbetrag} = \frac{\text{Anschaffungskosten}}{\text{Nutzungsdauer}}$$

$$\text{Jährlicher Abschreibungssatz} = \frac{100\ \%}{\text{Nutzungsdauer}}$$

Bei der linearen Abschreibung geht man davon aus, dass sich das Wirtschaftsgut gleichmäßig abnutzt. Ein eventuell höherer Wertverlust durch technische oder wirtschaftliche Überholung oder infolge eines unterschiedlich hohen Verschleißes durch unterschiedliche Nutzung in den verschiedenen Nutzungsjahren wird dabei nicht berücksichtigt.

Die lineare Abschreibungsmethode hat insbesondere folgende Vorteile:

- einfache und nur einmalige Berechnung des Abschreibungsbetrags;
- gute Vergleichbarkeit der aufeinanderfolgenden Erfolgsrechnungen;
- gleichmäßige Aufwandsbelastung bzw. Belastung der Kostenrechnung mit Abschreibungen.

(2) Berechnung der Abschreibung nach der degressiven Methode

Bei der degressiven Abschreibung wird die Abschreibung durch einen gleichbleibenden Prozentsatz auf den jeweiligen Buchwert (Restbuchwert) ermittelt. Da der Buchwert von Jahr zu Jahr geringer wird, werden bei einem gleichbleibenden Prozentsatz auch die Abschreibungsbeträge von Jahr zu Jahr geringer.

Beispiel:

Die Anschaffungskosten eines Kombiwagens zu Beginn der Geschäftsperiode betragen 30 000,00 EUR. Die betriebsgewöhnliche Nutzungsdauer beträgt 6 Jahre.

Aufgabe:

Wie viel EUR betragen bei degressiver Abschreibung die jährlichen Abschreibungsbeträge im Laufe der Nutzungsdauer?

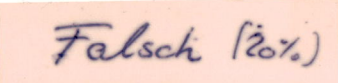
Falsch (20%)

Lösung:

	degressive Abschreibung	Übergang zur linearen Abschreibung
Anschaffungskosten	30 000,00 EUR	
– 20 % Abschreibung 1. Jahr	6 000,00 EUR	
Buchwert Ende 1. Jahr	24 000,00 EUR	
– 20 % Abschreibung 2. Jahr	4 800,00 EUR	
Buchwert Ende 2. Jahr	19 200,00 EUR	
– 20 % Abschreibung 3. Jahr	3 840,00 EUR	
Buchwert Ende 3. Jahr	15 360,00 EUR →	15 360,00 EUR
– 20 % Abschreibung 4. Jahr	3 072,00 EUR	5 120,00 EUR
Buchwert Ende 4. Jahr	12 288,00 EUR	10 240,00 EUR
– 20 % Abschreibung 5. Jahr	2 457,60 EUR	5 120,00 EUR
Buchwert Ende 5. Jahr	9 830,40 EUR	5 120,00 EUR
– Abschreibung 6. Jahr (Restwert)	9 830,40 EUR	5 120,00 EUR
Buchwert Ende 6. Jahr	0,00 EUR	0,00 EUR

Wie man an der Lösung des Beispiels erkennt, verbleibt im letzten Jahr der Nutzungsdauer noch ein relativ hoher Abschreibungsbetrag, mit dem die Erfolgsrechnung belastet
wird. Um diesen Nachteil zu vermeiden, kann zu einem **beliebigen Zeitpunkt** ein Wechsel
zur linearen Abschreibung vorgenommen werden.

Dadurch wird dann der vorhandene Restwert gleichmäßig auf die noch verbleibende Nutzungsdauer verteilt. Angenommen, der Wechsel findet am Ende des vierten Jahres (also
nach der dritten Abschreibung) statt, ergibt sich für die Restlaufzeit der drei Jahre folgende Berechnung für die jährlichen Abschreibungsbeträge: 15 360,00 EUR : 3 =
5 120,00 EUR

Für die degressive Abschreibungsmethode sprechen folgende Argumente:

■ Die degressive Abschreibung geht von der Überlegung aus, dass der Wertverlust
eines Wirtschaftsgutes in den ersten Nutzungsjahren wesentlich höher ist als in den
Folgejahren.

■ Dem Risiko, dass durch den technischen Fortschritt das Wirtschaftsgut schnell an Wert
verlieren kann, wird durch die anfangs hohe Abschreibung entsprochen.

■ Durch die Addition der jährlich abnehmenden Abschreibungsbeträge mit den jährlich
ansteigenden Wartungs- und Reparaturaufwendungen (durch die Abnutzung des
Wirtschaftsgutes) wird eine etwa gleichmäßige Gesamtbelastung der Erfolgs- und
Kostenrechnung in den einzelnen Jahren erreicht.

(3) Abschreibung nach erbrachten Leistungseinheiten

Wenn es praktisch möglich ist, kann bei beweglichen Wirtschaftsgütern des Anlagevermögens die Abschreibung auch aufgrund der im Geschäftsjahr erbrachten Leistungseinheiten (z. B. Stückzahl, Maschinenlaufstunden, gefahrene Kilometer) berechnet werden. Voraussetzung dafür ist, dass

■ der Umfang der insgesamt möglichen Leistungseinheiten (LE) geschätzt werden kann
und

- die auf den Abschreibungszeitraum entfallenden Leistungseinheiten nachgewiesen werden können.

Dabei ergeben sich folgende Berechnungen:

$$\text{Abschreibungsbetrag je Leistungseinheit} = \frac{\text{Anschaffungskosten}}{\text{mögliche Gesamtleistungseinheiten}}$$

$$\text{Jährlicher Abschreibungsbetrag} = \text{Menge der jährlichen LE} \cdot \text{Abschreibungsbetrag je LE}$$

Übungsaufgaben

48 1. Die Anschaffungskosten für einen Warenautomaten zu Beginn der Geschäftsperiode betragen 6 550,00 EUR.

Aufgaben:

1.1 Berechnen Sie den jährlichen Abschreibungsbetrag bei linearer Abschreibung und einer angenommenen Nutzungsdauer von fünf Jahren!

1.2 Versuchen Sie eine Formulierung, in der das Wesen der Abschreibung zum Ausdruck kommt!

2. Ein zu Beginn der Geschäftsperiode angeschaffter Kleintraktor wird am Ende des 3. Nutzungsjahres linear mit jährlich 930,00 EUR abgeschrieben, Abschreibungssatz: $12\frac{1}{2}\%$.

Aufgabe:

Berechnen Sie die Anschaffungskosten für den Kleintraktor!

49 1. Die Anschaffungskosten für die Ladeneinrichtung zu Beginn der Geschäftsperiode betragen 35 000,00 EUR. Die betriebsgewöhnliche Nutzungsdauer beträgt 8 Jahre.

Aufgaben:

1.1 Führen Sie rechnerisch die degressive Abschreibung mit einem Abschreibungssatz von 20 % ohne Übergang zur linearen Abschreibung über die gesamte Laufzeit durch!

1.2 Führen Sie rechnerisch die degressive Abschreibung mit einem Abschreibungssatz von 20 % mit Übergang zur linearen Abschreibung nach dem vierten Jahr über die gesamte Laufzeit durch!

2. Ein zu Beginn der Geschäftsperiode angeschaffter Gabelstapler wird mit 15 % degressiv abgeschrieben. Sein Buchwert beträgt am Ende des 2. Jahres (nach der Abschreibung) 16 545,25 EUR.

Aufgabe:

Wie viel EUR betragen die Anschaffungskosten?

3. Die Anschaffungskosten einer Stanzmaschine zu Beginn der Geschäftsperiode betragen 180 180,00 EUR. Die Gesamtleistung wird während der Nutzungsdauer von 14 Jahren vom Hersteller mit 234 000 Stanzteilen angegeben.

Aufgaben:

3.1 Ermitteln Sie die Abschreibung in den ersten vier Jahren bei folgenden Jahresleistungen: 1. Nutzungsjahr: 16 000 Stück, 2. Nutzungsjahr: 18 400 Stück, 3. Nutzungsjahr 21 900 Stück, 4. Nutzungsjahr 11 500 Stück.

3.2 Was spricht betriebswirtschaftlich für eine Abschreibung nach Leistungseinheiten?

145

10 Speth – ISBN 978-3-8120-0491-6

3.6.4.2.2 Abschreibung nach dem Steuerrecht

(1) Abschreibungsmethode

Als Abschreibungsmethode ist prinzipiell nur die **lineare Abschreibungsmethode** erlaubt sowie – bei beweglichen Wirtschaftsgütern des Anlagevermögens – die **Abschreibung nach Maßgabe der Leistungen** (nach erbrachten Leistungseinheiten), sofern dies wirtschaftlich begründet ist und der Steuerpflichtige den auf das einzelne Jahr entfallenden Umfang der Leistung nachweisen kann.

> **Beachte:**
>
> Die **degressive Abschreibung** ist **steuerrechtlich nicht erlaubt.**
>
> **Ausnahme:** Aufgrund eines Maßnahmenbündels zur Stärkung der Konjunktur wird die degressive Abschreibung – **befristet für die Jahre 2009 und 2010** – steuerrechtlich erlaubt. Demnach ist es möglich, bewegliche Wirtschaftsgüter, die in diesem Zeitraum angeschafft werden, **steuerlich degressiv** abzuschreiben. Die degressive Abschreibung beträgt das 2,5-fache der linearen Abschreibung, maximal 25 %.

(2) Beginn der Abschreibung abnutzbarer Anlagegüter im Jahr der Anschaffung

Die Abschreibung beginnt mit der **Anschaffung des Anlagegutes.** Wird ein Anlagegut im Laufe des Geschäftsjahres angeschafft, kann in diesem Jahr die **Abschreibung nur zeitanteilig** verrechnet werden, wobei allerdings in der Praxis monatsgenau gerechnet wird und der Monat der Anschaffung mitgezählt wird [§ 7 Abs. 1, S. 4 EStG].

> **Beispiel:**
>
> Kauf von Lagerregalen am 30. September 2000 im Wert von 20 000,00 EUR. Nutzungsdauer: 14 Jahre (Abschreibungssatz von 7,14 %). Eine Abschreibung auf die Lagerregale ist nur für 4 Monate möglich.[1]
>
> $$\text{Abschreibung} = \frac{20\,000 \cdot 7{,}14 \cdot 4}{100 \cdot 12} = \underline{\underline{476{,}00 \text{ EUR}}}$$

Übungsaufgabe

50
1. Am 9. Juni 20.. wurde eine computergesteuerte Wasserenthärtungsanlage im Werk installiert. Die Anschaffungskosten betrugen 24 624,00 EUR. Die Nutzungsdauer beträgt zwölf Jahre. Es wird linear abgeschrieben.

   Aufgabe:

   Ermitteln Sie den Restbuchwert zum Ende des 8. Nutzungsjahres!

2. Die Anschaffungskosten für ein am 17. Oktober 20.. gekauftes Reinigungsgerät betragen 4 200,00 EUR. Die Nutzungsdauer wird auf sieben Jahre geschätzt.

   Aufgabe:

   Erstellen Sie die Abschreibungstabelle für die gesamte Nutzungsdauer bei linearer Abschreibung!

---

1   Da im ersten Jahr die Abschreibung nur für vier Monate erfolgen konnte, fehlt im letzten Jahr 2014 noch die Abschreibung für 8 Monate. Die Abschreibungszeit für die Lagerregale läuft daher von September 2000 bis August 2014.

3. Die Anschaffungskosten für einen am 15. Juli 20.. gekauften Großrechner betragen 42 000,00 EUR. Die Nutzungsdauer wird auf 7 Jahre geschätzt.

Aufgaben:

3.1 Erstellen Sie die Abschreibungstabelle für die gesamte Nutzungsdauer bei linearer Abschreibung!

3.2. Warum ist die lineare Abschreibung für den Kaufmann sinnvoll?

4. Die Anschaffungskosten für einen am 15. September 20.. gekauften Personalcomputer betragen 3 528,00 EUR.

Aufgaben:

4.1 Ermitteln Sie den Bilanzwert des Computers per 31. Dezember 20.., bei einer Nutzungsdauer von drei Jahren!

4.2 Wodurch unterscheiden sich die lineare und degressive Abschreibung?

3.6.4.3 Buchung der Abschreibung[1]

Die Wertminderung des Anlagevermögens stellt einen **betrieblichen Aufwand** dar. Er wird buchhalterisch auf dem Konto **Abschreibungen auf Sachanlagen** erfasst.

Beispiel:

Die Anschaffungskosten zu Beginn der Geschäftsperiode für eine EDV-Anlage betragen 21 000,00 EUR. Am Ende der Geschäftsperiode werden 7 000,00 EUR abgeschrieben.	**Aufgaben:** 1. Buchen Sie die Abschreibung auf Konten und schließen Sie die Konten ab 2. Bilden Sie die Buchungssätze!

Lösungen:

Zu 1.: Buchung auf den Konten

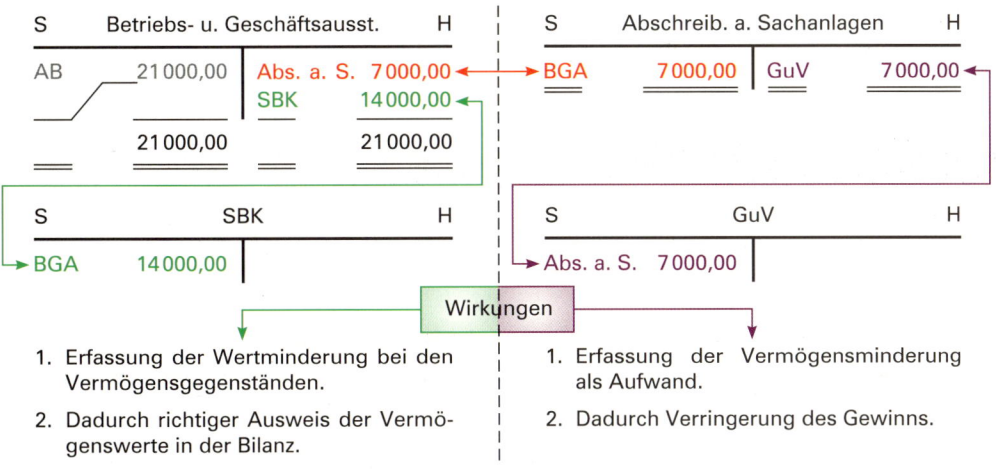

1. Erfassung der Wertminderung bei den Vermögensgegenständen.	1. Erfassung der Vermögensminderung als Aufwand.
2. Dadurch richtiger Ausweis der Vermögenswerte in der Bilanz.	2. Dadurch Verringerung des Gewinns.

---

1 **Wichtiger Hinweis:** Die bisher eingeführte Farbzuordnung der verschiedenen Vorgänge bei den Buchungssätzen und auf den unterschiedlichen Kontenarten diente als zusätzliche Anschauungshilfe bei der Einführung in die Buchführung.

Von hier ab halten wir die konsequente Farbzuordnung nicht mehr für erforderlich. Daher dienen die Farben im Folgenden nur noch als Hervorhebung der Unterschiede.

Zu 2.: Buchungssätze

Geschäftsvorfälle	Konten	Soll	Haben
Buchung der Abschreibung:	Abschreib. a. Sachanlagen	7 000,00	
	an Betr.- u. Geschäftsausstattung		7 000,00
Buchungen beim Abschluss:	SBK	14 000,00	
	an Betr.- u. Geschäftsausstattung		14 000,00
	GuV	7 000,00	
	an Abschreib. a. Sachanlagen		7 000,00

Erläuterungen:

Für die ergebniswirksame Erfassung der jährlichen Abschreibungen auf das abnutzbare Anlagevermögen richten wir das Aufwandskonto **Abschreibungen auf Sachanlagen** ein. Das Abschreibungskonto erfasst am Jahresende den festgestellten Abnutzungsbetrag als Aufwand. Dieser erscheint auf der **Sollseite.**

Die **Gegenbuchung** erfolgt direkt auf dem entsprechenden **Anlagekonto auf der Habenseite,** in unserem Fall auf dem Konto Betr.- u. Geschäftsausstattung. Dort bewirkt sie, dass der entsprechende Anlageposten auf den jeweils gültigen **Zeitwert** fortgeschrieben wird.

Zusammenfassung

- Die Erfassung der **Wertminderung** beim abnutzbaren Anlagevermögen erfolgt über angemessene **Abschreibungen.**

- Die **Abschreibungen** werden auf einem **Aufwandskonto** gebucht. Die **Gegenbuchung** erfolgt auf dem **abzuschreibenden Anlagekonto,** wo sie die Wertminderung bewirkt.

- Durch die **jährliche Abschreibung** wird die **erfolgsneutrale Anschaffung** über die Jahre der Nutzung **erfolgswirksam als Aufwand erfasst.**

  Buchungssatz: Abschreibungen auf Sachanlagen an Anlagekonto

- Als **Ursachen für eine Wertminderung** (Abschreibung) kommen infrage:
  - der Gebrauch des Gegenstandes,
  - der technische Fortschritt,
  - die wirtschaftliche Überholung,
  - der natürliche Verschleiß.

- Die wichtigsten **Methoden für die Berechnung der Abschreibung** sind:
  - die **lineare Abschreibung,** bei der die Anschaffungskosten gleichmäßig auf die Jahre der geschätzten Nutzungsdauer verteilt werden,
  - die **degressive Abschreibung,** bei der die Abschreibungsbeträge durch Anwendung eines gleichbleibenden Prozentsatzes auf die Restwerte ermittelt werden, wodurch die Abschreibungsbeträge von Jahr zu Jahr fallen.

- Ein **Wechsel von der degressiven Abschreibung zur linearen Abschreibung ist handelsrechtlich möglich,** nicht jedoch umgekehrt. Ein solcher Wechsel kann zu jedem **beliebigen Zeitpunkt** vorgenommen werden.

51 Richten Sie folgende Konten ein: Werkstätteneinrichtung 580 000,00 EUR; Betriebsausstattung 371 400,00 EUR; Büromaschinen 115 600,00 EUR; Lager- und Transporteinrichtungen 220 000,00 EUR; Fuhrpark 92 000,00 EUR. Führen Sie außerdem noch die Konten Abschreibungen auf Sachanlagen, SBK und GuV!

Aufgaben:

1. Buchen Sie die folgenden Abschreibungsbeträge: auf Werkstätteneinrichtung 145 000,00 EUR; auf Betriebsausstattung 37 140,00 EUR; auf Büromaschinen 11 560,00 EUR; auf Lager- und Transporteinrichtungen 20 000,00 EUR; auf Fuhrpark 18 400,00 EUR.

2. Schließen Sie die Konten ab!

52 Wir kaufen zu Beginn des Geschäftsjahres einen Pkw zum Preis von 48 500,00 EUR gegen Bankscheck. Der Autohändler gewährt uns einen Rabatt von 8 % sowie 2 % Skonto. Die Überführungskosten betragen 410,00 EUR, die Kosten für die Zulassung 118,40 EUR.

Aufgaben:

1. 1.1 Berechnen Sie die Anschaffungskosten!

   1.2 Die Nutzungsdauer des Pkws beträgt 6 Jahre.
   Wie viel EUR beträgt die jährliche Abschreibung für den gekauften Pkw bei linearer Abschreibung?

2. 2.1 Buchen Sie den Geschäftsvorfall und die Abschreibung auf den Konten und schließen Sie die Konten ab!
   Hinweise: Die Konten SBK und GuV sind nicht zu führen.
   Der Anfangsbestand auf dem Konto Bank beträgt 60 000,00 EUR.

   2.2 Bilden Sie die Buchungssätze für die Abschreibung und für den Abschluss der Konten!

53 1. Wie wirkt sich der Buchungssatz „Abschreibungen auf Sachanlagen an Fuhrpark" aus?
   (Lösung bitte unter Verwendung der entsprechenden Ziffern im Hausheft vornehmen!)
   [1] Die Handlungskosten werden niedriger.
   [2] Das Eigenkapital erhöht sich.
   [3] Die Aufwendungen verringern sich.
   [4] Der Gewinn wird niedriger.

2. Welche Wirkungen hat die Abschreibung

   2.1 im Bereich der Bilanzkonten,

   2.2 im Bereich der Erfolgskonten?

54 Für die Anschaffung einer Verpackungsmaschine erhalten wir am 25. Januar folgende Rechnung: Listeneinkaufspreis 70 000,00 EUR. Auf den Listeneinkaufspreis erhalten wir 8 % Rabatt. Für den Transport und die Montage werden 1 094,00 EUR in Rechnung gestellt.

Aufgaben:

1. Berechnen Sie den jährlichen Abschreibungsbetrag bei linearer Abschreibung und einer angenommenen Nutzungsdauer von dreizehn Jahren!

2. 2.1 Richten Sie die folgenden Konten ein: Maschinen, Abschreibungen auf Sachanlagen, GuV, SBK!

   2.2 Tragen Sie die Anschaffungskosten auf dem Maschinenkonto als Anfangsbestand vor und buchen Sie die Abschreibung im ersten Jahr! Schließen Sie anschließend die Konten ab!

3. Beantworten Sie kurz die folgenden Fragen:

   3.1 Wie wirken sich die Abschreibungen auf den Gewinn bzw. Verlust eines Unternehmens aus?

   3.2 Welche Ursachen liegen der Abschreibung zugrunde?

   3.3 Welche Wirkung hat die Abschreibung auf der Aktivseite der Bilanz?

3.6.5 Ermittlung und Buchung des Arbeitsentgeltes

3.6.5.1 Aufbau der Lohn- und Gehaltsabrechnung

Die Lohn- und Gehaltsabrechnung vollzieht sich in drei Stufen: (1) Ermittlung des Arbeitsentgeltes (Gesamtentgelt), (2) Ermittlung des Nettoentgeltes, (3) Ermittlung des Auszahlungsbetrages.

(1) Ermittlung des Arbeitsentgeltes (Bruttoentgeltes)

Zum Arbeitsentgelt (Arbeitslohn) gehören alle Einnahmen, die dem Arbeitnehmer aus dem Dienstverhältnis zufließen. Es ist gleichgültig in welcher Form oder unter welcher Bezeichnung die Einnahmen gewährt werden. Neben **Geldbeträgen** können dem Arbeitnehmer auch **Sachwerte** (freie Kost und Wohnung oder Waren) zugeflossen sein. Welcher Wert für derartige Sachbezüge anzusetzen ist, richtet sich nach besonderen Verordnungen bzw. orientiert sich am Marktpreis. Neben den Sachbezügen zählen auch so genannte **geldwerte Vorteile,** z.B. die kostenlose Zurverfügungstellung eines Firmenwagens, zum Arbeitsentgelt. Dem Arbeitnehmer werden dann die ersparten Aufwendungen, die für ein eigenes Auto dieses Typs anfallen, als Arbeitslohn hinzugerechnet.

(2) Ermittlung des Nettoentgeltes

Zieht man vom steuer- und sozialversicherungspflichtigen Bruttoentgelt die vom Arbeitnehmer zu tragende Lohn- und Kirchensteuer, den zurzeit erhobenen Solidaritätszuschlag und den Arbeitnehmeranteil an den Sozialversicherungsbeiträgen (Kranken-, Renten-, Pflege- und Arbeitslosenversicherung) ab, erhält man das Nettoentgelt.

(3) Ermittlung des Auszahlungsbetrages

Das Nettoentgelt stellt nicht zwangsläufig auch den Auszahlungsbetrag dar. In vielen Fällen wird das Nettoentgelt um bestimmte Abzugsbeträge gekürzt. Als Abzugsbeträge können z.B. in Frage kommen: vermögenswirksame Leistungen, Verrechnung von Vorschüssen, Kostenanteil für das Kantinenessen, Mietverrechnung für eine Werkswohnung, evtl. auch Lohnpfändungen.

In schematischer Darstellung erhalten wir folgendes Abrechnungsschema:

Ermittlung des Bruttoentgelts[1]	Addition von Gehalt, Überstundenvergütungen, Urlaubsgeld, Sachwerte, geldwerte Vorteile
– Steuern[2]	Lohnsteuer, Solidaritätszuschlag, Kirchensteuer
– Sozialversicherungsbeiträge[3]	Kranken-, Pflege-, Renten- und Arbeitslosenversicherung (unter Berücksichtigung der Beitragsbemessungsgrenzen)
Nettoentgelt	
– sonstige Abzüge	Verrechnung von Vorschüssen, Kantinenessen, Lohnpfändung, vermögenswirksamen Leistungen
Auszahlungsbetrag	

---

1 Das Arbeitsentgelt wird im Folgenden nicht berechnet, sondern jeweils vorgegeben.

2 Vgl. hierzu die Ausführungen auf S. 151ff.

3 Zur Berechnung der Sozialversicherungsbeiträge siehe 153f.

3.6.5.2 Berechnung der Lohnsteuer, des Solidaritätszuschlags und der Kirchensteuer

(1) Lohnsteuer und Solidaritätszuschlag

Nach dem Einkommensteuergesetz sind alle inländischen natürlichen Personen – von einer bestimmten Einkommenshöhe ab – zur Zahlung von Steuern aus dem Einkommen verpflichtet. Die Lohnsteuer ist eine Sonderform der Einkommensteuer. Besteuert werden dabei die **Einkünfte aus nichtselbstständiger Arbeit.** Die **Höhe der Lohn- bzw. Einkommensteuer** wird bestimmt durch die **Höhe des Bruttolohns** bzw. **-gehalts,** den **Familienstand,** die **Anzahl der Kinder** und durch bestimmte **Freibeträge.** Auf die Lohnsteuer wird derzeit ein Solidaritätszuschlag von 5,5 % erhoben.

Die **Feststellung der Lohnsteuer, der Kirchensteuer und des Solidaritätszuschlags** erfolgt mit Hilfe von **Lohnsteuertabellen,** aus denen die entsprechenden Beträge abgelesen werden können. Die allgemeine Lohnsteuertabelle enthält sechs **Lohnsteuerklassen,** in denen die persönlichen Verhältnisse des Arbeitnehmers berücksichtigt werden.

Übersicht über die Lohnsteuerklassen *veraltet*

Steuer-klasse	Personenkreis	Pauschbeträge u. Freibeträge[1]	EUR[2]
I	Arbeitnehmer, die (1) ledig oder geschieden sind; (2) verheiratet sind, aber von ihrem Ehegatten dauernd getrennt leben, oder wenn der Ehegatte nicht im Inland wohnt; (3) verwitwet sind.	Grundfreibetrag Arbeitnehmer-Pauschbetrag	8 004,00 920,00
II	Arbeitnehmer der Steuerklasse I, wenn in ihrer Wohnung mindestens 1 Kind gemeldet ist, für das ein Kinderfreibetrag gewährt wird.	Grundfreibetrag Arbeitnehmer-Pauschbetrag	8 004,00 920,00
III	**Verheiratete** Arbeitnehmer, von denen nur ein Ehegatte in einem Dienstverhältnis steht, und verwitwete Arbeitnehmer für das Kalenderjahr, in dem der Ehegatte verstorben ist, sowie für das folgende Kalenderjahr.	Grundfreibetrag Arbeitnehmer-Pauschbetrag	16 008,00 920,00
IV	**Verheiratete** Arbeitnehmer, wenn **beide** Ehegatten Arbeitslohn beziehen.	Grundfreibetrag Arbeitnehmer-Pauschbetrag	8 004,00 920,00
V	Auf Antrag verheiratete Arbeitnehmer, die unter die Lohnsteuerklasse IV fallen würden, bei denen jedoch ein Ehegatte nach Steuerklasse III besteuert wird.	Arbeitnehmer-Pauschbetrag	920,00
VI	Arbeitnehmer, die aus **mehr** als einem Arbeitsverhältnis (von verschiedenen Arbeitgebern) Arbeitslohn beziehen.		

Neben den in der Lohnsteuertabelle schon eingearbeiteten Pausch- und Freibeträgen kann der Steuerpflichtige noch **zusätzliche** Freibeträge in die Lohnsteuerkarte eintragen lassen.

---

1 Aus Vereinfachungsgründen wird nur die wichtigste Pauschale und der wichtigste Freibetrag angeführt.

2. Stand März 2010.

1 979,99* MONAT

Lohn/Gehalt bis €*	I–VI	LSt	SolZ	8%	9%	I, II, III, IV	LSt	SolZ 0,5	8%	9%	SolZ 1	8%	9%	SolZ 1,5	8%	9%	SolZ 2	8%	9%	SolZ 2,5	8%	9%	SolZ 3	8%	9%
1 937,99	I,IV	243,25	13,37	19,46	21,89	I	243,25	9,81	14,28	16,06	6,43	9,36	10,53	—	4,76	5,35	—	1,02	1,15	—	—	—	—	—	—
	II	213,66	11,75	17,09	19,22	II	213,66	8,27	12,03	13,53	1,88	7,23	8,13	—	2,95	3,32	—	—	—	—	—	—	—	—	—
	III	30,33	—	2,42	2,72	III	30,33																		
	V	527,83	29,03	42,22	47,50	IV	243,25	11,57	16,84	18,94	9,81	14,28	16,06	8,10	11,79	13,26	6,43	9,36	10,53	1,30	7,—	7,87	—	4,76	5,35
	VI	557,83	30,68	44,62	50,20																				
1 940,99	I,IV	244,08	13,42	19,52	21,96	I	244,08	9,86	14,34	16,13	6,47	9,42	10,59	—	4,81	5,41	—	1,06	1,19	—	—	—	—	—	—
	II	214,50	11,79	17,16	19,30	II	214,50	8,31	12,09	13,60	2,01	7,28	8,19	—	3,—	3,37	—	—	—	—	—	—	—	—	—
	III	30,83	—	2,46	2,77	III	30,83																		
	V	529,—	29,09	42,32	47,61	IV	244,08	11,61	16,90	19,01	9,86	14,34	16,13	8,14	11,84	13,32	6,47	9,42	10,59	1,43	7,05	7,93	—	4,81	5,41
	VI	559,—	30,74	44,72	50,31																				

Der Arbeitnehmer hat dem Arbeitgeber eine **Lohnsteuerkarte** vorzulegen. Sie wird jedem Arbeitnehmer von der zuständigen Gemeindeverwaltung zugestellt. Der Arbeitnehmer ist verpflichtet, diese unmittelbar seinem Arbeitgeber einzureichen. Der Arbeitgeber hat die Lohnsteuerkarte aufzubewahren. Am Ende des Jahres erhält der Arbeitnehmer vom Arbeitgeber eine **Lohnsteuerbescheinigung** mit den Angaben über Bruttoverdienst, einbehaltene Abzüge (Lohnsteuer, Solidaritätszuschlag und Kirchensteuer). Sie dient dann dem Arbeitnehmer im Falle der Einkommensteuerveranlagung als Nachweis über die gezahlten Abzüge (Lohnsteuer, Solidaritätszuschlag und Kirchensteuer). Die Lohnsteuerkarte und die Lohnsteuerbescheinigung darf der Arbeitgeber dem Arbeitnehmer nur aushändigen, wenn das Dienstverhältnis vor Ablauf des Kalenderjahres beendet wird oder wenn der Arbeitnehmer zur Einkommensteuer veranlagt wird. Nicht ausgehändigte Lohnsteuerkarten mit Lohnsteuerbescheinigungen sind dem zuständigen Finanzamt einzureichen.[1]

(2) Kirchensteuer

Die Kirchensteuer erheben die Kirchen von ihren Mitgliedern. Die Veranlagung erfolgt durch die Finanzämter, an die auch die Zahlungen zu leisten sind. Bei den Arbeitnehmern wird die Kirchensteuer zusammen mit der Lohnsteuer und dem Solidaritätszuschlag vom Arbeitgeber einbehalten und abgeführt. Zurzeit beträgt die Kirchensteuer 8 % bzw. 9 % (je nach Bundesland) von der zu zahlenden Lohn- bzw. Einkommensteuer, die sich nach Abzug des Kinderfreibetrags vom Bruttolohn ergibt.

Beispiel:

Die Angestellte Edda Meyer, 25 Jahre alt, Montanstr. 2, 13407 Berlin, bezieht für den Monat Juli ein Bruttogehalt in Höhe von 1 940,00 EUR. Sie ist ledig (Lohnsteuerklasse I) und hat keine Kinder. Konfession: röm.-kath.

Bruttogehalt	1 940,00 EUR
Lohnsteuer lt. LSt.-Tabelle (Klasse I, ohne Kinder)	244,08 EUR
Solidaritätszuschlag	13,42 EUR
Kirchensteuer 9 %	21,96 EUR.

---

1 Ab 2011 wird die Lohnsteuerkarte durch ein **elektronisches Verfahren zur Erhebung der Lohnsteuer ersetzt**. Bis zum Jahr 2011 werden nach und nach in einer Datenbank beim Bundeszentralamt für Steuern (BZSt) „**E**lektronische**L**ohn**St**euer-**A**bzugs**M**erkmale" (kurz: **ELStAM**) gesammelt.

Die Einführung des elektronischen Verfahrens erfolgt stufenweise. Das bedeutet, dass die **Lohnsteuerkarte 2010** auch noch für **das Jahr 2011 anwendbar** sein wird. Im Falle eines Arbeitsplatzwechsels nimmt der Arbeitnehmer die Karte mit. Ab dem **Jahr 2012** ist allein die Finanzverwaltung dafür zuständig, dem Arbeitgeber die notwendigen Merkmale die Besteuerung des Arbeitnehmers zu übermitteln. Alle Daten werden dann beim **Bundeszentralamt für Steuern (BZSt)** gespeichert. Sobald jemand eine Arbeitsstelle antritt und lohnsteuerpflichtig ist, fragt der Arbeitgeber beim BZSt nach den notwendigen Daten, um sie dann in das Lohnkonto des Beschäftigten zu übernehmen. Die Arbeitnehmer müssen bei Beginn des Arbeitsverhältnisses lediglich ihre **steuerliche Identifikationsnummer** und das Geburtsdatum angeben.

Die Angestellte hat insgesamt 279,46 EUR an Steuern einschließlich des Solidaritätszuschlags zu entrichten. (Siehe obigen Auszug aus der Lohnsteuertabelle!)

3.6.5.3 Berechnung der Sozialversicherungsbeiträge

Die Sozialversicherung ist eine gesetzliche Versicherung (Pflichtversicherung), der ca. 90 % der Bevölkerung angehören. Sie soll die Versicherten vor finanzieller Not bei Krankheit **(gesetzliche Krankenkasse),** bei Arbeitslosigkeit **(gesetzliche Arbeitsförderung),** bei Pflegebedürftigkeit **(soziale Pflegeversicherung)** und bei Erwerbsunfähigkeit, meistens aus Altersgründen **(gesetzliche Rentenversicherung),** schützen.

Außer der **Unfallversicherung,** die der Arbeitgeber allein zu tragen hat, müssen Arbeitnehmer und Arbeitgeber je 50 % der Beiträge zur Kranken-, Pflege-,[1] Renten- und Arbeitslosenversicherung zahlen. Die Beiträge für jeden Sozialversicherungszweig werden bis zur jeweiligen Beitragsbemessungsgrenze über einen festen Prozentsatz vom jeweiligen Bruttoverdienst berechnet. Über die Beitragsbemessungsgrenze hinaus werden keine Beiträge zur jeweiligen Sozialversicherung erhoben.

Derzeit gelten für die Sozialversicherung folgende monatliche **Beitragssätze** bzw. **Beitragsbemessungsgrenzen** (seit 1. Januar 2010):[2]

			In den alten Bundesländern	In den neuen Bundesländern
Krankenversicherung:[3]	14,9 %*	Beitragsbemessungsgrenze:	3750,00 EUR	3750,00 EUR
Pflegeversicherung:	1,95 %	Beitragsbemessungsgrenze:	3750,00 EUR	3750,00 EUR
Rentenversicherung:	19,9 %	Beitragsbemessungsgrenze:	5500,00 EUR	4650,00 EUR
Arbeitslosenversicherung:	2,8 %	Beitragsbemessungsgrenze:	5500,00 EUR	4650,00 EUR

* Der Beitragssatz zur Krankenversicherung in Höhe von 14,9 % gilt bundeseinheitlich. Er enthält einen **Arbeitnehmersonderbeitrag** von 0,9 %. An diesem Beitrag ist der **Arbeitgeber nicht beteiligt,** d. h., der Arbeitgeberanteil zur Krankenversicherung beträgt 7 % und der Arbeitnehmeranteil 7,9 %.

■ Sonderregelungen zur Finanzierung der Pflegeversicherung

Für alle kinderlosen Pflichtversicherten erhöht sich der Beitrag zur Pflegeversicherung um 0,25 % des beitragspflichtigen Einkommens. Für diesen Personenkreis beträgt daher der Beitragssatz 1,225 %. An dieser Erhöhung ist der **Arbeitgeber nicht beteiligt.** Ausgenommen von diesem Beitragszuschlag sind Personen, die das 23. Lebensjahr noch nicht vollendet haben und Personen, die vor dem 1. Januar 1940 geboren wurden.

Beispiel 1:

Die kinderlose Angestellte Edda Meyer, 25 Jahre alt, erhält ein Bruttogehalt in Höhe von 1940,00 EUR. Der Beitragssatz zur Krankenkasse beträgt 14,9 Prozent.

Aufgaben:

Berechnen Sie
1. den Arbeitnehmeranteil zum Sozialversicherungsbeitrag,
2. den Arbeitgeberanteil zum Sozialversicherungsbeitrag!

---

1 In Sachsen beträgt der Arbeitnehmeranteil für Versicherte mit Kindern 1,475 % bzw. für kinderlose Versicherte (über 23 Jahre) 1,725 % und der Arbeitgeberanteil 0,475 %.

2 Die Beitragssätze für die Sozialversicherung bzw. die Beitragsbemessungsgrenzen werden jährlich neu festgelegt. Informieren Sie sich bei Ihrer Krankenkasse über die derzeit geltenden Beitragssätze und Bemessungsgrenzen.

3 Die bundesweit geltende Versicherungspflichtgrenze für die gesetzliche Krankenversicherung und Pflegeversicherung beträgt 4162,50 EUR.

Lösungen:

Bruttogehalt	1 940,00 EUR
Krankenversicherung: 14,9 % (7 % AN-Anteil)	135,80 EUR
Sonderbeitrag für Arbeitnehmer: 0,9 %	17,46 EUR
Pflegeversicherung: 1,95 % (0,975 % AN-Anteil)	18,92 EUR
Sonderbeitrag für kinderlose Arbeitnehmer: 0,25 %	4,85 EUR
Rentenversicherung: 19,9 % (9,95 % AN-Anteil)	193,03 EUR
Arbeitslosenversicherung: 2,8 % (1,4 % AN-Anteil)	27,16 EUR
1. Arbeitnehmeranteil	397,22 EUR
2. Arbeitgeberanteil (397,22 EUR – 22,31 EUR)	374,91 EUR

Beispiel 2:

Der Abteilungsleiter Peter Sonnenschein arbeitet in Hannover, ist verheiratet und hat ein Kind. Er verdient 5 920,00 EUR. Der Beitragssatz der Krankenversicherung beträgt 14,9 %.

Aufgaben:

Berechnen Sie 1. den Arbeitnehmeranteil zum Sozialversicherungsbeitrag,
2. den Arbeitgeberanteil zum Sozialversicherungsbeitrag!

Lösungen:

Bruttogehalt	5 920,00 EUR
Krankenversicherung: 7 % (von 3 750,00 EUR)	262,50 EUR
Sonderbeitrag für Arbeitnehmer: 0,9 % (von 3 750,00 EUR)	33,75 EUR
Pflegeversicherung: 0,975 % (von 3 750,00 EUR)	36,56 EUR
Rentenversicherung: 9,95 % (von 5 500,00 EUR)	547,25 EUR
Arbeitslosenversicherung: 1,4 % (von 5 500,00 EUR)	77,00 EUR
1. Arbeitnehmeranteil	957,06 EUR
2. Arbeitgeberanteil (957,06 EUR – 33,75 EUR)	923,31 EUR

Die Lohnabrechnung erfolgt heute in der Regel mit Hilfe eines EDV-Programms. In dieses EDV-Programm werden die Beitragssätze der Sozialversicherung eingegeben. Das Programm rechnet dann die entsprechenden Sozialversicherungsbeiträge für jede Gehaltshöhe automatisch aus. Die Arbeitnehmeranteile zur Sozialversicherung werden zusammen mit den Arbeitgeberanteilen vom Arbeitgeber an die zuständigen Krankenkassen abgeführt, welche die entsprechenden Beiträge an die Träger der Renten- und Arbeitslosenversicherung weiterleiten.

Merke:

- ■ Arbeitnehmer unterliegen mit ihren Einkünften aus nichtselbstständiger Arbeit der **Lohnsteuer**.
  - ■ Die Höhe der Lohnsteuer richtet sich nach den persönlichen Daten des Arbeitnehmers.
  - ■ Die Lohnsteuer, der Solidaritätszuschlag und gegebenenfalls die Kirchensteuer werden bei der Lohnzahlung einbehalten und an das Finanzamt abgeführt.
- ■ Die **Kirchensteuer** erheben die Kirchen von ihren Mitgliedern. Die **Höhe der Kirchensteuer** hängt von der **Höhe der Lohnsteuer** ab. Sie wird zusammen mit der Lohnsteuer einbehalten und an das Finanzamt abgeführt, das die Weiterleitung an die Kirchen vornimmt.
- ■ Die **Sozialversicherung** ist eine **gesetzliche Pflichtversicherung**. Die Beiträge für den Arbeitnehmer werden vom Arbeitgeber einbehalten und zusammen mit dem Arbeitgeberanteil an die zuständige Krankenkasse abgeführt.

55 1. Ein verheirateter Mitarbeiter, dessen Ehefrau nicht berufstätig ist, erhält ein Bruttogehalt von 1 984,20 EUR. Er hat ein Kind und ist kirchensteuerpflichtig mit 9 %.

Aufgabe:

Erstellen Sie die Gehaltsabrechnung für den Mitarbeiter (Steuerklasse III/1) unter Verwendung des abgedruckten Auszugs aus der Lohnsteuertabelle und der Beitragssätze zur Sozialversicherung lt. S. 153!

MONAT 1 980,–*

Lohn/Gehalt bis €*		ohne Kinderfreibeträge					mit Zahl der Kinderfreibeträge . . .																				
								0,5			1			1,5			2			2,5			3		
		LSt	SolZ	8%	9%		LSt	SolZ	8%	9%	SolZ	8%	9%	SolZ	8%	9%	SolZ	8%	9%	SolZ	8%	9%	SolZ	8%	9%
1 982,99	I,IV	255,33	14,04	20,42	22,97	I	255,33	10,45	15,20	17,10	7,04	10,24	11,52	—	5,54	6,23	—	1,63	1,83	—	—	—	—	—	—
	II	225,58	12,40	18,04	20,30	II	225,58	8,89	12,93	14,54	4,01	8,08	9,09	—	3,66	4,11	—	0,19	0,21	—	—	—	—	—	—
	III	36,50	—	2,92	3,28	III	36,50																		
	V	545,33	29,99	43,62	49,07	IV	255,33	12,22	17,78	20,—	10,45	15,20	17,10	8,72	12,68	14,27	7,04	10,24	11,52	3,43	7,85	8,83	—	5,54	6,23
	VI	575,66	31,66	46,05	51,80																				
1 985,99	I,IV	256,16	14,08	20,49	23,05	I	256,16	10,49	15,26	17,17	7,07	10,29	11,57	—	5,60	6,30	—	1,67	1,88	—	—	—	—	—	—
	II	226,33	12,44	18,10	20,36	II	226,33	8,93	12,99	14,61	4,15	8,14	9,15	—	3,70	4,16	—	0,22	0,25	—	—	—	—	—	—
	III	37,—	—	2,96	3,33	III	37,—																		
	V	546,50	30,05	43,72	49,18	IV	256,16	12,26	17,84	20,07	10,49	15,26	17,17	8,76	12,74	14,33	7,07	10,29	11,57	3,56	7,90	8,89	—	5,60	6,30
	VI	576,83	31,72	46,14	51,91																				
1 988,99	I,IV	257,—	14,13	20,56	23,13	I	257,—	10,53	15,32	17,24	7,11	10,35	11,64	—	5,65	6,35	—	1,71	1,92	—	—	—	—	—	—
	II	227,16	12,49	18,17	20,44	II	227,16	8,97	13,05	14,68	4,30	8,20	9,22	—	3,75	4,22	—	0,26	0,29	—	—	—	—	—	—
	III	37,33	—	2,98	3,35	III	37,33																		
	V	547,66	30,12	43,81	49,28	IV	257,—	12,31	17,91	20,15	10,53	15,32	17,24	8,80	12,80	14,40	7,11	10,35	11,64	3,71	7,96	8,96	—	5,65	6,35
	VI	578,—		31,79	46,24	52,02																			

2. Ein Mitarbeiter erhält einschließlich vermögenswirksamer Leistung des Arbeitgebers (monatlich 36,00 EUR) einen Bruttolohn von 3 610,00 EUR; Lohnsteuerklasse II/1. Abzüge: Vermögenswirksame Sparleistung 36,00 EUR, Lohnpfändung 110,00 EUR, Wareneinkauf im Betrieb 90,00 EUR zuzüglich 19 % USt, Miete für Geschäftswohnung 360,00 EUR.

Aufgabe:

Berechnen Sie den Auszahlungsbetrag für den Mitarbeiter! (Die Kirchensteuer beträgt 9 %)

MONAT 3 600,–*

Lohn/Gehalt bis €*		ohne Kinderfreibeträge					mit Zahl der Kinderfreibeträge . . .																				
								0,5			1			1,5			2			2,5			3		
		LSt	SolZ	8%	9%		LSt	SolZ	8%	9%	SolZ	8%	9%	SolZ	8%	9%	SolZ	8%	9%	SolZ	8%	9%	SolZ	8%	9%
3 608,99	I,IV	763,66	42,—	61,09	68,72	I	763,66	37,24	54,18	60,95	32,67	47,52	53,46	28,27	41,12	46,26	24,05	34,98	39,35	20,—	29,10	32,73	16,13	23,47	26,40
	II	724,33	39,83	57,94	65,18	II	724,33	35,16	51,14	57,53	30,66	44,60	50,18	26,34	38,32	43,11	22,21	32,30	36,34	18,24	26,53	29,84	14,45	21,02	23,65
	III	436,50	24,—	34,92	39,28	III	436,50	20,46	29,77	33,49	17,02	24,76	27,85	13,66	19,88	22,36	5,40	15,12	17,01	—	10,54	11,86	—	6,45	7,25
	V	1 224,05	67,33	97,94	110,18	IV	763,66	39,60	57,60	64,80	37,24	54,18	60,95	34,93	50,82	57,17	32,67	47,52	53,46	30,45	44,29	49,82	28,27	41,12	46,26
	VI	1 256,41	69,10	100,51	113,07																				
3 611,99	I,IV	764,66	42,05	61,17	68,81	I	764,66	37,30	54,26	61,04	32,72	47,60	53,55	28,32	41,20	46,35	24,10	35,06	39,44	20,05	29,17	32,81	16,18	23,54	26,48
	II	725,33	39,89	58,02	65,27	II	725,33	35,21	51,22	57,62	30,72	44,68	50,27	26,40	38,40	43,20	22,25	32,37	36,41	18,29	26,60	29,93	14,50	21,09	23,72
	III	437,33	24,05	34,98	39,35	III	437,33	20,51	29,84	33,57	17,06	24,82	27,92	13,70	19,93	22,42	5,53	15,17	17,06	—	10,60	11,92	—	6,49	7,30
	V	1 225,50	67,40	98,04	110,29	IV	764,66	39,65	57,68	64,89	37,30	54,26	61,04	34,99	50,90	57,26	32,72	47,60	53,55	30,50	44,36	49,91	28,32	41,20	46,35
	VI	1 257,75	69,17	100,62	113,19																				
3 614,99	I,IV	765,75	42,11	61,26	68,91	I	765,75	37,35	54,34	61,13	32,78	47,68	53,64	28,38	41,28	46,44	24,15	35,13	39,52	20,10	29,24	32,89	16,22	23,60	26,55
	II	726,41	39,95	58,11	65,37	II	726,41	35,27	51,30	57,71	30,77	44,76	50,36	26,45	38,47	43,28	22,30	32,44	36,50	18,33	26,67	30,—	—	14,54	21,15	23,79
	III	438,16	24,09	35,05	39,43	III	438,16	20,56	29,90	33,64	17,10	24,88	27,99	13,74	19,98	22,48	5,66	15,22	17,12	—	10,65	11,98	—	6,54	7,36
	V	1 226,75	67,47	98,14	110,40	IV	765,75	39,71	57,76	64,98	37,35	54,34	61,13	35,04	50,98	57,35	32,78	47,68	53,64	30,55	44,44	50,—	28,38	41,28	46,44
	VI	1 259,—	69,24	100,72	113,31																				

3. Ein leitender Angestellter erhält ein Bruttogehalt von 4 550,00 EUR einschließlich 36,00 EUR monatlich vermögenswirksame Leistung. Lohnsteuerklasse III/3. Anlässlich seines 10-jährigen Dienstjubiläums erhält der Angestellte eine Sonderzahlung von 250,00 EUR.[1] Abzüge: Vermögenswirksame Sparleistung 36,00 EUR, Tilgung und Zinsen für ein Arbeitgeberdarlehen 450,00 EUR, einbehaltener Vorschuss 500,00 EUR.

Aufgabe:

Berechnen Sie den Auszahlungsbetrag für den Angestellten! (Die Kirchensteuer beträgt 8 %)

MONAT 4 770,–*

Lohn/Gehalt	I–VI				I, II, III, IV																		
		ohne Kinderfreibeträge											mit Zahl der Kinderfreibeträge . . .										
						0,5			1			1,5			2			2,5			3		
bis €*		LSt	SolZ	8%	9%	LSt	SolZ	8%	9%	SolZ	8%	9%	SolZ	8%	9%	SolZ	8%	9%	SolZ	8%	9%	SolZ	8%	9%
4 796,99	I,IV	1 222,08	67,21	97,76	109,98	I 1 222,08	61,64	89,66	100,86	56,21	81,76	91,98	50,97	74,14	83,40	45,90	66,76	75,11	41,—	59,64	67,10	36,29	52,78	59,38
	II	1 176,25	64,69	94,10	105,86	II 1 176,25	59,17	86,07	96,83	53,83	78,30	88,08	48,66	70,78	79,63	43,67	63,52	71,46	38,86	56,52	63,59	34,22	49,78	56,—
	III	767,16	42,19	61,37	69,04	III 767,16	38,23	55,61	62,56	34,36	49,98	56,23	30,58	44,48	50,04	26,88	39,10	43,99	23,27	33,85	38,08	19,75	28,73	32,32
	V	1 723,25	94,77	137,86	155,09	IV 1 222,08	64,41	93,70	105,41	61,64	89,66	100,86	58,90	85,68	96,39	56,21	81,76	91,98	53,57	77,92	87,66	50,97	74,14	83,40
	VI	1 755,41	96,54	140,43	157,98																				
4 799,99	I,IV	1 223,25	67,27	97,86	110,09	I 1 223,25	61,70	89,75	100,97	56,27	81,86	92,09	51,03	74,22	83,50	45,96	66,85	75,20	41,06	59,73	67,19	36,35	52,87	59,48
	II	1 177,50	64,76	94,20	105,97	II 1 177,50	59,23	86,16	96,93	53,89	78,39	88,19	48,72	70,87	79,73	43,73	63,61	71,56	38,91	56,60	63,68	34,28	49,86	56,09
	III	768,—	42,24	61,44	69,12	III 768,—	38,28	55,68	62,64	34,41	50,05	56,30	30,62	44,54	50,11	26,92	39,16	44,05	23,32	33,92	38,16	19,80	28,80	32,40
	V	1 724,50	94,84	137,96	155,20	IV 1 223,25	64,48	93,80	105,52	61,70	89,75	100,97	58,96	85,77	96,49	56,27	81,86	92,09	53,63	78,01	87,76	51,03	74,22	83,50
	VI	1 756,66	96,61	140,53	158,09																				
4 802,99	I,IV	1 224,50	67,34	97,96	110,20	I 1 224,50	61,77	89,85	101,08	56,34	81,95	92,19	51,09	74,32	83,61	46,02	66,94	75,30	41,12	59,82	67,29	36,40	52,95	59,57
	II	1 178,75	64,83	94,30	106,08	II 1 178,75	59,30	86,26	97,04	53,95	78,48	88,29	48,78	70,96	79,83	43,79	63,70	71,66	38,97	56,69	63,77	34,33	49,94	56,18
	III	769,—	42,29	61,52	69,21	III 769,—	38,32	55,74	62,71	34,45	50,12	56,38	30,67	44,61	50,18	26,96	39,22	44,12	23,36	33,98	38,23	19,84	28,86	32,47
	V	1 725,75	94,91	138,06	155,31	IV 1 224,50	64,55	93,89	105,62	61,77	89,85	101,08	59,03	85,87	96,60	56,34	81,95	92,19	53,69	78,10	87,86	51,09	74,32	83,61
	VI	1 757,91	96,68	140,63	158,21																				

56 1. Von welchem Betrag wird die Kirchensteuer berechnet?

□1 Vom Nettogehalt

□2 Vom Bruttogehalt

□3 Vom Lohnsteuerabzug

□4 Vom Beitrag zur Krankenversicherung

□5 Vom Beitrag zur Rentenversicherung

Übertragen Sie die entsprechende Ziffer als Lösung in Ihr Hausheft!

2. Wer stellt die Lohnsteuerkarte aus?

□1 Arbeitgeber

□2 Das zuständige Finanzamt des Arbeitnehmers

□3 Das zuständige Finanzamt des Arbeitgebers

□4 Die zuständige Gemeindebehörde

Übertragen Sie die entsprechende Ziffer als Lösung in Ihr Hausheft!

---

1 Jubiläumszuwendungen gehören in vollem Umfang zum steuerpflichtigen Arbeitslohn.

3.6.5.4 Buchung von Personalaufwendungen

Die erforderlichen Buchungen lassen sich mit Hilfe der nachfolgenden Fragen ableiten. Hierbei gehen wir von der Entgeltabrechnung von Frau Edda Meyer, Mitarbeiterin der Lampenfabrik Franz Kraemer OHG, für den Monat Juli aus.

Arbeitgeber-anteil an der Sozial-versicherung	Name	Brutto-gehalt	Abzüge			Abzüge insgesamt	Nettogehalt (Auszah-lungs-betrag)
			Lohnst./ Sol.-Zuschl.	Kirchen-steuer	Sozial-versicherung		
374,91	Edda Meyer	1 940,00	257,50	21,96	397,22	676,68	1 263,32

Aufwendungen des Arbeitgebers   Abzuführende Beträge (Verbindlichkeiten)   Aus-
      – an das Finanzamt   zahlungs-
      – an die zuständige Krankenkasse   betrag

(1) Welche Aufwendungen erwachsen der Lampenfabrik monatlich für diese Mitarbeiterin?

Für Frau Meyer hat die Lampenfabrik folgende Beträge aufzuwenden:

Personalkosten (Bruttogehalt)	1 940,00 EUR
+ Sozialversicherungsbeiträge (Arbeitgeberanteil)	374,91 EUR
	2 314,91 EUR

Diese beiden Aufwandsposten müssen auf entsprechenden Aufwandskonten in unserer Buchführung gebucht werden: das **Bruttogehalt** auf dem Konto **6300 Gehälter**, der **Arbeitgeberanteil zur Sozialversicherung** auf dem Konto **6410 Arbeitgeberanteil zur Sozialversicherung**.

(2) Welche Abzüge werden einbehalten?

An **Lohnsteuer, Solidaritätszuschlag und Kirchensteuer** werden 279,46 EUR (244,08 EUR + 13,42 EUR + 21,96 EUR) einbehalten. Solange die einbehaltenen Steuern nicht an das Finanzamt abgeführt sind, stellen sie für das Unternehmen Verbindlichkeiten dar. Die Buchung erfolgt auf dem Konto **4830 Verbindlichkeiten gegenüber Finanzbehörden**.

Die **einbehaltenen Sozialversicherungsbeiträge** umfassen 397,22 EUR. Sie müssen an die zuständige Krankenkasse weitergeleitet werden. Solange dies noch nicht erfolgt ist, stellen die einbehaltenen Sozialversicherungsbeiträge ebenso wie der Arbeitgeberanteil Verbindlichkeiten dar. Die Buchung erfolgt auf dem Konto **4840 Verbindlichkeiten gegenüber Sozialversicherungsträgern**.

(3) Welcher Betrag wird monatlich an Frau Meyer ausbezahlt?

Frau Meyer erhält das Nettogehalt in Höhe von 1 263,32 EUR ausgezahlt. In Höhe dieses Betrages erfolgt bei der Gehaltsauszahlung ein Abgang auf dem Zahlungskonto. Bei Bankzahlung, wie wir annehmen wollen, bedeutet das eine Habenbuchung auf dem Bankkonto.

(4) Zu welchem Zeitpunkt sind die entsprechenden Beträge zu begleichen?

Die Sozialversicherungsbeiträge (Arbeitnehmeranteil und Arbeitgeberanteil) hier in Höhe von 772,13 EUR (Arbeitgeberanteil 374,91 + Arbeitnehmeranteil 397,22 EUR) sind spätestens zum drittletzten Bankarbeitstag des laufenden Monats fällig. Damit der Zahlungszeitpunkt eingehalten werden kann und Säumniszuschläge vermieden werden, bedeutet das praktisch, dass die Berechnung der voraussichtlichen Beitragsschuld und die Zahlungsanweisung schon einige Tage vor diesem Fälligkeitstag erfolgen müssen.[1] Bei sich ändernden Berechnungsgrundlagen (Änderungen des Personalbestandes, der Arbeitsstunden, der Arbeitstage, der Lohnsätze usw.) im Laufe des Monats, wie das in größeren Betrieben üblich ist, weicht die Berechnung der voraussichtlichen Beitragsschuld von der tatsächlichen Schuld ab. Eine erforderliche Nachverrechnung (Nachzahlung oder Überzahlung) wird bei der nächsten Abrechnung vorgenommen. Unproblematisch erweist sich die Ermittlung der fälligen Beitragsschuld in den Fällen, bei denen sich die Abrechnungsgrundlagen nicht verändern. In diesen Fällen, von denen wir der Einfachheit halber hier ausgehen, kann auch die fällige Beitragsschuld in der korrekten Höhe ermittelt werden.

(5) Wie sind die einzelnen Beträge bei der Lohn- und Gehaltsabrechnung zu buchen?

Für die **Buchung der abzuführenden Sozialversicherungsbeiträge** am drittletzten Bankarbeitstag des laufenden Monats bestehen grundsätzlich zwei Möglichkeiten: Entweder man bucht die abzuführenden Sozialversicherungsbeiträge **direkt** über das Konto **4840 Verbindlichkeiten gegenüber Sozialversicherungsträgern** oder über das **Konto 2640 Sozialversicherung – Beitragsvorauszahlung**. Beide Buchungsmöglichkeiten werden im Folgenden dargestellt. Dabei gehen wir von unserem Beispiel der Gehaltsabrechnung von Frau Edda Meyer auf S. 157 aus.

Es ergeben sich folgende Buchungen:[2]

1. Zum drittletzten Bankarbeitstag des laufenden Monats:	■ Zahlung der fälligen Sozialversicherungsbeiträge (Arbeitnehmer- und Arbeitgeberanteil).
2. Am Monatsende:	■ Buchung des Bruttogehaltes mit Auszahlung des Nettogehaltes, Verrechnung des bereits gezahlten Arbeitnehmeranteils zur Sozialversicherung und der Erfassung der einbehaltenen und abzuführenden Beträge an das Finanzamt.
	■ Buchung des bereits gezahlten Arbeitgeberanteils zur Sozialversicherung.
3. Am 10. des folgenden Monats:	■ Zahlung der einbehaltenen Lohnsteuer, der Kirchensteuer und des Solidaritätszuschlags.

■ **Buchung der abzuführenden Sozialversicherungsbeiträge über das Konto 4840 Verbindlichkeiten gegenüber Sozialversicherungsträgern**

Buchungssätze:

Nr.	Konten	Soll	Haben
1.	4840 Verbindlichkeiten geg. Sozialversich.-Trägern	772,13	
	an 2800 Bank		772,13

---

1 Die Höhe und die Aufteilung der geleisteten Beiträge wird vom Arbeitgeber für jeden Abrechnungszeitraum auf einem **Beitragsnachweis** dokumentiert und an die zuständigen Krankenkassen weitergeleitet. Der Beitragsnachweis ist rechtzeitig, **spätestens zwei Arbeitstage vor Fälligkeit der SV-Beiträge** zu übermitteln. Zusätzlich sind die vom Arbeitgeber aufzubringenden Beiträge zu den **Unterstützungs- bzw. Ausgleichskassen (U1/U2/U3)** vermerkt. Neben den Umlagen zur Lohnfortzahlung im Krankheitsfall (U1) und zum Mutterschaftsgeld (U2) betrifft dies die Insolvenzgeldumlage (U3).

2 Alle Zahlungen erfolgen durch Banküberweisung.

Nr.	Konten	Soll	Haben
2.	6300 Gehälter	1 940,00	
	an 2800 Bank		1 263,32
	an 4840 Verbindlichkeiten geg. Sozialvers.-Trägern		397,22
	an 4830 Sonstige Verbindlichkeiten geg. Finanzbehörden		279,46
	6410 AG-Anteil zur Sozialversicherung	374,91	
	an 4840 Verbindlichkeiten geg. Sozialvers.-Trägern		374,91
3.	4830 Sonstige Verbindlichkeiten geg. Finanzbehörden	279,46	
	an 2800 Bank		279,46

Erläuterungen:

Hier werden auf der Sollseite die Verbindlichkeiten gegenüber Sozialversicherungsträgern ausgebucht, obschon sie buchtechnisch auf der Habenseite noch nicht gebucht sind. Das hängt mit abrechnungspraktischen Gesichtspunkten zusammen.

Die Verbindlichkeiten gegenüber Sozialversicherungsträgern sind mit der Meldung der Sozialversicherungsbeiträge an die Krankenkasse bereits entstanden. Sie werden aus Vereinfachungsgründen jedoch erst später, und zwar zusammen mit den Gehaltsbuchungen in zwei Teilbeträgen in Höhe von 397,22 EUR (Arbeitnehmeranteil) und 374,91 EUR (Arbeitgeberanteil) gebucht.

Anmerkung: Die Beiträge zur **gesetzlichen Unfallversicherung** trägt der Arbeitgeber allein. Zu buchen ist auf dem Konto **Beiträge zur Berufsgenossenschaft**.

■ **Buchung der abzuführenden Sozialversicherungsbeiträge über das Konto 2640 Sozialversicherung-Beitragsvorauszahlung**[1]

Buchungssätze:

Nr.	Konten	Soll	Haben
1.	2640 SV-Beitragsvorauszahlung	772,13	
	an 2800 Bank		772,13
2.	6300 Gehälter	1 940,00	
	an 2800 Bank		1 263,22
	an 2640 SV-Beitragsvorauszahlung		397,22
	an 4830 Sonstige Verbindlichkeiten geg. Finanzbehörden		279,46
	6410 AG-Anteil zur Sozialversicherung	374,91	
	an 2640 SV-Beitragsvorauszahlung		374,91
3.	4830 Sonstige Verbindl. geg. Finanzbehörden	279,46	
	an 2800 Bank		279,46

Erläuterungen:

■ Die Sozialversicherungsbeiträge werden spätestens bis zum drittletzten Bankarbeitstag des laufenden Monats und damit vor der eigentlichen Gehaltsbuchung der Krankenkasse gemeldet und durch Bankeinzug bezahlt. Die Vorauszahlung der Sozialversicherungsbeiträge (772,13 EUR) wird auf dem Konto 2640 SV-Vorauszahlung erfasst (Sollbuchung).

■ Zusammen mit der Gehaltsbuchung werden die einbehaltenen Sozialversicherungsbeiträge der Arbeitnehmer (397,22 EUR) sowie der Arbeitgeberanteil zur Sozialversicherung (374,91 EUR) mit dem Konto 2640 SV-Vorauszahlung verrechnet (Habenbuchung).

---

1 Der Lehrerin/dem Lehrer steht es frei, welche Art der Buchung sie/er übernimmt. Bei den weiteren Buchungen in diesem Lehrbuch werden die **Sozialversicherungs–Beitragsvorauszahlungen** über das Konto 2640 abgewickelt.

57

Gehaltsliste Monat Juni				
Bruttogehälter	LSt, Sol.-Zuschlag und Kirchensteuer	Sozial-versicherung	Bank-überweisung	Arbeitgeber-anteil
25 440,00	3 869,00	5 145,24	16 425,76	4 916,28

Bilden Sie die Buchungssätze:

1. für die Überweisung der Sozialversicherungsbeiträge in Höhe von 10061,52 EUR,
2. für die Zahlung der Gehälter und für die Erfassung des Arbeitgeberanteils zur Sozialversicherung!

58 1. Das Bruttogehalt eines Mitarbeiters beträgt 2980,00 EUR. Der Arbeitnehmeranteil zur Sozialversicherung beträgt 602,71 EUR, die Lohnsteuer, der Solidaritätszuschlag und die Kirchensteuer betragen 278,04 EUR. Der Arbeitgeberanteil zur Sozialversicherung beträgt 575,89 EUR.

Bilden Sie die Buchungssätze für obige Angaben!

2. Wir zahlen einbehaltene Abzüge (Lohnsteuer, Solidaritätszuschlag und Kirchensteuer) in Höhe von 4670,00 EUR sowie die fällige Einkommensteuer des Geschäftsinhabers in Höhe von 3120,80 EUR durch Banküberweisung.

Bilden Sie die Buchungssätze für die Geschäftsvorfälle!

59 Ein Filialleiter erhält ein monatliches Grundgehalt von 3200,00 EUR. Sofern seine Verkaufserlöse 25000,00 EUR übersteigen, erhält er vom Mehrbetrag 3% Umsatzprovision, die im Folgemonat ausbezahlt wird.

Im Oktober beträgt sein Umsatz 51400,00 EUR.

1. Berechnen Sie den Auszahlungsbetrag für November, wenn folgende Abzüge anfallen: Lohnsteuer, Solidaritätszuschlag und Kirchensteuer 1041,75 EUR. Der Arbeitnehmeranteil zur Sozialversicherung[2] beträgt 790,28 EUR!
2. Bilden Sie die Buchungssätze für die Gehaltsabrechnung. Der Arbeitgeberanteil zur Sozialversicherung beträgt 757,20 EUR.
3. Beschreiben Sie die Auswirkungen eines Steuerfreibetrages auf der Lohnsteuerkarte für den Steuerpflichtigen bei seiner Gehaltsabrechnung!

60

Gehaltsliste Monat Oktober					
Bruttogehälter	Lohnsteuer/ Sol.-Zuschlag	Kirchensteuer	Sozial-versicherung	Gesamt-abzüge	Auszahlung Bank
30 390,00	4 686,00	393,00	6 146,38	11 225,38	19 164,62

Bilden Sie die Buchungssätze bei einem Arbeitgeberanteil zur Sozialversicherung in Höhe von 5872,87 EUR!

---

1 Bei diesen und allen folgenden Übungsaufgaben werden bei der Buchung der Personalkosten nur die Buchungen für den laufenden Monat durchgeführt. Für die Zahlung der einbehaltenen Steuerbeträge und der Solidaritätszuschläge im folgenden Monat wird gegebenenfalls ein gesonderter Geschäftsvorfall formuliert.

2 Bei allen Gehaltsbuchungen erfolgen die Zahlungsvorgänge durch Banküberweisung.

61 Bilden Sie für die Eisenwarengroßhandlung David Otto KG die Buchungssätze aufgrund folgender Angaben![1]

1. Bruttogehalt 2 680,00 EUR
   - Lohnsteuer/Solidaritätszuschlag 179,33 EUR
   - Kirchensteuer 6,53 EUR
   - Sozialvers.-Beitr./Arbeitnehmeranteil 542,03 EUR 727,89 EUR
   = Auszahlungsbetrag 1 952,11 EUR

   Der Arbeitgeberanteil zur Sozialversicherung beträgt 517,91 EUR

2. Bruttolöhne 85 600,00 EUR
   - Lohnsteuer, Solidaritätszuschlag
     und Kirchensteuer 25 680,00 EUR
   - Sozialvers.-Beitr./Arbeitnehmeranteil 17 312,60 EUR 42 992,60 EUR
   = Auszahlungsbetrag 42 607,40 EUR

   Der Arbeitgeberanteil zur Sozialversicherung beträgt 16 542,20 EUR

3. Wir überweisen per Bank die einbehaltenen Steuerbeträge
   und Solidaritätszuschläge (siehe Fälle 1 u. 2) 25 865,86 EUR

4. Wir überweisen per Bank den Beitrag an die
   Berufsgenossenschaft 2 150,00 EUR

5. Die Prokuristin Frieda Fleißig hat ein Bruttogehalt von 4 773,40 EUR. Sie ist röm.-kath., unterliegt der Lohnsteuerklasse I und erhält einen Kinderfreibetrag.

   5.1 Erstellen Sie die Gehaltsabrechnung aufgrund der abgedruckten Lohnsteuertabelle! Zu den Abzügen für die Sozialversicherung vergleichen Sie bitte die Angaben auf S. 153. (Die Kirchensteuer beträgt 9 %.)

   5.2 Berechnen Sie den Arbeitgeberanteil zur Sozialversicherung!

   5.3 Bilden Sie die Buchungssätze zu der erstellten Gehaltsabrechnung (Banküberweisung)!

MONAT 4 770,–*

Lohn/Gehalt	Abzüge an Lohnsteuer, Solidaritätszuschlag (SolZ) und Kirchensteuer (8%, 9%) in den Steuerklassen																											
	I–VI					**I, II, III, IV**																						
	ohne Kinderfreibeträge					mit Zahl der Kinderfreibeträge . . .																						
							0,5			**1**			**1,5**			**2**			**2,5**			**3**						
bis €*		LSt	SolZ	8%	9%		LSt	SolZ	8%	9%	SolZ	8%	9%	SolZ	8%	9%	SolZ	8%	9%	SolZ	8%	9%	SolZ	8%	9%			
4 772,99	I,IV	1 212,16	66,66	96,97	109,09	I	1 212,16	61,10	88,88	99,99	55,69	81,01	91,13	50,47	73,41	82,58	45,41	66,06	74,31	40,54	58,97	66,34	35,84	52,14	58,65			
	II	1 166,41	64,15	93,31	104,97	II	1 166,41	58,64	85,30	95,96	53,32	77,56	87,25	48,17	70,06	78,82	43,19	62,83	70,68	38,40	55,86	62,84	33,78	49,14	55,28			
	III	760,16	41,80	60,81	68,41	III	760,16	37,85	55,06	61,94	33,99	49,44	55,62	30,21	43,94	49,43	26,52	38,58	43,40	22,93	33,36	37,53	19,42	28,25	31,78			
	V	1 713,16	94,22	137,05	154,18	IV	1 212,16	63,87	92,90	104,51	61,10	88,88	99,99	58,37	84,91	95,52	55,69	81,01	91,13	53,06	77,18	86,82	50,47	73,41	82,58			
	VI	1 745,33	95,99	139,62	157,07																								
4 775,99	I,IV	1 213,41	66,73	97,00	109,20	I	1 213,41	61,16	88,97	100,09	55,76	81,10	91,24	50,53	73,50	82,68	45,47	66,14	74,41	40,59	59,05	66,43	35,90	52,22	58,74			
	II	1 167,66	64,22	93,41	105,08	II	1 167,66	58,71	85,40	96,07	53,38	77,65	87,35	48,23	70,16	78,93	43,25	62,92	70,78	38,46	55,94	62,93	33,83	49,22	55,37			
	III	761,—	41,85	60,88	68,49	III	761,—	37,90	55,13	62,02	34,03	49,50	55,69	30,25	44,01	49,51	26,57	38,65	43,48	22,97	33,41	37,58	19,46	28,30	31,84			
	V	1 714,41	94,29	137,15	154,29	IV	1 213,41	63,94	93,—	104,63	61,16	88,97	100,09	58,44	85,01	95,63	55,76	81,10	91,24	53,12	77,27	86,93	50,53	73,50	82,68			
	VI	1 746,58	96,06	139,72	157,19																								

---

1 Alle Zahlungen im Rahmen der Gehaltsbuchungen erfolgen durch Banküberweisung.

11 Speth – ISBN 978-3-8120-0491-6

3.7 Organisation der Buchführung

3.7.1 Einführung des Kontenrahmens

(1) Allgemeines zum Kontenrahmen

Die Buchführung eines Kaufmanns besteht aus einer Vielzahl von Konten. Um hierüber die wünschenswerte Übersicht zu behalten, bedarf es einer bestimmten Ordnung. Sie wird mit Hilfe des Kontenrahmens erreicht. Dieses bewährte Ordnungsmittel wurde bereits 1937 in der deutschen Wirtschaft eingeführt. Neben dem genannten Zweck der Übersichtlichkeit sollte mit der Einführung des Kontenrahmens auch die Vergleichbarkeit und Kontrolle der Betriebe besser ermöglicht werden. Die Einführung eines bestimmten Kontenrahmens kann nur als Empfehlung an die Betriebe angesehen werden, eine gesetzliche Verpflichtung dazu besteht nicht.

Um den individuellen Bedürfnissen optimal zu entsprechen, hat jeder Wirtschaftszweig seinen eigenen Kontenrahmen entwickelt. Daneben haben bekannte Softwarefirmen spezielle EDV-Kontenrahmen herausgebracht. Das dabei zugrunde gelegte Ordnungsprinzip ist einheitlich. Die Gesamtmenge der Konten wird mit Hilfe der zehn Ziffern unseres Zahlensystems nach bestimmten Gesichtspunkten in Klassen und Gruppen gegliedert.

(2) Bedeutung des Kontenrahmens

Dadurch, dass nicht mehr jeder Unternehmer seine Buchführung nach eigenem Ermessen und Gutdünken aufbaut, werden insbesondere folgende zwei Vorteile erzielt:

- Der Inhalt der einzelnen Konten ist genau bestimmt. Dadurch können die verschiedenen Inhalte scharf gegeneinander abgegrenzt werden. Verschiedene Industrieunternehmen buchen daher unter der gleichen Kontenbezeichnung den gleichen Inhalt. Dadurch wird die **Organisation** der Buchführung **einheitlicher** und **übersichtlicher**.
- Durch die Vereinheitlichung der Grundkonzeption der Buchführung ist es dem Unternehmer möglich, Vergleiche vorzunehmen, und zwar
  - **innerhalb des Unternehmens:** Vergleich der Entwicklung der Konteninhalte von Rechnungsjahr zu Rechnungsjahr **(Zeitvergleich),** aber auch
  - **außerhalb des Unternehmens:** z. B. Vergleich der eigenen Buchführungsergebnisse mit denen anderer Unternehmen **(Betriebsvergleich).**

(3) Vom Kontenrahmen zum Kontenplan

Innerhalb des Kontenrahmens, dessen Anwendung allen Unternehmen des betreffenden Wirtschaftszweiges empfohlen wird, stellt jeder Betrieb den individuellen Bedürfnissen entsprechend seinen eigenen **Kontenplan** auf. In diesem werden jene Konten ausgelassen, die für den betreffenden Betrieb keine Bedeutung haben.

> **Merke:**
>
> - Der **Kontenrahmen** bezieht sich auf eine bestimmte **Wirtschaftsbranche**.
> - Der **Kontenplan** bezieht sich auf einen bestimmten **Betrieb**.

3.7.2 Allgemeines Aufbauprinzip eines Kontenrahmens

Mit Hilfe der zehn Ziffern unseres Zahlensystems (0 bis 9) wird die Gesamtmenge der Konten nach sachlichen Gesichtspunkten (z. B. alle Finanzanlagen, alle Ertragskonten usw.) zunächst in 10 **Kontenklassen** gegliedert.

Beispiel:

Kontenklasse 0	Kontenklasse 1	Kontenklasse 2
AKTIVA		
Anlagevermögen		Umlaufvermögen

Da es in jeder Kontenklasse mehrere Konten gibt, muss man zur eindeutigen Unterscheidung eine zweite Ziffer hinzufügen. Dabei beginnt man ebenfalls wieder mit der Ziffer 0. Diese zweistellige Kontenkennzeichnung bildet jeweils eine **Kontengruppe.**

Beispiel:

Kontenklasse 0	usw.
AKTIVA	
Anlagevermögen	
. . 02 Konzessionen, gewerbliche Schutzrechte und ähnliche Rechte und Werte sowie Lizenzen an solchen Rechten und Werten . . 05 Grundstücke, grundstücksgleiche Rechte und Bauten einschließlich der Bauten auf fremden Grundstücken	

Da auch innerhalb einer Kontengruppe im Allgemeinen unterschiedliche Konten vorkommen, muss jede Kontengruppe wieder nach dem gleichen Verfahren unterteilt werden. Man spricht dann von einer bestimmten **Kontenart.** Notfalls müssen zu einer Kontenart auch **Kontenunterarten** gebildet werden.

Beispiel:

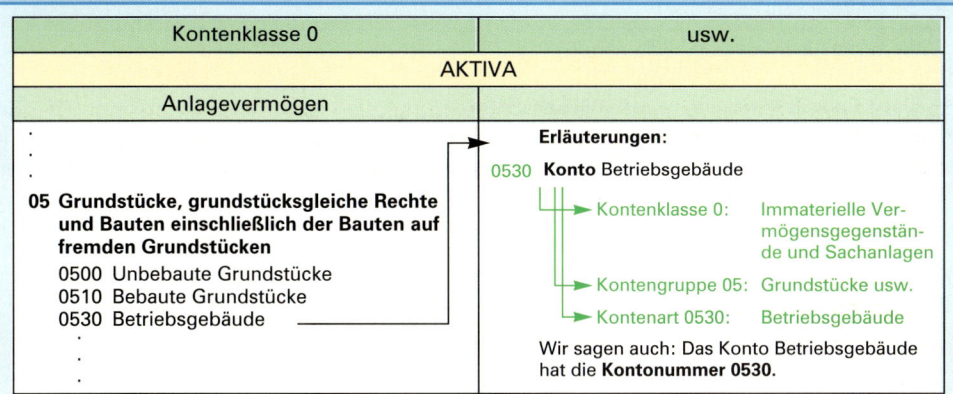

163

3.7.3 Aufbau des Industriekontenrahmens

Der Industriekontenrahmen in der Neufassung von 1986 ist ein abschlussorientierter Kontenrahmen.[1] Das bedeutet, dass sich die Reihenfolge der Kontengruppen an den Abschlussgliederungsprinzipien der Bilanz und der Gewinn- und Verlustrechnung bei Kapitalgesellschaften orientiert. Da sich diese Gliederungsprinzipien für den Jahresabschluss – besonders die für die Bilanz, wenn auch in vereinfachter und verkürzter Form – auch bei Nichtkapitalgesellschaften immer stärker durchsetzen, ist damit die Erstellung des Jahresabschlusses wesentlich erleichtert. Das gilt besonders beim Einsatz eines Finanzbuchhaltungsprogrammes. Der Computer ordnet beim Abschluss der Konten den Salden bestimmte Bilanzpositionen bzw. Positionen der Gewinn- und Verlustrechnung zu, sodass der Jahresabschluss automatisch erstellt werden kann. Natürlich muss diese Zuordnung vorher in den Computer eingegeben werden.

In seiner (vereinfachten) Grobstruktur weist der Industriekontenrahmen in den einzelnen Kontenklassen folgende Positionen aus:

Klasse 0:	Immaterielle Vermögensgegenstände und Sachanlagen	← Bestandskonten
Klasse 1:	Finanzanlagen	← Bestandskonten
Klasse 2:	Umlaufvermögen	← Bestandskonten
Klasse 3:	Eigenkapital	← Bestandskonten
Klasse 4:	Verbindlichkeiten	← Bestandskonten
Klasse 5:	Erträge	← Erfolgskonten
Klasse 6:	Betriebliche Aufwendungen	← Erfolgskonten
Klasse 7:	Weitere Aufwendungen	← Erfolgskonten
Klasse 8:	Ergebnisrechnungen	← Abschlusskonten
Klasse 9:	Kosten- und Leistungsrechnung (KLR)[2]	

In den folgenden Kapiteln werden wir die Buchungssätze nur noch unter Zuhilfenahme des Industriekontenrahmens (IKR) bilden, d.h., bei den Buchungen im Grundbuch setzen wir vor den Kontonamen die entsprechende Kontonummer, und im Hauptbuch werden die Gegenkonten nur mit den Kontonummern angegeben.

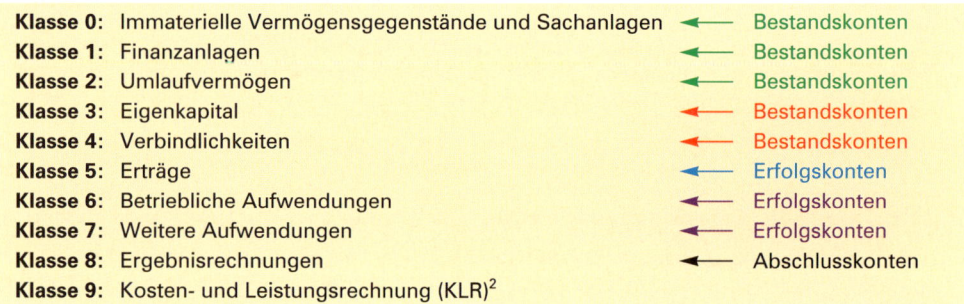

Beispiel:

Buchungssatz:

Geschäftsvorfall	Konten	Soll	Haben
Wir bezahlen eine bereits gebuchte Eingangsrechnung über 3850,00 EUR	4400 Verb. a. L. u. L.	3850,00	
durch Banküberweisung 3000,00 EUR	an 2800 Bank[3]		3000,00
in bar 850,00 EUR	an 2880 Kasse		850,00

---

1 Die EDV-Kontenrahmen verwenden im Allgemeinen für jede Kontoart des Hauptbuchs eine vierstellige Kontoziffer. Personenkonten (Lieferer- und Kundenkonten) haben dann mindestens fünfstellige Kontoziffern. Dieser 4-stelligen Kontobezifferung wollen wir uns anschließen.

2 In der Praxis wird die Kosten- und Leistungsrechnung tabellarisch durchgeführt, vgl. hierzu Kapitel 7.4, Seite 366ff.

3 Im Industriekontenrahmen wird das Konto 2800 mit „Guthaben bei Kreditinstituten (Bank)" bezeichnet. Der Einfachheit halber bezeichnen wir das Konto weiterhin kurz mit Bank.

Buchung auf den Konten:

S		2800 Bank		H
AB	5 000,00	4400		3 000,00

S		4400 Verbindl. a. Lief. u. Leist.		H
2800/2880	3 850,00	AB		10 000,00

S		2880 Kasse		H
AB	3 140,00	4400		850,00

Zusammenfassung

- Der **Kontenrahmen** ist ein Organisationsmittel der Buchführung, mit dessen Hilfe die Konten nach einem numerisch-dekadischen System geordnet werden.

- Jeder Wirtschaftszweig hat seinen eigenen Kontenrahmen entwickelt. Diese werden durch EDV-Kontenrahmen ergänzt.

- Zur Benutzung eines bestimmten Kontenrahmens besteht kein gesetzlicher Zwang. Jedoch ist die Verwendung eines Kontenrahmens heute für alle Unternehmen eine Selbstverständlichkeit und kann wohl auch als ein Grundsatz einer ordnungsmäßigen Buchführung angesehen werden.

- Die nummerische Ordnung der Konten aufgrund eines Kontenrahmens
  - erleichtert Vergleichsmöglichkeiten,
  - schafft eine bessere Übersicht,
  - beschleunigt die Bearbeitung und
  - ist eine Voraussetzung für eine EDV-gestützte Buchführung.

- Der **Kontenplan** enthält die für einen bestimmten Betrieb benötigten Konten.

Übungsaufgabe

62 Nehmen Sie zur Bearbeitung der folgenden Aufgaben den als Anlage beigefügten Industriekontenrahmen zur Hand!

1. In welchen Kontenklassen erscheinen die Aufwendungen des Betriebs?

2. Nennen Sie fünf Aufwandsarten und geben Sie jeweils die entsprechende Ziffernfolge der Kontonummern an!

3. 3.1 Mit welchem Begriff fasst der Industriekontenrahmen die Konten der Klasse 0 und 1 zusammen?

   3.2 Nehmen Sie zu dieser Begriffsbildung Stellung! Wie ist sie begründbar?

4. Ordnen Sie den folgenden Konten die richtige Kontonummer zu:
   Rohstoffe   Aufwand für Energie
   Umsatzerlöse für eigene Erzeugnisse   Fuhrpark
   Kasse   Aufwendungen für Rohstoffe

5. Welche Informationen erhalten Sie durch die Kontobezeichnung 0830?
   5.1 Was bedeutet die Ziffer 0?
   5.2 Was besagt die Ziffernfolge 08?
   5.3 Was drückt die Ziffernfolge 0830 aus?

6. Bilden Sie unter Angabe der Kontonummern und der Kontonamen für folgende Geschäftsvorfälle die Buchungssätze:

6.1	Kauf von Büromöbeln bar	5 000,00 EUR
6.2	Ein Kunde überweist einen Rechnungsbetrag auf unser Bankkonto	896,00 EUR
6.3	Wir kaufen Büromaterial bar	120,00 EUR
6.4	Wir verkaufen Fertigerzeugnisse auf Ziel	8 000,00 EUR
6.5	Wir zahlen eine Liefererrechnung durch Banküberweisung	560,00 EUR
6.6	Zahlung einer Handwerkerrechnung bar	1 160,00 EUR

6.7 Ein Kunde zahlt einen Rechnungsbetrag über   1 750,00 EUR
     in bar   750,00 EUR
     per Bankscheck   1 000,00 EUR

6.8 Wir kaufen eine Verpackungsmaschine   10 000,00 EUR

     Finanzierung:
     Bankscheck   3 500,00 EUR
     Barzahlung   200,00 EUR
     Restverbindlichkeit   6 300,00 EUR

6.9 Bilden Sie zu dem folgenden Beleg den Buchungssatz aus der Sicht der PETRA AG!

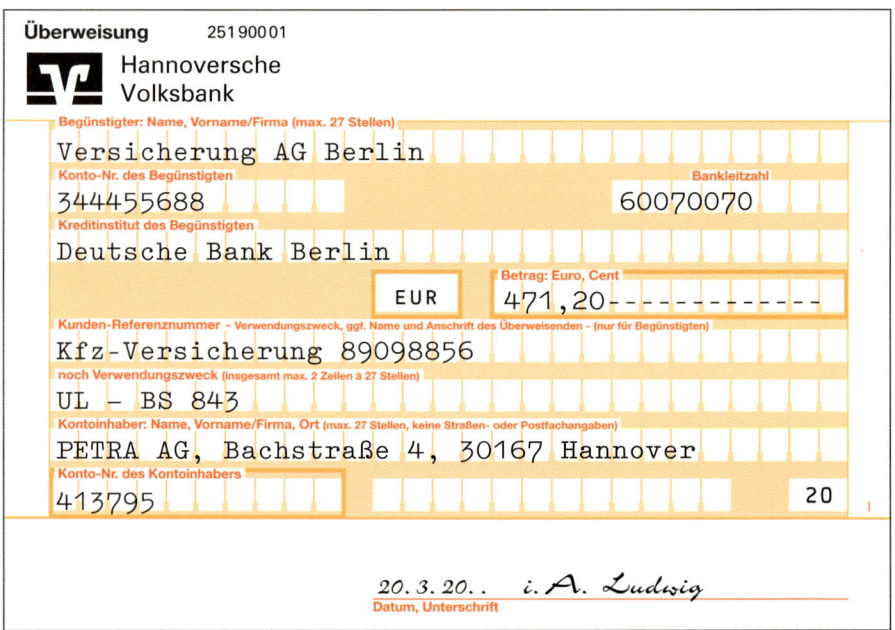

3.8 Umsatzsteuer (Mehrwertsteuer)

3.8.1 Betriebswirtschaftliche und rechtliche Grundlagen

Bis die Waren zum Verkauf im Einzelhandel angeboten werden, durchlaufen sie häufig mehrere Unternehmen.

Beispiel:
Bis der Kunde in einem Lebensmittelgeschäft eine Ecke Schmelzkäse kaufen kann, hat das Produkt in der Regel folgende Unternehmen durchlaufen:	Milcherzeugung im **landwirtschaftlichen Betrieb** → Verarbeitung zu Käse im **Milchwerk** → Fertigung im **Schmelzkäsewerk** → Vertrieb über den **Großhandel** zum → **Einzelhandel**.

Durch **Kosten** und **Gewinn** erhöht sich in jedem Unternehmen jeweils der **Wert** des Produktes. Diesen **Mehrwert** (Unterschied zwischen Verkaufswert und Einstandswert) besteuert der Staat, d. h., jeder **Unternehmer** hat von dem Mehrwert, der von seinem Unternehmen geschaffen wird, Umsatzsteuern zu entrichten. Aus diesem Grunde wird die **Umsatzsteuer (USt)** häufig auch als **Mehrwertsteuer** bezeichnet.

Die Umsatzsteuer gehört abgaberechtlich zu den Verkehrsteuern, weil Vorgänge des Wirtschaftsverkehrs besteuert werden. Der Wirkung nach ist die Umsatzsteuer eine Verbrauchsteuer, da die Belastung der Endverbraucher zu tragen hat. In vereinfachter und verkürzter Form dargestellt beantwortet das Umsatzsteuergesetz folgende Fragen:

(1) Wer ist umsatzsteuerpflichtig?

Steuerpflichtig ist der **Unternehmer**.

(2) Welche Umsätze sind umsatzsteuerbar?

Hier gilt es zunächst zwischen steuerbaren und nicht steuerbaren Umsätzen zu unterscheiden.

■ **Nicht steuerbare Umsätze.**

Sie fallen nicht unter das Umsatzsteuergesetz. Deshalb fällt bei diesen Umsätzen keine Umsatzsteuer an.

Beispiel:
Ein Autohändler liefert als **Privatmann** seinen gebrauchten Fernseher an einen Interessenten gegen Barzahlung.

■ **Steuerbare Umsätze**

Sie sind entweder steuerpflichtig oder steuerfrei.

■ **Steuerpflichtige Umsätze**

Folgende Umsätze unterliegen der Umsatzsteuer:

1. Lieferungen, die ein Unternehmer im Inland gegen Entgelt im Rahmen seines Unternehmens ausführt.

2. Leistungen, die ein Unternehmer im Inland gegen Entgelt im Rahmen seines Unternehmens ausführt (z. B. Reparaturen, Transport von Waren, Errichtung neuer Anlagen usw.).

3. Einfuhr von Gegenständen aus einem Drittlandsgebiet[1] in das Inland (Einfuhrumsatzsteuer).

4. Innergemeinschaftlicher Erwerb im Inland gegen Entgelt.

■ Steuerfreie Umsätze

Hierbei handelt es sich um Umsätze, die dem Umsatzsteuergesetz unterliegen, für die aber keine Umsatzsteuer entsteht, da diese Umsätze vom Gesetzgeber für steuerfrei erklärt werden. Die steuerfreien Umsätze sind im Wesentlichen in § 4 Nr. 1 bis Nr. 28 UStG aufgeführt.

> **Beispiel:**
>
> Ausfuhrlieferungen in ein Drittland;[1] innergemeinschaftliche[2] Lieferungen; Umsätze im Geld- und Kapitalverkehr (z.B. die Gewährung und die Vermittlung von Krediten, die Umsätze von Wertpapieren); Vermietung und Verpachtung von Grundstücken; Umsätze aus der Tätigkeit als Arzt, Zahnarzt; Zahlung von Versicherungsbeiträgen.

(3) Wie viel Prozent beträgt der Steuersatz?

Der Steuersatz beträgt im Normalfall 19%, in besonderen Fällen 7%.

(4) Von welchem Betrag wird die Umsatzsteuer berechnet (Bemessungsgrundlage)?

Die Umsatzsteuer wird vom **Entgelt** berechnet. Das ist der vom Empfänger der Leistung zu **entrichtende Nettopreis**. Die Umsatzsteuer fällt im Allgemeinen bereits dann an, wenn eine Lieferung bzw. Leistung erbracht wird, also die Forderung entsteht **(Sollbesteuerung)**. Erlösminderungen (Skonti, Rabatte, Preisnachlässe usw.) vermindern die Berechnungsgrundlage für die Umsatzsteuer, in Rechnung gestellte Nebenkosten erhöhen das Entgelt.

(5) Welchen Betrag erhält das Finanzamt?

Bei der Berechnung der Umsatzsteuer wird zunächst vom **gesamten Umsatzwert** ausgegangen: 19% vom Verkaufserlös ergibt die (vorläufige) Umsatzsteuerschuld. Von dieser so berechneten Steuerschuld können die auf den **Eingangsrechnungen ausgewiesenen Umsatzsteuerbeträge** als so genannte **Vorsteuer** abgezogen werden. Die Vorsteuer stellt somit für den Kaufmann eine **Forderung** an das Finanzamt dar. Die Differenz zwischen Umsatzsteuer und Vorsteuer ist dann die tatsächlich zu zahlende Steuerschuld. Wir nennen sie **Zahllast**.

Damit die Unternehmer und ihre Leistungsempfänger den Vorsteuerabzug erhalten, müssen die **Rechnungen** folgende **Angaben** enthalten:

> ■ Vollständiger Name und vollständige Anschrift des leistenden Unternehmers und des Leistungsempfängers,
>
> ■ die Steuernummer oder die Umsatzsteuer-Identifikationsnummer,
>
> ■ das Ausstellungsdatum,

---

1 Drittlandstaaten sind Staaten, die nicht zur Europäischen Union (EU) gehören.
2 Gemeinschaftsgebiet umfasst das Gebiet der europäischen Staaten, die der Europäischen Union angehören. EU-Länder sind: Belgien, Bulgarien, Dänemark, Deutschland, Estland, Finnland, Frankreich, Griechenland, Großbritannien, Irland, Italien, Lettland, Litauen, Luxemburg, Malta, Niederlande, Österreich, Polen, Portugal, Rumänien, Schweden, Slowakei, Slowenien, Spanien, Tschechien, Ungarn und Zypern (griechischer Landesteil).

- eine fortlaufende Nummer mit einer oder mehreren Zahlenreihen, die zur Identifizierung der Rechnung vom Rechnungssteller einmal vergeben wird (Rechnungsnummer),
- die Menge und die handelsübliche Bezeichnung des Gegenstands der Lieferung oder die Art und den Umfang der sonstigen Leistung,
- den Zeitpunkt der Lieferung oder sonstigen Leistung,
- das nach Steuersätzen und einzelnen Steuerbefreiungen aufgeschlüsselte Entgelt für die Lieferung oder sonstige Leistung sowie jede im Voraus vereinbarte Minderung des Entgelts,
- der anzuwendende Steuersatz sowie der auf das Entgelt entfallende Steuerbetrag oder im Falle einer Steuerbefreiung der Hinweis darauf, dass für die Lieferung oder sonstige Leistung eine Steuerbefreiung gilt.

Bei **Rechnungen** über **Kleinbeträge** von bis zu 150,00 Euro muss lediglich angegeben werden: Name und Anschrift des leistenden Unternehmens, Ausstellungsdatum, Menge und Art der gelieferten Gegenstände oder Umfang und Art der sonstigen Leistung, das Entgelt und der darauf entfallende Steuerbetrag in einer Summe sowie der anzuwendende Steuersatz [§ 33 Umsatzsteuer-Durchführungsverordnung, UStDV].

Beispiel:

Dargestellt am Beispiel Einkauf und Verkauf von Handelswaren, bei dem die Zusammenhänge am einfachsten dargestellt werden können, ergibt sich die folgende Abrechnung mit dem Finanzamt:

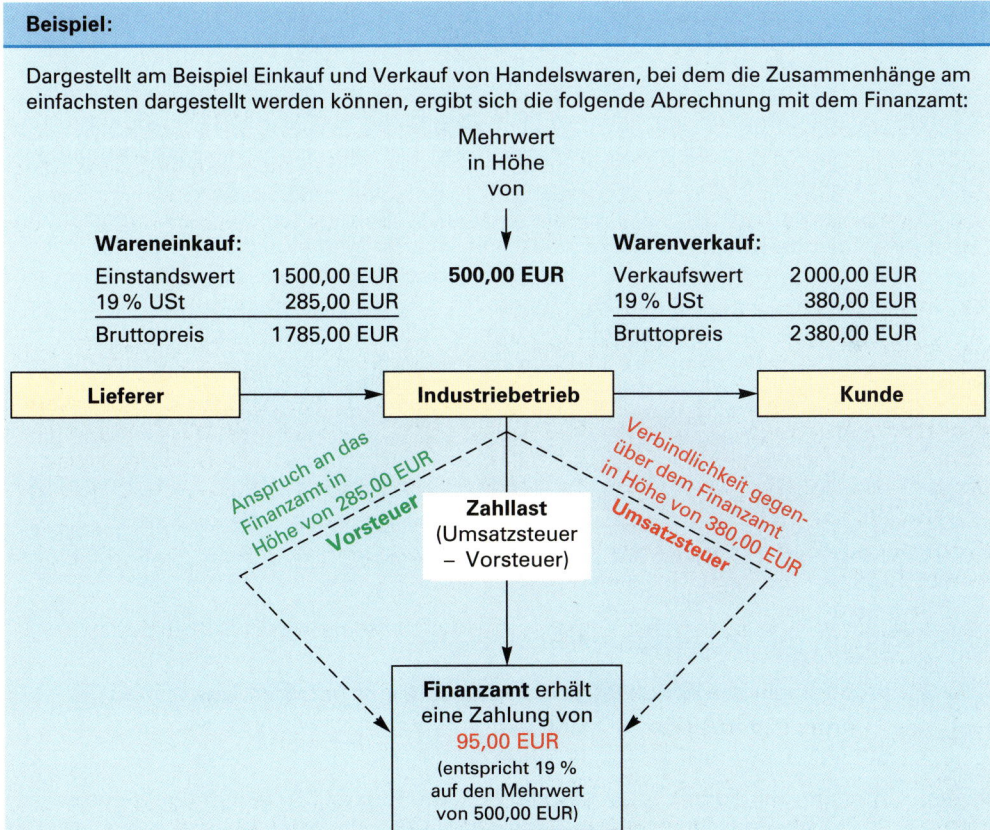

■ **Abrechnung mit dem Finanzamt:**

19 % v. Nettoverkaufspreis	2 000,00 EUR	380,00 EUR ⟶	Umsatzsteuer ⟶	Verbindlichkeiten
− 19 % v. Nettoeinkaufspreis	1 500,00 EUR	285,00 EUR ⟶	Vorsteuer ⟶	Forderungen
= Mehrwert	500,00 EUR	95,00 EUR ⟶	Zahllast ⟶	Restschuld

■ **Auswirkungen der Umsatzsteuer auf den Erfolg am Beispiel eines Handelswarengeschäftes:**

Industriebetrieb **zahlt USt**		Industriebetrieb **erhält USt**	
■ an den Lieferer lt. ER	285,00 EUR	vom Kunden lt. AR	380,00 EUR
■ an das Finanzamt	95,00 EUR		
	380,00 EUR		

Beachte:

Durch die USt entstehen dem Industriebetrieb **keine** Aufwendungen.
Die USt ist daher ergebnisunwirksam. Was das Unternehmen auf der einen Seite einnimmt, gibt es auf der anderen Seite aus. Die Umsatzsteuer ist für das Unternehmen ein so genannter **durchlaufender Posten.**

(6) Zu welchem Zeitpunkt muss die Umsatzsteuer gezahlt werden?

Der Unternehmer hat nach § 18 UStG bis zum 10. Tag nach Ablauf des Voranmeldungszeitraums eine Voranmeldung nach amtlich vorgegebenem Vordruck abzugeben, und zwar – wie heute üblich – auf elektronischem Wege. Die darin ermittelte Vorauszahlung ist zu diesem Zeitpunkt fällig.

Voranmeldungszeitraum ist das Kalendervierteljahr. Beträgt die Steuer für das vorangegangene Kalenderjahr mehr als 7 500,00 EUR, wovon im Normalfall auszugehen ist, ist der Kalendermonat der Voranmeldungszeitraum. Das bedeutet, dass der Unternehmer im Normalfall bis zum 10. des laufenden Monats für den abgelaufenen Monat eine entsprechende Voranmeldung zu übermitteln hat. Am Jahresende erfolgt die Endabrechnung mit Hilfe der Jahressteuererklärung und des Jahressteuerbescheides. Nachzahlungen bzw. Rückerstattungen sind nicht ausgeschlossen, da sich die Bemessungsgrundlage aufgrund nachträglicher Skonti, Rabatte, Preisnachlässe oder aufgrund von Forderungsausfällen ändern kann.

Merke:

Die **Last der Umsatzsteuer trägt** allein der **Verbraucher.**

3.8.2 System der Umsatzsteuerbuchungen

3.8.2.1 Buchhalterische Erfassung der Umsatzsteuer bei den Grundfällen (Einkauf von Werkstoffen und Handelswaren sowie Verkauf von Fertigerzeugnissen und Handelswaren)

Da dem Unternehmen durch die Umsatzsteuer **keine Kosten** (Aufwendungen) entstehen, kann für die buchhalterische Erfassung nur der Bereich der **Bilanzkonten** in Frage kommen.

Rohstoffe, netto	1 500,00 EUR	Erzeugnisse, netto	2 000,00 EUR
+ 19 % USt	285,00 EUR	+ 19 % USt	380,00 EUR
Rechnungsbetrag (ER)	1 785,00 EUR	Rechnungsbetrag (AR)	2 380,00 EUR

Aufgabe:

Buchen Sie die beiden Geschäftsvorfälle auf Konten und bilden Sie anschließend die Buchungssätze!

Lösung:

S	6000 Aufwend. f. Rohstoffe	H
4400	1 500,00	

S	2600 Vorsteuer	H
4400	285,00	

S	4400 Verbindlichkeiten a. Lief. u. Leist.	H
		6000/2600 1 785,00

S	2400 Forderungen a. Lief. u. Leist.	H
5000/4800	2 380,00	

S	5000 Umsatzerlöse f. eig. Erzeugnisse	H
		2400 2 000,00

S	4800 Umsatzsteuer	H
		2400 380,00

Buchungssatz:

Konten	Soll	Haben
6000 Aufw. f. Rohstoffe	1 500,00	
2600 Vorsteuer	285,00	
an 4400 Verb. a. L. u. L.		1 785,00

Buchungssatz:

Konten	Soll	Haben
2400 Ford. a. L. u. L.	2 380,00	
an 5000 UE f. eig. Erz.		2 000,00
an 4800 Umsatzsteuer		380,00

Merke:

Die USt auf Eingangsrechnungen stellt eine **Forderung** des Unternehmers gegenüber dem Finanzamt dar. Sie wird auf einem Forderungskonto, genannt **Vorsteuer,** gebucht.

Das Konto **2600 Vorsteuer** ist ein **Aktivkonto.**

Merke:

Die USt auf Ausgangsrechnungen stellt eine **Verbindlichkeit** des Unternehmers gegenüber dem Finanzamt dar. Sie wird auf einem entsprechenden Schuldkonto, genannt **Umsatzsteuer,** gebucht.

Das Konto **4800 Umsatzsteuer** ist ein **Passivkonto.**

63

1. Wir kaufen Handelswaren auf Ziel netto   1 350,00 EUR
   + 19 % USt   256,50 EUR   1 606,50 EUR

2. Kauf von Rohstoffen gegen Bankscheck netto   3 198,00 EUR
   + 19 % USt   607,62 EUR   3 805,62 EUR

3. Kauf von Fremdbauteilen bar netto   7 479,00 EUR
   + 19 % USt   1 421,01 EUR   8 900,01 EUR

4. Wir verkaufen Handelswaren bar netto   10 391,20 EUR
   + 19 % USt   1 974,33 EUR   12 365,53 EUR

5. Verkauf von Erzeugnissen auf Ziel netto   6 220,00 EUR
   + 19 % USt   1 181,80 EUR   7 401,80 EUR

6. Banküberweisung des Kunden zum Ausgleich
   der Rechnung (vgl. Fall 5)   7 401,80 EUR

7. Kauf von Hilfsstoffen gegen Rechnung netto   917,00 EUR
   + 19 % USt   174,23 EUR   1 091,23 EUR

8. Banküberweisung an einen Lieferer zum Ausgleich der
   Rechnung (vgl. Fall 7)   1 091,23 EUR

9. Verkauf von Erzeugnissen bar netto   778,00 EUR
   + 19 % USt   147,82 EUR   925,82 EUR

64   Erklären Sie die Richtigkeit folgender Aussagen!

1. Die Umsatzsteuer zahlt letztlich der Endverbraucher.

2. Die Umsatzsteuer ist ein „durchlaufender Posten" und deshalb erfolgsneutral.

3.8.2.2 Buchhalterische Erfassung der Umsatzsteuer bei weiteren Fällen

Die Umsatzsteuer erscheint nicht nur auf den Rechnungen der beiden vorgestellten Grundfälle, sondern ebenfalls bei einer Reihe weiterer Fälle.

(1) Auf der Eingangsseite

Neben den Eingangsrechnungen für den Einkauf von Werkstoffen oder Handelswaren erhalten wir z. B. Rechnungen für den Kauf von Anlagegegenständen (Fahrzeuge, Teilen, die zur Betriebs- und Geschäftsausstattung zählen), Rechnungen von Handwerkern für Reparaturleistungen, Rechnungen für den Einkauf von Büromaterial usw. Die Umsatzsteuer dieser Rechnungen erscheint ebenfalls auf dem **Aktivkonto Vorsteuer**.

(2) Auf der Ausgangsseite

Neben dem Verkauf von Erzeugnissen oder Handelswaren können gebrauchte Fahrzeuge oder Teile der Betriebs- und Geschäftsausstattung verkauft werden. Auch solche so genannten Hilfsgeschäfte sind umsatzsteuerpflichtig. Beim Verkauf müssen wir Umsatzsteuer in Rechnung stellen. Sie erscheint auf dem **Passivkonto Umsatzsteuer**.

Merke:

- Die Umsatzsteuer auf **Ausgangsrechnungen** stellt eine **Verbindlichkeit gegenüber dem Finanzamt** dar.

  Das **Konto Umsatzsteuer** ist daher ein **Passivkonto**.

- Die Umsatzsteuer auf **Eingangsrechnungen,** die als **Vorsteuer** bezeichnet wird, stellt eine **Forderung gegenüber dem Finanzamt** dar.

  Das **Konto Vorsteuer** ist daher ein **Aktivkonto**.

Übungsaufgaben

65 Buchen Sie im Grundbuch (Buchungssätze) der Möbelfabrik Bruno Bernhardt GmbH folgende Geschäftsvorfälle:

1. Wir kaufen 100 Zeituhren zum Einbau in Küchenmöbel auf Ziel netto 1430,00 EUR zuzüglich 19 % USt.

2. Wir bezahlen die bereits gebuchte Liefererrechnung Nr. 21 über 1700,00 EUR bar.

3. Einkauf von Spanplatten lt. Eingangsrechnung Nr. 56 2737,00 EUR einschließlich 19 % USt gegen Bankscheck.

4. Ein Kunde bezahlt die Ausgangsrechnung Nr. 45 durch Überweisung auf unser Bankkonto 2464,45 EUR.

5. Barzahlung einer noch nicht gebuchten Handwerkerrechnung für Malerarbeiten im Büro netto 300,00 EUR zuzüglich 19 % USt.

6. Wir kaufen einen Personalcomputer gegen Barzahlung netto 1300,00 EUR zuzüglich 19 % USt.

7. Verkauf von Bürotischen auf Ziel. Rechnungsbetrag einschließlich 19 % USt 10055,50 EUR.

8. Kauf von Schreibwaren für das Büro bar 685,00 EUR zuzüglich 19 % USt.

9. Bankabbuchung für Telefongebühren einschl. 19 % Umsatzsteuer 1195,95 EUR.

10. Banküberweisung für Stromverbrauch lt. vorliegender Rechnung: Nettowert 2210,00 EUR zuzüglich 19 % USt.

11. Einkauf von Leim für die Fertigung 890,00 EUR zuzüglich 19 % USt gegen Bankscheck.

12. Einkauf von Schmieröl 1420,00 EUR zuzüglich 19 % USt auf Ziel.

13. Bareinkauf von Schrauben und Nägeln in Höhe von 275,00 EUR zuzüglich 19 % USt.

14. Barverkauf von zugekauften Bilderrahmen in Höhe von 851,09 EUR einschl. 19 % USt.

66 Buchen Sie im Grundbuch der Papierfabrik Siegbert Schlor KG die folgenden Geschäftsvorfälle:

1. Barzahlung der Leasingrate für das Geschäftsfahrzeug		370,00 EUR	
+ 19 % USt		70,30 EUR	440,30 EUR
2. Wir zahlen Miete für die Geschäftsräume			
durch Banküberweisung			3720,00 EUR
3. Banklastschrift zum Ausgleich der Stromrechnung			
für das Geschäft		745,00 EUR	
+ 19 % USt		141,55 EUR	886,55 EUR

173

4. Wir kaufen einen Büroschrank und zahlen
mit Bankscheck   900,00 EUR
+ 19 % USt   171,00 EUR   1 071,00 EUR

5. Einkauf von Handelswaren auf Ziel   1 560,00 EUR
+ 19 % USt   296,40 EUR   1 856,40 EUR

6. Wir zahlen Gewerbesteuer durch Banküberweisung   2 769,40 EUR

7. Wir zahlen die Ausbildungsvergütungen für unsere
kaufmännischen Auszubildenden bar   4 950,00 EUR

8. Barzahlung der Rechnung des Kundendienst-Monteurs
für die Reparatur einer Maschine   275,00 EUR
+ 19 % USt   52,25 EUR   327,25 EUR

67   Folgende noch nicht gebuchten Rechnungen einschließlich 19 % USt wurden am 1. März per Bankscheck beglichen:

Werbegeschenke   172,55 EUR
Büromaterial   117,22 EUR
Wartungsarbeiten am Geschäftswagen   157,68 EUR
Kauf von Computerpapier   208,25 EUR

Aufgaben:

1. Berechnen Sie jeweils den Nettobetrag und die VSt!

2. Bilden Sie die Buchungssätze!

3.8.2.3 Ermittlung und Buchung der Zahllast

(1) Ermittlung und Begleichung der Zahllast

Nach dem Umsatzsteuergesetz ist der Kaufmann verpflichtet, monatlich eine Umsatzsteuervoranmeldung abzugeben. Hierbei ermittelt er die Zahllast. Bei der Berechnung der Zahllast, das ist der Betrag, der an das Finanzamt abgeführt werden muss, wird die Vorsteuer von der Umsatzsteuer des Monats **abgezogen.** Buchhalterisch erfolgt das in der Weise, dass das Vorsteuerkonto über das Umsatzsteuerkonto abgeschlossen wird. Der Saldo, der sich danach auf dem Umsatzsteuerkonto ergibt, stellt die Zahllast dar. Die Zahllast ist innerhalb von 10 Tagen nach Ablauf des Kalendermonats zu begleichen.

Beispiel für den Monat Januar:

2600 Vorsteuer: Summe 1800,00 EUR; 4800 Umsatzsteuer: Summe 6000,00 EUR. Die Zahllast von 4200,00 EUR wird an das Finanzamt durch die Bank überwiesen.

Aufgaben:

1. Stellen Sie die Vorgänge auf Konten dar!

2. Bilden Sie die Buchungssätze!

Zu 1.: Buchung auf den Konten

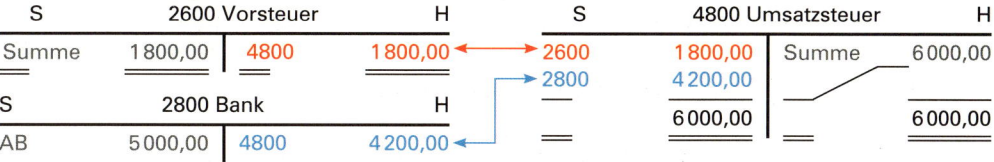

Zu 2.: Buchungssätze

Geschäftsvorfall	Konten	Soll	Haben
Ermittlung der Zahllast	4800 Umsatzsteuer an 2600 Vorsteuer	1 800,00	1 800,00
Banküberweisung der Zahllast	4800 Umsatzsteuer an 2800 Bank	4 200,00	4 200,00

(2) · Ermittlung und Passivierung der Zahllast am Ende des Geschäftsjahres

Weil am Bilanzstichtag die Zahllast noch nicht überwiesen ist, muss sie passiviert werden, d. h. als Schuld gegenüber dem Finanzamt in das Schlussbilanzkonto übernommen werden.

Beispiel für den Monat Dezember:

2600 Vorsteuer: Summe 4 000,00 EUR; 4800 Umsatzsteuer: Summe 9 000,00 EUR. Passivierung der Zahllast am 31. Dezember.

Aufgaben:

1. Ermitteln Sie buchhalterisch die Zahllast!
2. Bilden Sie die Buchungssätze!

Zu 1.: Buchung auf den Konten

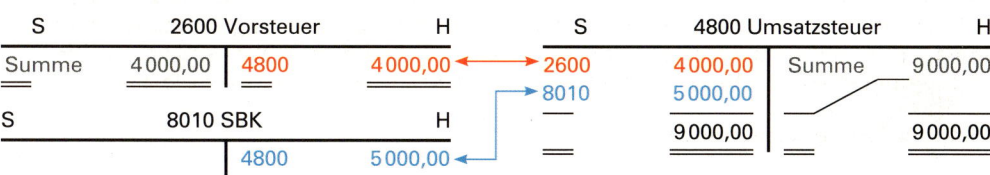

Zu 2.: Buchungssätze

Geschäftsvorfall	Konten	Soll	Haben
Ermittlung der Zahllast	4800 Umsatzsteuer an 2600 Vorsteuer	4 000,00	4 000,00
Passivierung der Zahllast	4800 Umsatzsteuer an 8010 SBK	5 000,00	5 000,00

Ist innerhalb eines Abrechnungszeitraums (Monats) die Vorsteuer höher als die Umsatzsteuer, was z. B. aufgrund von saisonbedingten Einkäufen durchaus vorkommen kann, entsteht ein so genannter **Vorsteuerüberhang**. In diesem Fall ist die Forderung gegenüber dem Finanzamt höher als die Verbindlichkeit. Diesen Vorsteuerüberhang muss das Finanzamt auszahlen bzw. verrechnen.

Logischerweise erscheint der Saldo dann nicht auf dem Passivkonto „Umsatzsteuer", sondern auf dem Aktivkonto „Vorsteuer". Das Vorsteuerkonto wird dann über das Schlussbilanzkonto abgeschlossen.

Zusammenfassung

■ Die **Umsatzsteuer** gehört zur Gruppe der Verkehrsteuern, weil Umsätze (Verkehrsvorgänge) der Unternehmen besteuert werden. Wirtschaftlich gesehen ist sie eine Verbrauchsteuer, weil allein der Endverbraucher die Umsatzsteuer zu tragen hat. Für den Unternehmer ist die Umsatzsteuer erfolgsunwirksam.

■ Häufig wird die Umsatzsteuer auch als Mehrwertsteuer bezeichnet, weil der Unternehmer nur den Betrag an das Finanzamt abzuführen hat, der auf den von ihm geschaffenen Mehrwert entfällt. Diese so genannte **Zahllast** errechnet sich wie folgt:

> Umsatzsteuer der Ausgangsrechnungen
> − Umsatzsteuer der Eingangsrechnungen (Vorsteuer)
> = Zahllast

■ Die **Umsatzsteuer** auf den **Ausgangsrechnungen** hat den Charakter einer **Verbindlichkeit**. Daher erscheint sie auch bis zur Abrechnung mit dem Finanzamt auf einem entsprechenden Verbindlichkeitskonto (das **Konto 4800 Umsatzsteuer** ist ein **Passivkonto**).

■ Die **Umsatzsteuer** auf den **Eingangsrechnungen** hat den Charakter einer **Forderung**. Daher ist das **Konto 2600 Vorsteuer** ein Forderungskonto (Aktivkonto).

■ Bei der Abrechnung mit dem Finanzamt wird im Fall einer **Zahllast** (Normalfall) das Vorsteuerkonto über das Umsatzsteuerkonto abgeschlossen. Auf dem Umsatzsteuerkonto ergibt sich dann als Saldo die Zahllast, für die im Fall der Zahlung die Gegenbuchung auf dem entsprechenden Zahlungskonto erscheint. Für den Fall, dass beim Abschluss der Konten die **Zahllast noch nicht beglichen ist,** wird sie **passiviert,** d. h., die Gegenbuchung erscheint auf der Habenseite des Schlussbilanzkontos bzw. auf der Passivseite der Bilanz.

■ Übersteigt ausnahmsweise innerhalb eines Monats (Voranmeldungszeitraum) der gebuchte Vorsteuerbetrag den gebuchten Umsatzsteuerbetrag, tritt ein **Vorsteuerüberhang** auf. In diesem Fall muss das Umsatzsteuerkonto über das Vorsteuerkonto abgeschlossen werden. Der Saldo erscheint dann auf dem Vorsteuerkonto. Das Finanzamt muss ihn auszahlen. Ist die **Auszahlung** beim Abschluss der Konten **noch nicht erfolgt,** ist sie zu **aktivieren,** d. h., die Gegenbuchung zu diesem Saldo auf der Habenseite des Vorsteuerkontos erscheint auf der Sollseite des Schlussbilanzkontos bzw. auf der Aktivseite der Bilanz.

68

S	2600 Vorsteuer		H
2800	991,80		
4400	3431,40		

S	4800 Umsatzsteuer		H
		2880	4870,00
		2800	12130,70

Aufgaben:

1. Übertragen Sie die Konten in Ihr Hausheft und ermitteln Sie buchhalterisch die Zahllast!

2. Die Zahllast ist zu passivieren.

3. Bilden Sie zu 1. und 2. die Buchungssätze!

69

S	2600 Vorsteuer		H
Su	12900,00		

S	4800 Umsatzsteuer		H
		Su	8300,00

Aufgaben:

1. Übertragen Sie die Konten in Ihr Hausheft und ermitteln Sie buchhalterisch den Vorsteuerüberhang!

2. Der Vorsteuerüberhang wird vom Finanzamt auf unser Bankkonto überwiesen.

3. Bilden Sie zu 1. und 2. die Buchungssätze!

70 Bilden Sie den Buchungssatz aus Sicht der Maschinenfabrik Wachter GmbH für den folgenden Beleg!

Einzahlungs/Überweisungsauftrag an
Bayrische
Hypo- und Vereinsbank

HypoVereinsbank

Begünstigter
Finanzamt Celle
Konto.Nr. des Begünstigten
0814720

Bankleitzahl
25740061

bei (Kreditinstitut)
Commerzbank Celle

EUR | Betrag
16330,00--------

Kunden-Referenznummer - noch Verwendungszweck, ggf. Name und Anschrift des Auftraggebers - (nur für Empfänger)
USt. VI/20..   St.Nr. 571/8054

Kontoinhaber
Maschinenfabrik Wachter GmbH
Konto-Nr. des Kontoinhabers
1473972

10. Juli 20..   i.A. Wecker
Datum   Unterschrift

3.9 Buchungen im Beschaffungsbereich

3.9.1 Buchhalterische Behandlung von Sofortnachlässen und Bezugskosten

(1) Buchhalterische Behandlung von so genannten Sofortnachlässen

Nachlässe, die der Lieferer sofort bei Rechnungsstellung gewährt, zählen nicht zu den Anschaffungskosten. Sie erscheinen in der Buchführung nicht. Gebucht wird der verminderte Einkaufspreis (Anschaffungskosten).

Beispiel:				
		Buchungssätze:		
Geschäftsvorfall		Konten	Soll	Haben

Kauf von Betriebsstoffen auf Ziel   2 000,00 EUR
– 10 % Mengenrabatt   200,00 EUR
                    1 800,00 EUR
+ 19 % USt   342,00 EUR
                    2 142,00 EUR
		6030 Aufw. f. Betriebsstoffe
		2600 Vorsteuer
		an 4400 Verb. a. Lief. u. Leist
			1 800,00
			342,00
				
				2 142,00

Merke:
Sofortnachlässe, die der Lieferer gewährt, werden nicht gebucht. Sie zählen nicht zu den Anschaffungskosten.

(2) Buchung von Bezugskosten

Die Bezugskosten, die dem Käufer zusätzlich in Rechnung gestellt werden, zählen zu den Anschaffungskosten. Sie können direkt auf dem jeweiligen Werkstoffaufwandskonto gebucht werden. Um die Bezugskosten für die Kalkulation leichter erfassen zu können, werden sie jedoch zunächst auf einem gesonderten Konto erfasst. Man will wissen, wie hoch der reine Warenwert und wie hoch die Nebenkosten sind.

Der Industriekontenrahmen sieht für jedes Werkstoffaufwandskonto ein gesondertes Bezugskostenkonto vor:

6001 **Bezugskosten** (Bezugskosten für Aufwendungen für Rohstoffe)	6021 **Bezugskosten** (Bezugskosten für Aufwendungen für Hilfsstoffe)
6011 **Bezugskosten** (Bezugskosten für Aufwendungen für Vorprodukte)	6031 **Bezugskosten** (Bezugskosten für Aufwendungen für Betriebsstoffe)
	6081 **Bezugskosten** (Bezugskosten für Aufwendungen für Waren)

Beispiel:

Geschäftsvorfälle	Buchungssätze:		
	Konten	Soll	Haben
Buchung der Bezugskosten			
1. Rohstoffeinkauf auf Ziel			
netto 1500,00 EUR	6000 Aufwend. f. Rohstoffe	1500,00	
+ Verpackung 50,00 EUR	6001 Bezugskosten	200,00	
+ Fracht 150,00 EUR	2600 Vorsteuer	323,00	
1700,00 EUR	an 4400 Verb. a. Lief. u. Leist.		2023,00
+ 19 % USt 323,00 EUR			
2023,00 EUR			
2. Kauf von Hilfsstoffen auf Ziel			
netto 850,00 EUR	6020 Aufwend. f. Hilfsstoffe	850,00	
+ Verpackung 40,00 EUR	6021 Bezugskosten	110,00	
+ Fracht 70,00 EUR	2600 Vorsteuer	182,40	
960,00 EUR	an 4400 Verb. a. Lief. u. Leist.		1142,40
+ 19 % USt 182,40 EUR			
1142,40 EUR			

Merke:

Das **Konto Bezugskosten** stellt ein Unterkonto des jeweiligen Werkstoffaufwandskontos dar.

Übungsaufgaben

71   Die Maschinenfabrik Fritz Zuverlässig OHG erhält von der Max Weber GmbH eine Rechnung für die Lieferung von 4500 Stück Kleinmotoren (Vorprodukte) zum Preis von 150,00 EUR je Stück zuzüglich 19 % USt. Der Warenwert der Rechnung wird um 20 % Mengenrabatt gekürzt. Für Fracht und Verpackung werden 350,00 EUR zuzüglich 19 % USt in Rechnung gestellt.

Aufgaben:

1. Erstellen Sie die Eingangsrechnung!
2. Bilden Sie den Buchungssatz für die Eingangsrechnung aus Sicht der Maschinenfabrik Fritz Zuverlässig OHG!

72   Einer Möbelfabrik liegt folgende Eingangsrechnung für Handelsware vor:

5 Bürotische zu je 950,00 EUR	4750,00 EUR
– 20 % Händlerrabatt	950,00 EUR
	3800,00 EUR
+ Fracht	320,00 EUR
+ Verpackung	90,00 EUR
+ Transportversicherung	47,50 EUR
	4257,50 EUR
+ 19 % USt	808,93 EUR
Rechnungsbetrag	5066,43 EUR

Aufgabe:

Bilden Sie den Buchungssatz für die Eingangsrechnung!

73 Bilden Sie für die Werkzeugfabrik Hans Edel GmbH zu folgenden Geschäftsvorfällen die Buchungssätze!

1. Wir kaufen Stahlbleche auf Ziel, Listeneinkaufspreis 12 000,00 EUR zuzüglich 19 % USt. Der Lieferer gewährt uns 20 % Rabatt. Die Fracht und Verpackungskosten betragen 510,00 EUR zuzüglich 19 % USt.

2. Kauf von Dichtungsringen von einem ausländischen Exporteur auf Ziel, Listeneinkaufspreis 795,20 EUR zuzüglich 19 % USt. Zölle und Gebühren: 8 % vom Listeneinkaufspreis.

3. Kauf von Elektromotoren gegen Bankscheck, 2400,00 EUR zuzüglich 19 % USt. Für Fracht werden 150,00 EUR zuzüglich 19 % USt in Rechnung gestellt.

4. Für eine erhaltene Schleifmittellieferung zahlen wir die Frachtkosten in bar 60,00 EUR zuzüglich 19 % USt.

5. Einkauf einer Partie Kupplungen zum Listeneinkaufspreis von 8500,00 EUR zuzüglich 19 % USt gegen Banküberweisung.

6. Die Frachtkosten (zu Geschäftsvorfall 5) in Höhe von 198,50 EUR zuzüglich 19 % USt werden bar bezahlt.

7. Wir beziehen Waschbenzin auf Ziel im Gesamtwert von 5880,00 EUR zuzüglich 19 % USt. Der Rabattsatz unseres Lieferers beträgt 30 %. An Verpackungskosten werden uns 180,00 EUR in Rechnung gestellt.

74 Wir haben die uns bei der Lieferung von Betriebsstoffen in Rechnung gestellte Leihverpackung vereinbarungsgemäß an den Lieferer zurückgesandt und erhalten daraufhin eine Gutschrift über 208,25 EUR einschließlich 19 % USt.

Aufgabe:
Bilden Sie den Buchungssatz!

3.9.2 Rücksendungen an Lieferer

Beispiel:	
Ausgangs-situation:	Folgende Eingangsrechnung für einen Einkauf von Rohstoffen auf Ziel wurde bereits bei uns gebucht.

Rohstoffwert	15 000,00 EUR
+ 19 % USt	2 850,00 EUR
Rechnungsbetrag	17 850,00 EUR

Problemfall: Von der bereits bei uns gebuchten Rohstofflieferung senden wir Rohstoffe zurück (Falschlieferung).

Rohstoffwert	500,00 EUR
+ 19 % USt	95,00 EUR
Gutschriftsbetrag	595,00 EUR

Aufgaben:
1. Buchen Sie den Problemfall auf den Konten des Hauptbuches!
2. Bilden Sie dazu den Buchungssatz!

Zu 1.: Buchung auf den Konten des Hauptbuches

S	6000 Aufwend. f. Rohstoffe		H		S	4400 Verb. a. Lief. u. Leist.		H
4400	15 000,00	4400	500,00		6000/2600	595,00	6000/2600	17 850,00

Soll	2600 Vorsteuer		Haben
4400	2 850,00	4400	95,00

Zu 2.: Buchungssätze

Geschäftsvorfall	Konten	Soll	Haben
Von der bereits gebuchten Rohstofflieferung schicken wir Rohstoffe zurück: Nettowert 500,00 EUR + 19 % USt 95,00 EUR Bruttowert 595,00 EUR	4400 Verb. a. Lief. u. Leist. an 6000 Aufw. f. Rohst. an 2600 Vorsteuer	595,00	500,00 95,00

Merke:

Rücksendungen an den Lieferer vermindern unsere Verbindlichkeiten gegenüber dem Lieferer in Höhe des Bruttowertes der Rücksendung, die ursprünglich gebuchten Werkstoffaufwendungen um den Nettowert und die Vorsteuer in Höhe der Differenz aus den beiden Werten.

Übungsaufgaben

75 1. Ein Industriebetrieb kauft Betriebsstoffe im Gesamtwert von 2 150,00 EUR zuzüglich 19 % USt gegen Rechnung.

2. Nach Buchung und Überprüfung der Sendung wird ein Teil der Betriebsstoffe wegen Qualitätsmängeln zurückgesandt, 430,00 EUR zuzüglich 19 % USt.

Aufgabe:

Bilden Sie die Buchungssätze für die beiden Geschäftsvorfälle!

76 1. Wir kaufen Hilfsstoffe auf Ziel im Warenwert von 2 900,00 EUR zuzüglich 19 % USt.

2. Einen Teil der bereits gebuchten Hilfsstoffe senden wir wegen Beschädigung zurück. Warenwert 480,00 EUR zuzüglich 19 % USt.

Aufgabe:

Bilden Sie die Buchungssätze für die beiden Geschäftsvorfälle!

3.9.3 Preisnachlässe von Lieferern

(1) Grundlagen

Bei den hier zu behandelnden Preisnachlässen handelt es sich um Preisnachlässe, die ein Lieferer **nach** der beim Empfänger gebuchten Eingangsrechnung gewährt.

Als nachträglich gewährte Preisnachlässe kommen in Frage:

- Preisnachlässe aufgrund beanstandeter Mängel der Lieferung (**Mängelrüge**),
- von Lieferern gewährte Skonti (**Liefererskonti**),
- nachträglich gewährte Rabatte (**Umsatzboni**).

Gewährt uns der Lieferer nachträglich einen Preisnachlass, hat das die gleichen Auswirkungen wie bei einer Warenrücksendung. Daher liegen auch hier die gleichen Überlegungen zugrunde.

- Die ursprünglich gebuchte Verbindlichkeit vermindert sich in Höhe des Bruttowertes des Nachlasses. Daher muss eine **Sollbuchung** auf dem Konto **Verbindlichkeiten aus Lieferungen und Leistungen** erfolgen.

- Da sich durch die nachträgliche Preisänderung auch die ursprüngliche Berechnungsgrundlage für die Umsatzsteuer geändert hat, muss auch eine entsprechende Korrektur auf der **Habenseite** des **Vorsteuerkontos** stattfinden.

- Auch der ursprünglich gebuchte Anschaffungspreis muss durch eine **Habenbuchung** auf dem entsprechenden Werkstoffaufwandskonto gemindert werden. Diese Minderung könnte direkt auf dem betreffenden Werkstoffaufwandskonto gebucht werden. Um diese Nachlässe jedoch später noch feststellen zu können, werden sie zunächst auf einem **entsprechenden Unterkonto** erfasst.

Der hier zugrunde liegende Industriekontenrahmen sieht für solche Nachlässe folgende Unterkonten vor:

6002 Nachlässe (Nachlässe für Aufwendungen für Rohstoffe)

6012 Nachlässe (Nachlässe für Aufwendungen für Vorprodukte)

6022 Nachlässe (Nachlässe für Aufwendungen für Hilfsstoffe)

6032 Nachlässe (Nachlässe für Aufwendungen für Betriebsstoffe)

6082 Nachlässe (Nachlässe für Aufwendungen für Waren)

(2) Buchung einer Lieferergutschrift aufgrund einer Mängelrüge

Beispiel:	
Ausgangs-situation:	Folgende Eingangsrechnung für den Einkauf von Hilfsstoffen wurde bereits bei uns gebucht.

Warenwert	1 200,00 EUR
+ 19 % USt	228,00 EUR
Rechnungsbetrag	1 428,00 EUR

Problemfall: Aufgrund unserer Reklamation erhalten wir vom Lieferer eine Gutschrift über folgenden Preisnachlass.

Nettowert	300,00 EUR
+ 19 % USt	57,00 EUR
Gutschriftsbetrag	357,00 EUR

Aufgaben:

1. Stellen Sie den Problemfall auf den Konten des Hauptbuches dar!

2. Bilden Sie dazu den Buchungssatz zu dem Problemfall!

Lösungen:

Zu 1.: Buchung auf den Konten des Hauptbuches

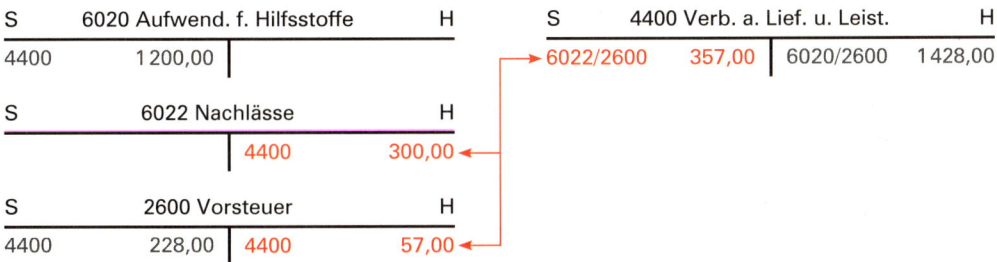

Zu 2.: Buchungssatz

Geschäftsvorfall	Konten	Soll	Haben
Wegen Mängel an der Hilfsstofflieferung erhalten wir von der Stark GmbH eine Lieferergutschrift.	4400 Verb. a. Lief. u. Leist. an 6022 Nachlässe an 2600 Vorsteuer	357,00	300,00 57,00

(3) Buchungen zum Ausgleich von Liefererrechnungen mit Skontoabzug

Beispiel:

Wir bezahlen eine Liefererrechnung für Rohstoffe über	5 950,00 EUR
unter Abzug von 2 % Skonto	− 119,00 EUR
Banküberweisung	5 831,00 EUR

Aufgaben:

1. Buchen Sie den Geschäftsvorfall auf Konten!

2. Bilden Sie den Buchungssatz!

Lösungen:

Zu 1.: Buchung auf den Konten und Abschluss des Kontos 6002

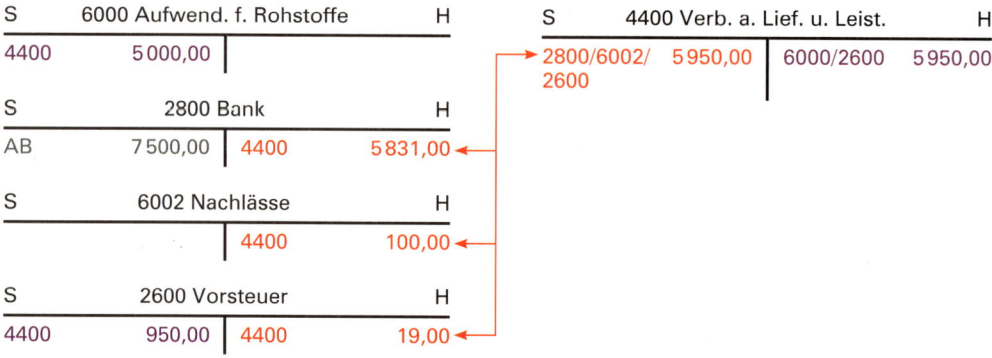

S	6000 Aufwend. f. Rohstoffe	H
4400	5 000,00	

S	2800 Bank	H
AB	7 500,00	4400 5 831,00

S	6002 Nachlässe	H
		4400 100,00

S	2600 Vorsteuer	H
4400	950,00	4400 19,00

S	4400 Verb. a. Lief. u. Leist.	H
2800/6002/2600 5 950,00	6000/2600 5 950,00

Zu 2.: Buchungssätze

Geschäftsvorfall	Konten	Soll	Haben
Wir bezahlen eine Liefererrechnung für Rohstoffe über 5 950,00 EUR unter Abzug von 2 % Skonto 119,00 EUR durch Banküberweisung 5 831,00 EUR	4400 Verb. a. Lief. u. Leist. an 2800 Bank an 6002 Nachlässe an 2600 Vorsteuer	5 950,00	5 831,00 100,00 19,00

> **Merke:**
>
> - Werden Liefererrechnungen unter Skontoabzug gezahlt, ist der Skonto auf dem Unterkonto **„Nachlässe"** zu erfassen, das dem entsprechenden Werkstoffaufwandskonto zugeordnet ist.
>
> - Werden z.B. **Liefererrechnungen für Rohstoffeinkäufe** mit Skontoabzug gezahlt, ist der Skonto auf dem Unterkonto **6002** zu erfassen.

(4) Buchung von Liefererboni

Der vom Lieferer gewährte Umsatzbonus hat beim Empfänger (bei uns) die gleichen Auswirkungen wie der Preisnachlass aufgrund unserer Reklamation. Daher wird auch die gleiche Buchung ausgelöst. Um feststellen zu können, auf welchem Unterkonto der Preisnachlass zu buchen ist, muss aus der Aufgabenstellung hervorgehen, auf welches Hauptkonto (Aufwendungen für Roh-, Hilfs-, Betriebsstoffe, Vorprodukte, Handelswaren) sich der betreffende Preisnachlass bezieht.

Problemfall: Wir erhalten von unserem Hilfsstofflieferer auf den Halbjahresumsatz in Höhe des Nettowertes von 35 000,00 EUR einen Umsatzbonus (Rückvergütung) von 2 %

Nettowert	700,00 EUR
+ 19 % USt	133,00 EUR
Gutschriftsbetrag	833,00 EUR

Aufgaben:

Bilden Sie den Buchungssatz!

Lösung:

Geschäftsvorfall	Konten	Soll	Haben
Ein Hilfsstofflieferer gewährt uns einen Umsatzbonus in Form folgender Gutschrift: Halbjahresbonus 2 % von 35 000,00 EUR = 700,00 EUR + 19 % USt 133,00 EUR Gutschriftsbetrag 833,00 EUR	4400 Verb. a. Lief. u. Leist. an 6022 Nachlässe an 2600 Vorsteuer	833,00	700,00 133,00

3.9.4 Abschluss der Unterkonten Bezugskosten und Nachlässe

Die Bezugskosten und Nachlässe stellen Unterkonten des betreffenden Werkstoffaufwands- bzw. Warenaufwandskontos dar. Diese Unterkonten werden über das betreffende Hauptkonto abgeschlossen. Nach Abschluss der Konten Bezugskosten und Nachlässe erscheinen auf dem entsprechenden Werkstoffaufwandskonto dann die auf das GuV-Konto zu übernehmenden Aufwendungen.

Summe der Aufwendungen auf dem Konto 6000 Aufwendungen für Rohstoffe: 87400,00 EUR, Summe der Bezugskosten auf dem Konto 6001 Bezugskosten: 7980,00 EUR, Summe der Nachlässe auf dem Konto 6002 Nachlässe: 3420,00 EUR.

Aufgaben:

1. Übertragen Sie die Angaben auf die entsprechenden Konten und schließen Sie die Konten 6001 und 6002 ab!
2. Wie hoch sind die Aufwendungen für Rohstoffe?

Lösungen:

Zu 1.:

S	6001 Bezugskosten	H	S	6000 Aufw. f. Rohstoffe	H	S	6002 Nachlässe	H
Su	7 980,00	6000 7 980,00	Su	87 400,00	6002 3 420,00	6000 3 420,00	Su	3 420,00
			6001	7 980,00	8020 91 960,00			
				95 380,00	95 380,00			

Zu 2.: Die Aufwendungen für Rohstoffe betragen 91 960,00 EUR.

■ Preisnachlässe, die sofort bei Erstellung der Eingangsrechnung vereinbart werden (Sofortnachlässe), gehören nicht zu den Anschaffungskosten. Sie erscheinen daher in der Buchführung nicht.

■ Die vom Lieferer zusätzlich in Rechnung gestellten Nebenkosten sind Bestandteil der Anschaffungskosten. Sie werden in der Praxis im Allgemeinen zunächst auf dem entsprechenden Unterkonto erfasst, das beim Abschluss über das betreffende Hauptkonto abgeschlossen wird.

■ Rücksendungen an Lieferer und Preisnachlässe von Lieferern wegen Mängelrüge oder Preisnachlässe aufgrund von gewährten Umsatzboni haben im Prinzip die gleichen Auswirkungen in der Buchführung:

■ Korrektur des Kontos Verbindlichkeiten aus Lieferungen und Leistungen in Höhe des Bruttowertes (Sollbuchung),

■ Korrektur auf dem entsprechenden Aufwandskonto um den Nettowert (Habenbuchung),

■ Korrektur der Vorsteuer um die Differenz der beiden Werte (Habenbuchung).

■ Der einzige Unterschied zwischen der Rücksendung und den genannten Preisnachlässen besteht darin, dass bei Rücksendungen die Korrektur direkt auf dem entsprechenden Aufwandskonto erfolgt, während bei den genannten Preisnachlässen die erforderliche Korrektur zunächst auf einem entsprechenden Unterkonto (Nachlässe) erfasst wird. Beim Abschluss der Konten ist das entsprechende Unterkonto über das jeweilige Hauptkonto abzuschließen.

Übungsaufgaben

77 Buchen Sie für einen Industriebetrieb die folgenden Geschäftsvorfälle im Grundbuch![1]

1. Der Lieferer sendet uns eine Gutschrift für zurückgesandte Hilfsstoffe zu:

Nettowert	350,00 EUR
+ 19 % USt	66,50 EUR
Gutschrift	416,50 EUR

2. Unser Betriebsstoffe-Lieferer gewährt uns am Jahresende einen Bonus in Höhe von 820,00 EUR zuzüglich 19 % USt.

3. Wir senden Vorprodukte wegen Beschädigung zurück:

Warenwert	4 120,00 EUR	
+ 19 % USt	782,80 EUR	4 902,80 EUR

78 Bilden Sie die Buchungssätze zu den nachfolgenden Geschäftsvorfällen!

1. 1.1 Wir erhalten von einem Lieferer eine Rechnung über bezogene Betriebsstoffe in Höhe von 1 760,00 EUR zuzüglich 19 % USt.

    1.2 Wir begleichen die Rechnung innerhalb der Skontofrist unter Abzug von 2 % Skonto mit Bankscheck.

2. 2.1 Wir erhalten von einem Lieferer eine Rechnung über bezogene Handelswaren in Höhe von 4 150,00 EUR zuzüglich 19 % USt.

    2.2 Wir begleichen die Rechnung innerhalb der Skontofrist unter Abzug von 3 % Skonto mit Bankscheck.

---

1 Zur Erinnerung: Im Grundbuch werden die Buchungssätze gebildet.

79 Bilden Sie die Buchungssätze zu den nachfolgenden Geschäftsvorfällen!

1. 1.1 Für den Bezug von Vorprodukten liegen folgende Rechnungsdaten vor: Warenwert 1 760,00 EUR, Frachtpauschale 172,50 EUR, Transportversicherung 20,40 EUR jeweils zuzüglich 19 % USt.

   1.2 Aufgrund eines Qualitätsmangels senden wir Vorprodukte im Wert von netto 105,00 EUR zuzüglich 19 % USt an den Lieferer zurück.

   1.3 Für die verspätete Lieferung der Vorprodukte gewährt uns der Lieferer eine Gutschrift in Höhe von 80,00 EUR zuzüglich 19 % USt.

   1.4 Am Fälligkeitstag der Rechnung bezahlen wir den Restbetrag durch Banküberweisung an den Lieferer unter Abzug von 2 % Skonto.

   1.5 Richten Sie die Konten 6010 Aufwendungen für Vorprodukte, 6011 Bezugskosten und 6012 Nachlässe ein. Tragen Sie die Beträge der vier Geschäftsvorfälle in diese Konten ein (die Gegenkonten sind anzugeben, aber nicht zu führen). Schließen Sie die Konten ab und bestimmen Sie buchhalterisch die Aufwendungen für Vorprodukte.

2. 2.1 Wir erhalten von der Maschinenbau Peter GmbH eine Rechnung über bezogene Hilfsstoffe in Höhe von 2 700,00 EUR zuzüglich 19 % USt.

   2.2 Wegen eines Qualitätsmangels senden wir einen Teil der Hilfsstoffe in Höhe von 410,00 EUR zuzüglich 19 % USt an die Maschinenbau Peter GmbH zurück.

   2.3 Am Zahlungstermin begleichen wir die Rechnung unter Abzug von 2 % Skonto mit Banküberweisung.

80 Buchen Sie den Geschäftsvorfall im Grundbuch der Fahrradfabrik Fritz Schnell e.Kfm., der durch folgenden Beleg dokumentiert wird.

EINKAUFSFACHVERBAND BAYERN GMBH 85221 DACHAU, ISARSTRASSE 15 – 18

Fahrradfabrik
Fritz Schnell e. Kfm.
Kantstraße 25
42859 Remscheid

*Eingegangen am
20. . – 07 – 09
Fritz Schnell*

Sehr geehrter Herr Schnell,

wir bestätigen die Rücksendung von zwei Stahlrahmen wegen Qualitätsmangel

Warenwert	995,80 EUR
+ 19 % USt	189,20 EUR
Gesamtwert	1 185,00 EUR

Bitte nehmen Sie eine entsprechende Verrechnung in Ihrer Buchhaltung vor.

Mit freundlichen Grüßen

ppa. *Franz Maier*

Sitz der Gesellschaft: Dachau	Registergericht Dachau: HRB 4080	St.-Nr.: 220/3456

3.10 Buchungen im Absatzbereich

3.10.1 Buchhalterische Behandlung von Sofortnachlässen und Versandkosten

So genannte **Sofortnachlässe** zählen nicht zu den Umsatzerlösen und erscheinen daher nicht in der Buchführung.

Versandkosten stellen unter betriebswirtschaftlichen Gesichtspunkten Vertriebskosten dar. Unter buchhalterischen Gesichtspunkten sind zu unterscheiden in:

- **Vertriebskosten** (Versandkosten), die wir den **Kunden** zusätzlich (neben den reinen Produktkosten) **in Rechnung stellen** und

- **Vertriebskosten** (Versandkosten), für die uns **Eingangsrechnungen** vorliegen.

(1) Vertriebskosten, die wir den Kunden in Rechnung stellen

Die von uns zusätzlich in Rechnung gestellten Vertriebskosten erhöhen die Verkaufserlöse. Im Gegensatz zum Einkaufsbereich wird im Verkaufsbereich **kein** Unterkonto geführt. Die zusätzlich in Rechnung gestellten Versandkosten werden daher zusammen mit dem Stoffwert direkt auf dem entsprechenden Umsatzerlöskonto gebucht.

Beispiel:

Geschäftsvorfall	Konten	Soll	Haben

Wir verkaufen Erzeugnisse auf Ziel laut folgender Ausgangsrechnung:
Listenverkaufspreis   1 200,00 EUR
+ Verpackung   55,00 EUR
+ Fracht   105,00 EUR
  1 360,00 EUR
+ 19 % USt   258,40 EUR
  1 618,40 EUR
	2400 Ford. a. Lief. u. Leist.
	an 5000 UE f. eigene
	       Erzeugnisse
	an 4800 Umsatzsteuer
		1 618,40	1 360,00
			258,40

(2) Vertriebskosten, für die Eingangsrechnungen vorliegen

Beispiele:

Geschäftsvorfälle	Konten	Soll	Haben

1. Wir zahlen folgende noch nicht gebuchte Eingangsrechnung für Verpackungsmaterial bar: 247,00 EUR
+ 19 % USt   46,93 EUR
  293,93 EUR
	6040 Aufwand für
	       Verpackungsmat.
	2600 Vorsteuer
	an 2880 Kasse
		247,00
		46,93
			293,93

2. Wir begleichen eine noch nicht gebuchte Rechnung unseres Spediteurs durch Banküberweisung für Fahrten im Monat März 380,00 EUR + 19 % USt 72,20 EUR 452,20 EUR	6140 Frachten und Fremdlager 2600 Vorsteuer an 2800 Bank	380,00 72,20	452,20
3. Wir zahlen Vertriebsprovision bar 460,00 EUR + 19 % USt 87,40 EUR 547,40 EUR	6150 Vertriebsprov. 2600 Vorsteuer an 2880 Kasse	460,00 87,40	547,40

3.10.2 Rücksendungen durch Kunden

Beispiel:

Ausgangs-situation: Folgende Ausgangsrechnung für auf Ziel verkaufte Erzeugnisse wurde bereits bei uns gebucht:

Warenwert netto 20 000,00 EUR
+ 19 % USt 3 800,00 EUR

23 800,00 EUR

Problemfall: Von der bereits bei uns gebuchten Lieferung schickt uns der Kunde wegen Falschlieferung Erzeugnisse zurück im Werte von:

Wert der Erzeugnisse netto 800,00 EUR
+ 19 % USt 152,00 EUR

Rechnungsbetrag 952,00 EUR

Aufgaben:

1. Buchen Sie die Rücksendung des Kunden auf den Konten des Hauptbuches!

2. Bilden Sie dazu den Buchungssatz!

Lösungen:

Zu 1.: Buchung auf den Konten des Hauptbuches

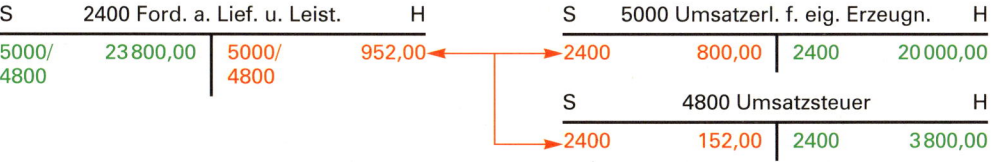

Zu 2.: Buchungssatz

Geschäftsvorfall	Konten	Soll	Haben
Ein Kunde sendet Erzeugnisse zurück: Nettowert 800,00 EUR + 19 % USt 152,00 EUR 952,00 EUR	5000 Umsatzerl. f. eig. Erz. 4800 Umsatzsteuer an 2400 Ford. a. Lief. u. Leist.	800,00 152,00	952,00

189

Erläuterungen:

Bei Rücksendungen von Erzeugnissen durch Kunden nehmen die ursprünglich gebuchten Forderungen um den Bruttowert der Rücksendung ab. Daher muss eine **Habenbuchung** auf dem Konto **2400 Forderungen aus Lieferungen und Leistungen** erfolgen. Gleichzeitig nehmen auch die ursprünglich gebuchten Umsatzerlöse um den Nettowert der Rücksendung ab. Das erfordert eine **Sollbuchung** auf dem **Erlöskonto** in Höhe des Nettowertes.

Da sich durch die nachträgliche Änderung der Umsatzerlöse die Berechnungsgrundlage für die Umsatzsteuer geändert hat, muss auch die ursprünglich gebuchte Umsatzsteuer korrigiert werden. Dieser Korrekturbetrag ergibt sich aus der Differenz zwischen dem Bruttowert und dem Nettowert der Rücksendung. Dadurch ergibt sich eine **Sollbuchung** auf dem **Konto 4800 Umsatzsteuer** in Höhe dieser Differenz.

Übungsaufgabe

81 Bilden Sie zu folgenden Geschäftsvorfällen die Buchungssätze!

1. Zielverkauf von Erzeugnissen lt. AR 14/1718   14 000,00 EUR
   - 10 % Rabatt   1 400,00 EUR

       12 600,00 EUR
   + Fracht- und Verpackungspauschale   470,00 EUR

       13 070,00 EUR
   + 19 % USt   2 483,30 EUR

       15 553,30 EUR

2. Der Kunde überweist zum Ausgleich der Rechnung
   AR 14/1718 auf unser Bankkonto   15 553,30 EUR

3. Ein Kunde kauft Waren bar im Wert von 890,00 EUR zuzüglich 19 % USt. Auf den Verkaufswert geben wir einen Sofortnachlass von 15 %.

4. Ein Kunde sendet einen Teil der gelieferten Erzeugnisse wegen eines Qualitätsmangels an uns zurück. Wir gewähren eine Gutschrift einschließlich 19 % USt in Höhe von 224,91 EUR.

5. Ein Kunde bringt von uns bar verkaufte Erzeugnisse zurück und erhält den Gegenwert von 85,00 EUR zuzüglich 19 % USt gutgeschrieben.

6. 6.1 Ein Kunde kauft zwei Erzeugnisse im Bruttowert von 124,95 EUR je Erzeugnis gegen Rechnung.

   6.2 Nach einigen Tagen gibt er einen Artikel zurück und bezahlt den anderen bar.

7. 7.1 Wir verkaufen Erzeugnisse im Bruttowert von 618,80 EUR auf Ziel.

   7.2 Aufgrund einer Falschlieferung sendet uns der Kunde Erzeugnisse im Bruttowert von 160,65 EUR zurück. Über den Restbetrag sendet er einen Bankscheck.

8. Banküberweisung für eine noch nicht gebuchte
   Rechnung unseres Spediteurs   920,00 EUR
   + 19 % USt   174,80 EUR   1 094,80 EUR

9. Barkauf von Verpackungsmaterial   277,50 EUR
   + 19 % USt   52,73 EUR   330,23 EUR

3.10.3 Preisnachlässe gegenüber Kunden

(1) Grundlagen

Neben den Preisänderungen, die sofort bei Rechnungserteilung gewährt werden, gibt es auch im Verkaufsbereich Preisnachlässe, die nach der Buchung einer Ausgangsrechnung auftreten. Es sind drei Fälle zu unterscheiden:

- Preisnachlässe aufgrund beanstandeter Mängel des Kunden **(Mängelrüge),**
- den Kunden nachträglich gewährte Rabatte **(Umsatzboni),**
- den Kunden bei vorzeitiger Zahlung gewährte Skonti **(Kundenskonti).**

(2) Ein Kunde erhält eine Gutschrift aufgrund seiner Reklamation

Beispiel:

Ausgangssituation: Folgende Ausgangsrechnung für auf Ziel verkaufte Erzeugnisse wurde bereits bei uns gebucht:

Warenwert der Erzeugnisse netto	30 000,00 EUR
+ 19 % USt	5 700,00 EUR
	35 700,00 EUR

Problemfall: Der Kunde reklamiert an den gelieferten Erzeugnissen Mängel und erhält daraufhin von uns einen Preisnachlass in Form einer Gutschrift in Höhe von

Wert der Erzeugnisse netto	800,00 EUR
+ 19 % USt	152,00 EUR
Kundengutschrift	952,00 EUR

Aufgaben:

1. Buchen Sie den Problemfall auf den Konten des Hauptbuches!

2. Bilden Sie den Buchungssatz für den Problemfall!

Lösungen:

Zu 1.: Buchung auf den Konten des Hauptbuches

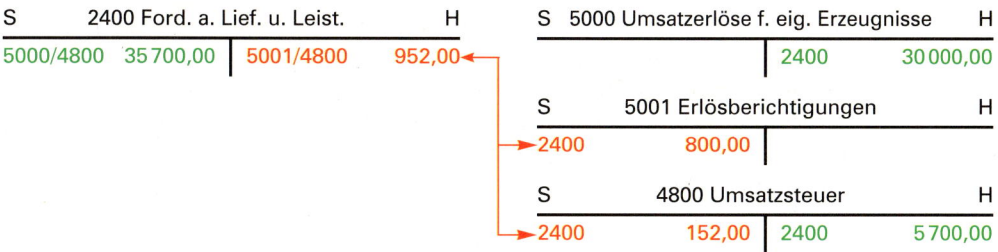

Zu 2.: Buchungssatz

Geschäftsvorfall	Konten	Soll	Haben
Wir gewähren einem Kunden eine Gutschrift aufgrund ihrer Mängelrüge	5001 Erlösberichtigungen 4800 Umsatzsteuer an 2400 Ford. a. Lief. u. Leist.	800,00 152,00	 952,00

(3) Ein Kunde erhält eine Umsatzrückvergütung (Bonus) in Form einer Gutschrift

Die Buchung des Kundenbonus löst auf den Konten die gleichen Wirkungen aus und führt daher zum gleichen Buchungssatz.

Geschäftsvorfall	Konten	Soll	Haben
Wir gewähren einem Kunden auf die gelieferten Erzeugnisse einen Umsatzbonus in Form einer Gutschrift 600,00 EUR zzgl. 19% USt.	5001 Erlösberichtigungen 4800 Umsatzsteuer an 2400 Ford. a. Lief. u. Leist.	600,00 114,00	 714,00

(4) Kundenskonti

Zahlt der Kunde unter Skontoabzug, ist der Skonto auf dem Unterkonto **5001 Erlösberichtigungen** zu erfassen.

Beispiel:

Ein Kunde bezahlt eine bereits gebuchte Rechnung für die Lieferung von Fertigerzeugnissen in Höhe von unter Abzug von 2% Skonto durch Banküberweisung	11 900,00 EUR 238,00 EUR
Bankgutschrift	11 662,00 EUR

Aufgaben:

1. Buchen Sie den Geschäftsvorfall auf Konten!
2. Bilden Sie dazu den Buchungssatz!

Lösungen:

Zu 1.: Buchung auf den Konten

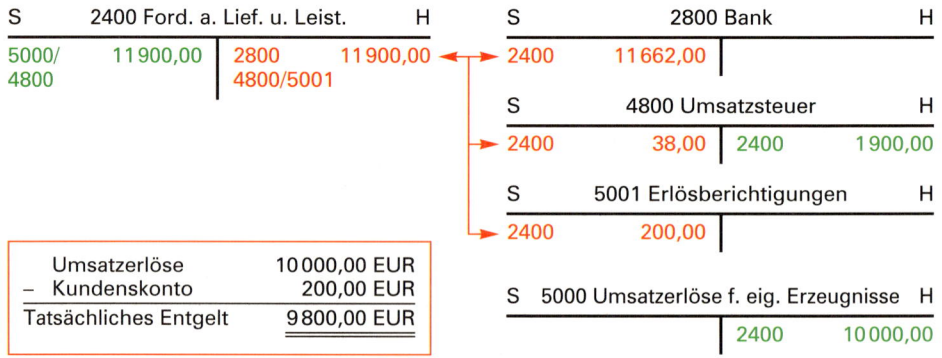

Zu 2.: Buchungssatz

Geschäftsvorfall	Konten	Soll	Haben
Ein Kunde überweist uns einen Rechnungsbetrag über 11 900,00 EUR unter Abzug von 2 % Skonto 238,00 EUR Bankgutschrift 11 662,00 EUR	2800 Bank 4800 Umsatzsteuer 5001 Erlösberichtigungen an 2400 Ford. a. L. u. L.	11 662,00 38,00 200,00	11 900,00

Zur Berechnung der Steuerberichtigung:

Der Skontoabzug in Höhe von 238,00 EUR stellt eine nachträgliche Preisminderung dar, die eine Korrektur der ursprünglich gebuchten Umsatzsteuer nach sich ziehen muss. Da der Skontobetrag vom Bruttowert der Ausgangsrechnung berechnet wurde, ist der Korrekturbetrag im Skontobetrag enthalten. Er kann wie folgt berechnet werden:

$$119\,\% \,\widehat{=}\, 238,00 \;\; \text{EUR}$$
$$19\,\% \,\widehat{=}\, x \;\;\;\;\;\; \text{EUR} \qquad x = \frac{238 \cdot 19}{119} = 38,00 \;\; \text{EUR}$$

3.10.4 Abschluss des Kontos Erlösberichtigungen

Das Konto Erlösberichtigungen stellt ein Unterkonto des betreffenden Umsatzerlöskontos dar. Es wird über das betreffende Hauptkonto abgeschlossen.

> **Beispiel:**
>
> Summe der Erträge auf dem Konto 5000 Umsatzerlöse für eigene Erzeugnisse: 321 480,00 EUR, Summe der Erlösberichtigungen auf dem Konto 5001: 19 190,00 EUR.
>
> **Aufgaben:**
> 1. Übernehmen Sie die angegebenen Beträge auf die entsprechenden Konten und schließen Sie die Konten ab!
> 2. Wie hoch sind die Umsatzerlöse?

Lösungen:

Zu 1.:

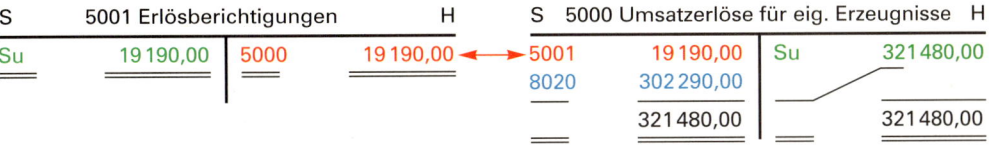

S	5001 Erlösberichtigungen		H
Su	19 190,00	5000	19 190,00

S	5000 Umsatzerlöse für eig. Erzeugnisse		H
5001	19 190,00	Su	321 480,00
8020	302 290,00		
	321 480,00		321 480,00

Zu 2.: Die Umsatzerlöse betragen 302 290,00 EUR.

13 Speth – ISBN 978-3-8120-0491-6

- Preisnachlässe, die sofort bei Rechnungsstellung gewährt werden, erscheinen in der Buchführung nicht. Sie gehören nicht zu den Umsatzerlösen.

- **Vertriebskosten** (Versandkosten), die wir den Kunden zusätzlich in Rechnung stellen, zählen zu den Umsatzerlösen und werden auf dem **entsprechenden Erlöskonto** erfasst.

- Vertriebskosten, für die Eingangsrechnungen vorliegen, werden auf den entsprechenden Konten in der Kontoklasse 6 erfasst.

- Warenrücksendungen von Kunden und den Kunden nachträglich gewährte Preisnachlässe wegen Mängelrüge, als Umsatzbonus oder als Kundenskonto haben im Prinzip die gleichen Auswirkungen.

- Ein Unterschied zu den Rücksendungen besteht nur insofern, als die nachträglich gewährten Preisnachlässe im Allgemeinen zunächst auf einem Unterkonto erfasst werden, das beim Abschluss über das betreffende Hauptkonto abzuschließen ist.

- **Gutschriften an den Kunden** aufgrund einer Mängelrüge und **Umsatzrückvergütungen (Boni) an den Kunden** haben die gleichen Wirkungen und führen daher zum gleichen Buchungssatz.

  Beide Preisnachlässe werden zunächst auf einem entsprechenden **Unterkonto „Erlösberichtigungen"** erfasst.

Übungsaufgaben

82 Bilden Sie zu den folgenden Geschäftsvorfällen die Buchungssätze:

(**Hinweis:** Bei allen Geschäftsvorfällen ist davon auszugehen, dass die ursprüngliche Rechnung bereits bei uns gebucht war.)

1. Aufgrund seiner Reklamation erhält ein Kunde auf die gelieferten Erzeugnisse nachträglich einen Preisnachlass in Form einer Gutschrift. Gutschriftbetrag einschließlich 19 % USt 476,00 EUR.

2. Ein treuer Kunde erhält durch Gutschriftanzeige den vierteljährlichen Umsatzbonus. Berechnen und buchen Sie den Bonus aufgrund folgender Daten:

    Erzielter Umsatz aus dem Verkauf von Fertigerzeugnissen einschließlich 19 % USt 177 310,00 EUR.

Bonusstaffelung:	Nettoumsatz:	bis	50 000,00 EUR	Bonus:	1 %
		bis	100 000,00 EUR		2 %
		bis	150 000,00 EUR		3 %
		über	150 000,00 EUR		4 %

3. Ein Kunde schickt einen Teil unserer Erzeugnisse zurück

Nettowert	291,30 EUR	
+ 19 % USt	55,35 EUR	346,65 EUR

83 Bilden Sie die Buchungssätze aus der Sicht der Timo Tuschling OHG!

1. Für die Ausgangsrechnung!

2. Für den Zahlungseingang auf dem Bankkonto unter Abzug des vereinbarten Skontobetrags.

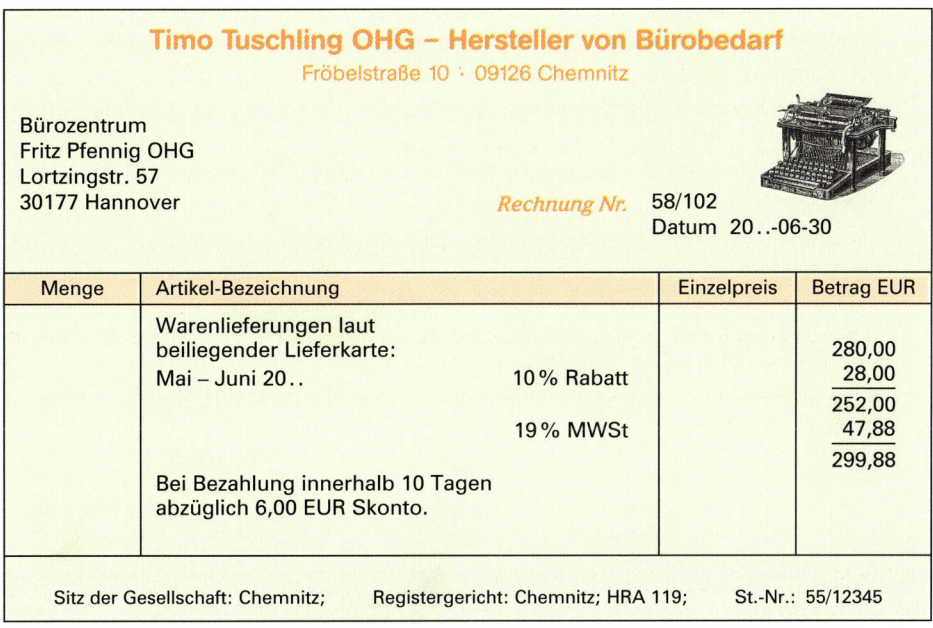

Menge	Artikel-Bezeichnung	Einzelpreis	Betrag EUR
	Warenlieferungen laut beiliegender Lieferkarte:		280,00
	Mai – Juni 20..	10 % Rabatt	28,00
			252,00
		19 % MWSt	47,88
			299,88
	Bei Bezahlung innerhalb 10 Tagen abzüglich 6,00 EUR Skonto.		

Timo Tuschling OHG – Hersteller von Bürobedarf
Fröbelstraße 10 · 09126 Chemnitz

Bürozentrum
Fritz Pfennig OHG
Lortzingstr. 57
30177 Hannover

Rechnung Nr. 58/102
Datum 20..-06-30

Sitz der Gesellschaft: Chemnitz; Registergericht: Chemnitz; HRA 119; St.-Nr.: 55/12345

84 Bilden Sie den Buchungssatz für den nachfolgenden Beleg aus Sicht der Heimann KG!

Kontonummer				Bankleitzahl	
9400649		STADTSPARKASSE WUPPERTAL		330 500 00	
Buchungs-tag	Tag der Wertstellung	Verwendungszweck/Buchungstext	Buchungs-nummer	alter Kontostand 4 791,20+	
12.05.	12.05.	Wipper GmbH Rechnung-Nr. 2007 ./. 2 % Skonto	9224	2 507,33+	

Bitte beachten Sie die Hinweise auf der Rückseite
© BOL Osnabrück

Heimann KG
Urbanstr. 2
33106 Paderborn

7 298,53+
neuer Kontostand

12.05.20. 24 1
Kontoauszug vom Auszug Blatt

85 **I. Richten Sie die folgenden Konten ein:**

5000 Umsatzerlöse für eigene Erzeugnisse, 5001 Erlösberichtigungen, 5050 Umsatzerlöse für andere eigene Leistungen, 5051 Erlösberichtigungen.

II. Saldovorträge:

5000: 281 690,00 EUR, 5001: 11 570,00 EUR, 5050: 27 810,00 EUR, 5051: 3 360,00 EUR.

III. Aufgaben:

1. Übertragen Sie die Saldovorträge auf die entsprechenden Konten und schließen Sie die Unterkonten ab!

2. Stellen Sie buchhalterisch jeweils die Nettowerte der Umsatzerlöse dar!

86 Bilden Sie die Buchungssätze zu den nachfolgenden Geschäftsvorfällen!

1. 1.1 Wir verkaufen Erzeugnisse auf Ziel an die Franz Abel OHG 4 732,00 EUR zuzüglich 19 % USt.

   1.2 Für die Anlieferung der Erzeugnisse stellen wir der Franz Abel OHG 130,00 EUR zuzüglich 19 % USt in Rechnung.

   1.3 Aufgrund eines Qualitätsmangels sendet uns die Franz Abel OHG Erzeugnisse im Wert von netto 210,00 EUR zuzüglich 19 % USt zurück!

   1.4 Für die verspätete Lieferung der Erzeugnisse gewähren wir der Franz Abel OHG eine Gutschrift in Höhe von 90,00 EUR zuzüglich 19 % USt.

   1.5 Am Fälligkeitstag der Rechnung bezahlt die Franz Abel OHG den restlichen Rechnungsbetrag durch Banküberweisung abzüglich der vereinbarten 3 % Skonto.

2. Richten Sie die Konten 5000 Umsatzerlöse für eigene Erzeugnisse und 5001 Erlösberichtigungen ein! Tragen Sie die Beträge der fünf Geschäftsvorfälle in diese Konten ein (die Gegenkonten sind anzugeben, aber nicht zu führen)! Schließen Sie die Konten ab und weisen Sie buchhalterisch den Nettowert der tatsächlichen Umsatzerlöse aus!

3. Eine noch nicht gebuchte Speditionsrechnung wird durch
   Banküberweisung beglichen.
   Rechnungsbetrag einschl. 19 % USt   499,80 EUR

4. Kauf von Büromaterial bar   160,00 EUR
   + 19 % USt   30,40 EUR   190,40 EUR

5. Von der bereits gebuchten Lieferung von Erzeugnissen wird der nicht bestellte Teil zurückgenommen. Nettowert 1 500,00 EUR zuzüglich 19 % USt.

6. Gutschrift auf gelieferte Erzeugnisse
   aufgrund der Mängelrüge netto   2 400,00 EUR
   + 19 % USt   456,00 EUR   2 856,00 EUR

87 Auf dem Bankkonto der Industriewerke Fritz Bleicher GmbH geht eine Überweisung der Josef Strobel KG in Höhe von 1 385,16 EUR ein. Die Josef Strobel KG hat 3 % Skonto abgezogen. Die Rechnung unterliegt 19 % USt.

Aufgaben:

1. Berechnen Sie den Skontobetrag und den Rechnungsbetrag!

2. Bilden Sie den Buchungssatz aus der Sicht der Fritz Bleicher GmbH für den Zahlungseingang!

4 Materialwirtschaft

4.1 Von der Kundenanfrage bis zum Zahlungseingang als Geschäftsprozess

Der gesamte Ablauf der Auftragsbearbeitung – beginnend mit der Kundenanfrage bis zum Zahlungseingang – lässt sich in Form einer Funktionskette darstellen. Die nachfolgende Darstellung berücksichtigt sowohl den Umstand, dass die Kundenanforderung aus dem Lagervorrat bedient werden kann als auch die Möglichkeit, dass durch die Kundenanforderung Beschaffungsvorgänge ausgelöst werden.

- Die **generelle Prüfung** der eingetroffenen Kundenanfrage prüft bereits im Vorfeld, ob überhaupt ein Angebot abgegeben werden soll. Ziel dieser Vorprüfung ist es, betriebliche Ressourcen zu schonen, damit z.B. nicht erst die Kalkulation im Rahmen der Angebotserstellung aktiv wird, um nachträglich festzustellen, dass sich der Kunde in der Vergangenheit als sehr unzuverlässig bei der Zahlung erwiesen hat. Ablehnungsgründe können demnach sein:
  - Mangelnde Bonität des Kunden.
  - Das angefragte Erzeugnis gehört nicht zu unserem Produktprogramm.
  - Das Erzeugnis gehört zwar zu unserem Produktprogramm, ein eventueller Auftrag könnte aber nicht angenommen werden, weil z.B. der Kundenwunschtermin für uns nicht erfüllbar ist oder die Preiserwartung des Kunden diesen Auftrag für uns unwirtschaftlich macht.
- Führt die Vorprüfung zu einer positiven Entscheidung, sind zur endgültigen Preisfindung für das Angebot unter Umständen noch weitere Faktoren zu berücksichtigen, z.B.:
  - Preis der Konkurrenz für ein vergleichbares Erzeugnis,
  - Möglichkeit eines Folge- oder Anschlussauftrages,
  - eigene Marktposition.
- Nachdem der Auftrag des Kunden eingetroffen ist, muss er mit dem ursprünglichen **Angebot verglichen** werden. Eventuell vorhandene Abweichungen (andere Mengen, Termine, geänderte Qualitätsansprüche) müssen mit dem Kunden abgeklärt werden, um spätere Differenzen *nach* der Abwicklung des Vertrages auszuschließen.
- Im Rahmen der **Verfügbarkeitsprüfung** wird ermittelt, ob die Ware oder das Fertigerzeugnis in der gewünschten Menge zu dem vom Kunden gewünschten Termin auf Lager sein wird. Ist die Ware oder das Fertigerzeugnis zum Kundenwunschtermin nicht vorrätig, dann muss deren Beschaffung bzw. die Produktion rechtzeitig geplant und durchgeführt werden. Gegebenenfalls müssen hierfür die Bezugsquellen ermittelt und Angebotsvergleiche durchgeführt werden.
- Nachdem sichergestellt ist, dass die Ware oder das Fertigerzeugnis verfügbar sein wird, wird der Auftrag gegenüber dem Kunden bestätigt.
- Zum Fälligkeitstermin des Auftrages werden die Güter für den Kunden zusammengestellt **(kommissioniert)**. Zeitlich parallel hierzu wird die **Rechnung gebucht, gedruckt** und die **Zahlung abgewickelt.**
- Es liegt im Interesse des Betriebs, im Beschaffungsbereich den Werkstoff- bzw. Handelswareneingang zu überwachen und eine sorgfältige Eingangskontrolle durchzuführen. Gegebenenfalls sind Maßnahmen zu treffen, die eine Beschaffungsstörung beseitigen.

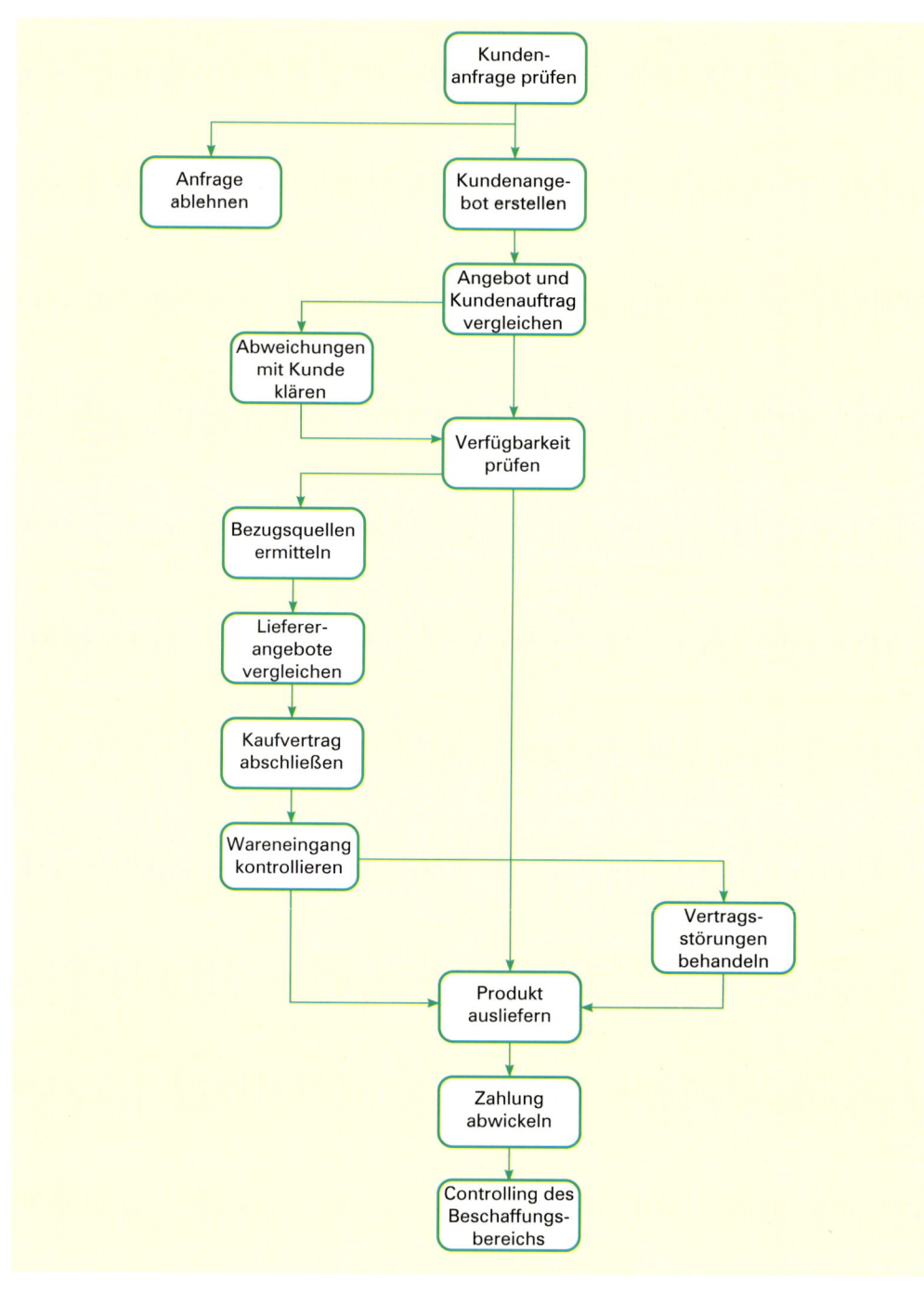

**Grafische Darstellung des Geschäftsprozesses
„Von der Kundenanfrage bis zum Zahlungseingang" für Handelswaren**

4.2 Aufgaben, Gegenstände und Ziele der Beschaffung (Materialwirtschaft)[1]

(1) Problemstellung

Beispiel:		
	Vorher (in EUR)	Nachher (in EUR)
Umsatzerlös	110,00	110,00
− Bezugspreis	50,00	48,00
− Handlungskosten	50,00	50,00
= Gewinn	10,00	12,00
Gewinnzuschlag in %	$= \dfrac{10,00 \cdot 100}{100,00} = 10\,\%$	$= \dfrac{12,00 \cdot 100}{98,00} = 12,245\,\%$

Erläuterungen:

Die Minderung des Bezugspreises um 2,00 EUR entspricht einer Preissenkung von 4%. Eine solche Preissenkung führt zu einer Erhöhung des Gewinnzuschlagssatzes von 10% auf 12,245%. Der Gewinn wird um 2,00 EUR erhöht, was einer Gewinnsteigerung von 20% entspricht.[2]

(2) Aufgaben der Beschaffung

Die Beschaffung hat zunächst die Aufgabe, den Materialbedarf in qualitativer, quantitativer, zeitlicher und örtlicher Hinsicht zu ermitteln, am Markt auszuwählen und anschließend zu beschaffen. Außerdem ist es Aufgabe der Beschaffung, das bezogene Material sachgerecht zu lagern und es dann zeitgerecht zum Verbrauchsort zu befördern. Damit dient die Beschaffung zugleich der Sicherung der Produktions- und letztlich der Lieferbereitschaft des Betriebs.

(3) Gegenstände der Beschaffung

Zu den Gegenständen der Beschaffung gehören **Sachgüter** wie Roh-, Hilfs- und Betriebsstoffe sowie **Dienstleistungen.** Zu den bezogenen Dienstleistungen zählen z.B. Beratung, Qualitätsprüfung, Instandhaltungen, Software. Soweit die in der Produktion oder in der Verwaltung eingesetzten Materialien nicht vollständig verbraucht werden, entstehen **Abfallstoffe,** die für die Materialwirtschaft besondere wirtschaftliche Probleme z.B. bei der Wiederverwertung oder Entsorgung aufwerfen können. Die Beschaffung ist auch zuständig für die Wiederverwertung bzw. Entsorgung der **Ausschussprodukte.**

---

1 Die Begriffe Beschaffung und Materialwirtschaft werden im Folgenden synonym (gleichartig) verwendet.

2 alter Gewinn 10,00 EUR ≙ 100 %
Gewinnsteigerung 2,00 EUR ≙ x % $x = \dfrac{2 \cdot 100}{10} = 20\,(\%).$

(4) Ziele der Beschaffung

Der Beschaffungsbereich bemüht sich im Verbund mit den übrigen Bereichen des Betriebs, die Ziele des Gesamtunternehmens zu verwirklichen. Er konzentriert sich dabei auf jene Ziele, die speziell im Rahmen der Beschaffung beeinflusst werden können, um das Gesamtwohl des Unternehmens zu verbessern. Hierzu gehören folgende Ziele:

- Sicherstellung, dass die benötigten Güter in der **erforderlichen Menge** vorhanden sind,

- Sicherstellung, dass die **günstigsten Einkaufspreise** erzielt werden,

- Sicherstellung, dass die beschafften Güter die **erforderliche Qualität** aufweisen. Dabei hat sich der Betrieb an den Anforderungen der Kunden zu orientieren. Wird die Qualitätserwartung der Kunden unterschritten, dann sind diese enttäuscht, sie wandern ab, die Ware bleibt liegen und muss letztlich zu einem niedrigeren Preis verkauft werden. Eine Qualitätsüberhöhung führt zu höheren Verkaufspreisen, die vom Kunden u.U. nicht akzeptiert werden. Auch hier sucht der Kunde nach passenderen Alternativen. Die Folgen sind vergleichbar.

- Sicherstellung, dass die notwendigen Güter zum **richtigen Zeitpunkt** beschafft werden,

- Sicherstellung, dass in den vorhandenen Vorräten **möglichst wenig Kapital gebunden** ist und gleichzeitig die vom Kunden gewünschte vielfältige Auswahl und die notwendige Lieferbereitschaft gewährleistet ist.

- Sicherstellung, dass die **Kosten der Beschaffungsorganisation** selbst **gering gehalten** werden.

Zwischen den einzelnen Zielen der Beschaffung bestehen i. d. R. **Zielkonflikte.** Von einem Konflikt spricht man, wenn die Verfolgung des einen Zieles zwangsläufig die Erreichung eines anderen Zieles benachteiligt. Da die Ziele also untereinander in einem Wettbewerb stehen, spricht man auch von **konkurrierenden Zielen.**

Beispiele:

- Wird der Lagerbestand sehr niedrig gehalten, um die Kapitalbindung möglichst gering zu halten, kann dies zu Lasten der Lieferbereitschaft gehen.

- Preisgünstige Einkäufe können dem Ziel, eine entsprechende Qualität sicherzustellen, entgegenstehen.

Zielkonflikte können nur durch Kompromisse[1] gelöst werden. Dabei sollte der Kompromiss eine bestmögliche (optimale) Lösung darstellen. Beispiele für solche Kompromisse sind der qualitative Angebotsvergleich (vgl. S. 220ff.) und die Ermittlung der optimalen Bestellmenge (vgl. S. 206ff.).

---

1 Kompromiss (lat.): Übereinkunft auf der Grundlage gegenseitiger Zugeständnisse.

4.3 Bedarfsplanung

Aufgabe der Beschaffungsplanung ist es, Pläne zu erstellen, damit die benötigten Güter und Dienstleistungen nach Mengen und Qualitäten zur Bedarfszeit bereitgestellt werden können. Dazu ist es zunächst erforderlich, die Art und Menge der benötigten Güter und Dienstleistungen zu ermitteln **(Bedarfsplanung)**. Die Bedarfsplanung leitet sich aus Kundenaufträgen ab.

Merke:

Die **Bedarfsplanung** legt die benötigten Güter und Dienstleistungen nach Art, Qualität, Menge und Zeitraum fest.

Für die Mengen- und Zeitplanung ist es von Bedeutung, die Bedarfsarten nach ihrem *Wertanteil am Gesamtbeschaffungswert* zu gliedern. Es werden drei Gruppen von Gütern (Beständen) unterschieden: A-Güter, B-Güter und C-Güter. Dieses Verfahren bezeichnet man als **ABC-Analyse**.

4.3.1 ABC-Analyse

(1) Begriff ABC-Analyse

Merke:

Die **ABC-Analyse** ist ein Verfahren zur Erkennung solcher Materialien, die aufgrund ihres **hohen wertmäßigen Anteils** am Gesamtbedarf von **besonderer Bedeutung** sind. Die aus der Analyse gewonnenen Informationen helfen dabei,

- die Transparenz[1] der Materialwirtschaft zu erhöhen,
- sich auf wirtschaftlich bedeutende Materialien zu konzentrieren,
- hohen Arbeitsaufwand bei Materialien untergeordneter Bedeutung (C-Güter) zu vermeiden und damit
- die Effizienz (Wirtschaftlichkeit) der gesamten Materialwirtschaft zu steigern.

In vielen (größeren) Unternehmen wird meistens eine große Anzahl verschiedenartiger Fertigungsmaterialien beschafft, die nur einen **geringen Anteil** (Prozentsatz) **am gesamten Wert (Beschaffungswert) der eingekauften Materialien** haben.

Um festzustellen, bei welchen eingekauften und/oder lagernden Materialien es wirtschaftlich sinnvoll ist, eine intensive Beschaffungsmarktforschung und Einkaufsverhandlungen, eine genaue Mengen- und Zeitdisposition sowie Überwachung der Lagerbestände durchzuführen (Maßnahmen, die den Unternehmen viel Zeit und Kosten verursachen), wurde die so genannte ABC-Analyse entwickelt.

Beispiel:

Ein Industriebetrieb benötigt 10 verschiedene Materialpositionen. Statistisch erfasst wurden die durchschnittlichen monatlichen Verkaufszahlen in Stück und die Einstandspreise (Bezugspreise) je Stück.

---

1 Transparenz: Durchscheinen, Durchsichtigkeit.

Material-art	Verbrauchs-menge in Stück	Verbrauchs-menge in % des Gesamt-bedarfs	Einstands-preis je Stück	Verbrauchs-wert in EUR	Verbrauchs-werte in % des gesamten Bedarfs-wertes	Rang nach Verbrauchs-wert
T_1	4 500	13,24	25,00	112 500,00	15,85	2
T_2	700	2,06	145,00	101 500,00	14,30	3
T_3	2 700	7,94	15,00	40 500,00	5,71	7
T_4	600	1,76	300,00	180 000,00	25,36	1
T_5	450	1,32	150,00	67 500,00	9,51	6
T_6	3 000	8,82	25,00	75 000,00	10,57	5
T_7	8 200	24,12	2,00	16 400,00	2,31	8
T_8	1 000	2,94	95,00	95 000,00	13,38	4
T_9	7 150	21,03	1,00	7 150,00	1,01	10
T_{10}	5 700	16,76	2,50	14 250,00	2,01	9
	34 000	100,00[1]		709 800,00	100,00[1]	

Materialart	Verbrauchs-menge in Stück	Menge in Prozent des Gesamt-verbrauchs	Kumulierte Verbrauchs-menge in Prozent	Einstandspreis je Stück	Verbrauchswert in EUR	Verbrauchs-werte in Prozent des gesamten Ver-brauchswertes	Kumulierter Verbrauchswert in Prozent	Rang nach Verbrauchswert	ABC-Klasse
T_4	600	1,76	1,76	300,00	180 000,00	25,36	25,36	1	A
T_1	4 500	13,24	15,00	25,00	112 500,00	15,85	41,21	2	A
T_2	700	2,06	17,06	145,00	101 500,00	14,30	55,51	3	A
T_8	1 000	2,94	20,00	95,00	95 000,00	13,38	68,89	4	A
T_6	3 000	8,82	28,82	25,00	75 000,00	10,57	79,46	5	B
T_5	450	1,32	30,15	150,00	67 500,00	9,51	88,97	6	B
T_3	2 700	7,94	38,09	15,00	40 500,00	5,71	94,68	7	B
T_7	8 200	24,12	62,21	2,00	16 400,00	2,31	96,99	8	C
T_{10}	5 700	16,76	78,97	2,50	14 250,00	2,01	98,99	9	C
T_9	7 150	21,03	100,00	1,00	7 150,00	1,01	100,00	10	C
	34 000	100,00[1]			709 800,00	100,00[1]			

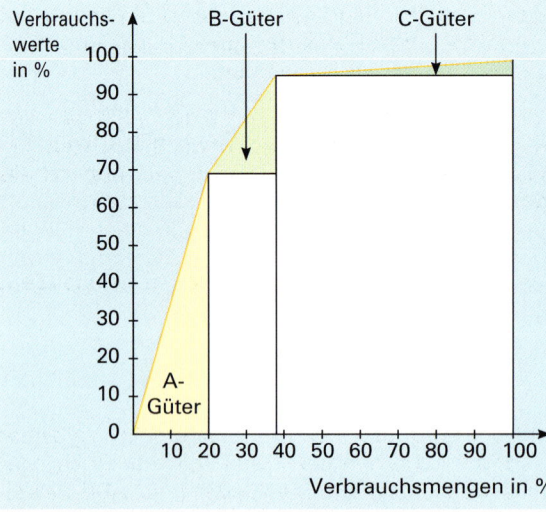

Auswertung:

A-Güter: 20 % des mengenmäßigen Materialverbrauchs haben einen Anteil von fast 70 % (genau: 68,9 %) am gesamten wertmäßigen Materialver-brauch (Beschaffungswert).

B-Güter: 18,1 % des mengenmäßigen Materialverbrauchs entsprechen einem Anteil von 25,8 % am gesamten wert-mäßigen Materialverbrauch.

C-Güter: Die meisten Materialien (61,9 %) sind C-Güter. Auf sie entfällt nur ein Verbrauchswertanteil von 5,3 %.

---

1 Bedingt durch die Beschränkung auf zwei Nachkommastellen können geringe Rundungsdifferenzen in der Summenzeile auftreten.

(2) Bedeutung der ABC-Analyse

Die Auswertung der ABC-Analyse zeigt dem Unternehmen, bei welchen Gütern ein größerer Beschaffungsaufwand wirtschaftlich sinnvoll und größere Kostensenkungen (z.B. durch vereinbarte Rabatte bei größeren Bestellmengen, Einsatz billigerer Substitutionsgüter) erwartet werden können.

Die Festlegung der Schranken, mit deren Hilfe eine Zuordnung zu den einzelnen Klassen getroffen wird, liegt im Ermessen der Unternehmen, da es hierfür keine objektiv richtigen Maßstäbe gibt. Erfahrungsgemäß liegt die Schranke für A-Güter bei den ersten 75 – 80 % der kumulierten Verbrauchswerte in Prozent, die C-Güter bei den letzten 5 % der kumulierten Verbrauchswerte in Prozent. Dazwischen liegen die B-Güter.

(3) Schlussfolgerungen aus der ABC-Analyse für die Materialwirtschaft

Die Tätigkeiten (Aktivitäten) in der Materialwirtschaft konzentrieren sich in erster Linie auf die **A-Güter.** Sie bestehen zwar aus wenigen Lagerpositionen, verkörpern aber den überwiegenden Teil des Verbrauchswertes. Daher führen bereits geringe prozentuale Verbesserungen zu Einsparungen in hohen absoluten Euro-Beträgen.

Die Aktivitäten können sich z.B. auf folgende Maßnahmen richten:

- Intensive Bemühungen um Preis- und Kostensenkungen.
- Bedarfsgesteuerte (deterministische) Materialdisposition.
- Möglichst geringer Lagerbestand in Verbindung mit Sondervereinbarungen über Lieferzeiten.
- Beschaffung in bedarfsnahen, auftragsspezifischen kleinen Losen (Liefermengen).
- Verzicht auf Wareneingangskontrolle im eigenen Haus und Verlagerung der Qualitätsprüfung zum Lieferanten unter Vorgabe von Qualitätsstandards.
- Strenge Kontrolle der Bestände, des Verkaufs und gegebenenfalls der Lagerverluste.

Bei den **B-Gütern** darf der Berechnungsaufwand für eine optimale Bestellung nicht so hoch sein. Hier kann es sinnvoll sein, optimale Bestellmengen und Lagermengen für ganze **Materialgruppen** zu berechnen und Fehler in Kauf zu nehmen.

Die **C-Güter** bestehen aus vielen Positionen, verkörpern aber nur einen geringen Verbrauchswert. Zu hohe Lagerbestände beeinflussen daher die Wirtschaftlichkeit des Beschaffungswesens in geringerem Umfang. Sie können daher großzügiger und mit einfacheren Verfahren disponiert werden durch:

- bedarfsorientierte (stochastische) Beschaffungsdisposition,
- vereinfachtes Beschaffungsprogramm, z.B. Bestellrhythmusverfahren (siehe Seite 209f.),
- großzügigere Lagerhaltung,
- gelockerte Überwachung.

Die ABC-Analyse wird nicht nur in der Beschaffungswirtschaft, sondern (mit gleichen Berechnungsmethoden) auch in allen anderen Unternehmensbereichen zur Einsparung von Kosten *(Verwirklichung des ökonomischen Prinzips)* angewendet (z.B. ABC-Bewertung der Kunden).

Zusammenfassung

■ Die Beschaffung verfolgt die Ziele, dass die benötigten Materialien

■ in der erforderlichen Menge,

■ zum günstigsten Preis,

■ in der richtigen Qualität,

■ zum richtigen Zeitpunkt beschafft werden,

■ eine möglichst geringe Kapitalbindung des in den Lagervorräten investierten Kapitals verursachen bei gleichzeitig

■ ständiger Lieferbereitschaft.

■ Die **ABC-Analyse** ermittelt die Fertigungsmaterialien und Handelswaren, welche den höchsten Anteil am Gesamtwert der Erzeugnisse haben.

■ Die Materialien mit einem **hohen wertmäßigen Anteil am Gesamtbedarf** sind für die Beschaffung von **hoher Bedeutung.**

■ Die ABC-Analyse ist ein **Hilfsmittel** zur Aktivierung der in der Beschaffung liegenden Gewinnreserven.

Übungsaufgabe

88 Die Ermittlung des Jahresbedarfs eines Industriebetriebs an Gütern der Artikelgruppen A01, A02 bis A10 (gemessen in kg oder m oder Stück) und die Erhebung der Preise je Mengeneinheit (gemessen in EUR) ergaben folgende Zahlenwerte:

Artikelgruppen	Jahresbedarf in Stück	Preis je Mengeneinheit
A01	100	290,00 EUR
A02	9 000	1,60 EUR
A03	5 000	2,80 EUR
A04	5 000	1,50 EUR
A05	700	5,50 EUR
A06	700	7,10 EUR
A07	100	22,00 EUR
A08	18 000	0,05 EUR
A09	20 000	0,08 EUR
A10	32 500	0,07 EUR

Aufgaben:

1. Führen Sie – ggf. mit Hilfe einer Tabellenkalkulation – eine ABC-Analyse entsprechend der Vorgabe von S. 204 durch!

ABC-Analyse, Tabelle 1

Artikel-gruppe	Jahres-bedarf in Stück	Preis je ME in EUR	Verbrauchs-menge in % des Gesamt-verbrauchs	Verbrauchs-wert in EUR	Verbrauchs-werte in % des gesamten Verbrauchs-wertes	Rang nach Verbrauchs-wert
A01	100	290,00				
A02	9 000	1,60				
A03	5 000	2,80				
A04	5 000	1,50				
A05	700	5,50				
A06	700	7,10				
A07	100	22,00				
A08	18 000	0,05				
A09	20 000	0,08				
A10	32 500	0,07				
Summe						

ABC-Analyse, Tabelle 2

Artikel-gruppe nach Rang	Jahres-bedarf in Stück	Preis je ME in EUR	Verbrauchs-menge in % des Gesamt-verbrauchs	Ver-brauchs-wert in EUR	Verbrauchs-werte in % des gesamten Verbrauchs-wertes	Kumulier-ter Wert-anteil in %	Kumulier-ter Men-genanteil in %
Summe							

2. Legen Sie fest, welche Artikelgruppen jeweils in die Klasse der A-, B- bzw. der C-Güter gehören und begründen Sie Ihre Entscheidung!

3. Setzen Sie die gewonnenen Erkenntnisse in eine aussagefähige Grafik um!

4. Nach Durchführung der ABC-Analyse ergeben sich für den Betrieb zwangsläufig Schluss-folgerungen im Bereich der Materialwirtschaft, die geeignet sind, einen Beitrag zur Kosten-senkung zu erbringen. Nennen Sie – getrennt für die A- und die C-Güter – jeweils solche Maßnahmen!

4.3.2 Mengenplanung

(1) Überblick

Das Hauptproblem der Mengenplanung im Beschaffungsbereich liegt in der Festlegung der **kostengünstigsten (optimalen) Bestellmenge**. Um sie zu ermitteln, muss zwischen den **Lagerhaltungskosten** und den **fixen Bestellkosten** ein Ausgleich gefunden werden.

(2) Ermittlung der optimalen Bestellmenge

■ **Bestellkosten**

Sie fallen bei jeder Bestellung an, gleichgültig wie groß die Menge bzw. wie hoch der Wert der bestellten Handelswaren ist.

> **Beispiel:**
>
> Kosten der Bearbeitung der Bedarfsmeldung, der Angebotseinholung, der Wareneingangsprüfung und der Rechnungsprüfung.

■ **Lagerhaltungskosten[1]**

Zu den Lagerhaltungskosten zählen z. B. die Personalkosten für die im Lager beschäftigten Personen, die im Wert der gelagerten Güter gebundenen Zinsen und die Kosten des Lagerrisikos.

> **Beispiel für die Ermittlung der optimalen Bestellmenge:**
>
> Die fixen Bestellkosten je Bestellung betragen 50,00 EUR. Der Einstandspreis je Stück beläuft sich auf 30,00 EUR und der Lagerhaltungskostensatz[2] auf 25 %. Der Jahresbedarf beträgt 3 600 Stück.
>
> Außer Betracht bleibt, dass mit zunehmender Bestellgröße i. d. R. Mengenrabatte in Anspruch genommen werden können. Außerdem wird nicht berücksichtigt, dass bei größeren Bestellungen häufig Verpackungs- und Transportkosten eingespart werden können.
>
> **Aufgaben:**
> 1. Ermitteln Sie rechnerisch die optimale Bestellmenge bei den vorgegebenen Bestellmengen und der vorgegebenen Anzahl der Bestellungen je Periode!
> 2. Stellen Sie die optimale Bestellmenge grafisch dar!

---

[1] Die fixen (festen) Lagerhaltungskosten bleiben bei den folgenden Überlegungen außer Acht, weil sie unabhängig von der Größe des Lagerbestands anfallen. Hierzu gehören z. B. die Abschreibungskosten für die Lagerräume und Lagereinrichtungen.

[2] Der Lagerhaltungskostensatz gibt an, wie groß die Lagerkosten sind gemessen am durchschnittlichen Lagerbestand, ausgedrückt in Prozent.

Zu 1.: Berechnung der optimalen Bestellmenge

Bestell-menge in Stück	Anzahl der Bestel-lungen	Bestell-kosten in EUR	Durchschn. Lagerbestand in Stück	Durchschn. Lagerbestand in EUR	Lagerhaltungs-kosten EUR	Gesamt-kosten (EUR)
50	72	3 600,00	25	750,00	187,50	3 787,50
100	36	1 800,00	50	1 500,00	375,00	2 175,00
150	24	1 200,00	75	2 250,00	562,50	1 762,50
200	18	900,00	100	3 000,00	750,00	1 650,00
250	14,4	720,00	125	3 750,00	937,50	1 657,50
300	12	600,00	150	4 500,00	1 125,00	1 725,00
350	10,29	514,29	175	5 250,00	1 312,50	1 826,79
400	9	450,00	200	6 000,00	1 500,00	1 950,00
450	8	400,00	225	6 750,00	1 687,50	2 087,50
500	7,2	360,00	250	7 500,00	1 875,00	2 235,00

Erläuterung:

Werden z. B. 50 Stück bestellt, muss der Bestellvorgang 72-mal wiederholt werden. Die Bestellkosten betragen dann 3 600,00 EUR und die Lagerhaltungskosten 187,50 EUR. Mit zunehmender Bestellmenge verringert sich die Anzahl der Bestellungen und damit sinken auch die Bestellkosten, während im Gegenzug die Lagerhaltungskosten steigen. Da der Betrieb beide Kostenarten berücksichtigen muss, ist das Optimum erreicht, wenn die Summe beider Kosten das Minimum erreicht haben. Dieses Minimum liegt bei den vorgegebenen Mengenintervallen bei 200 Stück. Eine exakte Berechnung (mit Hilfe der Andler Formel)[1] ermittelt eine optimale Bestellmenge von 219 Stück bei Gesamtkosten von 1 643,17 EUR.

Zu 2.: Grafische Darstellung der optimalen Bestellmenge

Trägt man an der x-Achse die jeweilige Bestellmenge und an der y-Achse die Kosten ab, erhält man folgendes Bild:

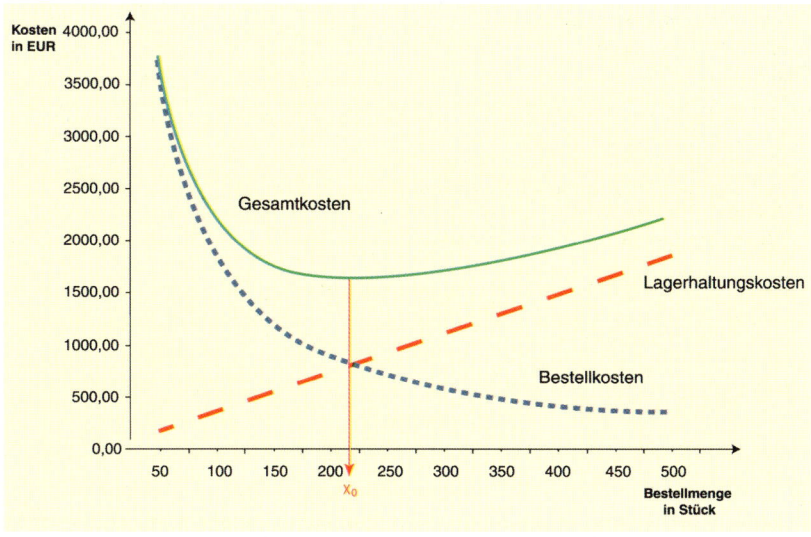

x_0: optimale Bestellmenge

---

1 Siehe S. 212

Die **optimale Bestellmenge** ist die Beschaffungsmenge, bei der die Gesamtkosten (Summe aus Bestell- und Lagerhaltungskosten) am niedrigsten sind. Bei dieser Menge gleichen sich die (bei steigenden Bestellmengen je Bestellung) sinkenden Bestellkosten und die steigenden Lagerhaltungskosten aus.

Werden bei steigender Bestellgröße Liefererrabatte gewährt und/oder Transport- und Verpackungskosten gespart, vergrößert sich die optimale Bestellmenge. An der grundsätzlichen Aussage des Modells ändert sich nichts.

Die Anwendung dieser Modellrechnung in der Praxis ist ungleich komplizierter, weil zahlreiche Bedingungen berücksichtigt werden müssen, die hier vernachlässigt wurden (z.B. unterschiedliche Zahlungs- und Lieferungsbedingungen bei verschiedenen Lieferern). Außerdem ist die Ermittlung der optimalen Bestellmenge teuer, zumal sich verändernde Daten (z.B. Veränderungen der durchschnittlichen täglichen Materialentnahme) zu Neuberechnungen führen müssen. Die Ermittlung der optimalen Bestellmenge wird sich daher nur bei solchen Gütern lohnen, die einen hohen wertmäßigen Jahresverbrauch haben. Voraussetzung zur Berechnung und Verwirklichung der optimalen Bestellmenge ist außerdem, dass der Lieferer die „optimale" Menge auch tatsächlich liefern kann, was nicht immer der Fall sein muss. Außerdem müssen die Lagergröße und die finanziellen Mittel ausreichen, die optimale Bestellmenge zu beschaffen.

4.3.3 Zeitplanung

(1) Problemstellung

Aufgabe der Zeitplanung ist es, die Bestellzeitpunkte für die Fremdteile unter Berücksichtigung der Wiederbeschaffungszeit so zu bestimmen, dass einerseits die Kundenwunschtermine nicht gefährdet sind, andererseits aber auch keine unnötigen Lagerzeiten in Kauf genommen werden müssen.

A-Güter sind bedarfsgesteuert zu bestellen, für B- und C-Teile (siehe S. 202) genügen einfachere Bestellstrategien. Hierbei unterscheidet man zwischen Bestellpunkt- und Bestellrhythmusverfahren.

(2) Bestellpunkt- und Bestellrhythmusverfahren

■ **Grundlegendes**

Merke:

■ Beim **Bestellpunktverfahren** wird mit jeder Entnahme geprüft, ob damit der Meldebestand unterschritten wurde. Ist dies der Fall, wird eine Nachbestellung ausgelöst.

■ Beim **Bestellrhythmusverfahren** erfolgt die Nachbestellung in bestimmten Zeitintervallen.

Für beide Verfahren gilt, dass entweder mit einer festen Bestellmenge (i.d. Regel mit der optimalen Losgröße) oder mit einer variablen Menge bis zu einem bestimmten Höchstbestand aufgefüllt wird. Durch die Kombination der beiden Bestellverfahren mit den beiden Möglichkeiten in der Wahl der Bestellmenge ergeben sich insgesamt vier Strategien, die sich in folgender Tabelle darstellen lassen.

	Bestellpunktverfahren	Bestellrhythmusverfahren
Auffüllen mit optimaler Losgröße	Bei Errreichen des Meldebestandes wird mit der konstanten, optimalen Losgröße aufgefüllt.	In einem festen Zeitintervall wird immer mit der konstanten optimalen Losgröße aufgefüllt.
Auffüllen bis zum Höchstbestand	Bei Erreichen des Meldebestandes wird die Fehlmenge bis zum Höchstbestand aufgefüllt.	In einem festen Zeitintervall wird bis zum Höchstbestand aufgefüllt.

Exemplarisch sollen zwei der vier Möglichkeiten grafisch dargestellt werden.

■ **Strategie 1: Bestellpunktverfahren, bei welchem immer bis zu einem bestimmten Höchstbestand aufgefüllt wird**

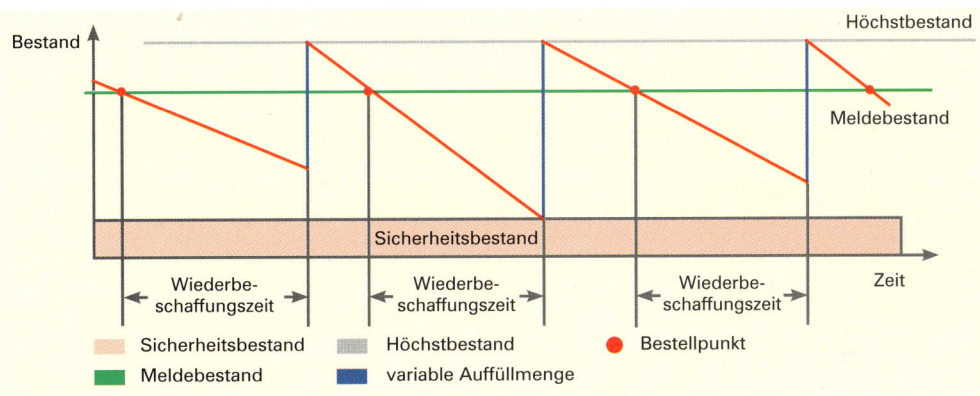

Erläuterungen:

● **Bestellpunkt:** Zeitpunkt, zu welchem bestellt werden muss, um die Versorgung während der Wiederbeschaffungszeit sicherzustellen.

■ **Meldebestand:** Erreicht der Lagerbestand diese Bestandshöhe, dann ist eine neue Bestellung auszulösen.

■ **Wiederbeschaffungszeit:** Zeitbedarf für eigene Überlegungszeit (z.B. Liefererauswahl), Durchführung der Bestellung, Transportzeit, Lieferzeit, Zeit für Wareneingangskontrolle und Einlagerung.

■ **Sicherheitsbestand:** Er dient zur Abdeckung von Bestands-, Bedarfs- und Bestellunsicherheiten. Er steht nur für unvorhergesehene Ereignisse zur Verfügung und darf daher zur laufenden Disposition nicht verwendet werden.

■ **Höchstbestand:** Er gibt an, welcher Warenbestand maximal eingelagert wird. Der Höchstbestand wird immer nach Eintreffen der bestellten Ware erreicht.

■ **Variable Auffüllmenge:** Es handelt sich um die Warenmenge, die bestellt werden muss, um das Lager bis zum Höchstbestand aufzufüllen.

14 Speth – ISBN 978-3-8120-0491-6

■ **Strategie 2: Bestellrhythmus, bei welchem immer mit der optimalen Losgröße aufgefüllt wird.**

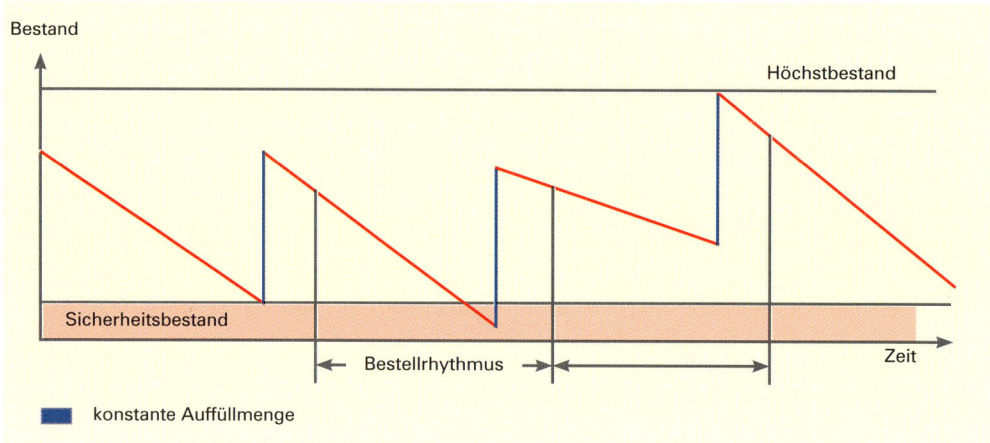

Stellt man die beiden Verfahren einander gegenüber, dann lassen sie sich durch folgende Merkmale kennzeichnen:

Bestellpunktverfahren	Bestellrhythmusverfahren
■ Es handelt sich um eine sehr sichere Strategie. Dadurch, dass mit jeder Entnahme geprüft wird, ob der Meldebestand erreicht ist, ist auch die Gefahr der Unterdeckung sehr gering. ■ Es ist geeignet für Güter, bei denen ein hoher Servicegrad verlangt wird. ■ Wird bis auf die Lagerobergrenze aufgefüllt, dann führt dies tendenziell zu hohen Beständen. ■ Der Kontrollaufwand ist relativ hoch. ■ Durch ständige Bestandskontrolle ist das Verfahren auch geeignet für Güter mit unregelmäßigem Bedarf.	■ Es wird nur in festen Zeitintervallen (Bestellrhythmus) nachbestellt. ■ Muss mit unregelmäßigem Bedarf gerechnet werden, dann besteht hier die große Gefahr der Unterdeckung. ■ Das Verfahren ist daher nur sinnvoll, wenn die Lagerabgangsraten relativ konstant sind. ■ Der Verwaltungsaufwand ist gering.

Zusammenfassung

■ Das **Hauptproblem der Bestellmengenplanung** ist die Festlegung der optimalen Bestellmenge, denn es besteht ein Spannungsverhältnis zwischen den hohen Lagerkosten bei großen Lagervorräten einerseits und hohen Bestellkosten bei niedrigen Lagervorräten andererseits.

■ Die **optimale Bestellmenge** ist die Beschaffungsmenge, bei der die Gesamtkosten (Summe aus Bestell- und Lagerhaltungskosten) am niedrigsten sind.

■ Die **Hauptaufgabe der Zeitplanung** ist es, den **Bestellzeitpunkt** optimal festzulegen, damit Fertigung und/oder Absatz reibungslos durchgeführt werden können.

89 Das Hauptproblem der Mengenplanung ist die Ermittlung der optimalen Bestellmenge.

Aufgaben:

1. Erläutern Sie, was unter der optimalen Bestellmenge zu verstehen ist!

2. Berechnen Sie mit Hilfe einer Tabelle (siehe Seite 207) die optimale Bestellmenge aufgrund des Zahlenbeispiels von Seite 206, wenn

   2.1 die Bestellkosten sich auf 100,00 EUR verdoppeln und die übrigen Bedingungen gleich bleiben!

   2.2 der Lagerhaltungskostensatz auf 45 % steigt und die übrigen Bedingungen gleich bleiben!

3. Zeichnen Sie die entsprechenden Kostenkurven zu den Aufgaben 2.1 und 2.2!

4. Fassen Sie Ihre Erkenntnisse aus den Aufgaben 2. und 3. in Form von Regeln zusammen!

5. Mit Hilfe der Andler-Formel lässt sich der exakte Wert für die optimale Losgröße bestimmen. Die Andler-Formel lautet:

$$Q_{opt} = \sqrt{\frac{200 \cdot F \cdot M}{P \cdot L}}$$

Q_{opt}: Optimale Losgröße

F: Fixe Bestellkosten

M: Jahresbedarf

P: Einstandspreis je Stück

L: Lagerhaltungskostensatz in Prozent

Überprüfen Sie die Richtigkeit Ihrer Ergebnisse!

90 1. Nennen Sie je drei Beispiele für Bestellkosten und Lagerhaltungskosten!

2. Geben Sie Argumente an, welche die exakte Ermittlung der optimalen Losgröße in der Praxis erschweren!

91 Eine Artikeldatei liefert folgende Zahlen:

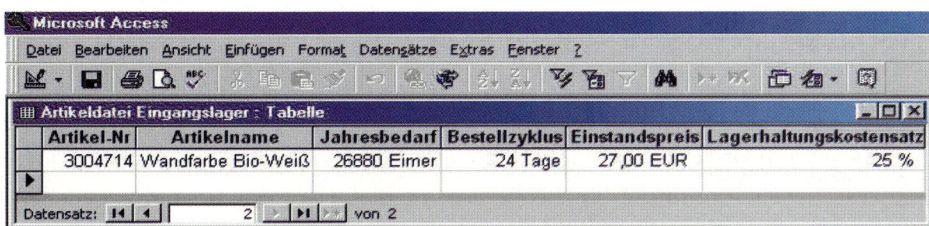

Die Bestellkosten je Bestelleinheit belaufen sich auf 80,00 EUR. Die Geschäftsleitung möchte den Bestellzyklus auf 30 Tage erhöhen.

Aufgabe:

Prüfen Sie, ob diese Erhöhung zu einer Kostenersparnis führt!

92 Der Bedarf für das Fremdteil B 312 beträgt 30 Stück je Kalendertag, die Wiederbeschaffungszeit 8 Tage und der eiserne Bestand 80 Stück. Die optimale Bestellmenge beträgt 480 Stück. Am Abend des 4. März beträgt der Lagerbestand 440 Stück.

Aufgaben:

1. Planen Sie die Bestellzeitpunkte (Daten angeben) für den Monat März!

2. Zeichnen Sie die Bestandsentwicklung in ein Diagramm ein (vgl. S. 209)!

4.3.4 Bereitstellungsverfahren

(1) Überblick

> **Merke:**
>
> Grundsätzlich gibt es zwei Möglichkeiten, das Problem der Bereitstellung von Handelswaren und Werkstoffen zu lösen, nämlich die **Bedarfsdeckung durch Vorratshaltung** und die **Bedarfsdeckung ohne Vorratshaltung.**

Bei der Bedarfsdeckung ohne Vorratshaltung wird unterschieden, ob die Bereitstellung aufgrund eines **Einzelbedarfs** oder aufgrund des bekannten **Periodenbedarfs** erfolgt. Es sind somit folgende Materialbereitstellungsverfahren zu unterscheiden:

- Bedarfsdeckung durch Vorratshaltung,
- Bedarfsdeckung ohne Vorratshaltung
  - Einzelbeschaffung im Bedarfsfall und
  - lagerlose Sofortverwendung (Just-in-time-System).[1]

(2) Bedarfsdeckung durch Vorratshaltung

> **Merke:**
>
> Die **Vorratshaltung** ist vor allem dann anzutreffen, wenn Schwankungen des Beschaffungsmarkts abgesichert sein müssen. Außerdem kann die Lagerung geringwertiger Güter mit relativ hohen Anschaffungsaufwendungen sinnvoll sein.

- Die **Vorteile** der Vorratshaltung sind vor allem die günstigeren Beschaffungs- und Frachtkosten beim Bezug größerer Materialmengen sowie die größere Sicherheit der Bedarfsdeckung bei Beschaffungsschwierigkeiten.

- Die **Nachteile** der Vorratshaltung sind vor allem die hohen Kapitalbindungskosten und Lagerrisiken. Somit besteht ein ständiger Zielkonflikt zwischen dem Ziel, die Lagerkosten und Lagerrisiken möglichst niedrig zu halten und dem Ziel, den **Servicegrad** zu sichern oder zu verbessern.

> **Beispiel:**
>
> Von einem Lager werden im Laufe eines Vierteljahres 2700 Stück des Teils T 34 angefordert. Von diesen Anforderungen konnten 2592 Stück sofort aus dem Lagervorrat bedient werden. Der Servicegrad beträgt damit 96 %.

$$\text{Servicegrad} = \frac{\text{Anzahl der bedienten Lageranforderungen} \cdot 100}{\text{Gesamtzahl der Lageranforderungen}}$$

In der Praxis ist es kaum möglich, einen hundertprozentigen Servicegrad zu erreichen, wenn (zu) teure Sicherheitsbestände vermieden werden sollen. Welcher Servicegrad anzustreben ist, hängt letztlich davon ab, wie kritisch dieses Teil für die weitere Produktion bzw. für den Kunden ist.

---

1 Just in time (engl.): gerade rechtzeitig.

(3) Bedarfsdeckung ohne Vorratshaltung

■ **Einzelbeschaffung im Bedarfsfall (Delivery on demand)**

Bei der Einzelbeschaffung erfolgt die Beschaffung erst dann, wenn ein Auftrag vorliegt, der einen Bedarf auslöst.

> **Beispiel:**
>
> Ein Warenhaus bestellt bei der Möbelfabrik Rohrer GmbH Gartenmöbel aus Robinienholz. Die Möbelfabrik Rohrer GmbH bestellt das Holz erst nach Bestätigung des Auftrags.

■ Die **Vorteile** der Einzelbeschaffung sind, dass die Kapitalbindungs- und Lagerkosten gesenkt werden oder ganz entfallen, weil die Materialien nach der Wareneingangs- und Qualitätsprüfung nur sehr kurze Zeit im Lager bleiben oder sofort in den Verkauf gehen. Außerdem sind Verderb und Veralten ausgeschlossen (geringere Lagerrisiken).

■ Die **Nachteile** der Einzelbeschaffung sind darin zu sehen, dass mit dem Bezug kleiner Mengen mit höheren Preisen, höheren Verpackungskosten und höheren Transportkosten (Bezugskosten) zu rechnen ist. Je nach Material kann es auch schwierig sein, die benötigten Mengen termingerecht und in der erforderlichen Qualität zu beschaffen.

■ **Lagerlose Sofortverwendung (Just-in-time-Verfahren)**

> **Merke:**
>
> Die lagerlose Sofortverwendung ist Bestandteil eines Logistiksystems, bei dem die Materialbereitstellung genau zum Auslieferungszeitpunkt erfolgt. Man spricht vom **Just-in-time-Verfahren.**

Das Prinzip der lagerlosen Sofortverwendung wird vor allem von Industriebetrieben angewendet, die ihren Bedarf an großvolumigen und hochwertigen Teilen genau vorausberechnen können. Die Kapitalbindungs- und Lagerkosten werden auf die Zulieferbetriebe abgewälzt.

■ Die **Vorteile** einer konsequenten Anwendung der Just-in-time-Anlieferung sind, dass alle Lagerkosten und -risiken entfallen, weil das benötigte Material sofort zum Versand gebracht werden.

■ Die **Nachteile** der lagerlosen Sofortverwendung liegen in der Verwundbarkeit des Unternehmens gegenüber Störungen im Nachschub (z. B. durch Streiks, Zugverspätungen, Staus) sowie in der Umweltbelastung bei der Belieferung durch Lastkraftwagen (Versiegelung der Landschaft durch Straßenbau, Belastung der Luft durch Reifenabrieb und Abgase).

Um die Abwicklung der Bestellungen möglichst rasch durchführen zu können, liegt es nahe, mit dem Lieferanten einen Rahmenvertrag abzuschließen. Ein solcher legt in der Regel für eine bestimmte Periode den Gesamtbedarf für ein Material oder eine Materialgruppe fest. Für die geplante Abnahmemenge werden die Preise, die Liefer- und die Zahlungsbedingungen festgelegt. Die Einzelbestellungen verweisen dann jeweils auf den Rahmenvertrag und beinhalten nur noch nähere Festlegungen in Bezug auf Artikel, Menge und Termin. Eine langfristige Bindung an einen Lieferanten über einen Rahmenvertrag setzt voraus, dass die Nachfragemenge über diesen Zeitraum vorhersehbar und in etwa konstant ist. Der Vorteil von Rahmenvereinbarungen liegt insbesondere darin, dass die Kosten für wiederholte Verhandlungsführungen über Preise, Lieferungs- und Zahlungsbedingungen entfallen. Der verbleibende Restprozess ist dann so weit reduziert, dass er sich relativ leicht automatisieren lässt.

Eine andere Form der Just-in-time-Beschaffung verfolgt das **KANBAN-Konzept.**[1] Es beruht auf der **Holpflicht (Pull-Prinzip)** und besagt, dass bei Entnahme eines Teils oder bei Unterschreitung der zuvor festgelegten Mindestmenge in einem Lager die entsprechende Differenzmenge von der *vorgelagerten Arbeitsstation* nachzuliefern ist. Die Bestellung erfolgt mit Hilfe der **KANBAN-Karte.** Zwischen der angeforderten Stelle und der vorgelagerten Arbeitsstation besteht eine Art Kunden-Lieferanten-Beziehung. Beim KANBAN-Konzept steuert somit die letzte Stufe des Vertriebs den Beschaffungsvorgang. In der Praxis hat es sich gezeigt, dass eine solche rein **dezentrale Beschaffungssteuerung** nur bei bis zu maximal acht Arbeitsgängen möglich ist. Bei einer größeren Anzahl von Arbeitsvorgängen muss das KANBAN-Konzept durch eine zentrale Steuerung ergänzt werden. Das KANBAN-Konzept ist insbesondere für die Beschaffung von Werkstoffen geeignet.

Zusammenfassung

- Grundsätzlich gibt es zwei Möglichkeiten, Materialien bereitzustellen, nämlich die **Bedarfsdeckung durch Vorratshaltung** und die **Bedarfsdeckung ohne Vorratshaltung.**

- Die Bedarfsdeckung ohne Vorratshaltung kann als **Einzelbeschaffung im Bedarfsfall,** nach dem **Just-in-time-Konzept** oder nach dem **KANBAN-Konzept** erfolgen.

- **Rahmenverträge** verringern die Kosten des Beschaffungsprozesses, indem
  - wiederholte Verhandlungsführungen über Preise, Lieferungs- und Zahlungsbedingungen entfallen sind
  - sich der verbleibende Restprozess weitestgehend automatisieren lässt.

Übungsaufgabe

93 1. Stellen Sie in einer Tabelle die Vor- und Nachteile der Vorratshaltung und des Just-in-time-Prinzips einander gegenüber!

2. Beschreiben Sie den Unterschied zwischen dem Just-in-time-Konzept und dem KANBAN-Konzept!

3. Erläutern Sie Vor- und Nachteile der Just-in-time-Beschaffung für Abnehmer und Zulieferer!

4. Welche „Social Costs" können durch die Verwirklichung der Just-in-time-Beschaffung entstehen? (Social Costs sind Kosten, die nicht der Verursacher trägt, sondern die Allgemeinheit.)

4.4 Bestellentscheidung

4.4.1 Überblick

Hat die zuständige Abteilung eine positive Entscheidung getroffen, muss sie sich auf jeden Fall über mögliche **Bezugsquellen (Lieferer)** informieren.

Anschließend wird entschieden, von welchem Lieferer ein Angebot eingeholt werden soll. Die eingehenden Angebote werden verglichen **(Angebotsvergleich)** und die potenziellen Lieferer auf ihre Leistungsfähigkeit hin beurteilt **(Lieferantenbeurteilung).** Eine solche Vorgehensweise ist sinnvoll, denn aus Gewohnheit und/oder Bequemlichkeit immer beim gleichen Lieferer einzukaufen, kann teuer werden.

---

[1] KANBAN bedeutet Karte. Das KANBAN-Konzept stammt ursprünglich aus Japan.

Ein wichtiges Kriterium bei der Bestellentscheidung ist die Frage nach der Umweltverträglichkeit des Produkts **(ökologischer Aspekt der Bestellung)**. Die Frage der Umweltverträglichkeit eines Produkts ist für ein Unternehmen von hoher Bedeutung, denn nach dem Kreislaufwirtschafts- und Abfallgesetz sind alle, die Güter produzieren, vermarkten oder konsumieren, für die Vermeidung, Verwertung oder umweltverträgliche Entsorgung der Abfälle grundsätzlich selbst verantwortlich.

4.4.2 Bezugsquellenermittlung (Beschaffungsmarktforschung)

4.4.2.1 Problemstellung

Eine alte kaufmännische Redensart lautet: „Das Geld wird im Einkauf verdient!" Mit anderen Worten bedeutet dies, dass es Bemühungen im Rahmen des Einkaufs sind, die am wirkungsvollsten zu einer Verbesserung der Gewinnsituation führen. In Amerika bezeichnet man den Einkauf daher auch als einen „Profit-making-Job" – ein „Job", mit dem man Geld verdienen kann.

4.4.2.2 Zielsetzung der Bezugsquellenermittlung

Die Tätigkeiten der Bezugsquellenermittlung (Beschaffungsmarktforschung) zielen darauf ab, Chancen auf den Beschaffungsmärkten aufzudecken und zu nutzen und Marktrisiken zu vermeiden. Hierzu gehört z. B. das Finden neuer Lieferer, neuer (innovativer) Technologien oder aktueller Ware mit neuen Formen und aus neuen Materialien.

Sollen bisher nicht geführte Materialien beschafft werden, muss man sich auf jeden Fall über die möglichen Bezugsquellen (Lieferer) informieren. Aber auch dann, wenn man schon über längere Zeit hinweg bestimmte Lieferer hat, kann es sich lohnen, andere Lieferer ausfindig zu machen, deren Angebote einzuholen und diese Angebote mit denen der bisherigen Lieferer zu vergleichen.

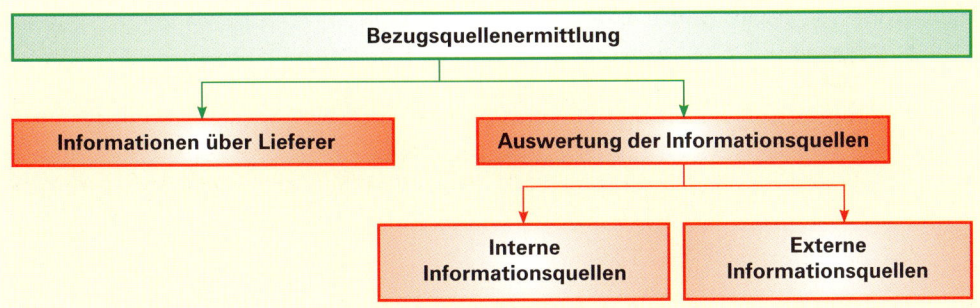

4.4.2.3 Informationen über Lieferer

Besteht Bedarf nach bereits geführten bzw. neu einzuführenden Waren, muss sich der Einkäufer zunächst darüber klar werden, bei welchen Lieferern (sofern mehrere auf dem Markt sind) er anfragen möchte. Diese Vorauswahl trifft der Einkäufer nicht nur danach, welche Lieferer erfahrungsgemäß am **preisgünstigsten** sind. Vielmehr kommt es auch entscheidend darauf an, welche Lieferer bisher die **kürzesten Lieferfristen** und die besten **Qualitäten** anboten. Ein weiteres wichtiges Entscheidungskriterium sind darüber hinaus die Erfahrungen, die mit der **Zuverlässigkeit** der Lieferer gemacht wurden.

Checkliste	
1. **Alter und Image des Unternehmens**	■ Seit wann besteht das Unternehmen? ■ Welchen Ruf genießt das Unternehmen (z. B. Auskünfte der Auskunfteien, Eindrücke unserer Einkäufer)? ■ Seit wann bestehen Geschäftsbeziehungen mit dem Unternehmen?
2. **Konkurrenzverhältnisse**	■ Wie viel Lieferer haben wir derzeit? ■ Wie viel zusätzliche Lieferer kommen derzeit in Betracht?
3. **Leistungsfähigkeit und -bereitschaft, Aktualität und Kreativität**	■ Entsprechen die Produktqualitäten – auch hinsichtlich ihrer Umweltfreundlichkeit – unseren Anforderungen? ■ Sind ausreichende Lieferkapazitäten vorhanden? ■ Kann der Lieferer auf Abruf liefern? ■ Entspricht das Personal unseren Anforderungen (Beratung, Lösungsvorschläge bei bestimmten technischen Problemen)? ■ In welchem Umfang werden Kundendienstleistungen angeboten? ■ Werden vorhandene Produkte weiterentwickelt? ■ Werden neue Produkte entwickelt?
4. **Pünktlichkeit und Zuverlässigkeit**	■ Werden vereinbarte Lieferfristen eingehalten? ■ Werden die zugesagten Qualitäten eingehalten? ■ Welche Qualitätsgarantien werden übernommen?
5. **Preise und Zahlungsziele**	■ Wie hoch sind die Bezugspreise im Vergleich zu den Bezugspreisen anderer Lieferer? ■ Wie lange sind die Zahlungsziele? ■ Können günstigere Konditionen durch Verhandlungen erreicht werden (z. B. Sonderrabatte, Mengenrabatte)? ■ Werden Sonderangebote unterbreitet?
6. **Einhalten von Sozialstandards**	■ Dient das Warenangebot der Verbesserung der Situation von Beschäftigten und dem Schutz der Umwelt? ■ Sind die Waren, die aus einem Entwicklungsland bezogen werden, mit einem sozialen Gütesiegel ausgestattet?
7. **Sonstige Beurteilungskriterien**	■ Wo befinden sich Gerichtsstand und Erfüllungsort? ■ Gibt es Haftungsausschlüsse?

Beispiel für eine Checkliste zur Liefererauswahl

---

1 to check (engl.): prüfen, abhaken.

Die mit Hilfe der Checkliste geprüften Gesichtspunkte (Kriterien) können bewertet werden. Für die Summe aller Kriterien werden z. B. 100 Bewertungspunkte vergeben. Die Gesamtpunkte werden auf die einzelnen Kriterien verteilt. Wie die Punkte zu verteilen sind, hängt von der Bedeutung ab, die das Unternehmen den Bewertungskriterien beimisst.

Wird z. B. auf Leistungsfähigkeit, Leistungsbereitschaft, Kreativität und Aktualität der größte Wert gelegt, wird diesem Gesichtspunkt auch die höchste Punktzahl zugeteilt. Werden in zweiter Linie die Kriterien Pünktlichkeit und Zuverlässigkeit für wichtig gehalten, erhalten diese die zweithöchste Punktzahl.

Beispiel:[1]

Die aufgrund der Checkliste (S. 216) ermittelten Bewertungspunkte werden in einer Punktebewertungstabelle (Entscheidungsbewertungstabelle) festgehalten. Der Lieferer mit der höchsten Punktzahl wird ausgewählt. In diesem Beispiel ist das der Lieferer Nr. 4715.

Punktebewertungstabelle						
Kriterien	**Höchst-punkt-zahl**	**Lieferer-Nummern**				
		4713	**4714**	**4715**	**4716**	**4717**
1. Alter und Image des Unternehmens	5	2	3	1	1	1
2. Konkurrenzverhältnisse	10	5	4	8	2	2
3. Leistungsfähigkeit und -bereitschaft, Aktualität und Kreativität	30	15	20	30	20	28
4. Pünktlichkeit und Zuverlässigkeit	25	25	25	22	15	15
5. Preise und Zahlungsziele	20	20	10	15	10	12
6. Sonstige Beurteilungskriterien	10	10	5	8	5	5
Summen	**100**	77	67	(84)	53	63

4.4.2.4 Informationsquellen

(1) Interne Informationen

Wurden die zu beschaffenden Güter bereits früher schon einmal eingekauft, sind die Bezugsquellen bekannt. Die erforderlichen Informationen können im Betrieb selbst (intern) beschafft werden, sofern die organisatorischen Voraussetzungen vorliegen, z.B. die entsprechenden Tabellen in einer Datenbank angelegt wurden.

Dateien (Tabellen), die bei der internen Informationsbeschaffung benutzt werden:

Dateien mit internen Bezugsquelleninformationen	
Warendatei	Sie enthält alle Informationen über die Waren, wie z.B. Warennummer, Bezeichnung, Preis, Lagerbestand, Meldebestand
Liefererdatei	Sie enthält alle Informationen über die Lieferanten, wie z.B. Lieferer-nummer, Name, Straße, Postleitzahl, Ort

---

1 Ein ausführliches Beispiel finden Sie auf S. 221f.

Dateien mit internen Bezugsquelleninformationen	
Konditionendatei	In ihr werden die Lieferungs- und Zahlungsbedingungen (Konditionen) der Lieferer erfasst.
Bezugsquellendatei	Sie ist die elektronische Ausgabe des „Wer liefert was?" und gibt dem Sachbearbeiter des Einkaufs darüber Auskunft, welche Lieferanten für eine bestimmte Ware in Frage kommen. Sie stellt also eine Verbindung her zwischen der Warendatei und der Liefererdatei.

(2) Externe Informationen

Ist man mit den bisherigen Lieferern nicht mehr zufrieden oder müssen bisher noch nicht bezogene Güter beschafft werden, weil das bisherige Fertigerzeugnisprogramm bzw. das Sortiment geändert wurde, müssen die Bezugsquellen außerhalb des Betriebs (extern) ermittelt werden.

Bei den externen Informationsquellen kann man zwischen primären und sekundären Informationsquellen unterscheiden.

■ Primäre (direkte, unmittelbare) Informationsquellen

Die zur Beschaffung erforderlichen Informationen werden hierbei direkt (unmittelbar) auf den Beschaffungsmärkten eingeholt. Primäre Informationsquellen sind z. B.:

- schriftliche Informationen, telefonische Anfragen und/oder persönliche Gespräche bei Lieferern und Kunden,
- Besuche von Messen, Ausstellungen und Warenbörsen (Produktenbörsen),
- Berichte der Einkaufs- und Verkaufsreisenden sowie der selbstständigen Absatzvermittler,[1]
- Betriebsbesichtigungen bei Lieferern und Kunden,
- Testanzeigen (für Kauf und Verkauf),
- Vertreterbesuche,
- elektronische Marktplätze.

■ Sekundäre (indirekte, mittelbare) Informationsquellen

Hier werden keine speziellen Erhebungen durchgeführt, sondern zu anderen Zwecken erfolgte Aufzeichnungen zur Beschaffung ausgewertet.

Sekundäre Informationsquellen sind z. B.:

- Statistiken (z. B. Umsatz- und Preisstatistiken der Verbände, des Statistischen Bundesamts, der Deutschen Bundesbank und Europäischen Zentralbank, der Ministerien, Statistiken über die Kostenstruktur/Materialanteile),
- Adressbücher, Branchenhandbücher, Einkaufsführer (z. B. „Wer liefert was?", „Einkaufs-1x1 der deutschen Industrie", „ABC der deutschen Wirtschaft" usw.),
- „Gelbe Seiten" der Deutschen Telekom Medien GmbH,
- Verkaufskataloge, -prospekte,
- Fachbücher und Fachzeitschriften,

---

1 Selbstständige Absatzvermittler sind z. B. die Handelsvertreter (siehe §§ 84 ff. HGB), die Kommissionäre (siehe §§ 383 ff. HGB) und die Handelsmakler (siehe §§ 93 ff. HGB).

- Markt- und Börsenberichte,
- Geschäftsberichte, Hauszeitschriften,
- Messekataloge,
- Tages- und Wirtschaftszeitungen,
- Einschaltung ausländischer Handelskammern und deutscher Handelsmissionen im Ausland,
- Internetseiten (z. B. http://www.gelbeseiten.de; http://www.werliefertwas.de).

Dateien von externen Bezugsquelleninformationen können vom Betrieb selbst angelegt werden. Sie können aber auch in vielen Ausführungen und Größen gekauft werden. Werden diese Informationen in eine Datenbank integriert, dann stehen deren unterstützende Funktionalitäten zur Datenfassung, Datenauswertung und -gruppierung zur Verfügung.

Zusammenfassung

- Der Einkauf (Beschaffung) ist jener Teil des Unternehmens, der in entscheidendem Maße zur Ertragskraft beiträgt. „Der Gewinn liegt im Einkauf."

- Zu den zu beschaffenden Gegenständen gehören Materialien, Handelswaren, Dienstleistungen und Anlagegüter. Die Beschaffung ist auch für die Entsorgung bzw. Weiterverwertung der Abfallstoffe zuständig.

- Sollen Materialien neu beschafft werden, muss man sich in jedem Fall über neue Bezugsquellen informieren.

Übungsaufgaben

94 Herr Merk, der Einkaufsleiter der Elektronikfabrik MEGATRINIC GmbH, möchte den Lagerbestand an Computern, Notebooks, Handys und weiteren Elektronik-Zubehörteilen möglichst niedrig halten. Der Leiter des Bereichs Verkauf, Herr Hausen, will indessen möglichst weitreichende Lagerbestände.

Aufgaben:
1. Welche Ziele verfolgt Herr Merk im Rahmen des Einkaufs?
2. Welche Ziele verfolgt Herr Hausen?
3. Erläutern Sie einen weiteren Zielkonflikt, der zwischen dem Bereich Einkauf und Verkauf bestehen kann!

95 Die Geschäftsleitung der Elektronikfabrik MEGATRINIC GmbH überlegt sich, wie die Liefererauswahl wirkungsvoller organisiert werden kann. Im Gespräch ist die Einführung von Checklisten.

Aufgaben:
1. Begründen Sie, warum Checklisten ein wesentliches Hilfsmittel bei der Liefererauswahl sein können!
2. Man unterscheidet zwischen internen und externen Bezugsquelleninformationen. Erklären Sie diese Begriffe und nennen Sie je zwei Beispiele!

4.4.3 Angebotsvergleich und Lieferantenbeurteilung

4.4.3.1 Grundsätzliches

Die Suche nach neuen Bezugsquellen und die Ermittlung potenzieller Lieferer haben für die Unternehmen einen hohen Stellenwert. Mit dieser Aufgabe beschäftigt sich die **Beschaffungsmarktforschung.**

Hat die Beschaffungsmarktforschung einen möglichen Lieferer ermittelt, schließt sich die **Liefererbewertung** an. Für die Liefererbewertung kann ein einziges Kriterium (z.B. der Preis) oder aber eine Summe von Kriterien herangezogen werden. Für die Liefererbewertung können **quantitative,** d.h. messbare **Kriterien** (z.B. Preis, Zahlungsbedingungen, Lieferbedingungen) und/oder **qualitative,** d.h. nicht messbare **Kriterien** (z.B. Qualität, Lieferertreue, Image, technisches Know-how, Unterstützung bei Problemlösungen) herangezogen werden. Als Instrumentarium zur Analyse der Kriterien kann der **Einfaktorenvergleich** oder der **Mehrfaktorenvergleich (Scoringmodell)** dienen.

4.4.3.2 Angebotsvergleich (Einfaktorenvergleich mit Bezugskalkulation)

Legt man nur einen einzigen Auswahlgesichtspunkt (ein Kriterium) zugrunde, dann kommt man sehr schnell zu einer Lieferantenauswahl. Solche Einfaktorenvergleiche sind z.B. möglich in Bezug auf den Preis, die Liefer- und Zahlungsbedingungen oder die Produktqualität.

Beispiel für einen Einfaktorenvergleich (Preisvergleich von Angeboten):

Ein Betrieb erhält vier Angebote. Die angebotenen Waren sind qualitätsmäßig vollkommen gleich. Die Lieferzeit beträgt in allen Fällen 14 Tage. Die Angebote lauten:

1. 620,00 EUR ab Werk, Ziel 30 Tage, bei Zahlung innerhalb von 14 Tagen 2 % Skonto.
2. 608,00 EUR ab Werk, zahlbar netto Kasse.
3. 680,00 EUR frei Haus, 5 % Sonderrabatt, Ziel 2 Monate, 2 % Skonto innerhalb von 14 Tagen.
4. 632,50 EUR frei Haus, zahlbar netto Kasse.

Die Frachtkosten betragen 20,00 EUR, die An- und Abfuhr je 3,00 EUR.

Unter der Voraussetzung, dass Skonto ausgenutzt wird, gelten folgende Vergleichsrechnungen:

1. Angebot	Listeneinkaufspreis	620,00 EUR
	− 2 % Skonto	12,40 EUR
	Bareinkaufspreis	607,60 EUR
	+ Fracht, An- und Abfuhr	26,00 EUR
	Bezugspreis	633,60 EUR
2. Angebot	Listeneinkaufspreis	608,00 EUR
	+ Fracht, An- und Abfuhr	26,00 EUR
	Bezugspreis	634,00 EUR
3. Angebot	Listeneinkaufspreis	680,00 EUR
	− 5 % Sonderrabatt	34,00 EUR
	Zieleinkaufspreis	646,00 EUR
	− 2 % Skonto	12,92 EUR
	Bezugspreis	633,08 EUR
4. Angebot	Listenpreis ≙ Bezugspreis	632,50 EUR

Aufgabe:

Berechnen Sie das günstigste Angebot!

Lösung:

Es scheint, als ob das 4. Angebot das günstigste sei. Berücksichtigt man jedoch die Tatsache, dass der Lieferer beim 3. Angebot eine Skontierungsfrist von 14 Tagen einräumt, so bedeutet das, dass die Verzinsung der 632,50 EUR, die bei vorzeitiger Zahlung finanziert werden müssen, berücksichtigt werden muss. Legt man z. B. einen Zinssatz von 8 % zugrunde, belaufen sich die Zinsen für 632,50 EUR auf 1,97 EUR. Das vierte Angebot ist somit mit 632,50 EUR + 1,97 EUR[1] = 634,47 EUR im Angebotsvergleich zu berücksichtigen.

Ergebnis: Das dritte Angebot ist mit 633,08 EUR am günstigsten.

4.4.3.3 Lieferantenbeurteilung durch Mehrfaktorenvergleich (Scoringmodell)[2]

Ist für die Auswahl des Lieferanten nicht nur ein Kriterium entscheidend, dann entsteht sehr schnell eine komplexe Situation, da die Kriterien unter Umständen einander zuwider laufen, wie z. B. Qualität und Preis. Ein günstiger Preis ist zumeist mit geringerer Qualität verbunden und umgekehrt.

Derart komplexe[3] Situationen sind typisch für langfristige unternehmerische Entscheidungen, sie sind zudem mit Unsicherheiten behaftet und daher schwer durchschaubar. Um dennoch tragfähige Lösungen zu finden, die z. B. gegenüber den Vorgesetzten gerechtfertigt werden können, benötigt man ein Instrumentarium, das die Entscheidung unabhängig macht von Vorurteilen, Sympathien oder Antipathien, sondern sie auf nachvollziehbare, vernünftige Argumente stützt. Damit wird die Entscheidung zugunsten eines bestimmten Lieferanten auch nachträglich begründbar und kontrollierbar.

Eines dieser Instrumentarien ist das **Scoringmodell** oder auch **Weighted-Point-Method**[4] genannt. Dabei werden den Auswahlkriterien zunächst Gewichtungen zugeordnet (Spalte 2), die für alle Lieferanten gleichermaßen gelten. Danach werden die Lieferanten einzeln dahingehend analysiert, inwieweit sie die Auswahlkriterien erfüllen. Hierfür werden Punkte vergeben, z. B. 5: hohe Zielerfüllung, 0: keine Zielerfüllung (z. B. Spalte 3). Durch Multiplikation der Gewichtungen mit den einzelnen Punkten erhält man je Auswahlkriterium die gewichteten Punkte (z. B. Spalte 4). Ausgewählt wird jener Lieferant, dessen Summe der gewichteten Punkte maximal ist.

Beispiel:

Zur Auswahl stehen die drei Lieferanten Abel, Bebel und Krüger. Als Entscheidungsfaktoren spielen die Qualität, der Preis, die Liefertreue, der technische Kundendienst und die Unterstützung bei Problemlösungen eine Rolle. Die Gewichtungen für die Entscheidungsfaktoren sind der Spalte 2 zu entnehmen. Eine Beurteilung der Lieferanten ergab jeweils die in den Spalten 3, 5 und 7 dargestellten Punkte.

---

1 Zinsen $= \dfrac{632,50 \cdot 8 \cdot 14}{100 \cdot 360} = \underline{\underline{1,97 \text{ EUR}}}$

2 Scoringmodell kann übersetzt werden mit Punktebewertungsmodell.

3 Komplex: vielfältig verflochten.

4 Weighted-Point-Method: wörtlich Methode der gewichteten Punkte.

Auswahl-Kriterien	Gewich-tung	Abel		Bebel		Krüger	
		Punkte Abel	Gewichtete Punkte Abel	Punkte Bebel	Gewichtete Punkte Bebel	Punkte Krüger	Gewichtete Punkte Krüger
(1)	(2)	(3)	(4) = (2) · (3)	(5)	(6) = (2) · (5)	(7)	(8) = (2) · (7)
Qualität	0,30	5	1,5	4	1,2	3	0,9
Preis	0,30	4	1,2	5	1,5	5	1,5
Liefertreue	0,10	3	0,3	4	0,4	5	0,5
Technischer Kundendienst	0,20	5	1,0	3	0,6	4	0,8
Unterstützung bei Problem-lösungen	0,10	2	0,2	2	0,2	3	0,3
Summe der Punkte	**1,00**		**4,2**		**3,9**		**4,0**

Erläuterung (am Beispiel Abel):

Die zeilenweise Multiplikation der Gewichtungen mit den Punkten Abels für die einzelnen Kriterien ergibt jeweils die gewichteten Punkte. Deren Summe beträgt bei Abel 4,2. Bebel und Krüger erhielten je 3,9 bzw. 4,0 Punkte. Somit fällt die Entscheidung zugunsten von Abel.

Die Verwendung des Scoringmodells, das im Betrieb auch anderweitig verwendet werden kann (z. B. Standortbestimmung für eine neue Filiale, Mitarbeiterbeurteilung usw.), hat den Vorteil, dass neben rein quantifizierbaren Größen (z. B. Preise) auch die Einbeziehung von qualitativen Kriterien (z. B. Qualität, Liefertreue usw.) möglich ist.

4.4.4 Ökologische[1] Auswirkungen der Beschaffung

Eine Auswirkung des Kreislaufwirtschafts- und Abfallgesetzes ist, dass die Unternehmen bei der Beschaffung eines Werkstoffes oder einer Handelsware streng auf deren Umweltverträglichkeit achten. Beschafft werden nur noch Güter, die entweder recycelbar sind oder umweltverträglich entsorgt werden können.

Dass ein ökologischer Beschaffungsvorgang nicht eine freiwillige Leistung der Unternehmen bleibt, dafür sorgen beispielsweise die Altfahrzeugverordnung, das Elektro- und Elektronikgerätegesetz sowie die Verpackungsverordnung. Sie enthalten zwingende Vorschriften, nach denen gebrauchte Produkte und Verpackungen vom Hersteller bzw. Vertreiber zurückgenommen werden müssen.

---

1 Die **Ökologie** ist die Wissenschaft von den Wechselwirkungen zwischen den Lebewesen untereinander und ihren Beziehungen zur übrigen Umwelt.
Ein einprägsames Beispiel für einen ökologischen Zusammenhang ist die Ausrottung des Vogels Dodo (Dronte) auf der Insel Mauritius durch die Portugiesen im 16. Jahrhundert. Auf Mauritius gibt es einen Baum namens Calvarie major, der am Aussterben ist: Es gibt nur noch 13 Bäume, die allesamt älter als 300 Jahre sind. Die Samen der Bäume keimen nicht. Warum? Der ausgerottete Dodo fraß unter anderem die Samen des Calvaria-Baums, in dessen kräftigem Muskelmagen sich die Schalen der Samen so weit abrieben, dass die zum Teil unverdaut gebliebenen Samen ausgeschieden wurden und so zur Keimung gelangten. So erhielt der Baum den Dodo und der Dodo erhielt den Baum. (Quelle: Vogt, H.-H.: Ohne Dodo keine Bäume, in.: Kosmos. Bild unserer Welt, Heft 9, September 1978, S. 628f.) Im täglichen Sprachgebrauch bedeutet ökologisch so viel wie umweltverträglich, umweltschonend. Ökologische Ziele sind demnach Ziele, die mit solchen Mitteln erreicht werden sollen, die der Schonung der natürlichen Umwelt dienen.

Wie bedeutsam der Beschaffungsvorgang für den Erhalt der Umwelt ist, zeigt die nachfolgende Abbildung.

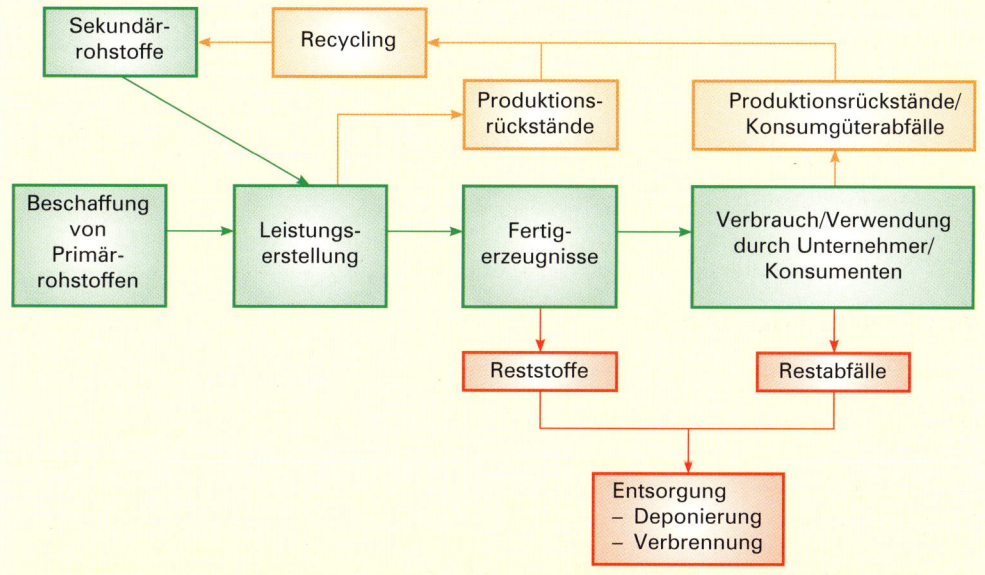

Zusammenfassung

- Mit der Aufgabe, potenzielle Lieferer zu ermitteln, beschäftigt sich die **Beschaffungsmarktforschung.**

- Für die **Liefererbewertung** kann ein **einziges Kriterium** oder eine **Menge von Kriterien** herangezogen werden.

- Ein **Einfaktorenvergleich** berücksichtigt nur ein einzelnes Auswahlkriterium, in der Regel den Einstandspreis. Er wird durch die **Bezugskalkulation** ermittelt.

- Ein **Mehrfaktorenvergleich** erlaubt es, neben quantitativen auch qualitative Faktoren zu berücksichtigen. Eines dieser Verfahren ist das so genannte **Scoringkonzept.** Das Scoringkonzept dient der Bestimmung der optimalen Alternative, wenn mehrere Ziele zugleich zu berücksichtigen sind.

- Welche Gründe für die Einkaufsentscheidung maßgebend sind (z. B. der besonders niedrige Angebotspreis, die Lieferzeit oder Qualität der Werkstoffe, Handelswaren oder Betriebsmittel) hängt vor allem von der **Dringlichkeit des Bedarfs** und der **Art der einzukaufenden Güter** (z. B. komplizierte Investitionsgüter oder problemlose, von vielen Verkäufern angebotene Verbrauchsgüter) ab.

Übungsaufgaben

96 Unter qualitativ gleichwertigen Handelswaren gleich zuverlässiger Verkäufer soll ein rechnerischer Angebotsvergleich vorgenommen werden. Folgende Angebote liegen vor:

Lieferer Nr. 3102: 3 500,00 EUR frei Haus, Ziel 2 Monate, 3 % Skonto innerhalb 3 Wochen;

Lieferer Nr. 3103: 3 360,00 EUR frachtfrei, zahlbar netto Kasse;

Lieferer Nr. 3108: 3 700,00 EUR ab Bahnhof hier, $12\frac{1}{2}$ % Rabatt und 2 % Skonto innerhalb 14 Tagen, Ziel 4 Wochen.

Die Fracht beträgt 200,00 EUR, die Kosten für die An- und Zulieferung belaufen sich auf je 30,00 EUR. Es ist – falls notwendig – mit einem Jahreszinssatz von 10 % zu rechnen!

Aufgaben:

1. Ermitteln Sie das günstigste Angebot!
   Es wird beim rechnerisch günstigsten Verkäufer bestellt. Da es sich um Gattungsware handelt, werden lediglich Vereinbarungen über die zu liefernden Mengen und Preise getroffen.

2. Wer trägt bei fehlenden vertraglichen Vereinbarungen die Verpackungsaufwendungen und wer die Beförderungsaufwendungen? Begründen Sie Ihre Antworten mit dem Gesetz!

3. Binnen welcher Frist ist nach dem BGB bei einem Kaufvertrag zu liefern und zu zahlen? Begründen Sie Ihre Antworten mit dem Gesetz!

4. Welche weiteren Vereinbarungen können in einem Kaufvertrag beispielsweise hinsichtlich der Verpackungs- und Beförderungsaufwendungen getroffen werden?

97 Fallstudie: Angebotsvergleich

Dem Vertriebsbüro der Topsound GmbH, Hannover, wird am 10. Januar 20.. der Kundenauftrag Nr. C 732 über 1000 Stück unserer neuen Stereoanlage „Crash-micro-line" erteilt. In Zusammenarbeit mit dem Lager wird ermittelt, dass 300 Stück des Transistors TC 472 am Lager sind, aber insgesamt 5000 Stück benötigt werden.

Dem Einkauf liegen bis heute drei Angebote vor:

(1) Elektronik Werke Freiburg AG vom 15. Januar 20..:

> „Wir bieten Ihnen, befristet bis zum 15. Februar 20.. Transistoren TC 472 für 2,87 EUR/Stück ab Werk an. Bei Abnahme ab 1000 Stück gewähren wir 5 % und ab 5000 Stück 10 % Mengenrabatt. Die Zahlung soll erfolgen innerhalb 10 Tagen nach Rechnungserhalt unter Abzug von 2 % Skonto oder innerhalb 30 Tagen netto Kasse."
>
> **Hinweis:** Die Frachtkosten von Freiburg bis Hannover betragen für 4700 Stück 200,00 EUR.

(2) Elektroteile Hannover GmbH vom 27. Januar 20..:

> Lieferung für 3,10 EUR/Stück, frei Haus, innerhalb vier Wochen nach Bestelleingang; Mengenrabatt ab 500 Stück 10 %, ab 1000 Stück 15 %, ab 5000 Stück 20 %; zahlbar innerhalb 20 Tagen unter Abzug von 2 % Skonto oder innerhalb 60 Tagen rein netto.

(3) Hans Haas e. Kfm., Köln, vom 25. Januar 20.:

> Sonderangebot bis 10. Februar gültig. Bei Lieferung von 500 oder mehr Transistoren 3,00 EUR/Stück, frei Haus. Bei Abnahme von weniger als 500 Stück werden für Verpackung, Fracht und Bearbeitungsgebühr 50,00 EUR gesondert in Rechnung gestellt. Ab 1000 Stück werden 10 %, ab 5000 Stück 15 % Mengenrabatt gewährt; Rechnungen sind zahlbar innerhalb von 30 Tagen ohne Abzug.

Um die optimale Bezugsquelle zu ermitteln, werden vom Lager, von der Fertigung und vom Einkauf **Berichte über die Geschäftsverbindung mit den Verkäufern** zusammengestellt. Den Qualitätsanforderungen (mindestens vier von acht Punkten) genügen alle Anbieter:

Elektronik Werke Freiburg AG

> Die Qualität ist mit acht Punkten sehr hoch. Geliefert wurde meistens fehlerfrei, nur einmal enthielt eine Lieferung einen beachtlichen Teil falscher Artikel. Die verwaltungstechnische Abwicklung der Einkäufe verlief stets ohne Beanstandungen. Liefertermine wurden allerdings mehrmals nicht eingehalten; einmal mussten sogar drei Mahnungen gesandt werden. Verpackung und Auslieferung hingegen waren makellos. Die technische Beratung seitens

der Elektronik Werke Freiburg AG lässt zu wünschen übrig. Direkte, persönliche Auskünfte sind nicht zu erhalten; der zuständige Fachmann ist „nie zu erreichen". Auch werden Rückfragen nachlässig behandelt. Die Elektronik Werke Freiburg AG liefern frei Haus ab 150 km Entfernung an.

Elektroteile Hannover GmbH

Die Elektroteile GmbH, Hannover, praktisch in Sichtweite gelegen, hat die Produktion erst vor etwa 15 Monaten aufgenommen. Die Qualitätsstufe ist 6. Angenehm ist die räumliche Nähe bei Rückfragen und technischer Beratung. Letztere allerdings ist nicht allzu qualifiziert. Auch der Fax- und Telefonverkehr sind billig. Aufgrund der geografischen Nähe legt die Elektroteile GmbH keinen Wert auf Verpackung bei Anlieferung. Lieferzusagen werden eingehalten. Bei schriftlichen Unterlagen (Auftragsbestätigung, Rechnung etc.) sind jedoch fast immer Beanstandungen aufgetreten, manchmal sogar sehr ärgerliche. Auf den schriftlichen Informationsverkehr ist wenig Verlass.

Hans Haas e. Kfm.

Obwohl die Qualität mit 7 hoch ist, reicht die schriftlich angeforderte Beratung nicht aus. Dafür werden Verpackung und Anlieferung stets besonders gelobt. Auch Liefertermine wurden – ausgenommen eine unverschuldete Verzögerung – pünktlich eingehalten. Rückfragen jeder Art werden schnell bearbeitet und beantwortet. In zwei Fällen musste die Auftragsbestätigung angemahnt werden. Sonst waren keine besonderen Beanstandungen festgestellt worden.

Aufgaben:

1. Führen Sie anhand der Entscheidungsbewertungstabelle einen Angebotsvergleich durch!

   Hinweise:

   – Neben dem Preis und der Qualität sind für den Vergleich anhand des Informationsmaterials weitere Kriterien festzulegen.

   – Bei der Kriteriengewichtung sind im ersten Schritt aus einer Zehnerstaffel (10, 20…) entsprechend der „Wichtigkeit" Punkte zu verteilen. Die Punktsumme ist auf 100 anzupassen.

   – Im Folgenden wird jede Information kriterienbezogen bewertet und erhält zwischen 1 und 5 Punkte, wobei die als Beste angesehene nicht unbedingt volle 5 Punkte und die als Schlechteste betrachtete nicht unbedingt 1 Punkt bekommen muss.

   – Die Informationspunkte werden durch Multiplikation mit den Punkten aus der Kriteriengewichtung relativiert.

   – Nach Abschluss der Bewertung werden die Summen der gewichteten Punkte gebildet.

Entscheidungsbewertungstabelle: Angebotsvergleich

Kriterien	Gewichtung d. Kriterien	Elektronik Werke Freiburg AG		Elektroteile Hannover GmbH		Hans Haas e. Kfm.	
		Punkte	gewichtete Punkte	Punkte	gewichtete Punkte	Punkte	gewichtete Punkte
1. Preis für 4 700 Stück – Rabatt = Zieleinkaufspreis – Skonto = Bareinkaufspreis + Fracht = Einstandspreis							

15 Speth – ISBN 978-3-8120-0491-6

2. Qualität									
3.									
4.									
5.									
6.									
7.									
Summe der Punkte	**100**								

Hinweis zur Spalte Punkte: 5 ≙ sehr gut; 4 ≙ gut; 3 ≙ befriedigend; 2 ≙ ausreichend; 1 ≙ schlecht.

2. Welcher Verkäufer wird aufgrund der Summe aller relativierten Punkte den Auftrag erhalten?

4.5 Lagerung von Gütern

4.5.1 Begriff und Aufgaben des Lagers

(1) Begriff Lager

> **Merke:**
>
> Unter einem **Lager** versteht man einen Raum oder eine Fläche zum Aufbewahren von Sachgütern. Die Sachgüter werden mengen- und/oder wertmäßig erfasst.

(2) Aufgaben des Lagers

Die Sachgüter werden im Wesentlichen aus fünf Gründen gelagert:

■ Sicherungsfunktion

Die einzelnen Verbrauchsstellen eines Industriebetriebs müssen jederzeit über die notwendigen Werkstoffe verfügen, wenn die Produktion störungsfrei ablaufen soll. Aus diesem Grund wird in den Industriebetrieben meistens ein Sicherheitsbestand (eiserner Bestand) gehalten.

■ Zeitüberbrückungsfunktion

Die Lagerhaltung ermöglicht den zeitlichen Ausgleich zwischen Beschaffung, Produktion und Absatz. So kommt es z.B. vor, dass Rohstoffe nur zu bestimmten Jahreszeiten beschafft werden können (Obst, Gemüse, Getreide). Bei saisongebundenen Waren (Textilien, Wintersportartikeln, Heizmaterial) ist es erforderlich, vor Saisonbeginn ein ausreichendes Lager zu besitzen, um Stockungen im Absatz vermeiden zu können.

■ Mengenausgleichsfunktion

Die Vorratshaltung im Absatzbereich (Lagervorräte beim Einzel- und Großhandel, Fertigerzeugnisse in der Industrie) ermöglicht es, auch bei Absatzschwankungen die Beschäftigung stabil zu halten. Bei steigender Nachfrage werden die Lager abgebaut, bei sinkender Nachfrage aufgestockt (z.B. bei Landmaschinen, Kraftfahrzeugen, Textilien).

■ **Umformungsfunktion**

Bei bestimmten Gütern hat die Lagerhaltung auch die Aufgabe, die Eigenschaften der Güter an die Anforderungen der Produktion und/oder des Absatzes anzupassen. Hierzu gehört z.B. das Austrocknen von Holz, das Aushärten von Autoreifen oder das Ausreifen von Branntwein.

■ **Spekulationsfunktion (Gelegenheitsfunktion)**

Durch Großeinkäufe (z.B. durch das Ausnutzen von Mengenrabatten, Transportkostenvergünstigungen und Verbilligungen bei den Verpackungskosten) sowie durch Gelegenheitskäufe werden die Betriebe in die Lage versetzt, die Preise auch bei steigender Nachfrage stabil zu halten.

4.5.2 Lagerarten

(1) Lagerarten nach der räumlichen Gestaltung

Offene Lager. Wirtschaftliche Güter, die in ihrer Qualität durch Witterungseinflüsse nicht leiden, werden in kostengünstigen offenen, d.h. nicht überdachten Lagern untergebracht (z.B. Kohle, Sand, Steine, Röhren, Ziegel, Backsteine usw.).

Geschlossene Lager. Die weitaus meisten Güter müssen in geschlossenen (umbauten) Lagern eingelagert werden, um sie vor Witterungseinflüssen (Kälte, Wärme, Feuchtigkeit) sowie Diebstahl zu schützen. Bei vielen Gütern sind *Speziallagerräume* (z.B. Kühlräume, Öltanks, Silos) erforderlich.

(2) Lagerarten nach dem Bearbeitungszustand der Erzeugnisse

Roh-, Hilfs- und Betriebsstofflager (kurz Stofflager). Diese Lager haben die Aufgabe, die Zeitspanne zwischen Beschaffung und Produktion (Verbrauch der Roh-, Hilfs- und Betriebsstoffe) zu überbrücken.

Zwischenlager. Sie nehmen unfertige, noch weiter zu bearbeitende Erzeugnisse auf. Zwischenlager sind häufig deshalb erforderlich, weil die Fertigungsstufen innerhalb des Produktionsprozesses – besonders in Mehrproduktunternehmen – selten so genau aufeinander abgestimmt werden können, dass in jeder Produktionsstufe die erforderlichen Teile in der benötigten Menge zur Verfügung stehen.

Fertigerzeugnislager. In diesen Lagern werden die fertig gestellten Erzeugnisse gelagert, um sie für den Absatz bereitzuhalten.

Versandlager. Hierbei handelt es sich um die kurzfristige Lagerung von Gütern, die versandfertig gemacht (z.B. seemäßig verpackt) werden. Versandlager sind Durchgangslager bereits bestellter Erzeugnisse.

(3) Lagerarten nach dem Lagerort (Lagerstandort)

Zentrale Lager. Sie sind Lager, bei denen alle im Betrieb benötigten Güter in einem Gesamtlager untergebracht sind. Zentrale Lager haben den Vorteil, dass sie verhältnismäßig wenig Raum- und Transportkosten verursachen.

Die Minimierung der Transportkosten setzt aber voraus, dass die Verbrauchsstätten entsprechend dem Produktionsfluss um das Lager angeordnet sind. Da die meisten Betriebe jedoch historisch gewachsen sind, liegen die Produktionsstätten (z.B. Werkstätten, Werkhallen) häufig hinter- und/oder nebeneinander, sodass die Raumkostenersparnis eines zentralen Lagers durch die Transportkostenverteuerung aufgehoben oder übertroffen wird. Lediglich bei Umbauten, Betriebserweiterungen und Neugründungen lassen sich die günstigsten Bedingungen für eine zentrale Lagerung schaffen.

Dezentrale Lager. Sie sind erforderlich, wenn die Transportkosten bei einer zentralen Lagerung höher sind als die Raumkostenersparnis bei zentraler Lagerung. Jede Verbrauchsstätte enthält dann ein eigenständiges Lager für die Roh-, Hilfs-, Betriebsstoffe und Fertigteile, die sie benötigt (Nebenlager). Dies schließt nicht aus, dass dennoch ein zentrales Lager (Hauptlager) geführt wird, von dem aus die Nebenlager bei Bedarf beliefert werden. Der Vorteil ist, dass Transportkosten eingespart werden. Von Nachteil ist, dass die Raumkosten und die Verwaltungskosten steigen.

4.5.3 Lagerkennziffern

4.5.3.1 Lagerkosten

(1) Überblick

Jede Lagerung verursacht zahlreiche Kostenarten. Einen ersten Überblick liefert nachstehende Abbildung.

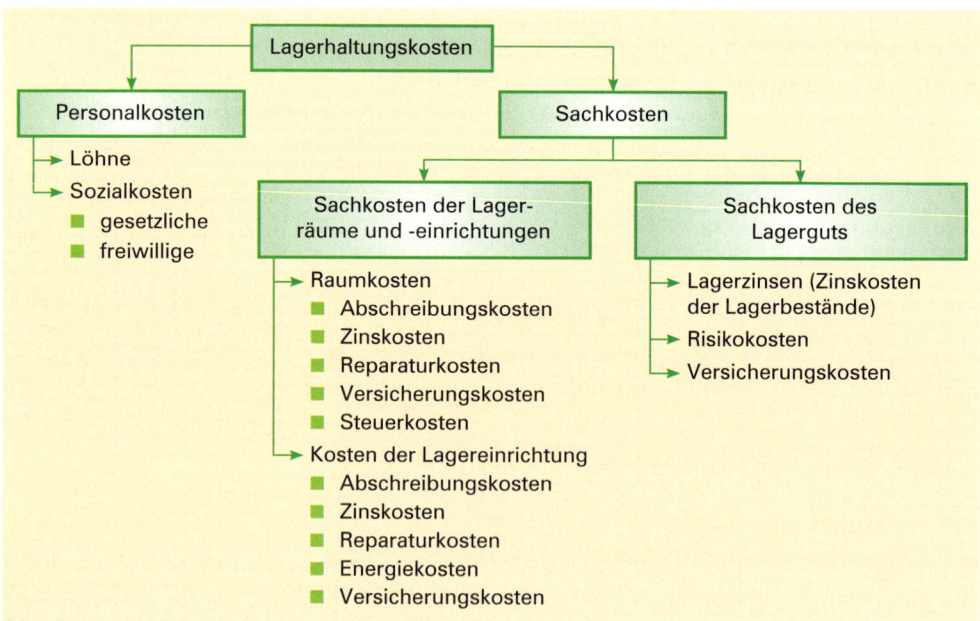

228

(2) Personalkosten

Für das im Lager arbeitende Personal entstehen Personalkosten. Diese setzen sich aus den Löhnen und Gehältern, den gesetzlichen Sozialkosten (Arbeitgeberanteil an der Sozialversicherung) und den freiwilligen Sozialleistungen des Arbeitgebers (z.B. Essenskostenzuschüsse, Fahrtkostenzuschüsse, betriebliche Altersversicherung) zusammen.

(3) Sachkosten

■ Raumkosten

Während für die Benutzung fremder Lagerräume Miete zu bezahlen ist, entstehen durch die Lagerung in eigenen Räumen eine ganze Reihe von sachlichen Kosten. Zunächst müssen **Abschreibungen** für den Wertverlust, dem die Gebäude im Zeitablauf und durch Nutzung unterliegen, berücksichtigt werden. Hinzu treten die Kosten für die **Verzinsung** des in den Räumlichkeiten investierten Kapitals. Zur Erhaltung der Lagerräume fallen **Reparaturkosten** an. Schließlich sind noch die anteiligen **Steuerkosten** (Grundsteuer) und **Versicherungskosten** zu berücksichtigen.

■ Kosten der Lagereinrichtung

Ebenso wie für die Baulichkeiten fallen auch bei den Lagereinrichtungen (z.B. Regale, Fördereinrichtungen, Büroausstattung) **Abschreibungskosten, Zinskosten, Reparaturkosten, Steuerkosten** und **Versicherungskosten** an. Hinzu kommen die **Energiekosten** (z.B. für Belüftung, Heizung, Kühlung, Beleuchtung).

■ Risiko- und Versicherungskosten

Die Lagerung von Waren, Hilfs-, Betriebs- und Rohstoffen, Fertigteilen usw. ist risikobehaftet. Abgesehen vom Schwund, Verderb, Diebstahl oder Veralten besteht das Hauptrisiko im Spannungsverhältnis von unsicherer Absatzerwartung einerseits und dem Zwang andererseits, eine Entscheidung über die Art und Höhe der Lagerbestände treffen zu müssen. Auch die Preisrisiken gehören zu diesem Bereich.

- ■ **Versicherbare Risiken.** Einige Risiken wie Diebstahl, Einbruchdiebstahl, Veruntreuung sowie Wasser- und Feuerschäden lassen sich versichern **(spezielle Risiken).**
- ■ **Nicht versicherbare Risiken.** Mengenverluste durch Schwund, Verderb (Fäulnis) und Qualitätseinbußen (z.B. Geschmacks- und Geruchseinbußen) sind nicht versicherbar. Auch Preisrisiken sowie Risiken, die durch Änderung der Verbrauchergewohnheiten entstehen (z.B. Modewechsel), können nicht versichert werden **(allgemeines Unternehmerrisiko).**

Für das Lagerrisiko gilt: Je kürzer die Lagerdauer ist, desto niedriger sind die Wagniskosten für die Lagerbestände. Auch aus dieser Sicht wird die Wirtschaftlichkeit des Lagers durch eine Verkürzung der Lagerdauer erhöht. Aus dieser Tatsache leitet sich auch die zunehmende Bedeutung für das so genannte Just-in-time-Verfahren ab.

4.5.3.2 Festlegung von Mindest- und Meldebeständen

(1) Mindestbestand

In den meisten Industrieunternehmen werden für produktionswichtige Rohstoffe, Fabrikationsmaterialien, Ersatzteile, Handelswaren usw. Mindestbestände festgelegt, die ohne Genehmigung des Leiters der Materialwirtschaft, oft sogar ohne Zustimmung der Unternehmensleitung, nicht unterschritten werden dürfen.

Merke:

Die **Mindestbestände,** auch **eiserne Bestände** genannt, sind so hoch zu bemessen, dass sie auch bei vorübergehenden Beschaffungsschwierigkeiten eine reibungslose Betriebsfortführung garantieren.

Die Mindestbestände sollten umso größer sein, je größer das Risiko von Beschaffungsstockungen für die Produktion ist. Sie müssen für jede Stoffart (jedes Sachgut) gesondert festgestellt werden. Ändern sich die Beschaffungskonditionen (insbesondere der Lieferfristen) und die Bedarfsmengen, ist auch die Höhe der Mindestbestände an die neuen Bedingungen anzupassen.

(2) Meldebestand

Merke:

Der **Meldebestand** ist jene Lagermenge, bei deren Erreichung beim „Bestellpunktverfahren" dem Einkauf Meldung (Bedarfsmeldung) zur Neuanschaffung (Auffüllung der Läger) zu machen ist. Der Meldebestand bestimmt somit den Zeitpunkt der Bestellung (Bestellpunkt, Bestellzeitpunkt).

Der Meldebestand muss so hoch sein, dass das Auffüllen des Lagers vor Erreichung des Mindestbestands möglich ist. Der Meldebestand liegt um die Bedarfsmenge während der Wiederbeschaffungszeit über dem Mindestbestand.

Der Meldebestand wird wie folgt berechnet:

Meldebestand = Tagesverbrauch · Wiederbeschaffungszeit + Mindestbestand

Beispiel:

100 Stück Verbrauch täglich, 6 Tage Wiederbeschaffungszeit insgesamt,
600 Stück Mindestbestand

Meldebestand: 100 · 6 + 600 = 1200 Stück

(3) Risiken einer fehlerhaften Lagerplanung

Zu **hohe Lagerbestände** binden Kapital und verursachen Kosten. Ein zu großes Lager bringt außerdem die Gefahr mit sich, dass infolge technischer Änderungen und/oder infolge Geschmackswandels das Lagergut veraltet.

Zu **niedrige Lagerbestände** können zu Produktions- und Absatzstockungen führen.

Beispiele:

Muss die Produktion z.B. wegen zu geringer Rohstoffvorräte eingeschränkt werden, dann sind die im Unternehmen anfallenden Kosten (z.B. Löhne, die für die weiterhin benötigten Facharbeiter bezahlt werden müssen; Zinsen für die aufgenommenen Kredite; Abschreibungskosten für das im Unternehmen investierte Sachkapital der Gebäude, Maschinen, Lagereinrichtungen usw.) nicht mehr voll durch den möglichen Verkauf der Fertigerzeugnisse gedeckt.

Besonders nachteilig wirken sich zu niedrige Lagervorräte aus, wenn hierdurch fest zugesagte Liefertermine nicht eingehalten werden können und deshalb Kunden nicht mehr bei dem Unternehmen kaufen. Absatzstockungen führen mittel- bis langfristig auch zu Zahlungsschwierigkeiten. Während die Aufwendungen im Wesentlichen in unveränderter Höhe weiterlaufen, stagnieren oder sinken die Erträge bei Absatzstockungen.

4.5.3.3 Berechnung von Lagerkennziffern

(1) Durchschnittlicher Lagerbestand

Der durchschnittliche Lagerbestand bildet die Grundlage für die Bestimmung der Lagerumschlagshäufigkeit und der durchschnittlichen Lagerdauer. Der durchschnittliche Lagerbestand kann z.B. als arithmetisches Mittel (Durchschnitt) aus dem **Jahresanfangsbestand** und dem **Jahresschlussbestand** berechnet werden.

> **Beispiel:**
>
> Der Jahresanfangsbestand in einem Lager beträgt 72000,00 EUR, der Schlussbestand 68000,00 EUR.
>
> $$\text{Durchschnittlicher Lagerbestand} = \frac{72\,000 + 68\,000}{2} = \underline{\underline{70\,000,00 \text{ EUR}}}$$

Außerdem gibt es z.B. folgende Berechnungsmöglichkeiten:

$$\text{Durchschnittlicher Lagerbestand} = \frac{\text{Anfangsbestand} + 12 \text{ Monatsendbestände}}{13}$$

> **Merke:**
>
> Der **durchschnittliche Lagerbestand** sagt aus, welcher Werkstoffwert (oder Handelswarenwert) zu Einstandspreisen durchschnittlich auf Lager ist. In dieser Höhe ist ständig Kapital des Unternehmens gebunden.

(2) Lagerumschlagshäufigkeit

Sie gibt an, wie oft die Menge oder der Wert des durchschnittlichen Lagerbestands in einer Zeitperiode, z.B. in einem Jahr, „abgegangen", d.h. Werkstoffe bzw. Handelswaren verkauft worden sind. Die Lagerumschlagshäufigkeit schwankt je nach Branche, Warenart und Organisationsstandard der Lagerwirtschaft eines Unternehmens.

$$\text{Lagerumschlagshäufigkeit[1]} = \frac{\text{Lagerabgang (z.B. Verbrauch von Werkstoffen) zu Einstandspreisen}}{\text{durchschnittlicher Lagerbestand zu Einstandspreisen}}$$

---

1 Außerdem gibt es folgende Berechnungsmöglichkeiten:

$$\text{Lagerumschlagshäufigkeit} = \frac{\text{Verbrauch pro Jahr}}{\text{durchschnittlicher Lagerbestand}} \text{ oder } \frac{360}{\text{durchschnittliche Lagerdauer}}$$

Beträgt der Lagerabgang zu Einstandspreisen z.B. 840 000,00 EUR und der durchschnittliche Lagerbestand 70 000,00 EUR (siehe Beispiel auf S. 231), so ergibt sich die Lagerumschlagshäufigkeit wie folgt:

$$\text{Lagerumschlagshäufigkeit} = \frac{840\,000}{70\,000} = \underline{\underline{12}}$$

Ergebnis: Die Zahl 12 besagt, dass der durchschnittliche Lagerbestand in der Rechnungsperiode zwölfmal umgeschlagen wurde.

Merke:

Durch die **Lagerumschlagshäufigkeit** erfährt der Unternehmer, wie oft sich der durchschnittliche Lagerbestand in einer Rechnungsperiode umgeschlagen hat.

(3) Durchschnittliche Lagerdauer

Sie ist die Zeit (z.B. in Tagen ausgedrückt) zwischen dem Eingang der Werkstoffe (oder Handelswaren) im Lager und deren Abgabe an die Produktion (bzw. den Verkauf), und zwar im Durchschnitt gerechnet. Die Lagerdauer soll so kurz wie möglich sein, um z.B. die Lagerzinsen zu senken sowie Schwund, Diebstahl und technische und wirtschaftliche Überholung zu vermeiden.

$$\text{Durchschnittliche Lagerdauer in Tagen} = \frac{\text{betrachtete Zeitperiode (z.B. 360 Tage)}}{\text{Lagerumschlagshäufigkeit}}$$

Beispiel:

Bei einer im vorherigen Beispiel ermittelten Lagerumschlagshäufigkeit von 12 errechnet sich die durchschnittliche Lagerdauer wie folgt:

$$\text{Durchschnittliche Lagerdauer} = \frac{360 \text{ Tage}}{12} = \underline{\underline{30 \text{ Tage}}}$$

Ergebnis: Das Lagergut liegt durchschnittlich 30 Tage im Lager.

Merke:

Aus der **durchschnittlichen Lagerdauer** sieht der Unternehmer, wie lange die Werkstoffe (oder Handelswaren) im Durchschnitt im Lager waren.

Wichtig: Je höher die Lagerumschlagshäufigkeit, desto kürzer die Lagerdauer und umgekehrt.

(4) Lagerzinsfuß

Er gibt an, wie viel Prozent Zinsen für das in den Lagervorräten investierte Kapital z.B. in die Verkaufspreise einkalkuliert werden müssen.

$$\text{Lagerzinsfuß} = \frac{\text{Jahreszinsfuß} \cdot \text{durchschnittliche Lagerdauer}}{\text{Zeitperiode (z.B. 360 Tage)}}$$

Je kürzer die durchschnittliche Lagerdauer ist, desto niedriger sind die auf den Werkstoffeinsatz (oder Handelswareneinsatz) entfallenden Zinskosten der Lagerhaltung, d.h. desto niedriger ist der Lagerzinsfuß.

Beispiel:

Bei einer im vorherigen Beispiel ermittelten Lagerdauer von 30 Tagen und einem angenommenen Jahreszinsfuß von 9 % beträgt der Lagerzinsfuß:

$$\text{Lagerzinsfuß} = \frac{9 \cdot 30}{360} = \underline{\underline{0{,}75\,\%}}$$

(5) Sinkender Lagerkostenanteil mit steigender Lagerumschlagshäufigkeit

Mit zunehmender Lagerumschlagshäufigkeit (abnehmender durchschnittlicher Lagerdauer) verringert sich die durchschnittliche Lagerkostenbelastung des Materialeinsatzes (z.B. des Einsatzes von Roh-, Hilfs- und Betriebsstoffen) bzw. des Handelswareneinsatzes.

(6) Sinkende Lagerkosten bei steigender Lagerumschlagshäufigkeit

Mit zunehmender Lagerumschlagshäufigkeit (abnehmender durchschnittlicher Lagerdauer) verringert sich die Kostenbelastung für das im Lager gebundene Kapital.

Beispiel:

Der Lagerabgang beträgt konstant 600 000,00 EUR. Der Jahreszinsfuß beträgt 9%.

Lagerabgang in EUR	600 000,00	600 000,00	600 000,00	600 000,00	600 000,00	600 000,00
Umschlagshäufigkeit	1	2	4	6	8	10
Durchschnittliche Lagerdauer	360	180	90	60	45	36
Durchschnittlicher Lagerbestand	600 000,00	300 000,00	150 000,00	100 000,00	75 000,00	60 000,00
Lagerzinsen/ Umschlag	54 000,00	13 500,00	3 375,00	1 500,00	843,75	540,00
Lagerzinsen/Jahr	54 000,00	27 000,00	13 500,00	9 000,00	6 750,00	5 400,00

Da der Lagerabgang eine Größe ist, die vom Unternehmen nicht ohne Weiteres vergrößert werden kann, liegen die beeinflussbaren Kostenpotenziale darin, dasselbe Absatzziel mit höherer Umschlagshäufigkeit und damit kürzerer Lagerdauer zu erreichen.

Es ist nachvollziehbar, dass die damit verbundene Senkung des durchschnittlichen Lagerbestandes auch einhergeht mit einer Senkung der übrigen Lagerkosten. Zwar verläuft die Senkung dieser Lagerkosten nicht direkt proportional zur Verringerung des Lagerbestandes (z.B. bleiben die Raumkosten weitestgehend fix). Dennoch gewinnt das Unternehmen dadurch einen Kostenvorteil, der genutzt werden kann zur Verbesserung der Gewinnsituation oder zur Senkung der Preise und damit zur Verbesserung der eigenen Marktposition.

- Das Lager erfüllt fünf **Aufgaben (Funktionen)**: Sicherungs-, Zeitüberbrückungs-, Mengenausgleichs-, Umformungs- und Spekulationsfunktion.

- Das Lager kann nach verschiedenen Gesichtspunkten unterteilt werden **(Lagerarten)**:

Gliederungsgesichtspunkt	Lagerart			
Nach der räumlichen Gestaltung	offene Lager		geschlossene Lager	
Nach dem Bearbeitungs-zustand der Erzeugnisse	Stoff-lager	Zwischen-lager	Fertigerzeugnis-lager	Versand-lager
Nach dem Lagerort	Zentrale Lager		Dezentrale Lager	

- Für produktionswichtige Rohstoffe, Halbfabrikate, Ersatzteile und Handelswaren werden **Mindest-** und **Meldebestände** festgelegt.

- Bei Erreichen des Meldebestands muss das Lager dem Einkauf eine **Bedarfsmeldung** zwecks Auffüllung des Lagers (Neuanschaffung) machen. Beim **Bestellpunkteverfahren** bestimmt der Meldebestand die „Bestellzeitpunkte" der im Lager geführten Materialien.

- Die wichtigsten **Lagermesszahlen** sind der **durchschnittliche Lagerbestand**, die **Lagerumschlagshäufigkeit**, die **durchschnittliche Lagerdauer** und der **Lagerzinsfuß**.

- Je **höher** die **Lagerumschlagshäufigkeit** ist, desto **niedriger** sind die **durchschnittliche Lagerdauer** und der **Lagerkostenanteil** (und umgekehrt).

Übungsaufgaben

98 Eine Erweiterung des Produktprogramms bedeutet häufig gleichzeitig eine Erweiterung des Lagerraums.

Aufgaben:

1. Welche zusätzlichen Kosten treten dabei auf? (Drei Beispiele!)

2. Für die Lagerkosten gilt stets: „Je kürzer die Lagerdauer, desto geringer die Kosten."

   Nennen Sie zwei Maßnahmen, durch die eine Verkürzung der durchschnittlichen Lagerdauer erreicht werden kann!

3. Berechnen Sie den durchschnittlichen Lagerbestand, die Lagerumschlagshäufigkeit, die durchschnittliche Lagerdauer, den Lagerzinssatz (landesüblicher Zinsfuß 9 %) nach den folgenden Angaben:
   Anfangsbestand an Handelswaren am 1. Januar 20..   150 000,00 EUR
   Zugänge an Handelswaren   700 000,00 EUR
   Schlussbestand an Handelswaren am 31. Dezember 20..   250 000,00 EUR

4. Begründen Sie, wie sich eine Erhöhung der Lagerumschlagshäufigkeit auf die Lagerkosten und das Lagerrisiko auswirkt!

99 1. Der Jahresanfangsbestand eines Rohstoffes beträgt 590 000,00 EUR, der Jahresschlussbestand 670 000,00 EUR und der Verbrauch an Rohstoffen (Lagerabgang) zu Einstandspreisen 6 300 000,00 EUR.

Aufgaben:

1.1 Berechnen Sie

    1.1.1 den durchschnittlichen Lagerbestand,

    1.1.2 die Lagerumschlagshäufigkeit und

    1.1.3 die durchschnittliche Lagerdauer!

1.2 Machen Sie Vorschläge, wie die durchschnittliche Lagerdauer verkürzt werden kann!

2. Die Lagerzinsen sind vom Wert und von der Lagerdauer des eingelagerten Gutes abhängig.

Aufgabe:

Beweisen Sie diese Aussage anhand folgender Zahlen, indem Sie die Lagerzinsen bei einer Lagerdauer von 14, 16, 18 und 20 Tagen berechnen! Zugrunde gelegter Zinsfuß 10 %; Wert des durchschnittlichen Lagerbestandes 400 000,00 EUR.

100 Die Düsseldorfer Polstermöbelwerke AG haben in letzter Zeit dank neuer und besonders ansprechender Modelle Produktion und Absatz wesentlich steigern können. Immer wieder gab es aber empfindliche Engpässe, besonders bei der Versorgung der Polsterabteilung mit Bezugsleder. Die Einhaltung von Lieferfristen gegenüber Kunden bereitete deshalb oft Schwierigkeiten. Folglich sollen Lagerhaltung und Beschaffung neu überdacht werden. Die Bestandskarte für Bezugsleder weist aus: Mindestlagerbestand 1 000 m²; Meldebestand 4 000 m².

Aufgaben:

1. Zunächst soll geprüft werden, ob die bisher üblichen Mindestlagerbestände an Fertigungsmaterial ausreichen:

    1.1 Nennen Sie vier Gründe, weshalb es notwendig ist, einen Mindestlagerbestand zu halten!

    1.2 Unter welchen Voraussetzungen darf der Mindestlagerbestand angegriffen werden?

2. Der Lagerverwalter soll künftig Neubestellungen rechtzeitig bei der Einkaufsabteilung veranlassen.

    2.1 Bei welchem Lagerbestand muss er die Einkaufsabteilung informieren?

    2.2 Berechnen Sie die Wiederbeschaffungszeit bei einem durchschnittlichen Tagesbedarf von 100 m²!

    2.3 Nennen Sie zwei Gründe, die dazu führen können, dass der Meldebestand erhöht werden muss!

3. Im Hinblick auf die Wettbewerbssituation sollen die Kosten und die Risiken der Lagerhaltung untersucht werden.

    3.1 Nennen Sie fünf Kostenarten, die durch die Lagerhaltung verursacht werden!

    3.2 Erläutern Sie drei Risiken, die mit der Lagerhaltung verbunden sind!

4. Lagerkosten und Lagerrisiko stehen in engem Zusammenhang mit den Lagermesszahlen. Die Lagerbuchhaltung liefert für das Holzlager folgende Informationen:

    Anfangsbestand am 1. Januar   120 000,00 EUR

    12 Monatsschlussbestände insgesamt   1 180 000,00 EUR

    Berechnen Sie den durchschnittlichen Lagerbestand!

5. Bei der Holzart „Buche" werden folgende Zahlen angegeben:

    Anfangsbestand am 1. Januar   80 000,00 EUR

    Zugänge 1. Januar – 31. Dezember   960 000,00 EUR

    Schlussbestand am 31. Dezember   240 000,00 EUR

    Berechnen Sie die Lagerumschlagshäufigkeit und die durchschnittliche Lagerdauer!

6. Begründen Sie, wie sich eine Erhöhung der Lagerumschlagshäufigkeit auf die Lagerkosten und das Lagerrisiko auswirkt!

5 Rechtliche und ökonomische Grundlagen des Handelns

5.1 Rechtliche Grundbegriffe

5.1.1 Rechtssubjekte

Rechtssubjekte sind Personen, die durch die Rechtsordnung mit Rechten und Pflichten ausgestattet sind bzw. ausgestattet werden können. Zu unterscheiden sind natürliche Personen und juristische Personen.

(1) Natürliche Personen

Natürliche Personen sind **alle Menschen**. Der Gesetzgeber verleiht ihnen **Rechtsfähigkeit**.

> **Beispiele:**
>
> Das Recht des Erben, ein Erbe antreten zu dürfen. – Das Recht des Käufers, Eigentum zu erwerben. – Die Pflicht, Steuern zahlen zu müssen. (Das Baby, das ein Grundstück erbt, ist Steuerschuldner, z.B. in Bezug auf die Grundsteuer.)

Die **Rechtsfähigkeit des Menschen** (der **natürlichen Personen**) *beginnt* mit der Vollendung der Geburt [§ 1 BGB] und *endet* mit dem Tod. *Jeder* Mensch ist rechtsfähig, auch der Geisteskranke.

(2) Juristische Personen[1]

Juristische Personen sind „künstliche" Personen, denen der Staat die Eigenschaft von Personen kraft Gesetzes verliehen hat. Sie sind damit rechtsfähig, d.h. Träger von Rechten und Pflichten. Juristische Personen sind **privatrechtliche Personenvereinigungen** (z.B. eingetragene Vereine, Gesellschaft mit beschränkter Haftung [GmbH]), **Vermögensmassen** (z.B. Stiftungen), **Körperschaften des öffentlichen Rechts** (z.B. Ärzte- und Rechtsanwaltskammern, Gemeinden, Handwerkskammern, öffentlich-rechtliche Hochschulen) und **Anstalten des öffentlichen Rechts** (z.B. öffentliche Rundfunkanstalten).[2]

5.1.2 Rechtsfähigkeit

> **Merke:**
>
> **Rechtsfähigkeit** ist die Fähigkeit von Personen, Träger von Rechten und Pflichten sein zu können.

Rechtsfähig sind natürliche Personen (Menschen) und juristische Personen.

5.1.3 Geschäftsfähigkeit

(1) Begriff Geschäftsfähigkeit

> **Merke:**
>
> **Geschäftsfähigkeit** ist die Fähigkeit von Personen, Willenserklärungen rechtswirksam abgeben, entgegennehmen (empfangen) und widerrufen zu können.

---

1 Juristisch: rechtlich.
2 Bei den Körperschaften stehen die Mitglieder im Vordergrund, z.B. die Mitglieder einer gesetzlichen Krankenkasse. Bei den Anstalten steht das Sachvermögen im Vordergrund, wie dies z.B. bei den Rundfunkanstalten der Fall ist. Die Nutzer von Anstalten haben im Gegensatz zu den Mitgliedern der Körperschaften keine Mitwirkungsrechte.

Zum Schutz Minderjähriger hat der Gesetzgeber die folgenden Vorschriften erlassen:

(2) Gesetzliche Regelungen zur Geschäftsfähigkeit

■ Geschäftsunfähigkeit

Kinder vor Vollendung des siebten Lebensjahres sind **geschäftsunfähig** [§ 104, Nr. 1 BGB]. Den Kindern sind dauernd Geisteskranke gleichgestellt [§ 104, Nr. 2 BGB].

Rechtsfolge:
Kinder und dauernd Geisteskranke können keine Willenserklärungen abgeben. Verträge mit Kindern und dauernd Geisteskranken sind **immer nichtig,** d.h. von vornherein ungültig.

Da Geschäftsunfähige keine Rechtsgeschäfte abschließen können, brauchen sie einen *Vertreter,* der für sie handeln kann. Bei Kindern sind dies in der Regel kraft Gesetzes die Eltern. Man bezeichnet die Eltern daher auch als „gesetzliche Vertreter".

■ Beschränkte Geschäftsfähigkeit

Minderjährige, die zwar das siebte Lebensjahr, aber noch nicht das achtzehnte Lebensjahr vollendet haben, sind **beschränkt geschäftsfähig** [§ 106 BGB].

Rechtsgeschäfte mit einem beschränkt Geschäftsfähigen bedürfen der Zustimmung des gesetzlichen Vertreters. Diese Zustimmung kann im *Voraus* erteilt werden. Sie heißt dann **Einwilligung** [§§ 107; 183, S. 1 BGB]. Sie kann aber auch *nachträglich* gegeben werden. Die nachträglich erfolgte Zustimmung heißt **Genehmigung** [§§ 108, 184 I BGB].

Rechtsfolge:
Solange die Genehmigung des gesetzlichen Vertreters fehlt, ist ein durch den beschränkt Geschäftsfähigen abgeschlossenes **Rechtsgeschäft schwebend unwirksam.** Dies bedeutet, dass z.B. ein Vertrag (noch) nicht gültig, wohl aber genehmigungsfähig ist. Wird die **Genehmigung verweigert,** ist der **Vertrag von Anfang an ungültig.** Wird sie erteilt, ist der Vertrag **von Anfang an wirksam** [§§ 108 I, 184 I BGB].

Keiner Zustimmung bedürfen folgende Rechtsgeschäfte:

- Verträge, die dem beschränkt Geschäftsfähigen lediglich einen rechtlichen Vorteil bringen [§ 107 BGB].
- Verträge, bei denen die vertragsgemäßen Leistungen (z.B. die Kaufpreiszahlung) mit Mitteln erfüllt werden, die der beschränkt geschäftsfähigen Person vom gesetzlichen Vertreter zur freien Verfügung oder zur Erfüllung des Vertrags oder mit Zustimmung des gesetzlichen Vertreters von einem Dritten (z.B. den Großeltern, Patenonkel) überlassen wurden **(Taschengeldparagraf)** [§ 110 BGB].
- Rechtsgeschäfte, welche die Eingehung, Erfüllung (Verpflichtungen) oder Aufhebung eines Arbeits- oder Dienstverhältnisses betreffen, wenn der gesetzliche Vertreter des Minderjährigen diesen zur Eingehung eines Dienst- oder Arbeitsverhältnisses ermächtigt hat [§ 113 I, S. 1 BGB].[1]
- Rechtsgeschäfte, die der Betrieb eines selbstständigen Erwerbsgeschäfts (z.B. Handelsgeschäfts) mit sich bringt, wenn der gesetzliche Vertreter den beschränkt ge-

---

1 Ausgenommen sind Verträge (Rechtsgeschäfte), zu denen der Vertreter der Genehmigung des Vormundschaftsgerichts bedarf [§§ 112 I, S. 2; 113 I, S. 2 BGB].

schäftsfähigen Minderjährigen mit der erforderlichen Genehmigung des Vormundschaftsgerichts zum selbstständigen Betrieb eines Erwerbsgeschäfts ermächtigt hat [§ 112 I, S. 1 BGB].[1]

■ **Unbeschränkte Geschäftsfähigkeit**

Personen, die das achtzehnte Lebensjahr vollendet haben, sind **unbeschränkt geschäftsfähig** [§ 2 BGB]. Ausnahmen bestehen nur für Geisteskranke.

Rechtsfolge:

Die unbeschränkte Geschäftsfähigkeit bedeutet, dass von dem Erklärenden (der natürlichen Person) jedes Rechtsgeschäft, soweit dies gesetzlich erlaubt ist, rechtsgültig abgeschlossen werden kann. Eine Zustimmung gesetzlicher Vertreter und/oder die Genehmigung eines Vormundschaftsgerichts ist nicht (mehr) erforderlich.

Zusammenfassung

- Inhaber von Rechten bezeichnet man als **Rechtssubjekte (Personen).** Man unterscheidet **natürliche** und **juristische Personen.**

- **Rechtsfähigkeit** bedeutet, Rechte und Pflichten haben zu können.

- **Unbeschränkte Geschäftsfähigkeit** bedeutet, Rechtsgeschäfte ohne Zustimmung des gesetzlichen Vertreters abschließen, ändern und auflösen zu können.

- **Beschränkte Geschäftsfähigkeit** bedeutet, dass Rechtsgeschäfte eines beschränkt Geschäftsfähigen grundsätzlich der Zustimmung des gesetzlichen Vertreters bedürfen. Ausgenommen sind folgende Rechtsgeschäfte:

Rechtsgeschäft bringt lediglich einen rechtlichen Vorteil.	Die eingesetzten Mittel sind zur freien Verfügung überlassen worden.	Rechtsgeschäfte im Rahmen des genehmigten Arbeits- und Dienstverhältnisses.	Rechtsgeschäfte im Rahmen des genehmigten selbstständigen Erwerbsgeschäfts.

- **Geschäftsunfähigkeit** heißt, dass die Willenserklärungen geschäftsunfähiger Personen rechtlich unerheblich sind. Geschäftsunfähige können z.B. keine Rechtsgeschäfte abschließen und auflösen.

Übungsaufgabe

101 1. Unterscheiden Sie die Begriffe Rechtsfähigkeit und Geschäftsfähigkeit!

 2. Erklären Sie, welche Rechtsgeschäfte eine beschränkt geschäftsfähige Person ohne Einwilligung des gesetzlichen Vertreters abschließen darf! Bilden Sie hierzu jeweils ein eigenes Beispiel!

 3. Begründen Sie, warum das BGB bei den Stufen (Arten) der Geschäftsfähigkeit feste Altersgrenzen zugrunde legt! Nennen Sie die Altersgrenzen!

 4. Erklären Sie, welche Rechtsfolgen eintreten, wenn geschäftsunfähige, beschränkt geschäftsfähige oder voll geschäftsfähige Personen Willenserklärungen abgeben!

---

1 Ausgenommen sind Verträge (Rechtsgeschäfte), zu denen der Vertreter der Genehmigung des Vormundschaftsgerichts bedarf [§§ 112 I, S. 2; 113 I, S. 2 BGB]

5. Lösen Sie folgende Rechtsfälle! Prüfen Sie jeweils die Rechtslage und begründen Sie Ihre Lösungen ausführlich mit den gesetzlichen Vorschriften (§§) des BGB:

Aufgaben:

5.1 Ein in einer Heilanstalt untergebrachter dauernd Geisteskranker erhält von seinem Bruder ein Mietshaus geschenkt. Kann der Geisteskranke Eigentümer des Hauses und wegen der Mieteinkünfte steuerpflichtig werden?

5.2 Das Finanzamt verlangt von einem 4 Jahre alten Kind die Bezahlung rückständiger Steuern. Ist dies überhaupt möglich?

6. Der 17-jährige Schüler Franz entnimmt seiner Sparbüchse 400,00 EUR und kauft sich davon einen Compact Disc-Player, welchen er auch gleich mitnimmt.

Aufgaben:

Wie ist die Rechtslage, wenn

6.1 keine Einwilligung der Eltern vorliegt,

6.2 eine Einwilligung der Eltern vorliegt,

6.3 die Eltern den Kauf nachträglich genehmigen,

6.4 die Eltern nach Aufforderung durch den Verkäufer

    6.4.1 die Genehmigung verweigern,

    6.4.2 schweigen,

    6.4.3 erst nach drei Wochen den Kauf genehmigen und der Compact Disc-Player inzwischen (ohne dass dies die Eltern wissen konnten) stark beschädigt ist?

7. Die 8-jährige Monika erhält von ihrer Großmutter einen sehr wertvollen Ring geschenkt. Kann Monika den Ring ohne Zustimmung ihrer Eltern annehmen (behalten)? Wird Monika auch ohne Zustimmung der Eltern Eigentümerin des Rings?

8. Der 17-jährige Auszubildende Karl wohnt und arbeitet mit Zustimmung seiner Eltern in Köln, während seine Eltern in Mannheim zu Hause sind.

Aufgaben:

8.1 Am Monatsende ist die Miete zu zahlen. Darf Karl aus rechtlicher Sicht mit seiner Ausbildungsvergütung sein Zimmer bezahlen?

8.2 Karl möchte sich von seiner Vergütung eine Stereoanlage kaufen. Wie ist die Rechtslage?

8.3 Kann sich Karl von seinem Entgelt ein Los der Fernsehlotterie zu 5,00 EUR kaufen?

8.4 Kann er, falls er 750,00 EUR gewinnt, eine Stereoanlage kaufen?

8.5 Wie ist im Fall 8.1 zu entscheiden, wenn Karl von zu Hause fortgelaufen ist und seit mehreren Monaten ohne Wissen der Eltern unter falschem Namen in Düsseldorf arbeitet?

5.2 Rechtsgeschäfte

5.2.1 Zustandekommen und Arten von Rechtsgeschäften

5.2.1.1 Willenserklärung als wesentlicher Bestandteil eines Rechtsgeschäfts

Wir schließen tagtäglich Verträge ab, ohne uns dessen bewusst zu sein. Wenn wir beim Bäcker Brot kaufen, liegt ein Kaufvertrag vor. Mieten wir ein Zimmer oder eine Wohnung, haben wir einen Mietvertrag abgeschlossen. Leihen wir unserem Freund ein paar Euro, handelt es sich um einen Gelddarlehensvertrag. In jedem dieser Fälle handelt es sich um ein Rechtsgeschäft.

(1) Willenserklärungen und Rechtsgeschäfte

Wenn wir Rechtsgeschäfte abschließen wollen (z.B. einen Kauf tätigen möchten), müssen wir unseren *Willen* äußern (erklären). Dies geschieht durch sog. **Willenserklärungen.**

Die gewollten und erklärten Rechtsfolgen können unterschiedlicher Art sein. Mit Hilfe von Willenserklärungen werden z.B. neue Rechtsverhältnisse geschaffen (z.B. durch einen Kaufvertrag), bestehende Rechtsverhältnisse abgeändert (z.B. durch Vereinbarung einer Mietpreiserhöhung) oder bestehende Rechtsverhältnisse aufgelöst (z.B. durch eine Kündigung).

(2) Bestandteile der Willenserklärung

Die Willenserklärung besteht aus dem *Willen* (dem Motiv), der den Erklärenden zu einer Willensäußerung veranlasst, und der tatsächlichen *Erklärung*.

Dabei müssen folgende **Willenselemente** gegeben sein:

Handlungswille	Erklärungsbewusstsein	Geschäftswille
Die Erklärung muss gewollt sein. (Keine Willenserklärung liegt z.B. vor, wenn eine Erklärung unter Zwang oder unter Drogeneinfluss abgegeben wird.)	Der Erklärende muss sich darüber bewusst sein, dass durch seine Erklärung Rechtsfolgen eintreten. (Das versehentliche Handheben bei einer Auktion ist keine Willenserklärung.)	Der Erklärende muss eine rechtsverbindliche Wirkung beabsichtigen. (Eine ausgesprochene Einladung ins Theater ist keine Willenserklärung.)

(3) Äußerungsformen (Mittel) der Willenserklärungen

Die äußere Form der Willenserklärung kann unterschiedlich sein. Wir unterscheiden:

unmittelbare Handlungen	mittelbare (schlüssige) Handlungen	ausnahmsweise Schweigen
Unmittelbare oder ausdrückliche Willenserklärungen (mündlich, fernmündlich, schriftlich, per FAX, E-Mail, telegrafisch).	Konkludente[1] Willenserklärungen (z.B. Einsteigen in die Straßenbahn, Münzeinwurf in einen Automaten, Kopfnicken auf ein Angebot).	Grundsatz: Schweigen gilt als Ablehnung [§§ 108 II, S. 2; 177 II, S. 2; 415 II, S. 2 BGB].[2] Schweigen gilt z.B. als Zustimmung, wenn dies vertraglich vereinbart war, oder beim Kauf auf Probe [§ 455, S. 2 BGB].

---

1 Konkludent (lat.): was eine bestimmte Schlussfolgerung zulässt.

2 Auch unter Kaufleuten (im „Handelsverkehr") gilt der Grundsatz, dass bloßes Schweigen nicht als Zustimmung gilt. Schickt z.B. ein Verkäufer seinem Kunden unaufgefordert Waren zu, so gilt das Schweigen des Kunden nicht als Annahmeerklärung. Anders ist es, wenn der Käufer und der Verkäufer in *dauernder Geschäftsverbindung* zueinander stehen und der Käufer schon öfters unbestellte Waren angenommen, weiterverkauft und bezahlt hat.

5.2.1.2 Arten von Rechtsgeschäften

(1) Einseitige Rechtsgeschäfte

Ein Rechtsgeschäft kann aus *einer* Willenserklärung oder aus *mehreren* Willenserklärungen bestehen.

> **Merke:**
>
> Rechtsgeschäfte, die nur **eine Willenserklärung** benötigen, bezeichnet man als **einseitige Rechtsgeschäfte**.

Einseitige Rechtsgeschäfte sind z.B. die Kündigung, die Rücktrittserklärung und das Testament.

> **Beispiel:**
>
> ■ Die **Kündigung** ist eine empfangsbedürftige Willenserklärung, die in der Regel keiner bestimmten gesetzlichen Form bedarf, d.h. auch mündlich erklärt werden kann. (Empfangsbedürftige Willenserklärungen sind solche, die einer bestimmten anderen Person gegenüber geäußert werden müssen und erst dann gültig [rechtswirksam] sind, wenn sie dem Erklärungsempfänger **rechtzeitig zugegangen** sind.) Durch eine rechtswirksame Kündigung wird ein Dauerschuldverhältnis (z.B. ein Mietvertrag, ein Arbeitsverhältnis) für die Zukunft aufgelöst (siehe §§ 542 I, 620 II BGB).
>
> ■ Auch die **Rücktrittserklärung** ist eine empfangsbedürftige Willenserklärung, die in der Regel keiner bestimmten gesetzlichen Form bedarf. Sie beendet ein Vertragsverhältnis für die **Zukunft**. Im Unterschied zur Kündigung werden jedoch die Verträge auch rückwirkend (für die Vergangenheit) aufgehoben. Beispiel: Rücktritt von einem Kaufvertrag bei mangelhafter Lieferung und bei vorliegendem Lieferungsverzug nach § 323 I BGB.
>
> ■ Das **Testament** ist eine vom Erblasser (Person, durch deren Tod die Erbschaft auf den oder die Erben übergeht) *einseitig* getroffene Verfügung von Todes wegen, in der dieser in der Regel seine Erben bestimmt und hierdurch die gesetzliche Erbfolge durch eine vom Erblasser gewollte („gewillkürte") Erbfolge ersetzt. Das Testament ist ein Beispiel für eine **nicht empfangsbedürftige Willenserklärung** [§ 2064 BGB]. Sie ist bereits wirksam mit der Vollendung des Testaments und nicht erst dann, wenn der Erbe das Testament empfangen oder gelesen hat.

(2) Zweiseitige Rechtsgeschäfte

> **Merke:**
>
> Rechtsgeschäfte, die zu ihrer Gültigkeit mindestens zwei sich inhaltlich deckende Willenserklärungen benötigen, bezeichnet man als **mehrseitige (zweiseitige) Rechtsgeschäfte**. Sie werden allgemein als **Verträge** bezeichnet.

Je nachdem, ob sich aus den abgeschlossenen Verträgen nur für einen oder für beide Vertragspartner (Vertragsparteien) *Leistungsverpflichtungen* ergeben, unterscheidet man folgende Vertragsarten:

16 Speth – ISBN 978-3-8120-0491-6

■ Einseitig verpflichtende Verträge

Sie liegen vor, wenn nur einem Vertragspartner eine Verpflichtung zur Leistung auferlegt ist.

■ Mehrseitig verpflichtende Verträge

Es handelt sich um Rechtsgeschäfte, bei denen *jeder* Vertragsteil zu einer Leistung als Entgelt für die Gegenleistung des anderen Vertragsteils verpflichtet ist. Die weitaus meisten Rechtsgeschäfte sind zweiseitig verpflichtende Verträge.

> **Beispiel:**
>
> Ein **einseitig verpflichtender Vertrag** ist der Schenkungsvertrag. Der Schenker verpflichtet sich, dem Beschenkten das Geschenk zu übereignen und zu übergeben, während der Beschenkte keine Gegenleistung zu erbringen hat [§ 516 BGB].

> **Beispiel:**
>
> Kaufvertrag, Mietvertrag, Pachtvertrag, Darlehensvertrag, Berufsausbildungsvertrag, Reisevertrag.

5.2.1.3 Wirksamwerden von Willenserklärungen

Die meisten Willenserklärungen sind *empfangsbedürftig,* so z. B. die Kündigung, alle Vertragsanträge und Vertragsannahmen. Eine wichtige Ausnahme ist das Testament.

■ Wenn die Erklärung des Willens unter Anwesenden erfolgt, so besteht kein Problem, ab welchem Zeitpunkt die Willenserklärung rechtswirksam ist. Die Äußerung der Willenserklärung und die Wahrnehmung der Willenserklärung fallen zeitlich zusammen. Unter **Anwesenden** abgegebene Willenserklärungen sind deshalb mit ihrer *Abgabe rechtswirksam* (gültig).

■ Unter **Abwesenden** abgegebene Willenserklärungen sind hingegen nicht bei Abgabe, sondern erst zu dem Zeitpunkt rechtswirksam, in welchem sie dem Empfänger zugehen [§ 130 I, S. 1 BGB], von dem ab er somit normalerweise von ihnen Kenntnis nehmen *kann*. Die Willenserklärung muss in den Herrschaftsbereich des Empfängers gelangt sein. Ob er die Willenserklärung liest, ist seine Sache.

Solange eine Willenserklärung noch nicht rechtswirksam geworden ist, kann sie widerrufen werden. Es reicht, wenn der Widerruf dem Empfänger spätestens gleichzeitig mit der Erklärung zugeht [§ 130 I, S. 2 BGB].

5.2.2 Wichtige Vertragsarten des Bürgerlichen Gesetzbuches[1]

Mietvertrag [§§ 535 ff. BGB]	Abschluss zwischen **Mieter** und **Vermieter**. Der Vermieter verpflichtet sich, dem Mieter gegen **Entgelt** (Mietzins) die vermietete bewegliche und unbewegliche Sache während der Mietzeit zum **Gebrauch** zu überlassen. Keine Fruchtziehung, d. h. keine Gewinnerzielung mit der Mietsache [§§ 535 – 580 a BGB]. **Beispiele:** Vermietung einer Datenverarbeitungsanlage. – Vermietung eines Einfamilienhauses.

---

1 Der Arbeitsvertrag und der Dienstvertrag werden im Kapitel 6.6, S. 340 behandelt.

Pachtvertrag [§§ 581 ff. BGB]	Abschluss zwischen **Pächter** und **Verpächter**. Der Verpächter verpflichtet sich, dem Pächter den **Gebrauch** des verpachteten Gegenstands und den **Genuss der Früchte** (den Ertrag) während der Pachtzeit zu gewähren. Der Pächter ist verpflichtet, dem Verpächter den vereinbarten **Pachtzins** zu zahlen [§§ 581 – 597 BGB]. Auch Rechte können Gegenstand eines Pachtvertrags sein. **Beispiele:** Verpachtung eines landwirtschaftlich genutzten Ackers. – Verpachtung eines Ladengeschäfts. – Verpachtung der Nutzungsrechte aus einem Patent.
Leihvertrag [§§ 598 ff. BGB]	Abschluss zwischen **Verleiher** und **Entleiher**. Der Verleiher verpflichtet sich, dem Entleiher den Gebrauch der Sache **unentgeltlich** zu gestatten. Der Entleiher ist verpflichtet, die geliehene Sache nach Ablauf der bestimmten Zeit zurückzugeben [§§ 598 – 606 BGB]. **Beispiel:** Die Schülerin Erna Sander leiht ihrer Freundin ein Buch.
Werkvertrag [§§ 631 ff. BGB]	Abschluss zwischen **Unternehmer** und **Besteller**. Der Unternehmer verpflichtet sich zur **Herstellung** des versprochenen (vereinbarten) **Werks** und der Besteller zur Entrichtung der vereinbarten Vergütung. Der Unternehmer schuldet den **versprochenen Erfolg,** nicht die Arbeitsleistung an sich [§§ 631 – 650 BGB]. Hierin liegt der Unterschied zum Dienstvertrag, der allein die Dienstleistung als solche zum Gegenstand hat. **Beispiel:** Das Werkvertragsrecht bezieht sich z.B. auf unbewegliche Sachen (z.B. Errichten von Gebäuden), auf Verträge, deren Gegenstand keine Sachen sind (z.B. Erstellen von Gutachten, Planungsleistungen, künstlerische Aufführungen) und auf „reine" Reparaturaufträge (z.B. Reparatur eines Autos).
Werklieferungs- vertrag [§ 651 BGB]	Auf Verträge über die Lieferung noch **herzustellender** (oder zu **erzeugender**) beweglicher Sachen (z.B. Herstellung eines Möbelstücks aus dem vom Besteller oder Schreiner gelieferten Holz) finden die **Vorschriften über den Kauf** Anwendung [§ 651 I, S. 1 BGB]. Auch bei diesem Vertrag schuldet der Unternehmer den **versprochenen Arbeitserfolg.**[1]
Kaufvertrag [§§ 145 ff., 433 BGB]	Ein Kaufvertrag kommt durch inhaltlich übereinstimmende, rechtsgültige Willenserklärungen von mindestens zwei Personen und durch rechtzeitigen Zugang der zweiten Willenserkärung beim Erklärungsempfänger zustande.

---

1 Der § 651 BGB unterscheidet nicht nach der Herkunft des Materials und nach der Art der herzustellenden beweglichen Sache (nicht vertretbare oder vertretbare Sachen). Der Begriff „Werklieferungsvertrag" ist deshalb ein überholter (übernommener) Begriff.

Darlehens-vertrag [§§ 488 ff. BGB]	Das BGB kennt zwei Arten von Darlehensverträgen, den (Geld-)Darlehens-vertrag und den Sachdarlehensvertrag.
	■ **(Geld)-Darlehensvertrag:** Vertragsparteien sind der Darlehensgeber und der Darlehensnehmer. Durch den Darlehensvertrag wird der Darlehensgeber verpflichtet, dem Darlehensnehmer einen Geldbetrag in der vereinbarten Höhe zur Verfügung zu stellen. Der Darlehensnehmer übernimmt die Verpflichtung, den ihm vom Darlehensgeber überlassenen Geldbetrag bei Fälligkeit zurückzuerstatten und – falls es sich nicht um ein unentgeltliches Darlehen handelt – den geschuldeten Zins zu zahlen. Die Zinsen sind, soweit nichts anderes vereinbart ist, nach Ablauf eines Jahres bzw., wenn das Darlehen vor Ablauf eines Jahres zurückerstattet ist, bei Darlehenstilgung zu entrichten. Das verzinsliche Darlehen ist der gesetzliche Regelfall. Auch in der Geschäftspraxis sind die meisten Darlehen zu verzinsen.
[§§ 607 ff. BGB]	■ **Sachdarlehensvertrag:** Hier verpflichtet sich der Darlehensgeber dem Darlehensnehmer vertretbare Sachen (oder Wertpapiere) zu überlassen. Der Darlehensnehmer ist bei Fälligkeit zur Rückerstattung von Sachen (bzw. Wertpapieren) gleicher Art, Güte und Menge verpflichtet. Auch das Sachdarlehen kann entgeltlich [§ 607 I, S. 2 BGB] oder unentgeltlich sein.
	Beispiel: Effekten (z. B. Aktien, Staatsanleihen), Edelmetalle (z. B. Gold, Silber, Kupfer), standardisierte Produkte, sodass sie börsenmäßig gehandelt werden können (z. B. Baumwolle, Getreide), Mehl eines bestimmten Typs (z. B. Weizenmehl Type 405), Superbenzin bleifrei, Serienmaschinen, Kunstdrucke.
Reisevertrag [§§ 651 a ff. BGB]	Vertragsparteien sind der **Reiseveranstalter** und der **Reisende.** Der Reiseveranstalter ist verpflichtet, dem Reisenden eine **Gesamtheit von Reiseleistungen** (Reise) zu erbringen. Der Reisende ist verpflichtet, dem Reiseveranstalter den vereinbarten Reisepreis zu zahlen [§§ 651 a – 651 m BGB].

5.2.3 Form der Rechtsgeschäfte

(1) Formfreiheit und Formzwang

■ **Formfreiheit**

Formfreiheit bedeutet, dass die Rechtsgeschäfte in jeder möglichen Form abgeschlossen werden können. Im Rahmen unserer geltenden Rechtsordnung besteht für die weitaus meisten Rechtsgeschäfte der Grundsatz der Formfreiheit.

Beispiel:

Die meisten Rechtsgeschäfte können mit beliebigen Mitteln, z. B. durch **Worte** (mündlich, fernmündlich, per Fax oder E-Mail), durch **schlüssige (konkludente) Handlungen** (Kopfnicken, Handheben, Einsteigen in ein Taxi usw.) und in bestimmten Fällen sogar durch Schweigen abgeschlossen werden.

■ **Formzwang**

Abweichend von dem Grundsatz der Formfreiheit gibt es bestimmte Gruppen von Rechtsgeschäften, für die das Gesetz bestimmte Formen vorschreibt **(gesetzliche Formen),** oder für die zwischen den Vertragsparteien eine bestimmte Form vereinbart wurde (**vertrag-**

liche Formen genannt). Dieser so genannte Formzwang dient vor allem der Beweissicherung (Rechtssicherheit), dem Schutz vor voreiligen Verpflichtungen (z.B. des Schenkers und des Bürgen) und einer genauen Abgrenzung zwischen unverbindlichen Vorverhandlungen und verbindlichen Aufzeichnungen (z.B. beim Testament und Erbvertrag).

(2) Gesetzliche Formen[1]

■ **Schriftform**

Die Schriftform verlangt, dass die Erklärung niedergeschrieben und vom Erklärenden *eigenhändig durch Namensunterschrift oder mittels notariell beglaubigtem Handzeichen unterzeichnet* wird [§ 126 I BGB]. Bei mehrseitigen Rechtsgeschäften (z.B. Verträgen) muss die Vertragsurkunde grundsätzlich von beiden Vertragsparteien unterschrieben sein [§ 126 II BGB].

Gesetzlich vorgeschrieben ist die Schriftform beispielsweise für das Bürgschaftsversprechen [§ 766 BGB] und die Beendigung von Arbeitsverhältnissen durch Kündigung oder Aufhebungsvertrag [§ 623 BGB].

■ **Elektronische Form**

Die **gesetzliche Schriftform** kann grundsätzlich (soweit im Gesetz nichts abweichendes bestimmt ist) durch die **elektronische Form ersetzt werden** [§ 126 III BGB]. Zur Rechtswirksamkeit muss der Aussteller der Erklärung seinen Namen hinzufügen und das elektronische Dokument mit einer qualifizierten elektronischen Signatur nach dem Signaturgesetz versehen werden [§ 126 a BGB].

■ **Textform**

Unter Textform versteht man die Fixierung einer Erklärung in **lesbar zu machenden Schriftzeichen**. Diesen Anforderungen genügt die elektronische Speicherung. Doch das bloße Lesbarmachen reicht nicht aus. Vielmehr muss eine „dauerhafte Wiedergabe" in Schriftzeichen **bei dem Empfänger** möglich sein. Zur dauerhaften Wiedergabe von Schriftzeichen geeignet sind z.B. eine Website im Internet, eine E-Mail oder ein Computerfax.

Die Textform verlangt, dass die Erklärung in einer Urkunde abgegeben, die Person des Erklärenden genannt und der Ab-

> **Beispiel:**
>
> Im BGB ist die Textform z.B. in folgenden Fällen vorgeschrieben: Wenn ein Verbraucher z.B. nach den §§ 312 I, 312 d I, 495 I BGB von seinem Widerrufsrecht [§ 355 I BGB] Gebrauch macht und bei Garantieerklärungen [§ 443 BGB] beim Verbrauchsgüterkauf [§ 477 BGB].

---

1 Die jeweils strengere („höhere") Form kann die weniger strenge („niedere") Form generell ersetzen, ohne dass hierauf in einem Gesetz besonders hingewiesen werden muss. Wird z.B. die Textform gefordert, dann kann diese durch eine elektronische Form nach § 126 a BGB oder (erst recht) auch durch die gesetzliche Schriftform nach § 126 BGB ersetzt werden.

Rechtsgeschäfte, die nicht in der gesetzlich vorgeschriebenen Form erfolgen, sind grundsätzlich ungültig. Dies gilt im Zweifel auch für die Nichteinhaltung vertraglich vereinbarter Formen [§ 125 BGB].

schluss der Erklärung durch eine Nachbildung der Namensunterschrift (Faksimile) oder anders erkennbar gemacht wird [§ 126 b BGB]. Geeignet ist die Textform für Erklärungen, bei denen die Informations- und Dokumentationsfunktion im Vordergrund steht und bei denen die Rechtsfolgen einer Erklärung nicht erheblich oder leicht rückgängig zu machen sind.

■ Öffentliche Beglaubigung

Die öffentliche Beglaubigung ist eine Schriftform, bei der die Echtheit der eigenhändigen Unterschrift des Erklärenden von einem hierzu befugten Notar *beglaubigt wird* [§ 129 I BGB]. Der Notar beglaubigt nur die Echtheit der Unterschrift, nicht jedoch den Inhalt der Urkunde. Die öffentliche Beglaubigung wird durch die notarielle Beurkundung der Erklärung ersetzt [§ 129 II BGB].

Beispiel für die Beglaubigung einer Unterschrift[1]

Urkundenrolle Nummer: 333

Vorstehende, vor mir vollzogene (bzw. anerkannte) Unterschrift des Herrn Franz Müller, Kaufmann, wohnhaft in Aachen, Herderstr. 57, geboren am 1. Januar 1952, beglaubige ich. Herr Müller wies sich durch seinen Personalausweis aus.

Aachen, den 5. März 20. .
(Ort und Datum)

■ Notarielle Beurkundung

Sie erfordert ein Protokoll, in welchem der Beurkundungsbeamte die vor ihm abgegebenen Erklärungen *beurkundet* [§ 128 BGB]. Die Willenserklärungen werden also in einer öffentlichen Urkunde aufgenommen. Der Notar beurkundet nicht nur die Unterschrift bzw. die Unterschriften, sondern auch den *Inhalt* der Erklärungen.

Beispiel:

Die notarielle Beurkundung ist für Grundstückskaufverträge [§ 311 b I, S. 1 BGB], für Schenkungsversprechen [§ 518 I, S. 1 BGB], für Erbverzichtsverträge [§ 2348 BGB] oder für Erbverträge [§ 2276, S. 1 BGB] gesetzlich vorgeschrieben.

Rechtsgeschäfte, die **nicht** in der vom **Gesetz vorgeschriebenen Form** erfolgt sind, sind grundsätzlich **nichtig** [§ 125, S. 1 BGB].

Wird die in einem Rechtsgeschäft vereinbarte Form nicht eingehalten, hat dies im Zweifel ebenfalls die Nichtigkeit dieses Rechtsgeschäfts zur Folge [§ 125, S. 2 BGB]. Hierdurch sollen die Rechtssubjekte zur Einhaltung der Formvorschriften gezwungen werden.

---

1 Einer öffentlichen Beglaubigung bedürfen z. B. auch die Anmeldungen zum Handelsregister [§ 12 I HGB], zum Vereinsregister [§ 77 BGB] und zum Güterrechtsregister [§ 1560 BGB].

■ **Willenserklärungen** sind solche Äußerungen einer Person (oder mehrerer Personen), die mit der Absicht abgegeben werden, eine **rechtliche Wirkung** herbeizuführen.

■

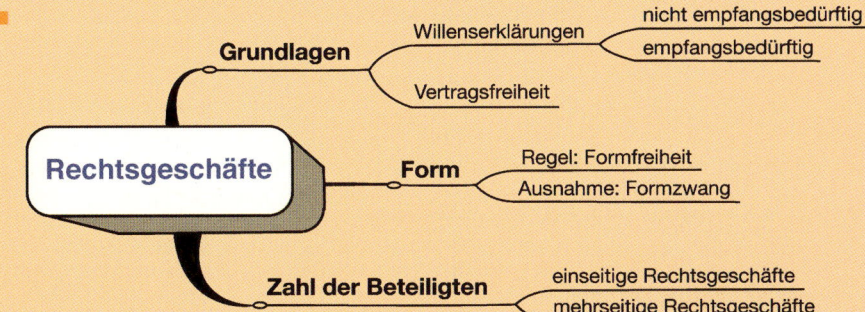

Die meisten Willenserklärungen sind **empfangsbedürftig,** d. h., sie sind an bestimmte Personen zu richten. Sie werden rechtswirksam, wenn sie der Erklärungsempfänger rechtzeitig erhalten hat.

■ Die Willenserklärung ist **rechtswirksam:**

■ bei **Abwesenden:** wenn sich die Willenserklärung im Zugriffsbereich des Empfängers befindet.

■ bei **Anwesenden:** mit der Abgabe der Willenserklärung.

■ Zu wichtigen **Vertragsarten des BGB** siehe Tabelle S. 242 f.

■ Für bestimmte Gruppen von Rechtsgeschäften schreibt das Gesetz (z. B. BGB) eine bestimmte Form vor **(gesetzlicher Formzwang).** Zu den gesetzlichen Formen zählen die **gesetzliche Schriftform,** die **elektronische Form,** die **Textform,** die **öffentliche Beglaubigung** und die **notarielle Beurkundung.**

■ Rechtsgeschäfte, die nicht in der vom Gesetz vorgeschriebenen Form erfolgt sind, sind **grundsätzlich nichtig.**

102 1. Erklären Sie den Begriff „Rechtsgeschäft"!

2. Begründen Sie, warum eine Willenserklärung zugleich ein Rechtsgeschäft sein kann und sich in anderen Fällen die Begriffe Willenserklärung und Rechtsgeschäft nicht decken!

3. Begründen Sie, ob in folgenden Fällen eine Willenserklärung vorliegt! Wenn ja, in welcher Form wurde die jeweilige Willenserklärung geäußert?

   3.1 Sie werden von Ihrem Onkel zu einer Ferienfahrt eingeladen.

   3.2 Sie steigen in Köln in die Straßenbahn ein.

   3.3 Sie möchten mit Ihrem Freund nach dem Kinobesuch mit dem Taxi nach Hause fahren. Durch „Handheben" veranlassen Sie ein vorbeifahrendes Taxi zu halten, in das Sie dann unter Angabe Ihrer Wohnung einsteigen.

   3.4 Ihre Mutter entnimmt in einem Selbstbedienungsladen im Regal lagernde Waren und legt diese in den Korb.

4. Geben Sie bei den Verträgen 4.1 bis 4.5 jeweils an, um welche der Vertragsarten A bis G es sich handelt!

   A Werkvertrag   B Gelddarlehensvertrag   C Leihvertrag   D Kaufvertrag
   E Mietvertrag   F Pachtvertrag   G Sachdarlehensvertrag

   4.1 Der Einzelhändler Brand bringt seinen Geschäftswagen in die Werkstatt, um die Bremsanlage reparieren zu lassen.

   4.2 Für die Zeit der Reparatur des eigenen Wagens besorgt sich der Einzelhändler Brand einen Wagen der Autoverleih Evis GmbH. Bei der Rückgabe des Wagens zahlt Herr Brand 75,00 EUR.

   4.3 Dem Nachbarn ist das Benzin ausgegangen. Er bittet Herrn Brand: „Kann ich bis morgen aus Ihrem Reservekanister 10 Liter Benzin haben?" Er bekommt das Benzin und füllt am nächsten Tag den Kanister wieder auf.

   4.4 Herr Brand übernimmt in einem Vorort die Räume und die gesamten Ladeneinrichtungen eines bereits bestehenden Geschäfts. Der Eigentümer und bisherige Geschäftsinhaber bekommt monatlich 2 600,00 EUR für die Überlassung.

   4.5 Herr Brand nimmt das Sonderangebot einer Schokoladenfabrik an und bestellt 600 Tafeln Schokolade.

5. 5.1 Erklären Sie den Unterschied zwischen einseitig verpflichtenden und zweiseitig verpflichtenden Verträgen!

   5.2 Nennen Sie zwei einseitig und drei zweiseitig verpflichtende Verträge!

6. Inwieweit ist es rechtlich von Bedeutung, ob eine empfangsbedürftige Willenserklärung unter Anwesenden oder unter Abwesenden abgegeben wurde? Begründen Sie Ihre Antwort mit dem Gesetz!

7. Bis zu welchem Zeitpunkt können Willenserklärungen vom Erklärenden widerrufen werden?

8. Lösen Sie folgende Rechtsfälle (begründen Sie Ihre Antworten):

   8.1 Ein Arbeitgeber kündigt einem Angestellten. Die schriftliche Kündigung erfolgt mit Übergabe-Einschreiben vom 16. August. Am 19. August erhält der Angestellte die Kündigung per Einschreiben von der Zustellkraft der Deutschen Post AG ins Haus gebracht. Wann hätte ein Widerruf der Kündigung spätestens beim Angestellten eingetroffen sein müssen?

   8.2 Paul Motz ist als Auszubildende(r) beim Möbelfachgeschäft Mann GmbH in Dortmund beschäftigt. Herr Mann gibt ihm den Auftrag, bei Ilse Möbelfabrik e.Kfm. in Uslar bei Hannover 8 Wohnzimmerschränke nach Katalog Nr. W/41.1 zu bestellen. Am 24. April wird der schriftliche Auftrag um 18:00 Uhr zur Post gebracht. Am nächsten Morgen kommt Herr Mann zu Paul Motz und beauftragt ihn, den Auftrag zu widerrufen. Er habe festgestellt, dass von den bestellten Schränken noch genügend im Lager stehen. Überlegen Sie, ob Paul Motz den Auftrag noch widerrufen kann; wenn ja, wie könnte ihm dies gelingen?

9. Begründen Sie die Notwendigkeit gesetzlicher Formvorschriften!

10. Erklären Sie, welchen Zweck die Vertragsparteien verfolgen, wenn diese für die abzuschließenden Rechtsgeschäfte eine bestimmte Form vereinbaren!

11. Erklären Sie den Unterschied zwischen der öffentlichen Beglaubigung und notariellen Beurkundung!

12. Nennen Sie jeweils zwei Rechtsgeschäfte, die zu ihrer Rechtswirksamkeit der gesetzlichen Schriftform oder der notariellen Beurkundung bedürfen!

13. Welchen Zweck verfolgt das BGB, wenn es bestimmt, dass Rechtsgeschäfte, die nicht in der vorgeschriebenen gesetzlichen Form erfolgt sind, grundsätzlich nichtig sind?

5.2.4 Nichtigkeit und Anfechtbarkeit von Rechtsgeschäften

5.2.4.1 Nichtigkeit von Rechtsgeschäften

> **Merke:**
>
> **Rechtsgeschäfte,** die nach dem **Gesetz ungültig** sind, gelten als **von Anfang an nichtig** (ungültig).

Die Rechtsordnung verweigert Rechtsgeschäften, die nach dem Gesetz ungültig sind, jede Rechtsfolge. Sie möchte damit von derartigen Rechtsgeschäften (Willenserklärungen) abschrecken. Die Rechtssubjekte sollen von vornherein wissen, dass sie die Erfüllung nichtiger Rechtsgeschäfte gerichtlich nicht erzwingen können.

z.B. **Verkäufer** — Rechts- geschäft — z.B. **Käufer** (6-jähriges Kind)

Es kommt kein Vertrag zustande

Die folgenden **Mängel** führen dazu, dass Verträge von Anfang an nichtig sind:

(1) Mangel in der Geschäftsfähigkeit

- Rechtsgeschäfte von Geschäftsunfähigen [§ 105 I BGB];
- Rechtsgeschäfte **beschränkt Geschäftsfähiger,** sofern die **Zustimmung vom gesetzlichen Vertreter verweigert wird,** die Ausnahmeregelung des § 110 BGB nicht vorliegt und das Rechtsgeschäft dem beschränkt Geschäftsfähigen nicht ausschließlich rechtliche Vorteile bringt [§ 107 BGB].

(2) Mangel im rechtsgeschäftlichen Willen

- Zum Schein abgegebene Willenserklärungen (**„Scheingeschäfte"),** die ein anderes Rechtsgeschäft verdecken sollen [§ 117 BGB], z.B. Grundstückskaufvertrag über 230 000,00 EUR, wobei mündlich ein Kaufpreis von 280 000,00 EUR vereinbart wird, um Grunderwerbsteuer zu sparen;[1]
- Offensichtlich nicht ernst gemeinte Willenserklärungen (**„Scherzgeschäfte")** [§ 118 BGB], z.B. das Angebot eines Witzbolds, seine Fahrkarte zum Mond für 5 000,00 EUR verkaufen zu wollen;[2]

---

1 Das Scheingeschäft (Kaufvertrag über 230 000,00 EUR) ist nichtig. Das gewollte Geschäft wäre gültig, wenn die Formerfordernisse gewahrt worden wären. Da in diesem Beispiel aber nur eine mündliche Absprache vorliegt, ist das gewollte Geschäft wegen Formmangels ebenfalls nichtig. Der Mangel wird aber durch eine nachfolgende Übereignung durch Einigung (Auflassung) und Grundbucheintragung [§§ 873 I; 925 BGB] des Grundstücks geheilt, sodass der Käufer 280 000,00 EUR zu zahlen hat [§ 311 b I, S. 2 BGB].

2 Der Erklärende ist – wenn der Erklärungsempfänger auf die Gültigkeit der Willenserklärung vertraut hat – zum Ersatz des **Vertrauensschadens** verpflichtet [§ 122 I BGB]. Das ist der Schaden, der dem Erklärungsempfänger entstanden ist, weil er der Gültigkeit der Erklärung vertraut hat. Keine Schadensersatzpflicht besteht, wenn der Geschädigte den Grund der Nichtigkeit kannte oder ihn infolge von Fahrlässigkeit nicht kannte (kennen musste) [§ 122 II BGB].

- Rechtsgeschäfte, die im **Zustand der Bewusstlosigkeit** oder **vorübergehender Störung der Geistestätigkeit** abgeschlossen werden [§ 105 II BGB], (z. B. ein Betrunkener verkauft sein Auto).

(3) Mangel im Inhalt des Rechtsgeschäfts

- Rechtsgeschäfte, die ihrem **Inhalt nach gegen ein gesetzliches Verbot verstoßen** [§ 134 BGB], z. B. Rauschgift- und Waffengeschäfte.

- Rechtsgeschäfte, die ihrem **Inhalt nach gegen die guten Sitten verstoßen** [§ 138 I BGB], insbesondere Wuchergeschäfte.

  Ein Wuchergeschäft liegt vor, wenn die Zwangslage (z. B. Notlage), die Unerfahrenheit, ein mangelndes Urteilsvermögen oder eine erhebliche Willensschwäche (z. B. der Leichtsinn) eines anderen vorsätzlich ausgenutzt wird **(subjektiver Tatbestand)** und ein auffälliges Missverhältnis zwischen der Leistung und Gegenleistung besteht **(objektiver Tatbestand)** [§ 138 II BGB].

(4) Mangel in der Form

Rechtsgeschäfte, die gegen die **gesetzlichen Formvorschriften verstoßen** (z. B. ein mündlich abgeschlossener **Verbraucherdarlehensvertrag**), sind grundsätzlich nichtig [§§ 125, S. 1; 492 BGB].

5.2.4.2 Anfechtbarkeit von Rechtsgeschäften (Willenserklärungen)

Merke:

Anfechtbare Rechtsgeschäfte sind **bis zu der erklärten Anfechtung** voll **rechtswirksam** (gültig). **Nach einer rechtswirksamen** (gesetzlich zugelassenen und fristgemäßen) **Anfechtung** wird das Rechtsgeschäft jedoch **von Anfang an nichtig (ungültig)** [§ 142 I BGB].

Die **Anfechtung** ist eine **empfangsbedürftige Willenserklärung** (ein **einseitiges Rechtsgeschäft**).

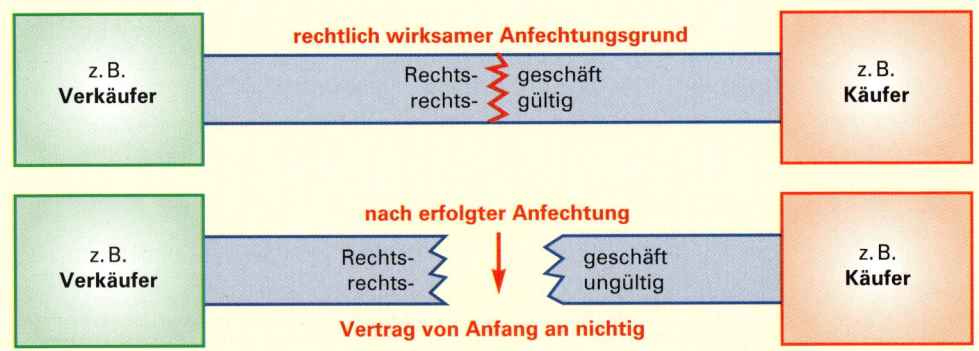

(1) Anfechtung wegen Irrtums

Eine Anfechtung wegen Irrtum ist nur bei folgenden gesetzlich geregelten Fällen möglich [§§ 119, 120 BGB]:

- *Irrtum in der Erklärungshandlung.* Hier verspricht oder verschreibt sich der Erklärende.

Beispiel:

Der Verkäufer eines Autos will dieses für 12000,00 EUR anbieten, schreibt in seinem Angebot jedoch nur 10000,00 EUR.

- *Irrtum über den Erklärungsinhalt.* In diesem Fall hat sich der Erklärende über den Inhalt seiner Willenserklärung geirrt.

Beispiel:

Jemand möchte ein Auto mieten, unterschreibt jedoch keinen Miet-, sondern einen Kaufvertrag.

- *Irrtum bei der Übermittlung einer Willenserklärung.*

Beispiel:

Ein Vertreter übermittelt ein Angebot falsch. Statt des richtigen Angebotspreises von 500,00 EUR enthält das Fax nur einen Preis von 50,00 EUR, weil sich die Sekretärin des Vertreters vertippt hat.

- *Irrtum über verkehrswesentliche Eigenschaften einer Person oder einer Sache.*

Beispiel:

Eine Bank stellt einen Kassierer ein, über den sie nachträglich erfährt, dass dieser bereits Unterschlagungen bei seinem früheren Arbeitgeber begangen hat.[1]

In den genannten Fällen muss die Anfechtung unverzüglich[2] nach Entdeckung des Anfechtungsgrunds erfolgen [§ 121 I, S. 1 BGB]. Der Anfechtende (der Irrende) ist höchstens zum Ersatz des Schadens verpflichtet, den der andere dadurch erlitten hat, dass er auf die Gültigkeit der Erklärung vertraute (so genannter **Vertrauensschaden**) [§ 122 I BGB].[3]

Beachte:

Nicht anfechtbar sind:

Rechtsgeschäfte, die aufgrund eines rechtsunerheblichen Irrtums im Beweggrund **(Motivirrtum)** abgeschlossen worden sind (ausgenommen bei verkehrswesentlichen Eigenschaften von Personen und Sachen [§ 119 II BGB]).

Beispiel:

Ein Briefmarkensammler kauft eine Briefmarke in der Erwartung, dass deren Preis steigt. Sinkt der Preis, kann er den Kaufvertrag nicht rechtswirksam anfechten.

---

1 Hier liegt ein rechtserheblicher **Motivirrtum** vor. Unter einem Motiv versteht man in diesem Zusammenhang einen Beweggrund, einen Antrieb, eine Handlung vorzunehmen oder zu unterlassen.

2 **Unverzüglich** bedeutet **ohne schuldhaftes Zögern** [§ 121 I, S. 1 BGB].

3 Wenn die Erfüllung des Kaufvertrags bereits erfolgt ist (Übergabe und Übereignung der Kaufsache, Zahlung des Kaufpreises [§§ 929 f. BGB]), sind Verkäufer und Käufer verpflichtet, das Geld bzw. die Ware wegen ungerechtfertigter Bereicherung wieder herauszugeben [§ 812 BGB].

(2) Anfechtung wegen arglistiger Täuschung

Eine arglistige Täuschung liegt beim *Vorspiegeln falscher* oder bei der *Unterdrückung wahrer Tatsachen* vor.

> **Beispiele:**
>
> Ein Verkäufer verkauft einen Unfallwagen, verschweigt dem Käufer jedoch den Unfall, da dieser den Wagen bei Kenntnis des Unfalls nicht gekauft hätte. Der Käufer kann den Kaufvertrag nach § 123 I BGB wegen arglistiger Täuschung durch den Verkäufer anfechten.
>
> Ein Werbekaufmann wird aufgrund gefälschter Zeugnisse als Werbeleiter angestellt. Das Unternehmen kann den Anstellungsvertrag nach Kenntnis der Täuschung anfechten.
>
> Ein Kunde erhält unter Vorlage unwahrer Bauunterlagen einen Bankkredit. Die Bank kann den Kreditvertrag anfechten.

Die Anfechtung wegen arglistiger Täuschung muss innerhalb eines Jahres nach Entdeckung der Täuschung erfolgen [§ 124 I, II, S. 1, 1. HS BGB].

(3) Anfechtung wegen widerrechtlicher Drohung

Damit eine widerrechtliche Drohung vorliegt, müssen folgende Tatbestandsmerkmale vorliegen: Dem Erklärungsempfänger wird, falls er sich weigert, ein „Übel" (z. B. eine Körperverletzung) angedroht. Die Drohung muss widerrechtlich sein und der Drohende muss sich außerdem bewusst sein, dass seine Drohung den Willensentschluss des Bedrohten herbeiführt oder mitbestimmt hat.

> **Beispiel:**
>
> Ein Räuber droht Ihnen: „Geld her oder das Leben!"
>
> Ein Gläubiger droht: „Bezahlung der Schulden oder das Leben"; oder er droht „sanft": „Wenn Sie nicht zahlen, erzähle ich Ihrer Frau, dass ich Sie am letzten Sonntag mit Ihrer Sekretärin gesehen habe."

Die Anfechtung wegen widerrechtlicher Drohung muss innerhalb eines Jahres, vom Wegfall der Zwangslage an gerechnet, angefochten werden [§ 124 I, II, S. 1, 2. HS BGB].

> **Beachte:**
>
> Eine **Widerrechtlichkeit** liegt **nicht** vor, wenn der Erklärende ein Recht auf eine Erklärung des anderen hat und er ihn hierzu mit angemessenen Mitteln zwingt.
>
> > **Beispiel:**
> >
> > Der Gläubiger droht dem säumigen Schuldner damit, ihn – falls er nicht leistet – „zu verklagen" oder „den Kaufvertrag durch Rücktritt aufzulösen".

> **Zusammenfassung**
>
> ■ **Nichtige Rechtsgeschäfte** sind von Anfang an nichtig (ungültig). Sie kommen erst gar nicht zustande. Das BGB versagt ihnen jede Rechtswirkung (Rechtsfolge).
>
> ■ **Anfechtbare Rechtsgeschäfte** sind bis zur Anfechtung voll rechtswirksam (gültig).

■ Nach einer rechtswirksamen (gesetzlich zugelassenen und fristgemäßen) **Anfechtung** werden die anfechtbaren **Rechtsgeschäfte rückwirkend, d. h. von Anfang an, nichtig.**

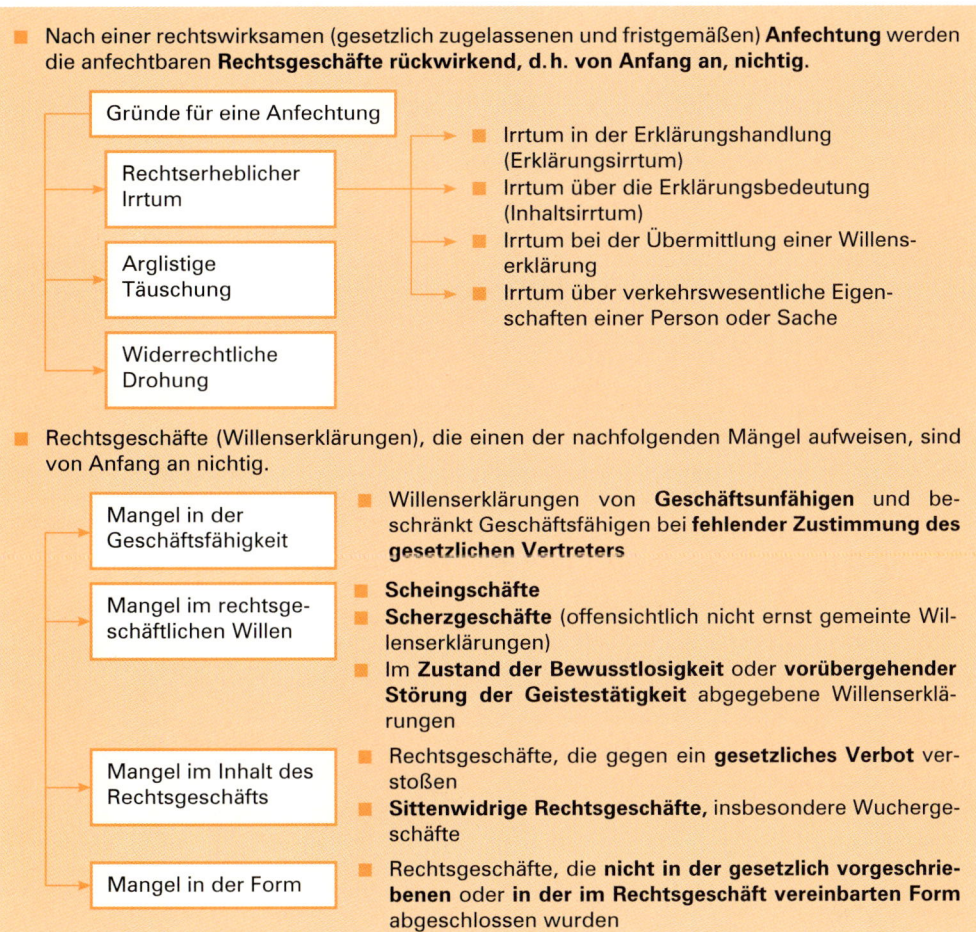

Gründe für eine Anfechtung

Rechtserheblicher Irrtum
→ ■ Irrtum in der Erklärungshandlung (Erklärungsirrtum)
→ ■ Irrtum über die Erklärungsbedeutung (Inhaltsirrtum)
→ ■ Irrtum bei der Übermittlung einer Willenserklärung
→ ■ Irrtum über verkehrswesentliche Eigenschaften einer Person oder Sache

Arglistige Täuschung

Widerrechtliche Drohung

■ Rechtsgeschäfte (Willenserklärungen), die einen der nachfolgenden Mängel aufweisen, sind von Anfang an nichtig.

Mangel in der Geschäftsfähigkeit
■ Willenserklärungen von **Geschäftsunfähigen** und beschränkt Geschäftsfähigen bei **fehlender Zustimmung des gesetzlichen Vertreters**

Mangel im rechtsgeschäftlichen Willen
■ **Scheingeschäfte**
■ **Scherzgeschäfte** (offensichtlich nicht ernst gemeinte Willenserklärungen)
■ Im **Zustand der Bewusstlosigkeit** oder **vorübergehender Störung der Geistestätigkeit** abgegebene Willenserklärungen

Mangel im Inhalt des Rechtsgeschäfts
■ Rechtsgeschäfte, die gegen ein **gesetzliches Verbot** verstoßen
■ **Sittenwidrige Rechtsgeschäfte,** insbesondere Wuchergeschäfte

Mangel in der Form
■ Rechtsgeschäfte, die **nicht in der gesetzlich vorgeschriebenen** oder **in der im Rechtsgeschäft vereinbarten Form** abgeschlossen wurden

Übungsaufgabe

103 1. Worin unterscheiden sich Nichtigkeit und Anfechtbarkeit von Rechtsgeschäften, insbesondere hinsichtlich der Rechtsfolgen?

2. Erklären Sie, welchen Zweck das BGB mit der Nichtigkeit bestimmter Rechtsgeschäfte verfolgt!

3. Erklären Sie den Unterschied zwischen Scheingeschäft und Scherzgeschäft!

4. Erklären Sie, unter welchen Voraussetzungen ein sittenwidriges Rechtsgeschäft vorliegt!

5. Bilden Sie vier verschiedenartige „Irrtumsfälle", die eine Anfechtung des Irrenden zulassen!

6. Begründen Sie, warum bei einem Motivirrtum grundsätzlich keine Anfechtung möglich ist, in bestimmten Fällen das BGB jedoch dem Irrenden eine Anfechtung wegen eines Motivirrtums nicht verweigert!

7. Erklären Sie die Tatbestände einer „arglistigen Täuschung" und „widerrechtlichen Drohung"!

8. Entscheiden Sie in folgenden Rechtsfällen und begründen Sie Ihre Lösung mit den §§ des Gesetzes:

   8.1 Der Kreis Arnsberg nimmt das preisgünstige Angebot der Dortmunder Baugesellschaft mbH über 18,2 Mio. EUR zum Bau eines neuen Berufsschulzentrums an. Nach Abschluss des Werkvertrags stellt die Dortmunder Baugesellschaft mbH fest, dass sie sich bei der Abgabe ihres Kostenvoranschlags (Angebots) geirrt hat. Die voraussichtliche Entwicklung der Einkaufspreise für die benötigten Baumaterialien (Zement, Ziegel, Kies, Baustahl usw.) wurde falsch eingeschätzt. Durch die angezogene Baukonjunktur sind die Preise der Baumaterialien stärker als erwartet gestiegen. Ein kostendeckendes Angebot müsste 20 Mio. EUR betragen. Die Dortmunder Baugesellschaft mbH ficht deshalb ihr Angebot über 18,2 Mio. EUR wegen Irrtums in der Erklärungshandlung nach § 119 I BGB an.
   Was halten Sie davon?

   8.2 Wie würden Sie die Rechtslage beurteilen, wenn der Dortmunder Baugesellschaft mbH bei der Addition der Angebotssumme ein Fehler unterlaufen wäre und deshalb der Angebotspreis nicht 20 Mio. EUR, sondern nur 18,2 Mio. EUR beträgt?

   8.3 Zimmermann kauft von Schulze ein Grundstück. In dem notariell beurkundeten Kaufvertrag wird ein Kaufpreis von 85 000,00 EUR angegeben, obgleich sich Zimmermann und Schulze darüber einig sind, dass 142 000,00 EUR gezahlt werden sollen. Kommt ein Kaufvertrag zustande? Lesen Sie hierzu die §§ 117 I, 311 b I, 125 BGB!

   8.4 Konrad kauft aufgrund eines schriftlichen Angebots – „einmalige Gelegenheit" – von Bergmann eine antike Kredenz.[1] Als Anzahlung überlässt er Bergmann einen Barocktisch zum Preis von 600,00 EUR. Bei Lieferung stellt Konrad fest, dass er von dem Möbel eine falsche Vorstellung hatte. Unter „Kredenz" verstand er eine Vitrine. Er ficht den Kaufvertrag an und fordert den Barocktisch zurück.

   8.5 Herr Huber möchte seinem Nachbarn, Herrn Schreiner, schriftlich einen gebrauchten Pkw für 8 500,00 EUR zum Verkauf anbieten, vertippt sich jedoch und schreibt statt 8 500,00 EUR nur 6 500,00 EUR. Schreiner nimmt das Angebot an. Der Wagen wird am folgenden Tag übergeben.
   Als Schreiner kurz darauf bezahlen will, klärt sich alles auf. Was kann Huber unternehmen?

   8.6 Herr Huber bekommt seinen Pkw nicht los. Unter der Drohung, er werde ihn wegen Fahrens ohne Führerschein anzeigen, zwingt Huber seinen Freund Wolf zur Unterschrift des Vertrags. Der Wagen wird übergeben und sofort bezahlt.
   Was kann Wolf, dessen Mut erst einige Zeit später erwacht, gegen Huber unternehmen?

9. Im Vertragsrecht unterscheidet man zwischen Nichtigkeit und Anfechtbarkeit. In welchem Fall liegt Nichtigkeit vor?

   9.1 Verstoß gegen gesetzliche Formvorschriften,

   9.2 Fehlen einer zugesicherten Eigenschaft,

   9.3 Irrtum in der Erklärungshandlung,

   9.4 arglistige Täuschung,

   9.5 widerrechtliche Drohung.

---

1 Kredenz: Anrichte, Schranktisch.

5.3 Kaufvertrag

5.3.1 Begriff und Zustandekommen von Verträgen

(1) Begriff

Merke:

Ein **Vertrag** liegt vor,
- wenn zwei oder mehr Personen **inhaltlich übereinstimmende Willenserklärungen** abgeben, die auf einen **einheitlichen Rechtserfolg abzielen**, und
- wenn die zweite Willenserklärung dem Erklärungsempfänger („Antragenden") **rechtzeitig zugegangen** ist [§§ 145 ff. BGB].

Der Vertrag ist ein **mehrseitiges (zweiseitiges) Rechtsgeschäft.**

(2) Zustandekommen von Verträgen (Vertragsabschluss)

Ein Vertrag kommt **schrittweise** zustande. Die zeitlich vorausgehende (zuerst abgegebene) Willenserklärung ist der so genannte **Vertragsantrag** (kurz: **Antrag**), die zeitlich nachfolgende (zweite) Willenserklärung ist die so genannte **Vertragsannahme** (kurz: **Annahme**). Durch den Vertragsantrag wird dem anderen Teil der Abschluss eines Vertrags angetragen (angeboten), mit der Vertragsannahme wird der Vertragsantrag angenommen. Mit der **rechtzeitigen** (innerhalb der vertraglichen oder gesetzlichen Annahmefrist) und **unveränderten** Annahme eines Antrags ist der Vertrag geschlossen.

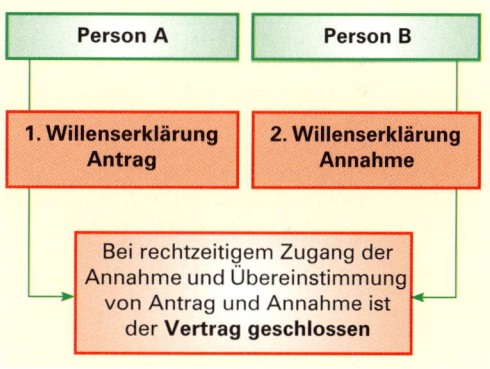

Durch den Vertragsabschluss **(Verpflichtungsgeschäft)** verpflichten sich die Vertragspartner, den Vertrag zu erfüllen **(Erfüllungsgeschäft)**.

5.3.2 Begriff, Arten und Zustandekommen von Kaufverträgen

(1) Begriff und Zustandekommen von Kaufverträgen

Merke:

Ein **Kaufvertrag** kommt durch **inhaltlich übereinstimmende,** rechtsgültige **Willenserklärungen** von mindestens **zwei Personen** – Käufer und Verkäufer – und durch **rechtzeitigen Zugang** der zweiten Willenserklärung beim Erklärungsempfänger zustande [§§ 145 ff., 433 BGB].[1]

Beide Willenserklärungen müssen in allen wesentlichen Vertragsbedingungen übereinstimmen. Die Vertragspartner müssen sich also über *alle* wichtigen Einzelheiten geeinigt haben [§ 154 I, S. 1 BGB], so z.B. über Art, Typ, Qualität, Menge, Preis der Ware, die Lieferzeit, Zahlungsbedingungen, den Leistungsort, Gerichtsstand, Garantiebedingungen und die Gewährleistungsbedingungen.

---

1 Inhalt (Zweck) eines Kaufvertrags ist die Eigentumsübertragung und Besitzverschaffung von beweglichen Sachen oder Grundstücken.

(2) Arten von Kaufverträgen nach der rechtlichen Stellung der Vertragspartner

Die Partner beim Kaufvertrag sind der Käufer und der Verkäufer. Nach ihrer **rechtlichen Stellung** können sie **Unternehmer (Kaufleute)** oder **Verbraucher (Nichtkaufleute)** sein.

■ Nach § 13 BGB ist jede natürliche Person (jeder Mensch) ein **Verbraucher,** wenn sie ein Rechtsgeschäft zu einem Zweck abschließt, der weder ihrer gewerblichen noch ihrer selbstständigen beruflichen Tätigkeit zugerechnet werden kann.

■ **Unternehmer** ist nach § 14 BGB eine natürliche oder juristische Person (z.B. GmbH, AG) oder eine rechtsfähige Personengesellschaft, die beim Abschluss eines Rechtsgeschäfts (z.B. Kaufvertrag) in Ausübung ihrer gewerblichen oder selbstständigen beruflichen Tätigkeit handelt. Die Unternehmereigenschaft ist unabhängig davon, ob eine Gewinnerzielungsabsicht besteht oder nicht.

Nach der **rechtlichen Stellung** des Vertragspartners sind folgende Kaufvertragsarten zu unterscheiden:

Verkäufer ist Käufer ist	Unternehmer (als Kaufman)	Verbraucher
Verbraucher	einseitiger Handelskauf (Verbrauchsgüterkauf)[1]	Bürgerlicher Kauf (Privatkauf)
Unternehmer (als Kaufmann)	zweiseitiger Handelskauf	sonstiger einseitiger Handelskauf

(3) Verschiedene Möglichkeiten des Kaufvertragsabschlusses (Verpflichtungsgeschäft)

■ **Der Verkäufer macht ein verbindliches Angebot, der Käufer bestellt (unter Bezugnahme auf das Angebot) rechtzeitig und ohne Änderung.**

Der Kaufvertrag ist zustande gekommen (geschlossen), sobald der Verkäufer die Bestellung erhalten hat, diese ihm **rechtzeitig zugegangen** ist [§§ 146 ff. BGB].

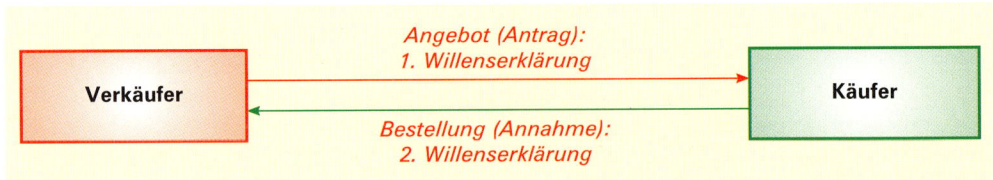

■ **Der Käufer bestellt ohne vorhergehendes verbindliches Angebot des Verkäufers und der Verkäufer nimmt die Bestellung rechtzeitig und ohne Änderung an.**

Dies kann z.B. der Fall sein, wenn der Käufer den Verkäufer (seine Waren, Preise) aus früheren Lieferungen kennt und aufgrund gültiger Verkaufsprospekte mit Preislisten oder aufgrund eines freibleibenden (unverbindlichen) Angebots bestellt.

Der Kaufvertrag ist zustande gekommen (geschlossen), sobald die Annahme der Bestellung (Bestellungsannahme, Auftragsbestätigung) des Verkäufers dem Käufer rechtzeitig zugegangen ist [§§ 146 ff. BGB]

---

1 Der Verbrauchsgüterkauf bezieht sich nur auf bewegliche Sachen. Zu Einzelheiten siehe S. 268ff.

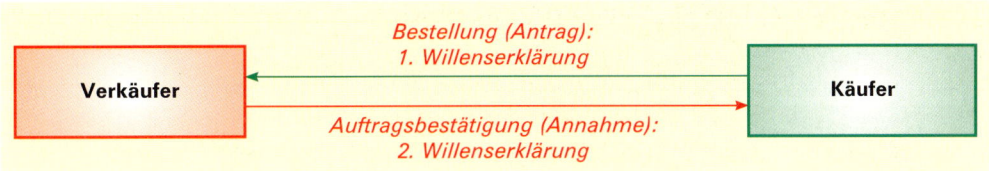

- **Der Verkäufer macht ein verbindliches Angebot, der Käufer bestellt jedoch zu spät oder mit Abänderungen des Angebots, z.B. mit kürzerer Lieferzeit, höheren Mengen, niedrigeren Preisen.**

Der Kaufvertrag kommt erst zustande, wenn der Verkäufer die verspätete oder abgeänderte Bestellung des Käufers (neuer Antrag) angenommen hat, d.h. durch die Bestellungsannahme (Auftragsbestätigung) des Verkäufers und nach deren rechtzeitigem **Zugang** beim Käufer.

Die Auftragsbestätigung ist deshalb erforderlich, weil die verspätete Annahme eines Antrags oder eine Annahme mit Erweiterungen, Einschränkungen oder sonstigen Änderungen als Ablehnung gilt, verbunden mit einem neuen Antrag [§ 150 I, II BGB].

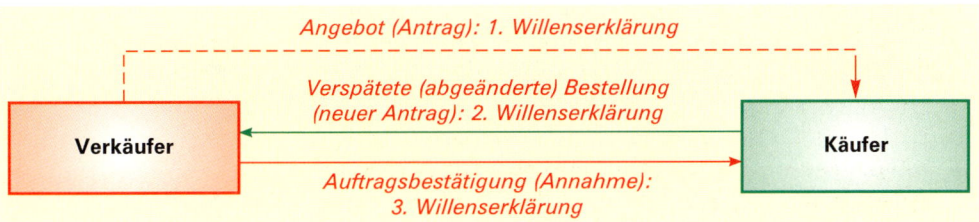

5.3.3 Zweiseitiger Handelskauf

5.3.3.1 Begriff zweiseitiger Handelskauf

Merke:

- Der **zweiseitige Handelskauf** ist ein Kauf, den beide Vertragspartner als **Unternehmer (Kaufleute)** für ihre **geschäftlichen** Zwecke abschließen.
- Der Kauf ist für beide Teile ein **Handelsgeschäft.**

5.3.3.2 Rechte und Pflichten aus dem Handelskauf (Kaufvertrag)

Mit dem *Abschluss des Handelskaufs (Kaufvertrags)* ist nichts weiter bewirkt, als dass sich der *Verkäufer* verpflichtet hat, die verkaufte bewegliche Sache dem Käufer frei von Sach- und Rechtsmängeln zu liefern (zu übergeben und zu übereignen) und der *Käufer* die Verpflichtung eingegangen ist, die gekaufte bewegliche Sache abzunehmen und vor allem zu bezahlen [§ 433 BGB]. Der Abschluss des Kaufvertrags (nach §§ 145 ff. BGB) ist daher ein *Verpflichtungsgeschäft,* dem ein *Erfüllungsgeschäft* folgen muss.

17 Speth – ISBN 978-3-8120-0491-6

Der **Kaufvertrag** umfasst damit **zwei Rechtsgeschäfte:**

(1) Verpflichtungsgeschäft: Übernahme von Rechten und Pflichten

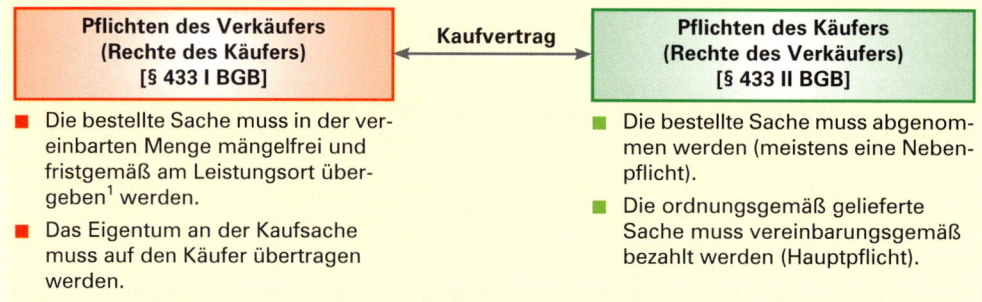

Pflichten des Verkäufers (Rechte des Käufers) [§ 433 I BGB]	Kaufvertrag	Pflichten des Käufers (Rechte des Verkäufers) [§ 433 II BGB]
■ Die bestellte Sache muss in der vereinbarten Menge mängelfrei und fristgemäß am Leistungsort übergeben[1] werden. ■ Das Eigentum an der Kaufsache muss auf den Käufer übertragen werden.		■ Die bestellte Sache muss abgenommen werden (meistens eine Nebenpflicht). ■ Die ordnungsgemäß gelieferte Sache muss vereinbarungsgemäß bezahlt werden (Hauptpflicht).

Merke:

■ Der **Verkäufer** ist zum einen **Schuldner** (er schuldet die Übergabe und Übereignung der mangelfreien Sache) **und** zum anderen **Gläubiger** (er hat Anspruch darauf, dass der Käufer die gelieferte Sache abnimmt und bezahlt).

■ Der **Käufer** ist zum einen **Schuldner** (er schuldet die Abnahme der Sache und die Zahlung des Kaufpreises) **und** zum anderen **Gläubiger** (er hat Anspruch auf die Übergabe und Übereignung der mangelfreien Sache durch den Verkäufer).

(2) Erfüllungsgeschäft: Erfüllung der eingegangenen Verpflichtungen

Das durch den Kaufvertrag bewirkte Schuldverhältnis (das Verpflichtungsgeschäft) erlischt, wenn die geschuldeten Leistungen nach den Vereinbarungen des Kaufvertrags durch das **Erfüllungsgeschäft** an den **Gläubiger erfüllt sind** [§ 362 I BGB].[2] Das ist der Fall, wenn die Übergabe und Übereignung der Kaufsache durch den Verkäufer sowie die Abnahme der Kaufsache und Kaufpreiszahlung durch den Käufer vereinbarungsgemäß erfolgt ist [§§ 929 ff., 854 BGB].

5.3.3.3 Erfüllung des Handelskaufs (Kaufvertrags) durch den Verkäufer

Die **Erfüllung** des **Kaufvertrags** durch den **Verkäufer** umfasst

■ die **Lieferung (Besitzverschaffung** durch **Übergabe** der **Kaufsache** an den **Käufer)** und

■ die **Eigentumsübertragung** an den Käufer [§ 433 I BGB].

---

1 **Übergabe:** Verschaffung des unmittelbaren Besitzes nach § 854 I oder II BGB.

2 Bei „**Zug-um-Zug-Geschäften**" (z. B. Käufe im Ladengeschäft, bei denen Waren und Geld „Zug um Zug" übergeben werden) fallen Vertragsabschluss und Erfüllung des Vertrags *zeitlich* zusammen.
Bei **Zielgeschäften** (Warenlieferung später oder Zahlung später) wird jedoch deutlich, dass hinter dem *Kauf* **zwei Rechtsgeschäfte** unterschiedlicher Art stehen, nämlich ein **Verpflichtungsgeschäft** und ein **Erfüllungsgeschäft**.

(1) Lieferung

■ Leistungszeit

Ist eine Zeit für die Leistung weder bestimmt noch aus den Umständen zu entnehmen, so kann der Käufer die vertragliche Leistung **sofort verlangen,** der Verkäufer sie **sofort bewirken** [§ 271 I BGB]. In der Regel wird die Leistungszeit zwischen dem Käufer und Verkäufer vertraglich geregelt oder (im Geschäftsleben) durch **Handelsbräuche** bestimmt.

■ Begriff Leistungsort

Bei einem Kaufvertrag muss – wie bei jedem anderen Vertrag auch – feststehen, **wo** der Schuldner seine geschuldete Leistung zu erbringen hat.

> **Merke:**
>
> Der Ort, an dem ein Schuldner seine Leistungshandlung vorzunehmen hat, ist der **Leistungsort**. Das BGB bezeichnet den Leistungsort auch als **Erfüllungsort** (siehe §§ 447 I, 644 II BGB).[1]

■ Arten von Leistungsorten

Gesetzlicher Leistungsort: Der gesetzliche Leistungsort für den **Verkäufer** und den **Käufer** ist ihr **Wohnsitz** [§ 269 I BGB] oder – bei gewerblichen Schulden – **der Ort ihrer gewerblichen Niederlassung** [§ 269 II BGB] zum Zeitpunkt der Entstehung des Schuldverhältnisses (z.B. zum Zeitpunkt des Abschlusses des Kaufvertrags). Da es mit dem Abschluss des Kaufvertrags zwei Schuldner gibt (Verkäufer ist Warenschuldner, Käufer ist Geldschuldner), gibt es auch zwei gesetzliche Leistungsorte.

> **Beispiel:**
>
> Hat der Verkäufer seine gewerbliche Niederlassung in Hagen und der Käufer seine Niederlassung in Osnabrück, so ist der gesetzliche Leistungsort für den Warenschuldner Hagen, der gesetzliche Leistungsort für den Geldschuldner ist Osnabrück.

Vertraglicher Leistungsort: Die Käufer und Verkäufer haben die Möglichkeit, den Leistungsort vertraglich zu regeln **(vertraglicher Leistungsort).**

> **Beispiel:**
>
> Die Maschinenfabrik Veeser KG in Uelzen und die Möbelfabrik Immler GmbH in Essen vereinbaren Essen als Leistungsort für beide Vertragsparteien.

Natürlicher Leistungsort: Er wird durch die Umstände, insbesondere durch die Natur des Schuldverhältnisses, bestimmt [§ 269 I BGB].

> **Beispiele:**
>
> - Werkverträge über Reparaturarbeiten im Haus des Auftraggebers,
> - so genannte Handkäufe in Ladengeschäften.

---

1 Aus Vereinfachungsgründen wird nicht zwischen Erfüllungsort und Leistungsort unterschieden.

■ **Bedeutung des Leistungsorts für den Warenschuldner**[1]

■ **Bedeutung des Leistungsorts für den Gefahrenübergang**

Der Leistungsort bezeichnet den Ort, an dem sich der Schuldner von seiner Leistungspflicht befreit. Aus diesem Grund sind **Warenschulden** gesetzlich im Zweifel[2] **Holschulden** [§ 269 BGB]. Wenn nichts anderes vereinbart ist, „reisen die Waren auf Gefahr des Käufers".

Der **Käufer** trägt somit beim gesetzlichen Leistungsort mit der **Übergabe** der **Kaufsache** das **Transportrisiko** (Gefahr des zufälligen Untergangs oder der zufälligen Verschlechterung der Ware auf dem Weg vom Verkäufer zum Käufer) [§ 446 S. 1 BGB].

Beachte:

Werden die Waren **mit dem unternehmenseigenen Fahrzeug transportiert,** dann befinden sich die Waren beim Transport noch in der Verfügungsgewalt des Verkäufers. Deswegen hat in diesem Fall der Verkäufer erst erfüllt, wenn die Waren dem Käufer übergeben worden sind.

Das Gleiche gilt übrigens für den so genannten **„Fernkauf".** Hier haben Käufer und Verkäufer als Leistungsort den Wohn- bzw. Niederlassungsort des *Käufers* vereinbart (vertraglicher Leistungsort). Folglich hat der Verkäufer erst dann erfüllt, wenn die Ware beim Empfänger eingetroffen ist.

■ **Bedeutung des Leistungsorts für die Übernahme der Versendungskosten**

Warenschulden sind gesetzlich im Zweifel Holschulden. Daraus folgt, dass bei fehlender Vereinbarung **der Käufer** die **Transportkosten** (Versendungskosten) tragen muss.

Beim **Versendungskauf** [§ 447 BGB] trägt der Käufer die Transportkosten ab Versandstation des Verkäufers.[3]

■ **Bedeutung des Leistungsorts für den Gerichtsstand**

Streiten sich die Vertragspartner darüber,

- ob überhaupt ein Vertragsverhältnis besteht und/oder
- über den Inhalt des Vertrags,

dann ist das Gericht des Orts zuständig, an dem die streitige Verpflichtung zu erfüllen ist [§ 29 I ZPO],[4] also das für den Leistungsort zuständige Gericht.

---

1 In der Geschäftspraxis wird der Leistungsort (vor allem beim zweiseitigen Handelskauf) meistens in den so genannten „Allgemeinen Geschäftsbedingungen" geregelt.

2 Im **Zweifel** bedeutet, dass es sich um eine **Auslegungsregel** handelt, die dann nicht gilt, wenn durch vertragliche Vereinbarungen, Gesetz oder durch die Umstände des Schuldverhältnisses etwas anderes bestimmt ist.

3 Im **Handelsverkehr** sind **Warenschulden** oft **Schickschulden.** Der Verkäufer versendet die Kaufsache auf Verlangen des Käufers nach einem anderen Ort als dem Leistungsort. Mit der Übergabe der Kaufsache durch den Verkäufer an den Spediteur, Frachtführer oder an eine andere mit der Versendung beauftragte Person geht die Gefahr auf den Käufer über [§ 447 I BGB].

4 ZPO: Zivilprozessordnung.

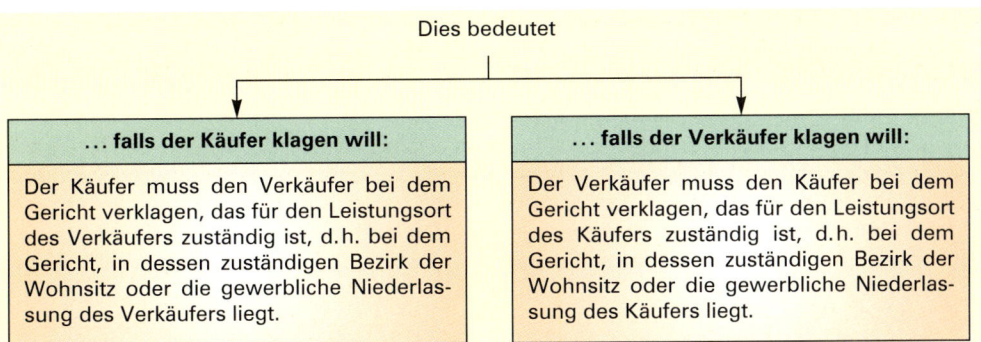

Dies bedeutet

... falls der Käufer klagen will:	**... falls der Verkäufer klagen will:**
Der Käufer muss den Verkäufer bei dem Gericht verklagen, das für den Leistungsort des Verkäufers zuständig ist, d.h. bei dem Gericht, in dessen zuständigen Bezirk der Wohnsitz oder die gewerbliche Niederlassung des Verkäufers liegt.	Der Verkäufer muss den Käufer bei dem Gericht verklagen, das für den Leistungsort des Käufers zuständig ist, d.h. bei dem Gericht, in dessen zuständigen Bezirk der Wohnsitz oder die gewerbliche Niederlassung des Käufers liegt.

■ **Bedeutung des Leistungsorts für den Geldschuldner**

Der gesetzliche Leistungsort für den Zahlungsschuldner (beim Kaufvertrag für den Käufer) ist dessen Wohn- bzw. Niederlassungsort. Der Zahlungsschuldner (Geldschuldner) hat jedoch das geschuldete Geld im Zweifel auf **seine Gefahr und seine Kosten** dem Gläubiger an dessen Wohn- bzw. Geschäftssitz zu übermitteln (Sonderregelung für Geldschulden gemäß § 270 I, II BGB). **Geldschulden** sind demnach gesetzlich im Zweifel

Beispiel:

Wurde als Zahlungstermin „spätestens 20. Juni 20.." vereinbart, hat der Käufer fristgemäß bezahlt, wenn er das Geld mit einer Banküberweisung noch am 20. Juni überweist. Seine Vertragspflicht hat der Käufer jedoch erst voll erfüllt, wenn der Gläubiger den angewiesenen Betrag erhalten hat [§ 362 I BGB].

Schickschulden. Der Geldschuldner hat den Kaufvertrag erfüllt, wenn er z.B. den **Überweisungsauftrag** seiner Bank **rechtzeitig übergeben** hat. Die Verspätungsgefahr trägt der Geldgläubiger.[1]

(2) Eigentumsübertragung

■ **Besitzverschaffung**

Der Besitz wird bei **beweglichen Sachen** durch **Übergabe**, bei **unbeweglichen Sachen** (z.B. Grundstücke) durch **Gebrauchsüberlassung** verschafft. Im Unterschied zum Eigentum kann man sich den Besitz auch unrechtmäßig verschaffen, z.B. durch Diebstahl oder durch Unterschlagung des Fundes.

---

1 Die Gefahr, die der Geldschuldner zu tragen hat, ist die Tansportgefahr/Übermittlungsgefahr (Verlustgefahr). Bei außergewöhnlichen Störungen, z.B. stecken gebliebenen Banküberweisungen, kann jedoch nach § 242 BGB eine Teilung des Verlustes zwischen dem Geldschuldner und Geldgläubiger gerechtfertigt sein. Die Pflicht des Geldschuldners zur Tragung der Kosten umfasst z.B. die Überweisungsentgelte und Zustellkosten, nicht jedoch die vom Geldgläubiger an seine Bank zu zahlenden Kontoführungsgebühren.

■ **Eigentumserwerb**

■ **Eigentumsübertragung an beweglichen Sachen**

Wir unterscheiden 4 Möglichkeiten der Eigentumsübertragung an beweglichen Sachen:

– Befindet sich die Sache noch beim Eigentümer, so erfolgt die Eigentumsübertragung durch **Einigung** und **Übergabe** [§ 929, S. 1 BGB].

Beispiel:

Die Inhaberin des Modegeschäfts Klinger e. Kfr. übergibt Frau Sigg das gekaufte Kleid. Mit der Einigung und der Übergabe des Kleids ist Frau Sigg Eigentümerin geworden.

– Es kommt vor, dass sich die Sache, an der das Eigentum übertragen werden soll, bereits im Besitz des künftigen Eigentümers befindet. Hier **genügt** für die Eigentumsübertragung die **Einigung** zwischen Eigentümer (z. B. Verkäufer) und Erwerber (z. B. Käufer), dass das **Eigentum auf den Käufer übergehen** soll [§ 929, S. 2 BGB].

Beispiel:

Herr Leonhard hat sich von einem Fernsehfachgeschäft ein Farbfernsehgerät ins Wohnzimmer stellen lassen, um dieses auszuprobieren. Nach 8 Tagen teilt er dem Händler mit, dass er das Gerät erwerben möchte. Stimmt der Händler zu, wird Herr Leonhard Eigentümer des Geräts. (Wohlgemerkt: Der Eigentumsübergang hat nichts damit zu tun, ob Herr Leonhard das Gerät bereits bezahlt hat oder nicht!)

– Möglich ist auch, dass der bisherige Eigentümer (z. B. der Verkäufer) im Besitz der Sache bleiben soll, an der der Erwerber (z. B. Käufer) Eigentümer werden möchte. In diesem Fall müssen sich beide Vertragspartner darüber **einigen,** dass das **Eigentum auf den Erwerber (Käufer) übergeht,** der **Veräußerer (Verkäufer)** aber im unmittelbaren **Besitz der Sache** bleibt (sog. **Besitzkonstitut**) [§§ 929, S. 1, 930 BGB].

Beispiel:

Frau Detzel ist begeisterte Reiterin. Sie kauft einem Pferdezüchter ein Reitpferd ab mit der Vereinbarung, das Pferd in den Stallungen des Züchters zur dortigen Pflege zu lassen. Frau Detzel ist Eigentümerin (und „mittelbare" Besitzerin), der Pferdezüchter ist der unmittelbare Besitzer des Pferdes.

– Die vierte Möglichkeit besteht darin, dass der Eigentümer selbst nicht im Besitz der veräußerten Sache ist, sondern ein Dritter. Auch in diesem Fall müssen sich der bisherige Eigentümer und der Erwerber über den **Eigentumsübergang** geeinigt haben [§ 929, S. 1 BGB]. Außerdem muss der **Eigentümer (z. B. Verkäufer)** den **Herausgabeanspruch an den Erwerber (z. B. Käufer) abtreten** [§ 931 BGB].

Beispiel:

Der Heizölhändler Stefan Dorner e. Kfm. in Dormagen hat das von ihm gekaufte Heizöl bei einer Lagergesellschaft in Essen gelagert. Er verkauft mehrere tausend Liter Heizöl an einen Heizölhändler in Unna. Damit der Heizölhändler aus Unna das gekaufte Heizöl bei der Lagergesellschaft in Essen abholen kann, muss er Eigentümer sein. Dies wird er durch Einigung und Abtretung des Herausgabeanspruchs [§§ 929, 931 BGB].

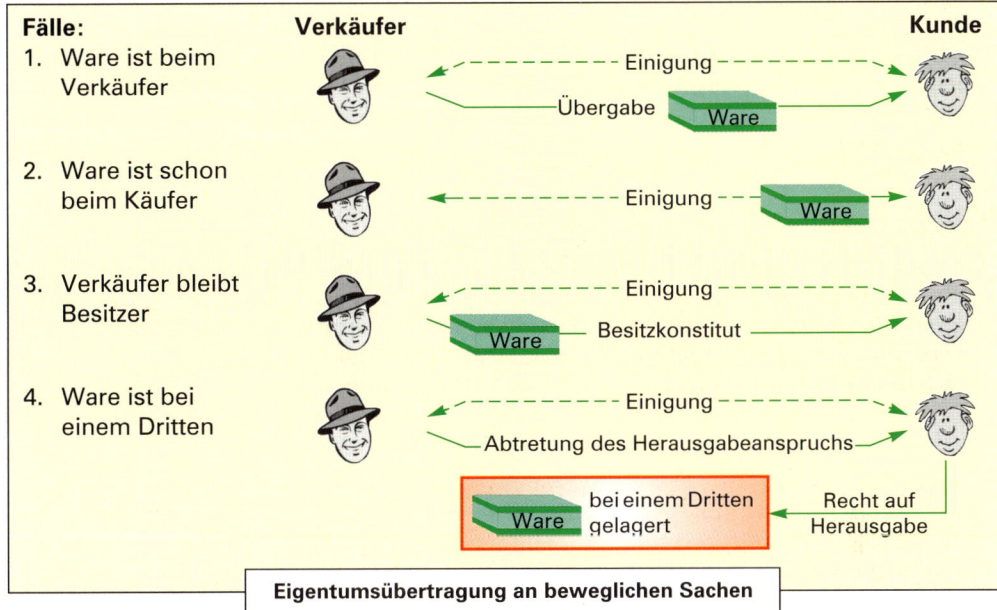

Fälle:

| Verkäufer | | Kunde |

1. Ware ist beim Verkäufer — Einigung — Übergabe — Ware

2. Ware ist schon beim Käufer — Einigung — Ware

3. Verkäufer bleibt Besitzer — Einigung — Ware — Besitzkonstitut

4. Ware ist bei einem Dritten — Einigung — Abtretung des Herausgabeanspruchs — Ware bei einem Dritten gelagert — Recht auf Herausgabe

Eigentumsübertragung an beweglichen Sachen

■ **Eigentumsübertragung an unbeweglichen Sachen**

Das Eigentum an Grundstücken, Gebäuden und Eigentumswohnungen wird durch **Einigung** (**Auflassung** genannt) [§ 925 I BGB] und **Eintragung des Eigentumsübergangs im Grundbuch** übertragen [§ 873 I BGB]. Die Einigung zwischen dem Eigentümer und dem Erwerber ist auch hier ein zweiseitiges Rechtsgeschäft mit dem Inhalt, dass das Eigentum vom bisherigen Eigentümer (Verkäufer) auf den Käufer übergehen soll. Da ein Grundstück nicht wie eine bewegliche Sache „übergeben" werden kann, tritt anstelle der körperlichen Übergabe die Eintragung ins Grundbuch, aus dem jeder, der ein berechtigtes Interesse hat, ersehen kann, wie die Eigentumsverhältnisse bei einem bestimmten Grundstück sind.

■ **Eigentumsübertragung an Rechten**

Die Eigentumsübertragung an Rechten erfolgt durch **Einigung** und **Abtretung des Forderungsrechts (Zession)** [§§ 398 ff. BGB].

■ **Sonderfall: Gutgläubiger Eigentumserwerb**

Konnte ein Erwerber nicht wissen, dass sich der erworbene Gegenstand nicht im Eigentum des Veräußerers befand, wird er Eigentümer (gutgläubiger Eigentumserwerb nach § 932 I BGB).

> **Beispiel:**
>
> Lebensmittelhändler Kempter e.Kfm. hat Nudeln unter Eigentumsvorbehalt gekauft und noch nicht bezahlt. Hausfrau Fröhlich kauft diese Nudeln. Mit der Einigung darüber, dass das Eigentum an den Nudeln übergehen soll, und der Übergabe wird sie Eigentümerin der Nudeln [§§ 929 ff. BGB].

5.3.3.4 Erfüllung des Handelskaufs (Kaufvertrags) durch den Käufer

Die **Erfüllung des Kaufvertrags durch den Käufer umfasst** (1) die **Abnahme des Kaufgegenstandes** (meistens eine Nebenpflicht) und (2) die **Zahlung des Kaufpreises** (Hauptpflicht).

(1) Abnahme[1] des Kaufgegenstands

■ Warenabnahme und Warenannahme

Vertragsgemäß gelieferte Waren muss der Käufer **abnehmen** (körperliche Entgegennahme, § 433 II BGB). Für die Warenabnahme sind meistens die Lagerverwalter zuständig und verantwortlich. In größeren Unternehmen ist hierfür aus Gründen der Kostenersparnis (Rationalisierungsgründen) in der Regel eine besondere Warenannahmestelle (die eigentlich Warenabnahmestelle heißen sollte) eingerichtet. Von dieser werden dann alle angelieferten Waren in Empfang genommen und nach deren Prüfung an das Lager oder – bei dezentraler Lagerung – an die Lager weitergeleitet.

Die erfolgte oder die geplante Versendung der Ware teilen die Verkäufer dem Käufer meist durch eine **Lieferanzeige** mit. Dadurch kann der Käufer rechtzeitig die zur Warenabnahme erforderlichen Vorkehrungen treffen (z.B. Anmieten eines Kranes bei schweren Gütern, Räumen des Lagers für die neuen Waren).

> **Beachte:**
>
> Bereits bei der Übergabe der Ware muss die Abnahmestelle die Unversehrtheit der Verpackung, die Übereinstimmung der gelieferten Stückzahlen, Gewichte und/oder Volumeneinheiten mit den auf den Warenbegleitpapieren (z.B. Lieferscheine, Frachtbriefe) angegebenen Zahlen und, soweit möglich, die unverpackten Waren selbst prüfen.

Zur ordnungsgemäßen Warenabnahme gehört auch das Ausfüllen eines Wareneingangsscheins mit Durchschlag. Ist von vornherein erkennbar, dass die Ware beschädigt oder unvollständig ist, ist die Abnahme zu verweigern. In diesem Fall wird vom Überbringer eine Bescheinigung über den festgestellten Mangel verlangt (Tatbestandsaufnahme).

■ Warenprüfung

Alle übergebenen Waren müssen vor ihrer endgültigen Einlagerung (z.B. Einsortieren in die Lagerregale) unverzüglich einer genauen Prüfung unterzogen werden. Nur dadurch kann vermieden werden, dass mangelhafte Waren auf Lager genommen werden.

- Die Warenprüfung erstreckt sich vor allem auf die Liefermenge, die Art, Güte, Beschaffenheit und Funktionsfähigkeit der Ware.
- Unterlagen für die Warenprüfung sind: Warenbegleitpapiere (z.B. Packzettel, Lieferscheine, Versandanzeigen, Frachtbriefe), Bestelldurchschriften und Auftragsbestätigungen, Rechnungen, Muster und Proben, besondere Prüfvorschriften, die vor allem bei den so genannten „Stichproben" oft mit dem Verkäufer abgestimmt sind.

---

1 Die Abnahme und Annahme des Kaufgegenstandes ist rechtlich scharf zu trennen.
   – Die **Abnahme** ist die tatsächliche Entgegennahme der Ware, wodurch der Käufer (unmittelbaren) Besitz erlangt.
   – Die **Annahme** des Kaufgegenstandes ist hingegen eine Willenserklärung und bedeutet die Erklärung der vertragsmäßigen Erfüllung des Kaufvertrags. Auf die Annahme der Leistung durch den Käufer hat der Verkäufer keinen Anspruch.

Werden bei einem **zweiseitigen Handelskauf** durch die unverzüglich nach Ablieferung der Ware zu erfolgende Warenprüfung Mängel (z.B. eine Minderlieferung, schlechte Qualität) festgestellt, muss der Käufer diese Mängel dem Verkäufer unverzüglich (ohne schuldhaftes Zögern) anzeigen.

Da die Warenprüfung meistens während der Übergabe der Ware zeitlich nicht abgeschlossen werden kann, ist es angebracht, eine Empfangsbestätigung stets mit einem Vermerk zu versehen, der darauf hinweist, dass mit dieser Bestätigung nicht die vertragsgemäße (ordnungsgemäße) Lieferung bescheinigt wird (übliche Klausel z.B. „Vorbehaltlich der noch nicht abgeschlossenen Warenprüfung ...").

(2) Zahlung des Kaufpreises

Der Käufer ist nach § 433 II BGB verpflichtet, dem Verkäufer den vereinbarten Kaufpreis zu zahlen. Geldschulden sind gesetzlich im Zweifel **Schickschulden** [§ 270 BGB], d.h., der Käufer übernimmt im Zweifel die Gefahr und die Kosten der Geldübertragung (vgl. S. 261). Die Zahlungsart ist in der Regel dem Käufer überlassen.

Zusammenfassung

- **Abschluss des Kaufvertrags**
  - Der **Kaufvertrag** kommt durch mindestens **zwei inhaltlich übereinstimmende** und rechtzeitig aufeinander folgende empfangsbedürftige Willenserklärungen zustande.
  - Die erste Willenserklärung ist der **Antrag,** die auf den Antrag folgende zweite Willenserklärung die **Annahme.**
  - Da die erste Willenserklärung sowohl vom Verkäufer als auch vom Käufer abgegeben werden kann, kann ein Kaufvertrag sowohl durch ein **Angebot** (1. Willenserklärung) und die **Bestellung** (2. Willenserklärung) als auch durch eine **Bestellung** (1. Willenserklärung) und die **Auftragsbestätigung** (2. Willenserklärung) zustande kommen.
  - Durch den Abschluss eines Kaufvertrags ist zunächst ein gegenseitiges Schuldverhältnis entstanden, das zu gegenseitigen Leistungen verpflichtet, das so genannte **Verpflichtungsgeschäft**.
  - Nach der rechtlichen Stellung der Vertragspartner unterscheidet man zwischen dem **Handelskauf** und dem **bürgerlichen Kauf.**
- **Erfüllung des Kaufvertrags**
  - Dem **Verpflichtungsgeschäft** muss das **Erfüllungsgeschäft** folgen, weil erst durch das Erfüllungsgeschäft die tatsächlichen Rechtsänderungen (z.B. Besitz- und Eigentumsübertragung), d.h. die Erfüllung erfolgt.
  - Der **Verkäufer ist verpflichtet,** dem Käufer die verkaufte Sache in der richtigen Art und Weise, mängelfrei, rechtzeitig und am richtigen Ort zu übergeben und dem Käufer das Eigentum an dem Kaufgegenstand frei von Rechtsmängeln zu übertragen.
  - Der **Käufer ist verpflichtet,** den vereinbarten Kaufpreis zu zahlen und die ordnungsgemäß (mängelfrei) gelieferte Kaufsache abzunehmen.
  - Ist über die **Leistungszeit** nichts vereinbart und ist diese auch nicht aus den Umständen des Rechtsgeschäfts zu entnehmen, kann der Gläubiger die vereinbarte Leistung sofort verlangen, der Schuldner sie sofort bewirken.
  - Der **Leistungsort** ist der Ort, an dem die geschuldete **Leistung zu erbringen** ist.
  - Der **gesetzliche Leistungsort** gilt nur, wenn kein Leistungsort vereinbart ist und ein Leistungsort auch nicht durch die Natur bzw. die Umstände des Schuldverhältnisses bestimmt wird. Er liegt grundsätzlich beim **Wohnsitz** bzw. **Niederlassungsort** des **Schuldners** zur Zeit der Entstehung des Schuldverhältnisses.

- Der Leistungsort hat folgende **Bedeutung**:

Am Leistungsort befreit sich der Schuldner von seiner Leistungspflicht	Der Leistungsort bestimmt den Gefahrenübergang (Ausnahme: Geldschulden)	Ab Leistungsort trägt der Gläubiger die Versendungskosten (Ausnahme: Geldschulden)	Der Leistungsort bestimmt den Gerichtsstand (Ausnahme: Geschäfte mit Nichtkaufleuten)

- Unter **Besitz** versteht man die tatsächliche Gewalt über eine Sache. („Besitz hat man").

- Unter **Eigentum** versteht man das Recht über eine Sache (oder eine Forderung) im Rahmen der gesetzlichen Vorschriften frei verfügen zu können. („Eigentum gehört einem").

- Wichtige **Möglichkeiten des Eigentumserwerbs** sind
  - an **beweglichen Sachen**:
    - Einigung und Übergabe,
    - Einigung (wenn die Sache bereits im Besitz des Erwerbers ist).
  - an **unbeweglichen Sachen**:
    - Einigung (Auflassung) und Eintragung im Grundbuch.
  - an **Rechten**
    - Einigung und
    - Abtretung des Forderungsrechts (Zession).

- Vertragsgemäß gelieferte Waren muss der Käufer **abnehmen**. Bei einem zweiseitigen Handelskauf muss der Käufer die erhaltenen Waren **unverzüglich untersuchen** und **festgestellte Mängel unverzüglich rügen**.

- Der Käufer ist verpflichtet, dem Verkäufer den vereinbarten **Kaufpreis zu zahlen** und die gekaufte **mängelfreie Sache abzunehmen**.

Übungsaufgabe

104
1. Unter welchen Bedingungen kommt ein Kaufvertrag bereits mit der Bestellung zustande?
2. Unter welchen Bedingungen kommt ein Kaufvertrag erst mit der Bestellungsannahme zustande?
3. Die Lehmann Maschinenfabrik GmbH macht der Bruno Bernhard KG unter dem 24. April 20.. ein vollständiges Verkaufsangebot über eine Bohrmaschine zum Preis von 3 100,00 EUR. Unter Bezugnahme auf das Angebot bestellt die Bruno Bernhard KG unter dem 28. Mai 20.. zum Preis von 3 100,00 EUR. Die Lehmann Maschinenfabrik GmbH nimmt die Bestellung der Bruno Bernhard KG vom 28. Mai 20 . . am 2. Juli 20.. an.

   Aufgabe:

   Wie kommt im vorliegenden Fall ein Kaufvertrag zustande?
4. Erklären Sie den Unterschied zwischen Verpflichtungsgeschäft und Erfüllungsgeschäft!
5. Erläutern Sie die Bedeutung des gesetzlichen Leistungsorts für den Warenschuldner!

6. Welche Abweichungen bestehen beim gesetzlichen Leistungsort zwischen Waren- und Geldschulden?

7. Die Möbelfabrik Franz Baier e. K. bestellt aufgrund eines freibleibenden Angebots Eichenholz bei dem Sägewerk Wattenbach GmbH.

   Aufgaben:

   7.1 Erläutern Sie, wie der Kaufvertrag zwischen den beiden Unternehmen zustande kommt!

   7.2 Welche Pflichten hat die Möbelfabrik Franz Baier e. K. aus diesem Kaufvertrag?

   7.3 Begründen Sie, wo sich der gesetzliche Leistungsort für die Holzlieferung befindet!

8. Betrachten Sie die nachstehende Skizze! In welchen Fällen (8.1, 8.2) muss der Käufer den Kaufpreis für die auf dem Transport durch den Unfall vernichtete oder beschädigte Ware zahlen? Muss der Verkäufer nochmals liefern?

   Aufgaben:

   8.1 Über den Leistungsort wurden keine Vereinbarungen getroffen.

   8.2 Der vereinbarte Leistungsort ist Osnabrück.

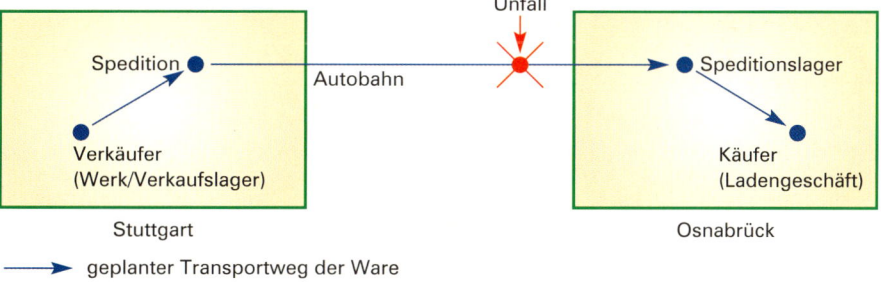

8.3 Wie wäre die Rechtslage, wenn der Käufer die Ware abholt und der Unfall auf der Wegstrecke zwischen dem Werk des Verkäufers und der Bahnstation des Verkäufers passieren würde?

9. In den nachfolgenden Abbildungen sind symbolisch zwei verschiedene Möglichkeiten der Eigentumsübertragung durch Rechtsgeschäfte dargestellt. Die Symbole bedeuten:

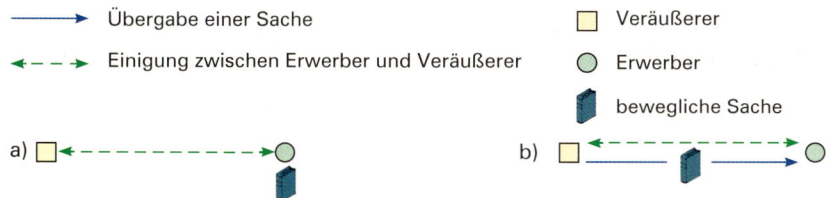

Aufgaben:

9.1 Welche rechtsgeschäftlichen Möglichkeiten der Eigentumsübertragung werden dargestellt?

9.2 Durch welche Vereinbarung im Kaufvertrag kann sich der Verkäufer das Verfügungsrecht über die Ware bis zum Zahlungseingang sichern?

9.3 Unter welchen Bedingungen kann man Eigentum gutgläubig erwerben?

5.3.4 Verbrauchsgüterkauf[1]

(1) Begriff Verbrauchsgüterkauf

Merke:

Ein **Verbrauchsgüterkauf** liegt vor, wenn ein **Verbraucher** von einem **Unternehmer** eine **bewegliche Sache** kauft [§ 474 I, S. 1 BGB].

Die rechtliche Besserstellung des Verbrauchers erfolgt durch die §§ 474 ff. BGB.[2] In ihnen werden zusätzliche rechtliche Anforderungen an die Gültigkeit von Verbrauchsgüterkaufverträgen formuliert. Die Sonderregelungen betreffen insbesondere den Gefahrübergang, die Verjährung von Ansprüchen, die Beweislast, Garantieerklärungen sowie unzulässige Einschränkungen von Rechten zu Lasten des Verbrauchers.

(2) Sonderregelungen beim Verbrauchsgüterkauf

■ **Gefahrübergang**

Beim Verbrauchsgüterkauf tritt der Gefahrübergang erst ein, wenn der Verbraucher die Kaufsache erhalten hat [§ 446 BGB]. Die Gefahrübergangsregelung beim Versendungskauf [§ 447 BGB] finden auf den Verbrauchsgüterkauf keine Anwendung [§ 474 II BGB].

■ **Beweislastumkehr**

Dem Verbraucher ist es oft nicht möglich, einem Unternehmer zu beweisen, dass die Kaufsache bereits beim Vertragsabschluss und/oder bei deren Übergabe mangelhaft war (einen Sachmangel aufweist). Beim Verbrauchsgüterkauf besteht deshalb eine (auf diesen Kauf beschränkte) so genannte (gewährleistungsrechtliche) **Beweislastumkehr**.

Nach § 476, 1. HS BGB wird beim Auftreten eines Sachmangels in den ersten sechs Monaten nach Gefahrübergang zugunsten des Käufers gesetzlich vermutet, dass der Mangel bereits beim Gefahrübergang (Übergabe der Sache; § 446, S. 1 BGB) der Kaufsache vorhanden war. Der Gegenbeweis obliegt dann dem Verkäufer.[3]

Beispiel:

Bei einem im Juli erworbenen Dachfenster tritt im Oktober bei Regen Wasser ein. Es zeigt sich, dass sich Dichtungen im Rahmen großflächig ablösen. Hier spricht die Vermutung für eine von Anfang an fehlerhafte Qualität der Dichtungen bzw. ihrer Verklebung.

---

1 Ein Industrieunternehmen, das Handelswaren einkauft, ist in seiner Eigenschaft als Käufer nicht von den Vorschriften des Verbrauchsgüterkaufs betroffen.

2 Diese Rechtsvorschriften dienen dem Schutz des Verbrauchers und ergänzen die grundsätzlich für alle Kaufverträge geltenden Vorschriften des BGB.

3 Diese Vermutung gilt jedoch nicht, wenn die Vermutung mit der Art der Sache oder des Mangels unvereinbar ist [§ 476, 2. HS BGB].

Bestreitet der Unternehmer, dass der Mangel bereits beim Gefahrübergang bestand, dann muss er dies dem Käufer beweisen (den „Gegenbeweis" führen). Diese Beweislastumkehr gilt auch beim **Verbrauchsgüterkauf gebrauchter Sachen.**[1] Die zwingende Rechtsvorschrift der Beweislastumkehr kann weder einzelvertraglich noch durch „Allgemeine Geschäftsbedingungen"[2] ausgeschlossen werden.

Die Vermutung eines bei der Übergabe der Sache bereits vorhandenen Sachmangels gilt nicht, wenn die Sache z.B. Schäden aufweist, die offensichtlich durch unsachgemäße Verwendung oder Gewalteinwirkung verursacht sind.

> **Beispiel:**
>
> Weisen die Dichtungen am Dachfenster Einschnitte und mechanische Verletzungen auf, wird man davon ausgehen dürfen, dass die Art des Mangels gegen die Vermutung eines Herstellerfehlers spricht.

- **Garantieerklärungen**

Die Garantie ist in zweifacher Weise geregelt: Zum einen gibt es Regelungen zur Beschaffenheits- und Haltbarkeitsgarantie, die für alle Kaufverträge gelten [§ 443 BGB], und zum anderen gibt es darüber hinaus noch Regelungen, die spezifisch auf den Verbrauchsgüterkauf ausgerichtet sind [§ 477 BGB].

- **Beschaffenheits- und Haltbarkeitsgarantie [§ 443 BGB]**

Die Sachmängelhaftung des Verkäufers nach §§ 434 ff. BGB setzt voraus, dass die Kaufsache zum Zeitpunkt des **Gefahrübergangs** auf den **Käufer** [§ 446 BGB] einen **Sachmangel** aufweist.

Bei einer Beschaffenheits- und/oder Haltbarkeitsgarantie übernimmt der Verkäufer oder ein Dritter hingegen unabhängig davon, ob beim Gefahrübergang ein Mangel besteht oder nicht besteht, die **Garantie** (Gewähr) für die **zugesicherte Beschaffenheit** der Sache **(Beschaffenheitsgarantie)** oder dafür, dass die Sache für eine **bestimmte Dauer** eine **bestimmte Beschaffenheit behält (Haltbarkeitsgarantie).**

Tritt der Garantiefall ein, dann kann der Käufer – neben seinen gesetzlichen Ansprüchen aus der Sachmängelhaftung – seine **Garantierechte** zu den in der Garantieerklärung und den in der betreffenden Werbung angegebenen Bedingungen[3] gegenüber dem die Garantie einräumenden Verkäufer oder Dritten[4] geltend machen (§ 443 I BGB, siehe auch § 443 II BGB).

> **Beispiele:**
>
> Die Kölner Lack- und Farben GmbH bezeichnet ihre Produkte als garantiert hitze- und säurebeständig. Die Baustoffhandel Baumeister
>
> OHG garantiert die Frostsicherheit ihrer verkauften Spanplatten (**Beschaffenheitsgarantien** aufgrund einer **Garantieurkunde**).

---

1 Um später Streitigkeiten möglichst zu vermeiden, sollten deshalb beim Verbrauchsgüterkauf gebrauchter Sachen typische Verschleißerscheinungen (z.B. abgefahrene Reifen, Rostflecken, Lackfehler beim Gebrauchtwagenkauf) im Kaufvertrag eindeutig beschrieben werden.

2 **Allgemeine Geschäftsbedingungen** (AGB) sind alle für eine **Vielzahl von Verträgen** vorformulierte **Vertragsbedingungen,** die **eine** Vertragspartei (Verwender) der anderen Vertragspartei bei Abschluss eines Vertrags stellt [§ 305 I, S. 1 BGB].

3 Der Käufer kann seine Garantieansprüche somit auch mit den in der einschlägigen Werbung angegebenen Bedingungen begründen, nicht nur mit der Garantieurkunde selbst.

4 Dritte sind meistens die Hersteller der Sachen (Industrie- und Handwerksbetriebe).

Die Kölner Heizungsanlagenbau AG wirbt bundesweit in Anzeigen, Prospekten und im Regionalfernsehen für ihre neu entwickelten, besonders umweltfreundlichen Heizungsanlagen und garantiert hierbei für ihre Anlagen (bei gleicher Heizleistung) eine Energieeinsparung von über 20 % gegenüber ihren herkömmlichen (bisher hergestellten) Heizungsanlagen. In der den Kaufverträgen beiliegenden Garantieurkunde wird eine Energieeinsparung von 22 % garantiert.

Wenn der Käufer (Verbraucher) nach der Inbetriebnahme der gekauften Heizungsanlage feststellt, dass die Energieeinsparung tatsächlich 22 % beträgt, die Heizleistung jedoch niedriger als zugesagt ist, dann kann sich der Käufer (Verbraucher) auf die in der Werbung erklärte Garantie „konstanter Heizleistung" berufen, ohne dass die Garantieerklärung ihm gegenüber direkt abgegeben sein muss (**Beschaffenheitsgarantie** aufgrund einer **Garantieurkunde** und **Werbung**).

Die Essener Kesselbau AG gibt eine Garantie dafür, dass ihre Dampfkessel innerhalb der nächsten fünf Jahre nicht durchrosten. Die Dortmunder Werkzeugbau KG garantiert, dass ihre hergestellten Stahlfedern innerhalb der nächsten 8 Jahre (auch bei hoher, dauernder Belastung) nicht brechen werden (**Haltbarkeitsgarantien**).

■ Bestimmungen für Garantien beim Verbrauchsgüterkauf [§ 477 BGB]

Beim Verbrauchsgüterkauf werden durch die Vorschriften im § 477 BGB (i. V. m. § 443 BGB) besondere, dem Schutz der Verbraucher dienende Anforderungen an die Garantieerklärungen des Verkäufers (Unternehmers) gestellt. Im Einzelnen sind vom Verkäufer folgende verbraucherschützende Vorschriften (Anforderungen) zu beachten [§ 477 I, II BGB]:

- einfache und verständliche Abfassung der Garantieerklärung,
- Hinweis auf die gesetzlichen Rechte des Verbrauchers und deren uneingeschränkte Geltung,
- Mindestinhalt der Garantieerklärung (Angaben über die Geltendmachung der Garantie, insbesondere Dauer und räumlicher Geltungsbereich des Garantieschutzes, Name und Anschrift des Garantiegebers),
- das Recht des Verbrauchers auf Aushändigung der Garantieerklärung (zumindest) in Textform sowie
- die Wirksamkeit der Garantieverpflichtung auch im Falle der Nichteinhaltung der genannten Anforderungen.

Damit die Verbraucher bei einer unkorrekten Garantieerklärung nicht schlechter gestellt sind als bei einer ordnungsgemäßen Garantie, wird die Garantieverpflichtung des Unternehmers nicht dadurch nichtig (ungültig), dass diese eine der im § 477 I und II BGB genannten Anforderungen nicht erfüllt [§ 477 III BGB].

■ Abweichende Vereinbarungen

Abweichende Vereinbarungen, die vor Mitteilung eines Mangels an den Unternehmer getroffen werden, und das Recht des Verbrauchers auf Nacherfüllung, das Rücktrittsrecht, die Beweislastumkehr sowie das Recht auf Minderung einschränken, sind rechtlich bedeutungslos [§ 475 I BGB]. Dies gilt für die Vorschriften zum Verbrauchsgüterkauf [§§ 474 bis 479 BGB] selbst und für die Umgehung all dieser Rechtsnormen durch vom Gesetz abweichende Vereinbarungen. Ein Haftungsausschluss in „Allgemeinen Geschäftsbedingungen" ist somit nicht möglich. Aus Gründen des Verbraucherschutzes ist insoweit die Vertragsfreiheit eingeschränkt.

Dagegen ist der Ausschluss oder die Beschränkung des Schadensersatzanspruchs des Verbrauchers möglich, der Verkäufer muss jedoch gegebenenfalls die Beschränkungen der §§ 307 – 309 BGB für Allgemeine Geschäftsbedingungen beachten [§ 475 III BGB].

■ Eigenständiger Rückgriffsanspruch des Unternehmers[1]

Werden neu hergestellte Sachen an Verbraucher verkauft, machen diese grundsätzlich ihre Gewährleistungsansprüche gegenüber dem Verkäufer (z.B. Einzelhändler) geltend.

Der Händler hat in diesem Fall einen Rückgriffsanspruch gegen seinen Lieferanten, dieser gegen den Vorlieferanten bis hin zum Hersteller [§ 478 BGB]. Der Rückgriffsanspruch verjährt frühestens zwei Monate nach Erfüllung der Ansprüche des Verbrauchers durch denjenigen, der an den Verbraucher verkauft hat, spätestens aber fünf Jahre nach Ablieferung der Sache durch den Lieferanten an den Unternehmer [§ 479 II BGB]. Eine Frist zur Durchsetzung seines Rückgriffsanspruchs muss der Verkäufer dem Lieferanten nicht setzen [§ 478 I BGB].

Ein Rückgriff des Letztverkäufers (und auch seiner Vorlieferanten auf deren Vorlieferanten) ist jedoch grundsätzlich nur möglich, wenn z.B. der Verbraucher wegen eines Sachmangels der Kaufsache den Kaufpreis gemindert hat, wenn der Letztverkäufer die verkaufte Sache von seinem Kunden zurücknehmen musste (z.B. bei Nacherfüllung oder Rücktritt des Verbrauchers) und wenn es sich bei der verkauften Sache um eine **neu hergestellte Sache** handelt (Näheres siehe § 478 BGB).

■ Verjährung[2] von Mängelansprüchen

Eine Verkürzung der Verjährung in Verbrauchsgüterkaufverträgen gegenüber einem Verbraucher ist grundsätzlich möglich. Die Verjährung beträgt bei neuen Sachen nicht weniger als zwei Jahre und bei gebrauchten Sachen nicht weniger als ein Jahr.

Zusammenfassung

- Ein **Verbrauchsgüterkauf** liegt vor, wenn ein Verbraucher von einem Unternehmer eine bewegliche Sache kauft.

- Für den Verbrauchsgüterkauf gelten Sonderregelungen, die zu einer **rechtlichen Besserstellung des Verbrauchers** führen.

- Wichtige **Sonderregelungen beim Verbrauchsgüterkauf:**
  - Der **Gefahrübergang** tritt erst ein, wenn der Verbraucher die Kaufsache erhalten hat.
  - Es besteht eine **Beweislastumkehr,** d.h., beim Auftreten eines Sachmangels wird in den ersten sechs Monaten nach Gefahrübergang vermutet, dass der Mangel bereits beim Gefahrübergang der Kaufsache vorhanden war. Der Gegenbeweis obliegt dann dem Verkäufer.

---

1 Durch den Rückgriffsanspruch soll vor allem verhindert werden, dass der Einzelhandel allein die Nachteile des verbesserten Verbraucherschutzes tragen muss. Der **Schadensverursacher** (letztlich der Hersteller der Kaufsache) soll haften.

2 Unter **Verjährung** versteht man den Ablauf der Frist, innerhalb der ein Anspruch erfolgreich gerichtlich geltend gemacht werden kann. Nach Eintritt der Verjährung ist dies z.B. nur noch möglich, wenn der Gläubiger den Schuldner verklagt, der Beklagte während der Gerichtsverhandlung die Einrede der Verjährung unterlässt und der Beklagte z.B. zur Zahlung verurteilt wird. Der Richter muss die Verjährung von Amts wegen nicht berücksichtigen.

- Bei einer **Beschaffenheits- und/oder Haltbarkeitsgarantie** übernimmt der Verkäufer oder ein Dritter die Garantie für die zugesicherte Beschaffenheit der Sache oder dafür, dass die Sache für eine bestimmte Dauer eine bestimmte Beschaffenheit behält. Für die Garantie-erklärung gelten besondere Vorschriften.

- Vereinbarte **Verjährungsfristen** dürfen bei neuen Sachen zwei Jahre und bei gebrauchten Sachen ein Jahr nicht unterschreiten.

Übungsaufgabe

105 1. 1.1 Bilden Sie ein Beispiel für einen Verbrauchsgüterkaufvertrag!

   1.2 Warum hat der Gesetzgeber für den Verbrauchsgüterkaufvertrag gegenüber dem Kauf-vertrag nach §§ 433 ff. BGB Sonderregelungen getroffen?

   1.3 Nennen Sie die Sonderregelungen, die den Verbrauchsgüterkaufvertrag charakterisie-ren!

2. Die Glashandlung Fritz Hutter e. K. bestellt bei dem Möbelhaus Mattes GmbH einen Schreib-tisch für das Büro. Es wird vereinbart, dass der Schreibtisch durch einen Spediteur per Lkw zugestellt wird. Durch einen Unfall auf eisglatter Straße entsteht an dem Lkw des Spediteurs sowie an der Ladung Totalschaden. Den Fahrer des Lkw trifft kein Verschulden.

   Aufgaben:

   2.1 Muss die Glashandlung Fritz Hutter e. K. den Kaufpreis für den durch den Unfall ver-nichteten Schreibtisch bezahlen?

   2.2 Gleicher Sachverhalt. Besteller des Schreibtisches ist jedoch Hans Krapf, der den Schreibtisch für das Kinderzimmer seines Sohnes Gebhard bestellt hat. Muss Hans Krapf den Kaufpreis bezahlen?

3. Privatmann Norbert Speidel kauft beim Autohaus Peter Falke e. K. einen fünf Jahre alten Kleinwagen. Zwei Wochen nach dem Kauf tritt erheblicher Ölverlust an der Servolenkung auf. Herr Speidel möchte die Reparaturkosten vom Autohaus ersetzt haben. Das Autohaus lehnt die Kostenübernahme mit der Begründung ab, der Ölverlust sei erst nach Abschluss des Kaufvertrags aufgetreten.

   Aufgaben:

   3.1 Wer hat die Beweislast für den aufgetretenen Mangel zu tragen? Begründen Sie Ihre Meinung mit Hilfe des Gesetzestextes!

   3.2 Gleicher Sachverhalt. Der Autokauf wurde jedoch von der Helmut Heine GmbH ge-tätigt. Wie ist die Rechtslage in diesem Fall?

4. Die Peter Schwabe OHG hat dem Privatmann Hans Fetzer beim Kauf eines neuen Compu-ters eine Garantieerklärung mit folgendem Wortlaut ausgehändigt: „Die Peter Schwabe OHG übernimmt für den gekauften Rechner ein Jahr Garantie." Elf Monate nach Erwerb des Computers versagt die Festplatte ihren Dienst. Es kann nicht mehr festgestellt werden, ob dies auf einen bereits bei Gefahrübergang vorliegenden Materialfehler des Gerätes oder auf unsachgemäße Behandlung durch Herrn Hans Fetzer zurückzuführen ist.

   Aufgabe:

   Hat Hans Fetzer Rechte gegenüber der Peter Schwabe OHG aus der Garantie?

5.4 Störungen bei der Erfüllung des Handelskaufs (Kaufvertrags)

5.4.1 Begriff Leistungsstörungen und Überblick über mögliche Leistungsstörungen

(1) Begriff Leistungsstörungen

Die meisten Schuldverhältnisse verpflichten den jeweiligen Schuldner, eine Leistung zu erbringen [§ 241 I, S. 1 BGB]. Sie erlöschen im Normalfall durch die ordnungsmäßige Erfüllung der geschuldeten Leistung [§ 362 I BGB]. Allerdings können auch Unregelmäßigkeiten auftreten, und zwar sowohl beim **Abschluss** von Schuldverhältnissen als auch bei der **Erfüllung** rechtswirksam abgeschlossener Schuldverhältnisse.

Nicht alle Schuldverhältnisse werden nämlich den getroffenen Vereinbarungen entsprechend erfüllt. Es kommt zu **Leistungsstörungen.**

> **Merke:**
>
> Zu einer **Leistungsstörung** kommt es, wenn der Schuldner z. B. die geschuldete Leistung gar nicht, nicht rechtzeitig, nicht in der geschuldeten Qualität erbringt oder im Rahmen der Leistungserbringung die Interessen des Gläubigers auf andere Weise verletzt [§ 241 II BGB].

Die nachfolgenden Ausführungen beschränken sich auf die Leistungsstörungen beim Kaufvertrag.

(2) Mögliche Leistungsstörungen beim Kaufvertrag

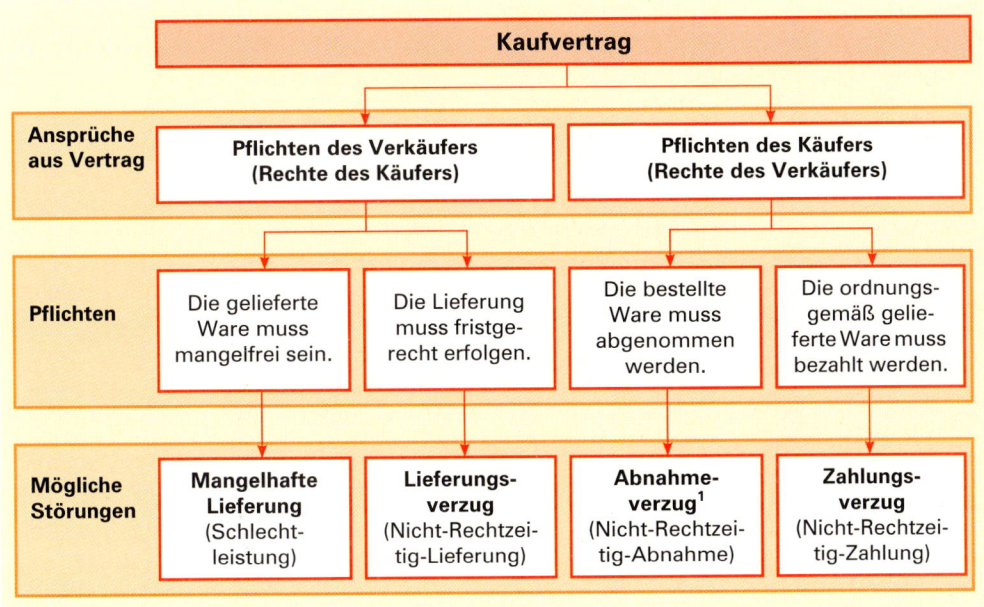

1 Auf den Abnahmeverzug wird im Folgenden nicht eingegangen.

18 Speth – ISBN 978-3-8120-0491-6

5.4.2 Mangelhafte Lieferung (Schlechtleistung)

5.4.2.1 Begriff mangelhafte Lieferung

> **Merke:**
>
> Übergibt und übereignet der Verkäufer dem Käufer die im Kaufvertrag vereinbarte Sache (Leistung) mit **Sach- und/oder Rechtsmängeln** behaftet, so liegt eine **mangelhafte Lieferung** vor. Die Lieferung einer mangelhaften Sache stellt eine **Pflichtverletzung** im Sinne des § 280 BGB dar.

Eine **Pflichtverletzung** des **Schuldners** (z. B. Verkäufers) kann darin bestehen, dass er

- **überhaupt nicht leistet** (z. B. weil die Leistung unmöglich geworden ist),
- **schlecht leistet** (Schlechtleistung, mangelhafte Lieferung),
- **zu spät leistet** (die Sache wird vom Verkäufer zu spät geliefert [Lieferungsverzug] oder der fällige Zahlungsbetrag wird vom Käufer nicht oder zu spät entrichtet [Zahlungsverzug]).

5.4.2.2 Arten von Mängeln

(1) Sachmängel

Die Sachmängel sind in § 434 BGB geregelt. Man unterscheidet Mängel in der Beschaffenheit, fehlerhafte Montageanleitungen und Montagemängel sowie Falsch- und Minderlieferungen.

- **Mangel in der Beschaffenheit**

- **Die vertraglich vereinbarte Beschaffenheit fehlt**

Maßgeblich dafür, ob ein Mangel vorliegt, ist ausschließlich die ausdrücklich oder stillschweigend getroffene **vertragliche Vereinbarung**. Es gilt daher, Über- und Unterschreitungen des Qualitätsstandards durch eine vertragliche Vereinbarung zu beachten.

> **Beispiel:**
>
> Im Kaufvertrag ist vereinbart, dass die maximale Leistung der Kühlanlage – 35° C betragen soll. Die tatsächliche Leistung der Kühlanlage beträgt jedoch nur – 30° C.

- **Die Sache eignet sich nicht für die nach dem Vertrag vorausgesetzte Verwendung**

Damit werden die Fälle angesprochen, bei denen die **Beschaffenheit** zwar **nicht konkret vereinbart** worden ist, diese jedoch z. B. im Vorfeld des Vertrags oder aufgrund langjähriger Geschäftsbeziehungen als selbstverständlich vorausgesetzt ist.

> **Beispiel:**
>
> Die Farbengroßhandlung Müller KG bestellt bei der Farbenfabrik Bunt OHG einen Lack, wobei sie der Farbenfabrik Bunt OHG lediglich mitteilt, dass der Lack zum Anstrich einer Witterungseinflüssen ausgesetzten Stahlkonstruktion verwendet wird. Nach dem Anstrich zeigt sich jedoch bereits nach vier Wochen, dass der gelieferte Lack nicht witterungsbeständig ist. In diesem Fall ergibt sich der Sachmangel (Beschaffenheitsmangel) aus der fehlenden Eignung (Eigenschaft) für die nach dem Kaufvertrag vorausgesetzte Verwendung des Lacks.

■ **Die Sache eignet sich nicht für eine gewöhnliche Verwendung und weist nicht die bei Sachen der gleichen Art übliche und vom Käufer nach Art der Sache zu erwartende Beschaffenheit auf.**

Damit werden die Fälle angesprochen, bei denen die Qualität der gelieferten Sache den durchschnittlichen Qualitätsstandard nicht erreicht.

Beispiele:
Der Wäschetrockner hat eine defekte Steuerungselektronik. – Der PC-Schrank entspricht nicht der entsprechenden DIN-Norm. – Die fabrikneue CD hat einen Kratzer.

■ **Die Beschaffenheit der Sache entspricht nicht den Eigenschaften, die der Käufer nach öffentlichen Äußerungen des Verkäufers oder Herstellers, insbesondere aufgrund der Werbung oder Kennzeichnung, erwarten kann.**

Entspricht die Sache nicht der konkreten Eigenschaftsbeschreibung einer Werbung, einer Kennzeichnung (z.B. Marke) bzw. einer Produktbeschreibung, so ist die Sache mangelhaft.[1]

Beispiel:
Der Energieverbrauch eines Herdes wird als besonders niedrig beschrieben, obwohl er nur geringfügig unter dem durchschnittlichen Energieverbrauch von vergleichbaren Herden liegt.

■ **Fehlerhafte Montageanleitungen bzw. Montagemangel**

Ein Sachmangel ist auch dann gegeben, wenn die vereinbarte **Montage** durch den Verkäufer oder dessen Erfüllungsgehilfen **unsachgemäß** durchgeführt wurde.

Beispiel:
Der Käufer übernimmt den Zusammenbau eines Büroschranks. Aufgrund einer falschen Montageanleitung gelingt der Zusammenbau nicht. Außerdem werden einige Elemente beschädigt.

Führt eine **fehlerhafte Montageanleitung** zu einem falschen Zusammenbau durch den Käufer oder einen Dritten, bedeutet dies ebenfalls einen Sachmangel. Ein Sachmangel entsteht jedoch dann nicht, wenn die Sache durch den Käufer gleichwohl fehlerfrei montiert wurde. Einer fehlerhaften Montageanleitung steht eine falsche Betriebsanleitung gleich.

■ **Falschlieferung (Aliud) oder Lieferung einer Mindermenge (Minderlieferung)**

Ein Sachmangel liegt auch vor, wenn eine andere Sache oder eine zu geringe Menge geliefert wird.

Beispiele:
Anstelle der bestellten 100 Silberlöffel werden 100 Silbermesser geliefert (Falschlieferung). – Statt 20 Stück eines bestimmten Posters werden nur 15 Stück geliefert (Minderlieferung).

Merke:
Für **alle Sachmängel** gilt: Es gibt gesetzlich keine Bagatellgrenze,[2] d.h., auch geringfügige Mängel sind Sachmängel.

---

1 Hierdurch wird versucht, überzogene Werbeaussagen, die oft zu einer „Irreführung" der Verbraucher führen, zu verhindern.
2 Bagatelle: Kleinigkeit, Nebensächlichkeit.

(2) Rechtsmängel

Die Rechtsmängel sind in § 435 BGB geregelt. Ein Rechtsmangel liegt vor, wenn ein Dritter in Bezug auf die Sache Rechte gegen den Käufer geltend machen kann, die im Kaufvertrag nicht vereinbart wurden.

Beispiel:

Der Verkauf von Marken-Jeans ohne Lizenz stellt einen Rechtsmangel dar, da dem Käufer verschwiegen wird, dass die Rechte Dritter (hier Recht an einer Marke) verletzt werden.

(3) Arten der Mängel im Hinblick auf ihre Entdeckbarkeit

■ **Offene Mängel**

Hier handelt es sich um Mängel, die bei gewissenhafter Prüfung der Kaufsache **sofort** entdeckbar sind.

■ **Versteckte Mängel**

Diese Mängel sind bei der Übergabe der Sachen (z.B. Waren) trotz gewissenhafter Prüfung zunächst **nicht** entdeckbar. Sie werden erst später, z.B. während ihres Gebrauchs oder ihrer Verarbeitung, erkennbar.

■ **Arglistig[1] verschwiegene Mängel**

Es sind versteckte Mängel, die der Verkäufer dem Käufer **absichtlich** verschweigt.

5.4.2.3 Rechte des Käufers (Gewährleistungsrechte)[2]

(1) Überblick

Hat der Verkäufer den Kaufvertragsgegenstand bereits übergeben und übereignet, dann stehen dem **Käufer** nach § 437 BGB **folgende Rechte zu**:

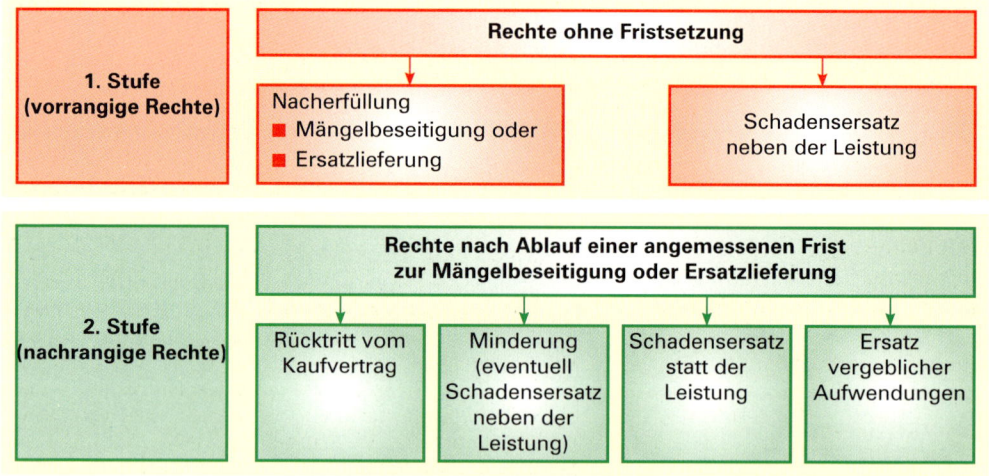

---

1 **Arglistig** handelt, wer wahre Tatsachen unterdrückt (der Verkäufer kennt z.B. den erheblichen Mangel der Kaufsache bereits bei Übergabe der Kaufsache an den Käufer) oder falsche Tatsachen „vorspiegelt" (der Verkäufer erklärt z.B. wahrheitswidrig, dass das verkaufte Auto für 100 km Fahrstrecke auch bei Höchstgeschwindigkeit höchstens 8,0 Liter Treibstoff verbraucht).

2 Im Folgenden werden sowohl die **Rechte beim Verbrauchsgüterkauf** als auch die **Rechte beim zweiseitigen Handelskauf** behandelt.

(2) Rechte ohne Fristsetzung

■ Nacherfüllung [§ 439 BGB]

Ohne Fristsetzung kann der Käufer auf **Nacherfüllung** bestehen. Dabei kann der **Käufer** nach **seiner Wahl** die **Beseitigung des Mangels** oder die **Lieferung einer mangelfreien Sache (Ersatzlieferung)** verlangen. Er hat hierfür dem Verkäufer eine angemessene[1] Zeit einzuräumen. Die Aufwendungen, die zum Zweck der Nacherfüllung anfallen, hat der Verkäufer

Beispiel:

Einfache Quarzuhren lassen sich häufig nur mit unverhältnismäßigem Aufwand reparieren, soweit dies nicht ohnehin technisch ausgeschlossen ist. Entscheidet sich der Käufer dafür, die Beseitigung des Mangels zu verlangen, kann der Verkäufer dies ablehnen und stattdessen eine andere mangelfreie Uhr liefern.

zu tragen. Der **Verkäufer** kann allerdings die Leistung **verweigern,** wenn die vom Käufer gewählte Art der Nacherfüllung für ihn nur mit **unverhältnismäßigen Kosten** verbunden ist.

Der Anspruch auf Nacherfüllung kann vom Käufer nicht „übersprungen" werden. Der Käufer kann somit nicht unmittelbar vom Kaufvertrag zurücktreten, Minderung oder (gegebenenfalls auch) Schadensersatz statt der Leistung verlangen. Erst wenn die Nacherfüllung verweigert oder erfolglos ist, kann der Käufer erneut wählen. Für die Nacherfüllung sollte der Käufer dem Verkäufer sofort eine Frist setzen.

■ Schadensersatz neben der Leistung [§ 280 I BGB]

Neben dem Recht auf Nacherfüllung hat der Käufer **zusätzlich** noch einen **Anspruch auf Schadensersatz neben der Leistung. Voraussetzungen** für den einfachen Schadensersatz sind: **Pflichtverletzung** und **Verschulden des Verkäufers.** Die Art der Pflichtverletzung ist völlig unerheblich (z. B. schlecht, zu viel oder zu wenig, am falschen Ort geleistet, Verletzung einer Haupt- oder einer Nebenpflicht).

Steht die Pflichtverletzung fest, muss der Gläubiger (z. B. der Einzelhändler gegenüber dem Großhändler [Warenschuldner]) beweisen, dass er die Pflichtverletzung nicht zu vertreten hat.

Regelung der Beweislast beim Verbrauchsgüterkauf:[2]

Dem Verbraucher ist es oft nicht möglich, einem Unternehmer zu beweisen, dass die Kaufsache bereits beim Vertragsabschluss und/oder bei deren Übergabe mangelhaft war (einen Sachmangel aufweist). Beim **Verbrauchsgüterkauf** besteht deshalb eine (auf diesen Kauf beschränkte) so genannte (gewährleistungsrechtliche) **Beweislastumkehr.**

Schadensersatz neben der Leistung wird der Käufer verlangen, wenn er den Kaufgegenstand behält und einen eventuell angefallenen Schaden ersetzt haben will.

Beispiele:

Die Franz Sauber KG kauft eine Autowaschanlage. Wie der Verkäufer bei Übergabe fahrlässig nicht bemerkt, ist die Wasserleitung der Anlage defekt. Die Franz Sauber KG kann die Anlage drei Tage lang nicht einsetzen und erleidet einen Gewinnausfall von 800,00 EUR. Die Franz Sauber KG kann (ohne Fristsetzung) Ersatz des Betriebsausfallschadens verlangen.

---

1 **Angemessen** besagt, dass die Frist so lange sein muss, dass der Schuldner die Leistung tatsächlich noch erbringen kann. Allerdings muss sie dem Schuldner nicht ermöglichen, mit der Leistungserbringung erst zu beginnen. Der Schuldner soll nur die Gelegenheit bekommen, die bereits in Angriff genommene Leistung zu beenden.

2 Wiederholen Sie hierzu die Ausführungen auf S. 268ff.

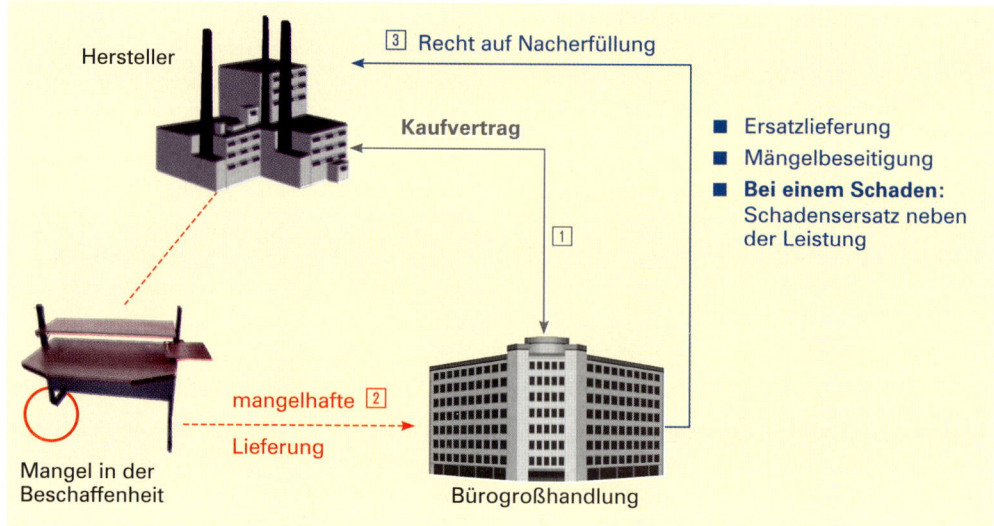

Hersteller

3 Recht auf Nacherfüllung

Kaufvertrag

■ Ersatzlieferung
■ Mängelbeseitigung
■ **Bei einem Schaden:**
Schadensersatz neben
der Leistung

1

mangelhafte **2**

Lieferung

Mangel in der
Beschaffenheit

Bürogroßhandlung

(3) Rechte nach Ablauf einer angemessenen Fristsetzung (erfolglose Nacherfüllung)

■ **Rücktritt vom Kaufvertrag** [§§ 323 – 326 BGB]

Der Gläubiger kann von einem **gegenseitigen Vertrag** zurücktreten, wenn eine **Pflichtverletzung** des **Schuldners** vorliegt und die Frist zur Nacherfüllung erfolglos abgelaufen ist. Eine vom Käufer verlangte Nacherfüllung durch Mängelbeseitigung gilt z.B. grundsätzlich dann als erfolglos, wenn der Verkäufer **zweimal** vergeblich eine Nachbesserung versucht hat [§ 440, S. 2 BGB]. Das Rücktrittsrecht des Käufers ist **nicht von einem Verschulden des Verkäufers abhängig.**

Beispiel:
Die Heinz Fromm KG hat für das Weihnachtsgeschäft eine bestimmte Hi-Fi-Anlage gekauft und zum vereinbarten Termin auch erhalten. Die Anlage ist jedoch defekt. Weil diese Anlage nicht mehr hergestellt wird und der Lieferer auch keinen Ersatz auf Lager hat, verlangt die Heinz Fromm KG zunächst eine Reparatur der Anlage. Weil die Anlage auch nach einer zweimaligen Reparatur noch nicht einwandfrei funktioniert, tritt die Heinz Fromm KG vom Kaufvertrag zurück.

Wegen der einschneidenden Wirkung des Rücktritts wird das **Rücktrittsrecht** eingeschränkt. Der Rücktritt des Gläubigers ist z.B. ausgeschlossen, wenn im Falle der Schlechtleistung die Pflichtverletzung des Schuldners **unerheblich** ist.

Beispiel:
Befindet sich an einem neuen Pkw ein kleiner Kratzer unter der Motorhaube, ist kein Rücktritt möglich, weil die Schlechtleistung unerheblich ist.

Bei vertraglichem wie bei gesetzlichem Rücktrittsrecht sind im Falle des Rücktritts die empfangenen Leistungen zurückzugewähren und der gezogene Nutzen herauszugeben.

Trotz seines Rücktritts kann der Käufer zusätzlich Ersatz des ihm entstandenen Schadens verlangen [§ 325 BGB]. Es handelt sich um einen Anspruch auf **Schadensersatz statt der Leistung**. Er kann jedoch keine Erfüllung des Kaufvertrags mehr verlangen.

Beispiel:

Ein Käufer, der einen mangelhaften Pkw erhalten und genutzt hat, muss zum einen den Pkw zurückgeben und zum anderen sich vom Verkäufer ein Nutzungsentgelt anrechnen lassen.

■ **Minderung** [§ 441 BGB]

Der Käufer kann statt vom Kaufvertrag zurückzutreten auch den Kaufpreis durch eine Erklärung gegenüber dem Verkäufer herabsetzen, d.h. **Minderung** verlangen. Minderung bedeutet, dass der Kaufpreis der Sache um den Betrag gekürzt wird, um den der Mangel den Wert der Sache, gemessen am Kaufpreis, mindert. Erforderlichenfalls ist die Minderung durch Schätzung zu ermitteln. Das Recht auf Minderung gilt auch für **unerhebliche Mängel**.

Beispiel:

Eine Musikanlage, die von einem Medienhaus für 300,00 EUR bar gekauft wurde, leistet nicht wie vertraglich vorgesehen 50 Watt, sondern nur 40 Watt. Da es nicht innerhalb einer gesetzten Frist zur Nacherfüllung durch den Lieferer kommt, verlangt das Medienhaus Minderung. Eine Musikanlage mit einer Leistung von 40 Watt könnte es für 200,00 EUR erwerben. Dem Medienhaus steht ein Minderungsanspruch in Höhe von 100,00 EUR zu.

Minderung wird in der Regel verlangt, wenn die Sache nur kleinere Mängel aufweist, sodass der Käufer die Sache weiter verwenden (z.B. verarbeiten oder weiterveräußern) kann.

Ist ein zusätzlicher Schaden entstanden und liegt ein Verschulden des Verkäufers vor, kann der Käufer neben der Minderung auch noch **Schadensersatz neben der Leistung** [§ 280 I BGB] verlangen.

■ **Schadensersatz statt der Leistung** [§§ 280 I, III; 281 BGB]

Ein Schadensersatz statt der Leistung bei mangelhafter Leistung kann nur verlangt werden, wenn neben einer Pflichtverletzung und dem Verschulden des Verkäufers **zusätzlich** noch eine **erfolglose angemessene** Fristsetzung zur Nacherfüllung vorliegt.

Einen Schadensersatz statt der Leistung wählt der Käufer, wenn er den gelieferten Kaufgegenstand zurückgibt und ihm ein Schaden entstanden ist. Abgedeckt wird sowohl der eigentliche Mangelschaden als auch ein sich anschließender eventueller Mangelfolgeschaden. Mit der Forderung nach Schadensersatz statt der Leistung verliert der Käufer nach § 281 IV BGB seinen Anspruch auf die Leistung.

Beispiel:

Wegen eines Mangels ist in einer Bäckerei eine Kaffeemaschine nicht einsatzfähig. Nach Ablauf einer erfolglosen Fristsetzung zur Nacherfüllung erwirbt der Käufer bei einem anderen Verkäufer eine gleichartige Maschine (so genannter **Deckungskauf**). Dabei entstehen Mehrkosten in Höhe von 180,00 EUR. Außer-dem kann zwei Tage lang kein Kaffee ausgeschenkt werden. Der entstandene Schaden (Mangelfolgeschaden) beträgt 250,00 EUR. Die gesamte Schadenssumme in Höhe von 430,00 EUR kann als Schadensersatz geltend gemacht werden.

■ **Aufwendungsersatzansprüche** [§ 284 BGB]

Anstelle des Schadensersatzes statt der Leistung kann der Gläubiger **Ersatz der Aufwendungen** verlangen, die er im Vertrauen auf den Erhalt der Leistungen gemacht hat.

Beispiel:
Das Teppichhaus Mutler KG hat eine spezielle Waschmaschine für Teppiche bestellt und die entsprechenden Strom-, Wasser- und Fliesenarbeiten im Voraus ausgeführt. Die Waschmaschine kann aus technischen Gründen nicht geliefert werden. Das Teppichhaus Mutler KG kann in diesem Fall alle seine entstandenen Kosten vom Verkäufer zurückverlangen.

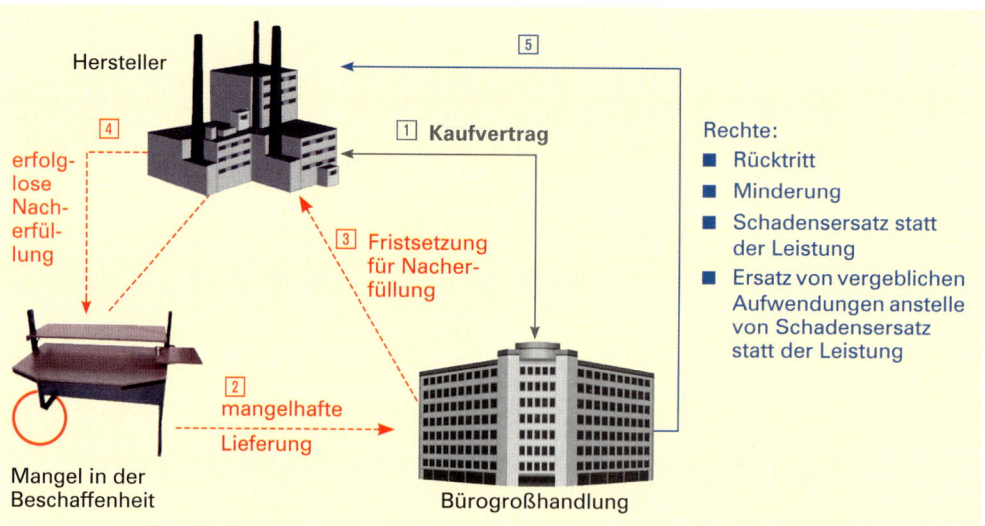

Hersteller

⑤

④ erfolglose Nacherfüllung

① **Kaufvertrag**

③ Fristsetzung für Nacherfüllung

② mangelhafte Lieferung

Mangel in der Beschaffenheit

Bürogroßhandlung

Rechte:
- Rücktritt
- Minderung
- Schadensersatz statt der Leistung
- Ersatz von vergeblichen Aufwendungen anstelle von Schadensersatz statt der Leistung

Sonderregelungen zu den Gewährleistungspflichten beim Verbrauchsgüterkauf

■ Gefahrübergang

Beim Verbrauchsgüterkauf tritt der Gefahrübergang erst ein, wenn der Verbraucher die Kaufsache erhalten hat. Die Gefahrübergangsregelung beim Versendungskauf[1] findet auf den Verbrauchsgüterkauf keine Anwendung.

■ Eigenständiger Rückgriffsanspruch des Unternehmers[2]

Werden neu hergestellte Sachen an Verbraucher verkauft, machen diese grundsätzlich ihre Gewährleistungsansprüche gegenüber dem Verkäufer (z.B. Einzelhändler) geltend.

Der Händler hat in diesem Fall einen Rückgriffsanspruch gegen seinen Lieferanten, dieser gegen den Vorlieferanten bis hin zum Hersteller.

---

1 Beim **Handelskauf** erfolgt der Gefahrübergang am Leistungsort. Ist vertraglich nichts vereinbart, so ist der Leistungsort für den Verkäufer seine gewerbliche Niederlassung [§ 269 II BGB]. Nach der Übergabe der Ware am (gesetzlichen) Leistungsort trägt der Käufer das Transportrisiko (Gefahr des zufälligen Untergangs oder der zufälligen Verschlechterung der Ware auf dem Weg vom Verkäufer zum Käufer) [§ 466, S. 1 BGB].

2 Durch den Rückgriffsanspruch soll vor allem verhindert werden, dass der Handel allein die Nachteile des verbesserten Verbraucherschutzes tragen muss. Der **Schadensverursacher** (letztlich der Hersteller der Kaufsache) soll haften.

Ein Rückgriff des Letztverkäufers (und auch seiner Vorlieferanten auf deren Vorlieferanten) ist jedoch grundsätzlich nur möglich,

- wenn z. B. der Verbraucher wegen eines Sachmangels der Kaufsache den Kaufpreis gemindert hat,
- wenn der Letztverbraucher die gekaufte Sache von seinem Kunden zurücknehmen musste (z. B. bei Nacherfüllung oder Rücktritt des Verbrauchers) und
- wenn es sich bei der verkauften Sache um eine **neu hergestellte Sache** handelt.

- **Ausschluss der Gewährleistungsrechte**

Ein mit einem **Unternehmer** erfolgter einzelvertraglicher **Ausschluss** der Gewährleistungsrechte des Verbrauchers oder ein Ausschluss durch allgemeine Geschäftsbedingungen der Unternehmen ist **rechtswirksam nicht möglich**.[1]

Zusammenfassung

- Eine **mangelhafte Lieferung** liegt vor, wenn die im Kaufvertrag vereinbarte Leistung zum **Zeitpunkt** der **Übergabe (Gefahrübergang)** der Sache mit einem **Sach-** und/oder einem **Rechtsmangel** behaftet ist.

- Wir unterscheiden folgende **Sachmängel:**

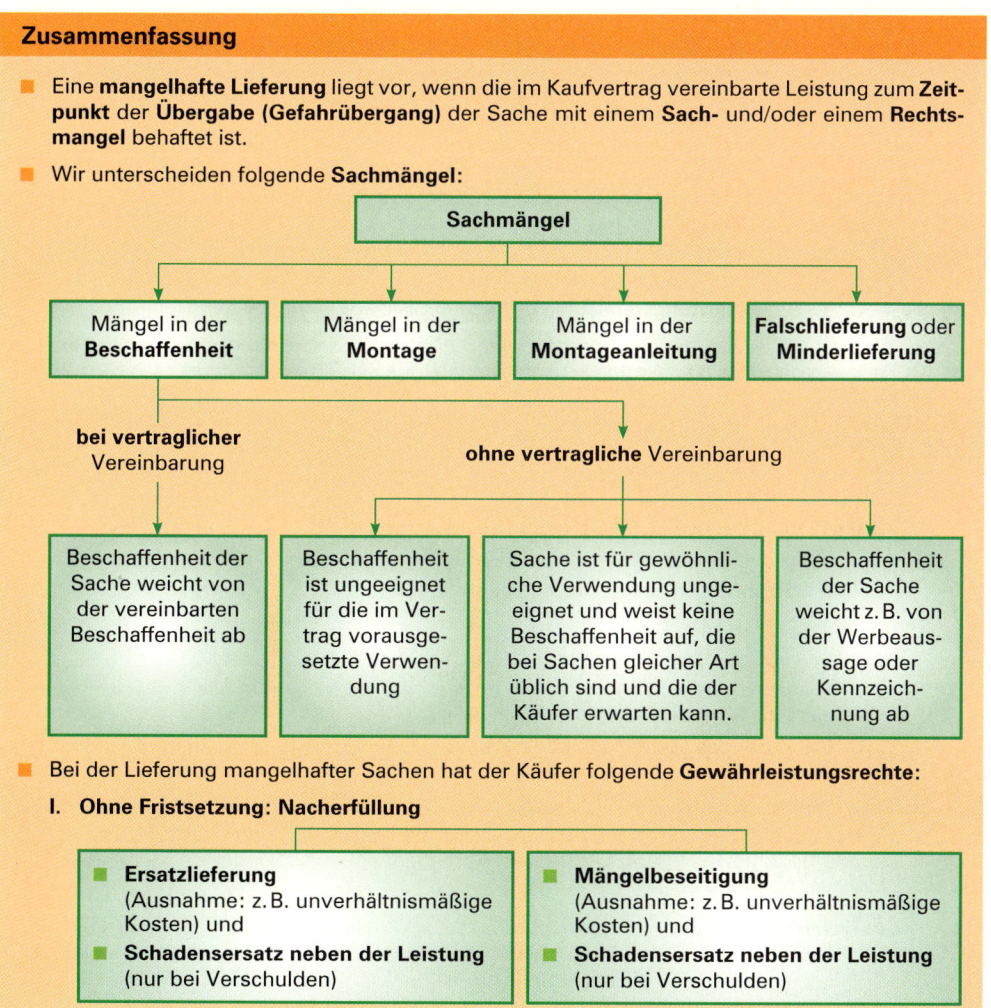

- Bei der Lieferung mangelhafter Sachen hat der Käufer folgende **Gewährleistungsrechte:**

I. **Ohne Fristsetzung: Nacherfüllung**

- **Ersatzlieferung**
  (Ausnahme: z. B. unverhältnismäßige Kosten) und
- **Schadensersatz neben der Leistung**
  (nur bei Verschulden)

- **Mängelbeseitigung**
  (Ausnahme: z. B. unverhältnismäßige Kosten) und
- **Schadensersatz neben der Leistung**
  (nur bei Verschulden)

---

1 Zwischen Verbrauchern (Privatpersonen) ist jedoch ein Ausschluss der Gewährleistungsrechte möglich.

II. Nach Ablauf der gesetzten angemessenen Frist (erfolglose Nacherfüllung)

Minderung und eventuell **Schadensersatz neben der Leistung**	Rücktritt (Ausnahmen: Pflichtverletzung unerheblich bzw. überwiegend vom Käufer zu vertreten)	Schadensersatz statt der Leistung (nur bei Verschulden und erheblicher Pflichtverletzung)	Ersatz vergeblicher Aufwendungen (nur anstelle von Schadensersatz statt der Leistung)

- Der Käufer muss seine Gewährleistungsansprüche innerhalb bestimmter Fristen geltend machen. Ansonsten unterliegen sie der **Verjährung.**

- Wenn der Käufer einen Mangel bereits beim Vertragsabschluss kennt, dann kann er keine Ansprüche gegen den Verkäufer wegen dieses Mangels geltend machen.

- Wenn dem Käufer ein Mangel wegen **grober Fahrlässigkeit** unbekannt geblieben ist, dann haftet der Verkäufer nur, wenn er den Mangel **arglistig verschwiegen** oder eine **Garantie** für die **Beschaffenheit der Sache** übernommen hat.

Übungsaufgaben

106
1. Begründen Sie, warum der Verkäufer auch für Sachmängel haftet, die ohne sein Verschulden entstanden sind!

2. Welche Gewährleistungsrechte hat der Käufer bei einer mangelhaften Lieferung?

3. Überlegen Sie, warum der Käufer bei mangelhafter Lieferung nicht zunächst statt Nacherfüllung zu verlangen, vom Kaufvertrag zurücktreten oder Minderung des Kaufpreises verlangen kann!

4. Unter welchen wirtschaftlichen Voraussetzungen würden Sie Ersatzlieferung, Mängelbeseitigung oder den Rücktritt vom Kaufvertrag verlangen?

5. Das Möbelhaus Klaus Walter e.K. bestellt bei der Möbelfabrik Fuchs GmbH 50 Stühle in Kirschbaumholz.
   Bei der Überprüfung der Stühle wurde festgestellt:
   – Fünf Stühle wurden in Nussbaum geliefert.
   – Drei Stühle weisen leichte Lackfehler auf.

   Aufgaben:
   5.1 Um welche Mängelarten handelt es sich bei den Fällen (1) und (2)?
   5.2 Welches Recht sollte Ihrer Meinung nach das Möbelhaus Klaus Walter e.K. geltend machen? Begründen Sie Ihre Ansicht!
   5.3 Was muss das Möbelhaus Klaus Walter e.K. unternehmen, um diese Rechte nicht zu verlieren?

6. Das Lagerhaus Duisburg e.G. kauft am 15. Oktober beim Autohaus Hagel GmbH einen Transporter, der am 20. Oktober ausgeliefert wird. Nach einer Fahrleistung von wenigen hundert Kilometern entsteht ein Getriebeschaden, der zweifelsfrei auf einen Fabrikationsfehler zurückzuführen ist.

   Aufgaben:
   6.1 Was muss das Lagerhaus Duisburg e.G. unternehmen, um seine Rechte gegenüber dem Autohaus Hagel GmbH zu wahren?
   6.2 Das Lagerhaus Duisburg e.G. besteht auf der Reparatur des Schadens. Das Autohaus Hagel GmbH tauscht das beanstandete Getriebe gegen ein neues aus. Nach zwei

Wochen ist das neue Getriebe ebenfalls defekt. Die Warenauslieferung des Lagerhauses Duisburg e.G. erfolgt deshalb mit einem Mietfahrzeug, das täglich 80,00 EUR höhere Kosten verursacht als der Transport mit dem eigenen Fahrzeug.

Welche Rechte kann das Lagerhaus Duisburg e.G. gegenüber dem Autohaus Hagel GmbH geltend machen?

7. Die Vorschrift des BGB, dass auch eine mangelhafte Montageanleitung einem Sachmangel gleichsteht, wird von den Juristen als „IKEA-Klausel" bezeichnet.

Aufgabe:

Können Sie sich den Grund für diese Bezeichnung denken?

8. Bei der Überprüfung einer Getreidesendung stellt der Händler fest, dass 40 % des Getreides feucht sind. Das Getreide kann an die Mühlen nur weiterverkauft werden, wenn es unter erheblichem Aufwand getrocknet wird.

Aufgaben:

8.1 Welcher Mangel liegt vor?

8.2 Nennen und begründen Sie zwei Gewährleistungsrechte, die aufgrund der Feuchtigkeit des Getreides geltend gemacht werden können!

107 Die Großhandlung Weber OHG in Herne erhielt am 12. Februar von der Fahrradfabrik Adler GmbH in Oberhausen folgendes Angebot:

Herrenfahrräder „Diamant" zu 190,00 EUR je Stück, Preis freibleibend. Die Großhandlung bestellte am 18. Februar 20 Fahrräder zum Preis von 190,00 EUR je Stück.

Die Lieferung erfolgte am 20. März. Die Fahrradfabrik berechnet 200,00 EUR je Stück und begründet die Preissteigerung mit erhöhten Lohnkosten.

Aufgaben:

1. Begründen Sie, welchen Preis die Großhandlung Weber OHG bezahlen muss!

2. Bei der Warenabnahme wurde festgestellt, dass bei zwei Fahrrädern der Rahmen verzogen ist. Ein Fahrrad weist starke Lackschäden auf.[1]

2.1 Innerhalb welcher Frist müssen diese Mängel gerügt werden?

2.2 Erläutern Sie, welche gesetzlichen Rechte die Großhandlung Weber OHG geltend machen kann!

2.3 Welches Gericht wäre örtlich für eine Klageerhebung zuständig? Im Kaufvertrag war keine vertragliche Vereinbarung getroffen worden.

2.4 Die Großhandlung Weber OHG macht auch einen Schadensersatzanspruch geltend wegen entgangenen Gewinns. Nehmen Sie dazu Stellung und begründen Sie Ihre Meinung!

108 Herr Helmut Rettinger bestellt beim Möbelhaus Seitz GmbH ein Wohnzimmer. Der Vertrag wird auf einem vorgedruckten Bestellformular abgeschlossen, wobei der Verkäufer ausdrücklich auf die allgemeinen Geschäftsbedingungen auf der Rückseite des Formulars hinweist. Nachdem das Wohnzimmer etwa drei Wochen in Gebrauch ist, stellt Frau Rettinger fest, dass die ursprünglich gängigen Türen des Wohnzimmerschrankes klemmen. Ursache ist ein Materialfehler.

Aufgaben:

1. Was verstehen Sie unter einer ordnungsgemäßen Lieferung?

2. Welche Mängel liegen im Hinblick auf die Sache und im Hinblick auf die Erkennbarkeit vor?

---

1 Lösen Sie die Aufgaben 2.1 bis 2.4 unter der Annahme, dass ein rechtswirksamer Kaufvertrag zustande gekommen ist.

3. Herr Rettinger reklamiert beim Möbelhaus Seitz GmbH und bittet um Ersatzlieferung. Das Möbelhaus Seitz GmbH lehnt ab und verweist auf die Punkte 2 und 5 ihrer auf dem Vertragsformular abgedruckten Geschäftsbedingungen, die wie folgt lauten:

Punkt 2: Mängelrügen aller Art finden nur dann Berücksichtigung, wenn diese innerhalb von acht Tagen nach Eingang der Ware schriftlich erfolgen.

Punkt 5: Für Materialfehler haftet der Verkäufer nicht, sondern ausschließlich der Hersteller der Möbel.

3.1 Begründen Sie, ob diese beiden Klauseln mit den gesetzlichen Regelungen des BGB zu den allgemeinen Geschäftsbedingungen zu vereinbaren sind [Hinweis zur Lösung: Lesen Sie § 309, 8. b) ee) und 8. b) aa) BGB]!

3.2 Welches Recht wird Herr Rettinger durchsetzen können? (Begründung!)

109 1. Franz Fuchs hat am 8. April 20.. im Baumarkt Baufix KG einen neuen Rasenmäher gekauft. Am 22. Mai 20.. brach beim Rasenmähen der Gashebel ab. Nun verlangt er von der Baufix KG einen neuen Rasenmäher.

Aufgaben:

1.1 Erklären Sie unter Angabe des entsprechenden Paragrafen, warum der Rasenmäher wegen des Abbrechens des Gashebels einen Sachmangel hat!

1.2 Wie kann die Baufix KG auf die Forderung von Herrn Fuchs nach einem neuen Rasenmäher reagieren? Begründen Sie Ihre Antwort!

1.3 Angenommen, die Baufix KG lehnt alle Gewährleistungsrechte von Herrn Fuchs ab. Sie verweist auf ihre allgemeinen Geschäftsbedingungen, in denen sich folgende Klausel befindet:

„Unsere Produkte unterliegen einer strengen Qualitätskontrolle. Rechte wegen Mängeln an unseren Produkten können nur gegenüber den Herstellern geltend gemacht werden."

Zeigen Sie mit Paragrafenangabe auf, ob die Baufix KG einen Anspruch von Herrn Fuchs auf Nachlieferung und/oder Schadensersatz ablehnen darf!

2. Falko Luchs fährt mit seinem neuen Rennrad auf einer Trainingsfahrt steil bergab. Als plötzlich der rechte Bremsgriff (Hinterradbremse) abbricht, stürzt er schwer. Ein entgegenkommendes Auto muss, um Schlimmeres zu verhindern, ausweichen und fährt dabei gegen einen Baum. Schaden am Auto: 3 500,00 EUR. Falko Luchs muss im Krankenhaus behandelt werden. Kosten des Krankenhausaufenthaltes: 4 800,00 EUR.

Aufgabe:

Überprüfen Sie ausführlich, welche Ansprüche/Rechte Falko Luchs gegen wen geltend machen kann!

3. Frau Neugebauer kauft am 16. Mai einen teuren Pelzmantel beim Kleiderhaus Wiederhold GmbH. Am 31. Mai stellt sie fest, dass der Mantel an einigen Stellen Mottenfraß aufweist. Am 1. Juni ruft Frau Neugebauer ihre Freundin an und fragt diese um Rat. Diese meint, dass es sich zwar um einen Verbrauchsgüterkauf handle, dass aber die zwei Wochen betragende Widerrufsfrist vorüber sei, sodass Frau Neugebauer wohl nichts mehr machen könne.

Aufgaben:

3.1 Beurteilen Sie, ob bzw. inwieweit die Freundin von Frau Neugebauer Recht hat!

3.2 Frau Neugebauer ist mit dem Rat ihrer Freundin nicht zufrieden. Sie will sich noch anderweitig erkundigen. Da keiner ihrer Bekannten so richtig Bescheid weiß, wendet sie sich erst nach ihrem Auslandsurlaub Anfang Juli an das Kleiderhaus Wiederhold GmbH und verlangt mutig die Lieferung eines mangelfreien Mantels. Der Verkäufer teilt ihr mit, dass Reklamationen nur binnen 14 Tagen entgegengenommen werden (über der Kasse hängt ein mit diesem Hinweis versehenes Schild). Außerdem – so meint er – hätte Frau Neugebauer sofort nach Entdeckung des Schadens rügen müssen.
Nehmen Sie zu den Äußerungen des Verkäufers Stellung!

5.4.3 Lieferungsverzug (Nicht-Rechtzeitig-Lieferung)

5.4.3.1 Begriff und Voraussetzungen des Lieferungsverzugs

(1) Begriff

> **Merke:**
>
> Wenn der Schuldner seine geschuldete Leistung (z.B. der Verkäufer die rechtzeitige und mängelfreie Übergabe der Kaufsache, § 433 I BGB) nicht oder nicht rechtzeitig erfüllt und er diese Nichtleistung oder zu späte Leistung zu vertreten (verschuldet) hat, dann kommt er in Verzug. Ist der Schuldner ein Verkäufer (Lieferant), dann bezeichnet man diesen **Schuldnerverzug** auch als **Lieferungsverzug.**

Ein Lieferungsverzug liegt jedoch nur vor, wenn die geschuldete Leistung – trotz ihrer nicht rechtzeitigen Bewirkung – noch möglich ist (Nachholbarkeit der unterbliebenen rechtzeitigen Leistung). Ist dies nicht der Fall, dann liegt kein Lieferungsverzug, sondern eine **Unmöglichkeit der Leistung** vor, für die andere gesetzliche Vorschriften des BGB gelten (siehe z.B. §§ 275, 283, 285, 311a, 326 BGB).[1]

> **Beispiel für Unmöglichkeit:**
>
> Durch die Unachtsamkeit eines Verkäufers zerbricht eine verkaufte wertvolle alte chinesische Vase vor deren Übergabe an den Käufer. Weil dem Verkäufer und auch anderen Personen die Leistung objektiv nicht mehr möglich ist, wird der Verkäufer nach § 275 I BGB von seiner Leistungspflicht befreit. Der Verkäufer verliert jedoch, weil den Käufer kein Verschulden an der Unmöglichkeit der Leistung trifft, seinen Anspruch auf die Gegenleistung. Der Käufer muss somit den Kaufpreis nicht zahlen [§ 326 I BGB].

(2) Voraussetzungen

■ **Fälligkeit der Leistung (Lieferung)**

Unter Fälligkeit einer Leistung versteht man den Zeitpunkt, von dem ab der Gläubiger eine Leistung (z.B. der Käufer die Übergabe und Übereignung der Kaufsache) verlangen kann. Soweit im Kaufvertrag über die Leistungszeit keine Vereinbarung getroffen wurde und diese nicht gesetzlich oder durch die Umstände des Kaufvertrags bestimmt ist, hat der Käufer das Recht, die Lieferung sofort zu verlangen [§ 271 BGB]. Dies bedeutet, dass die Leistung so schnell erbracht werden muss, wie dies den Umständen nach möglich ist.

■ **Mahnung des Verkäufers (Lieferers) durch den Käufer**

Ist der **Kalendertag,** an dem der Verkäufer die Übergabe und Übereignung der Kaufsache zu leisten hat, **kalendermäßig** weder direkt noch indirekt genau bestimmt (z.B. eine Bestellung zur „sofortigen Lieferung", „sobald wie möglich", „ab 20. Juli 20..``), so muss der Verkäufer durch eine **Mahnung** in **Verzug** gesetzt werden [§ 286 I, S. 1 BGB]. Durch die Mahnung wird der Warenschuldner (Verkäufer) unmissverständlich zur Leistung aufgefordert. Die Form der Mahnung bestimmt der Käufer. Die Mahnung muss nach Fälligkeit der Leistung erfolgen, sie kann aber gleichzeitig mit einer die Fälligkeit begründenden Handlung verbunden sein.

---

1 Auf die Rechtsfolgen der Unmöglichkeit der Leistung wird im Folgenden nicht eingegangen.

Ausnahmen: In folgenden Fällen ist nach § 286 II BGB z. B. **keine Mahnung** erforderlich

- **Kalendermäßige Bestimmtheit der Leistungszeit.** In diesem Fall ist die Leistungszeit gesetzlich oder vertraglich kalendermäßig so (genau) bestimmt, dass hierdurch als Leistungszeit (Leistungstermin) ein **bestimmter Kalendertag** festgelegt ist (z. B. Warenlieferung am 24. April 20.., Lieferung Ende Mai 20..).

- **Bloße kalendermäßige Bestimmbarkeit der Leistungszeit.** Eine kalendermäßige Bestimmbarkeit der Leistungszeit ist gegeben, wenn der Leistung ein (beliebiges) Ereignis vorausgegangen ist und eine angemessene Zeit für die Leistung in der Weise bestimmt ist, dass sich die Leistungszeit von dem Ereignis an nach dem **Kalender berechnen lässt.**

  > **Beispiele:**
  >
  > Die Lieferung der Kaufsache erfolgt innerhalb von vierzehn Kalendertagen nach Erhalt der Bestellung. Der Kaufpreis ist sechs Kalendertage nach dem Eingang der Rechnung zu zahlen. Spätestens 30 Kalendertage, nachdem der Notar die Beurkundung des Grundstückskaufvertrags mitgeteilt hat, ist der Kaufpreis auf das vom Verkäufer angegebene Konto zu überweisen.

- **Ernsthafte und endgültige Verweigerung** der **geschuldeten Leistung** durch den Verkäufer (Schuldner).

■ Verschulden des Verkäufers

Der Schuldner (z. B. Verkäufer) kommt nicht in Verzug, solange die Leistung infolge eines Umstands unterbleibt, den er nicht zu vertreten (verschuldet) hat [§ 286 IV BGB]. Der Verzug setzt somit voraus, dass der Verkäufer die Nichtleistung zu vertreten hat. **Zu vertreten** (verschuldet) hat der Verkäufer die unterbliebene Leistung, wenn die Lieferungsverzögerung durch *fahrlässiges* oder *vorsätzliches* Handeln des Verkäufers selbst, seines gesetzlichen Vertreters und/oder seines Erfüllungsgehilfen eingetreten ist [§§ 276 – 278 BGB].

Fahrlässig[1] handelt, wer die verkehrsübliche Sorgfaltspflicht außer Acht lässt [§ 276 II BGB]. Bei einer besonders schweren Verletzung der im Geschäftsverkehr erforderlichen Sorgfaltspflicht liegt **grobe Fahrlässigkeit vor.**

> **Beispiel:**
>
> Der Verkäufer kann deshalb nicht termingerecht liefern, weil er sich nicht rechtzeitig bei seinem Verkäufer mit den Waren, die er verkauft, eingedeckt hat oder weil er es als Geschäftsinhaber versäumt hat, für den Fall seiner Abwesenheit eine Vertretung zu bestimmen. (Im letzten Fall liegt ein sog. Organisationsverschulden des Verkäufers vor.)

Nicht zu vertreten (nicht verschuldet) hat der Verkäufer solche Lieferungsverzögerungen, die z. B. auf höhere Gewalt zurückzuführen sind (z. B. Unwetter, Hochwasser, Streik).

(3) Erweiterte Haftung (Verantwortlichkeit) des Schuldners (Verkäufers) während des Verzugs

Nach dem Eintritt des Lieferungsverzugs haftet der Verkäufer nicht nur für Vorsatz und jede (auch leichte) Fahrlässigkeit. Er haftet während des Verzugs auch für Zufall (z. B. für

---

1 Wer fahrlässig handelt, der handelt schuldhaft. Fahrlässigkeit liegt vor, wenn die im Verkehr (z. B. Straßenverkehr) erforderliche Sorgfalt nicht beachtet wird. Beispiel: Ein Autofahrer telefoniert während der Fahrt in seinem Auto mit dem Handy und übersieht durch die „Ablenkung", dass die Ampel bei der Überquerung der Straßenkreuzung bereits auf „rot" geschaltet war. Er verursacht hierdurch einen schweren Verkehrsunfall, bei dem der Fahrer eines vorfahrtberechtigten Autos Körperschäden erleidet.

die durch Zufall eingetretene Unmöglichkeit der Leistung), es sei denn, dass der Schaden auch bei rechtzeitiger Leistung eingetreten sein würde [§ 287 BGB]. Die Beweislast dafür, dass der Schaden auch bei rechtzeitiger Leistung eingetreten wäre, trägt der Verkäufer. Die Haftung ist verschuldensunabhängig und bezieht sich nur auf die eigentlichen Leistungspflichten.

5.4.3.2 Rechte des Käufers

(1) Überblick

Gemeinsamer Anknüpfungspunkt für die Rechte des Käufers beim Lieferungsverzug ist – wie für alle Leistungsstörungen – die Pflichtverletzung im Sinne von § 280 I BGB. Die Ansprüche aus § 280 I BGB gelten daher grundsätzlich auch für den Lieferungsverzug. Die erfolglose Bestimmung einer angemessenen Frist zur Nacherfüllung wird dabei immer als eine Mahnung im Sinne des § 286 BGB verstanden.

Neben den Rechten aus der Pflichtverletzung nach § 280 I BGB legt der Gesetzgeber im § 280 II BGB in Verbindung mit § 286 BGB noch einen besonderen Anspruch fest, der sich allein aus der Verspätung der geschuldeten Leistung ableitet: den **Ersatz von Verzögerungsschäden** [§ 280 II BGB].

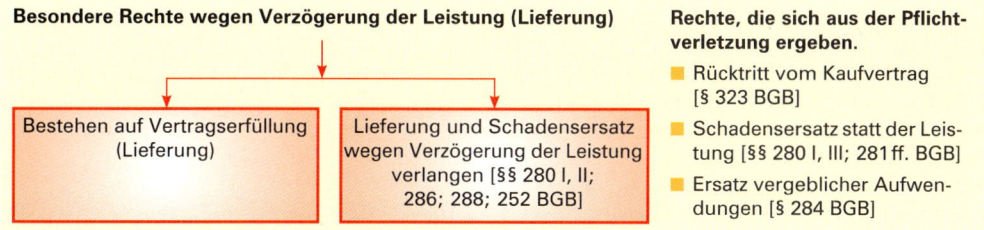

Besondere Rechte wegen Verzögerung der Leistung (Lieferung)

- Bestehen auf Vertragserfüllung (Lieferung)
- Lieferung und Schadensersatz wegen Verzögerung der Leistung verlangen [§§ 280 I, II; 286; 288; 252 BGB]

Rechte, die sich aus der Pflichtverletzung ergeben.

- Rücktritt vom Kaufvertrag [§ 323 BGB]
- Schadensersatz statt der Leistung [§§ 280 I, III; 281 ff. BGB]
- Ersatz vergeblicher Aufwendungen [§ 284 BGB]

(2) Rechte, die der Käufer ohne Fristsetzung geltend machen kann

■ **Bestehen auf Vertragserfüllung (Lieferung)**

Da der Verkäufer seiner Leistungspflicht aus dem Kaufvertrag [§ 433 I BGB] noch nicht nachgekommen ist, hat der Käufer das Recht, weiterhin auf **Vertragserfüllung** zu bestehen.

Gründe des Käufers, keine weitergehenden Rechte geltend zu machen, sind z.B.

- langjährige gute Geschäftsbeziehungen mit dem Verkäufer,
- die Lieferungsverzögerung ist für den Käufer von untergeordneter Bedeutung,
- bei anderen Verkäufern bestehen längere Lieferfristen, höhere Preise und/oder ungünstigere Zahlungsbedingungen als beim säumigen Verkäufer.

■ **Bestehen auf Vertragserfüllung (Lieferung) und Schadensersatz wegen Verzögerung der Leistung (Lieferung)**

Besteht der Käufer auf Erfüllung der Leistung und möchte er gleichzeitig den durch die Verzögerung der Leistung verursachten Schaden ersetzt haben, so kann er zusätzlich noch **Schadensersatz wegen Verzögerung der Leistung** (Verzugsschaden, Verspätungsschaden) nach §§ 280 I, II; 286 BGB verlangen.

(3) Rechte, die der Käufer nach erfolglosem Ablauf einer dem Verkäufer gesetzten angemessenen Frist[1] zur Leistung oder Nacherfüllung geltend machen kann

■ Rücktritt vom Kaufvertrag

Der Käufer kann vom Kaufvertrag zurücktreten, wenn die dem Verkäufer vorher gesetzte angemessene Frist zur Leistung oder Nacherfüllung (siehe § 439 BGB) erfolglos abgelaufen ist. Diese Fristsetzung ist z.B. entbehrlich, wenn der Verkäufer die Leistung ernsthaft und endgültig verweigert, beim Fixkauf oder wenn vorliegende Umstände unter Abwägung der beiderseitigen Interessen den sofortigen Rücktritt rechtfertigen (Näheres siehe § 323 II, III BGB). Der Käufer ist trotz Wahrnehmung des Rücktrittsrechts berechtigt, für die verzugsbedingten Schäden Ersatz zu verlangen [§ 325 BGB].

Wenn offensichtlich ist, dass die Voraussetzungen des Rücktritts, wie z.B. der Verzug des Verkäufers, eintreten werden, dann kann der Käufer auch vor dem Eintritt der Fälligkeit der Leistung vom Kaufvertrag zurücktreten [§ 323 IV BGB].

■ Schadensersatz statt der Leistung

Ist die Leistung oder Nacherfüllung nach Ablauf der gesetzten angemessenen Frist nicht erfolgt, so kann der Käufer nach §§ 280 I, III; 281ff. BGB **Schadensersatz statt der Leistung** verlangen. Ersatzfähig sind in diesem Fall insbesondere die Mehrkosten eines **Deckungsgeschäfts**. Daneben kann der Käufer auch Ersatz für solche Schäden verlangen, die dadurch entstanden sind, dass er Aufträge nicht ausführen kann und es daraufhin zu Gewinneinbußen kommt (entgangener Gewinn, [§ 252 BGB]). Verlangt der Käufer Schadensersatz statt der Leistung, hat er keinen Anspruch mehr auf die Leistung [§ 281 IV BGB].

Bei der **Schadensberechnung** sind drei Vorgehensweisen zu unterscheiden: die konkrete Schadensberechnung, die abstrakte Schadensberechnung und die Konventionalstrafe.

---

1 **Angemessen** ist eine Frist, wenn der Verkäufer die Leistung innerhalb der gesetzten Frist erbringen kann, ohne jedoch die geschuldete Kaufsache erst selbst anfertigen oder bei einem anderen Lieferanten kaufen zu müssen.

Konkrete Schadensberechnung	Musste sich der Käufer die Waren anderweitig zu einem höheren Preis beschaffen, kann er von dem säumigen Verkäufer anhand der quittierten Rechnung den Preisunterschied zwischen dem Vertragspreis und dem Preis des **Deckungskaufs** verlangen.
Abstrakte Schadensberechnung	Falls der Käufer keinen Deckungskauf getätigt hat, kann er Schadensersatz für den ihm durch den Lieferungsverzug wahrscheinlich „entgangenen" Gewinn geltend machen.
Konventionalstrafe	Um den Verkäufer zum pünktlichen Einhalt der Lieferfrist anzuhalten und um Schäden nicht nachweisen zu müssen, wird manchmal eine Vertragsstrafe vereinbart. Der Geldbetrag wird dann im Allgemeinen vom Verkäufer bei einer Bank hinterlegt. Er verfällt, sobald der Verkäufer in Verzug gerät.

■ Ersatz notwendiger vergeblicher Aufwendungen

Der Käufer kann unter den Voraussetzungen des § 284 BGB anstelle des Schadensersatzes statt der Leistung auch Ersatz vergeblicher Aufwendungen verlangen. Die Aufwendungen müssen aber angemessen sein und nachgewiesen werden.

Zusammenfassung

■ Ein **Lieferungsverzug** liegt vor, wenn ein Verkäufer seine geschuldete Leistung nicht oder nicht rechtzeitig erfüllt und er diese Nichtleistung oder zu späte Leistung verschuldet hat.

■
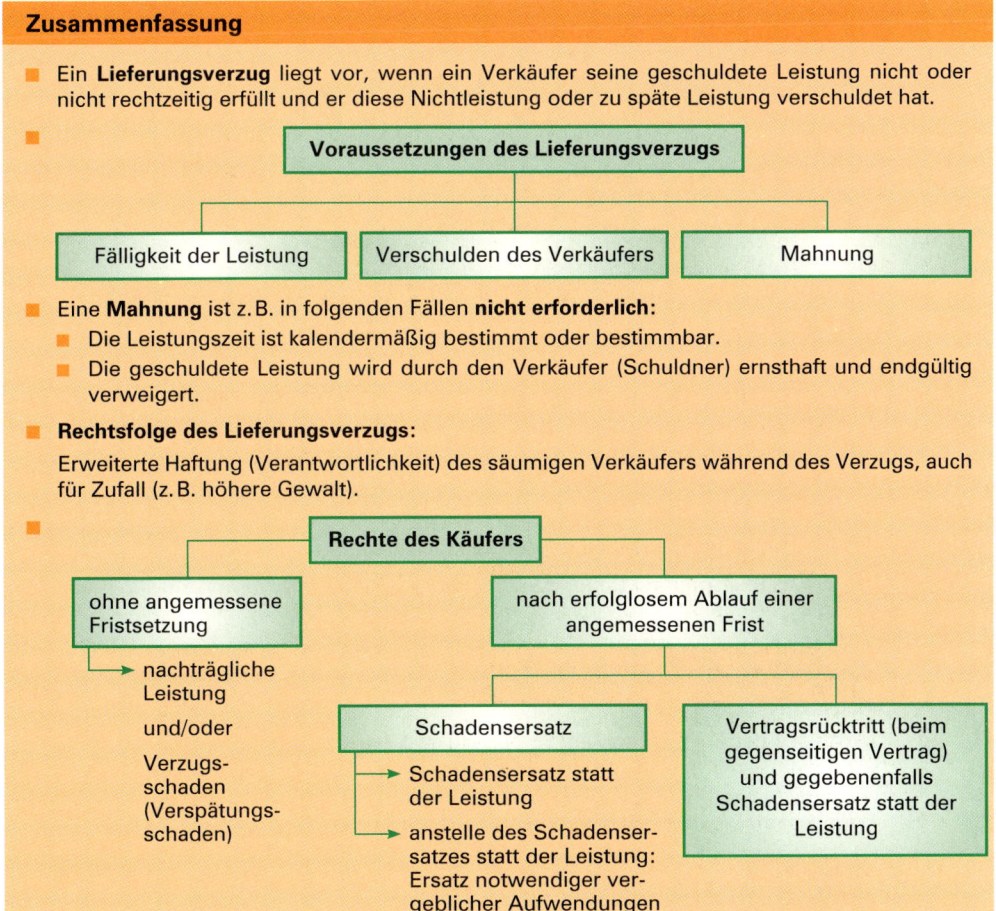

■ Eine **Mahnung** ist z. B. in folgenden Fällen **nicht erforderlich**:
  ■ Die Leistungszeit ist kalendermäßig bestimmt oder bestimmbar.
  ■ Die geschuldete Leistung wird durch den Verkäufer (Schuldner) ernsthaft und endgültig verweigert.

■ **Rechtsfolge des Lieferungsverzugs:**
  Erweiterte Haftung (Verantwortlichkeit) des säumigen Verkäufers während des Verzugs, auch für Zufall (z. B. höhere Gewalt).

19 Speth – ISBN 978-3-8120-0491-6

110 1. Die Holzhandlung Hubert Spieß e.Kfm. bestellte am 15. März aufgrund eines verbindlichen Angebots vom 13. März bei der Holzgroßhandlung Spallek GmbH 60 m³ Eichenschnittholz. Lieferung: sofort. Nach 14 Tagen ist die Lieferung noch nicht erfolgt. Es liegt ein Versehen der Versandabteilung vor.

Aufgaben:

1.1 Prüfen Sie, ob die Holzgroßhandlung Spallek GmbH in Verzug ist! Begründen Sie Ihre Entscheidung!

1.2 Ändert sich die Rechtslage, wenn die Holzgroßhandlung Spallek GmbH die Lieferung bis 25. März fix zugesagt hat?[1]

1.3 Wir gehen davon aus, dass die Lieferung bis zum 25. März hätte erfolgen müssen (Fall 1.2), die Lieferung aber noch nicht bei der Holzhandlung Hubert Spieß e.Kfm. eingetroffen ist. Welche Rechte stehen der Holzhandlung Hubert Spieß e.Kfm. mit und ohne Fristsetzung zu, falls die Holzgroßhandlung Spallek GmbH in Verzug ist?

1.4 Von welchem Recht wird die Holzhandlung Hubert Spieß e.Kfm. Gebrauch machen, wenn – ausgehend von Fall 1.3 – der Preis für Eichenschnittholz inzwischen gefallen ist?

2. Kann der Käufer beim Lieferungsverzug vom Kaufvertrag zurücktreten und zusätzlich noch Schadensersatz verlangen?

3. Unter welchen wirtschaftlichen Bedingungen wird der Käufer beim Lieferungsverzug:

3.1 nur auf Erfüllung der vertraglichen Verpflichtungen bestehen,

3.2 Erfüllung und Verzugsschaden fordern,

3.3 vom Kaufvertrag zurücktreten und

3.4 Schadensersatz statt der Leistung verlangen?

4. Entscheiden Sie bei folgenden Angaben der Leistungszeit, ob der Verkäufer vom Käufer durch eine Mahnung in Verzug gesetzt werden muss:

4.1 Heute in drei Monaten,

4.2 im Juli 20..,

4.3 im Laufe des März 20..,

4.4 am 28. Juli 20..,

4.5 14 Tage nach Weihnachten 20..,

4.6 8 Tage nach Abruf,

4.7 sofort,

4.8 20 Tage nach Erhalt der Bestellung.

5. Das Sägewerk Gnädinger e.Kfm. hat am 29. Juni 20.. 60 m³ Eichenschnittholz zu liefern. Weil er den Termin vergessen hat, liefert er nicht vereinbarungsgemäß. Am 4. Juli 20.. verbrennt sein Holzlager durch Brandstiftung.

Aufgabe:

Ist Gnädinger hierdurch von seiner Leistungspflicht befreit?

6. Die Thorsten Stiefenhofer KG (Verkäufer) und Maria Kieble e.Kfr. (Käuferin) vereinbaren im Kaufvertrag den 20. April 20.. als Liefertermin.

Maria Kieble e.Kfr. schreibt der Thorsten Stiefenhofer KG am 10. April 20.., sie würde sich in Lieferungsverzug befinden, da die Lieferung bis jetzt noch nicht bei ihr eingegangen sei.

Aufgaben:

6.1 Was würden Sie der Thorsten Stiefenhofer KG raten, Maria Kieble e.Kfr. zu schreiben?

6.2 Die Thorsten Stiefenhofer KG hat bis 20. April 20.. (vereinbarter Liefertermin) nicht geliefert. Befindet sich die Thorsten Stiefenhofer KG in Lieferungsverzug, wenn sie die Kaufsache wegen eines mehrwöchigen Streiks nicht produzieren kann?

---

1 Ein **Fixkauf** liegt dann vor, wenn mit der genauen Einhaltung bzw. Nichteinhaltung des vereinbarten Liefertermins das Geschäft steht oder fällt. Die Einhaltung der vereinbarten Lieferzeit muss ein so wesentlicher Bestandteil des Kaufvertrags sein, dass eine nachträgliche Leistung nicht mehr als Erfüllung des Vertrags angesehen werden kann.

5.4.4 Zahlungsverzug (Nicht-Rechtzeitig-Zahlung)

5.4.4.1 Begriff und Eintritt des Zahlungsverzugs

(1) Begriff

> **Merke:**
>
> Ein **Zahlungsverzug** liegt vor, wenn der Zahlungsschuldner (z.B. der Käufer) trotz Mahnung durch den Gläubiger (z.B. der Verkäufer) die vertragsmäßig vereinbarte und fällige Zahlung des Kaufpreises nicht rechtzeitig, nicht vollständig oder gar nicht leistet. Ein **Verschulden** des Zahlungsschuldners (z.B. Käufers) ist keine Voraussetzung des Zahlungsverzugs.[1]

(2) Eintritt des Zahlungsverzugs

Von welchem Zeitpunkt an der Käufer (Zahlungsschuldner) in Zahlungsverzug ist, hängt maßgeblich von den Zahlungsbedingungen ab.

■ **Zahlungszeitpunkt nach dem Kalender genau bestimmt oder berechenbar**

Ist der **Zahlungszeitpunkt** nach dem Kalender **genau bestimmt** oder lässt sich der Zahlungszeitpunkt (anhand eines der Leistung vorangehenden Ereignisses) **kalendermäßig genau berechnen,** so tritt der Zahlungsverzug **unmittelbar nach Überschreiten** des genau bestimmten oder berechneten Zahlungstermins ein [§ 286 II, Nr. 1, 2 BGB].[2] Das (beliebige) Ereignis kann auch die Lieferung einer Sache, die Erbringung einer Dienstleistung (z.B. Reparatur) oder die Kündigung (z.B. eines Darlehensvertrags) sein.

Ein **Zahlungstermin** ist nur dann **genau bestimmt,** wenn er auf einem **Gesetz** oder **Urteil** beruht oder **vertraglich vereinbart** ist. Eine Leistungszeit kann also nicht durch eine einseitige Erklärung bestimmt werden. Durch den bloßen Aufdruck des Zahlungstermins durch den Verkäufer auf einer Rechnung kann somit der Zahlungstermin nicht festgelegt werden.

Beispiele für genau bestimmte Zahlungszeitpunkte:	**Beispiele für kalendermäßig berechenbare Zeitpunkte** (anhand eines vorangegangenen Ereignisses):
■ Im Vertrag ist vereinbart: *„Der Kaufpreis ist bis zum 15. Januar auf das vom Verkäufer genannte Konto zu überweisen."* Der Käufer kommt mit Ablauf des 15. Januars in Verzug. ■ *„Der Kaufpreis ist zahlbar im Mai 20.."* Der Käufer kommt mit Ablauf des 31. Mai 20.. in Verzug.	■ Im Vertrag ist vereinbart: *„Der Kaufpreis ist innerhalb von zehn Kalendertagen nach Rechnungszugang zu leisten."* Erfolgt der Rechnungszugang am 17. Juni, dann ist der Käufer mit Ablauf des 27. Juni in Zahlungsverzug. ■ *„Der Kaufpreis ist innerhalb von 8 Kalendertagen nach Mitteilung des Notars vom Vorliegen der Eintragungsvoraussetzungen auf das vom Verkäufer benannte Konto zu überweisen."* Erhält der Käufer die Mitteilung des Notars am 1. Juli, so befindet sich der Käufer mit Ablauf des 9. Juli in Zahlungsverzug.

---

1 Die **Geldschuld** ist eine so genannte **Wertverschaffungsschuld**: Der Grundsatz, dass der Zahlungsschuldner (z.B. Käufer) stets für seine finanzielle Leistungsfähigkeit einzustehen hat, ist ein in unserer Rechts- und Wirtschaftsordnung allgemein anerkannter Rechtsgrundsatz.

2 Die nach dem Kalender zu berechnende Leistungszeit muss **angemessen** sein. Eine Klausel „Zahlbar sofort nach Erhalt der Ware" oder „Zahlbar sofort nach Erhalt der Rechnung" kann demnach keinen Zahlungsverzug auslösen.

■ **Zahlungszeitpunkt nicht genau bestimmt (vereinbart) und nicht berechenbar**

Ist der Zahlungszeitpunkt weder genau bestimmt noch kalendermäßig berechenbar, dann kommt der Käufer in Zahlungsverzug, wenn er auf eine vom Verkäufer **nach der Fälligkeit erfolgte Mahnung** nicht zahlt [§ 286 I, S. 1 BGB]. Der Zahlungsverzug tritt auch ein, wenn der Verkäufer den Käufer rechtzeitig auf Zahlung verklagt oder dem Käufer rechtzeitig einen gerichtlichen Mahnbescheid zukommen lässt [§ 286 I, S. 2 BGB].

Beachte:

Verzichtet der Verkäufer auf eine Mahnung oder verweigert der Käufer die Zahlung ernsthaft und endgültig, so befindet sich der Käufer **spätestens 30 Tage nach Fälligkeit und Zugang einer Rechnung** (oder einer gleichwertigen Zahlungsaufstellung) in Zahlungsverzug [§ 286 III, S. 1 BGB].[1] Diese 30-Tage-Regelung gilt **gegenüber einem Verbraucher** nur, wenn auf die Folgen des „automatischen" Verzugseintritts (30 Tage nach Fälligkeit und Zugang einer Rechnung oder Zahlungsaufstellung) in der Rechnung oder Zahlungsaufstellung **besonders** hingewiesen worden ist.

Beispiel:

Die Elektrogroßhandlung Heinz Strom e.K. erhält am 2. August 20.. von der Tele-AG Meppen eine Rechnung über gelieferte Fernseher. Bei Nichtzahlung ist die Elektrogroßhandlung Heinz Strom e.K. **ohne Mahnung am 2. September 20..** in Zahlungsverzug.	Erhält die Elektrogroßhandlung Heinz Strom e.K. am 17. August eine **Mahnung** der Tele-AG Meppen wegen Nichtzahlung, dann ist sie **ab dem 17. August** in Zahlungsverzug, sofern sie auf die Mahnung nicht zahlt.

Der **Verkäufer kann** somit **wählen,** ob er z.B.

■ nach Zugang einer Rechnung beim Käufer durch eine **rasche Mahnung nach Fälligkeit** schon **vor Ablauf von 30 Tagen** den Zahlungsverzug herbeiführen will oder ob er

■ durch **bloßes Zuwarten** den Verzug **erst nach 30 Tagen** eintreten lässt.

5.4.4.2 Rechtsfolgen

(1) Überblick

Beim Zahlungsverzug handelt es sich um einen **Schuldnerverzug**. Der Gläubiger (z.B. Verkäufer) hat nach dem BGB folgende Ansprüche:

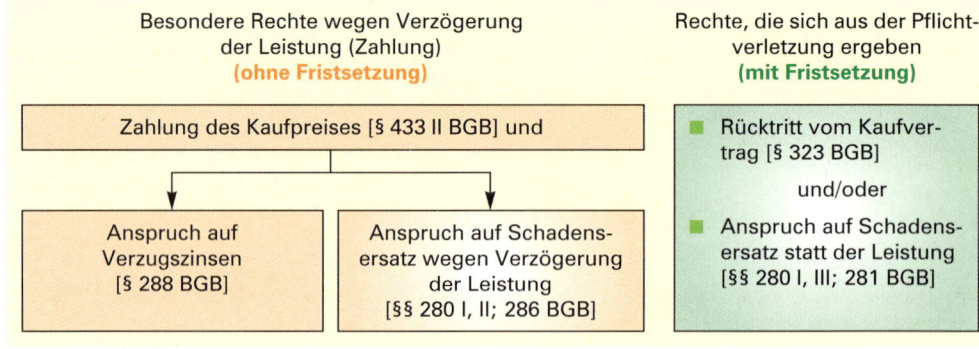

---

1 Die **30-Tage-Regelung** gilt nur für **Entgeltforderungen**.

(2) Rechte ohne Fristsetzung: Besondere Rechte wegen Verzögerung der Zahlung

■ Anspruch auf Verzugszinsen [§ 288 BGB]

Eine Geldschuld ist während des Verzugs zu verzinsen. Der Verzugszinssatz für Entgeltforderungen aus Rechtsgeschäften, an denen ein Verbraucher beteiligt ist, beträgt für das Jahr **fünf** Prozentpunkte **über** dem Basiszinssatz [§§ 288 I; 247 BGB].[1] Der Verzugszinssatz für Entgeltforderungen aus Rechtsgeschäften, an denen ein **Verbraucher nicht beteiligt** ist, liegt **acht** Prozentpunkte **über** dem Basiszinssatz [§§ 288 II; 247 BGB].

Diese gesetzlich festgelegten Verzugszinsen können auch dann geltend gemacht werden, wenn der Zahlungsschuldner (Käufer) dem Gläubiger (Verkäufer) nachweist, dass geringere Zinsaufwendungen entstanden sind. Das bedeutet, dass der Gläubiger eine gesetzlich festgelegte Mindestentschädigung erhält.

Wurde zwischen den Vertragsparteien (z.B. zwischen Käufer und Verkäufer) ein höherer Zinssatz vereinbart oder musste der Gläubiger wegen des Zahlungsverzugs einen Kredit zu einem höheren Zinssatz aufnehmen, kann er die höheren Zinsen verlangen [§ 288 III BGB]. Darüber hinaus kann der Gläubiger nach § 288 IV BGB noch weitere Schäden geltend machen. Als weitere Schäden im Sinne dieser Vorschrift kommen vor allem entgangene Anlagezinsen oder die Aufwendungen für notwendige Kredite in Betracht.

■ Schadensersatz wegen Verzögerung der Leistung [§§ 280 I, II; 286 BGB]

Ist der Schuldner (z.B. der Käufer) in Zahlungsverzug, so ist der Gläubiger (z.B. der Verkäufer) berechtigt, den angemessenen Ersatz **aller** durch den Zahlungsverzug des Schuldners bedingten **Verzugsschäden** zu fordern. Der Gläubiger kann beispielsweise die Erstattung der Kosten eines Inkassobüros[2] und des Verwaltungsaufwands, die zur Geltendmachung der Forderung erforderlich waren, sowie der Gerichtskosten und der Anwaltskosten verlangen. Der Anspruch auf **Schadensersatz wegen Verzögerung der Leistung** tritt neben den Erfüllungsanspruch, d.h., der Gläubiger kann weiterhin die Zahlung fordern und gegebenenfalls den Käufer auf Zahlung verklagen.

(3) Gläubigerrechte nach erfolglosem Ablauf einer angemessenen Frist zur Zahlung[3]

■ Rücktritt vom Kaufvertrag

Der Verkäufer ist berechtigt, vom Kaufvertrag zurückzutreten [§ 323 BGB]. Trotz des Rücktritts ist der Verkäufer berechtigt, zusätzlich noch Schadensersatz zu verlangen [§ 325 BGB].

> **Beispiel:**
>
> Ein Käufer zahlt nicht. Der Verkäufer tritt vom Kaufvertrag zurück, wenn er diesem Käufer Waren geliefert hat, die er anderweitig zu einem höheren Preis verkaufen kann. Der Käufer wird jedoch z.B. mit Rücknahmekosten (z.B. Frachtkosten) und Verzugszinsen belastet.

---

1 Der Basiszinssatz wird von der Europäischen Zentralbank bestimmt. Beispiel: Basiszinssatz 3,5%, Verzugszinssatz 8,5%.

2 Inkasso: Einzug von Geldforderungen.

3 Beim Zahlungsverzug ist eine Fristsetzung nicht erforderlich, wenn z.B. der Käufer die Zahlung ernsthaft und endgültig verweigert oder ein Fixgeschäft vorliegt [§§ 281 II; 323 II, Nr. 1 und Nr. 2 BGB].

■ Schadensersatz statt der Leistung

Lehnt der Verkäufer die verspätete Zahlung ab und besteht auf Ersatz des entstandenen Schadens, so kann er nach Ablauf einer erfolglosen angemessenen Fristsetzung Schadensersatz statt der Leistung verlangen [§§ 280 I, III; 281 BGB].

> **Beispiel:**
>
> Ein Käufer zahlt nicht. Der Verkäufer nimmt die Ware zurück und verkauft sie anderweitig, jedoch zu einem niedrigeren Preis. Den Preisunterschied, die Rücknahmekosten und gegebenenfalls weitere entstandene Verzugskosten (z. B. Verzugszinsen) hat der Käufer zu tragen.

5.4.5 Außergerichtliches Mahnverfahren

(1) Zweck und Form der Mahnung

Die Mahnung bezweckt, den Kunden zur Erfüllung seiner Verpflichtung zu veranlassen, ohne dass das Gericht bemüht werden muss.

Es gibt keine gesetzlich vorgeschriebene Form der außergerichtlichen (kaufmännischen) Mahnung. Die meisten Mahnungen erfolgen jedoch aus Gründen der Beweissicherheit (Rechtssicherheit) in schriftlicher Form. In größeren Unternehmen werden für die erste Mahnung (Zahlungserinnerung) aus Gründen der Arbeitsvereinfachung meistens vorgedruckte Mahnkarten oder Mahnbriefe verwendet.

(2) Stufen der Mahnung

In der Praxis erfolgen die kaufmännischen Mahnungen im Allgemeinen in den folgenden Stufen:

- **Erste Mahnung** (Zahlungserinnerung). Sie ist eine höfliche Erinnerung an die fällige Zahlung (meistens mit einer **Rechnungskopie** oder einem **Kontoauszug),** die häufig mit einem neuen Angebot verbunden wird.

- **Zweite Mahnung** (ausdrückliche Mahnung). In ihr wird ausdrücklich auf die Fälligkeit der Schuld (Zahlung) hingewiesen und eine **neue Zahlungsfrist** gesetzt. Wie bei der „ersten Mahnung" können die entsprechenden Zahlungsformulare beigelegt werden.

- **Dritte Mahnung.** In dieser Mahnung wird dem Schuldner unter Hinweis auf die ihm entstehenden zusätzlichen Kosten **angedroht,** die überfällige Zahlung durch eine **Nachnahme**[1] oder ein **Inkassoinstitut** einziehen zu lassen, falls die Zahlung nicht innerhalb der nächsten Tage eintrifft.

  In großen Unternehmen wird oft auch angedroht, die Rechtsabteilung einzuschalten. Geht die Zahlung nicht innerhalb einer intern festgelegten kurzen Frist von z. B. 3–6 Tagen ein, erfolgt der Einzug der Zahlung durch Nachnahme oder ein Inkassoinstitut.

- **Vierte Mahnung.** Ist die Zahlung auch aufgrund der dritten Mahnung noch nicht erfolgt, hat der Schuldner eine Nachnahme nicht eingelöst oder die Zahlung an das Inkassoinstitut verweigert, so erfolgt eine letzte **verschärfte Mahnung** mit letzter Fristsetzung. In dieser wird eine **Klage auf Zahlung** oder ein **gerichtlicher Mahnbescheid** angedroht.

---

1 Bei der Zahlung mit Nachnahme händigt die Deutsche Post AG Briefe und Paketsendungen erst aus, wenn der Empfänger den Nachnahmebetrag an den Zusteller bar bezahlt hat.

■ Wenn ein Schuldner (z.B. der Käufer als Schuldner des Kaufpreises) seine Zahlungsverpflichtungen nicht wie vereinbart oder gesetzlich bestimmt rechtzeitig erfüllt, dann kommt er in **Zahlungsverzug**. Der Zahlungsverzug ist ein **Schuldnerverzug**.

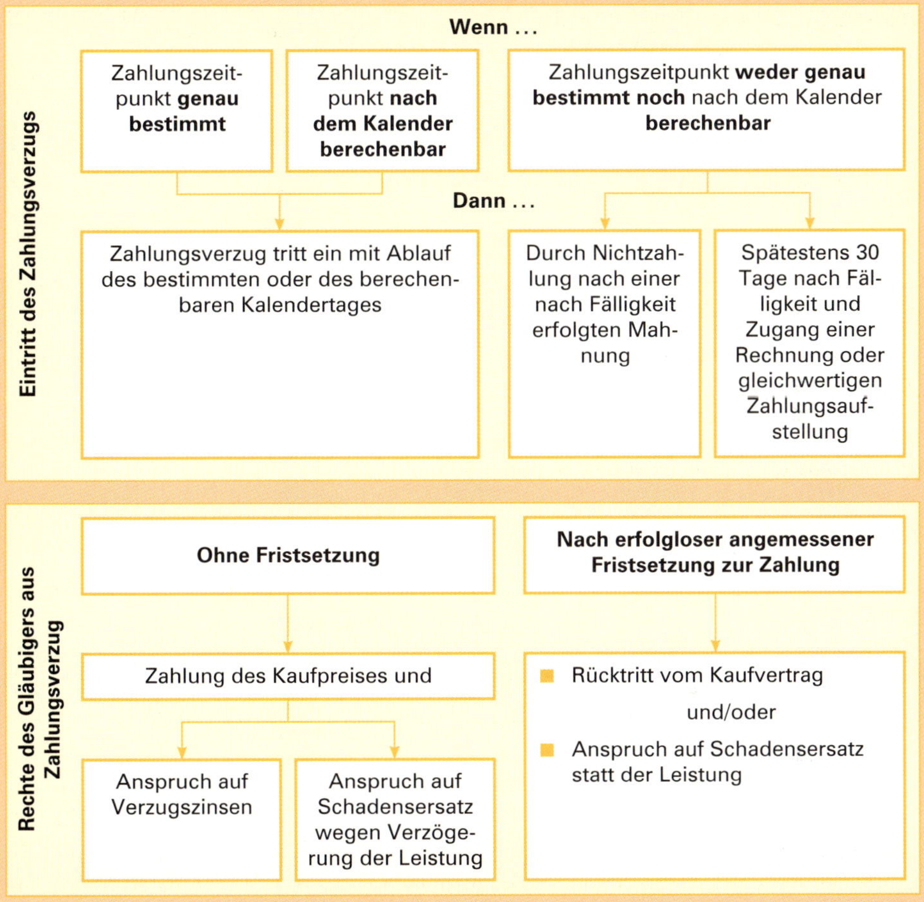

Eintritt des Zahlungsverzugs

Wenn ...

Zahlungszeitpunkt **genau bestimmt**	Zahlungszeitpunkt **nach dem Kalender berechenbar**	Zahlungszeitpunkt **weder genau bestimmt noch** nach dem Kalender berechenbar

Dann ...

Zahlungsverzug tritt ein mit Ablauf des bestimmten oder des berechenbaren Kalendertages	Durch Nichtzahlung nach einer nach Fälligkeit erfolgten Mahnung	Spätestens 30 Tage nach Fälligkeit und Zugang einer Rechnung oder gleichwertigen Zahlungsaufstellung

Rechte des Gläubigers aus Zahlungsverzug

Ohne Fristsetzung	Nach erfolgloser angemessener Fristsetzung zur Zahlung
Zahlung des Kaufpreises und	■ Rücktritt vom Kaufvertrag
	und/oder
	■ Anspruch auf Schadensersatz statt der Leistung

Anspruch auf Verzugszinsen	Anspruch auf Schadensersatz wegen Verzögerung der Leistung

■ Das **außergerichtliche (kaufmännische) Mahnverfahren** vollzieht sich in mehreren „Stufen". In der Regel werden drei bis vier Mahnungen versandt, die sich von der höflichen Zahlungserinnerung bis zur Androhung gerichtlicher Maßnahmen steigern.

111 1. Erklären Sie die Rechtsfolgen des Zahlungsverzugs!

2. Begründen Sie, warum „Verschulden" des Zahlungsschuldners (z.B. Käufer) keine Voraussetzung des Zahlungsverzugs ist!

3. Die Baumaschinenhandlung Feutbeiner e. Kfm. erhält am 2. Juni 20.. von ihrem Lieferer folgende Rechnung: 44 000,00 EUR zuzüglich 19 % USt., zahlbar innerhalb von 10 Tagen ab Rechnungsdatum mit 2 % Skonto oder 30 Tage netto Kasse. Rechnungsdatum ist der 1. Juni 20..

Aufgaben:

Ist Feutbeiner in Zahlungsverzug, wenn

3.1 er den Rechnungsbetrag abzüglich 2 % Skonto am 12. Juni 20.. überweist,

3.2 er die Rechnung ohne Skonto am 15. Juli 20.. bezahlt hat?

4. Rechnungsdatum: 10.05.20.. Der Rechnungseingang erfolgt zusammen mit der Warenlieferung am 12.05.20..

Aufgaben:

Entscheiden Sie, ab wann sich der Käufer (Zahlungsschuldner) in Zahlungsverzug befindet, wenn folgende Zahlungsbedingungen als vertraglich vereinbart gelten:

4.1 sofort,

4.2 20 Tage ab heute,

4.3 am 20. Mai 20..,

4.4 14 Tage ab Rechnungszugang.

5. Die Schreinerei Baumeister e. K. hat folgende Schuldner:

Kunden	Betrag	Rechnungs- datum	Rechnungs- eingang	Zahlungs- bedingung	Zahlungs- eingang
Frau Sabine Frost Lehrerin i. R.	2 450,00 EUR	16. Februar (Schaltjahr)	18. Februar	sofort nach Rechnungserhalt	31. März
Marianne Fischer OHG	18 600,00 EUR	1. März	2. März	3 % Skonto innerhalb 8 Tagen oder 4 Wochen nach Rechnungsdatum netto Kasse	15. Mai
Herr Ralf Eschbaumer, Student	540,00 EUR	5. April	7. April	sofort nach Rechnungserhalt	31. Mai

Aufgabe:

Mit wie viel Euro Verzugszinsen kann die Schreinerei Baumeister e. K. die oben genannten Kunden belasten? Der Basiszinssatz beträgt 2,57 %. Die Zinsen sind tagegenau zu berechnen. Die Verbraucher wurden auf die rechtlichen Folgen einer verspäteten Zahlung ausdrücklich hingewiesen.

112 1. Erläutern Sie die Gründe, warum die Unternehmen auf eine pünktliche Bezahlung ihrer Ausgangsrechnungen angewiesen sind!

2. Beschreiben Sie die „Stufen" des kaufmännischen (außergerichtlichen) Mahnverfahrens!

3. Erklären Sie mögliche Vor- und Nachteile des Forderungseinzugs durch Nachnahme und Inkassoinstitute aus der Sicht des Geldgläubigers!

5.4.6 Gerichtliches Mahnverfahren (Mahnbescheid)

5.4.6.1 Wesen und Abwicklung des gerichtlichen Mahnverfahrens

(1) Wesen des gerichtlichen Mahnverfahrens

Wenn das kaufmännische Mahnverfahren keinen Erfolg hat, wenn der Schuldner also nicht zahlt, kann der Gläubiger zur Durchsetzung seiner Forderungen gerichtliche Maßnahmen ergreifen. Mit dem gerichtlichen Mahnverfahren, das vom Amtsgericht durchgeführt wird, hat der Gläubiger die Möglichkeit, seine Forderungen schnell und Kosten sparend einzutreiben. Mit diesem Verfahren können allerdings nur **Geldschulden** eingefordert werden.

(2) Abwicklung des gerichtlichen Mahnverfahrens

Zur Einleitung des gerichtlichen Mahnverfahrens ist es notwendig, dass der Gläubiger (im § 688 I ZPO Antragsteller genannt) den Erlass eines **Mahnbescheids** beantragt, durch den der Schuldner (Antragsgegner) zur Zahlung aufgefordert wird (Näheres siehe §§ 690, 692 ZPO).

Der Antrag auf Erlass eines Mahnbescheids ist bei dem Amtsgericht zu stellen, bei dem der Antragsteller seinen allgemeinen Gerichtsstand, also seinen Geschäfts- oder Wohnsitz hat [§ 689 ZPO]. Der Mahnbescheid wird vom Rechtspfleger erlassen und dem Antragsgegner von Amts wegen zugestellt [§ 693 ZPO]. Das Gericht prüft nicht, ob die Forderung zu Recht erhoben wird. Der Mahnbescheid enthält die Aufforderung an den Antragsgegner (Schuldner), innerhalb von zwei Wochen nach Zustellung des Mahnbescheids die behauptete Schuld, die geforderten Zinsen und geltend gemachten Kosten zu zahlen oder dem Gericht mitzuteilen, ab und in welchem Umfang dem geltend gemachten Anspruch widersprochen wird [§ 692 II, Nr. 3 ZPO].

Der Inhalt des Mahnantrags [§ 690 ZPO] und der Inhalt des Mahnbescheids [§ 692 ZPO] sind gesetzlich festgelegt. Der Ablauf des gerichtlichen Mahnverfahrens kann der Übersicht auf S. 298 entnommen werden.

5.4.6.2 Grundzüge des Vollstreckungsrechts

(1) Wesen der Zwangsvollstreckung

Wenn ein Schuldner seine Verpflichtungen nicht freiwillig vertragsgemäß erfüllt (der Käufer z.B. nicht vertragsgemäß zahlt), so muss er dazu gezwungen werden. Eine gewaltsame Durchsetzung seiner Forderungen im Wege der Selbsthilfe kann die Rechtsordnung dem Berechtigten (dem Gläubiger) jedoch nicht gestatten. Während sich der wirtschaftlich Schwache nicht durchsetzen könnte, besteht beim wirtschaftlich Starken die Gefahr, dass er die wirtschaftliche Existenz des Schuldners durch Übergriffe vernichtet.

> **Merke:**
>
> Anstelle der Selbsthilfe muss deshalb der Staat die Durchsetzung der unbefriedigten Ansprüche übernehmen. Dieses Verfahren, mit dem Ansprüche des Gläubigers durch **staatlichen Zwang** durchgesetzt werden, wird **Zwangsvollstreckung** genannt [§§ 704 ff. ZPO].

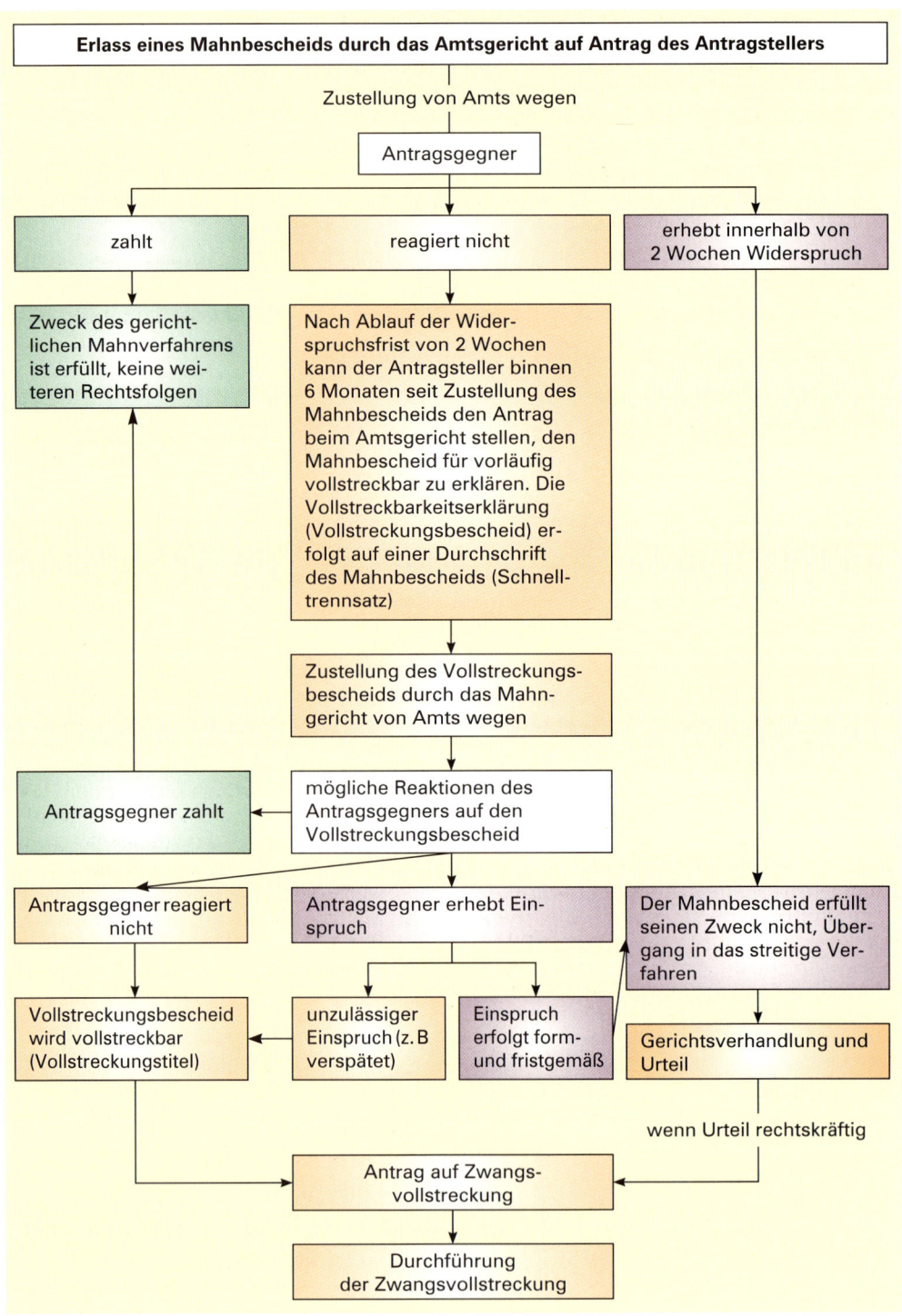

Erlass eines Mahnbescheids durch das Amtsgericht auf Antrag des Antragstellers

Zustellung von Amts wegen

Antragsgegner

| zahlt | reagiert nicht | erhebt innerhalb von 2 Wochen Widerspruch |

Zweck des gerichtlichen Mahnverfahrens ist erfüllt, keine weiteren Rechtsfolgen

Nach Ablauf der Widerspruchsfrist von 2 Wochen kann der Antragsteller binnen 6 Monaten seit Zustellung des Mahnbescheids den Antrag beim Amtsgericht stellen, den Mahnbescheid für vorläufig vollstreckbar zu erklären. Die Vollstreckbarkeitserklärung (Vollstreckungsbescheid) erfolgt auf einer Durchschrift des Mahnbescheids (Schnelltrennsatz)

Zustellung des Vollstreckungsbescheids durch das Mahngericht von Amts wegen

Antragsgegner zahlt

mögliche Reaktionen des Antragsgegners auf den Vollstreckungsbescheid

Antragsgegner reagiert nicht

Antragsgegner erhebt Einspruch

Der Mahnbescheid erfüllt seinen Zweck nicht, Übergang in das streitige Verfahren

Vollstreckungsbescheid wird vollstreckbar (Vollstreckungstitel)

unzulässiger Einspruch (z. B verspätet)

Einspruch erfolgt form- und fristgemäß

Gerichtsverhandlung und Urteil

wenn Urteil rechtskräftig

Antrag auf Zwangsvollstreckung

Durchführung der Zwangsvollstreckung

(2) Voraussetzungen der Zwangsvollstreckung

Um die Zwangsvollstreckung zu erwirken, muss der Antragsteller beim Amtsgericht einen **Vollstreckungsantrag** einreichen. Dem Vollstreckungsantrag sind beizulegen: der Vollstreckungstitel, die Vollstreckungsklausel und der Zustellungsnachweis.

- ■ Der **Vollstreckungstitel** ist eine öffentliche Urkunde. Er beinhaltet das Recht, in das Vermögen eines Antraggegners zwangsweise mit Hilfe des Gerichtsvollziehers eingreifen zu dürfen. Wichtige Vollstreckungstitel sind der Vollstreckungsbescheid, ein vollstreckbares Endurteil und der Prozessvergleich [§§ 704, 794 ZPO].

- ■ Der Vollstreckungstitel wird dem Antragsgegner von Amts wegen zugestellt **(Zustellungsnachweis).**

- ■ Die **Vollstreckungsklausel** ist eine auf den Vollstreckungstitel gesetzte **amtliche Bescheinigung,** dass dieser vollstreckt werden kann. Die Vollstreckungsklausel wird durch den Urkundsbeamten des Gerichts erteilt.

(3) Durchführung der Zwangsvollstreckung[1]

Geld, Wertpapiere und Kostbarkeiten (z.B. Schmuck, Goldmünzen) nimmt der Gerichtsvollzieher sofort in Besitz [§ 808 I ZPO]. Andere Gegenstände (z.B. Bilder, Schränke, Musikgeräte) werden mit einem Pfandsiegel versehen und damit als gepfändet gekennzeichnet. Hierdurch wird nach außen hin kenntlich gemacht, dass dem Schuldner die tatsächliche Gewalt über die bewegliche Sache (der Besitz) entzogen ist [§ 808 II ZPO].

Der zweite Schritt der Zwangsvollstreckung ist die **Verwertung** der Pfänder, denn es ist der Zweck der Zwangsvollstreckung, dem Gläubiger Geld zur Befriedigung seiner Ansprüche zu verschaffen.

Während bei gepfändetem Bargeld die „Verwertung" dadurch erfolgt, dass es durch den Gerichtsvollzieher nach Abzug der Vollstreckungskosten an den Gläubiger abgeliefert wird [§ 815 I ZPO], werden gepfändete bewegliche Sachen und Wertpapiere durch den Gerichtsvollzieher **öffentlich versteigert** [§§ 814, 821 ZPO]. Wertpapiere werden bei vorhandenem Börsen- oder Marktpreis jedoch nicht versteigert, sondern vom Gerichtsvollzieher freihändig zum Tagespreis (Tageskurs) verkauft [§ 821 ZPO]. Wenn durch eine andere Verwertung z.B. ein höherer Erlös erzielt werden kann, dann kann das Vollstreckungsgericht auf Antrag des Gläubigers oder Schuldners auch eine andere Verwertung der gepfändeten Sachen anordnen [§ 825 ZPO].

Zwangsversteigerung
Versteigerung
Am Dienstag, dem 10. Februar 20.., 10:00 Uhr, versteigere ich meistbietend gegen Barzahlung: ein Farbfernsehgerät.
Die Versteigerung findet im Amtsgericht, Beethovenstraße 5, 32049 Herford statt.
gez. Abele, Gerichtsvollzieher in Herford

---

1 Die Durchführung der Zwangsvollstreckung wird am Beispiel der Pfändung und Verwertung von Geld, Wertpapieren und beweglichen Sachen gezeigt.

Objekte (Gegenstände), Zeit und Ort der Versteigerung werden öffentlich bekannt gemacht [§ 816 III ZPO]. Bei den Versteigerungen können Gläubiger und Schuldner mitbieten. Den Versteigerungserlös zahlt der Ersteigerer an den Gerichtsvollzieher, der den Erlös (abzüglich der Vollstreckungs- und Versteigerungskosten) an den Gläubiger überweist. Reicht dieser Erlös zur Deckung der Forderungen des Gläubigers, wird die Versteigerung eingestellt. Die Zwangsvollstreckung ist hiermit beendet.

(4) Schuldnerschutz

Die Zwangsvollstreckung in **bewegliche Sachen** darf nur so weit ausgedehnt werden, bis die Pfändung und deren Verwertung zur Befriedigung des Gläubigers und zur Deckung der Vollstreckungskosten ausreicht [§ 803 I ZPO]. Eine „Überpfändung" ist also verboten.

■ Bestimmte **bewegliche Sachen und Bezüge** sind **unpfändbar,** um die wirtschaftliche Existenz des Schuldners nicht zu gefährden.

> **Beispiele:**
>
> Unpfändbar sind Gegenstände, die für eine bescheidene Lebens- und Haushaltsführung des Schuldners notwendig sind [§ 811, Nr. 1 ZPO]; Gegenstände, die für die Fortsetzung der Erwerbstätigkeit des Schuldners notwendig sind wie z. B. Auto eines Taxifahrers, PC eines Schriftstellers u. Ä, [§ 811, Nr. 5 ZPO]; unpfändbare Bezüge sind in der Regel auch Stipendien, Auslösungsgelder, Zulagen für auswärtige Beschäftigungen, soweit sich diese Bezüge im Rahmen des Üblichen halten [§ 850 a ZPO].

■ Für bestimmte Arbeitseinkommen bestehen **Pfändungsbeschränkungen** [§ 850 c ZPO]. Die Berechnung des pfändbaren Arbeitseinkommens geht vom Nettoeinkommen aus [§ 850 e, Nr. 1 ZPO]. Die Höhe des unpfändbaren Betrags wird jeweils durch Gesetz bestimmt. Durch die in gewissen Zeitabständen erfolgende Anhebung der Pfändungsgrenzen soll die sinkende Kaufkraft berücksichtigt werden. Die Höhe der Pfändungsgrenzen hängt u. a. auch von der Höhe des Einkommens sowie von den Unterhaltsverpflichtungen des Schuldners ab.

■ Eine **Pfändung** ist **nicht statthaft,** wenn der Erlös der Pfänder keinen Überschuss über die Kosten der Zwangsvollstreckung erwarten lässt [§ 803 II ZPO]. Der Gläubiger würde keine Vorteile, der Schuldner hingegen nur Nachteile erleiden.

(5) Eidesstattliche Versicherung

In vielen Fällen ist es dem Gläubiger nicht möglich, sich einen Überblick über die tatsächlichen Vermögensverhältnisse des Schuldners zu verschaffen. Die **eidesstattliche Versicherung** des Schuldners soll diesem Mangel abhelfen. Kann sich nämlich der Gläubiger aus der Pfandverwertung nicht oder nicht vollständig befriedigen, so hat der Schuldner auf Antrag des Gläubigers ein **Vermögensverzeichnis** anzufertigen und vorzulegen. Mit seiner eidesstattlichen Versicherung bestätigt der Schuldner vor dem Gerichtsvollzieher des Amtsgerichts [§ 899 ZPO] die Vollständigkeit und Richtigkeit dieses Verzeichnisses [§§ 807, 900 ZPO].

Falls der Schuldner die Abgabe einer eidesstattlichen Versicherung verweigert oder gar zum Termin zur Abgabe der eidesstattlichen Versicherung nicht erscheint, kann der Gläubiger die Verhaftung des Schuldners beantragen. Die Verhaftung wird durch den Gerichtsvollzieher vorgenommen. Die Haftdauer darf nicht länger als 6 Monate dauern. Die Haftkosten sind vom Gläubiger zu tragen. Sinn der Verhaftung ist, den Schuldner zur Abgabe der eidesstattlichen Versicherung zu zwingen (Näheres siehe §§ 901 ff. ZPO).

■ Das **gerichtliche Mahnverfahren** umfasst den Erlass eines gerichtlichen Mahnbescheids und – soweit der Schuldner nicht reagiert – die Erwirkung eines Vollstreckungsbescheids.

■ Der **Mahnbescheid** ist eine gerichtliche Zahlungsaufforderung an den Antragsgegner.

■ Der **Vollstreckungsbescheid** ist, sofern er für vollstreckbar erklärt worden ist, neben den rechtskräftigen Endurteilen der wichtigste **Vollstreckungstitel**.

■ Die wichtigsten Voraussetzungen der Zwangsvollstreckung sind der **Vollstreckungstitel** und die **Vollstreckungsklausel**.

■ Die **Zwangsvollstreckung** wegen Geldforderungen kann in das **bewegliche Vermögen** und in **Grundstücke** (unbewegliches Vermögen) erfolgen.

■ **Bewegliche Sachen** und Wertpapiere pfändet der Gerichtsvollzieher, indem er diese in Besitz nimmt und sie anschließend öffentlich versteigert oder freihändig verkauft.

■ Die **Aufgabe des Vollstreckungsverfahrens** ist, durch ein staatliches Verfahren die Ansprüche des Gläubigers gegen den Schuldner durchzusetzen.

Übungsaufgabe

113 1. Welche Zwecke verfolgt das gerichtliche Mahnverfahren?

2. Bei welchem Gericht muss der Antrag auf Erlass eines Mahnbescheids gestellt werden?

3. Wie kann der Antragsgegner auf die Zustellung eines Mahnbescheids reagieren? Nennen Sie zwei Möglichkeiten und beschreiben Sie die Rechtsfolgen, die sich daraus ergeben!

4. Nennen Sie die „Rechtsmittel", mit denen sich der Antragsgegner gegen einen Mahnbescheid und einen Vollstreckungsbescheid wehren kann! Welche Fristen hat er dabei zu beachten?

5. Überlegen Sie, warum beim gerichtlichen Mahnverfahren die Beteiligten „Antragsteller" und „Antragsgegner" genannt werden und nicht „Gläubiger" und „Schuldner"!

6. Erklären Sie das Wesen der Zwangsvollstreckung!

7. Welche Organe führen die Zwangsvollstreckung durch?

8. In welche Vermögensgegenstände kann vollstreckt werden?

9. 9.1 Erklären Sie den Begriff „Eidesstattliche Versicherung"!

   9.2 Welche Rechtsfolgen können eintreten, wenn der Schuldner die Abgabe einer „Eidesstattlichen Versicherung" verweigert?

5.5 Unternehmenstypische Formen der Zahlungsabwicklung

5.5.1 Überblick über die Geld- und Zahlungsarten

(1) Geldarten

Im Zahlungsverkehr unterscheidet man drei Geldarten: das Bargeld, das Buchgeld und das elektronische Geld.

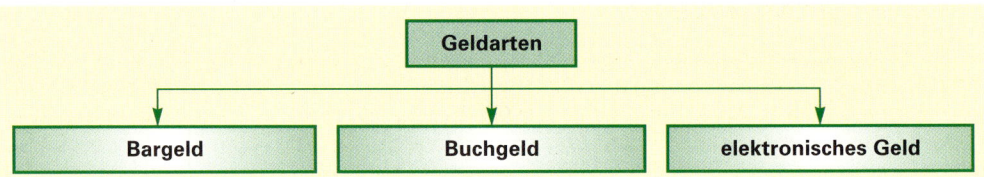

■ **Bargeld**

Zum Bargeld zählen Banknoten und Münzen.

■ **Banknoten**. Das alleinige Recht zur Ausgabe von Banknoten besitzt die Europäische Zentralbank[1] **(Notenprivileg)**. Die Banknoten sind die gesetzlichen Zahlungsmittel der Bundesrepublik Deutschland. Für sie besteht Annahmezwang, d.h., ein Gläubiger muss sie mit schuldenbefreiender Wirkung grundsätzlich in unbegrenzter Höhe entgegennehmen.

■ **Münzen**. Die in der Bundesrepublik Deutschland umlaufenden Euro-Münzen sind durchweg Scheidemünzen, weil ihr Materialwert geringer als ihr Nennwert ist (unterwertig ausgeprägte Münzen). Eurocent-Münzen müssen bis zu fünfzig Münzen im Gesamtbetrag von höchstens 100,00 EUR in Zahlung genommen werden. Die deutschen Euro-Münzen werden im Auftrag der Bundesregierung von den staatlichen Prägeanstalten geprägt **(Münzenregal)** und von der Deutschen Bundesbank in Umlauf gebracht.

■ **Buchgeld**

Das Buchgeld (Giralgeld) entsteht durch Bareinzahlung der Kunden auf Girokonten[2] und durch Kreditgewährung der Kreditinstitute. Vernichtet wird es durch Barabhebung und Kredittilgung durch die Bankkunden. Man spricht daher auch von Kreditgeld, Bankgeld, Schreibgeld oder **Buchgeld**.

Wesentliches Merkmal des Buchgelds ist, dass es *jederzeit* verfügbar ist. Soweit es sich dabei um verfügbare *Guthaben* der Kunden bei den Kreditinstituten handelt, spricht man von *Sichteinlagen*. Das Buchgeld ist somit „echtes" Geld, das alle Aufgaben (Funktionen) des Papiergeldes erfüllen kann.

---

1 Die Europäische Zentralbank (EZB) mit Sitz in Frankfurt (Main) ist verantwortlich für die Geldpolitik (Steuerung der Geldmenge und der Zinssätze) in den Mitgliedstaaten der Wirtschafts- und Währungsunion (WWU).

2 Das Wort „Giro" kommt von „Kreis", „Ring". Gelder, die auf Girokonten liegen, kann man nämlich von Konto zu Konto überweisen, weil die Kreditinstitute gewissermaßen „ringförmig" miteinander in Verbindung stehen.

■ **Elektronisches Geld**

Eine Weiterentwicklung stellt das „elektronische Geld" (E-Geld) dar. Es handelt sich dabei um Werteinheiten in Form einer Forderung gegen die ausgebende Stelle, die

■ auf elektronischen Datenträgern gespeichert sind,

■ gegen Entgegennahme eines Geldbetrags ausgegeben werden (wobei der Eintauschpreis nicht geringer sein darf als der Wert des ausgegebenen E-Geld-Betrages) und

■ von Dritten als Zahlungsmittel angenommen werden, ohne gesetzliches Zahlungsmittel zu sein [§ 1 XIV KWG].

Der Inhaber von elektronischem Geld kann von der ausgebenden Stelle (i.d.R. eine Bank) den Rücktausch zum Nennwert in Münzen und Banknoten oder in Form einer Überweisung auf sein Konto verlangen [§ 22a KWG]. Die zur Durchführung des Rücktausches anfallenden Kosten dürfen in Rechnung gestellt werden. Ein Beispiel für elektronisches Geld ist die Geldkarte.[1]

Kein elektronisches Geld liegt vor, wenn die Werteinheiten lediglich Vorauszahlungen für bestimmte Sach- und Dienstleistungen darstellen (z.B. Telefonkarten).

Das Kreditwesengesetz rechnet die Ausgabe und Verwaltung von elektronischem Geld (E-Geld) zu den Bankgeschäften [§ 1 I, Nr. 11 KWG]. Die Geschäfte unterliegen damit der Aufsicht der Bundesanstalt für Finanzdienstleistungen.

(2) Zahlungsarten

Je nachdem, ob der **Zahler** (z.B. Schuldner) mit **Bargeld oder** mit **Buchgeld** zahlt und der **Zahlungsempfänger** (z.B. ein Gläubiger) **Bargeld oder Buchgeld** erhält, unterscheidet man folgende Zahlungsarten (Zahlungsformen):

■ **Barzahlung**

Die Zahlung erfolgt mit Banknoten und/oder Münzen. Sie ist erforderlich, wenn weder der Zahler noch der Zahlungsempfänger ein Girokonto haben.

Die Barzahlung sollte nur gegen Ausstellung einer Quittung erfolgen.[2]

■ **Halbbare Zahlung**

Die Zahlung erfolgt mit Bargeld und mit Buchgeld. Diese Zahlungsart ist beispielsweise dann erforderlich, wenn **nur** der **Zahler oder nur** der **Zahlungsempfänger** ein Girokonto hat.

■ **Bargeldlose (unbare) Zahlung**

Die Zahlung erfolgt **ausschließlich** mit **Buchgeld**. Sie ist möglich, wenn sowohl der Zahler als auch der Zahlungsempfänger ein Konto haben.

---

1 Die Geldkarte wird auf S. 311f. behandelt.

2 Auf die Behandlung der Barzahlung wird im Folgenden nicht eingegangen. Sie ist keine unternehmenstypische Zahlungsart. Eine Quittung sollte folgende Bestandteile enthalten: Name des Zahlers, Zahlungsgrund, Zahlungsbetrag, Empfangsbestätigung, Ort, Datum und Unterschrift des Zahlungsempfängers. Beim Kauf in einem Ladengeschäft dient der Kassenzettel (der Kassenbon) als Quittung [§ 368 BGB].

5.5.2 Eröffnung eines Girokontos

(1) Begriff Girokonto

Voraussetzung für die Teilnahme am bargeldlosen Zahlungsverkehr ist die Eröffnung eines Kontos bei einer Bank. Hauptaufgabe dieser Konten – man nennt sie **Girokonten** – ist es, Geldzahlungen allein durch Umbuchungen abzuwickeln.

Auf dem **Girokonto** der Banken werden die Forderungen und Verbindlichkeiten der Banken gegenüber dem Kunden einander gegenübergestellt.

- Forderungen der Bank (Schulden des Kunden) werden im Soll,
- Verbindlichkeiten der Bank (Guthaben des Kunden) werden im Haben gebucht.[1]

Der Kontoinhaber kann über die auf dem Girokonto gebuchten Gelder bzw. über einen eingeräumten Kredit täglich und uneingeschränkt verfügen.

(2) Kontovertrag

■ Begriff

Mit der Eröffnung eines Kontos wird ein Kontovertrag abgeschlossen, der die rechtlichen Pflichten und Ansprüche (Rechte) für die Bank und ihre Kunden regelt. Es handelt sich um ein Dauervertragsverhältnis, das durch Zusatzverträge (z.B. Kreditverträge, Dienstleistungsverträge) ergänzt werden kann.

■ Kriterien zum Leistungsvergleich zwischen den Banken

Bevor sich der Antragsteller zur Eröffnung eines Kontos entscheidet, gilt es, einen Leistungsvergleich zwischen den in Frage kommenden Banken vorzunehmen. Hierzu sollten insbesondere folgende Kriterien herangezogen werden:

- Wie hoch sind die anfallenden **Kosten?**

  Die Höhe der anfallenden Entgelte für Bankleistungen divergiert[2] bei den einzelnen Banken teilweise sehr stark, sodass es sich sehr wohl lohnen kann, vor der Eröffnung eines Kontos einen Kostenvergleich anzustellen.

- Wie viel **Kreditspielraum** gewährt die Bank dem Inhaber eines Kontokorrentkontos?

  Die Höhe des Kreditspielraums muss in jedem Einzelfall mit der Bank vereinbart werden. Bei Gehaltskonten gewähren die Banken in der Regel einen Kreditspielraum in Höhe von 2 bis 3 Monatsgehältern, ohne dass Kreditsicherheiten gestellt werden müssen.

- Welchen **Service** bietet die Bank?

Beispiele:	
Werden alle modernen Zahlungssysteme angeboten (z.B. Homebanking, Point-of-Sale-System, Geldautomaten, Kontoauszugsdrucker, Datenträgeraustausch, Softwareprogramm für Vereine)? Stehen kompetente Kundenberater zur Verfügung (z.B. für	Wertpapiergeschäfte, Vermögensanlage, Immobilien, Versicherungen, Bausparkasse)? Wird eine Kreditfinanzierung aus einer Hand angeboten? Können alle Auslandsgeschäfte abgewickelt werden?

- Wie dicht ist das **Filialnetz** am Ort, in der Region und überregional?

---

1 Auf dem Kontoauszug weist die Bank statt des Begriffs „Soll" häufig nur ein Minuszeichen und statt des Begriffs „Haben" ein Pluszeichen aus.

2 Divergieren: auseinander gehen; in entgegengesetzter Richtung (ver)laufen.

5.5.3 Bargeldlose Zahlung

5.5.3.1 Überweisung

(1) Überweisung innerhalb Deutschlands

Beim bargeldlosen Zahlungsverkehr wird mit Buchgeld gezahlt, indem der entsprechende Geldbetrag vom Konto des Zahlungspflichtigen abgebucht und dem Konto des Empfängers gutgeschrieben wird. Diesen Vorgang nennen wir Überweisung.

> **Merke:**
>
> Bei einer **Überweisung** wird ein Geldbetrag vom Girokonto des Zahlers auf das Konto (z. B. Girokonto, Sparkonto) des Zahlungsempfängers umgebucht.[1]

> **Beispiel:**
>
> Die Buchhandlung Karl Müller e.Kfm., Marktstr. 3, 88212 Ravensburg, bezahlt eine Rechnung über 87,15 EUR für vom Krammer-Verlag GmbH, Kaiserstr. 12, 90403 Nürnberg, erhaltene Bücher durch einen Überweisungsauftrag an die Kreissparkasse Ravensburg.

Der **Zahlungsvorgang** ist folgender:

- Der Zahler (Karl Müller e. Kfm.) füllt den Überweisungsvordruck aus und unterschreibt diesen.

- Der Zahler gibt den Überweisungsvordruck mit oder ohne Durchschlag am Bankschalter ab oder wirft ihn in den Briefkasten der Bank ein.[2]

- Das mit der Unterschrift des Zahlers versehene Original verbleibt bei der Bank des Zahlers als Buchungsbeleg.

- Die Bank des Zahlers (die Kreissparkasse Ravensburg) erteilt über die zuständigen Zentralen der Bank des Zahlungsempfängers (der Commerzbank AG in Nürnberg) den Auftrag, dem Zahlungsempfänger (dem Krammer-Verlag GmbH) den Überweisungsbetrag gutzuschreiben.

- Dem Zahler wird der überwiesene Betrag belastet (Sollbuchung). Der Zahlungsempfänger erhält den Kontoauszug mit der Gutschrift über 87,15 EUR. Ein Vermerk im Kontoauszug informiert ihn über die Person des Überweisenden (den Zahler) und den Zweck der Zahlung.

- Bei allen Zahlungen mittels Überweisung werden Zahler und Zahlungsempfänger durch entsprechende Angaben in den Kontoauszügen über die Herkunft und über den Zweck der Zahlung informiert.

---

1 Formulare, die bei unbarer (bzw. halbbarer) Zahlung verwendet werden, bezeichnet man als **Zahlungsträger**. Zahlungsträger stellen Anweisungen auf Buchung, Umbuchung oder Auszahlung von Geldbeträgen an eine Bank dar.

2 Die Banken führen die Überweisungen allein anhand der angegebenen Kontonummer und Bankleitzahl aus. Ein Abgleich von Kontonummer und Empfängername wird von der Bank nicht vorgenommen. Ein Widerruf der Überweisung ist nicht möglich. Der Bankkunde kann das Geld nur noch beim falschen Empfänger zurückfordern.

20 Speth – ISBN 978-3-8120-0491-6

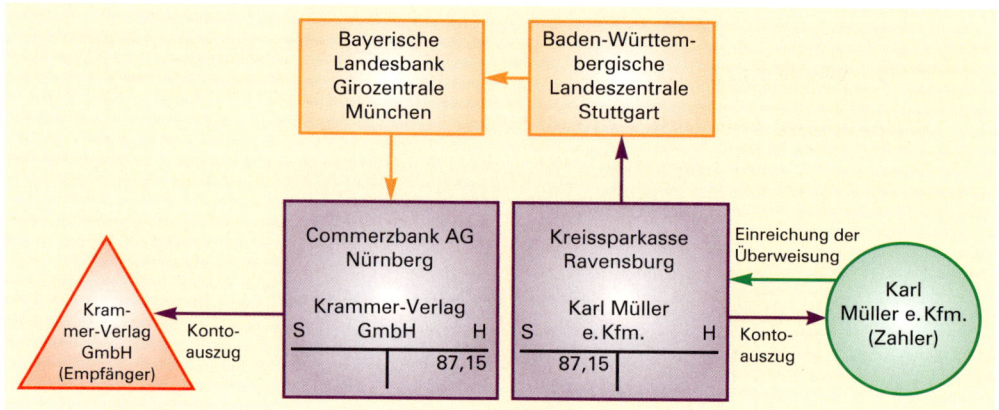

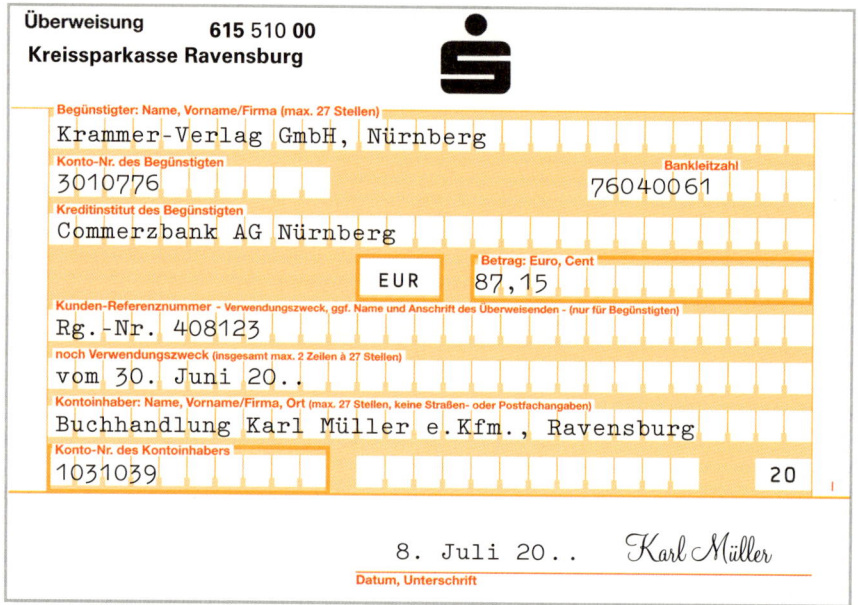

(2) SEPA-Überweisung

Die SEPA-Überweisung[1] (Euro-Überweisung) ist eine Überweisung innerhalb Deutschlands in einen anderen EU-/EWR-Staat oder in die Schweiz. Für SEPA-Überweisung gilt:

- IBAN/BIC sind Leitwegkriterien,
- Entgeltregelung: der Zahlungspflichtige trägt die Entgelte und Auslagen bei seinem Kreditinstitut, der Zahlungsempfänger trägt die übrigen Entgelte und Auslagen,
- Ausführungsfrist maximal drei Arbeitstage (D+3) bis 2012, danach nur noch einen Arbeitstag (beleghaft eingereichte Aufträge einen Tag mehr),
- Ausstellung in Euro.

---

1 SEPA: Single Euro Payments Area.

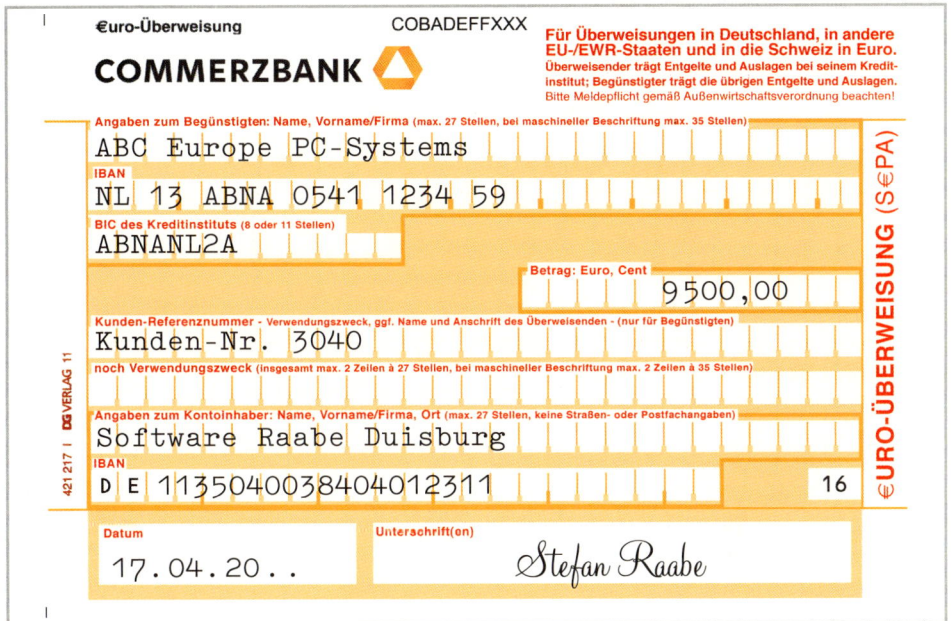

Erläuterungen:

- **BIC (Bank Identifier Code):** Er wird im grenzüberschreitenden Zahlungsverkehr als **Bankleitzahl** verwendet. Er ermöglicht eine weltweit eindeutige **Identifikation eines Kreditinstituts**. Der BIC ist acht oder elf Stellen lang.

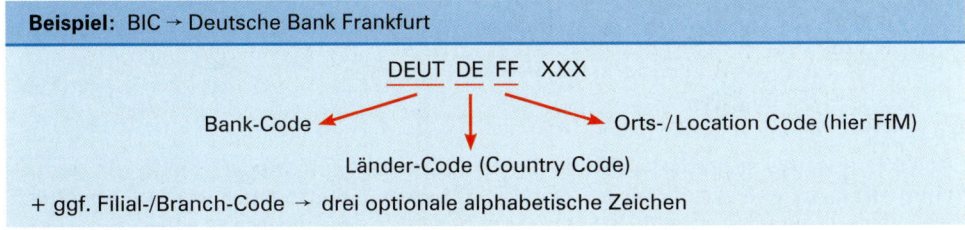

- **IBAN-Code (International Bank Account Number):** Es handelt sich hier um eine international standardisierte **Bank- und Kundenkontonummer**. Sie dient der **Identifikation des Kontos des Zahlungsempfängers**.

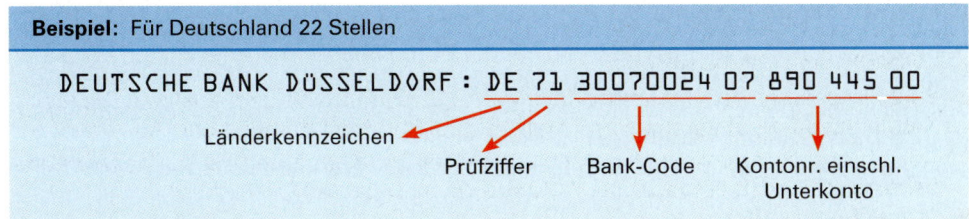

(3) Dauerauftrag

Hier erteilt der Zahlungspflichtige seiner Bank einen **einmaligen** Überweisungsauftrag (Dauerauftrag), bis auf Widerruf regelmäßig von seinem Konto einen **feststehenden Betrag** zu **bestimmten Terminen** (z. B. jeweils zum 1. jeden Monats) auf das angegebene Konto des Zahlungsempfängers zu überweisen.

Beispiel:

Die Werkzeugfabrik Erika Plauel GmbH überweist die Miete für die Büroräume von dem Geschäftskonto monatlich per Dauerauftrag auf das Konto des Vermieters.

5.5.3.2 Lastschriftverfahren

(1) Begriff Lastschriftverfahren

Im Gegensatz zur Überweisung bzw. zum Dauerauftrag geht hier die **Initiative** nicht vom Zahlungspflichtigen, sondern vom **Zahlungsempfänger** aus. Der Zahlungsempfänger füllt die Lastschriftbelege aus und reicht diese seiner Hausbank ein.

Diese schreibt die Beträge gut und zieht sie bei den Banken der Zahlungspflichtigen ein. Das Lastschriftverfahren wird angewandt, wenn Beträge abgebucht werden sollen, die im Zeitablauf in **wechselnder Höhe** und/oder zu **verschiedenen Zeitpunkten** anfallen.

Beispiele:

Gas-, Wasser-, Fernsprechentgelte, Feuerversicherungsumlagen.

Merke:

Beim **Lastschriftverfahren** ist ein Kontoinhaber damit einverstanden, dass von seinem Konto wiederkehrende, jedoch unterschiedlich hohe Zahlungen zu verschiedenen Zeitpunkten vom Zahlungsempfänger (Gläubiger) abgerufen werden.

(2) Arten von Lastschriftverfahren

Der Zahlungsempfänger hat dafür zu sorgen, dass der Zahlungspflichtige mit dem Lastschriftverfahren einverstanden ist. Dafür gibt es zwei Auftragsformen, die schriftlich zu erteilen sind: die Einzugsermächtigung und den Abbuchungsauftrag.

■ **Einzugsermächtigung**

Durch die Einzugsermächtigung hat der **Zahlungspflichtige den Zahlungsempfänger dazu ermächtigt,** bestimmte Beträge durch Lastschriften einzuziehen.

Beim Einzugsermächtigungsverfahren hat der Kontoinhaber die Möglichkeit, Belastungen binnen sechs Wochen ohne Angabe von Gründen zu **widersprechen**. Die Zahlstelle (z. B. die „Hausbank" des Zahlungspflichtigen) zieht bei einem Widerspruch den Geldbetrag bei der Bank des Zahlungsempfängers (Inkassostelle) ein und schreibt ihn dem Zahlungspflichtigen wieder gut. Die Inkassostelle haftet für die Erstattung des belasteten Betrags.

■ **Abbuchungsauftrag**

Durch den Abbuchungsauftrag teilt der Zahlungspflichtige seiner Bank mit, dass Lastschriften eines bestimmten Zahlungsempfängers ohne vorherige Rückfrage abgebucht werden können. Gleichzeitig unterrichtet der Zahlungspflichtige den betreffenden Zahlungsempfänger über den erteilten Abbuchungsauftrag. Beim Abbuchungsauftragsverfahren ist ein Widerspruch ausgeschlossen. Dieses Verfahren hat in der Praxis nur eine relativ geringe Bedeutung.

5.5.3.3 Zahlungen mit der Bankkarte

(1) Bankkarte (BankCard)[1]

In Deutschland sind die von den Banken ausgegebenen Bankkarten (BankCards) am meisten verbreitet. Bankkarten sind mit einer Geheimzahl (**P**ersonal **I**dentification **N**umber; **PIN**) ausgestattet. Sie können zur Zahlung an elektronischen Kassen genutzt werden. Jeder Karte ist ein Girokonto zugeordnet, das bei einer Zahlung sofort belastet wird. Für Bankkarten gilt somit der Grundsatz „Zahle gleich".

(2) Electronic cash (bargeldloses Zahlen an automatisierten Kassen)

■ **Begriff Electronic cash (Girocard)[2]**

Merke:

Electronic cash (girocard) ist eine bargeld- und beleglose Zahlungsart, bei der die Zahlung an einer automatisierten Ladenkasse unter Verwendung einer Bankkarte, Kreditkarte oder Kundenkarte direkt am Verkaufsort (**P**oint **o**f **S**ale; **POS**)[3] vorgenommen wird.

Die elektronischen Zahlungen mithilfe der maschinell lesbaren Karten sind möglich, weil die Einzelhandelsgeschäfte, Kaufhäuser und Tankstellen in Verbindung mit den Banken elektronische Kassen (Electronic-cash-Terminals) eingerichtet haben. Werden die Karten bei der Zahlung vertragsgemäß verwendet, garantieren die Banken die Einlösung der Kartenzahlung. Die Electronic-cash-Zahlung kann online oder offline abgewickelt werden.

---

1 Die Bankkarte bezeichnet man auch als Debitkarte. Debit (engl.): Schulden, Belastung (des Kontos). Wenn eine Bankkarte gestohlen wird und die Kriminellen damit Geld abheben, können die Banken den Kunden mit bis zu 150,00 EUR an dem Schaden beteiligen, selbst wenn dieser nicht grob fahrlässig gehandelt hat.

2 Mit der Einführung der SEPA-Überweisung wird gleichzeitig die „Electronic-cash-Zahlung" **umbenannt** in „**Girocard-Zahlung**". Das Electronic-cash-Logo wird damit ersetzt durch das **Girocard-Logo**. Im Folgenden werden die Begriffe „Electronic cash" und „Girocard" synonym (sinnverwandt) verwendet.

3 Point of Sale (POS): „Punkt des Verkaufs"; Verkaufsort.

Arten von Electronic-cash-Zahlungen

Electronic-cash-Zahlung online

Ist die Kaufsumme vom Verkäufer in die Kasse eingegeben und vom Kunden kontrolliert, gibt der Kunde seine BankCard (EC/MaestroCard) und die Geheimnummer (PIN) in einen Kartenleser ein, der mit dem Rechenzentrum des betreffenden Netzbetreibers verbunden ist. Das Rechenzentrum überprüft bei der Bank, die die Karte ausgestellt hat, in Sekundenschnelle die Geheimnummer, die Echtheit der Karte, eine mögliche Sperre sowie das Guthaben bzw. das Kreditlimit (**Autorisierungsprüfung**).[1] Wird die Zahlung genehmigt (autorisiert), erhält der Kunde den quittierten Kassenbeleg ausgehändigt. Die Summe wird zunächst im Kassenterminal gespeichert und in der Regel täglich an die Bank weitergeleitet. Der Verkäufer erhält automatisch von seiner Bank die Gutschrift (abzüglich Gebühren). Der Käufer erhält automatisch die Lastschrift von seiner Bank.

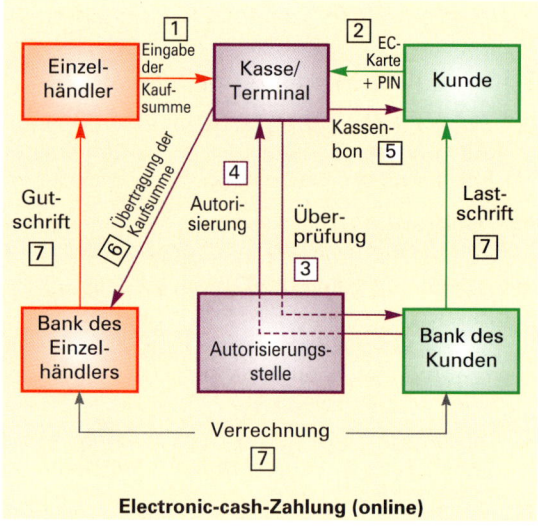

Electronic-cash-Zahlung (online)

Electronic-cash-Zahlung mit Chip (offline)

Bei diesem Verfahren wird der Microchip mit einem Verfügungsrahmen (z.B. 500,00 EUR) geladen. Beim Bezahlvorgang prüft das Terminal nach Eingabe der Geheimzahl (PIN) im Chip den noch zur Verfügung stehenden Rahmen und bucht den Kaufbetrag ab. Die Prüfung des Verfügungsrahmens erfolgt im Regelfall offline, d.h. ohne Onlineverbindung. Ist bei dieser Prüfung der Verfügungsrahmen überschritten oder der Bereitstellungszeitraum verstrichen, baut das Terminal automatisch eine Onlineverbindung auf und autorisiert den Umsatz. In beiden Fällen erhält der Verkäufer eine garantierte Zahlung.

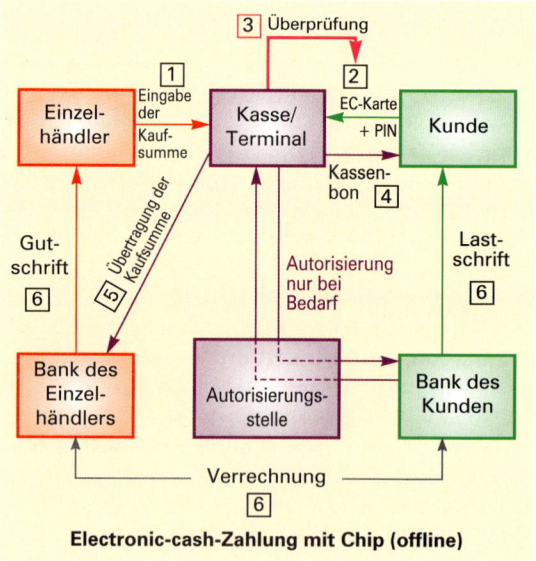

Electronic-cash-Zahlung mit Chip (offline)

---

1 Autorisieren: ermächtigen.

■ **Kosten**

Die Kosten für den Händler (ohne Geräte-, Netzbetreiber-, Verbindungsentgelte) betragen in der Regel 0,3 % der Kaufsumme, mindestens jedoch 0,08 EUR je Zahlungsvorgang. Die Electronic-cash-Zahlung mit Chip ist für den Händler vorteilhaft, da eine Autorisierung nur in Einzelfällen erforderlich ist und somit weniger Kosten anfallen.

■ **Vorteile für die Unternehmen**

■ Elektronische Zahlungssysteme **verkürzen** die **Durchlaufzeiten an den Kassen.** Zeit-aufwendige Arbeiten wie die Herausgabe des Wechselgeldes oder die Erstellung von Einzahlungsformularen entfallen bzw. werden vermindert.

■ Die Unabhängigkeit von Bargeld fördert die Bereitschaft der Kunden zu Spontankäufen und **erhöht** dadurch die **Umsatzzahlen.**[1]

■ Durch die Entlastung an der Kasse kommt es zu einer **Steigerung der Servicequalität,** da die Mitarbeiter mehr Zeit für das eigentliche Verkaufen und die Kundenberatung haben. Dadurch entfällt das Risiko des fehlerhaften „Herausgebens" (zu viel oder zu wenig), was in beiden Fällen dem Händler Nachteile bringt (materieller Verlust und/ oder Verlust des Rufes).

■ Es kommt zu einer **Kosteneinsparung,** da die Kosten für die Abwicklung elektronischer Zahlungen deutlich niedriger sind als für die Bargeldabwicklung.

■ Die elektronische Zahlungsabwicklung gibt **Sicherheit,** da Probleme mit Falschgeld, Diebstahl, Überfall oder Unterschlagung durch sinkende Bargeldsummen in der Kasse reduziert werden.

■ Bei automatisierten Electronic-cash-Zahlungen besteht kein Ausfallrisiko, d.h., die **Zahlung** ist **garantiert.**

(3) EC-Lastschrift-Verfahren (ELV)

Beim EC-Lastschrift-Verfahren werden die Kontodaten elektronisch von der EC-Karte gelesen und auf einer Lastschrift mit Einzugsermächtigung ausgedruckt. Diese wird dann vom Kunden unterschrieben. Der Zahlungsempfänger (z.B. Einzelhändler) zieht die Last-schrift in der Regel über seine Hausbank ein. Diese Zahlungsform ist für den Händler zwar kostengünstig, aber auch risikoreich, da weder eine Autorisierungs- noch eine Sperr-prüfung der EC-Karte vorgenommen wird. Für den Händler besteht kein Anspruch auf Adressenangabe bei Nichtbezahlung der Lastschrift.

(4) Geldkarte

■ **Bargeldlose Zahlung mit der Geldkarte**

Der in der BankCard/EC-Karte integrierte Chip kann an speziellen Ladegeräten (Ladeterminals), die sich in den Banken befinden, bis zu einem Betrag von 200,00 EUR aufgeladen werden. Mit dem gespeicherten Bargeld („elektronische Geldbörse") können die Kunden ohne Eingabe einer PIN und ohne Unterschrift bezahlen. Beim Zahlungsvorgang wird der Kaufbetrag vom Chip abgebucht. Der Zahler kann mithilfe eines Lesegeräts (als Schlüsselanhänger) stets kontrollieren, wie viel Geld noch im Speicherchip ist.

---

1 Spontankäufe können aber auch dazu führen, dass es zu Verbraucherüberschuldungen kommt.

Das Händlerterminal protokolliert die Umsätze. Bei Kassenabschluss werden die gespeicherten Umsätze online an die Hausbank übertragen. Diese veranlasst die Zahlung des Karten ausgebenden Kreditinstituts an den Händler (Einzug per Lastschrift). Dem Händler ist die Zahlung garantiert. Die Kosten, die der Händler zu tragen hat, betragen in der Regel 0,3 % der Kaufsumme, mindestens jedoch 0,01 EUR je Vorgang.[1]

■ Aufladen und Entladen der Geldkarte

Ist der auf dem Chip geladene Betrag verbraucht, kann der Karteninhaber seine Geldkarte an einem Ladeterminal bzw. am Geldautomaten unter Eingabe seiner persönlichen Geheimzahl (PIN) zulasten des auf der Karte angegebenen Kontos **aufladen.**

Aufgeladene Geldbeträge, die z. B. nach Ablauf der Gültigkeit einer BankCard (Geldkarte) noch in der Geldkarte gespeichert sind oder über die der Karteninhaber nicht mehr mittels Geldkarte verfügen möchte, können vom Karteninhaber bei der Karten ausgebenden Bank auf sein Konto **entladen** werden. Eine Entladung von Teilbeträgen ist jedoch nicht möglich.

Die **Gültigkeit der Geldkartenfunktion** richtet sich nach der Gültigkeit der BankCard.

■ Haftung bei Verlust der Geldkarte

Bei einer Funktionsuntüchtigkeit der Geldkarte – die nicht bewusst vom Karteninhaber verursacht wurde – wird der nicht verbrauchte Betrag von der Karten ausgebenden Bank erstattet. Bei **Verlust der Geldkarte** hat der Karteninhaber hingegen keinen Anspruch auf die Erstattung des noch in der Geldkarte gespeicherten Geldbetrags. Jeder, der im Besitz der Geldkarte bzw. BankCard ist, kann nämlich den in der Geldkarte gespeicherten Betrag ohne Einsatz der PIN verbrauchen. Die aus der Vorbezahlung entstehenden Risiken beim Verlust einer Geldkarte entsprechen den Risiken bei Bargeldverlusten.

5.5.3.4 Kreditkarte

(1) Ablauf eines Einkaufs mit Kreditkarte

Wer eine Kreditkarte erwerben will, schließt sich einem bestimmten Kreditkartensystem (z. B. Diners Club, VISA, American Express, MasterCard) an. Von der gewählten Kreditkartengesellschaft erhält der Kunde gegen Zahlung einer **jährlichen Gebühr**[2] eine Kreditkarte (Ausweiskarte), mit der er bei allen Unternehmen und Institutionen, die **Vertragspartner** der betreffenden Kreditkartengesellschaft sind, Rechnungen bargeldlos bis zu einem bestimmten Verfügungsrahmen begleichen kann. Die Kreditkarte besitzt eine Nummer, die der Vertragsunternehmer (der Zahlungsempfänger) zusammen mit der vom Karteninhaber unterschriebenen Rechnung zur Bezahlung an die betreffende Gesellschaft einreicht.

Die Gesellschaft überweist den Rechnungsbetrag an den Zahlungsempfänger unter Abzug eines Disagios (Abschlags) in Höhe von i. d. R. 2–4 % und belastet den Karteninhaber im Normalfall monatlich. Gleichzeitig wird dem Karteninhaber eine **Zusammenstellung** über die in dem Abrechnungszeitraum angefallenen Beträge zugestellt.

---

1 Ohne Geräte-, Netzbetreiber-, Verbindungsentgelte.
2 Bei vielen Banken entfällt die Jahresgebühr bei einem bestimmten Jahresumsatz.

(2) Vorteile der Kreditkarte

Vorteile der Kreditkarte sind:

- **begrenzte Haftung** des Kreditkarteninhabers bei Verlust oder Diebstahl der Karte (z. B. bis zu 50,00 EUR),
- **Mietwagenservice** (der Mieter muss z. B. keine Kaution leisten),
- zusätzliche **Unfallversicherung** bei Reisen, die mit der Kreditkarte bezahlt wurden,
- **weltweite Hilfe** in Notfällen.

Die Kreditkarten sind nicht übertragbar. Sie sind nur für den auf der Kreditkarte angegebenen Zeitraum gültig.

(3) Haftung bei Verlust der Kreditkarte

Bei einem Verlust der Kreditkarte oder bei einer missbräuchlichen Verfügung mit einer Kreditkarte muss der Karteninhaber dies **unverzüglich** seiner Bank (möglichst der kontoführenden Stelle) oder dem **Sperrannahmedienst** (24-Stunden-Service) mitteilen, damit die Kreditkarte gesperrt werden kann. Eine missbräuchliche Nutzung der Kreditkarte hat der Karteninhaber außerdem **unverzüglich** bei der **Polizei** anzuzeigen. Nach dem Eingang der Verlustanzeige haftet der Karteninhaber nicht für Schäden, die nach diesem Zeitpunkt durch eine missbräuchliche Verfügung mit seiner abhandengekommenen Kreditkarte entstanden sind. Die Haftung für die vor dem Eingang der Verlustanzeige durch den Kontoinhaber schuldhaft verursachten Schäden ist auf einen bankindividuell festgelegten Höchstbetrag beschränkt.

5.5.3.5 Onlinebanking (Homebanking)

Homebanking[1] kann über Onlinedienste wie z. B. AOL, 1und1 oder T-Online durchgeführt werden. Den Zugang zum Rechner der Bank bekommt der Kunde mithilfe eines Internetanschlusses unter Verwendung einer speziellen Software oder direkt über die Internetseiten der entsprechenden Bank.

So können von der Wohnung aus rund um die Uhr **Bankgeschäfte getätigt werden,** z. B.
- Überweisungsaufträge erteilen,
- Kontostände der eigenen Konten abfragen,
- Daueraufträge erteilen, ändern oder widerrufen,
- Bankformulare bestellen,
- Wertpapiere kaufen und verkaufen.

Damit die durch Onlinebanking getätigten Geschäfte vor dem Zugriff Unberechtigter geschützt bleiben, bekommt jeder Teilnehmer von seiner Bank
- eine PIN (persönliche Identifikationsnummer) und
- eine Liste mit TAN (Transaktionsnummern).

Um Zugang zum Bankrechner zu bekommen, gibt der Kunde seine Kontonummer und seine persönliche Identifikationsnummer ein. Damit ist z. B. die Kontostandsabfrage möglich. Bei jeder Aktion, wie etwa eine Überweisung, das Einrichten eines Dauerauftrags oder das Bestellen von Überweisungsformularen, muss der Kunde eine TAN (Transaktionsnummer) aus der ihm zur Verfügung gestellten TAN-Liste eingeben, zu der er auf-

---

1 Home (engl.): Heim, Wohnung. Banking (engl.): Bankgeschäfte betreiben. Homebanking ist somit die Durchführung von Bankgeschäften von zu Hause aus.

gefordert wird (z. B. 65. TAN). Jede TAN wird nur einmal verwendet. Die TAN bekommt der Kunde von seiner Bank versiegelt mitgeteilt. Die TAN ist gewissermaßen die „elektronische Unterschrift" des Kontoinhabers.

5.5.3.6 Zahlungsformen beim E-Commerce

Zunehmend werden Waren und Dienstleistungen über das Internet angeboten, gekauft und bezahlt. Man spricht vom **E-Commerce.**[1] Business-to-Business, kurz B2B, liegt vor, wenn der Geschäftsverkehr zwischen Unternehmen gemeint ist. Vom Business-to-Consumer, kurz B2C, ist die Rede, wenn es um die Geschäfte zwischen Unternehmen und Konsumenten (Verbrauchern) geht. Wegen der besonderen Sicherheitsprobleme im Onlinehandel entstanden und entstehen im Bereich des elektronischen Handels immer wieder neue Zahlungsarten, von denen einige beispielhaft genannt werden:

(1) Vorauskasse

Nach Eingang des Überweisungsbetrags versendet der Anbieter die vom Kunden im Internet oder per E-Mail bestellte Ware bzw. erbringt die Dienstleistung. Für den Anbieter ist die Vorauszahlung die sicherste Zahlungsweise. Die Vorauskasse wird bei den meisten Internet-Auktionen (z. B. eBay, Preiswalze) verlangt.

(2) Nachnahme

Diese traditionelle (althergebrachte) Zahlungsart hat durch den E-Commerce wieder an Bedeutung gewonnen. Die vom Anbieter als Nachnahmesendung z. B. mit der Post versandte Ware wird erst dann ausgehändigt, wenn die Barzahlung an die Zustellkraft erfolgt ist.

(3) Lastschrift

Hier übermittelt der Kunde bei seiner Bestellung dem Anbieter elektronisch eine einmalige Ermächtigung zum Einzug des Kaufpreises.

(4) Kauf mit Kreditkarte

Hier gibt der Zahler dem Anbieter seinen Namen, seine Kreditkartennummer und das Verfalldatum der Kreditkarte an. Die Unterschrift des Zahlers ist nicht erforderlich. Für den Käufer besteht das Risiko, dass der Anbieter z. B. unberechtigte Zahlungen veranlasst. Außerdem können Kreditkartendaten von „Hackern" ausgespäht (entziffert) und anschließend missbräuchlich verwendet werden. Um Internetzahlungen sicherer zu machen, können sich Anbieter, Nachfrager und Kreditkartengesellschaften ihre Identität und Bonität von einem Trust Center (einer Zertifizierungsstelle) bestätigen lassen. Das in einer Datei als Verschlüsselungscode gespeicherte Zertifikat ist praktisch ein elektronischer Personalausweis, der eine gesicherte elektronische Unterschrift (Signatur) ermöglicht.

Eine weitere Möglichkeit, Zahlungen im Internet sicherer zu machen, stellt das **Sicherheitsverfahren (Secure Socket Layer [SSL])** dar. Es **verschlüsselt die Kreditkartendaten** bei dem Transport durch das Internet und stellt einen sicheren Übertragungsweg zwischen Zahlungspflichtigem (Sender) und Zahlungsempfänger dar. Das SSL-Verfahren wird heute von den meisten Online-Shops angeboten.

---

1 E-Commerce (electronic commerce, engl.): elektronischer Handel.

(5) Giropay

Die Kunden, die bei einem Unternehmen kaufen, das dem Internetbezahlsystem „Giropay" angeschlossen ist, werden nach dem Kaufabschluss mit einem Klick auf die **Online-Banking-Seite ihrer Hausbank** geleitet. Dort steht eine ausgefüllte Überweisung zur Genehmigung (Autorisierung) durch eine Transaktionsnummer (TAN) bereit. Der Händler erteilt die Bestätigung, dass die Überweisung vorgenommen wurde. Das Internet-Bezahlsystem „Giropay" wird von den Sparkassen, Volks- und Raiffeisenbanken sowie der Postbank angeboten.

(6) PayPal

PayPal ist das Internetbezahlverfahren von eBay. Bei PayPal-Zahlungen z.B. per Banküberweisung überweist der Käufer von seinem Bankkonto den entsprechenden Betrag auf das PayPal-Konto. Nach Eingang des Betrags auf dem PayPal-Konto wird dieses sofort automatisch dem PayPal-Konto des Verkäufers gutgeschrieben.

PayPal-Zahlungen können auch per Kreditkarte vorgenommen werden, sofern dies der Verkäufer akzeptiert. Vorteil des PayPal-Systems ist, die Bank- oder Kreditkartendaten der Kunden werden nicht an den Verkäufer weitergegeben. Damit soll das Kaufen und Verkaufen bei eBay sicherer gemacht und die Zahlungsabsicherung erleichtert werden.

(7) Karten mit Geldkartenfunktion

Für die Zahlung von Kleinstbeträgen (Micropayments) sind Karten mit einer Geldkartenfunktion (z.B. Bankkarten und andere SmartCards, die mit einem Geldbetrag aufgeladen werden können) besonders geeignet. Um diese Karten im Internet nutzen, d.h. Geldbeträge im Internet übertragen zu können, brauchen die Kunden einen speziellen Chipkartenleser mit Anschlussmöglichkeit an den PC. Mit der aufgeladenen Geldkarte kann dann mithilfe des Chipkartenlesers bezahlt werden. Der Zahlungsempfänger erfährt lediglich die Nummer der Geldkarte.

5.5.3.7 Vorteile der bargeldlosen Zahlung

Der bargeldlose Zahlungsverkehr ist aus unserer hoch spezialisierten Wirtschaft, in der täglich Milliardenbeträge gezahlt werden, nicht mehr wegzudenken. Undenkbar, dass solche Beträge täglich bar gezahlt und über weite Entfernungen in Briefen oder Päckchen mit der Post versandt werden. Die Diebstahlgefahr wäre viel zu groß. Es ist daher leicht verständlich, dass der Umfang des bargeldlosen Zahlungsverkehrs im Laufe der Zeit die Bargeldzahlung um ein Vielfaches überstiegen hat.

Die bargeldlose Zahlung bringt für die Kunden und für die Banken Vorteile

Vorteile für den Kunden	Vorteile für die Banken
■ Erleichterung der Zahlung: Zahlung ohne großen Aufwand mit einem Formular; ■ Zahlung kann terminiert werden, Terminüberwachung übernimmt die Bank; ■ billiger als Barzahlung; ■ keine Aufbewahrung und Sicherung von Bargeld.	■ Kreditquelle: Da die Einlagen der Kunden nicht alle zur gleichen Zeit abgehoben werden, kann ein Teil der Giroeinlagen für Kredite verwendet werden; ■ Ertragsquelle (Zinsen, Gebühren); ■ Informationsquelle über Zahlungsverhalten (Seriosität) des Bankkunden.

■ Bei der **bargeldlosen Zahlung** erfolgt die Zahlung **ausschließlich** mit **Buchgeld.**

■ Voraussetzung für den bargeldlosen Zahlungsverkehr ist das Vorhandensein eines **Girokontos** bei einer Bank.

■ Ein wichtiges Zahlungsinstrument des bargeldlosen Zahlungsverkehrs ist die **Überweisung.** Bei der Überweisung wird der Zahlende belastet, der Empfänger erhält eine Gutschrift.

■ Bei Überweisungen in einen anderen EU-/EWR-Staat oder in die Schweiz ist die **SEPA-Überweisung** zu verwenden.

■ Beim **Dauerauftrag** führen Banken wiederkehrende Zahlungen in fester Höhe zu bestimmten Terminen aufgrund einer einmaligen Auftragserteilung an bestimmte Empfänger aus.

■ Eine wichtige Art des Einzugsauftrags ist das **Lastschriftverfahren.** Der Zahlungspflichtige erteilt beim Lastschriftverfahren gegenüber seiner Bank **(Abbuchungsauftrag)** oder gegenüber dem Zahlungsempfänger **(Einzugsermächtigung)** die Genehmigung, fällige Beträge auf seinem Konto zu belasten. Dem Zahlungsempfänger wird der Betrag unter „Eingang vorbehalten" gutgeschrieben.

   ■ Beim **Einzugsermächtigungsverfahren** steht dem Zahlungspflichtigen innerhalb von 6 Wochen ein Widerspruchsrecht zu (Rückbuchung des eingezogenen Betrags).

   ■ Beim **Abbuchungsauftragsverfahren** steht dem Zahlungspflichtigen kein Widerspruchsrecht zu.

■ Zu den Vorteilen des bargeldlosen Zahlungsverkehrs für den Kunden bzw. den Banken siehe Tabelle S. 315.

■ Die **elektronische Zahlung** mit BankCard und Kreditkarte ist durch folgende Eigenschaften gekennzeichnet:

Verfahren / Eigenschaften	Electronic cash online	Electronic cash mit Chip	Elektronische Geldbörse (Geldkarte)	EC-Lastschrift-Verfahren (ELV)	Kreditkarte
Karte	BankCard	BankCard	BankCard	BankCard	je nach Händler-wunsch
Unterschrift	nein	nein	nein	ja	ja
Geheimzahl	ja	ja	nein	nein	nein
Online ■ Sperrabfrage ■ Autorisierungs-prüfung	ja ja	bei Bedarf bei Bedarf	nein nein	nein nein	ja ja
Zahlungsgarantie	ja	ja	ja	nein	ja
Händler-Risiko	nein	nein	nein	hoch	nein

114 1. Beschreiben Sie den Weg, den eine Überweisung von einer Sparkasse in Essen zu einer Volksbank in Hamburg nehmen kann!

2. Unterscheiden Sie den Dauerauftrag vom Lastschriftverfahren und bilden Sie zu jeder Überweisungsart drei Beispiele!

3. Beantworten Sie in Stichworten folgende Fragen:

   3.1 Lohnt sich ein Girokonto auch für einen Schüler, der nicht viel Geld zur Verfügung hat?

   3.2 Welche Möglichkeiten bietet das Girokonto neben der Geldaufbewahrung noch?

4. 4.1 Sie sind Kassierer eines Fußballvereins und möchten die Mitglieder dazu auffordern, dem Verein eine Einzugsermächtigung für die Entrichtung des Vereinsbeitrags zu erteilen. Schreiben Sie diesen Brief!

   4.2 Entwerfen Sie das Formular für die Einzugsermächtigung!

5. Welchen gemeinsamen Vorteil haben die Zahlungen mit Dauerauftrag und Lastschriftverfahren für den Zahlenden?

6. Geben Sie für die nachfolgenden Fälle die günstigste Zahlungsmöglichkeit an. Gehen Sie davon aus, dass der Zahler ein Girokonto eröffnet hat. Begründen Sie Ihre Entscheidung!

   6.1 Die Miete in Höhe von 600,00 EUR ist monatlich auf das Konto des Vermieters zu zahlen.

   6.2 Die vierteljährlich fällige Stromrechnung ist zu begleichen.

7. Welchem Zweck dient die Kreditkarte?

8. Erläutern Sie die Zahlung mit der Geldkarte (elektronische Geldbörse)!

9. Erläutern Sie folgende Zahlungsarten:

   9.1 Girocard-Zahlungen,

   9.2 Bezahlung von Internetkäufen,

   9.3 Onlinebanking.

10. Erklären Sie die Unterrichtungs- und Anzeigepflichten des Karteninhabers (Kontoinhabers) beim Verlust oder bei einer missbräuchlichen Verfügung mit seiner BankCard!

115 1. Herr Häfner entschließt sich, die bargeldlose Zahlungsmöglichkeit mittels BankCard (EC-/Maestro-Service) in seinem Fachgeschäft einzuführen. Lediglich über die Art des Verfahrens hat Herr Häfner noch keine Entscheidung getroffen.

Aufgabe:

Stellen Sie die Abläufe bei der Zahlung mit EC-online- bzw. EC-offline-Verfahren und dem EC-Lastschrift-Verfahren (ELV) dar und nennen Sie je einen Vor- und Nachteil für jedes der beiden Zahlungssysteme!

2. Weitere Möglichkeiten der Kartenzahlung sind die Kreditkarte und die Geldkarte.

Aufgabe:

Nennen Sie je zwei Vor- und Nachteile zu diesen beiden Karten aus Sicht des Einzelhändlers!

3. Frau Sarah Bach macht die Buchhaltung für den Autozubehörgroßhandel Daniel Ziegler e.K. Frau Bach überlegt sich, wie sich die nachfolgenden monatlichen Zahlungen rationeller und einfacher durchführen lassen:

3.1 Mitarbeitergehälter,

3.2 Rechnung der Tankstelle,

3.3 Pacht für die angemieteten Parkplätze,

3.4 Pauschale für den Sicherheitsdienst.

Aufgabe:

Erläutern Sie, welche Zahlungsweisen sich für die jeweiligen Fälle anbieten!

4. Susanne Nigbur, Ruhrallee 28, 45128 Essen, Kundin der Commerzbank Essen, BLZ 360 400 39, Konto-Nr. 656 868 319, wünscht am Montag, dem 05.04.20.. an Herrn Sven Sörensen, Kopenhagen, Dänemark, 750,00 EUR als Anzahlung für die Miete eines Ferienhauses zu überweisen.[1]

Dazu legt sie nachstehende Buchungsbestätigung (Auszug) vor:

Sven Sörensen
Taarbakvej 6

DK-2100 Kobenhavn   28.03.20..
Tlf. 702010120

Sehr geehrte Frau Nigbur,

bitte überweisen Sie die Anzahlung in Höhe von 750,00 EUR für den in der Zeit vom 20.07. bis 03.08.20.. gemieteten Bungalow auf das unten angeführte Konto.

Danske Bank Kobenhavn
Amagertopvej 24,1
Kobenhavn
IBAN: DK 50 0040 0440 1162 43
BIC (SWIFT-Code): DAHADKK1SPE

Aufgaben:

4.1 Füllen Sie den Überweisungsauftrag für die Kundin aus! Die IBAN der Kundin Susanne Nigbur lautet: DE23360400390656868319.

4.2 Informieren Sie die Kundin über die Bedeutung und den Aufbau der IBAN und der BIC – siehe auch die Eintragung auf dem Überweisungsauftrag! (Die Stellen 3 und 4 der IBAN sind Prüfziffern.)

4.3 Erklären Sie der Kundin, warum die Kreditwirtschaft die International Bank Account Number (IBAN) und den Bank Identifier Code (BIC) eingeführt hat!

---

1 Die Angaben der Bank sind nur als Beispiel anzusehen. Bitte besorgen Sie sich eine EU-Standardüberweisung von einer Bank in Ihrer Stadt.

6 Mitarbeiter im Unternehmen

6.1 Bedeutung des Personals im Industrieunternehmen

Die Mitarbeiter stellen zunächst für den Industriebetrieb einen Produktionsfaktor[1] dar, der bei der Leistungserstellung mitwirkt. Allerdings führt die fortdauernde Verbindung von Produkt und Dienstleistung am Markt dazu, dass die Mitarbeiter im Industriebetrieb zunehmend an Bedeutung gewinnen. Durch die Mitarbeiter kann ein Mehrwert für den Kunden geschaffen werden, der von der Konkurrenz nur schwer imitier- und substituierbar[2] ist.

Aber auch die erfolgreiche Umsetzung von Unternehmensstrategien, die Erstellung innovativer Produktprogramme, die Förderung der Innovationsfähigkeit des Industrieunternehmens oder die Durchführung marktorientierter Veränderungsprozesse können einen maßgeblichen Beitrag zum Unternehmenserfolg leisten. Solche Einflussfaktoren werden in der betriebswirtschaftlichen Literatur als **Erfolgsfaktoren** bezeichnet.

Letztlich stehen aber auch hinter diesen Erfolgsfaktoren Menschen. Dem Mitarbeiter kommt damit im Hinblick auf den Unternehmenserfolg eine besondere Rolle zu. Die menschliche Arbeitsleistung wird zum Erfolgsfaktor.

> **Merke:**
>
> Die **Mitarbeiter** eines Industrieunternehmens (als „Humankapital") sind mehr als ein Produktionsfaktor im eigentlichen Sinn. Sie stellen einen **Erfolgsfaktor** dar.

6.2 Personalstruktur und Aufgabenbereiche der Mitarbeiter

6.2.1 Begriffe und Voraussetzungen der Organisation

(1) Begriff Organisation

Die Bewältigung der Aufgaben in einem Industriebetrieb wird von Mitarbeitern mit unterschiedlicher Qualifikation, in unterschiedlichen Arbeitsbereichen und auf unterschiedlichen Verantwortungsebenen geleistet. Die Aufgabengliederung sowie die Zuordnung der Mitarbeiter auf die einzelnen Arbeitsbereiche erfolgt durch die Aufstellung eines **Organisationsplans (Organigramms)**.

> **Merke:**
>
> Unter **Organisation** verstehen wir ein System von geplanten Regelungen und Arbeitsanweisungen, durch das der Betriebsaufbau und die betrieblichen Abläufe gestaltet werden.

---

1 Produktionsfaktoren sind alle Grundelemente, die bei der Produktion (Leistungserstellung) mitwirken.
2 Imitieren: nachahmen, nachbilden. Substituieren: austauschen, ersetzen.

Im Rahmen der Organisation werden die anstehenden Aufgaben in einzelne Teilaufgaben zerlegt und an Mitarbeiter verteilt, es werden Anordnungsbefugnisse übertragen und Menschen und Sachen einander zugeordnet. Insbesondere sind zu regeln: die Rangordnungsverhältnisse der Mitarbeiter zueinander (Aufbauorganisation) und der Ablauf der Arbeitsprozesse (Ablauforganisation).

Merke:	Beispiel:
Die **Aufbauorganisation**[1] legt die Aufgaben und Zuständigkeiten von Mitarbeitern fest. Sie befasst sich mit Institutionen, Stellen, Abteilungen.	Die Aufbauorganisation sagt u.a. darüber etwas aus, welcher Mitarbeiter für den Verkauf der Erzeugnisgruppe A zuständig ist.

Merke:	Beispiel:
Die **Ablauforganisation** legt die zeitliche und räumliche Ordnung der Arbeitsabläufe fest. Sie befasst sich mit Arbeits- und Bewegungsabläufen innerhalb der festgelegten Institutionen.	Die Ablauforganisation legt z.B. die zeitliche Reihenfolge der Arbeitsgänge bei der Herstellung einer Werkzeugmaschine fest.

(2) Begriff Improvisation

Merke:	Beispiele:
Ungeplante Regelungen nennt man **Improvisation**.	Maschinenbruch, Stromausfall, spontane Arbeitsniederlegungen, unerwartete Verzögerungen bei der Beschaffung von Roh-, Hilfs- und Betriebsstoffen, unerwartete Aufträge zu Sonderkonditionen, Spezialaufträge.

Improvisation ist dann erforderlich, wenn im Betrieb unerwartete Situationen auftreten.

Je größer der Spielraum für ungeplante Regelungen (Improvisationen) ist, desto größer ist die **Elastizität**[2] des Betriebs. Andererseits wächst mit zunehmender Improvisation die Gefahr von Fehlentscheidungen.

(3) Voraussetzungen der Organisation

Die Organisation als System von Regelungen und Anweisungen setzt Tätigkeiten voraus, die

- regelmäßig anfallen **(Wiederholbarkeit)**,
- in gleicher oder wenigstens ähnlicher Weise bewältigt werden müssen **(Gleichartigkeit)** und
- auf mehrere Personen (Stellen), Abteilungen oder Abteilungsgruppen verteilt werden können **(Teilbarkeit)**.

Beispiel:
Das Öffnen der Briefpost ist eine Tätigkeit, die sich ständig wiederholt. Es handelt sich außerdem um eine gleichbleibende Tätigkeit, die von einer Person bzw. von mehreren Personen in einer Abteilung (z.B. in der Poststelle) vorgenommen werden kann.

---

1 Es handelt sich hier um eine theoretische Begriffstrennung. In der Realität sind die Organisationsstruktur eines Betriebs und die darin anfallenden Abläufe untrennbar miteinander verbunden, d.h., die Organisation von Ablauf und Aufbau müssen synchron (gleichzeitig, gleichlaufend) erfolgen. Die Ablauforganisation wird im Folgenden nicht dargestellt.

2 Elastizität, hier: Reaktionsfähigkeit.

6.2.2 Aufbauorganisation[1]

6.2.2.1 Überblick über die Aufbauorganisation

Die Aufbauorganisation vollzieht sich in mehreren Schritten:

| Aufgabengliederung (Aufgabenanalyse) | Stellenbildung (Aufgabensynthese) | Stellenbesetzung[2] (Aufgabenverteilung) | Festlegung eines Weisungssystems |

6.2.2.2 Aufgabengliederung (Aufgabenanalyse)

(1) Problemstellung

Zu Beginn der organisatorischen Arbeiten muss die Gesamtaufgabe des Betriebs in zuordnungsreife Teilaufgaben zerlegt werden.

Die Zerlegung der Gesamtaufgabe in zuordnungsreife Teilaufgaben kann nach **sachlichen Gesichtspunkten,** d. h. nach **Funktionen (Verrichtungen),** nach **Objekten** oder nach **formalen Gesichtspunkten,** z. B. nach dem **Rang,** erfolgen.

Einteilungs- gesichtspunkte	Erläuterungen	Beispiele
Funktionen (Aufgaben, Verrichtungen)	Die Aufgliederung der Gesamtaufgabe erfolgt nach den betrieblichen Aufgaben. Die Aufgaben werden dabei in die einzelnen, zu ihrer Erfüllung notwendigen Verrichtungen zerlegt.	Betriebliche Funktionen (Aufgaben) des Industriebetriebs sind: ■ Beschaffungs- u. Lagerwirtschaft ■ Produktionswirtschaft ■ Absatzwirtschaft ■ Finanz- und Rechnungswesen ■ Personalwirtschaft
Objekte	Die Aufgliederung der Gesamtaufgabe erfolgt nach Objekten, z. B. Warengruppen, Kundengruppen u. Ä.	Eine Möbelfabrik gliedert sich z. B. nach den Warengruppen ■ Wohnzimmermöbel ■ Küchenmöbel ■ Schlafzimmermöbel
Formale Gesichtspunkte (z. B. Rang)	Alle Teilaufgaben werden danach geordnet, ob es sich um Leitungs- oder um Ausführungsaufgaben handelt.	Die Teilfunktion Absatzwirtschaft wird gegliedert in ■ Verkaufsleiter ■ Sachbearbeiter

---

1 Die traditionelle funktionsorientierte (aufgabenorientierte) Organisationsstruktur wird derzeit verstärkt durch eine prozessorientierte Organisationsstruktur abgelöst.

2 Zweck der Stellenbesetzung (Aufgabenverteilung) ist, die Stellenaufgaben bestimmten *Personen,* den *Aufgabenträgern,* zuzuordnen, z. B. die Ernennung bzw. Neueinstellung eines Sachbearbeiters oder eines Abteilungsleiters für die Abteilung Einkauf. Auf die Stellenbesetzung wird im Folgenden nicht eingegangen.

21 Speth – ISBN 978-3-8120-0491-6

(2) Aufgabengliederung nach Funktionen

Im Folgenden wird die **Aufgabengliederung nach Funktionen** (Aufgaben, Verrichtungen) näher vorgestellt. Nach der Bedeutung der Aufgaben untergliedern wir stufenweise in Gesamtaufgaben, Hauptaufgaben und Teilaufgaben.

■ **Hauptaufgaben**

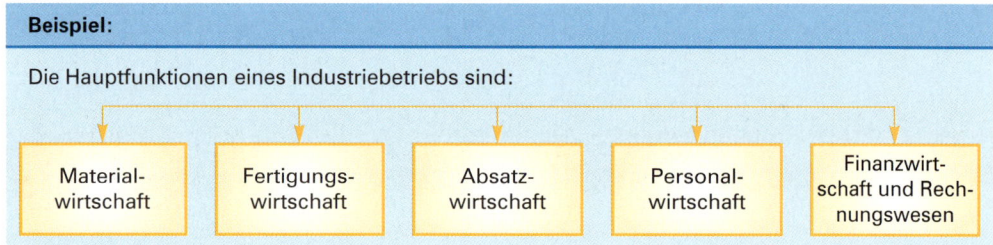

Beispiel:

Die Hauptfunktionen eines Industriebetriebs sind:

| Material-wirtschaft | Fertigungs-wirtschaft | Absatz-wirtschaft | Personal-wirtschaft | Finanzwirt-schaft und Rech-nungswesen |

■ **Teilaufgaben**

In größeren Betrieben werden die Hauptaufgaben noch tiefer bis auf die Ebene der Teilaufgaben zergliedert.

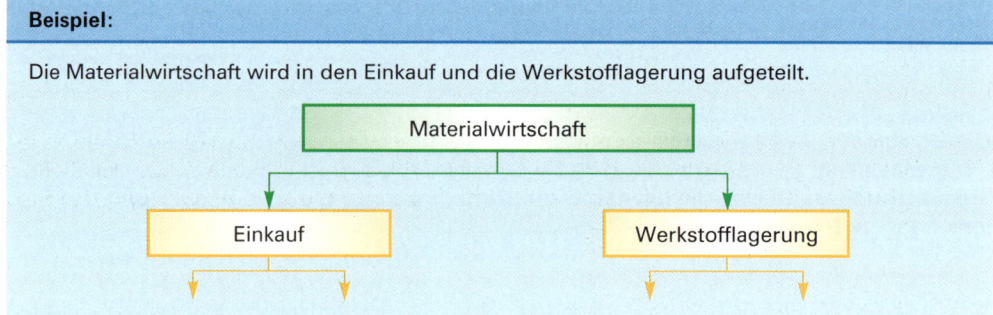

Beispiel:

Die Materialwirtschaft wird in den Einkauf und die Werkstofflagerung aufgeteilt.

Materialwirtschaft → Einkauf, Werkstofflagerung

(3) Aufgabengliederungsplan

Das Ergebnis der Aufgabengliederung (Aufgabenanalyse) sind Aufgabengliederungspläne. Diese zerlegen einen Arbeitsvorgang nacheinander in Teilvorgänge, Vorstufen und Vorgangselemente. Anschließend können dann die ermittelten Teilaufgaben Personen bzw. Personengruppen zugewiesen werden.

6.2.2.3 Stellenbildung (Aufgabensynthese)

(1) Begriff

Ziel der Aufgabengliederung war es, abgegrenzte Teilaufgaben zu definieren. Mehrere dieser Teilaufgaben (z.B. Werkstoffe und Dienstleistungen einkaufen, Belege buchen, Eingangsrechnungen prüfen) werden im folgenden Schritt, der Stellenbildung (Aufgabensynthese), zu größeren Aufgabeneinheiten zusammengefasst, die von einer Person bewältigt werden können. Die von einer Person durchzuführende Arbeit nennt man Stellenaufgabe. Die mit einer Stellenaufgabe betraute Person besetzt eine **Stelle,** ist Stelleninhaber. Die Stelle ist das **Grundelement der Aufbauorganisation.**

Beispiel:

Die 4 Stellen in einer Einkaufsabteilung entstehen durch die Zusammenfassung der Teilaufgaben **(TA)** 1 bis 14.

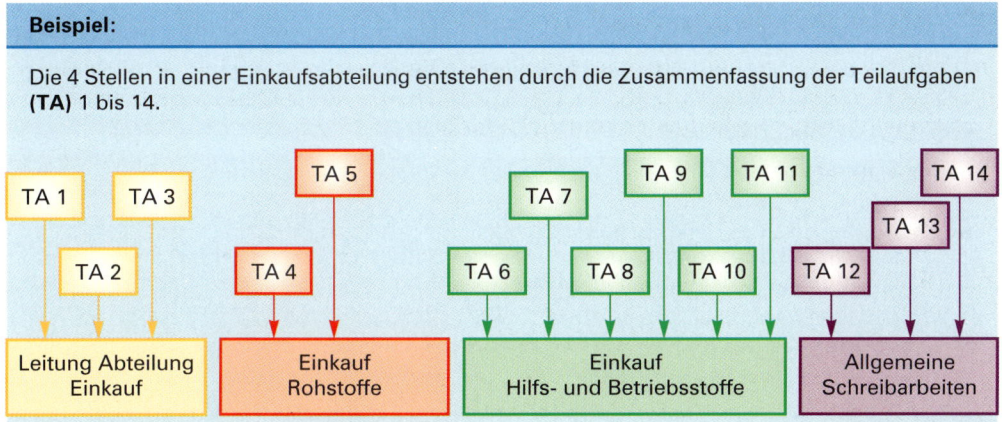

Merke:

Die Zusammenfassung von Teilaufgaben zu einem Arbeitsbereich für eine Person bezeichnet man als **Stelle**.

(2) Stellenbeschreibung

Die Zuordnung der Teilaufgaben auf eine Stelle sowie die Einbindung der Stelle in die Organisationsstruktur werden in einer Stellenbeschreibung festgehalten. Aus der Stellenbeschreibung leiten sich die Kompetenz (Zuständigkeit) und die Verantwortung des Stelleninhabers ab (siehe Beispiel S. 324f.).

Merke:

Die **Stellenbeschreibung** hat die Einordnung einer Stelle in den hierarchischen Aufbau eines Betriebs sowie die Aufgaben (Funktionen) einer Stelle deutlich zu machen.

Vorteile der Stellenbeschreibung sind z. B.

- schnelle Einarbeitung neuer Stelleninhaber,
- Verringerung von Streitigkeiten wegen unklarer Zuständigkeiten,
- eindeutige Regelung der Über-, Neben- und Unterordnungen (Weisungsrechte),
- Grundlage für die Personalentwicklungsplanung.

Die Vorteile verkehren sich jedoch ins Gegenteil, wenn die Stellenbeschreibungen nicht an die sich ständig verändernden Arbeitsbedingungen angepasst werden.

Beispiel einer Stellenbeschreibung:

Stellenbeschreibung für die Terminkontrolle im Einkauf

1. **Bezeichnung der Stelle:** Terminsachbearbeiter.
2. **Zeichnungsvollmacht:** keine.
3. **Der Stelleninhaber ist unterstellt:** dem Facheinkäufer von Arbeitsplatz 2.
4. **Vertretung des Stelleninhabers:** Facheinkäufer des Arbeitsplatzes 2.
5. **Anforderungen an den Stelleninhaber:**
   - allgemeine Einkaufskenntnisse,
   - Zuverlässigkeit,
   - schnelles Erfassen von Zusammenhängen und
   - selbstständiges Arbeiten im Rahmen des ihm übertragenen Aufgabengebiets.
6. **Aufgaben und Zielsetzung der Stelle:**

Der Stelleninhaber ist für die Überwachung der vereinbarten Liefertermine aller Aufträge verantwortlich. Er hat dafür zu sorgen, dass von uns erteilte Bestellungen auch termingerecht erfüllt werden.

Er hat die erforderlichen Maßnahmen zu ergreifen, um einen Lieferverzug durch rechtzeitige Erinnerung und Mahnung beim Lieferanten zu vermeiden. Im Fall eines unabwendbaren Lieferverzugs ist die unverzügliche Information der betreffenden Facheinkäufer erforderlich. Zur Erfüllung dieser Aufgabe steht dem Stelleninhaber Folgendes zur Verfügung:
   - ein an Lieferterminen orientiertes EDV-System,
   - eine wöchentliche Terminüberwachungs-Liste,
   - ein selbstständig geführtes Wiedervorlage-System, das es ermöglicht, ein ganzes Kalenderjahr im Überblick zu behalten,
   - ein EDV-gesteuertes Mahnwesen mit den Mahnstufen I, II und III sowie
   - eine wöchentliche Terminbesprechung mit der Arbeitsvorbereitung.

Darüber hinaus steht dem Stelleninhaber ein PC, das Telefax und ein Telefon zur Verfügung. Bei extrem wichtigen Terminen ist der Facheinkäufer zu verständigen, der sich in diesen Fällen direkt mit dem Lieferanten wegen einer geeigneten Lösung in Verbindung zu setzen hat.

7. **Tätigkeitsbeschreibung:**

7.1 Routinemäßige Kontrollen
   - Jeder Auftrag ist mit einem Liefertermin versehen. Ist dieser vorgegebene Termin überschritten, erscheint der Auftrag in der Terminüberwachungs-Liste.
   - Ist die Lieferung eine Woche nach dem geforderten bzw. vereinbarten Liefertermin noch nicht erfolgt, wird eine Mahnung abgesandt. Diese Mahnung wird mit einem zusätzlichen Durchschlag versehen, wobei der Lieferant aufgefordert wird, diesen, mit den aktuellen Lieferdaten ausgefüllt, an uns zurückzusenden.
   - Gleichzeitig nimmt der Stelleninhaber diesen Auftrag auf „Termin", d. h., er legt ihn in sein Ablagesystem zur Wiedervorlage ab.

   Wichtig: Innerhalb einer Woche müssen sämtliche Aufträge mindestens einmal terminlich bearbeitet werden.

7.2 Gezielte Terminreklamationen:
   - Bearbeitung der Reklamationslisten der Fertigungssteuerung LABOR und METALL.
   Die in diesen Listen aufgeführten Aufträge sind per E-Mail, Telefax oder per Telefon zu reklamieren. Diese Aufträge werden ebenfalls zur Wiedervorlage einsortiert. Das signalisiert dem Stelleninhaber, dass diese Aufträge einer ganz besonders scharfen Überwachung und Kontrolle zu unterziehen sind. Das reklamierte Material wird bereits in der Fertigung benötigt oder muss innerhalb weniger Tage vorliegen, um einen kontinuierlichen Fertigungsablauf zu gewährleisten. Nach Erhalt der Reklamationsantworten ist die Reklamationsliste mit den entsprechenden Angaben an die jeweilige Fertigungssteuerung zurückzugeben.
   - In gleicher Weise wird verfahren, wenn Terminanfragen direkt aus dem Meisterbereich bzw. den jeweiligen Betriebsleitungen und der Dispostelle kommen.

– Aufträge aus wichtigen und dringenden Kommissionen behält der Facheinkäufer bei sich. Dies bedeutet, dass alle Aufträge aus dieser Kommission zweimal wöchentlich zu überwachen sind.

– Einmal pro Woche erfolgt eine Terminüberwachung im Laborbereich durch die Auftragskontrolldatei (AUKODA). Aus dieser Auftragskontrolldatei ist einmal zu entnehmen, ob überhaupt Zukaufteile in dieser Kommission enthalten sind und welchen Versand- bzw. Auslieferungstermin die jeweilige Kommission hat. Aufträge dieser Kommission werden terminlich anhand der in der AUKODA festgelegten Produktionsendtermine überprüft. Der Terminsachbearbeiter entscheidet selbstständig, ob und in welcher Form diese Aufträge zu reklamieren sind. Wird eine Mahnung vorgenommen, ist dieser Auftrag zusätzlich zur „Wiedervorlage" zum entsprechenden Termin einzusortieren.

7.3 Täglich erhält der Stelleninhaber alle Rechnungen. Dadurch ist er laufend über die Eingänge unterrichtet und kann deshalb gegebenenfalls notwendige Terminreklamationen verhindern. Zu diesen Rechnungen sind die jeweiligen Aufträge herauszusuchen.

8. Zusammenarbeit mit anderen Abteilungen:

Vom Stelleninhaber wird eine gute und positive Zusammenarbeit mit den entsprechenden Sachbearbeitern folgender Abteilungen verlangt: Wareneingang, Fertigungssteuerung und Dispositionsstelle.

(3) Stellenarten

Wichtigstes Kriterium zur Zusammenfassung von Teilaufgaben zu einzelnen Stellen sind sachliche Gegebenheiten.

■ Objektprinzip (Objektzentralisation)

Beim **Objektprinzip** erfolgt die Zusammenfassung der Teilaufgaben unter dem Aspekt, dass sich ungleiche Arbeitsverrichtungen auf *gleichartige Objekte* beziehen, z. B. Einkaufen, Lagern, Vertreiben (ungleiche Arbeitsverrichtungen) der Erzeugnisgruppe Büromöbel (gleichartige Objekte).

■ Funktionsprinzip (Verrichtungszentralisation)

Beim **Funktionsprinzip** werden der Stelle Teilaufgaben mit gleichen Verrichtungen zugeordnet (z. B. nur bestellen oder kalkulieren oder buchen). Dies bedeutet, dass diese Arbeitsstelle Arbeitsverrichtungen an *ungleichen Objekten* vornimmt (z. B. Werbung für Erzeugnisgruppe Büromöbel, Erzeugnisgruppe Wohnzimmereinrichtungen, Erzeugnisgruppe Küchen usw.).

(4) Zusammenfassung von Stellen zu Abteilungen und Funktionsbereichen

■ Abteilungsbildung

Ein formales Kriterium zur Aufgabenverteilung ist die **Rangbildung** der Stellen. Dies rührt aus der Tatsache her, dass es im Betrieb *Ausführungsaufgaben* und *Leitungsaufgaben* gibt. Werden die Ausführungsarbeiten in einer ranghöheren Stelle zusammengefasst, so entsteht eine **Instanz**. Aufgabe der Instanz ist es, die rangniedrigeren Stellen zu leiten. Die Instanz mit den dazugehörigen rangniedrigeren Stellen zusammen bilden eine Abteilung.

Merke:

Eine **Abteilung** besteht aus mindestens einer **Instanz** und mehreren zugeordneten rangniedrigeren Stellen.

Werden mehrere Instanzen stufenweise wiederum einer übergeordneten Instanz zugeordnet, so entsteht damit die Unternehmenshierarchie.

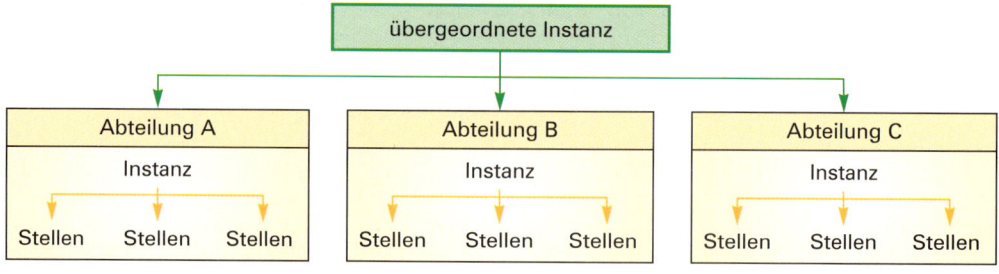

- ## Funktionsbereiche

Es ist wichtig, dass die Aufgaben, die den jeweiligen Instanzen übertragen werden, mit der eingeräumten Kompetenz übereinstimmen. Sind die Kompetenzen nicht scharf abgegrenzt, so kommt es zu Reibereien zwischen den Abteilungen. Kann die übergeordnete Instanz in die laufenden Arbeiten einer Abteilung eingreifen, so kann man der untergeordneten Abteilung auch nicht die volle Verantwortung für die durchzuführenden Arbeiten übertragen. Die Aufgaben- und Kompetenzverteilung zu regeln, obliegt den Leitern der Funktionsbereiche bzw. der Geschäftsführung.

Merke:

Die **Hauptfunktionsbereiche** stellen die ranghöchsten Instanzen (Hauptabteilungen) eines Unternehmens dar.

(5) Organisationsplan (Organigramm)

Das Ziel der Aufgabensynthese war die Bildung von Stellen und Abteilungen. Deren Zuordnung wird in Stellen- und Abteilungsplänen dokumentiert. Damit sind die organisatorischen Einheiten in ihrer Aufgabenstellung, Rangordnung zueinander und Beziehungsgestaltung festgeschrieben.

Merke:

Stellen- und Abteilungspläne weisen die in einem Betrieb zu bildenden Stellen und Abteilungen aus und beschreiben deren Aufgabenbereiche, Rangordnung und Stellung im Betriebsaufbau.

Werden die einzelnen Stellen- und Abteilungspläne zu einem Gesamtplan zusammengefasst, so ergibt dies den Organisationsplan (ein Organigramm). Er bildet die organisatorische Aufbaustruktur des Betriebs vollständig ab.[1]

Merke:

Der **Organisationsplan (das Organigramm)** fasst die einzelnen Stellen- und Abteilungspläne zusammen. Er zeigt die vollständige organisatorische Aufbaustruktur des Betriebs.

Der Organisationsplan ist in der Regel eine grafische Darstellung der formalen Organisation. Üblicherweise wird der Organisationsplan in der übersichtlichen Kästchenform dargestellt. Er zeigt die Aufteilung der Tätigkeitsbereiche, die hierarchische Gliederung und in gewissem Umfang den formalen Kommunikationsaufbau.

Beispielhaft soll hier der Organisationsplan einer Kaffeerösterei vorgestellt werden.

---

1 Dem Organisationsplan kann ein Aufgabengliederungsplan beigefügt sein.

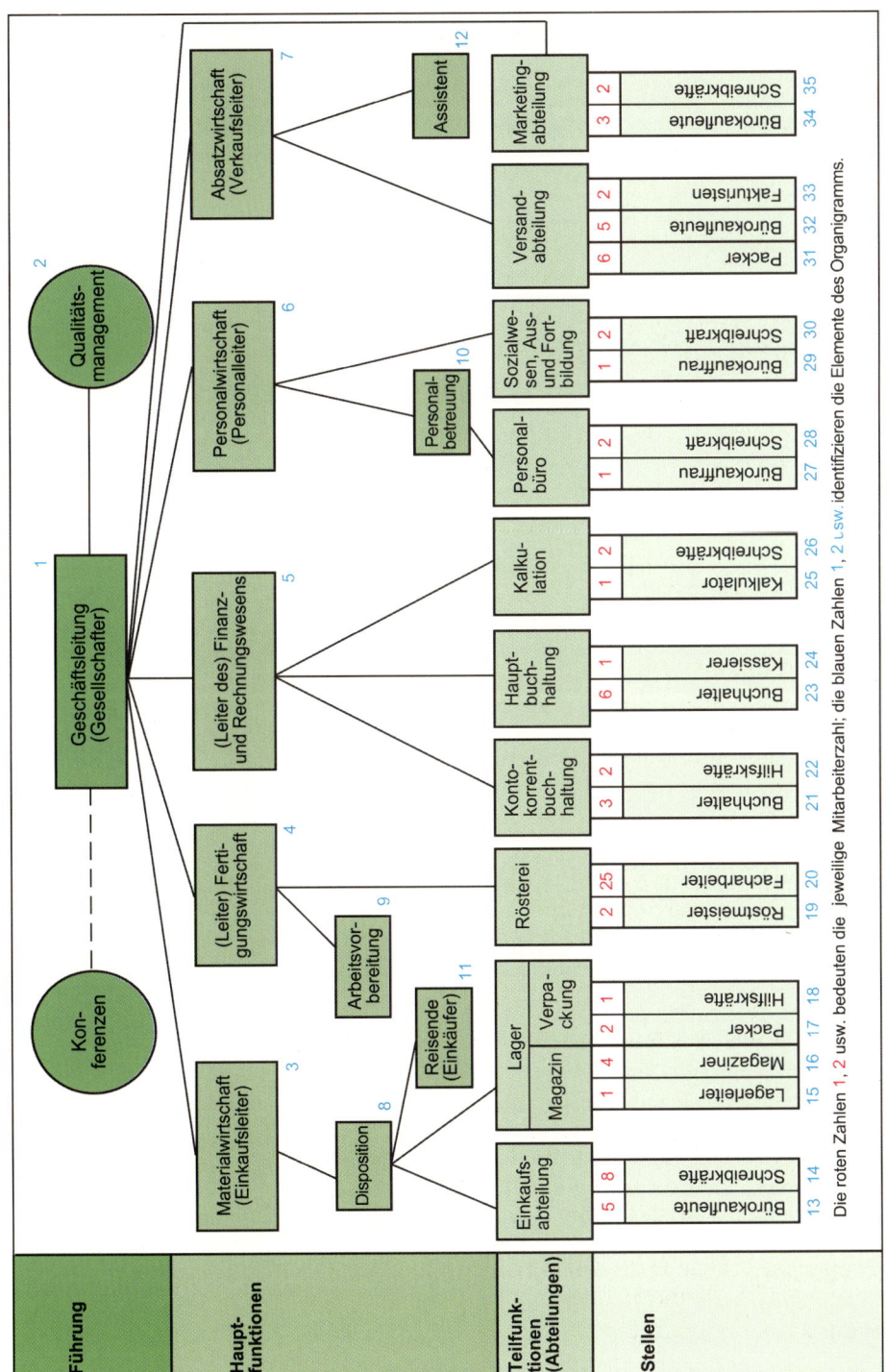

Organisationsplan einer Kaffeerösterei

Die roten Zahlen 1, 2 usw. bedeuten die jeweilige Mitarbeiterzahl; die blauen Zahlen 1, 2 usw. identifizieren die Elemente des Organigramms.

■ Ein **Hilfsmittel zur Erreichung betrieblicher Ziele** ist die **Organisation**.

■ Unter **Organisation** verstehen wir ein System von Regelungen und Arbeitsanweisungen, durch das der Betriebsaufbau und die betrieblichen Abläufe (Prozesse) gestaltet werden.

■ Die **Aufbauorganisation** legt die Aufgaben und Zuständigkeiten von Mitarbeitern fest.

■ Die Gesamtaufgabe eines Betriebs wird stufenweise bis auf die Ebene der Teilaufgaben aufgegliedert. Die Teilaufgaben sind anschließend zu **Aufgabenbereichen** zusammmenzufassen (**Aufgabensynthese**).

■ Die Aufgabenbereiche können nach **Funktionen (Aufgaben, Verrichtungen),** nach Objekten oder nach **formalen Gesichtspunkten** (z. B. nach dem Rang) untergliedert werden.

■ Nach dem **Umfang der Aufgabenbereiche** entstehen

Hauptfunktions-bereiche	Teilfunktionsbereiche (Abteilungen)	Stellen
z. B. Absatzwirtschaft	z. B. – Versandabteilung – Marketingabteilung	z. B. – Packer – Bürokaufmann – Schreibkraft

■ Unter einer **Stelle** verstehen wir die Zusammenfassung von Teilaufgaben zu einem Arbeitsbereich für eine Person. Für eine Stelle wird in der Regel eine Stellenbeschreibung angefertigt.

■ Die Stellen können nach dem **Objektprinzip** oder auch nach dem **Verrichtungsprinzip** eingerichtet werden.

■ Eine **Abteilung** besteht aus mindestens einer **Instanz** und mehreren zugeordneten rangniedrigeren Stellen.

■ Die ranghöchsten Instanzen eines Unternehmens nennt man **Hauptfunktionsbereiche**.

■ Das Ergebnis der Aufgabensynthese ist die Festlegung von **Stellen- und Abteilungsgliederungsplänen.** Ihre Zusammenfassung ergibt den **Organisationsplan** des Betriebs.

116　1.　Beschreiben Sie den Begriff Organisation mit eigenen Worten!

2.　Worin sehen Sie die Hauptaufgabe der betrieblichen Organisation?

3.　Beschreiben Sie den Begriff Aufbauorganisation mit eigenen Worten!

4.　Beschreiben Sie die Kriterien, nach denen die betriebliche Gesamtaufgabe gegliedert werden kann!

5.　Erläutern Sie den Begriff Stellenbildung (Aufgabensynthese)!

6.　Beschreiben Sie anhand eines Beispiels die Möglichkeiten der Stellenbildung!

7.　Was muss durch eine Stellenbeschreibung alles geregelt werden?

8.　Erklären Sie den Begriff Abteilungsbildung!

9.　Grenzen Sie die Begriffe Stelle, Instanz und Abteilung voneinander ab! Fertigen Sie hierzu eine Skizze an!

10.　Welche Hauptfunktionsbereiche hat ein Industriebetrieb?

11.　Beschreiben Sie die Funktion eines Aufgabengliederungsplans!

6.3 Personalbedarfsplanung

(1) Begriffe Personalbedarfsplanung und Personalbedarf

Um die gegenwärtigen und zukünftigen betrieblichen Aufgaben erfüllen zu können, muss der Personalbedarf ermittelt werden.

> **Merke:**
>
> ■ Die **Personalbedarfsplanung** hat die Aufgabe, den mittel- und langfristigen Personalbedarf eines Unternehmens zu ermitteln.
>
> ■ Unter **Personalbedarf** versteht man die Anzahl der Personen, die zur Erfüllung der gegenwärtigen oder zukünftigen Aufgaben eines Unternehmens notwendig sind.

Der Personalbedarf muss geplant werden:

■ nach der Quantität (quantitative Personalbedarfsplanung)	Wie viele Mitarbeiter werden benötigt?
■ nach der Qualität (qualitative Personalbedarfsplanung)	Welche Qualifikationen[1] müssen die benötigten Mitarbeiter besitzen?
■ nach der Zeit (zeitliche Personalbedarfsplanung)	Zu welchem Zeitpunkt werden die Mitarbeiter benötigt?
■ nach dem Ort (örtliche Personalbedarfsplanung)	An welchen Arbeitsplätzen werden die Mitarbeiter benötigt?

Da die Zukunft ungewiss ist, ist jede Planung – auch die Personalbedarfsplanung – mit Unsicherheiten verbunden.

(2) Arten des Personalbedarfs

Nach dem *Grund für die Einstellung neuer Mitarbeiter* unterscheidet man folgende Arten des Personalbedarfs:

Ersatzbedarf	Überbrückungsbedarf	Neubedarf
Hier werden **bereits vorhandene Stellen,** die durch Personalabgänge frei werden, wieder besetzt.	Er entsteht bei: – **Spitzenbelastungen** (z. B. Großauftrag, Einführung einer neuen Herstellermarke, Events) – **befristeten Personalausfällen** (z. B. Mutterschutzfrist, Elternzeit, Urlaub, Fortbildung, Wehr-/Zivildienst)	Hier werden **zusätzliche Stellen** geschaffen (z. B. Eröffnung eines neuen Zweigwerks, Erweiterung des Produktprogramms).

---

1 In diesem Zusammenhang ist unter Qualifikation die Eignung einer Arbeitskraft für eine bestimmte Tätigkeit bzw. Stelle zu verstehen. Man unterscheidet zwischen formaler und faktischer Qualifikation. Die formale Qualifikation wird einem Mitarbeiter z. B. durch Schul- und/oder Studienabschlüsse (z. B. Zeugnisse, Diplome) zugesprochen. Die faktische Qualifikation entspricht dem tatsächlichen gegenwärtig vorhandenen Können und Wollen.

Nach dem Betriebsverfassungsgesetz ist der Betriebsrat[1] über die Personalplanung, insbesondere über den Personalbedarf, rechtzeitig und umfassend zu unterrichten [§ 92 I BetrVG]. Der Betriebsrat kann dem Arbeitgeber Vorschläge für die Einführung einer Personalplanung und ihre Durchführung machen [§ 92 II BetrVG].

(3) Quantitative Personalbedarfsplanung

Für die quantitative Personalbedarfsplanung ist es wichtig, die Arbeitszeit der gegenwärtig beschäftigten Mitarbeiter des Unternehmens zu kennen. Nach der zu leistenden Arbeitszeit unterscheidet man folgende Arten von Mitarbeitern:

■ **Vollzeitbeschäftigte.** Das sind Mitarbeiter, die zu der im Tarifvertrag vorgesehenen Stundenzahl angestellt sind.	**Beispiel:** Die regelmäßige wöchentliche Arbeitszeit beträgt für die Arbeitnehmer in der Metallindustrie nach dem derzeit geltenden Tarifvertrag 37,5 Stunden.
■ **Teilzeitbeschäftigte.** Das sind Mitarbeiter, deren wöchentliche Arbeitszeit unter der tariflich vorgesehenen Stundenzahl liegt. Zu den Teilzeitbeschäftigten zählen auch die Mitarbeiter, die sich einen Arbeitsplatz teilen **(Jobsharing-Mitarbeiter).**	**Beispiel:** Claudia Straube arbeitet vormittags als Buchhalterin. In dieser Zeit sind ihre zwei Kinder im Kindergarten bzw. in der Schule.
■ **Leihmitarbeiter.** Das sind Mitarbeiter, die von einem Personalleasing-Unternehmen[2] (Verleiher) für eine begrenzte Zeit bereitgestellt werden. Der Arbeitsvertrag wird zwischen dem Verleiher und dem Arbeitnehmer abgeschlossen. Der Verleiher schließt mit dem Entleiher einen Arbeitnehmerüberlassungsvertrag ab. Das entleihende Unternehmen zahlt an den Verleiher die vereinbarten Gebühren.	**Beispiel:** Für eine Aktionswoche werden zwei Mitarbeiter zum Austeilen von Warenproben beschäftigt. Die Mitarbeiter werden von einem Personalleasing-Unternehmen angefordert.
■ **Aushilfen.** Das sind Mitarbeiter, die für einen bestimmten Zeitraum eingestellt werden, um einen Personalengpass zu überbrücken.	**Beispiel:** Eine frühere Mitarbeiterin übernimmt für zwei Wochen eine Urlaubsvertretung.

(4) Qualitative Personalbedarfsplanung

Jede Stelle erfordert bestimmte Qualifikationen vom Stelleninhaber. Die verlangten Qualifikationen können aus den jeweiligen **Stellenbeschreibungen** entnommen werden. Eine Stellenbeschreibung enthält z.B. neben der Stellenbezeichnung die Aufgaben, Ziele, Befugnisse und Verantwortlichkeiten, die Vertretung, Entlohnung und qualitativen Anforderungen an die Stelle.

---

1 Der Betriebsrat ist eine Vertretung der Arbeitnehmer gegenüber dem Arbeitgeber.

2 Man spricht auch von Zeitarbeitsfirmen.

Merke:

- Die **Stellenbeschreibung** regelt die Einordnung der Stelle in den Organisationsaufbau des Unternehmens, nennt die Aufgabeninhalte und legt die Stellenanforderungen fest.

- Der **qualitative Personalbedarf** kann aufgrund von Stellenbeschreibungen oder Anforderungsprofilen geplant werden.

- Stellenbeschreibungen ermöglichen es der Personalabteilung, bei der Stellenbesetzung die **Qualifikation des Mitarbeiters** und die **Anforderungen der Stelle** optimal aufeinander **abzustimmen**.

Nach den Anforderungen an die Mitarbeiter lassen sich folgende **Formen der Arbeit** unterscheiden:

■ **Ungelernte Arbeit**	**Beispiele:**
Ungelernte Arbeit erfordert keine Ausbildung, sondern nur eine Einweisung. Es handelt sich hierbei überwiegend um schematische und mechanische Tätigkeiten.	Fertigmachen bzw. Abheften der Post; Stanzen von Teilen nach einfachen, vorbereiteten Unterlagen.
■ **Angelernte Arbeit**	**Beispiele:**
Angelernte Arbeit erfordert spezielle Kenntnisse und Fertigkeiten, die in der Regel durch eine Sonderausbildung (Anlernvertrag) erworben werden. Es handelt sich hierbei um einfache kaufmännische Tätigkeiten in einem genau abgegrenzten Arbeitsgebiet.	Bestellen von Werkstoffen nach Unterlagen, Prüfen auf Einhaltung der Qualitätsbedingungen, Buchen von Belegen nach vorbereiteten Unterlagen.
■ **Gelernte Arbeit**	**Beispiele:**
Sie setzt eine Ausbildung in einem staatlich anerkannten Ausbildungsberuf (Berufsausbildungsvertrag) voraus (z. B. Industriekaufmann/Industriekauffrau). Es handelt sich um Tätigkeiten, die selbstständig im Rahmen allgemeiner Anweisungen ausgeübt werden.	Aufstellen und Berechnen von Schaltplänen, Ausarbeiten von Fertigungs- und Verfahrensplänen. Büroangestellte, die den Schriftverkehr nach Angaben vorwiegend selbstständig erledigen.
■ **Gelernte Arbeit mit Zusatzqualifikation**	**Beispiele:**
Zusätzlich zu der Ausbildung in einem staatlich anerkannten Ausbildungsberuf hat der Mitarbeiter noch eine weitere Qualifikation (z. B. staatlich geprüfter Betriebswirt, Bilanzbuchhalter) erworben. Es handelt sich um Tätigkeiten, die selbstständig mit entsprechender Verantwortung für den Tätigkeitsbereich ausgeübt werden.	Substituten, selbstständiger Lagerverwalter, der für die Lagerhaltung verantwortlich ist. Kontrolleur des Warenein- und -ausgangs, Tätigkeit als Abnahme- oder Prüfingenieur in der Qualitätskontrolle.
■ **Hoch qualifizierte Arbeit**	**Beispiele:**
Sie setzt eine Hochschulausbildung voraus. Es handelt sich um leitende Tätigkeiten und Führungsaufgaben mit Anweisungsbefugnis für Abteilungen bzw. Unternehmen.	Geschäftsführer, Vorstandsmitglieder, Leiter des Zentraleinkaufs, Leiter der Versandabteilung, Betriebsleiter eines Zweigwerks.

6.4 Personalbeschaffung

(1) Begriff Personalbeschaffung

> **Merke:**
>
> Die **Personalbeschaffung** hat die Aufgabe, alle Maßnahmen festzulegen, die notwendig sind, um den tatsächlichen Personalbestand dem Sollbestand anzupassen, d.h. den Ersatz-, Überbrückungs- und Neubedarf zu decken.

Hauptproblem der Personalbeschaffung ist die Frage, ob die offenen Stellen **betriebsintern**[1] besetzt werden sollen oder ob die benötigten Arbeitskräfte **betriebsextern**,[2] d.h. über den Arbeitsmarkt, zu beschaffen sind.

(2) Interne Personalbeschaffung

Vielfach lässt sich das erforderliche Personal nicht extern, sondern nur intern beschaffen.[3] Dies gilt vor allem für Arbeitskräfte, an die höhere Ansprüche gestellt werden müssen (z.B. Facharbeiter). Schon allein deshalb ist es für den Betrieb wichtig, die erforderlichen Maßnahmen zur **Personalerhaltung** zu ergreifen.

> **Merke:**
>
> Die **Personalerhaltung** umfasst alle Maßnahmen, die dazu geeignet sind, die Leistungsfähigkeit und die Leistungsbereitschaft der bereits vorhandenen Belegschaftsmitglieder zu erhalten bzw. zu steigern und die ungeplante (ungewollte) Fluktuation[4] zu verhindern.

Hierbei kommt der **vorbeugenden Personalerhaltung** besondere Bedeutung zu. Der Personalerhaltung dienen u.a. folgende Maßnahmen:

- Einführung von Entlohnungsformen, die als gerecht empfunden werden,
- Verringerung von Konfliktursachen zwischen Kollegen untereinander und zwischen Vorgesetzten und Untergebenen,
- Einführung bzw. Verstärkung von Mitspracherechten,
- Schaffung von Aufstiegschancen.

(3) Externe Personalbeschaffung

Die externe Personalbeschaffung erfolgt, wenn eine innerbetriebliche Personalbeschaffung nicht möglich ist (weil z.B. kein Bewerber den geforderten Qualifikationen entspricht). Es gibt folgende externe Beschaffungswege:

- **Bundesagentur für Arbeit.** Sie hat u.a. die Aufgabe, berufliche Ausbildungsstellen und Arbeitsplätze zu vermitteln.
- **Private Arbeitsvermittlungen.**

---

1 Intern (lat.): innen, betriebsintern, innerbetrieblich.

2 Extern (lat.): draußen, betriebsextern, außerbetrieblich.

3 Nach § 93 BetrVG hat der Betriebsrat das Recht zu verlangen, dass Arbeitsplätze, die besetzt werden sollen, vor ihrer Besetzung innerhalb des Betriebs ausgeschrieben werden.

4 Fluktuation (lat.): Schwankung; hier: Wechsel von Arbeitskräften zu fremden und aus fremden Betrieben.

- **Arbeitsverleihunternehmen.** Hier wird ein kurz- oder mittelfristiger Personalbedarf durch das Leasen von Arbeitskräften gedeckt. Beim Personalleasing überlässt das Verleihunternehmen einem Auftraggeber (dem Entleiher) gegen Entgelt Arbeitskräfte (die Leih- oder Zeitarbeitnehmer). Arbeitgeber ist das Verleihunternehmen. Es bezahlt demnach auch die Leiharbeitskräfte. Während der Laufzeit des Arbeitnehmer-Überlassungsvertrags ist der Auftraggeber gegenüber der Leiharbeitskraft weisungsbefugt.

- **Stellenanzeigen** in Zeitungen und Zeitschriften.

- **Personalberater.** Sie sind externe Berater, die im Auftrag des Betriebs vor allem hoch qualifiziertes Personal vermitteln und i.d.R. bereits eine Vorauswahl unter den Bewerbern treffen.

(4) Interne und externe Personalbeschaffung im Vergleich

	Interne Personalbeschaffung	Externe Personalbeschaffung
Vorteile	■ geringe Informationskosten ■ geringe Zeitverluste der Stellenbesetzung ■ geringe Verhandlungs- und Einarbeitungskosten ■ allgemeines Signal für Aufstiegschancen ■ Anreize durch offene Konkurrenz um knappe Aufstiegschancen ■ Qualifikationen bereits bekannt ■ Erhaltung betriebsspezifischer Qualifikationen ■ geringes Risiko der Fehlbesetzung, da die Mitarbeiter und ihr Leistungsverhalten im Unternehmen bekannt sind	■ größere Auswahlmöglichkeiten ■ höhere Leistungsbereitschaft, da die subjektiv eingeschätzte Arbeitsplatzsicherheit geringer ist ■ geringere Kosten bei Personalabbau ■ Erwerb neuartiger Qualifikationen, die betriebsintern nicht erzeugt werden können ■ Verhinderung von Betriebsblindheit ■ abgelehnte Bewerber haben keinen negativen Einfluss auf das Betriebsklima
Nachteile	■ möglicher Rückgang der Leistungsbereitschaft durch geringe externe Konkurrenz ■ Gefahr der Veralterung fachspezifischer Qualifikationen durch fehlende Anreize zur Weiterqualifizierung ■ Förderung von „Betriebsblindheit" ■ abgelehnte Mitarbeiter können das Betriebsklima vergiften ■ Gefahr zur Bildung von Seilschaften	■ mangelnde Motivation des Personals durch fehlende Aufstiegsmöglichkeiten ■ gute Fachkräfte verlassen das Unternehmen und nehmen die aufgebauten Qualifikationen mit ■ Fehlbesetzungsrisiko ■ längere Einarbeitungs- und Eingewöhnungsphase

6.5 Personalauswahl

(1) Kriterien der Personalauswahl[1]

Geordnet nach ihrer Bedeutung in der Praxis gibt es bei der Neueinstellung von Mitarbeitern folgende Einstellungskriterien:

- die Ergebnisse des Einstellungsgesprächs (Interviews),
- Praxiszeugnisse,
- Ausbildungszeugnisse,
- Auswertung des Lebenslaufs,
- Schulzeugnisse,
- Ergebnisse von Arbeitstests,
- Referenzen.

(2) Personalauswahlverfahren

Das Personalauswahlverfahren geht i. d. R. in folgenden **Stufen** vor sich:

> ① **Vorauswahl** anhand der vorliegenden
>
> - Bewerbungsunterlagen (Bewerbungsschreiben, Lebenslauf, Zeugnisse, Lichtbild) und
> - eingeholten Zusatzinformationen (Referenzen);
>
> ② **Auswahl** aus einem kleinen Kreis aufgrund eines der oben angeführten Einstellungskriterien (Personalauswahlverfahren). Dieses Personalauswahlverfahren dient nicht nur dazu, eine Beurteilung der Bewerber vorzubereiten, sondern diese auch näher über die Verhältnisse im Betrieb zu informieren.
>
> ③ **Endgültige Einstellung** nach Anhörung des Betriebsrats und Ablauf der Probezeit.

(3) Rechtliche Bedingungen der Personalauswahl

In Betrieben mit i. d. R. mehr als zwanzig wahlberechtigten Arbeitnehmern hat der Arbeitgeber den **Betriebsrat** z. B. vor jeder Einstellung, Eingruppierung, Umgruppierung und Versetzung zu unterrichten, ihm die erforderlichen Bewerbungsunterlagen vorzulegen, Auskunft über die beteiligten Personen zu geben und die Zustimmung des Betriebsrats einzuholen.

Der Betriebsrat kann die Zustimmung z. B. unter folgenden Umständen verweigern:

- Verstoß gegen eine rechtliche Vorschrift,
- Verstoß gegen eine Auswahlrichtlinie,
- Befürchtung einer Störung des Betriebsfriedens,
- Unterlaufen einer innerbetrieblichen Stellenausschreibung oder
- Nachteile für betroffene Arbeitskräfte.

---

1 Aufgrund des Lehrplans wird auf die Bewerbung im Folgenden nicht eingegangen.

Schweigt der Betriebsrat, gilt dies als Zustimmung. Die Ablehnung muss innerhalb einer Woche nach der Unterrichtung durch den Arbeitgeber unter Angabe von Gründen schriftlich erfolgen. Der Arbeitgeber hat dann die Möglichkeit, sich die fehlende Zustimmung durch das Arbeitsgericht ersetzen zu lassen. Das Arbeitsgericht muss prüfen, ob die vom Betriebsrat angegebenen Tatbestände zutreffen (Näheres siehe §§ 93, 95, 99 BetrVG).

Der Arbeitgeber kann, wenn dies aus sachlichen Gründen dringend erforderlich ist, eine vorläufige Einstellung vornehmen bevor sich der Betriebsrat geäußert, oder wenn er die Zustimmung verweigert hat. Der Bewerber muss über die Sach- und Rechtslage dieser Einstellung informiert werden [§ 100 I BetrVG].

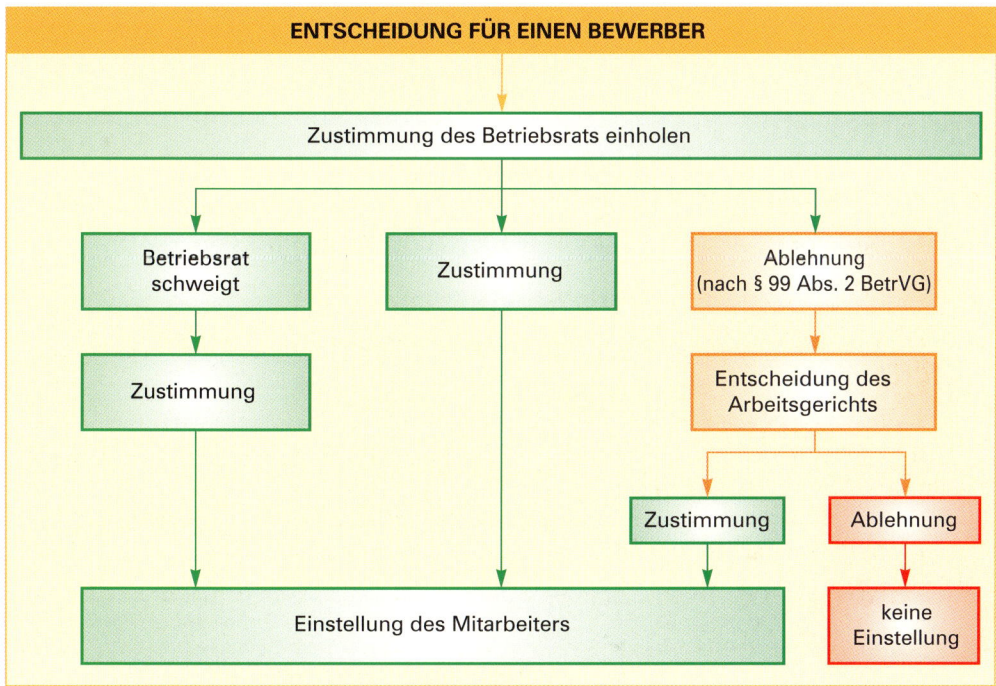

(Quelle: Hohlbaum/Olesch: Human Resources – Modernes Personalwesen, Rinteln 2004.)

Vor ihrer Einstellung müssen sich die Bewerber erforderlichenfalls einer **ärztlichen Untersuchung** unterziehen. Ergeben sich keine gesundheitlichen Bedenken, können die **Arbeitsverträge** abgeschlossen werden.

Die Übersicht auf S. 336 fasst die einzelnen Schritte zusammen, die bei der Beschaffung und Einstellung eines Mitarbeiters erforderlich sind.

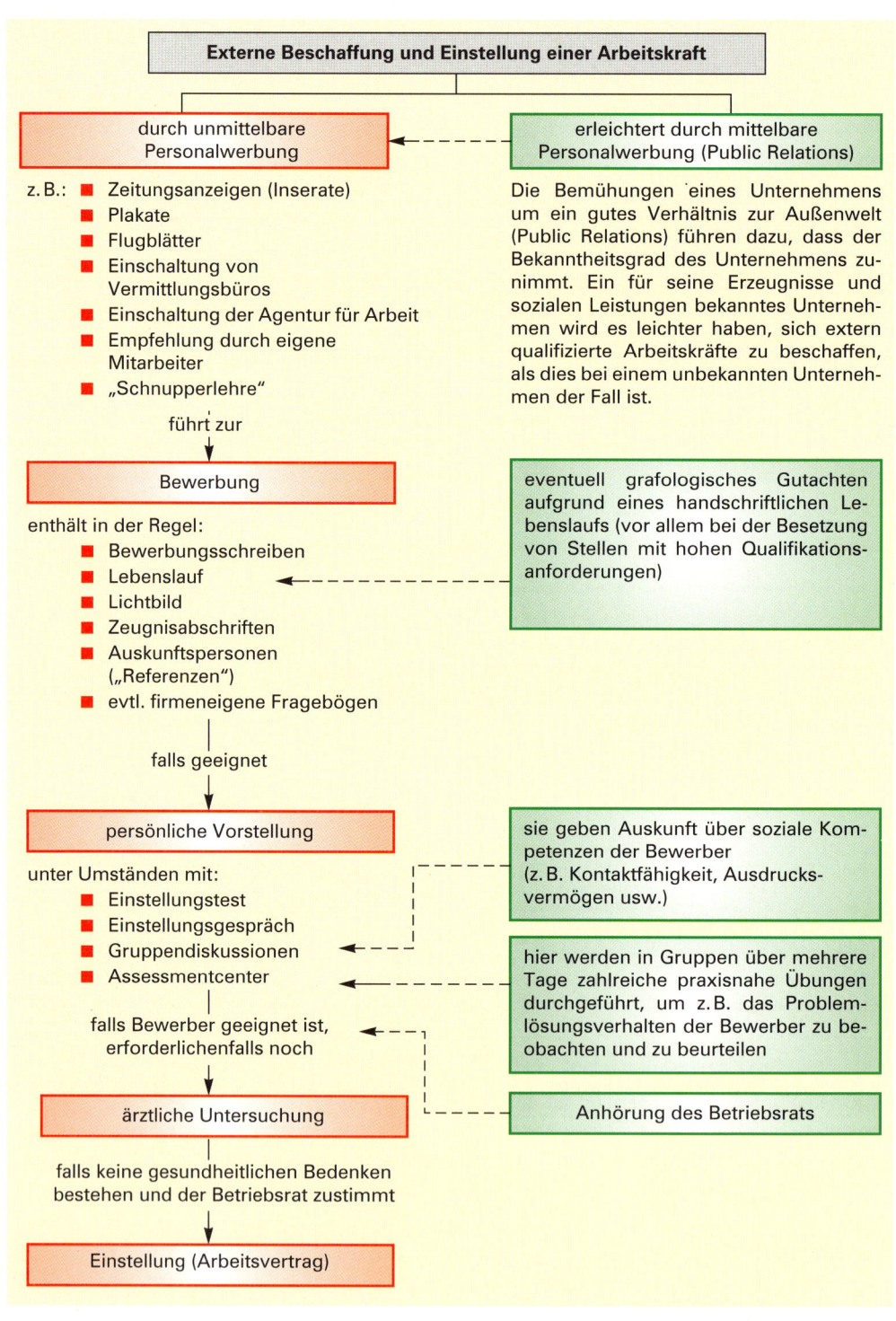

Externe Beschaffung und Einstellung einer Arbeitskraft

durch unmittelbare Personalwerbung

erleichtert durch mittelbare Personalwerbung (Public Relations)

z. B.: ■ Zeitungsanzeigen (Inserate)
■ Plakate
■ Flugblätter
■ Einschaltung von Vermittlungsbüros
■ Einschaltung der Agentur für Arbeit
■ Empfehlung durch eigene Mitarbeiter
■ „Schnupperlehre"

Die Bemühungen eines Unternehmens um ein gutes Verhältnis zur Außenwelt (Public Relations) führen dazu, dass der Bekanntheitsgrad des Unternehmens zunimmt. Ein für seine Erzeugnisse und sozialen Leistungen bekanntes Unternehmen wird es leichter haben, sich extern qualifizierte Arbeitskräfte zu beschaffen, als dies bei einem unbekannten Unternehmen der Fall ist.

führt zur

Bewerbung

enthält in der Regel:
■ Bewerbungsschreiben
■ Lebenslauf
■ Lichtbild
■ Zeugnisabschriften
■ Auskunftspersonen („Referenzen")
■ evtl. firmeneigene Fragebögen

eventuell grafologisches Gutachten aufgrund eines handschriftlichen Lebenslaufs (vor allem bei der Besetzung von Stellen mit hohen Qualifikationsanforderungen)

falls geeignet

persönliche Vorstellung

unter Umständen mit:
■ Einstellungstest
■ Einstellungsgespräch
■ Gruppendiskussionen
■ Assessmentcenter

sie geben Auskunft über soziale Kompetenzen der Bewerber (z. B. Kontaktfähigkeit, Ausdrucksvermögen usw.)

hier werden in Gruppen über mehrere Tage zahlreiche praxisnahe Übungen durchgeführt, um z. B. das Problemlösungsverhalten der Bewerber zu beobachten und zu beurteilen

falls Bewerber geeignet ist, erforderlichenfalls noch

ärztliche Untersuchung

Anhörung des Betriebsrats

falls keine gesundheitlichen Bedenken bestehen und der Betriebsrat zustimmt

Einstellung (Arbeitsvertrag)

- Die **Personalbedarfsplanung** hat die Aufgabe, den mittel- und langfristigen Personalbedarf eines Unternehmens zu ermitteln.

- Der **Personalbedarf** ist die Anzahl an Mitarbeitern, die benötigt wird, um alle Aufgaben in einem Unternehmen erfüllen zu können.

- Die **Personalbeschaffung** legt die Maßnahmen fest, die notwendig sind, um das Personal einzustellen, das für die Erfüllung der betrieblichen Aufgaben erforderlich ist.

- Die **Personalbeschaffung** kann betriebsextern oder betriebsintern erfolgen.

- Ablauf zur **Besetzung eines Arbeitsplatzes.**

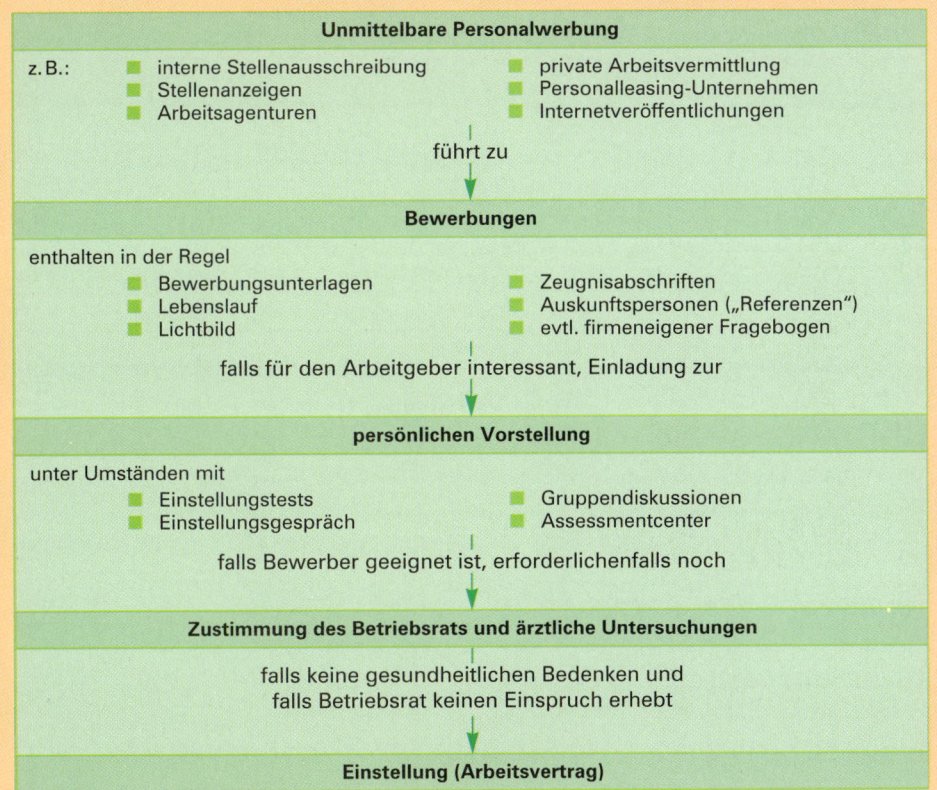

Unmittelbare Personalwerbung

z.B.:
- interne Stellenausschreibung
- Stellenanzeigen
- Arbeitsagenturen
- private Arbeitsvermittlung
- Personalleasing-Unternehmen
- Internetveröffentlichungen

führt zu

Bewerbungen

enthalten in der Regel
- Bewerbungsunterlagen
- Lebenslauf
- Lichtbild
- Zeugnisabschriften
- Auskunftspersonen („Referenzen")
- evtl. firmeneigener Fragebogen

falls für den Arbeitgeber interessant, Einladung zur

persönlichen Vorstellung

unter Umständen mit
- Einstellungstests
- Einstellungsgespräch
- Gruppendiskussionen
- Assessmentcenter

falls Bewerber geeignet ist, erforderlichenfalls noch

Zustimmung des Betriebsrats und ärztliche Untersuchungen

falls keine gesundheitlichen Bedenken und
falls Betriebsrat keinen Einspruch erhebt

Einstellung (Arbeitsvertrag)

Übungsaufgaben

117
1. Unterscheiden Sie die Begriffe Personalbedarfsplanung und Personalbedarf!

2. Unterscheiden Sie zwischen quantitativem und qualitativem Personalbedarf!

3. Nennen Sie mögliche Unsicherheitsfaktoren, mit denen jede Personalbedarfsplanung behaftet ist!

4. Beschreiben Sie die Arten des Personalbedarfs und bilden Sie jeweils ein Beispiel!

337

22 Speth – ISBN 978-3-8120-0491-6

5. Erläutern Sie den Unterschied zwischen ungelernter Arbeit, angelernter Arbeit und gelernter Arbeit! Nennen Sie zu diesen unterschiedlichen Formen der Arbeit jeweils zwei Beispiele!

6. Erfragen Sie bei der IHK und den Gewerkschaften, in welchem Umfang in deren Bezirk Arbeitnehmer in Vollzeitarbeit, Teilzeitarbeit und als Leiharbeitnehmer beschäftigt werden und berichten Sie darüber in der Klasse!

7. 7.1 Erläutern Sie den Begriff Leiharbeitnehmer!

    7.2 Mit wem schließt der Leiharbeitnehmer den Arbeitsvertrag ab?

118 Die VBM Vereinigte Büromöbel AG, Menden (im folgenden Text kurz „VBM AG" genannt), hat infolge der günstigen Branchenkonjunktur stark expandiert. Mit dem Aufbau von Produktionsstätten und einem flächendeckenden Vertriebsnetz in den neuen Bundesländern hat sich das Unternehmen konsequent zukunftsorientierte Marktanteile gesichert. Die starke Expansion hat sich auch in der Belegschaftsstatistik niedergeschlagen.

Aufgaben:

1. Am 31. Dezember des 1. Geschäftsjahres wurden 600 Angestellte und 1400 gewerbliche Mitarbeiter beschäftigt. Im 2. Geschäftsjahr stieg die Gesamtbelegschaft um 25%; die Zahl der Angestellten erhöhte sich um 37,5%.

Erstellen Sie eine Personalstatistik für die beiden Geschäftsjahre nach folgendem Schema:

Jahr	Gesamt-belegschaft	Angestellte		gewerbl. Mitarbeiter	
		absolut	%	absolut	%

2. Wie erklären Sie sich die Veränderung der Belegschaftsstruktur? (Zwei Gesichtspunkte!)

3. Die VBM AG sucht zum 1. Juli des 3. Geschäftsjahres weitere Arbeitskräfte.

Welche Personalbeschaffungswege kommen infrage?

4. Nennen Sie je einen Vor- und einen Nachteil der von Ihnen genannten Beschaffungswege!

5. Aufgrund des starken Unternehmenswachstums muss die VBM AG die meisten Stellen mit von außen kommenden Arbeitskräften besetzen. Beschreiben Sie den möglichen Personalbeschaffungsvorgang!

6.6 Arbeitsvertrag

6.6.1 Abgrenzung des Arbeitsvertrags vom Dienstvertrag

Durch einen **Dienstvertrag** verpflichtet sich ein Vertragspartner zur Leistung der versprochenen Dienste, der andere Vertragspartner zur Zahlung der vereinbarten Vergütung, wobei Dienste jeder Art geschuldet sein können [§§ 611 – 630 BGB].

Beispiele:

Herr Langhaar arbeitet bei der Möbelfabrik Hans Schnittken e. Kfm. als Buchhalter. – Frau Beate Bau stellt den Architekten Schön als Bauleiter zur Beaufsichtigung der Baustellen ein.

Beim Dienstvertrag wird **kein** bestimmter Erfolg (z. B. ordnungsgemäße Reparatur einer Maschine, eines Gebäudes) geschuldet, sondern lediglich Verpflichtungen zum geschuldeten „Tätigwerden". Das Dienstvertragsrecht ist in der Praxis vor allem beim Arbeitsvertrag von Bedeutung. Der Arbeitsvertrag ist eine besondere Art des Dienstvertrags.

Ein **Arbeitsvertrag** liegt vor, wenn Arbeitnehmer (z.B. Verkäufer) mit Weisungsbefugnissen und Fürsorgepflichten ihres Dienstherrn (Arbeitgebers) zur Leistung von Diensten (Arbeit) in ein Unternehmen eingeordnet sind. Der Arbeitsvertrag unterscheidet sich vom Dienstvertrag vor allem durch die aus der sozialen Einordnung des Arbeitnehmers im Unternehmen bestehenden, über das Dienstvertragsrecht hinausgehenden besonderen Fürsorge- und Treuepflichten.

Merke:

Ein **Arbeitsvertrag** liegt vor, wenn Arbeitnehmer (z.B. Buchhalter) mit Weisungsbefugnissen und Fürsorgepflichten ihres Dienstherrn (z.B. Werkzeugfabrik Frühbauer GmbH) zur Leistung von Diensten (Arbeit) in ein Unternehmen eingeordnet sind. Der Arbeitsvertrag ist eine besondere Form des Dienstvertrags.

Für den Arbeitsvertrag gelten vorrangig z.B. die speziellen Rechtsvorschriften des Handelsgesetzbuchs (für den Handlungsgehilfen die §§ 59 ff. HGB), der Gewerbeordnung, des Arbeitsschutzrechts (z.B. Arbeitszeitgesetz), des Betriebsverfassungs- und Tarifvertragsrechts sowie des Sozialrechts (z.B. die Sozialgesetzbücher).

6.6.2 Abschluss eines unbefristeten Arbeitsvertrags am Beispiel des kaufmännischen Angestellten

(1) Begriff kaufmännischer Angestellter

Beispiel:

Karl-Heinz Schmieder hat seine Kaufmannsgehilfenprüfung als Industriekaufmann mit gutem Erfolg bestanden. Die im Betrieb anfallenden Tätigkeiten hat er immer gewissenhaft erledigt. Sein bisheriger Ausbildungsbetrieb bietet ihm daher eine Stelle in der Einkaufsabteilung an. Karl-Heinz Schmieder sagt zu.

Mit dieser Zusage ist der Arbeitsvertrag (Dienstvertrag) zwischen Karl-Heinz Schmieder (Arbeitnehmer) und seinem bisherigen Ausbildungsbetrieb (Arbeitgeber) geschlossen. Karl-Heinz Schmieder ist kaufmännischer Angestellter (das HGB spricht vom „Handlungsgehilfen") geworden.

Merke:

Kaufmännischer Angestellter (Handlungsgehilfe) ist, wer in einem Handelsgewerbe zur Leistung kaufmännischer Dienste gegen Entgelt angestellt ist [§ 59 HGB].

---

(2) Vertragsabschluss

Der Arbeitsvertrag ist ein **Individualvertrag (Einzelarbeitsvertrag),** weil er zwischen dem **einzelnen** Arbeitnehmer und einem **bestimmten** Arbeitgeber abgeschlossen wird.

Betriebsvereinbarungen[1] und Tarifverträge stellen **Kollektivverträge**[2] dar, weil sie für ganze Arbeitnehmergruppen abgeschlossen werden.

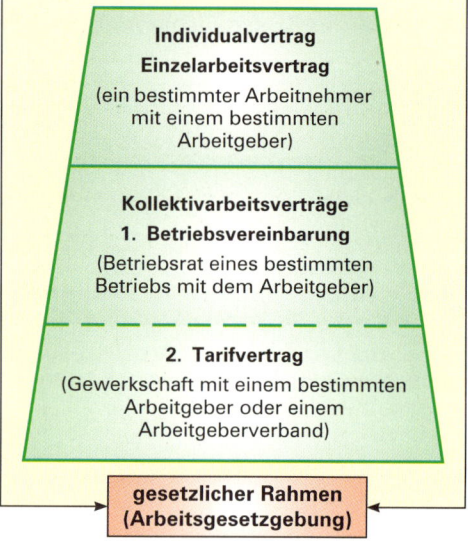

Die gesetzlichen, die innerbetrieblich und die tariflich vereinbarten Bestimmungen stellen Mindestbedingungen dar, die durch den Arbeitsvertrag grundsätzlich nicht unterschritten werden dürfen. So ist z.B. **mindestens** das tariflich vereinbarte Gehalt zu zahlen. Eine Besserstellung der Arbeitnehmer aufgrund des Arbeitsvertrags ist jedoch grundsätzlich möglich. Nach dem Gesetz über den Nachweis der für ein Arbeitsverhältnis geltenden wesentlichen Bedingungen (Nachweisgesetz [NachwG]) ist der Arbeitgeber spätestens einen Monat nach dem vereinbarten Beginn des Arbeitsverhältnisses verpflichtet, die wesentlichen Vertragsbedingungen schriftlich niederzulegen, die Niederschrift zu unterzeichnen und dem Arbeitnehmer auszuhändigen. Von den Vorschriften des Nachweisgesetzes kann nicht zuungunsten der Arbeitnehmer abgewichen werden.

In dieser Niederschrift sind vor allem folgende Bedingungen aufzunehmen [§ 2 I NachwG]:

- Arbeitsvertragsparteien,
- Beginn des Arbeitsverhältnisses,
- bei befristeten Arbeitsverhältnissen die vorhersehbare Dauer des Arbeitsverhältnisses,
- Arbeitsort bzw. Arbeitsorte (z.B. bei Montagearbeiten),
- Bezeichnung oder allgemeine Beschreibung der vom Arbeitnehmer zu leistenden Tätigkeiten,
- Arbeitsentgelte (einschließlich Zuschläge, Prämien, Sonderzahlungen),
- vereinbarte Arbeitszeit,
- jährlicher Erholungsurlaub,
- Kündigungsfristen sowie Hinweise auf die auf das Arbeitsverhältnis anzuwendenden Tarifverträge,
- Betriebs- oder Dienstvereinbarungen.

---

1 Unter einer **Betriebsvereinbarung** versteht man Absprachen zwischen Arbeitgeber und Betriebsrat. Die schriftlich niedergelegte und von beiden Seiten unterzeichnete Betriebsvereinbarung wird auch Betriebsordnung genannt [§ 77 II BetrVG].

2 Kollektiv (lat. collectivus): Ansammlung. Hier: eine Personengruppe.

Bei einer länger als einen Monat dauernden Auslandtätigkeit muss die Niederschrift weitere Angaben wie z. B. die Dauer der im Ausland auszuübenden Tätigkeiten und die vereinbarten Rückkehrbedingungen des Arbeitnehmers enthalten.

(3) Rechte und Pflichten aus dem Arbeitsvertrag[1]

Pflichten des Arbeitgebers (Rechte des kaufmännischen Angestellten)	Pflichten des kaufmännischen Angestellten (Rechte des Arbeitgebers)
■ **Zahlung der vereinbarten Vergütung.** ■ **Fürsorgepflicht:** Arbeitsbedingungen sind so zu gestalten, dass sie der Gesundheit der Beschäftigten nicht schaden. Der kaufmännische Angestellte ist zur Sozialversicherung anzumelden, die Beiträge dafür sind einzubehalten und an den Sozialversicherungsträger abzuführen. ■ **Informations- und Anhörungspflicht:** Der Angestellte hat z. B. das Recht, Einsicht in die Personalakte zu nehmen, sich bei ungerechter Behandlung zu beschweren, Verbesserungsvorschläge zu unterbreiten und Auskunft über die Zusammensetzung des Gehalts zu verlangen. ■ **Pflicht zur Ausstellung eines Zeugnisses:** Bei Beendigung des Arbeitsverhältnisses ist ein schriftliches Zeugnis auszustellen. Auf Verlangen des Angestellten muss ein qualifiziertes Zeugnis erteilt werden. ■ **Pflicht zur Urlaubsgewährung und Zahlung von Urlaubsentgelt:** Der Urlaub beträgt jährlich mindestens 24 Werktage. ■ **Entgeltfortzahlung an gesetzlichen Feiertagen** und im **unverschuldeten Krankheitsfall** bis zu sechs Wochen.	■ **Dienstleistungspflicht:** Die im Arbeitsvertrag übernommenen Arbeitsaufgaben sind ordnungsgemäß durchzuführen. ■ **Pflicht zur Verschwiegenheit.** ■ **Pflicht zur Einhaltung des gesetzlichen Wettbewerbsverbots:** Ohne Einwilligung des Arbeitgebers darf der Angestellte kein eigenes Handelsgewerbe betreiben und/oder im Geschäftszweig des Arbeitgebers Geschäfte auf eigene oder fremde Rechnung machen. ■ **Pflicht zur Einhaltung des vertraglichen Wettbewerbsverbots:** Das Wettbewerbsverbot kann für höchstens zwei Jahre nach Beendigung des Dienstverhältnisses schriftlich vereinbart werden. Dem Angestellten steht für einen möglichen Minderverdienst eine Entschädigung zu. ■ **Schadensersatzpflicht.** Für Schäden, die dem Arbeitgeber vorsätzlich oder grob fahrlässig während der Arbeit oder auf dem Arbeitsweg zugefügt wurden, haften die Angestellten. Bei normaler ("mittlerer") Fahrlässigkeit ist der entstandene Schaden zwischen dem Arbeitgeber und Angestellten aufzuteilen. Wenn dem Angestellten nur "leichte Fahrlässigkeit" vorgeworfen werden kann, trägt der Arbeitgeber den Schaden allein. ■ **Haftpflicht** bei grob fahrlässig oder vorsätzlich verursachten Schäden. ■ **Pflicht zur unverzüglichen** Anzeige der Arbeitsunfähigkeit (dauert die Arbeitsunfähigkeit länger als drei Kalendertage, muss ein ärztliches Attest vorgelegt werden). Die Arbeitgeber können bereits ab dem ersten Tag der Arbeitsunfähigkeit eine ärztliche Bescheinigung verlangen.

---

1 Weitere (so genannte) **Nebenpflichten** im Arbeitsverhältnis sind z. B. die Anhörung der Arbeitnehmer und Erörterung der Angelegenheiten, die den Arbeitnehmer betreffen, die Gleichbehandlungspflicht von Frauen und Männern, Teilzeit- und Vollzeitkräften (Nebenpflichten des Arbeitgebers) sowie Wahrung des Betriebsfriedens (Nebenpflichten der Arbeitnehmer).

Beispiel für einen unbefristeten Arbeitsvertrag

Zwischen der Firma *Werkzeugfabrik Franz Klein GmbH,* Steubenstr. 11–14, 51065 Köln   im Folgenden (Firma)
und Frau/Herrn *Doris Walcher*   im Folgenden   (Arbeitnehmer)
wird nachfolgender – **unbefristeter Arbeitsvertrag** – vereinbart:

§ 1   Beginn des Arbeitsverhältnisses/Tätigkeit

Der Arbeitnehmer wird ab *15. 01. 20..* als *Assistentin des Geschäftsführers im Werk Köln, Steubenstr. 11–14* eingestellt.

§ 2   Befristung/Beendigung des Arbeitsverhältnisses

Das Arbeitsverhältnis ist unbefristet.

Als Probezeit werden 3 Monate vereinbart. Während dieser Zeit kann das Arbeitsverhältnis unter Einhaltung einer Frist von zwei Wochen gekündigt werden.

§ 3   Arbeitszeit

Die regelmäßige Arbeitszeit richtet sich nach der betriebsüblichen Zeit. Sie beträgt derzeit 40 Stunden in der Woche ohne die Berücksichtigung von Pausen.

Regelmäßiger Arbeitsbeginn ist um *8:00 Uhr,* Arbeitsende ist um *17:00 Uhr.*

Die Frühstückspause dauert von *10:00 Uhr* bis *10:15 Uhr,* die Mittagspause von *12:30 Uhr* bis *13:15 Uhr.*

Der Arbeitnehmer erklärt sich bereit, im Falle betrieblicher Notwendigkeit bis zu 2 Überstunden pro Woche zu leisten.

§ 4   Vergütung

Der Arbeitnehmer erhält eine monatliche Bruttovergütung von EUR *3 178,00.* Die Vergütung ist jeweils am Monatsende fällig und wird auf das Konto des Arbeitnehmers bei der *Stadtsparkasse Köln, Konto Nr. 1052 17311, BLZ 370 501 98,* angewiesen.

Etwa angeordnete Überstunden werden mit einem Zuschlag von 20 % vergütet.

§ 5   Urlaub

Der Arbeitnehmer hat Anspruch auf 24 Werktage Urlaub. Die Lage des Urlaubs ist mit der Firma abzustimmen.

§ 6   Arbeitsverhinderung

Im Falle einer krankheitsbedingten oder aus sonstigen Gründen veranlassten Arbeitsverhinderung hat der Arbeitnehmer die Firma unverzüglich zu informieren. Bei Arbeitsunfähigkeit infolge Erkrankung ist der Firma innerhalb von drei Tagen ab Beginn der Arbeitsunfähigkeit eine ärztliche Bescheinigung über die Dauer der voraussichtlichen Arbeitsunfähigkeit vorzulegen.

§ 7   Verschwiegenheitspflicht

Der Arbeitnehmer wird über alle betrieblichen Angelegenheiten, die ihm im Rahmen oder aus Anlass seiner Tätigkeit in der Firma bekannt geworden sind, auch nach seinem Ausscheiden Stillschweigen bewahren.

§ 8   Nebenbeschäftigung

Während der Dauer der Beschäftigung ist jede entgeltliche oder unentgeltliche Tätigkeit, die die Arbeitsleistung des Arbeitnehmers beeinträchtigen könnte, untersagt. Der Arbeitnehmer verpflichtet sich, vor jeder Aufnahme einer Nebenbeschäftigung die Firma zu informieren.

§ 9   Ausschlussklausel/Zeugnis

Ansprüche aus dem Arbeitsverhältnis müssen von beiden Vertragsteilen spätestens innerhalb eines Monats nach Beendigung schriftlich geltend gemacht werden. Andernfalls sind sie verwirkt.

Bei Beendigung des Arbeitsverhältnisses erhält der Arbeitnehmer ein Zeugnis, aus dem sich Art und Dauer der Beschäftigung sowie, falls gewünscht, eine Beurteilung von Führung und Leistung ergeben.

Köln, den 10. Januar 20..   *Köln, den 10. Januar 20..*
(Ort, Datum)   (Ort, Datum)

i. A. Mayer   *Doris Walcher*
(Firma)   (Arbeitnehmer)

342

6.6.3 Kündigung eines Arbeitsvertrags

(1) Gesetzliche Kündigung (ordentliche Kündigung)[1]

Gesetzliche Kündigungsfristen für Arbeitsverhältnisse sind Mindestvorschriften, die jedoch durch Einzelarbeits- oder Kollektivarbeitsvertrag (Tarifvertrag) grundsätzlich verlängert werden können (Tariföffnungsklausel). Auch die Kündigungstermine können vertraglich vereinbart werden (z. B. Kündigung zum Quartalsende statt zum Monatsende). Für Arbeiter und Angestellte gelten die gleichen gesetzlichen Kündigungsfristen.

■ Grundkündigungsfrist

Das Arbeitsverhältnis eines Arbeitnehmers kann vom Arbeitgeber und vom Arbeitnehmer mit einer Frist von **vier Wochen** zum **Fünfzehnten** oder zum **Ende eines Kalendermonats** gekündigt werden [§ 622 I BGB].[2] **Ausnahme:** Während einer vereinbarten Probezeit (längstens für die Dauer von sechs Monaten) kann das Arbeitsverhältnis mit einer Frist von zwei Wochen gekündigt werden [§ 622 II BGB].

■ Verlängerte Kündigungsfristen für den Arbeitgeber

Bei längerer Betriebszugehörigkeit ab dem vollendeten 25. Lebensjahr gelten für eine Kündigung durch den Arbeitgeber verlängerte Kündigungsfristen [§ 622 II BGB].

Beispiel:

Das Kaufhaus Otto Döring e.K. beschließt eine Reihe von Kündigungen. Den Betroffenen gehen die Kündigungen am 15. April zu:

(1) Carla Monti, 22 Jahre, seit 4 Jahren im Betrieb;

(2) Emil Huber, 30 Jahre, seit 7 Jahren im Betrieb und

(3) Hanna Schmidt, 42 Jahre, seit 20 Jahren im Betrieb.

Betriebszugehörigkeit ab dem 25. Lebensjahr	Kündigungsfristen zum Monatsende
ab 2 Jahre	1 Monat
ab 5 Jahre	2 Monate
ab 8 Jahre	3 Monate
ab 10 Jahre	4 Monate
ab 12 Jahre	5 Monate
ab 15 Jahre	6 Monate
ab 20 Jahre	7 Monate

Aufgabe:

Ab wann sind diese Kündigungen rechtswirksam?

Lösung:

(1) Carla Monti: Es gilt die Grundkündigungsfrist. Die Betriebszugehörigkeit wird erst ab dem 25. Lebensjahr berücksichtigt. Die Kündigung wird folglich am 15. Mai wirksam.

(2) Emil Huber: Er ist ab dem 25. Lebensjahr 5 Jahre im Betrieb beschäftigt. Es gilt deshalb eine verlängerte Kündigungsfrist von 2 Monaten zum Monatsende. Die Kündigung ist frühestens zum 30. Juni rechtswirksam.

(3) Hanna Schmidt: Sie ist ab dem 25. Lebensjahr 17 Jahre im Betrieb. Für sie gilt eine Kündigungsfrist von 6 Monaten zum Monatsende. Es kann ihr also frühestens zum 31. Oktober gekündigt werden.

---

1 Auf den Kündigungsschutz wird im Folgenden nicht eingegangen.

2 Die Beendigung des **Arbeitsverhältnisses** durch Kündigung oder Auflösungsvertrag bedarf zur Rechtswirksamkeit der **Schriftform**. Die elektronische Form ist ausgeschlossen.

(2) Vertragliche Kündigung

Die zwischen Arbeitnehmer und Arbeitgeber vereinbarten (einzelvertraglichen) Kündigungsfristen dürfen grundsätzlich länger, aber nicht kürzer als die gesetzlichen Kündigungsfristen sein.

Eine Ausnahme besteht z. B. für Kleinbetriebe mit in der Regel höchstens 20 Arbeitnehmern ausschließlich den Auszubildenden, soweit die Kündigungsfrist vier Wochen nicht unterschreitet [§ 622 V, Nr. 2 BGB]. Für die Kündigung des Arbeitsverhältnisses durch den Arbeitnehmer darf keine längere Frist vereinbart werden als für die Kündigung durch den Arbeitgeber [§ 622 VI BGB].

Will ein Arbeitnehmer kündigen, gilt somit die vertragliche oder die gesetzliche Kündigungsfrist von vier Wochen [§ 622 I BGB]. Die Arbeitnehmer müssen den Kündigungsgrund nicht angeben.

(3) Fristlose Kündigung (außerordentliche Kündigung)

Das Arbeitsverhältnis kann von *jeder* Vertragspartei ohne Einhaltung einer Kündigungsfrist gelöst werden, wenn ein *wichtiger* Grund vorliegt [§ 626 BGB].

Beispiele:
Verstöße gegen die Schweigepflicht; Diebstahl; grobe Beleidigungen; Tätlichkeiten; Mobbing (soziale Isolierung von Kollegen und Kolleginnen durch üble Nachrede, Missachtung und Unterstellungen); ungerechtfertigte Arbeitsverweigerung.

Wenn der Betriebsrat nicht von der Kündigung unterrichtet wird, ist diese **unwirksam**. Der Betriebsrat kann der außerordentlichen Kündigung unverzüglich, spätestens jedoch innerhalb von drei Tagen, der ordentlichen Kündigung innerhalb einer Woche unter Angabe der Gründe **schriftlich widersprechen** [§ 102 BetrVG].

(4) Ausstellen eines Zeugnisses

Jedem ausscheidenden Mitarbeiter ist ein schriftliches **Zeugnis** auszustellen. Die Zeugniserteilung in elektronischer Form ist ausgeschlossen [§ 73 HGB; § 630 BGB].

- Der Arbeitnehmer ist berechtigt, ein **qualifiziertes Zeugnis** zu verlangen. Ein solches ausführliches Zeugnis bezieht sich auch auf die Führung **und** auf die Leistung des Arbeitnehmers. Als Unterlage dient die Personalakte.

- Ein **einfaches Zeugnis** enthält lediglich Angaben über Art und Dauer der Beschäftigung. Daraus folgt, dass man ein einfaches Zeugnis i. d. R. nur dann ausstellen wird, wenn in ein qualifiziertes Zeugnis auch negative Beurteilungen aufgenommen werden müssten. Unwesentliche negative Beurteilungen dürfen jedoch auch in ein qualifiziertes Zeugnis nicht aufgenommen werden.

- Ein **Arbeitsvertrag** liegt vor, wenn Arbeitnehmer mit Weisungsbefugnissen und Fürsorge-pflichten ihres Dienstherrn (Arbeitgeber) in einem Unternehmen mitarbeiten. Der Arbeitsver-trag ist ein Spezialfall des Dienstvertrags.

- Partner des **Arbeitsvertrags** sind ein einzelner Arbeitnehmer und ein bestimmter Arbeitgeber. Gesetzesvorgaben oder Rahmenvorgaben aus einer Betriebsvereinbarung und einem Tarif-vertrag sind zu beachten. Eine Schlechterstellung des Arbeitnehmers ist grundsätzlich nicht möglich.

- In der Praxis wird der **Arbeitsvertrag** regelmäßig schriftlich abgeschlossen.

- **Kaufmännischer Angestellter** ist, wer in einem Handelsgewerbe zur Leistung kaufmännischer Dienste gegen Entgelt angestellt ist.

- Die **Kündigung eines Arbeitsvertrages** bedarf zur Rechtswirksamkeit der **Schriftform**. Die elektronische Form ist ausgeschlossen. Sie muss zur Gültigkeit als einseitiges Rechtsgeschäft dem **Vertragspartner rechtzeitig zugehen**.

- Bei der Kündigung eines Arbeitsverhältnisses unterscheiden wir die **gesetzliche** und die **ver-tragliche Kündigungsfrist**. Liegt ein wichtiger Grund vor, kann die Kündigung auch **fristlos** erfolgen.

Übungsaufgabe

119 1. Frau Fleißig hilft ihrem Ehemann in dessen Unternehmen mit. Dieser hat sie beim Finanzamt und bei der Sozialversicherung angemeldet. Prüfen Sie mit Hilfe des § 59 HGB, ob Frau Fleißig kaufmännische Angestellte ist!

2. Der Industriekaufmann Knurr stellt sich beim Personalchef der Mülheimer Elektro-AG vor. Dieser sagt ihm, dass er am 1. des folgenden Monats seine Arbeit in dem Unternehmen beginnen könne. Herr Knurr sagt zu. Schriftlich wird nichts vereinbart. Ist der Arbeitsvertrag geschlossen?

3. **Arbeitsauftrag:** Fertigen Sie eine Gegenüberstellung an, aus der die wichtigsten Rechte und Pflichten des bzw. der kaufmännischen Angestellten hervorgehen!

4. 4.1 Nach Abschluss der Ausbildung wird Franz Steinke als kaufmännischer Angestellter der Käsefabrik Obertal GmbH übernommen. Vom Personalleiter wird er besonders auf das gesetzliche Wettbewerbsverbot des HGB hingewiesen. Zeigen Sie an zwei Beispie-len auf, welche Handlungen Franz Steinke danach nicht vornehmen darf!

    4.2 Worin liegt der wesentliche Unterschied zwischen dem gesetzlichen und dem vertrag-lichen Wettbewerbsverbot?

5. Franziska Müller möchte bei ihrem Ausscheiden ein „qualifiziertes Zeugnis". Erläutern Sie den Begriff „qualifiziertes Zeugnis"!

6.7 Betriebliche Vollmachten

6.7.1 Begriffe Delegation und Vollmacht

Obwohl der Geschäftsleitung das Recht zusteht, alle Entscheidungen, die in einem Unternehmen anfallen, selbst zu treffen, delegiert sie aus Gründen der Arbeitsüberlastung und/oder aus Gründen der Zweckmäßigkeit Aufgaben und Zuständigkeiten an Mitarbeiter.

> **Merke:**
>
> Unter **Delegation** versteht man das Abgeben von Aufgaben und Zuständigkeiten an nachgeordnete Abteilungen und Stellen.

In der Regel wird die Geschäftsleitung klar abgegrenzte Aufgabenbereiche mit entsprechender Verantwortung und Kompetenz auf nachgeordnete Mitarbeiter übertragen. Damit entlastet sich die Geschäftsleitung von Routinearbeiten (immer wiederkehrende Arbeiten), sie kann Unternehmensdaten von den Abteilungen jederzeit abrufen und erhält damit die Möglichkeit, schnell und begründet Entscheidungen treffen zu können. Diese Führungsmethode bezeichnet man als **Management by Delegation.**

Damit der Mitarbeiter berechtigt ist, die ihm übertragene Aufgabe für das Unternehmen erfüllen zu können, benötigt er eine Vollmacht.

> **Merke:**
>
> Unter **betrieblicher Vollmacht (Vertretungsmacht)** versteht man das Recht, im *Namen* und für *Rechnung* des Betriebs (Arbeitgebers) verbindlich Willenserklärungen abzugeben, z.B. Rechtsgeschäfte abschließen, ändern und auflösen zu können.[1]

Handelt der Vertreter im Rahmen seiner Vertretungsmacht, ergeben sich direkte Rechtsfolgen für das vertretene Unternehmen [§ 164 I BGB]. Handelt der Vertreter jedoch beim Vertragsabschluss, ohne Vertretungsmacht zu haben, oder überschreitet er seine Vertretungsmacht, dann ist er dem anderen Vertragspartner (der auf die Vollmacht vertraut hat) nach dessen Wahl zur Vertragserfüllung oder zum Schadensersatz verpflichtet, wenn der (angeblich) Vertretene die Genehmigung des Vertrags verweigert [§ 179 I BGB].

6.7.2 Gesetzlich geregelte Vollmachten

Gesetzlich geregelt sind

- die Vollmachten der kaufmännischen Angestellten[2],
- die Handlungsvollmacht,
- die Prokura und
- die Vollmacht der Vorstandsmitglieder und Geschäftsführer.

---

1 Die grundlegenden Rechtsvorschriften zur Vertretung und Vollmacht stehen in den §§ 164 ff. BGB.
2 Wiederholen Sie hierzu S. 339 ff.

6.7.2.1 Handlungsvollmacht

(1) Allgemeine Handlungsvollmacht

■ **Begriff**

> **Merke:**
>
> Die **allgemeine Handlungsvollmacht** erstreckt sich auf alle Geschäfte und Rechtshandlungen, die der Betrieb eines **bestimmten Handelsgewerbes gewöhnlich** mit sich bringt [§ 54 HGB].

Die Erteilung der allgemeinen Handlungsvollmacht ist an keine bestimmte gesetzliche Form gebunden, kann also auch stillschweigend erfolgen. Die Handlungsvollmacht wird nicht in das Handelsregister eingetragen.

> **Beispiel:**
>
> Der Inhaber eines Unternehmens duldet stillschweigend, dass sein Hauptbuchhalter während seiner Krankheit alle notwendigen gewöhnlichen Rechtsgeschäfte tätigt.

■ **Einschränkungen der allgemeinen Handlungsvollmacht**

Personen mit allgemeiner Handlungsvollmacht sind alle Rechtsgeschäfte verboten, die auch den Prokuristen verboten sind. Verbotene Rechtsgeschäfte sind weiterhin: Grundstücke kaufen, Prozesse für das Unternehmen führen, Wechselverbindlichkeiten eingehen, Darlehen aufnehmen, allgemeine Handlungsvollmacht erteilen und übertragen sowie Bürgschaften eingehen, es sei denn, der Handlungsbevollmächtigte erhält für die Vornahme derartiger Rechtsgeschäfte eine *besondere* Vollmacht *(Spezialvollmacht).*[1] Mit besonderer Vollmacht dürfen auch Handlungsbevollmächtigte Grundstücke veräußern und belasten.

■ **Erlöschen der allgemeinen Handlungsvollmacht**

Die allgemeine Handlungsvollmacht erlischt durch Widerruf, der jederzeit möglich ist, durch Ausscheiden des Handlungsbevollmächtigten aus dem Arbeitsverhältnis, durch Auflösung des Unternehmens (z.B. durch Auflösung des Unternehmens im Rahmen eines Insolvenzverfahrens oder Liquidation) und durch Veräußerung des Unternehmens.

Ist die allgemeine Handlungsvollmacht wesentlicher Bestandteil des Arbeitsvertrags, erlischt sie *nicht* beim Tod des Inhabers eines Einzelunternehmens.

■ **Unterschrift bei allgemeiner Handlungsvollmacht**

Unterschriften, die Personen mit allgemeiner Handlungsvollmacht abgeben, müssen neben der Firma einen die allgemeine Handlungsvollmacht andeutenden Zusatz enthalten.[2]

---

1 Über die gesetzlichen Einschränkungen hinausgehende Einschränkungen der Handlungsvollmacht sind Dritten (z.B. Geschäftspartnern) gegenüber nur dann rechtswirksam, wenn diese die Beschränkungen kannten oder kennen mussten [§ 54 III HGB].

2 In der Praxis ist der Zusatz „i.V." bzw. „i.Vm." (in Vollmacht) oder „i.A." (im Auftrag) üblich.

(2) Einzel- und Artvollmacht

■ Einzelvollmacht

Die Einzelvollmacht (Sondervollmacht, Spezialvollmacht) liegt vor, wenn eine Person zur Vornahme eines *einzelnen* Rechtsgeschäfts bevollmächtigt wird. Die Einzelvollmacht erlischt unmittelbar nach der Vornahme des einzelnen Rechtsgeschäfts.

Beispiele:
Eine Prokuristin erhält die Vollmacht, ein Grundstück zu veräußern. – Ein Angestellter mit allgemeiner Handlungsvollmacht erhält die Befugnis, einen Wechsel zu akzeptieren. – Eine Auszubildende erhält den Auftrag, einem Kunden ein Angebot zu unterbreiten.

■ Artvollmacht

Die Artvollmacht berechtigt zur Vornahme einer bestimmten immer *wiederkehrenden* Art von Rechtsgeschäften. Artbevollmächtigte können somit Rechtsgeschäfte gleicher Art (Gattung) im Namen und für Rechnung des Kaufmanns rechtswirksam abschließen. Die Artvollmacht erlischt aus den gleichen Gründen wie die allgemeine Handlungsvollmacht.

Beispiele:
Zu den Artbevollmächtigten gehören Einkäufer, Verkäufer, Kassierer, Buchhalter (Unterschreiben von Überweisungen, Zahlscheinen usw.) und Reisende.

(3) Gemischte Vertretung

Die Vertretung eines Unternehmens kann auch derart geregelt sein, dass beispielsweise ein Geschäftsführer *und* ein Prokurist oder ein Prokurist und ein Handlungsbevollmächtigter zeichnen müssen. Diese so genannte „gemischte Vertretung" muss im Handelsregister eingetragen sein.

6.7.2.2 Prokura

Die Prokura ist eine besonders weitgehende im Handelsgesetzbuch geregelte Vollmacht [§§ 48 – 53 HGB].

(1) Begriff

Merke:
Der **Prokurist** ist zu allen gerichtlichen und außergerichtlichen Geschäften und Rechtshandlungen ermächtigt, die der Betrieb irgendeines Handelsgewerbes mit sich bringt [§ 49 I HGB].

Die Prokura kann nur von einem *Kaufmann* (Inhaber eines Handelsgeschäfts, dem unbeschränkt haftenden Gesellschafter einer Personengesellschaft) oder dem gesetzlichen Vertreter eines Kaufmanns, z.B. vom Vorstand einer Aktiengesellschaft, *ausdrücklich* erteilt werden [§ 48 I HGB].[1] Die Prokura ist nicht übertragbar [§ 52 II HGB].

---

1 Bei der GmbH erfolgt die Bestellung von Prokuristen und von Handlungsbevollmächtigten zum gesamten Geschäftsbetrieb durch die Gesellschafter der GmbH [§ 46, Nr. 7 GmbHG].

(2) Arten der Prokura

Nach den Voraussetzungen, an die die Prokura geknüpft ist, unterscheidet man:

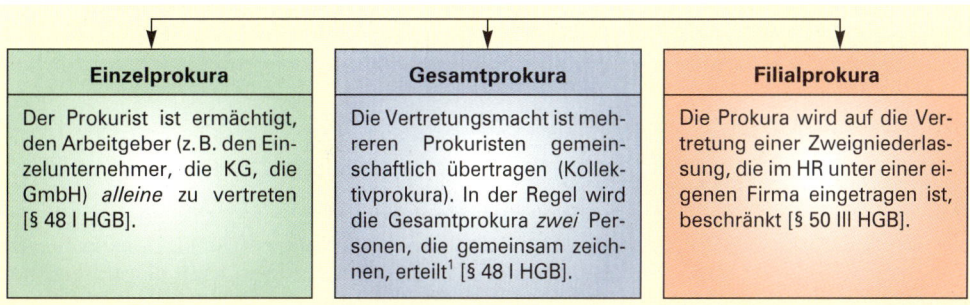

Einzelprokura	Gesamtprokura	Filialprokura
Der Prokurist ist ermächtigt, den Arbeitgeber (z. B. den Einzelunternehmer, die KG, die GmbH) *alleine* zu vertreten [§ 48 I HGB].	Die Vertretungsmacht ist mehreren Prokuristen gemeinschaftlich übertragen (Kollektivprokura). In der Regel wird die Gesamtprokura *zwei* Personen, die gemeinsam zeichnen, erteilt[1] [§ 48 I HGB].	Die Prokura wird auf die Vertretung einer Zweigniederlassung, die im HR unter einer eigenen Firma eingetragen ist, beschränkt [§ 50 III HGB].

Die Erteilung der Prokura erfolgt durch den Inhaber des Handelsgeschäfts oder durch den gesetzlichen Vertreter der Kapitalgesellschaft (z. B. vom Vorstand einer AG, Gesellschafter einer GmbH). Sie ist zur Eintragung in das Handelsregister anzumelden [§ 53 I HGB]. Die Wirkung der Handelsregistereintragung ist **deklaratorisch.** Eine Person kann somit Prokurist sein, bevor die Prokura in das Handelsregister eingetragen ist.

In der Regel wird die Prokuraerteilung den Geschäftsfreunden durch Rundschreiben bekannt gemacht.

(3) Einschränkung der Prokura

Prokuristen sind z. B. folgende gesetzliche Einschränkungen auferlegt: Sie dürfen für den Kaufmann (für den Vollmachtgeber) keine Grundstücke belasten, keine Grundstücke verkaufen,[2] keine Prokura erteilen, keine Gesellschafter aufnehmen, keine Bilanz und keine Steuererklärungen unterschreiben, keinen Eid für das Unternehmen leisten, die Firma nicht ändern oder löschen lassen, keine Eintragungen ins Handelsregister anmelden sowie keine Geschäfte vornehmen, die darauf abgestellt sind, den Betrieb einzustellen (z. B. Verkauf des Unternehmens, Insolvenzantrag stellen). Eine *vertragliche Einschränkung* außer der Gesamt- und der Filialprokura ist Dritten gegenüber nicht rechtswirksam. Werden noch *andere Einschränkungen* der Prokura zwischen dem Arbeitgeber und dem Prokuristen vereinbart, so gelten sie nur im Innenverhältnis, nicht nach außen (vgl. §§ 48 II, 49 II und 50 HGB).

(4) Erlöschen der Prokura

Die Prokura erlischt z. B. durch einen jederzeit möglichen *Widerruf,* durch *Auflösung* des *Handelsgewerbes,* nicht aber beim Tod des Inhabers eines Handelsgeschäfts. Der Grund: Beim Ableben des Inhabers eines Einzelunternehmens muss das Geschäft durch einen weitgehend Bevollmächtigten weitergeführt werden.

Der Widerruf wird Dritten gegenüber erst dann wirksam, wenn er im Handelsregister eingetragen und öffentlich bekannt gemacht worden ist oder dem Dritten bekannt war (z. B. durch Rundschreiben). Das Erlöschen der Prokura muss ins Handelsregister eingetragen werden [§§ 52, 53 III HGB].

---

1 Kann ein Prokurist nur zusammen mit einem Geschäftsführer bzw. Vorstandsmitglied zeichnen, spricht man von „gemischter Prokura".

2 Grundstücke können Prokuristen im Rahmen ihrer Vollmacht ohne Weiteres kaufen. Zur Veräußerung und Belastung von Grundstücken sind sie jedoch nur ermächtigt, wenn ihnen diese Befugnis vom Geschäftsinhaber besonders erteilt ist [§ 49 II HGB].

(5) Unterschrift des Prokuristen

Unterschriften, die ein Prokurist im Namen und für Rechnung des von ihm vertretenen Handelsgewerbes abgibt, müssen neben der Firma einen die Prokura andeutenden Zusatz enthalten [§ 51 HGB].[1] Die Unterschrift des Prokuristen ist unter Angabe der Firma mit einem die Prokura andeutenden Zusatz zur Aufbewahrung bei dem Gericht zu zeichnen [§ 53 II HGB].

6.7.2.3 Vollmacht der Vorstandsmitglieder und Geschäftsführer

Vorstandsmitglieder und Geschäftsführer der Kapitalgesellschaften sind zu *allen* Rechtshandlungen befugt, die der Geschäftsbetrieb mit sich bringt. Gesetzlich ist **Gesamtvertretung** vorgeschrieben, d.h., die Vorstände bzw. Geschäftsführer müssen alle unterschreiben, falls unter Dokumenten eine Unterschrift erforderlich ist. Sind mehr als zwei Vorstände bzw. Geschäftsführer vorhanden, wird die Gesamtvertretung unhandlich und umständlich. Aus diesem Grund wird sie häufig auf *zwei* Personen beschränkt. Das bedeutet, dass z.B. ein Angebot nur dann gültig ist, wenn es zwei Unterschriften trägt. Dabei bleibt es gleichgültig, *welche* Vorstände bzw. Geschäftsführer unterschrieben haben. Damit einem Dritten, der mit dem Unternehmen zu tun hat, diese Regelung auch zugänglich ist, muss sie aus Gründen der Rechtssicherheit im Handelsregister eingetragen und öffentlich bekannt gemacht werden.

Auch **Einzelvertretung** ist möglich. Sie bedeutet, dass die Unterschrift eines Vorstandsmitglieds bzw. Geschäftsführers ausreicht. Auch in diesem Fall bleibt es dann ohne Belang, **welcher** Direktor unterschrieben hat. Die Einzelvertretungsmacht muss ebenfalls im Handelsregister eingetragen und öffentlich bekannt gemacht worden sein.

6.7.3 Gesetzlich nicht geregelte Vollmachten

Große Unternehmen besitzen häufig „Generalbevollmächtigte". Ihre Rechte sind gesetzlich nicht geregelt. Die konkrete Ausgestaltung dieser Vollmachten hängt vom Einzelfall ab. Die Vollmachten können u.U. weiter als die der Prokuristen sein.

Zusammenfassung

- Unter **Delegation** versteht man das Abgeben von Aufgaben und Zuständigkeiten an nachgeordnete Abteilungen und Stellen.

- Unter **betrieblicher Vollmacht (Vertretungsmacht)** versteht man das Recht, im Namen und für Rechnung des Geschäftsinhabers (z.B. Einzelunternehmers), einer Personengesellschaft (z.B. KG) oder juristischen Personen (z.B. GmbH) rechtsverbindliche Willenserklärungen abzugeben.

- **Kaufmännische(r) Angestellte(r)** ist, wer in einem Handelsgewerbe zur Leistung kaufmännischer Dienste gegen Entgelt angestellt ist.

- Die **Rechte und Pflichten des/der kaufmännischen Angestellten** regeln sich u.a. nach dem BGB, HGB, BetrVG, der GewO, ArbSchG, GPSG, der Betriebsvereinbarung und dem Tarifvertrag.

---

1 Der Zusatz zur Unterschrift lautet i.d.R. „ppa.": per Prokura.

Pflichten der Arbeitgeber	Pflichten der Arbeitnehmer
■ Zahlung der vereinbarten Vergütung, ■ Fürsorgepflicht, ■ Informations- und Anhörungspflicht, ■ Pflicht zur Ausstellung eines Zeugnisses, ■ Pflicht zur Gewährung von Urlaub und Zahlung von Urlaubsgeld, ■ Entgeltfortzahlung an gesetzlichen Feiertagen, im unverschuldeten Krankheitsfall.	■ Dienstleistungspflicht, ■ Pflicht zur Verschwiegenheit, ■ Pflicht zur Einhaltung des gesetzlichen und ggf. des vertraglichen Wettbewerbsverbots, ■ Pflicht zur unverzüglichen Anzeige der Arbeitsunfähigkeit, ■ Schadensersatzpflicht.

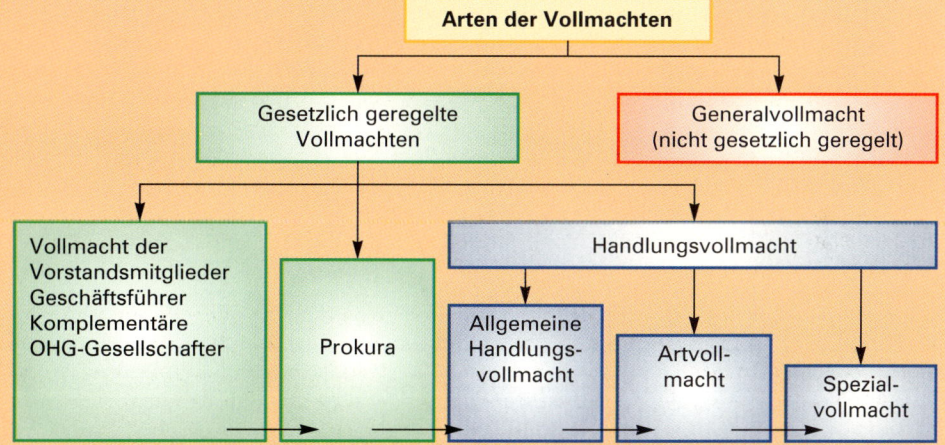

Die Inhaber der jeweils weitergehenden Vollmacht können alle nachgeordneten Vollmachten erteilen. Eine Weitergabe der Vollmacht auf gleicher Ebene ist in jedem Fall ausgeschlossen.

Kriterien	Handlungsvollmacht	Prokura
Umfang der Vollmacht	Allgemeine Handlungsvollmacht ermächtigt: zu *allen gewöhnlichen* Geschäften, die der Betrieb des *betreffenden* Handelsgewerbes *gewöhnlich* mit sich bringt. Einschränkungen im Außenverhältnis sind möglich.	Einzelprokura ermächtigt: zu *allen Arten von gerichtlichen und außergerichtlichen Geschäften und Rechtshandlungen,* die der Betrieb *irgendeines Handelsgewerbes* mit sich bringt. Einschränkungen im Außenverhältnis sind *nicht* möglich.
Erteilung der Vollmacht	– persönlich durch den Kaufmann oder einen gesetzlichen Vertreter (z. B. Gesellschafter einer GmbH) – durch seinen Prokuristen – oder den jeweils weitergehenden Bevollmächtigten. Keine Eintragung ins Handelsregister.	– persönlich und ausdrücklich durch den Kaufmann, seinen gesetzlichen Vertreter (z. B. Vorstand einer AG) oder durch Gesellschafter einer GmbH. Eintragung ins Handelsregister.

Nicht gestattet	1. Alle Geschäfte und Rechtshandlungen, die auch dem Prokuristen verboten sind. 2. Branchenfremde Rechtsgeschäfte. 3. Branchenübliche Rechtsgeschäfte, die aber außergewöhnlich sind. 4. Rechtsgeschäfte, die den Bestand des Unternehmens verändern.			1. Bilanzen und Steuererklärungen unterschreiben. 2. Prokura erteilen, entziehen, übertragen. 3. Neue Gesellschafter aufnehmen. 4. Für den Geschäftsinhaber einen Eid leisten. 5. Geschäfte vornehmen, die darauf abgestellt sind, den Betrieb einzustellen (z. B. Verkauf des Unternehmens, Insolvenzantrag). 6. Grundstücke verkaufen und belasten. 7. Eintragungen in das Handelsregister beantragen (z. B. Firma ändern).		
Arten der Vollmacht	Allgemeine Handlungsvollmacht	Einzelvollmacht	Artvollmacht	Einzelprokura	Gesamtprokura	Filialprokura
Unterschrift	Zusatz i. V. und Unterschrift Zusatz i. A. und Unterschrift			Zusatz ppa. und Unterschrift		
Widerruf der Vollmacht	jederzeitiger Widerruf möglich					

Übungsaufgaben

120 1. 1.1 Erklären Sie den Begriff Prokura!

   1.2 Wie wird die Prokura erteilt?

2. Welche der nachstehenden Handlungen sind einem Prokuristen (ohne jede spezielle Vollmacht) *nicht* erlaubt?

   2.1 Gesellschafter aufnehmen,

   2.2 Darlehen aufnehmen,

   2.3 Grundstück kaufen,

   2.4 Grundstück verkaufen,

   2.5 Bilanz unterschreiben,

   2.6 Kontokorrentkredit aufnehmen,

   2.7 einen Ausbildungsvertrag abschließen,

   2.8 Waren und Rohstoffe kaufen,

   2.9 Firmenänderung vornehmen,

   2.10 einer Arbeitskraft kündigen.

3. Erklären Sie den Begriff „allgemeine Handlungsvollmacht"!

4. 4.1 Wie lässt sich die Prokura so gestalten, dass das Unternehmen vor etwaigen voreiligen Entschlüssen des Prokuristen gesichert ist?

   4.2 Nennen Sie zwei Handelsgeschäfte, die der Handlungsbevollmächtigte im Gegensatz zum Prokuristen nicht abschließen darf!

5. Welche der nachstehenden Handlungen sind den Inhabern der allgemeinen Handlungsvollmacht *nicht* erlaubt?

5.1 Allgemeine Handlungsvollmacht erteilen,
5.2 Darlehen aufnehmen,
5.3 Grundstück kaufen,
5.4 Grundstück verkaufen,
5.5 Angebot abgeben,
5.6 einen Arbeitsvertrag abschließen,
5.7 Waren und Rohstoffe kaufen,
5.8 Geld einkassieren,
5.9 einer Arbeitskraft kündigen.

121 1. Der Inhaber des Kaufhauses Fritz Krause e.Kfm. will seiner Angestellten Monika Heuer und seinem Angestellten Franz Schmitt Prokura erteilen.

Aufgaben:

1.1 Für welche zwei Arten der Prokura könnte sich Herr Krause grundsätzlich entscheiden?

1.2 Angenommen, Herr Krause entschließt sich, lediglich Frau Heuer Prokura zu erteilen. Nennen Sie zwei Rechtshandlungen, die Frau Heuer aufgrund gesetzlicher Regelungen nicht vornehmen darf!

1.3 Herr Krause hat Frau Heuer untersagt, Wechsel zu akzeptieren.

Begründen Sie, ob Herr Krause einen von Frau Heuer als Prokuristin akzeptierten Wechsel einlösen muss!

1.4 Der Angestellte Fritz Ehrler unterschreibt mit dem Zusatz „i.A.", die Angestellte Rosi Berg mit dem Zusatz „i.V.".

Auf welche unterschiedlichen Arten von Vollmachten könnten die Zusätze hinweisen?

2. 2.1 Bei der Erteilung der Prokura vereinbart der Unternehmer mit dem neuen Prokuristen, dass er zum Abschluss von Geschäften über 30 000,00 EUR nicht berechtigt ist.

Aufgabe:

Welche Bedeutung hat eine solche Vereinbarung im Innenverhältnis sowie im Außenverhältnis?

2.2 Welche andere Art von Prokura hätte der Unternehmer erteilen können, wenn ihm die Bevollmächtigung des neuen Prokuristen mit Einzelprokura zu riskant gewesen wäre?

2.3 Wodurch erlischt die Prokura im Innenverhältnis und wodurch im Außenverhältnis?

353

23 Speth – ISBN 978-3-8120-0491-6

7 Vollkostenrechnung

7.1 Grundbegriffe der Kosten- und Leistungsrechnung und die Systeme der Kosten- und Leistungsrechnung

7.1.1 Grundbegriffe der Kosten- und Leistungsrechnung in Abgrenzung zu den Begriffen der Bchführung

(1) Begriffe der Buchführung: Aufwand und Ertrag

In der Buchführung, die die Geschäftsvorfälle des gesamten Unternehmens erfasst, haben wir es mit Aufwendungen und Erträgen zu tun. Aus der Differenz zwischen Erträgen und Aufwendungen ergibt sich das Unternehmensergebnis als Saldo auf dem Gewinn- und Verlustkonto. Dabei spielt es keine Rolle, ob die Ursache für die angefallenen Aufwendungen und Erträge in der Verfolgung des eigentlichen Betriebszweckes zu sehen ist oder ob es sich um Aufwendungen und Erträge handelt, die mit der Herstellung und dem Verkauf von Erzeugnissen nicht oder nur mittelbar in einem Zusammenhang stehen.

> **Erträge** sind alle in Geld bewerteten Wertzugänge beim Eigenkapital innerhalb einer Abrechnungsperiode. Die Erträge werden in der Buchführung der Industriebetriebe in der Kontenklasse 5 erfasst.

> **Aufwendungen** sind die in Geld gemessenen Wertminderungen des Eigenkapitals (Gesamtverbrauch von Gütern, Dienstleistungen und Abgaben) innerhalb einer Abrechnungsperiode. Die Aufwendungen werden in der Buchführung der Industriebetriebe in den Kontenklassen 6 und 7 erfasst.

Gesamte Erträge des Unternehmens	−	Gesamte Aufwendungen des Unternehmens	=	Unternehmensergebnis

(2) Begriffe der Kosten- und Leistungsrechnung: Kosten und Leistungen

In der Kosten- und Leistungsrechnung werden nur die Aufwendungen und Erträge erfasst, die ursächlich im Zusammenhang mit der Verfolgung des eigentlichen Betriebszweckes stehen, der bei Industriebetrieben in der Herstellung, der Lagerung und dem Verkauf der Güter zu sehen ist.

Diese **betrieblichen Aufwendungen** bezeichnet man als **Kosten.** Ihnen stehen die **betrieblichen Erträge** in Form der verkauften Erzeugnisse, der verkauften Handelswaren, der Bestandsmehrungen an fertigen und unfertigen Erzeugnissen und der zu aktivierenden Eigenleistungen gegenüber. Die betrieblichen Erträge insgesamt bezeichnet man als **Leistungen**.

Unter dem Begriff **Kosten** versteht man den betriebsbedingten und relativ regelmäßig anfallenden Güter- und Leistungsverzehr zur Erstellung betrieblicher Leistungen, gemessen in Geld (z. B. Löhne, Gehälter, Geschäftsmiete, Aufwendungen für Rohstoffe, Bürobedarf). Die Kosten, die **gleichzeitig einen Aufwand** darstellen, nennen wir **Grundkosten**. Statt Kosten (Grundkosten) können wir auch **betriebliche Aufwendungen** sagen.

Die Begriffsbestimmung der Kosten enthält somit drei Wesensmerkmale:

■ Kosten können sich sowohl im Verbrauch von Gütern als auch in erbrachten Diensten niederschlagen.

■ Kosten sind in Geldeinheiten bewertet.

■ Kosten stehen in einem unmittelbaren Bezug zu den Leistungen, sie sind also leistungsbedingt.

Unter dem Begriff **Leistungen** versteht man alle betriebsbedingten und relativ regelmäßig anfallenden Wertzugänge innerhalb einer Abrechnungsperiode. Man spricht auch von **betrieblichen Erträgen.**

Zu den Leistungen eines Industriebetriebs zählen:

■ Umsatzerlöse aus dem Verkauf von eigenen Erzeugnissen und Handelswaren,

■ Bestandsmehrungen an fertigen und unfertigen Erzeugnissen,

■ aktivierte Eigenleistungen.[1]

| Leistungen (Betriebliche Erträge) | – | Kosten (Betriebliche Aufwendungen) | = | Betriebsergebnis |

7.1.2 Systeme der Kosten- und Leistungsrechnung

Die Kostenrechnung bedient sich, je nach angestrebtem Ziel, verschiedener **Abrechnungssysteme,** die sich aus den folgenden Unterscheidungsmerkmalen ergeben.

(1) Gliederung der Kostenrechnung nach der Art der Kostenverrechnung auf die Kostenträger

■ **Vollkostenrechnung**

Ziel der Vollkostenrechnung ist es, alle innerhalb einer Abrechnungsperiode angefallenen **Kosten** den Kostenträgern zuzurechnen. Es wird angestrebt, die Kosten über einen zumindest kostendeckenden Verkaufspreis wieder zu erwirtschaften.

---

1 Unter **aktivierten Eigenleistungen** (innerbetrieblichen Leistungen) versteht man Leistungen (Güter), die nicht für den Absatzmarkt bestimmt sind, sondern im eigenen Betrieb zur eigenen Verwendung hergestellt und aktiviert werden (z.B. selbst hergestellte Werkzeuge, Regale, Maschinen).

■ **Teilkostenrechnung (Deckungsbeitragsrechnung)**

Die Teilkostenrechnung geht vom erzielbaren Marktpreis aus und zieht hiervon zunächst die Kosten ab, die direkt mit der Beschaffung, der Produktion und dem Absatz zusammenhängen (variable Kosten). Ein verbleibender Ertragsüberschuss (Deckungsbeitrag) dient dann dazu, die Kosten, die unabhängig von einem einzelnen Auftrag anfallen (fixe Kosten), abzudecken.

(2) Gliederung der Kostenrechnung nach der zeitlichen Erfassung und Bewertung der Kosten

■ **Istkostenrechnung**

Die Istkostenrechnung erfasst die tatsächlichen Kosten einer Rechnungsperiode. Sie eignet sich für die **Nachkalkulation**. Eine Nachkalkulation dient folgenden Zwecken:

■ genaue Erfassung der tatsächlich entstandenen Kosten,

■ Kontrolle der Kosten durch Analyse der Abweichungen zwischen Vor- und Nachkalkulation,

■ eventuelle Korrektur der Gemeinkostenzuschlagssätze für die zukünftige Vorkalkulation.

■ **Normalkostenrechnung**

Bei der Normalkostenrechnung werden die Gemeinkosten mit Hilfe von Normalzuschlagssätzen, die aus den Istzuschlagssätzen vergangener Rechnungsperioden berechnet werden, erfasst. Die Normalkostenrechnung eignet sich für die **Angebotskalkulation (Vorkalkulation)**.

Übungsaufgaben

122 1. Warum ist neben der Buchführung eine Kosten- und Leistungsrechnung erforderlich?

2. 2.1 Welchem Rechnungsbereich sind die Begriffe Aufwendungen und Erträge zuzuordnen?

2.2 Nennen Sie das Begriffspaar der Kosten- und Leistungsrechnung!

123 1. Erklären Sie mit eigenen Worten, was unter Leistungen einerseits und Kosten andererseits zu verstehen ist! Bilden Sie je zwei Beispiele!

2. Bei welchen der genannten buchhalterischen Begriffe handelt es sich um Begriffe der Kostenrechnung?

Abschreibungen auf Sachanlagen; Kosten für Ausgangsfrachten; Zinsaufwendungen; Umsatzsteuer auf den Verkauf von Erzeugnissen; Arbeitgeberanteil zur Sozialversicherung; Aufwendungen für Waren; Aufwendungen für Roh-, Hilfs- oder Betriebsstoffe; Aufwendungen für Kommunikation.

3. Bei welchen der genannten buchhalterischen Begriffe handelt es sich um Begriffe der Leistungsrechnung?

Umsatzerlöse für Waren; aktivierte Eigenleistungen; Rabatt beim Einkauf von Rohstoffen; Zinserträge; andere sonstige betriebliche Erträge; Erträge aus dem Abgang von Vermögensgegenständen; Umsatzerlöse für eigene Erzeugnisse.

7.2 Inhaltliche Abgrenzung zwischen den Begriffen der Buchführung und denen der Kosten- und Leistungsrechnung

7.2.1 Inhaltliche Abgrenzung zwischen den Begriffen Aufwendungen und Kosten[1]

Die Aufwendungen der Buchführung können betriebsbedingt sein oder mit dem eigentlichen Betriebszweck nichts zu tun haben.

Die **betrieblichen Aufwendungen (Zweckaufwendungen)** decken sich inhaltlich mit den Kosten der Kosten- und Leistungsrechnung (KLR). Aus Sicht der Kosten- und Leistungsrechnung stellen die betrieblichen Aufwendungen **Grundkosten** dar.

Merke:

■ Aufwendungen, die in keinem Zusammenhang mit dem Einkauf, der Produktion, der Lagerung und dem Absatz der Waren und Erzeugnisse stehen, die aperiodisch oder aber unregelmäßig oder in außergewöhnlicher Höhe anfallen, nennt man **neutrale Aufwendungen.**

■ Die neutralen Aufwendungen werden in der **Kosten- und Leistungsrechnung** entweder **gar nicht** oder **nicht** in der in der **Buchführung ausgewiesenen Höhe** berücksichtigt.

Im Einzelnen haben wir es mit folgenden Fällen zu tun:

Art der neutralen Aufwendungen	Beispiele
■ **Betriebsfremde Aufwendungen.** Als betriebsfremd bezeichnet man alle Aufwendungen, die mit dem eigentlichen Betriebszweck nichts zu tun haben.	Verluste aus Wertpapierverkäufen, Reparaturkosten an nicht betrieblich genutzten Gebäuden, Kursverluste bei Auslandsgeschäften, Abschreibungen auf Finanzanlagen, Aufwendungen aus Beteiligungen.
■ **Periodenfremde Aufwendungen.** Das sind Aufwendungen, die zwar betriebsbedingt sind, deren Verursachung aber in einer vorangegangenen Geschäftsperiode liegt.	Steuernachzahlungen, Nachzahlungen von Gehältern, Garantieverpflichtungen für Geschäfte aus dem vorangegangenen Geschäftsjahr.
■ **Außerordentliche Aufwendungen.** Es handelt sich um Aufwendungen, die ungewöhnlich hoch oder äußerst selten sind.	Verluste aus Enteignungen, Verluste aus nicht durch Versicherungen gedeckten Katastrophenfällen.
■ Aufwendungen, die im Zusammenhang mit einer **Umstrukturierung des Vermögens** entstehen.	Verluste aus dem Abgang von Gegenständen des Sachanlagevermögens (Verkauf von Anlagegütern unter dem Buchwert).

---

1 Diesen Vorgang nennt man auch sachliche Abgrenzung.

In schematischer Darstellung ergibt sich das folgende Bild:

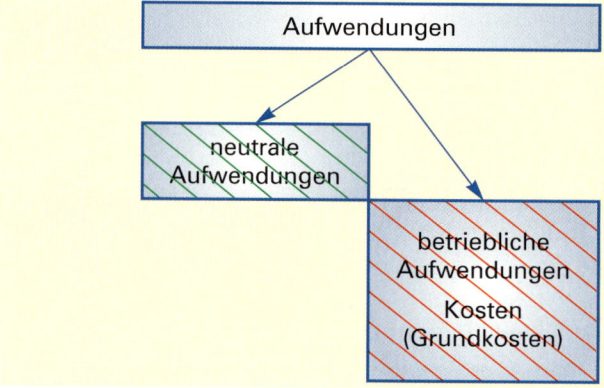

Neben der Tatsache, dass es **Aufwendungen** gibt, die **keine Kosten darstellen**, nämlich die neutralen Aufwendungen, gibt es auf der anderen Seite auch **Kosten**, die **keine Aufwendungen** sind.

Es handelt sich dabei um die **kalkulatorischen Kosten**, auf die wir im Kapitel 7.3, S. 362ff. im Einzelnen noch eingehen werden. Von kalkulatorischen Kosten spricht man, wenn aus kalkulatorischen Gründen bestimmte Aufwendungen der Buchführung in der Kosten- und Leistungsrechnung anders verrechnet werden **(Anderskosten)**,[1] oder wenn in der Kosten- und Leistungsrechnung zusätzlich Kosten verrechnet werden sollen, für die es in der Buchführung keinen Aufwand gibt **(Zusatzkosten)**.[2] Der Begriff der Zusatzkosten ist auch auf den Teil der Anderskosten anzuwenden, der die Aufwendungen der Buchführung übersteigt.

Um ein vollständiges Bild für die Abgrenzung der beiden Begriffe Aufwendungen und Kosten zu erhalten, müssen wir unsere schematische Darstellung noch um diese Tatsache ergänzen.

---

1 Vgl. hierzu S. 362ff.
2 Vgl. hierzu S. 364f.

Abgrenzung der Begriffe Aufwendungen und Kosten in schematischer Darstellung:

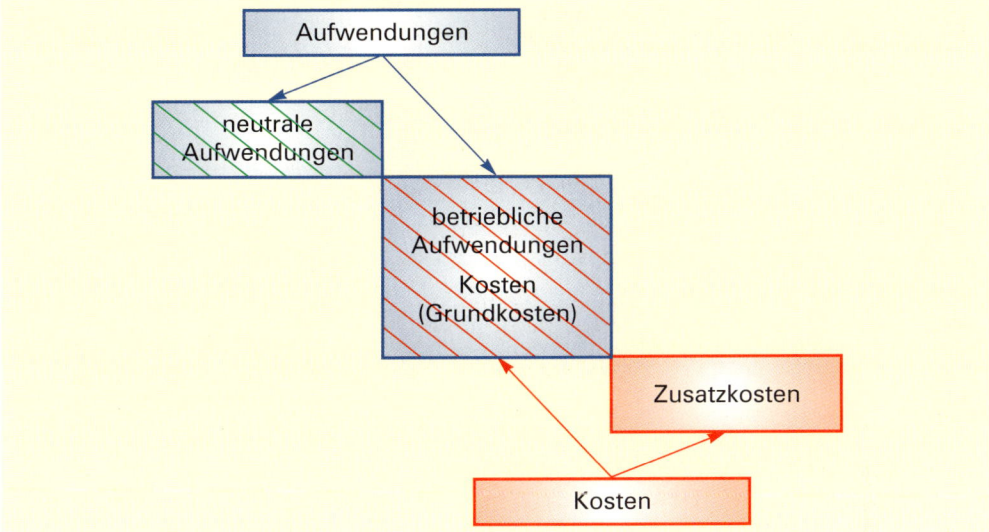

7.2.2 Inhaltliche Abgrenzung zwischen den Begriffen Erträgen und Leistungen

Die Erträge der Buchführung können betriebsbedingt sein oder mit dem eigentlichen Betriebszweck nichts zu tun haben.

Bei den **betrieblichen Erträgen** handelt es sich im Wesentlichen um die Umsatzerlöse. Sie stellen die Erträge dar, die sich bei der Erfüllung des Betriebszweckes ergeben haben **(Zweckerträge)** und decken sich daher mit den **Leistungen** der KLR. Zu den Leistungen eines Industrieunternehmens zählen außerdem die Bestandsmehrungen bei den unfertigen und fertigen Erzeugnissen sowie die aktivierten Eigenleistungen.

Merke:

■ Erträge, die in keinem Zusammenhang mit dem Betriebszweck stehen, oder die aperiodisch, unregelmäßig oder in außergewöhnlicher Höhe anfallen, nennt man **neutrale Erträge**.

■ Die neutralen Erträge werden in der **Kosten- und Leistungsrechnung** entweder **gar nicht oder nicht in der in der Buchführung ausgewiesenen Höhe** berücksichtigt.

Im Einzelnen haben wir es mit folgenden Fällen zu tun:

Art der neutralen Erträge	Beispiele
■ **Betriebsfremde Erträge.** Als betriebsfremd bezeichnet man alle Erträge, die mit dem eigentlichen Betriebszweck nichts zu tun haben.	Erträge aus Wertpapieren, Zins- und Diskonterträge, Kursgewinne bei Auslandsgeschäften, Erträge aus Vermietung und Verpachtung, Erträge aus Beteiligungen, Erträge aus Finanzanlagen.

Art der neutralen Erträge	Beispiele
■ **Periodenfremde Erträge.** Das sind Erträge, die zwar betriebsbedingt sind, deren Verursachung aber in einer vorangegangenen Geschäftsperiode liegt.	Steuerrückerstattungen, Eingang einer bereits abgeschriebenen Forderung.
■ **Außerordentliche Erträge.** Es handelt sich um Erträge, die ungewöhnlich hoch oder äußerst selten sind.	Erträge aus Gläubigerverzicht, Steuererlass, Erträge aus der Auflösung von Rückstellungen.
■ Erträge, die im Zusammenhang mit einer **Umstrukturierung des Vermögens** entstehen.	Erträge aus dem Abgang von Vermögensgegenständen (Verkauf von Anlagegütern über dem Buchwert).

Merke:

■ Die **betrieblichen Erträge** stellen zugleich auch Leistungen dar. Man nennt die betrieblichen Erträge auch **Grundleistungen**.

■ **Neutrale Erträge** stellen **keine Leistung** dar.

Mehr aus systematischen Gründen soll auch das Problem der Zusatzleistungen angesprochen werden.

Zusatzleistungen sind Leistungen, für die zwar Kosten entstanden sind, für die es aber keinen Ertrag in der Buchführung gibt.

Zusatzleistungen entstehen z.B., wenn Verkaufsprodukte verschenkt werden.

Für eine schematische Darstellung des Zusammenhangs zwischen Erträgen und Leistungen erhalten wir somit folgendes Bild:

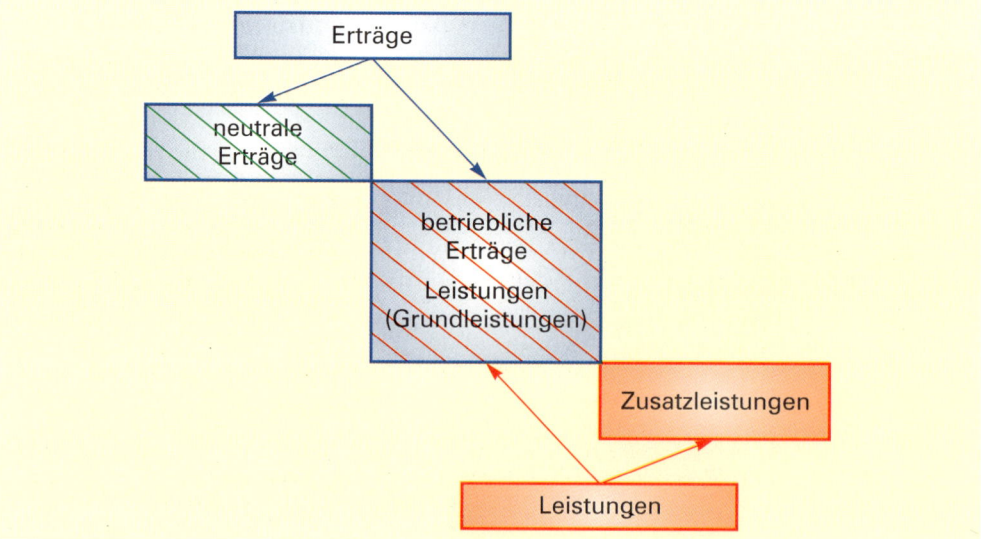

7.2.3 Zusammenhang zwischen Unternehmensergebnis, Betriebsergebnis und neutralem Ergebnis

In der Erfolgsrechnung der **Buchführung** wird aus der Differenz zwischen Erträgen und Aufwendungen das **Unternehmensergebnis** ermittelt. (Bei Kapitalgesellschaften spricht der Gesetzgeber vom Jahresüberschuss bzw. Jahresfehlbetrag.)

Ausgehend von den Erfolgskomponenten der Buchführung wird in der **Kosten- und Leistungsrechnung** das **Betriebsergebnis** ermittelt.

Stellt man den neutralen Erträgen die neutralen Aufwendungen gegenüber, so erhält man das **neutrale Ergebnis.**

Merke:

- Erträge – Aufwendungen = Unternehmensergebnis
  neutrale Erträge – neutrale Aufwendungen = neutrales Ergebnis
  Leistungen – Kosten = Betriebsergebnis
- Unternehmensergebnis – neutrales Ergebnis = Betriebsergebnis
- Eine Erfolgsaufspaltung in ein neutrales Ergebnis und ein Betriebsergebnis ist insbesondere aus zwei Gründen erforderlich:
  - um betriebliche Zahlenwerte besser vergleichen zu können und
  - um eine genaue Kalkulation durchführen zu können.

Übungsaufgaben

124 1. Unterscheiden Sie zwischen Aufwand und Kosten! Nennen Sie je zwei Beispiele!

2. Unterscheiden Sie zwischen Ertrag und Leistung! Nennen Sie je zwei Beispiele!

125 1. Geben Sie bei den nachfolgenden Aufwandsarten an, ob es sich um betriebliche oder neutrale Aufwendungen handelt:

Gehaltszahlungen, Aufwendungen für Waren, Verkauf eines Anlagegutes unter dem Buchwert, Abschreibungen auf Sachanlagen, hoher Forderungsausfall durch die Zahlungsunfähigkeit eines Kunden, Aufwendungen für die Altersversorgung der Arbeitnehmer, Verluste durch Brandschäden, die nicht durch eine Versicherung gedeckt sind, Arbeitgeberanteil zur Sozialversicherung, Kursverluste aus einem Exportgeschäft, Mietzahlung für die Garage des Betriebs-Lkw, Aufwendungen für Rohstoffe, Steuernachzahlung für das vergangene Geschäftsjahr, Zahlung der Gewerbesteuer für das laufende Geschäftsjahr, Zahlung der Gebäudeversicherung für ein nicht betriebsnotwendiges Gebäude.

2. Geben Sie bei den nachfolgenden Ertragsarten an, ob es sich um betriebliche oder neutrale Erträge handelt:

Umsatzerlöse für Waren, Kursgewinne aus einem Importgeschäft, Erträge aus dem Verkauf von Wertpapieren, Zinserträge, unerwarteter Eingang für eine bereits abgeschriebene Forderung, Mietertrag aus der Vermietung eines nicht betrieblich genutzten Gebäudes, Steuerrückvergütung für das vergangene Geschäftsjahr, Umsatzerlöse für eigene Erzeugnisse, Bestandsmehrung an unfertigen Erzeugnissen, Verkauf eines Anlagegutes über dem Buchwert, selbst hergestellte Regale für die Verwendung im eigenen Betrieb.

126 Welche der folgenden Vorgänge stellen Leistungen dar?

1. Verkauf von Erzeugnissen gegen Bankscheck.

2. Zinsgutschrift der Bank.

3. Erhöhung des Lagerbestandes an unfertigen Erzeugnissen.

4. Reparatur der Wasserleitung im Büro durch die eigene Werkstatt.

7.3 Kalkulatorische Kosten

7.3.1 Zweck und Umfang der kalkulatorischen Kosten

Die Kosten- und Leistungsrechnung steht unter einer ganz anderen Zwecksetzung als die Buchführung. Sie strebt einerseits eine möglichst genaue Erfassung aller entstandenen Kosten an, und sie will andererseits alle Zufallsschwankungen, die eine innerbetriebliche und außerbetriebliche Vergleichbarkeit stören würden, von dieser Rechnung fernhalten. Dadurch ist bedingt, dass bestimmte Aufwendungen der Buchführung in der KLR anders verrechnet werden. Es sind dies die so genannten **Anderskosten (aufwandsungleiche Kosten)**. Darüber hinaus werden in der KLR auch Kosten erfasst, denen in der Buchführung kein Aufwand entspricht. Diese **aufwandslosen Kosten** werden als **Zusatzkosten** im engeren Sinne bezeichnet. Im weiteren Sinne zählt zu den Zusatzkosten auch der Teil der Anderskosten, um den diese die Aufwendungen der Buchführung übersteigen.

Merke:

- **Anderskosten** und **Zusatzkosten** bilden zusammen den Umfang der **kalkulatorischen Kosten**.

- **Kalkulatorische Kosten** haben den **Zweck**:

  - die **Genauigkeit der Kostenrechnung** und die darauf aufbauende Kalkulation **zu erhöhen** und

  - die Möglichkeit der **Vergleichbarkeit der Kosten- und Leistungsrechnung zu verbessern**.

7.3.2 Anderskosten

(1) Kalkulatorische Abschreibung[1]

Für die **Kosten- und Leistungsrechnung (KLR)** muss die **tatsächliche Wertminderung** angesetzt werden, da ansonsten die Kostenrechnung ungenau wird. Für die Berechnung der Abschreibungshöhe in der **Buchführung** sind **handels- und steuerrechtliche Vorschriften** vorgegeben. Dies bedeutet, dass die Abschreibungsbeträge in erster Linie bestimmt werden durch steuer- und finanzpolitische Strategien des Gesetzgebers im Hinblick auf den tatsächlichen Werteverzehr zu hoch oder zu niedrig sein kann.

---

1 Zur Erinnerung: Die Abschreibung erfasst die Wertminderung eines (abnutzbaren) Gutes. Die Anschaffungskosten des Gutes werden auf die Jahre der Nutzung als Aufwand verteilt.

Ein Kombiwagen mit Anschaffungskosten von 45 000,00 EUR wird buchhalterisch linear über 6 Jahre mit jeweils 16 $^2/_3$ % abgeschrieben. Aufgrund der laufenden Preiserhöhungen muss in der Kostenrechnung von den Wiederbeschaffungskosten in Höhe von 51 000,00 EUR abgeschrieben werden. Die bilanzmäßige Abschreibung beträgt somit 7 500,00 EUR, die kalkulatorische Abschreibung 8 500,00 EUR, sodass zusätzliche Kosten von jährlich 1 000,00 EUR entstehen. Der bilanzielle Restwert des Kombiwagens nach dem ersten Jahr beträgt damit 37 500,00 EUR, der kalkulatorische Restwert 42 500,00 EUR.

Da die Berechnung der Abschreibungshöhe innerhalb der Erfolgsrechnung nach anderen Kriterien vorgenommen wird als in der KLR, müssen wir zwischen **kalkulatorischer** und **bilanzieller Abschreibung** unterscheiden. Die bilanzielle Abschreibung wirkt sich in der Erfolgsrechnung, die kalkulatorische Abschreibung in der KLR aus.

Merke:

Kalkulatorische Abschreibungen sind Kosten, die – unabhängig von gesetzlichen Vorschriften – den **tatsächlichen** Werteverzehr des Anlagevermögens möglichst genau erfassen.

(2) Kalkulatorische Zinsen

Die **gezahlten Zinsen** für das aufgenommene **Fremdkapital** stellen einen betrieblichen Aufwand dar. Da der Unternehmer jedoch auch für das von ihm eingebrachte Eigenkapital eine Verzinsung beanspruchen kann, müssen in den Verkaufspreis auch Zinsen für das Eigenkapital eingerechnet werden. Die **kalkulatorischen Zinsen** erfassen somit die Verzinsung des **gesamten betriebsbedingten Kapitals,** und zwar unabhängig davon, ob es sich um Eigen- oder Fremdkapital handelt. Abgezogen werden allerdings die dem Unternehmen zinslos zur Verfügung stehenden Fremdmittel. Dieses so genannte **Abzugskapital** setzt sich z. B. aus Verbindlichkeiten aus Lieferungen und Leistungen, aus Anzahlungen von Kunden und aus Rückstellungen zusammen.

```
    Gesamtes Unternehmenskapital
  – nicht betriebsnotwendiges Kapital[1]
  = betriebsbedingtes Kapital
  – Abzugskapital
  = betriebsbedingtes Kapital
```

Merke:

Kalkulatorische Zinsen sind die **Kosten** für die **Nutzung des betriebsbedingten Kapitals.**

---

1 Dazu zählen z. B. nicht betrieblich genutzte Grundstücke, stillgelegte Betriebsanlagen, Werkswohnungen.

(3) Kalkulatorische Wagnisse

Jede unternehmerische Tätigkeit ist mit dem Risiko des Scheiterns verbunden und kann damit zu Verlusten führen. Dieses allgemeine **Unternehmenswagnis** (z. B. Nachfrageverschiebungen, technischer Fortschritt, politische Ereignisse, Konjunkturschwankungen) kann in der KLR nicht berücksichtigt werden. Es wird durch den Gewinn abgegolten.

Kalkulatorisch zu erfassen sind die **einzelnen betriebsbedingten Wagnisse** (Forderungsausfälle, Währungsverluste, Garantieleistungen), sofern sie nicht schon durch eine Fremdversicherung abgedeckt sind.

Wagnisverluste treten in der Praxis nur von Fall zu Fall und in unterschiedlicher Höhe auf. Sie werden in der Buchführung als Aufwand gebucht und beeinflussen damit das Unternehmensergebnis. Um eine Stetigkeit in der KLR zu erreichen, werden die vorausschaubaren Einzelwagnisse ermittelt und gleichzeitig als **kalkulatorischer Wagniszuschlag** auf die Rechnungsperioden verrechnet. Auf diese Weise werden Zufallseinflüsse von der KLR ferngehalten. Sofern ein Einzelwagnis durch eine Fremdversicherung abgedeckt ist, entfällt der Ansatz eines kalkulatorischen Wagniszuschlags.

Beispiel:

Der Aufwand für vertragliche Garantieleistungen und Kulanz bei einer Möbelfabrik betrug in den vergangenen 3 Jahren 150 000,00 EUR bei einem Werkstoffeinsatz von 6 Mio. EUR. Das bedeutet, dass 2,5 % des Werkstoffeinsatzes als kalkulatorischer Wagniszuschlag anzusetzen sind.

Beträgt der Werkstoffeinsatz im 1. Quartal 1 480 000,00 EUR, so sind 37 000,00 EUR an kalkulatorischen Wagnissen in die KLR einzurechnen. Treten in dieser Zeit 33 400,00 EUR an tatsächlichen Wagnisverlusten auf, so sind 3 600,00 EUR zusätzliche Kosten in der KLR eingerechnet.

Merke:

Kalkulatorische Wagnisse sind Kosten für nicht versicherte Einzelwagnisse.

7.3.3 Zusatzkosten

(1) Kalkulatorischer Unternehmerlohn

Die Arbeit des Geschäftsführers schlägt sich nicht bei allen Rechtsformen der Unternehmungen als Aufwand in der Buchführung nieder. Ein Einzelunternehmer bzw. der mitarbeitende Gesellschafter einer Personengesellschaft (z. B. OHG-Gesellschafter, Komplementär) erhält für seine Arbeitsleistung kein Gehalt. Sie ist durch den Gewinn abgegolten. Demgegenüber zahlen vergleichbare Unternehmungen aufgrund ihrer Rechtsform (z. B. GmbH; GmbH & Co. KG) Geschäftsführergehälter, die sich als Aufwand niederschlagen.

Es ist daher – sowohl unter dem Gesichtspunkt einer exakten Kostenerfassung in der KLR als auch unter dem Gesichtspunkt der Vergleichbarkeit der Kostenstrukturen unterschiedlicher Unternehmen – unerlässlich, diese unternehmerische Tätigkeit in Geld zu bemessen und als Kosten zu erfassen. Die Höhe sollte dabei nach dem Leistungseinsatz des Unter nehmers bestimmt werden und sich am jeweils bestehenden Lohnniveau ausrichten. Der kalkulatorische Unternehmerlohn stellt seinem Wesen nach Zusatzkosten dar, denn ihm steht kein Aufwand gegenüber.

> **Merke:**
>
> Der **kalkulatorische Unternehmerlohn** erfasst bei Einzelunternehmen und Personengesellschaften die Kosten für die Arbeitsleistung der mitarbeitenden Inhaber.

(2) Kalkulatorische Miete

Gelegentlich stellt ein Unternehmer Räume des Privatvermögens auch für betriebliche Zwecke zur Verfügung. Würde er solche Räume anmieten, müssten Mietkosten gezahlt werden. Obwohl keine Mietzahlungen anfallen, ist es unter kostenrechnerischen Gesichtspunkten gerechtfertigt, in der Kostenrechnung einen der örtsüblichen Miete entsprechenden Betrag (kalkulatorische Miete) anzusetzen. Auch hierbei handelt es sich um Zusatzkosten, da ein entsprechender Aufwandsposten in der Buchführung fehlt.

> **Merke:**
>
> Vom Unternehmer unentgeltlich überlassene Privaträume für betriebliche Zwecke sind in der Kostenrechnung mit der örtsüblichen Miete **(kalkulatorische Miete)** anzusetzen.

Übungsaufgaben

127 1. Nennen Sie zwei Arten von kalkulatorischen Kosten!

2. Nennen Sie ein Beispiel für Zusatzkosten!

3. Welches ist das besondere Merkmal für Zusatzkosten?

4. Warum werden in der KLR kalkulatorische Zinsen angesetzt und nicht die in der Buchführung erfassten Zinsen für das Fremdkapital übernommen?

5. Was versteht man unter Anderskosten? Nennen Sie zwei Beispiele!

6. Warum ist es unter kostenmäßigen Gesichtspunkten berechtigt, für den Einzelunternehmer und für die mitarbeitenden Gesellschafter einer OHG jeweils entsprechende Kosten für deren Arbeitsleistung anzusetzen?

7. Welchem Zweck dient die Verrechnung kalkulatorischer Kosten?

8. Wodurch unterscheiden sich Anderskosten von Zusatzkosten?

9. Erklären Sie, warum Verbindlichkeiten aus Lieferungen und Leistungen zum Abzugskapital zählen!

128 Am 30. Juli 20.. haben wir einen Lkw angeschafft. Die Anschaffungskosten belaufen sich auf 80 000,00 EUR. Die bilanzielle Abschreibung für den Lkw beträgt am 31. Dezember 20.. 12 000,00 EUR.

In der KLR schreiben wir den Lkw von den Wiederbeschaffungskosten ab. Die Abschreibung beträgt 10 625,00 EUR.

Aufgabe:

Übertragen Sie das folgende Schema in Ihr Arbeitsheft und tragen Sie die angegebenen Abschreibungsbeträge ein:

Neutraler Aufwand	Zweckaufwand	Grundkosten	Zusatzkosten

129 Ein Industrieunternehmen bucht folgende Beträge:

Zinsen

gezahlte Zinsen	4 000,00 EUR
kalkulatorische Zinsen	11 000,00 EUR

Abschreibungen

bilanzielle Abschreibungen	52 700,00 EUR
kalkulatorische Abschreibungen	48 900,00 EUR

Unternehmerlohn

gezahlter Unternehmerlohn	0,00 EUR
kalkulatorischer Unternehmerlohn	15 000,00 EUR

Aufgabe:

Ermitteln Sie, in welcher Höhe jeweils neutraler Aufwand oder Zweckaufwand entstanden ist bzw. in welcher Höhe Grundkosten oder Zusatzkosten entstanden sind! Verwenden Sie hierzu die folgende Tabelle:

Erfolgsrechnung		Kosten- und Leistungsrechnung	
Neutraler Aufwand	Zweckaufwand	Grundkosten	Zusatzkosten

7.4 Tabellarische Abgrenzungsrechnung

7.4.1 Abgrenzungsrechnung im Zweikreissystem

Die Abgrenzung der Aufwendungen der Buchführung in betriebliche Aufwendungen, die in die Kosten- und Leistungsrechnung einfließen, von den so genannten neutralen Aufwendungen, die nicht als Kosten verrechnet werden sollen, sowie die andersartige oder zusätzliche Verrechnung von Kosten erfolgt über die so genannte **Abgrenzungsrechnung.**

Für die Abgrenzungsrechnung hat sich als übliches Verfahren das so genannte **Zweikreissystem** durchgesetzt. Die **Buchführung** stellt den **Rechnungskreis I** dar, die Abgrenzungsrechnung und die **Kosten- und Leistungsrechnung** erscheinen im **Rechnungskreis II.**

Die Ermittlung des Betriebsergebnisses innerhalb des Rechnungskreises II kann in organisatorischer Hinsicht entweder innerhalb des Kontensystems oder außerhalb des Kontensystems in tabellarischer Form durchgeführt werden. In der Praxis hat sich die tabellarische Form weitgehend durchgesetzt. Daher wird im Folgenden nur die tabellarische Form der Abgrenzungsrechnung in Form einer Abgrenzungstabelle dargestellt.

7.4.2 Grundstruktur einer Abgrenzungstabelle

Rechnungskreis I			Rechnungskreis II					
Erfolgsbereich			Abgrenzungsbereich				Kosten- und Leistungsrechnung	
Buchführung			unternehmens-bezogene Abgrenzung		kostenrechnerische Korrekturen			
Kontobezeichnung	Aufw.	Erträge	Aufw.	Erträge	Aufw.	Erträge	Kosten	Leistungen
Summen:								
Salden (Ergebnisse):								
	Unternehmens-ergebnis		Ergebnis aus unternehmens-bezogener Abgrenzung		Ergebnis aus kosten-rechnerischen Korrekturen		Betriebs-ergebnis	

7.4.3 Praktische Abwicklung einer Abgrenzungsrechnung in tabellarischer Form

Um das Verständnis für die schwierige und ungewohnte Abgrenzungstechnik zu erleichtern, werden die unternehmensbezogene Abgrenzungsrechnung und die Abgrenzung in Form der kostenrechnerischen Korrekturen zunächst nacheinander behandelt und erst danach fassen wir die beiden Stufen zusammen.

7.4.3.1 Unternehmensbezogene Abgrenzung (1. Stufe der Abgrenzung)

Wir gehen von den Zahlenwerten der Buchführung aus, wie sie sich auf dem GuV-Konto beim Abschluss niederschlagen. Diese Werte übernehmen wir unverändert in den **Rechnungskreis I** der Abgrenzungstabelle.

Die eigentliche Abgrenzung erfolgt im **Rechnungskreis II**. Dabei werden die Zahlen der Buchführung, die in den Rechnungskreis I übernommen wurden, unter dem Gesichtspunkt betrieblich oder neutral sortiert.

- ■ Die **betrieblichen Aufwendungen (Kosten)** und die **betrieblichen Erträge (Leistungen)** werden in die **Kosten- und Leistungsrechnung** des Rechnungskreises II übertragen.

- ■ Die **neutralen Aufwendungen und Erträge** werden innerhalb des Rechnungskreises II in die **unternehmensbezogene Abgrenzung** übernommen.

Auf diese Weise sind die **betrieblichen Erfolge** und die **Erfolge aus unternehmensbezogener Abgrenzung getrennt erfasst.**

In allen drei Bereichen der Abgrenzungstabelle wird ein Ergebnis ausgewiesen. Für die erste Stufe der Abgrenzung gilt:

> Unternehmensergebnis − Ergebnis aus unternehmensbezogener Abgrenzung = Betriebsergebnis

Beispiel:

Das Industrieunternehmen Max Kluge KG weist beim Jahresabschluss auf dem GuV-Konto folgende Werte aus:

Gewinn- und Verlustkonto
Max Kluge KG

Soll		Haben	
6000 Aufw. f. Rohstoffe	480 000,00	5000 Umsatzerl. f. eig. Erzeugn.	750 000,00
6200 Löhne	135 000,00	5490 Periodenfr. Erträge	43 800,00
6700 Mieten, Pachten	5 610,00	5710 Zinserträge	17 950,00
6800 Büromaterial	48 950,00		
6850 Reisekosten	9 460,00		
6960 Verl. a. d. Abg. v. Verm.-Geg.	2 850,00		
6990 Periodenfremde Aufwend.	5 750,00		
7600 Außerord. Aufwendungen	20 000,00		
Unternehmensergebnis	104 130,00		
	811 750,00		811 750,00

Aufgabe:

Ermitteln Sie mit Hilfe einer Abgrenzungstabelle das Unternehmensergebnis, das Ergebnis aus unternehmensbezogener Abgrenzung und das Betriebsergebnis!

Lösung:

	Rechnungskreis I			Rechnungskreis II					
	Erfolgsbereich			Abgrenzungsbereich				Kosten- und Leistungsrechnung	
	Buchführung Konten der Kl. 5, 6 u. 7			unternehmens- bezogene Abgrenzung		kostenrechnerische Korrekturen			
Kto.-Nr.	Kontobezeichnung	Aufw.	Erträge	Aufw.	Erträge	Aufw.	Erträge	Kosten	Leistungen
5000	UErl. f. eig. Erzeugn.		750 000,00						750 000,00
5490	Periodenfr. Erträge		43 800,00		43 800,00				
5710	Zinserträge		17 950,00		17 950,00				
6000	Aufw. f. Rohstoffe	480 000,00						480 000,00	
6200	Löhne	135 000,00						135 000,00	
6700	Mieten, Pachten	5 610,00						5 610,00	
6800	Büromaterial	48 950,00						48 950,00	
6850	Reisekosten	9 460,00						9 460,00	
6960	Verl. a. d. Abg. v. VG	2 850,00		2 850,00					
6990	Periodenfr. Aufw.	5 750,00		5 750,00					
7600	Außerord. Aufw.	20 000,00		20 000,00					
	Summen:	707 620,00	811 750,00	28 600,00	61 750,00			679 020,00	750 000,00
	Salden (Ergebnisse):	104 130,00		33 150,00				70 980,00	
		811 750,00	811 750,00	61 750,00	61 750,00			750 000,00	750 000,00
		Unternehmens- ergebnis: 104 130,00 EUR		**Ergebnis aus unternehmens- bezogener Abgrenzung:** 33 150,00 EUR		**Ergebnis aus kosten- rechnerischen Korrekturen**		**Betriebs- ergebnis:** 70 980,00 EUR	

Erläuterungen zur unternehmensbezogenen Abgrenzung:

■ Alle Aufwendungen und Erträge der Buchführung, die auf den eigentlichen Betriebszweck bezogen sind (Zweckaufwendungen und Zweckerträge), werden im Rechnungskreis II als Kosten und Leistungen in die Kosten- und Leistungsrechnung übernommen. Als Saldo ergibt sich das Betriebsergebnis.

■ Die neutralen Aufwendungen und Erträge der Buchführung werden im Rechnungskreis II in die unternehmensbezogene Abgrenzung übernommen und dadurch von der Kosten- und Leistungsrechnung ferngehalten (abgegrenzt), weil sie das Betriebsergebnis verfälschen würden. Auf das Beispiel bezogen betrifft das

■ **auf der Ertragsseite:** die periodenfremden Erträge sowie die Zinserträge.

■ **auf der Aufwandsseite:** die Verluste aus dem Abgang von Vermögensgegenständen und die periodenfremden Aufwendungen sowie die außerordentlichen Aufwendungen, da diese nicht die Hauptziele des Unternehmens betreffen. Als Saldo ergibt sich das Ergebnis aus unternehmensbezogener Abgrenzung.

■ Die Ergebnisse aus dem Rechnungskreis II müssen mit dem Ergebnis aus dem Rechnungskreis I übereinstimmen.

24 Speth – ISBN 978-3-8120-0491-6

130 Übertragen Sie die nachfolgende Abgrenzungstabelle in Ihr Hausheft! Berechnen Sie aufgrund der vorliegenden Werte das Unternehmensergebnis, das Betriebsergebnis und das Ergebnis aus unternehmensbezogener Abgrenzung!

Buchführung			Abgrenzungsbereich unternehmensbezogene Abgrenzung		Kosten- und Leistungsrechnung	
Konten	Aufwend.	Erträge	Aufwend.	Erträge	Kosten	Leistungen
5000 Umsatzerlöse für eig. Erzeugnisse 6000 Aufw. f. Rohstoffe						
	581 980,00	654 710,00	23 705,00	39 140,00	558 275,00	615 570,00

131 Die Industriewerke Holzer & Wetzel OHG weisen für den Monat Juli in der Buchführung folgende Aufwendungen und Erträge aus:

Konten	Beträge
5000 Umsatzerlöse für eigene Erzeugnisse	1 050 000,00 EUR
5410 Sonstige Erlöse	3 175,00 EUR
5460 Erträge aus dem Abgang von Vermögensgegenständen	17 500,00 EUR
5480 Erträge aus der Herabsetzung von Rückstellungen	8 500,00 EUR
5500 Erträge aus Beteiligungen	25 820,00 EUR
6000 Aufwendungen für Rohstoffe	580 510,00 EUR
6200/6300 Löhne/Gehälter	120 750,00 EUR
6400/6410 Arbeitgeberanteil zur Sozialversicherung	48 690,00 EUR
6520 Abschreibungen auf Sachanlagen[1]	60 510,00 EUR
6800 Büromaterial	28 525,00 EUR
6900 Versicherungsbeiträge	30 970,00 EUR
7400 Abschreibungen auf Finanzanlagen	72 980,00 EUR
7600 Außerordentliche Aufwendungen	12 500,00 EUR

Aufgaben:

1. Übernehmen Sie die angegebenen Aufwendungen und Erträge in eine Abgrenzungstabelle!

2. Ermitteln Sie das Betriebsergebnis, das Ergebnis aus unternehmensbezogener Abgrenzung und das Unternehmensergebnis!

---

1 Sofern zwischen bilanziellen Abschreibungen und kalkulatorischen Abschreibungen nicht unterschieden wird, sind die angegebenen Abschreibungen auf Sachanlagen auch in die KLR zu übernehmen.

7.4.3.2 Kostenrechnerische Korrekturen (2. Stufe der Abgrenzung)

Auch die zweite Stufe der Abgrenzung wollen wir zunächst isoliert betrachten. Wir wählen daher das Beispiel so aus, dass nur kostenrechnerische Korrekturen vorzunehmen sind.

Im Rahmen der kostenrechnerischen Korrekturen werden alle Aufwendungen und Erträge erfasst, die aus Gründen der Stetigkeit und Vergleichbarkeit der Kosten anders verrechnet werden **(Anderskosten)**. Daneben werden hier die Kosten verrechnet, für die es in der Buchführung keinen Aufwandsposten gibt **(Zusatzkosten)**.

In allen drei Bereichen der Abgrenzungstabelle wird ein Ergebnis ausgewiesen. Es gilt:

Unternehmens- ergebnis	−	Ergebnis aus kosten- rechnerischen Korrekturen	=	Betriebs- ergebnis

Beispiel:

Das Industrieunternehmen Max Kluge KG weist beim Jahresabschluss auf dem GuV-Konto folgende Werte aus:

Gewinn- und Verlustkonto
Max Kluge KG

Soll			Haben
6000 Aufw. f. Rohstoffe	230 400,00	5000 Umsatzerl. f. eig. Erzeugn.	547 820,00
6150 Vertriebsprovisionen	20 320,00		
6160 Fremdinstandhaltung	6 940,00		
6200 Löhne	85 000,00		
6520 Abschreib. auf Sachanlagen	10 870,00		
6700 Mieten, Pachten	12 500,00		
6800 Büromaterial	46 810,00		
6850 Reisekosten	9 480,00		
7510 Zinsaufwendungen	6 450,00		
Unternehmensergebnis	119 050,00		
	547 820,00		547 820,00

Aufgaben:

Erstellen Sie in tabellarischer Form eine Abgrenzungsrechnung unter Berücksichtigung folgender kostenrechnerischer Korrekturen:

– Statt der gezahlten Zinsen in Höhe von 6 450,00 EUR sollen kalkulatorische Zinsen in Höhe von 9 780,00 EUR angesetzt werden.
– Statt der bilanziellen Abschreibung in Höhe von 10 870,00 EUR sollen kalkulatorische Abschreibungen in Höhe von 8 950,00 EUR in Ansatz gebracht werden.
– Für die Abgeltung der Arbeitskraft des Komplementärs wird mit einem kalkulatorischen Unternehmerlohn in Höhe von 50 000,00 EUR gerechnet.

Ermitteln Sie das Unternehmensergebnis, das Ergebnis aus kostenrechnerischen Korrekturen sowie das Betriebsergebnis!

Lösungen:

Rechnungskreis I				Rechnungskreis II					
Erfolgsbereich				Abgrenzungsbereich				Kosten- und Leistungsrechnung	
Buchführung Konten der Kl. 5, 6 u. 7				unternehmensbezogene Abgrenzung		kostenrechnerische Korrekturen			
Kto.-Nr.	Kontobezeichnung	Aufw.	Erträge	Aufw.	Erträge	Aufw.	Erträge	Kosten	Leistungen
5000	UErl. f. eig. Erzeugn.		547 820,00						547 820,00
6000	Aufw. f. Rohstoffe	230 400,00						230 400,00	
6150	Vertriebsprovisionen	20 320,00						20 320,00	
6160	Fremdinstandhaltung	6 940,00						6 940,00	
6200	Löhne	85 000,00						85 000,00	
6520	Abschr. a. Sachanl.	10 870,00				10 870,00	8 950,00	8 950,00	
6700	Mieten, Pachten	12 500,00						12 500,00	
6800	Büromaterial	46 810,00						46 810,00	
6850	Reisekosten	9 480,00						9 480,00	
7510	Zinsaufwendungen	6 450,00				6 450,00	9 780,00	9 780,00	
	Kalk. U.-Lohn						50 000,00	50 000,00	
Summen:		428 770,00	547 820,00			17 320,00	68 730,00	480 180,00	547 820,00
Salden (Ergebnisse):		119 050,00				51 410,00		67 640,00	
		547 820,00	547 820,00			68 730,00	68 730,00	547 820,00	547 820,00

Unternehmensergebnis:	Ergebnis aus unternehmensbezogener Abgrenzung:	Ergebnis aus kostenrechnerischen Korrekturen:	Betriebsergebnis:
119 050,00 EUR		51 410,00 EUR	67 640,00 EUR

Erläuterungen zu den kostenrechnerischen Korrekturen:[1]

- **Zu den Anderskosten**

Sollen bestimmte Aufwendungen der Buchführung in der Kosten- und Leistungsrechnung mit einem anderen Wert angesetzt werden, so ist wie folgt vorzugehen:

- Der Aufwandsbetrag aus der Buchführung wird unverändert als Aufwand in den Bereich der kostenrechnerischen Korrekturen übernommen.
- Die kalkulatorischen Kosten werden in der KLR erfasst und zudem als Ertrag bei den kostenrechnerischen Korrekturen ausgewiesen.

---

1 Für die Zuordnung einzelner Beträge in die beiden Abgrenzungsstufen gibt es keine gesetzlichen Vorschriften. Aus didaktischen Gründen (klare Abgrenzung) ordnen wir alle in der KLR anders zu verrechnenden Beträge der Stufe der kostenrechnerischen Korrekturen zu.

Sollen die **Zinsen** in der KLR anders verrechnet werden als es dem Betrag von 6450,00 EUR in der Buchführung entspricht, dann wird zunächst der Betrag der Buchführung in Höhe von 6450,00 EUR als Aufwand in den Bereich der kostenrechnerischen Korrekturen übernommen.

Der Betrag, der als kalkulatorische Zinsen in der Kostenrechnung erfasst werden soll, in unserem Fall 9780,00 EUR, wird als Kosten in der KLR erfasst und sozusagen spiegelbildlich als Ertrag bei den kostenrechnerischen Korrekturen. (Der Ertrag wird durch den Verkauf der Erzeugnisse erwirtschaftet, wenn zumindest kostendeckende Preise erzielt werden.)

Im Bereich der kostenrechnerischen Korrekturen stehen sich dann die Aufwendungen der Buchführung und die zu den verrechneten Kosten als Spiegelbild erscheinenden Erträge gegenüber. In Höhe der Differenz dieser Beträge wurden in der KLR die Kosten anders verrechnet als es dem Aufwand in der Geschäftsbuchführung entspricht.

Bei allen übrigen so genannten Anderskosten ist genauso zu verfahren.

■ Zu den Zusatzkosten

Da es für die Zusatzkosten (kalkulatorischer Unternehmerlohn) keinen Aufwandsposten in der Buchführung gibt, kann auch kein Aufwand in die kostenrechnerischen Korrekturen übernommen werden. Um die Differenz zwischen den verrechneten Kosten und den Aufwendungen der Buchführung ausweisen zu können, muss auch hier als Spiegelbild zu den erfassten Kosten in der KLR bei den kostenrechnerischen Korrekturen ein entsprechender Wert als Ertrag ausgewiesen werden. Daher erscheint der als Kosten in der KLR zu erfassende Unternehmerlohn in Höhe von 50 000,00 EUR sowohl unter den Kosten in der KLR als auch als Ertrag in der Spalte der kostenrechnerischen Korrekturen.

■ Zu dem Ergebnis aus kostenrechnerischen Korrekturen

Die Summe der einzelnen Differenzen, um die die verrechneten Kosten von den Aufwendungen der Buchführung abweichen, stellt das Ergebnis aus kostenrechnerischen Korrekturen dar. Da in unserem Beispiel die als Spiegelbild zu den verrechneten Kosten erfassten Erträge höher sind als die auf der Aufwandsseite erfassten Aufwendungen der Buchführung, stellt das Ergebnis aus kostenrechnerischen Korrekturen einen Gewinn dar, der in unserem Beispiel 51 410,00 EUR beträgt. Um diese Differenz weicht das Betriebsergebnis vom Unternehmensergebnis ab. Da in Höhe dieser Differenz in der KLR mehr Kosten verrechnet wurden, als es den erfassten Aufwendungen in der Buchführung entspricht, ist das Betriebsergebnis um diese Differenz kleiner als das Unternehmensergebnis.

Merke:

- Bei den **kalkulatorischen Kosten** (Anderskosten und Zusatzkosten) ist der Betrag, der als Kostenwert verrechnet werden soll, immer sowohl in der Kostenspalte der KLR als auch in der Ertragsspalte der kostenrechnerischen Korrekturen zu erfassen.

- Bei den **Anderskosten** ist zusätzlich der als Aufwand erfasste Wert der Buchführung auch unverändert als Aufwand bei den kostenrechnerischen Korrekturen zu übernehmen.

132 Die Buchführung eines Industrieunternehmens weist für den Monat April folgende Aufwendungen und Erträge auf (Auszug):

5000	Umsatzerlöse für eigene Erzeugnisse	125 000,00 EUR
6200/6300	Löhne, Gehälter	32 800,00 EUR
6520	Abschreibungen auf Sachanlagen	21 500,00 EUR
6930	Verluste aus Schadensfällen	450,00 EUR
6951	Abschreibungen auf Forderungen	8 400,00 EUR
7020	Grundsteuer	9 200,00 EUR
7510	Zinsaufwendungen	9 900,00 EUR

Angaben zur Kosten- und Leistungsrechnung

1.	Kalkulatorische Abschreibungen auf Sachanlagen	25 000,00 EUR
2.	Kalkulatorische Zinsen	19 400,00 EUR
3.	Kalkulatorische Wagnisse	6 800,00 EUR
4.	Kalkulatorischer Unternehmerlohn	14 500,00 EUR

Aufgabe:

Erstellen Sie eine Abgrenzungstabelle und ermitteln Sie das Unternehmensergebnis, das Betriebsergebnis sowie das Ergebnis aus kostenrechnerischen Korrekturen!

133 Die Buchführung eines Industriebetriebs weist für den Monat Mai folgende Aufwendungen und Erträge auf (Auszug):

5000	Umsatzerlöse für eigene Erzeugnisse	470 000,00 EUR
6000	Aufwendungen für Rohstoffe	300 000,00 EUR
6200/6300	Löhne, Gehälter	100 000,00 EUR
6520	Abschreibungen auf Sachanlagen	20 000,00 EUR
6700	Mieten, Pachten	2 000,00 EUR
6850	Reisekosten	4 000,00 EUR
7030/7090	Kfz-Steuer, Verbrauchsteuern	30 000,00 EUR
7510	Zinsaufwendungen	15 000,00 EUR

Angaben zur Kosten- und Leistungsrechnung

1.	Kalkulatorische Abschreibungen auf Sachanlagen	35 000,00 EUR
2.	Kalkulatorische Zinsen	36 000,00 EUR
3.	Kalkulatorischer Unternehmerlohn	12 000,00 EUR

Aufgabe:

Erstellen Sie eine Abgrenzungstabelle und ermitteln Sie das Unternehmensergebnis, das Betriebsergebnis sowie das Ergebnis aus kostenrechnerischen Korrekturen!

134 In einem Industrieunternehmen sind folgende Sachverhalte gegeben:

1. Das betriebsnotwendige Kapital beträgt 2 470 000,00 EUR. Der kalkulatorische Zinssatz wird mit 8 % angesetzt. Die tatsächlich gezahlten Fremdkapitalzinsen (Konto 7510 Zinsaufwendungen) betragen im Geschäftsjahr 84 700,00 EUR.

2. Der Unternehmerlohn wird mit 120 000,00 EUR festgesetzt.

3. Der kalkulatorische Wagniszuschlag beträgt 48 000,00 EUR. Während des Geschäftsjahres sind Schadensfälle (Konto 6930 Verluste aus Schadensfällen) in Höhe von 72 000,00 EUR eingetreten.

4. Auf den Fuhrpark mit Anschaffungskosten in Höhe von 200 000,00 EUR werden aus steuerlichen Gründen 20 % bilanzmäßig abgeschrieben (Konto 6520 Abschreibungen auf Sachanlagen). Die verbrauchsbedingte kalkulatorische Abschreibung beträgt 15 % von den Wiederbeschaffungskosten in Höhe von 230 000,00 EUR.

5. Das Unternehmen rechnet mit einer kalkulatorischen Miete in Höhe von 30 000,00 EUR.

6. Die Umsatzerlöse für eigene Erzeugnisse (Konto 5000 Umsatzerlöse für eigene Erzeugnisse) betragen 500 000,00 EUR.

Stellen Sie die Vorgänge in einer Abgrenzungstabelle dar!

7.4.3.3 Zusammenfassende Darstellung einer Abgrenzungsrechnung mit unternehmensbezogener Abgrenzung und kostenrechnerischen Korrekturen

Im folgenden Beispiel werden die beiden zunächst getrennt dargestellten Abgrenzungsstufen zusammengefasst.

Beispiel:

Das Industrieunternehmen Max Kluge KG weist beim Jahresabschluss auf dem GuV-Konto folgende Werte aus:

Gewinn- und Verlustkonto
Max Kluge KG

Soll		Haben	
6000 Aufw. f. Rohstoffe	710 400,00	5000 Umsatzerlöse f. eig. Erz.	1 297 820,00
6150 Vertriebsprovisionen	20 320,00	5490 Periodenfr. Erträge	43 800,00
6160 Fremdinstandhaltung	6 940,00	5710 Zinserträge	17 950,00
6200 Löhne	220 000,00		
6520 Abschreib. auf Sachanlagen	10 870,00		
6700 Mieten, Pachten	18 110,00		
6800 Büromaterial	95 760,00		
6850 Reisekosten	18 940,00		
6960 Verl. a. d. Abg. v. Verm.-Geg.	2 850,00		
6990 Periodenfr. Aufwendungen	5 750,00		
7510 Zinsaufwendungen	6 450,00		
7600 Außerord. Aufwendungen	20 000,00		
Unternehmensergebnis	223 180,00		
	1 359 570,00		1 359 570,00

Angaben für die kostenrechnerischen Korrekturen

- Statt der gezahlten Zinsen in Höhe von 6 450,00 EUR sollen kalkulatorische Zinsen in Höhe von 9 780,00 EUR angesetzt werden.
- Statt der bilanziellen Abschreibung in Höhe von 10 870,00 EUR sollen kalkulatorische Abschreibungen in Höhe von 8 950,00 EUR in Ansatz gebracht werden.
- Der kalkulatorische Unternehmerlohn für die Abgeltung der Arbeitskraft des Komplementärs beträgt 50 000,00 EUR.

Aufgaben:

Erstellen Sie aufgrund des vorangestellten Gewinn- und Verlustkontos und der Angaben für die kostenrechnerischen Korrekturen eine Abgrenzungsrechnung in tabellarischer Form!

Ermitteln Sie das Unternehmensergebnis, das Ergebnis aus unternehmensbezogener Abgrenzung, das Ergebnis aus kostenrechnerischen Korrekturen sowie das Betriebsergebnis!

Lösungen:

		Rechnungskreis I		Rechnungskreis II					
		Erfolgsbereich		Abgrenzungsbereich				Kosten- und Leistungsrechnung	
		Buchführung Konten der Kl. 5, 6 u. 7		unternehmens-bezogene Abgrenzung		kosten-rechnerische Korrekturen			
Kto.-Nr.	Kontobezeichnung	Aufw.	Erträge	Aufw.	Erträge	Aufw.	Erträge	Kosten	Leistungen
5000	UErl. f. eig. Erz.		1 297 820,00						1 297 820,00
5490	Periodenfr. Erträge		43 800,00		43 800,00				
5710	Zinserträge		17 950,00		17 950,00				
6000	Aufw. f. Rohstoffe	710 400,00						710 400,00	
6150	Vertriebsprovisionen	20 320,00						20 320,00	
6160	Fremdinstandhaltung	6 940,00						6 940,00	
6200	Löhne	220 000,00						220 000,00	
6520	Abschr. a. Sachanl.	10 870,00				10 870,00	8 950,00	8 950,00	
6700	Mieten, Pachten	18 110,00						18 110,00	
6800	Büromaterial	95 760,00						95 760,00	
6850	Reisekosten	18 940,00						18 940,00	
6960	Verl. a. d. Abg. v. VG	2 850,00		2 850,00					
6990	Periodenfr. Aufw.	5 750,00		5 750,00					
7510	Zinsaufwendungen	6 450,00				6 450,00	9 780,00	9 780,00	
7600	Außerord. Aufw.	20 000,00		20 000,00					
	Kalk. U.-Lohn						50 000,00	50 000,00	
	Summen:	1 136 390,00	1 359 570,00	28 600,00	61 750,00	17 320,00	68 730,00	1 159 200,00	1 297 820,00
	Salden (Ergebnisse):	223 180,00		33 150,00		51 410,00		138 620,00	
		1 359 570,00	1 359 570,00	61 750,00	61 750,00	68 730,00	68 730,00	1 297 820,00	1 297 820,00

Unternehmens-ergebnis:	Ergebnis aus unternehmens-bezogener Abgrenzung:	Ergebnis aus kosten-rechnerischen Korrekturen:	Betriebs-ergebnis:
223 180,00 EUR	33 150,00 EUR	51 410,00 EUR	138 620,00 EUR

Unternehmens-ergebnis	_	Abgrenzungs-ergebnis	=	Betriebs-ergebnis
223 180,00 EUR	−	84 560,00 EUR	=	138 620,00 EUR

135 Die Buchführung eines Industriebetriebs weist folgende Quartalszahlen aus:

Kto.-Nr.	Konten	Beträge
5000	Umsatzerlöse für eigene Erzeugnisse	1 420 000,00 EUR
5201	Bestandsveränderungen an unfertigen Erzeugnissen (Bestandsmehrung)	80 700,00 EUR
5420	Eigenverbrauch	15 500,00 EUR
5490	Periodenfremde Erträge	8 500,00 EUR
5500	Erträge aus Beteiligungen	28 000,00 EUR
5710	Zinserträge	5 100,00 EUR
6000	Aufwendungen für Rohstoffe	767 900,00 EUR
6140	Frachten und Fremdlager	31 500,00 EUR
6200/6300	Löhne, Gehälter	204 400,00 EUR
6400/6410	Arbeitgeberanteil zur Sozialversicherung	84 370,00 EUR
6520	Abschreibungen auf Sachanlagen	52 430,00 EUR
6710	Leasing	28 910,00 EUR
6800	Büromaterial	48 700,00 EUR
6930	Verluste aus Schadensfällen	18 800,00 EUR
7400	Abschreibungen auf Finanzanlagen	24 600,00 EUR
7510	Zinsaufwendungen	12 870,00 EUR
7700	Gewerbesteuer	32 850,00 EUR
7720	Kapitalertragsteuer	1 900,00 EUR

Angaben für die Kosten- und Leistungsrechnung:

- In den Löhnen ist eine Lohnnachzahlung in Höhe von 24 300,00 EUR enthalten. Im Arbeitgeberanteil zur Sozialversicherung entspricht das einem Betrag von 4 680,00 EUR
- Kalkulatorische Abschreibungen auf Sachanlagen 41 800,00 EUR
- Kalkulatorische Wagnisse 15 000,00 EUR
- In dem Betrag für die Gewerbesteuer ist eine Steuernachzahlung in Höhe von 28 000,00 EUR enthalten
- Kalkulatorische Zinsen 42 800,00 EUR
- Kalkulatorischer Unternehmerlohn 34 000,00 EUR

Aufgabe:

Ermitteln Sie mit Hilfe einer Abgrenzungstabelle das Unternehmensergebnis, die Abgrenzungsergebnisse und das Betriebsergebnis!

136 Die Buchführung eines Industriebetriebs weist folgende Quartalszahlen aus:

Kto.-Nr.	Konten	Beträge
5000	Umsatzerlöse für eigene Erzeugnisse	841 200,00 EUR
5401	Nebenerlöse aus Vermietung und Verpachtung	27 300,00 EUR
5460	Erträge aus dem Abgang von Vermögensgegenständen	14 900,00 EUR
5600	Erträge aus anderen Wertpapieren	21 750,00 EUR
5710	Zinserträge	4 800,00 EUR
6000	Aufwendungen für Rohstoffe	391 850,00 EUR
6140	Frachten und Fremdlager	22 400,00 EUR
6200/6300	Löhne, Gehälter	198 420,00 EUR
6400/6410	Arbeitgeberanteil zur Sozialversicherung	24 760,00 EUR
6520	Abschreibungen auf Sachanlagen	19 540,00 EUR
6750	Bankspesen, Kosten des Geldverkehrs	4 700,00 EUR
6800	Büromaterial	21 890,00 EUR

KtoNr.	Konten	Beträge
6930	Verluste aus Schadensfällen	17 400,00 EUR
7020	Grundsteuer	8 890,00 EUR
7400	Abschreibungen auf Finanzanlagen	7 380,00 EUR
7510	Zinsaufwendungen	12 100,00 EUR

Angaben für die Kosten- und Leistungsrechnung:

– Die Aufwendungen für Rohstoffe werden in der KLR mit festen Verrechnungspreisen* in Höhe von 370 500,00 EUR erfasst.

– Kalkulatorische Abschreibungen auf Sachanlagen 18 700,00 EUR

– In den Kosten für Büromaterial ist eine Rechnung aus der vergangenen Rechnungsperiode in Höhe von 1 500,00 EUR enthalten.

– Kalkulatorische Wagnisse 21 100,00 EUR

– In der Grundsteuer ist eine Nachzahlung in Höhe von 2 000,00 EUR enthalten.

– Kalkulatorische Zinsen 28 900,00 EUR

– Kalkulatorischer Unternehmerlohn 28 700,00 EUR

Aufgabe:

Ermitteln Sie mit Hilfe einer Abgrenzungstabelle das Unternehmensergebnis, die Abgrenzungsergebnisse und das Betriebsergebnis!

* **Anmerkung:** Um Schwankungen in der Kalkulation, die sich durch mehr oder weniger zufallsabhängige Preisschwankungen im Einkauf ergeben können, zu vermeiden, verwenden Industriebetriebe in der Kosten- und Leistungsrechnung auch feste Verrechnungspreise für die Werkstoffe. Diese werden nur dann verändert, wenn sich die Marktpreise entscheidend nach oben oder unten verändern.

7.5 Teilbereiche der Vollkostenrechnung

Um den vielfältigen Aufgaben gerecht zu werden, muss die Kostenrechnung im Wesentlichen drei Grundfragen beantworten, wofür jeweils unterschiedliche Teilbereiche der Kostenrechnung zuständig sind.

(1) Welche Kosten sind angefallen?

Diese Frage betrifft die systematische Erfassung aller Kosten, die bei der Erstellung und Verwertung betrieblicher Leistungen (Kostenträger) entstehen.

Diese Frage betrifft den Teilbereich der **Kostenartenrechnung** (Kapitel 7.6).

(2) Wo (an welchen Stellen im Betrieb) sind die Kosten angefallen?

Die Beantwortung dieser Frage fällt in den Bereich der **Kostenstellenrechnung** (Kapitel 7.7).

(3) Wer hat die Kosten zu tragen?

Bei dieser Frage geht es im Wesentlichen um das Problem der verursachungsgerechten Zurechnung der entstandenen Kosten auf die Kostenträger (Erzeugnisse bzw. Erzeugnisgruppen).

Diese Frage betrifft den Teilbereich der **Kostenträgerrechnung** (Kapitel 7.8).

7.6 Kostenartenrechnung

Die Kostenartenrechnung ist die erste Stufe der Kostenrechnung, auf der die beiden übrigen Teilbereiche der Kostenrechnung aufbauen. Ihr kommt die Aufgabe zu, alle Kosten einer Abrechnungsperiode nach Arten eindeutig, periodengerecht und vollständig zu erfassen.

Die Erfassung der Kosten kann nach einer Vielzahl von Gesichtspunkten vorgenommen werden. Im Folgenden beschränken wir uns auf drei Erfassungskriterien.

7.6.1 Gliederung der Kosten unter dem Gesichtspunkt der Zurechenbarkeit auf Kostenträger

In diesem Fall erfolgt die Aufgliederung der Kosten danach, ob sie den einzelnen Erzeugnissen (Handelswaren) bzw. Erzeugnisgruppen (Handelswarengruppen) **unmittelbar** zugerechnet werden können oder nicht. Wir unterscheiden demnach:

(1) Einzelkosten (direkte Kosten)

Alle Kostenarten, die den Erzeugnissen bzw. Handelswaren **direkt** zugerechnet werden können, bezeichnet man als **Einzelkosten (direkte Kosten)**.

Beispiele:

Aufwendungen für Rohstoffe, Fertigungslöhne, Verpackungs-, Transportkosten, Zölle, Versicherungskosten, soweit sie einzeln erfassbar sind. Daneben sind zu unterscheiden:

■ **Sondereinzelkosten der Fertigung:** Das sind Kosten für Sonderfertigungen oder zusätzliche Sonderwünsche der Besteller. Ferner zählen hierzu sonstige auftrags- oder serienweise erfassbare Kosten z. B. für Spezialwerkzeuge, Modelle, Stücklizenzgebühren usw.

■ **Sondereinzelkosten des Vertriebs:** Das sind insbesondere Vertreterprovisionen, Spezialverpackungen, besondere Transportkosten.

Die Möglichkeit einer direkten Zurechnung setzt natürlich ein entsprechendes Organisationssystem voraus, bei dem die Zuordnung problemlos vorgenommen werden kann. So müsste z. B. auf den Belegen der entsprechende Kostenträger vermerkt werden.

(2) Gemeinkosten (indirekte Kosten)

Kosten, die gemeinsam für alle Kostenträger angefallen sind und daher auch **nicht unmittelbar** einem **einzelnen Kostenträger** zugerechnet werden können, bezeichnet man als **Gemeinkosten**.

Beispiele:

Gehälter, soziale Abgaben des Arbeitgebers, Mieten, betriebliche Steuern, Energiekosten, Werbe- und Reisekosten, Abschreibungen, Verbrauch von Betriebsstoffen, Verbrauchswerkzeuge, Instandhaltung.

Merke:

■ Die **Einzelkosten** können den Erzeugnissen (Waren) direkt zugeordnet werden.

■ **Gemeinkosten** fallen für alle Verkaufserzeugnisse gemeinsam an. Sie können daher den einzelnen Erzeugnissen nur indirekt zugerechnet werden.

137 1. 1.1 Beschreiben Sie mit eigenen Worten die Aufgaben der Kostenartenrechnung!

1.2 Nach welchem Kriterium erfolgt die Aufgliederung der Kosten in Einzel- und Gemeinkosten?

1.3 Beschreiben Sie mit eigenen Worten die Begriffe Einzel- und Gemeinkosten!

1.4 Warum versuchen die Unternehmen möglichst viele Kostenarten als Einzelkosten zu erfassen?

1.5 Ordnen Sie die folgenden Kostenarten den Einzelkosten bzw. Gemeinkosten zu!

– Miete für den Ausstellungsraum
– Aufwendungen für Waren
– Gewerbesteuer
– freiwillige soziale Aufwendungen
– Gehälter
– Aufwendungen für Rohstoffe
– Abschreibungen auf Sachanlagen

– Werbeanzeigekosten für ein Sonderangebot
– Zustellentgelt für Warenlieferungen an einen Kunden
– Provisionsaufwendungen
– Aufwendungen für Betriebsstoffe
– kalkulatorische Abschreibungen

2. Erklären Sie an zwei Beispielen den Unterschied zwischen Einzel- und Gemeinkosten!

7.6.2 Gliederung der Kosten nach ihrem Verhalten bei Beschäftigungsänderungen

(1) Normalbeschäftigung und Beschäftigungsgrad

Jedes Unternehmen ist bezüglich seiner räumlichen, technischen und personellen Ausstattung auf eine bestimmte Leistungsmenge festgelegt. Diese Leistungsmenge je Zeiteinheit (Tag, Monat, Jahr) nennt man **Normalbeschäftigung (Kapazität)**. Von der Normalbeschäftigung ist die tatsächliche Beschäftigung zu unterscheiden, die man in einem Prozentsatz zur normalen Beschäftigung angibt. Diesen Prozentsatz nennt man **Beschäftigungsgrad (Kapazitätsausnutzungsgrad)**.

Merke:

■ Unter der **Normalbeschäftigung (Kapazität)** versteht man die Beschäftigung, die unter normalen Verhältnissen bei gegebener Ausstattung erreichbar ist. Sie beträgt 100 %.

■ Der **Beschäftigungsgrad (Kapazitätsausnutzungsgrad)** drückt das prozentuale Verhältnis der tatsächlichen Beschäftigung zur Normalbeschäftigung aus.

$$\text{Beschäftigungsgrad} = \frac{\text{tatsächliche Beschäftigung} \cdot 100}{\text{Normalbeschäftigung}}$$

Die mögliche Leistungsmenge pro Monat soll 8000 Stück eines Erzeugnisses betragen. Im Monat Mai betrug die Zahl der tatsächlich hergestellten Menge (erbrachte Leistung) 6000 Stück.

Aufgabe:

Wie viel Prozent beträgt der Beschäftigungsgrad?

Lösung: Beschäftigungsgrad $= \dfrac{6\,000 \cdot 100}{8\,000} = \underline{\underline{75\,\%}}$

(2) Abhängigkeit der Kosten von der Beschäftigung

Betrachtet man die **Kosten in ihrer Abhängigkeit zur Beschäftigung,** so stellt man fest, dass sich die Kosten unterschiedlich verhalten. Dieses Verhalten stellt sich jeweils anders dar, ob man die **Gesamtkosten** betrachtet, die innerhalb einer bestimmten Zeit (Monat, Jahr) angefallen sind, oder ob man die Kosten betrachtet, die auf eine einzelne Verkaufseinheit entfallen **(Stückkosten).**

■ Kosten in der Gesamtbetrachtung (Verhalten der Gesamtkosten)

Betrachtet man die Gesamtkosten einer Geschäftsperiode, so stellt man fest, dass sich ein Teil der Kosten bei einer Veränderung der Beschäftigung nicht verändert, andere Kosten sich jedoch verändern. Wir müssen daher zwei Arten von Kosten unterscheiden, und zwar die fixen Kosten und die variablen Kosten.

■ Verhalten der fixen Kosten

Fixe Kosten sind die Kosten, die sich bei Veränderung der Beschäftigung **nicht verändern**. Diese Kosten fallen an, unabhängig davon, ob und wie viel Leistung das Unternehmen erstellt. Man nennt sie daher auch *Kosten der Betriebsbereitschaft*.[1]

Raummiete, Gehälter der Angestellten, Löhne für die Überwachung des Betriebes, Abschreibungen, Versicherungsbeiträge, Grundsteuern.

■ Verhalten der variablen Kosten

Variable Kosten sind die Kosten, die sich bei Änderung des Beschäftigungsgrades **verändern**. Dabei kann die Kostenveränderung im gleichen Verhältnis wie die Beschäftigung *(proportional)*, in einem geringeren Verhältnis *(unterproportional, degressiv)* oder in einem stärkeren Verhältnis *(überproportional, progressiv)* erfolgen.

---

[1] Allerdings sind die fixen Kosten keineswegs gegenüber jeder Beschäftigungsveränderung unveränderlich. Soll beispielsweise die Produktion so gesteigert werden, dass sie mit der vorhandenen technischen Ausstattung bzw. den eingestellten Arbeitskräften nicht mehr erhöht werden kann, müssen neue Maschinen gekauft, zusätzliche Arbeitskräfte eingestellt und/oder eine neue Fabrikhalle angemietet werden. In diesem Fall erhöhen sich die fixen Kosten sprunghaft. Die zusätzlich entstehenden Kosten nennt man **Sprungkosten.**

Leistungsabhängige Löhne, Verbrauch von Werkstoffen und Verbrauch von Treibstoffen.

Wir nehmen der Einfachheit halber für unsere weiteren Überlegungen an, dass sich die variablen Kosten proportional zur Änderung der Beschäftigung verhalten.

■ **Kosten in der Stückbetrachtung (Verhalten der Stückkosten)**

■ **Verhalten der Fixkosten**

Bezieht man die angefallenen Fixkosten einer Periode auf ein einzelnes Produkt, so ist festzuhalten, dass sich die auf ein Stück bezogenen Fixkosten in dem Maße verändern, wie sich die Beschäftigung (Leistungsmenge) verändert, und zwar in entgegengesetzter Richtung. Nimmt die Beschäftigung zu, nehmen die auf ein Stück bezogenen Fixkosten im gleichen Maße ab. Der Grund für dieses Verhalten ist darin zu sehen, dass sich bei einer Beschäftigungszunahme die Fixkosten auf eine größere Menge an Leistungseinheiten verteilen. Bei einem Rückgang der Beschäftigung ist es gerade umgekehrt.

$$\text{Fixkosten je Leistungseinheit} = \frac{\text{Fixkosten der Periode}}{\text{Summe der Leistungseinheiten}}$$

Beispiel:

Ein Industrieunternehmen hat eine Normalbeschäftigung von 15000 Leistungseinheiten je Monat. Die Fixkosten pro Monat betragen 50000,00 EUR.

Aufgaben:

Wie viel EUR betragen jeweils die Fixkosten je Stück
1. bei einer Leistung von 5000 Einheiten,
2. bei einer Leistung von 10000 Einheiten,
3. bei einer Leistung von 15000 Einheiten?

Lösungen:

Zu 1.: $\dfrac{50\,000,00\ \text{EUR}}{5\,000\ \text{Stück}} = 10,00\ \text{EUR Fixkostenanteil je Stück}$

Zu 2.: $\dfrac{50\,000,00\ \text{EUR}}{10\,000\ \text{Stück}} = 5,00\ \text{EUR Fixkostenanteil je Stück}$

Zu 3.: $\dfrac{50\,000,00\ \text{EUR}}{15\,000\ \text{Stück}} = 3,33\ \text{EUR Fixkostenanteil je Stück}$

■ **Verhalten der variablen (proportionalen) Kosten**

Bezieht man die Summe der variablen Kosten einer Periode auf eine Leistungseinheit, dann muss bei einem angenommenen proportionalen Kostenverlauf und bei gleichbleibenden Preisen der Anteil, der auf eine Leistungseinheit entfällt, bei jeder Beschäftigungshöhe gleich sein.

$$\text{Variable Kosten je Leistungseinheit} = \frac{\text{Summe der variablen Kosten}}{\text{Summe der Leistungseinheiten}}$$

Beim Verkauf von genormten Paletten fallen folgende Vertriebskosten an:

1. bei   5 000 Stück Vertriebskosten in Höhe von   6 000,00 EUR,
2. bei 10 000 Stück Vertriebskosten in Höhe von 12 000,00 EUR,
3. bei 15 000 Stück Vertriebskosten in Höhe von 18 000,00 EUR.

Aufgabe:

Wie viel EUR betragen jeweils die Vertriebskosten je Stück?

Lösungen:

Zu 1.: $\dfrac{6\,000,00 \text{ EUR}}{5\,000 \text{ Stück}} = 1,20$ EUR je Stück

Zu 3.: $\dfrac{18\,000,00 \text{ EUR}}{15\,000 \text{ Stück}} = 1,20$ EUR je Stück

Zu 2.: $\dfrac{12\,000,00 \text{ EUR}}{10\,000 \text{ Stück}} = 1,20$ EUR je Stück

Die Rechenbeispiele zeigen: Die fixen Kosten je Stück nehmen bei zunehmender Beschäftigung ab und bei abnehmender Beschäftigung zu. Die variablen Kosten je Stück bleiben (bei unterstelltem proportionalen Verlauf) konstant. Daraus folgt: Bei zunehmender Beschäftigung sinken die Stückkosten und bei abnehmender Beschäftigung steigen die Stückkosten an.

Merke:

Geht man von einem proportionalen Verlauf der variablen Kosten aus, dann gilt:

- Mit **zunehmendem Beschäftigungsgrad** (Steigerung der erzeugten Einheiten) nehmen die **Gesamtkosten je Einheit** ab. Grund: Degressionseffekt der fixen Kosten.
- Bei **abnehmendem Beschäftigungsgrad** (Rückgang der erzeugten Einheiten) nehmen die **Gesamtkosten je Einheit** zu. Grund: Die fixen Kosten verteilen sich auf weniger Einheiten und fallen daher je Einheit stärker ins Gewicht.

Übungsaufgabe

138 1. Welche der angeführten Kostenarten sind fixe Kosten?

Frachtkosten beim Verkauf von Erzeugnissen, linearer Abschreibungsbetrag für die Lagerausstattung, Bankzinsen für einen Kontokorrentkredit, Bezugskosten beim Einkauf von Betriebsstoffen, Miete für ein Großlager, Aufwendungen für Rohstoffe, Personalkosten, Vertreterprovision, Verpackungs- und Transportkosten.

2. Aus der Kostenrechnung eines Industrieunternehmens sind die folgenden typischen Kostenverläufe entnommen:

Verkaufte Menge	Kostenverlauf			
	2.1.1	2.1.2	2.1.3	2.1.4
0	400	—	—	—
100	400	50	50	50
200	400	100	90	100
300	400	150	125	150
400	700	200	155	220
500	700	250	175	300
600	700	300	190	400

Aufgaben:

2.1 Erläutern Sie die angeführten Kostenverläufe! Nennen Sie zu jedem Kostenverlauf zwei praktische Beispiele!

2.2 Welchen Verlauf nehmen die beschriebenen Kostenarten je Stück?

3. Die variablen Kosten für eine Erzeugnisgruppe betragen bei einem Absatz von 2600 Stück 23 140,00 EUR. Die fixen Kosten der Erzeugnisgruppe betragen bis zu einem Umsatz von 2800 Stück 8 500,00 EUR. Der Listenverkaufspreis beträgt je Stück 14,80 EUR. Der Verlauf der variablen Kosten ist proportional.

Aufgaben:

3.1 Wie viel EUR beträgt der Betriebsgewinn/Betriebsverlust bei einem Absatz von
    3.1.1 1 200 Stück bzw.
    3.1.2 2 500 Stück?

3.2 Wie viel EUR betragen die jeweiligen Stückkosten?

4. Wie wirkt sich eine Änderung der Beschäftigung auf den Fixkostenanteil je Produkt aus?

4.1 Steigt der Beschäftigungsgrad an, bleibt der Fixkostenanteil je Produkt konstant.

4.2 Steigt der Beschäftigungsgrad an, steigt der Fixkostenanteil je Produkt.

4.3 Eine Änderung des Beschäftigungsgrades wirkt sich nicht auf den Fixkostenanteil je Produkt aus.

4.4 Fällt der Beschäftigungsgrad, steigt der Fixkostenanteil je Produkt an.

4.5 Fällt der Beschäftigungsgrad, sinkt der Fixkostenanteil je Produkt.

Aufgabe:

Übertragen Sie die richtige(n) Aussage(n) in Ihr Hausheft!

7.6.3 Gliederung der Kosten unter dem Gesichtspunkt der zeitlichen Erfassung

(1) Istkosten

Istkosten sind die tatsächlich angefallenen Kosten einer Rechnungsperiode. Werden die Istkosten auf die in der gleichen Abrechnungsperiode hergestellten und abgesetzten Produkte (Kostenträger) weiterverrechnet, dann wirken sich alle Zufallsschwankungen, denen die Kosten unterliegen können (z. B. Preisschwankungen auf den Rohstoffmärkten, erhöhter Ausschuss, Großreparaturen, erhöhter Energieverbrauch, Überstunden usw.), auf die Preiskalkulation in dieser Rechnungsperiode aus.

(2) Normalkosten

Normalkosten beziehen sich auf die Gemeinkosten. Sie sind durchschnittliche Gemeinkosten, die aus Vergangenheitswerten (Istkosten) gebildet werden. Die aus Istwerten der Vergangenheit gebildeten Durchschnittswerte enthalten auch die aus Fehlentscheidungen resultierenden Werte. Sie sind also ein Durchschnitt aus günstigen und ungünstigen Werten.

Übungsaufgabe

139 1. Definieren Sie die Begriffe Istkosten und Normalkosten mit eigenen Worten!

2. Die Verwendung der Istkosten eignet sich vor allem für die Nachkalkulation, die der Normalkosten dagegen für die Vorkalkulation.

Aufgabe:

Versuchen Sie diese richtige Aussage zu begründen!

7.7 Kostenstellenrechnung

7.7.1 Wesen und Aufgaben der Kostenstellenrechnung

Die Kostenstellenrechnung soll feststellen, an welchen Stellen im Betrieb die einzelnen Kostenarten entstanden sind. Nur wenn feststeht, wo die Kosten entstanden sind, ist eine wirksame Kontrolle der Kosten möglich. Eine wichtige Aufgabe der Kostenstellenrechnung besteht also in der Kontrolle der Wirtschaftlichkeit.

Darüber hinaus dient die Kostenstellenrechnung auch einer **verursachungsgerechten Weiterverrechnung der einzelnen Kosten auf die Kostenträger** (Erzeugnisse und Handelswaren sowie innerbetriebliche Leistungen). Dabei werden die angefallenen Kostenarten zunächst auf die gebildeten Kostenstellen verteilt, um sie anschließend auf die Kostenträger weiterzuverrechnen. Weil die Möglichkeiten einer verursachungsgerechten Zurechnung bei den einzelnen Kostenarten von sehr unterschiedlichem Schwierigkeitsgrad sind, bedarf es unter dem Gesichtspunkt der Kostenzurechnung der Aufteilung der Kosten in Einzelkosten und Gemeinkosten (siehe Seite 379).

Während die **Einzelkosten** bei der Zurechnung auf den Kostenträger keine Probleme bereiten und sich auch ihre Kontrolle als relativ unproblematisch erweist, stellt sich die **Erfassung und Verteilung der Gemeinkosten** als das **Hauptproblem der Kostenstellenrechnung** dar.

Ein großer Teil der **Gemeinkosten** kann dabei aufgrund der vorliegenden Belege, auf denen die Kostenstelle vermerkt ist, direkt auf die entsprechenden Kostenstellen verteilt werden (Kostenstelleneinzelkosten). Der andere Teil wird indirekt mit Hilfe eines Umrechnungsschlüssels auf die Kostenstellen verteilt (Kostenstellengemeinkosten). Die Verrechnung der Gemeinkosten auf die einzelnen Kostenträger erfolgt mit Hilfe der in den Kostenstellen ermittelten Zuschlagssätze.[1]

> **Merke:**
>
> Die **Kostenstellenrechnung**
> - ■ ermöglicht eine wirksame Kontrolle der in den einzelnen Teilbereichen des Betriebs angefallenen Kosten;
> - ■ bereitet durch die Ermittlung von Zuschlagssätzen eine angemessene Verrechnung der Gemeinkosten auf die Kostenträger vor.

7.7.2 Kriterien für die Bildung von Kostenstellen

(1) Funktionsbereiche als Kriterium für die Bildung von Kostenstellen

Um die Gemeinkosten erfassen, kontrollieren und auf die Kostenträger verteilen zu können, muss der Betrieb in entsprechende Teileinheiten (Abteilungen, Funktionsbereiche, Kostenbereiche) gegliedert werden. Je kleiner die Teileinheiten gebildet werden, desto genauer kann die Erfassung und Weiterverrechnung der Gemeinkosten sowie ihre Kontrolle durchgeführt werden. Insofern wäre die Ermittlung der Gemeinkosten je Arbeitsplatz die optimale Lösung für eine verursachungsgerechte Erfassung. Da aber jede Maßnahme auch dem Prinzip der Wirtschaftlichkeit entsprechen muss, würde der Aufwand den dabei erzielbaren Nutzen übersteigen. Daher orientiert man sich bei der Bildung von Kostenstellen zunächst an den Funktionsbereichen des Industriebetriebs.

---

1 Vgl. hierzu Seite 389ff.

25 Speth – ISBN 978-3-8120-0491-6

Die Leistungserstellung eines Industriebetriebs vollzieht sich im Wesentlichen in den folgenden vier Funktionsbereichen:

- **Material**
- **Fertigung**
- **Verwaltung**
- **Vertrieb**

Jedem Funktionsbereich (Kostenbereich) können Teilbereiche zugeordnet werden. So zählen z. B. zum Funktionsbereich

Material
→ Einkauf
→ Warenabnahme und -prüfung
→ Materialverwaltung und Lagerung
→ Materialausgabe

(2) Bildung von Kostenstellen

Inwieweit Kostenstellen gebildet werden, ist eine Frage der individuellen Betriebsstruktur und der Anforderung an die Genauigkeit der Zurechnung und Weiterverrechnung der Gemeinkosten sowie des Bedürfnisses nach Effektivität der Kontrolle in Verbindung mit der Beachtung des Prinzips der Wirtschaftlichkeit. Dabei ist darauf zu achten, dass die Kostenstellen räumlich, organisatorisch und verantwortungsmäßig abgegrenzte Teilbereiche des Betriebs darstellen. Häufig genügt es, **Hauptkostenstellen** entsprechend den vier genannten Funktionsbereichen des Industriebetriebs zu bilden **(einstufige Kostenstellenrechnung)**.

> **Merke:**
>
> Eine **Kostenstelle** ist ein räumlich, organisatorisch und verantwortungsmäßig abgegrenzter Teilbereich eines Betriebs zur Erfassung der Gemeinkosten am Ort ihrer Entstehung.

Außer den **Hauptkostenstellen** können noch so genannte **Hilfskostenstellen**[1] (auch **Vorkostenstellen** genannt) gebildet werden. Hilfskostenstellen sind Kostenstellen, deren Kosten nicht über Kostenträger, sondern über die Hauptkostenstellen verrechnet werden **(mehrstufige Kostenstellenrechnung)**.

> **Beispiel für die Bildung einer Hilfskostenstelle:**
>
> Eine Werkzeugfabrik hat u.a. die Hilfskostenstelle „Fuhrpark" eingerichtet. Diese Hilfskostenstelle gibt Leistungen an andere Kostenstellen ab. Mit den Fahrzeugen werden z.B. die verkauften Erzeugnisse zu den jeweiligen Käufern transportiert (Hauptkostenstelle Vertrieb), Roh-, Hilfs- und Betriebsstoffe zum Lager befördert (Hauptkostenstelle Material), Geschäftsreisen für Verwaltungsangestellte durchgeführt (Hauptkostenstelle Verwaltung) oder unfertige Erzeugnisse von der Schlosserei zur Montage befördert (Hauptkostenstelle Fertigung).

---

1 Vgl. hierzu Kapitel 7.7.6, S. 404ff.

7.7.3 Durchführung der Kostenstellenrechnung mit Hilfe des Betriebsabrechnungsbogens (BAB)

7.7.3.1 Wesen und Aufbau des Betriebsabrechnungsbogens

Technisches Mittel für die ordnungsmäßige Erfassung der angefallenen Gemeinkosten und ihre Verrechnung auf die Kostenstellen und die Kostenträger ist der Betriebsabrechnungsbogen. Es handelt sich dabei um eine **tabellarische Darstellung** der Kostenstellenrechnung.

Merke:

Der **Betriebsabrechnungsbogen (BAB)** ist eine tabellarische Form der Kostenstellenrechnung.

Der **Betriebsabrechnungsbogen** hat folgende Grundstruktur:

Auf der rechten Hälfte des BABs werden horizontal die einzelnen Kostenstellen angeordnet. Auf der linken Seite werden vertikal die von der Kostenartenrechnung übernommenen **Gemeinkosten** zeilenweise aufgelistet. Obwohl sich die Gliederung der Kostenarten in der Kostenstellenrechnung grundsätzlich an den Vorgaben der Kostenartenrechnung orientiert, kann es sinnvoll sein, in der Kostenstellenrechnung bestimmte Gemeinkostenarten zusammenzufassen. Bei der Verteilung der so gegliederten Kostenarten auf die Kostenstellen wird in einer Zwischenspalte ein Hinweis darauf gegeben, auf welcher Grundlage die Verteilung der jeweiligen Gemeinkostenart auf die verschiedenen Kostenstellen erfolgen soll. Man spricht daher auch von Verteilungsgrundlage bzw. von Verteilungsschlüssel.

Wir kommen daher zu folgender **Grundstruktur eines Betriebsabrechnungsbogens**:

Gemein-kostenarten	EUR	Verteilungs-grundlage	Kostenstellen			
			Material	Fertigung	Verwaltung	Vertrieb

7.7.3.2 Problem der Verteilung der Gemeinkosten auf die Kostenstellen – Stelleneinzelkosten und Stellengemeinkosten

In der verursachungsgerechten Verteilung der angefallenen Gemeinkosten auf die einzelnen Kostenstellen liegt das eigentliche Problem der Kostenstellenrechnung. Damit ist indirekt auch die sachgerechte Weiterverrechnung der Gemeinkosten auf die Kostenträger verbunden.

Hinsichtlich der **Verteilung der Gemeinkosten auf die Kostenstellen** ist von zwei verschiedenen Möglichkeiten auszugehen:

(1) Direkte Verrechnung (Stelleneinzelkosten)

Es gibt Gemeinkosten, die einen direkten Bezug zu den einzelnen Kostenstellen haben und sich daher auch direkt auf die einzelnen Kostenstellen verrechnen lassen. Man nennt sie auch **Stelleneinzelkosten**. Sind z. B. in den einzelnen Kostenstellen Stromzähler angebracht, können die Kosten für den in der Kostenstelle verbrauchten Strom direkt dieser Kostenstelle zugerechnet werden. Oder: Wenn Mitarbeiter nur in einer bestimmten Kostenstelle beschäftigt sind, können die dafür angefallenen Kosten direkt dieser Kostenstelle zugeordnet werden.

Organisatorisch erfolgt das in der Weise, dass auf den entsprechenden Belegen (Stromrechnung, Lohn- oder Gehaltsliste) die entsprechende Kostenstelle angegeben wird, für die die Kosten angefallen sind.

(2) Indirekte Verrechnung bzw. Umlageverrechnung (Stellengemeinkosten)

Bei einem großen Teil der Gemeinkosten wird eine direkte Verrechnung nicht möglich sein. Dann bleibt nur noch die Möglichkeit, die angefallenen Kosten mit Hilfe eines Verteilungsschlüssels auf die einzelnen Kostenstellen umzulegen. Dabei hängt die verursachungsgerechte Verteilung von der Wahl eines verursachungsgerechten Verteilungsschlüssels ab. Der Verteilungsschlüssel sollte so gewählt werden, dass ein hohes Maß an Abhängigkeit zwischen dem Verteilungsschlüssel und den zu verrechnenden Kosten besteht. Im Idealfall ist die Abhängigkeit proportional. So lassen sich z.B. die angefallenen Heizungskosten nach der Größe der je Kostenstelle beanspruchten Räume (Kubikmeter der beheizten Räume) verteilen, die freiwilligen sozialen Aufwendungen nach der Anzahl der in der Kostenstelle beschäftigten Personen und die Abschreibungen nach dem Wert der in der Kostenstelle benutzten Anlagen.

Merke:

- Der **BAB** ist ein abrechnungstechnisches Hilfsmittel für die Verteilung der **Gemeinkosten** auf die einzelnen Kostenstellen.
- Die **Verteilung der Gemeinkosten** erfolgt entweder
  - direkt aufgrund der einer Kostenstelle zurechenbaren Belege **(direkte Gemeinkosten; Stelleneinzelkosten)** oder
  - indirekt über Verteilungsschlüssel **(indirekte Gemeinkosten; Stellengemeinkosten).**
- Der **BAB baut auf der Kostenartenrechnung** auf.

Übungsaufgabe

140 1. Nennen Sie die wichtigsten Aufgaben der Kostenstellenrechnung!

2. Erläutern Sie den Begriff Kostenstelle!

3. Zeigen Sie den Unterschied zwischen den Begriffen Kostenbereich und Kostenstelle an einem Beispiel auf!

4. Nennen Sie Kriterien, die Sie bei der Bildung von Kostenstellen beachten sollten!

5. Beschreiben Sie die Grundstruktur eines Betriebsabrechnungsbogens!

6. Welche Arten von Gemeinkosten lassen sich hinsichtlich der Problematik ihrer Verteilung unterscheiden?

7. Nennen Sie beispielhaft einige Gemeinkosten und geben Sie dafür die mögliche Verteilungsgrundlage an!

8. Welcher Grundsatz muss bei der Wahl eines Verteilungsschlüssels beachtet werden?

7.7.4 Aufstellung eines einstufigen Betriebsabrechnungsbogens

7.7.4.1 Problem der Wahl der Zuschlagsgrundlagen (Bezugsgrößen)

Die Festlegung der verursachungsgerechten Zuschlagsgrundlagen ist maßgebend für die richtige Verrechnung der angefallenen Gemeinkosten auf die Kostenträger. Um Preisschwankungen bei den Zuschlagsgrundlagen auszuschalten, sind Mengen- und Zeitgrößen (Stück, Kilogramm, Arbeitsstunden, Maschinenstunden) grundsätzlich den Wertgrößen vorzuziehen. Da die Ermittlung von exakten Mengen- und Zeitgrößen häufig jedoch mit großen Schwierigkeiten verbunden oder auch gar nicht möglich ist, greift man in der Praxis im Allgemeinen auf Wertgrößen zurück.

So ist es z.B. in der Praxis üblich, die **Materialgemeinkosten** entsprechend den **Materialeinzelkosten** (Fertigungsmaterial, z.B. Rohstoffverbrauch), die **Fertigungsgemeinkosten** entsprechend den **Fertigungslohnkosten** auf die einzelnen Kostenträger zu verrechnen. Dabei werden die jeweiligen Gemeinkosten in Prozenten zu den gewählten Bezugsgrundlagen (Zuschlagsgrundlagen) ausgedrückt und mit diesen Prozentsätzen (Zuschlagssätzen) werden die einzelnen Gemeinkostenarten bei der Kalkulation erfasst.

Während zwischen Materialgemeinkosten und Materialeinzelkosten sowie zwischen Fertigungsgemeinkosten und Fertigungslöhnen ein gewisses Maß an Abhängigkeit unterstellt werden kann, ist die Wahl der Zuschlagsbasis für die **Verwaltungs- und Vertriebsgemeinkosten** wesentlich problematischer. In Ermangelung geeigneter Bezugsgrößen wählt man für diese Gemeinkosten als gemeinsame Zuschlagsgrundlage die **Herstellkosten**. Je nachdem, ob die Bestandsveränderungen an unfertigen und fertigen Erzeugnissen einbezogen werden, kann zwischen den **Herstellkosten der Rechnungsperiode (ohne Berücksichtigung der Bestandsveränderungen)** und den **Herstellkosten des Umsatzes (mit Berücksichtigung der Bestandsveränderungen)** unterschieden werden.

7.7.4.2 Ermittlung der Gemeinkostenzuschlagssätze ohne Berücksichtigung der Bestandsveränderungen

Beispiel:

Die Kostenartenrechnung eines Industriebetriebes weist für den Monat Januar folgende Kosten aus:

Verbrauch von			
Fertigungsmaterial	85 000,00 EUR	Sozialkosten	1 300,00 EUR
Hilfsstoffkosten	6 000,00 EUR	Instandhaltung	11 500,00 EUR
Betriebsstoffkosten	4 000,00 EUR	Betriebssteuern	2 500,00 EUR
Fertigungslöhne	56 600,00 EUR	Kalk. Abschreibungen	12 000,00 EUR
Gehälter	9 000,00 EUR	Energiekosten	3 000,00 EUR
		Sonstige Kosten	4 800,00 EUR

Bezugsgrößen für die Gemeinkosten:

- Die Materialgemeinkosten sind auf den Verbrauch von Fertigungsmaterial zu beziehen.
- Die Fertigungsgemeinkosten sind auf die Fertigungslöhne zu beziehen.
- Die Verwaltungs- und Vertriebsgemeinkosten werden auf die Herstellkosten der Rechnungsperiode bezogen.

Für die Erstellung des BAB ist folgender Verteilungsschlüssel zu verwenden:

Gemeinkostenarten	I. Material	II. Fertigung	III. Verwaltung	IV. Vertrieb
Hilfsstoffkosten lt. Entnahmescheinen	1 800,00	3 000,00	–	1 200,00
Betriebsstoffkosten lt. Entnahmescheinen	900,00	2 300,00	100,00	700,00
Gehälter lt. Gehaltsliste	400,00	1 000,00	5 400,00	2 200,00
Sozialkosten	1	2	7	3
Instandhaltung lt. Arbeitsstunden	20	84	2	9
Betriebssteuern	–	4	1	–
Kalk. Abschreibungen	1	7	3	1
Energiekosten lt. kWh	4 000	40 000	10 000	6 000
Sonstige Kosten lt. Belegen	1	6	2	3

Aufgaben:

1. Verteilen Sie aufgrund der angegebenen Verteilungsschlüssel die Gemeinkosten auf die einzelnen Kostenstellen!
2. Ermitteln Sie für jede Kostenstelle die Zuschlagssätze für die Gemeinkosten!
3. Ermitteln Sie die Selbstkosten der Rechnungsperiode (Monat: Januar)!

Lösungen:

Zu 1.: Verteilung der Gemeinkosten mit Hilfe des Betriebsabrechnungsbogens (BAB)

Gemeinkostenarten	Zahlen der KLR	Verteilungs-schlüssel	Kostenstellen			
			I. Material	II. Fertigung	III. Verwaltung	IV. Vertrieb
Hilfsstoffkosten	6 000,00	Entnahmescheine	1 800,00	3 000,00	–	1 200,00
Betriebsstoffkosten	4 000,00	Entnahmescheine	900,00	2 300,00	100,00	700,00
Gehälter	9 000,00	Gehaltsliste	400,00	1 000,00	5 400,00	2 200,00
Sozialkosten	1 300,00	1 : 2 : 7 : 3	100,00	200,00	700,00	300,00
Instandhaltung	11 500,00	Arbeitsstunden	2 000,00	8 400,00	200,00	900,00
Betriebssteuern	2 500,00	0 : 4 : 1 : 0	–	2 000,00	500,00	–
Kalk. Abschreibungen	12 000,00	1 : 7 : 3 : 1	1 000,00	7 000,00	3 000,00	1 000,00
Energiekosten	3 000,00	Kilowatt-Std.	200,00	2 000,00	500,00	300,00
Sonst. Kosten	4 800,00	1 : 6 : 2 : 3	400,00	2 400,00	800,00	1 200,00
Summe der Gemeinkosten	54 100,00	aufge-schlüsselt	6 800,00	28 300,00	11 200,00	7 800,00
	Zuschlagsgrundlagen:					
	Verbrauch v. Fertigungsmat.	85 000,00				
	Fertigungslöhne		56 600,00			
	Herstellkosten der Rechnungs-periode				176 700,00	176 700,00
	Zuschlagssätze[1]		8 %	50 %	6,34 %	4,41 %

---

1 Mit diesen Zuschlagssätzen werden im Rahmen der Kalkulation die verschiedenen Gemeinkosten anteilmäßig erfasst.

Zu 2.: Ermittlung der Zuschlagssätze

■ **Zuschlagssatz für die Materialgemeinkosten**

Mit gewisser Berechtigung wird unterstellt, dass die Materialgemeinkosten (MGK) vom Verbrauch der Materialeinzelkosten (Verbrauch von Fertigungsmaterial) abhängen. Daher werden die MGK für ihre Verrechnung auf die Kostenträger in Prozenten zum Verbrauch von Fertigungsmaterial angegeben.

Verbrauch von Fertigungsmaterial	85 000,00 EUR ≙ 100 %		
MGK	6 800,00 EUR ≙ x %	$x = \dfrac{100 \cdot 6800}{85000} = \underline{\underline{8\,\%}}$	

$$\text{MGK-Zuschlagssatz} = \frac{100 \cdot \text{Materialgemeinkosten}}{\text{Verbrauch von Fertigungsmaterial}}$$

Der MGK-Zuschlagssatz von 8 % besagt, dass immer dann, wenn für 100,00 EUR Fertigungsmaterial verbraucht wurde, parallel und gleichzeitig 8,00 EUR 392

Gemeinkosten im Materialbereich (z.B. Einkauf, Warenabnahme) anfallen.

■ **Zuschlagssatz für die Fertigungsgemeinkosten**

Die Fertigungsgemeinkosten werden auf die aufgewendeten Fertigungslöhne bezogen. Dabei wird unterstellt, dass die anfallenden Fertigungsgemeinkosten von der Höhe der aufgewendeten Fertigungslöhne abhängen. Dies ist in der Praxis nur bedingt der Fall, und zwar insbesondere dann nicht, wenn der Betrieb maschinenintensiv ist.

Fertigungslöhne	56 600,00 EUR ≙ 100 %		
FGK	28 300,00 EUR ≙ x %	$x = \dfrac{100 \cdot 28300}{56600} = \underline{\underline{50\,\%}}$	

$$\text{FGK-Zuschlagssatz} = \frac{100 \cdot \text{Fertigungsgemeinkosten}}{\text{Fertigungslöhne}}$$

In maschinenintensiven Betrieben werden in der Praxis in aller Regel die maschinenabhängigen Kosten gesondert erfasst und dafür Maschinenstundensätze errechnet.[1]

■ **Zuschlagssatz für die Verwaltungsgemeinkosten**

Bei der Höhe der Verwaltungs- und Vertriebsgemeinkosten wird eine Abhängigkeit von der Höhe der Herstellkosten der Rechnungsperiode (bzw. der Höhe der Herstellkosten des Umsatzes) unterstellt. Der Einfachheit halber beziehen wir zunächst beide Gemeinkostenarten auf die Herstellkosten der Rechnungsperiode.[2]

Berechnung der Herstellkosten der Rechnungsperiode

Verbrauch von Fertigungsmaterial	85 000,00 EUR
+ MGK	6 800,00 EUR
+ Fertigungslöhne	56 600,00 EUR
+ FGK	28 300,00 EUR
Herstellkosten der Rechnungsperiode	176 700,00 EUR

Herstellkosten der Rechnungsperiode	176 700,00 EUR ≙ 100 %		
VerwGK	11 200,00 EUR ≙ x %	$x = \dfrac{100 \cdot 11200}{176700} = \underline{\underline{6,34\,\%}}$	

$$\text{VerwGK-Zuschlagssatz} = \frac{100 \cdot \text{Verwaltungsgemeinkosten}}{\text{Herstellkosten der Rechnungsperiode}}$$

---

1 Zur Kalkulation mit Maschinenstundensätzen vgl. S. 430ff.

2 Auf die Berechnung der Herstellkosten unter Berücksichtigung von Bestandsveränderungen wird auf S. 395 eingegangen.

■ Zuschlagssatz für die Vertriebsgemeinkosten

Herstellkosten der
Rechnungsperiode   176 700,00 EUR $\widehat{=}$ 100 %
VertrGK   7 800,00 EUR $\widehat{=}$ x %

$$x = \frac{100 \cdot 7800}{176700} = \underline{4,41\%}$$

$$\text{VertrGK-Zuschlagssatz} = \frac{100 \cdot \text{Vertriebsgemeinkosten}}{\text{Herstellkosten der Rechnungsperiode}}$$

Erläuterungen:

Verteilung der Gemeinkosten

Die Gemeinkosten werden der Kostenartenrechnung (Abgrenzungstabelle der KLR) entnommen und direkt aufgrund von Belegen (Entnahmescheinen, Gehaltslisten, Stromzähler, Arbeitsstunden) oder indirekt aufgrund bestimmter Umrechnungsschlüssel, wobei der Einfachheit halber hier teilweise Verhältniszahlen angegeben wurden, auf die Kostenstellen verrechnet.

Berechnung der Zuschlagssätze

Um eine verursachungsgerechte Weiterverrechnung der Gemeinkosten auf die Kostenträger zu gewährleisten, wird die Summe der Gemeinkosten in jeder Kostenstelle in Prozenten zu einer Bezugsgröße (Zuschlagsgrundlage) ausgedrückt, von der angenommen werden kann, dass zwischen ihr und den Gemeinkosten eine Abhängigkeit besteht. Dieser Prozentsatz dient dann als Zuschlagssatz für die anteilige Erfassung der entsprechenden Gemeinkostenart im Rahmen der Kalkulation.

Zu 3.:   Ermittlung der Selbstkosten der Rechnungsperiode (Monat: Januar)

Aufgrund der Zahlenangaben des Beispiels ergeben sich die Selbstkosten der Rechnungsperiode durch folgende Berechnung (Kalkulationsschema ohne Berücksichtigung von Bestandsveränderungen der unfertigen und fertigen Erzeugnisse):

Verbrauch von Fertigungsmaterial	85 000,00 EUR	
+ 8 % Materialgemeinkosten	6 800,00 EUR	
Stoffkosten (Materialkosten)		91 800,00 EUR
Fertigungslöhne	56 600,00 EUR	
+ 50 % Fertigungsgemeinkosten	28 300,00 EUR	
Fertigungskosten		84 900,00 EUR
Herstellkosten der Rechnungsperiode		176 700,00 EUR
+ 6,34 % Verwaltungsgemeinkosten		11 202,78 EUR[1]
+ 4,41 % Vertriebsgemeinkosten		7 792,47 EUR[1]
Selbstkosten der Rechnungsperiode		195 695,25 EUR

---

1 Die Differenz zu den Kostenstellen III und IV im BAB (vgl. S. 390) ergibt sich aufgrund der Rundung der Zuschlagssätze!

141 1. Wie ist die Kostenstellenrechnung im Gesamtbereich der Kosten- und Leistungsrechnung eingeordnet?

2. Beschreiben Sie den rechnungstechnischen Ablauf der Kostenstellenrechnung!

3. Worauf ist bei der Einrichtung von Kostenstellen besonders zu achten?

4. Für die Zwecke der Betriebsabrechnung ist ein Industriebetrieb in vier Kostenstellen eingeteilt: Material, Fertigung, Verwaltung und Vertrieb.

   Aus den Zahlen der Kosten- und Leistungsrechnung ergeben sich folgende Gemeinkostenbeträge:

	TEUR
Hilfslöhne	500
Gehälter	1 000
Gesetzlicher Sozialaufwand	500
Stromkosten	100
Raumkosten	300
Kalk. Abschreibungen auf Anlagen	500
Kalk. Zinsen auf Anlage- und Umlaufvermögen	900

Aufgaben:

4.1 Ermitteln Sie mit Hilfe eines Betriebsabrechnungsbogens die Gemeinkosten der vier Kostenstellen unter Verwendung der nachfolgend genannten Schlüssel:

	Material	Fertigung	Verwaltung	Vertrieb
Hilfslöhne	40 %	40 %	12 %	8 %
Gehälter	20 %	20 %	32 %	28 %
Gesetzlicher sozialer Aufwand nach der Zahl der Mitarbeiter	160	560	152	128
Stromverbrauch im Verhältnis	2	6	1	1
Raumkosten nach Fläche in m²	500	1 500	600	400
Anlagevermögen TEUR	1 500	3 000	300	200
Umlaufvermögen TEUR (Material- und Erzeugnisbestände)	3 000	2 000	4 000	1 000

4.2 Errechnen Sie die vier Zuschlagssätze (auf- bzw. abgerundet auf volle Prozentsätze)!

Zusatzangaben hierfür: Verbrauch von Fertigungsmaterial   4 850 TEUR
                          Fertigungslöhne   1 000 TEUR

5. Der MGK-Zuschlagssatz in einem Industrieunternehmen beträgt im Dezember 20.. 9 %.

   Aufgabe:

   Beschreiben Sie den Sachverhalt, der durch diesen Zuschlagssatz zum Ausdruck kommt!

142 Die Kostenartenrechnung eines Industriebetriebes weist für den Monat November folgende Kosten aus, die wie folgt aufzuteilen sind:

Gemeinkosten	Zahlen der KLR	Material	Fertigung	Verwaltung	Vertrieb
Hilfsstoffkosten	145 700,00	2 050,00	129 450,00	3 500,00	10 700,00
Betriebsstoffkosten	22 400,00	1 700,00	14 400,00	4 100,00	2 200,00
Gehälter	130 500,00	4 100,00	98 900,00	18 600,00	8 900,00
Sozialkosten					
Mieten, Pachten	84 200,00	650 m²	2 720 m²	330 m²	510 m²
Büromaterial	91 100,00	3	2	11	4
Sonst. betr. Kosten	70 560,00	3	4	2	3
Kalk. Abschreibungen		2	8	4	1
Kalk. Wagnisse	45 800,00	2	4	2	2

Verbrauch von Fertigungsmaterial: 1 046 553,80 EUR
Fertigungslöhne: 560 702,50 EUR

Weitere Angaben

– Die Sozialkosten betragen jeweils 80 % der Gehaltssumme.
– Kalkulatorische Abschreibungen je Jahr:
  auf das Betriebsgebäude
  2 % von den Anschaffungskosten   3 100 000,00 EUR
  auf die technischen Anlagen und Maschinen
  10 % vom Buchwert   1 690 600,00 EUR
  auf den Fuhrpark
  15 % vom Wiederbeschaffungswert   600 000,00 EUR

Aufgaben:

1. Erstellen Sie den Betriebsabrechnungsbogen!
2. Berechnen Sie den Zuschlagssatz je Kostenstelle für den Monat November!
3. Ermitteln Sie die Selbstkosten der Rechnungsperiode!

143 1. Das Verursachungsprinzip ist ein wichtiges Prinzip bei der Verteilung der Gemeinkostenarten. Welche Art der Verteilung entspricht am ehesten dem Verursachungsprinzip?
   1.1 Verteilung nach Zuschlagssätzen.
   1.2 Verteilung nach zuvor festgelegten Prozentsätzen.
   1.3 Verteilung aufgrund von Belegen.
   1.4 Gleichmäßige Verteilung aller Gemeinkosten auf die einzelnen Kostenstellen.

2. Welche Aufgabe erfüllt die Kostenstellenrechnung?
   2.1 Sie ermittelt für jede Kostenstelle das Betriebsergebnis.
   2.2 Sie gliedert die Aufwendungen auf in unternehmens- und betriebsbezogene Aufwendungen.
   2.3 Sie ermittelt den Verkaufspreis für ein Produkt.
   2.4 Sie erfasst für die einzelnen Betriebsabteilungen die Gemeinkosten.
   2.5 Sie errechnet für jede Kostenstelle die angefallenen Aufwendungen.

Aufgabe:

Übertragen Sie jeweils die richtige(n) Aussage(n) in Ihr Hausheft!

7.7.4.3 Ermittlung der Gemeinkostenzuschlagssätze unter Berücksichtigung der Bestandsveränderungen

(1) Problematik

Die Bestandsveränderungen an fertigen und unfertigen Erzeugnissen spielen eine Rolle bei der Beantwortung der Frage nach der angemessenen Bezugsgrundlage für die Ermittlung der Zuschlagssätze für die Verwaltungs- und für die Vertriebsgemeinkosten. Bisher haben wir die Bestandsveränderungen in diesen Zusammenhang nicht einbezogen. Wir haben sie nicht einbezogen, weil wir die Prämisse hatten, dass es keine gibt. Gibt es welche, müssen sie in jedem Fall mit einbezogen werden, da die Selbstkosten sonst fehlerhaft ermittelt würden.

Bisher sind wir bei der Ermittlung der Zuschlagssätze für die Verwaltungs- und Vertriebsgemeinkosten jeweils von der gleichen Bezugsgrundlage, nämlich von den in der Rechnungsperiode angefallenen Herstellkosten, ausgegangen. Bezüglich der Verwaltungsgemeinkosten ist diese Bezugsgrundlage auch durchaus gerechtfertigt, weil man davon ausgehen kann, dass sich die **Verwaltungsgemeinkosten** in Abhängigkeit zu den **Herstellkosten der Rechnungsperiode** verändern.

In Bezug auf die Vertriebsgemeinkosten ist diese Beziehung jedoch nur bedingt vorhanden. Will man die Kalkulation genauer durchführen, müssen die **Vertriebsgemeinkosten** auf die Umsatzseite bezogen werden, genauer gesagt: auf die **Herstellkosten des Umsatzes (Herstellkosten der verkauften Erzeugnisse)**. Der Grund ist darin zu sehen, dass Vertriebskosten in der Regel nur für die verkauften Erzeugnisse anfallen. Das bedeutet, die Einbeziehung der Bestandsveränderungen an fertigen und unfertigen Erzeugnissen ist erforderlich.[1]

> **Merke:**
>
> - Als **Bezugsgrundlage** für die Ermittlung des Zuschlagssatzes für die **Verwaltungsgemeinkosten** wählen wir die **Herstellkosten der Rechnungsperiode**.
>
> - Als **Bezugsgrundlage** für die Ermittlung des Zuschlagssatzes für die **Vertriebsgemeinkosten** wählen wir die **Herstellkosten des Umsatzes (Herstellkosten der verkauften Erzeugnisse).**

(2) Berechnung der Herstellkosten des Umsatzes

■ Einbeziehung von Bestandsmehrungen an fertigen Erzeugnissen

Eine **Bestandsmehrung** an fertigen Erzeugnissen bedeutet, dass innerhalb der Geschäftsperiode mehr Produkte hergestellt als verkauft wurden. Um von den Herstellkosten der Rechnungsperiode zu den Herstellkosten des Umsatzes (Herstellkosten der verkauften Erzeugnisse) zu gelangen, müssen die Bestandsmehrungen von den Herstellkosten der Rechnungsperiode abgezogen werden:

> Herstellkosten der Rechnungsperiode
> − Bestandsmehrungen bei fertigen Erzeugnissen
> = Herstellkosten des Umsatzes (Herstellkosten der verkauften Erzeugnisse)

---

1 Da die Einbeziehung von fertigen und unfertigen Erzeugnissen in der gleichen Weise erfolgt, gehen wir, weil das leichter vorstellbar ist, von fertigen Erzeugnissen aus.

■ **Einbeziehung von Bestandsminderungen an fertigen Erzeugnissen**

Eine **Bestandsminderung** bedeutet, dass innerhalb der Geschäftsperiode mehr Güter verkauft wurden als hergestellt worden sind. Neben den in der Periode hergestellten Produkten wurden auch Lagerbestände verkauft. Dadurch vermindert sich der Lagerbestand. Um zu den Herstellkosten des Umsatzes zu gelangen, müssen die Bestandsminderungen zu den Herstellkosten der Rechnungsperiode hinzuaddiert werden.

> Herstellkosten der Rechnungsperiode
> + Bestandsminderungen bei fertigen Erzeugnissen
> _____
> = Herstellkosten des Umsatzes (Herstellkosten der verkauften Erzeugnisse)

Da sich die Bestandsveränderungen bei fertigen Erzeugnissen in unterschiedliche Richtungen bewegen können und die Bestandsveränderungen bei den unfertigen Erzeugnissen in der gleichen Weise einbezogen werden müssen, fassen wir die Berechnung der Herstellkosten des Umsatzes in folgendem Schema zusammen:

> Herstellkosten der Rechnungsperiode
> − Bestandsmehrungen
> + Bestandsminderungen
> _____
> = Herstellkosten des Umsatzes (Herstellkosten der verkauften Erzeugnisse)

Beispiel:

Die Kostenartenrechnung eines Industriebetriebs weist für das 1. Quartal folgende Daten aus:

Verbrauch von Fertigungsmaterial	256 000,00 EUR
Materialgemeinkosten	32 000,00 EUR
Fertigungslöhne	695 825,00 EUR
Fertigungsgemeinkosten	672 300,00 EUR
Verwaltungsgemeinkosten	77 000,00 EUR
Vertriebsgemeinkosten	64 800,00 EUR

Bestandsangaben:

	Unfertige Erzeugnisse (UE)	Fertige Erzeugnisse (FE)
Anfangsbestände	175 000,00 EUR	214 000,00 EUR
Schlussbestände lt. Inventur	140 000,00 EUR	236 000,00 EUR

Aufgaben:

1. Berechnen Sie für jede Kostenstelle die Zuschlagssätze für die Gemeinkosten!
2. Ermitteln Sie die Selbstkosten des Umsatzes für das 1. Quartal!

Hinweise:

Die Materialgemeinkosten sind auf den Verbrauch von Fertigungsmaterial, die Fertigungsgemeinkosten auf die Fertigungslöhne, die Verwaltungsgemeinkosten auf die Herstellkosten der Rechnungsperiode und die Vertriebsgemeinkosten auf die Herstellkosten des Umsatzes zu beziehen.

Zu 1.: Berechnung der Zuschlagssätze

Gemeinkosten insgesamt	Kostenstellen			
	Material	Fertigung	Verwaltung	Vertrieb
846 100,00	32 000,00	672 300,00	77 000,00	64 800,00
	256 000,00 (≙ 100 %)	695 825,00 (≙ 100 %)	1 656 125,00 (≙ 100 %)	1 669 125,00 (≙ 100 %)
	12,5 %	96,62 %	4,65 %	3,88 %

Zu 2.: Berechnung der Selbstkosten des Umsatzes

	Verbrauch v. Fertigungsmaterial	256 000,00 EUR
+	MGK	32 000,00 EUR
+	Fertigungslöhne	695 825,00 EUR
+	FGK	672 300,00 EUR
	Herstellkosten der Rechnungsperiode	1 656 125,00 EUR
+	Bestandsminderung UE	35 000,00 EUR
−	Bestandsmehrung FE	22 000,00 EUR
	Herstellkosten des Umsatzes	1 669 125,00 EUR
+	Verwaltungsgemeinkosten	77 000,00 EUR
+	Vertriebsgemeinkosten	64 800,00 EUR
	Selbstkosten des Umsatzes	1 810 925,00 EUR

Übungsaufgabe

144 1. In einem Industriebetrieb werden der KLR bzw. der Buchführung folgende Zahlen entnommen: Verbrauch von Fertigungsmaterial 310 700,00 EUR, MGK 24 856,00 EUR, Fertigungslöhne 205 800,00 EUR, FGK 174 930,00 EUR, SEKF (Sondereinzelkosten der Fertigung) 22 900,00 EUR, VerwGK 81 310,46 EUR, VertrGK 48 047,09 EUR.

	Fertige Erzeugnisse (FE)	Unfertige Erzeugnisse (UE)
Anfangsbestand	175 600,00 EUR	25 800,00 EUR
Schlussbestand lt. Inventur	150 100,00 EUR	46 400,00 EUR

Bezugsgrundlagen: Die VerwGK sind auf die Herstellkosten der Rechnungsperiode und die VertrGK auf die Herstellkosten des Umsatzes zu beziehen.

Aufgabe:
Berechnen Sie die Zuschlagssätze für die Gemeinkosten!

2. Im BAB eines Industrieunternehmens wurden für die Kostenstellen folgende Gemeinkosten errechnet:

Material	Fertigung	Verwaltung	Vertrieb
25 625,00	671 646,00	247 202,10	156 094,67

Für den gleichen Zeitraum wurden außerdem folgende Daten ermittelt: Verbrauch von Fertigungsmaterial 205 000,00 EUR, Fertigungslöhne 471 000,00 EUR, Bestandsmehrung an fertigen Erzeugnissen 51 000,00 EUR, Bestandsminderung an unfertigen Erzeugnissen 35 000,00 EUR.

Bezugsgrundlagen: Die VerwGK sind auf die Herstellkosten der Rechnungsperiode und die VertrGK auf die Herstellkosten des Umsatzes zu beziehen.

Aufgabe:

Berechnen Sie die Zuschlagssätze für die Gemeinkosten!

3. In einem Industriebetrieb fallen folgende Gemeinkosten an, die wie folgt aufzuteilen sind:

Gemeinkostenart	Zahlen der KLR	Verteilungsschlüssel			
		Material	Fertigung	Verwaltung	Vertrieb
Hilfs- u. Betriebsstoffkosten	67 200,00	3	12	1	–
Energie	78 300,00	2	5	1	1
Hilfslöhne	23 800,00	3	4	–	–
Gehälter	91 200,00	1	2	7	2
Sozialkosten	43 510,00	4	6	7	2
Fremdreparaturen	24 150,00	1	5	1	–
Steuern	63 000,00	1	4	1	1
Kalkulatorische Kosten	88 200,00	2	8	3	1

Verbrauch von Fertigungsmaterial: 683 416,66 EUR; Fertigungslöhne 196 795,08 EUR

Bestände an fertigen und unfertigen Erzeugnissen:

	FE	UE
Anfangsbestand	58 600,00 EUR	18 800,00 EUR
Schlussbestand lt. Inventur	45 100,00 EUR	24 400,00 EUR

Bezugsgrundlagen: Die VerwGK sind auf die Herstellkosten der Rechnungsperiode und die VertrGK auf die Herstellkosten des Umsatzes zu beziehen.

Aufgaben:

3.1 Erstellen Sie den Betriebsabrechnungsbogen!

3.2 Berechnen Sie den Zuschlagssatz je Kostenstelle!

3.3 Erstellen Sie die Gesamtkalkulation für die Selbstkosten der verkauften Erzeugnisse!

7.7.5 Ermittlung von Kostenüberdeckungen und Kostenunterdeckungen im Betriebsabrechnungsbogen

7.7.5.1 Ermittlung von Normalzuschlagssätzen

Der Betriebsabrechnungsbogen wird am Ende einer jeden Rechnungsperiode (Monat, Vierteljahr, Jahr) aus den tatsächlich angefallenen Zahlen der vergangenen Rechnungsperiode **(Istkosten)** neu aufgestellt. Die aus den Gemeinkosten und den Zuschlagsgrundlagen errechneten Istkostenzuschläge sind hierbei von Abrechnungsperiode zu Abrechnungsperiode unterschiedlich, weil sich alle Zufallsschwankungen, denen Kosten unterliegen können, auswirken.

Die Verrechnung der Gemeinkosten auf die Kostenträger (z.B. für die Abgabe von Angeboten) auf der Basis von Istkosten hat im Wesentlichen drei große **Nachteile:**

- Man muss auf die Zuschlagssätze warten, da man sie nur nachträglich ermitteln kann,

- die Zuschlagssätze können erheblichen Schwankungen unterliegen,

- es fehlen feste Grundlagen für Vergleiche, sodass eine aussagefähige Kostenkontrolle nicht möglich ist.

Um diesen Nachteilen zu begegnen, werden die Gemeinkosten während der Rechnungsperiode mit Hilfe von **Normalzuschlagssätzen** ermittelt. Diese ergeben sich z.B. aus den Durchschnittswerten der Istkostenzuschlagssätze vergangener Geschäftsperioden, unter Berücksichtigung der Preiserwartungen auf der Beschaffungsseite und der erwarteten Beschäftigung. Diese Durchschnittssätze haben den Vorteil der Stetigkeit und Verfügbarkeit. Eine solche Vorgehensweise ermöglicht eine genauere Vorkalkulation (z.B. bei der Abgabe von Angeboten, bei der Erstellung von Preislisten). Da die Einzelkosten auf der Grundlage vorhandener Stücklisten und Fertigungszeiten und den bekannten Preisen relativ problemlos kalkuliert werden können, geht es bei der Normalkostenrechnung nur um die „Normalisierung" der Zuschlagssätze für die Gemeinkosten.

Beispiel:

Für das erste Halbjahr liegen folgende monatliche Ist-Fertigungsgemeinkostensätze vor:

Januar:	57,8%	März:	58,5%	Mai:	62,7%
Februar:	60,1%	April:	59,8%	Juni:	56,9%

Aufgabe:

Berechnen Sie aus den 6 vorliegenden Istzuschlagssätzen den Normalzuschlagssatz für die Fertigungsgemeinkosten!

Lösung:

$$\text{Normal-}\atop\text{zuschlagssatz} = \frac{57,8\% + 60,1\% + 58,5\% + 59,8\% + 62,7\% + 56,9\%}{6} = \underline{\underline{59,3\%}}$$

7.7.5.2 Gründe für Kostenüberdeckungen und Kostenunterdeckungen

Nach Abschluss der Geschäftsperiode werden den Normalkosten die Istkosten gegenübergestellt. Liegen die **Normalkosten über den Istkosten,** spricht man von einer **Kostenüberdeckung,** im umgekehrten Fall von einer **Kostenunterdeckung.**

Kostenabweichung = Normalkosten − Istkosten

Gründe für eine Kostenabweichung sind:

- **Preisabweichungen.** Preiserhöhungen (Preissenkungen) bei Hilfs- und Betriebsstoffen, Gehaltserhöhungen (Rückgang der Gehälter durch Entlassungen) oder Erhöhungen der Versicherungsbeiträge (Rückgang der Versicherungsbeiträge durch Absenken der Versicherungssummen) u.Ä. führen zu einer höheren (niedrigeren) Belastung der Kostenstellen mit Gemeinkosten und damit zu höheren (niedrigeren) Zuschlagssätzen.

- **Beschäftigungsabweichungen.** Eine Ausweitung der Produktion kann z.B. durch erhöhten Reparaturaufwand, Lohnzuschläge, vermehrte Ausschussprodukte zu höheren Stellengemeinkosten und damit zu höheren Zuschlagssätzen führen. Andererseits führt ein Rückgang der Beschäftigung in der Regel nicht zu einem proportionalen Absinken der Zuschlagssätze, da es nur in den seltensten Fällen gelingt, die fixen Gemeinkosten im gleichen Umfang abzubauen.

- **Verbrauchsabweichungen.** Es ist nicht immer möglich, geplante Fertigungszeiten bzw. Materialvorgaben (Stücklisten) einzuhalten. Ein Über- oder Unterschreiten der Planvorgaben führt zu steigenden oder fallenden Gemeinkosten und damit zu schwankenden Zuschlagssätzen.

Überschreiten (unterschreiten) die Istzuschlagssätze in mehreren aufeinanderfolgenden Rechnungsperioden die Normalzuschlagssätze unverhältnismäßig hoch, so sind die Normalzuschlagssätze entsprechend neu zu bestimmen.

Merke:

- Bei der **Istkostenrechnung** werden die Gemeinkosten mit den tatsächlich in der Rechnungsperiode angefallenen Kosten erfasst.

- Bei der **Normalkostenrechnung** werden die Gemeinkosten mit Hilfe von Normalzuschlagssätzen erfasst. Diese werden z.B. aus den durchschnittlichen Istzuschlagssätzen vergangener Rechnungsperioden unter Berücksichtigung der sich abzeichnenden Preisentwicklung berechnet.

- Bei der **Kostenunterdeckung** liegen die Normalkosten unter den Istkosten, d.h., die tatsächlich angefallenen Selbstkosten werden durch die einkalkulierten Kosten nicht mehr gedeckt.

- Bei der **Kostenüberdeckung** werden mehr Kosten eingerechnet als tatsächlich entstanden sind, d.h., die einkalkulierten Selbstkosten sind höher als die wirklich angefallenen Selbstkosten.

Übungsaufgabe

145 1. Die verrechneten Gemeinkosten betragen 65 850,00 EUR, die angefallenen Istkosten 62 780,00 EUR.
Liegt eine Kostenüber- oder Kostenunterdeckung vor?

2. Welche Vorteile hat die Verrechnung mit Normalkosten?

3. Wodurch entstehen Kostenüberdeckungen und Kostenunterdeckungen?

4. Wie unterscheiden sich Normalkostenrechnung und Istkostenrechnung?

7.7.5.3 Rechnerischer Ablauf zur Erfassung der Kostenüberdeckung und Kostenunterdeckung im Betriebsabrechnungsbogen

Um die Kostenabweichung zwischen den Normalkosten und den Istkosten im BAB erfassen zu können, muss der BAB lediglich um **zwei Rechenvorgänge** erweitert werden:

■ Berechnung der **Normalkosten** aufgrund der gegebenen Normalzuschlagssätze.

■ Gegenüberstellung von Istkosten und Normalkosten, und **Berechnung der Kostenabweichungen** (Über- bzw. Unterdeckung).

Beispiel:

Wir greifen auf den BAB von Seite 397 zurück und stellen der Lösung mit Istkosten eine Lösung auf der Grundlage mit Normalkosten gegenüber.

Aufgaben:

Ermitteln Sie auf der Basis der unten angegebenen Normalzuschlagssätze:

1. Die Selbstkosten des Umsatzes,

2. die Kostenüber- bzw. Kostenunterdeckung je Kostenstelle und

3. die Kostenüber- bzw. Kostenunterdeckung insgesamt!

MGK: 11,5 %	FGK: 92 %	VerwGK: 5 %	VertrGK: 3,5 %

Lösungen:

Zu 1.: Berechnung der Normalkosten

$$\text{MGK:} \quad \frac{256\,000 \cdot 11,5}{100} = 29\,440,00 \text{ EUR}$$

$$\text{FGK:} \quad \frac{695\,825 \cdot 92}{100} = 640\,159,00 \text{ EUR}$$

$$\text{VerwGK:} \quad \frac{1\,621\,424,50 \cdot 5}{100} = 81\,071,23 \text{ EUR}$$

$$\text{VertrGK:} \quad \frac{1\,634\,424,50 \cdot 3,5}{100} = 57\,204,86 \text{ EUR}$$

Berechnung der Selbstkosten des Umsatzes zu Normalkosten:

Verbrauch von Fertigungsmaterial	256 000,00 EUR
MGK	29 440,00 EUR
Fertigungslöhne	695 825,00 EUR
FGK	640 159,50 EUR
Herstellkosten der Rechnungsperiode	1 621 424,50 EUR
+ Bestandsminderung UE	35 000,00 EUR
− Bestandsmehrung FE	22 000,00 EUR
Herstellkosten des Umsatzes	1 634 424,50 EUR
+ Verwaltungsgemeinkosten	81 071,23 EUR
+ Vertriebsgemeinkosten	57 204,86 EUR
Selbstkosten des Umsatzes	1 772 700,59 EUR

26 Speth – ISBN 978-3-8120-0491-6

Zu 2.: Berechnung der Kostenüber- und Kostenunterdeckung

Kostenstellen	Material	Fertigung	Verwaltung	Vertrieb
Summe Istgemeinkosten	32 000,00	672 300,00	77 000,00	64 800,00
Istzuschlagssätze	12,5 %	96,62 %	4,65 %	3,88 %
Normal-zuschlagssätze	11,5 %	92 %	5 %	3,5 %
Normalgemeinkosten	29 440,00	640 159,00	81 071,23	57 204,86
Kostenüberdeckung			4 071,23	
Kostenunterdeckung	2 560,00	32 141,00		7 595,14

Ergebnis: Per Saldo liegt eine Kostenunterdeckung in Höhe von 38 224,91 EUR vor.

Übungsaufgaben

146 Die KLR eines Industriebetriebes weist für den zurückliegenden Abrechnungszeitraum u.a. folgende Zahlen auf:

Verbrauch von Fertigungsmaterial	1 348 148,00 EUR
Fertigungslöhne	870 120,00 EUR
Summe der Gemeinkosten	
Bestände an unfertigen Erzeugnissen:	
– Anfangsbestand	227 800,00 EUR
– Schlussbestand	214 100,00 EUR
Bestände an fertigen Erzeugnissen:	
– Anfangsbestand	85 500,00 EUR
– Schlussbestand	96 300,00 EUR

Die Gemeinkosten sind im BAB bereits auf die vier Hauptkostenstellen verteilt:

Gemein-kostenarten	Zahlen der KLR	Material	Fertigung	Verwaltung	Vertrieb
Istgemein-kosten	2 412 068,00	182 000,00	1 435 698,00	364 417,00	429 953,00

Das Unternehmen hat im Abrechnungszeitraum mit folgenden Normalzuschlagssätzen kalkuliert:

MGK	FGK	VerwGK	VertrGK
14,3 %	178,0 %	8,1 %	9,8 %

Aufgaben:

1. Berechnen Sie die Istzuschlagssätze!

   Hinweis: Die VerwGK sind auf die Herstellkosten der Rechnungsperiode, die VertrGK auf die Herstellkosten des Umsatzes zu beziehen.

2. Ermitteln Sie im BAB die Kostenüberdeckungen und die Kostenunterdeckungen!

147 Die KLR eines Industriebetriebes liefert folgende Zahlen:

Verbrauch von Fertigungsmaterial	3 870 435,00 EUR
Fertigungslöhne Kunststoff	1 142 952,00 EUR
Fertigungslöhne Stahl	2 063 646,00 EUR
Bestandsmehrung an fertigen Erzeugnissen	43 333,00 EUR

Die Gemeinkosten sind im BAB bereits auf folgende Kostenstellen aufgeteilt:

Gemein-kosten-arten	Zahlen der KLR	Material	Fertigung		Verwal-tung	Vertrieb
			Kunst-stoffe	Stahl		
Istgemein-kosten	5 805 563,00	445 100,00	1 200 100,00	1 982 300,00	845 563,00	1 332 500,00

Das Unternehmen hat im Abrechnungszeitraum mit folgenden Normalzuschlagssätzen kalkuliert:

MGK	Fertigung		Verwaltung	Vertrieb
	Kunststoff	Stahl		
10,2 %	98 %	99 %	8,5 %	12,0 %

Aufgaben:

1. Berechnen Sie die Istzuschläge für die Hauptkostenstellen!

   Hinweis: Die VerwGK sind auf die Herstellkosten der Rechnungsperiode, die VertrGK auf die Herstellkosten des Umsatzes zu beziehen.

2. Ermitteln Sie im BAB die Kostenüberdeckungen und die Kostenunterdeckungen!

3. Erläutern Sie den Begriff „Sondereinzelkosten"!

4. Wie wirken sich Bestandsveränderungen auf das Betriebsergebnis aus? (Begründungen!)

7.7.6 Aufstellung eines mehrstufigen Betriebsabrechnungsbogens

7.7.6.1 Bildung von Hilfskostenstellen

(1) Begriff Hilfskostenstellen

Der mehrstufige BAB enthält neben den bisherigen **Hauptkostenstellen** (Material, Fertigung, Verwaltung und Vertrieb), die ihre Leistungen an die Kostenträger abgeben, noch **Hilfskostenstellen** (auch **Vorkostenstellen** genannt), die ihre Leistungen an andere Kostenstellen abgeben.

Beispiel:

Ein Elektrogerätehersteller unterhält eine Kantine, die Frühstück und einen Mittagstisch anbietet und allen Mitarbeitern offensteht. Die Hilfskostenstelle Kantine gibt ihre Leistungen somit an alle Kostenstellen ab. Die Kosten der Kantine sind daher auf alle Kostenstellen (z.B. nach der Anzahl der Mitarbeiter, die eine Mahlzeit einnehmen) aufzuteilen.

Merke:

Hilfskostenstellen geben ihre Leistungen an andere Kostenstellen ab. Die auf sie entfallenden Kosten werden daher vor der Berechnung der Gemeinkostenzuschlagssätze auf andere Kostenstellen umgelegt.

Der mehrstufige BAB differenziert die Gemeinkosten gegenüber dem einstufigen BAB und erhöht dadurch dessen Aussagekraft.

(2) Arten von Hilfskostenstellen

■ **Allgemeine Hilfskostenstellen**

Die allgemeinen Hilfskostenstellen dienen dem Gesamtbetrieb, d.h., ihre Leistungen werden von allen oder fast allen Kostenstellen in Anspruch genommen. Aus diesem Grund sind die Kosten der allgemeinen Hilfskostenstellen entsprechend der Inanspruchnahme auf die übrigen Kostenstellen zu verteilen.

Beispiele:

Grundstücke und Gebäude, betriebseigene Strom- und Wasserversorgung, Werkfeuerwehr, soziale Einrichtungen (Kantine, Erholungsheim, Sportplätze).

■ **Besondere Hilfskostenstellen**

Die besonderen Hilfskostenstellen geben ihre Leistungen nur an bestimmte Hauptkostenstellen weiter. Die anfallenden Kosten dieser Hilfskostenstellen sind deshalb nur auf die ihnen übergeordneten Hauptkostenstellen umzulegen. Es ist vor allem üblich, den Fertigungsstellen besondere Hilfskostenstellen (Fertigungshilfskostenstelle) vorzuschalten.

Beispiele:

Konstruktionsbüro, Arbeitsvorbereitung, Modellfertigung für die Fertigung, Versandabteilung, Lehrwerkstätte, Werkzeugmacherei.

7.7.6.2 Umlage der Hilfskostenstellen (Vorkostenstellen) auf die Hauptkostenstellen

Die Umlage der Hilfskostenstellen (Vorkostenstellen) kann in Abhängigkeit von den organisatorischen Gegebenheiten ebenfalls durch **direkte Verrechnung (Belege)** oder **indirekte Verrechnung (Schlüssel)** erfolgen.

Die allgemeinen Hilfskostenstellen geben in der Regel Gemeinkosten auch an die besonderen Hilfskostenstellen ab. Deshalb muss die Umlage der Werte der allgemeinen Hilfskostenstellen vor der Umlage der Werte der besonderen Hilfskostenstellen stattfinden.

Beispiel:

Ein erweiterter BAB weist vor der Umlage der Vorkostenstellen folgende Zahlen auf:

Gemein-kosten-arten	Kosten lt. KLR	Kostenstellen						
		Allgem. Hilfskos-tenstelle	Material	Ferti-gung I	Ferti-gung II	Ferti-gungs-hilfskos-tenstelle	Verwal-tung	Vertrieb
Summe der Gemeinkosten	244 100,00	15 000,00	31 000,00	74 000,00	50 000,00	33 000,00	31 850,00	9 250,00

Die Werte der allgemeinen Hilfskostenstelle werden in der Reihenfolge der oben genannten übrigen Kostenstellen im Verhältnis 2 : 3 : 4 : 2 : 3 : 1 umverteilt. Die Gemeinkostensumme der Fertigungshilfskostenstelle wird auf die Fertigungshauptkostenstellen I und II im Verhältnis 4 : 3 umgelegt.

Aufgabe:

Ermitteln Sie jeweils die Summen der Gemeinkosten in den einzelnen Hauptkostenstellen!

Lösung:

Gemein-kosten-arten	Kosten lt. KLR	Kostenstellen						
		Allgem. Hilfskos-tenstelle	Material	Ferti-gung I	Ferti-gung II	Ferti-gungs-hilfskos-tenstelle	Verwal-tung	Vertrieb
Summe der Gemeinkosten	244 100,00	15 000,00	31 000,00	74 000,00	50 000,00	33 000,00	31 850,00	9 250,00
Umlage der allgem. Hilfskostenstelle			2 000,00	3 000,00	4 000,00	2 000,00	3 000,00	1 000,00
Zwischensumme			33 000,00	77 000,00	54 000,00	35 000,00	34 850,00	10 250,00
Umlage der Fertigungshilfs-kostenstelle				20 000,00	15 000,00			
Summe			33 000,00	97 000,00	69 000,00		34 850,00	10 250,00

148 Die Chemischen Werke Goslar AG haben in der ersten Stufe folgende Gemeinkostensummen für die Kostenstellen ermittelt:

Gemein-kostenarten	Kosten lt. KLR	Allgem. Hilfskos-tenstelle Wasser-werk	Material	Ferti-gung I	Ferti-gung II	Ferti-gungs-hilfskos-tenstelle Labor	Verwal-tung	Vertrieb
Summe der Gemeinkosten	3 850 000,00	345 000,00	600 000,00	810 000,00	1 250 000,00	360 000,00	405 000,00	80 000,00

Die Gemeinkosten des Wasserwerkes sollen im Verhältnis des Wasserverbrauchs umgelegt werden: Material 10 m³, Fertigung I 1 000 m³, Fertigung II 1 200 m³, Labor 60 m³, Verwaltung 20 m³, Vertrieb 10 m³. Die Kosten des Labors verteilen sich auf die Fertigungshauptstellen I und II im Verhältnis 1 : 3.

Aufgabe:

Ermitteln Sie jeweils die Gemeinkosten in den einzelnen Hauptkostenstellen!

149 Der erweiterte BAB der Wolfsburger Werkzeug GmbH weist für den Monat Oktober folgende Zahlen aus:

Gemein-kostenarten	Kosten lt. KLR	Allgem. Hilfskos-tenstelle Heiz-zentrale	Material	Ferti-gung I	Ferti-gung II	Ferti-gungs-hilfskos-tenstelle Arbeits-vorbe-reitung	Verwal-tung	Vertrieb
Summe der Gemeinkosten	728 000,00	48 000,00	72 000,00	96 000,00	240 000,00	72 000,00	120 000,00	80 000,00

Die Gemeinkosten der Heizzentrale sind auf die anderen Kostenstellen im Verhältnis 2 : 6 : 9 : 2 : 8 : 5 umzuverteilen. Die Umverteilung der Fertigungshilfskostenstelle orientiert sich an den Fertigungsstunden. Fertigung I: 1080 Std., Fertigung II: 3920 Std.

Aufgabe:

Welche Gemeinkostensummen entfallen jeweils auf die Hauptkostenstellen?

7.7.6.3 Aufstellung eines mehrstufigen Betriebsabrechnungsbogens unter Berücksichtigung von Bestandsveränderungen mit Ermittlung der Gemeinkostenzuschlagssätze

Beispiel:

Die Vereinigten Industriewerke GmbH stellen zwei Erzeugnisse her: Holzwaren und Metallwaren. Zur Erstellung des BAB liegen folgende Daten vor:

Gemeinkosten-arten	Zahlen der KLR	Allgemeiner Kostenbereich		Kostenstellen					
		Kantine	Fuhrpark	I Material	Reparaturen Instandhaltung	II Fertigung		III Verwaltung	IV Vertrieb
						Fertigung Holzwaren	Fertigung Metallwaren		
I. Verteilung der Gemeinkosten auf die Kostenstellen									
Hilfs- und Betriebsstoffe	66000,00	1400,00	800,00	1100,00	700,00	24000,00	36000,00		2000,00
Gehälter	64900,00	7200,00	4200,00	3700,00	5100,00	12000,00	11000,00	15400,00	6300,00
. . .									
Summe der Gemeinkosten	846100,00	32000,00	42800,00	24800,00	84000,00	240500,00	310400,00	63200,00	48400,00
II. Umlage der Kosten der allgemeinen Hilfskostenstellen									
Kantine			2,00	1,00	1,00	3,00	3,00	3,00	3,00
Fuhrpark				2,00	1,00	4,00	4,00	3,00	4,00
III. Umlage der Kosten der besonderen Hilfskostenstellen									
Reparaturen/Instandhaltung						2,00	3,00		

Einzelkosten: Verbrauch von Fertigungsmaterial 256 000,00 EUR, Fertigungslöhne Holzwaren 365425,00 EUR, Fertigungslöhne Metallwaren 330400,00 EUR.

Bestands-veränderungen: Bestandsminderung an unfertigen Erzeugnissen 35000,00 EUR, Bestandsmehrungen an fertigen Erzeugnissen 22000,00 EUR.

Hinweis: Die Materialgemeinkosten sind auf den Verbrauch von Fertigungsmaterial, die Fertigungsgemeinkosten auf die Fertigungslöhne, die Verwaltungsgemeinkosten auf die Herstellkosten der Rechnungsperiode und die Vertriebsgemeinkosten auf die Herstellkosten des Umsatzes zu beziehen.

Aufgaben:

1. Erstellen Sie den BAB anhand der vorgegebenen Daten und berechnen Sie die Zuschlagssätze auf zwei Stellen nach dem Komma!
2. Berechnen Sie die Selbstkosten des Umsatzes!

Lösungen:

Gemeinkostenarten	Zahlen der KLR	Allgemeiner Kostenbereich Kantine	Allgemeiner Kostenbereich Fuhrpark	I Material	Reparaturen Instandhaltung	II Fertigung Holzwaren	II Fertigung Metallwaren	III Verwaltung	IV Vertrieb
Hilfs- und Betriebsstoffe	66 000,00	1 400,00	800,00	1 100,00	700,00	24 000,00	36 000,00		2 000,00
Gehälter	64 900,00	7 200,00	4 200,00	3 700,00	5 100,00	12 000,00	11 000,00	15 400,00	6 300,00
. . .									
Summe der Gemeinkosten vor der Kostenumlage	846 100,00	32 000,00	42 800,00	24 800,00	84 000,00	240 500,00	310 400,00	63 200,00	48 400,00
			4 000,00	2 000,00	2 000,00	6 000,00	6 000,00	6 000,00	6 000,00
			46 800,00	5 200,00	2 600,00	10 400,00	10 400,00	7 800,00	10 400,00
					88 600,00	35 440,00	53 160,00		
				32 000,00		256 900,00	326 800,00		
				32 000,00		292 340,00	379 960,00	77 000,00	64 800,00
				256 000,00 (≙ 100 %)		365 425,00 (≙ 100 %)	330 400,00 (≙ 100 %)	1 656 125,00 (≙ 100 %)	1 669 125,00 (≙ 100 %)
				12,5 %		80 %	115 %	4,65 %	3,88 %

Kostenstellen

Zuschlagsgrundlagen

Berechnung der Selbstkosten des Umsatzes:

	Verbrauch von Fertigungsmat.	256 000,00 EUR
+	MGK	32 000,00 EUR
+	Fertigungslöhne Holzwaren	365 425,00 EUR
+	FGK Holzwaren	292 340,00 EUR
+	Fertigungslöhne Metallwaren	330 400,00 EUR
+	FGK Metallwaren	379 960,00 EUR
	Herstellkosten der Rechnungsperiode	1 656 125,00 EUR
+	Bestandsminderung UE	35 000,00 EUR
−	Bestandsmehrung FE	22 000,00 EUR
	Herstellkosten des Umsatzes	1 669 125,00 EUR
+	Verwaltungsgemeinkosten	77 000,00 EUR
+	Vertriebsgemeinkosten	64 800,00 EUR
	Selbstkosten des Umsatzes	1 810 925,00 EUR

Merke:

Die Erstellung eines mehrstufigen BAB erfolgt in folgenden Schritten:

1. Schritt:	Verteilung der angefallenen Gemeinkosten auf die Haupt- und Hilfs- kostenstellen.
2. Schritt:	Umlegung der Kostensummen der allgemeinen Hilfskostenstellen auf die übrigen Kostenstellen.
3. Schritt:	Umlegung der Kostensummen der besonderen Hilfskostenstellen auf die jeweils übergeordnete Hauptkostenstelle.
4. Schritt:	Ermittlung der Gesamtsumme der Gemeinkosten für jede Hauptkos- tenstelle.
5. Schritt:	Ermittlung der Zuschlagssätze je Hauptkostenstelle.

Übungsaufgaben

150

Gemein-kosten-arten	Kostenstellen						
	Allgem. Kostenbereich		Material-ver-waltung	Fertigung		Verwal-tung	Vertrieb
	Energie	Fuhrpark		Kunst-stoffver-arbeitung	Holzver-arbeitung		
insgesamt in TEUR	5 190	5 404	8 700	89 500	107 800	65 800	49 500
Zuschlags-grundlagen			Verbr. von Fert.-Mat. 116 000	Fertigungs-löhne 72 764	Fertigungs-löhne 126 824	Herstell-kosten der Rechnungs-periode	Herstell-kosten des Umsatzes

Weitere Angaben

– Verteilung der Kostenstelle Energie: 1 : 2 : 4 : 5 : 1 : 2
– Verteilung der Kostenstelle Fuhrpark: 2 : 9 : 10 : 1 : 3
– Mehrbestand an Fertigerzeugnissen: 38 940 TEUR.

Aufgaben:

1. Errechnen Sie in den Hauptkostenstellen jeweils die Zuschlagssätze für die Gemeinkosten!

   Bezugsgrundlagen: Die VerwGK sind auf die Herstellkosten der Rechnungsperiode und die VertrGK auf die Herstellkosten des Umsatzes zu beziehen.

2. Ermitteln Sie die Selbstkosten des Umsatzes!

151 Eine Maschinenfabrik produziert zwei Maschinengruppen. Zur Erstellung des BAB liegen folgende Daten vor:

Gemeinkostenarten	Zahlen der KLR in EUR	Energie-zentrale	Kantine	Mate-rial	Techn. Büro	Masch.-gruppe A	Masch.-gruppe B	Verwal-tung	Vertrieb
Gemeinkostenmaterial	52000,00				12000,00	18000,00	22000,00		
Energiekosten	32000,00								
Gehälter u. Hilfslöhne	140000,00	3	2	2	1	8	10	5	4
Sozialkosten	52500,00	3	2	2	1	8	10	5	4
Bürokosten	30000,00	1	1	1	2	2	2	5	1
Abschreibungen	96000,00								
Steuern u. Abgaben	10000,00	2	1	2	2	3	5	3	2
Umlage des allgemeinen Kostenbereichs:									
Energiezentrale			2	1	1	6	5	3	2
Kantine				1	2	7	6	3	1
Umlage der besonderen Hilfskostenstelle:									
Technisches Büro						2	3		

Verbrauch von Fertigungsmaterial: 363302,00 EUR
Fertigungslöhne Maschinengruppe A: 105720,00 EUR
Fertigungslöhne Maschinengruppe B: 157399,20 EUR

	UE	FE
Anfangsbestände	105700,00	398510,00
Schlussbestände lt. Inventur	96900,00	423720,00

Die Verwaltungsgemeinkosten sind auf die Herstellkosten der Rechnungsperiode, die Vertriebsgemeinkosten auf die Herstellkosten des Umsatzes zu beziehen.

Weitere Angaben zum BAB

Die Gemeinkosten Energie sind nach kWh und die Abschreibungen sind nach den investierten Werten zu verteilen:

Kostenstellen	Verbrauchte kWh	Investierte Werte je EUR
Energiezentrale	1400	40000,00
Kantine	1200	32000,00
Material	800	24000,00
Technisches Büro	500	58000,00
Maschinengruppe A	14200	380000,00
Maschinengruppe B	13100	836000,00
Verwaltung	6100	165000,00
Vertrieb	2700	65000,00

Aufgabe:

Erstellen Sie den BAB anhand der vorgegebenen Daten und berechnen Sie die Zuschlagssätze!

7.8 Kostenträgerrechnung

7.8.1 Allgemeines zur Kostenträgerrechnung

An die Kostenstellenrechnung schließt sich als dritte Stufe der Kosten- und Leistungsrechnung die Kostenträgerrechnung an. Ihr Zweck besteht darin, alle **Kosten verursachungsgerecht auf die Leistungseinheiten zu verteilen.** Die Leistungseinheiten, für die Kosten angefallen sind, nennt man **Kostenträger,** weil sie die Kosten zu tragen haben. Als Kostenträger können, je nach der Struktur des Betriebs, einzelne **Produkte** oder **Produktgruppen** dienen. Die Hauptaufgabe der Kostenträgerrechnung besteht somit darin, festzustellen, wie viel Kosten auf die einzelnen Kostenträger entfallen.

Bezieht sich diese Zurechnung der Kosten auf die einzelnen Kostenträger auf eine Abrechnungsperiode (Monat, Jahr), spricht man von einer **Kostenträgerzeitrechnung.**[1] In ihr können dann sowohl das Betriebsergebnis insgesamt als auch die auf Kostenträger bezogenen Teilergebnisse ermittelt werden. Sollen die Kosten lediglich für einen einzelnen Auftrag (ein einzelnes Stück) berechnet werden, spricht man von der **Kostenträgerstückrechnung,**[2] die üblicherweise auch als **Kalkulation** bezeichnet wird.

Merke:

- Leistungseinheiten, für die Kosten angefallen sind, heißen in der Kosten- und Leistungsrechnung **Kostenträger.**

- Als Kostenträger können einzelne **Produkte** oder auch die Zusammenfassung gleichartiger Produkte zu einer **Produktgruppe** dienen.

- Die **Hauptaufgabe** der Kostenträgerrechnung besteht darin, festzustellen, wie viel Kosten auf die einzelnen Kostenträger entfallen.

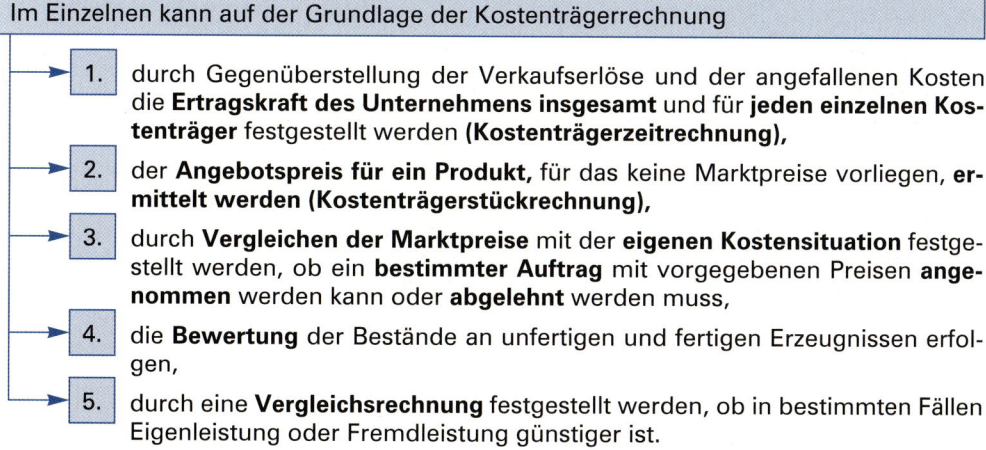

Im Einzelnen kann auf der Grundlage der Kostenträgerrechnung

1. durch Gegenüberstellung der Verkaufserlöse und der angefallenen Kosten die **Ertragskraft des Unternehmens insgesamt** und für **jeden einzelnen Kostenträger** festgestellt werden **(Kostenträgerzeitrechnung),**

2. der **Angebotspreis für ein Produkt,** für das keine Marktpreise vorliegen, **ermittelt werden (Kostenträgerstückrechnung),**

3. durch **Vergleichen der Marktpreise** mit der **eigenen Kostensituation** festgestellt werden, ob ein **bestimmter Auftrag** mit vorgegebenen Preisen **angenommen** werden kann oder **abgelehnt** werden muss,

4. die **Bewertung** der Bestände an unfertigen und fertigen Erzeugnissen erfolgen,

5. durch eine **Vergleichsrechnung** festgestellt werden, ob in bestimmten Fällen Eigenleistung oder Fremdleistung günstiger ist.

---

1   Vgl. hierzu Seite 412 ff.
2   Vgl. hierzu Seite 418 ff.

7.8.2 Kostenträgerzeitrechnung

7.8.2.1 Inhalt und Aufgaben der Kostenträgerzeitrechnung

Bei der Kostenträgerzeitrechnung werden die **gesamten Einzelkosten und Gemeinkosten einer Rechnungsperiode** ermittelt und den **Leistungen der Rechnungsperiode** gegenübergestellt. Die **Differenz** zwischen den **gesamten Umsatzerlösen der Rechnungsperiode** und den **Selbstkosten des Umsatzes der Rechnungsperiode** ergibt das **Betriebsergebnis.** Technisches Hilfsmittel zur Berechnung des Betriebsergebnisses ist das **Kostenträgerblatt.**

Merke:

- Die **Kostenträgerzeitrechnung** stellt im Gegensatz zur Kostenträgerstückrechnung nicht auf die Kosten je Leistungseinheit, sondern auf die **gesamten Kosten pro Rechnungsperiode** ab.

- Die **Differenz** zwischen den erzielten **Umsatzerlösen der Rechnungsperiode** und den **Selbstkosten des Umsatzes der Rechnungsperiode** ergibt das **Betriebsergebnis.**

Grundlage der Kalkulation während der Rechnungsperiode sind die **Normalkosten.** Nach Abschluss einer Rechnungsperiode (in der Praxis ist dies im Allgemeinen ein Monat) muss daher festgestellt werden, ob die tatsächlich entstandenen Kosten **(Istkosten)** auch gedeckt worden sind.

7.8.2.2 Rechnerischer Ablauf der Kostenträgerzeitrechnung (Kostenträgerblatt) mit Normalkosten

Beispiel:

Die Kosten- und Leistungsrechnung eines Industrieunternehmens, das die Produkte A und B herstellt, rechnet für den Monat Oktober in der Vorkalkulation mit folgenden Normalkosten, die sich in der vorgegebenen Weise (siehe Seite 413) auf die beiden Produkte verteilen.

Verbrauch von Fertigungsmaterial 480 000,00 EUR, Fertigungslöhne 210 000,00 EUR, Netto-Verkaufserlöse 1 460 000,00 EUR.

Die Zuschlagssätze betragen: MGK 12 %, FGK 85 %, VerwGK 18 %, VertrGK 7 %.

Bezugsgrundlagen: Die VerwGK sind auf die Herstellkosten der Rechnungsperiode und die VertrGK auf die Herstellkosten des Umsatzes zu beziehen.

SEKF für das Produkt A: 8 100,00 EUR,
SEKV für das Produkt A: 3 800,00 EUR und für das Produkt B: 1 000,00 EUR.

Bestände an FE und UE:

	FE		UE	
	Produkt A	Produkt B	Produkt A	Produkt B
Anfangsbestand	31 400,00 EUR	17 500,00 EUR	14 300,00 EUR	12 400,00 EUR
Schlussbestand lt. Inventur	43 500,00 EUR	27 700,00 EUR	11 300,00 EUR	10 000,00 EUR

Aufgabe:

Stellen Sie die Kostenträgerzeitrechnung (das Kostenträgerblatt) auf, berechnen Sie das Umsatzergebnis und schlüsseln Sie dieses auf die beiden Kostenträger auf!

Lösungen:

Ziffer	Bezeichnungen	Beträge der Rechn.-Periode	Produkt A	Produkt B
1	Verbrauch von Fertigungsmaterial	480 000,00	280 000,00	200 000,00
2	+ 12 % Materialgemeinkosten	57 600,00	33 600,00	24 000,00
3	**Materialkosten** (1 + 2)	537 600,00	313 600,00	224 000,00
4	Fertigungslöhne	210 000,00	120 000,00	90 000,00
5	+ 85 % Fertigungsgemeinkosten	178 500,00	102 000,00	76 500,00
6	+ Sondereinzelkosten der Fertigung	8 100,00	8 100,00	
7	**Fertigungskosten** (4 + 5 + 6)	396 600,00	230 100,00	166 500,00
8	**Herstellkosten der Rechnungsperiode** (3 + 7)	934 200,00	543 700,00	390 500,00
9	+ Bestandsminderung UE	5 400,00	3 000,00	2 400,00
10	– Bestandsmehrung FE	22 300,00	12 100,00	10 200,00
11	**Herstellkosten des Umsatzes** (8 + 9 – 10)	917 300,00	534 600,00	382 700,00
12	+ 18 % Verwaltungsgemeinkosten (von 8)	168 156,00	97 866,00	70 290,00
13	+ 7 % Vertriebsgemeinkosten (von 11)	64 211,00	37 422,00	26 789,00
14	+ Sondereinzelkosten des Vertriebs	4 800,00	3 800,00	1 000,00
15	**Selbstkosten des Umsatzes (11+12+13+14)**	**1 154 467,00**	**673 688,00**	**480 779,00**
16	Netto-Verkaufserlöse	1 460 000,00	820 000,00	640 000,00
15	– Selbstkosten des Umsatzes	1 154 467,00	673 688,00	480 779,00
17	= Betriebsergebnis (16 – 15)	305 533,00	146 312,00	159 221,00

Zur Erinnerung:

Von den Herstellkosten der Rechnungsperiode zu den Herstellkosten des Umsatzes (Ziffer 8 bis Ziffer 11)

Werden weniger Güter verkauft als hergestellt, drückt sich diese Differenz in einer Bestandserhöhung aus. Um die Kostenseite der Leistungsseite anzupassen, d.h., um sie auf die gleiche Mengenbasis zu bringen, muss der Wert der **Bestandsmehrung** von den ermittelten Herstellkosten der Rechnungsperiode **subtrahiert** werden.

Bei einer **Bestandsminderung** sind die Verhältnisse entgegengesetzt. Daher muss der Wert der Bestandsminderung zu den Herstellkosten der Rechnungsperiode **hinzuaddiert** werden. Das gilt sowohl für die fertigen Erzeugnisse als auch für die unfertigen Erzeugnisse.

> Herstellkosten der Rechnungsperiode
> – Bestandsmehrung
> + Bestandsminderung
> = Herstellkosten des Umsatzes

152 Ein Industriebetrieb stellt die Produkte A und B her. Für den Monat Januar rechnet die Kosten- und Leistungsrechnung in der Vorkalkulation mit folgenden Normalkosten:

	Für Produkt A:	**Für Produkt B:**
Netto-Verkaufserlöse	1 120 700,00 EUR	1 895 400,00 EUR
Verbrauch von Fertigungsmat.	220 300,00 EUR	378 400,00 EUR
Fertigungslöhne	271 800,00 EUR	425 850,00 EUR
MGK-Zuschlagssatz	11 %	11 %
FGK-Zuschlagssatz	160 %	160 %
VerwGK-Zuschlagssatz	13 %	13 %
VertrGK-Zuschlagssatz	8 %	8 %

Bezugsgrundlagen: Die VerwGK sind auf die Herstellkosten der Rechnungsperiode und die VertrGK auf die Herstellkosten des Umsatzes zu beziehen.

Bestände an fertigen und unfertigen Erzeugnissen:

	A		B	
	Fertige Erz.	Unfert. Erz.	Fertige Erz.	Unfert. Erz.
Anfangsbestand	72 450,00 EUR	36 600,00 EUR	158 900,00 EUR	120 410,00 EUR
Schlussbestand lt. Inventur	51 550,00 EUR	41 500,00 EUR	210 600,00 EUR	86 300,00 EUR

Aufgabe:

Stellen Sie das Kostenträgerblatt auf und berechnen Sie das Umsatzergebnis insgesamt und bezogen auf die beiden Kostenträger!

7.8.2.3 Kostenträgerzeitrechnung mit Ist- und Normalkosten – Kostenüberdeckung und Kostenunterdeckung[1]

Grundlage der Zuschlagskalkulation während der Rechnungsperiode sind die Normalkosten. Nach Abschluss einer Rechnungsperiode (in der Praxis ist dies im Allgemeinen ein Monat) muss daher festgestellt werden, ob die Normalkosten die tatsächlich entstandenen Kosten (Istkosten) decken. Da in der Praxis die Istkosten mit den Normalkosten selten übereinstimmen, kommt es in aller Regel zu einer Über- oder Unterdeckung der Kosten. Die Kostenüber- oder Kostenunterdeckungen lassen sich im Kostenträgerblatt feststellen, wenn man die Normalkosten den Istkosten gegenüberstellt.

Beispiel:

Wir greifen zurück auf das Beispiel von S. 412. Der Lösung mit Normalkosten auf S. 413 (Vorkalkulation) soll eine Nachkalkulation mit folgenden Istzuschlagssätzen gegenübergestellt werden.

MGK: 10 %	FGK: 90 %	VerwGK: 15 %	VertrGK: 8 %

Aufgaben:

1. Ermitteln Sie die Selbstkosten des Umsatzes als Istkosten und bei Normalzuschlagssätzen!

2. Errechnen Sie die Kostenüber- bzw. Kostenunterdeckung!

3. Ermitteln Sie das Betriebsergebnis!

---

1 Der Einfachheit halber wird hier auf die Aufteilung in mehrere Produkte verzichtet.

Lösungen:

Ziffer	Bezeichnungen	Istkosten	Normalzu-schlagssätze	Normal-kosten	Kostenüber-/-unterdeckungen
1	Materialverbrauch	480 000,00		480 000,00	
2	+ 10% Materialgemeinkosten	48 000,00	12%	57 600,00	+ 9 600,00
3	**Materialkosten** (1 + 2)	528 000,00		537 600,00	
4	Fertigungslöhne	210 000,00		210 000,00	
5	+ 90% Fertigungsgemeinkosten	189 000,00	85%	178 500,00	– 10 500,00
6	+ Sondereinzelk. der Fertigung	8 100,00		8 100,00	
7	**Fertigungskosten** (4 + 5 + 6)	407 100,00		396 600,00	
8	**Herstellkosten d. Rech.-Periode** (3 + 7)	935 100,00		934 200,00	
9	+ Bestandsminderung UE	5 400,00		5 400,00	
10	– Bestandsmehrung FE	22 300,00		22 300,00	
11	**Herstellkosten des Umsatzes** (8 + 9 – 10)	918 200,00		917 300,00	
12	+ 15% Verw.-Gemeinkosten (v. 8)	140 265,00	18%	168 156,00	+ 27 891,00
13	+ 8% Vertr.-Gemeinkosten (v. 11)	73 456,00	7%	64 211,00	– 9 245,00
14	Sondereinzelkosten d. Vertriebs	4 800,00		4 800,00	
15	**Selbstkosten des Umsatzes** (11+12+13+14)	1 136 721,00		1 154 467,00	+ 17 746,00

Ziffer	Bezeichnungen	Istkosten		Normalkosten	
16	Nettoverkaufserlöse	1 460 000,00		1 460 000,00	
15	– Selbstkosten des Umsatzes	1 136 721,00		1 154 467,00	
17	**Umsatzergebnis**			305 533,00	
18	+ Kostenüberdeckung			17 746,00	←
19	**Betriebsergebnis**	323 279,00		323 279,00	

Erläuterungen: Vom Umsatzergebnis zum Betriebsergebnis (Ziffer 17 bis 19)

Das Umsatzergebnis bei der Vorkalkulation ergibt sich durch folgende Rechnung:

Nettoverkaufserlöse – Selbstkosten des Umsatzes = Umsatzergebnis

Die Rechnung mit Normalzuschlagssätzen (Vorkalkulation) führt zwangsläufig zu einem anderen Ergebnis als die Nachkalkulation mit Istkosten, da die Gemeinkosten mit anderen Zuschlagssätzen berechnet werden. Das Umsatzergebnis in der Normalkostenrechnung unterscheidet sich daher vom Betriebsergebnis in der Istkostenrechnung, und zwar um die Differenz zwischen den Normalgemeinkosten und den Istgemeinkosten, oder anders ausgedrückt, um die Kostenüber- bzw. Kostenunterdeckungen.

Da bei einer **Kostenüberdeckung** die verrechneten Normalkosten **über** den angefallenen Istkosten liegen, fällt das Umsatzergebnis niedriger aus als das mit Istkosten ermittelte Betriebsergebnis. Um im Falle einer Kostenüberdeckung vom Umsatzergebnis zum Betriebsergebnis zu gelangen, muss daher zum Umsatzergebnis eine **Kostenüberdeckung hinzuaddiert** werden.

Im vorliegenden Beispiel ergibt sich per Saldo eine Kostenüberdeckung in Höhe von 17 746,00 EUR. Bei einem Umsatzergebnis in Höhe von 305 533,00 EUR (siehe Ziffer 17) führt das zu einem Betriebsergebnis in Höhe von (305 533,00 EUR + 17 746,00 EUR) 323 279,00 EUR (siehe Ziffer 19).

Bei einer **Kostenunterdeckung** sind die **Normalkosten niedriger** als die tatsächlich angefallenen **Istkosten**. Daher ist das Umsatzergebnis höher als das tatsächliche Ergebnis. Um vom Umsatzergebnis zum Betriebsergebnis zu gelangen, muss daher eine **Kostenunterdeckung vom Umsatzergebnis subtrahiert** werden.

153 Ein Industrieunternehmen entnimmt der Abgrenzungstabelle folgende Zahlenwerte:

Betriebsabrechnungsbogen am Ende der Rechnungsperiode

Gemeinkosten	Material	Fertigung	Verwaltung	Vertrieb
insgesamt	85 260,60	926 670,00	309 709,27	180 663,73

Einzelkosten und Leistungen

		Normalzuschlagssätze	
Verbrauch v. Fertigungsmaterial	897 480,00 EUR	MGK	9 %
Fertigungslöhne	671 500,00 EUR	FGK	136,2 %
Nettoverkaufserlöse	3 247 200,00 EUR	VerwGK	13 %
		VertrGK	6,5 %

Bezugsgrundlagen: Die VerwGK und die VertrGK sind auf die Herstellkosten der Rechnungsperiode zu beziehen.

Aufgaben:

1. Ermitteln Sie die Selbstkosten des Umsatzes

    1.1 als Istkosten,

    1.2 bei Normalzuschlagssätzen!

2. Errechnen Sie die Kostenüber- bzw. Kostenunterdeckung sowie das Betriebsergebnis der Abrechnungsperiode!

3. Errechnen Sie die Istzuschlagssätze!

154 Die Abgrenzungstabelle eines Industrieunternehmens liefert für den Monat Mai folgende Kalkulationsdaten:

Einzelkosten und Leistungen

Verbrauch v. Fert.-Mat.	210 700,00 EUR	Nettoverkaufserlöse	792 322,00 EUR
Fertigungslöhne	140 500,00 EUR		
SEKF	6 500,00 EUR		
SEKV	5 200,00 EUR		

Zuschlagssätze

	Material	Fertigung	Verwaltung	Vertrieb
Ist-Zuschlagssätze	7 %	165 %	13 %	6 %
Normal-Zuschlagssätze	8 %	166 %	11,5 %	7,2 %

Bezugsgrundlagen: Die VerwGK sind auf die Herstellkosten der Rechnungsperiode und die VertrGK auf die Herstellkosten des Umsatzes zu beziehen.

Bestände an FE und UE

	FE	UE
Anfangsbestand	71 700,00	18 400,00
Schlussbestand lt. Inventur	67 200,00	21 600,00

Aufgaben:

1. Ermitteln Sie die Selbstkosten des Umsatzes

    1.1 als Istkosten,

    1.2 bei Normalzuschlagssätzen!

2. Errechnen Sie die Kostenüber- bzw. Kostenunterdeckung sowie das Betriebsergebnis der Abrechnungsperiode!

155 Aus der Buchhaltung eines Industriebetriebs und aus dem BAB entnehmen wir folgende Istkosten:

Verbr. v. Fertigungsmaterial (FM)	720 000,00 EUR
Materialgemeinkosten (MGK)	64 800,00 EUR
Fertigungslöhne (FL)	415 200,00 EUR
Fertigungsgemeinkosten (FGK)	519 000,00 EUR
Verwaltungsgemeinkosten (VerwGK)	240 660,00 EUR
Vertriebsgemeinkosten (VertrGK)	171 900,00 EUR

Normalzuschlagssätze: MGK 10 %, FGK 100 %, VerwGK 20 %, VertrGK 15 %

Aufgaben:

1. Stellen Sie die Gesamtkalkulation sowohl auf Sollkostenbasis (Normalkosten) als auch auf Istkostenbasis auf!

2. Berechnen Sie die Kostenüber- bzw. die Kostenunterdeckung!

3. Berechnen Sie die Istzuschlagssätze!

156 Die Pharmageräte AG kalkuliert mit folgenden Normalzuschlagssätzen:

MGK 12 %, FGK 140 %, VerwGK 15 %, VertrGK 10 %.

Zur Überprüfung dieser Zuschlagssätze werden die Istkosten des vergangenen Abrechnungszeitraums herangezogen:

Verbrauch von Fertigungsmaterial	460 000,00 EUR
Fertigungslöhne	318 000,00 EUR
Materialgemeinkosten lt. BAB	58 700,00 EUR
Fertigungsgemeinkosten lt. BAB	412 300,00 EUR
Vertriebsgemeinkosten lt. BAB	135 014,00 EUR
Verwaltungsgemeinkosten lt. BAB	149 880,00 EUR
Nettoverkaufserlöse	1 580 000,00 EUR

Bezugsgrundlagen: Die VerwGK sind auf die Herstellkosten der Rechnungsperiode und die VertrGK auf die Herstellkosten des Umsatzes zu beziehen.

Bestände an unfertigen und fertigen Erzeugnissen:

UE: Bestandsminderung	17 100,00 EUR
FE: Bestandsmehrung	38 700,00 EUR

Aufgaben:

1. Stellen Sie in einer Gesamtkalkulation die Istkosten und die Normalkosten einander gegenüber und ermitteln Sie, welche Kostenüber- bzw. Kostenunterdeckungen sich für die einzelnen Positionen feststellen lassen!

2. Ermitteln Sie die Istgemeinkostenzuschlagssätze!

3. Errechnen Sie das Betriebsergebnis der Abrechnungsperiode!

27 Speth – ISBN 978-3-8120-0491-6

7.8.3 Kostenträgerstückrechnung (Kalkulation)

7.8.3.1 Überblick

Sollen die Kosten für ein **einzelnes Produkt (Produktgruppe)** ermittelt werden **(Kostenträgerstückrechnung)**, spricht man auch von **Kalkulation.** Je nach der Art des Fertigungsprogramms (Massenfertigung, Sortenfertigung, Serienfertigung oder Einzelfertigung) werden unterschiedliche Kalkulationsmethoden angewandt.

Es ergeben sich folgende Zuordnungen:

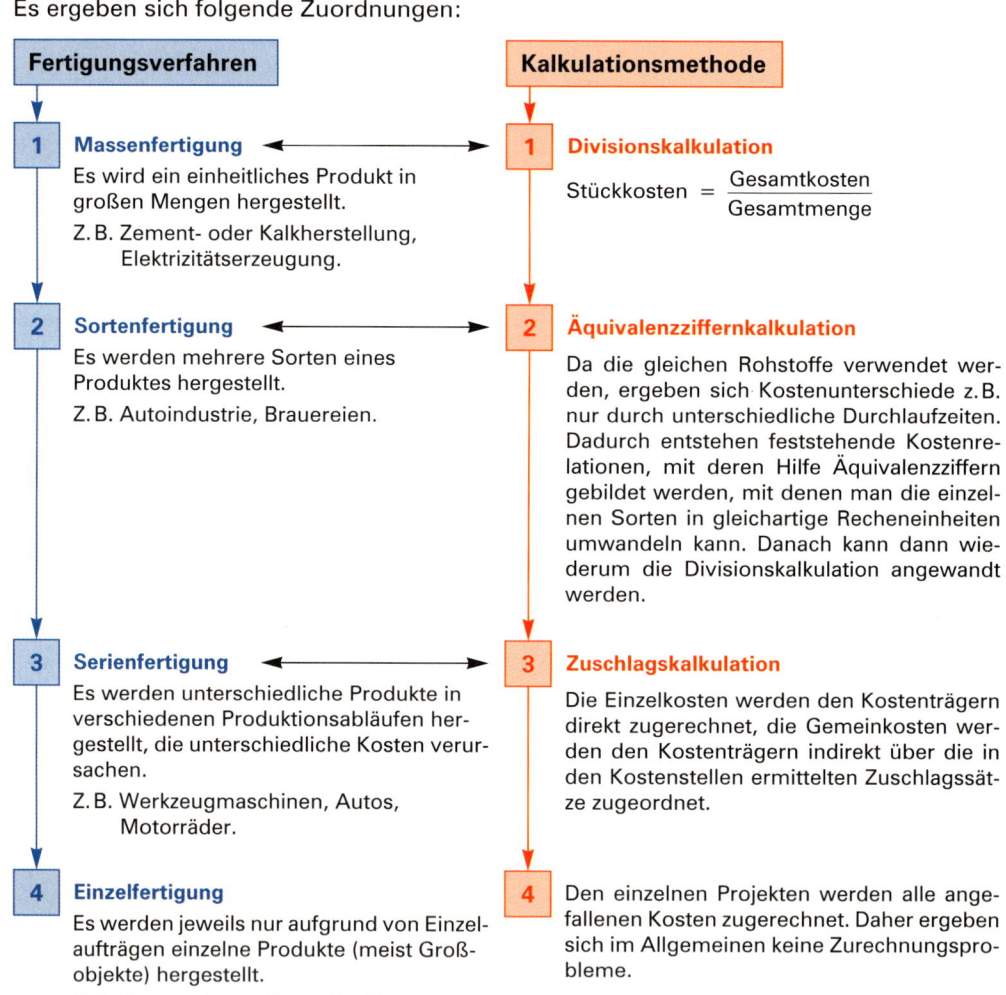

Fertigungsverfahren | **Kalkulationsmethode**

1 Massenfertigung ⬄ **1 Divisionskalkulation**

Es wird ein einheitliches Produkt in großen Mengen hergestellt.

Z. B. Zement- oder Kalkherstellung, Elektrizitätserzeugung.

$$\text{Stückkosten} = \frac{\text{Gesamtkosten}}{\text{Gesamtmenge}}$$

2 Sortenfertigung ⬄ **2 Äquivalenzziffernkalkulation**

Es werden mehrere Sorten eines Produktes hergestellt.

Z. B. Autoindustrie, Brauereien.

Da die gleichen Rohstoffe verwendet werden, ergeben sich Kostenunterschiede z.B. nur durch unterschiedliche Durchlaufzeiten. Dadurch entstehen feststehende Kostenrelationen, mit deren Hilfe Äquivalenzziffern gebildet werden, mit denen man die einzelnen Sorten in gleichartige Recheneinheiten umwandeln kann. Danach kann dann wiederum die Divisionskalkulation angewandt werden.

3 Serienfertigung ⬄ **3 Zuschlagskalkulation**

Es werden unterschiedliche Produkte in verschiedenen Produktionsabläufen hergestellt, die unterschiedliche Kosten verursachen.

Z. B. Werkzeugmaschinen, Autos, Motorräder.

Die Einzelkosten werden den Kostenträgern direkt zugerechnet, die Gemeinkosten werden den Kostenträgern indirekt über die in den Kostenstellen ermittelten Zuschlagssätze zugeordnet.

4 Einzelfertigung

Es werden jeweils nur aufgrund von Einzelaufträgen einzelne Produkte (meist Großobjekte) hergestellt.

Z. B. Flugzeugherstellung, Schiffbau, Brückenbau.

4 Den einzelnen Projekten werden alle angefallenen Kosten zugerechnet. Daher ergeben sich im Allgemeinen keine Zurechnungsprobleme.

Da die Zuschlagskalkulation die in der Praxis am häufigsten angewandte Kalkulationsmethode darstellt, wird auch nur diese Methode im Folgenden dargestellt.

7.8.3.2 Zuschlagskalkulation

7.8.3.2.1 Aufbau der Zuschlagskalkulation

Die Zuschlagskalkulation kommt dann zur Anwendung, wenn unterschiedliche Produkte hergestellt werden. Hier ist eine individuelle Kostenermittlung für jede Produktart erforderlich. Das setzt allerdings eine **kostenträgerbezogene Erfassung** der **Einzelkosten** und eine **kostenstellenbezogene Erfassung** der **Gemeinkosten** voraus.

Der **Verfahrensablauf einer Zuschlagskalkulation** ist folgender:

- Die **Einzelkosten** werden aus der Kostenartenrechnung unter Umgehung der Kostenstellenrechnung **direkt** den Kostenträgern zugerechnet. Das betrifft im Wesentlichen das Fertigungsmaterial und die Fertigungslöhne.

- Die in der Kostenstellenrechnung erfassten **Gemeinkosten** werden den Kostenträgern **indirekt** über Verrechnungssätze oder Zuschlagssätze zugeordnet. Indem die in jeder Kostenstelle ermittelten Gemeinkosten in Prozenten zu einer passenden Bezugsgröße (Verbrauch von Fertigungsmaterial, Fertigungslöhne, Herstellkosten) ausgedrückt werden, erhält man die für die Kalkulation eines bestimmten Produktes benötigten Zuschlagssätze für die Erfassung der Gemeinkosten.

Die nachfolgende Abbildung verdeutlicht die Zusammenhänge:

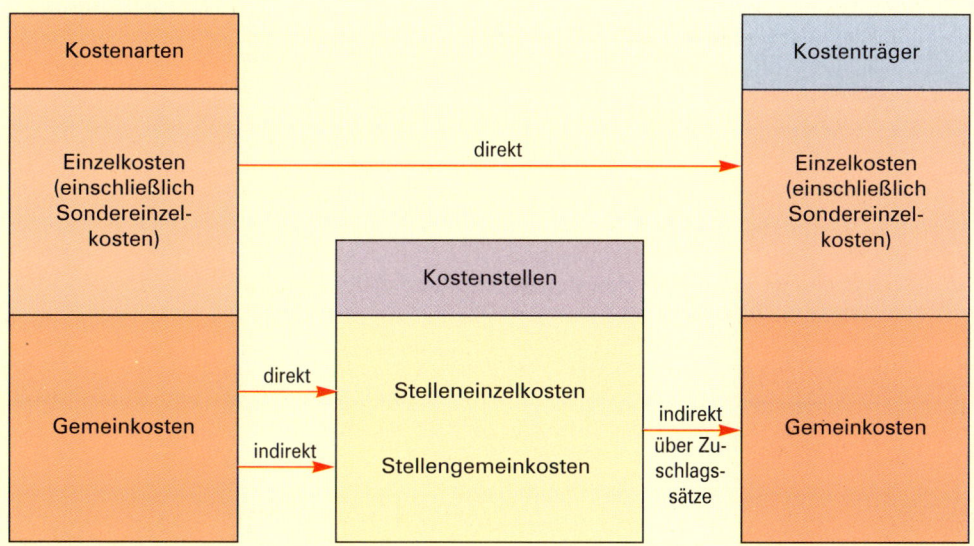

> **Merke:**
>
> - **Einzelkosten** werden auf der Grundlage der Kostenartenrechnung **direkt auf die Kostenträger verrechnet.**
>
> - **Gemeinkosten** werden direkt oder indirekt den Kostenstellen zugeschlagen und mit Hilfe der dort ermittelten Zuschlagssätze **auf die Kostenträger verrechnet.**

7.8.3.2.2 Anwendung der Zuschlagskalkulation als Angebotskalkulation (Vorkalkulation)

Je nach Bedarf wird die Angebotskalkulation als Vorwärtskalkulation, als Rückwärtskalkulation oder als Differenzkalkulation eingesetzt.

(1) Vorwärtskalkulation

Um einen Verkauf tätigen zu können, ist es in der Praxis oft notwendig, ein Angebot mit einem verbindlichen Angebotspreis abzugeben. Das Unternehmen ist dann gezwungen, vor Beginn der Produktion den Preis zu kalkulieren (Angebotskalkulation bzw. Vorkalkulation).

Es liegt im Wesen der Vorkalkulation, dass mit voraussichtlichen Kosten (Normalkosten) gerechnet werden muss. Ausgehend von den Istkosten der Vergangenheit müssen daher alle bis zum Leistungsabschluss zu erwartenden Veränderungen einschließlich eines Risikozuschlags für nicht vorhersehbare Veränderungen einkalkuliert werden.

■ **Zu den Einzelkosten:**

■ Bei einer Vorkalkulation kann der **Verbrauch von Fertigungsmaterial** aufgrund von Stücklisten ermittelt werden. Die benötigten Preise ergeben sich aus vorliegenden Preisen der Vergangenheit bzw. derzeitigen Angebotspreisen, wobei die zu erwartenden Preisänderungen zu berücksichtigen sind.

■ Die **Lohnkosten** ergeben sich aufgrund der Fertigungszeiten, bei denen auf Erfahrungen der Vergangenheit bzw. auf vorhandene Zeitvorgaben zurückgegriffen werden kann. Zu erwartende Lohnänderungen sind auch hier zu berücksichtigen.

■ **Zu den Gemeinkosten:**

Die Gemeinkosten werden über Zuschlagssätze einkalkuliert. Diese werden bekanntlich innerhalb des Betriebsabrechnungsbogens ermittelt. Da man bei einer Vorkalkulation nicht bis zum Abschluss der laufenden Geschäftsperiode warten kann, wird mit Normalzuschlagssätzen gearbeitet.

Beispiel:

Eine Maschinenfabrik errechnet zur Abgabe eines Angebots für eine Abfüllmaschine den Nettoverkaufspreis. Es wird mit folgenden Kosten kalkuliert:

Fertigungsmaterialverbrauch	17 200,00 EUR	SEKF	1 400,00 EUR
Fertigungslöhne	21 400,00 EUR	SEKV	890,00 EUR

Normalzuschlagssätze:	MGK	9 %
	FGK	110 %
	VerwGK	18 %
	VertrGK	6 %

Aufgabe:
Ermitteln Sie die Selbstkosten!

Lösung:

	%	%			
+		100 %	Material~~gemein~~einzel kosten	17 200,00 EUR	
		9 %	+ Materialgemeinkosten	1 548,00 EUR	
			Materialkosten		18 748,00 EUR
	100 %		Fertigungslöhne	21 400,00 EUR	
	110 %		+ Fertigungsgemeinkosten	23 540,00 EUR	
			Zwischensumme	44 940,00 EUR	
			+ Sondereinzelkosten der Fertigung (SEKF)	1 400,00 EUR	
			Fertigungskosten		46 340,00 EUR
	100 %		**Herstellkosten**		65 088,00 EUR
	18 %		+ Verwaltungsgemeinkosten	11 715,84 EUR	
	6 %		+ Vertriebsgemeinkosten	3 905,28 EUR	
			+ Sondereinzelkosten des Vertriebs (SEKVt)	890,00 EUR	16 511,12 EUR
			Selbstkosten		81 599,12 EUR

(Pfeil: Vorwärtskalkulation)

Bis zur Kalkulation der Selbstkosten war uns das Kalkulationsschema bereits bekannt. Bei einer Angebotskalkulation erwartet der Kunde jedoch die Angabe des Preises, den er zu zahlen hat. Das bedingt eine Erweiterung des Kalkulationsschemas. Es müssen noch der Gewinn, eine evtl. angefallene Vertreterprovision und die vom Kunden erwarteten Preisnachlässe (Kundenskonto und Kundenrabatt) einkalkuliert werden.

Beispiel:

Erweiterung des Beispiels von Seite 420.

Bei der Angebotskalkulation der Abfüllmaschine sollen 15 % Gewinn, 7 % Vertreterprovision (vom Zielverkaufspreis), 10 % Einführungsrabatt und 2 % Skonto einkalkuliert werden.

Aufgabe:

Berechnen Sie den Listenverkaufspreis (Nettoverkaufspreis)!

Lösung:

	%	%		
+	100 %		**Selbstkosten**	81 599,12 EUR
	15 %		+ Gewinn	12 239,87 EUR
		91 %	**vorläufiger Verkaufspreis**	93 838,99 EUR
		7 %	+ Vertreterprovision	7 218,38 EUR
			Barverkaufspreis	101 057,37 EUR
		2 %	+ Kundenskonto	2 062,40 EUR
	90 %	100 %	**Zielverkaufspreis**	103 119,77 EUR
	10 %		+ Kundenrabatt	11 457,75 EUR
	100 %		**Listenverkaufspreis (Nettoverkaufspreis)**	114 577,52 EUR

(Pfeil: Vorwärtskalkulation)

Erläuterungen zum erweiterten Kalkulationsschema:

■ **Gewinnaufschlag**

Nach der Berechnung der Selbstkosten geht es bei der Angebotskalkulation um den Gewinnaufschlag, der in Prozenten zu den Selbstkosten erfolgt. Da in den Zuschlagssätzen für die Fertigungsgemeinkosten die Eigenkapitalverzinsung, der Unternehmerlohn und die speziellen Risiken des Unternehmers bereits einkalkuliert sind, muss über den Gewinn das allgemeine Unternehmerrisiko abgedeckt werden. Eine allgemeine Regel für die Festsetzung der Höhe des Gewinnaufschlags (Gewinnzuschlagssatz) kann man nicht geben. Sofern es sich um Produkte handelt, für die Marktpreise vorliegen, sind dem Unternehmer durch die Konkurrenzsituation enge Grenzen gesetzt. Bei nicht marktgängigen Produkten muss sich der Unternehmer mit Fingerspitzengefühl an den Angebotspreis herantasten, den der Markt hergibt.

- **Kundenskonto und Vertreterprovision**

Die Kunden erwarten im Allgemeinen bei Zahlung innerhalb der Skontofrist einen Preisnachlass. Soll dieser Preisnachlass nicht zulasten des Gewinns gehen, muss er im Angebotspreis vorher einkalkuliert werden.

Da der Kunde den Skonto vom Zielverkaufspreis berechnet, dieser also aus der Sicht des Kunden 100 % ausmacht, entspricht der Barverkaufspreis aus der Sicht des Anbieters dem verminderten Grundwert (100 % – Prozentsatz des Skontos). Der Skonto muss also durch eine „im Hundertrechnung" auf den Barverkaufspreis aufgeschlagen werden.

Da auch eine evtl. noch anfallende Vertreterprovision den Gewinn schmälern würde, muss auch diese vorher einkalkuliert werden. Beide Prozentsätze können zusammengefasst werden. Beträgt z.B. die Vertreterprovision 7 % und der Kundenskonto 2 %, entspricht der vorläufige Verkaufspreis 91 % (siehe Beispiel von Seite 421!).

- **Kundenrabatt**

Aus den gleichen Gründen muss auch der vom Kunden erwartete Rabatt in den Angebotspreis einkalkuliert werden. Da der Kunde den Rabatt durch eine „vom Hundertrechnung" vom Angebotspreis (Nettoverkaufspreis, Listenverkaufspreis) abzieht, muss der Anbieter ihn durch eine „im Hundertrechnung" aufschlagen. Soll z.B. der Kundenrabatt 10 % betragen, entspricht der Zielverkaufspreis bei der Angebotskalkulation 90 %.

Übungsaufgaben

157 Eine Fensterfabrik soll ein Angebot für die Lieferung eines Fensters bestimmter Größe abgeben. Bei günstigem Angebot wird die Bestellung einer größeren Menge in Aussicht gestellt.

Aufgrund der betrieblichen Unterlagen liegen folgende Kalkulationsdaten vor:

Verbrauch von Fertigungsmaterial 44,30 EUR, Fertigungslöhne 61,25 EUR, Sondereinzelkosten der Fertigung 157,66 EUR. Die Normalzuschlagssätze für die Gemeinkosten betragen: Materialgemeinkosten 6,7 %, Fertigungsgemeinkosten 157,4 %, Verwaltungsgemeinkosten 16,4 %, Vertriebsgemeinkosten 9,8 %. Außerdem sollen einkalkuliert werden: 12,5 % Gewinn, 5 % Kundenrabatt, 3 % Kundenskonto und 8 % Vertreterprovision.

Aufgabe:

Erstellen Sie das Angebot!

158 Für die Ermittlung des Angebotspreises für einen Kühlschrank liegen bei der Frost GmbH folgende Kalkulationsunterlagen vor:

Verbrauch von Fertigungsmaterial 275,80 EUR, Fertigungslöhne 330,40 EUR, Normalzuschlagssätze für MGK 35 %, FGK 85 %, VerwGK 20 %, VertrGK 18 %. Der Gewinnaufschlag wird mit 25 % angesetzt. Außerdem sollen noch 10 % Rabatt und 2 % Skonto einkalkuliert werden.

Aufgabe:

Ermitteln Sie den Angebotspreis!

159 Zur Herstellung einer Spezialmaschine rechnet ein Industriebetrieb mit folgenden Kosten: Verbrauch von Fertigungsmaterial 8420,00 EUR; Fertigungslöhne 3720,00 EUR. Aus der Kostenstellenrechnung werden die folgenden Zuschlagssätze (Normalzuschlagssätze) entnommen: Materialzuschlag (MGK) 10,5 %, Lohnzuschlag (FGK) 145 %, Verwaltungs- und Vertriebsgemeinkostenzuschlag 13,7 %. Die Sondereinzelkosten der Fertigung betragen 890,00 EUR.

Aufgaben:

1. Wie viel EUR betragen die Selbstkosten?

2. Die Maschine wird unter Einrechnung von 12 % Gewinn, 15 % Kundenrabatt und 2 % Kundenskonto angeboten.
   Wie viel EUR beträgt der Listenverkaufspreis?

160 Im BAB einer Möbelfabrik wurden für die Kostenstellen folgende Gemeinkosten errechnet:

Gemeinkosten-arten	Material	Fertigung	Verwaltung	Vertrieb
Normalgemein-kosten	9 180,00 EUR	179 400,00 EUR	60 955,92 EUR	37 693,50 EUR

Für den gleichen Zeitraum wurden außerdem folgende Daten ermittelt: Fertigungslöhne 195 000,00 EUR, Verbrauch von Fertigungsmaterial 108 000,00 EUR, Bestandsmehrung an unfertigen Erzeugnissen 14 000,00 EUR, Bestandsminderung an fertigen Erzeugnissen 25 000,00 EUR.

Bezugsgrundlagen: Die VerwGK sind auf die Herstellkosten der Rechnungsperiode und die VertrGK auf die Herstellkosten des Umsatzes zu beziehen.

Aufgaben:

1. Berechnen Sie die Zuschlagssätze für die Gemeinkosten!

2. Ermitteln Sie mit den errechneten Zuschlagssätzen den Listenverkaufspreis für eine Büroanbauwand!
   Wie viel EUR beträgt der Listenverkaufspreis, wenn mit folgenden Daten gerechnet wird: Fertigungsmaterial 480,00 EUR, Fertigungslöhne 760,00 EUR, SEKF 120,00 EUR, Gewinnzuschlag 20 %, Kundenskonto 3 %, Vertreterprovision 9 %, Kundenrabatt 15 %?

161 Der BAB einer Lederfabrik enthält für den Monat März folgende Angaben über die Gemeinkosten:

Material	Fertigung	Verwaltung	Vertrieb
42 100,50 EUR	785 680,00 EUR	224 035,00 EUR	173 118,00 EUR

An Einzelkosten fallen an:
Verbrauch von Fertigungsmaterial   647 700,00 EUR
Fertigungslöhne   561 200,00 EUR

Aufgaben:

1. Berechnen Sie die Zuschlagssätze!

2. Errechnen Sie den Listenverkaufspreis eines Auftrages, für den folgende Angaben vorliegen: Fertigungsmaterial 1040,00 EUR, Fertigungslöhne 35 Stunden zu je 78,50 EUR, Gewinnzuschlag 20 %, Vertreterprovision 5 %, Kundenskonto 2 % und Kundenrabatt 10 %!

(2) Rückwärtskalkulation (retrograde Kalkulation)

Liegt der Listenverkaufspreis aufgrund der gegebenen Markt- bzw. Konkurrenzsituation fest, so eignet sich das Kalkulationsschema in umgekehrter Richtung *von unten nach oben* zur Errechnung der aufwendbaren Materialeinzelkosten (**retrograde Kalkulation; Rückwärtskalkulation**). Dabei werden bei vorgegebenen Kalkulationsbedingungen die Materialeinzelkosten errechnet, die höchstens gezahlt werden dürfen, um den angestrebten Gewinn zu erreichen.

Beispiel:

Aufgrund der Marktsituation muss die Maschinenfabrik Ottmar Zeh OHG eine Schleifmaschine zum Listenverkaufspreis in Höhe von 127 480,00 EUR anbieten. Die Maschinenfabrik muss branchenüblich 10 % Kundenrabatt und 2 % Kundenskonto gewähren. Die einzurechnende Vertreterprovision vom Zielverkaufspreis beläuft sich auf 7 %. Es soll ein Gewinn von 15 % erzielt werden.

Es wird mit folgenden Kosten kalkuliert:

Fertigungslöhne 19 800,00 EUR, SEKF 900,00 EUR, SEKV 940,00 EUR

Zuschlagssätze lt. BAB dieser Abrechnungsperiode:

MGK   8,5 %   FGK   108 %   VerwGK   19 %   VertrGK   6,8 %

Aufgabe:

Wie viel EUR dürfen die Materialeinzelkosten höchstens betragen?

Lösung:[1]

100 %		Materialeinzelkosten	27 038,94 EUR	
8,5 %		– Materialgemeinkosten	2 298,31 EUR	
108,5 %		**Materialkosten**		29 337,25 EUR
	100 %	Fertigungslöhne	19 800,00 EUR	
	108 %	+ Fertigungsgemeinkosten	21 384,00 EUR	
	208 %	Zwischensumme	41 184,00 EUR	
		+ Sondereinzelkosten d. Fertigung	900,00 EUR	
		Fertigungskosten		– 42 084,00 EUR
100 %		**Herstellkosten**		71 421,25 EUR
19 %		– Verwaltungsgemeinkosten	13 570,04 EUR	
6,8 %		– Vertriebsgemeinkosten	4 856,64 EUR	18 426,68 EUR
125,8 %		Zwischensumme		89 847,93 EUR
		– Sondereinzelkosten des Vertriebs		940,00 EUR
	100 %	**Selbstkosten**		90 787,93 EUR
	15 %	– Gewinn		13 618,19 EUR
91 %	115 %	**Barverkaufspreis**		104 406,12 EUR
2 %		– Kundenskonto	2 294,64 EUR	
7 %		– Vertreterprovision	8 031,24 EUR	10 325,88 EUR
100 %	90 %	**Zielverkaufspreis**		114 732,00 EUR
	10 %	– Kundenrabatt		12 748,00 EUR
	100 %	**Listenverkaufspreis (Nettoverkaufspreis)**		127 480,00 EUR

Rückwärtskalkulation

Ergebnis: Die Materialeinzelkosten dürfen höchstens 27 038,94 EUR betragen.

---

1 Die Rechenzeichen verstehen sich aus der Sicht der Rückwärtsrechnung.

Allgemeiner Rechenweg:

■ Stellen Sie zuerst das Kalkulationsschema von **oben nach unten** auf und tragen Sie die in der Aufgabe vorgegebenen Prozentsätze und EUR-Beträge ein.

■ Überlegen Sie bei jedem Rechenschritt, ob es sich bei der Rückwärtsrechnung um eine Rechnung **vom Hundert** (Kundenrabatt, Vertreterprovision, Kundenskonto) oder **auf Hundert** (Gewinn, VerwGK, VertrGK, MGK) handelt.

■ **Sonderfall: Berechnung der Fertigungskosten.** Sofern Sondereinzelkosten der Fertigung vorliegen, müssen zunächst die Fertigungskosten in einer Zwischenrechnung im Rahmen einer Vorwärtskalkulation ermittelt (Fertigungslöhne + Fertigungsgemeinkosten = Zwischensumme + Sondereinzelkosten der Fertigung) und von den in der Rückwärtsrechnung ermittelten Herstellkosten subtrahiert werden.

■ **Überprüfen** Sie das Ergebnis durch eine **Vorwärtskalkulation.**

Übungsaufgabe

162 1. Aufgrund der starken Konkurrenz können wir eine Maschine für höchstens 55000,00 EUR verkaufen. Es liegen folgende Kalkulationsdaten vor:

Fertigungslöhne		4800,00 EUR	
Sondereinzelkosten des Vertriebs		300,00 EUR	
Sondereinzelkosten der Fertigung		500,00 EUR	
Kundenskonto	2%	Verwaltungsgemeinkosten	10%
Vertriebsgemeinkosten	15%	Fertigungsgemeinkosten	450%
Gewinnzuschlag	12,5%	Kundenrabatt	10%
Materialgemeinkosten	25%	Vertreterprovision (vom Zielverkaufspreis)	3%

Aufgabe:

Berechnen Sie die aufwendbaren Kosten für das Fertigungsmaterial!

2. Eine Druckerei erhält eine Anfrage, ob ein Posten Prospekte zu einem Nettopreis von 15500,00 EUR gedruckt werden kann.

Somit entsteht die Frage, wie viel EUR dürfen die Papierkosten höchstens betragen, wenn folgende Kosten anfallen: Fertigungslöhne 2800,00 EUR, FGK 94%, MGK 8%, SEKF 560,00 EUR, VerwGK 18%, VertrGK 7%. Der Kunde erwartet einen Nachlass von 2% Skonto.

Aufgabe:

Berechnen Sie die höchstmöglichen Papierkosten, wenn ein Gewinn von 10% erwirtschaftet werden soll!

3. Der neue Wohnwagen „Family" soll den Händlern zum Listenverkaufspreis von 24450,00 EUR angeboten werden. Die Kalkulationssätze des Wohnwagenherstellers sind: 7% Materialgemeinkosten, 110% Fertigungsgemeinkosten, 10% Verwaltungsgemeinkosten, 6% Vertriebsgemeinkosten, 9% Gewinn, 2% Kundenskonto und 20% Kundenrabatt. Die anfallenden Fertigungslöhne betragen 4360,00 EUR.

Aufgabe:

Wie viel EUR darf das erforderliche Fertigungsmaterial kosten?

(3) Differenzkalkulation

Häufig verhindert es die „Marktlage", dass der Unternehmer seinen Listenverkaufspreis selbst bestimmen kann. In diesem Fall muss es das Ziel der Kalkulation sein festzustellen, ob der so erwirtschaftete Gewinn ausreichend ist.

Wird die Höhe des anfallenden Gewinns errechnet, sprechen wir von **Differenzkalkulation**.[1] Da sowohl die *Kosten* als auch der *Listenverkaufspreis* festliegen, muss von **beiden** Werten aus mit dem Rechenweg begonnen werden, und zwar einmal als **Vorwärtskalkulation** (von den Materialeinzelkosten bis zu den Selbstkosten) und zum anderen als **Rückwärtskalkulation** (vom Listenverkaufspreis bis zum Barverkaufspreis).

Beispiel:

Bei der Herstellung eines Wäschetrockners fielen 280,00 EUR Materialeinzelkosten und 160,00 EUR Fertigungslöhne an. Es wird mit folgenden Zuschlagssätzen gerechnet: MGK 11%, FGK 120%, VerwGK 10,5%, VertrGK 6%, SEKV 40,00 EUR.

Aufgabe:

Mit welchem Gewinn in EUR und in Prozent kann der Hersteller rechnen, wenn er 12% Vertreterprovision (vom Zielverkaufspreis), 3% Kundenskonto und 15% Kundenrabatt einrechnet und einen Listenverkaufspreis von 1 259,00 EUR ansetzt?

Lösung:

100% 11%		Materialeinzelkosten + Materialgemeinkosten	280,00 EUR 30,80 EUR		**Vorwärts- kalkulation**
→	100% 120%	**Materialkosten** Fertigungslöhne + Fertigungsgemeinkosten	160,00 EUR 192,00 EUR	310,80 EUR	+
		Fertigungskosten		352,00 EUR	
100% 10,5% 6%	←	**Herstellkosten** + Verwaltungsgemeinkosten + Vertriebsgemeinkosten	69,59 EUR 39,77 EUR	662,80 EUR 109,36 EUR	**Berechnung des Gewinn- zuschlagssatzes**
		Zwischensumme + Sondereinzelk. d. Vertriebs (SEKV)		772,16 EUR 40,00 EUR	
→	100% x%	**Selbstkosten** − Gewinn		812,16 EUR 97,47 EUR	812,16 EUR ≙ 100% 97,47 EUR ≙ x%
85% 3% 12%		**Barverkaufspreis** − Kundenskonto − Vertreterprovision	32,10 EUR 128,42 EUR	909,63 EUR 160,52 EUR	$x = \dfrac{100 \cdot 97,47}{812,16} = \underline{\underline{12\%}}$
100% 15%	85%	**Zielverkaufspreis** − Kundenrabatt		1070,15 EUR 188,85 EUR	**Rückwärts- kalkulation**
	100%	**Listenverkaufspreis** (Nettoverkaufspreis)		1259,00 EUR	−

Ergebnis: Der Hersteller kann mit einem Gewinn von 12%, das sind 97,47 EUR, rechnen.

---

[1] Die Differenz zwischen Barverkaufspreis und Selbstkosten stellt den Gewinn/Verlust dar. Wir sprechen daher auch von **Gewinnkalkulation**.

Allgemeiner Rechenweg:

- Stellen Sie zuerst das Kalkulationsschema *von oben nach unten* auf und tragen Sie die in der Aufgabe vorgegebenen Prozentsätze und EUR-Beträge ein!

- Kennzeichnen Sie den Rechenweg durch Pfeile und errechnen Sie stufenweise durch **Vorwärtskalkulation** die **Selbstkosten** bzw. durch **Rückwärtskalkulation** den **Barverkaufspreis**!

- Ermitteln Sie den **Gewinn** als **Differenz zwischen dem Barverkaufspreis und den Selbstkosten**!

- Berechnen Sie anschließend den Gewinn in Prozent zu den Selbstkosten (Gewinnzuschlagssatz)!

Übungsaufgaben

163 Eine Maschinenfabrik kalkuliert eine Fräsmaschine nach folgenden Angaben:

– Verbrauch von Fertigungsmaterial	7 350,00 EUR	– MGK	12 %
– Fertigungslohn 58 Std. zu je	52,00 EUR	– FGK	15 %
– Fremdarbeiten 48 Std. zu je	95,00 EUR	– VerwGK + VertrGK	25 %
– Konstruktionszeichnung	400,00 EUR	– Kundenskonti	3 %
		– Vertreterprovision	5 %

Die Maschinenfabrik verkauft die Fräsmaschine für 24 500,00 EUR netto.

Aufgabe:
Ermitteln Sie den Gewinn in EUR und in Prozent!

164 Eine Möbelfabrik stellt für den Ausbau von zwei Büroräumen folgende Kalkulationsgrundlagen fest:

Verbrauch von Fertigungsmaterial: 9 400,00 EUR
Fertigungslöhne: 16 200,00 EUR

Gemeinkostenzuschläge:	MGK	12,4 %	VerwGK	6 %
	FGK	104 %	VertrGK	8 %

Es wird mit 18 % Gewinn, 5 % Vertreterprovision vom Zielverkaufspreis und 2 % Kundenskonto gerechnet.

Aufgaben:
1. Berechnen Sie den Angebotspreis netto!
2. Ein Konkurrenzunternehmen hat ein Angebot von 63 084,97 EUR unterbreitet.
   Wie viel Gewinn in EUR und in Prozent verbleiben, wenn der Angebotspreis der Konkurrenz um 1 800,00 EUR unterboten werden soll?

7.8.3.2.3 Anwendung der Zuschlagskalkulation als Nachkalkulation[1]

In der **Vorkalkulation** konnte nur mit voraussichtlichen Kosten **(Normalkosten)** gerechnet werden. Nach Fertigstellung des Auftrags können die tatsächlich angefallenen Kosten **(Istkosten)** ermittelt und den vorkalkulierten Kosten gegenübergestellt werden **(Nachkalkulation)**. Die dabei auftretenden Abweichungen müssen im Einzelnen analysiert werden.

---

1 Prinzipiell ist es möglich, im Rahmen der Nachkalkulation die Vorwärtskalkulation, die Rückwärtskalkulation und die Differenzkalkulation einzusetzen. Allerdings kommt in der Praxis in aller Regel nur die Differenzkalkulation zum Einsatz, da der Unternehmer insbesondere daran interessiert ist, den tatsächlich erzielten Gewinn zu erfahren.

Voraussetzung für eine solche Analyse ist, dass jeweils vom gleichen Kalkulationsaufbau (Kalkulationsschema) ausgegangen wird und dass eine getrennte Analyse von Mengen und Preisen erfolgt. Das betrifft das Fertigungsmaterial ebenso wie die Fertigungslöhne. Haben sich die Preise für die Rohstoffe geändert oder hat sich der Stundenlohn verändert, müssen sich zwangsläufig Abweichungen zwischen der Vor- und Nachkalkulation ergeben. Erst die durch den Ansatz gleicher Preise in der Vor- und Nachkalkulation verbleibenden Verbrauchsabweichungen geben Anlass zur Kritik und zur Einleitung gebotener Maßnahmen.

Die Abweichungen bei den Kosten in der Vor- und in der Nachkalkulation beruhen einerseits auf unterschiedlichen Einzelkosten und andererseits auf den unterschiedlichen Zuschlagssätzen in der Vor- und Nachkalkulation. Hierbei ist zu untersuchen, worauf die unterschiedlichen Ansätze zurückzuführen sind. Infrage kommen auch hier Mengen- und Preisabweichungen, wobei allerdings noch zu berücksichtigen ist, dass auch Beschäftigungsabweichungen die Zuschlagssätze beeinflussen. Auch hier kann nur die nach Bereinigung dieser Einflussfaktoren verbleibende Verbrauchsabweichung zur Diskussion gestellt werden.

Stellt sich heraus, dass die Mengen in der Vorkalkulation zu niedrig angesetzt waren, kann die Nachkalkulation auch dazu dienen, die Grundlagen für die Vorkalkulation zu ändern.

Merke:

Die **Nachkalkulation** dient folgenden **Zwecken:**

- genaue Erfassung der **tatsächlich entstandenen Kosten,**
- **Kontrolle der Kosten** durch Analyse der Abweichungen zwischen Vor- und Nachkalkulation,
- evtl. **Korrektur** der Grundlagen für die Vorkalkulation.
- Bei der **Kostenunterdeckung** liegen die Normalkosten unter den Istkosten, d.h., die tatsächlich angefallenen Selbstkosten werden durch die einkalkulierten Kosten nicht mehr gedeckt.
- Bei der **Kostenüberdeckung** werden mehr Kosten eingerechnet als tatsächlich entstanden sind, d.h., die kalkulierten Selbstkosten sind höher als die wirklich angefallenen Selbstkosten.

Beispiel:

Die Nachkalkulation für die erstellte Abfüllmaschine (vgl. Seite 420f.) ergab folgende Kosten:

Fertigungsmaterialverbrauch	17 500,00 EUR	SEKF	900,00 EUR
Fertigungslöhne	19 800,00 EUR	SEKV	940,00 EUR
Istzuschlagssätze lt. BAB	MGK 8,5 %	VerwGK	19 %
dieser Abrechnungsperiode:	FGK 108 %	VertrGK	6,8 %

Der in der Vorkalkulation (Angebotskalkulation) ermittelte Listenverkaufspreis in Höhe von 114 577,52 EUR ist der verbindliche Angebotspreis.

Aufgabe:

Welcher Erfolg (in EUR und Prozent) wurde an dem abgewickelten Auftrag erwirtschaftet?

Lösung:

		Vorkalkulation		Nachkalkulation	
Verbr. v. Fertig.-Mat.		17 200,00 EUR		17 500,00 EUR	
Materialgemeinkosten	9 %	1 548,00 EUR		8,5 %	1 487,50 EUR	
Materialkosten			18 748,00 EUR			18 987,50 EUR
Fertigungslöhne		21 400,00 EUR		19 800,00 EUR	
Fert.-Gemeinkosten	110 %	23 540,00 EUR		108 %	21 384,00 EUR	
Sondereinzelkosten der Fertigung (SEKF)		1 400,00 EUR			900,00 EUR	
Fertigungskosten			46 340,00 EUR			42 084,00 EUR
Herstellkosten			65 088,00 EUR			61 071,50 EUR
Verw.-Gemeinkosten	18 %	11 715,84 EUR		19 %	11 603,59 EUR	
Vertr.-Gemeinkosten	6 %	3 905,28 EUR		6,8 %	4 152,86 EUR	
Sondereinzelkosten des Vertriebs (SEKV)		890,00 EUR	16 511,12 EUR	20,66 %	940,00 EUR	16 696,45 EUR
Selbstkosten			81 599,12 EUR			77 767,95 EUR
Gewinn	15 %		12 239,87 EUR			16 071,04 EUR
Barverkaufspreis			93 838,99 EUR			93 838,99 EUR
Vertreterprovision	7 %		7 218,38 EUR			
Kundenskonto	2 %		2 062,40 EUR			
Zielverkaufspreis			103 119,77 EUR			
Kundenrabatt	10 %		11 457,75 EUR			
Listenverkaufspreis (Nettoverkaufspreis)			114 577,52 EUR			

Berechnung des Gewinnsatzes:

$77 767,95 \triangleq 100\%$

$16 071,04 \triangleq \quad x\ \%$

$x = 20,66\%$

Erläuterungen:

In unserem Beispiel sind die Kosten der Vorkalkulation teils höher, teils niedriger als die tatsächlich angefallenen Kosten. Per Saldo aber sind die Selbstkosten in der Nachkalkulation um 3831,17 EUR (81 599,12 EUR – 77 767,95 EUR) niedriger als die kalkulierten Selbstkosten. Bei einem fest vereinbarten Barverkaufspreis kommt das dem Gewinn zugute, der in unserem Beispiel um diesen Betrag höher ist als aufgrund der Vorkalkulation erwartet wurde. Bezüglich des Preises wäre damit notfalls noch ein gewisser Verhandlungsspielraum gegeben. Aufgrund eingehender Analyse müsste überlegt werden, ob die Grundlagen für die Vorkalkulation geändert werden sollen. Auf jeden Fall ist eine solche Situation angenehmer und bietet weniger Diskussionsstoff als wenn sich bei dem Vergleich herausstellt, dass die tatsächlich angefallenen Kosten über den kalkulierten Kosten liegen.

Übungsaufgaben

165 Erstellen Sie zur Aufgabe 157 eine Nachkalkulation!

Nach Fertigstellung des Auftrages und der Ermittlung der Istzuschlagssätze aufgrund des erstellten BABs ergaben sich folgende Werte: Verbrauch von Fertigungsmaterial 56,30 EUR, Fertigungslöhne 65,20 EUR, Sondereinzelkosten der Fertigung 162,68 EUR. Die Istzuschlagssätze für die Gemeinkosten betrugen: MGK 6,9 %, FGK 149,5 %, VerwGK 17,4 %, VertrGK 9,5 %.

Aufgabe:

Stellen Sie bei einem unveränderten Angebotspreis den tatsächlichen Gewinn in EUR und in Prozent fest!

166 Erstellen Sie zur Aufgabe 158 eine Nachkalkulation!

An Istkosten fielen an: Verbrauch von Fertigungsmaterial 260,75 EUR, Fertigungslöhne 310,80 EUR. Die Istzuschlagssätze für die Gemeinkosten betrugen: MGK 32,5 %, FGK 79,5 %, VerwGK 21,5 %, VertrGK 17,2 %.

Aufgaben:

1. Ermitteln Sie den Gewinn in EUR und in Prozent, wenn sich der Angebotspreis nicht verändert!
2. Auf welchen Betrag könnte der Listenverkaufspreis (Nettoverkaufspreis) bei sonst gleichbleibenden Kalkulationsgrundlagen im Falle einer starken Preiskonkurrenz notfalls herabgesetzt werden?

167 Erstellen Sie zur Aufgabe 159 eine Nachkalkulation! Die Istkostenrechnung ergab folgende Kalkulationsdaten:

Verbrauch von Fertigungsmaterial 8720,00 EUR; Fertigungslöhne 3165,00 EUR; Istzuschlagssätze: MGK 10,4 %, FGK 151 %; VerwGK/VertrGK 14,9 %. Die Sondereinzelkosten der Fertigung betrugen 795,00 EUR. Kundenrabatt und Kundenskonto wurden mit den angegebenen Prozentsätzen gewährt. Der Listenverkaufspreis betrug 29517,06 EUR.

Aufgabe:

Wie viel Gewinn in EUR und in Prozent wurde tatsächlich erzielt?

168 Erstellen Sie zur Aufgabe 160 eine Nachkalkulation! Die Istkostenrechnung ergab folgende Kalkulationsdaten:

Gemeinkosten	Material	Fertigung	Verwaltung	Vertrieb
Istgemeinkosten	9936,00 EUR	181935,00 EUR	56910,00 EUR	36929,00 EUR

Die Einzelkosten und die Bestandsveränderungen bleiben unverändert.

Aufgaben:

1. Berechnen Sie die Istzuschlagssätze für die Gemeinkosten!
2. Führen Sie mit den errechneten Istzuschlagssätzen für die Büroanbauwand eine Nachkalkulation durch! Die übrigen Kalkulationsdaten bleiben unverändert. Es wurde ein Barverkaufspreis von 3021,48 EUR erzielt.

7.8.3.2.4 Zuschlagskalkulation mit Maschinenstundensätzen

(1) Berechnung von Maschinenstundensätzen und die Behandlung der Rest-Fertigungsgemeinkosten

Durch die fortschreitende Mechanisierung der Betriebe gewinnt die Maschinenstundensatzkalkulation immer größere Bedeutung. In dem Maße wie Personal immer mehr durch Maschinen ersetzt wird, vergrößert sich der Anteil der maschinenabhängigen Gemeinkosten gegenüber den lohnabhängigen Gemeinkosten. Daher ist es im Sinne einer genaueren Kalkulation erforderlich, die **Fertigungsgemeinkosten** in die **maschinenabhängigen** und in die **lohnabhängigen Fertigungsgemeinkosten (Rest-Fertigungsgemeinkosten)** aufzuteilen.

Für die **maschinenabhängigen Fertigungsgemeinkosten** werden die **Maschinenlaufzeiten** als Bezugsgrundlage gewählt, für die **lohnabhängigen Rest-Fertigungsgemeinkosten** wie bisher die **Fertigungslöhne**.

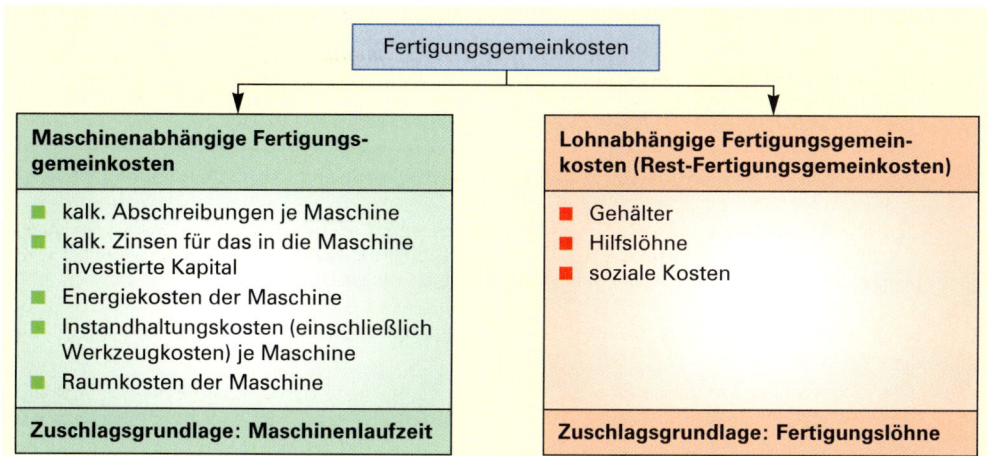

Sind in einem Betrieb **unterschiedlich teure Maschinen** vorhanden, die bei der Herstellung der einzelnen Erzeugnisse aufgrund der verschiedenartigen Produktionsverfahren **unterschiedlich lange beansprucht** werden, so ist es erforderlich, die Maschinenkosten für jede Maschine bzw. Maschinenart gesondert zu erfassen.

Merke:

Werden die anfallenden maschinenabhängigen Gemeinkosten auf die Maschinenlaufzeit bezogen, so erhält man den **Maschinenstundensatz**.

(2) Berechnung von Maschinenstundensätzen

Der erste Schritt bei der Berechnung der Maschinenstundensätze besteht in der Ermittlung der effektiv für die Produktion der Erzeugnisse angefallenen Maschinenlaufzeit.

Maximale Laufzeit	Ausfallzeit
	Effektive Laufzeiten

Beispiel:

Für die Maschinen in einem Industriebetrieb mit 37,5-Stunden-Woche und 7,5 Stunden täglicher Arbeitszeit fallen im laufenden Jahr Stillstandszeiten durch 14 Feiertage, 22 Urlaubstage, 6 Krankheitstage sowie 35 Ausfallstunden für Instandhaltung an.

Aufgabe:

Berechnen Sie die effektive Maschinenlaufzeit!

Lösung:

Maximal mögliche Maschinenlaufzeit (52 Wochen zu 37,5 Stunden)		1 950 Std.
– Instandhaltungszeit		35 Std.
– Stillstandszeiten	14 Feiertage zu 7,5 Stunden	105 Std.
	22 Urlaubstage zu 7,5 Stunden	165 Std.
	6 Krankheitstage zu 7,5 Stunden	45 Std.
= effektive Maschinenlaufzeit im laufenden Jahr		1 600 Std.

Im zweiten Schritt werden zunächst die maschinenabhängigen Gemeinkosten durch die Laufzeit der Maschine/Periode dividiert. Durch die anschließende Addition der einzelnen Gemeinkosten je Maschinenstunde erhält man dann den Maschinenstundensatz.

Beispiel:

Die Anschaffungskosten der Beschichtungsmaschine belaufen sich auf 214 500,00 EUR. Es wird von Wiederbeschaffungskosten in Höhe von 234 000,00 EUR ausgegangen. Die Nutzungsdauer wird mit 13 Jahren angesetzt. Die jährliche Maschinenlaufzeit beträgt 1 600 Stunden. Kalkulatorisch wird nach der linearen Abschreibungsmethode abgeschrieben. Es wird mit einem kalkulatorischen Zinssatz von 8 % gerechnet. Für die Gesamtnutzungsdauer der Maschine werden die Instandhaltungskosten auf 62 400,00 EUR geschätzt. Der Raumkostensatz beträgt pro Jahr und m² 212,00 EUR. Die Maschine hat einen Raumbedarf von 24,50 m². Der Strombedarf der Maschine beträgt 45 kWh, der Strompreis 0,18 EUR je kWh.

Aufgabe:

Berechnen Sie den Maschinenstundensatz der Beschichtungsmaschine!

Lösung:

1. Abschreibungen je Maschinenstunde:

Für die Berechnung der Abschreibung wird die kalkulatorische Abschreibung herangezogen. Berechnungsgrundlage sind die Wiederbeschaffungskosten.

$$\text{Abschreibungsbetrag je Maschinenstunde} = \frac{234\,000}{13 \cdot 1\,600} = \underline{\underline{11,25 \text{ EUR}}}$$

Allgemein:

$$\frac{\text{Abschreibungsbetrag}}{\text{je Maschinenstunde}} = \frac{\text{Wiederbeschaffungskosten}}{\text{Nutzungsdauer} \cdot \text{Laufzeit/Jahr}}$$

2. Zinskosten je Maschinenstunde:

Üblicherweise wird für die Berechnung der kalkulatorischen Zinsen das Durchschnittsverfahren benutzt, d.h., bei der Berechnung der jährlichen Zinsen wird jeweils von den halben Anschaffungskosten[1] ausgegangen.

$$\text{Zinskosten je Maschinenstunde} = \frac{214\,500 \cdot 8}{2 \cdot 100 \cdot 1\,600} = \underline{\underline{5,36 \text{ EUR}}}$$

Allgemein:

$$\frac{\text{Zinskosten}}{\text{je Maschinenstunde}} = \frac{1/2 \text{ Anschaffungskosten} \cdot \text{kalk. Zinssatz}}{100 \cdot \text{Laufzeit/Jahr}}$$

3. Instandhaltungskosten je Maschinenstunde:

Die auf eine Maschine entfallenden Instandhaltungskosten (Reparaturen, Werkzeuge, Wartung) sind nicht exakt voraussehbar. Man muss daher auf die Angaben des Herstellers oder auf Erfahrungswerte der Vergangenheit zurückgreifen.

$$\text{Instandhaltungskosten je Maschinenstunde} = \frac{62\,400}{13 \cdot 1\,600} = \underline{\underline{3,00 \text{ EUR}}}$$

---

1 Statt der Anschaffungskosten können auch die Wiederbeschaffungskosten angesetzt werden.

Allgemein:

$$\text{Instandhaltungskosten je Maschinenstunde} = \frac{\text{gesamte Instandhaltungskosten}}{\text{Nutzungsdauer} \cdot \text{Laufzeit/Jahr}}$$

4. Raumkosten je Maschinenstunde:

Die Raumkosten einer Maschine sind abhängig vom Raumbedarf und vom Raumkostensatz.

■ Der **Raumbedarf** einer Maschine (gemessen in m²) umfasst die Grundfläche der Maschine, Bedienungsflächen sowie die Abstellfläche für die Werkstücke.

■ Im **Raumkostensatz** werden die anteiligen Abschreibungen, Zinsen, Instandhaltungskosten für Gebäude, ferner die anteiligen Heizungs-, Licht-, Klimatisierungs- und Versicherungskosten sowie die anteiligen personellen Kosten erfasst.

$$\text{Raumkosten je Maschinenstunde} = \frac{24{,}50 \cdot 212{,}00}{1\,600} = \underline{\underline{3{,}25 \text{ EUR}}}$$

Allgemein:

$$\text{Raumkosten je Maschinenstunde} = \frac{\text{Raumbedarf je Maschine} \cdot \text{Raumkostensatz je Maschine}}{\text{Laufzeit/Jahr}}$$

5. Energiekosten je Maschinenstunde:

Der Energieverbrauch einer Maschine ist je nach Energieart in Litern/Stunde (z.B. Diesel, Benzin), in m³/Stunde (z.B. Gas, Dampf) oder in kWh (Strom) anzugeben. Der durchschnittliche Energieverbrauch wird vom Hersteller der Maschine in aller Regel in der Betriebsanleitung ausgewiesen. Allerdings ist in der Praxis davon auszugehen, dass der tatsächliche Energieverbrauch nicht mit 100% anzusetzen ist, da eine Maschine im Durchschnitt nicht mit der vollen Leistungsfähigkeit belastet wird.

Bei der Berechnung der Energiekosten geht man von der Annahme (Fiktion) aus, dass sich die Energiekosten proportional zu der tatsächlichen Leistungsaufnahme verhalten.

$$\text{Energiekosten je Maschinenstunde}[1] = 45 \cdot 0{,}18 = \underline{\underline{8{,}10 \text{ EUR}}}$$

6. Ermittlung des Maschinenstundensatzes:

Der Maschinenstundensatz ergibt sich aus der Addition der einzelnen maschinenabhängigen Kosten je Stunde.

$$\text{Maschinenstundensatz: } 11{,}25 + 5{,}36 + 3{,}00 + 3{,}25 + 8{,}10 = \underline{\underline{30{,}96 \text{ EUR}}}$$

---

1 Eine allgemeine Formel zur Berechnung der Energiekosten je Maschinenstunde kann nicht angeboten werden.

28 Speth – ISBN 978-3-8120-0491-6

169 1. Die Kosten- und Leistungsrechnung einer Metallwarenfabrik weist für die Maschinengruppe Formpresse folgende Daten aus:

Das Unternehmen arbeitet mit 8 gleichartigen Formpressen. Die Anschaffungskosten einer Formpresse betragen 32 600,00 EUR. Die jährliche Arbeitszeit in der Abteilung beträgt 240 Tage, die tägliche Arbeitszeit $8\,^1/_2$ Stunden. An Ausfallzeit (Leerstunden) sind für die Abteilung 220 Arbeitsstunden anzusetzen.

Die kalkulatorische Nutzungsdauer beträgt 8 Jahre. Die Wiederbeschaffungskosten je Maschine werden mit 36 400,00 EUR angesetzt. Kalkulatorisch wird linear abgeschrieben.

Als Zinssatz für das in die Maschinen investierte Kapital sind 7,5 % von den halben Anschaffungskosten zu veranschlagen.

Für die Instandhaltung aller Formpressen sind jährlich 48 594,00 EUR zu berücksichtigen.

Der Raumbedarf je Formpresse beträgt 32 m². Als Raumkostensatz werden je m² 164,00 EUR pro Jahr angesetzt.

Der Strombedarf für eine Formpresse beträgt 72 kWh, der Strompreis 0,16 EUR je kWh.

Aufgabe:
Berechnen Sie den Maschinenstundensatz für eine Formpresse!

2. In einer Möbelfabrik sind drei Maschinengruppen vorhanden.

Maschinen-gruppe	Anzahl	Wiederbeschaf-fungskosten/Stück	Nutzungsdauer in Jahren	kWh-Verbrauch	m²-Be-darf
Sägemaschine	10	42 000,00 EUR	8	12	24
Schleifmaschine	8	28 000,00 EUR	10	14	16
Hobelmaschine	14	56 000,00 EUR	12	16	26

Der Quartals-BAB weist folgende Gemeinkosten aus:
Kostenstelle Werkstattgebäude (4 200 m²)   37 800,00 EUR
Kostenstelle Heizung (beheizte Fläche 3 700 m²)   13 320,00 EUR

Die kalkulatorischen Zinsen betragen 9 %. Sie werden von den Wiederbeschaffungskosten berechnet. Die gesamten (geschätzten) Instandhaltungskosten belaufen sich bei der Maschinengruppe Sägemaschine auf 20 %, bei der Maschinengruppe Schleifmaschine auf 25 % und bei der Maschinengruppe Hobelmaschine auf 30 % der Wiederbeschaffungskosten. Es wird die lineare Abschreibungsmethode verwendet.

Der Strompreis beträgt 0,16 EUR je kWh.

Aufgaben:

2.1 Berechnen Sie die Maschinenstundensätze, wenn jährlich je Maschine 2400 Laufstunden anfallen!

2.2 Wie viel EUR betragen die gesamten Maschinenkosten im Monat, wenn alle Maschinen je Monat 200 Betriebsstunden gelaufen sind?

(3) Behandlung der Rest-Fertigungsgemeinkosten

Im Rahmen des BAB werden die Gemeinkosten der Fertigung aufgeteilt in maschinenabhängige Gemeinkosten und in lohnabhängige Rest-Fertigungsgemeinkosten. Als Bezugsgrundlage für die maschinenabhängigen Fertigungsgemeinkosten werden die Maschinenlaufzeiten gewählt, für die lohnabhängigen Rest-Fertigungsgemeinkosten die Fertigungslöhne.

Bei der Anwendung der Zuschlagskalkulation mit Maschinenstundensätzen ändert sich z.B. die Kostenstelle Fertigung im BAB wie folgt:

Fertigung					
Gemein-kosten	Maschinenabhängige Gemeinkosten			Lohnabhängige Gemeinkosten (Rest-Fertigungsgemeinkosten)	
	Maschine I	Maschine II	Maschine III		
Summe der Gemeinkosten	13 632,00 EUR	14 892,00 EUR	7 728,00 EUR		21 981,60 EUR
effektive Laufzeit	160 Std.	120 Std.	140 Std.	Fertigungs-löhne	28 400,00 EUR
Maschinen-Std.-Satz	85,20 EUR	124,10 EUR	55,20 EUR	Rest-FGK-Satz	77,4 %

Merke:

- Maschinenstundensatz $= \dfrac{\text{maschinenabhängige Gemeinkosten}}{\text{effektive Maschinenlaufzeit}}$

- Rest-Fertigungsgemeinkostensatz $= \dfrac{\text{Rest-FGK} \cdot 100}{\text{Fertigungslöhne}}$

Übungsaufgabe

170 Die Zinngießerei Clemens Altaner GmbH möchte ihre Kosten genauer erfassen und deshalb den BAB in Maschinenkosten und Rest-Fertigungsgemeinkosten aufgliedern. Die Kosten- und Leistungsrechnung weist bisher folgende Daten auf:

Ausschnitt aus dem BAB:

Kostenarten	Fertigung		
	Summe der Gemeinkosten	Maschinen-kosten	Restgemein-kosten
Hilfsstoffe	571 800,00		
Betriebsstoffe	223 400,00		
Energiekosten	114 980,00		
Personalkosten	739 545,00	_____	
Instandhaltungskosten	268 820,00	_____	
Betriebssteuern	96 300,00		
Raumkosten	77 245,30	_____	
Abschreibungen	1 591 885,12	_____	
Zinsen	81 140,00	_____	

Maschinenbestand (gleiche Kostenstruktur)	Wiederbeschaffungs- kosten je Maschine	Nutzungs- dauer	Raumbedarf in m² je Maschine	Strombedarf in kWh je Maschine
12	62 000,00	8	30	18

Die jährliche Arbeitszeit beträgt 260 Tage, die tägliche Arbeitszeit 8 Stunden. An Leerstunden sind monatlich 8 Arbeitsstunden anzusetzen.

Der Zinssatz für das investierte Kapital beläuft sich auf 7,5 %. Die Anschaffungskosten je Maschine betragen 60 500,00 EUR.

Die jährlichen Instandhaltungskosten betragen 4 600,00 EUR je Maschine (Schätzung).

Es wird kalkulatorisch nach der linearen Abschreibungsmethode abgeschrieben.

Der Raumkostensatz je m² beträgt 99,20 EUR jährlich. Der Strompreis beträgt 0,19 EUR je kWh.

Aufgaben:

1. Berechnen Sie den Maschinenstundensatz je Maschine!

2. Übertragen Sie den BAB in Ihr Übungsheft. Berechnen Sie die Maschinenkosten und die Rest-Fertigungsgemeinkosten und tragen Sie die Beträge in den BAB ein! Dabei wird vorausgesetzt, dass sämtliche Maschinen die Sollleistung erbracht haben.

3. Berechnen Sie den Restgemeinkostensatz, wenn 4 114 506,00 EUR an Fertigungslöhnen angefallen sind!

(4) Kalkulation mit Maschinenstundensätzen

Beispiel:

Für einen Auftrag, bei dem nach den auf S. 435 ermittelten Maschinenstundensätzen nur Maschine I und Maschine II zum Einsatz kommen, ist der Selbstkostenpreis aufgrund folgender Angaben zu berechnen:

Fertigungsmaterialverbrauch	1 210,00 EUR	Maschine I	3 Std. zu je	85,20 EUR
Fertigungslöhne	820,00 EUR	Maschine II	2 Std. zu je	124,10 EUR

Die Zuschlagssätze betragen: MGK 8 % VerwGK 12 %
Rest-FGK 77,4 % VertrGK 8 %

Aufgabe:
Berechnen Sie die geplanten Selbstkosten des Auftrags!

Lösung:

Verbrauch von Fertigungsmaterial	1 210,00 EUR	
8 % Materialgemeinkosten	96,80 EUR	
Materialkosten		1 306,80 EUR
Fertigungslöhne	820,00 EUR	
77,4 % Rest-FGK	634,68 EUR	
Maschine II: 3 Std. · 85,20 EUR/Std.	255,60 EUR	
Maschine II: 2 Std. · 124,10 EUR/Std.	248,20 EUR	
Fertigungskosten		1 954,48 EUR
Herstellkosten		3 265,28 EUR
12 % Verwaltungsgemeinkosten		391,83 EUR
8 % Vertriebsgemeinkosten		261,22 EUR
Selbstkosten		3 918,33 EUR

171 1. Der BAB eines Industriebetriebs weist folgende Zahlen aus:

Material	Fertigung				Verwaltung	Vertrieb
	Maschine A	Maschine B	Maschine C	Rest-FGK		
75 000,00 EUR	320 000,00 EUR	400 000,00 EUR	500 000,00 EUR	396 000,00 EUR	201 476,00 EUR	323 422,00 EUR

Verbrauch von Fertigungsmaterial: 600 000,00 EUR
Fertigungslöhne: 360 000,00 EUR

Die Laufzeit der einzelnen Maschinen beträgt:
Maschine A: 1 600 Std., Maschine B: 5 000 Std., Maschine C: 4 000 Std.

Aufgaben:

1.1 Errechnen Sie die Gemeinkostenzuschlagssätze und die Maschinenstundensätze!

Anmerkung: Die Rest-Fertigungsgemeinkosten sind auf die Fertigungslöhne, die Verwaltungs- und die Vertriebsgemeinkosten sind auf die Herstellkosten der Rechnungsperiode zu beziehen.

1.2 Für die Herstellung eines Produkts wird wie folgt kalkuliert: Fertigungsmaterial 210,00 EUR, Fertigungslöhne 170,00 EUR, Beanspruchung von Maschine A 12 Min., Maschine B 9 Min. und Maschine C 18 Min. Des Weiteren werden eingerechnet: 25 % Gewinn, 12 % Vertreterprovision, 3 % Kundenskonto und 20 % Kundenrabatt.
Ermitteln Sie den Listenverkaufspreis!

1.3 Nennen Sie Kostenarten, die zu den maschinenabhängigen Kosten zu rechnen sind und geben Sie an, wie aus diesen der Maschinenstundensatz errechnet wird!

1.4 Welche Folgen ergeben sich aus der Anwendung der Maschinenstundensatzrechnung für den Aufbau des BABs?

1.5 1.5.1 Wodurch unterscheiden sich die Herstellkosten der Rechnungsperiode von den Herstellkosten des Umsatzes?

1.5.2 Welchen Wert wählen Sie als Zuschlagsgrundlage für die Vertriebsgemeinkosten? (Begründung!)

2. Die Metall-Design Richter GmbH richtet nach Anschaffung einer neuen Multifunktionsmaschine eine zusätzliche Kostenstelle für die Fertigung ein.

Aufgabe:

Ermitteln Sie den Maschinenstundensatz für die Multifunktionsmaschine aufgrund folgender Angaben: Wiederbeschaffungskosten 600 000,00 EUR, betriebliche Nutzungsdauer 10 Jahre, jährliche Maschinenlaufzeit je Anlage 1944 Stunden, kalkulatorischer Zinssatz 9 % p. a., Instandhaltungskosten 22 770,00 EUR jährlich, jährliche Raumkosten 104,00 EUR pro m² bei einem Platzbedarf von 30 m², Energiebedarf 25 kW; Strompreis 0,15 EUR/kWh, Grundgebühr monatlich 80,00 EUR.

172 Aus der Kosten- und Leistungsrechnung eines Industriebetriebs stehen folgende Zahlen und Angaben zur Verfügung (Gemeinkosten lt. BAB):

Material	Fertigung			Verwaltung	Vertrieb
	Maschine A	Maschine B	Rest-FGK		
380 000,00 EUR	159 225,00 EUR	207 400,00 EUR	148 500,00 EUR	306 848,75 EUR	228 161,25 EUR

Einzelkosten: Verbrauch von Fertigungsmaterial: 304 000,00 EUR
                          Fertigungslöhne: 135 000,00 EUR

Bestände	Anfangsbestand	Schlussbestand		Laufzeit der Maschinen	
Unfertige Erzeugnisse	48 000,00 EUR	46 000,00 EUR		Maschine A	1 650 Stunden
Fertige Erzeugnisse	57 000,00 EUR	51 000,00 EUR		Maschine B	1 700 Stunden

Aufgaben:

1. Errechnen Sie die Gemeinkostenzuschlagssätze und die Maschinenstundensätze (Ergebnisse auf ganze Zahlen aufrunden)! Bezugsgröße für die Verwaltungsgemeinkosten sind die Herstellkosten der Rechnungsperiode, für die Vertriebsgemeinkosten die Herstellkosten des Umsatzes und für die Rest-Fertigungsgemeinkosten die Fertigungslöhne.

2. Ein Kunde des Betriebs bestellt 150 Stück eines Produkts, dessen Herstellung (pro Stück) Maschine A 9 Min. und Maschine B 18 Min. in Anspruch nimmt. Pro Stück wird Fertigungsmaterial im Wert von 16,50 EUR benötigt, die Fertigungslöhne betragen 24,00 EUR.
   Wie viel EUR beträgt der Listenverkaufspreis, wenn 7,93 % Gewinn, 2 % Kundenskonto und 10 % Vertreterprovision zu berücksichtigen sind?

173 Die Textilfabrik Maria Auer e.Kfr. stellt ihre Betriebsabrechnung teilweise auf Maschinenstundensatzrechnung um. Sie fasst dazu die zur Fertigungsstelle Näherei gehörenden Maschinen zur Maschinengruppe Näherei (Raumbedarf 250 m^2) zusammen.

Die maschinenabhängigen Kosten setzen sich wie folgt zusammen:

Wiederbeschaffungswert der Maschinen	2 400 000,00 EUR
Nutzungsdauer (lineare Abschreibung)	8 Jahre
Steuern und Versicherungen	5 250,00 EUR/Jahr
Stromverbrauch	120 kWh
Instandhaltungskosten pro Monat	3 000,00 EUR
Hilfslohnkosten pro Betriebsstunde	16,00 EUR
Sozialkosten	14 400,00 EUR/Jahr
Kalkulatorische Zinsen	8 %
Stromverrechnungssatz	0,25 EUR/kWh
Jährliche Arbeitszeit	246 Tage, 8 Std./Tag
Instandhaltungszeiten	32 Std./Jahr
Raumkosten pro Jahr	58,00 EUR/m^2

Laut dem Jahres-BAB sind in der Näherei folgende Gemeinkosten entstanden:

Hilfs- und Betriebsstoffkosten	120 000,00 EUR
Energiekosten	80 000,00 EUR
Hilfslöhne	48 000,00 EUR
Gehälter	55 000,00 EUR
Sozialkosten	80 000,00 EUR
Instandhaltungskosten	48 000,00 EUR
Steuern, Versicherungen	6 000,00 EUR
Kalkulatorische Abschreibung	540 000,00 EUR
Kalkulatorische Zinsen	170 000,00 EUR
Raumkosten	20 000,00 EUR
Summe der Gemeinkosten	1 167 000,00 EUR

Aufgaben:

1. Geben Sie zwei Gründe an, warum im Allgemeinen die Kalkulation der Fertigungskosten auf der Basis von Maschinenstundensätzen genauer wird!

2. Errechnen Sie aus dem Jahres-Betriebsabrechnungsbogen die maschinenabhängigen Kosten und die Rest-Fertigungsgemeinkosten für die Näherei in einer Tabelle!

3. Ermitteln Sie den Maschinenstundensatz und den Rest-Fertigungsgemeinkostenzuschlagssatz. Die Fertigungslöhne betragen 430 000,00 EUR.

4. Die Ausführung eines Einzelauftrages erfordert folgende Kosten:

Verbrauch von Fertigungsmaterial	2 000,00 EUR
Maschinenstunden	2,5
Fertigungslöhne	4 Std. zu je 45,00 EUR
Materialgemeinkostenzuschlagssatz	10 %

Ermitteln Sie die Herstellkosten!

7.9 Zusammenfassung zur Kostenarten-, Kostenstellen- und Kostenträgerrechnung

Zahlenmaterial aus der Finanzbuchhaltung oder aus Hilfsrechnungen (Material- und Anlagenrechnung, Lohn- und Gehaltsbuchhaltung)

Verrechnung der Kostenarten auf Kostenträger

Abrechnungsstufen | **Rechnungsgegenstand**

Kostenartenrechnung
Welche Kosten sind angefallen?
(z. B. Personal-, Sach-, Zinskosten u. a.)

Periodenrechnung
(Erfassungsrechnung)

Gesamtkosten nach Kostenarten gegliedert

- **Einzelkosten** (direkt zurechenbar)
- **Gemeinkosten** (nur indirekt über Schlüssel zurechenbar)

Kostenstellenrechnung
Wo sind die Kosten angefallen?
(z. B. im Material-, Fertigungs-, Verwaltungs-, Vertriebsbereich)

Periodenrechnung
(Verteilungsrechnung)

Betriebsabrechnungsbogen – BAB –

Hilfs-kostenstellen → Haupt-kostenstellen

Gemeinkosten-zuschlagssätze

Kostenträgerrechnung
Wofür sind die Kosten angefallen?
(z. B. Produktart 1, Produktart 2)

Periodenrechnung und Stückrechnung
- Vorkalkulation zu Normalkosten
- Nachkalkulation zu Istkosten

Gesamtkosten nach Kostenarten gegliedert (Erzeugnisse oder Aufträge)

Istkosten (Bewertung zu bezahlten Preisen)

Normalkosten (Bewertung zu Durchschnittspreisen)

439

8 Teilkostenrechnung

8.1 Unterscheidung zwischen Vollkostenrechnung und Teilkostenrechnung

Das bisher angesprochene Kostenrechnungsverfahren hatte das Ziel, sämtliche angefallenen Kostenarten auf die Kostenträger zu verrechnen. Eine solche Kostenrechnung bezeichnet man daher als **Vollkostenrechnung**. Die Vollkostenrechnung geht von der Aufgliederung der Kosten in **Einzelkosten** und **Gemeinkosten** aus.

Bei der Vollkostenrechnung werden die Einzelkosten direkt den Kostenträgern zugeordnet, während die Gemeinkosten zunächst im BAB den Kostenstellen belastet werden, die sie verursacht haben. Im BAB werden anschließend für die Hauptkostenstellen Gemeinkostenzuschlagssätze errechnet. Über diese Zuschlagssätze gehen die Gemeinkosten in die Kostenträgerstückrechnung ein. Da die Zuschlagssätze Prozentsätze darstellen, wird davon ausgegangen, dass sich die Gemeinkosten proportional zur Zuschlagsgrundlage (z.B. Verbrauch von Fertigungsmaterial, Fertigungslöhnen) verändern. Damit wird unterstellt, dass sich auch die fixen Gemeinkosten proportional zum Beschäftigungsgrad verhalten. Da die Fixkosten in der Gesamtbetrachtung von der Ausbringungsmenge unabhängig sind, steht diese Unterstellung im Widerspruch zur Realität. Um diesem Widerspruch zu begegnen, werden bei der Teilkostenrechnung zunächst nur die **variablen Kosten** in die Kalkulation einbezogen.

> **Merke:**
>
> ■ Eine Kostenrechnung, die zunächst nur einen Teil der Kosten (variable Kosten) in die Kostenberechnung einbezieht, nennt man **Teilkostenrechnung**. Die bekannteste Teilkostenrechnung ist die **Deckungsbeitragsrechnung**.
>
> ■ Die **Teilkostenrechnung** geht von einer Aufgliederung der Kosten in **fixe Kosten** und **variable Kosten** aus.

8.2 Grundzüge der Deckungsbeitragsrechnung[1]

8.2.1 Aufbau der Deckungsbeitragsrechnung

Eine weit verbreitete Form der Teilkostenrechnung ist die so genannte **Deckungsbeitragsrechnung,** deren Grundanliegen wir hier darstellen wollen.

Wie die Bezeichnung schon zum Ausdruck bringt, werden bei der Deckungsbeitragsrechnung **Deckungsbeiträge** ermittelt. Diese ergeben sich, indem man von den **Nettoverkaufserlösen** der Produkte die **variablen Kosten** abzieht. In Höhe der Deckungsbeiträge sind die Produkte an der Deckung der noch nicht verrechneten Fixkosten beteiligt. Zum Ergebnis gelangt man, indem man vom ermittelten Deckungsbeitrag die anteiligen Fixkosten abzieht.

---

1 Für den Begriff „Deckungsbeitragsrechnung" wird in der betriebswirtschaftlichen Literatur auch der Begriff „Direct Costing" verwandt.

Erfolgt der **Abzug der Fixkosten** von den Deckungsbeiträgen in **einer Summe,** spricht man von **einstufiger Deckungsbeitragsrechnung.** Ihr liegt folgendes Berechnungsschema zugrunde:

Erzeugnis A   **Erzeugnis B**   usw.

Nettoverkaufserlöse   Nettoverkaufserlöse
– variable Kosten   – variable Kosten

= Deckungsbeitrag   = Deckungsbeitrag ⟶ Summe der Deckungsbeiträge
   von Erzeugnis A   von Erzeugnis B   – fixe Kosten

                                          = Betriebsergebnis
                                          (Betriebsgewinn/Betriebsverlust)

Merke:

- Unter den **Nettoverkaufserlösen** versteht man die Erlöse, die dem Unternehmen nach Abzug der Umsatzsteuer und etwaiger Erlösschmälerungen (z.B. Kundenrabatt, Kundenskonto, Vertreterprovision) tatsächlich verbleiben.[1]

- Den Überschuss der Nettoverkaufserlöse über die variablen Kosten nennen wir **Deckungsbeitrag.**

- Der **Deckungsbeitrag** gibt an, welchen Beitrag ein Kostenträger zur **Deckung** der **fixen Kosten** leistet.

- Zur Ermittlung des Betriebsergebnisses werden bei der **einstufigen Deckungsbeitragsrechnung** die fixen Kosten in einer Summe von der Summe der Deckungsbeiträge abgezogen.

Übungsaufgaben

174 1. Erläutern Sie den Begriff des Deckungsbeitrags!

2. Bei welchen wichtigen Unternehmensaufgaben kann die Deckungsbeitragsrechnung sinnvolle Hilfestellung leisten?

3. Worin sehen Sie den entscheidenden Unterschied zwischen der Vollkostenrechnung und der Deckungsbeitragsrechnung?

175 Welche Aussage über den Deckungsbeitrag ist richtig?

1. Er deckt höchstens die fixen Kosten ab.

2. Er steigt, wenn bei konstanten Stückerlösen die variablen Stückkosten steigen.

3. Er sinkt, wenn bei konstanten Stückerlösen die variablen Stückkosten steigen.

4. Er errechnet sich als Differenz zwischen den variablen Kosten und den Selbstkosten.

5. Verrechnete Gemeinkosten minus Ist-Gemeinkosten ergibt den Deckungsbeitrag.

---

1 Der Nettoverkaufserlös entspricht dem Barverkaufspreis im Kalkulationsschema.

8.2.2 Arten der Deckungsbeitragsrechnung

Deckungsbeiträge können sowohl für eine bestimmte Periode **(Deckungsbeitragsrechnung als Periodenrechnung)** als auch für einzelne Produkte **(Deckungsbeitragsrechnung als Stückrechnung)** ermittelt werden.

8.2.2.1 Deckungsbeitragsrechnung als Stückrechnung

Beispiel:

Aus Wettbewerbsgründen ist ein Hersteller gezwungen, den Listenverkaufspreis für ein Trimmgerät auf 816,32 EUR festzusetzen. Den Sportartikelgroßhändlern werden 25 % Rabatt und 2 % Skonto eingeräumt. Die variablen Kosten betragen 400,00 EUR.

Aufgaben:

1. Berechnen Sie den Deckungsbeitrag je Stück!

2. Stellen Sie den Deckungsbeitrag je Stück grafisch dar!

Lösungen:

Zu 1.: Berechung des Deckungsbeitrags

Listenverkaufspreis (netto)	816,32 EUR
– 25 % Rabatt	204,08 EUR
Zielverkaufspreis	612,24 EUR
– 2 % Skonto	12,24 EUR
Nettoverkaufserlös (Barverkaufspreis)	600,00 EUR
– variable Kosten	400,00 EUR
Deckungsbeitrag	200,00 EUR

Zu 2.: Grafische Darstellung

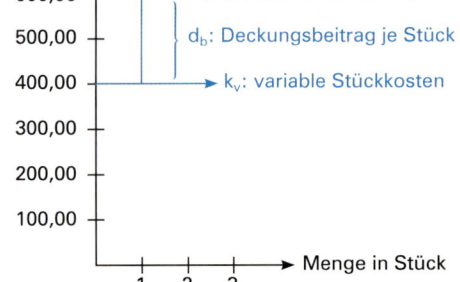

Merke:

Nettoverkaufserlös je Stück
(Barverkaufspreis je Stück)
– variable Kosten je Stück

Deckungsbeitrag je Stück

Der Deckungsbeitrag besagt, dass je Trimmgerät 200,00 EUR zur Deckung der Fixkosten zur Verfügung stehen. Ob der Deckungsbeitrag ausreicht, um neben der Deckung der fixen Kosten auch einen **Stückgewinn** zu erzielen, bleibt offen. Sicher ist aber, dass jeder Preis, der **über** den **variablen Kosten** liegt, zur Deckung der fixen Kosten beiträgt. Insofern dient der Stückdeckungsbeitrag als Entscheidungshilfe für die Annahme oder Ablehnung von Aufträgen.

Merke:

■ Jeder Deckungsbeitrag trägt zur Verbesserung des Betriebsergebnisses bei.

■ Ob ein Stückgewinn erzielt wird und gegebenenfalls in welcher Höhe, kann bei dieser einfachen Form der Deckungsbeitragsrechnung nicht bestimmt werden.

8.2.2.2 Deckungsbeitragsrechnung als Periodenrechnung

Bei der **einstufigen Deckungsbeitragsrechnung** werden zur Ermittlung des Betriebsergebnisses die fixen Kosten in einem Block von der Summe der Deckungsbeiträge abgezogen.

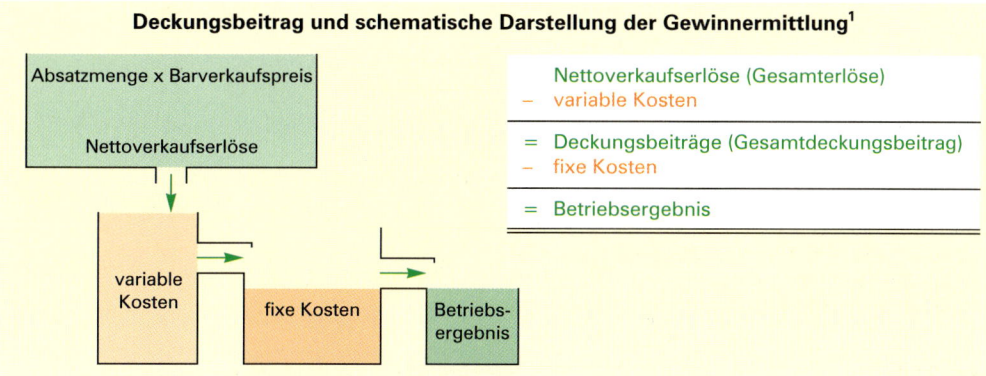

Deckungsbeitrag und schematische Darstellung der Gewinnermittlung[1]

Absatzmenge x Barverkaufspreis

Nettoverkaufserlöse

variable Kosten

fixe Kosten

Betriebsergebnis

Nettoverkaufserlöse (Gesamterlöse)
− variable Kosten

= Deckungsbeiträge (Gesamtdeckungsbeitrag)
− fixe Kosten

= Betriebsergebnis

Beispiel:

Die KLR eines Industrieunternehmens liefert uns für den Monat Juni für die Erzeugnisse A und B folgende Zahlen:

	Erzeugnis A	Erzeugnis B
Produktions- und Absatzmenge	300 Stück	400 Stück
Nettoverkaufserlös je Stück	500,00 EUR	750,00 EUR
Variable Kosten je Stück	160,00 EUR	505,00 EUR
Fixe Kosten des Unternehmens für den Monat Juni	150 000,00 EUR	

Aufgaben:

1. Berechnen Sie den Deckungsbeitrag je Erzeugnis und die Deckungsbeiträge insgesamt!
2. Ermitteln Sie das Betriebsergebnis für den Monat Juni!
3. Berechnen Sie den Stückdeckungsbeitragssatz für das Erzeugnis A sowie den Deckungsbeitragssatz für die Erzeugnisgruppe A!

Lösungen:

Zu 1. und 2.: Berechnung der Deckungsbeiträge und des Betriebsergebnisses

	Erzeugnis A	Erzeugnis B	Gesamtbeträge
Nettoverkaufserlöse (E)	150 000,00 EUR	300 000,00 EUR	450 000,00 EUR
− variable Kosten (K_v)	48 000,00 EUR	202 000,00 EUR	250 000,00 EUR
Deckungsbeiträge (DB)	102 000,00 EUR	98 000,00 EUR	200 000,00 EUR
− unternehmensfixe Kosten (K_{fix})			150 000,00 EUR
Betriebsgewinn			50 000,00 EUR

---

1 Zdrowomyslaw, Norbert/Götze, Wolfgang: Kosten-, Leistungs- und Erlösrechnung, München/Wien 1995, S. 461.

Zu 3.: Berechnung des Deckungsbeitragssatzes

Der Deckungsbeitragssatz gibt an, welcher Teil der Nettoverkaufserlöse in Prozent zur Deckung der fixen Kosten bereitsteht, oder anders ausgedrückt: Wie viel Prozent beträgt der Deckungsbeitrag vom Nettoverkaufserlös. Das ist der Prozentsatz vom Nettoverkaufserlös, der zur Deckung der Fixkosten verfügbar ist.[1] Der Deckungsbeitragssatz kann als Stückdeckungsbeitragssatz (db-Satz) oder als Deckungsbeitragssatz bezogen auf die Nettoverkaufserlöse eines Erzeugnisses bzw. einer Erzeugnisgruppe (DB-Satz) definiert werden.

$$\text{db-Satz} = \frac{db \cdot 100}{\text{Nettoverkaufserlöse/Stück}} \qquad \text{DB-Satz} = \frac{DB \cdot 100}{\text{Nettoverkaufserlöse/Zeitraum}}$$

$$\text{db-Satz} = \frac{340 \cdot 100}{500} = 68\,\% \qquad\qquad \text{DB-Satz} = \frac{102\,000 \cdot 100}{150\,000} = 68\,\%$$

Übungsaufgaben

176 Aus Wettbewerbsgründen ist ein Hersteller gezwungen, den Listenverkaufspreis für ein Trimmgerät auf 816,32 EUR festzusetzen. Den Sportartikelgroßhändlern werden 25 % Rabatt und 2 % Skonto eingeräumt. Die variablen Kosten betragen 400,00 EUR.

Aufgaben:

1. Berechnen Sie den Deckungsbeitrag sowie den Stückdeckungsbeitragssatz!

2. Stellen Sie den Deckungsbeitrag je Stück grafisch dar!

3. Beschreiben Sie die Rolle des Stückdeckungsbeitrags bei der Entscheidung über die Annahme oder Ablehnung eines Auftrages!

177 1. Beschreiben Sie mit eigenen Worten das Wesen der Deckungsbeitragsrechnung!

2. Worin sehen Sie das Hauptproblem bei der Anwendung der Deckungsbeitragsrechnung?

3. Die Kosten- und Leistungsrechnung eines Industriebetriebs liefert uns folgende Zahlen:
Der Listenverkaufspreis je Stück beträgt 1480,00 EUR. Dem Großhandel werden folgende Bedingungen gewährt: 30 % Kundenrabatt, $2\frac{1}{2}$ % Kundenskonto. Der Vertreter erhält 12 % Vertreterprovision vom Zielverkaufspreis. Die variablen Kosten betragen 260,00 EUR je Stück.

Aufgaben:

3.1 Berechnen Sie den Deckungsbeitrag je Stück!

3.2 Stellen Sie den Deckungsbeitrag je Stück grafisch dar!

---

1 Der Deckungsbeitragssatz kann auch als Deckungsbeitragsfaktor formuliert werden:

$$\text{db-Faktor} = \frac{db}{\text{Nettoverkaufserlöse/Stück}} \qquad \text{DB-Faktor} = \frac{DB}{\text{Nettoverkaufserlöse/Zeitraum}}$$

4. Die Teilkostenrechnung eines Unternehmens weist für ein bestimmtes Produkt folgende Ergebnisse aus:

Aufgaben:

4.1 Nettoverkaufserlös > variable Stückkosten.

4.2 Nettoverkaufserlös < variable Stückkosten.

4.3 Nettoverkaufserlös = variable Stückkosten.

4.4 Stückdeckungsbeitrag = 0,00 EUR.

Bei welchem Ergebnis sollte das Produkt nicht mehr verkauft werden?

178 Ein Motorenwerk stellt von einem Motor drei verschiedene Modelle her. Die KLR liefert uns für den Monat Mai folgende Zahlen:

	Modell 1	Modell 2	Modell 3
Verbr. v. Fertigungsmaterial/Stück	900,00 EUR	780,00 EUR	410,00 EUR
Fertigungslöhne/Stück	420,00 EUR	525,00 EUR	190,00 EUR
variable Gemeinkosten/Stück	360,00 EUR	305,00 EUR	280,00 EUR
Summe d. variablen Kosten/Stück	1680,00 EUR	1610,00 EUR	880,00 EUR
produzierte u. verkaufte Anzahl	300 Stück	400 Stück	700 Stück
Nettoverkaufserlöse je Stück	2910,00 EUR	2200,00 EUR	1510,00 EUR

Die Fixkosten im Monat Mai betragen 820000,00 EUR.

Aufgaben:

1. Berechnen Sie das Betriebsergebnis für den Monat Mai!

2. Berechnen Sie den Deckungsbeitragssatz für das Modell 1!

179 Die Hohmann AG stellt drei verschiedene Typen von Gartenstühlen her. Für den Monat Oktober legt die Kosten- und Leistungsrechnung folgende Zahlen vor:

	Typ A	Typ B	Typ C
Nettoverkaufserlöse je Stück	120,00 EUR	85,00 EUR	76,00 EUR
variable Stückkosten	85,00 EUR	69,00 EUR	65,00 EUR
Verkaufsmengen in Stück	1500	3500	5200

Die fixen Kosten der Rechnungsperiode werden mit 95000,00 EUR veranschlagt.

Aufgaben:

1. Ermitteln Sie für jeden Typ den Deckungsbeitrag je Stück!

2. Ermitteln Sie für jeden Typ die Deckungsbeiträge der Rechnungsperiode!

3. Stellen Sie unter dem Gesichtspunkt der erzielten Deckungsbeiträge eine Rangfolge der Erzeugnisarten auf!

4. Ermitteln Sie das Betriebsergebnis der Periode!

5. Stellen Sie den Deckungsbeitrag für den Kostenträger A grafisch dar!

180 Die Kludi GmbH stellt Haushaltskühlschränke und Wäschetrockner her. Auf dem Absatzmarkt gelten folgende Listenverkaufspreise: für Kühlschränke 600,00 EUR, für Wäschetrockner 420,00 EUR. An Einzelkosten fallen an: für einen Kühlschrank 220,00 EUR, für einen Wäschetrockner 185,00 EUR. Die variablen Gemeinkosten betragen jeweils 85 % der Einzelkosten.

Den Abnehmern werden 10 % Rabatt und 2 % Skonto gewährt. Die Fixkosten der Rechnungsperiode betragen 350 000,00 EUR. Die Absatzmengen betrugen bei den Kühlschränken 5 000 Stück, bei den Wäschetrocknern 3 500 Stück.

Aufgaben:

1. Ermitteln Sie die Deckungsbeiträge:

    1.1 für jedes Erzeugnis,

    1.2 für die Rechnungsperiode insgesamt!

2. Ermitteln Sie das Betriebsergebnis der Rechnungsperiode!

8.3 Anwendung der Deckungsbeitragsrechnung als Entscheidungshilfe bei der Preis- und Absatzpolitik

8.3.1 Deckungsbeitrag als Instrument zur Bestimmung von Preisuntergrenzen

(1) Bestimmung der kurzfristigen und langfristigen Preisuntergrenze

Die Tatsache, dass ein positiver Deckungsbeitrag zur Deckung der Fixkosten beiträgt, kann das Unternehmen dazu nutzen, die Deckungsbeitragsrechnung als Instrument der Preispolitik einzusetzen. Kurzfristig kann das Unternehmen nämlich den Preis so absenken, dass lediglich die variablen Kosten abgedeckt sind. Für eine kurze Zeit kann es die fixen Kosten außer Acht lassen, denn diese fallen an, ob ein Verkauf getätigt wird oder nicht. Die Summe der variablen Kosten ist damit die **kurzfristige Preisuntergrenze (absolute Preisuntergrenze)**.

Langfristig hingegen kann ein Unternehmen nicht mit Verlusten produzieren, es muss zumindest kostendeckend arbeiten. Die **langfristige Preisuntergrenze** wird daher durch die Selbstkosten je Einheit bestimmt.

> **Merke:**
>
> ■ Die **kurzfristige (absolute) Preisuntergrenze** liegt bei dem Preis, bei dem der Stückerlös die **variablen Kosten je Einheit** abdeckt. Der Deckungsbeitrag ist in diesem Fall gleich null.
>
> $$e = K_v$$
>
> ■ Die **langfristige Preisuntergrenze** liegt bei dem Preis, bei dem der Stückerlös die entstandenen **Selbstkosten je Einheit** abdeckt.
>
> $$e = \frac{K_{fix}}{\text{erzeugte Menge}} + k_v$$

Ein Industrieunternehmen stellt nur ein Erzeugnis her. Für den Monat Februar weist die KLR folgende Daten aus: variable Stückkosten 60,00 EUR, Fixkosten 115000,00 EUR, Produktionsmenge 7000 Stück.

Aufgaben:

1. Ermitteln Sie die kurzfristige Preisuntergrenze!
2. Berechnen Sie die langfristige Preisuntergrenze!

Lösungen:

Zu 1.:   Kurzfristige Preisuntergrenze: 60,00 EUR

Zu 2.:   Langfristige Preisuntergrenze:

$$\frac{115\,000,00\ \text{EUR}}{7\,000\ \text{Stück}} + 60,00\ \text{EUR} = 76,43\ \text{EUR/Stück}$$

(2) Vorteile und Gefahren der Bestimmung von Preisuntergrenzen

Aus den Formeln ist zu erkennen, dass die **langfristige Preisuntergrenze** mit **zunehmender Ausbringungsmenge absinkt (Degressionseffekt der Fixkosten),** während die **kurzfristige Preisuntergrenze** von der **jeweiligen Ausbringungsmenge unabhängig** ist.

Eine Preissenkung bei einzelnen Erzeugnissen bzw. Erzeugnisgruppen kann das Unternehmen dazu nutzen, auf sein Produktprogramm aufmerksam zu machen. Es hofft darauf, dass die niedrig kalkulierten Erzeugnisse Auslöser dafür sind, dass die Kunden auch die übrigen Erzeugnisse des Produktprogramms bestellen. Auf diese Weise erreicht das Unternehmen eine Umsatz- und Gewinnsteigerung.

Durch die Vorgabe von Preisuntergrenzen bzw. festgelegten Deckungsbeiträgen wird die **Absatzpolitik des Unternehmens flexibler** (beweglicher). So muss z.B. der Reisende für sein Produktprogramm lediglich sein vorgegebenes Deckungssoll erreichen. Er ist also in der Lage, auf das Marktgeschehen einzugehen und in schlechten oder umkämpften Absatzgebieten geringere Preise in Kauf zu nehmen, sofern es ihm gelingt, in guten Absatzgebieten Preise zu erzielen, die über dem vorgegebenen Deckungsbeitrag liegen. Bei richtiger Anwendung können so Marktchancen besser wahrgenommen werden.

Die große **Gefahr der Deckungsbeitragsrechnung als Stückrechnung** liegt darin, dass das Unternehmen insgesamt ein **zu niedriges Preisniveau akzeptiert.** Die Deckungsbeitragsrechnung verführt dazu, dass sich der Verkauf lediglich an einem positiven Deckungsbeitrag orientiert, ohne dabei genau zu wissen, ob die fixen Kosten insgesamt gedeckt sind bzw. ob ein Gewinn erwirtschaftet wird. Es besteht somit die Gefahr, den Blick auf „einen Teil der Kosten bzw. auf den Gewinn zu vernachlässigen". Erst die Deckungsbeitragsrechnung als Zeitrechnung offenbart dann, ob ein Betriebsgewinn oder ein Betriebsverlust erwirtschaftet wurde.

Merke:

■ Durch die **Vorgabe von Preisuntergrenzen** bzw. festgelegten Deckungsbeiträgen wird die **Absatzpolitik des Unternehmens flexibler** (beweglicher).

■ Bei der Deckungsbeitragsrechnung besteht die **Gefahr,** eine zu **nachgiebige Preispolitik** zu betreiben und eine vollständige Kostendeckung zu vernachlässigen.

181 1. Geben Sie an, wie die Begriffe „kurzfristige Preisuntergrenze" und „langfristige Preisuntergrenze" bestimmt sind!

2. Kann ein Industriebetrieb langfristig überleben, wenn er die Preise für seine Erzeugnisse an der langfristigen Preisuntergrenze ausrichtet? Begründen Sie Ihre Entscheidung!

3. Die Kostenrechnung eines Industriebetriebs liefert uns für den Monat Januar folgende Zahlen:

	Erzeugnis A	Erzeugnis B
Produktions- und Absatzmenge	700 Stück	1 300 Stück
Lieferverkaufspreis je Stück	580,00 EUR	410,00 EUR
Kundenrabatt	10 %	12 %
Kundenskonto	3 %	2 %
Vertreterprovision zum Zielverkaufspreis	5 %	7 %
variable Kosten je Stück	280,00 EUR	302,00 EUR
fixe Kosten	98 500,00 EUR	

Aufgaben:

3.1 Bestimmen Sie den Deckungsbeitrag für die Erzeugnisse A und B!

3.2 Errechnen Sie das Betriebsergebnis!

3.3 Geben Sie die absolute Preisuntergrenze für die Erzeugnisse A und B an!

182 Eine Maschinenfabrik stellt Abfüllmaschinen her. Vom Typ A werden im Monat Januar 10 Maschinen hergestellt. Hierfür sind folgende Kosten (linearer Kostenverlauf) in den einzelnen Kostenstellen angefallen:

Gesamtkosten	Einzel-kosten	Gemeinkosten	
		fixe Kosten	variable Kosten
Material	170 000,00 EUR	10 000,00 EUR	18 000,00 EUR
Fertigung	80 000,00 EUR	35 000,00 EUR	24 000,00 EUR
Verwaltung/Vertrieb		15 000,00 EUR	

Die Maschine des Typs A erzielt einen Nettoverkaufspreis von 36 000,00 EUR. Von der Maschine A können maximal 10 Stück je Monat hergestellt werden.

Aufgaben:

1. Wo liegt die kurzfristige Preisuntergrenze je Maschine des Typs A?

2. Berechnen Sie die langfristige Preisuntergrenze!

3. Die Maschinenfabrik plant eine Ersatzinvestition zur Herstellung des Maschinentyps A. Die Kapazität erhöht sich dadurch um 20 %.

   Die Kostenstruktur ändert sich wie folgt: Die fixen Kosten steigen um 40 %, die variablen Kosten sinken um 25 %.

   3.1 Berechnen Sie die neuen Stückkosten je Maschine!

   3.2 Wie viel EUR Gewinn ergibt sich dann je Maschine?

   3.3 Ab welcher Stückzahl erzielt die Maschinenfabrik Gewinn, wenn der Nettoverkaufserlös für die Maschine A um 15 % sinkt?

183 In einem Einproduktunternehmen können zurzeit monatlich 20 000 Einheiten des Erzeugnisses hergestellt werden, was einem Beschäftigungsgrad von 80 % entspricht.

Die Gesamtkosten im Monat Juni betragen 289 200,00 EUR, die variablen Stückkosten sind mit 9,20 EUR je Stück angegeben. Alle 20 000 Stück wurden am Markt zu einem Nettoverkaufserlös von 20,20 EUR/Stück abgesetzt.

Aufgaben:
1. Berechnen Sie die Fixkosten!
2. Ermitteln Sie das Betriebsergebnis für den Monat Juni!
3. Wie viel EUR beträgt der Deckungsbeitrag je Stück?
4. Bei welchem EUR-Betrag liegt die absolute Preisuntergrenze?
5. Bei welchem EUR-Betrag liegt die langfristige Preisuntergrenze?

8.3.2 Deckungsbeitragsrechnung als Instrument zur Entscheidungsfindung über die Annahme eines Zusatzauftrages

Unter Zusatzaufträgen verstehen wir solche Aufträge, die unterhalb der derzeitigen Verkaufspreise angenommen werden. Bei nicht ausgelasteten Produktionskapazitäten kann unter bestimmten Bedingungen das Betriebsergebnis verbessert werden.

Ein Zusatzauftrag führt dann zu einer Verbesserung des Betriebsergebnisses, wenn die Nettoverkaufserlöse höher liegen als die variablen Kosten des Auftrages. Die fixen Kosten können außer Betracht bleiben, da sie ja unabhängig davon anfallen, ob der Zusatzauftrag angenommen wird oder nicht. Der erzielbare Deckungsbeitrag ist somit das Kriterium für die Annahme oder Ablehnung des Zusatzauftrages.

Merke:

- Für die Annahme bzw. die Ablehnung eines Zusatzauftrages gilt:
  - Deckungsbeitrag > 0 ⟶ Annahme des Zusatzauftrages
  - Deckungsbeitrag < 0 ⟶ Ablehnung des Zusatzauftrages
- Zusatzaufträge tragen zur besseren Produktionsauslastung und zur Arbeitsplatzerhaltung bei.

Beispiel:

Im laufenden Monat ist folgende Produktions- und Absatzsituation gegeben:

	Erzeugnis I	Erzeugnis II
Nettoverkaufserlös	198,00 EUR	270,00 EUR
variable Stückkosten	112,00 EUR	120,00 EUR
fixe Kosten insgesamt	150 000,00 EUR	
Absatzmenge	700 Stück	950 Stück
Kapazität	900 Stück	1 200 Stück

Das Unternehmen hat die Möglichkeit, von Erzeugnis II 210 Stück zum Festpreis von 180,00 EUR als Sondermodell zu verkaufen.

Aufgabe:
Lohnt sich die Hereinnahme des Zusatzauftrages?

449

29 Speth – ISBN 978-3-8120-0491-6

	Erzeugnis I	Erzeugnis II	Zusatzauftrag
Nettoverkaufserlöse	138 600,00 EUR	256 500,00 EUR	37 800,00 EUR
– variable Kosten	78 400,00 EUR	114 000,00 EUR	25 200,00 EUR
Deckungsbeitrag	60 200,00 EUR	142 500,00 EUR	12 600,00 EUR
– fixe Kosten	150 000,00 EUR		
Betriebsgewinn ohne Zusatzauftrag	52 700,00 EUR		
+ Deckungsbeitrag Zusatzauftrag	12 600,00 EUR		
Betriebsgewinn mit Zusatzauftrag	65 300,00 EUR		

Ergebnis: Die Hereinnahme des Zusatzauftrages lohnt sich, da dadurch der Betriebsgewinn um 12 600,00 EUR gesteigert werden kann.

Hinweis:

Sofern ein positiver Deckungsbeitrag erzielt werden kann, würde sich die Hereinnahme des Zusatzauftrages auch im Fall eines Betriebsverlusts lohnen. Ein positiver Deckungsbeitrag trägt dann dazu bei, den Betriebsverlust zu verringern.

Übungsaufgaben

184 Ein Industriebetrieb verfügt über freie Kapazität. Er fertigt die Produkte A, B und C. Ein Großhandelshaus erteilt einen Zusatzauftrag über 2000 Stück des Produktes B als Sondermodell, wenn dieses zu einem Listenverkaufspreis von 46,20 EUR geliefert werden kann. Die KLR liefert uns folgende Daten:

	Produkt A	Produkt B	Produkt C	Zusatzauftrag (von Produkt B)
Nettoverkaufserlöse	33,60 EUR	58,80 EUR	95,20 EUR	
variable Stückkosten	25,20 EUR	39,20 EUR	60,20 EUR	42,00 EUR
Absatzmenge	1 400 Stück	3 000 Stück	2 100 Stück	2 000 Stück
Kapazität	1 500 Stück	6 000 Stück	2 700 Stück	

Die fixen Kosten des Industriebetriebs betragen insgesamt 82 000,00 EUR.

Aufgaben:

1. Entscheiden Sie, ob es unter wirtschaftlichen Gesichtspunkten empfehlenswert ist, den Zusatzauftrag anzunehmen!

2. Berechnen Sie den neuen Betriebsgewinn bei Annahme des Zusatzauftrages!

3. Wo liegt die absolute Preisuntergrenze für die Hereinnahme des Zusatzauftrages?

185 Ein Industrieunternehmen produziert drei verschiedene Erzeugnisse. Die KLR gibt uns hierfür folgende Daten an:

	Erzeugnis I	Erzeugnis II	Erzeugnis III
Nettoverkaufserlöse	1 420,00 EUR	3 390,00 EUR	7 710,00 EUR
variable Stückkosten	1 600,00 EUR	2 910,00 EUR	5 850,00 EUR
Absatzmenge	20 Stück	30 Stück	15 Stück
Kapazität	25 Stück	50 Stück	30 Stück
fixe Kosten insgesamt	45 100,00 EUR		

Das Unternehmen erhält einen Zusatzauftrag über 12 Stück des Erzeugnisses III zum Festpreis von 6 200,00 EUR. Das Industrieunternehmen nimmt den Zusatzauftrag aus arbeitsmarktpolitischen Gründen an.

Aufgaben:

1. Berechnen Sie den Betriebsgewinn bzw. Betriebsverlust!

2. Machen Sie einen Vorschlag zur Produktionsplanung!

186 Ein Industrieunternehmen produziert drei verschiedene Typen einer Kaffeemaschine. Die KLR ermittelt für den Monat Juli folgende Zahlen:

	Typ A	Typ B	Typ C
produziert und verkauft	6 500 Stück	9 750 Stück	10 400 Stück
Nettoverkaufserlös je Stück	58,50 EUR	88,40 EUR	104,00 EUR
variable Stückkosten	49,40 EUR	73,45 EUR	89,70 EUR

Aufgaben:

1. Berechnen Sie für jeden Typ den Deckungsbeitrag je Stück und den Deckungsbeitrag insgesamt für den jeweiligen Produkttyp!

2. Wie viel EUR beträgt das Betriebsergebnis für den Monat Juli, wenn die Fixkosten insgesamt 241 150,00 EUR betragen?

3. Entscheiden Sie, ob es unter wirtschaftlichen Gesichtspunkten empfehlenswert ist, einen Zusatzauftrag von 3 900 Stück von Typ B anzunehmen, wenn entsprechend von Typ C dann 3 900 Stück weniger produziert werden können!

187 Die Geschäftsleitung der Kunststoffwerke Erler GmbH beschließt, die Deckungsbeitragsrechnung einzuführen. Das Unternehmen erwartet für das kommende Quartal folgende Daten:

	Produkt A	Produkt B
Absatzmenge	350 Stück	800 Stück
Nettoverkaufserlös je Stück	450,00 EUR	325,00 EUR
variable Kosten je Stück	300,00 EUR	200,00 EUR
fixe Kosten	74 000,00 EUR	

Aufgaben:

1. Ermitteln Sie das voraussichtliche Betriebsergebnis mit Hilfe der Deckungsbeitragsrechnung!

2. Mit der Absatzmenge des Produktes A ist die Kapazität des Produktbereichs A nicht ausgelastet. Daher kann noch ein Zusatzauftrag über 40 Einheiten A angenommen werden.

   Ermitteln Sie die Preisuntergrenze für diesen Zusatzauftrag, wenn aus diesem Auftrag noch ein Gewinn von 2 000,00 EUR erwirtschaftet werden soll!

3. Die Deckungsbeitragsrechnung ermöglicht eine marktorientierte Mengenplanung und Preispolitik. Begründen Sie diese Aussage!

188 Ein Industrieunternehmen im Bereich Behälterbau hat Absatzschwierigkeiten. Folgende Daten liegen vor: Produktion: 215 Stück, Nettoverkaufserlöse: 289 535,00 EUR, variable Kosten: 234 135,00 EUR, Deckungsbeitrag: 55 400,00 EUR, anteilige Fixkosten: 57 000,00 EUR, Erzeugnisverlust: 1 600,00 EUR

Aufgabe:

Bei wie viel EUR je Behälter liegt die absolute Preisuntergrenze?

9 Finanzwirtschaft

9.1 Zusammenhang zwischen Investierung und Finanzierung

(1) Investition

Die betriebliche Tätigkeit ist dadurch geprägt, dass ständig ein Strom von betrieblichen Leistungen von der Beschaffung über die Produktion hin zum Absatz fließt. Dabei erfolgt zunächst eine **Kapitalbindung** während der **Beschaffungs- und Produktionsphase** und anschließend eine **Kapitalfreisetzung** in der Absatzphase.[1]

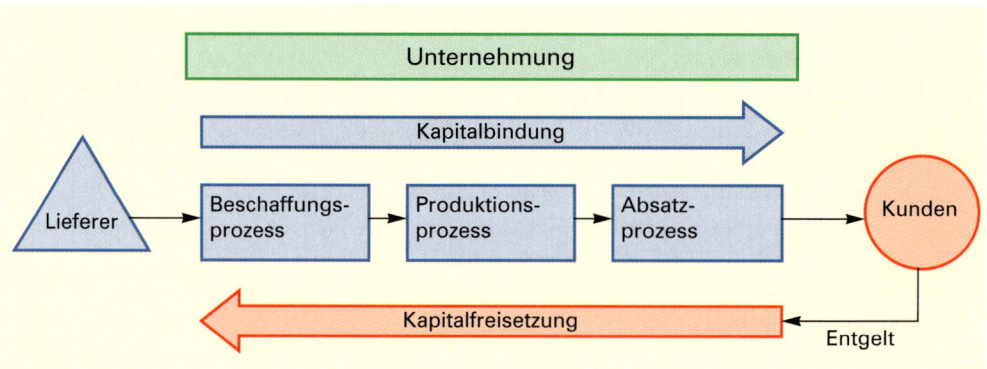

Werden im Rahmen der Beschaffungs- und Produktionsphase **größere Beträge** für **einzelne Vermögensgegenstände** (z. B. Grundstücke, Maschinen, Beteiligungen, Patente) aufgewendet (gezahlt) und ist die **Kapitalbindung** dabei **längerfristig** (wenigstens länger als eine Abrechnungsperiode) angelegt, so spricht man von **Investitionen**. Nach dieser Definition werden laufende Lohnzahlungen, Zahlungen für Werkstoffe, Energie, Versicherungen u. Ä. **nicht** als Investitionen bezeichnet, obwohl es sich hier zweifelsfrei um kapitalbindende Maßnahmen handelt.

> **Merke:**
>
> Werden bei der Beschaffung von **Sachvermögen, Finanzvermögen** oder **immateriellem Vermögen größere Anfangsauszahlungen** getätigt und ist die **Kapitalbindungsfrist längerfristig** (wenigstens länger als eine Abrechnungsperiode), so spricht man von **Investitionen**.

(2) Finanzierung

Zur Durchführung von Investitionen muss Kapital beschafft und bereitgestellt werden. Dies ist Aufgabe der Finanzierung.

---

1 Die Investitionen werden in Form von Abschreibungen in die Verkaufspreise einkalkuliert. Kann der Verkaufserlös am Markt durchgesetzt werden, fließt das investierte Kapital in Form von liquiden Mitteln wieder zurück. Diese Freisetzung von investiertem Kapital bezeichnet man als **Desinvestition**.

(3) Zusammenhang zwischen Investition und Finanzierung

Betrachtet man die Finanzierung und Investition vom Standpunkt der Bilanz, so zeigt sich die **Kapitalbeschaffung** im **Kapitalbereich (Passivseite),** die Auskunft darüber gibt, welche Kapitalbeträge dem Betrieb zur Nutzung überlassen worden sind und in welcher rechtlichen Form (Eigenkapital, Fremdkapital) das geschehen ist. Aus dem **Vermögensbereich (Aktivseite)** ist zu erkennen, welche **Verwendung die Mittel** (Anlage- und Umlaufvermögen) gefunden haben.

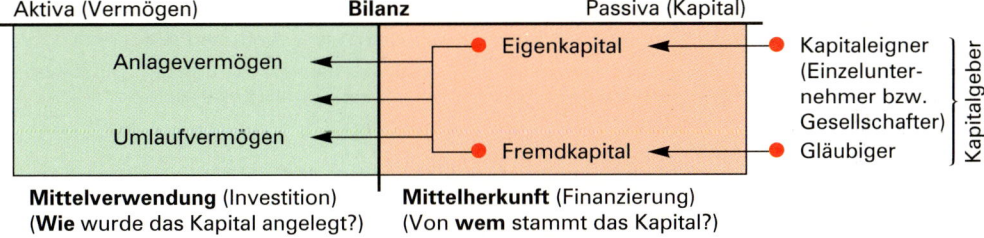

9.2 Investitionsanlässe und -arten

(1) Gliederung der Investitionen nach den Investitionsanlässen

Es gibt unterschiedliche Anlässe in einer Unternehmung, Investitionen zu tätigen. Die nachfolgende Übersicht zeigt die Zusammenhänge zwischen den Investitionsanlässen und den Investitionsarten auf.

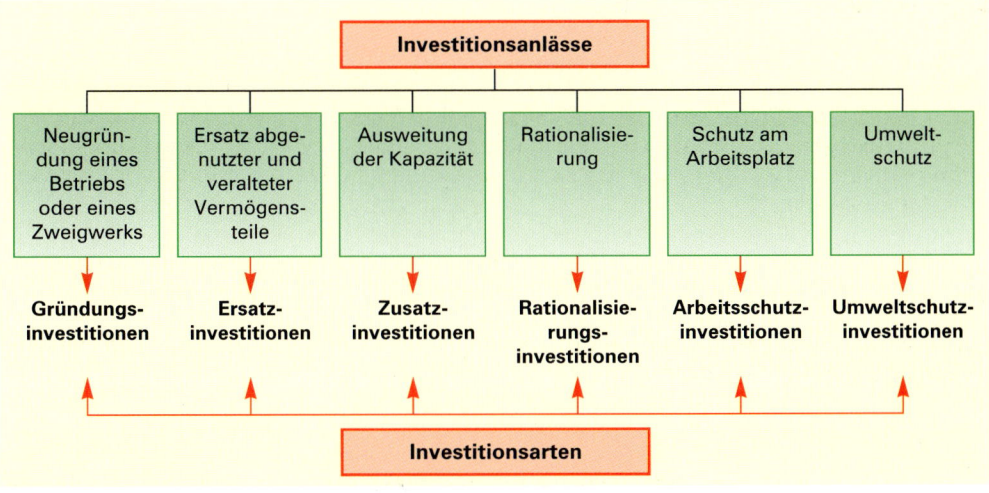

---

1 Z.B. Gründung, Kapitalerhöhung, Sanierung, Liquidation.

Erläuterungen:

■ **Gründungsinvestitionen (Erstinvestitionen)**

Hierunter versteht man alle Investitionen, die anlässlich der Gründung eines Unternehmens erforderlich sind. Dazu gehören die Anlageinvestitionen, Vorratsinvestitionen und die Finanzinvestitionen (z. B. Bankguthaben, Mindestkassenbestand).

■ **Ersatzinvestitionen (Reinvestitionen)[1]**

Sie dienen dazu, ausscheidende Vermögensteile zu ersetzen. Die Kapazität des Betriebs – gleichbleibenden technischen Stand vorausgesetzt – wird *nicht* verändert.[2]

Beispiele:

Vier ausgediente Maschinen werden durch vier neue Maschinen ersetzt. – Ein alter Lkw wird für einen neuen Lkw in Zahlung gegeben.

■ **Zusatzinvestitionen (Erweiterungsinvestitionen, Neuinvestitionen, Nettoinvestitionen)[3]**

Hierbei handelt es sich um Investitionen, die über die Ersatzinvestitionen *hinausgehen*. Die Kapazität des Betriebs wird (falls die Nettoinvestitionen größer bzw. kleiner als null sind) *verändert*.

Beispiel:

Es scheiden 4 Werkzeugmaschinen zum Anschaffungspreis von je 100000,00 EUR zum Jahresende aus. Gleichzeitig werden 6 Werkzeugmaschinen zum Anschaffungspreis von je 100000,00 EUR gekauft.[4] Die Ersatzinvestition beträgt dann 400000,00 EUR, die Zusatzinvestition (Erweiterungsinvestition) 200000,00 EUR.

■ **Rationalisierungsinvestitionen**

In der Regel beinhalten sowohl Ersatz- als auch Neuinvestitionen technische Verbesserungen (z.B. mehr Leistung bei gleichen Kosten oder geringere Kosten bei gleicher Leistung oder bessere Produktqualität usw.). Man spricht daher auch von **Verbesserungsinvestitionen (Rationalisierungsinvestitionen)**.

■ **Schutzinvestitionen**

Andererseits können Investitionen Schutzinvestitionen sein (Umweltschutz, Schutz am Arbeitsplatz), die die Kapazität des Betriebs nicht unmittelbar verändern.

■ **Gesamtinvestition (Bruttoinvestition)**

Die Summe *aller* Investitionen (Ersatz- *und* Zusatzinvestitionen) ist die Gesamtinvestition.

---

1 Reinvestieren: wieder investieren.

2 Die Reinvestitionen sind aus einer Bilanz nicht ersichtlich, weil sich Preise und Qualitäten der Investitionsgüter ändern. Um dennoch bestimmte Aussagen über die Investitionstätigkeit eines Unternehmens oder der Volkswirtschaft machen zu können, behilft man sich damit, dass man die **Abschreibungen** als Ausdruck für die Abnutzung der Investitionsgüter den Reinvestitionen gleichsetzt.

3 Eine Nettoinvestition kann auch negativ sein. Dies ist der Fall, wenn Investitionsgüter aus dem Betrieb ausscheiden ohne durch neue ersetzt zu werden. Man spricht von **Desinvestition**. Werden die Kosten einer Investition (z.B. die Abschreibung) in die Verkaufspreise einkalkuliert, so fließt das in dem Investitionsgut gebundene Kapital wieder in das Unternehmen zurück. Sofern der Markt also die Erzeugnisse zu kostendeckenden Preisen aufnimmt, entsprechen den Desinvestitionen i.d.R. die freigesetzten Finanzmittel.

4 Es werden konstante (gleichbleibende) Preise unterstellt.

In einem Betrieb scheiden 5 Gabelstapler zum Anschaffungspreis von je 120000,00 EUR aus. Zum gleichen Zeitpunkt werden 7 Gabelstapler zu je 120000,00 EUR beschafft (konstante Preise vorausgesetzt).

Investitionsbegriffe	Investition in Stück	Investition in EUR
Ersatzinvestition (Reinvestition)	5	600 000,00
+ Zusatzinvestition (Nettoinvestition)	2	240 000,00
Gesamtinvestition (Bruttoinvestition)	7	840 000,00

(2) Gliederung der Investitionen nach der Form der Anlage

Nach der Form der Anlage unterscheidet man zwischen Sachinvestitionen, Finanzinvestitionen und immateriellen Investitionen.

- Um **Sachinvestitionen** handelt es sich, wenn in Grundstücke, Maschinen, Werkzeuge, Vorräte u. Ä. investiert wird.

- Bei **Finanzinvestitionen** erwirbt das Unternehmen Forderungs- und Beteiligungsrechte (z.B. Obligationen, Aktien).

- Zu den **immateriellen Investitionen** zählen z.B. Forschungs- und Entwicklungsinvestitionen, Werbeinvestitionen, Ausbildungsinvestitionen, Sozialinvestitionen.

9.3 Kreislauf finanzieller Mittel

9.3.1 Überblick

Dem Unternehmen fließen finanzielle Mittel in Form von Bankguthaben als Eigenkapital und Fremdkapital zu. Diese finanziellen Mittel werden vor allem für die Anschaffung von Anlagegütern, aber auch für den Kauf von Werkstoffen und die Bezahlung der Personalaufwendungen ausgegeben. In die Preise der produzierten Güter und Dienstleistungen werden die Aufwendungen sowie ein Gewinnzuschlag einkalkuliert. Wenn die Produkte in vollem Umfang zu kostendeckenden Preisen verkauft werden, fließen auf längere Sicht die Aufwendungen in Form von Umsatzerlösen wieder in das Unternehmen zurück. Aus einem Teil dieser Einnahmen muss das aufgenommene Fremdkapital getilgt und die Zinsen müssen bezahlt werden. Aus dem Gewinnanteil der eingenommenen Umsatzerlöse wird zum Teil Eigenkapital neu gebildet. Ein anderer Teil wird als Gewinn ausgeschüttet. Ein weiterer Teil geht als Steuern an den Staat. (Um die Übersichtlichkeit zu erhalten, wurde von der Darstellung dieser Ausgaben im Schaubild auf S. 456 abgesehen.) Die dann noch übrig bleibenden finanziellen Mittel werden für die Beschaffung der Produktionsfaktoren verwendet. Je schneller dieser Kreislauf durchgeführt werden kann, umso mehr Gewinn kann mit dem gleichen Kapitalbetrag erwirtschaftet werden, die Umschlagshäufigkeit des Kapitals steigt und die Rentabilität erhöht sich.

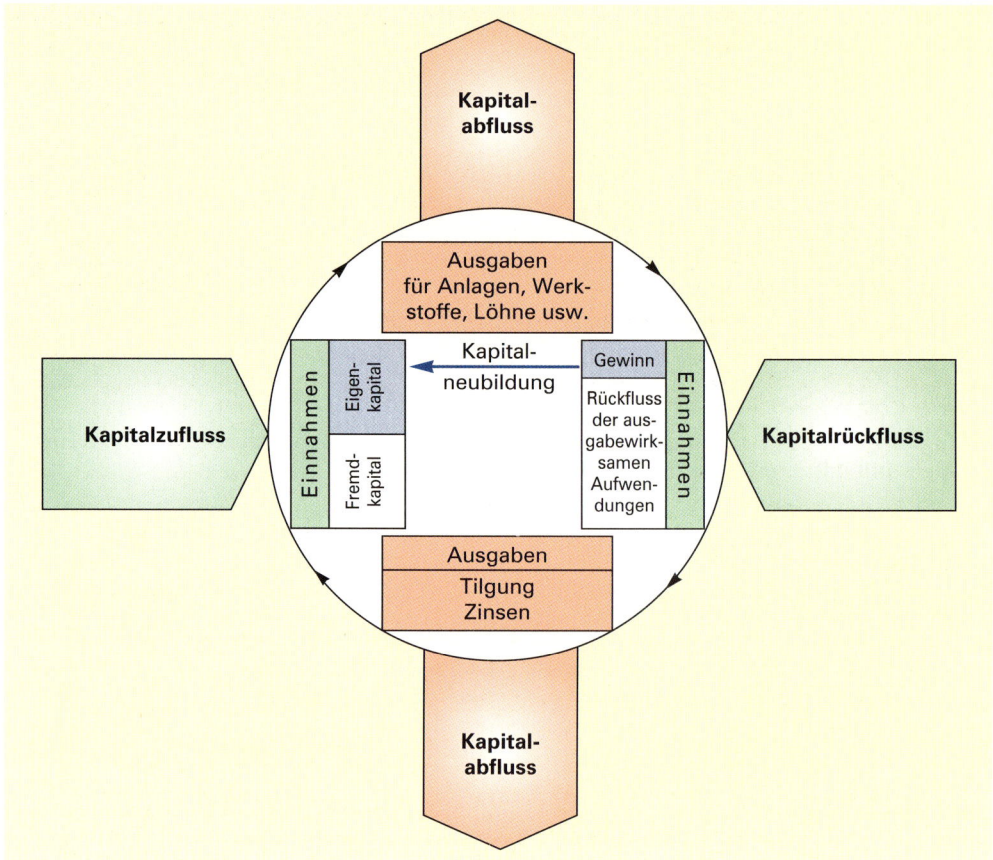

9.3.2 Finanzplan

Die auf die Finanzierung gerichteten Überlegungen der Geschäftsleitung erschöpfen sich nicht in der einmaligen Feststellung des Kapitalbedarfs bei Gründungen, Erweiterungen oder Umstrukturierungen eines Unternehmens. Vielmehr müssen **Finanzpläne** erstellt werden, die die erwarteten (geplanten) Einnahmen den erwarteten (geplanten) Ausgaben je Periode (z. B. 14-tägig, monatlich, jährlich) gegenüberstellen. Dabei müssen die erwarteten Einnahmen zumindest die erwarteten Ausgaben **längerfristig** decken. Sind auf längere Sicht die erwarteten Ausgaben höher als die erwarteten Einnahmen, ist das **finanzielle Gleichgewicht** gestört, d.h., das Unternehmen kann in ernste Schwierigkeiten geraten, wenn die Geschäftsleitung nicht rechtzeitig Maßnahmen ergreift. Hier zeigt sich dann auch die große Bedeutung der Finanzplanung als Steuerungsinstrument der Geschäftsleitung.

Merke:

Der **Finanzplan** ist eine Einnahme-Ausgabe-Vorschaurechnung. Man unterscheidet kurz-, mittel- und langfristige Finanzpläne.

Der Finanzplan muss **ständig überprüft** und gegebenenfalls einem **veränderten Kapital-bedarf angepasst** werden.

Beispiel:

Sachverhalt: Die Einnahmen-Ausgaben-Entwicklung in einem kleinen Zweigwerk der Max Rai-bold GmbH wird aufgrund der Abstimmungsergebnisse mit der Absatz-, Beschaffungs-, Perso-nal- und Investitionsplanung für die kommenden 6 Monate wie folgt geplant:

1. Januarumsatz 200 000,00 EUR. Monatliche Wachstumsrate (preislich und mengenmäßig) 1 %. Das durchschnittliche Kundenziel beträgt ein Monat. Eingänge aus den Dezemberforderungen 190 000,00 EUR im Januar.

2. Einzahlung einer noch ausstehenden Einlage im März: 25 000,00 EUR.

3. Roh-, Hilfs- und Betriebsstoffkäufe im Januar: 40 000,00 EUR. Die monatliche Wachstumsrate (preislich und mengenmäßig) beläuft sich auf 1 %. Das durchschnittliche Liefererziel beträgt $^1/_2$ Monat. Die Zahlungen an Lieferer aus den Dezemberrechnungen betragen 19 000,00 EUR.

4. Sonstige monatliche ausgabewirksame Aufwendungen im Januar: 130 000,00 EUR. Monat-liche Steigerungsrate 0,5 %.

5. Tilgung einer Darlehensschuld im April: 90 000,00 EUR.

6. Kauf einer Fertigungsmaschine im Juni. Anschaffungswert 80 000,00 EUR, zahlbar netto Kasse.

Alle Zahlungen erfolgen über das Bankkonto. Der eingeräumte Kontokorrentkredit beträgt 50 000,00 EUR. Kontostand Anfang Januar: Soll 30 000,00 EUR.

Aufgabe:

Erstellen Sie einen Finanzplan für die Monate Januar bis Juni!

Lösung:

Monate Einnah-men/Ausgaben	Januar	Februar	März	April	Mai	Juni
1. Einnahmen Erlöse Einlage	190 000,00[1]	200 000,00	202 000,00 25 000,00	204 020,00	206 060,00	208 120,00
Summe der Einnahmen	190 000,00	200 000,00	227 000,00	204 020,00	206 060,00	208 120,00
2. Ausgaben Vorratskäufe sonstige Ausgaben Darlehenstilgung Maschinenkauf	39 000,00[2] 130 000,00	40 200,00 130 650,00	40 602,00 131 303,00	41 008,00 131 960,00 90 000,00	41 418,00 132 620,00	41 832,00 133 283,00 80 000,00
Summe der Ausgaben	169 000,00	170 850,00	171 905,00	262 968,00	174 038,00	255 115,00
3. Überschuss/Defizit	21 000,00	29 150,00	55 095,00	− 58 948,00	32 022,00	− 46 995,00
4. Kontokorrentkonto	− 9 000,00	20 150,00	75 245,00	16 297,00	48 319,00	1 324,00

Erläuterungen:

1. Die Zahlungseingänge für die im Januar entstandenen Forderungen erfolgen im Februar, für die im Februar entstandenen Forderungen im März usw.

2. 19 000,00 EUR werden im Januar für die Restverbindlichkeiten aus Dezember bezahlt. Hinzu kommen 20 000,00 EUR aus den im Januar entstandenen Verbindlichkeiten. Im Februar ist die zweite Hälfte in Höhe von 20 000,00 EUR zu zahlen. Hinzu kommen 50 % der im Februar entstandenen Verbindlichkeiten in Höhe von 20 200,00 EUR, sodass im Februar insgesamt 40 200,00 EUR Ausgaben für den Kauf von Roh-, Hilfs- und Betriebsstoffen anzusetzen sind. Für die Folgemonate gelten die gleichen Überlegungen.

9.4 Finanzierung

9.4.1 Übersicht über die Finanzierungsarten

In den folgenden Kapiteln wird ein Überblick über die Arten (Formen) der Finanzierung gegeben. Hierbei wird nachstehendes Begriffssystem verwendet.

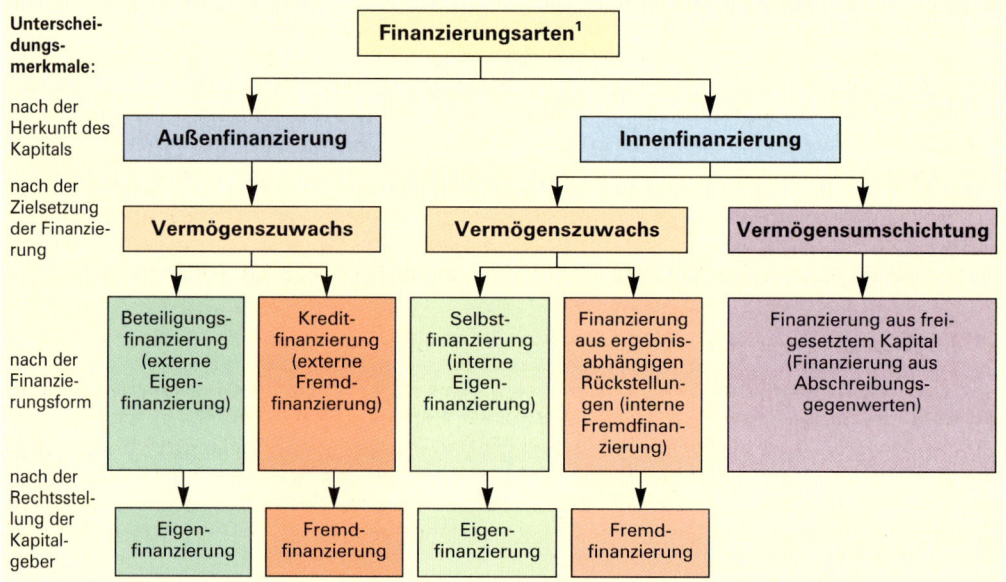

9.4.2 Außenfinanzierung und Innenfinanzierung

(1) Außenfinanzierung

Fließt dem Unternehmen Kapital von außen zu, also nicht aus dem betrieblichen Umsatzprozess, sondern aus Kapitaleinlagen der Gesellschafter und/oder Kapitalgewährungen durch Gläubiger, so liegt eine **Außenfinanzierung** vor. Wird dem Unternehmen Eigenkapital durch den Unternehmer bzw. durch die Gesellschafter von Personengesellschaften oder durch den Ersterwerb von Anteilen an Kapitalgesellschaften zugeführt, so spricht man von **Einlagen- oder Beteiligungsfinanzierung (externe Eigenfinanzierung)**. Eine **Kreditfinanzierung (externe Fremdfinanzierung)** ist gegeben, wenn dem Unternehmen Fremdkapital (z. B. von Banken) von außen zugeführt wird.

---

1 Vgl. hierzu Wöhe, G.: Einführung in die Allgemeine Betriebswirtschaftslehre, 17. Auflage, München 1990, Seite 760.

(2) Innenfinanzierung

Bei der Innenfinanzierung stammen die Mittel aus dem Umsatzprozess, der auf dem Leistungsprozess des Unternehmens beruht. Die Innenfinanzierung kann zwei Zielsetzungen haben: Zum einen kann sie darauf ausgerichtet sein, neue Finanzmittel zu bilden (**Vermögenszuwachs**) und zum anderen kann die Zielsetzung darin bestehen, investierte Geldbeträge wieder in flüssige Mittel umzuwandeln (**Vermögensumschichtung**).

■ **Innenfinanzierung mit der Zielsetzung des Vermögenszuwachses**

Werden die Gewinne, die den Eigenkapitalgebern zustehen, nicht ausgeschüttet, sondern für zusätzliche Investitionen (Nettoinvestitionen) herangezogen, so erhöht sich das Vermögen und das Eigenkapital. Die Finanzierung aus Gewinnen bezeichnet man auch als **Selbstfinanzierung (interne Eigenfinanzierung).**

Der einer Rückstellung[1] zugeführte Betrag verringert den Bilanzgewinn und kann das Unternehmen daher nicht als Gewinnausschüttung oder Steuerzahlung verlassen. Der Betrag bleibt zunächst an das Unternehmen gebunden. Da die Rückstellungen erst zu einem späteren Zeitpunkt zur Zahlung fällig werden (z.B. Pensionsrückstellungen für einen 40-jährigen Arbeitnehmer müssen erst mit dem Renteneintritt ausbezahlt werden), stehen sie vorübergehend z.B. für Nettoinvestitionen zur Verfügung. Die Finanzierung führt zu Fremdkapital.

Man bezeichnet die Finanzierung aus Rückstellungen auch als **interne Fremdfinanzierung**. Voraussetzung für eine Finanzierung aus Rückstellungen ist, dass die für ihre Bildung erforderliche Aufwandsverrechnung nicht zu einem Bilanzverlust führt.

■ **Innenfinanzierung mit dem Ziel der Vermögensumschichtung**

Zur Leistungserstellung ist es notwendig, Werkstoffe zu kaufen, Arbeitsleistungen, Maschinenleistungen usw. aufzuwenden. Diese Aufwendungen werden in die Verkaufspreise der Erzeugnisse eingerechnet und fließen, wenn kostendeckende Preise erzielt werden, dem Unternehmen durch den Verkauf der Fertigfabrikate wieder als liquide Mittel zu. Die freigesetzten Finanzmittel können dann zur sofortigen Reinvestition, d.h. zur Wiederholung der bisherigen Investitionen verwendet werden. Die Gesamtkapazität und die Periodenkapazität bleiben unverändert.

Die „Wiedergeldwerdung" bereits einmal investierter Finanzmittel stellt eine Innenfinanzierung dar, die zu einer Vermögensumschichtung (Aktivtausch) führt. Eine solche Finanzierung aus freigesetztem Kapital bezeichnet man auch als **Uminvestierung.** (Eine **Umfinanzierung** liegt dagegen vor, wenn Umschichtungen in der Kapitalstruktur vorgenommen werden.)

---

1 Rückstellungen sind Schulden, die zwar der Art nach feststehen, deren genaue Höhe und/oder Fälligkeit (Zahlung) zum Bilanzstichtag jedoch noch nicht bekannt ist. Zu Einzelheiten siehe S. 478f.

- **Investition** ist die langfristige Anlage von Geld- und Sachkapital in Betriebsvermögen.

- **Finanzierung** ist die Beschaffung, Verzinsung, Rückgewährung und Umformung von Geld- und Sachkapital zur Durchführung der betrieblichen Leistungserstellung und Leistungsverwertung sowie aller sonstiger finanzieller Vorgänge.

- **Anlässe** für eine **Investition** sind Neugründung, Ersatz abgenutzter und veralteter Vermögensteile, Ausweitung der Kapazität, Rationalisierung, Arbeitsschutz und Umweltschutz.

- Nach der Art der Vermögensgegenstände, die zu finanzieren sind, unterscheidet man in **Sachinvestitionen, Finanzinvestitionen** und **immaterielle Investitionen**.

- Ein **Finanzplan** schreibt die Ein- und Ausgaben der nächsten Planungsperioden fort und erlaubt es, finanzielle Engpässe rechtzeitig zu erkennen.

Übungsaufgaben

189 1. Unterscheiden Sie die Begriffe Finanzierung und Investierung!

2. Wie schlagen sich Finanzierung und Investierung in der Bilanz eines Unternehmens nieder?

3. Unterscheiden Sie Investitionsarten
   3.1 nach dem Vermögensgegenstand der Investition,
   3.2 nach dem Zweck der Investition!

4. In einem Betrieb wurden im vergangenen Jahr 10 Fräsmaschinen zu je 160 000,00 EUR angeschafft. Ausgeschieden sind 7 Fräsmaschinen zu je 160 000,00 EUR Anschaffungswert.

   Aufgaben:
   4.1 Berechnen Sie die Brutto-, Netto- und Reinvestition in Stück und in Euro!
   4.2 Warum muss mit konstanten Preisen gerechnet werden, wenn die reale (wirkliche) Höhe von Brutto-, Netto- und Reinvestitionen berechnet werden soll?

5. Warum sind Investitionsanlässe zugleich auch Finanzierungsanlässe? Bilden Sie drei Beispiele!

6. Nicht alle Finanzierungsanlässe sind auch Investitionsanlässe. Können Sie zwei Beispiele nennen?

190 1. Welchen Zweck verfolgt der Finanzplan?

2. Warum ist der Finanzplan eng mit dem Investitionsplan verknüpft?

3. Ein Finanzplan, der in der Praxis hunderte von Seiten umfassen kann, enthält häufig nicht nur die Planzahlen (das „Soll"), sondern auch die tatsächlichen Zahlen (das „Ist") sowie die Planabweichungen.

Monate / Einnahmen/Ausgaben	Januar			Februar			März		
	Soll	Ist	A	Soll	Ist	A	Soll	Ist	A
1. **Einnahmen** · ·									
Summe der Einnahmen									
2. **Ausgaben** · ·									
Summe der Ausgaben									
3. Überschuss/Defizit									
4. Kontokorrentkonto									

A: Abweichungen vom Plan

Aufgaben:

3.1 Vervollständigen Sie den Finanzplan von Seite 457 für das erste Quartal nach obigem Muster, wenn sich die tatsächlichen Einnahmen und Ausgaben wie folgt entwickeln:

	Januar	Februar	März
Erlöse	185 000,00 EUR	196 000,00 EUR	205 000,00 EUR
Einlage			25 000,00 EUR
Vorratskäufe	40 000,00 EUR	40 300,00 EUR	39 000,00 EUR
sonstige Ausgaben	132 000,00 EUR	133 000,00 EUR	131 500,00 EUR

3.2 Worauf können die Abweichungen (Über- bzw. Unterdeckungen) zurückzuführen sein?

4. Warum sind Investitionsanlässe zugleich auch Finanzierungsanlässe? Bilden Sie drei Beispiele!

5. Nicht alle Finanzierungsanlässe sind auch Investitionsanlässe. Können Sie zwei Beispiele nennen?

9.4.3 Beteiligungsfinanzierung

9.4.3.1 Wesen, Begriff und Beurteilung der Beteiligungsfinanzierung

(1) Wesen der Beteiligungsfinanzierung (Einlagenfinanzierung)

Dem Unternehmen wird **von außen,** in diesem Fall durch den oder die Eigentümer bzw. Gesellschafter des Unternehmens, neues Eigenkapital zugeführt.

Bei **Einzelunternehmen** erfolgt die Finanzierung aus eigenen Mitteln in der Weise, dass der Unternehmer (Geschäftsinhaber) private Mittel in sein Unternehmen einbringt (z.B. Barabhebung von privatem Bankguthaben und Einzahlung auf das Geschäftsgirokonto). Da hier der Einzelunternehmer eine private Einlage tätigt, wird von **Einlagenfinanzierung** gesprochen.

Bei **Personengesellschaften** erfolgt die **Einlagenfinanzierung** auf die gleiche Weise: Ein oder mehrere Gesellschafter leisten aus ihrem Privatvermögen Einlagen, die ihren Eigenkapitalkonten gutgeschrieben werden. Wie beim Einzelunternehmen können die privaten Mittel aus Geldkapital **(Geldmittelfinanzierung)** oder Sachkapital **(Sachmittelfinanzierung)** bestehen.

Bei den **Kapitalgesellschaften** wird das erforderliche Eigenkapital durch Einlagen der Gesellschafter aufgebracht. Bei einer Aktiengesellschaft z.B. geschieht dies durch die Ausgabe (Emission) von Aktien. Da die Aktiengesellschaft eine juristische Person ist (§ 1 AktG), kann der Aktionär nicht Eigentümer, sondern nur Teilhaber an der Aktiengesellschaft sein. Die Eigenfinanzierung bei Kapitalgesellschaften wird deshalb auch als **Beteiligungsfinanzierung** bezeichnet.

(2) Begriff Beteiligungsfinanzierung

Merke:

Der Begriff der **Beteiligungsfinanzierung** betrifft die **Rechtsstellung des Kapitalgebers.** Sie ist durch folgende **Merkmale** gekennzeichnet:

- Die Kapitalgeber (Gesellschafter) erwerben in Höhe ihrer Einlage **Anteilsrechte** (Beteiligungsrechte) **am Eigenkapital** der Unternehmen.
- Die Kapitalgeber (Gesellschafter) erhalten eine **gewinnabhängige Vergütung.**
- Die Kapitalgeber (Gesellschafter) erwerben **Mitwirkungsrechte** (z.B. Geschäftsführungs- und Vertretungsrechte).

Die aus der Eigenfinanzierung stammenden Finanzmittel bezeichnet man bilanzrechtlich als **Eigenkapital.** Unter dem **Gesichtspunkt der Kapitalherkunft** zählt die Eigenfinanzierung durch Einlagen bzw. Beteiligungen zur **Außenfinanzierung,** weil dem Unternehmen Mittel von außen zugeführt werden.

(3) Beurteilung der Beteiligungsfinanzierung

Vorteile	Nachteile
- Die Finanzmittel stehen dem Unternehmen ohne zeitliche Begrenzung zur Verfügung. - Kein Zinsaufwand, weil kurzfristig auf eine Verzinsung des Eigenkapitals verzichtet werden kann. - Keine Tilgung und somit keine Belastung der Liquidität. - Unabhängigkeit (kein Einfluss von Gläubigern auf das Unternehmen). - Erhöhung der Kreditfähigkeit. - Keine Kapitalbeschaffungskosten bei Einzelunternehmen und Personengesellschaften. (Bei Aktiengesellschaften entstehen jedoch Kosten anlässlich der Emission der Aktien.)	- Bei Einzelunternehmen und Personengesellschaften ist die Finanzkraft des Inhabers bzw. der Gesellschafter i.d.R. begrenzt. - Bei Personengesellschaften kann die Aufnahme weiterer Gesellschafter zu Schwierigkeiten führen, wenn diesen ebenfalls Geschäftsführungs- und Vertretungsrechte eingeräumt werden müssen. Bei Aktiengesellschaften entsteht dieses Problem nicht. Dennoch liegt eine gewisse Begrenzung der Beteiligungsfinanzierung bei Aktiengesellschaften dann vor, wenn durch eine Grundkapitalerhöhung bisherige Mehrheitsverhältnisse gefährdet werden.

9.4.3.2 Beteiligungsfinanzierung am Beispiel der KG

Bei der KG erfolgt die Beteiligungsfinanzierung dadurch, dass der aufzunehmende Komplementär (Vollhafter) bzw. Kommanditist (Teilhafter) Einlagen in die KG einbringt. Dabei können die Einlagen aus Geldkapital (Geldmittelfinanzierung) oder aus Sachkapital (Sacheinlagenfinanzierung) bestehen. Da die Kommanditisten nur in Höhe ihrer Einlage haften und auch gesetzlich nicht zur Geschäftsführung und Vertretung verpflichtet und berechtigt sind, ist die Aufnahme neuer Kommanditisten relativ problemlos. Daher ist die KG bezüglich der Möglichkeit der Eigenfinanzierung (Beteiligungsfinanzierung) weit besser gestellt als die OHG. Wenn neue Gesellschafter aufgenommen werden sollen, besteht allerdings auch bei der KG die Notwendigkeit zur Änderung des Gesellschaftsvertrags, zur Erstellung einer Sonderbilanz und zur Anmeldung beim Registergericht.

Beispiel:

In der Huber KG mit Huber als Komplementär und Sauter als Kommanditist ergeben sich folgende Bilanzposten:

Anlagevermögen 2 500 000,00 EUR, Umlaufvermögen 1 900 000,00 EUR, Kapital Huber 600 000,00 EUR, Kapital Sauter 300 000,00 EUR. Die Restsumme auf der Passivseite betrifft Verbindlichkeiten (Fremdkapital) der KG. Die KG plant eine Erweiterungsinvestition, die durch Aufnahme eines weiteren Kommanditisten finanziert werden soll. Alex Teich ist bereit, sich mit 300 000,00 EUR als Kommanditist zu beteiligen. Nach Erledigung der Formalitäten zahlt Teich zunächst die Hälfte seiner Beteiligung durch Banküberweisung ein.

Aufgaben:

1. Stellen Sie die Bilanz vor Aufnahme des Kommanditisten Teich auf!
2. Bilden Sie den Buchungssatz für die Aufnahme von Teich als Kommanditist bei Einzahlung der Hälfte seiner auf 300 000,00 EUR festgesetzten Kommanditeinlage!
3. Stellen Sie die Bilanz nach Einzahlung der Hälfte der Kommanditbeteiligung auf!
4. Wie lautet der Buchungssatz, wenn Teich später den Rest seiner Kommanditeinlage durch Banküberweisung einzahlt?
5. Wie viel EUR beträgt die zusätzliche Eigenfinanzierung?

Lösungen:

Zu 1.:

Aktiva	Bilanz der Huber KG **vor** der Einlage		Passiva
Anlagevermögen	2 500 000,00	**Eigenkapital**	
Umlaufvermögen	1 900 000,00	Kapital Huber	600 000,00
		Kapital Sauter	300 000,00
		Verbindlichkeiten	3 500 000,00
	4 400 000,00		4 400 000,00

Zu 2.:

Konten	Soll	Haben
0000 Ausstehende Einlagen	150 000,00	
2800 Bank	150 000,00	
an 3070 Kapital Teich		300 000,00

463

Zu 3.:

Aktiva	Bilanz der Huber KG **nach** der Einlage		Passiva
Ausstehende Einlagen	150 000,00	**Eigenkapital**	
Anlagevermögen	2 500 000,00	Kapital Huber	600 000,00
Umlaufvermögen	2 050 000,00	Kapital Sauter	300 000,00
		Kapital Teich	300 000,00
		Verbindlichkeiten	3 500 000,00
	4 700 000,00		4 700 000,00

Zu 4.:

Konten	Soll	Haben
2800 Bank	150 000,00	
an 0000 Ausstehende Einlagen		150 000,00

Erläuterungen:

Unabhängig von der Höhe des eingezahlten Betrages erscheint die vereinbarte Kapitaleinlage des Kommanditisten unter der entsprechenden Bezeichnung in voller Höhe auf der Passivseite der Bilanz. Die noch nicht eingezahlten Beträge erscheinen vor dem Anlagevermögen unter „Ausstehende Einlagen" auf der Aktivseite der Bilanz.

Zu 5.: Die Höhe der zusätzlichen Eigenfinanzierung beträgt nach Einzahlung der gesamten Kommanditeinlage durch Teich 300 000,00 EUR.

9.4.3.3 Beteiligungsfinanzierung am Beispiel der GmbH[1]

Bei der GmbH wird das erforderliche Eigenkapital durch Einlagen der Gesellschafter aufgebracht – entweder durch die Erhöhung der Stammeinlagen der bisherigen Gesellschafter oder durch die Aufnahme neuer Gesellschafter. Der neue Gesellschafter erwirbt einen Geschäftsanteil gegen Einlage. Dabei wird die Kapitalerhöhung erschwert durch gesetzliche Vorschriften wie die notariell beurkundete Änderung des Gesellschaftsvertrags und deren Eintrag ins Handelsregister sowie die darauf folgende Veröffentlichung. Voraussetzung für die Änderung des Gesellschaftsvertrags ist ein notariell beurkundeter Gesellschafterbeschluss mit einer Mehrheit von drei Vierteln der abgegebenen Stimmen, wobei jede fünfzig Euro eines Geschäftsanteils eine Stimme gewähren [§§ 55, 47, 53 GmbHG].

Zusammenfassung

■ Möglichkeiten der Beteiligungsfinanzierung bei der KG bzw. GmbH

Unternehmens- formen	Kapitaleigentümer	Arten der Beteiligungs- finanzierung
Kommandit- gesellschaft (KG)	Die KG weist zwei Gesellschaftergruppen auf: ■ Komplementäre: Gesellschafter, die voll haften (Vollhafter) und ■ Kommanditisten, die als „Nur-Kapitalgeber" lediglich mit ihrer Kommanditeinlage haften (Teilhafter).	Hereinnahme zusätzlicher Gesellschafter und/oder Erhöhung der Einlagen.

---

1 Aus Gründen der Vereinfachung wird der Ablauf der Stammkapitalerhöhung im Einzelnen nicht dargestellt.

Unternehmens-formen	Kapitaleigentümer	Arten der Beteiligungs-finanzierung
Gesellschaft mit beschränkter Haftung (GmbH)	Das Eigenkapital (Stammkapital) wird durch Einlagen der Gesellschafter eingebracht. Der GmbH-Gesellschafter trägt lediglich das Risiko, den Wert seines Gesellschaftsanteils zu verlieren.	Erhöhung des Stammkapitals durch Gesellschaftereinlagen; Einforderungen von Nachschusskapital.

Übungsaufgaben

191 1. Erklären Sie den Begriff Außenfinanzierung!

2. Welche Möglichkeiten der Beteiligungsfinanzierung hat

    2.1 das Einzelunternehmen,

    2.2 die Kommanditgesellschaft und

    2.3 die GmbH?

192 Die Kirch KG mit Kirch als Komplementär und Braun als Kommanditist weist folgende vorläufige Bilanzposten auf:

Anlagevermögen 1500000,00 EUR, Umlaufvermögen 1250000,00 EUR, Kapital Kirch 500000,00 EUR, Kapital Braun 350000,00 EUR. Der Restbetrag der Passivseite betrifft Verbindlichkeiten der KG.

Zur Beschaffung der erforderlichen Finanzmittel für ein größeres Investitionsvorhaben soll Anton Klein als weiterer Kommanditist mit einer Beteiligung von 200000,00 EUR in die Gesellschaft aufgenommen werden. Nach Abwicklung der Aufnahmeformalitäten zahlt Klein 3/5 seiner Kommanditbeteiligung durch Banküberweisung ein. Der Restbetrag soll vereinbarungsgemäß zu einem späteren Zeitpunkt durch eine Sacheinlage in Form eines Lkws geleistet werden, dessen Wert auf 80000,00 EUR festgesetzt ist.

Aufgaben:

1. Stellen Sie jeweils die Bilanz vor und nach der Aufnahme von Klein auf!

2. Bilden Sie die Buchungssätze:

    2.1 Bei Aufnahme von Klein bei gleichzeitiger Einzahlung von 3/5 seiner Kommanditbeteiligung!

    2.2 Bei Einbringung des Lkws!

3. Wie viel EUR beträgt die zusätzliche Eigenfinanzierung durch die Aufnahme des Kommanditisten Klein?

30 Speth – ISBN 978-3-8120-0491-6

9.4.4 Darlehensfinanzierung als Beispiel für eine langfristige Fremdfinanzierung durch Banken

9.4.4.1 Begriff Fremdfinanzierung (Kreditfinanzierung)

Reichen die eigenen Finanzmittel des Unternehmens zur Finanzierung nicht aus, ist das Unternehmen darauf angewiesen, Geld von Fremden **(Kredit)**[1] aufzunehmen. Diese Fremdmittel stellen u. a. Banken, Versicherungen, Privatpersonen, evtl. sogar der Staat, meistens gegen Zinszahlung zur Verfügung. Der Kredit wird dem Unternehmen ohne Weiteres gewährt, wenn das Unternehmen den Kreditgeber davon überzeugen kann, beispielsweise durch die Überlassung entsprechender Kreditsicherheiten (Grundstücke, Gebäude, Wertpapiere), dass es in der Lage sein wird, Zins und Tilgung vereinbarungsgemäß zu leisten.

Fremdfinanzierung kann außer mit Geldmitteln auch mit Sachmitteln erfolgen. Kreditgeber für Geldmittel sind insbesondere die Banken (z.B. Kontokorrentkredit, Darlehen) und die Lieferer (Liefererkredite). Eine wichtige Möglichkeit der Fremdfinanzierung mit Sachmitteln ist das Leasing.[2]

> **Merke:**
>
> - Unter einem **Kredit** versteht man die zeitweilige Überlassung von Geld (oder Sachgütern) im Vertrauen darauf, dass der Kreditnehmer den Kredit (z.B. das überlassene Geld- bzw. Sachkapital) fristgerecht zurückbezahlt.
>
> - Unter **Fremdfinanzierung (Kreditfinanzierung)** verstehen wir die Beschaffung fremder Finanzmittel (Geld oder Sachen) für eine bestimmte Zeit **(Außenfinanzierung mit Fremdkapital)**. Sie führt zur Bildung bzw. Erhöhung von Fremdkapital.

Als Beispiel für eine **langfristige Fremdfinanzierung** wird im Folgenden das **Darlehen** vorgestellt. Wir beschränken uns dabei auf die Behandlung des Bankdarlehens.

9.4.4.2 Bankdarlehen

(1) Begriff

> **Merke:**
>
> - **Darlehen** sind Kredite, die in einer Summe bereitgestellt und dem Finanzbedarf entsprechend ausbezahlt werden, und dann entweder am Fälligkeitstag in einer Summe oder während einer vorbestimmten Laufzeit in Raten (Teilbeträgen) getilgt werden müssen.
>
> - Dem Kredit in Form eines Darlehens liegt ein **Darlehensvertrag** zugrunde. Darlehen sind in aller Regel mittel- oder langfristige Kredite. Rechtsgrundlagen des Darlehens sind die §§ 488 ff., 607 ff. BGB.[3]

---

1 Der Begriff Kredit kommt vom lateinischen Wort credere: glauben, vertrauen.

2 Unter Leasing versteht man das Mieten bzw. Pachten von Anlagegütern (Maschinen, Fahrzeugen, Computern, ganzen Fabrikanlagen).

3 Die §§ 607 ff. BGB regeln den so genannten **Sachdarlehensvertrag**, bei dem der Darlehensgeber verpflichtet ist, dem Darlehensnehmer eine vereinbarte vertretbare Sache zu überlassen.

(2) Zustandekommen eines Darlehensvertrags

Jeder Krediteinräumung gehen im Allgemeinen Vorverhandlungen zwischen Kreditnehmer und Kreditgeber voraus, in denen die Kreditart und die Kreditvertragsinhalte festgelegt werden. Das Ergebnis der Vorverhandlungen wird in der Regel in einem Kreditvertragsformular festgehalten. Im rechtlichen Sinne handelt es sich um einen Antrag des Kreditnehmers. Der Kreditvertrag kommt mit der rechtzeitigen Annahme des Kreditantrags durch die Bank zustande.

> **Merke:**
>
> Der **Darlehensvertrag (Kreditvertrag)** kommt dadurch zustande, dass der **Kreditantrag** des Antragstellers und die **Kreditzusage** des Kreditgebers inhaltlich **übereinstimmen** und die Kreditzusage dem Antragsteller (Kreditnehmer) rechtzeitig zugegangen ist [§§ 145 ff. BGB]. Es handelt sich um ein **zweiseitiges Rechtsgeschäft**.

(3) Inhalte des Darlehensvertrags

Wichtige Inhalte des Darlehensvertrags sind:

■ Kredithöhe und Rückzahlungsmodus

Der Darlehensnehmer muss sich festlegen auf die Kreditsumme, auf die Höhe und die Zeit der Tilgung und dass er über getilgte Beträge nicht mehr verfügen kann.

■ Kreditkosten

Zins. Der Darlehensnehmer kann wählen zwischen einem Festzins und einem variablen Zins. Beim Festzins bleibt der Zins für eine bestimmte (vereinbarte) Laufzeit gleich, beim variablen Zins kann der Zinssatz durch Anpassungsklauseln geändert werden.

Bereitstellungszinsen. Wenn der Darlehensbetrag zum vereinbarten Auszahlungstermin vom Darlehensnehmer nicht in Anspruch genommen wird, kann die Bank vom vereinbarten bis zum tatsächlichen Auszahlungstermin einen Zinsausgleich (z.B. 3 % p.a.) beanspruchen.

Damnum (Disagio). Das Damnum stellt eine Kürzung des auszuzahlenden Darlehensbetrags dar und soll zum einen die Bearbeitungskosten decken und/oder zum anderen den Nominalzins absenken. In der Geschäftspraxis ist das Damnum (Disagio) vor allem eine **laufzeitabhängige Zinsvorauszahlung.** Den Kunden (Kreditnehmern) werden von den Banken oft mehrere Darlehensverträge mit unterschiedlichen Varianten (Kombinationen) der Normalzinssätze und Disagiobeträge bzw. Auszahlungskurse angeboten.

■ Sicherheiten

Langfristige Darlehen werden häufig für einen Hausbau, für den Bau neuer Fabrikanlagen oder für den Kauf eines Grundstücks verwendet. Diese Art der Darlehensgewährung wird in der Regel durch Grundpfandrechte[1] abgesichert.

Daneben werden von Banken noch kurz- oder mittelfristige Darlehen zur Finanzierung von Konsumgütern bzw. Produktionsanlagen angeboten. Diese Darlehen werden entweder aufgrund der persönlichen Kreditwürdigkeit des Darlehensnehmers oder gegen die Verpfändung beweglicher Sachen gewährt.

---

1 Ein Grundpfandrecht ist ein Pfandrecht an einem Grundstück. Ein wichtiges Grundpfandrecht ist die Grundschuld.

■ **Kündigung**

Im Kreditvertrag muss auch genau festgelegt sein, ob ein Kredit von einer Vertragspartei oder von beiden Vertragsparteien kündbar ist oder nicht. Ferner müssen die Kündigungsfristen vereinbart sein.

(4) Arten von Darlehen

Nach der **Art der Rückzahlung** unterscheidet man:

■ **Fälligkeitsdarlehen**

Für die Rückzahlung der gesamten Darlehenssumme ist ein bestimmter Termin vereinbart (z. B. „rückzahlbar am 31. Dez. 20..."). Während der Laufzeit des Darlehens sind in vertraglich vereinbarten Zeitabständen lediglich die Zinsen zu zahlen (z. B. vierteljährlich, halbjährlich, jährlich).

■ **Abzahlungsdarlehen (Ratendarlehen)**

Hier erfolgt die Tilgung in stets gleichbleibenden Raten zu den vereinbarten Tilgungsterminen (z. B. vierteljährlich). Die Zinsen werden jeweils von der Restschuld errechnet und ermäßigen sich daher von Jahr zu Jahr. Die Gesamtbelastung durch Zins- und Tilgungszahlungen sinkt ebenfalls.

■ **Annuitätendarlehen**

Hier wird eine feste Annuität (Zins + Tilgung), d. h. Gesamtbelastung vereinbart. Die Summe aus Zins und Tilgung bleibt – außer bei der letzten Restzahlung – bei jeder Zahlung (z. B. monatlich, vierteljährlich) gleich. Daher steigen im Laufe der Zeit die Tilgungsbeträge, während die Zinsbelastung abnimmt.

(5) Erstellung eines Tilgungsplans am Beispiel des Annuitätendarlehens

Jahr	Darlehen Jahresanfang	Darlehen Jahresende	Tilgung	Zinsen	Mittelabfluss (Annuität)
1	120 000,00	103 642,15	16 357,85	9 600,00	25 957,85
2	103 642,15	85 975,67	17 666,48	8 291,37	25 957,85
3	85 975,67	66 895,87	19 079,80	6 878,05	25 957,85
4	66 895,87	46 289,69	20 606,18	5 351,67	25 957,85
5	46 289,69	24 035,20	22 254,67	3 703,18	25 957,85
6	24 035,02	0,00	24 035,02	1 922,83	25 957,85
Summe			120 000,00	35 747,10	155 747,10

9.4.4.3 Abgrenzung des Darlehens zum Kontokorrentkredit

(1) Begriffe

Merke:

- Unter **Kontokorrentkredit**[1] versteht man eine laufende Rechnung zwischen zwei Vertragspartnern, i.d.R. zwischen einer Bank und einem Bankkunden. Aber auch Unternehmen können untereinander Kontokorrente führen.

- Das Wesen des Kontokorrents besteht darin, dass sich beide Vertragspartner ihre **gegenseitigen Forderungen stunden** und in **regelmäßigen Zeitabständen** (meist vierteljährlich oder halbjährlich) **gegeneinander aufrechnen**. Schuldner ist jeweils die Partei, zu deren Ungunsten der Saldo des Kontokorrentkontos steht.

- Der **Saldo** (Ergebnis der Aufrechnung) wird **auf neue Rechnung vorgetragen**. In ihm gehen die verschiedenen Forderungen unter, d.h., dass nur der Saldo eingeklagt werden kann (siehe auch §§ 355ff. HGB).

(2) Abgrenzungskriterien zum Darlehen

Wichtige **Abgrenzungskriterien** zum Darlehen sind:

Der Kontokorrentkredit bei einer Bank dient vor allem der **Abwicklung von allen eingehenden und ausgehenden Zahlungen** (Zahlungsaufträge für eingekaufte Waren, für Rohstoffe, Löhne und Zahlungseingänge für verkaufte Waren). Er sichert damit die Zahlungsbereitschaft. Der Kreditnehmer kann hierbei bis zur Kreditobergrenze (Kreditlimit), die im Kreditvertrag vereinbart ist, frei über das Kontokorrentkonto verfügen. Der Saldo auf dem Konto ist daher, je nach Umfang der eingehenden und ausgehenden Zahlungen, ständigen Schwankungen unterworfen. So entsteht ein Kontokorrent, d.h. eine laufende Rechnung, die ein **wechselseitiges Schuld- und Guthabenverhältnis** darstellt. Wegen der schwankenden Beanspruchung des Kredits ist insbesondere die **Grundschuld** als Sicherheit geeignet.

Weist das Konto ein **Guthaben** aus, erhält der Kunde **Habenzinsen**.[2] Wird ein **Kredit** beansprucht, müssen **Sollzinsen** an die Bank entrichtet werden. Aus der Sicht der Bank ist „Bewegung" auf dem Kontokorrentkonto erwünscht, denn Anzahl und Umfang der Bewegungen werden als Maßstab für die wirtschaftliche Aktivität des Unternehmens gewertet. Gleichbleibende Haben- oder Sollsalden widersprechen dem Sinn des Kontokorrentkredits.

Die **Zinsen** werden **vom in Anspruch genommenen Kredit** berechnet. Die Zinsbelastung passt sich somit der täglichen Veränderung des beanspruchten Kredits an.[3] Die Zinsen werden dem Konto belastet bzw. gutgeschrieben. Die Kosten des Kontokorrentkredits sind verhältnismäßig hoch, da der Sollzinssatz für den Kreditsaldo erheblich höher ist als der Habenzinssatz für den Guthabensaldo.

Überziehungszinsen sowie eine **Überziehungsprovision** kommen dann zur Anwendung, wenn der Kunde ohne vorherige Krediteinräumung sein Konto überzieht bzw. seine ihm

---

1 Kontokorrent heißt wörtlich „laufendes Konto", weil sich i.d.R. der Kontostand laufend verändert. Rechtlich ist das Kontokorrentkonto geregelt in den §§ 355ff. HGB.

2 Bei den meisten Banken werden jedoch Habenzinsen erst dann vergütet, wenn das Guthaben vierteljährlich einen bestimmten **Durchschnittsbetrag** (z. B. von 3 000,00 EUR) erreicht.

3 Bei einem Darlehen müssen grundsätzlich Zinsen auch dann bezahlt werden, wenn der von der Bank auf dem Darlehenskonto bereitgestellte Darlehensbetrag nicht (voll) vom Kreditnehmer in Anspruch genommen wird. Erhöhungen und Verminderungen des Darlehensbetrags müssen jeweils wieder neu vereinbart werden.

eingeräumte Kreditgrenze überschreitet. Der Überziehungszinssatz beträgt im Normalfall 1,5 % – 3 % p. a. und wird neben den Sollzinsen in Rechnung gestellt.

Eine **Kreditprovision** für nicht in Anspruch genommenen Kredit wird selten berechnet.

Um die Kosten des Zahlungsverkehrs zu decken, werden in der Regel **Gebühren** (z. B. für die Kontoführung und die einzelnen Buchungen) sowie für die anfallenden Postentgelte berechnet.

Der Kontokorrentkredit kann zeitlich begrenzt oder bis zur Kündigung in Anspruch genommen werden. Er ist formal **kurzfristig bzw. kurzfristig kündbar,** kann aber durch ständige Prolongation über längere Zeiträume laufen. Durch diese enge, langfristige Verflechtung von Bank und Unternehmen wird die kreditgebende Bank zur „Hausbank".

(3) Vorteile des Kontokorrentkredits für die Kreditnehmer

■ Die Inanspruchnahme des Kredits entspricht dem jeweiligen Fremdkapitalbedarf.

■ Kreditzinsen werden nur vom jeweiligen Sollsaldo berechnet. Dadurch können – im Vergleich zum Darlehen – Zinskosten eingespart werden.

■ Es bestehen vielfache Verwendungsmöglichkeiten im Unternehmen, z.B. Finanzierung der Produktion, Überbrückung von zeitweiligen Liquiditätsanspannungen, Ausnutzen von Skontierungsfristen.

■ Der Kredit steht bei gegebener Kreditwürdigkeit durch ständige Prolongationen meist über viele Jahre zur Verfügung.

9.4.4.4 Beurteilung der Kreditfinanzierung

In der nachfolgenden Tabelle sind die wichtigsten Vor- und Nachteile der Kreditfinanzierung einander gegenübergestellt.

Vorteile	Nachteile
■ Die Finanzierung von Betriebserweiterungen ist auch dann möglich, wenn die Finanzkraft des Unternehmens (Selbstfinanzierung)[1] oder der Teilhaber (Beteiligungsfinanzierung) erschöpft ist.	■ Die Mittel stehen dem Unternehmen zeitlich nicht unbegrenzt zur Verfügung.
■ Die Rentabilität des Unternehmens kann erhöht werden. Bedingung: Die Verzinsung (Rentabilität) der zusätzlichen Investitionen übersteigt den Fremdkapitalzinssatz.	■ Die Fremdmittel müssen i.d.R. verzinst und getilgt werden. Damit werden Kalkulation und Liquidität belastet.
■ Risikoreiche Investitionen werden vermieden, weil die Zins- und Liquiditätsbelastung des Fremdkapitals zu sorgfältiger Kalkulation zwingt.	■ Insbesondere bei hoher Verschuldung eines Unternehmens nehmen die Gläubiger Einfluss auf die Geschäftsleitung, um die Verwendung ihrer Mittel zu kontrollieren.
	■ Mit zunehmender Fremdfinanzierung sinkt die Kreditfähigkeit des Unternehmens.
	■ Ein hoher Fremdkapitalanteil am Gesamtkapital verschlechtert den guten Ruf (Goodwill) eines Unternehmens.
	■ Hohe Kapitalbeschaffungskosten vor allem bei Kapitalgesellschaften (z.B. anlässlich der Ausgabe von Industrieschuldverschreibungen).

---

1 Zum Begriff Selbstfinanzierung siehe S. 472ff.

- Bei der **Kreditfinanzierung** werden die von den Unternehmen für Investitionszwecke benötigten Finanzmittel durch **Gläubiger** (z. B. Banken) zur Verfügung gestellt.

- Unter **Kredit** verstehen wir die zeitweilige Überlassung von Geld (oder Gütern) im Vertrauen darauf, dass der Kreditnehmer den Kredit termingerecht zurückzahlt und verzinst.

- Der **Kreditvertrag** kommt durch zwei inhaltlich übereinstimmende Willenserklärungen (z.B. Kreditgesuch des Kreditnehmers, Annahme des Kreditgesuchs durch die Bank) zustande, wenn die zweite Willenserklärung (z.B. Annahme des Kreditgesuchs) dem Erklärungsempfänger rechtzeitig zugegangen ist.

- Das **Darlehen** ist in der Regel ein langfristiger Kredit. Zweck des Darlehens ist es, einen in der Höhe bestimmten (vorhersehbaren) Fremdkapitalbedarf abzudecken. Die Rückzahlung erfolgt entweder in einer Summe (Fälligkeitsdarlehen) oder nach einem vereinbarten Tilgungsplan (entweder als Abzahlungs- oder Annuitätendarlehen).

- Wichtige **Inhalte des Darlehensvertrags** sind: (1) Kredithöhe und Rückzahlungsmodus, (2) Kreditkosten (Zinsvereinbarung, Bereitstellungszinsen, Damnum), (3) Sicherheiten.

- Der **Kontokorrentkredit** passt sich kurzfristig den jeweiligen Kreditbedürfnissen des Kunden an. Er dient dem Zahlungsverkehr. Es handelt sich um einen Kredit in laufender Rechnung, bei dem sich ein wechselseitiges Schuld- und Guthabenverhältnis bildet (Kontokorrent). Die Bank fordert nur Zinsen für die jeweils beanspruchte Kreditsumme. Der Kontokorrentkredit ist formal kurzfristig. In der Praxis wird der Kontokorrentkredit jedoch immer wieder verlängert.

Übungsaufgaben

193 1. Bei der Kreditfinanzierung ist zwischen Geldmittelfremdfinanzierung und Sachmittelfremdfinanzierung zu unterscheiden. Warum?

   2. 2.1 Erklären Sie, wie ein Kreditvertrag zustande kommt!

   2.2 Nennen Sie drei Punkte, die ein Kreditvertrag enthalten sollte!

194 1. Ein Darlehen in Höhe von 100 000,00 EUR soll wie folgt zurückgezahlt werden: Tilgung vierteljährlich 2 500,00 EUR bei einem Zinssatz von 8 %.

   Aufgaben:

   1.1 Welche Darlehensart liegt vor? Begründen Sie Ihre Antwort!

   1.2 Erstellen Sie rechnerisch den Zins- und Tilgungsplan für die ersten 3 Jahre!

   Angenommen, das Darlehen ist vertragsgemäß in der Weise zu verzinsen und zu tilgen, dass vierteljährlich ein Betrag zu zahlen ist, der Zins und Tilgung enthält. (Die Summe von Zins und Tilgung soll aber konstant bleiben.)

   Aufgaben:

   1.3 Welche Darlehensart liegt vor? Begründen Sie Ihre Antwort!

   1.4 Erstellen Sie rechnerisch den Tilgungsplan für die ersten 3 Jahre!

   1.5 Nennen Sie je einen Vor- und Nachteil der in den Aufgaben 1.1 und 1.3 genannten Darlehensarten für den Kreditnehmer!

2. Erläutern Sie einem Interessierten die folgenden Fragen zum Kontokorrentkredit bzw. Darlehen:

2.1 Beschreiben Sie stichwortartig den Unterschied zwischen Kontokorrentkredit und Darlehen!

2.2 Geben Sie Gründe dafür an, dass der Zinssatz für den Kontokorrentkredit höher ist als für das Darlehen! (Hinweis: Erfragen Sie die geltenden Zinssätze bei einer Bank!)

2.3 Erklären Sie die Bedeutung eines Auszahlungskurses in Höhe von 98 % bei einem Darlehen!

2.4 Welchem Zweck kann die Aufnahme eines Darlehens dienen?

2.5 Weshalb wäre es unwirtschaftlich, für einen nur gelegentlich auftretenden finanziellen Spitzenbedarf ein Darlehen aufzunehmen?

2.6 Ein Kredit wird als Abzahlungsdarlehen (Ratendarlehen) gewährt. Beschreiben Sie diese Darlehensart!

3. 3.1 Die örtliche Bank gewährt der Schwarz OHG ein Darlehen über 120000,00 EUR. Der Kredit ist bei einer Auszahlung von 92 % mit 6 % nachschüssig zu verzinsen. Vereinbart wird eine jährliche Tilgung von 10 %, erstmals am Ende des ersten Darlehensjahres.

Aufgabe:

Stellen Sie tabellarisch den Darlehensverlauf dar und ermitteln Sie die jährliche Aufwandsbelastung!

3.2 Die Sparkasse bietet der Holzbau Achern GmbH folgendes Darlehen an: Kreditsumme: 80000,00 EUR, Laufzeit 5 Jahre, Bearbeitungsgebühr 1 %, Zinssatz 8,0 %.

Aufgaben:

Der Geschäftsführer der Holzbau Achern GmbH möchte eine gleichbleibende Liquiditätsbelastung.

3.2.1 Wie viel EUR betragen die jährlichen Annuitätenzahlungen, wenn der Annuitätenfaktor 0,25046 beträgt (Tabellenwert)?

3.2.2 Wie viel EUR beträgt die gesamte Aufwandsbelastung für diesen Kredit?

9.4.5 Selbstfinanzierung

9.4.5.1 Begriff und Arten der Selbstfinanzierung

Merke:

Unter **Selbstfinanzierung** versteht man eine Finanzierung aus erwirtschafteten Gewinnen. Das bedeutet den Verzicht auf Gewinnentnahmen bzw. Gewinnausschüttung. Der Gewinn wird also ganz oder teilweise im Unternehmen einbehalten (Gewinnthesaurierung).[1] Es handelt sich um eine **Innenfinanzierung.**

Je nachdem, ob die Selbstfinanzierung aus der Bilanz ablesbar ist oder nicht lesbar ist, unterscheidet man zwischen offener und verdeckter Selbstfinanzierung.

---

1 Thesaurieren (gr.-lat.): Geld horten; hier: Gewinn im Unternehmen einbehalten (nicht an die Gesellschafter des Unternehmens ausschütten).

■ **Offene Selbstfinanzierung**

Sofern die Selbstfinanzierung in Form der Erhöhung der Kapitalanteile (bei Kapitalgesell-schaften als Gewinnrücklagen) offen in der Bilanz zu Tage tritt, spricht man von offener Selbstfinanzierung.

■ **Verdeckte (stille) Selbstfinanzierung**

Verdeckte Selbstfinanzierung liegt vor, wenn durch Unterbewertung von Aktivposten oder durch Überbewertung von Passivposten der ausgewiesene Gewinn verringert wird. Es bilden sich so genannte stille Reserven, die erst durch den Verkauf des unterbewerte-ten Anlageguts realisiert werden.

Unter dem **Gesichtspunkt der Kapitalherkunft** zählt die Selbstfinanzierung zur **Innen-finanzierung,** weil die Mittel aus dem Betrieb selbst stammen. Unter **rechtlichem Aspekt** gehört die Selbstfinanzierung zur **Eigenfinanzierung.**

9.4.5.2 Offene Selbstfinanzierung am Beispiel der KG

Merke:

Eine **offene Selbstfinanzierung** liegt bei der KG vor, wenn Teile des Bilanzgewinns nicht ausgeschüttet werden, sondern auf den Kapitalkonten der Komplementäre ste-hen bleiben.

Ein wichtiger Unterschied zum Komplementär ergibt sich allerdings aus der Tatsache, dass die Höhe des Kapitalanteils des Kommanditisten im Handelsregister eingetragen ist. Daraus folgt, dass der Kommanditist nicht zu Privatentnahmen berechtigt ist und sein Ge-winnanteil bis zur Ausschüttung eine Verbindlichkeit der Gesellschaft darstellt. Sofern der Kommanditist seinen Kapitalanteil noch nicht voll eingezahlt hat, besteht in Höhe der aus-stehenden Einlage eine Forderung der Gesellschaft gegenüber dem Kommanditisten.

Dem Kommanditisten zustehende Gewinnanteile werden in diesem Fall zunächst zur Auf-füllung seines Kapitalanteils verwendet. Nur der danach verbleibende Restbetrag stellt bis zur Ausschüttung eine Verbindlichkeit der KG gegenüber dem Kommanditisten dar.

Ist eine Verlustbeteiligung des Kommanditisten vertraglich nicht ausgeschlossen, ent-steht in Höhe des Verlustanteils eine Forderung der Gesellschaft gegenüber dem Kom-manditisten, die praktisch einen Korrekturposten zur Kommanditeinlage darstellt. Im Falle eines späteren Gewinnes kann der Kommanditist eine Gewinnauszahlung nur verlangen, insoweit der ihm zustehende Gewinnanteil den wegen des früheren Verlustes gebildeten Korrekturposten übersteigt (vgl. § 169 I HGB).

Bei der Verteilung von Gewinn und Verlust bei der KG verweist der Gesetzgeber im § 168 I HGB auf die für die OHG geltenden Vorschriften. Ohne eine vertraglich anderslautende Regelung erhält demnach im Falle eines ausreichenden Gewinnes jeder Gesellschafter 4 % seines durchschnittlichen Kapitalanteils. Aufgrund der andersartigen Rechtsverhält-nisse ist der danach noch verbleibende Gewinn bei der KG nicht nach Köpfen, sondern nach § 168 II HGB in einem den Umständen nach angemessenen Verhältnis der Kapital-anteile aufzuteilen. Wegen dieser ungenauen Aussage des Handelsgesetzbuchs wird deutlich, dass zur Vermeidung von Streitigkeiten bei der KG eine konkrete vertragliche Regelung der Gewinn- und Verlustverteilung wichtig ist.

Die Höhe des Selbstfinanzierunganteils der einzelnen Komplementäre hängt damit von der Höhe des Gesamtgewinns und der Regelung der Gewinnverteilung ab.

Beispiel:

An der Wagner KG ist Fritz Wagner als Komplementär mit 400 000,00 EUR und Elisabeth Vollmar als Kommanditist mit 100 000,00 EUR beteiligt. Von der Kommanditeinlage der Frau Vollmar sind 8 000,00 EUR noch nicht eingezahlt. Im abgelaufenen Geschäftsjahr, das mit dem Kalenderjahr übereinstimmt, wurde ein Gewinn in Höhe von 82 000,00 EUR erzielt. Der Komplementär Fritz Wagner entnahm im Laufe des Geschäftsjahres für private Zwecke insgesamt 55 000,00 EUR.

Der Gesellschaftsvertrag enthält unter anderem folgende Regelungen:

§ 4 Vom erzielten Jahresgewinn erhält jeder Gesellschafter 6 % auf das eingezahlte Kapital. Rückständige Einlagen sind mit 6 % zu verzinsen. Ein danach verbleibender Restgewinn wird im Verhältnis 4 : 1 verteilt.

§ 5 Ein Verlust wird im Verhältnis 2 : 1 getragen.

Aufgaben:

1. Berechnen Sie für jeden Gesellschafter
   1.1 die 6 %ige Verzinsung des Kapitalanteils sowie
   1.2 den Anteil am Restgewinn!
2. Stellen Sie anhand der Berechnungen eine Gewinnverteilungstabelle auf (mit Angabe der Kapitalbeträge am Ende des Geschäftsjahres sowie des an Frau Vollmar auszuzahlenden Gewinnanteils)!
3. Wie viel EUR beträgt die Selbstfinanzierung der Wagner KG?

Lösungen:

Zu 1.1: Berechnung der Kapitalverzinsung

Wagner:	6 % von 400 000,00 EUR für 360 Tage	=	24 000,00 EUR
Vollmar:	6 % Habenzinsen von 92 000,00 EUR für 360 Tage	=	5 520,00 EUR
−	6 % Sollzinsen von 8 000,00 EUR für 360 Tage	=	480,00 EUR
	Zinsanteil		5 040,00 EUR

Zu 1.2: Berechnung des Anteils am Restgewinn

Jahresgewinn		82 000,00 EUR
− Verzinsung Komplementär Wagner	24 000,00 EUR	
− Verzinsung Kommanditist Vollmar	5 040,00 EUR	29 040,00 EUR
= Restgewinn		52 960,00 EUR : 5 = 10 592,00 EUR
Anteil am Restgewinn Wagner	4 · 10 592,00	= 42 368,00 EUR
Anteil am Restgewinn Vollmar	1 · 10 592,00	= 10 592,00 EUR

Zu 2: Vereinfachte Gewinnverteilungstabelle[1]

Gesellschaf-ter	Anfangs-kapital	6 % Vor-dividende	Restgewinn 4 : 1	Gesamter Gewinnanteil	Privatent-nahmen	Endkapital	Auszuzahl. Gewinn
Komplem. Wagner	400 000,00	24 000,00	42 368,00	66 368,00	55 000,00	411 368,00	− − −
Komman. Vollmar	100 000,00 (92 000,00)	5 040,00	10 592,00	15 632,00	− − −	100 000,00	7 632,00
KG insge-samt	500 000,00 (492 000,00)	29 040,00	52 960,00	82 000,00	55 000,00	511 368,00	7 632,00

---

[1] Aus Vereinfachungsgründen werden die Auswirkungen von Privatentnahmen auf die Verzinsung entgegen der Regelung des § 121 II, S. 2 HGB nicht berücksichtigt.

Zu 3.: **Höhe der Selbstfinanzierung**

Eigenkapital am Ende des Geschäftsjahres

Komplementär Wagner   411 368,00 EUR

Kommanditist Vollmar   100 000,00 EUR   511 368,00 EUR

– Eigenkapital zu Beginn des Geschäftsjahres

Komplementär Wagner   400 000,00 EUR

Kommanditist Vollmar   100 000,00 EUR   500 000,00 EUR

Höhe der Selbstfinanzierung   11 368,00 EUR

9.4.5.3 Stille (verdeckte) Selbstfinanzierung

(1) Bildung stiller (verdeckter) Rücklagen

Merke:

Stille Rücklagen (verdeckte Rücklagen, stille Reserven) entstehen durch **Unterbewertung von Vermögensposten** bzw. durch **Überbewertung von Schuldposten**[1] innerhalb der gesetzlich zulässigen Bewertungsspielräume. Die Bildung stiller Rücklagen führt zu einer **verdeckten Selbstfinanzierung**.

Beispiel:

Zu Jahresbeginn neu angeschaffte Maschinen für 10,0 Mio. EUR werden geometrisch-degressiv mit 20 % abgeschrieben. Der tatsächliche Wertverlust verteilt sich gleichmäßig auf die Nutzungsdauer von 10 Jahren.

Aufgabe:

Berechnen Sie die stillen Rücklagen am Ende des ersten Geschäftsjahres!

Lösung:

Aktiva	Bilanzsituation am Jahresende	Passiva	
Maschinen 8,0 Mio. EUR	Verbindlichkeiten		
sonstiges Anlagevermögen	Eigenkapital – gezeichnetes Kapital		
Umlaufvermögen	– offene Rücklagen – Gewinn 3,0 Mio. EUR	} Gewinn bei linearer Abschreibung 4,0 Mio. EUR	
Unterbewertung Maschinen 1,0 Mio. EUR	stille Rücklagen 1,0 Mio. EUR	}	

(2) Auflösung stiller Rücklagen

So still und heimlich wie diese Rücklagen entstehen, werden sie häufig auch wieder aufgelöst. Die Dauer der verdeckten Selbstfinanzierung ist sehr verschieden:

■ Am längsten stehen stille Reserven zur Verfügung, die in nicht abnutzbarem Anlagevermögen stecken. Häufig treten sie erst zu Tage, wenn das Anlagegut verkauft oder das Unternehmen aufgelöst wird.

---

1 Vgl. hierzu die Ausführungen zur Finanzierung aus Rückstellungsgegenwerten S. 479.

- Beim abnutzbaren Anlagevermögen sind im Falle der degressiven Abschreibung die stillen Rücklagen in der Anfangsphase relativ höher als in der Endphase der Nutzungsdauer, in der die Abschreibungen niedriger ausfallen. Völlig aufgelöst werden sie durch den Verkauf bzw. den Untergang des abgeschriebenen Anlagegutes.

- Auch beim Umlaufvermögen werden die stillen Rücklagen zwangsläufig mit dem Verbrauch der Vorräte aufgelöst.

- Bei überbewerteten Schulden endet die Finanzierungswirkung mit der Auflösung der Rückstellung bzw. mit der Begleichung der Verbindlichkeit. Die in Pensionsrückstellungen enthaltenen stillen Reserven stehen den Unternehmen in der Regel langfristig zur Verfügung.[1]

Im Gegensatz zur offenen Selbstfinanzierung bewirkt die verdeckte Selbstfinanzierung eine Stundung der Gewinnsteuern. Erst nach der Auflösung der stillen Rücklagen, z.B. durch Verkauf nicht notwendiger Teile des Betriebsvermögens, werden die stillen Reserven gewinnerhöhend ausgewiesen und sind zu versteuern. Häufig wird auf diese Weise in weniger erfolgreichen Jahren ein Gewinneinbruch verschleiert und so z.B. eine gleichbleibende Dividendenpolitik ermöglicht.

Beispiel:

Die schlechte Konjunkturlage ist auch an der Trick AG nicht spurlos vorübergegangen. Die vorläufige Ergebnisrechnung weist bei einem Grundkapital von 10,0 Mio. EUR einen Jahresüberschuss von nur 150 000,00 EUR aus. Bisher hatte die AG immer mindestens 10 % Dividende ausgeschüttet. Die Trick AG möchte das relativ schlechte Jahresergebnis deshalb verbessern.

Im Anlagevermögen der Trick AG ist ein unbebautes Grundstück enthalten, das für 100 000,00 EUR gekauft wurde. Da das Grundstück nicht betriebsnotwendig ist, entschließt sich der Vorstand zum Verkauf. Der Verkaufserlös von 1,5 Mio. EUR geht auf dem Bankkonto ein.

Aufgaben:
1. Bilden Sie den Buchungssatz für den Verkauf des Grundstückes!
2. Wie viel EUR beträgt der Jahresüberschuss nach dem Verkauf des Grundstückes?

Lösungen:

Zu 1.:

Konten	Soll	Haben
2800 Bank an 5410 Sonstige Erlöse (Unbeb. Grundstücke) an 5460 Ertr. a. d. Abg. v. Vermögensgegenständen	1 500 000,00	100 000,00 1 400 000,00

Zu 2.: Nach dem Verkauf des Grundstücks beträgt der Jahresüberschuss 1 550 000,00 EUR.

9.4.5.4 Beurteilung der Selbstfinanzierung

In der nachfolgenden Tabelle sind die wichtigsten Vor- und Nachteile der Selbstfinanzierung einander gegenübergestellt.

---

1 Vgl. hierzu die Ausführungen auf S. 479.

Vorteile	Nachteile
■ Die Mittel stehen dem Unternehmen ohne zeitliche Begrenzung zur Verfügung, da es sich um Eigenkapitalbestandteile handelt.	■ Bei der Selbstfinanzierung muss die Geschäftsleitung über die Mittelverwendung in der Regel keine Rechenschaft ablegen; daher besteht die Gefahr, zu risikoreiche Investitionen vorzunehmen.
■ Kein Zinsaufwand, weil kurzfristig auf eine Verzinsung des Eigenkapitals verzichtet werden kann.	■ Unerwünschte Einkommensumverteilung zugunsten der Unternehmen, wenn die Selbstfinanzierung über ungerechtfertigt hohe Preise vorgenommen wird.
■ Keine Tilgung und somit Verbesserung der Liquidität.	
■ Unabhängigkeit (kein Einfluss von Gläubigern auf das Unternehmen).	
■ Erhöhung der Kreditfähigkeit.	
■ Keine Kapitalbeschaffungskosten.	

Zusammenfassung

■ **Selbstfinanzierung** ist möglich, wenn das Unternehmen im Laufe des Geschäftsjahrs einen Finanzmittelzuwachs (Gewinn) selbst erwirtschaftet und diesen Gewinn ganz oder teilweise im Unternehmen belässt.

■ Je nachdem, ob die Selbstfinanzierung aus der Bilanz ablesbar ist oder nicht, unterscheidet man in **offene** und in **stille (verdeckte)** Selbstfinanzierung.

■ Bei der **offenen Selbstfinanzierung** werden **Gewinne** dem in der Bilanz ausgewiesenen **Eigenkapital gutgeschrieben.**

■ **Stille Rücklagen** können durch eine **Unterbewertung des Vermögens** (z. B. durch höhere Abschreibungen als der tatsächliche Wertverlust beträgt) entstehen.

■ Stille Rücklagen **vermindern den Gewinn** und damit **die zu zahlenden Gewinnsteuern.**

■ **Die Auflösung stiller Rücklagen** durch den Verkauf von unterbewertetem Vermögen oder die Bezahlung überbewerteter Schulden **führt zu Erträgen.**

Übungsaufgaben

195 Die Kurz & Klein KG hatte folgende Entwicklung:

	Kapitalanteil zum 1. Januar 20..	Entnahmen
Komplementär Fritz Kurz	400 000,00 EUR	32 500,00 EUR
Komplementär Paul Klein	390 000,00 EUR	35 000,00 EUR
Kommanditist Martin Enderle	330 000,00 EUR	

Der Gewinn des Geschäftsjahres beträgt 297 600,00 EUR.

Der Gesellschaftsvertrag regelt in § 8 Folgendes zur Gewinnverteilung:

– Die Komplementäre erhalten vorab eine Arbeitsvergütung von je 4 000,00 EUR monatlich.

– Das Jahresanfangskapital der Gesellschafter wird mit 6 % verzinst.

– Der Restgewinn wird nach dem Verhältnis der Kapitalkontostände zum Jahresanfang verteilt.

Aufgaben:

1. Erstellen Sie die Gewinnverteilungstabelle nach folgendem Muster:

Gesell-schafter	Anfangs-kapital	Zinsen 6%	Tätigkeits-vergütung	Kopf-anteil	Gesamt-anteil	Privat-entnahmen	Schluss-kapital

2. Berechnen Sie die Höhe der Selbstfinanzierung!

196 1. Die Bilanz einer GmbH weist einen Jahresüberschuss von 476 000,00 EUR aus. Die in der Bilanz ausgewiesenen Fertigungsanlagen enthalten u. a. eine anfangs des Geschäftsjahres erstellte computergesteuerte Fertigungseinheit mit einem Herstellwert von 4 800 000,00 EUR. Diese Anlage wurde bilanziell geometrisch-degressiv mit 20 % abgeschrieben. Der lineare Abschreibungssatz, welcher der kalkulatorischen Abschreibung zugrunde gelegt wird, beträgt $8\frac{1}{3}$ %.

Aufgaben:

1.1 In welchem Jahr der Nutzungsdauer erreicht die sich auf diese Weise bildende stille Reserve ihren Höchststand und wie viel EUR beträgt sie?

Verwenden Sie zur Lösung nachstehende Tabelle:

Jahr	Bilanzieller Restwert	Kalkulatorischer Restwert	Stille Reserve

1.2 Von welchen Voraussetzungen hängt die Möglichkeit und Höhe der verdeckten Selbstfinanzierung ab?

1.3 Nennen Sie je zwei Vor- und Nachteile, die sich aus der verdeckten Selbstfinanzierung ergeben!

2. Wie schlägt sich die offene Selbstfinanzierung in der Bilanz nieder?

3. Nennen Sie das Argument, das Ihrer Meinung nach am stärksten für bzw. gegen die Selbstfinanzierung spricht! Begründen Sie Ihre Entscheidung!

9.4.6 Finanzierung aus Rückstellungsgegenwerten

(1) Überblick

Merke:

■ Rückstellungen sind **Schulden für Aufwendungen,** die dem alten Geschäftsjahr zuzurechnen sind, deren genaue **Höhe** und (oder) **Fälligkeit** am Jahresende aber noch **nicht feststehen.**

■ Die **Bildung von Rückstellungen** bedeutet den **Ausweis einer Schuld** in der Bilanz und gleichzeitig eine **Aufwandserfassung in entsprechender Höhe.**

(2) Finanzierungseffekt aufgrund von Rückstellungen

Die Bildung von Rückstellungen stellt einen Aufwand dar. Der gebuchte Aufwand schmälert den Gewinn und damit die Gewinnausschüttung. Ein **Finanzierungseffekt** aufgrund von Rückstellungen ergibt sich dadurch, dass **Aufwendungen und Auszahlungen auseinanderfallen:** Die Bildung der Rückstellung wird in der Gegenwart als Aufwand erfasst, die Auszahlung erfolgt aber erst in der Zukunft. Für diese Zeitspanne bleibt der gebildete Rückstellungsbetrag an das Unternehmen gebunden und steht für betriebliche Aktivitäten zur Verfügung. Voraussetzung hierfür ist aber, dass durch die Bildung der Rückstellung kein Bilanzverlust entsteht.

Soll	GuV-Konto	Haben
Übrige Aufwendungen		
Aufw. Rückstellungen	Erträge	
Gewinn		

Beispiel:

Wegen einer laufenden Schadensersatzklage gegen unser Unternehmen bilden wir eine Rückstellung in Höhe von 1,0 Mio. EUR. Eine Inanspruchnahme erfolgt nicht, da die Klage im folgenden Jahr abgewiesen wurde.

Aufgabe:

Wie viel EUR beträgt die stille Reserve im Jahr der Bildung der Rückstellung?

Lösung:

Aktiva	Bilanzsituation am Jahresende	Passiva
Anlagevermögen	Eigenkapital – gezeichnetes Kapital – offene Rücklagen – Gewinn	2,0 Mio. EUR
Umlaufvermögen	Rückstellungen*	1,0 Mio. EUR
	Verbindlichkeiten	

tatsächlicher Gewinn 3,0 Mio. EUR

* Stille Reserven, da Rückstellungen nicht erforderlich waren.

Merke:

- Die **Bildung von Rückstellungen** führt dazu, dass **finanzielle Mittel** vom **Zeitpunkt der Bildung der Rückstellung** bis zum **Zeitpunkt der Auszahlung** im Unternehmen verbleiben.

- Es handelt sich um eine **interne Fremdfinanzierung,** da die aus dem Umsatzprozess zurückgestellten Vermögenswerte zur Zahlung von (noch nicht feststehenden) Verbindlichkeiten angesammelt werden.

9.4.7 Finanzierung aus freigesetztem Kapital (Uminvestierung, Finanzierung aus der Abschreibung, Umfinanzierung)

9.4.7.1 Begriffe Uminvestierung und Umfinanzierung

Der unterschiedliche Gebrauch der Begriffe Umfinanzierung und Uminvestierung in Literatur und Praxis führt immer wieder zu Irrtümern bzw. Verwechslungen. Deswegen ein kurzes Wort der Klärung. Wenn wir im Einklang mit der herrschenden Meinung definiert haben, dass unter **Investierung** die Anlage von Geld- und Sachkapital in **Betriebsvermögen** zu verstehen ist und erklärten, dass sich Investierungsvorgänge auf der **Aktivseite (Vermögensseite)** der Bilanz niederschlagen, dann handelt es sich bei der so genannten „Finanzierung aus freigesetztem Kapital" **nicht** um **Umfinanzierung,** sondern um **Uminvestierung,** weil hier **Vermögensumschichtungen** (z. B. weniger Vorräte, dafür mehr liquide Mittel) vorgenommen werden.

> **Merke:**
>
> - Eine **Uminvestierung** führt zu **Änderungen der Vermögenszusammensetzung** (Aktivtausch). Ziel ist die Freisetzung liquider Mittel. Dies wird durch Vermögensumschichtung erreicht.
>
> - Eine **Umfinanzierung** liegt vor, wenn es um die **Umstrukturierung** und **Tilgung** von Kapital geht. Diese Vorgänge berühren die **Passivseite** (die **Kapitalseite**) der Bilanz.

Uminvestierungen sind buchungstechnisch durch einen Aktivtausch, Umfinanzierungen durch einen Passivtausch gekennzeichnet. Beiden Maßnahmen ist gemeinsam, dass dem Unternehmen keine neuen Mittel zufließen.

Uminvestierung	Umfinanzierung
Änderung der Vermögenszusammensetzung.	Änderung der Kapitalzusammensetzung.
Beispiele:	Beispiele:
- Mittelfreisetzung durch Vermögensumschichtungen,	- Stammkapitalerhöhung bei der GmbH durch Umwandlung von Gewinnrücklagen in Stammkapital,
- Finanzierung aus Abschreibungsrückflüssen.	- Umwandlung von kurzfristigem in langfristiges Fremdkapital.
Ziel: Freisetzung liquider Mittel	**Ziel:** Optimierung der Kapitalstruktur

9.4.7.2 Mittelfreisetzung durch Vermögensumschichtung

Mittelfreisetzungen können z. B. erreicht werden durch

- den Verkauf von nicht betriebsnotwendigen Sach- und Finanzanlagen,

- die Verringerung der Lagerbestände durch Rationalisierungen im Beschaffungs- und Vertriebsbereich,

- den Abbau des Forderungsbestandes durch verkürzte Zahlungsziele,

- eine Verlängerung der von den Lieferern gewährten Zahlungsziele.

Die Bambini Textil-GmbH möchte eine dringende Dachreparatur am Verwaltungsgebäude in Höhe von 195 000,00 EUR durch Vermögensumschichtungen finanzieren. In Frage kommen folgende Vermögensposten:

(1) Zurzeit nicht benötigter Lkw, Buchwert 46 000,00 EUR,

(2) Wertpapiere des Umlaufvermögens, Buchwert 33 000,00 EUR,

(3) Lagerbestand an Zulieferteilen: 150 000,00 EUR, davon A-Teile 90 000,00 EUR,

(4) Forderungsbestand: 360 000,00 EUR; durch konsequentes Mahnen wäre eine Senkung der durchschnittlichen Zahlungsfrist um 5 Tage auf 40 Tage möglich.

Aufgabe:

Wie viel EUR können durch eine Vermögensumschichtung freigesetzt werden?

Lösung:

(1) Der Verkauf des Lkws bringt 46 000,00 EUR.

(2) Diese Liquiditätsreserve sollte nur in Angriff genommen werden, wenn die anderen Möglichkeiten erschöpft sind.

(3) Senkung des Lagerbestandes um 90 000,00 EUR durch Einführung von Just-in-time-Verfahren für die Zulieferung von A-Teilen.

(4) Konsequentes Mahnen setzt durch Senkung des Forderungsbestandes auf 320 000,00 EUR Mittel in Höhe von 40 000,00 EUR frei $\dfrac{360\,000 \cdot 5}{45} = 40\,000,00$ EUR

Ergebnis:

Ohne den Verkauf der Wertpapiere können liquide Mittel in Höhe von 176 000,00 EUR freigesetzt werden.

Merke:

Eine **Vermögensumschichtung** ist eine Möglichkeit, gebundene Finanzmittel wieder freizusetzen.

9.4.7.3 Finanzierung aus Abschreibungsrückflüssen (Abschreibungsfinanzierung)

Maschinen und Baulichkeiten werden **verbraucht**. Sie verlieren durch Nutzung, kaufmännische und technische Überholung sowie Zeitablauf an Wert, wie jeder Autobesitzer weiß. Dieser Tatsache wird durch die Abschreibung Rechnung getragen.

Merke:

Abschreibungen erfassen die Wertminderungen des abnutzbaren Anlagevermögens sowie die Wertverluste beim Umlaufvermögen.

Auch das Umlaufvermögen muss erforderlichenfalls abgeschrieben werden (z.B. Abschreibungen auf Forderungen bei Zahlungsunfähigkeit/Insolvenz der Kunden; Abschreibungen auf Wertpapiere des Umlaufvermögens, wenn der Börsenkurs am Bilanzstichtag unter den Anschaffungswerten liegt).

31 Speth – ISBN 978-3-8120-0491-6

Die Abschreibungsbeträge müssen kalkuliert, d.h., in die Verkaufspreise der Leistungen des Unternehmens (z.B. Erzeugnisse, Dienstleistungen) eingerechnet werden (**kalkulatorische Abschreibung),** weil nach Ablauf der Nutzungszeit die Vermögensgegenstände wieder beschafft werden müssen (Ersatzinvestition).

Decken die Umsatzerlöse die kalkulierten Abschreibungen (man spricht in diesem Zusammenhang von „verdienten Abschreibungen"), so kommt es zu einer Vermögensumschichtung (Aktivtausch). Geldmittel, die für längere Zeit in Sachmittel gebunden sind, werden schrittweise wieder in die liquide Form überführt. Der Bilanzwert des Anlagevermögens nimmt ab, der Bestand an Zahlungsmitteln erhöht sich, wobei die teilabgeschriebenen Anlagen weiterhin produktiv sind (**Kapitalfreisetzungseffekt).** Der Vorgang ist erfolgsneutral, wenn die kalkulatorischen Abschreibungen[1] durch die Umsatzerlöse gedeckt und nicht höher als die bilanziellen Abschreibungen[1] sind.

Die Abschreibungsrückflüsse sind in der Periode ihrer Erwirtschaftung nicht mit Ausgaben verbunden und sind daher zunächst frei verfügbar. Der Unternehmer hat damit die Möglichkeit,

- die während der Nutzungszeit hereinfließenden Abschreibungserlöse zu „speichern", d.h. auf **Geldkonten zu sparen.**

- die angesparten Gelder nach Ablauf der Nutzungszeit zu investieren und die Vermögensgegenstände wieder zu beschaffen (**Ersatzinvestition)** oder

- die eingehenden Abschreibungserlöse sofort in neue Anlagegüter zu investieren, um damit das Anlagevermögen zu erweitern (**Erweiterungsinvestitionen).**

Beispiel:

Die Anschaffungskosten für eine Maschine betragen zu Beginn des Geschäftsjahres 40 000,00 EUR. Die Nutzungsdauer der Maschine beträgt 4 Jahre. Kalkulatorisch und bilanziell wird linear abgeschrieben. Die Abschreibungsbeträge werden über den Verkauf der Erzeugnisse verdient.

Aufgabe:

Wie viel EUR betragen die liquiden Mittel am Ende der Nutzungsdauer?

Lösung:

Jahr	Buchwert der Maschine	Abschreibungsbetrag	Liquide Mittel pro Jahr	Liquide Mittel insgesamt	Restbuchwert der Maschine
1.	40 000,00	10 000,00	10 000,00	10 000,00	30 000,00
2.	30 000,00	10 000,00	10 000,00	20 000,00	20 000,00
3.	20 000,00	10 000,00	10 000,00	30 000,00	10 000,00
4.	10 000,00	10 000,00	10 000,00	40 000,00	0,00

Weicht die bilanzielle Abschreibung von der kalkulatorischen Abschreibung ab, so beeinflusst dies die Höhe der Abschreibungsrückflüsse und damit die Höhe des freigesetzten Kapitals.

---

1 Die kalkulatorische und bilanzielle Abschreibung wurde ausführlich in Kapitel 7.3.2, S. 362f. dargestellt.

Die bilanzielle Abschreibung ist kleiner als die kalkulatorische Abschreibung

10 Maschinen mit Gesamtanschaffungskosten von 800000,00 EUR, einer Nutzungsdauer von 8 Jahren und geschätzten Wiederbeschaffungskosten von 880000,00 EUR werden wie folgt abgeschrieben:

Kalkulatorische Abschreibung: linear von den Wiederbeschaffungskosten	=	110000,00 EUR
– bilanzielle Abschreibung: linear von den Anschaffungskosten	=	100000,00 EUR
Differenz		10000,00 EUR

Aufgabe:

Welchen Finanzierungseffekt hat der angegebene Sachverhalt?

Lösung:

Geht man davon aus, dass die kalkulatorische Abschreibung den wirklichen Wertverlust erfasst, sind in der Buchführung die Aufwendungen um 10000,00 EUR zu niedrig angesetzt. In dieser Höhe entsteht ein **Scheingewinn**. Ein Teil der Abschreibungsgegenwerte fließt dadurch ab (z.B. über eine Gewinnausschüttung bzw. Zahlung von Gewinnsteuern). Dies führt hinsichtlich der Ersatzbeschaffungen zu einer **Substanzauszehrung**, weil für die Reinvestition zu wenig Finanzmittel angespart werden konnten.

Zusammenfassung

- Eine **Finanzierung aus der Rückstellung** liegt vor, wenn durch die Bildung von Rückstellungen Vermögenswerte für spätere Auszahlungen bereitgestellt werden. Es handelt sich um eine interne **Fremdfinanzierung.**

- **Uminvestierungen** führen zu **Änderungen der Vermögenszusammensetzung** (Aktivtausch). Ziel ist die Freisetzung liquider Mittel. Dies wird durch Vermögensumschichtungen erreicht. Zu den Vermögensumschichtungen gehören z.B. der Verkauf von nicht betriebsnotwendigem Anlage- und Umlaufvermögen sowie Abschreibungen auf Anlagevermögen.

- Werden die verrechneten Abschreibungsbeträge über die Umsatzerlöse erwirtschaftet, so kommt es zu einer **Vermögensumschichtung** (Aktivtausch). Das Anlagevermögen wird über die in den Verkaufserlösen enthaltenen Abschreibungen schrittweise wieder in liquide Mittel überführt.

- Der Vorgang der Vermögensumschichtung durch Abschreibung ist **erfolgsneutral,** wenn die kalkulatorischen Abschreibungen und die bilanziellen Abschreibungen gleich hoch sind und diese durch die Umsatzerlöse gedeckt werden.

- Die durch die Abschreibung entstandenen liquiden Mittel können entweder zur **Erweiterung der liquiden Mittel, zur Ersatzinvestition** oder zur **Erweiterungsinvestition** herangezogen werden.

Übungsaufgaben

197 1. Die Mechthild Breu KG erzielte im vergangenen Geschäftsjahr einen Gewinn in Höhe von 1,5 Mio. EUR. Vertraglich müssen 2 Mio. EUR den Pensionsrückstellungen zugeführt werden.

   Aufgabe:

   Welche Auswirkungen ergeben sich für die Finanzierung?

2. Für einen Rechtsstreit werden von der Hansa AG Rückstellungen in Höhe von 200 000,00 EUR gebildet. Durch die Zuführung zu den Rückstellungen entsteht kein Verlust. Nach zwei Jahren wird der Rechtsstreit rechtskräftig entschieden.

Aufgaben:

Beschreiben Sie den Finanzierungseffekt, wenn

2.1 der Rechtsstreit für die Hansa AG verlorengeht und die Gerichts- und Anwaltskosten 200 000,00 EUR betragen!

2.2 der Rechtsstreit von der Hansa AG gewonnen wird und dadurch keine Gerichts- und Anwaltskosten anfallen!

3. Nennen Sie zwei Faktoren, die Einfluss auf den Finanzierungseffekt einer Rückstellungsbildung haben!

198 1. Warum ist die „Finanzierung aus freigesetztem Kapital" eine Uminvestierung?

2. Erklären Sie die „Finanzierung aus freigesetztem Kapital" am Beispiel der Abschreibungsfinanzierung!

3. Entscheiden Sie, welche Finanzierungsart bei den nachstehenden Fällen vorliegt! Begründen Sie Ihre Antwort!

3.1 Der Inhaber eines Einzelhandelsunternehmens gewinnt im Lotto und zahlt den „Gewinn" auf sein Geschäftskonto ein.

3.2 Eine GmbH bildet eine Rücklage.

3.3 Eine GmbH trägt einen Gewinn vor.

3.4 Eine KG überzieht das Girokonto.

3.5 Eine EDV-Anlage wird gemietet.

3.6 Warenlieferung auf Ziel.

3.7 Es wird eine Rückstellung für einen schwebenden Prozess gebildet.

3.8 Die Abschreibungserlöse werden für Investitionen verwendet.

3.9 Die Lagerumschlagshäufigkeit des Warenbestands wird erhöht.

3.10 Der Komplementär Schmidt entnimmt nur die Hälfte des ihm zustehenden Gewinnanteils.

3.11 Eine Maschine wird in 5 Jahren abgeschrieben, obwohl sie 8 Jahre lang genutzt wird.

3.12 Eine GmbH erhöht ihr Stammkapital gegen Einlagen.

199 Die Anschaffungskosten für ein Anlagegut betragen am Beginn der Geschäftsperiode 48000,00 EUR. Die Nutzungsdauer beläuft sich auf 5 Jahre. Die kalkulatorische und die bilanzmäßige Abschreibung sind gleich hoch. Die Abschreibungsbeträge werden über den Verkauf der Erzeugnisse verdient.

Aufgaben:

1. Wie viel EUR betragen die liquiden Mittel am Ende der Nutzungsdauer, wenn

2. das Anlagegut linear abgeschrieben wird und die Geldmittel thesauriert werden?

10 Produktionswirtschaft (betriebliche Leistungserstellung)

10.1 Ziele der betrieblichen Leistungserstellung

(1) Grundlegendes

Die Ziele der betrieblichen Leistungserstellung leiten sich aus den allgemeinen Unternehmenszielen ab. Insoweit kann es nur darum gehen, besondere Zielsetzungen zu formulieren, die speziell die betriebliche Leistungserstellung betreffen.

(2) Besondere Zielsetzungen der betrieblichen Leistungserstellung

■ Ausrichtung der Produkte am Kundennutzen

Grundsätzlich gilt, das zu erstellende Produkt hat den vom Kunden geforderten Nutzen (z. B. hinsichtlich Qualität und Lieferzeit) zu erfüllen. Für die Produktion bedeutet dies zum einen, dass alle Prozesse, die zur Erstellung einer Leistung notwendig sind, auf die Mehrung des Kundennutzens auszurichten sind (z. B. Maßnahmen zur ständigen Qualitätssicherung, Verbesserung bisheriger Produkte, Entwicklung neuer Produkte). Zum anderen sind die Produktionszeiten für die Erstellung der Produkte so zu verkürzen bzw. flexibel zu gestalten, dass alle Fertigungsaufträge innerhalb der vom Kunden gewünschten Lieferzeit produziert werden können. Dies setzt eine genaue Terminierung der einzelnen Produktionsschritte voraus, die es dann einzuhalten gilt. Terminstörungen führen immer zu innerbetrieblichen Problemen (z. B. Auffangen der Störungen durch Überstunden, Sonderschichten, Überbelastung der Maschinen) und außerbetrieblichen Schäden (z. B. Imageverlust, Lieferungsverzug mit Schadensersatzansprüchen, Kundenverlust).

■ Wirtschaftlichkeit

Nach dem Wirtschaftlichkeitsprinzip ist anzustreben, dass die Kosten bei einer gegebenen Leistung minimiert bzw. die Leistung bei gegebenen Kosten maximiert werden. Die Haupteinflussgrößen für das Wirtschaftlichkeitsergebnis der Leistungserstellung sind die Art und Menge der verwendeten Materialien und die damit verbundenen Einstandspreise, die eingesetzten Fertigungsverfahren, die Prozessgestaltung der Leistungserstellung sowie die Produktionszeiten. Ziel der betrieblichen Leistungserstellung muss es daher sein, z. B. durch Planung einer optimalen Losgröße[1] den Materialpreis zu senken, die Maschinenbelegung zu optimieren, um Leerkosten[2] zu vermeiden, durch eine entsprechende Prozessgestaltung die Durchlaufzeiten für die einzelnen Aufträge zu verringern, um die Höhe der Kapitalbindung zu verkleinern und die Liquidität zu stärken.

■ Produktivität

Durch die Produktivität (Verhältnis von Produktmenge zu Faktoreinsatzmenge oder -zeit) wird die „Mengenergiebigkeit" des Produktionsprozesses ausgewiesen. Für die Messung der Leistungsfähigkeit des Produktionsprozesses sind Produktivitätskennzahlen insbesondere dann aussagefähig, wenn sie auf einzelne Arbeitsplätze, Fertigungsanlagen, Fertigungsverfahren, Arbeitssysteme, Ressourcenverbrauch oder Ökologiebelastung bezogen werden.

---

1 Unter Losgröße versteht man die Menge einer Produktart, die – ohne Unterbrechung durch die Produktion anderer Produktarten – hintereinander in einer Produktionsstufe erzeugt wird. Die Losgröße ist optimal, wenn die Summe aus Umrüstkosten für den Wechsel der Werkzeuge und Lagerhaltungskosten ein Minimum bildet.

2 Leerkosten sind die Kosten, die für die nicht genutzte Kapazität anfallen.

10.2 Planung des Produktionsprogramms

10.2.1 Begriffe Produkt, Produktprogramm und Produktionsprogramm

(1) Begriff Produkt

Merke:

Unter **Produkte** werden sowohl **Sachgüter** als auch **Dienstleistungen** verstanden.

(2) Begriffe Produktprogramm und Produktionsprogramm

Merke:

Im **Produktprogramm**[1] sind Art und Menge der Produkte festgelegt, die ein Unternehmen herstellt.

Die Gestaltung des Produktprogramms kann unter strategischen oder operativen Gesichtspunkten betrachtet werden.

- Im Rahmen der strategischen Produktprogrammplanung wird der **Produktprogrammrahmen** hinsichtlich Art und Menge der herzustellenden Produkte festgelegt.

- Im Rahmen der operativen Produktprogrammplanung wird das **Produktionsprogramm (Fertigungsprogramm)** bestimmt. Es legt konkret die Art und Menge der in den nächsten kurzfristigen Perioden zu produzierenden Produkte fest. Die operative Produktprogrammplanung wird in der Praxis meist als Jahres-, Quartals- und Monatsplanung durchgeführt. Häufig erfolgt die Monatsprogrammplanung zusammen mit dem Planungsprozess für die Leistungserstellung, der die Grundlage für die Produktionsprozesssteuerung ist.

Merke:

- Die strategische Produktprogrammplanung schafft den **Produktprogrammrahmen.**

- Das **Produktionsprogramm** (die operative Produktprogrammplanung) legt für eine gegebene Planungsperiode Art, Menge und Zeitpunkt der herzustellenden Produkte fest. Das Produktionsprogramm schafft die Basis für die weitere Planung, Steuerung und Kontrolle des Produktionsprozesses.

(3) Planungsprozess der Produktentstehung

Der Planungsprozess der Produktentstehung umfasst folgende Schritte: (1) Zunächst gilt es die Planung zur Entwicklung neuer Produkte aufzunehmen, durch die Abteilung Forschung und Entwicklung abzusichern und „Probeprodukte" zu erstellen. (2) Entscheidet sich die Unternehmensleitung zur Aufnahme der neuen Produkte in das bestehende Produktprogramm, werden in einem weiteren Schritt die für die Planung des Produktionsprozesses erforderlichen Produktdokumente erstellt. (3) Im letzten Schritt der Produktentstehung werden die neuen Produkte in das Produktionsprogramm eingegliedert.

---

1 Auf die Entwicklung, den Aufbau und die Zusammensetzung des Produktprogramms wird im Folgenden nicht eingegangen.

10.2.2 Arten des Produktionsprogramms

Betrachtet man das Produktionsprogramm unter den Aspekten Breite und Tiefe, dann kann einerseits zwischen einem breiten und schmalen Produktionsprogramm und andererseits zwischen einer hohen und einer geringen Produktionstiefe unterschieden werden.

(1) Gliederung des Produktionsprogramms unter dem Gesichtspunkt der Programmbreite (Fertigungsbreite)

■ **Breites Produktprogramm**

Es werden viele Produktarten, Sorten und Qualitäten hergestellt.

Beispiel:
Eine Möbelfabrik stellt Küchenmöbel, Arbeits-, Wohn- und Schlafzimmer her.

■ **Schmales Produktprogramm**

Es werden nur eine oder nur wenige Produktarten hergestellt. Die Verringerung der Produktbreite bezeichnet man auch als Spezialisierung.

Beispiel:
Eine Möbelfabrik spezialisiert sich auf die Herstellung von Einbauküchen.

(2) Gliederung des Produktionsprogramms unter dem Gesichtspunkt der Programmtiefe (Fertigungstiefe)

■ **Hohe Produktionstiefe**

Dies bedeutet, dass das Unternehmen im eigenen Haus einen hohen Grad der Wertschöpfung erzielt. Dies kommt dadurch zustande, dass auf der Beschaffungsseite überwiegend Rohstoffe (z.B. Walzblech, Stangenmaterial an Eisen unterschiedlicher Breite und Länge, Kunststoffgranulat usw.) beschafft werden. Dieser Rohstoff wird zunächst zu Einzelteilen (z.B. Tischbeine), dann zu Baukastenkomponenten und letztlich zu Enderzeugnissen verarbeitet.

Eine große Produktionstiefe verbindet sich mit folgenden Rahmenbedingungen:

■ Das erfolgsspezifische Know-how bleibt überwiegend im eigenen Unternehmen.

■ Hohes Maß an Fixkostenbelastung, weil für alle Produktionsschritte Menschen, Maschinen und Räume vorhanden sein müssen.

■ Geringes Maß an Flexibilität in Bezug auf veränderte Marktanforderungen.

■ **Geringe Produktionstiefe**

Dies bedeutet, dass im eigenen Haus nur ein geringer Grad der Wertschöpfung erzielt wird. Ein Großteil der Produktion und Entwicklung findet bereits beim Lieferanten statt und wird als komplette Systemkomponente (z.B. vollständiges Auspuffsystem mit Katalysator, Getriebe usw.) in das Enderzeugnis eingebaut.

Eine geringe Produktionstiefe verbindet sich mit folgenden Rahmenbedingungen:

- Das erfolgsspezifische Know-how muss mit dem Lieferer geteilt werden. Entsprechende Rahmenvereinbarungen schützen das Unternehmen vor Missbrauch.
- Weniger fixe Kosten, da ein Großteil der Produktionsschritte entfällt und – salopp ausgedrückt – nicht mehr produziert, sondern vielmehr nur noch montiert wird.
- Hohes Maß an Flexibilität in Bezug auf veränderte Marktanforderungen, da der Lieferer einen Teil des Fixkostenrisikos trägt und es leichter ist, einen anderen Lieferer zu gewinnen als auf eine vorhandene Fertigungsausstattung umzustellen.

10.2.3 Bestimmungsfaktoren zur Planung eines Produktionsprogramms

Bestimmungsfaktoren für die Planung des Produktionsprogramms sind zum einen absatzwirtschaftliche und zum anderen produktionswirtschaftliche Überlegungen.

(1) Absatzwirtschaftliche Bestimmungsfaktoren

Bei dem derzeit vorherrschenden Käufermarkt verhalten sich die Kunden in aller Regel passiv, d. h., sie warten auf die Angebote der Verkäufer. Die Hersteller sind daher gezwungen, festzustellen, woran Bedarf herrscht und inwieweit unbewusst vorhandene Bedürfnisse vorliegen und geweckt werden können.

(2) Produktionswirtschaftliche Bestimmungsfaktoren

Ein Betrieb, der sehr viele Produktarten herstellt, arbeitet in der Regel mit hohen Kosten, vor allem mit hohen **Umstellungskosten**. Sie entstehen durch die Umrüstung und Neueinrichtung der Maschinen. Hinzu treten unter Umständen Kosten für Probedurchläufe. Je weniger Produktarten – bei gleichbleibender Kapazität – hergestellt werden, desto niedriger sind die **Rüstkosten**.[1] Darüber hinaus macht sich der Betrieb das „Gesetz der Massenproduktion" zunutze, das besagt, dass bei steigender Produktmenge die Stückkosten sinken.

Weitere Bestimmungsfaktoren sind die Beschaffungsmärkte, die angetroffenen Marktbedingungen, die Gesetzgebung sowie die persönlichen Ansichten der Geschäftsleitung.

10.2.4 Planung eines Produktionsprogramms

Aus Sicht der Leistungserstellung ist aus Kostengründen ein möglichst schmales Produktionsprogramm wünschenswert, während aus absatzwirtschaftlicher Sicht ein breites Produktionsprogramm wünschenswert ist.

Die **„Verkaufsstrategen"** des Betriebs wünschen ein möglichst **breites Produktionsprogramm**. Dies bietet die Möglichkeit, unterschiedliche Kundenbedürfnisse zu befriedigen, streut das Risiko bei einem Nachfrageausfall für ein Produkt und erleichtert die Kapazitätsanpassungen bei saisonalen Nachfrageschwankungen. Die **technische Betriebsleitung** strebt dagegen die **Verminderung der Erzeugnisarten auf wenige Typen** an, um Kosten einzusparen (z. B. geringere Differenzierung bei den Materialbeständen, verringerte Rüstkosten, vereinfachte Arbeitsvorbereitung, Stärkung der Automatisierung, geringere Loswechselkosten). Die Festlegung des Produktionsprogramms ist deswegen regelmäßig ein Kompromiss.

---

1 Zum Begriff Rüstkosten siehe S. 492.

Um das Spannungsverhältnis zwischen Leistungserstellung und Absatz zu mildern, geht die Entwicklung der Fertigungstechnik dahin, die Fertigungssysteme zu flexibilisieren.[1] Unter **flexiblen Fertigungssystemen** versteht man mehrere Bearbeitungszentren (z.B. Industrieroboter), die über ein elektronisch gesteuertes Transportsystem miteinander verbunden sind und von einem übergeordneten Informations- und Steuerungssystem gelenkt werden. Flexible Fertigungssysteme sind in der Lage, unterschiedliche Aufträge (z.B. verschiedene Gerätetypen) automatisch zu fertigen.

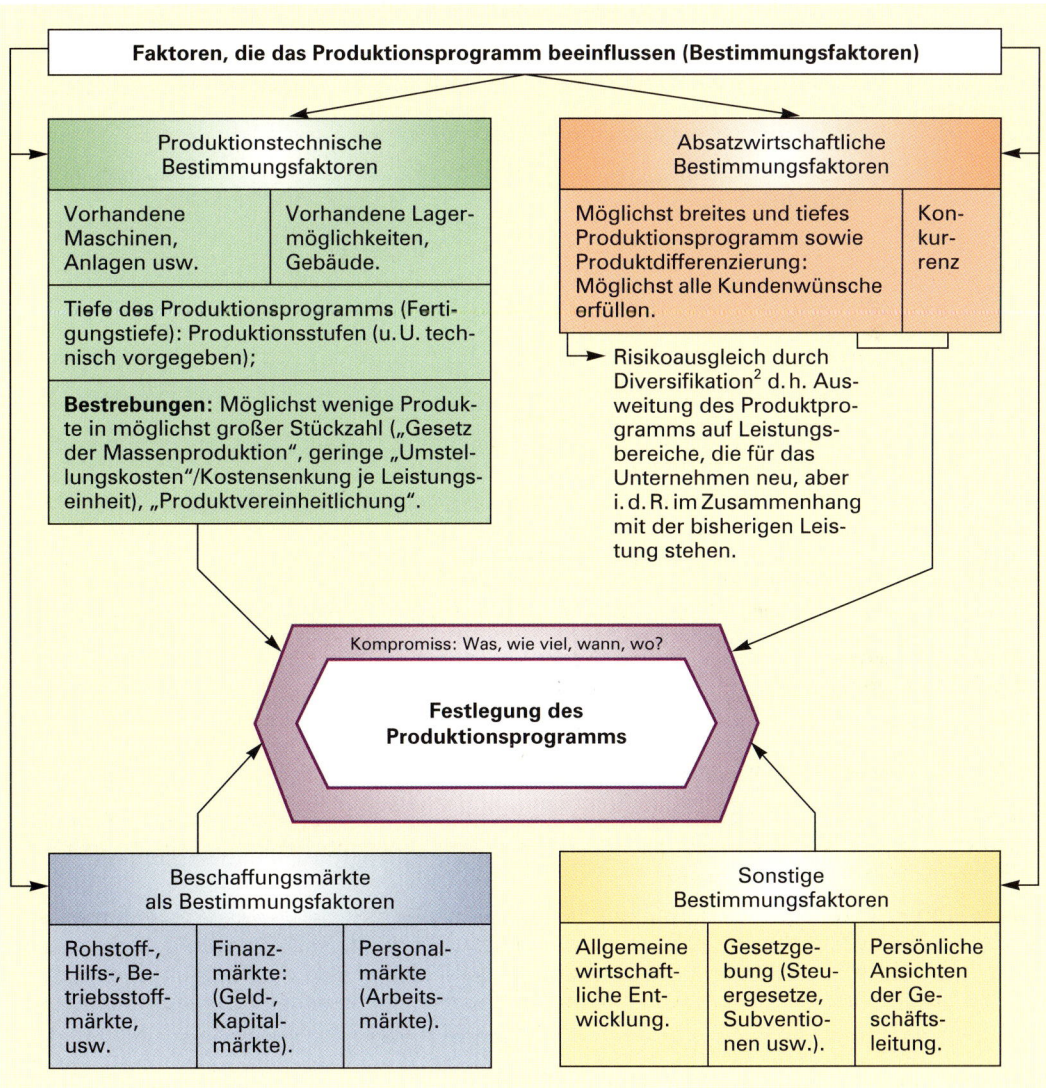

---

1 Flexibel: beweglich, anpassungsfähig.
2 Diversifikation (lat): Abwechslung, Veränderung.

- **Besondere Zielsetzungen** der betrieblichen Leistungserstellung sind: (1) Ausrichten der Produkte am Kundennutzen, (2) Wirtschaftlichkeit, (3) Produktivität.

- Unter **Produkte** werden sowohl Sachgüter als auch Dienstleistungen verstanden.

- Unter dem **Produktprogramm** versteht man die Anzahl der verschiedenen Produkte und ihre Ausführungen, die ein Industrieunternehmen anbietet.

- Das **Produktionsprogramm** legt für eine bestimmte Planungsperiode Art, Menge und Zeitpunkt der herzustellenden Produkte fest.

- Nach dem **Gesichtspunkt der Programmbreite** kann zwischen einem **breiten** und einem **schmalen Produktprogramm** unterschieden werden. Nach der **Programmtiefe** unterscheidet man in ein Programm mit **hoher** bzw. **geringer Produktionstiefe**.

- Die **Planung des Produktionsprogramms** hängt insbesondere von **absatz-** und **produktionswirtschaftlichen Bestimmungsfaktoren** ab.

- Die **Festlegung des Produktionsprogramms** ist immer ein **Kompromiss**.

Übungsaufgabe

200 1. Formulieren Sie jeweils drei Argumente, die für bzw. gegen ein breites Produktionsprogramm sprechen!

2. Welche Konsequenzen ergeben sich aus einer hohen bzw. geringen Produktionstiefe?

10.3 Planung des Fertigungsverfahrens[1]

10.3.1 Bestimmungsgründe für die Wahl der Fertigungsverfahren

Die Verfahrensweisen industrieller Fertigung sind in der Wirklichkeit äußerst vielfältig und im Grunde in jedem Industriebetrieb anders. Die Theorie kann daher nur versuchen, das Typische herauszuarbeiten, um zu Erkenntnissen zu gelangen.

Die **Gestaltung der Fertigungsverfahren,** also die technisch-organisatorische Durchführung der Produktion, hängt u. a. ab

- vom **Produktionsprogramm** eines Betriebes. So ist z. B. bei der Baustellenfertigung verhältnismäßig viel, bei der Massenfertigung verhältnismäßig wenig Handarbeit erforderlich. In der chemischen Industrie unterscheiden sich die Fertigungsverfahren völlig von denen der Textilindustrie und die wiederum von denen des Maschinenbaus.

- von der Höhe der **Lohnkosten**. In Regionen mit niedrigem Lohnniveau sind in der Regel in der Produktion mehr Menschen beschäftigt als in Regionen mit hohen Lohnkosten.

---

1 Auf die Abwicklung des Produktionsprozesses wird im Folgenden nicht eingegangen. Sie ist nicht Gegenstand der Lehrpläne.

- von der **Höhe des Kapitalbedarfs**. Kapitalintensive Fertigungsverfahren wie z.B. die Massenfertigung mit „Automaten" erfordern einen viel höheren Kapitaleinsatz als arbeitsintensive Verfahren. Sie verursachen deshalb auch höhere Kapitalkosten (Abschreibungs- und Zinskosten). Die erforderlichen hohen Finanzmittel müssen auf dem Kapitalmarkt beschafft werden. Je höher die Zinskosten in einem Land sind, desto geringer wird die Neigung sein, in kapitalintensive Fertigungsverfahren zu investieren.

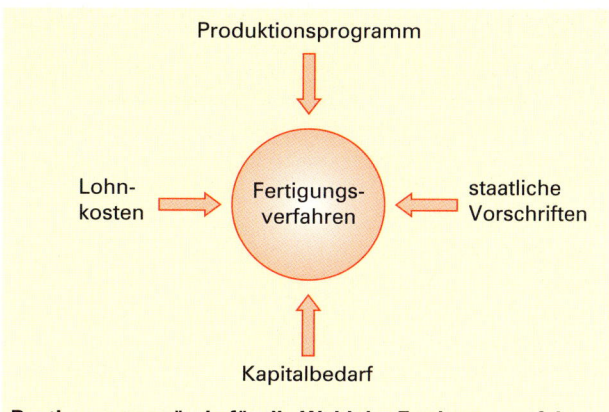

Bestimmungsgründe für die Wahl der Fertigungsverfahren

- von den **staatlichen Vorschriften**. Regierungen in den verschiedenen Ländern nehmen mit unterschiedlichen Vorschriften (z.B. Umweltauflagen, Verbot der Kinderarbeit, Arbeitsschutz) Einfluss auf die Wahl der Fertigungsverfahren.

10.3.2 Fertigungsverfahren

10.3.2.1 Fertigungsverfahren nach der Häufigkeit der Prozesswiederholung (Fertigungsarten)

Die Unterscheidung in Fertigungsarten richtet sich danach, inwieweit ein Betrieb das **Prinzip der Massenfertigung** verwirklicht hat bzw. verwirklichen kann.

(1) Einzelfertigung

Hier wird ein bestelltes Produkt nur einmal in seiner Art gefertigt. Die Einzelfertigung findet man heute vor allem noch im handwerklichen Bereich, weil nur die Einzelfertigung in der Lage ist, individuelle Wünsche zu berücksichtigen (z.B. Maßschneiderei).

Auch in der Industrie findet sich noch die Einzelfertigung. So wird beispielsweise der Bau von Häusern, Fabriken, Schiffen, Straßen, Brücken oder Turbinen in Form der Einzelfertigung durchgeführt.

(2) Serienfertigung

- **Begriff und Ablauf**

Werden bei der industriellen Fertigung von einem Produkt größere Stückzahlen erzeugt (z.B. Werkzeugmaschinen oder Autos), spricht man von Serienfertigung. Durch den Übergang von der Einzel- zur Serienfertigung sinken die Stückkosten: Einerseits muss die Vorplanung und Arbeitsvorbereitung nicht mehr für jedes einzelne Produkt gesondert, sondern nur einmal für die ganze Serie durchgeführt werden, andererseits kann infolge der Arbeitsteilung der Einsatz der Betriebsmittel rationalisiert werden.

Bei der Serienfertigung mit **kontinuierlicher (ununterbrochener) Fertigung** werden die Fertigungsanlagen einmal für die Produktion der Serie vorbereitet, sodass nur ein bestimmtes Produkt während des geplanten Zeitraums gefertigt werden kann. Verlangt der Markt ein verbessertes Produkt, wird die Produktion der bisherigen Serie eingestellt und die neue Serie aufgelegt (z. B. Motorräder, Automobile). Der Übergang dieser so genannten **Großserienfertigung** zur Massenfertigung ist fließend.

Werden die einzelnen Serien nicht kontinuierlich, sondern **mit Unterbrechungen** hergestellt, handelt es sich um **Intervallfertigung.** Während der „Intervalle" werden mit den gleichen Fertigungsanlagen andere Erzeugnisse (in der Regel ebenfalls in Serienfertigung) produziert. Die Intervallfertigung ist häufig eine Kleinserienfertigung. Auch bei der Sortenfertigung[1] findet sich die Intervallfertigung.

■ **Begriff und Bestimmungsfaktoren der optimalen Seriengröße**

Ein wichtiges Problem der Intervallfertigung ist die Bestimmung der optimalen Seriengröße (Losgröße, Auflagengröße).[2]

> **Merke:**
>
> Unter einer **Seriengröße** versteht man die Menge einer Serienart, die – ohne Unterbrechung durch die Produktion anderer Serienarten – hintereinander in einer Produktionsstufe erzeugt wird.

Die Seriengröße wird von der Kostenseite her von den Rüstkosten und den Lagerhaltungskosten beeinflusst.

■ **Rüstkosten** entstehen durch das Einrichten der Produktionsanlagen auf die Herstellung einer anderen Serienart.

Rüstkosten treten je Serie nur einmal auf und entstehen unabhängig von der Stückzahl der in einer Serie gefertigten Produkte. Man bezeichnet sie daher

> **Beispiele:**
>
> Zinskosten, Abschreibungen, Wagniskosten oder Miete für die ruhenden maschinellen Anlagen und Räume; Heiz-, Strom-, Be- und Entlüftungskosten; Personalkosten während der Umrüstungszeit.

auch als **auflagefixe Kosten.** Durch die Verminderung der Anzahl der durchgeführten Rüstvorgänge bzw. Erhöhung der in einer Serie gefertigten Güter werden die Umrüstkosten insgesamt abgesenkt und damit auch die Serienstückkosten.

■ **Lagerhaltungskosten** sind mengenabhängige Kosten. Sie steigen mit wachsender Seriengröße an und sinken mit fallender Auflagenhöhe. Die Lagerhaltungskosten bezeichnet man auch als **auflagenvariable Kosten.**

> **Beispiele:**
>
> Versicherungskosten für die Lagervorräte, Zinskosten für das im Lager gebundene Kapital, Wagniskosten für Lagerschwund durch Güterverderb, Diebstahl, Personalkosten, Abschreibung der Lagereinrichtung, Mietkosten.

Rüstkosten und Lagerhaltungskosten verlaufen, bezogen auf die Seriengröße, entgegengerichtet, d.h., eine hohe Auflage (geringe Anzahl von Serien) führt zu niedrigen Rüstkosten, aber zu höheren Lagerkosten und umgekehrt.

---

1 Zur Sortenfertigung siehe S. 493.
2 Serie, Los, Auflage (z. B. 10 000 Exemplare eines Buchs).

(3) Sortenfertigung

Hier weisen die Endprodukte bestimmte Größen-, Formen- und Beschaffenheitsunterschiede auf, die mit der gleichen, allerdings zumeist *verstellbaren* Produktionseinrichtung und dem gleichen Rohmaterial mit gewissen *Zusatzstoffen* erreicht werden. So bietet die Bekleidungsindustrie konfektionierte[1] Herren- und Knabenanzüge, Damen- und Herrenmäntel in den verschiedensten Größen, in anderen Musterungen und mit unterschiedlichen Qualitäten an. Schokoladenfabriken bringen verschiedene Sorten mit z.B. spezifisch bitterem oder zartbitterem oder anderem Geschmack auf den Markt.

(4) Partiefertigung

Im Gegensatz zur Sortenfertigung ergibt sich die Partiefertigung unterschiedlicher Endprodukte *zwangsläufig* aus dem Verwenden verschiedener Rohstoffe, die zumeist vom Rohstoffhandel in gleichmäßig geordneten Packungen (Partien) geliefert werden. So weist die echte „Brasil-Zigarre", hergestellt aus brasilianischem Rohtabak, andere Qualitäten auf als die „Deutsche Zigarre" aus inländischem Tabak.

(5) Chargenfertigung

Eine Chargenfertigung (charge: Ladung, Beschickung) liegt dann vor, wenn das Material in einem Behälter be- oder verarbeitet wird. Die unterschiedlichen Sorten kommen dadurch zustande, dass die Produktionsprozesse nicht vollständig beherrschbar sind. Die Chargenfertigung findet sich z.B. beim Schmelzprozess im Hochofen oder bei der Käseherstellung in Molkereien.

Sorten-, Partie- und Chargenfertigung kommen gleichermaßen bei der Massenfertigung vor.

(6) Massenfertigung

Erstellt ein Unternehmen ein ausgereiftes Produkt und sieht es sich einem praktisch unbegrenzt aufnahmefähigen Markt gegenüber, wird es zur **Massenfertigung** übergehen (z.B. Zigaretten, Ziegelsteine, Stahlbleche, Waschmittel, Zement). Die Massenfertigung kann als **Einproduktfertigung, Sortenfertigung** oder **Mehrproduktfertigung** vorkommen. Während das reine Einproduktunternehmen in Wirklichkeit verhältnismäßig selten anzutreffen ist (z.B. Elektrizitätswerk), tritt die Sortenfertigung häufig in Erscheinung (z.B. Walzwerke, Brauereien, Ziegeleien, Baustoffwerke).

Die **Mehrproduktfertigung** ist in ihren Erscheinungsformen außerordentlich vielfältig, sei es als verbundene Produktion oder als Parallelproduktion.

- ■ Eine **verbundene Produktion** liegt vor, wenn mehrere Produkte, z.B. Gas, Koks und Teer aus einem Grundstoff (Kohle) in einem Produktionsprozess gewonnen werden (Kuppelproduktion).
- ■ Von Parallelproduktion wird gesprochen, wenn verschiedene Produkte in verschiedenen Betriebsteilen gefertigt werden (z.B. verschiedene Sorten Kunststoffe in getrennten Betriebsteilen).

---

1 Konfektioniert: Serienmäßig hergestellt, verkaufsfertig.

Die nachfolgende Grafik gibt einen Überblick über die angesprochenen Fertigungsverfahren.

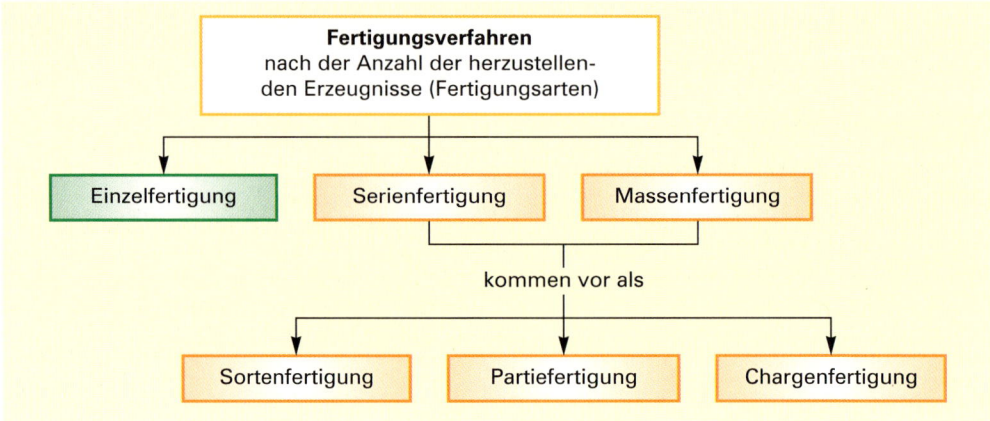

10.3.2.2 Fertigungsverfahren nach der Anordnung der Betriebsmittel im Produktionsprozess (Fertigungsverfahren i. e. S.)

Zwischen der **Fertigungsart** (die das Ergebnis unterschiedlicher Fertigungsprogramme ist) und dem **Fertigungsverfahren** i. e. S. besteht ein – wenn auch nicht immer zwingender – Zusammenhang. So ist in der Industrie der Übergang von der Einzelfertigung über die Serienfertigung bis zur Massenfertigung meist durch eine Änderung der Organisationsform der Fertigung, eben des Fertigungsverfahrens, gekennzeichnet, nämlich von der **Werkbankfertigung** (z. B. Kunstschlosserei, die nur auf Bestellung arbeitet) über die **Werkstattfertigung** (z. B. Schlosserei, die für Eisenwarenhändler arbeitet) bis hin zur automatisch gesteuerten **Fließfertigung**.

(1) Werkstättenfertigung

Werkstättenfertigung bedeutet die Zusammenfassung aller artgleichen Fertigungsmaschinen und Fertigungseinrichtungen in besonderen Abteilungen, z. B. Drehbänke in der Dreherei, Fräsmaschinen in der Fräserei usw. Das Werkstück wandert von Abteilung zu Abteilung, wobei es wiederholt in die gleiche Abteilung zurückkommen kann.

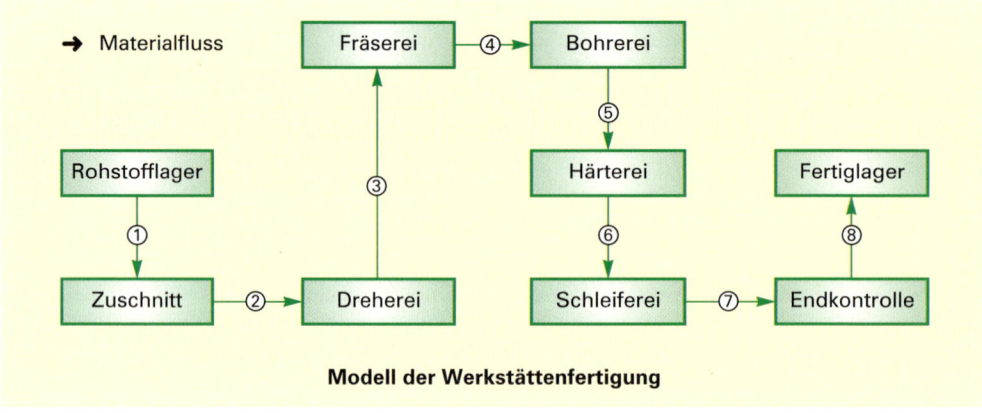

Modell der Werkstättenfertigung

Vor- und Nachteile der Werkstättenfertigung aus Sicht des Unternehmers	
Vorteile	**Nachteile**

■ Geeignetes Fertigungsverfahren für Einzel- und Kleinserienfertigung.
 	
■ Große Anpassungsfähigkeit an Nachfrageänderungen, da der häufige Wechsel der Kundenaufträge hinsichtlich Art und Qualität der Produkte den Einsatz von umrüstbaren Maschinen (Universalmaschinen im Gegensatz zu Spezialmaschinen) verlangt.
 	
■ Guter Überblick über Kapazitätsauslastung.
	■ Hohe Fertigungskosten im Vergleich zur Fließfertigung aufgrund
	  ■ langer innerbetrieblicher Transportwege,
	  ■ ungleicher Kapazitätsauslastung der Werkstätten,
	  ■ hoher Zwischenlagerkosten,
	  ■ hoher Lohnkosten (Facharbeiterlöhne) und
	  ■ hoher Kosten der Arbeitsvorbereitung (z. B. Bereitstellung der Arbeitsunterlagen, Reihenfolgeplanung, Terminplanung, Maschinenbelegungsplanung).

(2) Reihenfertigung

Gelingt es, innerhalb der einzelnen Werkstätten die Maschinen und damit die Arbeitsplätze nach dem Fertigungsablauf anzuordnen, spricht man von **Reihenfertigung**. Hier wird der Produktionsprozess in kleine und kleinste Arbeitsgänge zerlegt, die entsprechend dem Produktionsfortschritt miteinander verbunden sind.

Das folgende Organisationsschema zeigt das Prinzip der Reihenfertigung.

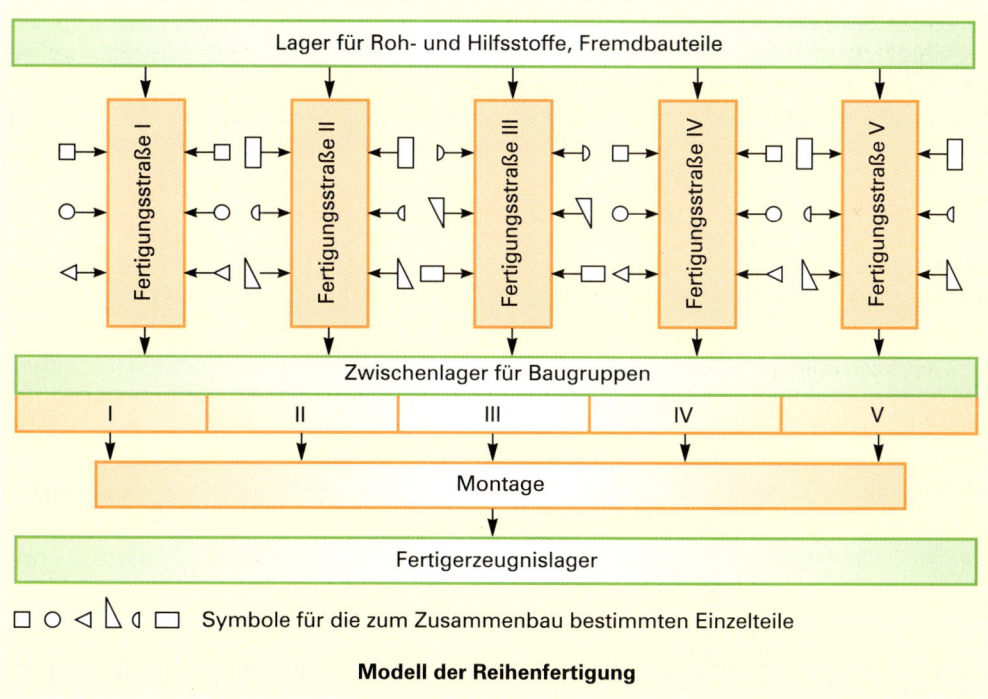

Modell der Reihenfertigung

Vor- und Nachteile der Reihenfertigung aus Sicht des Unternehmers	
Vorteile	**Nachteile**

■ Geeignetes Fertigungsverfahren für größere Serien.
■ Niedrigere Fertigungskosten gegenüber der Werkstättenfertigung aufgrund
  ■ kurzer innerbetrieblicher Transportwege,
  ■ gleichmäßiger Kapazitätsauslastung in allen Werkstätten (Fertigungsstraßen),
  ■ niedrigerer Lohnkosten (an Spezialmaschinen ist der Einsatz angelernter Arbeitskräfte möglich),
  ■ niedriger Kosten für die Arbeitsvorbereitung.
	■ Hohes Unternehmerwagnis (steigende Stückkosten bei zurückgehender Nachfrage aufgrund hoher fixer Kosten).
	■ Mangelnde Anpassungsfähigkeit an Nachfrageänderungen. (Spezialmaschinen können entweder überhaupt nicht oder nur mit hohen Kosten umgerüstet werden, falls andere Erzeugnisse hergestellt werden sollen.)

(3) Fließfertigung

■ Begriff Fließfertigung

Die Fließfertigung ist eine Weiterentwicklung der Reihenfertigung. Wie bei der Reihenfertigung sind die Betriebsmittel bzw. Arbeitsplätze in einer zwingenden Reihe nach der Arbeitsfolge angeordnet. Der Unterschied zur Reihenfertigung besteht darin, dass die Arbeitsgänge zeitlich vorbestimmt sind. Der Arbeitende muss den vorgeschriebenen „Takt" einhalten.

Merke:

■ Von **Fließfertigung** spricht man, wenn sich die Anordnung der Maschinen und der Arbeitsplätze nach der technisch erforderlichen Bearbeitungsreihenfolge richtet.

■ Höchste Ausprägungsform der Fließfertigung ist die **Fließbandfertigung.**

■ Fließbandfertigung

Das Wesen der **Fließbandfertigung** besteht im Erledigen der zeitlich bestimmten, lückenlosen Folge der Arbeitsgänge bei gleichmäßigem Arbeitsfluss. Die Bearbeitungsgänge von unterschiedlicher Dauer sind daher aufeinander abzustimmen, „auszutakten", damit das Werkstück alle Fertigungsstufen mit der gleichen, planmäßig vorgegebenen Geschwindigkeit durchläuft. Bei diesem Taktverfahren ist die Arbeit an dem sich bewegenden Werkstück in der festgesetzten Zeit auszuführen. Die Arbeitsausführung ist an den Takt (Rhythmus) gebunden.

Die Fließbandfertigung galt lange Zeit als das bestmögliche Produktionsverfahren, weil sie eine *hohe Arbeitsproduktivität* garantiert (geringer Raumbedarf je Arbeitsplatz, schnelle Durchlaufzeiten des Materials, höchstmögliche Ausnutzung der Arbeitskapazität des Arbeitenden).

Seit Beginn der siebziger Jahre haben Gewerkschafter, Arbeitspsychologen, Soziologen und Techniker erkannt, dass – vom arbeitenden Menschen her gesehen – die Nachteile der Fließbandarbeit überwiegen können.

Die **Nachteile der Fließbandfertigung** aus Sicht des arbeitenden Menschen sind vor allem:

- Der Mitarbeiter kann sich nicht mehr mit dem Produkt identifizieren. Er weiß häufig gar nicht mehr, welchen Anteil er am Gesamtprodukt hat. Die Arbeitsfreude kann dadurch verloren gehen.

- Die ständige Wiederholung von gleichartigen Arbeitsgängen führt zur Monotonie. Die einseitige Beanspruchung bei der Arbeit führt möglicherweise zu physischen (körperlichen) und psychischen (seelischen) Belastungen.

- Für viele Tätigkeiten am Fließband ist keine umfassende Berufsausbildung mehr notwendig. Ungelernte oder angelernte Arbeit genügt. Damit entsteht eine neue, wenig angesehene Bevölkerungsschicht.

Dies ist ein Grund dafür, dass viele große Industriebetriebe entweder das Fließband „humanisieren" (menschlicher gestalten) oder abschaffen.

Das **folgende Organisationsschema** zeigt eine Kombination von Reihen- und Fließbandfertigung, wie sie häufig bei der synthetischen Produktion vorkommt.

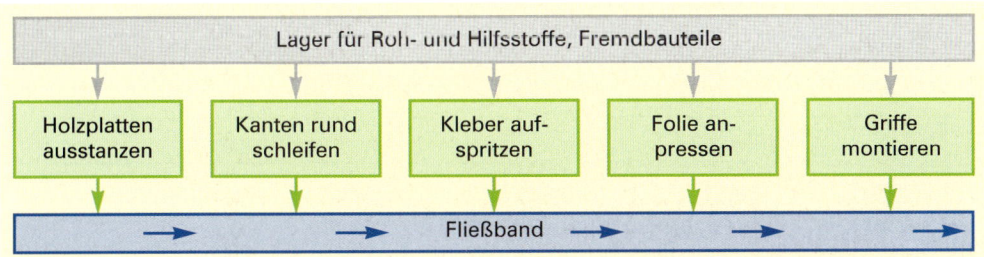

Vor- und Nachteile der Fließbandfertigung aus Sicht des Unternehmers	
Vorteile	**Nachteile**
<ul><li>Geeignetes Fertigungsverfahren für die Großserien- und Massenproduktion,</li><li>niedrige Fertigungskosten, weil<ul><li>die Zwischenlagerung der Werkstücke verringert wird,</li><li>die Fertigungszeiten verkürzt werden,</li><li>der Ausschuss abnimmt (die Spezialisierung der Arbeitenden auf wenige Handgriffe erhöht die Geschicklichkeit),</li><li>die Lohnkosten verhältnismäßig niedrig sind (angelernte statt gelernte Arbeitskräfte).</li></ul></li></ul>	<ul><li>Hohes Unternehmerwagnis (steigende Stückkosten bei zurückgehender Nachfrage aufgrund hoher fixer Kosten),</li><li>mangelnde Anpassungsfähigkeit an Nachfrageänderungen (geringe Flexibilität),</li><li>Probleme beim „Austakten" (Abstimmen) der einzelnen Fertigungsbereiche (z. B. Fertigungsstraßen),</li><li>hohe Störanfälligkeit, denn beim Ausfall eines Arbeitsplatzes muss die Fertigung gestoppt werden, falls keine Zwischenlager vorhanden sind,</li><li>starke einseitige Beanspruchung des arbeitenden Menschen.</li></ul>

32 Speth – ISBN 978-3-8120-0491-6

(4) Inselfertigung (Gruppenfertigung)

Die Nachteile der Fließbandarbeit (z.B. einseitige Belastung und geringe Motivation der Arbeitskräfte) führen dazu, dass immer mehr Betriebe dazu übergehen, die Fließbandfertigung durch die Inselfertigung (auch Gruppenfertigung genannt) zu ersetzen.

Bei der Inselfertigung werden Elemente der Werkstättenfertigung mit der Fließfertigung kombiniert, indem der Montageablauf in genau definierbare Arbeitsabschnitte gegliedert wird. Wie die Arbeit im einzelnen Abschnitt erledigt wird, regelt kein Einzelner, sondern die Gruppe. Die Gruppe organisiert in eigener Verantwortung den Materialabruf, die Belegung der Maschinen sowie das Arbeitstempo. Je nach Bedarf wechseln die Gruppenmitglieder – bei gegenseitiger Abstimmung – die Arbeitsplätze (Jobrotation). Diese Eigenverantwortung führt zu einer Steigerung der Arbeitsmotivation und erhöht die Produktqualität. Die Gruppen können dabei sehr unterschiedliche Produkte herstellen. Dies reicht von der Produktion bestimmter Einzel- oder Bauteile bis hin zu einem Fertigerzeugnis.

Das folgende Organisationsschema zeigt das Prinzip der Inselfertigung (Gruppenfertigung).

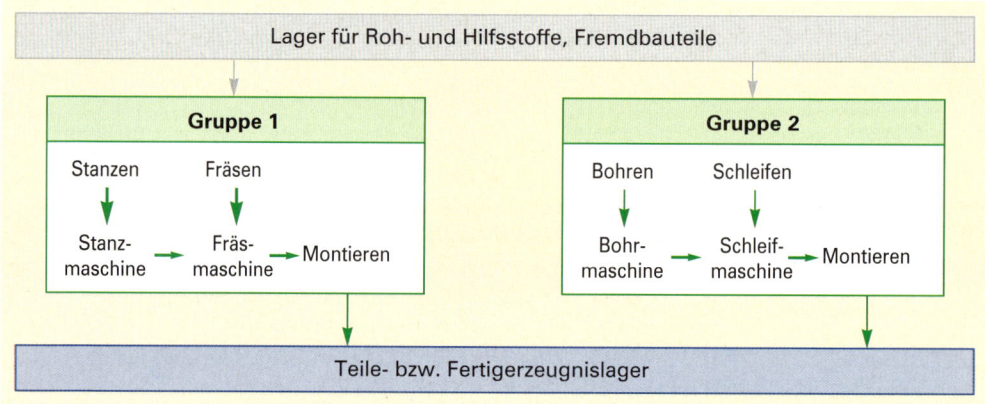

Nachteile der Inselfertigung sind z.B. die schwierigere Entgeltfestsetzung für die einzelnen Arbeitskräfte und der zwischen den Arbeitskräften bestehende Gruppenzwang.

Vorteile der Inselfertigung gegenüber der Werkstättenfertigung	Vorteile der Inselfertigung gegenüber der Fließbandfertigung
■ Kürzere Transportwege, ■ schnellere Fertigungsdurchlaufzeiten, ■ niedrigere Kosten für die Zwischenlagerung, ■ übersichtlicherer Produktionsablauf.	■ Höhere Anpassungsfähigkeit an Nachfrageänderungen (höhere Flexibilität), ■ abwechslungsreichere Tätigkeiten der Arbeitskräfte, ■ bessere Motivation der Arbeitskräfte durch Übertragung von Eigenverantwortlichkeiten, ■ geringere Störanfälligkeit des Produktionsablaufs.

Zusammenfassung

■ Nach der **Häufigkeit der Prozesswiederholung** unterscheidet man: **Einzelfertigung, Serienfertigung, Sortenfertigung, Partiefertigung, Chargenfertigung, Massenfertigung.**

Fertigungsverfahren	Merkmale
Einzelfertigung	– Für ein Erzeugnis wird nur eine Einheit geplant und hergestellt; – reine Auftragsfertigung; – Berücksichtigung von individuellen Kundenwünschen; – häufig mit Finanzierungsfragen verbunden; – hoher Planungsaufwand je Auftrag; – anpassungsfähiger Produktionsapparat erforderlich; – Tendenz zum Einsatz von Universalmaschinen; – qualifizierte Arbeitskräfte notwendig, daher hohes Lohnniveau; – kostenungünstige Produktion; Beispiele: Werften, Großbehälterbau, Sonderfahrzeuge.

Serienfertigung	– Begrenzte Anzahl eines einheitlichen Erzeugnisses;
	 – starke Abweichung unter den Serien;
	 – Problem: Bildung der Losgröße;
	 – Übergangsformen:
	   – Kleinserien: Vergleichbar mit der Einzelfertigung.
	   – Großserien: Siehe Massenfertigung.
	 Beispiele: Automobilbau, Möbel, Elektrogeräte.

Sortenfertigung	– Eng verwandt mit Serienfertigung; – geringe Abweichungen unter den Sorten (z.B. Farbe); – in der Regel auf derselben Fertigungsapparatur herzustellen; – Varianten eines Grunderzeugnisses; – geringerer Umrüstaufwand als bei der Serienfertigung; Beispiele: Schokolade, Stoffe.

Partiefertigung	Sonderfall der Sortenfertigung. Die unterschiedlichen Sorten kommen zustande durch die unterschiedlichen Ausgangsmaterialien. Z.B. Tabake.
Chargenfertigung	Ebenfalls Sonderfall der Sortenfertigung. Die unterschiedlichen Sorten kommen dadurch zustande, dass die Produktionsprozesse nicht vollständig beherrschbar sind. Beispiele: Schmelzprozesse im Hochofen, Herstellung von Käse.
Massenfertigung	– Einheitliches Erzeugnis; – längerer Zeitraum; – für den anonymen Markt. Beispiele: Zigaretten, Flaschen, Zement.

■ Nach der **Anordnung der Betriebsmittel im Produktionsprozess** unterscheidet man: **Werkstättenfertigung, Reihenfertigung, Fließfertigung, Inselfertigung**.

Fertigungs-verfahren	Merkmale

Werkstatt-fertigung	– Verrichtungszentralisation, d.h., gleichartige Maschinen werden in gesonderten Abteilungen zusammengefasst (Drehbänke in der Dreherei);
	– hohes Maß an Flexibilität gegenüber Änderung der Kundenwünsche;
	– ein flexibles Transportsystem (z.B. Gabelstapler) befördert die Werkstücke von einer Abteilung in die andere;
	– ein hoher Bestand in den jeweiligen Zwischenlagern sichert die Kapazitätsauslastung;
	– qualifizierte Arbeitskräfte;
	– hohes Lohnniveau;
	– hoher Planungsaufwand in der Arbeitsvorbereitung für:
	  – Losgrößenbestimmung; – Terminplanung;
	  – Reihenfolgeplanung; – Maschinenbelegung;
	– guter Überblick über die Auslastung der Maschinen.
	Anwendung: In der Einzel- und Kleinserienfertigung, Teilefertigung bei Großserien und Massenfertigung.

Reihenfertigung	– Anordnung der Arbeitsplätze nach dem Flussprinzip; – keine Taktzeit; Arbeitskräfte können Arbeitstempo weitgehend selbst bestimmen; – Zwischenlager zwischen den einzelnen Arbeitsstationen; – einfaches Transportsystem (z.B. Schwenkkräne); – erheblicher Grad der Spezialisierung von Mensch und Maschine; – hoher Umrüstaufwand; – Tendenz zu angelernten und ungelernten Arbeitskräften, damit günstigeres Lohnniveau.
Fließfertigung	– Konsequente Fortführung der Reihenfertigung; – aufwendiges, starres Transportsystem zwischen den einzelnen Bearbeitungsstationen (Fließband); – Arbeitsabläufe sind zeitlich exakt aufeinander abgestimmt (Taktzeit); – keine Zwischenlager; – hohes Maß an Arbeitszerlegung und damit Spezialisierung von Mensch und Maschine.

Inselfertigung	– Räumliche und organisatorische Zusammenfassung aller Betriebs-mittel, die zur möglichst vollständigen Herstellung einer Gruppe ähnlicher Werkstücke erforderlich sind;
	– weitgehende Selbstverantwortung der Mitglieder einer Ferti-gungsinsel (teilautonome Gruppe), indem sie auch organisatori-sche, planerische und kontrollierende Funktionen übernehmen;
	– erhebliche Verkürzung der Durchlaufzeit durch
	– Einsparung von Transportzeiten aufgrund der räumlichen Kon-zentration und
	– Aufhebung der strengen Arbeitsteilung zwischen Planung, Ausführung und Kontrolle.

Übungsaufgabe

201 1. Unterscheiden Sie die Fertigungsverfahren nach der Menge gleichartiger Erzeugnisse (Fertigungsarten)!

2. Bei der Serienfertigung tritt u.a. das Problem der optimalen Losgröße (Seriengröße, Auf-lagengröße) auf.

Aufgaben:

2.1 Erklären Sie, was unter optimaler Losgröße zu verstehen ist!

2.2 Berechnen Sie die optimale Losgröße unter folgenden Bedingungen:
   – Die auflagefixen Lagerhaltungskosten betragen 10000,00 EUR je Periode.
   – Die auflagevariablen Lagerhaltungskosten belaufen sich auf 0,40 EUR je Erzeugnis und steigen proportional mit der Losgröße.
   – Die Losgröße soll mindestens 1000 Stück oder ein Mehrfaches betragen.

3. Sowohl bei der Serien- als auch bei der Massenfertigung kommen Sortenfertigung, Par-tiefertigung und Chargenfertigung vor.

Aufgabe:

Erklären Sie die Begriffe an je einem Beispiel!

4. Erläutern Sie den Begriff Werkstättenfertigung!

5. Welche Vor- und Nachteile hat die Werkstättenfertigung aus Sicht des Betriebs (Unterneh-mens)?

6. Erklären Sie den Begriff Reihenfertigung!

7. Welche Vor- und Nachteile hat die Reihenfertigung aus Sicht des Betriebs (Unterneh-mens)?

8. Inwiefern ist die Fließfertigung (einschließlich Fließbandfertigung) eine Weiterentwicklung der Reihenfertigung?

9. Worin besteht der Unterschied zwischen Fließfertigung (einschließlich Fließbandferti-gung) und Reihenfertigung?

10. Nennen Sie Vor- und Nachteile der Fließbandfertigung aus Sicht des Betriebs (Unterneh-mens)!

10.4 Qualitätsmanagement

10.4.1 Entwicklung des Qualitätsgedankens[1]

Bis in die Mitte der 60er-Jahre erfolgte die Sicherstellung der Produktqualität dadurch, dass am Ende des Produktionsprozesses Prüfungen und Kontrollen vorgenommen wurden **(Qualitätskontrolle)**. Fehlerhafte Produkte mussten nachgearbeitet oder gar ausgesondert werden. Dies verlangte erheblichen Aufwand, wenn z.B. ein fehlerhaftes Teil im Motorraum eines Autos eingebaut und im weiteren Produktionsfortschritt zusätzliche, fehlerfreie Komponenten hinzumontiert wurden, sodass der Zugang zum fehlerhaften Teil nur schwer möglich war. Qualitätsfortschritte wurden dadurch sichergestellt, dass die Prüfungsanforderungen strenger, also mit weniger Toleranzen formuliert wurden.

Der Übergang von der Qualitätskontrolle zur **Qualitätssicherung** bestand darin, dass es nunmehr Ziel war, Fehler in ihrer Entstehung von vornherein zu vermeiden. Ein wichtiger Beitrag hierfür wurde bereits in der Phase der Produktentwicklung geleistet, indem dort auf eine fertigungs- bzw. montagegerechte Konstruktion geachtet wurde. Mitte der 90er-Jahre wurde das Qualitätsdenken auf alle Prozesse des Unternehmens angewendet. Alle Mitarbeiter und auch das Management wurden in das Qualitätsmanagement einbezogen. Im Rahmen eines ganzheitlichen Ansatzes **(TQM: Total Quality Management)** wurde nicht nur die Qualität der Produkte, sondern auch die der Prozesse, der Mitarbeiter und Produktionsanlagen verbessert. Somit deckt der ursprünglich aus dem technischen Bereich der Produktion stammende Anspruch an Qualität nunmehr auch den Verwaltungsbereich ab. Grafisch lässt sich diese Entwicklung im nachfolgenden Schaubild darstellen.

1950	1960	1970	1980	1990	2000

Qualitätskontrolle	Qualitätssicherung	Total Quality Management (TQM)
■ Kontrolle am Ende des Produktionsprozesses ■ Qualitätsverbesserung durch strengere Prüfanforderungen ■ Fokus auf fehlerfreiem Erzeugnis	■ Kontrolle bereits in der Phase des Entwicklungsprozesses ■ Qualitätsverbesserung durch Vorbeugung ■ Beginn des prozessorientierten Denkens ■ Qualitätssicherung als Aufgabe von Spezialisten ■ Fokus auf technischen Bereich	■ Einbeziehung des Managements, aller Mitarbeiter und aller Prozesse über den gesamten Lebenszyklus des Produktes ■ Fokus auf Zufriedenheit des Kunden

10.4.2 Begriffe Qualität und Qualitätsmanagement

Qualität ist kein feststehender Begriff, sondern hängt ab vom Verwendungszweck. Ob die geforderte Qualität erfüllt ist, wird über sogenannte Qualitätsmerkmale beurteilt. So muss ein Fahrrad, das für ein Zeitfahren verwendet wird, ganz andere Qualitätsmerkmale erfüllen als ein Mountainbike. Ein Speiseapfel wird nach den Qualitätsmerkmalen Geschmack, Festigkeit, Frische beurteilt. Wird er jedoch für eine Wilhelm-Tell-Aufführung benötigt, so stehen die Merkmale Größe und Farbe im Vordergrund.

---

[1] Vgl. Arno Gramatke, Informatik im Maschinenbau II, Quelle: www.zlw-ima.rwt-aachen.de/lehre/vorlesungen uebungen/informatik 2/download/refeat qssoftware.pdf, Seite 4.

Die Festlegung, **welche qualitativen Ansprüche** an ein Produkt zu stellen sind, ist nur der erste und deutlich leichtere Schritt. Wichtiger und schwieriger ist es, dieses Qualitätsziel zu **erreichen** und zu **sichern.** Letzteres ist Aufgabe des Qualitätsmanagements.

Eine wichtige Hilfestellung hierbei leisten **Qualitätsmanagementmodelle,** unter denen die **DIN EN ISO 9000-Serie**[1] das bekannteste Qualitätsmanagementmodell ist. Sie stellen quasi einen Leitfaden für Organisationen dar, um die selbst gesteckten Qualitätsziele systematisch und sicher zu erreichen.

10.4.3 Notwendigkeit eines Qualitätsmanagements

Als Gründe für den hohen Stellenwert des Qualitätsmanagements sind u.a. folgende Argumente zu nennen:

- Aufgrund der Globalisierung der wirtschaftlichen Verflechtungen verfügen die Kunden über ein höheres Maß an Transparenz in Bezug auf die weltweit verfügbare Qualität. Damit steigt deren Qualitätsanspruch.
- Die immer größer werdende Komplexität der Erzeugnisse kann nur beherrscht werden, wenn alle Komponenten fehlerfrei sind.

---

1 Siehe hierzu die Ausführungen auf S. 505f.

- Ohne Qualitätszertifizierung erhalten Unternehmen heute als Zulieferer kaum mehr Aufträge. Der nachvollziehbare Beweis für die Existenz eines Qualitätsmanagementsystems wird zum Überlebenskriterium und damit zu einem strategischen Wettbewerbsfaktor.

- Schlechte Qualität führt zu Garantieansprüchen und Kulanzerwartungen, u. U. zu Schadensersatzforderungen und Imageverlusten.

10.4.4 Zielkonflikt zwischen Qualität, Zeitbedarf und Kosten sowie dessen Lösung

Die gleichzeitige Verfolgung der Unternehmensziele Qualität, Zeit und Kosten ist nicht durchführbar, da Zielkonflikte auftreten. Beispielhaft für einen Zielkonflikt werden die Beziehungen zwischen Qualitätskosten und hohem Qualitätsstandard dargestellt.

Kosten, die durch die Qualitätsorientierung angefallen sind, bezeichnet man als **Qualitätskosten**. Man unterscheidet drei Arten von Qualitätskosten: **Fehlerverhütungskosten, Prüfkosten** und **Fehler-/Fehlerfolgekosten**.

Zwischen den Fehlerverhütungs- und Prüfkosten und den Fehler-/Fehlerfolgekosten besteht eine Wechselwirkung. Wird viel für Fehlerverhütung und Prüfung aufgewendet, nehmen die Kosten für die Fehler-/Fehlerfolgekosten ab. Die kostenoptimale Kontrollstrategie liegt dann dort, wo die Summe aus Fehlerverhütungs-/Prüfkosten und den Fehler-/Fehlerfolgekosten ihr Minimum erreichen.

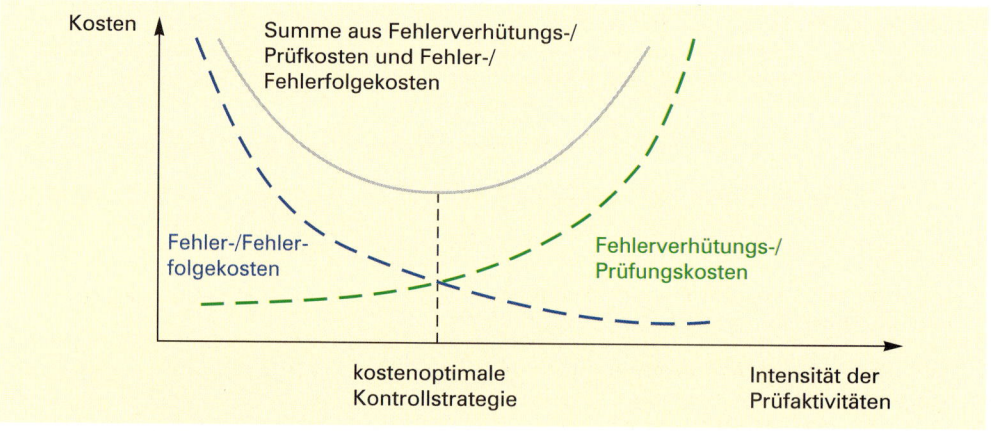

Das Qualitätsmanagement ist ein Beitrag dazu, die Konflikte aus dem Spannungsdreieck Qualität – Zeit – Kosten aufzulösen. Verwirklicht man dieses Konzept, dann führt dies zu einer Verbesserung der Geschäftsprozesse. Es führt zu hochwertigerer Produktqualität, verringert die Kosten der Nacharbeit und führt zu kürzeren Durchlaufzeiten. Das ursprünglich unlösbare Optimierungsproblem aus den gleichwertigen Zielen Qualität – Zeit – Kosten führt zu einer Zielharmonie, wenn man dem Ziel Qualität oberste Priorität einräumt. Grafisch lässt sich diese Entwicklung wie folgt darstellen:

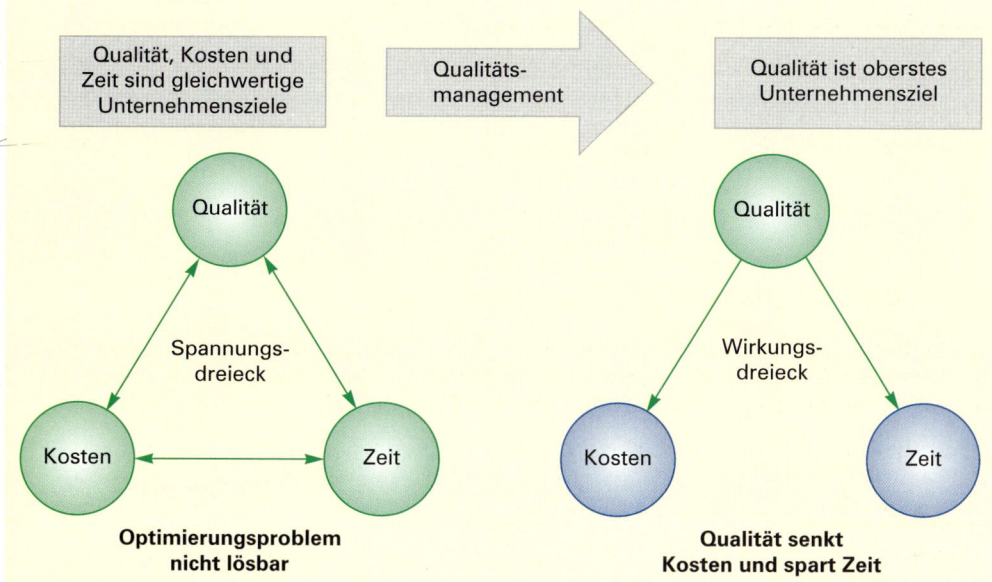

Dieses Wirkungsdreieck lässt sich gedanklich fortsetzen zu einer ganzen Wirkungskette. Ausgehend von einer verbesserten Qualität und damit sinkenden Kosten führt es auch zu wettbewerbsfähigeren Preisen. Wettbewerbsfähige Preise sichern die Marktposition des Unternehmens und damit die dort vorhandenen Arbeitsplätze und führen damit zu einem langfristigen, stabilen Unternehmenserfolg.

10.4.5 Maßnahmen für ein Qualitätsmanagement

10.4.5.1   Normenreihe DIN EN ISO 9001:2008ff.[1]

(1) Überblick

Aus der Schreibweise der Norm ist zu erkennen, für welchen regionalen Geltungsbereich die Norm anerkannt ist und angewendet wird:

DIN   Deutsches Institut für Normung (bundesweite Anerkennung)
EN   Europäische Norm (europaweite Anerkennung)
ISO   International Organization for Standardization (weltweite Anerkennung)

Qualitätsmanagementsysteme werden derzeit in der Fassung DIN EN ISO 9001:2008 zertifiziert. Diese Normenreihe stellt die Prozessorientierung in den Vordergrund. Damit entspricht das Qualitätsmanagementsystem besser dem betrieblichen Geschehen. Das neue Normensystem schafft dem Unternehmen die Gestaltungsfreiheit, sich an den eigenen Unternehmens- und Qualitätszielen, den unternehmensindividuellen Prozessen sowie an den Bedürfnissen und Erwartungen der internen und externen Kunden zu orientieren.

---

1 Vgl. hierzu: Qualitätsmanagementsysteme. Ein Wegweiser für die Praxis. Herausgeber: Industrie- und Handelskammern in Nordrhein-Westfalen und Baden-Württemberg, Düsseldorf 2003.

Das Regelwerk der DIN EN ISO 9000:2008-Familie umfasst folgende Bestandteile:

DIN EN ISO 9000: Grundlagen und Begriffe, Definitionen
DIN EN ISO 9001: Qualitätsmanagement: Forderungen
DIN EN ISO 9004: Qualitätsmanagement: Anleitung zur Verbesserung der Leistungen
DIN EN ISO 19011: Leitfaden für das Auditieren von Qualitätsmanagement- und Umweltmanagementsystemen

(2) Kennzeichen der Qualitätsmanagementsysteme nach DIN EN ISO 9000:2008

Die Normen der DIN EN ISO 9000:2008 fordern die Anwendung eines prozessorientierten Ansatzes. Das Modell eines prozessorientierten Qualitätsmanagementsystems lässt sich wie folgt schematisch darstellen:

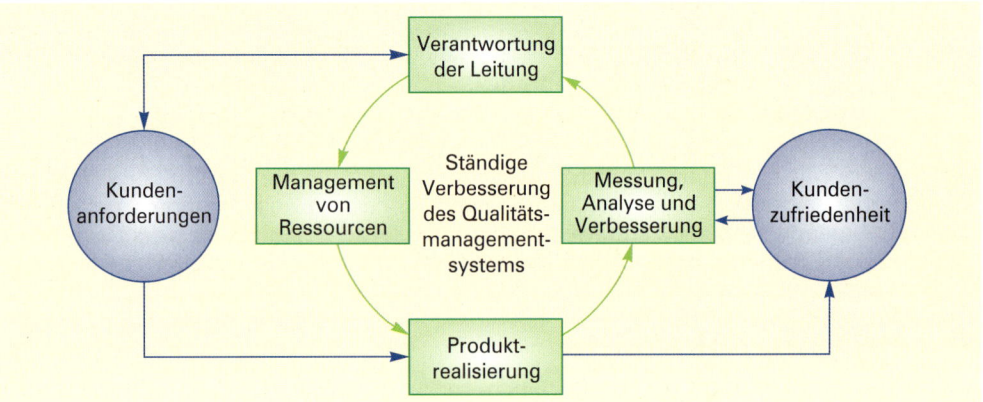

Erläuterungen:

Kunden-zufriedenheit	DIN EN ISO 9001:2008 misst der Erreichung der Kundenzufriedenheit **herausragende Bedeutung** bei. Die Wünsche und Erwartungen der Kunden lassen sich ermitteln, indem die **betriebsinternen Informationen** des Vertriebs genutzt werden, durch Kundenbefragung, Forderungen nach Garantieleistungen, Händlerberichte, Auswertung von Marktdaten oder Vergleich mit dem Wettbewerb. Zusätzlich sind **produktbezogene Verpflichtungen** aufgrund gesetzlicher Vorgaben, Normen zu berücksichtigen. Auf der Basis dieser beiden Informationskreise lassen sich die Anforderungen an die eigenen Produkte formulieren hinsichtlich Zuverlässigkeit, Preis, Sicherheit usw.
Verantwortung der Leitung	DIN EN ISO 9001:2008 nimmt das Unternehmensmanagement in die Pflicht und verhindert so, dass die Verantwortung für das Qualitätsmanagement an Beauftragte delegiert wird. Die Unternehmensleitung soll selbst über Qualitätspolitik und Qualitätsziele des Unternehmens entscheiden. Außerdem ist es Aufgabe der Unternehmensleitung, das QM-System in Bezug auf Eignung, Angemessenheit, Effizienz und Änderungsbedarf zu bewerten und gegebenenfalls fortzuentwickeln.

506

Management von Ressourcen	Kundenzufriedenheit und Unternehmenserfolg kann nur erreicht werden, wenn qualifiziertes, motiviertes Personal und eine entsprechende Infrastruktur an Gebäuden, Einrichtungen und Betriebsmitteln zur Verfügung steht. Zu Letzterem gehört insbesondere auch ein effizientes Informationssystem, das den Mitarbeitern zielgruppengerecht Auskunft gibt über den Stand der innerbetrieblichen Vorgänge.
Produktrealisierung	Kein Unternehmen kann es sich mehr leisten, Zusagen in Bezug auf Termin, Stückzahl, Produktanforderungen und -qualität nicht einzuhalten. Daher sind die Unternehmensabläufe so zu gestalten, dass die Kunden optimal betreut und ihre Anforderungen sichergestellt werden.
Messung, Analyse und Verbesserung	Im Unternehmen müssen sowohl die Produkte und Dienstleistungen, die Wirksamkeit und Effizienz der Prozesse als auch das Qualitätsmanagement und die Organisation ständig optimiert werden. Um Verbesserungspotenziale, Schwachstellen und Fehler zu erkennen, müssen Informationen systematisch gesammelt und aufbereitet werden. Informationen über die **Kundenzufriedenheit** erhält man z.B. über Kundenbefragungen, Branchenstudien oder über ein definiertes Reklamationsverfahren. Informationen über die **Fertigungsprozesse** lassen sich z.B. gewinnen durch Auswertung der Daten aus dem elektronischen Fertigungsleitstand oder von Stichprobenprüfungen. Um die **Qualität der Verwaltungsprozesse** zu beurteilen, kann man sich prozessbezogener Kennzahlen bedienen, wie z.B. Anteil der Kundenanfragen, die auch zu Aufträgen werden, Anteil der fehlerfrei bzw. termingerecht ausgelieferten Aufträge. Die gewonnenen Kennzahlen müssen in Beziehung gesetzt werden zu eigenen Zielvorgaben oder zu vergleichbaren Kennzahlen, die sich an den besten messen **(Benchmarking).**[1]

(3) Zertifizierung nach DIN EN ISO 9000:2008ff.

Wer in einem Unternehmen ein Qualitätsmanagementsystem nach den modellhaften Anforderungen der DIN EN ISO 9001:2008 eingeführt hat, kann in einem nächsten Schritt die Überprüfung (auch **Audit** genannt) durch eine Zertifizierungsstelle beantragen.

Merke:

Unter **Zertifizierung** versteht man ein Überprüfungs- und Bestätigungsverfahren durch eine unparteiische Instanz, das zeigt, dass sich ein entsprechend bezeichnetes Erzeugnis, Verfahren oder eine Dienstleistung in Übereinstimmung mit einer bestimmten Norm oder einem bestimmten anderen normativen Dokument befindet.

Zertifizierungsstellen (auch **Auditoren** genannt) für Qualitätsmanagementsysteme sind in Deutschland beispielsweise die TÜV Zertifizierungsgemeinschaft e.V. (TÜV Cert) in Bonn, die Deutsche Gesellschaft zur Zertifizierung von Qualitätsmanagementsystemen mbH (DQS) in Berlin, der DEKRA AG Zertifizierungsdienst in Stuttgart u.a.m.

Zwar ist die Zertifizierung keine Pflicht, jedoch ist es z.B. in der Branche der Automobilindustrie eine Eingangsvoraussetzung für die Zulieferer. Der Nachweis einer Zertifizierung

---

1 Beim **Benchmarking** dient die beste Ausführungspraxis (best practice), die das Unternehmen zu einzelnen Leistungsaktivitäten in der eigenen Branche finden kann als Leistungsvorgabe (Benchmark), die es zu erreichen oder übertreffen gilt. In dem Maße, in dem das Unternehmen bei der Ausführung der Leistungsaktivität besser als seine Konkurrenten abschneidet, hat es einen Wettbewerbsvorteil.

nach ISO 9001 signalisiert einem Kunden, dass die unternehmensinternen Abläufe, Prozesse und Strukturen definiert sind, dass sie funktionieren und der Betrieb sich um eine kontinuierliche Qualitätssteigerung bemüht. Halten sich alle Mitarbeiter an diese definierten Abläufe, dann ist eine qualitativ einwandfreie Leistung zu erwarten.

10.4.5.2 Konzept des Total Quality Managements (TQM)

Merke:

Zerlegt man den Begriff Total Quality Management in seine Bestandteile, dann steht

- **Total** dafür, dass alle Mitarbeiter auf allen Ebenen, insbesondere auch die Kunden und Lieferanten in ein ganzheitliches Denken einbezogen werden.

- **Quality** dafür, dass die fast selbstverständliche Qualität der Produkte und Dienstleistungen eine Folge der Qualität der Arbeit und der Prozesse ist.

- **Management** dafür, dass es primär der Führungsaufgabe und der Führungsqualität des Managements bedarf, um dieses Konzept im gesamten Unternehmen lebendig sein zu lassen.

Einfach ausgedrückt beginnt Total Quality Management dort, wo ISO 9001 endet, es ist die Kür nach der Pflicht. Hinter ISO 9001 verbirgt sich ein **System von Normen, eine Technik des Vorgehens**. Total Quality Management ist hingegen eine **Philosophie**. Man könnte es auch mathematisch ausdrücken:

$$\text{Qualität (im TQM)} = \text{Technik} + \text{Geisteshaltung}$$

TQM setzt ein Qualitätsmanagementsystem nach ISO 9001 **nicht** voraus, ist jedoch häufig in ein solches System eingebettet; so kann z. B. der durch das ISO-System definierte Fluss von Dokumenten und Informationen für das TQM genutzt und weiter verbessert werden.

Die beiden Konzepte nach DIN EN ISO 9000:2008ff. und Total Quality Management lassen sich schlaglichtartig einander gegenüberstellen:

Kriterien	DIN EN ISO 9000:2008ff.	Total Quality Management
Grundgedanke	Definition, Verbesserung und Normierung der **Prozesse**.	Einrichtung **überragender Praktiken** („Business Excellence") innerhalb der Organisation, um damit anschließend überragende Ergebnisse („Best in Class") zu erzielen. Die Beherrschung von Prozessen gehört dazu, ist aber nicht alles.
Tragweite	Tendenziell **statischer** Charakter: Ziel ist die **Erlangung eines Zertifikats,** einer Bestätigung dafür, dass bestimmte Qualitätsanforderungen erfüllt sind.	Tendenziell **dynamischer** Charakter: Ziel ist die **Einrichtung eines kontinuierlichen Verbesserungsprozesses,** der seine Dynamik aus den Vergleichen zum Branchenführer („Best in Class") oder aus branchenübergreifenden Vergleichen („Benchmarks") gewinnt.
Fokus auf …	… Erfüllung der Erwartungen der beteiligten Gruppen (z. B. Kunden, Lieferer, Mitarbeiter, Geschäftspartner, Gesellschaft) in der **Gegenwart.**	… Erfüllung der Erwartungen der beteiligten Gruppen (z. B. Kunden, Lieferer, Mitarbeiter, Geschäftspartner, Gesellschaft) in der **Zukunft.**

| Verantwortung des Einzelnen | Der Verantwortungs- und Aufgabenbereich des Mitarbeiters ist durch die Definition der Prozesse (Organisationssicht) festgelegt. Die Einrichtung eines Prozessverantwortlichen, Nachschulungen und Audits sichern die Stabilität der Prozesse und damit die der Qualität. | TQM ist ein langfristiges Unternehmenskonzept, das den pro-aktiven Mitarbeiter als wichtigsten Garant zur Erreichung des Qualitätsziels begreift. Proaktiv heißt z. B., dass nicht erst eine Beschwerde des Kunden notwendig ist, um eine Verbesserung einzuleiten, sondern dass der Mitarbeiter vorausschauend nach neuen Verbesserungsmöglichkeiten sucht. Die Verantwortung für Qualität liegt bei allen Mitarbeitern und ist unabhängig von Status und Hierarchie. |

10.4.5.3 Kontinuierlicher Verbesserungsprozess (KVP)

(1) Begriff

Merke:

- Unter dem Begriff **kontinuierlicher Verbesserungsprozess** (KVP) versteht man ein Bündel von Maßnahmen mit dem Ziel, Erzeugnisse und betriebliche Prozesse weiterzuentwickeln und zu verbessern.

- Die Weiterentwicklung erfolgt nicht in einem Schritt oder wenigen großen Schritten, sondern in einer Vielzahl von **beständigen (kontinuierlichen) kleinen Verbesserungsschritten,** die erst in ihrer Gesamtheit zum erwünschten Erfolg führen.

(2) Erläuterung des KVP-Konzepts

In westlichen Industrienationen dominiert das Denken in Innovationssprüngen, während in der asiatischen Denkweise die kleinen alltäglichen Verbesserungen im Vordergrund stehen.

Die nachfolgende Tabelle zeigt eine Gegenüberstellung des KVP-Konzepts[1] zum Konzept der Innovation mit seinen sprunghaften Veränderungen durch neue Technologien, neue Produktionstechniken, Organisationsmodelle und Managementkonzepte (westliche Denkweise).

	KVP-Konzept	Innovation
Zeitlicher Rahmen	stetig und ununterbrochen	kurzfristig und sprunghaft
Ziel	Streben nach detaillierter Verbesserung von Produkt und Prozess	Streben nach großen Fortschritten in kurzer Zeit
Basis	auf bestehenden Systemen und Technologien aufbauend	ständige Suche nach Entwicklung von neuen Technologien
Personaleinsatz	jeder Mitarbeiter und jede Führungskraft	Spezialisten, Konstrukteure
Erforderliche Eigenschaften	■ Anpassungsfähigkeit ■ Kollektivgeist ■ Leistungsbereitschaft	■ Kreativität ■ Individualität ■ individuelle Leistung

---

1 Vgl. „Lean Production", Institut für angewandte Arbeitswissenschaft, Köln 1992.

	KVP-Konzept	**Innovation**
Devise (Leitlinie)	Erhaltung und Verbesserung	Abbruch und Neuaufbau
Investitionsmittel	geringer Kapitalbedarf	hoher Kapitalbedarf
Erfolgschance	gleichbleibend hoch	abrupt und unbeständig
Bewertungs-kriterien	Produktivitäts- und Qualitätskenn-zahlen	ergebnisorientierte Kennzahlen (z.B. Umsatz, Kosten, Deckungs-beitrag)
Tendenzieller Einsatz	in langsam wachsenden Branchen	in schnell wachsenden Branchen

(3) PDCA-Kreislauf (Deming-Kreislauf)

Für den Prozess der kontinuierlichen Verbesserung und damit für ein wirksames Quali-tätsmanagement-System im Sinne eines „Immer-besser-Modells" ist die Einführung eines Plan-Do-Check-Act-Regelkreises nach W. Edwards Deming von besonderer Bedeutung. Schematisch lässt sich dieser Regelkreis wie folgt darstellen:

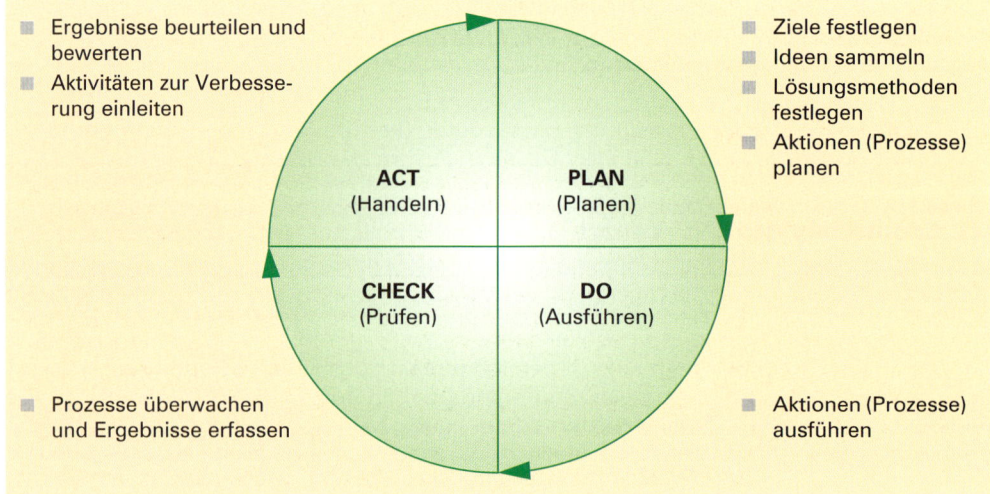

Mit jedem Durchlauf des Zyklus verbessert sich das Qualitätsniveau der Organisation und setzt damit das Ziel der kontinuierlichen Verbesserung in die Realität um

10.5 Rationalisierung

(1) Begriff Rationalisierung

Merke:

Unter **Rationalisierung**[1] versteht man aus betrieblicher Sicht die Durchführung von Maßnahmen zur Verbesserung bestehender Zustände.

---

1 Ratio (lat.): Vernunft.

(2) Anlässe der Rationalisierung

Die Bundesrepublik Deutschland ist ein exportabhängiges, rohstoffarmes Exportland auf einer hohen technisch-wirtschaftlichen Entwicklungsstufe (Hightech-Industrieland). Hieraus folgt, dass die in Deutschland ansässigen Industriebetriebe versuchen müssen, weltweit mit ihren Mitbewerbern Schritt zu halten. Die Produkte müssen **technisch, qualitativ, gestalterisch** und **preislich** mit den Produkten der Konkurrenz vergleichbar sein. Es ist deshalb erforderlich, dass alle Maßnahmen ergriffen werden, um

- die technische Entwicklung voranzutreiben,
- das Qualitätsmanagement weiter zu verbessern,
- die schöpferischen Kräfte zu fördern und
- das Verhältnis von Leistung zu Kosten zu verbessern, um zu konkurrenzfähigen Konditionen Erzeugnisse und Dienstleistungen anbieten zu können.

(3) Ziele der Rationalisierung

In technischer Hinsicht	In technischer Hinsicht erstrebt die Rationalisierung eine **Steigerung der mengenmäßigen Ergiebigkeit** bzw. der **Erzeugnisqualität** bei gegebenem Faktoreinsatz und/oder die **Verringerung des Faktoreinsatzes** bei gegebenen Ausbringungsmengen und -qualitäten.
In kaufmännischer Hinsicht	Die vorwiegend kaufmännische Rationalisierung versucht, durch **Senkung der Faktorpreise** (z.B. durch Großmengeneinkauf, geschickte Verhandlungsstrategien) und **Erhöhung des Umsatzes** (z.B. durch ein geschicktes Marketing-Mix) den **Gewinn zu erhöhen** bzw. den **Verlust zu mindern**.
In organisatorischer Hinsicht	Organisatorisch hat die Rationalisierung zum Ziel, die betrieblichen Zustände zu erfassen (z.B. mittels eines ausgebauten Rechnungswesens), auszuwerten und darauf aufbauend den **Betriebsaufbau** und die **betrieblichen Abläufe** im Sinne des ökonomischen Prinzips zu **verbessern**.
In soziologischer Hinsicht	In soziologischer Hinsicht versucht die Rationalisierung, durch **Verbesserung** des **Zusammenwirkens der Menschen** (z.B. Verbesserung des Betriebsklimas) die Gesamtleistung des Betriebs zu erhöhen.
In ökologischer Hinsicht	In ökologischer Hinsicht sollen Rationalisierungsvorhaben zugleich zur Umweltentlastung beitragen.

---

1 Soziologie: Lehre vom Zusammenleben und -wirken der Menschen; soziologisch: zwischenmenschlich.

■ Die **Notwendigkeit** des **Qualitätsmanagements** ergibt sich aus

  ■ gesetzlichen Vorgaben (z.B. Produkthaftungsgesetz, Produktsicherheitsgesetz),

  ■ steigenden Ansprüchen der Kunden,

  ■ verschärftem Wettbewerb und

  ■ der eigenen Unternehmensphilosophie.

■ Maßnahmen eines Qualitätsmanagements sind die Zugrundelegung der **Normenreihe DIN EN ISO 9000:2008ff.**, das **Konzept des Total Quality Managements** (TQM), die Verwendung des **KVP-Konzepts (Kaizen)** sowie das **betriebliche Vorschlagswesen.**

  ■ Eine wichtige **Normenreihe** für das Qualitätsmanagement ist die **DIN EN ISO 9000:2008ff.**

  Das Regelwerk der DIN EN ISO 9000:2008-Familie umfasst folgende Bestandteile:

  DIN EN ISO 9000:   Grundlagen und Begriffe, Definitionen

  DIN EN ISO 9001:   Qualitätsmanagement: Forderungen

  DIN EN ISO 9004:   Qualitätsmanagement: Anleitung zur Verbesserung der Leistungen

  DIN EN ISO 19011:   Leitfaden für das Auditieren von Qualitätsmanagement- und Umweltmanagementsystemen

  ■ Das **TQM** ist eine auf der Mitwirkung aller Mitarbeiter beruhende Führungsmethode, die die Qualität in den Mittelpunkt stellt, um durch die Zufriedenheit der Kunden einen langfristigen Geschäftserfolg sowie einen Nutzen für die Mitarbeiter und die Gesellschaft zu erzielen.

  ■ Beim **kontinuierlichen Verbesserungsprozess (KVP)** erfolgt die Weiterentwicklung der Erzeugnisse und der betrieblichen Prozesse in einer Vielzahl von kleinen Verbesserungsschritten. Diese Schritte werden im Rahmen eines PDCA-Regelkreises verwirklicht.

■ Die **Ziele** des **Qualitätsmanagements** bestehen insbesondere darin,

  ■ die Produktqualität zu sichern und zu verbessern,

  ■ die Qualität der betrieblichen Prozesse zu steigern und damit

  ■ die Kundenzufriedenheit zu stärken.

202 1. Gegen die traditionelle Qualitätskontrolle am Ende der Fertigung wird argumentiert, dass durch dieses Verfahren keine Fehler vermieden und die Fehlerursachen nicht beseitigt werden. Nehmen Sie hierzu und zu weiteren Schwachstellen der sogenannten Endkontrolle Stellung!

   2. Nennen Sie mindestens drei umgangssprachliche Qualitätsmerkmale für ein technisches Gebrauchsgut (z.B. Farbfernseher, Bohrmaschine, Waschmaschine usw.), das in einem Privathaushalt verwendet werden soll!

   3. Welche Vorteile sind mit der Einführung eines Qualitätsmanagements, insbesondere mit dessen Zertifizierung, verbunden?

203 Textauszug:

> „Wir sind der Partner unserer Kunden in der Dichtungs- und Schwingungstechnologie; die Vorstellungen, Ideen und Ansprüche unserer Kunden prägen unsere Aktivitäten. Ihre Zufriedenheit sichern wir mit einem umfassenden Produktangebot und beispielhaften Serviceleistungen – dabei beziehen wir, wenn sinnvoll, auch Kooperationspartner ein.

Kundenzufriedenheit ist damit die Basis für die erfolgreiche Zukunft der Freudenberg Dichtungs- und Schwingungstechnik.

Wir sind gewohnt, auf höchster Qualitätsstufe zu fertigen und streben das Ziel der Nullfehlerqualität an.

Dadurch tragen wir zu höchster Kundenzufriedenheit bei. Im In- und Ausland arbeiten wir nach einem einheitlichen, hohen Ansprüchen genügenden Qualitätsmanagementsystem, aufbauend auf der DIN EN ISO 9000:2008. Alle unsere Standorte sind heute nach DIN EN ISO 9000:2008 zertifiziert.

Reaktionsschnelligkeit und engster Kontakt zum Kunden sowie kostengünstige, flexible Fertigung sichern die Versorgung unserer Kunden. Lieferungen von höchster Qualität, Standardgarantien von 20 Jahren nach Erstlieferung sichern unseren Kunden die Ersatzteilversorgung. Das Erreichen höchster Produktivität und hoher Zuverlässigkeit der Produktion für unsere Kunden ist das Maß, das laufend zu verbessern ist."

Quelle: Auszüge aus einem Prospekt der Freudenberg GmbH Dichtungs- und Schwingungstechnik, Weinheim.

Aufgaben:

1. Welche Textstellen weisen auf TQM hin?

2. Erläutern Sie den Begriff TQM!

3. Der Text nennt „DIN EN ISO 9000:2008". Was ist hierunter zu verstehen?

204 1. **Textauszug:**

FRANKFURT (dpa). Bei einem großen Automobilhersteller stehen die „Zeichen auf Sturm". Meldungen über Qualitätsmängel, zurückgehende Marktanteile und Personalabbau sorgten seit Monaten für Frust und Verunsicherung in der Belegschaft, kritisierte der Betriebsrat gestern die Unternehmensleitung. Die Arbeitnehmervertreter forderten den Vorstand zwei Tage vor der Bilanz-Pressekonferenz auf, klare Aussagen zum Erhalt von Arbeitsplätzen über die kommenden zwei Jahre hinaus zu machen. Die Pläne der Geschäftsleitung, in den nächsten Jahren unternehmensweit 5000 Arbeitsplätze abzubauen, seien der Belegschaft bekannt. Neu seien nun Presseberichte über einen geplanten Personalabbau von weiteren 10000 Stellen ...

Aufgabe:

Beurteilen Sie mithilfe des Textauszugs die betrieblichen und volkswirtschaftlichen Folgen eines unzureichenden Qualitätsmanagements!

2. Die Chlorer GmbH kann durchschnittlich im Monat 4000 Einheiten Elektromotoren herstellen. Die fixen Kosten belaufen sich auf monatlich 1 Mio. EUR, die variablen Kosten auf 120,00 EUR je Produktionseinheit. Die Unternehmensberatung Klever & Partner meint, dass das bisherige Fertigungsverfahren veraltet sei und durch ein moderneres ersetzt werden müsse. Die fixen Kosten des neuen Verfahrens liegen 15 % über denen des bisherigen. Die variablen Kosten des neuen Verfahrens sind jedoch 50 % niedriger als die des alten Verfahrens.

Aufgaben:

2.1 Welche Gründe können für den Ersatz einer alten Anlage durch eine neue sprechen? (Nennen Sie zwei Gründe!)

2.2 Lohnt sich für die Chlorer GmbH rein rechnerisch der Ersatz der alten Anlage durch die neue?

33 Speth – ISBN 978-3-8120-0491-6

11 Absatzwirtschaft (Marketing)

11.1 Marketing als Führungskonzeption für Unternehmen

(1) Wurzeln des Marketings

Das Vordringen des Marketings leitet sich im Wesentlichen aus einer grundlegenden Veränderung des unternehmerischen Umfeldes in den hoch entwickelten Industrienationen innerhalb der letzten Jahrzehnte ab. Während die Entwicklung der Wirtschaft nach dem Zweiten Weltkrieg zunächst durch eine Nachfrage charakterisiert war, die in der Regel (weit) über dem Leistungsangebot lag **(Verkäufermarkt),** kam es in den folgenden Jahren durch die zunehmende Sättigung der Bedürfnisse, den technischen Fortschritt und die Liberalisierung der Märkte zu einem Überhang des Leistungsangebots **(Käufermarkt)**. Die Märkte entwickelten sich vom Verkäufermarkt zum Käufermarkt.

Der Wandel vom Verkäufer- zum Käufermarkt führte dazu, dass weniger die Produktion und ihre Gestaltung, sondern der Absatz der erzeugten Produkte zur Hauptaufgabe (zum Hauptproblem) der Unternehmen wurde. Diese Veränderungen blieben nicht ohne nachhaltige Auswirkungen auf die Durchführung des Absatzes. Während zu Zeiten des Verkäufermarktes vorrangig die Verteilung der Erzeugnisse das Problem war, kam und kommt es nun darauf an, den Absatzmarkt systematisch zu erschließen. Dies erfordert für das Erreichen der Unternehmensziele zunehmend die Ausrichtung aller Unternehmensfunktionen auf die tatsächlichen und die zu erwartenden Bedürfnisse der Abnehmer. Für diese Führungskonzeption wird das aus dem Amerikanischen übernommene Wort **Marketing**[1] verwendet.

(2) Begriff Marketing

> **Merke:**
>
> **Marketing** ist eine Konzeption des Planens und Handelns, bei der – ausgehend von systematisch gewonnenen Informationen – alle Aktivitäten eines Unternehmens konsequent auf die gegenwärtigen und künftigen Erfordernisse der Märkte und der weiteren Umwelt ausgerichtet werden.[2]

Marketing ist als eine **marktorientierte Führungskonzeption (Denkhaltung)** zu verstehen, mit deren Hilfe die Beziehungen zwischen dem **Unternehmen,** dessen **marktlichem Umfeld** (neben den Kunden sind dies vor allem die Wettbewerber, die Absatzmittler/Absatzhelfer und die Lieferer) und dem **weiteren Umfeld** (z. B. der ökonomischen Situation, den politisch-rechtlichen Gegebenheiten, der gesellschaftspolitischen Lage, dem technologischen Fortschritt, den Umweltvorschriften) erfasst, analysiert und systematisch in Entscheidungen umgesetzt werden.

---

1 Marketing (engl.): Markt machen, d.h. einen Markt für seine eigenen Produkte schaffen bzw. ausschöpfen.
2 Weis, H. Ch.: Marketing, 9. Aufl., Ludwigshafen (Rhein) 1995, S. 19.

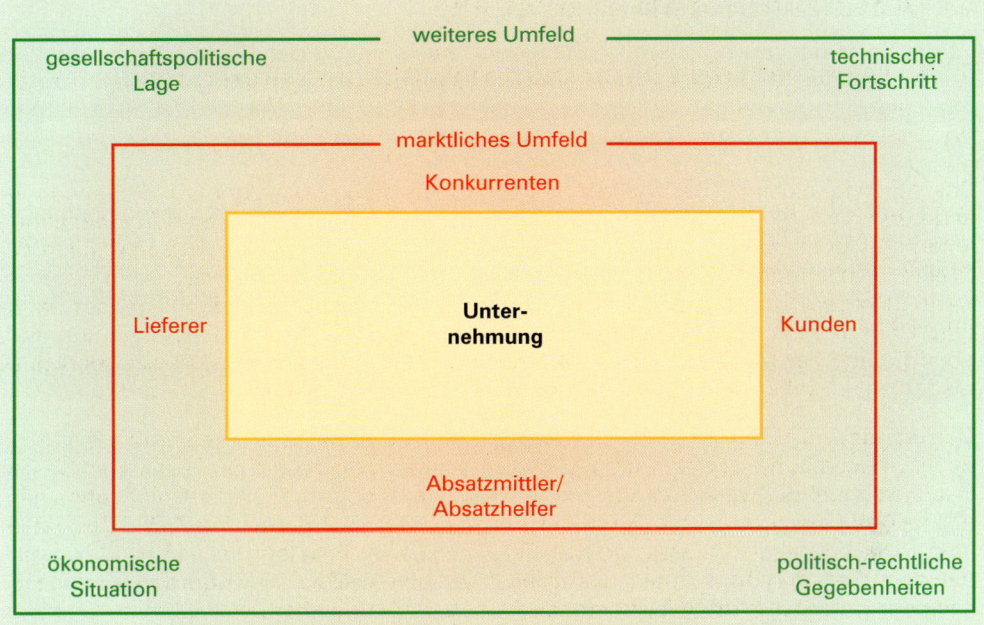

Faktoren für Marketingentscheidungen[1]

(3) Aufgaben des Marketings

Die konkrete Bewältigung der Marketingaufgaben ist als ein Prozess zu verstehen, der sich in folgende (idealtypische) Phasen untergliedern lässt:

■ **Marktforschung (Situationsanalyse)**

In dieser Phase gilt es, die gegenwärtige und zukünftige Situation des Unternehmens, des Marktes und des Umfeldes planmäßig und systematisch zu erforschen. Die **Marketing-Forschung (Marktforschung)** unterteilt man in Primär- und Sekundärforschung.

■ Die **Primärforschung** löst die Unternehmensprobleme dadurch, dass Informationen eigens für diesen Zweck mit Hilfe von besonderen Erhebungsmethoden (z.B. Interview, Test) gewonnen werden.

■ Im Bereich der **Sekundärforschung** werden bereits vorhandene Informationen (z.B. Vertreterberichte, Forschungsberichte, Kundenbuchhaltung, Berichte von Wirtschaftsverbänden) ausgewertet.

Auf der Grundlage der gewonnenen Informationen sind konkret umsetzbare **Marketingziele** festzulegen, die in ihrer Zielerreichung kontrolliert werden können (operationalisierte Ziele). Marketingziele werden immer auf der Basis des Zielsystems der Unternehmung formuliert.

---

1 Die Ausführungen sind angelehnt an Hörschgen, H./Kirsch, G./Käßer-Pawelka, G./Grenz, J.: Marketing-Strategien, 2. Aufl., Ludwigsburg/Berlin, S. 16ff., S. 23f.

■ **Planung der Marketingstrategie**

Auf der Basis der gewonnenen Informationen zur Situation des Marktes, des Umfeldes und der festgelegten Marketingziele erfolgt jetzt eine Strategieplanung.[1] Sie hat die Aufgabe, alle Entscheidungen auf das Erreichen der Unternehmensziele hin auszurichten. Das Entwickeln und Formulieren von Marketingstrategien stellt jeweils eine Grundsatzentscheidung dar.

Der Einsatz einer bestimmten Marketingstrategie (Marketingmaßnahme) hängt insbesondere von zwei Faktoren ab: (1) von dem „Lebensalter" der Produkte **(Konzept des Produkt-Lebenszyklus)** [vgl. Kapitel 11.6.2] und (2) vom Marktanteil des Produkts und den damit verbundenen Wachstumsaussichten **(Marktwachstums-Marktanteil-Portfolio)** [vgl. Kapitel 11.7.2].

Im Allgemeinen werden **vier Marketingstrategien** (Marketing-Instrumentenbündel) unterschieden:

Produktpolitik	Sie umfasst die Produktforschung, die Produktentwicklung, die Produktgestaltung sowie die Entscheidungen zum Produktprogramm [vgl. Kapitel 11.2].
Distributionspolitik	Sie befasst sich mit der Frage, wie das Produkt an den Käufer herangetragen werden kann. Deshalb umschließt die Distributionspolitik sowohl die Absatzmethode als auch das Problem des Gütertransports [vgl. Kapitel 11.3].
Preispolitik	Dazu gehören alle marktpolitischen Instrumente, die der Preisfestlegung zugerechnet werden. Im Rahmen der Preispolitik werden die monetären Vereinbarungen getroffen, zu denen Kauf- bzw. Verkaufsabschlüsse erfolgen sollen [vgl. Kapitel 11.4].
Kommunikationspolitik	Sie setzt sich aus der Werbung, der Verkaufsförderung und der Öffentlichkeitsarbeit zusammen, wobei die Grenzen mitunter fließend sind. Von Kommunikationspolitik wird deshalb gesprochen, weil es vor allem darum geht, das Unternehmen und seine Produkte in der Öffentlichkeit umfassend darzustellen [vgl. Kapitel 11.5].

■ **Entwicklung eines Marketingkonzepts (Marketingmix)**

Im Rahmen des Marketingkonzepts wird die Art und Weise festgelegt, wie das Unternehmen das absatzpolitische Instrumentarium einsetzt. Die jeweilige Kombination der Marketingstrategien bezeichnet man als **Marketingmix** [vgl. Kapitel 11.6].

■ **Marketing-Controlling[3]**

Diese Phase liefert der Unternehmensleitung Informationen über den Grad der Zielverwirklichung **(ergebnisorientiertes Controlling)**. Darüber hinaus gibt das Marketing-Controlling Auskunft über weitere Planungs- und Handlungsbedarf.

Die Erfüllung des Marketingkonzepts von der Situationsanalyse bis zum Marketing-Controlling soll sicherstellen, dass die Veränderungen auf den Märkten und im Umfeld und die hieraus resultierenden Chancen und Risiken für das Unternehmen rechtzeitig

---

1 Strategie: Kunst der Kriegsführung.
2 Auf die Behandlung der Probleme des Gütertransports wird im Folgenden nicht eingegangen.
3 Hierauf wird im Folgenden nicht eingegangen.

erkannt werden können. Auf diese Weise werden die Voraussetzungen für die Bewältigung neu auftretender bzw. veränderter Markt- bzw. Umfeldsituationen geschaffen. Marketingziele, Marketingstrategien und Marketingmaßnahmen müssen dabei immer so gestaltet werden, dass Spannungen zwischen dem Unternehmen und den unterschiedlichen Markt- und Umfeldsituationen vermieden bzw. reduziert werden.

Zusammenfassung

■ Unter **Marketing** versteht man eine Konzeption des Planens und Handelns, bei der alle Aktivitäten eines Unternehmens konsequent auf die gegenwärtigen und künftigen Erfordernisse der Märkte und der weiteren Umwelt ausgerichtet werden.

■ **Marketingaufgaben** sind als ein Prozess zu verstehen, der idealtypisch in folgenden Phasen abläuft: (1) **Marktforschung**, (2) **Planung der Marketingstrategien** (Produktpolitik, Preispolitik, Kommunikationspolitik, Distributionspolitik und (3) **Marketing-Controlling.**

Übungsaufgabe

205 1. Welche Gründe waren für das Entstehen des Marketings maßgebend?

2. Charakterisieren Sie den Begriff Marketing mit eigenen Worten!

3. Formulieren Sie die inhaltliche Aussage dieser Abbildung!

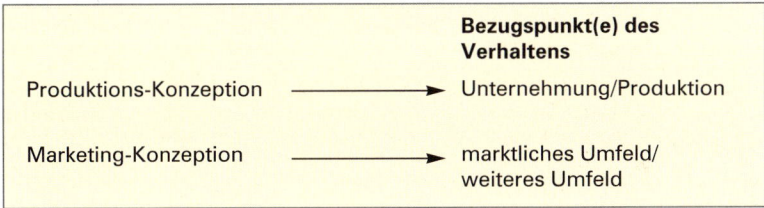

4. Die Bewältigung der Marketingaufgaben vollzieht sich in idealtypischen Phasen.

Aufgabe:

Nennen Sie diese Phasen in ihrer chronologischen Abfolge und skizzieren Sie jeweils ihre grundlegenden Aufgaben!

11.2 Produktpolitik

11.2.1 Überblick über die Produktpolitik

Die ständigen Änderungen auf den Beschaffungs- und Absatzmärkten sowie die technische Weiterentwicklung verlangen vom Management eines Betriebs, sich *vorausschauend* an die mutmaßliche Entwicklung anzupassen. Für den Fertigungsbereich bedeutet dies u.a., die bisherigen Erzeugnisse weiterzuentwickeln und neue Anwendungsbereiche zu erschließen sowie vollständig neue Produkte zu entwickeln, kurz: Produktpolitik zu betreiben.

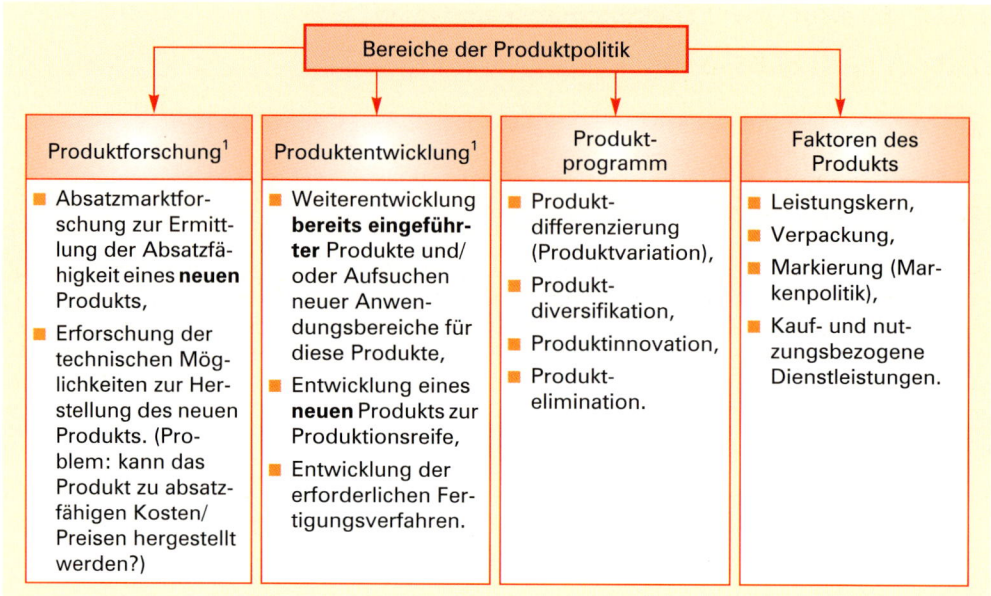

Bereiche der Produktpolitik			
Produktforschung[1]	**Produktentwicklung**[1]	**Produktprogramm**	**Faktoren des Produkts**
■ Absatzmarktforschung zur Ermittlung der Absatzfähigkeit eines **neuen** Produkts, ■ Erforschung der technischen Möglichkeiten zur Herstellung des neuen Produkts. (Problem: kann das Produkt zu absatzfähigen Kosten/ Preisen hergestellt werden?)	■ Weiterentwicklung **bereits eingeführter** Produkte und/ oder Aufsuchen neuer Anwendungsbereiche für diese Produkte, ■ Entwicklung eines **neuen** Produkts zur Produktionsreife, ■ Entwicklung der erforderlichen Fertigungsverfahren.	■ Produktdifferenzierung (Produktvariation), ■ Produktdiversifikation, ■ Produktinnovation, ■ Produktelimination.	■ Leistungskern, ■ Verpackung, ■ Markierung (Markenpolitik), ■ Kauf- und nutzungsbezogene Dienstleistungen.

11.2.2 Entscheidungen zum Produktprogramm

11.2.2.1 Grundlegendes

Bei der Erstellung eines Produktprogramms sind insbesondere folgende zentrale Fragestellungen zu lösen:

■ Mit welchen neuen Produkten kann die Position des Unternehmens am Markt gefestigt werden **(Produktinnovation)?**

■ Mit welchen Varianten des Basiserzeugnisses kann ein möglichst breites Spektrum der Zielgruppe erschlossen werden **(Produktdiversifikation** und **Produktdiffenzierung)?**

■ Mit welchen Anpassungen kann die Produktlebenskurve verlängert werden **(Produktmodifikation, Produktvariation)?**

■ Welches Erzeugnis soll aus dem Produktprogramm entfernt werden **(Produktelimination)?**

Um die Wirkung der produktpolitischen Maßnahmen zu veranschaulichen sei angenommen, dass ein Hersteller die beiden Erzeugnisgruppen A und B produziert mit den jeweiligen Varianten A_1 und A_2 bzw. B_1, B_2 und B_3. Grafisch stellt sich sein Erzeugnisprogramm damit wie folgt dar:

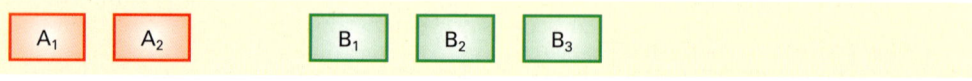

---

1 Diese Themengebiete werden in diesem Buch nicht behandelt.

11.2.2.2 Elemente der Produktprogrammstrategien

(1) Begriff Produktinnovation

> **Merke:**
>
> Unter **Produktinnovation** versteht man die Änderung des Leistungsprogramms durch Aufnahme neuer Produkte.

Die Motivation hierzu liegt darin, dass einerseits dem technischen Fortschritt Rechnung getragen werden muss, andererseits muss auf veränderte Kundenwünsche reagiert werden, weil sich sonst Nachfrageverschiebungen zugunsten der Mitbewerber ergeben. Die Produktinnovation begegnet uns in Form der **Produktdiversifikation** und der **Produktdifferenzierung**.

(2) Produktdiversifikation

> **Merke:**
>
> Unter **Produktdiversifikation** versteht man die Erweiterung des Produktprogramms durch Aufnahme weiterer Produkte.

Um die Wirkung der produktpolitischen Maßnahmen zu veranschaulichen wird angenommen, dass ein Hersteller die beiden Erzeugnisgruppen A und B produziert mit den jeweiligen Varianten A_1 und A_2 bzw. B_1, B_2 und B_3.

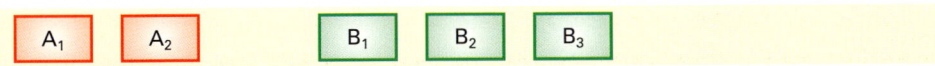

Grafisch lässt sich damit die Produktdiversifikation gegenüber der Ausgangssituation wie folgt darstellen:

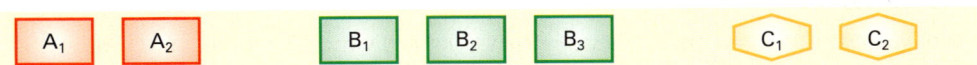

Das Erzeugnisangebot erhält eine Ausweitung in der Breite, hier die Erzeugnisgruppe C mit den Varianten C_1 und C_2. Die Angebotspalette wird gezielt ausgedehnt durch neue Produkte auf neuen Märkten. Damit erhält das Unternehmen ein weiteres „Standbein" auf dem Markt. Diese Handlungsstrategie beruht auf der Erkenntnis, dass eine Risikostreuung notwendig ist und dadurch erreicht wird, dass der Umsatz aus mehreren voneinander unabhängigen Quellen geschöpft wird. Die Produktdiversifikation ist das wirksamste und nachhaltigste Mittel zur Wachstumssicherung der Unternehmung.

Es ist üblich zwischen vertikaler, horizontaler und lateraler Diversifikation zu unterscheiden.

■ Vertikale Diversifikation

In das Angebot werden Leistungen einer vor- und/oder nachgelagerten Fertigungsstufe aufgenommen.

> **Beispiele:**
>
> Eine Kleiderfabrik gründet eigene Modefachgeschäfte. Eine Handelskette für Öko-Produkte erwirbt zur Sicherung des Qualitätsstandards auch eigene landwirtschaftliche Betriebe.

■ Horizontale Diversifikation

Hierbei wird die Angebotspalette um Produkte der gleichen Fertigungsstufe erweitert. Die Vorteile liegen darin, dass

- häufig dieselben Absatzkanäle genutzt werden können,

- die Markenbezeichnung sich problemlos und glaubwürdig auf das neue Produkt übertragen lässt, und dass

- die Kunden dem Hersteller die Kompetenz auch für das zusätzliche Produktfeld quasi von vornherein schon zutrauen.

■ Laterale[1] Diversifikation

Zwischen dem bisherigen und dem neuen Produkt besteht kein sachlicher Zusammenhang. Es handelt sich somit um eine Form der Quasi-Innovation. Besonders durch diese Form der Diversifikation wird das Ziel der Risikostreuung und der Erschließung neuer Wachstumsfelder verwirklicht.

(3) Produktdifferenzierung

■ Überblick

Merke:

Bei der **Produktdifferenzierung** wird das **Grundprodukt** technisch, im Erscheinungsbild oder im Statuswert (Image) **verändert**. Es wird eine Mehrzahl von Produkten mit variierenden Merkmalen auf den Markt gebracht, um eine **zusätzliche** Nachfrage zu schaffen, wobei die Hauptcharakteristika der Produkte **gleichartig** bleiben.

Die Produktdifferenzierung lässt sich grafisch im Vergleich zur Ausgangssituation wie folgt darstellen:

Die Motivation für die Produktdifferenzierung liegt darin, dass bisher noch nicht erreichte Käuferschichten durch die verschiedenen Produktvarianten eines bereits auf dem Markt vorhandenen Produktes angesprochen werden können, welches in der Regel auf derselben Fertigungsapparatur hergestellt werden kann. Es handelt sich um eine Ausweitung des Erzeugnisangebots in die Tiefe, da das bisherige Erzeugnis nicht ersetzt, sondern durch weitere ergänzt wird. Das Basisprodukt wird in seinem wesentlichen Zweck nicht verändert. Wenn die Möglichkeiten der sachlichen Differenzierung begrenzt sind, erfolgt häufig eine Differenzierung des Produktes über Dienstleistungen, um sich von den Erzeugnissen der Konkurrenz abzuheben und Präferenzen zu schaffen, z.B. über besondere Leistungen des Kundendienstes, über Finanzdienstleistungen, kürzere Lieferzeiten.

---

1 Lateral: seitlich.

■ **Arten der Produktdifferenzierung**

Vertikale Produktdifferenzierung. Das Produkt unterscheidet sich **qualitätsmäßig** von den anderen Varianten. Auf diese Weise schöpfen z. B. Automobilhersteller durch Differenzierung in unterschiedliche Ausstattungsvarianten die Kaufkraft zahlungskräftiger Käufer ab. Insbesondere diese Art der Produktdifferenzierung lässt sich vorteilhaft mit der Preisdifferenzierung verknüpfen, wenn die Mehrkosten für das qualitativ bessere und prestigeträchtigere Erzeugnis (Premium-Version) mit deutlichen Mehrerlösen verbunden werden können.

Horizontale Produktdifferenzierung. Hier erfolgt die Differenzierung **innerhalb eines Qualitätsniveaus** durch unterschiedliche Farben, Formen, Materialien (z. B. Eis, Schokolade, Stoffe).

(4) Produktmodifizierung (Produktvariation)

Merke:

Bei der **Produktmodifizierung** wird das Produkt verändert (modifiziert), um es in den Augen der Verbraucher weiterhin attraktiv erscheinen zu lassen.

Grafisch lässt sich die Produktmodifizierung gegenüber der Ausgangssituation folgendermaßen darstellen:

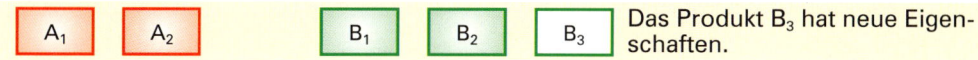

Das Produkt B_3 hat neue Eigenschaften.

Die Motivation für die Produktmodifizierung ergibt sich durch die Änderung des Nachfrageverhaltens in einem Marktsegment. Geänderte rechtliche Rahmenbedingungen, technischer Fortschritt, verbesserte Produkte der Konkurrenz, Änderung des Geschmacks, neue Formensprache machen eine Anpassung der Produkte notwendig („face-lifting", „Relaunch"). Ziel ist es, die Lebensdauer (den „Lebenszyklus") für ein Erzeugnis möglichst zu verlängern. Die mühsam aufgebauten positiven Einstellungen der Käufer zu einem Produkt lassen sich mit relativ geringem Aufwand auch auf das Nachfolgemodell übertragen.

(5) Produkteliminierung

Merke:

Unter **Produkteliminierung** versteht man die Herausnahme von Erzeugnissen und/oder Dienstleistungen aus dem Produktprogramm.

Grafisch ergibt sich bei der Eliminierung einer Variante folgende Situation:

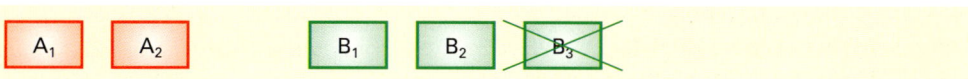

Der Eliminierung unterliegen insbesondere Produkte in der Endphase des „Lebenszyklus" oder jene, die sich nach der Markteinführung als Flops erwiesen haben. Die gezielte Aufgabe eines Erzeugnisses, insbesondere die Bestimmung des richtigen Zeitpunktes, ist eine produktpolitische Entscheidung, die in ihrer Schwierigkeit im Vergleich zu den anderen Maßnahmen leicht unterschätzt wird. Ohne bewusste Eliminierung auf der Basis einer systematischen Programmüberwachung würde die Angebotspalette eines Unternehmens immer größer werden mit verheerenden Folgen für die Kostenstruktur. Wenige „Stammabnehmer" für ein bestehendes Produkt, der Glaube, durch ein umfangreiches Programm „Kompetenz" beweisen zu müssen, sind emotionale Gründe für eine Verschiebung der Eliminierung. Verspätete Korrekturen sind schwieriger, teurer (Bevorratung von Ersatzteilen), bedeuten Imageverluste und belasten die Zukunftsperspektiven des Unternehmens.

11.2.3 Produktgestaltung

11.2.3.1 Grundsätzliches

Um die Produktgestaltung übersichtlich darstellen zu können, verwenden wir im Folgenden vier Kriterien: (1) den **Leistungskern,** wobei dies ein Produkt oder eine (Primär-) Dienstleistung sein kann, (2) die **Verpackung,** (3) die **Markierung (Markenpolitik, Branding)** und (4) die **kauf- und nutzungsbezogenen (Sekundär-)Dienstleistungen.**[1]

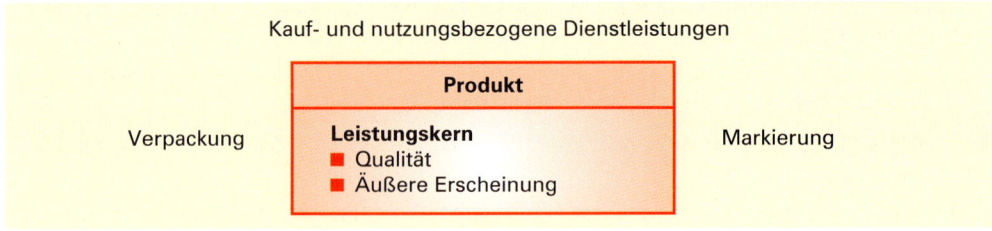

11.2.3.2 Leistungskern

Von einem Konsum- oder Investitionsgut wird erwartet, dass es gebrauchstüchtig, funktionssicher, nicht störanfällig, haltbar, umweltfreundlich und wertbeständig ist. Diese Eigenschaften machen die **Qualität** des Produkts aus.

Zum Leistungskern eines Produkts ist auch sein **äußeres Erscheinungsbild** zu rechnen, das insbesondere von Material, Form, Farbe und Geruch bestimmt wird. Diese Gestaltungselemente sind wichtige Verkaufsargumente, und zwar nicht nur für Konsumgüter (z. B. Autos, Küchengeräte, Kleidungsstücke, Schuhe usw.), sondern auch für Investitionsgüter (z. B. Computer, Büromöbel, Fertigungsmaschinen). Das Produktäußere ist insbesondere bei neuen, innovativen Produkten von Bedeutung, da die potenziellen Nachfrager oft vom Erscheinungsbild des Produkts auf dessen Tauglichkeit schließen.

11.2.3.3 Verpackung

Während früher die Verpackung die alleinige Aufgabe hatte, die Erzeugnisse vor Transportschäden zu schützen, ist heute die Verpackung zu einem Marketinginstrument geworden, vor allem bei Konsumgütern. Das besagt, dass die Verpackung zusätzlich zur Schutz- und Transportfunktion noch Werbe- und Informationsfunktionen zu übernehmen hat.

Beispiele:

Verkaufsfördernde Verpackungen von Pralinen, Schokoladentafeln, Geschenkpackungen für Weine und Liköre, Spielzeug, Bastelartikel usw.

---

1 Die Ausführungen lehnen sich an Nieschlag, R., Dichtl, E., Hörschgen, H.: Marketing, 17. Aufl., Berlin 1994, Seite 234f. an.

11.2.3.4 Markenpolitik

Sollen die eigenen Waren von denen anderer Hersteller unterschieden werden, kann man eine Marke entwickeln, d.h. ein Kennzeichen (insbesondere Wörter, Abbildungen, Zahlen), das den Ursprung und die Qualität eines Produkts oder Dienstleistung zum Ausdruck bringen soll. In den Augen der Konsumenten sollen die Produkte des Unternehmens von denen der Konkurrenz abgegrenzt werden können.

> **Merke:**
>
> ■ Die **Marke** soll dem Abnehmer eine „Produktpersönlichkeit" bieten, die leicht im Gedächtnis behalten werden kann und leicht identifizierbar ist.
>
> ■ Die **„Produktpersönlichkeit"** wird dadurch geschaffen, dass das Produkt über einen langen Zeitraum in immer gleichbleibender Aufmachung und mit unveränderter oder verbesserter Qualität angeboten wird.

Die Markierung von Produkten und Dienstleistungen hat **aus Sicht des Kunden** insbesondere folgende **Funktionen**:

■ Die Marke erleichtert dem Kunden die **Identifizierung des Produktes** und gibt ihm eine **Orientierungshilfe** bei der Auswahl von Leistungen.

■ Der Marke wird aufgrund ihrer Bekanntheit und Kompetenz **Vertrauen** entgegengebracht.

■ Die Marke erbringt häufig den Nachweis von **Sicherheit** während der Gebrauchs-, Verbrauchs- und Entsorgungsphase. Diese Sicherheit ergibt sich aus der **Qualitätsvermutung**.

■ Darüber hinaus kann die Marke für den Konsumenten eine **Image-** beziehungsweise **Prestigefunktion** in seinem sozialen Umfeld erfüllen.

Durch die Markierung wird das Produkt zum **Markenartikel**. Ein Markenartikel zeichnet sich insbesondere durch folgende Merkmale aus: gleichbleibende Aufmachung und Menge, unveränderte oder verbesserte Qualität, Verbraucherwerbung, hoher Bekanntheitsgrad, flächenmäßige Verfügbarkeit der Ware, Einfluss des Herstellers auf die Preisgestaltung, in der Regel gleiche Verkaufspreise.

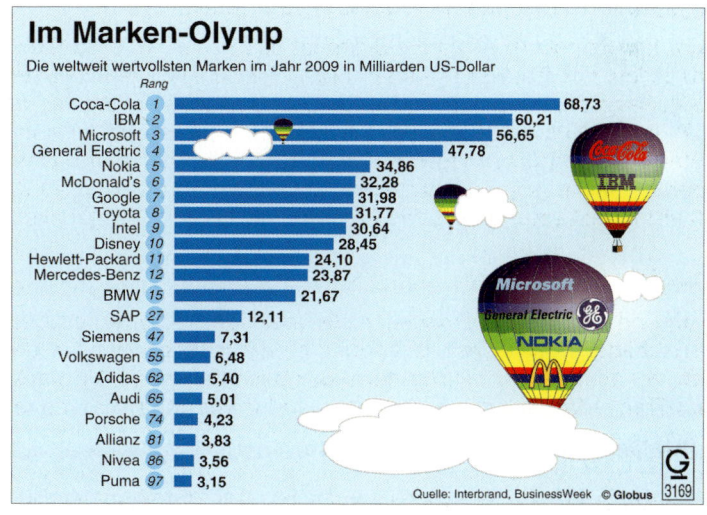

Im Marken-Olymp

Die weltweit wertvollsten Marken im Jahr 2009 in Milliarden US-Dollar

	Rang	
Coca-Cola	1	68,73
IBM	2	60,21
Microsoft	3	56,65
General Electric	4	47,78
Nokia	5	34,86
McDonald's	6	32,28
Google	7	31,98
Toyota	8	31,77
Intel	9	30,64
Disney	10	28,45
Hewlett-Packard	11	24,10
Mercedes-Benz	12	23,87
BMW	15	21,67
SAP	27	12,11
Siemens	47	7,31
Volkswagen	55	6,48
Adidas	62	5,40
Audi	65	5,01
Porsche	74	4,23
Allianz	81	3,83
Nivea	86	3,56
Puma	97	3,15

Quelle: Interbrand, BusinessWeek © Globus 3169

11.2.3.5 (Sekundär-)Dienstleistungen

(1) Überblick

Mit dem Anbieten von Dienstleistungen – entgeltlich oder unentgeltlich – wird versucht, gegenüber den Konkurrenten einen Wettbewerbsvorteil zu erringen.

Beispiel:
Die Apotheker verkaufen den Patienten die verschiedenen Medikamente nach der Verordnung der Ärzte. Apotheken können sich über die Qualität oder den Preis nicht voneinander abgrenzen, denn beide Kriterien sind bei allen Apotheken gleich. Eine Abgrenzung ist aber möglich über zusätzliche Dienstleistungen, z. B. höherer Beratungsaufwand, Lieferung der Medikamente frei Haus, Bereitstellung von Impfplänen für Auslandsreisen der Kunden.

In der Regel werden zu den **(Sekundär-)Dienstleistungen** die **Beratung,** der **Kundendienst,** die **Gewährleistungen** und die **Garantien** gerechnet.

(2) Beratung

Die Zielrichtung der Beratung besteht zunächst darin, dass der Anbieter einem potenziellen Abnehmer hilft zu erkennen, dass und woran er genau Bedarf hat. In der Nutzungsphase muss dem Käufer dann die Sicherheit gegeben werden, dass ihm im Störungsfall geholfen wird. Am Ende der Nutzungszeit schließlich zielt die Beratung darauf ab, dem Kunden beim Kauf eines neuen Produktes bzw. bei der Entsorgung des alten Produktes zu helfen.

(3) Kundendienst

■ **Technischer Kundendienst**

Der technische Kundendienst umfasst die Einpassung (z. B. von Büromöbeln) und die Installation (z. B. von Maschinen und maschinellen Anlagen), die Wartung und Pflege (z. B. bei Heizungsanlagen, EDV-Anlagen) und die Reparatur. Wichtig dabei ist, dass die Reparaturleistungen (unter Umständen unter Einschaltung des Reparaturhandwerks) schnell erfolgen. Dies gilt vor allem für Investitionsgüter, denn Produktionsunterbrechungen sind teuer.

Als eine weitere wichtige Leistung des technischen Kundendienstes schiebt sich derzeit verstärkt die Rücknahme und umweltgerechte sowie preisgünstige Entsorgung des alten Produkts in den Vordergrund. Oftmals verwandelt sich ein solcher Service in den Kern der Leistung, d. h., der Käufer erwirbt das Produkt nur dann, wenn er sicher sein kann, dass später die Entsorgung des Produkts sichergestellt ist.

Beispiel:
Der Computerhersteller A wirbt u. a. damit, dass seine Geräte zu 90 % wiederverwertbar seien. Er verpflichtet sich darüber hinaus, die Geräte nach Ablauf der Nutzungsdauer wieder zurückzunehmen. Falls der Hersteller B diese Zusicherungen nicht geben kann, hat A einen Wettbewerbsvorteil bei umweltbewussten Abnehmern. Er kann möglicherweise einen höheren Preis verlangen als B, ohne dass seine Kunden „abspringen".

Die Ausweitung des technischen Kundendienstes ist auch unter ökologischen Gesichtspunkten von Bedeutung, weil sie einen Schritt „weg von der Wegwerfgesellschaft" bedeutet.

■ **Kaufmännischer Kundendienst**

Der kaufmännische Kundendienst hat das Ziel, dem Käufer den Kauf vor, während und nach dem Erwerb des Produkts zu erleichtern. Zu diesen Kundendienstleistungen werden im Allgemeinen gezählt: der Zustelldienst, die Inzahlungnahme eines alten Produkts, die Bereitstellung zusätzlicher Informationen.

Die Grenzen zwischen technischem und kaufmännischem Kundendienst sowie der Beratung sind fließend.

(4) Gewährleistung und Garantien

Während die gewöhnliche **Sachmängelhaftung** nach §§ 434ff. BGB einen Mangel der Kaufsache im Zeitpunkt des Gefahrüberganges [§ 446, S. 1 BGB] auf den Kunden voraussetzt, übernimmt im Falle der **Garantie** der Verkäufer oder ein Dritter (z.B. der Hersteller) unabhängig vom Bestehen oder Nichtbestehen eines Mangels bei Gefahrübergang die Gewähr für die Beschaffenheit **(Beschaffenheitsgarantie)** oder dafür, dass die Sache für eine bestimmte Dauer eine bestimmte Beschaffenheit behält **(Haltbarkeitsgarantie)** [§ 443 I BGB].

> **Beispiele:**
>
> Der Hersteller bezeichnet das von ihm produzierte wertvolle Essgeschirr als „garantiert spülmaschinenfest" **(Beschaffenheitsgarantie)**.
>
> Der Hersteller eines Pkws gibt eine Garantie, dass seine Produkte innerhalb von sechs Jahren nicht durchrosten **(Haltbarkeitsgarantie)**.

Nach § 443 II BGB wird bei Übernahme einer **Haltbarkeitsgarantie** vermutet, dass ein während ihrer Geltungsdauer auftretender Sachmangel die Rechte aus der Garantie begründet. Insoweit braucht der Käufer nur den Abschluss des Kaufvertrages, das Bestehen einer Haltbarkeitsgarantiezusage und das Auftreten eines Mangels entsprechend der Garantiezusage in der von der Garantieerklärung erfassten Frist darzulegen und zu beweisen. Sache des Verkäufers ist es dann, das Vorliegen eines Garantiefalles zu entkräften, z.B. durch Nachweis einer sachwidrigen Behandlung des Kaufgegenstandes durch den Käufer.

> **Beispiel:**
>
> Der Hersteller einer Uhr garantiert ab Kaufdatum für die Wasserdichtigkeit der Uhr bis zu einer Tiefe von 30 m. Wird die Uhr in diesem Rahmen benutzt und dringt gleichwohl während der Garantiezeit Wasser ein, wird ein Garantiefall vermutet. Der Gegenbeweis, etwa einer unsachgemäßen Handhabung, obliegt dann dem Hersteller/Garantiegeber.

Eine großzügige Garantiepolitik trägt dazu bei, ein positives Unternehmens- und Produktimage aufzubauen. Freiwillige Leistungen nach Ablauf der Garantiezeit **(Kulanzleistungen)**[1] stärken ebenfalls den guten Ruf eines Unternehmens.

---

1 Kulanz: Entgegenkommen, Zuvorkommenheit.

Zu beachten ist aber, dass jede Garantieleistung für den Verkäufer Kosten verursacht. Eine wirtschaftlich vertretbare Qualitätskontrolle muss daher dafür Sorge tragen, dass die Zahl der Reklamationen in Grenzen bleibt.

11.2.4 Produktmix

(1) Grundsätzliches

Die meisten Unternehmen haben mehr als ein Produkt im Angebotsprogramm. Große Unternehmen sind in aller Regel in vielen Branchen tätig und führen in ihrem Leistungsprogramm mehrere hunderttausend Artikel. So ist beispielsweise das Unternehmen Siemens z.B. in den Branchen Kraftfahrzeugausrüstung, Elektrowerkzeuge, Hausgeräte u.a. tätig.

■ **Breite des Produktangebots**

Produkte, die in ihrer Grundstruktur zusammengehören, bezeichnet man als **Produktgruppen** oder auch als **Produktlinien** (in einer Möbelfabrik z.B. Küchen, Schlafzimmer, Wohnzimmer, Arbeitszimmer, Büromöbel und der Dienstleistungsbereich Montage und Kundendienst). Welche Produkte zu Produktgruppen bzw. Produktlinien zusammengefasst werden, hängt davon ab, welche betrieblichen (z.B. planerischen) Zwecke mit der Zuordnung verfolgt werden. Allgemein kann man sagen: Je **größer** die Zahl der Produktlinien ist, desto **breiter** ist das Produktangebot.

■ **Länge des Produktangebots**

Produktlinien können in **Untergruppen** eingeteilt werden (in einer Möbelfabrik z.B. die Hauptproduktlinie Wohnzimmer in die Untergruppen Wandschränke, Einbauschränke, Vitrinen und Regale). Die Untergruppen werden als **Produkttypen** bezeichnet. Je **größer** die Anzahl aller angebotenen Produkttypen ist, desto **länger** ist das Produktangebot. (Im Handel spricht man statt von Produkttypen von **Artikeln**.)

■ **Tiefe des Produktangebots**

Je nach Wirtschaftszweig können die einzelnen Produkttypen in weiteren **Produktvarianten** hergestellt und angeboten werden. (Eine Möbelfabrik kann z.B. die Vitrinen in verschiedenen Holzarten und in verschiedenen Größen anbieten.) Vor allem im Handel bezeichnet man die einzelnen Varianten einer Handelsware als **Sorten**. (Die Sorte ist die kleinste Einheit einer Handelsware.) Je **größer** die Anzahl der Produktvarianten ist, desto **tiefer** ist das Produktangebot.

Das bezogene **Sortiment an Handelswaren** kann in der gleichen Art und Weise nach Breite, Länge und Tiefe gegliedert werden.

> **Merke:**
>
> Die Gesamtheit aller Produktlinien (Erzeugnisse und Dienstleistungen) bezeichnet man als **Produktmix.**

(2) Gestaltung des Produktmix

Um den Produktmix optimal (bestmöglich) gestalten zu können, müssen zunächst die Produktlinien (Produktgruppen) als Ganzes regelmäßig auf ihre Wachstums-, Gewinn und Umsatzpotenziale hin überprüft werden. Die leistungsstärkeren sollten besonders gefördert, die leistungsschwachen bereinigt oder ganz eliminiert werden. Neue Produkte können hinzugenommen werden, um Lücken im Produktionsangebot zu schließen. Die gleichen Untersuchungen können bei den einzelnen Produkttypen (Artikeln) und Produktvarianten (Sorten) vorgenommen werden.

Bei der Gestaltung des Produktmix stehen dem Unternehmen die besprochenen alternativen Entscheidungsmöglichkeiten zur Verfügung:

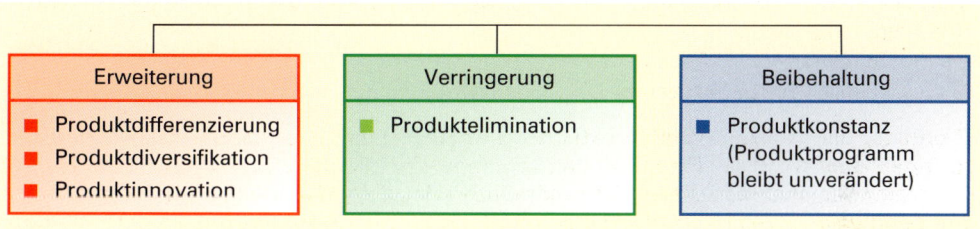

Erweiterung	Verringerung	Beibehaltung
■ Produktdifferenzierung ■ Produktdiversifikation ■ Produktinnovation	■ Produktelimination	■ Produktkonstanz (Produktprogramm bleibt unverändert)

Zusammenfassung

■ Bei der Erstellung eines Produktprogramms sind insbesondere folgende zentrale Fragestellungen zu lösen.

  ■ Mit welchen neuen Produkten **(Produktdiversifikation)** bzw. mit welchen Produktveränderungen **(Produktdifferenzierung)** kann die Position des Unternehmens am Markt gefestigt werden **(Produktinnovation)?**

  ■ Mit welchen Anpassungen kann die Produktlebenskurve verlängert werden **(Produktmodifikation, -variation)?**

  ■ Welches Erzeugnis soll aus dem Produktprogramm entfernt werden **(Produkteliminierung)?**

■ Das Erbringen von **(Sekundär-)Dienstleistungen** neben der eigentlichen Hauptleistung bringt dem Anbieter einige Vorteile:

  ■ Er erringt gegenüber seinen Konkurrenten einen **Wettbewerbsvorteil** aufgrund einer **kundennäheren Position.**

  ■ Der **Kundendienst** dient besonders als „Frühwarnsystem" zur Aufdeckung von„ Kinderkrankheiten" neu eingeführter Produkte.

  ■ Die Gewährung großzügiger **Garantie- und Kulanzleistungen** signalisieren dem Konsumenten, dass der Hersteller Vertrauen in seine Erzeugnisse hat und verringern damit die Hemmschwelle beim Kauf.

■ Als **Produktmix** bezeichnet man die Gesamtheit aller Produktlinien.

206 1. Erläutern Sie die folgenden Maßnahmen der Produktpolitik: Produktdifferenzierung, Produktinnovation, Produkteliminierung!

2. Was versteht man unter horizontaler, vertikaler und lateraler Diversifikation? Bilden Sie jeweils ein Beispiel!

3. Ein Unternehmer erzeugt als einziges Produkt ein Vitamingetränk, das in Portionsfläschchen zu drei Stück pro Packung über Fitnesscenter vertrieben wird.
   Aufgabe:
   Geben Sie jeweils ein konkretes Beispiel dafür an, wie das Unternehmen Produktdifferenzierung, Mehrmarkenpolitik und Produktdiversifikation durchführen könnte!

4. Ein Unternehmen produziert Futter für Haustiere. In der letzten Rechnungsperiode wurde das Vogelfutter „Schrill" eliminiert.
   Aufgabe:
   Nennen Sie Gründe, die zu dieser Maßnahme geführt haben könnten!

5. Der Produktmix eines Büromaterialherstellers hat eine bestimmte Länge, Breite und Tiefe.
   Aufgabe:
   Erläutern Sie diese Kennzeichnungen anhand folgender Darstellung:

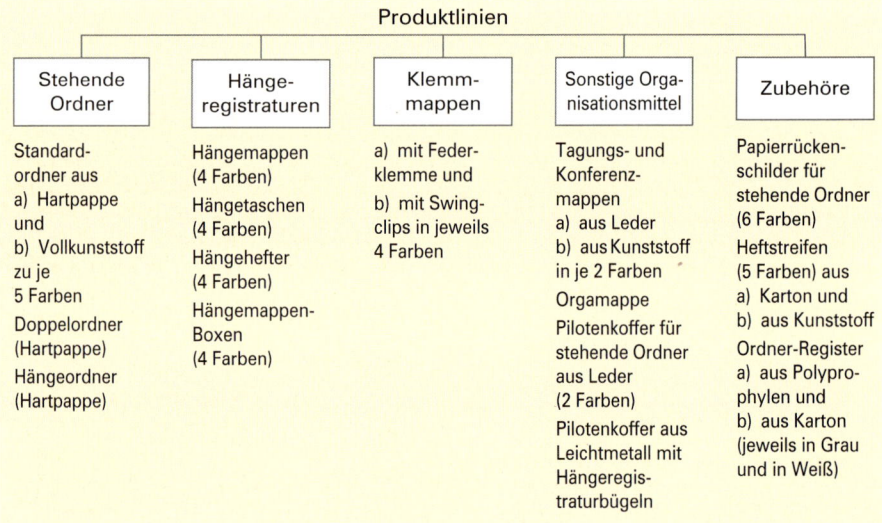

6. 6.1 Erläutern Sie, warum Unternehmen durch eine umweltverträgliche Produktpolitik einen Wettbewerbsvorteil erlangen können!
   6.2 Nennen Sie drei Beispiele für eine umweltverträgliche Produktpolitik! Geben Sie auch an, welchen Zweck die genannten Maßnahmen verfolgen!

7. Viele Hersteller verpflichten sich gegenüber ihren Kunden zu Garantieleistungen.
   Aufgaben:
   7.1 Wie kommt eine Garantie rechtlich zustande?
   7.2 Welche Rechtswirkungen können mit einer Garantieleistung verbunden sein?
   7.3 Aus welchen Motiven heraus übernimmt ein Hersteller Garantieleistungen?

8. Erläutern Sie, was unter dem Begriff „kauf- und nutzungsbezogene (Sekundär-)Dienstleistungen" zu verstehen ist!

11.3 Distributionspolitik

11.3.1 Begriff Distributionspolitik

> **Merke:**
>
> **Distribution** heißt Verteilung der Produkte. Die Distributionspolitik befasst sich mit der Frage, auf welchem Weg das Produkt an den Käufer herangetragen werden kann.

Das Unternehmen muss sich entscheiden, ob es die Abnehmer direkt **(direkter Absatz)** oder über Zwischenstufen **(indirekter Absatz)** beliefern möchte. Allerdings braucht sich das Unternehmen für ein Produkt nicht auf einen bestimmten Absatzweg festzulegen, wenn sich mehrere Absatzwege anbieten.

> **Beispiel:**
>
> Eine Lebensmittelfabrik beliefert Großabnehmer direkt, den Einzelhandel jedoch nur über den Großhandel.

Neben dem **Absatzweg** (Kapitel 11.3.2) muss das Unternehmen auch die **Absatzorgane** festlegen, d.h., es muss entscheiden, ob es seine Leistungen werkseigen bzw. werksgebunden vertreibt oder ob es den Vertrieb der Leistungen ausgliedert und fremden Absatzhelfern überträgt (Kapitel 11.3.3). Ein weiteres wichtiges Problem, das die Distributionspolitik zu lösen hat, ist die **Absatzlogistik** (Kapitel 11.3.4).

11.3.2 Absatzwege

> **Merke:**
>
> Mit der Entscheidung über den **Absatzweg** legt die Unternehmung fest, ob die Ware ohne Einschaltung des Handels oder unter Einschaltung des Handels zum Verbraucher/Verwender gelangen soll.

(1) Direkter Absatz

Wenden sich Herstellungsbetriebe (Industriebetriebe) bei der marktlichen Verwertung (Absatz) *unmittelbar* an die Verbraucher, Gebraucher und Weiterverarbeiter, liegt **direkter Absatz** vor. Beim direkten Absatz werden also *keine* Zwischenhändler eingeschaltet.

Der **Vorteil** des direkten Absatzes ist, dass Gewinnanteile, die fremden Unternehmen zufließen würden, dem Hersteller selbst zugute kommen. Der **Nachteil** ist, dass hohe Vertriebskosten entstehen.

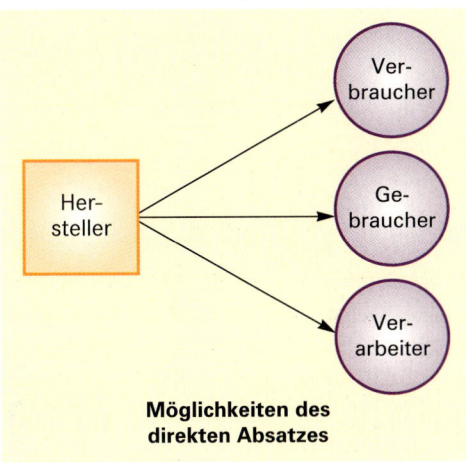

Möglichkeiten des direkten Absatzes

34 Speth – ISBN 978-3-8120-0491-6

(2) Indirekter Absatz

Verkaufen Herstellungsbetriebe an solche Personen oder Betriebe, die die Erzeugnisse nicht für ihren eigenen Verbrauch oder Gebrauch verwenden, sondern diese mehr oder weniger unverändert *weiterverkaufen,* spricht man von **indirektem Absatz**. Der Absatzweg ist also länger, weil andere Unternehmen eingeschaltet werden.

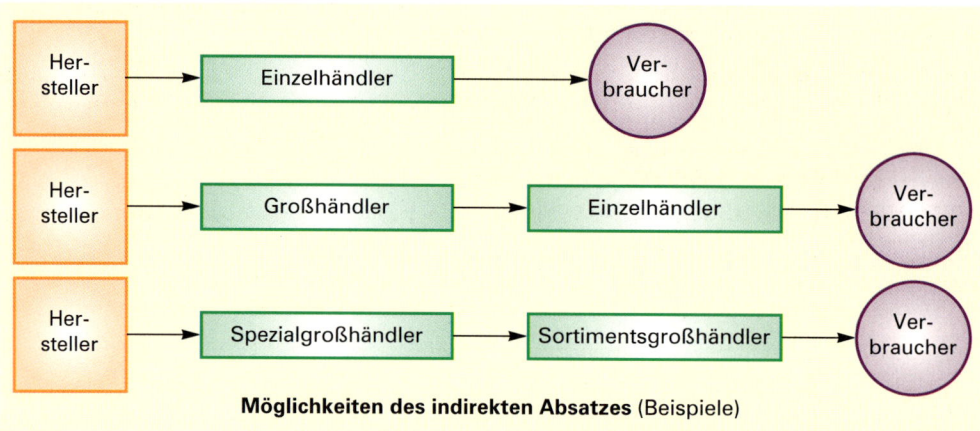

Möglichkeiten des indirekten Absatzes (Beispiele)

Vorteile für den Hersteller sind, dass Vertriebskosten eingespart werden können, der Handel (meist) kurz- und mittelfristig das Absatzrisiko übernimmt[1] und die Kunden die Erzeugnisse in den Lagern besichtigen können. Der **Nachteil** ist, dass der Handel Gewinnanteile beansprucht, die andernfalls (beim direkten Absatz) dem Hersteller zufließen würden. Der direkte und indirekte Absatz kann zentralisiert oder dezentralisiert sein.

11.3.3 Absatzorgane

Merke:

Die Festlegung der **Absatzorgane** zeigt, welche Personen/Institutionen den Vertrieb der Leistungen vornehmen.

11.3.3.1 Werkseigener Absatz[2]

(1) Zentraler und dezentraler Absatz

Der werkseigene Absatz erfolgt durch die Geschäftsleitung oder durch Mitarbeiter und kann zentral oder dezentral aufgebaut sein.

■ **Zentralisierter Absatz (zentraler Absatz)**

Ein zentralisierter Absatz liegt vor, wenn ein Unternehmen nur *eine* Verkaufseinrichtung besitzt.

---

1 Langfristig trägt der Hersteller das Absatzrisiko, da der Handel beim Hersteller auf Dauer keine Waren kaufen wird, die sich nicht verkaufen lassen.

2 Auf den werksgebundenen Absatz (z.B. über Vertragshändler oder über das Franchising) wird im Folgenden nicht eingegangen.

Beim zentralisierten Absatz sind die Vertriebskosten verhältnismäßig niedrig. Die fehlende Kundennähe bewirkt jedoch häufig, dass nicht alle Absatzchancen wahrgenommen werden können.

■ Dezentralisierter Absatz (dezentraler Absatz)

Ein dezentralisierter Absatz ist gegeben, wenn ein Unternehmen *mehrere* Verkaufsniederlassungen an Orten mit hohem Bedarf unterhält.

Der Vorteil ist, dass die Verkaufschancen voll ausgenutzt werden können und Transportwege verkürzt werden; andererseits entstehen hohe (vor allem fixe) Vertriebskosten.

(2) Handlungsreisender

Bei Mitarbeitern, die im Außendienst tätig sind, handelt es sich in der Regel um Handlungsreisende.

■ Begriff

Merke:

Handlungsreisende[1] sind kaufmännische Angestellte, die damit betraut sind, außerhalb des Betriebs Geschäfte im Namen und für Rechnung des Arbeitgebers zu vermitteln oder abzuschließen (vgl. § 55 I HGB).

■ Rechte und Pflichten

Auf die Handlungsreisenden treffen somit alle Merkmale der kaufmännischen Angestellten zu. Wie alle Angestellten erhalten die Reisenden in aller Regel ein **festes Gehalt (Fixum)**. Darüber hinaus steht den Handlungsreisenden als zusätzlicher Leistungsanreiz eine **Umsatzprovision** zu. Daneben werden ihnen die *Spesen* (Auslagen) erstattet.

Handlungsreisende (kurz „Reisende" genannt) haben folgende **Aufgaben:**

- Erhaltung des bisherigen Kundenstamms,
- Werbung neuer Kunden (Erweiterung des Kundenstamms),
- Information der Kunden (z.B. über Neuentwicklungen, neue Sortimente, Preisentwicklung usw.),
- Information des Geschäftsherrn (Arbeitgebers) über die Marktlage (z.B. Berichte über Kundenwünsche),
- Entgegennahme von Mängelrügen.

Reisende sind weisungsgebundene Angestellte des Arbeitgebers. Sie schließen also **in fremdem Namen** und für **fremde Rechnung** Geschäfte (z.B. Kaufverträge) ab. Ist nichts anderes vereinbart, sind die Reisenden nur ermächtigt zum **Abschluss von Kaufverträgen** und zur **Entgegennahme von Mängelrügen**. In diesem Fall spricht man von „**Abschlussreisenden"**.

Zur **Einziehung des Kaufpreises** (zum sog. „Inkasso") sind Handlungsreisende nur befugt, wenn hierzu vom Arbeitgeber ausdrückliche Vollmacht erteilt wurde (**„Inkassoreisende"**) [§ 55 III HGB].

---

1 Das HGB spricht vom Handlungsgehilfen.

In selteneren Fällen kommt es auch vor, dass Reisende keine Abschlussvollmacht besitzen, sondern lediglich Geschäfte vermitteln dürfen (**„Vermittlungsreisende"**). In diesem Fall behält sich der Arbeitgeber vor, die über den Reisenden eingegangenen Bestellungen erst zu bestätigen, bevor der Kaufvertrag zustande kommt.

■ **Beispiel: Geschäftsablauf bei einem Handlungsreisenden mit Abschluss- und Inkassovollmacht**

Beispielhaft für den Geschäftsablauf beim Einsatz eines Handlungsreisenden wird nachfolgend der Geschäftsablauf bei einem Handlungsreisenden mit Abschluss- und Inkassovollmacht dargestellt:

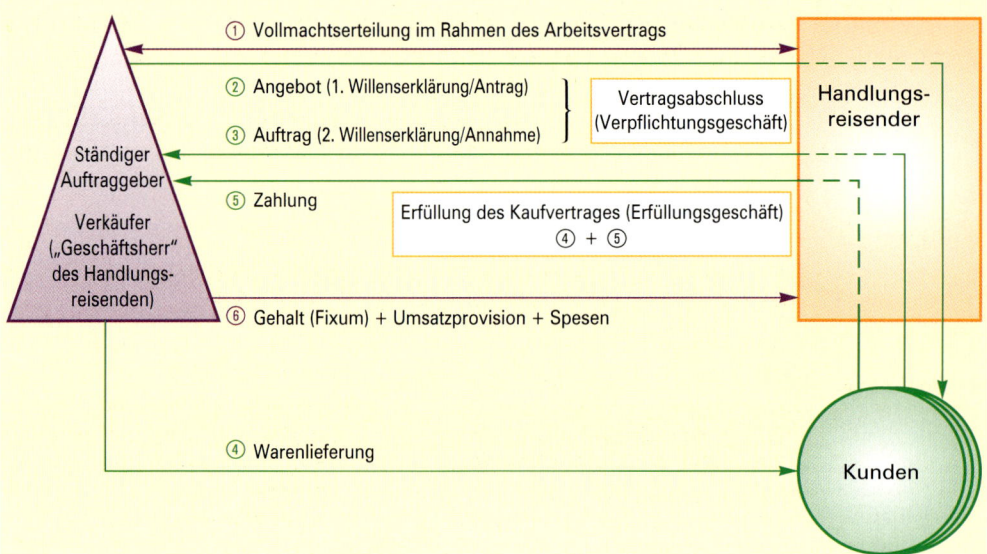

■ **Bedeutung**

Der **Vorteil** der Handlungsreisenden als eigene „Absatzorgane" ist vor allem darin zu sehen, dass bei guter Geschäftslage die Provisionskosten je Verkaufseinheit (z.B. Stück, kg, Dutzend) verhältnismäßig niedrig sind. Als weisungsgebundene Angestellte stehen die Handlungsreisenden außerdem dem Betrieb ständig zur Verfügung. Von **Nachteil** ist, dass bei zurückgehendem Absatz der Arbeitgeber hohe fixe Kosten zu tragen hat, da die Gehälter (Fixa)[1] nicht ohne Weiteres gekürzt werden können.

(3) Sonstige Absatzformen mit eigenen Organen

■ Großunternehmen können eigene **Verkaufsniederlassungen** einrichten. Diese stellen „Verkaufsfilialen" dar. Preis- und verkaufspolitische Anweisungen erteilt die Zentrale.

■ Es können auch eigene **Vertriebsgesellschaften** (meist in der Rechtsform der GmbH) gegründet werden. Sie sind zwar rechtlich selbstständig, wirtschaftlich jedoch vom Gesamtunternehmen abhängig.

---

1 Das Fixum (das feste Gehalt); Mz. die Fixa.

(4) Electronic Commerce

■ **Begriff**

> **Merke:**
>
> **Electronic Commerce** bezeichnet Geschäftsvorgänge, bei denen die Beteiligten auf elektronischem Wege, insbesondere auf dem Weg über das Internet, ihre Geschäfte anbahnen und abwickeln.

Man unterscheidet dabei verschiedene Partner-Transaktionen:

■ **B2C:** Business to Consumer. Die Geschäftsbeziehung berührt auf der Verkäuferseite ein Unternehmen, auf der Käuferseite eine Privatperson.

■ **B2B:** Business to Business. Beide Partner sind Unternehmen.

■ **B2A/B2G:** Business to Administration/Business to Government, z.B. Steuererklärungen, Anträge auf Erlass eines Mahnbescheides, Ausschreibungen für Handwerksleistungen.

■ **Arten**

Der elektronische Commerce kann in verschiedenen Ausbaustufen betrieben werden. Die verschiedenen Ausbaustufen werden im Folgenden kurz dargestellt.

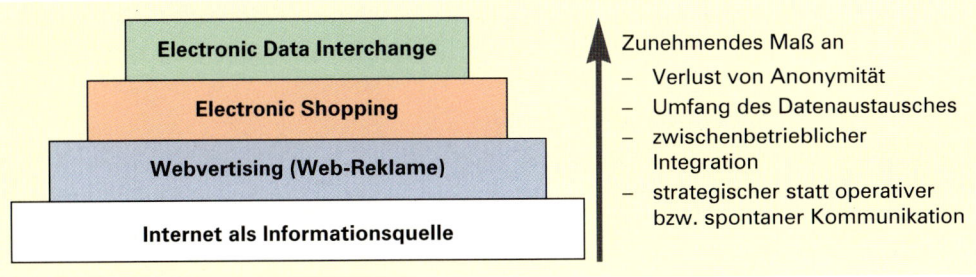

■ **Internet als Informationsquelle**

■ **Spezialisierte Informationsanbieter.** Beispiele hierfür sind die Fahrplanauskünfte der Deutschen Bahn AG, Telefonnummern, Wetterdienste, Börsen- und Wirtschaftsinformationen.

■ **Portale** sind Eingangspforten ins Internet, die z.B. von Providern erstellt werden (z.B. T-Online) oder auch von Suchmaschinen (z.B. Google).

■ **Webvertising**

Dies setzt sich zusammen aus Web-Advertising (Web-Reklame). Hierbei wird das Internet genutzt als Instrument zur Information der Kunden und zur Kommunikation mit ihnen als systematisch geplanter Teil der betrieblichen Kommunikationspolitik. Das Unternehmen stellt seine Produkte im Internet dar, bietet E-Mail- und Kontaktadressen, Gästebücher und ein Forum zum Austausch von Meinungen und Fragen an.

■ **Electronic Shopping**

Hierbei werden Produkte über das Internet an private Endkunden (B2C) oder an Unternehmen verkauft (B2B). Der Vertrieb erfolgt dabei über den traditionellen Weg via Post bzw. die Paketdienste oder ebenfalls über das Internet, z.B. bei Software.

■ **Electronic Data Interchange**

Dies ist ein Verfahren des zwischenbetrieblichen Datenaustausches. Erkennt z.B. das Warenwirtschaftssystem des Kunden die Notwendigkeit einer Nachbestellung, dann werden die Bestelldaten direkt in das Warenwirtschaftssystem des Verkäufers eingeschleust. Eingriffe von Hand entfallen auf beiden Seiten. Dies führt zu einer Verringerung der Personalkosten und der Vermeidung von Übertragungsfehlern. Bisher allerdings werden solche Transaktionen vorwiegend innerhalb geschlossener Netze durchgeführt. Offene Netze, wie das Internet, verfügen noch nicht über die erforderlichen Sicherheitsstandards.

■ **Vorteile/Nachteile des Electronic Shopping**

	für Käufer	**für Verkäufer**
Vorteile	■ permanente Öffnungszeiten ■ rasche Suche nach Produkten durch Shop-eigene Suchmaschinen ■ umfangreiches Angebot ■ bequem von zu Hause aus erreichbar, keine Fahrten notwendig, keine Parkplatzsuche, Ware wird ins Haus gebracht ■ einfache Preisvergleiche	■ weltweites Absatzgebiet ■ Kundeninformationen als Basis für „one-to-one"-Marketing fallen quasi als Abfallprodukt an. ■ aufwendige Warenpräsentation und Ladeneinrichtung entfällt
Nachteile	■ in Deutschland noch weitgehend Befangenheit bezüglich der Sicherheit beim Zahlungsvorgang ■ Einkaufserlebnis entfällt ■ kein Berühren des Produktes möglich ■ keine persönliche Produktberatung durch qualifiziertes Verkaufspersonal	■ hohe Unsicherheit ■ hohe Anfangsinvestitionen

11.3.3.2 Ausgegliederter Absatz (Absatz durch fremde Organe) am Beispiel des Handelsvertreters

Zur Durchführung des Absatzes kann sich ein Unternehmen **fremder Organe** bedienen, die man als **Absatzvermittler** bezeichnet. Dazu gehören insbesondere die **Handelsvertreter** und die **Kommissionäre**.[1] Im Gegensatz zu den Handlungsreisenden sind sie **selbstständige Kaufleute**.

---

1 **Kommissionäre** sind – soweit sie nach Art oder Umfang über einen in kaufmännischer Weise eingerichteten Geschäftsbetrieb verfügen – als **selbstständige Kaufleute** damit betraut, gewerbsmäßig Waren oder Wertpapiere in **eigenem Namen** und auf **Rechnung eines anderen** (des Kommittenten) zu kaufen (Einkaufskommissionär) oder zu verkaufen (Verkaufskommissionär) [§ 383 HGB].

(1) Begriff Handelsvertreter

> **Merke:**
>
> **Handelsvertreter** sind **selbstständige**[1] **Gewerbetreibende,** die ständig damit betraut sind, im Namen und für Rechnung eines anderen Unternehmers Geschäfte zu vermitteln oder abzuschließen (vgl. § 84 I, S. 1 HGB).

Im ersten Fall liegt eine Vermittlungs-, im zweiten Fall eine Abschlussvertretung vor. Erfordert das Unternehmen eines Handelsvertreters nach Art oder Umfang einen in kaufmännischer Weise eingerichteten Geschäftsbetrieb, dann ist der **Handelsvertreter** ein **Kaufmann** [§ 1 HGB].

Der **Vertretungsvertrag (Agenturvertrag)** wird in der Regel auf unbestimmte Zeit abgeschlossen und durch Kündigung aufgelöst (beendet). Der Vertretungsvertrag ist somit nicht auf die Vornahme eines einzelnen Rechtsgeschäfts angelegt, sondern auf *Dauer* ausgerichtet.

(2) Vertretungsarten

■ Einteilung nach der Vertretungsmacht

Vermittlungs-vertreter	Sie sind lediglich zur **Vermittlung** von Verträgen berechtigt.
Abschluss-vertreter	Sie haben das Recht, Verträge *im Namen* und *auf Rechnung* des Auftraggebers *abzuschließen.* Zahlungen dürfen die Vertreter nur dann entgegennehmen, wenn sie die Inkassovollmacht (Einzugsvollmacht) besitzen. Für den Einzug von Forderungen erhalten die Vertreter i. d. R. eine *Inkassoprovision.* Verpflichten sich die Vertreter dazu, für die Verbindlichkeiten ihrer Kunden einzustehen, erhalten sie hierfür eine *Delkredereprovision*[2] [§ 86 b HGB].

■ Einteilung nach dem Tätigkeitsbezirk

Reise-vertreter	Sie besitzen keinen ständigen Tätigkeitsbezirk. Dieser wird ihnen vom Auftraggeber von Fall zu Fall zugewiesen. Die Reisevertreter haben deswegen nur Anspruch auf Provision für solche Geschäfte, die sie vermittelt bzw. abgeschlossen haben.
Bezirks-vertreter	Ihnen wird ein bestimmter Bezirk oder Kundenkreis zugewiesen [§ 87 II HGB].[3] Es stehen ihnen auch für solche Geschäfte Provision zu, die ohne ihre Mitwirkung in dem für sie zuständigen Bezirk oder Kundenkreis als so genannte „direkte Geschäfte" abgeschlossen werden.

■ Einteilung nach dem Tätigkeitsbereich

Waren-vertreter	Sie sind beauftragt, *im Namen* und *für Rechnung* des Auftraggebers Waren zu kaufen *(Einkaufsvertreter)* oder zu verkaufen *(Verkaufsvertreter).*
Versicherungs-vertreter	Sie sind i. d. R. „Einfirmenvertreter" (Ausschließlichkeitsvertreter). Die Vertretung mehrerer Versicherungsunternehmen (Mehrfachvertreter) ist heute noch selten.
Sonstige Arten	Schifffahrtsvertreter, Bausparkassenvertreter, Transportvertreter usw.

---

1 Selbstständig ist, wer seine Tätigkeit im Wesentlichen frei gestalten und seine Arbeitszeit bestimmen kann [§ 84 I, S. 2 HGB].

2 Delkredere (lat., it.): (wörtl.) vom guten Glauben; hier: Haftung für die Bezahlung einer Forderung.

3 Zur Bezirksvertretung rechnet nach dem HGB demnach auch die so genannte „Platzvertretung", die nur für einen Ort zuständig ist. Hat ein Vertreter das Recht, Untervertreter einzusetzen, spricht man von „Generalvertretung".

(3) Rechte und Pflichten

Rechte der Handelsvertreter	Pflichten der Handelsvertreter
■ Recht auf Bereitstellung von Unterlagen [§ 86 a HGB]. ■ Recht auf Provision [§§ 86 b ff. HGB]. ■ Ausgleichsanspruch nach Beendigung des Vertragsverhältnisses [§ 89 b HGB]. ■ Anspruch auf Ersatz von Aufwendungen [§ 87 d HGB]. ■ Gesetzliches Zurückbehaltungsrecht [§ 88 a HGB].	■ Sorgfaltspflicht [§§ 86 III, 347 HGB]. ■ Bemühungspflicht [§ 86 I HGB]. ■ Benachrichtigungspflicht über Geschäftsvermittlungen bzw. -abschlüsse [§ 86 II HGB]. ■ Interessenwahrungspflicht [§ 86 I HGB]. ■ Schweigepflicht über Geschäfts- und Betriebsgeheimnisse [§ 90 HGB]. ■ Einhaltung der Wettbewerbsabrede [§ 90 a HGB].

(4) Beispiel: Geschäftsablauf bei einem Abschlussvertreter ohne Inkassovollmacht

Beispielhaft für den Geschäftsablauf beim Einsatz eines Handelsvertreters wird nachfolgend der Geschäftsablauf bei einem Abschlussvertreter ohne Inkassovollmacht dargestellt.

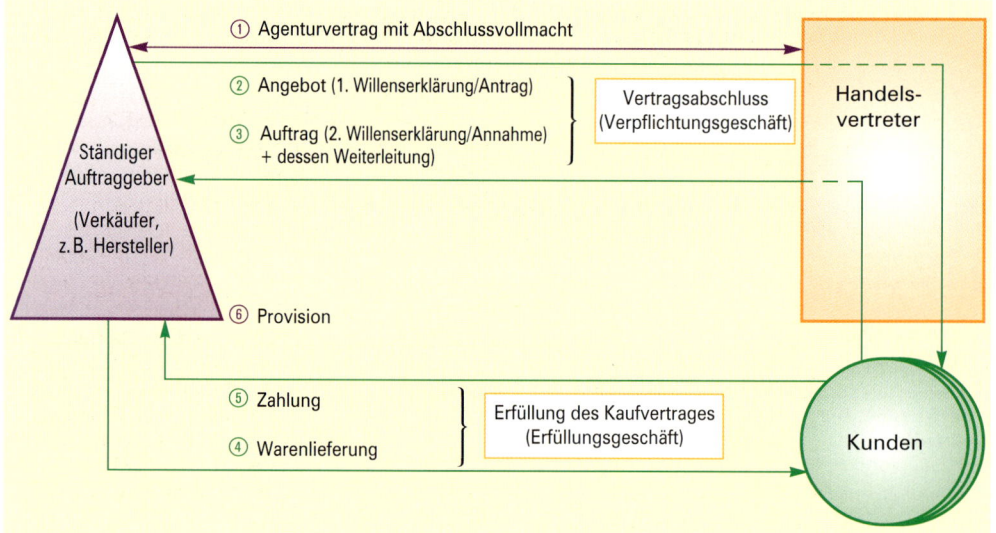

(5) Kündigung

Ist das Vertragsverhältnis auf unbestimmte Zeit eingegangen, gelten nach § 89 I HGB folgende Kündigungsfristen:

Dauer des Vertragsverhältnisses	Kündigungsfristen zum Ende eines Kalendermonats
1 Jahr	1 Monat
2 Jahre	2 Monate
3 – 5 Jahre	3 Monate
mehr als 5 Jahre	6 Monate

Die Kündigungsfristen können vertraglich verlängert werden. Sie dürfen für den Unternehmer nicht kürzer sein als für den Handelsvertreter [§ 89 II HGB]. Eine **fristlose Kündigung** aus **wichtigem Grund** ist möglich [§ 89 a HGB].

(6) Bedeutung

Der **Vorteil** des **Einsatzes von Handelsvertretern** ist, dass sie – im Gegensatz zu den Handlungsreisenden – in der Regel in ihren Absatzgebieten ansässig sind. Sie haben somit einen engen Kontakt zur Kundschaft. Von Vorteil ist ferner, dass bei möglichen Absatzrückgängen die Vermittlungskosten (Provisionen) je Verkaufseinheit konstant bleiben, weil die Handelsvertreter in aller Regel lediglich Provisionen, aber keine Fixa erhalten. Von **Nachteil** kann für den Auftraggeber sein, dass bei starken Umsatzerhöhungen die Provisionskosten höher sind als beim Einsatz von Handlungsreisenden.

Die Entscheidung, ob Handelsvertreter oder Handlungsreisende eingesetzt werden sollen, hängt auch davon ab, wie hoch der erwartete bzw. geplante Umsatz ist.

Beispiel:

Ein Unternehmen steht vor der Wahl, entweder Handlungsreisende oder Handelsvertreter einzusetzen. Die Handlungsreisenden erhalten ein Fixum von insgesamt 12 000,00 EUR im Monat und 4 % Provision, die Handelsvertreter lediglich 8 % Umsatzprovision. Es stellt sich die Frage, von welchem Umsatz an sich der Einsatz von Reisenden lohnt.

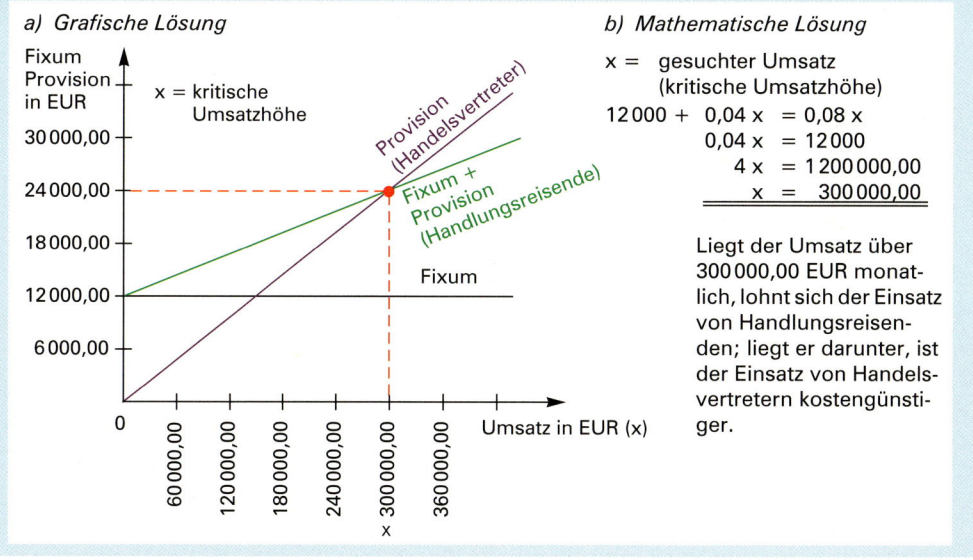

a) Grafische Lösung

b) Mathematische Lösung

$x =$ gesuchter Umsatz
(kritische Umsatzhöhe)

$$12\,000 + 0,04\,x = 0,08\,x$$
$$0,04\,x = 12\,000$$
$$4\,x = 1\,200\,000,00$$
$$x = 300\,000,00$$

Liegt der Umsatz über 300 000,00 EUR monatlich, lohnt sich der Einsatz von Handlungsreisenden; liegt er darunter, ist der Einsatz von Handelsvertretern kostengünstiger.

11.3.4 Auslieferung der Erzeugnisse (Absatzlogistik)

11.3.4.1 Grundlegendes

(1) Begriff Absatzlogistik[1]

> **Merke:**
>
> - Die **Absatzlogistik** beschäftigt sich damit, mit welchen technischen Mitteln das Produkt zum Endkunden gelangt. Dabei müssen insbesondere Fragen geklärt werden in Bezug auf Lagerhaltung und Standortwahl, Wahl der Transportmittel und Verpackung.
> - Die Absatzlogistik hat die **Aufgabe,** den Güterfluss zum Kunden zu optimieren.

(2) Lagerhaltung und Standortwahl

Dabei ist zu überlegen, ob eigene Lagerkapazitäten – zentral oder dezentral – aufgebaut werden, oder ob diese Aufgabe an spezielle Logistikunternehmen, wie z. B. einer Spedition, übertragen werden. Zentrallager, die bevorzugt an strategisch günstigen Verkehrsknoten im Umfeld von Autobahnkreuzungen angesiedelt sind, haben den Vorteil eines geringeren Personal- und Flächenbedarfes. Kleinere und dezentral verteilte Lager bieten den Vorteil kürzerer Transportwege zu den Kunden. Verlangt der Kunde eine Lieferung just in time, dann gehört es zur Serviceleistung des Verkäufers, Zeitpuffer aufzubauen, um Transportverzögerungen ausgleichen zu können. Dies geschieht häufig dadurch, dass die zeitkritische Ware auf Lkws zwischengelagert wird („rollendes Lager").

(3) Wahl der Transportmittel

Auch hier muss das Unternehmen entscheiden – baut es durch Investitionen in einen Fuhrpark eigene Transportkapazitäten auf oder soll diese Leistung einer Spedition übertragen werden. Der Vorteil einer Übertragung auf eine Spedition liegt darin, dass diese Dienstleister neben der eigentlichen Transportleistung auch noch Nebenleistungen (Abwicklung von Formalitäten, Lagerung) übernehmen.

Weitere Faktoren, die die Wahl der Transportmittel beeinflussen:
- Beschaffung der Räume und/oder der Flächen zum Aufbau eines Fuhrparks,
- Kosten der Kapitalbindung, Abschreibung, Personalkosten,
- Größe/Handlichkeit der zu versendenden Güter,
- Sicherheit, Schnelligkeit, Zuverlässigkeit des Transportmittels.

(4) Verpackung

Neben der kundenbezogenen Funktion der Verpackung (Werbung, Information, Aufmerksamkeit) hat die Verpackung auch die Aufgabe, die Distribution zu unterstützen, indem sie die Ware gegen Beschädigungen schützt. Zeit- und kostenintensive Umverpackungsvorgänge lassen sich verringern, wenn das Ziel angestrebt wird, dass Versandeinheit (primäres Ziel: Schutz der Ware), Lagereinheit (primäres Ziel: ökonomische Raumausnutzung,

---

1 Logistik (lat.): mathematisches System. Das Wort Logistik wurde seit dem 9. Jahrhundert im militärischen Bereich verwendet und bedeutete dort die Lehre von der Planung der Bereitstellung und vom Einsatz der für militärische Zwecke erforderlichen Mittel und Dienstleistungen zur Unterstützung der Streitkräfte.

Stapelbarkeit) und Verkaufseinheit (primäres Ziel: Werbung, Information) möglichst identisch sind. So ist z. B. Tetrapack eine intelligente Lösung, der gleichzeitigen Verwirklichung aller drei Ziele nahezukommen.

11.3.4.2 Eigen- oder Fremdtransport

Jeder Industriebetrieb wird zunächst prüfen, ob es günstiger ist, den Transport mit eigenen Kraftfahrzeugen durchzuführen **(Eigentransport)** oder durch Frachtführer vornehmen zu lassen **(Fremdtransport)**.

Eine derartige Entscheidung kann natürlich nicht aus kurzfristigen Überlegungen heraus getroffen werden. Hat man sich nämlich für die Anschaffung eigener Fahrzeuge entschieden, kann diese Wahl nur unter Verlust (Verkauf der gebrauchten Fahrzeuge) rückgängig gemacht werden. Ob eigene Fahrzeuge eingesetzt werden oder nicht, hängt bei gegebenen Fahrstrecken in erster Linie vom (erwarteten) Umsatz je Periode (z. B. je Monat, je Quartal oder Jahr) ab.

Beispiel:

Der augenblickliche Umsatz eines Industriebetriebs beträgt monatlich 1 200 000,00 EUR. Die anteiligen Frachtkosten durch Fremdtransport belaufen sich auf durchschnittlich 5 % des Umsatzes.

Das Unternehmen steht vor der Entscheidung, eigene Lastkraftwagen anzuschaffen. Die fixen Kosten (vor allem Abschreibungen, Verzinsung, Steuern, Versicherung, Löhne und Instandhaltung) sind mit 45 000,00 EUR monatlich zu veranschlagen. Die variablen Kosten betragen 2,5 % des Umsatzes.

Je nach Umsatzhöhe ergeben sich folgende Kosten:

Umsatz in Euro	Kosten des Fremd-transports	Kosten des Eigen-transports
1 200 000,00	60 000,00	75 000,00
1 400 000,00	70 000,00	80 000,00
1 600 000,00	80 000,00	85 000,00
1 800 000,00	90 000,00	90 000,00
2 000 000,00	100 000,00	95 000,00
2 200 000,00	110 000,00	100 000,00

Bei einem Umsatz von 1 200 000,00 EUR lohnt sich der Transport mit eigenen Fahrzeugen nicht. Wird jedoch für die Zukunft eine wesentliche Umsatzsteigerung erwartet, wird der Transport mit eigenen Fahrzeugen von einem Umsatz von 1 800 000,00 EUR je Monat an rentabel.

Das Beispiel bestätigt die Aussage, dass der Transport mit eigenen Fahrzeugen von der Betriebsgröße – genauer von der Absatzmenge – abhängig ist. Für kleinere Betriebe wird es im Allgemeinen günstiger sein, fremde Transportleistungen in Anspruch zu nehmen, während für größere Betriebe der Transport mit eigenen Fahrzeugen optimal sein kann. Viele Industrieunternehmen befördern daher ihre Güter vorwiegend mit eigenen Transportmitteln zu den Empfängern. Zumindest die Güterbeförderung vom Lager zur Bahn (oder Post) und umgekehrt besorgen sie mit eigenen Fahrzeugen.

11.3.4.3 Outsourcing von Logistikleistungen

Die Absatzlogistik hat die Aufgabe, die Lagerhaltung, Verpackung sowie den Transport so zu gestalten, dass die nachgefragte Leistung optimal zum Kunden gelangt. Dabei kann es sinnvoll sein, um die Wettbewerbsfähigkeit zu steigern, die logistischen Aufgaben einem spezialisierten Dienstleister zu übertragen **(Outsourcing von Logistikleistungen)**. Den so gewonnenen Freiraum kann das Unternehmen dazu nutzen, sich auf die industriellen Kernfelder Produktentwicklung, Produktion, Beschaffung und Marketing zu konzentrieren.

11.3.5 Rücknahme von Produkten und Rücknahmesysteme

Im Kreislaufwirtschaftsgesetz, in der Verpackungsverordnung, in der Altfahrzeugverordnung und im Elektro- und Elektronikgerätegesetz sind zwingende Vorschriften enthalten, gebrauchte Produkte und Verpackungen zurückzunehmen.

(1) Altfahrzeugverordnung [AltfahrzeugV][1]

Die Altfahrzeugverordnung regelt, dass bestimmte Kraftfahrzeuge als Abfall entweder einer anerkannten Annahmestelle oder einem anerkannten Verwerterbetrieb zu überlassen sind.

§ 3 I [AltfahrzeugV]: „Hersteller von Fahrzeugen sind verpflichtet, alle Altfahrzeuge ihrer Marke vom Letzthalter zurückzunehmen. Die Hersteller von Fahrzeugen müssen die in Satz 1 bezeichneten Altfahrzeuge ab Überlassung an eine anerkannte Rücknahmestelle oder einen von einem Hersteller hierzu bestimmten anerkannten Demontagebetrieb unentgeltlich zurücknehmen.

Die Betreiber von Demontagebetrieben sind verpflichtet, die Überlassung unverzüglich durch einen Verwertungsnachweis zu bescheinigen und diesen der für die Überwachung der Betriebe zuständigen Behörde vorzulegen.

Die Automobilindustrie hat sich zur Umsetzung der Richtlinie weltweit verpflichtet und zu diesem Zweck das Internationale Material Daten System [IMDS] gegründet.

(2) Elektro- und Elektronikgesetz [ElektroG]

Am 24. März 2006 trat eine neue Regelung in Kraft: Verbraucher können und sollen ab diesem Stichtag ihre Elektro-Altgeräte kostenlos bei kommunalen Sammelstellen abgeben. Die Hersteller sind dann für die weitere Entsorgung zuständig. Außerdem dürfen bestimmte gefährliche Stoffe bei der Herstellung von Elektrogeräten nicht mehr verwendet werden. Alle Hersteller und Importeure, welche Elektro- und Elektronikgeräte als erste in den europäischen Markt einführen und weiterveräußern, müssen seit 2005 bei der Stiftung „Elektro-Altgeräte-Register" [EAR] registriert sein.[2]

Die Rücknahmeverpflichtung hat dazu geführt – das gilt auch für die Automobilindustrie –, dass die Hersteller beginnen, ihre Produkte von Anbeginn an so zu konstruieren, dass sie möglichst vollständig wiederverwertet werden können.

(3) Verpackungsverordnung

■ **Rücknahmepflichten**

■ **Rücknahmepflicht für Transportverpackungen**

Die Vertreiber (z.B. Hersteller, Großhändler) sind verpflichtet Transportverpackungen nach dem Gebrauch zurückzunehmen. Sie müssen dafür sorgen, dass sie erneut verwendet oder verwertet werden [§ 4 VVO].

---

1 Die Verordnung beruht auf dem Kreislaufwirtschafts- und Abfallgesetz. Den Text der Altfahrzeugverordnung finden Sie unter http://www.bundesrecht.juris.de/bundesrecht/altautov/.

2 Das Umwelt-Bundesamt hat alle Infos zu den neuen Regelungen in einer Broschüre zusammengefasst, die Sie hier herunterladen können: http://www.bmu.de/files/abfallwirtschaft/downloads/application/pdf/broschuere_elektroschrott.pdf.

■ Rücknahmepflicht für Umverpackungen

Der Einzelhändler muss beim Verkauf der Ware an den Endverbraucher die Umverpackung entfernen oder er muss dem Kunden in der Verkaufsstelle die Möglichkeit geben, die Umverpackung selbst zu entfernen und – nach Wertstoffen getrennt – zurückzugeben. Auf die Möglichkeit der sofortigen Rückgabe der Umverpackung hat der Verkäufer den Käufer in deutlich erkennbaren und lesbaren Schrifttafeln hinzuweisen [§ 5 VVO].

■ Rücknahmepflicht für Verkaufsverpackungen

Der Einzelhändler ist auch verpflichtet, die vom Endverbraucher gebrauchte Verkaufsverpackung zurückzunehmen. Die Rücknahmeverpflichtung entfällt für Verpackungen, die vom **Dualen System** entsorgt und verwertet werden. Auf die Möglichkeit der sofortigen Rückgabe der Verkaufsverpackung hat der Verkäufer den Käufer in deutlich erkennbaren und lesbaren Schrifttafeln hinzuweisen [§ 6 VVO].

Die Organisation „Duales System Deutschland AG" haben Hersteller und Handel gegründet, um gebrauchte Einwegverpackungen (z. B. Glasflaschen, Dosen, Kunststoffbecher, Papierschalen) nicht zurücknehmen zu müssen. Einwegverpackungen sind mit dem „Grünen Punkt" gekennzeichnet. Durch den „Grünen Punkt" wird angezeigt, dass die Kosten für das Einsammeln, den Transport und die Verwertung der Einwegverpackungen bezahlt sind.

■ Pfanderhebungs- und Rücknahmepflicht für Einweggetränkeverpackungen

Die Einzelhändler sind verpflichtet, für Einweggetränkeverpackungen mit einem Füllvolumen von 0,1 bis 3 Liter, ein Pfand in Höhe von mindestens 25 Cent zu erheben. Das Pfand ist jeweils bei Rücknahme der Verpackungen zu erstatten. Ohne eine Rücknahme der Verpackungen darf das Pfand nicht erstattet werden [§ 8 I VVO].

Vom Pfand ausgenommen sind z. B. Milchgetränke, Frucht- und Gemüsesäfte, diätetische Getränke, Wein, Sekt, Spirituosen (Näheres siehe § 8 II VVO).

Verpackungen
Der Weg ins Recycling

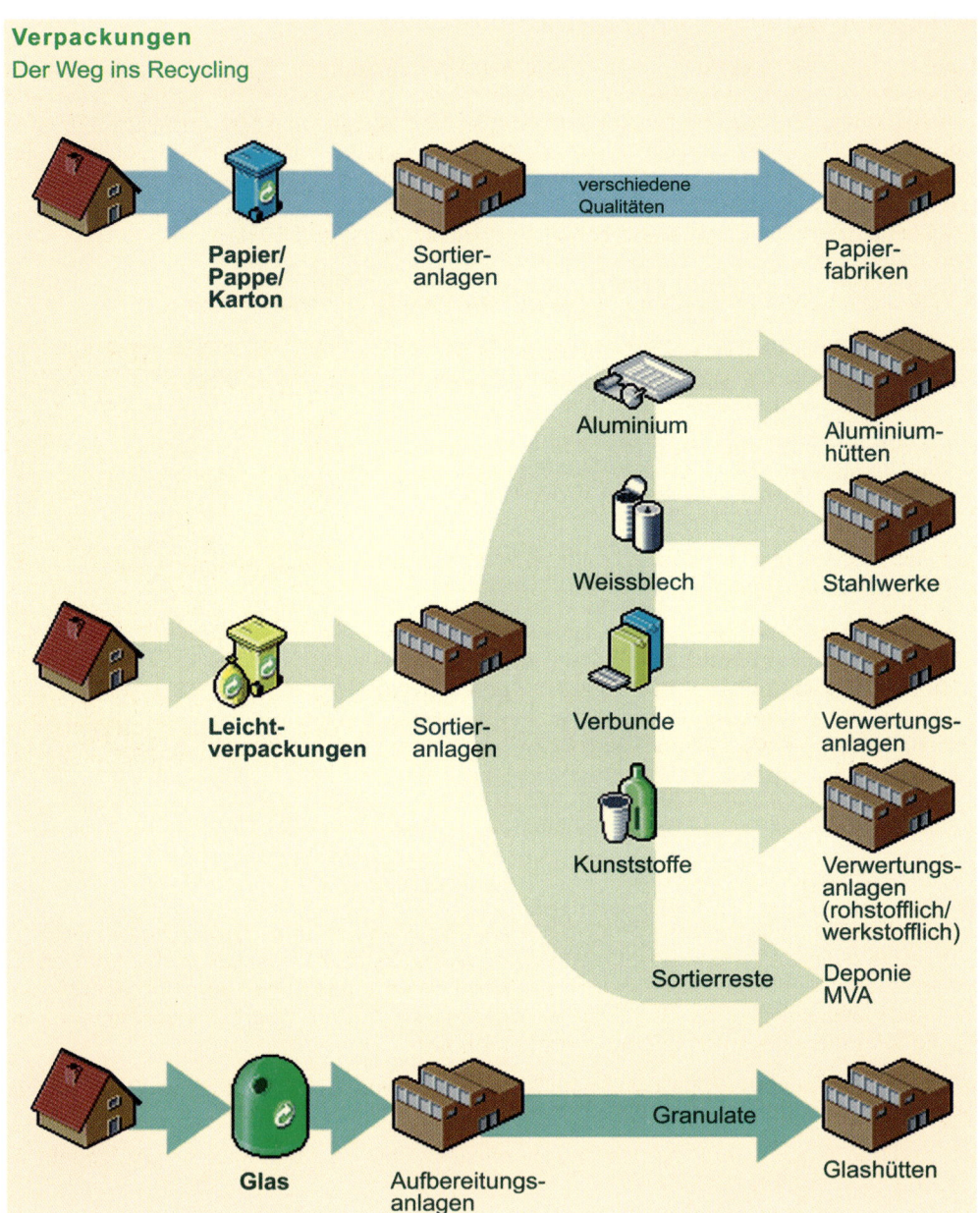

(Quelle: http://www.gruener-punkt.de)

■ **Entsorgungspflicht**

Hersteller, Großhändler und Einzelhändler sind verpflichtet, ihre Verpackungen entweder erneut zu verwenden oder zu entsorgen. Sie können dabei wählen, ob sie die Entsorgung selbst vornehmen oder ob sie sich dem Dualen System anschließen, das diese Aufgabe übernimmt. Die Abtretung an das Duale System ist jedoch daran gebunden, dass das Duale System bei einzelnen Materialien gesetzlich vorgeschriebene Quoten für die Verwertung gebrauchter Verkaufsverpackungen erzielt (z.B. die Mindest-Verwertungsquote bei Glas beträgt 75 %, bei Weißblech 70 % oder bei Kunststoff 60 %).

■ **Abwicklung der Entsorgung durch das „Duale System Deutschland AG"**

Der „Grüne Punkt" auf einer Verpackung bedeutet nicht automatisch, dass diese Verpackung in die „Gelbe Tonne" oder den „Gelben Sack" wandert.

Ob ja oder nein, hängt ganz vom Material ab: Papierverpackungen gehören in die Altpapiersammlung, Glasverpackungen in den Glascontainer, „Gelbe Tonne" und „Gelber Sack" sind nur für so genannte Leichtverpackungen aus Aluminium, Weißblech, Kunststoff und Verbundmaterialien zuständig.

Für die unterschiedlichen Abfallarten bestehen getrennte Wertstoffkreisläufe, die aber alle nach dem gleichen Prinzip funktionieren: Die Verpackungen werden nach Sorten getrennt und dann den unterschiedlichen Industrien zum Recyceln zurückgegeben.[1]

11.3.6 Distributionsmix

Distributionsentscheidungen gehören zu den komplexesten und schwierigsten Entscheidungen, die ein Unternehmen zu treffen hat. Jedes Distributionssystem führt nämlich zu unterschiedlichen Umsätzen und Kosten. Hinzu kommt, dass man ein einmal gewähltes Distributionssystem in der Regel für einen längeren Zeitraum beibehalten muss, da es häufig auf mittel- bis langfristigen Verträgen beruht.

Aus diesen Gründen ergeben sich eine Fülle an Fragestellungen, auf die im Rahmen des Distributionsmix eine Antwort gefunden werden muss. Hier eine Auswahl:

(1) Soll der Vertrieb der Produkte vom Hersteller selbst oder von externen Aufgabenträgern durchgeführt werden?

(2) In welchem Fall bietet der Absatz der Produkte über den Handel Vorteile im Vergleich zum Direktvertrieb?

(3) Welche Distributionsorgane eignen sich als Absatzmittler am besten?

---

1 Der Weg ins Recycling ist auf S. 542 dargestellt.

(4) Welche Kommunikationssysteme sollen zur Erfüllung der Distributionsaufgabe eingesetzt werden?

(5) Welche Organisation des Innen- und Außendienstes erleichtert die Erreichung der Distributionsziele?

Merke:

Die Summe aller distributionspolitischen Instrumente in den Bereichen Distributionsorgane und Absatzorganisationen, die dem Unternehmensmanagement zur Erfüllung der Distributionsaufgaben zur Verfügung stehen, bezeichnet man als **Distributionsmix.**

Zusammenfassung

- Die **Distributionspolitik** befasst sich mit der Frage, auf welchem Weg das Produkt an den Käufer herangetragen werden kann.

- Beim **Absatzweg** unterscheidet man zwischen dem direkten und dem indirekten Absatz.

- Beim **direkten Absatz** beliefert der Hersteller unmittelbar die Verbraucher, Weiterverarbeiter.

- Beim **indirekten Absatz** werden zwischen Hersteller und Verbraucher/Weiterverarbeiter Handelsbetriebe oder selbstständige Absatzmittler eingeschaltet.

- Nach den **Absatzorganen,** die den Vertrieb übernehmen, unterscheidet man zwischen werkseigenem Absatz, werksgebundenem Absatz und ausgegliedertem Vertrieb.

  - Der **werkseigene Absatz** erfolgt durch die Geschäftsleitung und Mitarbeiter (z. B. Handlungsreisende). Zum werkseigenen Absatz zählt auch der E-Commerce.

  - Beim **ausgegliederten Vertrieb** erfolgt der Absatz der Leistungen insbesondere über Handelsvertreter. Wichtige Merkmale des Handlungsreisenden und Handelsvertreters zeigt die nachfolgende tabellarische Übersicht.

Merkmale	Handlungsreisende	Handelsvertreter
1. Begriff	Fest angestellte Mitarbeiter eines Unternehmens; streng weisungsgebunden; vermitteln oder schließen Geschäfte in fremdem Namen und für fremde Rechnung ab.	Selbstständige Gewerbetreibende, die ständig damit betraut sind, für ihre Auftraggeber Geschäfte zu vermitteln oder in fremdem Namen und für fremde Rechnung abzuschließen.
2. Rechtsstellung	Keine Kaufleute, keine Firma, keine Handelsbücher.	Kaufleute, sofern die Art ihres Geschäftsbetriebs oder ihr Geschäftsumfang eine kaufmännische Einrichtung erfordert. Ist dies der Fall, müssen sie sich ins Handelsregister eintragen lassen.

Merkmale	Handlungsreisende	Handelsvertreter
3. Arten	■ Vermittlungsreisende ■ Abschlussreisende	■ Vermittlungsvertreter ■ Abschlussvertreter
4. Art des Vertrags	Arbeitsvertrag (Dienstvertrag)	Vertretungsvertrag (Agenturvertrag)
5. Vergütung	■ Gehalt (Fixum) ■ Umsatzprovision ■ Spesenersatz	■ Umsatzprovision ■ Inkassoprovision ■ Delkredereprovision
6. Pflichten	(1) alle Pflichten der kfm. Angestellten (2) Mängelrügen entgegen-nehmen (3) Reisebericht erstellen (4) bei Inkassovollmacht 　■ einkassieren 　■ abrechnen	(1) Sorgfalts- und Haftpflicht (2) Bemühungspflicht (3) Benachrichtigungspflicht (4) Interessenwahrungspflicht (5) Schweigepflicht (6) Einhaltung der Wett-bewerbsabrede
7. Rechte	Alle Rechte der kaufmännischen Angestellten	(1) Recht auf Vergütung (s. Merkmal 5) (2) Ausgleichsanspruch (3) Recht auf Bereitstellung von Unterlagen (4) Ersatz von Aufwendungen (5) gesetzliches Zurück-behaltungsrecht

■ Die **Absatzlogistik** beschäftigt sich mit der Frage, mit welchen **technischen Mitteln** (Lagerhaltung/Transport/Verpackung) das Produkt optimal zum Endkunden gelangt.

■ Wer Güter produziert, verkauft oder konsumiert, ist für die Vermeidung, Verwertung und umweltverträgliche Entsorgung der Rückstände grundsätzlich **selbst verantwortlich**. Es gilt folgende Reihenfolge: Abfallvermeidung, Recycling von Rückständen, umweltfreundliche Entsorgung von Reststoffen.

■ Damit bei der Produktion der Produkte verstärkt umweltfreundliche Stoffe und Techniken verwendet werden, schreibt der Gesetzgeber den Herstellern immer häufiger vor, **gebrauchte Produkte zurückzunehmen** und **umweltfreundlich zu entsorgen**.

Übungsaufgaben

207 Die Möbelfabrik Schreiner GmbH besitzt eine zentrale Verkaufsniederlassung in Neustadt.

Aufgaben:

1. Wie bezeichnet man diese Art der Absatzorganisation?
2. Welche Vorteile hat diese Organisationsform?
3. Die Geschäftsleitung der Schreiner GmbH diskutiert die Frage, ob nicht noch zwei weitere Verkaufsniederlassungen in anderen Landesteilen errichtet werden sollen.
   3.1 Wie heißt diese Art der (äußeren) Absatzorganisation?
   3.2 Welchen Vorteil hätte die Schreiner GmbH, wenn sie weitere Verkaufsniederlassungen unterhielte?

35 Speth – ISBN 978-3-8120-0491-6

4. Die Möbelfabrik Schreiner GmbH verkauft ihre Produkte sowohl an Großhändler, Einzelhändler und Hotels als auch an Privatleute.

   4.1 Erläutern Sie, welche Absatzwege beschritten werden!

   4.2 Welche Vor- und Nachteile haben die von Ihnen genannten Absatzwege?

208 Welche Absatzorganisation liegt jeweils vor? Begründen Sie Ihre Antwort!

  ● Produktions- und Vertriebsstelle   ● Vertriebsstellen (Verkaufsstellen)

  → Lieferungen

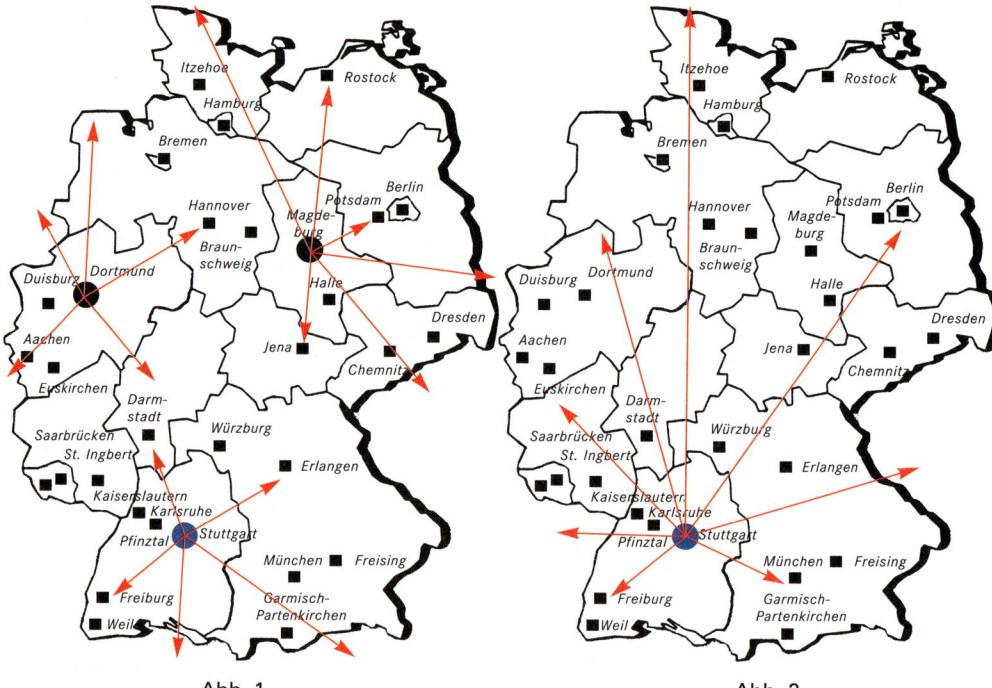

Abb. 1   Abb. 2

209 Die Geschäftsleitung der Kolb & Co. KG steht vor der Entscheidung, entweder Handelsvertreter oder Handlungsreisende einzusetzen. Für die Handlungsreisenden muss sie monatlich insgesamt 20 000,00 EUR Fixum zahlen. Die Handlungsreisenden erhalten 4 % Umsatzprovision, die Handelsvertreter 9 %. Der erwartete Monatsumsatz beträgt durchschnittlich 500 000,00 EUR.

Aufgaben:

1. Erläutern Sie den Unterschied zwischen Handlungsreisenden und Handelsvertretern an mindestens vier Merkmalen!

2. Weisen Sie rechnerisch nach, ob der Einsatz von Handlungsreisenden oder von Handelsvertretern kostengünstiger ist!

3. Ermitteln Sie zeichnerisch den kritischen Umsatz!

4. Nennen Sie Gründe, die – unabhängig von Kostenüberlegungen –

   4.1 für die Einstellung von Handlungsreisenden,

   4.2 für den Einsatz von Handelsvertretern sprechen!

5. Herr Schnell ist als Handlungsreisender bei der Kolb & Co. KG beschäftigt. Über das Gesetz hinausgehende Vollmachten wurden Schnell nicht erteilt. Der Kunde Knetz reklamiert bei Schnell frist- und formgerecht eine Lieferung. Schnell sagt einen Preisnachlass von 20 % zu. Beim Kunden Knurr kassierte er eine Rechnung der Kolb & Co. KG in Höhe von 850,00 EUR.

   5.1 Begründen Sie, ob Schnell berechtigt war, die Mängelrüge entgegenzunehmen und einen Preisnachlass zu gewähren!

   5.2 Begründen Sie weiterhin, ob Schnell die 850,00 EUR einkassieren durfte!

210 **Fallstudie:** Die Pralinen-Auer KG in Kurstadt setzt Handelsvertreter ein. Unter anderen ist Frau Helga Braun Handelsvertreterin der Pralinen-Auer KG. Sie schließt ohne Wissen ihres Auftraggebers einen weiteren Agenturvertrag mit der Schoko-Kern OHG ab.

Aufgaben:

1. Erläutern Sie, was unter einem Agenturvertrag zu verstehen ist!

2. Begründen Sie, ob Frau Braun einen Agenturvertrag mit der Schoko-Kern OHG abschließen durfte!

3. Frau Brauns Geschäfte gehen so gut, dass sie zwei Untervertreterinnen und einen Untervertreter „einstellte", denen sie Umsatzprovision und Delkredereprovision bezahlt.

   3.1 Was versteht man unter Delkredereprovision?

   3.2 Begründen Sie, ob der Einsatz von Untervertreterinnen und -vertretern durch Frau Braun rechtlich zulässig ist!

4. Herr Knigge ist Bezirksvertreter im Raum Thüringen. Anfangs hat er sehr viel gearbeitet und für seinen Auftraggeber einen großen Kundenstamm aufgebaut. Nun ist er nicht mehr so fleißig, aber die von ihm einst geworbenen Kunden bestellen immer noch direkt bei der Pralinen-Auer KG.

   4.1 Die Geschäftsleitung der Pralinen-Auer KG verweigert die Provisionszahlung. Ist sie im Recht?

   4.2 Die Geschäftsleitung der Pralinen-Auer KG kündigt den mit Herrn Knigge abgeschlossenen Agenturvertrag. Welche Ansprüche hat Herr Knigge?

5. Die Pralinen Auer-KG steht vor der Entscheidung, das Zustellgeschäft mit Hilfe eigener Kraftfahrzeuge oder durch Frachtführer durchzuführen. Die Kalkulationsabteilung teilt der Geschäftsleitung folgende Zahlen mit: (1) Die Transportkosten des Fremdtransports belaufen sich auf durchschnittlich 4 % des Umsatzes. (2) Die fixen Kosten des Eigentransports (vor allem für Abschreibungen, für die Verzinsung des investierten Kapitals, ferner für Löhne, für Versicherungen und Steuern) belaufen sich auf 70000,00 EUR monatlich; die variablen Kosten betragen durchschnittlich 0,5 % des Umsatzes.

   Aufgaben:

   5.1 Von welchem Monatsumsatz an lohnt es sich, den Absatz durch eigene Fahrzeuge durchzuführen?

   5.2 Angenommen, der monatliche Umsatz beläuft sich regelmäßig auf rund 1,8 Mio. EUR. Könnte es trotzdem sinnvoll sein, eigene Fahrzeuge einzusetzen?

211 1. Beschaffen Sie sich über das Internet Informationen über das Elektro- und Elektronikgerätegesetz [ElektroG] und diskutieren Sie in der Klasse

    1.1 über deren Zielsetzungen,

    1.2 über die Aufgaben der Hersteller,

    1.3 über die Organisation zur umweltfreundlichen Entsorgung der Produkte!

  2. 2.1 Die Verpackungsverordnung verpflichtet die Hersteller/Vertreiber zur kostenlosen Rücknahme von Verpackungen. Beschaffen Sie sich die Verordnung über das Internet und fassen Sie die Verpflichtungen von Herstellern, Großhändlern und Einzelhändlern zusammen.

    2.2 Beschreiben Sie die Funktionen des „Grünen Punktes"!

11.4 Preispolitik

11.4.1 Begriffe Preispolitik und Preisstrategien

Ein zentrales Problem der Preispolitik besteht in der Frage, welche Anhaltspunkte (z.B. Kosten, Wettbewerber, Verhalten der Kunden) ein Anbieter hat, um den Preis zu bestimmen, den er für die erbrachte Leistung fordern soll. Diese Frage stellt sich einem Investitionsgüterhersteller, der z.B. eine Mobilfunkanlage im Wert von 300 Mio. EUR verkauft, ebenso wie einem kleinen Einzelhändler, der den Preis für eine Zahnbürste festlegen muss und sich für 1,20 EUR entscheidet.

Merke:

Unter **Preispolitik** (Preisgestaltung) versteht man das Herab- oder Heraufsetzen der Absatzpreise mit der Absicht, den Absatz zu beeinflussen.

Zur Preispolitik gehören auch die **Gestaltung der Preisnachlässe** (Rabatte, Boni und Skonti) und die **Einräumung von Kundenzielen** (Zahlungsbedingungen). Die Erhöhung (Senkung) der Preisnachlässe kommt einer Senkung (Erhöhung) der Absatzpreise gleich. Die Verlängerung der Kundenziele (Kundenkredit) entspricht, falls die Absatzpreise nicht erhöht werden, einer Preissenkung. Besonders im internationalen Handel spielt die Kreditgewährung als absatzpolitisches Mittel oft eine größere Rolle als die Höhe der Angebotspreise.

Preisstrategien orientieren sich dagegen nicht an einem bestimmten Anhaltspunkt, sondern verfolgen eine generelle Preiszielsetzung, z.B. grundsätzlich mit einem hohen bzw. niedrigen Preis auf den Markt zu gehen.

Merke:

Unter **Preisstrategien** versteht man ein planvolles Vorgehen zur Durchsetzung eines bestimmten Preisniveaus auf dem Markt.

11.4.2 Preisstrategien

(1) Hochpreisstrategie

Bei der **Hochpreisstrategie** versucht der Anbieter langfristig einen hohen Preis für seine Produkte zu erzielen, indem er die Produkte mit einer „Prämie" ausstattet, z.B. gleichbleibend hoher Qualitätsstandard, hohes Image, Distribution in Exklusivläden bzw. Beratungszentren, langfristige Garantiezeiten für Ersatzteile, Reparaturservice innerhalb 24 Stunden u.Ä. Diese Art der Hochpreisstrategie bezeichnet man als **Prämienpreisstrategie.** Voraussetzung für diese Preisstrategie ist, dass das Produkt eine Alleinstellung hat und die Preiselastizität der Nachfrage zumindest sehr gering ist.

Beispiele:

Champagner, Hummer, Kaviar, Tafelsilber, Rolls-Royce, Porsche, Rolex-Uhren, Cartier-Schmuck, Bogner Kleidung usw.

Eine Sonderart der Hochpreisstrategie stellt die **Skimming-Strategie**[1] dar. Diese Preisstrategie setzt, insbesondere bei Innovationsgütern, den Einführungspreis hoch an, um die Forschungs- und Entwicklungskosten schnell abzudecken. Das Unternehmen senkt den Preis aber jedesmal, wenn der Absatz zurückgeht, um jeweils die nächste Schicht preisbewusster Kunden für sich zu gewinnen. Ziel dieser Preisstrategie ist das Abschöpfen des Marktes.

Die Skimming-Strategie ist unter folgenden Bedingungen sinnvoll: (1) Es besteht eine ausreichend große Kundenzahl, die bereit ist, das Produkt zu einem hohen Preis zu erwerben. (2) Die kleine Absatzmenge bringt trotz hoher Stückkosten eine höhere Gewinnspanne. (3) Der hohe Einführungspreis lockt keine weiteren Konkurrenten auf den Markt. (4) Der hohe Preis unterstützt den Anspruch, dass die Ausstattungselemente des Produktes eine Alleinstellung einnehmen.

(2) Niedrigpreisstrategie

Bei der **Niedrigpreisstrategie** strebt der Anbieter an, dass der geforderte Preis dauerhaft unter dem Preis vergleichbarer Produkte liegt. Ziele einer Niedrigpreisstrategie können sein: Verdrängung von Wettbewerbern, Verhinderung des Markteintritts neuer Anbieter, Auslastung der Kapazität, Aufbau eines Niedrigpreisimages. Die Niedrigpreisstrategie wird vor allem zur Verkaufsförderung (Promotion) von Massenwaren, die keinen hohen Serviceanspruch haben, herangezogen. Diese Art von Preisstrategie bezeichnet man als **Promotionspreispolitik.**[2]

Beispiele:

für Unternehmen, die eine Niedrigpreisstrategie betreiben, sind: Aldi, Norma, Woolworth, OBI, Ratiopharm (Herstellung von Generika).[3]

---

1 To skim: abschöpfen, absahnen.

2 Promotion: Förderung.

3 Werden Medikamente, deren Schutzrechte abgelaufen sind, in der gleichen Zusammensetzung wie das Original hergestellt, so spricht man von Generikapräparaten.

Die **Penetrationspreispolitik,**[1] als eine Sonderart der Niedrigpreisstrategie, versucht mit kurzfristig niedrigen Preisen für neue Produkte schnell einen hohen Marktanteil zu erreichen. Nach der Markteinführung werden die Preise dann angehoben. Die Festsetzung eines niedrigen Preises ist zweckmäßig, (1) wenn die Preissensibilität[2] des Marktes hoch ist, (2) niedrige Preise ein Marktwachstum stimulieren und (3) ein niedriger Preis den Markteintritt von Konkurrenten verhindert.

11.4.3 Ziele und Arten der Preispolitik

11.4.3.1 Preispolitische Zielsetzungen

Im Folgenden werden **fünf wesentliche Unternehmensziele** vorgestellt, denen die Preispolitik dienen kann.

■ **Fortbestand des Unternehmens**

Um die Produktion fortführen zu können, werden häufig die Preise gesenkt. Dann ist das „nackte Überleben" wichtiger als Gewinne. Der bloße Fortbestand des Unternehmens kann jedoch nur ein kurzfristiges Ziel sein.

■ **Kurzfristige Gewinnmaximierung**

In diesem Fall werden die voraussichtliche Nachfrage und die voraussichtlichen Kosten für jede Preisalternative abgeschätzt. Man entscheidet sich dann für den Preis, der den größtmöglichen kurzfristigen Gewinn verspricht.

■ **Maximales Absatzwachstum**

Hier wird unterstellt, dass eine Erhöhung des Absatzvolumens niedrigere Stückkosten und später höhere Gewinne zur Folge hat. Die Preise werden bei dieser Zielsetzung so niedrig wie möglich angesetzt **(Preispolitik der Marktpenetration).**

■ **Maximale Marktabschöpfung**

Hierbei werden für eine (echte) Produktinnovation hohe Preise festgesetzt, um den Markt abzuschöpfen (Skimming-Strategie). Jedes Mal, wenn der Absatz rückläufig ist, senkt das Unternehmen dann den Preis, um die nächste Schicht preisbewusster Kunden zu gewinnen.

■ **Qualitätsführerschaft**

Das Unternehmen nimmt bei dieser Zielsetzung einen höheren Preis, um die Kosten für die hohe Produktqualität und den hohen Forschungs- und Entwicklungsaufwand zu decken.

11.4.3.2 Arten der Preispolitik

Im Folgenden werden die Arten der Preispolitik vorgestellt:
■ die kostenorientierte Preisfindung,
■ die nachfrageorientierte (abnehmerorientierte) Preisfindung,
■ die wettbewerbsorientierte (konkurrenzorientierte) Preisfindung.

---

1 Penetration (lat.): Durchdringung, Durchsetzung.
2 Sensibilität: Empfindlichkeit; sensibel: empfindsam, feinfühlig.

11.4.3.2.1 Kostenorientierte Preispolitik

(1) Kostenbestimmte Preisuntergrenze

Die **Leistungen** eines Unternehmens bestehen aus Produkten wie eigene Sachleistungen, Handelswaren und Dienstleistungen. Die Leistungserstellung verursacht **Kosten,** die durch den Verkauf der Produkte wieder „hereingeholt" werden müssen. Die Produkte werden deshalb als **Kostenträger** bezeichnet.

Sollen alle im Unternehmen anfallenden Kosten auf die Kostenträger verteilt werden, so spricht man von einer **Vollkostenrechnung.**[1] Werden hingegen nur solche Kosten berücksichtigt, die in einem direkten Verursachungszusammenhang mit den Kostenträgern stehen, handelt es sich um eine **Teilkostenrechnung.**

Die nachfolgenden Beispiele stellen eine Kalkulation auf Teilkostenbasis dar.[2]

Beispiel:

Ein Industrieunternehmen stellt nur ein Erzeugnis her. Für den Monat Februar weist die KLR folgende Daten aus: variable Stückkosten 78,00 EUR, Fixkosten 149 500,00 EUR, Produktionsmenge 8 400 Stück.

Aufgaben:
1. Ermitteln Sie die kurzfristige Preisuntergrenze!
2. Berechnen Sie die langfristige Preisuntergrenze!

Lösungen:

Zu 1.:   Kurzfristige Preisuntergrenze: 78,00 EUR

Zu 2.:   Langfristige Preisuntergrenze:

$$\frac{149\,500,00\ \text{EUR}}{8\,400\ \text{Stück}} + 78\ \text{EUR} = 95,80\ \text{EUR/Stück}$$

(2) Liquiditätsorientierte Preisuntergrenze

Die Festlegung einer liquiditätsorientierten Preisuntergrenze geht von der Prämisse[3] aus, die ständige Zahlungsbereitschaft des Unternehmens zu sichern. Führen also große Teile der fixen Kosten zu ständigen Ausgaben, so sind diese – unter Liquiditätsgesichtspunkten – in den

Beispiele:

Gehälter, soziale Kosten, Miete für eine Werkshalle, Leasingrate für Maschinen, Versicherungsbeiträge.

Mindestpreis einzukalkulieren. Auf den Ersatz des Teils der fixen Kosten, der kurzfristig nicht zu Ausgaben führt, kann dagegen vorübergehend verzichtet werden.

---

1 Vgl. hierzu Kapitel 7, S. 354 ff.
2 Die Berechnung der kurzfristigen und langfristigen Preisuntergrenze wurde bereits im Rahmen der Teilkostenrechnung dargestellt. Vgl. S. 446 f.
3 Prämisse: Voraussetzung.

11.4.3.2.2 Nachfrageorientierte (abnehmerorientierte) Preispolitik

(1) Überblick

Um eine abnehmerorientierte Preispolitik betreiben zu können, bedarf es zuverlässiger Informationen über die Wechselwirkung zwischen der Höhe des Preises und der zu erwartenden Nachfrage. Mit Hilfe einer **Preis-Absatz-Funktion** wird die Veränderung der Nachfragemenge nach einem Gut bei variierenden Preisen erfasst.

In den nachfolgenden Beispielen werden die Daten der Preis-Mengenentwicklung jeweils vorgegeben. Es werden drei abnehmerorientierte preispolitische Maßnahmen (Entscheidungen) vorgestellt: (1) die Festlegung der preispolitischen Obergrenze, (2) die Preisdifferenzierung und (3) die Orientierung an der Preiselastizität der Nachfrage.

(2) Festlegung der preispolitischen Obergrenze

Bei Preisänderungen ist im Normalfall mit folgenden Nachfragerreaktionen zu rechnen: Bei Preiserhöhungen springen die Kunden ab, bei Preissenkungen werden neue Kunden gewonnen (preisreagible Nachfrage).

Beispiel:

Ein Unternehmen bietet nur ein Produkt an. Aufgrund exakter Marktforschung kennt es die Reaktionen seiner Kunden auf Preisänderungen. Es stellt fest, dass es sich einer normalen Nachfrage gegenübersieht, d. h. bei Preiserhöhungen nimmt die mengenmäßige Nachfrage ab, bei Preissenkungen nimmt sie zu. Angenommen, das Verhalten der Kunden lasse sich in folgender Nachfragekurve abbilden:

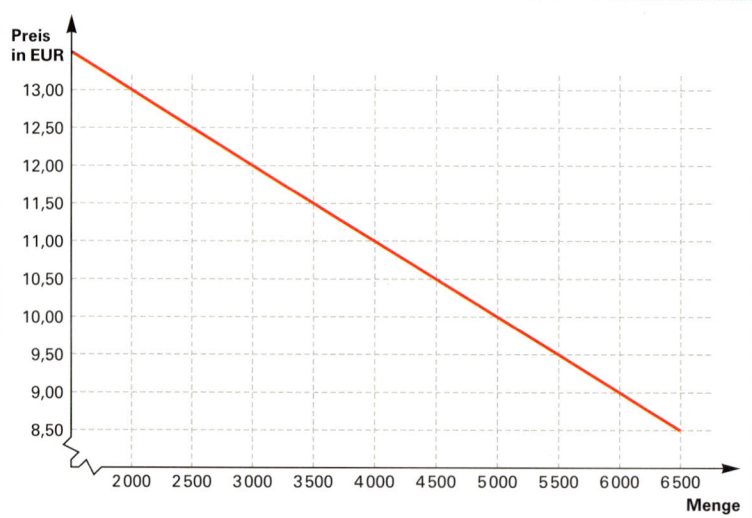

Die fixen Kosten belaufen sich auf 10 000,00 EUR je Periode, die variablen Kosten auf 6,00 EUR je Stück. Der Verkaufserlös beträgt 10,00 EUR je Stück.

Aufgabe:
Ermitteln Sie die preispolitische Obergrenze!

Lösung:

Die Nachfragefunktion von S. 552 lässt sich in einer Tabelle darstellen.

Erlös/St. in EUR	Absetzbare Menge	Umsatz in EUR	Kosten FK: 10000,00 EUR VK: 6,00/St.	Gewinn/ Verlust
13,00	2000	26000,00	22000,00	4000,00
12,50	2500	31250,00	25000,00	6250,00
12,00	3000	36000,00	28000,00	8000,00
11,50	3500	40250,00	31000,00	9250,00
11,00	4000	44000,00	34000,00	10000,00
10,50	4500	47250,00	37000,00	10250,00
10,00	5000	50000,00	40000,00	10000,00
9,50	5500	52250,00	43000,00	9250,00
9,00	6000	54000,00	46000,00	8000,00
8,50	6500	55250,00	49000,00	6250,00

Ergebnis:

Den maximalen Gewinn in Höhe von 10250,00 EUR erzielt das Unternehmen bei einem Preis von 10,50 EUR pro Stück.

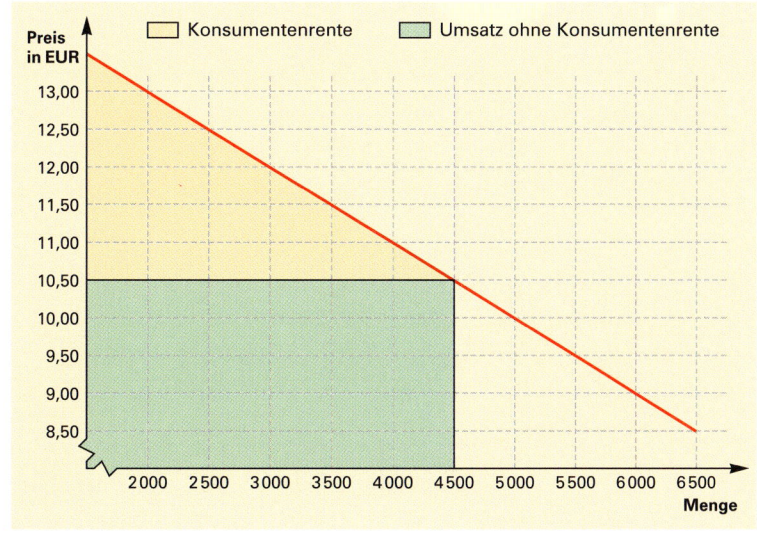

Die nebenstehende Zeichnung veranschaulicht die Situation des anbietenden Unternehmens. Dabei kennzeichnet das grün ausgedruckte Rechteck das Umsatzvolumen, das von dem Unternehmen bei Anwendung der preispolitischen Obergrenze erreicht wird. Hierbei geht dem Unternehmen jedoch ein erheblicher Umsatz verloren. Es ist aus der Zeichnung ersichtlich, dass es eine ganze Reihe von Konsumenten gibt, die bereit wären, einen höheren Preis als die einheitlich verlangten 10,50 EUR zu bezahlen. So wären z.B. zu einem Preis von 12,00 EUR 3000 Stück abzusetzen gewesen. Die Differenz zwischen dem höheren Preis, den einige Konsumenten bereit wären zu zahlen, und dem verlangten Preis bezeichnet man als **Konsumentenrente**. Diese Kunden haben keine Veranlassung, diesen höheren Preis zu bezahlen, solange sie zu dem günstigeren Preis einkaufen können. Die Konsumentenrente geht dem anbietenden Unternehmen verloren.

(3) Preisdifferenzierung

■ **Begriff Preisdifferenzierung**

Die Bildung der **Teilmärkte (Marktsegmente)** setzt voraus, dass es gelingt, jene Kunden, die bereit sind, den höheren Preis zu bezahlen, am Übergang zum günstigeren Marktsegment zu hindern. Dieses Ziel der Preisdifferenzierung lässt sich verwirklichen, indem eine oder mehrere Bedingungen des vollkommenen Marktes (homogenes Gut, Markttransparenz, keine Präferenzen zeitlicher, persönlicher, sachlicher, räumlicher Art) gestört werden. Die Abgrenzung der Teilmärkte wird in erheblichem Maße dadurch erleichtert, dass sich die Konsumenten nicht konsequent rational verhalten, sondern sich relativ freiwillig in teurere Marktsegmente einordnen (z. B. bei Preisdifferenzierung in Verbindung mit Produktdifferenzierung).

Beispiel:

Angenommen, es gelingt, aus dem obigen Gesamtmarkt zwei Teilmärkte zu bilden, auf welchen ein Preis von 12,00 EUR (Teilmarkt I) und ein Preis von 10,50 EUR (Teilmarkt II) verlangt werden kann. Dann ergibt sich folgende Situation:

Erläuterung:

Zumindest ein Teil der Konsumentenrente kann nunmehr abgeschöpft werden. Ein Vergleich der alten mit der neuen Situation lässt sich durch folgende Rechnung veranschaulichen:

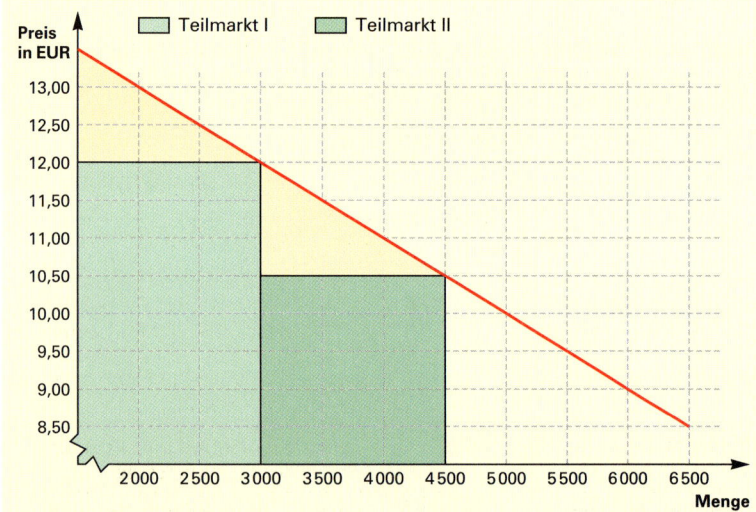

	Erlössituation ohne Preisdifferenzierung	Erlössituation mit 2 Teilmärkten und differenzierten Preisen	
Umsatzerlös	47 250,00	TM I (3000 · 12,00)	36 000,00
		TM II (1500 · 10,50)	15 750,00
		Gesamterlös	51 750,00
Kosten	37 000,00		37 000,00
Gewinn	10 250,00		14 750,00
Gewinnsteigerung			4 500,00

Eine Preisdifferenzierung ist auch unterhalb der bisherigen preispolitischen Obergrenze attraktiv.

Beispiel:

Die zweifache Preisdifferenzierung (siehe S. 554) wird noch durch ein Billigsegment erweitert. In diesem Segment wird ein Erlös von 9,00 EUR erzielt. Lt. Nachfragefunktion werden damit zusätzlich 1 500 Erzeugnisse an Kunden verkauft, die nicht bereit waren, 10,50 EUR zu bezahlen. Für das Unternehmen ergibt sich damit folgende Gewinnsituation:

	Erlössituation ohne Preisdifferenzierung	Erlössituation mit 2 Teilmärkten		Erlössituation mit 3 Teilmärkten	
Umsatzerlös	47 250,00	TM I TM II Su.	36 000,00 15 750,00 51 750,00	TM I TM II TM III Su.	36 000,00 15 750,00 13 500,00 65 250,00
Kosten	37 000,00		37 000,00		46 000,00
Gewinn	10 250,00		14 750,00		19 250,00
Gewinnsteigerung			4 500,00		9 000,00

Anmerkung:

Die Gewinnsteigerung wird ggf. noch geschmälert durch den unternehmerischen Aufwand, die beiden Teilmärkte gegeneinander abzugrenzen.

■ Arten der Preisdifferenzierung

Begriffe	Beispiele
Preisdifferenzierung in Verbindung mit Produktdifferenzierung	Relativ geringfügige Produktunterschiede mit erheblich unterschiedlichem Prestigewert, z. B. Ausstattung, Farbe, PS-Zahl eines Pkw
Preisdifferenzierung nach Abnehmergruppen oder nach Verwendungszweck	Strom für private Haushalte – Strom für gewerbliche Verbraucher; normale Fahrkarten – Schülerfahrkarten; Alkohol – Spiritus; Dieselkraftstoff – Heizöl
Räumliche Preisdifferenzierung	Pkw-Preise im Ausland günstiger als im Inland Benzin an Autobahntankstellen
Zeitliche Preisdifferenzierung	Tarifstruktur der Deutschen Telekom AG Tag-/Nachtstrom
Zeitlich gestaffelte Preisdifferenzierung	Ein erfolgreiches Buch wird zunächst als Leinenband, dann in Halbleinen und anschließend als Taschenbuch verkauft
Preisdifferenzierung durch Bildung von Herstellerpräferenzen	Schaffung eines Markennamens, Bildung von Erst- und Zweitmarken, Herstellermarke, Händlermarke
Preisdifferenzierung nach Abnahmemenge	Großabnehmer erhalten Sonderpreise im Vergleich zu Kleinabnehmern, insbesondere im Energiesektor (Aluminiumherstellung)

11.4.3.2.3 Wettbewerbsorientierte (konkurrenzorientierte) Preispolitik

> **Merke:**
>
> Unter wettbewerbsorientierter (**konkurrenzorientierter) Preispolitik** versteht man das Ausrichten des eigenen Preises an den Preisstellungen der Konkurrenten, wobei vor allem der Leitpreis (Preis des Preisführers, Branchenpreis) sowie die oberen und unteren Preisgrenzen der Wettbewerber von Bedeutung sind.

Grundsätzlich eröffnen sich einem Unternehmen, das seine Preispolitik an den Konkurrenten ausrichtet, drei Verhaltenswege: (1) Anpassung an den Leitpreis, (2) Unterbietung und (3) Überbietung des Leitpreises.

(1) Orientierung am Leitpreis

Sich in einen Preiswettbewerb einzulassen, stellt keine sinnvolle Maßnahme dar, wenn der (die) Wettbewerber stark und willens ist (sind) seine (ihre) Preisposition(en) auf Biegen und Brechen zu verteidigen. In solchen Fällen ist es sinnvoll, sich den Preisvorgaben des Preisführers[1] bzw. dem Branchenpreis[2] unterzuordnen und sich durch andere Leistungsmerkmale (z. B. andere Qualitätsabstufungen, Sondermodelle, besondere Vertriebswege u. a.) von der Konkurrenz abzuheben. Wird der Branchenpreis bzw. der Preis des Preisführers für die eigene Preisfindung herangezogen, dann ändert das Unternehmen immer dann seine Preise, wenn der Preisführer dies tut bzw. der Branchenpreis sich ändert. Eine Preisänderung erfolgt dagegen nicht, wenn sich lediglich seine eigene Nachfrage- oder Kostensituation ändert.

Die Preisbildung nach Leitpreisen ist relativ beliebt. Wenn ein Unternehmen seine eigenen Kosten nur schwer ermitteln kann oder wenn Wettbewerbsreaktionen Ungewissheit auslösen, dann sieht es die Ausrichtung des eigenen Preises an den Konkurrenzpreisen als zweckmäßige Lösung an.

(2) Unterbietung des Leitpreises

Die Unterbietung des Marktpreises ist für ein Unternehmen nur bis zur **kurzfristigen (absoluten) Preisuntergrenze** des Produktes sinnvoll. Sie liegt dort, wo die Summe der dem Produkt direkt zurechenbaren Kosten (**variable Kosten**) noch gedeckt ist. Kurzfristig kann das Unternehmen nämlich die fixen Kosten außer Acht lassen, denn diese fallen an, ob ein Verkauf getätigt wird oder nicht.

Langfristig hingegen kann ein Unternehmen nicht mit Verlusten produzieren, es muss zumindest (gesamt-)kostendeckend arbeiten. Die **langfristige Preisuntergrenze** wird daher durch die Selbstkosten je Produkteinheit bestimmt.

---

1 Als **Preisführer** bezeichnet man einen Anbieter, dem sich bei Preisänderungen die übrigen Anbieter anschließen. Preisführer treten insbesondere in oligopolistischen Marktstellungen wie bei Öl, Stahl, Papier oder Kunstdünger auf.

2 Von einem **Branchenpreis** spricht man dann, wenn mehrere Unternehmen den Preis mit ihrer Marktmacht bestimmen. Diese Preisfindung herrscht vor allem auf oligopolistischen und polypolistischen Märkten mit homogenen Gütern vor.

(3) Überbietung des Leitpreises

Die Überbietung des Leitpreises ist prinzipiell nur möglich, wenn das Produkt hinsichtlich seiner Innovation oder seiner Alleinstellung aufgrund seiner Ausstattungselemente im Markt eine Sonderstellung einnimmt. Gleiches gilt, wenn sich das Unternehmen wegen seines Images oder seiner Trendstellung von den anderen Unternehmen abhebt. Da es sich hier um Einzelfälle handelt, wird hierauf nicht weiter eingegangen.

Zusammenfassung

- Unter der **Preispolitik** versteht man das Herab- oder Heraufsetzen der Absatzpreise mit der Absicht, den Absatz und/oder Gewinn zu beeinflussen.

- Als grundsätzliche **Preisstrategien** können gewählt werden:

  - **Hochpreisstrategie (Prämienstrategie).** Sie versucht langfristig einen hohen Preis für die Produkte zu erzielen, indem die Produkte mit einer „Prämie" ausgestattet werden. Eine besondere Art der Hochpreisstrategie ist die **Skimming-Strategie.**

  - **Niedrigpreisstrategie (Promotionspreispolitik).** Hier versucht der Unternehmer, dass der Preis für sein Produkt dauerhaft unter dem Preis vergleichbarer Produkte liegt. Eine besondere Art der Niedrigpreisstrategie ist die **Penetrationspreispolitik.**

- Die **Preispolitik** kann **kostenorientiert, nachfrageorientiert** oder **wettbewerbsorientiert** ausgerichtet sein.

  - Die **kostenorientierte Preispolitik** richtet sich an den betrieblichen Daten aus, d.h., die angefallenen Kosten bestimmen den Verkaufspreis. Es sind insbesondere zwei Berechnungsmethoden zu unterscheiden: die **Vollkostenrechnung** und die **Teilkostenrechnung.**

  - Die **nachfrageorientierte (abnehmerorientierte) Preispolitik** bestimmt den Preis mit Hilfe der Preis-Absatz-Funktion eines Produkts, d.h., es wird die Veränderung der Nachfragemenge nach dem Produkt bei variierenden Preisen erfasst. Nachfrageorientierte preispolitische Maßnahmen (Entscheidungen) sind z.B.: (1) die Festlegung der preispolitischen Obergrenze und (2) die Preisdifferenzierung.

  - Die **wettbewerbsorientierte Preispolitik** richtet die Preisgestaltung an den Preisstellungen der Konkurrenten aus, wobei vor allem der **Leitpreis** sowie die **oberen** und **unteren Preisgrenzen** der Wettbewerber von Bedeutung sind.

Übungsaufgaben

212 1. Ein Unternehmen steht vor der Entscheidung, eine Zahncreme unter neuer Marke einzuführen.

   Aufgaben:
   1.1 Nach welchen Kriterien könnte der Einführungspreis bestimmt werden?
   1.2 Für welchen Weg der Preisbestimmung würden Sie sich einsetzen? Begründen Sie Ihre Meinung!

2. Welche Bedeutung kommt der Preispolitik im Vergleich zu anderen marketingpolitischen Instrumenten zu?

213 Die Kalle KG stellt Spielzeugautos her. Sie produziert und verkauft monatlich 12000 Spielzeugautos. Die Autos werden zu einem Einheitspreis angeboten, der wie folgt kalkuliert wird:

Materialeinzelkosten 10,06 EUR, Fertigungseinzelkosten 7,00 EUR, Materialgemeinkosten 5%, Fertigungsgemeinkosten 180%, Verwaltungs- und Vertriebsgemeinkosten 20%. Der Gewinnzuschlag beträgt 5%.

Aufgaben:

1. Welche Art Preispolitik betreibt die Kalle KG?

2. Berechnen Sie den Barverkaufspreis je Spielzeugauto!

Herr Kalle, einziger unbeschränkt haftender Gesellschafter, möchte den Verkaufspreis (Barverkaufspreis) auf 41,80 EUR anheben. Die Abteilung „Marktforschung" warnt: Der (mengenmäßige) Absatz wird von bisher 12000 Stück auf 11000 Stück je Monat zurückgehen. (Die fixen Kosten betragen 175000,00 EUR monatlich, die variablen Kosten 20,00 EUR je Stück.)

3. Nennen Sie Beispiele für fixe und variable Kosten!

4. Wie entscheidet Herr Kalle, wenn er vorrangig das Ziel vor Augen hat, einen möglichst großen Marktanteil zu erobern?

5. Wie entscheidet Herr Kalle, wenn er nach dem kurzfristigen Gewinnmaximierungsprinzip handelt? (Belegen Sie Ihre Antwort mit Zahlen!)

6. Fiele die Entscheidung zu 5. anders aus, wenn aufgrund der Preiserhöhung der Absatz
   6.1 um 2000 Stück,
   6.2 um 3000 Stück zurückgeht?

7. Besteht im Fall 5. zwischen den Zielen „Gewinnmaximierung" und „Vergrößerung des Marktanteils" Zielkonflikt oder Zielharmonie? Begründen Sie (auch mit Zahlen) Ihre Aussage!

8. Welche Art Preispolitik betreibt die Kalle KG, wenn sie ihre Entscheidungen von den Reaktionen ihrer Abnehmer abhängig macht?

214 Ein Hersteller von Skibindungen beabsichtigt, eine neuartige elektronische Skibindung auf den Markt zu bringen.

Aufgaben:

1. 1.1 In der Einführungsphase plant das Unternehmen, eine Abschöpfungsstrategie anzuwenden. Was versteht man unter diesem Begriff?
   1.2 Welche Gründe könnten das Unternehmen zur Wahl dieser preispolitischen Strategie veranlasst haben?

2. Wodurch unterscheidet sich die Skimming-Strategie von der Prämienpreisstrategie?

3. Wäre es Ihrer Meinung nach im vorliegenden Fall sinnvoll, dem Unternehmen zu raten, eine Penetrationspreispolitik zu betreiben? Begründen Sie Ihre Meinung!

4. Nennen Sie die Ziele, die mit einer Niedrigpreisstrategie verbunden sind!

5. Bei der Preisfestsetzung kann es für das Unternehmen vorübergehend sinnvoll sein, die Preise unter die allgemein angekündigte und geforderte Preisfestsetzung abzusenken.

   Begründen Sie die Richtigkeit dieser Aussage anhand von zwei selbst gewählten Beispielen!

11.5 Kommunikationspolitik

11.5.1 Begriff Kommunikationspolitik

> **Merke:**
>
> - Die **Kommunikationspolitik** setzt sich aus
>   - der **Werbung,**
>   - der **Verkaufsförderung** und
>   - der **Öffentlichkeitsarbeit**
>
>   zusammen, wobei die Grenzen mitunter fließend sind.
> - Von Kommunikationspolitik wird deshalb gesprochen, weil es vor allem darum geht, das Unternehmen und seine Produkte in der Öffentlichkeit umfassend darzustellen.

11.5.2 Werbung (Produktwerbung)

11.5.2.1 Begriff und Grundsätze der Werbung

(1) Begriff Werbung

> **Merke:**
>
> Unter **Werbung** versteht man alle Maßnahmen mit dem Ziel, bestimmte Botschaften für Auge, Ohr, Geschmacks- und/oder Tastsinn an Personen heranzutragen, um auf ein Erzeugnis und/oder eine Dienstleistung aufmerksam zu machen und Kaufwünsche zu erzeugen.

Der Zweck der Werbung entspricht dem anderer absatzpolitischer Maßnahmen: Die Werbung soll der Absatzsicherung und -steigerung dienen, um damit die Marktstellung des eigenen Unternehmens, die Auslastung der Kapazitäten und die Liquidität (Zahlungsfähigkeit) zu sichern und zu verbessern.

(2) Grundsätze der Werbung

Wichtige Grundsätze der Werbung sind:

Wirksamkeit	Wahrheit und Klarheit	Wirtschaftlichkeit
Die Werbung muss die Motive der Umworbenen ansprechen, Kaufwünsche verstärken und letztlich zu Kaufhandlungen führen. Eine wichtige Voraussetzung für eine wirksame Werbung ist eine genaue Zielgruppenbestimmung. (Beispiel: Beachtung der unterschiedlichen Verbrauchergewohnheiten in den einzelnen Ländern der EU.)	Die Werbung sollte sachlich unterrichten, also nicht irreführen und nicht täuschen. Falsche Informationen (Versprechungen) führen zu Enttäuschungen und längerfristig zu Absatzverlusten.	Die Aufwendungen für die Werbung finden ihre Grenzen in ihrer Wirtschaftlichkeit. Die Werbung ist dann unwirtschaftlich, wenn der auf die Werbung zurückzuführende zusätzliche Ertrag niedriger als der Werbeaufwand ist.

11.5.2.2 Werbeplanung

Die Werbeplanung umfasst insbesondere folgende Fragen:

- Welche *Art der Werbung* soll durchgeführt werden?
- Welche *Werbemittel* und *Werbeträger* sind einzusetzen?
- Welche *Beträge* können für die Werbung eingesetzt werden *(Werbeetat)?*
- Welche *Streuzeit* wird festgesetzt?
- Welche *Streugebiete* und Streukreise sind auszuwählen?

(1) Arten der Werbung

■ Arten der Werbung nach der Anzahl der Umworbenen

Direkt- werbung	Es werden einzelne Personen, Unternehmen, Behörden usw. unmittelbar (z.B. durch Handelsvertreter und Handlungsreisende) oder durch *Werbebriefe* angesprochen.
Massen- werbung	Es soll ein mehr oder weniger großer Kreis von Umworbenen erreicht werden. *Gezielt* ist die Massenwerbung dann, wenn eine bestimmte Gruppe durch die Werbung angesprochen werden soll (z.B. Berufs- oder Altersgruppen). Die *gestreute Massenwerbung* wird mit Hilfe von Massenmedien (Rundfunk, Fernsehen, Zeitungen) betrieben.

■ Arten der Werbung nach der Anzahl der Werbenden

Allein- werbung	Sie geht von einem einzelnen Unternehmen aus. Sie kann von einer eigenen Werbeabteilung, einem Werbeunternehmen oder von einem Marketingberater durchgeführt werden.
Verbund- werbung	Sie liegt vor, wenn mehrere Unternehmen (z.B. Hersteller, Handelsunternehmen) gemeinsam eine Werbeaktion durchführen (z.B. gemeinsame Messestände, gemeinsame Plakate). Die Namen der beteiligten Unternehmen werden bekannt gemacht.
Gemeinschafts- werbung	Hier tritt ein ganzer Wirtschaftszweig (z.B. die deutsche Milchwirtschaft) als Werber auf. Die Namen der beteiligten Unternehmen bleiben unbekannt.

(2) Werbemittel und Werbeträger

■ Werbemittel

> **Merke:**
>
> **Werbemittel** sind Kommunikationsmittel[1] (z.B. Wort, Bild, Ton, Symbol), mit denen eine Werbebotschaft dargestellt wird (z.B. Anzeige, Rundfunkspot, Plakate usw.).

Unter diesem Gesichtspunkt können die Werbemittel wie folgt eingeteilt werden:

- **Optische Werbemittel.** Sie wirken auf das Auge der Umworbenen (z.B. Plakate, Schaufensterdekorationen, Zeitungsinserate, Prospekte).
- **Akustische Werbemittel.** Sie sprechen das Gehör an. Beispiele sind: Rundfunksendungen, Werbevorführungen auf Ausstellungen und das Verkaufsgespräch.

---

1 Unter Kommunikation versteht man die Übermittlung von Informationen von einem Sender zu einem Empfänger.

- **Geschmackliche Werbemittel.** Hier sollen die Umworbenen durch eine Kostprobe von der Güte der Ware überzeugt werden. Die Kostproben sprechen den Geschmackssinn der Umworbenen an.

- **Geruchliche Werbemittel.** Sie wirken auf den Geruchssinn der Umworbenen (z.B. Parfümproben).

- **Gemischte Werbemittel.** Sie sind eine Kombination verschiedener Werbemittel. Weil sie verschiedene Sinne des Menschen ansprechen, sind sie besonders werbewirksam. Stoffproben z.B. kann man sehen und fühlen. Lebensmittelproben können gesehen *und* gekostet werden. Im Werbefilm sieht *und* hört man. Das Gleiche gilt für Dias mit Text oder für Werbevorträge.

Werbemittel im weiteren Sinne sind auch die **Werbezugaben** (z.B. einfaches Kinderspielzeug, Luftballons, Proben).

- **Werbeträger**

Merke:

Der **Werbeträger** ist das Medium, durch das ein Werbemittel an den Umworbenen herangetragen werden kann.

Beispiele:

Werbeträger ist die Zeitung, Werbemittel ist das Inserat; oder: Werbeträger ist der Geschäftswagen, Werbemittel ist die Aufschrift.

In der Praxis versteht man unter einem Werbeträger auch die Einrichtung bzw. das Unternehmen, welches die Werbung durchführt.

Beispiel:

Wird die Werbung von einem Unternehmen mit Hilfe einer Werbeabteilung durchgeführt, ist das Unternehmen selbst Werbeträger. Wird hingegen ein Marketingunternehmen mit der Durchführung der Werbung beauftragt, ist dieses Werbeträger.

(3) Werbeetat

Da die Werbung in manchen Wirtschaftszweigen erhebliche Mittel verschlingt – der Prozentsatz der Werbekosten am Umsatz liegt in der deutschen Wirtschaft zwischen 1 % und 20 % –, ist ein genauer Haushaltsplan (Etat, Budget) für die Werbung aufzustellen.

Die Höhe des Werbeetats kann sich nach der jeweiligen Finanzlage des Unternehmens, nach dem Werbeaufwand der Konkurrenz oder nach dem erwarteten Werbeerfolg richten.

(4) Streuzeit

Richtet sich der Werbeetat nach der jeweiligen Finanzlage des Unternehmens, die wiederum eng mit dem Umsatz zusammenhängt, spricht man von **zyklischer**[1] **Werbung**. Das bedeutet, dass bei steigenden Umsätzen mehr, bei fallenden Umsätzen weniger gewor-

---

1 Zyklus: regelmäßig wiederkehrende Erscheinung.

36 Speth – ISBN 978-3-8120-0491-6

ben wird. Diese zyklische Werbung ist jedoch im Allgemeinen wenig sinnvoll, weil gerade dann geworben wird, wenn der Umsatz ohnedies steigt, die Werbung jedoch unterlassen wird, wenn der Umsatz fällt.

Aus diesem Grund wird heute die **antizyklische Werbung** empfohlen. Sinkt der Umsatz, werden die Werbeanstrengungen verstärkt, steigt der Umsatz, werden sie verringert. Die antizyklische Werbung erfüllt den Zweck, einen gleichbleibenden Absatz und Gewinn zu sichern.

(5) Streukreis und Streugebiet

Unter **Streukreis** wird die Personen- oder Unternehmensgruppe verstanden, die von der Werbung erfasst werden soll.

Streugebiete sind deswegen festzulegen, weil Art und Umfang des Bedarfs in den einzelnen Gebieten (beispielsweise sei auf die andersartigen Bedürfnisse von Stadt- und Landgemeinden hingewiesen) unterschiedlich sein können.

(6) Bedeutung der Werbung

Die wichtigsten Argumente für und gegen die Werbung werden im Folgenden einander gegenübergestellt.

Argumente für die Werbung	Argumente gegen die Werbung
Die Werbung hilft, den Absatz zu sichern und zu steigern. Sie trägt damit zur Erhaltung bzw. Wiedergewinnung der Vollbeschäftigung bei.	Die Werbung verbraucht Milliardenbeträge, die für dringendere volkswirtschaftliche Aufgaben ausgegeben werden könnten.
Die Werbung informiert den Kunden über neue Entwicklungen.	Die Werbung suggeriert und manipuliert den Verbraucher. Sie verführt ihn zu Kaufentschlüssen.
Die Werbung kann ihren Zweck, nämlich den Kunden zum Kaufentschluss zu bringen, nur durch massierten[1] mengenmäßigen Einsatz der Werbemittel erreichen.	Die Werbung ist selten kreativ (schöpferisch), häufig einfallslos und primitiv.
Die Werbung trägt dazu bei, den Absatz zu steigern. Aufgrund des Gesetzes der Massenproduktion sinken die Stückkosten und damit die Preise.	Die Überfülle an Werbebotschaften führt dazu, dass sie bei den Umworbenen überhaupt nicht mehr ankommen. Die Wirkung der Werbung ist gering. Es ist daher besser, die Preise zu senken und auf die Werbung zu verzichten.
Die Werbung fördert die Konkurrenz, weil sie die Markttransparenz erhöht.	Die Werbung gefährdet den Wettbewerb, weil es sich nur finanzstarke Unternehmen leisten können, ständig riesige Summen für die Werbung auszugeben.

---

1 Massieren (frz.): Truppen zusammenziehen, massierter, d.h. verstärkter Einsatz.

11.5.3 Verkaufsförderung

(1) Begriff

Einig ist man sich darin, dass Werbung dazu dient, den Käufer näher an das Produkt heranzubringen, während Verkaufsförderung das Ziel hat, durch Maßnahmen am Ort des Verkaufes (Point of Sale) den Umsatz anzukurbeln. Im Gegensatz zur Werbung sind derartige Aktionen eher kurzfristig, haben den Charakter einer Aktion und verfolgen nicht nur umsatzbezogene Ziele, sondern dienen auch der Profilierung des Unternehmens. Unter dem Oberbegriff der Verkaufsförderung findet sich eine Reihe von Aktionsmöglichkeiten, die das Handelsunternehmen alleine oder in Zusammenarbeit mit Herstellern durchführen kann, wie z.B. Salespromotion, Merchandising oder Events.

(2) Salespromotion[1]

Sie beinhaltet in der Regel eine enge Zusammenarbeit zwischen Händler und Hersteller – zu beiderseitigem Vorteil. Während der Hersteller durch die persönliche Ansprache der Zielgruppe (in der Regel Stammkunden des Händlers) wenig Streuverlust erleidet, profitiert der Händler vom Image einer großen Herstellermarke. Der Spielraum möglicher Salespromotion-Aktionen ist dabei sehr vielfältig. In der Regel lassen sich jedoch umsatz-, produkt- und imagebezogene Zielvorstellungen harmonisch miteinander verbinden.

Beispiele:

Eine Parfümerie lädt zu einer Typ- und Hautberatung ein und hat als Berater einen Visagisten eines Kosmetikherstellers im Haus.

In einem Haushaltswarengeschäft demonstriert ein bekannter Koch im Rahmen einer Kochvorführung die Verwendung von Küchengerätschaften eines bestimmten Herstellers.

Zugleich werden Bücher dieses Kochs verkauft und zudem führt das Haushaltswarengeschäft eine Umtauschaktion „Alt gegen Neu" für Kochtöpfe dieses Herstellers durch. Jeder Kochtopf – gleich welcher Marke – wird beim Kauf eines neuen Kochtopfs dieses einen Herstellers mit 8,00 EUR vergütet.

---

(3) Merchandising

Der englische Begriff „merchandise" bedeutet Warenvertrieb, Verkauf, Vertriebsstrategie. Häufig wird der Begriff inzwischen mit dem gleichgesetzt, was man international als „Lincensing" bezeichnet. Dies ist ein Marketingkonzept, bei welchem rund um ein Hauptprodukt Ableger desselben (Storys, Figuren, CDs, Trikots, Schlüsselanhänger, Fahnen usw.) vertrieben werden. Vorreiter dieses Konzeptes war der Walt Disney-Konzern. Heute handelt es sich bei dem Hauptprodukt in der Regel um einen Kinofilm. Dies ist der klassische Bereich des Merchandising. Inzwischen sind auch andere Bereiche wie der Sport (Formel 1, Bundesliga), Autohersteller oder auch der Kulturbereich (Musicals) angesichts der Kürzung öffentlicher Mittel davon betroffen.

Der Kerngedanke besteht darin, durch Merchandising zusätzlich Produkte zu vermarkten, indem von beliebten bzw. bekannten Charakteren oder Produkten deren besondere Qualitätsvorstellung und Image auf die Ablegerprodukte übertragen werden. Ein positives Image wird also von einem Medium auf ein anderes übertragen. So trägt der Fan des Bundesligaclubs einen Schal „seines" Vereins, der Besucher des Musicals ein T-Shirt, das es

---

1 Salespromotion (engl.): Verkaufsförderung; to promote: fördern, befördern, vorantreiben.

nur dort zu kaufen gibt und das Kind schläft in der Bettwäsche mit Motiven von Harry Potter. Und auch die Lebensmittelindustrie verwendet Packungsaufdrucke oder beigefügte Plastikfiguren, um ihre Produkte attraktiver zu machen.

Indem auf die Nebenprodukte die Imagevorstellungen des Hauptproduktes übertragen werden, kann dessen Hersteller von der Popularität des Hauptproduktes profitieren. Die äußert sich in einer rascheren Akzeptanz, einem größeren Umsatz und ermöglicht damit preispolitische Spielräume nach oben.

11.5.4 Public Relations (Öffentlichkeitsarbeit)

(1) Begriff

Während die Absatzwerbung eine Werbung für das Erzeugnis darstellt, werben die **Public Relations** für den guten Ruf, das Ansehen eines Unternehmens oder einer Unternehmensgruppe in der Öffentlichkeit (Verbraucher, Lieferer, Kunden, Gläubiger, Aktionäre, Massenmedien, Behörden usw.). Mit Hilfe der Öffentlichkeitsarbeit soll z.B. gezeigt werden, dass ein Unternehmen z.B. besonders fortschrittlich, sozial oder ein guter Steuerzahler ist oder dass es die Belange des Umweltschutzes in besonderem Maße berücksichtigt.

Wie sich das Erscheinungsbild (das Image) eines Unternehmens in der Öffentlichkeit und bei der Belegschaft darstellt, hängt auch von dem vom Management geschaffenen **Unternehmensleitbild** ab. Hierunter versteht man die Einmaligkeit („Persönlichkeit") eines Unternehmens, die dieses in seiner Umwelt (z.B. bei seinen Kunden, Lieferern, Kapitalgebern, bei den Bürgern, den politischen Parteien usw.) und bei seinen Mitarbeitern unverwechselbar macht. Aus dem Unternehmensleitbild leitet sich die Corporate Identity ab.

(2) Mittel

Mittel der Public-Relations-Politik sind u.a. die Abhaltung von Pressekonferenzen, Tage der offenen Tür, Einrichtung von Sportstätten und Erholungsheimen, Spenden, Zeitungsanzeigen („Unsere Branche weist die Zukunft") oder Rundfunk- und Fernsehspots („Es gibt viel zu tun, packen wir's an!"). Eine gute Öffentlichkeitsarbeit bereitet den Boden für andere absatzpolitische Maßnahmen vor. So „kommt" z.B. die Werbung besser „an". Mögliche Preiserhöhungen werden akzeptiert, wenn die Gründe hierfür bekannt sind.

11.5.5 Sponsoring, Productplacement, Telefonmarketing

(1) Sponsoring

Sponsoring basiert auf dem Prinzip des gegenseitigen Leistungsaustauschs. So stellt ein Unternehmen Fördermittel nur dann zur Verfügung, wenn es hierfür eine Gegenleistung vom Gesponserten (z.B. die Duldung von Werbemaßnahmen) erhält.

Merke:

Beim **Sponsoring** stellt der Sponsor dem Gesponserten Geld oder Sachmittel zur Verfügung. Dafür erhält er Gegenleistungen, die zur Erreichung der Marketingziele beitragen sollen.

Die wichtigsten Sponsoringarten sind:

- **Sportsponsoring**. Der Sport bietet ein positiv besetztes Erlebnisumfeld mit Eigenschaften wie dynamisch, sympatisch und modern. Dieses Imageprofil möchte der Sponsor auf sein Unternehmen übertragen.

- **Kultur- und Kunstsponsoring**. Es umfasst die Förderung von Bildender Kunst, Theater, Musik, Film und Literatur. Arten der Förderung können die Unterstützung einzelner Künstler, einer Ausstellung oder eines Konzerts bis hin zur Errichtung eines eigenen Museums sein.

- **Sozialsponsoring**. Hier wird vor allem die gesellschaftliche Verantwortung eines Unternehmens in den Vordergrund gestellt. Ein Unternehmen kann z.B. direkte Zahlungen an Sozialorganisationen oder Ausbildungsstätten leisten, eine eigene Stiftung gründen oder eine Kampagne zur Unterstützung eines sozialen Projekts starten.

- **Ökosponsoring**. Es konzentriert sich vor allem auf die Unterstützung von Umweltschutzorganisationen, die Ausschreibung von Umweltpreisen oder das Starten von Natur- und Artenschutzaktionen.

(2) Productplacement

Darunter versteht man die Platzierung von Artikeln als Requisiten innerhalb eines Kino- oder Fernsehfilms. Im Gegenzug werden die Produktionskosten unterstützt. Dies kann sehr subtil geschehen, indem z.B. ein Tierfutterhersteller nur die Bedingung stellt, dass ein Haustier in der Fernsehserie mitspielt. Deutlicher ist es, wenn ein bekannter deutscher Schauspieler von seinen Reisen als „Weltenbummler" erzählt und dabei immer wieder ein schwäbischer Geländewagen durchs Bild fährt.

(3) Telefonmarketing

Das Telefonmarketing gehört zu den Formen des **Direktmarketings**. Zu letzterem zählt auch die Versendung persönlich adressierter Werbebriefe, das E-Mail-Marketing und die Werbung über SMS.

In diesem Werbesegment haben sich in den letzten Jahren eine Reihe von Anbieter professioneller Telefonwerbung etabliert. Die Anrufer sind psychologisch und rhetorisch bestens geschult und daher in der Lage, einen Adressaten zumindest für eine gewisse Zeit sehr geschickt in ein Gespräch über das beworbene Produkt zu verwickeln und ihn gar zu einem Vertragsabschluss zu bewegen.

Der Gesetzgeber hat die Freiheiten im Telefonmarketing allerdings begrenzt. Privatkunden dürfen erstmalig zu Werbezwecken nur dann angerufen werden, wenn sie zuvor damit ausdrücklich oder konkludent[1] (aus den Umständen heraus) einverstanden waren. Bestand bereits Kontakt, dann müssen sie ausdrücklich ihre Einwilligung geben. Unzulässige Werbeanrufe bedeuten einen Eingriff in den rechtlich geschützten Individualbereich und berechtigen zu Unterlassungs- und Schadensersatzansprüchen [§§ 3, 7 UWG].

---

1 Konkludent: schlüssig, eine bestimmte Schlussfolgerung zulassend.

Bei Telefonwerbung gegenüber Unternehmern ist die Rechtsprechung etwas freizügiger und es wird nicht automatisch eine Belästigung unterstellt. Die Zulässigkeit des Anrufs wird bejaht, wenn der Angerufene ausdrücklich oder konkludent sein Einverständnis erklärt hat. „Konkludent" kann in diesem Fall angenommen werden, wenn aufgrund konkreter tatsächlicher Umstände ein sachliches Interesse des Anzurufenden vermutet werden kann (BGH NJW 1991, 2087 „Telefonwerbung IV"). Demnach reicht ein allgemeiner Bezug zum Geschäftsbetrieb des Angerufenen allein noch nicht aus. Die Abgrenzung, unter welchen Voraussetzungen ein werbender Telefonanruf zulässig ist und unter welchen Voraussetzungen nicht, ist nach dem gegenwärtigen Stand der Rechtsprechung noch schwierig zu treffen.

Zusammenfassung

- Die **Werbung** hat zum Ziel, bisherige und mögliche (potenzielle) Abnehmer auf die eigene Betriebsleistung (Waren, Erzeugnisse, Dienstleistungen) aufmerksam zu machen und Kaufwünsche zu erhalten bzw. zu erzeugen.

- Die **Public Relations** werben für den guten Ruf (das „Image") eines Unternehmens.

- Unter **Salespromotion** versteht man verkaufsfördernde Maßnahmen, bei denen in der Regel Händler und Hersteller zusammenarbeiten. Zielgruppe können daher der Handel sein (Verkäuferschulung, Beratung, Schaufensterdekoration, Displaymaterial) oder auch der Endkunde (Beratung, Produktproben, Preisausschreiben).

- **Merchandising** bedeutet, dass ein Nebenprodukt (Figur, CD, Bettwäsche, Schlüsselanhänger, Bekleidung usw.) rund um ein Hauptprodukt (Sportler, Roman- oder Filmfigur) vertrieben wird.

- Zu den modernen Kommunikationsmitteln gehören z.B. das **Sponsoring**, das **Productplacement** und das **Telefonmarketing**.

Übungsaufgaben

215 **Fallstudie**: Die Lorenz OHG in Weinheim stellt Haushaltsgeräte her. Weil der Absatz an Geschirrspülmaschinen stagniert, soll die Produktpalette erweitert werden.

Aufgaben:

1. Die Geschäftsleitung der Lorenz OHG beschließt, einen neuen, Energie sparenden „Ökospüler" auf den Markt zu bringen.

    1.1 Schlagen Sie der Geschäftsleitung begründet drei Werbemittel bzw. -medien vor, die geeignet sind, das neue Produkt erfolgreich auf den Markt zu bringen!

    1.2 Die Werbung sollte bestimmten Grundsätzen genügen. Nennen Sie drei wichtige Werbegrundsätze!

    1.3 In der Diskussion über die durchzuführenden Werbemaßnahmen fallen auch die Begriffe Streukreis und Streugebiet. Was ist hierunter zu verstehen?

1.4 Nach Meinung der Geschäftsleitung soll vor allem Massenwerbung und Alleinwerbung betrieben werden. Nennen Sie noch weitere Arten der Werbung

    1.4.1 nach der Zahl der Umworbenen und

    1.4.2 nach der Anzahl der Werbenden!

1.5 Begründen Sie, warum die Lorenz OHG die unter 1.4 genannten Werbearten bevorzugt!

2. Die Geschäftsleitung der Lorenz OHG prüft, ob auch Maßnahmen der Verkaufsförderung ergriffen werden sollen.

    2.1 Erläutern Sie, welche Maßnahmen zur Verkaufsförderung gehören!

    2.2 Schlagen Sie der Geschäftsleitung der Lorenz OHG Maßnahmen aus dem Bereich Salespromotion vor, um den Absatz des „Ökospülers" zu fördern!

3. Zur Absatzförderung trägt auch die Öffentlichkeitsarbeit – also Maßnahmen der Public Relations – bei.

    Begründen Sie diese Aussage!

216 Die Geschäftsleitung des Elektrogeräteherstellers Lotte Stumpp OHG beschließt, ihr Sortiment um einen neuen, Energie sparenden „Ökospüler" zu erweitern!

Aufgaben:

1. Bevor die Lotte Stumpp OHG ihre Werbeaktivitäten startet, möchte sie einen Werbeplan erstellen.

    1.1 Erläutern Sie den Begriff Werbeplan!

    1.2 Welche Inhalte muss ein Werbeplan enthalten?

2. 2.1 Warum ist es wichtig, dass sich die Lotte Stumpp OHG Werbeziele setzt?

    2.2 Nennen Sie vier Werbeziele!

3. Um die Werbekosten überblicken zu können, erstellt die Lotte Stumpp OHG einen Werbeetat.

    3.1 Welche Faktoren bestimmen die Höhe des Werbeetats? (Drei Faktoren!)

    3.2 Erläutern Sie, wie vergangener und geplanter Umsatz den Werbeetat beeinflussen und warum dies problematisch sein kann!

217 Erläutern Sie nebenstehende Abbildung!

218 1. Worin besteht der Unterschied zwischen persönlicher Kommunikation und Massenkommunikation?

2. Charakterisieren Sie die Besonderheit des Direktmarketings!

3. Erläutern Sie den Begriff Productplacement und unter welchen Bedingungen würden Sie es einsetzen?

4. Was versteht man unter Sponsoring und welche Arten werden unterschieden?

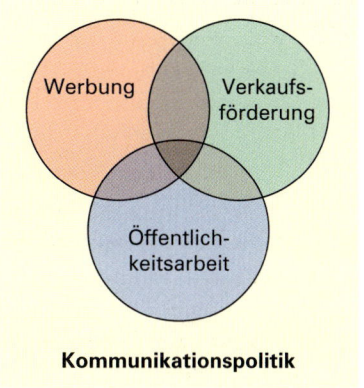

Kommunikationspolitik

11.6 Marketingmix als Kombination der Marketingstrategien unter Berücksichtigung des Produkt-Lebenszyklus

11.6.1 Überblick

Auf der Grundlage von formulierten Marketingzielen sind, zur Erreichung der Zielsetzungen, die beschriebenen Marketingstrategien im Rahmen einer Planungsstrategie einzusetzen.

Konkret bedeutet die Festlegung einer Planungsstrategie, dass man zu entscheiden hat:

- **welche Produkte** man besonders fördern will,
- auf **welchen Märkten** man agieren möchte und
- in welchem **Umfang** man **Marketinginstrumente** einsetzen will.

Die Lösung dieser Fragestellungen hängt insbesondere von zwei Faktoren ab: (1) vom „Lebensalter" der Produkte **(Konzept des Produkt-Lebenszyklus)** und (2) vom Marktanteil des Produkts sowie den damit verbundenen Wachstumsaussichten **(Marktwachstums-Marktanteil-Portfolio).**[1]

11.6.2 Konzept des Produkt-Lebenszyklus

(1) Grundlegendes zum Konzept des Produkt-Lebenszyklus

Auf den Absatzerfolgen eines Erzeugnisses kann ein Unternehmen sich nicht ausruhen, denn kein Produkt kann ewig „leben". Es muss daher jeweils überlegt werden, ob die Lebensdauer des Produkts verlängert und damit Gewinne erwirtschaftet werden können.

> **Merke:**
>
> Das **Modell des Lebenszyklus von Produkten** möchte den „Lebensweg" eines Produktes, gemessen an Umsatz und Gewinnhöhe, zwischen der Markteinführung des Produktes und dem Ausscheiden aus dem Markt darstellen.

Die Theorie unterteilt die Lebensdauer eines Produktes in verschiedene charakteristische Phasen und ermöglicht somit Hinweise dafür, wie sich der Absatz der einzelnen Produkte voraussichtlich entwickeln wird, falls *keine besonderen Marketinganstrengungen* erfolgen. Kann man ermitteln, in welcher Phase sich ein Produkt gerade befindet, lassen sich die marketingpolitischen Instrumente gezielter planen und einsetzen. Es stellen sich daher zwei Fragen:

- Was versteht man unter einem Produkt-Lebenszyklus?
- Welche Marketingstrategien sind für die einzelnen Stufen des Produkt-Lebenszyklus geeignet?

---

1 Siehe 11.7.2, S. 573ff.

(2) Phasen des Produkt-Lebenszyklus

Die Grundüberlegung des Modells soll zunächst an einem Beispiel aufgezeigt werden.

Beispiel:

Wird ein neues Haarfärbemittel auf den Markt gebracht, muss das Unternehmen das Bekanntwerden des Produktes, das Käuferinteresse, das erste Ausprobieren und den Kauf fördern. Das braucht Zeit, denn in der Einführungsphase werden nur wenige Kunden das Haarfärbemittel kaufen. Ist das Haarfärbemittel zufriedenstellend, lässt sich damit eine wachsende Zahl von Käufern ansprechen. Der Markteintritt von Konkurrenten beschleunigt die Kaufbereitschaft, denn damit wird die Bekanntheit der neuen Haarfärbemittel-Generation am Markt gefördert und die Produktpreise werden gesenkt. Noch mehr Käufer kommen hinzu. Das Produkt ist als allgemein akzeptabel ausgewiesen. Die Wachstumsraten gehen zurück, wenn die Zahl der potenziellen[1] Käufer allmählich erschöpft ist. Der Absatz stabilisiert sich. Schließlich geht das Absatzvolumen zurück, wenn andere Typen, Formen und Marken das Käuferinteresse von dem existierenden Haarfärbemittel ablenken.

Formuliert man das Konzept des Produkt-Lebenszyklus in allgemeiner Form, so lässt sich der **Lebenszyklus eines Produktes** in idealtypischer Weise in **fünf unterscheidbare Phasen** gliedern.

■ Einführungsphase

Die Einführungsphase beginnt mit dem Eintritt des Produktes in den Markt. In dieser Phase dauert es einige Zeit, um das Produkt von Marktregion zu Marktregion zu verbreiten und die Abneigung der Kunden, ihr gewohntes Konsumverhalten zu ändern, zu überwinden. In diesem Stadium werden zunächst Verluste oder nur geringe Gewinne erwirtschaftet, da das Absatzvolumen niedrig und die Aufwendungen für die Vermarktung hoch sind. Handelt es sich um ein wirklich neues Produkt, gibt es zunächst noch keine Wettbewerber.

Um dem Produkt den Durchbruch auf dem Markt zu ermöglichen, ist die Werbung das wirksamste Instrument. Daneben gilt es das Distributionsnetz auszubauen. Allgemeine Aussagen zur Preispolitik sind schwierig. In der Regel wird so verfahren, dass Massenkonsumartikel für eine befristete Einführungszeit zu einem niedrigen Preis angeboten werden und bei höherwertigen Gebrauchsgütern eine „Abschöpfungsstrategie" betrieben wird, bei der man später dann die Preise langsam senkt. Das neue Produkt wird meist nur in der Grundausführung hergestellt.

Marketingziel ist es, das Produkt bekannt zu machen und Erstkäufe herbeizuführen.

■ Wachstumsphase

Die Wachstumsphase tritt ein, wenn die Absatzmenge rasch ansteigt. Die Mehrheit der infrage kommenden Kunden beginnt zu kaufen. Die Chance auf hohe Gewinne lockt neue Konkurrenten auf den Markt. Die Preise bleiben aufgrund der regen Nachfrage stabil oder fallen nur geringfügig. Da sich die Kosten der Absatzförderung auf ein größeres Absatzvolumen verteilen und zudem die Fertigungskosten aufgrund der größeren Produktionszahlen sinken, steigen die Gewinne in dieser Phase.

---

1 Potenziell: möglich.

Die Werbung wird in dieser Phase noch nicht nennenswert herabgesetzt. Die Preise werden erhöht, sofern bei Markteintritt eine Niedrigpreispolitik betrieben wurde bzw. abgesenkt, wenn zunächst eine Hochpreispolitik vorgenommen wurde. In der Produktpolitik wird in der Regel so verfahren, dass die Produktqualität verbessert, neue Ausstattungsmerkmale entwickelt und das Design aktualisiert wird.

Marketingziel ist es, einen größtmöglichen Marktanteil zu erreichen.

■ Reife- und Sättigungsphase

Die Reife- und Sättigungsphase lässt sich in drei Abschnitte untergliedern. Im ersten Abschnitt verlangsamt sich das Absatzwachstum, im zweiten Abschnitt kommt es zur Marktsättigung, sodass der Umsatz in etwa konstant bleibt. Im dritten Reifeabschnitt wird der Prozess des Absatzrückgangs eingeleitet. Die Kunden fangen an, sich anderen Produkten zuzuwenden. Dies führt in der Branche zu Überkapazitäten und löst einen verschärften Wettbewerb aus. Die Gewinne gehen zurück. Die schwächeren Wettbewerber scheiden aus dem Markt aus.

Die Wettbewerber versuchen in der Reife- und Sättigungsphase insbesondere durch Produktmodifikationen[1] wie Qualitätsverbesserungen (z.B. bessere Haltbarkeit, Zuverlässigkeit, Geschmack, Geschwindigkeit), Verbesserung der Produktausstattung (z.B. Schiebedach, heizbare Sitze, Klimaanlage und/oder Differenzierung des Produktprogramms (z.B. Schokolade mit unterschiedlichem Geschmack, Formen, Verpackungen) neue Nachfrager zu gewinnen. Daneben werden preispolitische Maßnahmen (z.B. Sonderverkauf, hohe Rabatte, Hausmarken zu verbilligten Preisen) und servicepolitische Maßnahmen (z.B. Einrichtung von Beratungszentren, kürzere Lieferzeiten, großzügigere Lieferungs- und Zahlungsbedingungen) ergriffen. Außerdem werden spezielle Werbemaßnahmen eingesetzt, um bestehende Präferenzen[2] zu erhalten bzw. neue aufzubauen.

Marketingziel ist es, einen größtmöglichen Gewinn zu erzielen, indem die Umsatzkurve „gestreckt" wird, bei gleichzeitiger Sicherung des Marktanteils. Da die hohen Kosten der Markteinführung und des Wachstums weitestgehend entfallen, verspricht diese Phase eine hohe Rentabilität.

■ Rückgangsphase (Degenerationsphase)

In der Rückgangsphase sinkt die Absatzmenge stark ab und Gewinne lassen sich nur noch in geringerem Umfang bzw. gar nicht mehr erwirtschaften. Die Anzahl der Wettbewerber sinkt. Die übrig gebliebenen Anbieter verringern systematisch ihr Produktprogramm, die Werbung wird zunehmend eingeschränkt, die Distributionsorganisation wird ausgedünnt und die Preise werden oft angehoben. Auch starke Preissenkungen können sinnvoll sein.

Als Ursachen für einen Rückgang der Absatzzahlen können der technische Fortschritt, ein veränderter Verbrauchergeschmack oder Änderungen in der Einkommensverteilung, die ihrerseits zu Verschiebungen der Bedarfsstrukturen führt, angesehen werden.

Marketingziel ist es, die Kosten zu senken und gleichzeitig den möglichen Gewinn noch „mitzunehmen".

---

1 Modifikation: Beschränkung, Änderung.
2 Präferenz: Bevorzugung (z.B. bestimmte Produkte und/oder Verkäufer).

(3) Gesamtdarstellung

Den Beginn und das Ende der einzelnen Abschnitte festzulegen ist Ermessenssache. Je nach Produkttyp ist die Dauer der einzelnen Phasen und der Verlauf der Umsatz- und Gewinnkurven unterschiedlich. Der abgebildete s-förmige und „eingipflige" Kurvenverlauf ist daher als ein Spezialfall unter verschiedenen möglichen Verläufen anzusehen. In der Praxis kommt es zu einer Vielzahl davon abweichender Kurvenverläufe (z.B. kann der Verlauf auch steil bzw. flach ansteigend oder steil bzw. flach abfallend sein). Außerdem kann der Kurvenverlauf auch „mehrgipflig" sein.

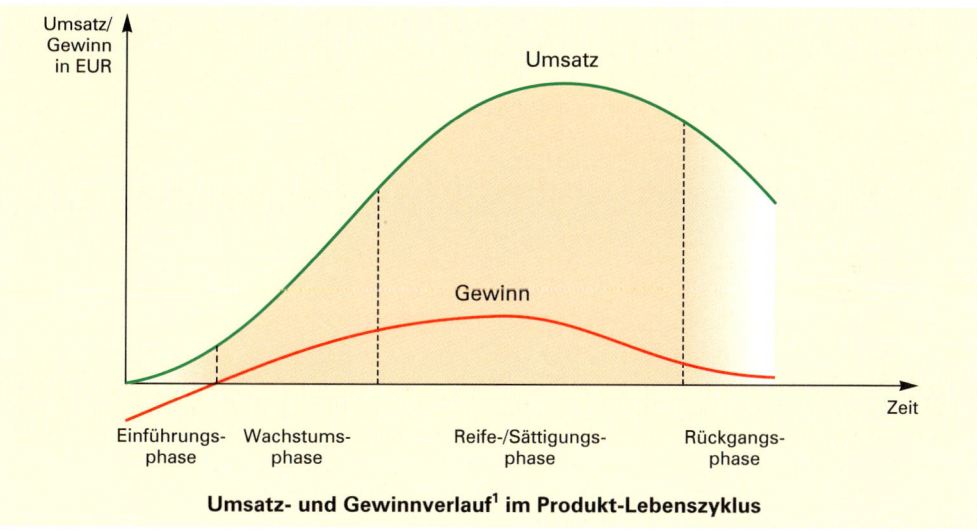

Umsatz- und Gewinnverlauf[1] im Produkt-Lebenszyklus

Die beschriebenen Merkmale, Marketingziele und Marketingstrategien in den Phasen des Produkt-Lebenszyklus sind in der nachfolgenden Übersicht zusammengestellt.[2]

Phases des Produkt-Lebenszyklus			
Einführungs-phase	Wachstums-phase	Reife- und Sättigungsphase	Rückgangs-phase

Merkmale				
Absatzvolumen	gering	schnell ansteigend	Spitzenabsatz	rückläufig
Kosten	hohe Kosten pro Kunde	durchschnittliche Kosten pro Kunde	niedrige Kosten pro Kunde	niedrige Kosten pro Kunde
Gewinne	negativ	steigend	hoch	fallend
Konkurrenten	nur einige	Zahl der Konkurrenten nimmt zu	gleichbleibend, Tendenz nach unten setzt ein	Zahl der Konkurrenten nimmt ab

---

1 Der **reale** Gewinn errechnet sich als Differenz zwischen dem Umsatz zu konstanten Preisen und den Kosten zu konstanten Preisen.

2 Die Tabelle ist angelehnt an Kotler, P., Bliemel, F.: Marketing-Management, 8. Aufl., Stuttgart 1995, S. 586.

Phasen des Produkt-Lebenszyklus			
Einführungs- phase	Wachstums- phase	Reife- und Sättigungsphase	Rückgangs- phase

	Einführungsphase	Wachstumsphase	Reife- und Sättigungsphase	Rückgangsphase
Marketing- ziele	Produkt bekannt machen, Erstkäufe herbeiführen	größtmöglicher Marktanteil	größtmöglicher Gewinn bei gleichzeitiger Sicherung des Marktanteils	Kostensenkung und „Gewinn-mitnahme"
Marketing- investitionen	sehr hoch	hoch (degressiv ansteigend)	mittel (sinkend)	gering
Kernbotschaft der Werbung	neu, innovativ	Bestätigung des Verhaltens	verlässlich, bewährt	Schnäppchen

**Merkmale, Marketingziele und Marketinginvestitionen
in den Phasen des Produkt-Lebenszyklus**

11.7 Portfolioanalyse

11.7.1 Konzept der Portfolioanalyse und -planung

Die Portfolioanalyse[1] sieht das Unternehmen als eine Gesamtheit von strategischen Geschäftseinheiten (SGE).

Merke:

■ Eine **strategische Geschäftseinheit (SGE)** umfasst eine genau abgrenzbare Gruppe von Produkten, für die es einen eigenen Markt und spezifische Konkurrenten gibt.

■ Die strategische Geschäftseinheit bildet eine in sich **homogene Planungseinheit**.

Um die Position der strategischen Geschäftseinheit im Unternehmen bzw. am Markt zu erfassen, wird üblicherweise eine **unternehmensexterne Erfolgsgröße** (z.B. Marktvolumen, Marktwachstum) auf der Ordinate und ein **unternehmensinterner Faktor** (z.B. Marktanteil, relative Wettbewerbsvorteile) auf der Abszisse eingetragen. Durch eine Untergliederung der beiden Komponenten (z.B. hoch, mittel, niedrig) ergeben sich in der Darstellung verschiedene Felder-Matrizen (z.B. bei drei Untergliederungspunkten 9 Felder-Matrizen).

---

1 Der Name Portfolio geht auf den Begriff „Portefeuille" zurück, der oft im Zusammenhang mit Wertpapieren benutzt wird. Er bezeichnet einen Wertpapierbestand, der sich aus verschiedenen Titeln zusammensetzt. So umfasst z.B. das Portefeuille des Georg Arnoldy 10 VW-Aktien, 20 Daimler-Aktien und 30 Bundesanleihen usw.

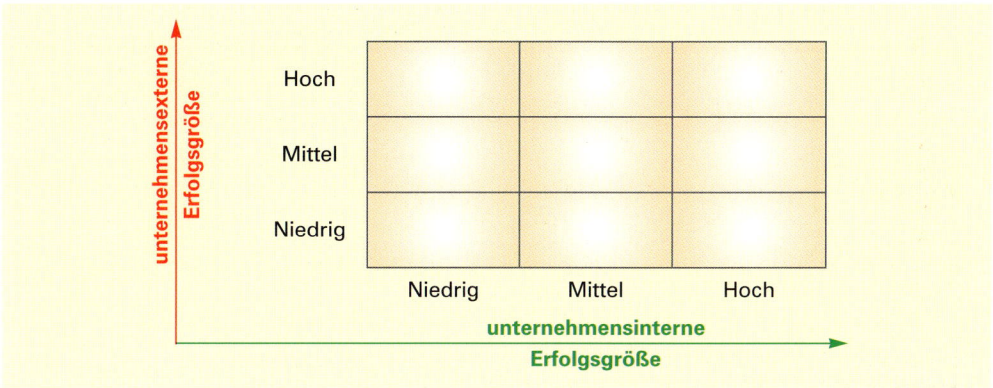

Sind die Erfolgsgrößen bestimmt und die notwendigen Daten erfasst, werden die verschiedenen Geschäftseinheiten beurteilt und in der Matrix positioniert. Ist die Position einer strategischen Geschäftseinheit bestimmt, lassen sich hieraus Marketingstrategien entwickeln, mit deren Hilfe das Management die strategische Geschäftseinheit plant und steuert. Die langfristige, auf eine Geschäftseinheit (auf ein Produkt bzw. eine Produktgruppe) bezogene Planung, bezeichnet man als **Strategieplanung.**

Merke:

■ Die **Portfolio-Methode** ist ein **Analyse-Instrument,** mit dem die gegenwärtige Marktsituation einer strategischen Geschäftseinheit sowie deren Entwicklungsmöglichkeiten untersucht und visualisiert[1] werden.

■ Mit Hilfe der Portfolio-Methode lassen sich **Strategien** entwickeln, mit deren Hilfe das Management eines Unternehmens entscheidet, welche strategischen Geschäftseinheiten (SGE) gefördert, welche erhalten und welche abgebaut werden.[2]

11.7.2 Marktwachstums-Marktanteil-Portfolio[3]

(1) Aufbau

Die Vier-Felder-Portfolio-Matrix, die dem Marktwachstums-Marktanteil-Portfolio zugrunde liegt, gliedert die SGE nach den Kriterien **Marktanteil** und **Marktwachstum** in eine Matrix ein. In der Matrix können die einzelnen SGE vier grundlegend unterschiedliche Positionen einnehmen, die in der Portfolio-Terminologie mit den Bezeichnungen **Questionmarks, Stars, Cashcows** und **Poor Dogs** belegt werden.

Die **horizontale Achse** zeigt den (relativen) Marktanteil der SGE auf, d.h. den eigenen Marktanteil im Verhältnis zu dem größten Konkurrenten. Der Marktanteil dient als Maßstab für die Stärke des Unternehmens im Markt.

Die **vertikale Achse** zeigt den Grad der Wachstumsphase der Produkte an.

---

1 Visuell: das Sehen betreffend.

2 Die Portfolio-Methode erlaubt damit – im Gegensatz zur SWOT-Analyse, die sich primär für eine Analyse einzelner Geschäftsfelder eignet – eine Gesamtübersicht eines Unternehmens.

3 Dieser Portfolio-Ansatz wurde von dem amerikanischen Beratungsunternehmen „Boston-Consulting-Group" entwickelt.

Jeder dieser vier Typen von SGE, die durch diese Art der Matrix gebildet werden, ist eindeutig charakterisiert und mit Strategieempfehlungen als grobe Verhaltensregeln **(Normstrategien)** versehen.

(2) Darstellung des Modells im Einzelnen

■ Questionmarks (Fragezeichen)

Hierunter versteht man Nachwuchsprodukte, die neu auf dem Markt sind. Diese Produkte befinden sich in der *Einführungs- bzw. frühen Wachstumsphase* des Produktlebens-Zyklus. Der relative Marktanteil ist (noch) gering. Man verspricht sich bei ihnen gute Wachstumschancen. Sie sollen daher besonders stark (jedoch selektiv) gefördert werden, was bedeutet, dass die Questionmarks einen hohen Finanzmittelbedarf haben. Der Begriff „Fragezeichen" ist äußerst treffend, denn die Unternehmensleitung muss sich nach einer gewissen Zeit fragen, ob sie weiterhin viel Geld in diese SGE stecken oder den fraglichen Markt verlassen soll **(Offensivstrategie).**

■ Stars (Sterne)

Das sind Produkte, die sich noch in der *Wachstumsphase* befinden. Aus dem anfänglichen „Fragezeichen", das Erfolg hat, wird ein „Star". Ein „Star" ist der Marktführer in einem Wachstumsmarkt. Er erfordert umfangreiche Finanzmittel, um mit dem Marktwachstum Schritt halten zu können. Im Allgemeinen bringen „Stars" schon Gewinne. Die generelle Strategie heißt, den Marktanteil leicht zu erhöhen bzw. zu halten **(Investitionsstrategie).**

■ Cashcows (Kühe, die bares Geld bringen)

Diese Produkte befinden sich in der *Reifephase.* Da der Markt kaum wächst, kommt es darauf an, durch gezielte Erhaltungsinvestitionen die erreichte Marktposition zu halten. Dadurch lassen sich Finanzmittel erwirtschaften. Cashcows stellen deshalb die Finanzquelle eines Unternehmens dar. Man lässt sie so lange „laufen", wie sie noch Gewinn bringen **(Abschöpfungsstrategie).**

■ Poor Dogs (arme Hunde)

Sie weisen nur noch einen geringen Marktanteil und eine geringe Wachstumsrate auf. Es bestehen keine Wachstumschancen mehr. Die Produkte befinden sich in der späten **Reife- bzw. Degenerationsphase.** Die Produktion der Poor Dogs sollte eingestellt werden **(Desinvestitionsstrategie).**

(3) Beziehungen zwischen der Portfolio-Analyse und dem Konzept des Produkt-Lebenszyklus

Die nachfolgende Darstellung zeigt, dass durch die Portfolio-Analyse das Konzept des Produkt-Lebenszyklus ergänzt wird. Die nachfolgende Matrix zeigt den Zusammenhang zwischen den beiden Konzeptionen sowie die inhaltliche Aussage des Marktwachstums-Marktanteil-Portfolios auf.

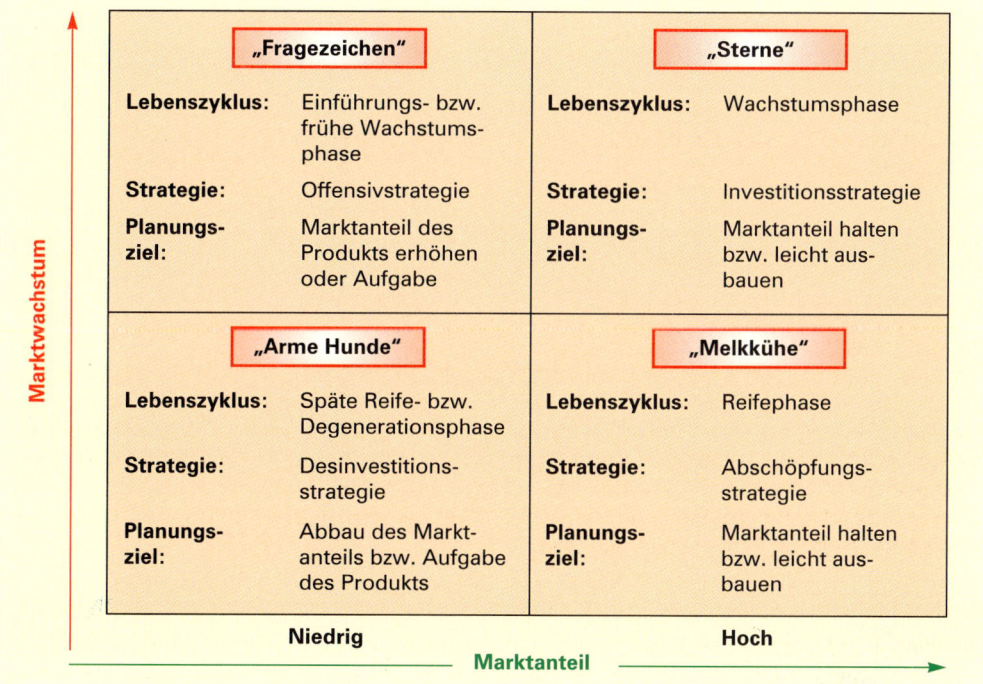

(4) Generelle Zielsetzung des Modells

Nachdem das Unternehmen alle seine strategischen Geschäftseinheiten in die Marktwachstums-Marktanteil-Matrix eingeordnet hat, gilt es festzustellen, ob das Portfolio ausgeglichen ist.

Das Portfolio ist dann *ausgeglichen,* wenn das Wachstum eines Unternehmens gesichert ist und ein Risikoausgleich zwischen den verschiedenen SGE besteht. Ein Portfolio wäre dann *nicht ausgeglichen,* wenn in der Matrix zu viele „arme Hunde" oder „Fragezeichen" bzw. zu wenig „Sterne" und „Melkkühe" existieren.

Ziel eines Unternehmens muss es daher sein, die einzelnen SGE so zu positionieren, dass es zu einer möglichst optimalen Kombination von „kapitalliefernden" SGE in zurückgehenden Märkten und „kapitalverbrauchenden" SGE in Wachstumsmärkten kommt. Nur in diesem Fall kann der Unternehmenserfolg langfristig als gesichert angesehen werden.

(5) Kritische Anmerkungen

Das hier vorgestellte Marktwachstums-Marktanteil-Portfolio hat verschiedene **Vorteile:**

- Der Unternehmensleitung wird z.B. dazu verholfen, zukunfts- und strategieorientiert zu denken,
- die aktuelle Geschäftssituation zu erfahren,
- Chancen und Risiken zu erkennen,
- die Planungsqualität zu steigern,
- die Kommunikation zwischen der Unternehmensleitung und den einzelnen strategischen Geschäftseinheiten zu verbessern,
- die anstehenden Probleme schneller auszumachen,
- die schwachen Geschäftseinheiten zu eliminieren und die vielversprechenden durch gezielte Investitionen zu fördern.

Den Vorteilen stehen auch **Nachteile** gegenüber:

- Eine Eingliederung der SGE in die Matrix hängt von der Gewichtung der einzelnen Faktoren ab und diese ist teilweise subjektiv. Man kann also eine SGE in eine gewünschte Position hineinmanipulieren.
- Es kann geschehen, dass sich die Unternehmensleitung zu stark auf die Wachstumsmärkte konzentriert und dabei andere Geschäftseinheiten vernachlässigt.
- Die (synergetischen)[1] Verflechtungen zwischen den einzelnen SGE bleiben völlig unberücksichtigt. Es kann somit riskant sein, für eine SGE unabhängige, von den übrigen Bereichen „losgelöste" Entscheidungen zu treffen. Eine solche Entscheidung kann nämlich für eine SGE eine positive und für eine andere SGE eine negative Wirkung haben.

Zusammenfassung

- **Marketingziele** formulieren eine angestrebte, künftige **Marktsituation,** die vor allem durch den Einsatz der absatzpolitischen Instrumente erreicht werden soll.

- Je nachdem, ob die Marketingziele rechnerisch bestimmbar sind, untergliedert man in **ökonomische (quantitative) Ziele** und in **psychografische (qualitative) Ziele.**

- Aus Sicht des Marketings stellt ein **Produkt** eine Summe von **nutzenstiftenden Eigenschaften** dar.

- In Zeiten gesättigter Märkte rücken bei der **Gestaltung des Produktprogramms** absatzwirtschaftliche Überlegungen in den Vordergrund, wie z.B. Kaufmotive, Zusatznutzen, Marktnischen.

- Produktpolitische Entscheidungen orientieren sich am **Lebenszyklus eines Erzeugnisses.** Das Nachfolgeprodukt muss am Markt eingeführt werden, solange sich das aktuelle Erzeugnis noch in der Reifephase befindet.

- Die **Portfolioanalyse** ist ein Instrument der strategischen Planung. Sie ergänzt die Erkenntnisse aus der Lebenszyklusanalyse und unterstützt die Unternehmensleitung bei programmpolitischen Entscheidungen.

---

1 Synergie: Ein Synergieeffekt liegt vor, wenn sich Maßnahmen, die in die gleiche Richtung wirken, in der Kombination verstärken. **Beispiel:** Durch die Kombination der Vertriebsmannschaften zweier Geschäftseinheiten wird der Absatz größer, als wenn beide Geschäftseinheiten getrennt vorgehen würden.

219
1. Welche Zielsetzung verfolgt das Konzept des Produkt-Lebenszyklus?
2. Worin unterscheidet sich das Marktwachstums- und Marktanteil-Portfolio von der Theorie der Lebenszyklen der Produkte?
3. Wie kann der Lebenszyklus eines Produkts verlängert werden? Beantworten Sie diese Frage, indem Sie ein Beispiel bilden!

220
1. Beschreiben Sie die Grundidee der Portfolio-Methode!
2. Skizzieren Sie die Grundaussage der vier strategischen Geschäftseinheiten der Markt-wachstums-Marktanteil-Matrix!
3. Beschreiben Sie die generelle Strategie, die in den einzelnen Matrix-Feldern jeweils angemessen ist!
4. Die acht Kreise in der vorgegebenen Marktwachstums-Marktanteil-Matrix symbolisieren die acht Geschäftseinheiten der Chemie Chemnitz AG.

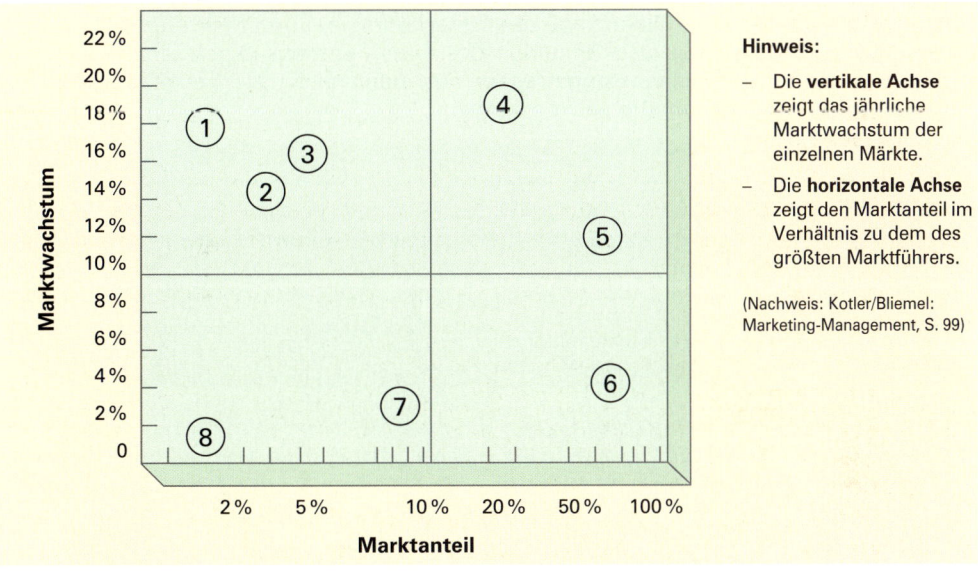

Hinweis:

– Die **vertikale Achse** zeigt das jährliche Marktwachstum der einzelnen Märkte.

– Die **horizontale Achse** zeigt den Marktanteil im Verhältnis zu dem des größten Marktführers.

(Nachweis: Kotler/Bliemel: Marketing-Management, S. 99)

Aufgabe:
Bewerten Sie die langfristigen Erfolgsaussichten der Chemie Chemnitz AG!

5. Übertragen Sie das Portfolio von Aufgabe 4 (ohne Kreise) in Ihr Hausheft. Tragen Sie anschließend die folgenden Daten der Limonadenwerke Leberer GmbH in das Portfolio ein:

Nr.	Produkt	Marktanteil	Marktwachstum
1	Zitronengetränk	40 %	16 %
2	Orangengetränk	5 %	14 %
3	Multivitaminsaft	2 %	12 %
4	Grapefruitsaft	8 %	5 %
5	Apfelsaft	20 %	6 %

Aufgaben:
5.1 Beurteilen Sie das Produktprogramm der Limonadenwerke Leberer GmbH!
5.2 Formulieren Sie Empfehlungen für die zukünftig anzuwendenden Marketingstrategien!

37 Speth – ISBN 978-3-8120-0491-6

12 Jahresabschluss und Bewertung

12.1 Überblick über die Arbeiten am Jahresabschluss

(1) Gliederung des Jahresabschlusses

Nach den handelsrechtlichen Vorschriften hat jedes Unternehmen die Pflicht, für den Schluss des Geschäftsjahres einen **Jahresabschluss** aufzustellen. Er umfasst bei **Einzelunternehmen** und **Personengesellschaften** (OHG, KG) die **Bilanz** und die **Gewinn- und Verlustrechnung** [§ 242 HGB]. Bei **Kapitalgesellschaften** (GmbH, AG) gehört zum Inhalt des Jahresabschlusses zusätzlich noch der **Anhang** [§ 264 I HGB].[1]

■ Erstellen einer Bilanz

Die Bilanz weist die Höhe des Vermögens sowie das Eigen- und Fremdkapital zum **Bilanzstichtag** aus. Die Bilanz ist somit eine **Zeitpunktrechnung**. Die Bilanz muss die tatsächliche **Vermögens- und Finanzlage** des Unternehmens vermitteln. Dazu ist es erforderlich, die Vermögensteile und Schulden des Unternehmens durch eine **Inventur** zu ermitteln. Hierbei treten **Bewertungsfragen**[2] auf, denn nicht alle Vermögensteile und Schulden lassen sich wertmäßig exakt erfassen.

Beispiele:

Im Laufe des Geschäftsjahres hat ein Unternehmen einen Lkw im Wert von 150 000,00 EUR angeschafft. Am Ende des Geschäftsjahres muss festgelegt werden, mit welchem Wert der Lkw in der Bilanz auszuweisen ist, d.h., es gilt den Wertverlust (Abschreibung) festzulegen und von den Anschaffungskosten zu subtrahieren.

Ein Unternehmen hat an einen Kunden Erzeugnisse im Wert von 20 000,00 EUR verkauft. Die Forderungen werden zweifelhaft, da der Kunde Insolvenz beantragt hat. Da die Forderung nur mit dem Wert in die Bilanz aufgenommen werden darf, den das Unternehmen noch erwarten kann, muss der Forderungseingang bewertet werden. Der restliche – vermutlich verlorene – Forderungsbetrag ist abzuschreiben.

Ein Unternehmen hat bei der Lieferung eines Automaten eine Garantieverpflichtung gegenüber dem Kunden übernommen. Da das Unternehmen nicht weiß, ob und gegebenenfalls in welcher Höhe es für einen auftretenden Schaden einzutreten hat, muss es in der Bilanz eine Rückstellung (ungewisse Verbindlichkeit) einstellen.

■ Erstellen einer Gewinn- und Verlustrechnung

Die Gewinn- und Verlustrechnung weist alle **Aufwendungen** und **Erträge** des **Geschäftsjahres** aus und zeigt damit die Quellen des Jahreserfolges auf. Die Gewinn- und Verlustrechnung ist eine **Zeitraumrechnung**.

■ Erstellen eines Anhangs

Kapitalgesellschaften müssen neben der Bilanz und der Gewinn- und Verlustrechnung zusätzlich noch einen Anhang erstellen. Er hat die Aufgabe, bestimmte **Einzelposten der Bilanz** und **GuV-Rechnung** näher zu erläutern.

---

1 Darüber hinaus müssen alle Kapitalgesellschaften ihren Jahresabschluss zusätzlich durch einen **Lagebericht** ergänzen (§ 264 I, S. 1 in Verbindung mit § 289 HGB). Der Lagebericht gilt aber **nicht** als **Bestandteil des Jahresabschlusses**.
2 Die Bewertung wird im Kapitel 12.2, Seite 579ff. dargestellt.

Nach § 284 II HGB sind Angaben hinsichtlich aller ausgeübten **Bilanzierungs- und Bewertungsmethoden** erforderlich, also beispielsweise,

- ob Gegenstände zu Anschaffungs- und Herstellungskosten oder mit niedrigeren Werten angesetzt werden und ob staatliche Zuschüsse die Anschaffungs- und Herstellungskosten vermindert haben,

- welche Bestandteile in den Herstellungskosten enthalten sind,

- nach welcher Methode die planmäßigen Abschreibungen vorgenommen werden,

- wie geringwertige Vermögensgegenstände behandelt werden,

- welche Nutzungsdauer durchschnittlich zugrunde gelegt wird,

- nach welchen Grundlagen die Umrechnung von fremden Währungsbeträgen erfolgt,

- wie Rückstellungen bewertet werden.

(2) Jahresabschlussanalyse[1]

Nach dem Aufstellen des Jahresabschlusses hat der Unternehmer die Aufgabe, die wirtschaftlichen Verhältnisse seines Unternehmens zu beurteilen.

Um tiefere Einblicke in die wirtschaftlichen Verhältnisse eines Unternehmens zu gewinnen, werden bestimmte Zahlen bzw. zusammengefasste Zahlengruppen zueinander in Beziehung gesetzt, die als **Kennzahlen** bezeichnet werden. Die Beurteilung eines Unternehmens aufgrund solcher Kennzahlen wird als **Jahresabschlussanalyse** bezeichnet.

Die Jahresabschlussanalyse dient z.B. als Grundlage für Unternehmensentscheidungen, Finanzierungsentscheidungen, die Gewinnverteilung oder die Steuerermittlung.

12.2 Bewertung

12.2.1 Problemstellung

Merke:

- **Bewerten** ist eine **Tätigkeit,** die das Ziel hat, den **Wert einer Sache** festzustellen.

- Feststellen bedeutet, dass der **Bewertende** entweder eine Entscheidung treffen kann, indem er **selbst den Wert zumisst,** oder dass er den **vorgefundenen Wert festhält und überträgt.**

Die im Zusammenhang mit der Bewertung zu treffenden Entscheidungen beeinflussen sowohl die Bilanz als auch die Gewinn- und Verlustrechnung.

---

1 Die Jahresabschlussanalyse wird im Kapitel 12.3, S. 609ff. dargestellt.

An der Entscheidung über die Bewertung der noch nicht verkauften Fertigerzeugnisse der Geschäftsperiode wollen wir die Auswirkungen der Bewertung aufzeigen. Der Einfachheit halber gehen wir von folgenden zusammengefassten Werten aus:

Material- und Fertigungseinzelkosten	22 500,00 EUR
Material- und Fertigungsgemeinkosten	33 500,00 EUR
Abschreibungen aufgrund der Fertigung	7 500,00 EUR
Allgemeine Verwaltungskosten	1 400,00 EUR
Soziale Aufwendungen	2 100,00 EUR
Aufwendungen betrieblicher Altersversorgung	1 000,00 EUR
Übrige Vermögensposten am Ende der Geschäftsperiode	615 000,00 EUR
Schulden (Fremdkapital) am Ende der Geschäftsperiode	400 000,00 EUR
Eigenkapital am Anfang der Geschäftsperiode	230 000,00 EUR

Die Fertigerzeugnisse sind nach dem Handelsrecht [§ 255 II, IIa, III HGB] mit den **Herstellungskosten** zu bewerten. Zu den Herstellungskosten, die **aktivierungspflichtig** sind, zählen die Material- und Fertigungseinzelkosten, die Material- und Fertigungsgemeinkosten sowie die Abschreibungen aufgrund der Fertigung. Für die allgemeinen Verwaltungskosten, die sozialen Aufwendungen und die Aufwendungen für die betriebliche Altersversorgung besteht ein **Aktivierungswahlrecht.**[1]

Aufgabe:

Stellen Sie dar, wie sich die unterschiedliche Bewertung der Fertigerzeugnisse auf das Vermögen und den Erfolg auswirken!

Lösung:

Entscheidung I:

Der Bestand an Fertigerzeugnissen wird mit den aktivierungspflichtigen Kosten in Höhe von 63 500,00 EUR bewertet (Wertuntergrenze).

Entscheidung II:

Der Bestand an Fertigerzeugnissen wird mit den verursachten Gesamtkosten in Höhe von 68 000,00 EUR bewertet (Wertobergrenze).

Aufstellung der Schlussbilanz auf der Grundlage der Entscheidung I:

Aktiva	Schlussbilanz		Passiva
Fert.-erzeugn.	63 500,00	Eigenkapital	278 500,00
Übr. Verm.-P.	615 000,00	Schulden	400 000,00
	678 500,00		678 500,00

Aufstellung der Schlussbilanz auf der Grundlage der Entscheidung II:

Aktiva	Schlussbilanz		Passiva
Fert.-erzeugn.	68 000,00	Eigenkapital 283 000,00	
Übr. Verm.-P.	615 000,00	Schulden	400 000,00
	683 000,00		683 000,00

Erkenntnisse:

Die wichtigste Erkenntnis aus den beiden Entscheidungen besteht darin, dass bei der Bilanz auf der Grundlage der Entscheidung II das Eigenkapital um 4 500,00 EUR höher ist als bei der Entscheidung I. Das bedeutet gleichzeitig, dass auch der Gewinn auf der Grundlage der Entscheidung II um 4 500,00 EUR höher ausfällt als bei der Entscheidung I, was durch nachfolgende Rechnung bewiesen wird.

---

1 Eine Darstellung der Bewertung von Fertigerzeugnissen erfolgt auf S. 593ff.

Ergebnisermittlung auf der Grundlage der Entscheidung I:		Ergebnisermittlung auf der Grundlage der Entscheidung II:	
Eigenkapital am Ende	278 500,00 EUR	Eigenkapital am Ende	283 000,00 EUR
– Eigenkapital am Anfang	230 000,00 EUR	– Eigenkapital am Anfang	230 000,00 EUR
Ergebnis (Gewinn)	48 500,00 EUR	Ergebnis (Gewinn)	53 000,00 EUR

Der Unterschied bei der Ergebnisermittlung in Höhe von 4500,00 EUR ist ausschließlich auf die unterschiedliche Bewertung der Fertigerzeugnisse zurückzuführen.

Merke:

- Eine **niedrige Bewertung** führt zu **niedrigeren Vermögenswerten** und damit auch zu einem **niedrigeren Eigenkapital.**

- Das bedeutet gleichzeitig eine **Verringerung des Gewinnes** bzw. eine **Erhöhung des Verlusts.**

- Bei einer vergleichsweise **höheren Bewertung** tritt die **entgegengesetzte Wirkung** ein.

Um willkürliche Wertansätze zu verhindern, hat der Gesetzgeber **Bewertungs- und Bilanzierungsvorschriften** erlassen.

- Die **handelsrechtlichen** Bewertungs- und Bilanzierungsvorschriften sollen dazu beitragen, die Gesellschafter, Eigentümer, Gläubiger und die Öffentlichkeit über die Vermögens-, Finanz- und Ertragslage des Unternehmens zu informieren. Vor allem soll eine zu hohe Bewertung des Vermögens und zu niedrige Bewertung der Verbindlichkeiten zum Schutz der Gesellschafter und Gläubiger verhindert werden.

- Die **steuerrechtlichen** Bewertungs- und Bilanzierungsvorschriften ermöglichen der Finanzverwaltung die Festlegung der Besteuerungsgrundlagen. Sie sollen damit die Gleichbehandlung aller Steuerpflichtigen gewährleisten **(Gedanke der Steuergerechtigkeit)** und insbesondere einen zu geringen Gewinnausweis verhindern.[1]

Übungsaufgabe

221 1. Geben Sie den Zweck der Bewertung an!

2. Aus welchem Grund erlässt der Staat handelsrechtliche Bewertungsvorschriften?

3. Aus welchem Grund erlässt der Staat steuerrechtliche Bewertungsvorschriften?

4. Nennen Sie die Adressaten der verschiedenen Bilanzen!

5. Zeigen Sie an einem selbst gewählten Beispiel den Zusammenhang von Bewertung, Eigenkapital und Erfolg auf!

---

1 Es wird nur die Bewertung nach Handelsrecht dargestellt. Auf die Bewertung nach Steuerrecht wird im Folgenden nicht eingegangen.

12.2.2 Bewertung von Gegenständen des Anlagevermögens

12.2.2.1 Berechnung der Anschaffungskosten

Den einzelnen Bewertungsvorschriften ist im § 253 I HGB eine allgemeine Bewertungsregel, die für alle Vermögensgegenstände gilt, vorangestellt. Sie besagt:

> **Merke:**
>
> **Vermögensgegenstände** sind **höchstens** mit ihren **Anschaffungskosten, vermindert um Abschreibungen,** anzusetzen **(Anschaffungswertprinzip).** Die Anschaffungskosten stellen somit eine **Höchstgrenze** (Bewertungsobergrenze) dar, die auch dann nicht überschritten werden darf, wenn die Wiederbeschaffungskosten über den Anschaffungskosten liegen.

Die **Anschaffungskosten** bestimmen sich nach § 255 I HGB. Sie werden danach wie folgt berechnet:

Anschaffungspreis:	Nettopreis ohne Umsatzsteuer[1]
− Anschaffungspreisminderungen:	z. B. Rabatte, Skonti, Boni, sonstige Nachlässe.
+ Anschaffungsnebenkosten:	Typische Beispiele sind: Transport-, Umbau-, Montagekosten, Aufwendungen für Provisionen, Notariats-, Gerichts- und Registerkosten.
= Anschaffungskosten	

Finanzierungskosten (z. B. Kreditzinsen, Diskont, Gebühren) gehören **nicht** zu den Anschaffungskosten.

> **Beispiel 1:**
>
> Die Hans Fricker KG kauft Lagerregale bei der Stelzer OHG gegen Rechnungsstellung. Nettopreis: 18 500,00 EUR zuzüglich 19 % USt. Der Montagebetrieb Robert Heer KG berechnet an Transportkosten: 410,00 EUR zuzüglich 19 % USt und an Montagekosten: 820,00 EUR zuzüglich 19 % USt.
>
> Die Rechnung der Stelzer OHG wird durch Banküberweisung unter Abzug von 3 % Skonto beglichen, die Rechnung des Montagebetriebs Robert Heer KG wird ohne Abzug bar bezahlt.
>
> **Aufgabe:**
>
> Berechnen Sie die Anschaffungskosten!

Lösung:

Berechnung der Anschaffungskosten:

Anschaffungspreis			18 500,00 EUR
+ Anschaffungsnebenkosten:	Transportkosten	410,00 EUR	
	Montagekosten	820,00 EUR	1 230,00 EUR
vorläufige Anschaffungskosten			19 730,00 EUR
− 3 % Skonto aus 18 500,00 EUR			555,00 EUR
= Anschaffungskosten			19 175,00 EUR

---

1 Der Vorsteuerbetrag, soweit er bei der Umsatzsteuer abgezogen werden kann, gehört nach § 10 I UStG nicht zu den Anschaffungskosten (dem „aufgewendeten Entgelt des Leistungsempfängers").

Beispiel 2:

Die Apparatebau Werner AG kauft einen Pkw für einen Handlungsreisenden und vereinbart mit dem Verkäufer, dass die Lieferung des zugelassenen Pkws mit Bankscheck beglichen wird.

Der Verkäufer stellt der Apparatebau Werner AG in Rechnung: Listenpreis 24 500,00 EUR, Überführungskosten 280,00 EUR, Kosten für die Nummernschilder 48,00 EUR jeweils zuzüglich 19 % USt. Außerdem die Zulassungsgebühren von 50,00 EUR, für die keine Umsatzsteuer anfällt.

Aufgabe:

Wie viel EUR betragen die aktivierungspflichtigen Anschaffungskosten?

Lösung:

Berechnung der Anschaffungskosten:

Anschaffungspreis			24 500,00 EUR
+ Anschaffungsnebenkosten:	Überführungskosten	280,00 EUR	
	Kosten für die Nummernschilder	48,00 EUR	
	Zulassungsgebühren	50,00 EUR	378,00 EUR
= Anschaffungskosten			24 878,00 EUR

12.2.2.2 Allgemeine Bewertungsregel zur Bewertung des Anlagevermögens

Den einzelnen Bewertungsvorschriften ist im § 253 I, S. 1 HGB eine **allgemeine Bewertungsregel,** die für alle Vermögensgegenstände gilt, vorangestellt. Sie besagt:

Merke:

- **Vermögensgegenstände** sind **höchstens** mit ihren **Anschaffungs- oder Herstellungskosten,** vermindert um **Abschreibungen,** anzusetzen.

- Die **Anschaffungs- oder Herstellungskosten**[1] stellen somit eine **Höchstgrenze (Bewertungsobergrenze)** dar, die auch dann nicht überschritten werden darf, wenn die Wiederbeschaffungskosten über den Anschaffungskosten liegen **(Anschaffungskostenprinzip).**

12.2.2.3 Bewertung des abnutzbaren Anlagevermögens

Beim **abnutzbaren Anlagevermögen** ist die **Nutzung zeitlich begrenzt** (z. B. Betriebsgebäude, Maschinen, Fuhrpark, Betriebs- und Geschäftsausstattung).

(1) Bilanzwerte auf der Grundlage planmäßiger Abschreibungen

Merke:

- Grundsätzlich sind die **abnutzbaren Anlagegegenstände planmäßig** nach ihrer betriebsgewöhnlichen Nutzungsdauer **abzuschreiben** [§ 253 III, S. 1 und S. 2 HGB]. Der Plan muss die Anschaffungs- oder Herstellungskosten auf die Geschäftsjahre verteilen, in denen der Vermögensgegenstand voraussichtlich genutzt werden kann.

---

1 Vgl. hierzu die Ausführungen auf S. 593ff.

■ Zum **Bilanzstichtag** sind die Anlagegüter grundsätzlich mit den **fortgeführten Anschaffungskosten** anzusetzen.

Beispiel:

Kauf einer Büroeinrichtung am Anfang des Geschäftsjahres für 78 000,00 EUR zuzüglich 19 % USt; betriebsgewöhnliche Nutzungsdauer: 13 Jahre; lineare Abschreibung.	**Aufgabe:** Mit welchem Wert muss die Büroeinrichtung am Ende des 1. Nutzungsjahres (Nj.) bilanziert werden?

Lösung:

Anschaffungskosten	78 000,00 EUR
– planmäßige Abschreibung	6 000,00 EUR
fortgeführte Anschaffungskosten zum 31. Dezember des 1. Nj.	72 000,00 EUR

Als Abschreibungsverfahren sind sowohl **zeitbezogene** (lineare Abschreibung, degressive Abschreibung)[1] als auch **leistungsbezogene Abschreibungen** (Abschreibung nach Leistungseinheiten) zulässig.

(2) Bilanzwerte auf der Grundlage außerplanmäßiger Abschreibung

■ **Außerplanmäßige Abschreibung bei vorübergehender Wertminderung**

Merke:

Außerplanmäßige Abschreibungen **können** bei einer **vorübergehenden Wertminderung** nur bei **Finanzanlagen** vorgenommen werden [§ 253 III, S. 4 HGB] **(„eingeschränktes" Niederstwertprinzip).**[2] Es handelt sich um ein **Bewertungswahlrecht.**

Beispiel 1: Vorübergehende Wertminderung beim Anlagevermögen

Die Franz Buschmann OHG kauft zu Beginn der Geschäftsperiode einen Pkw für 48 000,00 EUR zuzüglich 19 % USt; betriebsgewöhnliche Nutzungsdauer: 6 Jahre; lineare Abschreibung.

Infolge einer kurzfristigen Wirtschaftsflaute sind die Marktpreise für Pkw allgemein gesunken. Der Marktpreis für den Pkw liegt am Ende des 2. Nutzungsjahres bei ca. 30 000,00 EUR.

Aufgabe:

Mit welchem Wert kann der Pkw am Ende des 2. Nutzungsjahres bilanziert werden?

---

1 Aufgrund eines Maßnahmenbündels zur Stärkung der Konjunktur ist die degressive Abschreibung – **befristet für die Jahre 2009 und 2010** – steuerrechtlich erlaubt. Demnach ist es möglich, bewegliche Wirtschaftsgüter, die in diesem Zeitraum angeschafft werden, **steuerlich degressiv** abzuschreiben. Die degressive Abschreibung beträgt das 2,5-fache der linearen Abschreibung, maximal 25 %.

2 Diese Regelung gilt für sämtliche Rechtsformen in gleicher Weise.

Lösung:

Eine außerplanmäßige Abschreibung darf nicht vorgenommen werden. Bilanziert wird mit den fortgeführten Anschaffungskosten in Höhe von 32 000,00 EUR.

Anschaffungskosten	48 000,00 EUR
– planmäßige Abschreibung zum 31. Dez. des 1. Nj.	8 000,00 EUR
fortgeführte Anschaffungskosten zum 31. Dez. des 1. Nj.	40 000,00 EUR
– planmäßige Abschreibung zum 31. Dez. des 2. Nj.	8 000,00 EUR
fortgeführte Anschaffungskosten zum 31. Dez. des 2. Nj.	32 000,00 EUR

Beispiel 2: Vorübergehende Wertminderung bei Finanzanlagen

Die Fritz Hulter GmbH kauft zur langfristigen Anlage Aktien im Nennwert von 80 000,00 EUR zum Kurs von 14,20 EUR. Der Nennwert je Aktie beträgt einen Euro. Am Bilanzstichtag notiert die Aktie mit 12,50 EUR.

Aufgabe:

Mit welchem Wert können die Aktien am Bilanzstichtag bilanziert werden?

Lösung:

Die Aktien können weiterhin mit den **Anschaffungskosten** bilanziert werden: 80 000,00 EUR · 14,20 EUR = 1 136 000,00 EUR.

Wird das **Bewertungswahlrecht genutzt** und eine außerplanmäßige Abschreibung vorgenommen, werden die Wertpapiere mit 80 000,00 EUR · 12,50 EUR = 1 000 000,00 EUR bilanziert.

Vorübergehende Wertminderung beim Anlagevermögen	
§ 253 III, S. 4 HGB	■ **Wahlrecht** für außerplanmäßige Abschreibung bei vorübergehender Wertminderung bei **Finanzanlagen.** ■ **Verbot** für außerplanmäßige Abschreibung bei vorübergehender Wertminderung beim **sonstigen Anlagevermögen.**

■ Außerplanmäßige Abschreibung bei voraussichtlich dauernder Wertminderung

Merke:

Eine außerplanmäßige Abschreibung muss vorgenommen werden, wenn es sich um eine voraussichtlich **dauernde Wertminderung** handelt (**strenges Niederstwertprinzip** [§ 253 III, S. 3 HGB].

Beispiel:

Die Hugo Prompt KG kauft zu Beginn der Geschäftsperiode einen Kombiwagen für 30 000,00 EUR zuzüglich 19 % USt; betriebsgewöhnliche Nutzungsdauer: 6 Jahre; lineare Abschreibung.

Da inzwischen ein neues Modell mit erheblichen technischen Verbesserungen auf den Markt gebracht wurde, ist der Marktwert des alten Modells nachweislich gesunken. Der Kombiwagen hat daher am Ende des 2. Nutzungsjahres einen Wert von ca. 13 000,00 EUR.

Aufgaben:

1. Mit welchem Wert ist der Kombiwagen am Ende des 2. Nutzungsjahres zu bilanzieren?
2. Welche Auswirkungen hat diese Bewertung auf das Unternehmensergebnis?

Zu 1.: **Handelsbilanz:**

Anschaffungskosten	30 000,00 EUR
– planmäßige Abschreibung zum 31. Dez. des 1. Nj.	5 000,00 EUR
fortgeführte Anschaffungskosten zum 31. Dez. des 1. Nj.	25 000,00 EUR
– planmäßige Abschreibung zum 31. Dez. des 2. Nj.	5 000,00 EUR
– außerplanmäßige Abschreibung zum 31. Dez. des 2. Nj.	7 000,00 EUR
Wertansatz zum 31. Dez. des 2. Nj.	13 000,00 EUR

Zu 2.: Das Unternehmensergebnis verschlechtert sich zusätzlich um 7 000,00 EUR.

Obwohl der Kombiwagen noch nicht zu dem niedrigen Wert verkauft ist, muss der Wert wegen der dauernden Wertminderung und aus Gründen kaufmännischer Vorsicht herabgesetzt werden. Das **Niederstwertprinzip** führt somit zum **Ausweis** eines **noch nicht realisierten** (entstandenen) **Verlustes.**

Voraussichtlich dauernde Wertminderung beim Anlagevermögen	
§ 253 III, S. 3 HGB	**Pflicht** zur **außerplanmäßigen Abschreibung** bei voraussichtlich dauernder Wertminderung.

12.2.2.4 Bewertung des nicht abnutzbaren Anlagevermögens

Beim **nicht abnutzbaren Anlagevermögen** ist die **Nutzung zeitlich unbegrenzt** (z.B. Grundstücke, Beteiligungen).

(1) Allgemeine Bewertungsregel

Merke:

- Beim **nicht abnutzbaren Anlagevermögen** ist die Nutzung **zeitlich unbegrenzt** (z.B. Grundstücke, Beteiligungen). Nicht abnutzbares Anlagevermögen ist **höchstens** mit den **Anschaffungs- bzw. Herstellungskosten** anzusetzen, d.h., eine **planmäßige Abschreibung** ist **nicht erlaubt.**

- Ist dem Vermögensgegenstand am Bilanzstichtag dauerhaft ein niedrigerer Wert beizumessen, muss handelsrechtlich abgeschrieben werden [§ 253 III, S. 3 HGB]. Es gilt das strenge Niederstwertprinzip.

Beispiel:

Ein Betriebsgrundstück steht mit 500 000,00 EUR Anschaffungskosten zu Buche. Da die Gemeinde für dieses Betriebsgrundstück überraschend ein Bauverbot beschlossen hat, tritt eine dauernde Wertminderung ein.

Der Tageswert beträgt zum 31. Dez. nur noch 300 000,00 EUR.

Aufgabe:

Mit welchem Wert ist das Grundstück am 31. Dezember zu bilanzieren?

Anschaffungskosten des Grundstücks	500 000,00 EUR
– außerplanmäßige Abschreibung	200 000,00 EUR
Buchwert zum 31. Dezember	**300 000,00 EUR**

(2) Besonderheiten bei der Bewertung von bebauten Grundstücken

Bei bebauten Grundstücken ist bei der Ermittlung des Buchwertes zwischen dem abnutzbaren Gebäude und dem nicht abnutzbaren Grundstück zu unterscheiden. Rechtlich gesehen sind bebaute Grundstücke als eine Einheit anzusehen. Bei der Bewertung muss jedoch das Grundstück als nicht abnutzbarer Vermögensgegenstand vom Gebäude getrennt werden, weil das Gebäude als abnutzbarer Vermögensgegenstand planmäßig abgeschrieben werden muss.

Beispiel:

Die Essener Textil AG hat am 1. Januar eine Lagerhalle von einem Wettbewerber übernommen. Der Kaufpreis in Höhe von 2 100 000,00 EUR verteilt sich auf Grund und Boden in Höhe von 800 000,00 EUR und einen Gebäudewert von 1 300 000,00 EUR. Die Anschaffungsnebenkosten betragen insgesamt 129 990,00 EUR.

Aufgaben:

1. Berechnen Sie die Anschaffungskosten von Gebäude und Grundstück!
2. Die Nutzungsdauer des Gebäudes beträgt 40 Jahre, die Abschreibung erfolgt linear. Mit welchem Wert ist das bebaute Grundstück zu Beginn des 2. Jahres anzusetzen?

Lösungen:

Zu 1.: Aufteilung der Anschaffungsnebenkosten

Grund und Boden	800 000,00 EUR	→	8 Teile	→	49 520,00 EUR	←	8 · 6 190
Gebäude	1 300 000,00 EUR	→	13 Teile	→	80 470,00 EUR	←	13 · 6 190
			21 Teile	≙	129 990,00 EUR		
			1 Teil	≙	6 190,00 EUR		

Berechnung der Anschaffungskosten

Grund und Boden	800 000,00 EUR	+ 49 520,00 EUR	=	849 520,00 EUR
Gebäude	1 300 000,00 EUR	+ 80 470,00 EUR	=	1 380 470,00 EUR

Zu 2.:

Anschaffungskosten Gebäude	1 380 470,00 EUR
– 2,5 % Abschreibung 1. Jahr	34 511,75 EUR
Gebäudewert am Anfang des 2. Jahres	1 345 958,25 EUR
Grundstückswert unverändert	849 520,00 EUR

Wertminderung beim nicht abnutzbaren Anlagevermögen	
§ 253 III, S. 3 HGB	**Pflicht** zur **außerplanmäßigen Abschreibung** bei voraussichtlich dauernder Wertminderung.

12.2.2.5 Wertaufholungsgebot

Merke:

Werden beim Sachanlagevermögen oder bei den Finanzanlagen außerplanmäßige Abschreibungen vorgenommen und stellt sich später heraus, dass die Gründe für diese Abschreibung nicht mehr bestehen, dann **muss** eine **Zuschreibung**, maximal bis zu den **(fortgeführten) Anschaffungskosten,** erfolgen.[1] Eine Beibehaltung des niedrigeren Werts ist nicht möglich [§ 253 V HGB].

Mit dieser generellen Zuschreibungspflicht besteht für den Bilanzierenden zu jedem Bilanzstichtag die Verpflichtung, die Voraussetzungen für eine Wertaufholung zu prüfen.

Beispiel:

Die Maschinenbau Gutmann AG hat eine Eloxiermaschine, deren Anschaffungskosten zu Beginn des Geschäftsjahres 20 000,00 EUR betrugen, bei einer Nutzungsdauer von 10 Jahren am Ende des 3. Geschäftsjahres nach der Anschaffung mit den fortgeführten Anschaffungskosten in Höhe von 14 000,00 EUR bilanziert.

Im Laufe des 4. Jahres nach der Anschaffung kommt eine neue Maschine auf den Markt, die bei gleichen Anschaffungskosten doppelt so schnell arbeitet. Dadurch verliert die alte Maschine nachweislich 50 % ihres Wertes.

Im 5. Jahr wird die Verwendung der **neuen** Maschine wegen umweltgefährdender und gesundheitsschädlicher Substanzen verboten.

Aufgaben:

1. Stellen Sie die zulässige Bewertung am Ende des 4. Geschäftsjahres nach der Anschaffung der Maschine fest!

2. Nehmen Sie die Bewertung am Ende des 5. Geschäftsjahres nach der Anschaffung vor!

Lösungen:

Zu 1.: Bewertung am Ende des 4. Geschäftsjahres nach der Anschaffung

Wert zu Beginn des 4. Jahres	14 000,00 EUR
− planmäßige Abschreibung	2 000,00 EUR
Zwischensumme	12 000,00 EUR
− außerplanmäßige Abschreibung	6 000,00 EUR
Bilanzansatz am Ende des 4. Jahres	6 000,00 EUR

Begründung:

Da davon auszugehen war, dass es sich um eine voraussichtlich dauernde Wertminderung handelte, muss eine außerplanmäßige Abschreibung erfolgen.

Zu 2.: Bewertung am Ende des 5. Geschäftsjahres nach der Anschaffung

Bewertung zu Beginn des 5. Geschäftsjahres nach der Anschaffung	6 000,00 EUR
− planmäßige Abschreibung	2 000,00 EUR
Zwischensumme	4 000,00 EUR
+ Zuschreibung	6 000,00 EUR
Bilanzansatz am Ende des 5. Geschäftsjahres nach der Anschaffung	10 000,00 EUR

Begründung:

Da der Grund für die Wertminderung weggefallen ist, besteht eine **Zuschreibungspflicht.**

Wertaufholung	
§ 253 V, S. 1 HGB	Pflicht zur Wertaufholung.

---

1 Das Wertaufholungsgebot besteht für alle Rechtsformen in gleicher Weise.

222 1. Berechnen Sie jeweils die Anschaffungskosten bzw. die Herstellungskosten!

    1.1 Wir kaufen eine Stanzmaschine im Wert von 48 000,00 EUR zuzüglich 19 % USt und erhalten einen Sonderrabatt von 10 %. An Transportkosten fallen 1 760,00 EUR zuzüglich 19 % USt an. Für die Inbetriebnahme werden Kosten in Höhe von 4 108,00 EUR zuzüglich 19 % USt berechnet. Die Rechnung wird unter Abzug von 2 % Skonto auf den Zieleinkaufspreis durch Banküberweisung beglichen. Für die Skontozahlung wurde ein Kontokorrentkredit aufgenommen. Die Bank berechnet 240,80 EUR Zinsen.

    1.2 Kauf einer Abfüllanlage zu folgenden Bedingungen: Listeneinkaufspreis 85 100,00 EUR, abzüglich 3 % Rabatt. Verpackungskosten 980,00 EUR, Fracht 1 200,00 EUR, Transportversicherung 90,00 EUR, Fundamentierungskosten 2 000,00 EUR, Aufwendungen für eine Sicherheitsprüfung 150,00 EUR. Der Umsatzsteuersatz beträgt 19 %.

  2. Die Werkzeugfabrik Böhler KG kauft zu Beginn des Geschäftsjahres 20.. einen neuen Lkw. Der Lkw mit einer Nutzungsdauer von 9 Jahren wird nach dreimaliger linearer Abschreibung vor dem Abschluss in der Buchführung mit den fortgeführten Anschaffungskosten in Höhe von 52 800,00 EUR ausgewiesen. Inzwischen ist der gleiche Typ mit verbesserter Technik auf den Markt gekommen. Dadurch ist der Marktwert für vergleichbare Altmodelle um 25 % gesunken.

Aufgaben:

    2.1 Wie viel EUR betragen die Anschaffungskosten?

    2.2 Wie viel EUR beträgt die jährliche Abschreibung?

    2.3 Mit welchem Wert ist der Lkw beim Jahresabschluss des vierten Geschäftsjahres zu bilanzieren?

223 1. Die Druck-Zuck OHG hat in der Bilanz des Geschäftsjahres 09 bei den Finanzanlagen ein Aktienpaket in Höhe der Anschaffungskosten von 150 000,00 EUR ausgewiesen. Beim Abschluss des Geschäftsjahres 10 beträgt der Kurswert der Aktien 170 000,00 EUR, beim Abschluss 11 ergibt sich ein Wert von 120 000,00 EUR und beim Abschluss 12 haben die Aktien einen Kurswert von 160 000,00 EUR.

Aufgabe:

Diskutieren Sie über die Möglichkeit der Bewertung der Aktien bei den Jahresabschlüssen 10, 11 und 12!

  2. Die Franz Prenner OHG kauft ein unbebautes Grundstück mit einer Größe von 3 100 m² zum Preis von 40,00 EUR/m². Die Grunderwerbsteuer beträgt 3,5 %, an Notariatskosten fallen 1 950,00 EUR zuzüglich 19 % USt an, Kosten der Grundbucheintragung 1 050,00 EUR, Kosten für ein Gutachten zur Bewertung des Kaufpreises 2 000,00 EUR zuzüglich 19 % USt, Maklergebühren 3,0 % vom Kaufpreis zuzüglich 19 % USt.

Aufgaben:

    2.1 Wie viel EUR betragen die Anschaffungskosten?

    2.2 Am Ende des Jahres wird bekannt, dass das geplante Einkaufszentrum aus baurechtlichen Gründen nicht gebaut wird. Der Verkaufswert sinkt auf 80 000,00 EUR ab. Mit welchem Wert ist das Grundstück zu bilanzieren?

3. Die Hans Lemmer GmbH kauft zu Beginn des Jahres einen Kombiwagen:

Listeneinkaufspreis netto	32 376,00 EUR
Überführungskosten	600,00 EUR
	32 976,00 EUR
+ 19 % USt	6 265,44 EUR
Kaufpreis	39 241,44 EUR

Aufgaben:

3.1 Berechnen Sie die Anschaffungskosten!

3.2 Die Nutzungsdauer des Autos beträgt 6 Jahre (lineare Abschreibung). Wie lautet der Wertansatz zu Beginn des 3. Jahres?

3.3 Durch einen selbst verschuldeten Unfall tritt im 3. Jahr ein Wertverlust von 2500,00 EUR ein. Wie ist am Ende des 3. Jahres zu bewerten?

224 1. Die Westfälische Getränke AG weist ihre Abfüllanlage, deren Nutzungsdauer 10 Jahre beträgt, zu Beginn des 7. Geschäftsjahres bei planmäßiger linearer Abschreibung mit den fortgeführten Anschaffungskosten in Höhe von 280 000,00 EUR aus. Inzwischen ist eine technisch wesentlich verbesserte Anlage auf den Markt gekommen. Dadurch ist der Wert der alten Anlage um 50 % gesunken.

Aufgaben:

1.1 Wie viel EUR betrugen die Anschaffungskosten?

1.2 Mit welchem Wert ist die Anlage beim Jahresabschluss im 7. Jahr zu bilanzieren?

2. Die Huber Kleinmotoren AG hat für eine eventuelle Erweiterung des Betriebes 3000 m^2 eines angrenzenden Grundstücks zum ortsüblichen Preis von 155,00 EUR/m^2 gekauft. Der Notar schickt eine Rechnung einschließlich der Umsatzsteuer in Höhe von 4284,00 EUR. Die Grundbuchkosten betrugen 6975,00 EUR. Die Grunderwerbsteuer beträgt 3,5 %. Aufgrund der vorübergehenden Flaute in der Bauwirtschaft fiel der ortsübliche Grundstückspreis zum Abschlussstichtag um 20 %.

Aufgaben:

2.1 Ermitteln Sie die Anschaffungskosten für das Grundstück!

2.2 Wie ist das Grundstück beim Abschlussstichtag zu bewerten?

3. Die Textilwerke Markus Böhlen GmbH besitzen in ihrem Anlagevermögen 5000 Stückaktien der Patrik Weibel AG. Kurs am Anschaffungstag 14,25 EUR/Stück.

Aufgabe:

Welcher Betrag ist anzusetzen, wenn der Kurs der Aktien am 31. Dezember 10 auf 13,05 EUR/Stück gesunken und zu Beginn des Jahres 11 wieder auf 14,55 EUR/Stück gestiegen ist?

4. Bei der Secura AG stellen sich am Ende des Geschäftsjahres folgende Bewertungsfragen:

Kauf einer Lagerhalle mit Grundstück am 1. Januar	600 000,00 EUR
3,5 % Grunderwerbsteuer	21 000,00 EUR

Kosten für die Prüfung der Bodenbeschaffenheit 25 000,00 EUR zuzüglich 19 % USt, Maklerkosten 11 000,00 EUR zuzüglich 19 % USt.

Der Wert des Grundstücks beträgt $^1/_5$ des Gesamtpreises, Kreditkosten infolge einer Darlehensaufnahme im Zusammenhang mit dem Kauf der Lagehalle 2650,00 EUR, Grundsteuer 4 100,00 EUR.

Aufgaben:

4.1 Wie viel EUR betragen die Anschaffungskosten von Gebäude und Grundstück?

4.2 Die Nutzungsdauer des Gebäudes beläuft sich auf 50 Jahre, die Abschreibung erfolgt linear. Mit welchem Wert sind Grundstück und Gebäude zu Beginn des 3. Jahres anzusetzen?

4.3 Ein Gutachten hat ergeben, dass das Grundstück am Ende des dritten Jahres einen Wert von 530 000,00 EUR hat. Begründen Sie, ob die Secura AG diesen Wert ansetzen kann!

5. Die Nowotek GmbH hält in Form von Aktien eine Beteiligung an der Compakt AG, die mit den Anschaffungskosten in Höhe von 250 000,00 EUR bilanziert wurde. Wegen eines inzwischen beseitigten Mangels an einem der Hauptprodukte kam der Aktienkurs der Compakt AG vorübergehend unter Druck und betrug bei Aufstellung des Jahresabschlusses nur noch 80 % der Anschaffungskosten.

Aufgabe:

Diskutieren Sie, wie die Nowotek GmbH die Beteiligung an der Compakt AG bewerten kann!

12.2.3 Bewertung des Umlaufvermögens

12.2.3.1 Allgemeine Bewertungsregeln für die Bewertung des Umlaufvermögens

Zum Umlaufvermögen zählen nach § 266 HGB die folgenden Vermögensgruppen:

> I. **Vorräte**
>
> II. **Forderungen und sonstige Vermögensgegenstände**
>
> III. **Wertpapiere des Umlaufvermögens**
>
> IV. **Kassenbestand, Bundesbankguthaben, Guthaben bei Kreditinstituten und Schecks**

Grundsätzlich sind Vermögensgegenstände des Umlaufvermögens mit den **Anschaffungs- oder Herstellungskosten** zu bewerten. Ist der **Börsen- oder Marktpreis** am Abschlussstichtag **niedriger,** so **muss** – unabhängig von der Dauer der Wertminderung – der **niedrigere Wert** angesetzt werden **(strenges Niederstwertprinzip)**[§ 253 IV, S. 1 HGB].

Ist ein **Börsen- oder Marktpreis nicht festzustellen** und **übersteigen die Anschaffungs- oder Herstellungskosten** den Wert, der den Vermögensgegenständen am Abschlussstichtag beizulegen ist, so ist auf den **beizulegenden Zeitwert**[1] abzuschreiben [§ 253 IV, S. 2 HGB].

Fallen die Gründe für eine vorgenommene Abschreibung später weg, so besteht ein **Zuschreibungsgebot (Wertaufholungsgebot),** maximal bis zu den **Anschaffungs- oder Herstellungskosten** [§ 253 V HGB].

> **Merke:**
>
> ■ Ist der Börsen- oder Marktpreis **niedriger** als die Anschaffungs- oder Herstellungskosten, so erfolgt die Bewertung zum **Börsen- bzw. Marktpreis.**

---

1 Der **beizulegende Zeitwert** entspricht dem Marktpreis. Besteht kein Marktpreis, so ist der beizulegende Zeitwert mithilfe **allgemein anerkannter Bewertungsmethoden** zu bestimmen. Allerdings regelt das HGB nicht, was eine allgemein anerkannte Bewertungsmethode ist. Lässt sich auch hierdurch kein beizulegender Zeitwert bestimmen, so sind die **Anschaffungs-/Herstellungskosten fortzuführen.**

- Ist ein Börsen- oder Marktpreis nicht festzustellen, so erfolgt die Bewertung zum **beizulegenden Zeitwert,** sofern dieser **unter den Anschaffungs- oder Herstellungskosten** liegt.

- Ist der Börsen- oder Marktpreis **höher** als die Anschaffungs- oder Herstellungskosten, so erfolgt die Bewertung zu den **Anschaffungs- bzw. Herstellungskosten.**

- Fallen die Gründe für eine Abschreibung weg, so besteht ein **Zuschreibungsgebot** (Wertaufholungsgebot), maximal bis zu den **Anschaffungs- oder Herstellungskosten.**

Bewertung des Umlaufvermögens	
§ 253 I HGB	■ Bewertung zu den Anschaffungs- oder Herstellungskosten.
§ 253 IV HGB	■ Börsen- oder Marktpreis niedriger als Anschaffungs- oder Herstellungskosten: Bewertung zum Börsen- oder Marktpreis.
§ 253 IV, S. 2 HGB	■ Börsen- oder Marktpreis nicht feststellbar: Bewertung zum beizulegenden Zeitwert, sofern er niedriger ist als die Anschaffungs- oder Herstellungskosten.
§ 253 V HGB	■ Zuschreibungsgebot, maximal bis zu den Anschaffungs- oder Herstellungskosten.

12.2.3.2 Bewertung der Vorräte

Zum Vorratsvermögen eines Industriebetriebs zählen folgende Bestände:

Art des Vorratsvermögens	Ausgangswert für die Bewertung (Zugangsbewertung)
1. Roh-, Hilfs- und Betriebsstoffe, bezogene Vorprodukte und Handelswaren	Anschaffungskosten
2. Fertige Erzeugnisse, unfertige Erzeugnisse	Herstellungskosten

(1) Bewertung der Roh-, Hilfs- und Betriebsstoffe, der bezogenen Vorprodukte sowie der Handelswaren

Grundsätzlich gilt das **Anschaffungskostenprinzip** in Verbindung mit dem **Niederstwertprinzip.**

Beispiel:

Am 31. Dezember hat eine Maschinenfabrik lt. Inventur noch 1 000 Einheiten Blechteile. Die Anschaffungskosten betrugen je Blechteil 15,00 EUR.

Aufgabe:

Wie ist der Bestand beim Jahresabschluss zum 31. Dezember zu bewerten, wenn im 1. Fall der Marktpreis 15,80 EUR und im 2. Fall der Marktpreis 13,50 EUR beträgt?

Lösung:

1. Fall: Der Marktpreis beträgt pro Blechteil 15,80 EUR.

Der Bestand ist mit den Anschaffungskosten von 15,00 EUR je Blechteil zu bewerten, da dieser Wert unter dem Marktpreis liegt. Die Anschaffungskosten dürfen nicht überschritten werden. Diese Vorgehensweise führt dazu, dass ein noch **nicht entstandener (nicht realisierter) Gewinn** zum Bilanzstichtag **nicht ausgewiesen wird (Realisationsprinzip).**

Bilanzansatz: 1 000 Blechteile · 15,00 EUR = 15 000,00 EUR

2. Fall: Der Marktpreis beträgt pro Blechteil 13,50 EUR.

Es gilt das **strenge Niederstwertprinzip.** Danach ist der niedrigere von beiden infrage kommenden Preisen zu wählen. Das ist der Marktpreis. Die Vorgehensweise führt dazu, dass ein noch nicht entstandener **(nicht realisierter) Verlust** zum Bilanzstichtag **ausgewiesen wird (Grundsatz der Vorsicht).**

Bilanzansatz: 1 000 Blechteile · 13,50 EUR = 13 500,00 EUR

Merke:

■ Für die **Bewertung des Umlaufvermögens** gilt das **strenge Niederstwertprinzip.**

  ■ Sind die **Anschaffungskosten niedriger** als der **Markt- oder Börsenpreis** bzw. der **beizulegende Zeitwert,** wird zu **Anschaffungskosten** bewertet. Nicht realisierte Gewinne dürfen nicht ausgewiesen werden **(Realisationsprinzip).**

  ■ Sind die **Anschaffungskosten höher** als der **Markt- oder Börsenpreis** bzw. der **beizulegende Zeitwert,** wird zum **Markt- oder Börsenpreis** bzw. zum **beizulegenden Zeitwert** bewertet. Nicht realisierte Verluste müssen ausgewiesen werden.

■ Die verschiedene Behandlung nicht realisierter Gewinne und nicht realisierter Verluste wird als **Imparitätsprinzip**[1] bezeichnet.

---

(2) Bewertung der fertigen und unfertigen Erzeugnisse

Fertige und unfertige Erzeugnisse sowie selbst hergestellte aktivierungspflichtige Vermögensgegenstände werden mit ihren **Herstellungskosten** bewertet.

■ **Begriff Herstellungskosten**

Merke:

Herstellungskosten sind Aufwendungen, die durch den **Verbrauch von Gütern** und die **Inanspruchnahme von Diensten** für die **Herstellung, Erweiterung** oder **wesentliche Verbesserung** eines Vermögensgegenstands entstehen [§ 255 II HGB].

Bei der Berechnung der Herstellungskosten unterscheidet das HGB in Kosten,

■ die pflichtgemäß zu den Herstellungskosten zählen **(Aktivierungspflicht),**

■ die wahlweise zu den Herstellkosten gerechnet werden können **(Aktivierungswahlrecht)** und

■ die nicht einbezogen werden dürfen **(Aktivierungsverbot).**

---

1 Imparität: Ungleichheit. Da noch nicht realisierte Verluste berücksichtigt werden, noch nicht realisierte Gewinne aber nicht, kommt es zu einer ungleichen Behandlung von nicht realisierten Verlusten einerseits und nicht realisierten Gewinnen andererseits.

38 Speth – ISBN 978-3-8120-0491-6

■ **Ermittlung der Herstellungskosten**

Kostenarten	Herstellungskosten nach Handels- und Steuerrecht
Materialeinzelkosten + Fertigungseinzelkosten + Sondereinzelkosten der Fertigung + Angemessene[1] Teile der Materialgemeinkosten + Angemessene Teile der Fertigungsgemeinkosten + Verwaltungsgemeinkosten des Material- u. Fertigungsbereichs[2] + Werteverzehr des (sonstigen) Anlagevermögens, soweit dieser durch die Fertigung veranlasst ist	**Aktivierungspflicht**
= Wertuntergrenze	
+ angemessene Teile der Kosten der allgemeinen Verwaltung + Aufwendungen für freiwillige soziale Leistungen + Aufwendungen für die betriebliche Altersversorgung + angemessene Aufwendungen für soziale Einrichtungen des Betriebs + Fremdkapitalzinsen (unter bestimmten Voraussetzungen [§ 255 III, S. 2 HGB])	**Aktivierungswahlrecht**
= Wertobergrenze	
Forschungskosten Vertriebskosten	**Aktivierungsverbot**

Erläuterungen:

Materialeinzelkosten	Sie umfassen den bewerteten **Verbrauch von Roh- und Hilfsstoffen** sowie die selbst erstellten und fremdbezogenen **Fertigteile**. Die Höhe der Kosten bemisst sich bei Fremdbezug nach den Anschaffungskosten und bei Eigenherstellung nach den ermittelten Herstellungskosten.
Fertigungseinzelkosten	Hierzu zählen im Wesentlichen die anfallenden Löhne und Lohnnebenkosten. Löhne und Gehälter können jedoch nur zu den Fertigungseinzelkosten gerechnet werden, wenn sie dem **jeweiligen Produkt einzeln zurechenbar** sind.
Sondereinzelkosten der Fertigung	Dies sind Kosten, die einem **einzelnen Kostenträger** oder einer **Gruppe von Kostenträgern direkt zugerechnet werden können**. Hierzu zählen z. B. Kosten für Modelle, Spezialwerkzeuge, Entwürfe.
Material- und Fertigungsgemeinkosten	Es dürfen nur **angemessene (notwendige) Teile** der Material- und Fertigungsgemeinkosten aktiviert werden. Das Angemessenheitsprinzip besagt, dass nur **tatsächlich angefallene Kosten** verrechnet werden dürfen, sodass die Istkosten die absolute Obergrenzen darstellen. Dabei ist von einer **Normalbeschäftigung** auszugehen. Grundsätzlich dürfen **fixe und variable Gemeinkosten** einbezogen werden. **Nicht einbezogen** werden dürfen die **neutralen Aufwendungen**.

---

1 In die Herstellungskosten einzubeziehen sind nur Gemeinkosten, deren Zurechnung sich klar nachvollziehen lässt. **Nicht** zu aktivieren sind außerordentliche, betriebsfremde, periodenfremde und unangemessen hohe Aufwendungen.

2 Falls nicht in den Material- oder Fertigungskosten bereits enthalten.

Verwaltungs-gemeinkosten des Material- und Fertigungsbereichs	Die Verwaltungsgemeinkosten sind aufzuschlüsseln und einer betrieblichen Funktion (z. B. Produktion, Materialbereich, Vertrieb, allgemeine Verwaltung) zuzuordnen. Für Verwaltungsgemeinkosten, die der Produktion bzw. dem Materialbereich zuzuordnen sind, besteht eine Aktivierungspflicht. Für Kosten, die der allgemeinen Verwaltung zuzurechnen sind, besteht ein Aktivierungswahlrecht (s. u.). Sind die Verwaltungsgemeinkosten bereits in die Material- und Fertigungsgemeinkosten eingerechnet, entfällt dieser gesonderte Ausweis der Verwaltungsgemeinkosten.
Werteverzehr des Anlagevermögens	Hierzu zählt die **planmäßige Abschreibung** [§ 253 III, S. 1 und 2 HGB], die durch die **Fertigung veranlasst** wurde, **nicht** jedoch eine außerplanmäßige Abschreibung (Angemessenheitsprinzip).
Allgemeine Verwaltungskosten	Zu den Kosten der allgemeinen Verwaltung zählen z. B. Aufwendungen für Geschäftsleitung, Einkauf und Wareneingang, Betriebsrat, Personalbüro, Rechnungswesen, Ausbildungswesen u. Ä. **(Aktivierungswahlrecht).** Handelt es sich um Kosten der **Material- oder Fertigungsverwaltung,** so **müssen** sie als Bestandteil der Material- und Fertigungsgemeinkosten **aktiviert** werden (s. o.). **Verwaltungskosten des Vertriebsbereichs** dürfen **nicht aktiviert** werden.
Aufwendungen für freiwillige soziale Leistungen	Hierzu zählen solche Kosten, die **nicht** arbeitsrechtlich oder tariflich vereinbart worden sind, z. B. Jubiläumsgeschenke, Weihnachtszuwendungen, Wohnungsbeihilfen, Beteiligung der Arbeitnehmer am Unternehmensergebnis.
Aufwendungen für die betriebliche Altersversorgung	Dazu gehören z. B. Beiträge zu Direktversicherungen, Zuwendungen an Pensions- und Unterstützungskassen, Zuführung zu Pensionsrückstellungen.
Aufwendungen für soziale Einrichtungen des Betriebs	Dazu gehören z. B. Aufwendungen für Kantine, Sportstätten, Ferienerholungsheime.
Fremdkapitalzinsen	Sie können nur einbezogen werden, soweit sie der Herstellungsfinanzierung dienen, direkt zurechenbar sind und auf den Herstellungszeitraum entfallen [§ 255 III, S. 2 HBG].
Forschungskosten	**Forschungskosten** werden im HGB definiert als eigenständige und planmäßige Suche nach neuen wissenschaftlichen oder technischen Erkenntnissen oder Erfahrungen allgemeiner Art, über deren technische Verwertbarkeit und wirtschaftliche Erfolgsaussichten grundsätzlich keine Aussagen gemacht werden können [§ 255 IIa, S. 3 HGB]. Forschungskosten (Grundlagenforschung) dürfen **nicht aktiviert** werden [§ 255 II, S. 4 HGB]. Sie sind unmittelbar als Aufwand zu buchen.
Vertriebskosten	Vertriebskosten zählen nicht zu den Herstellungskosten.

(3) Beispiel für die Berechnung der Herstellungskosten

Beispiel:

Aus der KLR einer Maschinenfabrik ergeben sich folgende Kosten für die Herstellung von 800 Stichsägen pro Jahr bei normaler Kapazitätsauslastung:

Verbrauch von Fertigungsmaterial 42 500,00 EUR, Fertigungslöhne 44 700,00 EUR, Sondereinzelkosten der Fertigung 10 900,00 EUR, angemessene Teile der Materialgemeinkosten 20 900,00 EUR, angemessene Teile der Fertigungsgemeinkosten 44 620,00 EUR, Verwaltungsgemeinkosten des Material- und Fertigungsbereichs 2 100,00 EUR, Abschreibungen, die durch die Fertigung veranlasst sind 14 100,00 EUR, angemessene allgemeine Verwaltungskosten 4 100,00 EUR, Aufwendungen für soziale Einrichtungen des Betriebs 550,00 EUR, Aufwendungen für freiwillige soziale Leistungen 50,00 EUR, Aufwendungen für betriebliche Altersversorgung 5 100,00 EUR, Fremdkapitalzinsen nach § 255 III, S. 2 HGB 995,00 EUR, Vertriebskosten 8 800,00 EUR. Die anteiligen Forschungskosten sind mit 9 400,00 EUR anzusetzen.

Aufgaben:

1. Ermitteln Sie den Mindestwertansatz (Wertuntergrenze)!
2. Ermitteln Sie den Höchstwertansatz (Wertobergrenze)!
3. Mit welchem Wert ist ein Lagerbestand von 60 Stichsägen am Ende des Geschäftsjahres anzusetzen?
4. Welcher Ansatz ist zu wählen, um einen möglichst geringen Gewinnausweis zu erzielen?

Lösungen:

Zu 1.–3.:

Materialeinzelkosten	42 500,00 EUR	
Fertigungseinzelkosten	44 700,00 EUR	
Sondereinzelkosten der Fertigung	10 900,00 EUR	
Materialgemeinkosten	20 900,00 EUR	
Fertigungsgemeinkosten	44 620,00 EUR	
Verwaltungsgemeinkosten des Material- u. Fertigungsbereichs	2 100,00 EUR	
Werteverzehr des Anlagevermögens	14 100,00 EUR	
Herstellungskosten Mindestwertansatz		179 820,00 EUR
Angemessene allgemeine Verwaltungskosten	4 100,00 EUR	
Aufwendungen für freiwillige soziale Leistungen	50,00 EUR	
Aufwendungen für betriebliche Altersversorgung	5 100,00 EUR	
Aufwendungen für soziale Einrichtungen des Betriebs	550,00 EUR	
Fremdkapitalzinsen	995,00 EUR	10 795,00 EUR
Herstellungskosten Höchstwertansatz / 800 Stück		190 615,00 EUR
Herstellungskosten Höchstwertansatz / Stück		238,27 EUR
Herstellungskosten Höchstwertansatz / 60 Stück		14 296,20 EUR

Zu 4.: In diesem Fall sollte jeweils nur der Mindestwert aktiviert werden. Dadurch wird in der Bilanz ein niedrigeres Eigenkapital ausgewiesen und damit auch ein niedrigerer Gewinn.

(4) Fortgeführte Herstellungskosten

Fortgeführte Herstellungskosten bezeichnen den Sachverhalt, dass auf den Wert der ursprünglichen Herstellungskosten Abschreibungen oder Zuschreibungen vorgenommen worden sind.

Herstellungskosten
− Abschreibungen
+ Zuschreibungen
= fortgeführte Herstellungskosten

225 1. Die Maschinenfabrik Kluge OHG kauft im Herbst einen größeren Posten Motoren zum Nettopreis von 10 000,00 EUR zuzüglich 19 % USt.

Zum Ende des Geschäftsjahres kommt eine neue Generation Motoren auf den Markt, wodurch der Preis der bisherigen Motoren schlagartig um 40 % am Markt sinkt. Am Bilanzstichtag zum 31. Dezember hat die Fabrik noch den halben Bestand an Motoren auf Lager.

Aufgabe:

Mit welchem Wert ist der Lagerbestand an Motoren zum 31. Dezember zu bewerten?

2. Im Laufe des Jahres kauft die Würzburger Industriewaren GmbH einen Posten von 20 Stück einer Handelsware zu je 1 500,00 EUR zuzüglich 19 % USt.

Durch eine Preissteigerung steigt der Wert eines Stücks am Jahresende auf netto 1 600,00 EUR an. Restbestand: 12 Stück.

Aufgabe:

Wie ist der Restposten zu bewerten?

3. Die Möbelfabrik Karl Braun e. Kfm. kauft 400 m² Eichenfurnier zum Listeneinkaufspreis von 18 000,00 EUR zuzüglich 19 % USt. Der Lieferer gewährt 15 % Rabatt und 3 % Skonto. Die Bezugskosten betragen insgesamt 561,00 EUR zuzüglich 19 % USt.

Aufgaben:

3.1 Wie viel EUR betragen die Anschaffungskosten insgesamt und je m²?

3.2 Mit welchem Wert ist am 31. Dez. der Restbestand von 150 m² Eichenfurnier zu bilanzieren, wenn der Einstandspreis auf 35,00 EUR je m² abgesunken ist?

3.3 Wie wirkt sich dieser Ansatz auf den Gewinn aus?

4. Bei einer Betriebsprüfung wurde der Wertansatz für einen Bestand an Hilfsstoffen zum 31. Dezember von 42 000,00 EUR beanstandet.

Die Betriebsprüfung stellte anhand der Unterlagen Folgendes fest:

Einkaufspreis während des Jahres	40 000,00 EUR
darauf gewährte Rabatte	5 %
Eingangsfrachten	1 000,00 EUR

Aufgabe:

Beurteilen Sie, ob die Beanstandung zu Recht erfolgt ist!

226 1. In einem Industriebetrieb entfallen auf den durch Inventur festgestellten Bestand an unfertigen Erzeugnissen folgende Kosten:

Fertigungsmaterial 12 000,00 EUR, Prüfung des Fertigungsmaterials 800,00 EUR, Lagerung 510,00 EUR, Fertigungslöhne 7 100,00 EUR, planmäßige Abschreibung auf Maschinen der Fertigung 1 280,00 EUR, außerplanmäßige Abschreibungen auf Maschinen der Fertigung 1 940,00 EUR, Gehälter in der Einkaufsabteilung 1 400,00 EUR, Forschungskosten 700,00 EUR, Lohnkosten für die Lohnabrechnung des Fertigungsbereichs 580,00 EUR, sonstige Fertigungsgemeinkosten 8 480,00 EUR, sonstige Materialgemeinkosten 4 420,00 EUR, freiwillige Sozialleistungen 1 080,00 EUR, betriebliche Altersversorgung 1 720,00 EUR, allgemeine Verwaltungskosten 2 940,00 EUR.

Aufgaben:

Zu welchem Wert sind die unfertigen Erzeugnisse zu bilanzieren, wenn

1.1 ein möglichst niedriges Jahresergebnis,

1.2 ein möglichst hohes Jahresergebnis

angestrebt wird?

2. Ein Industrieunternehmen fertigt 50 Werkzeuge für die Produktion eines bestimmten Maschinentyps. Hierfür waren 120 Arbeitsstunden zu je 46,00 EUR notwendig. Der Materialverbrauch betrug laut Entnahmescheinen 8700,00 EUR. An Modellkosten für das Werkzeug fielen 4200,00 EUR an. Die Kostenrechnungsabteilung rechnet mit folgenden Normalgemeinkostenzuschlagssätzen und Gemeinkosten: MGK 9%, FGK 110%, allgemeine VerwGK 3300,00 EUR und VertrGK 7200,00 EUR.

Der Werteverzehr des Anlagevermögens, der durch die Fertigung veranlasst ist, beträgt 800,00 EUR, die Aufwendungen für freiwillige soziale Leistungen 200,00 EUR, die Aufwendungen für die betriebliche Altersversorgung 1040,00 EUR, die anteiligen Forschungskosten sind mit 5100,00 EUR anzusetzen.

Anmerkung: Die Gemeinkosten sind im Sinne der Bewertung als angemessen anzusehen.

Aufgaben:

Berechnen Sie die Herstellungskosten je Werkzeug

2.1 mit dem Mindestwertansatz,

2.2 mit dem Höchstwertansatz!

2.3 Welcher Ansatz ist für einen möglichst hohen Gewinnausweis zu wählen?

12.2.3.3 Bewertung der Forderungen und Buchungen bei der Abschreibung auf Forderungen

(1) Arten von Forderungen unter dem Gesichtspunkt ihrer Wertigkeit

Nach der **Sicherheit des Zahlungseingangs** lassen sich drei Arten von Forderungen unterscheiden:

Vollwertige Forderungen	Ihre Bewertung in der Bilanz erfolgt nach § 253 I HGB zum sog. **Nennwert (Anschaffungskosten).** Bei Forderungen aus Warenlieferungen entspricht das dem nach dem Kaufvertrag tatsächlich zu zahlenden Gegenwert. Für vollwertige Forderungen kommt eine Abschreibung nicht in Betracht.
Zweifelhafte Forderungen	Diese sind mit ihrem **wahrscheinlichen Eingangswert** anzusetzen. Mit anderen Worten: Der Teil, von dem nach gewissenhafter Schätzung angenommen wird, dass er nicht eingeht, muss abgeschrieben werden. Dieser Zwang zur Abschreibung ergibt sich aus § 253 IV HGB. Zweifelhafte Forderungen werden auch als Dubiose bezeichnet.
Uneinbringliche Forderungen	Ist eine **Forderung uneinbringlich,** so ist sie in der **entsprechenden Höhe abzuschreiben.** Auch das ergibt sich aus § 253 IV HGB.

Merke:

- **Vollwertige Forderungen** sind mit dem **Rechnungsbetrag** anzusetzen.

- **Zweifelhafte Forderungen** sind mit dem **wahrscheinlichen Eingangswert** zu bilanzieren.

- **Uneinbringliche Forderungen** sind **abzuschreiben.**

(2) Höhe der Abschreibung und die Behandlung der Umsatzsteuer bei der Abschreibung auf Forderungen

Im Gegensatz zu anderen abschreibungsbedürftigen Vermögensposten (Betriebs- und Geschäftsausstattung, Fuhrpark) enthält der auf dem Forderungskonto ausgewiesene Bestand auch die Umsatzsteuer. Da Abschreibungen jedoch nur vom **Nettowert ("Anschaffungskosten")** vorgenommen werden dürfen, ist darauf zu achten, dass bei der Berechnung des Abschreibungsbetrages vom Nettowert der Forderungen auszugehen ist, da die Umsatzsteuer keinen Kosten- bzw. Aufwandsbestandteil darstellt.

Beispiel für einen Forderungsausfall:	
Forderungen gegenüber der Maier GmbH einschließlich 19% USt	5 950,00 EUR
– 19% USt	950,00 EUR
= Nettowert der Forderungen (Anschaffungskosten)	5 000,00 EUR
Wird die Forderung uneinbringlich, beträgt die Abschreibung 5 000,00 EUR.	

In diesem Beispiel beträgt die Abschreibung 5 000,00 EUR. Gleichzeitig führt der Forderungsausfall zu einer Korrektur der Umsatzsteuer. Die Umsatzsteuerkorrektur darf allerdings erst vorgenommen werden, wenn der tatsächliche Ausfall der Forderung feststeht. Das bedeutet, dass auf einen – im Rahmen der Aufstellung des Jahresabschlusses – zunächst nur geschätzten Forderungsausfall keine Umsatzsteuerkorrektur vorgenommen werden darf.

Merke:

- Die Abschreibung eines Forderungsausfalls erfolgt vom Nettowert der Forderung.
- Die Berichtigung der USt darf erst vorgenommen werden, wenn die Höhe des tatsächlichen Ausfalls endgültig feststeht.

(3) Bewertungsverfahren bei Forderungen

Einzelbewertung	Für alle Vermögensgegenstände gilt der Grundsatz der Einzelbewertung, d. h., die Vermögensgegenstände und Schulden sind zum Abschlussstichtag einzeln zu bewerten [§ 252 I, Nr. 3 HGB].
	Danach ist davon auszugehen, dass grundsätzlich jede einzelne Forderung für sich zu bewerten ist. Bei einem hohen Forderungsbestand, der sich aus einer Vielzahl von kleinen Einzelforderungen zusammensetzt, würde das einen erheblichen Zeitaufwand beanspruchen. Daher kann nach § 252 II HGB in begründeten Fällen von dem oben genannten Grundsatz abgewichen werden.
Pauschal-bewertung[1]	Aus praktischen Gründen räumen die Finanzbehörden in begründeten Fällen die Möglichkeit der pauschalen Bewertung der Forderungen ein. Dabei wird zur Erfassung des erfahrungsgemäßen Kreditrisikos ein bestimmter Prozentsatz (2% – 5%) vom gesamten Nettobetrag der Forderungen abgeschrieben.

---

1 Im Folgenden wird auf die Pauschalbewertung nicht eingegangen.

Beispiel für eine Pauschalwertberichtigung:

Der ausgewiesene Gesamtwert der Forderungen am Ende des Geschäftsjahres beträgt einschließlich 19 % USt 238 000,00 EUR. Es soll erstmals eine Pauschalwertberichtigung gebildet werden. Die erfahrungsgemäße Ausfallquote beträgt 2 %.

Aufgabe:

Berechnen Sie die pauschale Wertberichtigung (Abschreibung)!

Lösung:

Gesamtwert der Forderungen am Ende des Geschäftsjahres	238 000,00 EUR	
− 19 % Umsatzsteuer	38 000,00 EUR	
= Nettowert der sicheren Forderungen	200 000,00 EUR	davon 2 % Ausfallquote = 4 000,00 EUR.

Übungsaufgaben

227 1. Ein Kunde, von dem wir noch 7 140,00 EUR zu fordern haben (19 % Umsatzsteuer), gerät in Zahlungsschwierigkeiten. Am Jahresende wird der Forderungsausfall auf 30 % geschätzt.

Aufgaben:

1.1 Mit welchem Wert wird die Forderung in die Bilanz aufgenommen?

1.2 Wie viel EUR beträgt die Wertberichtigung (Abschreibung) für diese Forderung?

1.3 Nehmen Sie Stellung zu dieser Wertermittlung!

1.4 Nehmen Sie Stellung zu der Frage der Umsatzsteuerkorrektur!

2. Wir haben am 15. November Waren im Wert von 26 420,00 CHF an einen Schweizer Abnehmer auf Ziel verkauft. Dies entspricht am 15. November 17 612,00 EUR. Mit welchem Wert ist die Forderung am Ende des Geschäftsjahres zum 31. Dezember anzusetzen, wenn durch Kursveränderungen

Aufgaben:

2.1 die Forderung auf 17 900,00 EUR gestiegen ist,

2.2 die Forderung auf 17 200,00 EUR gefallen ist?

3. Der Forderungsbestand der Starnecker GmbH, der sich aus einer Vielzahl von Einzelforderungen zusammensetzt, beträgt am Ende des Geschäftsjahres insgesamt 1 904 000,00 EUR. Der erfahrungsmäßige Forderungsausfall beträgt 3 %.

Aufgabe:

Berechnen Sie den EUR-Betrag, der als pauschale Wertberichtigung angesetzt werden kann!

228 Beantworten Sie die nachfolgenden Verständnisfragen!

1. Begründen Sie, warum die Abschreibungen auf Forderungen vom Nettowert zu berechnen sind!

2. 2.1 Warum ist eine Umsatzsteuerkorrektur erforderlich, wenn Forderungen während des Jahres uneinbringlich werden?

   2.2 Warum entfällt eine Umsatzsteuerkorrektur, wenn der Wert der Forderungen für die Bilanzerstellung geschätzt wird?

3. Warum sollen in der Bilanz die zweifelhaften Forderungen von den vollwertigen Forderungen getrennt ausgewiesen werden?

12.2.4 Bewertung von Schulden

Die Bewertungsvorschriften für das **Vermögen** sollen erreichen, dass die **Güter eher zu niedrig als zu hoch** angesetzt werden. Dieser Vorsichtsgedanke beherrscht auch die Bewertung der Verbindlichkeiten. Er führt dazu, dass **Schulden eher zu hoch als zu niedrig** angesetzt werden müssen. Dieses Prinzip nennt man **Höchstwertprinzip.**

12.2.4.1 Bewertung von Währungsverbindlichkeiten

(1) Zugangsbewertung

Werden Waren oder Werkstoffe aus dem Ausland importiert und diese in der Währung des exportierenden Landes fakturiert, so muss der Anschaffungswert durch Umrechnung der Fremdwährung in EUR zum **Devisenkassamittelkurs**[1] des Anschaffungstages ermittelt werden.

(2) Folgebewertung

Am Bilanzstichtag bestehende Währungsverbindlichkeiten sind – ebenso wie etwaige Währungsforderungen – zum **Devisenkassamittelkurs** der entsprechenden Währung an diesem Tag zu bewerten. Dabei sind zwei Fälle zu unterscheiden:

- **Die Fremdwährungsverbindlichkeiten haben eine Restlaufzeit von mehr als einem Jahr**

In diesem Fall sind – unter **Anwendung des Realisations- und Anschaffungskostenprinzips** – die auf fremde Währung lautenden Verbindlichkeiten mit dem **Devisenkassamittelkurs des Bilanzstichtages** umzurechnen und jeweils mit dem **Wertansatz zum Zugangszeitpunkt** zu vergleichen [§ 256a, S. 1 HGB]. Daraus ergeben sich zwei Bewertungsmöglichkeiten:

- Ist der **Devisenkassamittelkurs (Tageskurs)** am Bilanzstichtag **niedriger als der Anschaffungskurs,** führt das zu einem höheren Eurowert der Verbindlichkeiten. Daher muss der **Wert des Bilanzstichtags** in der Bilanz ausgewiesen werden. Währungsverluste müssen auch vor ihrer Realisation ausgewiesen werden.

- Liegt der **Devisenkassamittelkurs (Tageskurs)** am Bilanzstichtag **höher als der Anschaffungskurs,** führt das zu einem niedrigeren Eurowert der Verbindlichkeiten. Daher muss aus Gründen der kaufmännischen Vorsicht die Verbindlichkeit in der Bilanz mit den **Anschaffungskosten** ausgewiesen werden **(Anschaffungskostenprinzip).** Währungsgewinne dürfen vor der Realisation nicht ausgewiesen werden **(Realisationsprinzip).**

Erträge aus der Währungsumrechnung sind in der Gewinn- und Verlustrechnung gesondert unter dem Posten „Sonstige betriebliche Erträge" und **Aufwendungen aus der Währungsumrechnung** unter dem Posten „Sonstige betriebliche Aufwendungen" auszuweisen [§ 277 V, S. 2 HGB].

---

1 Auf dem **Kassamarkt** (Spotmarkt) handeln die am Devisenhandel teilnehmenden Finanzinstitute die zur Abwicklung des Zahlungsverkehrs mit dem Ausland benötigten Devisen. **Kassageschäfte** werden am zweiten Bankarbeitstag nach dem Geschäftsabschluss erfüllt. **Devisenkäufe** von Bankkunden werden zum **Geldkurs** abgerechnet. Der Kunde zahlt mit EUR und erhält dafür Fremdwährung. Verkaufen die Bankkunden dagegen Fremdwährung gegen EUR, dann berechnen die Banken den **Briefkurs.** Der **Devisenkassamittelkurs** ist der Kurs, der genau zwischen dem Geld- und dem Briefkurs liegt.

Da keine amtlichen Devisenkurse mehr festgestellt werden, haben sich alternative Systeme zur Ermittlung von „Tageskursen" entwickelt. Dabei werden zu einem bestimmten Zeitpunkt von verschiedenen Kreditinstituten die aktuellen Geld- und Briefkurse an eine zentrale Stelle gemeldet. Diese errechnet für jede in dieses Fixing einbezogene Währung einen **Durchschnittskurs.** Dieser Kurs wird als Referenzkurs oder **Devisenkassamittelkurs** bezeichnet. **Beispiele:** EZB-Referenzkurs, EuroFX.

Am 20. November 2010 nimmt ein Industrieunternehmen ein Liefererdarlehen in Höhe von 81 000,00 USD in Anspruch. Die Laufzeit beträgt 2 Jahre. Es wird nach der Umrechnung in EUR mit 54 800,00 EUR gebucht.

rechtlich und steuerrechtlich zu bewerten, wenn im 1. Fall der Wert am Bilanzstichtag 54 200,00 EUR und im 2. Fall der Wert am Bilanzstichtag 56 100,00 EUR beträgt?

Aufgaben:

Wie sind die Verbindlichkeiten beim Jahresabschluss zum 31. Dezember 2010 handels-

Lösungen:

1. Fall: Das Liefererdarlehen darf nicht mit dem niedrigeren Tageswert bewertet werden, da sonst ein noch nicht realisierter Gewinn von 600,00 EUR ausgewiesen würde. Der Ansatz bleibt **handels- und steuerrechtlich** unverändert mit den höheren **Anschaffungskosten.**

$$\text{Bilanzansatz} = 54\,800,00\ \text{EUR}$$

2. Fall: Handelsrechtlich ist nach dem **Höchstwertprinzip** der höhere Rückzahlungsbetrag anzusetzen. Noch nicht realisierte Verluste sind zum Bilanzstichtag auszuweisen. Der Ansatz erfolgt zum höheren **Tageswert.**

$$\text{Bilanzansatz} = 56\,100,00\ \text{EUR}$$

Der höhere Bilanzansatz führt zu einer Verschlechterung des Unternehmensergebnisses, weil durch die Passivierung der Differenz zwischen dem bisherigen Wert und dem Wert des Bilanzansatzes der sonstige betriebliche Aufwand steigt.

■ **Die Fremdwährungsverbindlichkeiten haben eine Restlaufzeit von einem Jahr oder weniger**

In diesem Fall sind die auf fremde Währung lautenden Verbindlichkeiten mit dem **Devisenkassamittelkurs des Bilanzstichtags** umzurechnen und der **ermittelte Wert in der Bilanz auszuweisen. Das Anschaffungskostenprinzip** und das **Realisationsprinzip** ist **nicht anzuwenden** [§ 256, S. 2 HGB].

Die Franz Weise GmbH nimmt am 31.05.20.. einen Liefererkredit in Höhe von 60 000,00 CHF für 8 Monate in Anspruch. Devisenkassamittelkurs zum Zugangszeitpunkt 1,50 CHF/EUR.

Aufgaben:

1. Berechnen Sie die Anschaffungskosten zum Zugangszeitpunkt!
2. Wie sind die Verbindlichkeiten beim Jahresabschluss zu bewerten, wenn im 1. Fall der Devisenkassamittelkurs 1,48 CHF/EUR und im 2. Fall der Devisenkassamittelkurs 1,52 CHF/EUR beträgt?

Lösungen:

Zu 1.:   60 000,00 CHF : 1,50 CHF/EUR = 40 000,00 EUR

Zu 2.:   **1. Fall:** 60 000,00 CHF : 1,48 CHF/EUR = 40 540,54 EUR

Bilanzansatz: 40 540,54 EUR. Es entsteht ein Währungsverlust in Höhe von 540,54 EUR.

2. Fall: 60 000,00 CHF : 1,52 CHF/EUR = 39 473,68 EUR

Bilanzansatz: 39 473,68 EUR. Es entsteht ein Währungsgewinn in Höhe von 526,32 EUR. Das Anschaffungskosten- und Realitätsprinzip darf nicht beachtet werden.

Wichtig:

Die Vorschriften zur Währungsumrechnung gelten auch für Forderungen aus Lieferungen und Leistungen sowie für Darlehensforderungen in Fremdwährung.

Bewertung von Währungsverbindlichkeiten		
Zeitpunkt der Bewertung	**HGB**	**Inhalt**
Zugangsbewertung	Analog § 256 a HGB	Umrechnung zum Devisenkassamittelkurs

Folgebewertung: ■ Restlaufzeit von mehr als einem Jahr	§ 256 a, S. 1 HGB
	
	§ 253 I, S. 1 HGB
	§ 252 I, Nr. 4 HGB
		■ Umrechnung am Abschlussstichtag zum Devisenkassamittelkurs
		■ Anwendung des
		  – Anschaffungskostenprinzips
		  – Realisationsprinzips

■ Restlaufzeit von einem Jahr oder weniger	§ 256 a, S. 2 HGB	■ Umrechnung am Abschlussstichtag zum Devisenkassamittelkurs ■ Keine Anwendung des Anschaffungskostenprinzips und des Realisationsprinzips

12.2.4.2 Bewertung eines Bankdarlehens

Bankdarlehen, die unter Abzug eines Abgeldes **(Damnum, Disagio)**[1] ausgezahlt werden bzw. mit einem Aufgeld **(Agio)** zurückgezahlt werden müssen, sind mit dem höheren Erfüllungsbetrag anzusetzen.

Merke:

■ **Disagio (Damnum)** ist der **Unterschiedsbetrag** zwischen dem **Erfüllungsbetrag** und dem **Ausgabebetrag** einer Verbindlichkeit.

■ Für das Disagio besteht ein **Aktivierungswahlrecht** [§ 250 III, S. 1 HGB]. Wird von diesem **Aktivierungswahlrecht Gebrauch gemacht,** ist das Disagio auf der Aktivseite einzustellen und über die Laufzeit des Kredits **planmäßig abzuschreiben** [§ 250 III, S. 2 HGB].

■ Wird von dem **Aktivierungsrecht kein Gebrauch** gemacht, ist das Disagio in der laufenden Rechnungsperiode als **Aufwand** zu buchen.

---

1 Das Damnum (Disagio) soll insbesondere den Nominalzins absenken. Es handelt sich um eine laufzeitabhängige Zinsvorauszahlung.

Wir nehmen am 5. Januar ein Festdarlehen bei unserer Bank in Höhe von 60 000,00 EUR auf. Auszahlungssatz: 96 %. Laufzeit 4 Jahre. Das Damnum in Höhe von 2 400,00 EUR wird als Zinsaufwand auf die Laufzeit des Darlehens verteilt (abgeschrieben).

Aufgaben:

1. Bilden Sie den Buchungssatz bei der Darlehensaufnahme am 5. Januar!

2. Bilden Sie den Buchungssatz am Bilanzstichtag 31. Dezember!

3. Welche Bilanzwerte ergeben sich hinsichtlich des Darlehens am Ende des ersten Jahres?

Lösungen:

Zu 1.: Buchung am 5. Januar

Geschäftsvorfall	Konten	Soll	Haben
Wir nehmen ein Darlehen in Höhe von 60 000,00 EUR auf. Auszahlungssatz: 96 %. Der Auszahlungsbetrag wird auf dem Bankkonto gutgeschrieben.	2800 Bank 2910 Disagio an 4250 Langfristige Verbindlichkeiten gegenüber Kreditinstituten	57 600,00 2 400,00	60 000,00

Erläuterungen:

- Die Darlehensschuld muss mit dem Erfüllungsbetrag von 60 000,00 EUR passiviert werden. Dies erfolgt auf dem Konto **4250 Langfristige Verbindlichkeiten gegenüber Kreditinstituten.**
- Das Disagio in Höhe von 2 400,00 EUR wird auf dem Konto **2910 Disagio** aktiviert.
- Die Auszahlung in Höhe von 57 600,00 EUR wird als Guthaben auf dem Konto **2800 Bank** gebucht.

Zu 2.: Buchung am 31. Dezember

Geschäftsvorfall	Konten	Soll	Haben
Abschreibung des Damnum im ersten Jahr.	7590 Sonst. zinsähnl. Aufwendungen an 2910 Disagio	600,00	600,00

Erläuterungen:

- Jeweils am 31. Dezember wird vom Konto **2910 Disagio** der zeitanteilige Jahresbetrag in Höhe von 600,00 EUR abgeschrieben.
- Da das Disagio betriebswirtschaftlich als ein „Zinsvoraus" zu verstehen ist, wird als Gegenkonto das Aufwandskonto **7590 Sonstige zinsähnliche Aufwendungen** angesprochen.

Zu 3.: Bilanzwerte am Ende des 1. Jahres:

4250 Langfr. Verb. g. Kreditinstituten	60 000,00 EUR
2910 Disagio	1 800,00 EUR

229 1. Ein Liefererdarlehen im Wert von 12 000,00 USD und mit einer Laufzeit von 15 Monaten wurde am Entstehungstag zum damaligen Devisenkassamittelkurs mit 8850,00 EUR bilanziert. Am 31. Dezember 20.. beträgt der Tageswert 9030,00 EUR.

Aufgaben:

1.1 Ermitteln Sie den Bilanzwert zum 31. Dezember 20..!

1.2 Welche Auswirkung hat der Anstieg des Devisenkassamittelkurses auf das Unternehmensergebnis?

2. Die Verbindlichkeiten aus Rohstofflieferungen belaufen sich am 31. Dezember 20.. auf 29 500,00 EUR. Da wir die Schulden zu Beginn des neuen Jahres unter Abzug von 3 % Skonto begleichen wollen, werden sie in der Bilanz mit 28 615,00 EUR ausgewiesen.

Aufgabe:

Nehmen Sie hierzu Stellung!

3. Ein Liefererdarlehen in Höhe von 22 000,00 CHF und mit einer Laufzeit von 24 Monaten wurde am 31. Dezember 10 (Bilanzstichtag) zum damaligen Devisenkassamittelkurs von 1,5205 bilanziert.

Aufgaben:

3.1 Am 31. Dezember 11 beträgt der Devisenkassamittelkurs 1,5413. Wie ist zu bewerten?

3.2 Am 31. Dezember 11 beträgt der Devisenkassamittelkurs 1,5140. Wie ist zu bewerten?

4. In dem Posten Verbindlichkeiten aus Lieferungen und Leistungen sind zwei Rechnungen eines Lieferers mit einem Ziel von 3 Monaten enthalten:

Rechnung 1 vom 12. September 20..:   120 000,00 GBP

Rechnung 2 vom 12. November 20..:   100 000,00 GBP.

Für GBP wurden folgende Devisenkassamittelkurse notiert:

12. September 20..:   EUR   0,9069

12. November 20..:   EUR   0,9231

31. Dezember 20..:   EUR   0,9190

Aufgaben:

4.1 Ermitteln Sie den Rechnungsbetrag der beiden Rechnungen!

4.2 Mit welchem Wert müssen die beiden Rechnungen in der Bilanz zum 31. Dezember 20.. ausgewiesen werden?

4.3 Beschreiben Sie, wie das Unternehmensergebnis durch die Bewertung beeinflusst wird!

4.4 Erläutern Sie den Bewertungsgrundsatz, der hier anzuwenden ist!

5. Eine Maschinenfabrik hat Fertigteile aus Schweden im Wert von 15 200 SEK bezogen. Vereinbart ist ein Zahlungsziel von 60 Tagen. Der Devisenkassamittelkurs am Buchungstag der Rechnung (15. November) beträgt 8,6213 SEK/EUR. Am 31. Dezember (Bilanzstichtag) beträgt der Devisenkassamittelkurs 8,6425 SEK/EUR.

Aufgabe:

Mit welchem Wert sind die Verbindlichkeiten am 31. Dezember zu bilanzieren? Begründen Sie Ihre Entscheidung!

230 1. Die Planbau GmbH nimmt am 5. Januar 20.. ein Darlehen in Höhe von 200 000,00 EUR auf. Es wird ein Disagio von 4 % vereinbart.

Aufgaben:

1.1 Welcher Betrag wird der Planbau GmbH auf dem Konto gutgeschrieben?

1.2 Mit welchem Betrag ist die Verbindlichkeit auszuweisen?

1.3 Welche Möglichkeiten bestehen für die Behandlung des Disagios?

2. Wie wirkt sich ein in der Fremdwährung vereinbarter Preis einer Importware auf den Europreis aus, wenn

2.1 der Kurs für den Euro steigt,

2.2 der Kurs für den Euro sinkt?

3. Wie ist bei einer vereinbarten Verbindlichkeit mit einer Laufzeit von 18 Monaten zu reagieren, wenn sich am Bilanzstichtag herausstellt, dass im Vergleich zum Rechnungseingang

3.1 der Kurs für einen Euro gestiegen ist,

3.2 der Kurs für einen Euro gesunken ist?

4. Die Franz Weber GmbH erhält ein Darlehen von ihrer Hausbank in Höhe von 480 000,00 EUR, Auszahlung 98 %, Laufzeit 10. 02. 10 – 10. 02. 15, Rückzahlung am Ende der Laufzeit in einer Summe.

Das Unternehmen zielt darauf ab, einen möglichst hohen Jahresüberschuss auszuweisen.

Aufgaben:

4.1 Bilden Sie den Buchungssatz für die Kreditaufnahme am 10. 02. 10!

4.2 Wie würde der Buchungssatz lauten, wenn die Franz Weber GmbH einen möglichst geringen Jahresüberschuss ausweisen möchte?

4.3 Mit welchem Wert ist das Darlehen am Bilanzstichtag auszuweisen? Bilden Sie die entsprechenden Buchungssätze!

12.2.5 Bewertung von Rückstellungen

12.2.5.1 Begriff Rückstellungen

Merke:

- **Rückstellungen** sind **Schulden für künftige Aufwendungen,** die dem alten Geschäftsjahr zuzurechnen sind, deren genaue **Höhe** und (oder) **Fälligkeit** am Jahresende (Bilanzstichtag) aber noch **nicht feststehen.**

- Die **Bildung von Rückstellungen** bedeutet den **Ausweis einer Schuld** in der Bilanz und gleichzeitig eine **Aufwandserfassung in entsprechender Höhe.**

Die Zwischenbesprechung einer Steuerprüfung am 20. Dezember ergab, dass mit einer Grundsteuernachzahlung zu rechnen ist, da die Stadt den Hebesatz erhöht hat. Der zuständige Prüfer gab uns die unverbindliche Auskunft, dass eine Grundsteuernachzahlung von ca. 4000,00 EUR zu erwarten ist.

Aufgabe:

In welcher Höhe ist eine Rückstellung am Ende des Geschäftsjahres am 31. Dezember zu bilden, wenn die Zahlung innerhalb des nächsten Jahres erfolgen wird?

Lösung:

Für die zu erwartende Grundsteuernachzahlung ist am 31. Dezember eine Rückstellung von 4000,00 EUR zu bilden.

Erläuterung:

Obwohl die Höhe der Grundsteuernachzahlung und der Fälligkeitstermin noch nicht genau bekannt sind, muss der (geschätzte) Steueraufwand dem alten Geschäftsjahr zugerechnet werden. Ohne die Berücksichtigung der Grundsteuernachzahlung als Aufwand wäre nämlich der ausgewiesene Gesamtaufwand in der Gewinn- und Verlustrechnung zu niedrig **(Gedanke der periodengerechten Ergebnisermittlung).** In Höhe des zu erwartenden Aufwandes ist eine **Rückstellung** zu bilden.

12.2.5.2 Bildung von Rückstellungen

Für folgende (ungewisse) Aufwendungen besteht eine **Passivierungspflicht** [§ 249 I HGB]:

- **ungewisse Verbindlichkeiten.** Hierzu zählen, neben Garantieverpflichtungen, zu erwartende Steuernachzahlungen, Prozesskosten und Jahresabschlusskosten, auch laufende Pensionen bzw. Pensionsanwartschaften;

- **drohende Verluste aus schwebenden Geschäften** (z. B. Preisrückgang bei noch nicht gelieferten Waren, bei denen ein Festpreis vereinbart wurde).

- im Geschäftsjahr **unterlassene Instandhaltungsaufwendungen,** die **innerhalb** der ersten **drei Monate** des neuen Geschäftsjahres nachgeholt werden;

- **unterlassene Abraumbeseitigung,** die im folgenden Geschäftsjahr nachgeholt wird;

- **Gewährleistungen,** die **ohne rechtliche Verpflichtung** erbracht werden (Kulanz).

Für andere als die im § 249 I HGB bestimmten Zwecke dürfen Rückstellungen nicht gebildet werden [§ 249 II, S. 1 HGB]. Rückstellungen dürfen nur aufgelöst werden, soweit der Grund hierfür entfallen ist [§ 249 II, S. 2 HGB].

Rückstellungen sind Schulden. Sie sind daher auf der **Passivseite der Bilanz** auszuweisen. Im § 266 III B. HGB wird folgende Aufgliederung der Rückstellungen vorgeschrieben:

■ Rückstellungen für Pensionen und ähnliche Verpflichtungen	■ Steuerrückstellungen	■ Sonstige Rückstellungen (z. B. für Gewährleistungen)

12.2.5.3 Allgemeine Bewertungsregelung

Rückstellungen sind in Höhe des nach **vernünftiger kaufmännischer Beurteilung** notwendigen **Erfüllungsbetrags** anzusetzen [§ 253 I, S. 2 HGB]. Zukünftige **Preis- und Kostensteigerungen** sind bei der Rückstellungsbewertung zu **berücksichtigen**. Das bedeutet, beim Bewertungsansatz sind die Preis- und Kostenverhältnisse im Erfüllungszeitpunkt zugrunde zu legen. Außerdem gilt:

- Rückstellungen mit einer **Restlaufzeit von mehr als einem Jahr** (langfristige Rückstellungen) sind **abzuzinsen**. Im Regelfall ist für die Abzinsung der **durchschnittliche Marktzinssatz** der **vergangenen sieben Geschäftsjahre** anzusetzen [§ 253 I, S. 1 HGB]. Die Abzinsungszinssätze werden von der Deutschen Bundesbank ermittelt und monatlich veröffentlicht.[1]

- Rückstellungen mit einer **Restlaufzeit von einem Jahr und weniger** (kurzfristige Rückstellungen) sind **nicht abzuzinsen**.

Übungsaufgaben

231 1. Erläutern Sie den Begriff „Rückstellungen" und die Gründe, weshalb sie gebildet werden!

2. Nach welchem Bewertungsprinzip werden die Rückstellungen handelsrechtlich bilanziert?

3. Welche Auswirkungen haben Rückstellungen auf das Unternehmensergebnis?

4. Welche Aussage zur Bildung von Rückstellungen ist richtig?

    4.1 Rückstellungen müssen u. a. gebildet werden für ungewisse Verbindlichkeiten.

    4.2 Rückstellungen müssen gebildet werden, um eventuell entstehende Fehlbeträge ausgleichen zu können.

    4.3 Rückstellungen müssen gebildet werden, um die Eigenkapitalbasis zu stärken.

    4.4 Rückstellungen müssen gebildet werden, um das allgemeine Unternehmerwagnis auszugleichen.

    4.5 Rückstellungen dürfen gebildet werden zum Ausgleich drohender Verluste.

5. Warum müssen Rückstellungen mit einer Restlaufzeit von über einem Jahr diskontiert werden?

6. Ein Industrieunternehmen unterlässt es, im abgelaufenen Geschäftsjahr wegen eines großen Auftragsbestands die Fertigungsstraße zu warten. Dies wird im neuen Jahr nachgeholt. Eine Maschinenfabrik wurde mit der Durchführung der Arbeiten beauftragt. Laut Werkvertrag sind die Arbeiten bis zum 15. Februar des neuen Jahres abzuschließen. Der Auftragswert beträgt 28 470,00 EUR zuzüglich 19 % USt.

Aufgabe:

Kann bzw. muss das Industrieunternehmen diesen Vorgang beim laufenden Jahresabschluss am 31. Dezember berücksichtigen?

---

1 Aus Vereinfachungsgründen wird auf Rückstellungen mit einer Restlaufzeit von mehr als einem Jahr nicht eingegangen.

12.3 Beurteilung eines Unternehmens anhand der Bilanz und der Gewinn- und Verlustrechnung (Jahresabschlussanalyse)

12.3.1 Problemstellung

Nach der Aufstellung des Jahresabschlusses ist der Unternehmer in der Lage, die wirtschaftlichen Verhältnisse seines Unternehmens zu beurteilen. Allerdings sagen die absoluten Zahlenwerte eines einzelnen Jahresabschlusses relativ wenig aus. Mit der Aussage, dass laut Jahresabschluss z.B. das Vermögen 1 320 000,00 EUR oder der Gewinn 235 000,00 EUR betrug, ist wenig anzufangen. Um Abschlusszahlen eines Unternehmens beurteilen zu können, benötigt man **Vergleichswerte** als **Vergleichsmaßstab**.

- Nimmt man als Vergleichswerte die Abschlusszahlen des Vorjahres bzw. mehrerer vorangegangener Jahre desselben Unternehmens, spricht man von einem **Zeitvergleich**. Mit ihm lassen sich Entwicklungstendenzen des eigenen Betriebes feststellen **(innerbetrieblicher Vergleich)**.

- Werden dagegen die Abschlusszahlen eines Jahres mit denen anderer Betriebe derselben Branche verglichen – im Allgemeinen wählt man als Vergleichsmaßstab die ermittelten Durchschnittswerte dieser Branche –, dann handelt es sich um einen so genannten **Betriebsvergleich**. Auf diese Weise lässt sich die Situation des zu beurteilenden Unternehmens im Vergleich zu anderen Unternehmen der Branche abschätzen **(zwischenbetrieblicher Vergleich)**.

Aber auch bei solchen Vergleichen reicht der Vergleich der absoluten Zahlen nicht aus. Um tiefere Einblicke in die wirtschaftlichen Verhältnisse eines Unternehmens gewinnen zu können, werden bestimmte Zahlen bzw. zusammengefasste Zahlengruppen zueinander in Beziehung gesetzt, die als **Kennzahlen** bezeichnet werden. Die Beurteilung eines Unternehmens aufgrund solcher Kennzahlen wird als **Jahresabschlussanalyse** bezeichnet.

> **Merke:**
>
> Unter dem Begriff **Jahresabschlussanalyse** versteht man die Beurteilung eines Unternehmens aufgrund von Bilanzen und den dazugehörigen Gewinn- und Verlustrechnungen. Dabei werden aus Bilanzposten und Posten der Gewinn- und Verlustrechnung **Kennzahlen** gebildet, welche die wirtschaftlichen Verhältnisse eines Unternehmens widerspiegeln sollen.

12.3.2 Aufbereitung der Bilanz für Zwecke der Bilanzanalyse

Für Zwecke der Jahresabschlussanalyse erweist sich die nach handelsgesetzlichen Vorschriften aufgestellte Bilanz als ungeeignet. Für die Bildung von Kennzahlen und deren Auswertung muss eine größere Gruppenbildung und Neuzuordnung einzelner Bilanzposten vorgenommen werden. Um Bilanzen vergleichen und beurteilen zu können, sind ein gleichartiger Aufbau und eine gleichartige Gliederung unerlässlich.

Im Hinblick auf die für uns interessanten Kennzahlen begnügen wir uns auf der **Vermögensseite (Aktivseite)** mit der Grobgliederung in die beiden Hauptgruppen **Anlagevermögen** und **Umlaufvermögen** und auf der **Kapitalseite (Passivseite)** mit der Aufteilung in **Eigen-** und **Fremdkapital**. Eine weitere Unterteilung erfolgt nur noch beim Umlaufvermögen, das nach dem Grad der Flüssigkeit in **mittelfristig** z.B. Vorräte, **kurzfristig** z.B. For-

39 Speth – ISBN 978-3-8120-0491-6

derungen aus Lieferungen und Leistungen und **sofort flüssig** z. B. Geldmittel untergliedert wird und beim **Fremdkapital,** das in **langfristig** und in **kurzfristig** unterteilt wird.

Für unsere Analysezwecke ergibt sich folgende Bilanzstruktur:

Aktiva	Strukturbilanz	Passiva

I. Anlagevermögen
 	
II. Umlaufvermögen
  1. **mittelfristig,** z. B. Vorräte
  2. **kurzfristig,** z. B. Ford. a. Lief. u. Leist.
  3. **sofort flüssig,** z. B. Geldmittel
		I. Eigenkapital
		
		II. Fremdkapital[1]
		  1. **langfristig,** z. B. Bankdarlehen
		  2. **kurzfristig,** z. B. Kontokorrentkredit

Die vorgegebene Bilanzstruktur macht deutlich, dass bestimmte Bilanzposten zusammengefasst werden müssen. So zählen z. B. Rückstellungen je nach Art zu den lang- oder kurzfristigen Verbindlichkeiten.

Beispiel:

Die Aufbereitung einer Bilanz soll beispielhaft anhand der Zahlenunterlagen der Metallwerke Max Neumann e. Kfm. gezeigt werden. Das zu beurteilende Industrieunternehmen legt für das Jahr 20.. folgenden Jahresabschluss in Eurowerten vor:

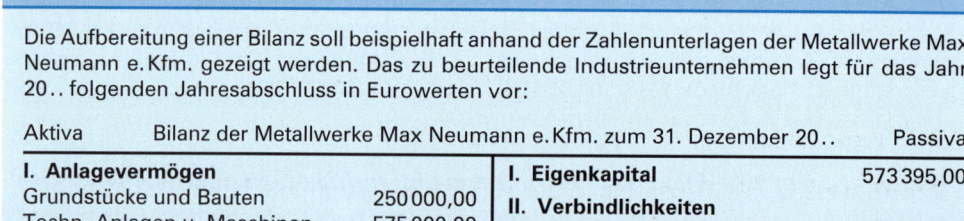

Aktiva		Bilanz der Metallwerke Max Neumann e. Kfm. zum 31. Dezember 20..	Passiva	
I. Anlagevermögen			**I. Eigenkapital**	573 395,00
Grundstücke und Bauten	250 000,00		**II. Verbindlichkeiten**	
Techn. Anlagen u. Maschinen	575 000,00		Verbindl. gegenüber Kreditinst.	480 000,00
A. Anl., Betr.- u. Geschäftsausst.	111 000,00		Verbindl. aus Lief. und Leist.	311 830,00
II. Umlaufvermögen				
Roh-, Hilfs- u. Betriebsstoffe	240 000,00			
Unfertige u. fertige Erzeugnisse	110 000,00			
Forderungen aus Lief. und Leist.	60 000,00			
Kassenbestand	3 725,00			
Guthaben bei Kreditinstituten	15 500,00			
	1 365 225,00			1 365 225,00

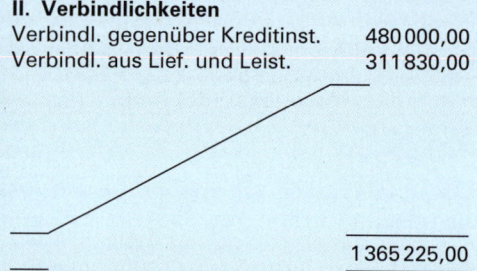

Erläuterung zur Bilanz:

1. Die **Fristigkeit des Umlaufvermögens** ist wie folgt zu sehen:
   - **sofort flüssig:** Kassenbestand und Guthaben bei Kreditinstituten,
   - **kurzfristig fällig:** Forderungen aus Lieferungen und Leistungen,
   - **mittelfristig fällig:** Roh-, Hilfs- u. Betriebsstoffe sowie unfertige und fertige Erzeugnisse.

2. Die **Fristigkeit beim Fremdkapital** ist wie folgt zu sehen:
   - **langfristig bereitstehende Mittel:** Verbindlichkeiten gegenüber Kreditinstituten,
   - **kurzfristig fällig:** Verbindlichkeiten aus Lieferungen und Leistungen.

Aufgabe:

Erstellen Sie als Grundlage für die Bilanzanalyse eine aufbereitete Strukturbilanz!

---

1 Für die Auswertung der Bilanz verwenden wir auf der Passivseite statt des handelsrechtlichen Begriffs Verbindlichkeiten den betriebswirtschaftlichen Begriff Fremdkapital.

Aktiva	Bilanz der Metallwerke Max Neumann e. Kfm. zum 31. Dezember 20..		Passiva
I. Anlagevermögen	936 000,00	**I. Eigenkapital**	573 395,00
II. Umlaufvermögen		**II. Fremdkapital**	
1. mittelfristig	350 000,00	1. langfristig	480 000,00
2. kurzfristig	60 000,00	2. kurzfristig	311 830,00
3. sofort flüssig	19 225,00		
	1 365 225,00		1 365 225,00

Merke:

Eine **Strukturbilanz** ist eine im Hinblick auf die Bilanzauswertung aufbereitete und zusammengefasste Bilanz.

12.3.3 Auswertung der Bilanz mithilfe von Kennzahlen

12.3.3.1 Kennzahlen zur Vermögensstruktur

Zur Beurteilung des Vermögensaufbaus bilden wir für die Bilanz die folgenden Kennzahlen:

$$\text{Anlageintensität (Anlagenquote)} = \frac{\text{Anlagevermögen} \cdot 100}{\text{Gesamtvermögen}}$$

$$\frac{936\,000 \cdot 100}{1\,365\,225} = 68{,}56\,\%$$

$$\text{Umlaufintensität (Quote des Umlaufvermögens)} = \frac{\text{Umlaufvermögen} \cdot 100}{\text{Gesamtvermögen}}$$

$$\frac{429\,225 \cdot 100}{1\,365\,225} = 31{,}44\,\%$$

Zur Vermögensstruktur im vorliegenden **Beispiel** lassen sich folgende Aussagen treffen:

■ Die Zahlenverhältnisse spiegeln die Anteile der beiden Vermögensgruppen wider. Aus der Anlageintensität und der Umlaufintensität ergibt sich, dass das Anlagevermögen mehr als die Hälfte, das Umlaufvermögen entsprechend weniger als die Hälfte des Gesamtvermögens ausmacht. Aus der Summe der Anteile von AV und UV ergibt sich jeweils 100 %, also das Gesamtvermögen. Dass das Anlagevermögen in unserem Beispiel überwiegt, konnte erwartet werden, da der Industriebetrieb für die Herstellung der Erzeugnisse in der Regel teure Fertigungsanlagen benötigt.

12.3.3.2 Kennzahlen zur Kapitalstruktur (Kapitalaufbringung)

Die Analyse der Kapitalstruktur soll über Quellen und Zusammensetzung nach Art und Fristigkeit (Sicherheit) des Kapitals Aufschluss geben. Gläubiger, Lieferer, Kunden sowie Arbeitnehmer erhalten dadurch die Möglichkeit, das Risiko einzuschätzen, inwieweit etwa eine finanzielle Instabilität des „Schuldner-Unternehmens" die planmäßige Erfüllung seiner eingegangenen Leistungsverpflichtungen (z. B. termingerechte Begleichung von Schulden aus Darlehensaufnahmen und Warengeschäften; termingerechte Zahlung von Löhnen und Gehältern) gegenüber den angesprochenen Adressaten beeinträchtigt (Illiquiditätsrisiko, Insolvenzrisiko).[1]

$$\text{Eigenkapitalquote} = \frac{\text{Eigenkapital} \cdot 100}{\text{Gesamtkapital}}$$

$$\frac{573\,395 \cdot 100}{1\,365\,225} = \underline{\underline{42\,\%}}$$

$$\text{Fremdkapitalquote} = \frac{\text{Fremdkapital} \cdot 100}{\text{Gesamtkapital}}$$

$$\frac{791\,830 \cdot 100}{1\,365\,225} = \underline{\underline{58\,\%}}$$

$$\text{Verschuldungsgrad} = \frac{\text{Fremdkapital} \cdot 100}{\text{Eigenkapital}}$$

$$\frac{791\,830 \cdot 100}{573\,395} = \underline{\underline{138\,\%}}$$

Auswertung:

Allgemein kann festgestellt werden: Je höher ein Unternehmen mit Eigenkapital ausgestattet ist, desto weniger krisenanfällig ist es. Eine hohe Fremdkapitalquote bedeutet eine hohe Liquiditätsbelastung durch Zins- und Tilgungszahlungen. Bei einer zu hohen Verschuldung besteht die Gefahr, dass die Gläubiger (Fremdkapitalgeber) Einfluss auf Entscheidungen der Unternehmensleitung nehmen.

Die vorliegenden Kennzahlen zeigen, dass die Eigenkapitalausstattung bei 42 % liegt. Das Verhältnis Fremdkapital zu Eigenkapital liegt bei 138 %, d. h., das Fremdkapital übersteigt das Eigenkapital um 38 %.

Geht man von der in der Literatur als günstig beurteilten Finanzstruktur von 1 : 1 aus, so kann festgestellt werden, dass das hier zu beurteilende Unternehmen davon weit entfernt ist. Allerdings ist zu beachten, dass diese Relation in der Regel in der deutschen Wirtschaft nicht erreicht wird. Vielmehr werden die Unternehmen in den meisten Branchen überwiegend mit fremden Mitteln finanziert.

---

1 **Illiquidität:** bedeutet, dass ein Unternehmen nicht in der Lage ist, seinen zwingend fälligen Zahlungsverpflichtungen termin- und betragsgenau nachzukommen.

   Insolvenz: bedeutet, dass ein Unternehmen **endgültig** nicht mehr in der Lage ist, seinen fälligen Zahlungsverpflichtungen nachzukommen (Zahlungsunfähigkeit).

232

Aktiva			Bilanz		Passiva
	Berichts-jahr	Vor-jahr		Berichts-jahr	Vor-jahr
I. Anlagevermögen	3 101 000,00	2 549 120,00	I. Eigenkapital	2 900 800,00	2 729 720,00
II. Umlaufvermögen	2 079 000,00	2 042 880,00	II. Verbindlichkeiten		
			1. langfristig	1 701 000,00	1 206 240,00
			2. kurzfristig	578 200,00	656 040,00
	5 180 000,00	4 592 000,00		5 180 000,00	4 592 000,00

Aufgaben:

1. Berechnen Sie aufgrund der aufbereiteten Bilanz für das Vorjahr und das Berichtsjahr die Bilanzkennzahlen zur Vermögens- und Kapitalstruktur!

2. Beurteilen Sie die wirtschaftliche Lage des Unternehmens unter Berücksichtigung der Vorjahreszahlen!

233 Wie beurteilen Sie ein Unternehmen, dessen Verschuldungsgrad:

1. unter 100 % liegt,

2. 100 % beträgt,

3. 300 % oder darüber beträgt?

12.3.3.3 Anlagendeckung (Investierung)

Merke:

Die **Anlagendeckung** beantwortet die Frage, in welchem Umfang das Anlagevermögen durch langfristig verfügbares Kapital gedeckt ist.

Dieser Kennzahl liegt die Überlegung zugrunde, dass das Anlagevermögen langfristig im Unternehmen gebunden ist und daher auch mit langfristig verfügbaren Mitteln, möglichst mit Eigenkapital, finanziert sein sollte. Allgemein gilt, dass bei einem solide finanzierten Unternehmen die Überlassungsfristen der Finanzmittel mit den Bindungsfristen des finanzierten Vermögens übereinstimmen müssen.[1] Dieser Grundsatz der Fristengleichheit wird in der Literatur als **goldene Bilanzregel** bezeichnet.

---

1 Bei einer Finanzierung z. B. des Anlagevermögens mit Fremdkapital soll (bzw. muss) die Nutzungsdauer des Anlagevermögens mit der Tilgungsdauer (der Darlehensfrist) übereinstimmen, damit die Verzinsung und Rückzahlung des Darlehens durch die in die Verkaufspreise einkalkulierten und verdienten Zins- und Abschreibungsaufwendungen möglich ist.

Wir unterscheiden bei der Anlagendeckung (Investierung) zwei Deckungsgrade:

$$\text{Deckungsgrad I} = \frac{\text{Eigenkapital} \cdot 100}{\text{Anlagevermögen}}$$

$$\frac{573\,395 \cdot 100}{936\,000} = \underline{\underline{61\,\%}}$$

$$\text{Deckungsgrad II} = \frac{(\text{Eigenkapital} + \text{langfristiges Fremdkapital}) \cdot 100}{\text{Anlagevermögen}}$$

$$\frac{(573\,395 + 480\,000) \cdot 100}{936\,000} = \underline{\underline{113\,\%}}$$

Auswertung:

Aus dem **Deckungsgrad I** ist erkennbar, dass die Grundregel, nach der das Anlagevermögen möglichst mit Eigenkapital finanziert sein sollte, bei dem hier untersuchten Unternehmen nicht erfüllt ist. Das Anlagevermögen ist nur zu 61 % mit Eigenkapital finanziert.

Bezieht man in die Deckung (Finanzierung) des Anlagevermögens das langfristig verfügbare Fremdkapital mit ein, erhält man den **Deckungsgrad II**. Bei dieser Kennzahl ergibt sich für die Finanzierung des Anlagevermögens eine Überdeckung von 13 %.

> **Merke:**
>
> - Die **Deckungsgrade** zeigen, inwieweit das langfristig gebundene Vermögen durch Eigenkapital (und langfristiges Fremdkapital) gedeckt ist.
> - Das **Anlagevermögen** und das **langfristig gebundene Umlaufvermögen** (z.B. eiserner Bestand der Werkstoffe) sollten durch **langfristiges Kapital** finanziert sein.

12.3.3.4 Liquidität (Liquiditätsanalyse aufgrund von Bestandsgrößen)

Unter der Liquidität eines Unternehmens versteht man seine Zahlungsfähigkeit, d.h. die Fähigkeit, jederzeit die Zahlungsverpflichtungen erfüllen zu können. Die Liquiditätsanalyse aufgrund der Bilanzangaben geht davon aus, dass aus den aktuellen Beständen an Aktiva und Passiva auf die Höhe und den zeitlichen Anfall aller künftigen Einnahmen und Ausgaben geschlossen werden kann. Für die Liquiditätsanalyse gilt:

Aktiva: je langfristiger ein Vermögensposten gebunden ist, umso später ergibt sich die entsprechende Einnahme.

Passiva: je langfristiger das Kapital zur Verfügung steht, umso später wird die Ausgabe fällig.

Danach ist die Liquidität dann ausreichend, wenn die Kapitalbindungsdauer des Vermögensgegenstandes mit dem Kapitalüberlassungszeitraum übereinstimmt. **(Goldene Bilanzregel.)**

Wir unterscheiden zwei Liquiditätskennzahlen:

$$\text{Liquidität 1. Grades (Barliquidität)} = \frac{\text{flüssige Mittel} \cdot 100}{\text{kurzfristiges Fremdkapital}}$$

$$\frac{(3725 + 15500) \cdot 100}{311830} = \underline{\underline{6,2\%}}^{[1]}$$

Bei der Liquidität 1. Grades, auch **Barliquidität** genannt, werden als Deckungsmittel nur die unmittelbar flüssigen Mittel (Bargeld, Bankguthaben) in die Berechnung einbezogen.

Zur Liquidität 2. Grades gehören Vermögensposten, die derzeit noch keinen Geldcharakter haben, deren Umwandlung in Geldmittel jedoch unmittelbar bevorsteht. Da das Geld, wie etwa bei den Forderungen, noch eingezogen werden muss, sprechen wir auch von **einzugsbedingter Liquidität.**

$$\begin{matrix}\text{Liquidität 2. Grades} \\ \text{(einzugsbedingte Liquidität)}\end{matrix} = \frac{(\text{flüssige Mittel} + \text{Forderungen}) \cdot 100}{\text{kurzfristiges Fremdkapital}}$$

$$\frac{79225 \cdot 100}{311830} = \underline{\underline{25,4\%}}$$

Auswertung:

■ **Allgemein** ist für die Beurteilung von Kennzahlen der Liquidität Folgendes festzuhalten:

- ■ Zur Sicherung der Liquidität bedarf es der Beobachtung zukünftiger Zahlungseingänge und Zahlungsausgänge des Unternehmens, was ohne die Kenntnis der internen Vorgänge nicht möglich ist. Im Rahmen unserer Analyse liegen jedoch nur **Abschlusszahlen** vor. Von daher gesehen wird deutlich, mit welcher Vorsicht die Beurteilung der Liquidität eines Unternehmens mit Hilfe von Bilanzkennzahlen zu betrachten ist.

- ■ Die Bilanz kann nur die **Situation** am **Bilanzstichtag** wiedergeben, also zu einer Zeit, in der diese bereits der Vergangenheit angehört. Liquidität ist aber eine sich täglich, ja sogar sich mehrmals täglich verändernde Größe, deren Aussagewert nur für diesen Augenblick der Feststellung von Bedeutung ist. Außerdem ist darauf hinzuweisen, dass eine Reihe von Faktoren, welche die Liquidität eines Unternehmens wesentlich beeinflussen, aus der Bilanz nicht hervorgehen.

  Die Bilanz gibt z.B. keine Auskunft über die Fälligkeitstermine der in ihr ausgewiesenen Posten. Auch der Kreditspielraum eines Unternehmens ist aus der Bilanz nicht unmittelbar ablesbar. Laufende Zahlungsverpflichtungen für Personalkosten, Miete, Steuern usw. gehen aus der Bilanz nicht hervor.

  Wenn im Rahmen einer externen Bilanzanalyse dennoch Liquiditätskennzahlen aufgestellt werden, muss mit allem Nachdruck auf ihren eingeschränkten Aussagewert hingewiesen werden.

■ Zur Liquidität im vorliegenden **Beispiel** lassen sich folgende Aussagen treffen:

  Auch wenn man berücksichtigt, dass die ermittelte Barliquidität wegen der fehlenden Fälligkeitstermine für das kurzfristige Fremdkapital ungenau ist, kann das krasse Missverhältnis zwischen den liquiden Mitteln und den kurzfristigen Verbindlichkeiten nicht übersehen werden (**One-to-five-Rate**[2] nicht erreicht).

---

1 Um die Aussagekraft zu erhöhen, werden diese Kennzahlen mit einer Dezimale angegeben.

2 Die „One-to-five-Rate" ist eine Norm für die Beurteilung der Barliquidität. Sie besagt, dass die kurzfristigen Verbindlichkeiten mindestens zu 20% durch flüssige Mittel gedeckt sein sollten.

Die Summe von kurzfristigen Forderungen und liquiden Mitteln bezeichnet man auch als **monetäres Umlaufvermögen**. Für das monetäre Umlaufvermögen gilt nach der **„One-to-one-Rate"**,[1] dass es genauso hoch sein sollte wie die kurzfristigen Verbindlichkeiten. Auch die „One-to-one-Rate" wird nicht erreicht. Nach dem Liquiditätsgrad II ist das kurzfristige Fremdkapital nur zu 25 % mit monetärem Umlaufvermögen gedeckt.

Es gilt festzuhalten: Trotz aller angesprochenen Bedenken gegenüber Liquiditätskennzahlen liegt hier offensichtlich ein besonderes Problem des Unternehmens.

Merke:

- **Liquidität** ist die Fähigkeit eines Unternehmens, jederzeit seinen Zahlungsverpflichtungen nachkommen zu können.

- **Liquiditätsgrade** auf der Grundlage von Bilanzzahlen haben nur einen sehr eingeschränkten Aussagewert.

Übungsaufgaben

234 1. Wie viel Prozent sollte der Deckungsgrad I eines Unternehmens betragen? Begründen Sie Ihre Antwort!

2. Nehmen Sie kritisch Stellung zu kurzfristigen Liquiditätskennzahlen!

3. Erläutern Sie die nachfolgenden Bilanzkennzahlen und geben Sie an, was die Zahlenwerte aussagen!

Liquidität 2. Grades   120 %

Deckungsgrad II   150 %

235 Ein Industrieunternehmen legt für die beiden letzten Geschäftsjahre die folgenden bereinigten Abschlusszahlen vor:

Aktiva			Bilanz		Passiva
	Berichts-jahr	Vor-jahr		Berichts-jahr	Vor-jahr
I. Anlagevermögen	238 500,00	230 000,00	I. Eigenkapital	135 400,00	101 150,00
II. Umlaufvermögen			II. Verbindlichkeiten		
Vorräte	55 600,00	38 300,00	1. langfristig	150 000,00	130 000,00
Ford. a. Lief. u. Leist.	40 750,00	23 500,00	2. kurzfristig	77 800,00	85 250,00
Kassenbestand	6 940,00	7 120,00			
Guth. b. Kreditinst.	21 410,00	17 480,00			
	363 200,00	316 400,00		363 200,00	316 400,00

Aufgaben:

1. Errechnen Sie die folgenden Kennzahlen (auf eine Dezimale): die Deckungsgrade I und II und die Liquidität 1. und 2. Grades!

2. Beurteilen Sie die Kennzahlen unter Berücksichtigung der Vorjahreszahlen!

---

[1] Die „One-to-one-Rate" ist eine Norm für die Beurteilung der einzugsbedingten Liquidität. Nach dieser Norm soll diese Liquiditätszahl mindestens den Wert 1 betragen.

12.3.4 Auswertung der Gewinn- und Verlustrechnung (ertragswirtschaftliche Analyse)

12.3.4.1 Ausgangsdaten

Die Auswertung der Gewinn- und Verlustrechnung soll beispielhaft anhand der Metallwerke Max Neumann e. Kfm. gezeigt werden. Damit die Daten der Bilanz auch vorliegen, wird hier neben der Gewinn- und Verlustrechnung nochmals die Strukturbilanz dieses Unternehmens angegeben.

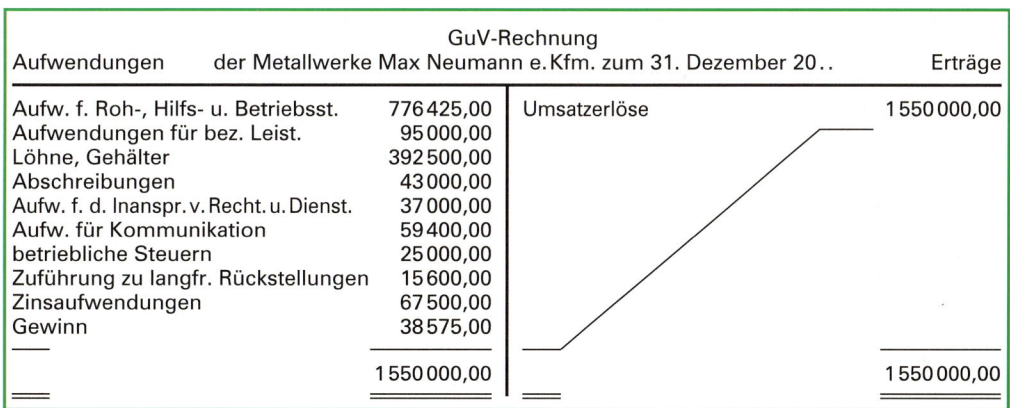

Aktiva	Bilanz der Metallwerke Max Neumann e. Kfm. zum 31. Dezember 20..		Passiva
Anlagevermögen	936 000,00	Eigenkapital	573 395,00
Umlaufvermögen	429 225,00	Fremdkapital	
		1. langfristig	480 000,00
		2. kurzfristig	311 830,00
	1 365 225,00		1 365 225,00

GuV-Rechnung

Aufwendungen	der Metallwerke Max Neumann e. Kfm. zum 31. Dezember 20..		Erträge
Aufw. f. Roh-, Hilfs- u. Betriebsst.	776 425,00	Umsatzerlöse	1 550 000,00
Aufwendungen für bez. Leist.	95 000,00		
Löhne, Gehälter	392 500,00		
Abschreibungen	43 000,00		
Aufw. f. d. Inanspr. v. Recht. u. Dienst.	37 000,00		
Aufw. für Kommunikation	59 400,00		
betriebliche Steuern	25 000,00		
Zuführung zu langfr. Rückstellungen	15 600,00		
Zinsaufwendungen	67 500,00		
Gewinn	38 575,00		
	1 550 000,00		1 550 000,00

12.3.4.2 Cashflow (Liquiditätsanalyse aufgrund von Stromgrößen)

Die bestandsorientierte Liquiditätsanalyse stellt eine Momentaufnahme der Finanzmittel und Verbindlichkeiten am Bilanzstichtag dar. Die **stromgrößenorientierte Liquiditätsanalyse** geht demgegenüber der Frage nach, welche Finanzmittel aus dem Betriebsprozess erwirtschaftet und wie diese verwendet wurden, d.h., die zukünftigen Zahlungsein- und -ausgänge werden aus den Zahlungsein- und -ausgängen der Vergangenheit abgeleitet. In ihrer einfachsten Form orientiert sich diese Art von Liquiditätsanalyse an der Betrachtung von Umsatzüberschusszahlen (**„Cashflow-Analyse"**).

Der aus der amerikanischen Analysepraxis stammende Begriff „Cashflow" ist nicht einheitlich festgelegt. Je nach Aussagezweck können gröbere oder verfeinerte Berechnungen für den Cashflow durchgeführt werden.

Eine relativ einfache und grobe Berechnungsmöglichkeit zeigt folgendes Schema, bei dem die nicht ausgabewirksamen Aufwendungen wieder zum Jahresüberschuss hinzugerechnet werden:

> Jahresüberschuss
> + Abschreibungen
> + Erhöhungen (– Verminderungen) langfristiger Rückstellungen
> = Cashflow

Als finanzwirtschaftlicher Indikator[1] soll der Cashflow über den Innenfinanzierungsspielraum und die Kreditwürdigkeit (Verschuldungsfähigkeit) eines Unternehmens Aufschluss geben. Der Cashflow kann auch als **finanzwirtschaftlicher Überschuss** bezeichnet werden, der **den Teil der Umsatzerlöse angibt,** der **nicht für Betriebsausgaben und Ausgaben für Steuern vom Einkommen und Ertrag** benötigt wird. Der Cashflow umfasst damit die ausgabeunwirksamen Aufwendungen für Abschreibungen, die gebildeten Rückstellungen sowie den Jahresüberschuss.

> **Merke:**
>
> ■ Der **Cashflow** gibt die im Geschäftsjahr **selbst erwirtschafteten Finanzmittel** an, die dem Unternehmen zur **freien Verfügung** stehen.
>
> ■ Die freien Finanzmittel können für die **Finanzierung von Investitionen,** zur **Schuldentilgung** und für die **Gewinnausschüttung** verwendet werden.

Auf das Analysebeispiel bezogen ergibt sich für den Cashflow folgender Zahlenwert:

Jahresüberschuss	38 575,00 EUR
+ Abschreibungen	43 000,00 EUR
+ Zuführung zu langfristigen Rückstellungen	15 600,00 EUR
Cashflow	97 175,00 EUR

Im Berichtsjahr stehen somit den Metallwerken Max Neumann e. Kfm. 97 175,00 EUR an selbst erwirtschafteten Finanzierungsmitteln zur Verfügung.

Neben der Angabe in absoluten Zahlen kann der Cashflow auch in Prozenten z. B. zu den Umsatzerlösen ermittelt werden.

$$\text{Cashflow-Umsatz-Relation} = \frac{\text{Cashflow} \cdot 100}{\text{Umsatzerlöse}}$$

$$\frac{97\,175 \cdot 100}{1\,550\,000} = \underline{\underline{6{,}27\,\%}}$$

Den Metallwerken Max Neumann e. Kfm. stehen 6,27 % der Umsatzerlöse zur Verfügung.

---

1 Neben dem hauptsächlichen Anwendungsbereich im Rahmen finanzwirtschaftlicher Aussagen wird der Cashflow gelegentlich auch als Ertragsindikator verwandt. Hierbei ist anzumerken, dass der Cashflow nicht den Gewinn repräsentiert. Abschreibungen und Zuweisungen zu Rückstellungen stellen Aufwand und keinen Gewinn dar. Der Cashflow liegt also über dem Gewinn. Insofern kann er für die Beurteilung der Ertragskraft eines Unternehmens nur als Tendenzindikator angesehen werden.

Merke:

■ Der **Cashflow** ist ein finanzwirtschaftlicher Indikator für die Ertrags- und Selbstfinanzierungskraft eines Unternehmens.

■ Die **Cashflow-Umsatz-Relation** gibt an, wie viel Prozent der Umsatzerlöse für Investitionen, für die Schuldentilgung und für Gewinnausschüttungen zur Verfügung steht.

Übungsaufgaben

236 1. Welche Vorteile weisen stromgrößenorientierte Liquiditätskennzahlen gegenüber den bestandsorientierten Liquiditätsgraden auf?

2. Formulieren Sie eine allgemein gehaltene Aussage aus der hervorgeht, was der Cashflow inhaltlich darstellt und wozu er im Unternehmen verwendet werden kann!

237 Ein Industrieunternehmen weist in den Jahren 09, 10 und 11 folgende Zahlen aus:

	09	10	11
Umsatzerlöse	28 850 000,00 EUR	33 280 000,00 EUR	35 500 000,00 EUR
Jahresüberschuss	1 780 000,00 EUR	2 420 000,00 EUR	2 740 000,00 EUR
Abschreibungen auf Sachanlagen	450 000,00 EUR	640 000,00 EUR	700 000,00 EUR
Erhöhung langfristiger Rückstellungen	60 000,00 EUR	90 000,00 EUR	—
Investitionen	800 000,00 EUR	420 000,00 EUR	4 210 000,00 EUR

Aufgaben:

1. Ermitteln Sie aufgrund der vorliegenden Daten den Cashflow!

2. Drücken Sie den Cashflow

    2.1 in Prozenten zu den Umsatzerlösen und

    2.2 in Prozenten zu den getätigten Investitionen aus!

3. Geben Sie aufgrund der vorliegenden Daten eine kurze Beurteilung über das Unternehmen ab!

238 Die Osnabrücker Kettenfabrik GmbH erzielte für das Jahr 20.. einen Jahresüberschuss von 606 766,00 EUR, die Abschreibungen betrugen lt. Gewinn- und Verlustrechnung 236 845,00 EUR, die Zuführungen zu den langfristigen Rückstellungen 86 400,00 EUR und die Umsatzerlöse beliefen sich auf 21 882 612,00 EUR. Das Eigenkapital betrug 4 769 290,00 EUR.

Aufgaben:

Berechnen Sie:

1. den Cashflow,

2. den prozentualen Anteil des Cashflows, bezogen auf das Eigenkapital,

3. den prozentualen Anteil des Cashflows, bezogen auf die Umsatzerlöse!

12.3.4.3 Kennzahlen zur Ertragskraft (Rentabilitätsanalyse)

Bei den Kennzahlen der Rentabilität werden Größen der Gewinn- und Verlustrechnung in die Beurteilung des Unternehmens einbezogen. Die wichtigste Kennzahl dabei ist natürlich der Gewinn. Da jedes Unternehmen in Bezug auf Rechtsform, Kapitalausstattung, Wirtschaftsbranche und Größe andere Bedingungen aufweist, sagt die absolute Höhe des Gewinns nur wenig aus. Um eine vergleichbare Aussage über den Erfolg eines Unternehmens machen zu können, muss der Gewinn prozentual in Beziehung zu jenen Größen gebracht werden, die ihn ermöglicht haben. Solche messbaren Größen sind z.B. das **Kapital** oder der **Umsatz**.

(1) Kapitalrentabilität

Hierbei wird das erzielte Jahresergebnis (Jahresüberschuss bzw. -fehlbetrag) zum Kapital in Beziehung gesetzt. Je nachdem, ob man als Bezugsgröße das Eigenkapital oder das Gesamtkapital wählt, erhält man als Kennzahl die **Eigenkapitalrentabilität** oder die **Gesamtkapitalrentabilität**. Die Eigenkapitalrentabilität wird häufig auch als Unternehmerrentabilität und die Gesamtkapitalrentabilität als Unternehmensrentabilität bezeichnet.

■ **Eigenkapitalrentabilität (Unternehmerrentabilität)**

Bei der Eigenkapitalrentabilität wird das erzielte Jahresergebnis in Prozenten zum Eigenkapital ausgedrückt. Es soll festgestellt werden, welche Rendite das durchschnittlich eingesetzte Eigenkapital insgesamt erbracht hat.

$$\text{Eigenkapitalrentabilität} = \frac{\text{Jahresergebnis} \cdot 100}{\varnothing \text{ Eigenkapital}}$$

Da sich das Eigenkapital praktisch durch jeden Erfolgsvorgang laufend verändert, ist es ungenau, wenn der erzielte Gewinn dem Eigenkapital am Anfang oder am Ende der Geschäftsperiode gegenübergestellt wird. Um relativ genau zu sein, muss vom durchschnittlichen Eigenkapital ausgegangen werden. Geht man davon aus, dass das Eigenkapital der Metallwerke Max Neumann e.Kfm. am Anfang der Geschäftsperiode 534 820,00 EUR betrug, ergibt sich folgender Durchschnittswert:

$$\text{Durchschnittswert für das Eigenkapital:} = \frac{534\,820 + 573\,395}{2} = 554\,107{,}50 \text{ EUR}$$

$$\text{Eigenkapitalrentabilität} = \frac{38\,575 \cdot 100}{554\,107{,}50} = \underline{\underline{6{,}96\,\%}}$$

■ **Gesamtkapitalrentabilität (Unternehmensrentabilität)**

Wählt man als Bezugsgröße das durchschnittliche Gesamtkapital, dann muss der Gewinn um die angefallenen Zinsen („Ertrag des Fremdkapitalgebers") für das Fremdkapital erhöht werden. Das ist deshalb erforderlich, weil die Fremdkapitalzinsen im Rahmen der Gewinnermittlung als Aufwendungen abgezogen wurden. Erst durch die Hinzurechnung der Zinsen für das Fremdkapital sind die in Beziehung zu setzenden Größen (Gewinn und Gesamtkapital) miteinander vergleichbar.

$$\text{Gesamtkapitalrentabilität} = \frac{(\text{Gewinn} + \text{Zinsen}) \cdot 100}{\text{Ø Gesamtkapital}}$$

Auch hier muss vom durchschnittlichen Gesamtkapital ausgegangen werden. Unter der Annahme, dass das Gesamtkapital der Metallwerke Max Neumann e.Kfm. zu Beginn der Geschäftsperiode 1 295 695,00 EUR betrug, ergibt sich folgendes Durchschnittskapital:

$$\text{Durchschnittskapital:} \quad \frac{1\,295\,695 + 1\,365\,225}{2} = 1\,330\,460{,}00 \text{ EUR}$$

$$\text{Gesamtkapitalrentabilität} = \frac{(38\,575 + 67\,500) \cdot 100}{1\,330\,460} = \underline{\underline{7{,}97\,\%}}$$

Die Gesamtkapitalrentabilität sagt dem Unternehmer, ob sich die Investierung von Fremdkapital in seinem Unternehmen lohnt. Dies ist dann gegeben, wenn der Zinssatz für Fremdkapital unter der Gesamtkapitalrentabilität liegt. Beträgt der Zinssatz für Fremdkapital 6 % und liegt die Gesamtkapitalrentabilität bei 8 %, dann verdient das Unternehmen am Einsatz des Fremdkapitals, d.h., die Eigenkapitalrentabilität steigt an.

(2) Umsatzrentabilität

Bei dieser Kennziffer wird der Jahresgewinn auf den Umsatz bezogen. In Prozenten ausgedrückt erhalten wir:

$$\text{Umsatzrentabilität} = \frac{\text{Gewinn} \cdot 100}{\text{Umsatzerlöse}}$$

$$\text{Umsatzrentabilität} = \frac{38\,575 \cdot 100}{1\,550\,000} = \underline{\underline{2{,}49\,\%}}$$

Merke:

Die **Rentabilität** ist eine Messgröße für die Ergiebigkeit eines Mitteleinsatzes.

Übungsaufgaben

239 Die Buchführung bzw. die Kosten- und Leistungsrechnung der Göttinger Elektrogeräte AG liefert uns folgende Zahlenwerte:

Eigenkapital:		Sonstige Aufwendungen	105 Mio. EUR
– am Anfang	350 Mio. EUR	Umsatzerlöse netto	850 Mio. EUR
– am Ende	400 Mio. EUR	Jahresüberschuss	45 Mio. EUR
Aufwend. für Roh-, Hilfs- u. Betriebsstoffe	700 Mio. EUR		

Aufgaben:

1. Berechnen Sie die Umsatzrentabilität und die Unternehmerrentabilität!
2. Wie sind die Kennzahlen zu beurteilen, wenn die Branchenwerte bei 2,2 bzw. 10,2 % liegen?

240 Die Buchführung bzw. die Kosten- und Leistungsrechnung der Nova Caravan GmbH liefert uns folgende Quartalszahlen:

Umsatzerlöse netto	1 114 640,00 EUR
Aufwend. für Roh-, Hilfs- u. Betriebsstoffe	870 000,00 EUR
Sonstige Aufwendungen	215 000,00 EUR
Durchschnittl. Eigenkapital	380 000,00 EUR
Durchschnittl. Fremdkapital	597 500,00 EUR

In den sonstigen Aufwendungen sind 16 430,00 EUR Fremdkapitalzinsen enthalten.

Aufgaben:

Wie viel Prozent beträgt die Gesamtkapitalrentabilität und wie ist dieser Wert zu beurteilen, wenn der Branchenwert 3,2 % beträgt?

241 Das Unternehmen Sonja Fröhlich KG hat sich mit Kindermoden eine Marktnische geschaffen. Um das Unternehmen auf dem neuesten Stand zu halten, wurde im letzten Jahr viel investiert. Der Kommanditist Gebauer ist nicht sicher, ob das Unternehmen noch ordentlich finanziert ist. Er hat sich deshalb die Bilanz und einige Zahlen der GuV-Rechnung geben lassen:

Aktiva	Zusammengefasste Bilanz der Sonja Fröhlich KG	Passiva	
Anlagevermögen	515 000,00	Komplementärkap. Fröhlich	158 000,00
Vorräte	331 000,00	Kommanditkap. Gebauer	50 000,00
(davon eiserner Bestand 25 000,00)		langfristige Grundschuld	726 000,00
		kurzfristige Bankkredite	156 000,00
Forderungen a. Lief. u. Leist.	456 000,00	Verbindlichkeiten a. Lief. u. Leist.	358 000,00
Kasse, Bank	117 000,00		
sonstiges Umlaufvermögen	29 000,00		
	1 448 000,00		1 448 000,00

Laut GuV-Rechnung ist ein Gewinn in Höhe von 39 650,00 EUR entstanden. Ihm steht eine Belastung durch Fremdkapitalzinsen in Höhe von 57 964,00 EUR gegenüber.

Aufgaben:

Überprüfen Sie für Herrn Gebauer die Eigenkapitalquote, den Verschuldungsgrad, die Liquiditätsgrade, die Eigenkapitalrentabilität und die Rentabilität des Unternehmens!

Hinweis: Ziehen Sie zur Beurteilung die nachfolgend angegebenen Branchenkennzahlen zu Rate.

Branche	Eigenkapitalquote	Verschuldungsgrad
Bekleidungsindustrie	13,8 %	625 %

Branche	Eigenkapitalrentabilität	Gesamtkapitalrentabilität
Bekleidungsindustrie	16,0 %	5,2 %

12.3.5 Grenzen der Aussagefähigkeit des Jahresabschlusses

(1) Fehlende Informationen

Stehen für die Analyse nur die Geschäftsberichte mit Jahresabschluss und Lagebericht zur Verfügung **(externe Analyse),** so fehlen in der Regel wichtige Informationen für die Beurteilung einer Unternehmung.

Beispiele für **fehlende Informationen** im Rahmen der externen Jahresabschlussanalyse:

- Die **genaue Fristigkeit von Forderungen und Verbindlichkeiten.** Beispielsweise stehen die kurzfristig ausgewiesenen Kontokorrentkredite de facto durch stillschweigende Prolongation langfristig zur Verfügung. Andererseits sind viele langfristige Kredite kündbar.

- Die Eigentumsverhältnisse der ausgewiesenen Vermögensgegenstände. Einerseits werden auch unter Eigentumsvorbehalt gekaufte oder sicherungsübereignete Rohstoffe bilanziert. Andererseits erscheint gepachtetes oder geleastes Anlagevermögen nicht in jedem Fall in der Bilanz.

- Vorhandene **Unter- und Überbewertungen von Bilanzposten (stille Reserven).** Insbesondere bei handelsrechtlichen Jahresabschlüssen ist es schwierig, entsprechende Wertkorrekturen bezüglich der ausgeübten Bilanzierungswahlrechte (z.B. bei den Herstellungskosten) oder der bestehenden Bilanzierungsverbote (z.B. für selbst geschaffene Marken, Verlagsrechte) vorzunehmen.

- **Latente Verpflichtungen aus schwebenden Geschäften.** Hierzu gehören beispielsweise Kaufverträge, deren Erfüllungsgeschäfte noch nicht abgeschlossen sind.

(2) Stichtagsbezogenheit der Daten, bestandsorientierte Kennzahlen

Eine erhebliche Einschränkung der Aussagekraft erfährt die Jahresabschlussanalyse auch durch die **Stichtagsbezogenheit der Daten.** Insbesondere die **bestandsorientierten Kennzahlen** (Deckungs- und Liquiditätsgrade) dürfen aus Gründen der oben genannten Informationsdefizite nicht überbewertet werden. Für die Beurteilung der Kennzahlen der Liquidität ist z.B. Folgendes festzuhalten:

- Zur **Sicherung der Liquidität** bedarf es der Beobachtung zukünftiger Zahlungseingänge und Zahlungsausgänge des Unternehmens, was ohne die Kenntnis der internen Vorgänge nicht möglich ist. Laufende Zahlungsverpflichtungen für Personalkosten, Miete, Steuern usw. gehen aus der Bilanz nicht hervor. Im Rahmen unserer Analyse liegen nur **Abschlusszahlen** vor.

- Die Bilanz kann nur die **Situation am Bilanzstichtag** wiedergeben, also zu einer Zeit, in der diese bereits der Vergangenheit angehört. Liquidität ist aber eine sich täglich, ja sogar sich mehrmals täglich verändernde Größe, deren Aussagewert nur für diesen Augenblick der Feststellung von Bedeutung ist. Außerdem ist darauf hinzuweisen, dass eine Reihe von Faktoren, welche die Liquidität eines Unternehmens wesentlich beeinflussen, aus der Bilanz nicht hervorgehen. Die Bilanz gibt z.B. keine Auskunft über die Fälligkeitstermine der in ihr ausgewiesenen Posten.

- Der **Kreditspielraum eines Unternehmens** ist aus der Bilanz sehr schwer ablesbar. Laufende Zahlungsverpflichtungen für Personalkosten, Miete, Steuern usw. gehen aus der Bilanz nicht hervor.

- Wenn im Rahmen einer externen Bilanzanalyse dennoch **Liquiditätskennzahlen** aufgestellt werden, muss mit allem Nachdruck auf ihren **eingeschränkten Aussagewert** hingewiesen werden.

Die eben beschriebenen Nachteile der bestandsorientierten Kennzahlen lassen sich zumindest teilweise vermeiden, wenn auf Stromgrößen zurückgegriffen wird. Anstelle von Stichtagsgrößen werden die innerhalb eines Zeitraums aufgetretenen Bewegungen erfasst. Hier sind insbesondere die **Kennzahlen auf der Grundlage der GuV-Rechnung** von Bedeutung.

Merke:

- ■ Die Stichtagsbezogenheit und die fehlenden Informationen über die einzelnen Bilanzpositionen schränken den Aussagewert von bestandsorientierten Kennzahlen erheblich ein.

- ■ Wesentlich zuverlässigere Auswertungen lassen stromgrößenorientierte Kennzahlen auf der Grundlage von GuV-Rechnungen zu.

Übungsaufgabe

242 Die Werkzeugfabrik Hildesheim AG legt die Jahresabschlüsse der beiden letzten Geschäftsjahre vor.

**Bilanzen der Werkzeugfabrik Hildesheim AG
für die beiden letzten Geschäftsjahre**

Aktiva	Vor-jahr	Berichts-jahr	Passiva	Vor-jahr	Berichts-jahr
A. Anlagevermögen			**A. Eigenkapital**		
I. Sachanlagen			I. gezeichnetes		
1. Grundstücke usw.	1 404 450,00	1 350 750,00	Kapital	2 700 000,00	2 700 000,00
2. technische Anlagen			II. Gewinnrücklage		
und Maschinen	1 749 800,00	1 950 700,00	1. gesetzliche R.	120 000,00	120 000,00
3. andere Anlagen,			2. andere R.	180 000,00	195 000,00
Betr.- u. Geschäftsausst.	500 500,00	750 000,00	III. Gewinn-/	35 500,00	65 000,00
B. Umlaufvermögen			Verlustvortrag	–	–
I. Vorräte:			IV. Jahresüberschuss/	567 000,00	850 000,00
1. Roh-, Hilfs- und			Jahresfehlbetrag	–	–
Betriebsstoffe	616 820,00	720 540,00	**B. Rückstellungen**		
2. unfertige Erzeugnisse	70 200,00	98 810,00	1. Pensionsrückst.	900 000,00	950 000,00
3. fertige Erzeugnisse			2. andere Rückst.	179 500,00	180 000,00
und Waren	707 000,00	825 900,00	**C. Verbindlichkeiten**		
II. Forderungen u. sonstige			1. Verbindlichkeiten		
Vermögensgegenstände			gegen. Kreditinst.	345 000,00	370 000,00
1. Forderungen aus Liefe-			2. Verbindlichkeiten		
rungen und Leistungen	83 575,00	95 120,00	a. Lief. u. Leist.	285 000,00	490 900,00
2. sonstige Vermögens-			3. sonstige Ver-		
gegenstände	150 000,00	150 000,00	bindlichkeiten	105 025,00	148 300,00
III. Kassenbestand,					
Guthaben bei Kredit-					
instituten, Schecks	134 680,00	127 380,00			
	5 417 025,00	6 069 200,00		5 417 025,00	6 069 200,00

Erläuterungen zur Bilanz:

- Bei den Verbindlichkeiten gegenüber Kreditinstituten handelt es sich um langfristige Darlehen.
- Die Verbindlichkeiten aus Lieferungen und Leistungen sowie die sonstigen Verbindlichkeiten sind kurzfristig fällig.
- Die Rückstellungen sind langfristig.

Gewinn- und Verlustrechnungen der Werkzeugfabrik Hildesheim AG für die letzten beiden Geschäftsjahre

	Vorjahr	Berichtsjahr
1. Umsatzerlöse	70 000 000,00	85 000 000,00
2. Erhöhung oder Verminderung des Bestands an fertigen und unfertigen Erzeugnissen	+ 875 000,00	+ 320 000,00
3. andere aktivierte Eigenleistungen	10 500,00	45 300,00
4. sonstige betriebliche Erträge	45 810,00	36 480,00
5. Materialaufwand a) Aufwendungen an Roh-, Hilfs- und Betriebsstoffen	22 873 145,00	34 780 910,00
6. Personalaufwand a) Löhne und Gehälter	35 675 900,00	34 448 920,00
b) soziale Abgaben und Aufwendungen für Altersversorgung u. Unterstützung	8 210 400,00	10 320 200,00
7. Abschreibungen auf immaterielle Vermögensgegenstände des Anlagevermögens und Sachanlagen	487 150,00	500 000,00
8. sonstige betriebliche Aufwendungen	3 018 678,00	4 156 580,00
9. Erträge aus Beteiligungen	—	
10. Erträge aus anderen Wertpapieren und Ausleihungen des Finanzanlagevermögens	17 800,00	18 900,00
11. sonstige Zinsen u. ähnliche Erträge	285 910,00	176 480,00
12. Abschreibungen auf Finanzanlagen und Wertpapiere des Umlaufvermögens	18 500,00	—
13. Zinsen und ähnliche Aufwendungen	41 500,00	44 750,00
14. Steuern von Einkommen und Ertrag	285 000,00	420 500,00
15. sonstige Steuern	57 747,00	75 300,00
16. Jahresüberschuss	567 000,00	850 000,00

Aufgaben:

1. Bereiten Sie die Bilanz der Werkzeugfabrik Hildesheim AG für eine Analyse auf!
2. Ermitteln Sie die in diesem Lehrbuch dargestellten Kennzahlen auf der Grundlage der Strukturbilanz und werten Sie die Ergebnisse aus!
3. Erstellen Sie anhand von Kennzahlen eine ertragswirtschaftliche Analyse mit jeweiliger Beurteilung!
4. Die Werkzeugfabrik Hildesheim AG beantragt für eine Betriebserweiterung ein Darlehen über 1,5 Mio. EUR. Versetzen Sie sich in die Rolle des Verantwortlichen für die Darlehensvergabe und entscheiden Sie über den Darlehensantrag der Werkzeugfabrik Hildesheim AG!

40 Speth – ISBN 978-3-8120-0491-6

Abkürzungen

Gesetze, Rechtsverordnungen

AktG	Aktiengesetz
AO	Abgabenordnung
ArbGG	Arbeitsgerichtsgesetz
BAföG	Bundesausbildungsförderungsgesetz
BBankG	Gesetz über die Deutsche Bundesbank (Bundesbankgesetz)
BetrVG	Betriebsverfassungsgesetz
BGB	Bürgerliches Gesetzbuch
BImSchG	Gesetz zum Schutz vor schädlichen Umwelteinwirkungen durch Luftverunreinigungen, Geräusche, Erschütterungen und ähnliche Vorgänge (Bundes-Immissionsschutzgesetz)
BörsG	Börsengesetz
ChemG	Gesetz zum Schutz vor gefährlichen Stoffen (Chemikaliengesetz)
DepotG	Gesetz über die Verwahrung und Anschaffung von Wertpapieren (Depotgesetz)
DrittelbG	Gesetz über die Drittelbeteiligung der Arbeitnehmer im Aufsichtsrat (Drittelbeteiligungsgesetz)
EBRG	Gesetz über Europäische Betriebsräte (Europäisches Betriebsrätegesetz)
EStDV	Einkommensteuer-Durchführungsverordnung
EStG	Einkommensteuergesetz
FinDAG	Gesetz über die Bundesanstalt für Finanzdienstleistungsaufsicht (Finanzdienstleistungsaufsichtsgesetz)
GBO	Grundbuchordnung
GBV	Verordnung zur Durchführung der Grundbuchordnung (Grundbuchverfügung)
GebrMG	Gebrauchsmustergesetz
GenG	Gesetz betreffend die Erwerbs- und Wirtschaftsgenossenschaften (Genossenschaftsgesetz)
GewO	Gewerbeordnung
GG	Grundgesetz
GmbHG	Gesetz betreffend die Gesellschaften mit beschränkter Haftung
GWB	Gesetz gegen Wettbewerbsbeschränkungen
HandwO	Gesetz zur Ordnung des Handwerks (Handwerksordnung)
HGB	Handelsgesetzbuch
InsO	Insolvenzordnung
JArbSchG	Gesetz zum Schutze der arbeitenden Jugend (Jugendarbeitsschutzgesetz)
KStG	Körperschaftsteuergesetz
KWG	Gesetz über das Kreditwesen (Kreditwesengesetz)
MarkenG	Gesetz über den Schutz von Marken und sonstigen Kennzeichen (Markengesetz)
Montan-MitbestG (1951)	Gesetz über die Mitbestimmung der Arbeitnehmer in den Aufsichtsräten und Vorständen der Unternehmen des Bergbaus und der Eisen und Stahl erzeugenden Industrie (Montan-Mitbestimmungsgesetz)
MitbestG (1976)	Gesetz über die Mitbestimmung der Arbeitnehmer (Mitbestimmungsgesetz) von 1976
NachwG	Gesetz über den Nachweis der für ein Arbeitsverhältnis geltenden wesentlichen Bedingungen (Nachweisgesetz)
PartGG	Gesetz über Partnerschaftsgesellschaften Angehöriger Freier Berufe (Partnerschaftsgesellschaftsgesetz)
PAngG	Preisangabengesetz
PAngV	Preisangabenverordnung
ProdHaftG	Gesetz über die Haftung für fehlerhafte Produkte (Produkthaftungsgesetz)
PublG	Gesetz über die Rechnungslegung von bestimmten Unternehmen und Konzernen (Publizitätsgesetz)
SGB	Sozialgesetzbuch
SprAnG	Gesetz über Sprecherausschüsse der leitenden Angestellten (Sprecherausschussgesetz)
TVG	Tarifvertragsgesetz
UStG	Umsatzsteuergesetz
VerkProspG	Verkaufsprospektgesetz
VerkProspV	Verkaufsprospektverordnung
VerpackV	Verordnung über die Vermeidung von Verpackungsabfällen (Verpackungsverordnung)
WpHG	Gesetz über den Wertpapierhandel (Wertpapierhandelsgesetz)
ZPO	Zivilprozessordnung

Stichwortverzeichnis